ZHONGGUO GUDAI
JINSHU YELIAN HE JIAGONG
GONGCHENG JISHUSHI

中国古代
金属冶炼和加工工程技术史

何堂坤 著

山西出版集团
山西教育出版社

《中国古代工程技术史大系》编委会

图版和彩版说明

1．本书金相分析的标本分别承下列单位和人士提供：湖北省鄂城县博物馆熊亚云、湖北省荆州地区博物馆陈跃钧、湖北省博物馆王红星、湖南省博物馆高至喜、安徽省博物馆李国梁、山东省长岛县博物馆宋承钧、山东省临沂地区文管会宋彦泉、山东省滕县博物馆万树瀛、山东省齐故城博物馆张龙海、中国社会科学院考古研究所临淄工作站朱玉德、河南省洛阳市文物工作队叶万松、河南省信阳地区文管会欧潭生、河南省固始县文管会詹汉清、河南省南阳市博物馆刘绍明、河南省洛阳市博物馆岳金和、河南省郑州市王趁意、陕西省武功县文化馆康乐、何志健、陕西凤翔雍城文管所、山西省博物馆、江苏淮阴市博物馆王立仕、四川省博物馆范桂杰、曾忠懋、四川省峨眉地区文管会、北京市文管会程长新、北京市琉璃河博物馆田敬东、云南省博物馆王大道、内蒙古昭乌达盟文物工作站项春生、王立华、江西省博物馆李恒贤、江苏徐州市博物馆李银德先生等。

2．本书随文图、版图中的绝大部分标本的金相组织皆承北京市粉末冶金研究所任新荷、王雨茹、郝志红女士等分析；洛阳坩埚附着钢承原冶金部钢铁研究总院吴可秋先生分析；洛阳隋大业九年墓铁镜承北京吉普汽车有限公司张惠云女士等分析；现代北京铜锣承冶金部有色金属研究总院分析；镜表铜皮附着层承钢铁研究总院胡锐女士、原冶金部洛阳铜加工厂李寿康先生分析；长岛店子黄铜片亦曾承洛阳铜加工厂李寿康先生分析；部分铜镜标本还承北京市有色金属研究所分析。

3．传世花纹剑承某收藏家慷慨帮助，承中国国家博物馆孙克让、本所李安平先生拍摄。

4．本书图版、彩版引用资料出处为：

图版肆，3，辉县铁斧，《考古学报》1956 年第 2 期，孙廷烈先生文。

图版陆，3、4，建初五十湅剑，《自然科学史研究》1984 年第 4 期，韩汝玢等文。

图版陆，5，刘胜佩剑，《考古学报》1975 年第 2 期，李众文。

图版捌，3、4，渑池铁铧和铁生沟铁镢，承北京科技大学冶金与材料史研究所提供。

图版拾柒，1、2，大马士革钢，采自艾奇逊《金属史》第二册，第 352 页（L. Aitchison，A History of Matals），1960 年。

图版拾柒，3，布拉特钢；图版贰拾，4，锻焊大马士革钢，皆采自《苏联大百科全书》，1952 年。

图版贰拾，3，镔铁胡不四，采自张子高《镔铁考》，《科学史集刊》第七期，1964 年。

彩版壹，1、2，少虡剑，承故宫博物院提供。

彩版叁，1，越王勾践剑，采自《中国美术全集》“工艺美术编 5 · 青铜器下”，文物出版社，1986 年。

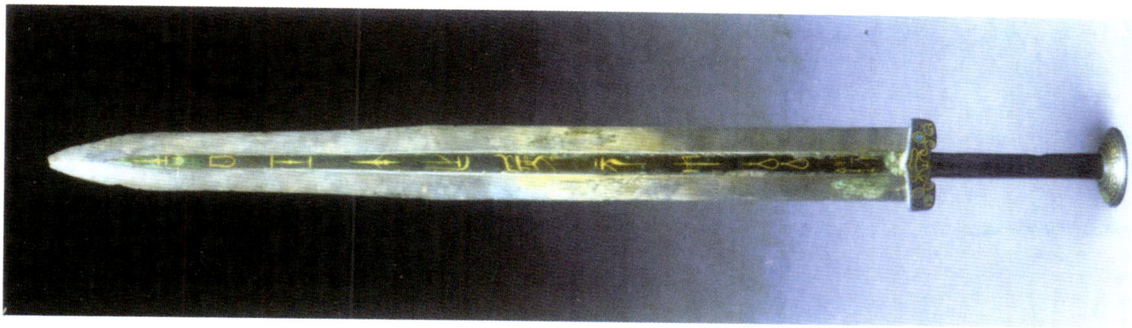

1. 故宫博物院藏少虡剑（正面）

2. 故宫博物院藏少虡剑（背面）

3. 传世褐黄色重圈纹半圈纹剑（近锋部）

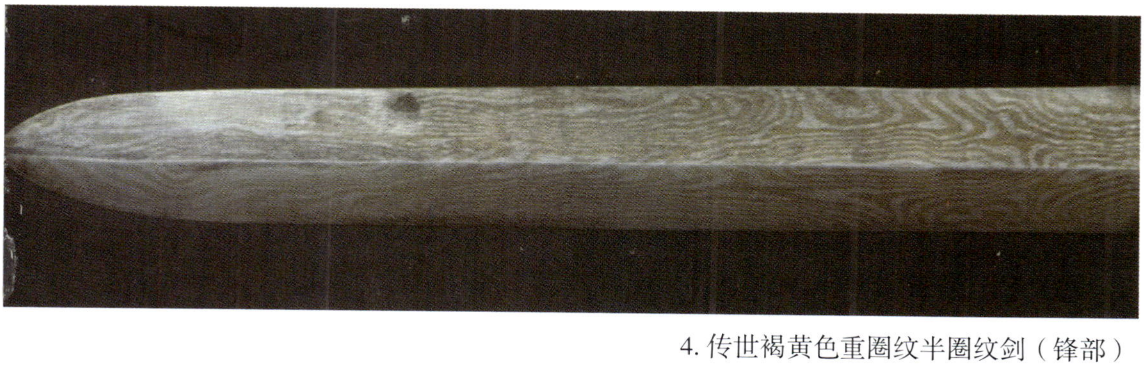

4. 传世褐黄色重圈纹半圈纹剑（锋部）

江西永平传统胆铜生产场

1. 江陵越王勾践剑

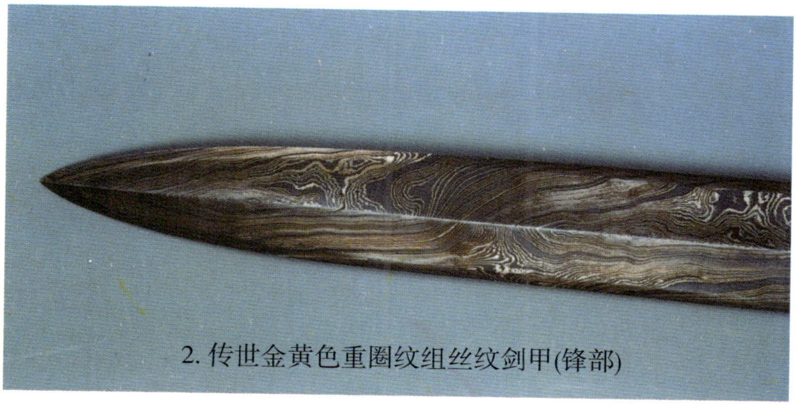

2. 传世金黄色重圈纹组丝纹剑甲(锋部)

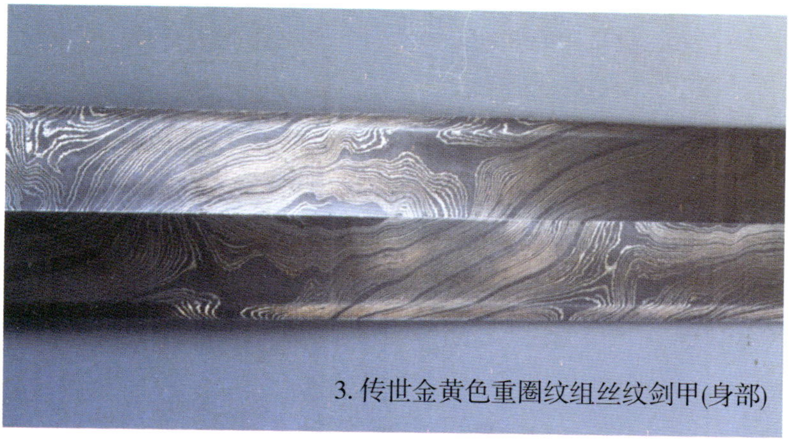

3. 传世金黄色重圈纹组丝纹剑甲(身部)

4. 传世银白色重圈纹半圈纹剑己(身部)

1. 传世六棱式银白色重圈纹半圈纹组丝纹剑甲（身部）

2. 传世六棱式银白色重圈纹半圈纹组丝纹剑甲（身部）

3. 传世银白色重圈纹半圈纹剑甲（身部）

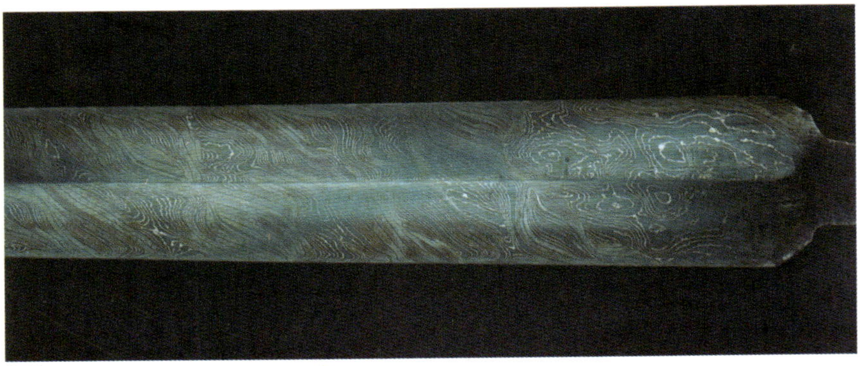

4. 传世银白色重圈纹组丝纹剑甲（近格部）

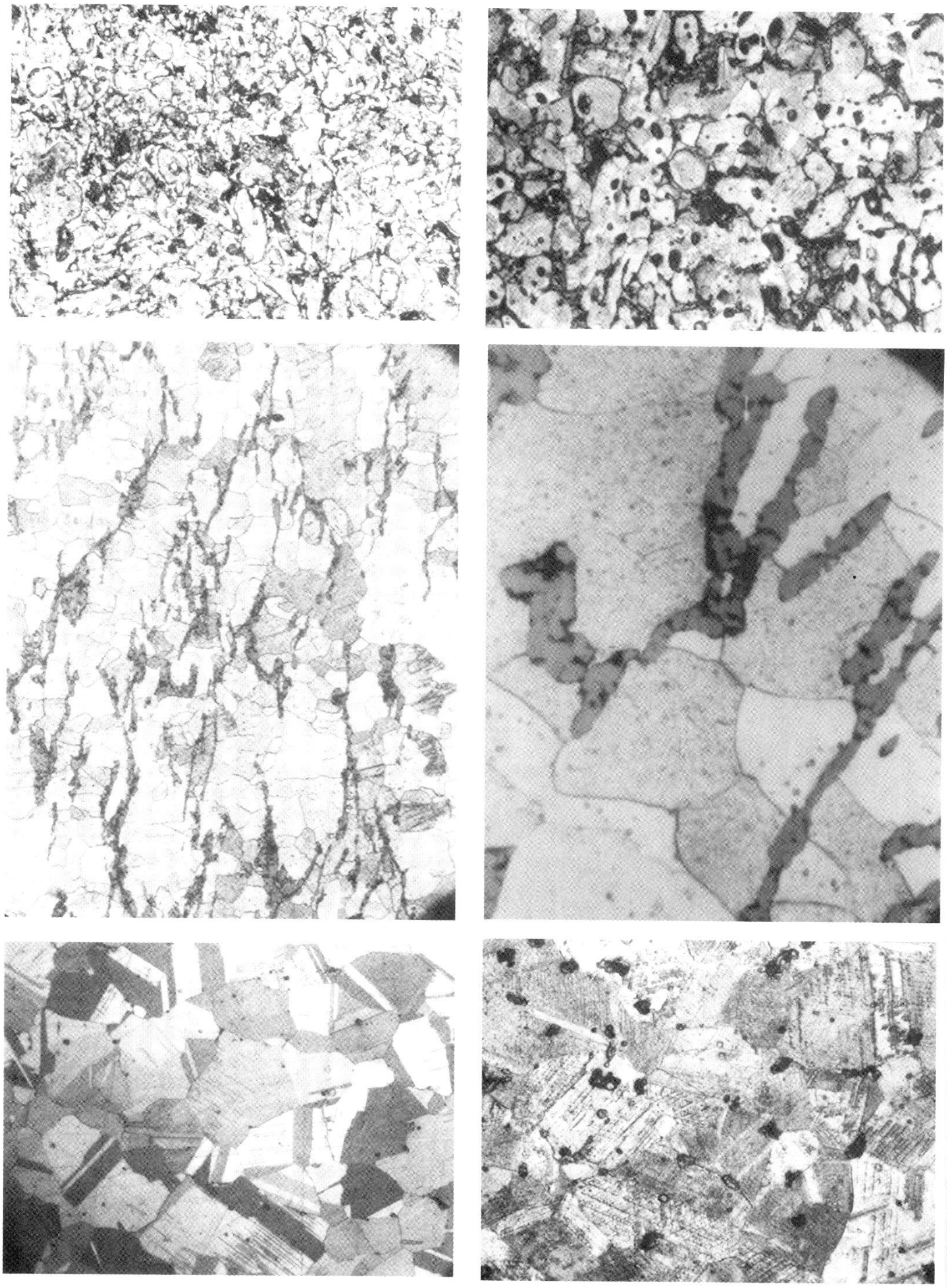

1. 长岛店子龙山文化黄铜片 LC14 组织形貌　x320
2. 长岛店子龙山文化黄铜片 LC14 组织形貌　x500
3. 荆门包山战国铁棺钉 EB19（M4 外棺盖上）组织形貌　x100
4. 荆门包山战国铁棺钉 EB19（M4 外棺盖上）组织形貌　x500
5. 江川李家山战国西汉臂甲 D1 组织形貌　x320
6. 荆门包山战国平顶盒 M4：25 组织形貌　x320

1	2
3	4
5	6

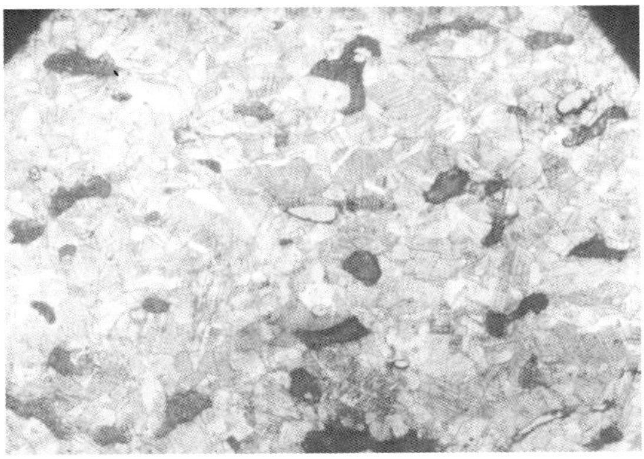
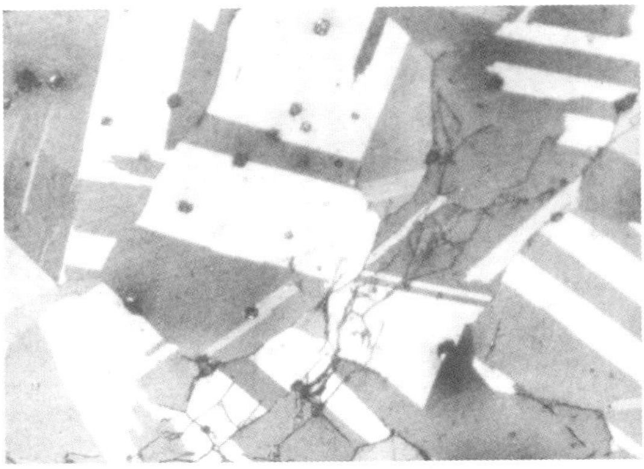
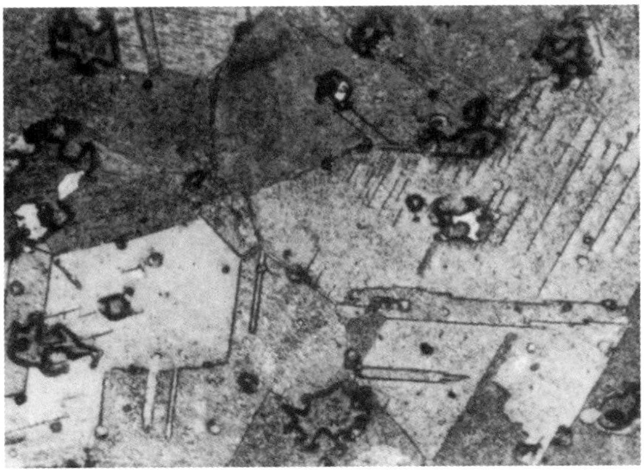

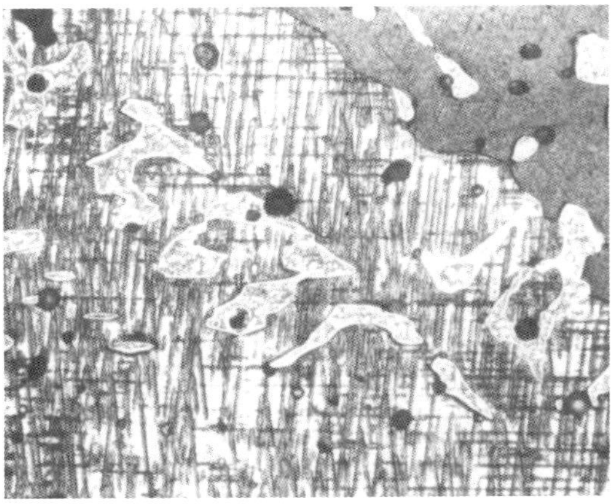

1. 荆门包山战国 C 形镈M2：315-1 组织形貌　x320
2. 荆门包山战国杓柄 M：419 组织形貌　x320
3. 淮阴刻纹铜器 Ha5 组织形貌　x320
4. 淮阴刻纹铜器 Ha6 组织形貌　x320
5. 河南固始春秋铜匜 YG3 组织形貌　x320
6. 四川战国青铜戈 S5 组织形貌　x300

1	2
3	4
5	6

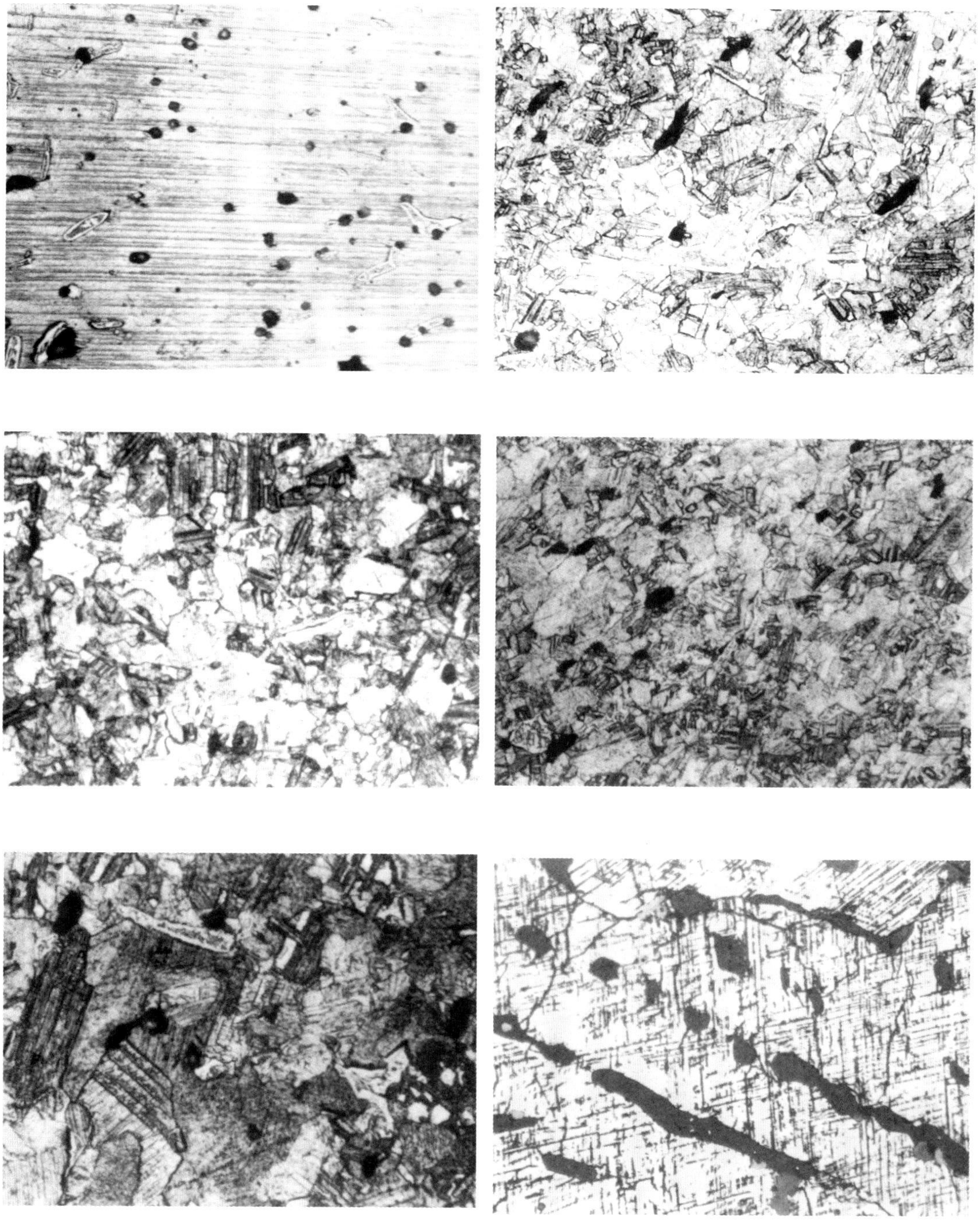

1. 四川战国青铜戈 S15 组织形貌　x320
2. 琉璃河西周早期铜戈 B35(M253：x)组织形貌　x500
3. 琉璃河西周早期铜戈 B35(M253：x)组织形貌　x500
4. 琉璃河西周早期铜戈 B35(M253：x)组织形貌　x320
5. 琉璃河西周早期铜戈 B35(M253：x)组织形貌　x500
6. 琉璃河西周早期铜戈 B36(M105：x)组织形貌　x500

1	2
3	4
5	6

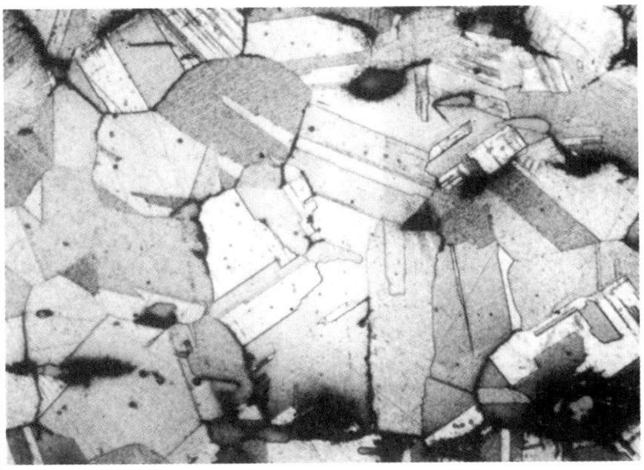

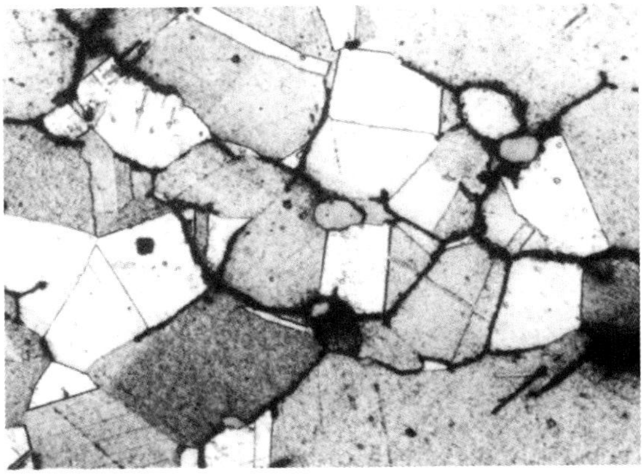

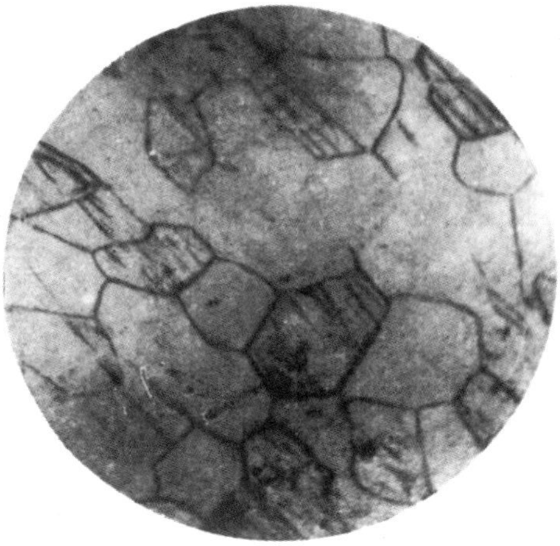

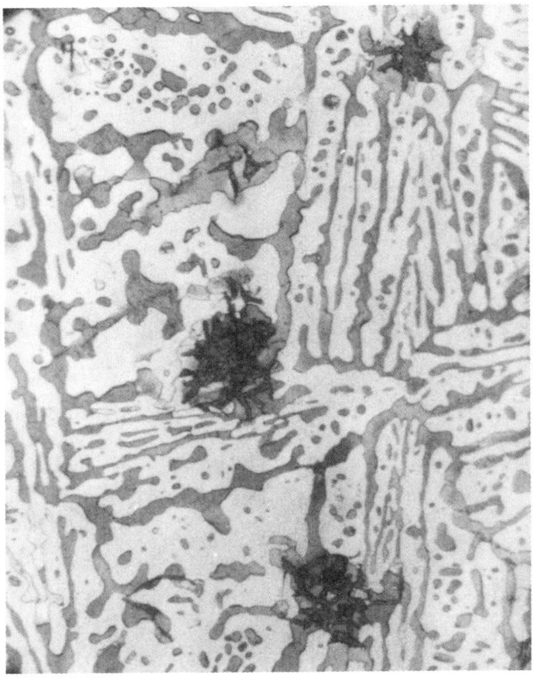

1. 河南光化春秋铜盒 Y22 组织形貌　x320
2. 河南光化春秋铜盒 Y22 组织形貌　x320
3. 辉县铁斧组织形貌　x86
4. 包山铁斧 M2：135 组织形貌　x320
5. 包山铁斧 M2：135 组织形貌　x320

1	2
3	
4	5

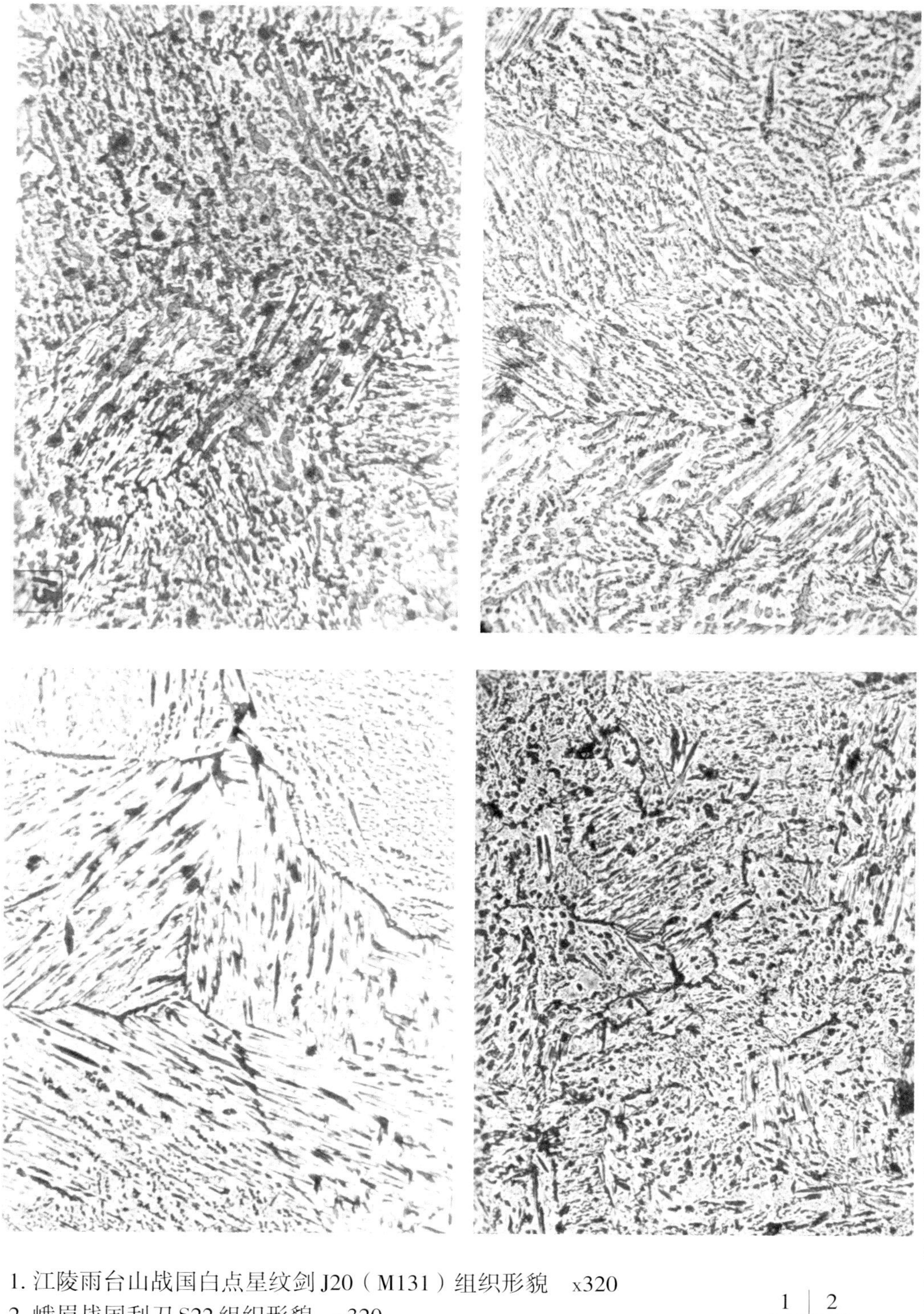

1. 江陵雨台山战国白点星纹剑 J20（M131）组织形貌　x320
2. 峨眉战国刮刀 S22 组织形貌　x320
3. 江陵战国镜残片 J10 组织形貌　x320
4. 安徽战国蟠螭纹镜 W2 组织形貌　x320

1	2
3	4

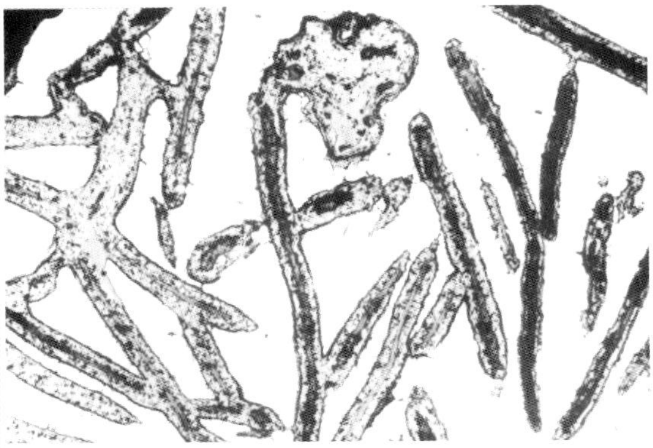

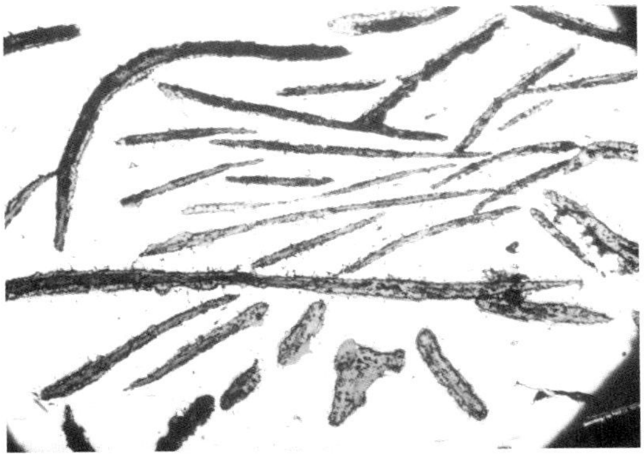

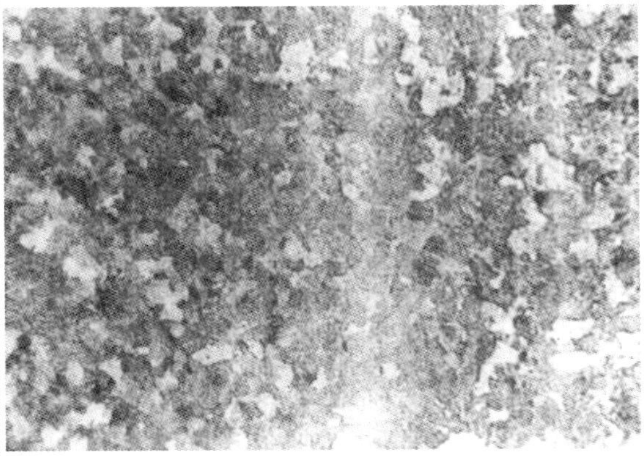

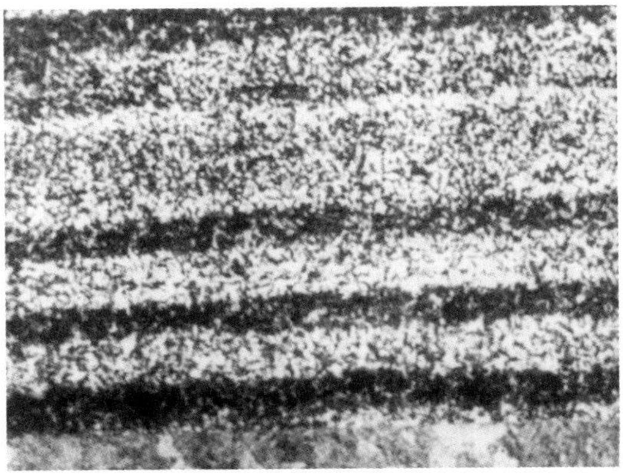

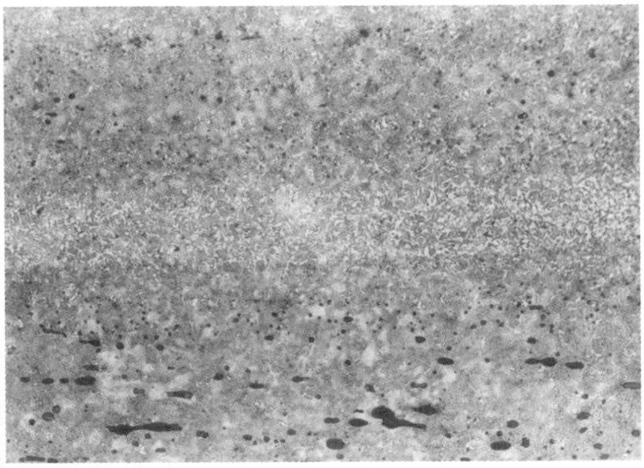

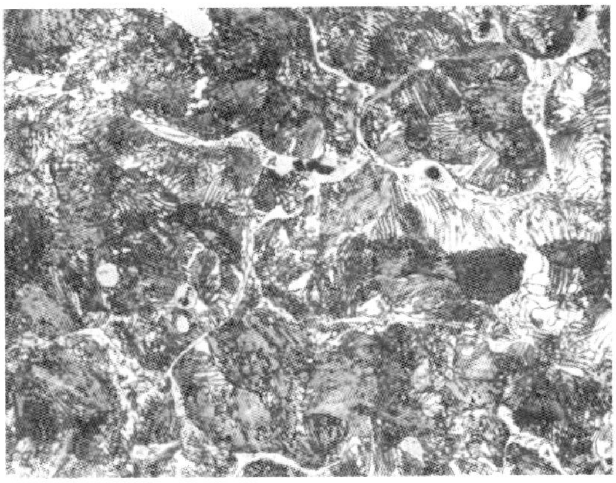

1. 滕县战国西汉灰口铁LT7组织形貌（未蚀） x100
2. 滕县战国西汉灰口铁LT7组织形貌（未蚀） x100
3. 建初五十湅剑刃心部组织形貌 x200
4. 建初五十湅剑刃缘部组织形貌 x200
5. 刘胜佩剑(M1：5105)金相组织 x80
6. 洛阳坩埚附着钢Y1—2组织形貌 x320

1	2
3	4
5	6

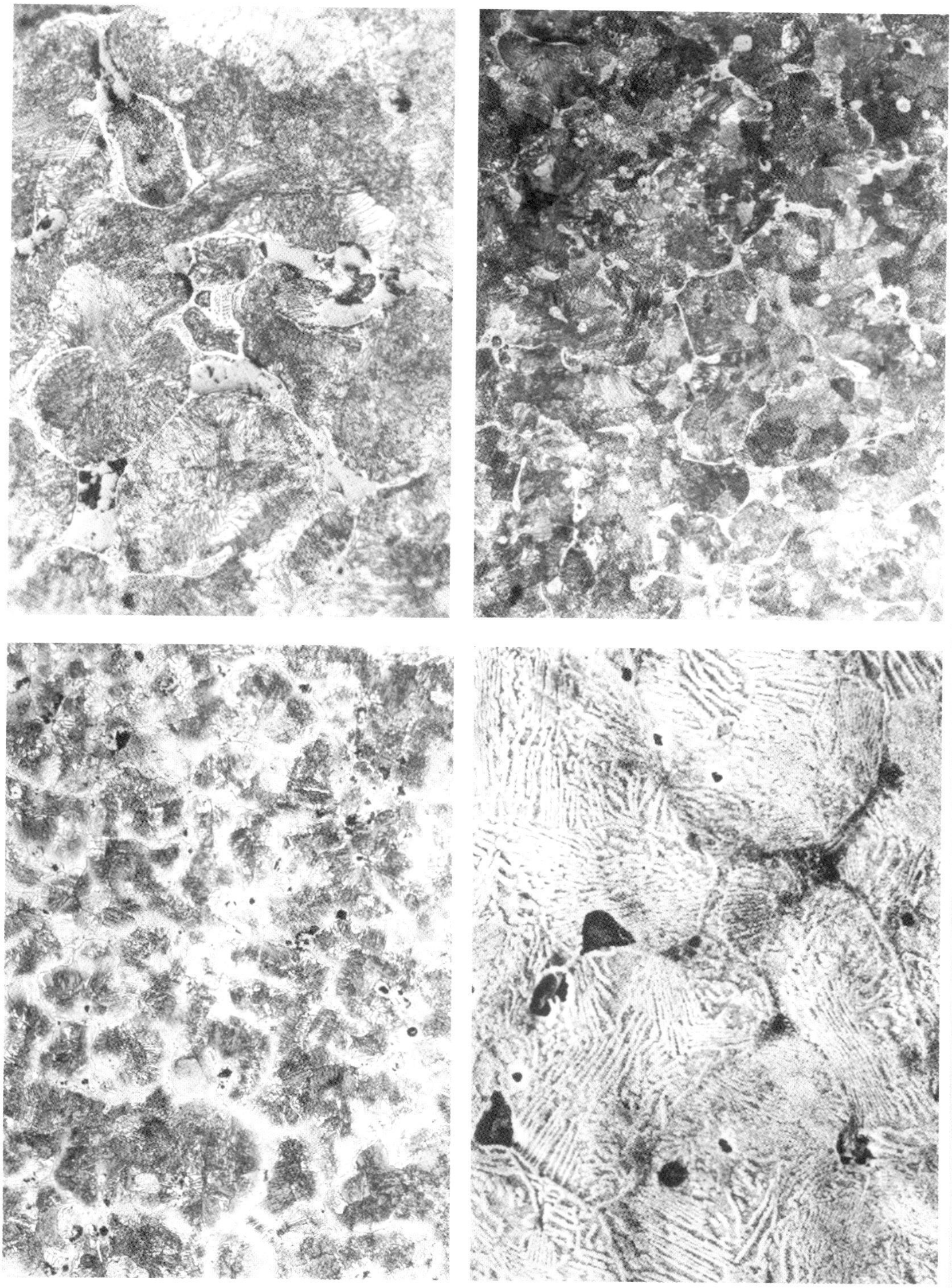

1. 洛阳坩埚附着钢 Y1—1 组织形貌 x500
2. 洛阳坩埚附着钢 Y1—2 组织形貌 x320
3. 洛阳坩埚附着钢 Y1—3 组织形貌 x200
4. 洛阳坩埚附着钢 Y1—1 组织形貌(扫描电镜能谱拍摄) x1250

1	2
3	4

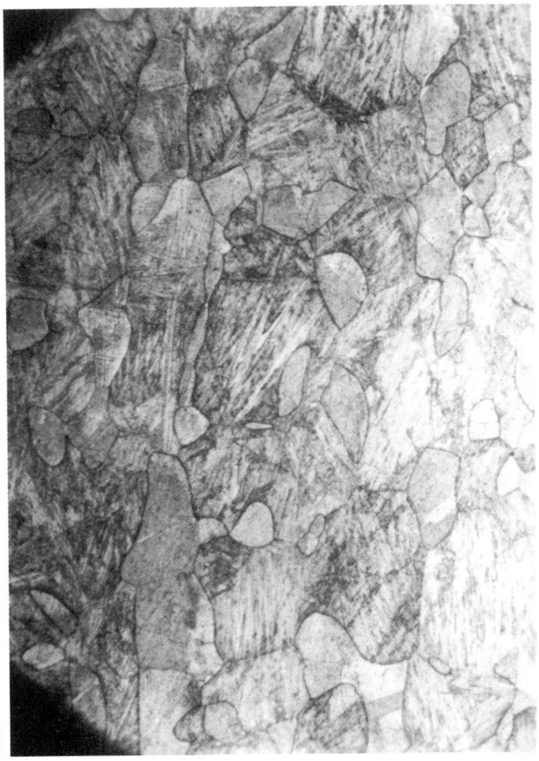

1. 南阳铜舟 YN1 组织形貌　x500
2. 南阳铜舟 YN1 组织形貌　x250
3. 渑池铁铧 197 组织形貌（倍数缺如）
4. 巩县铁生沟汉代铁镢中的球状石墨　x2000

1	2
3	4

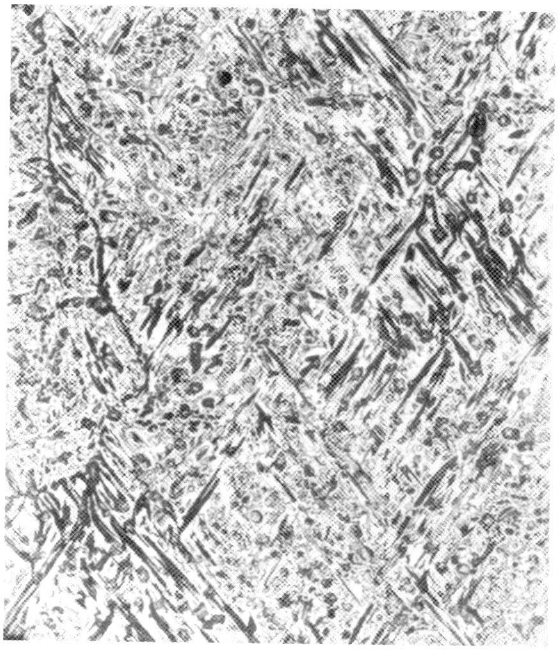

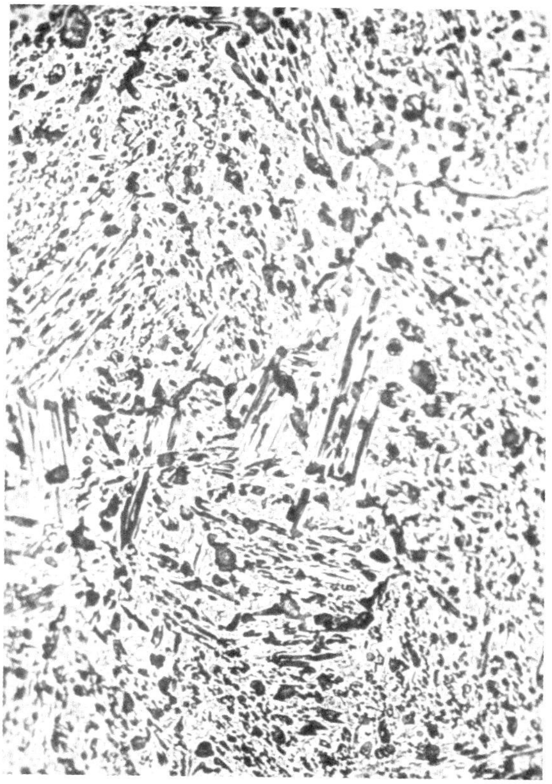

1. 鄂城孙吴嘉禾元年神兽镜 E22 组织形貌　x320
2. 临沂孙吴柿蒂八凤镜 LY16 组织形貌　x250
3. 北京东汉连弧纹镜 B2 组织形貌　x320
4. 北京东汉连弧纹镜 B2 组织形貌　x320

1	2
3	4

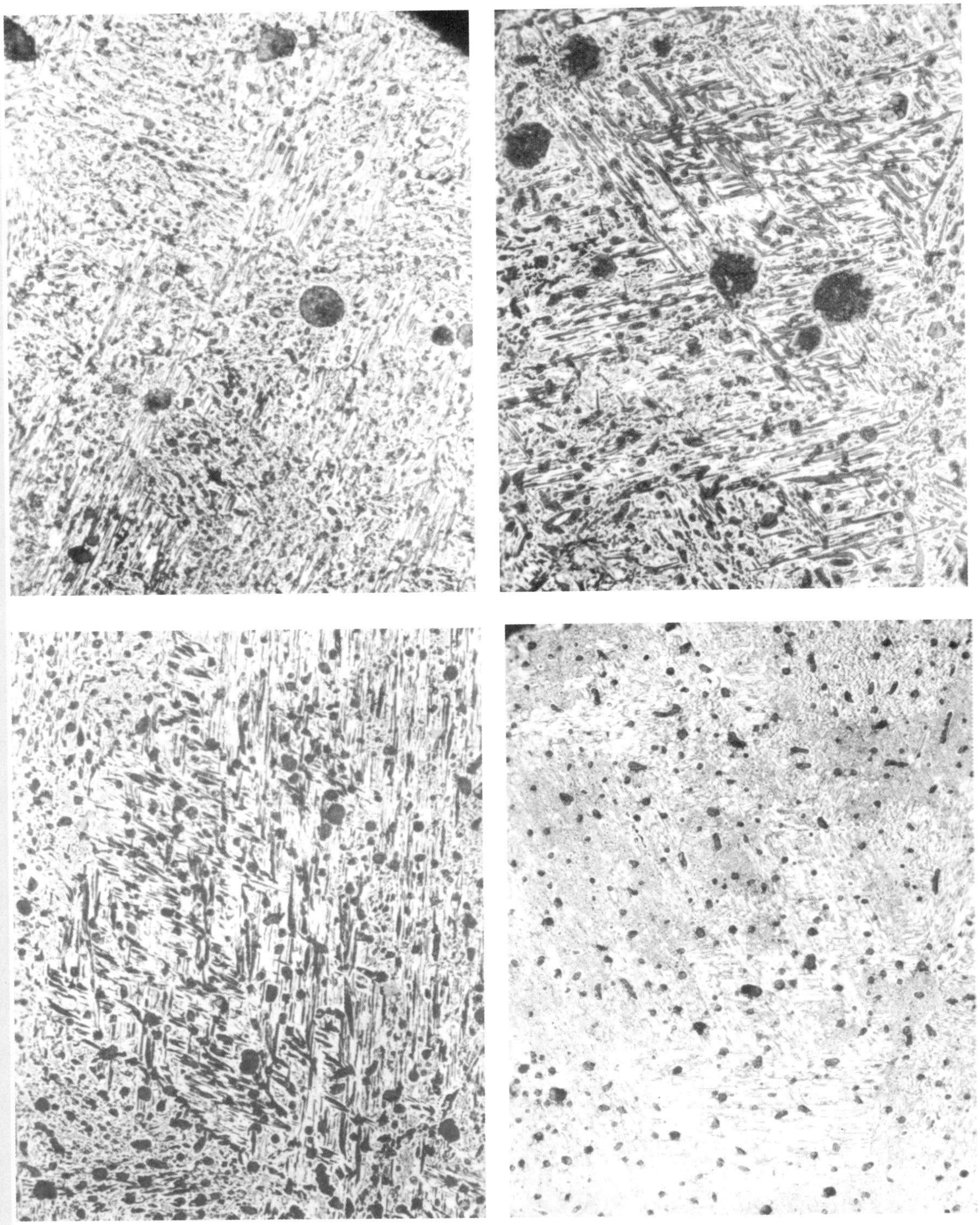

1. 山西西汉未央镜 Z1 组织形貌　x320
2. 临淄西汉内向连弧纹镜 LL3 组织形貌　x320
3. 鄂城东汉环状乳神兽镜 E20 组织形貌　x320
4. 陕西西汉昭明镜 Sh11 组织形貌　x320

1	2
3	4

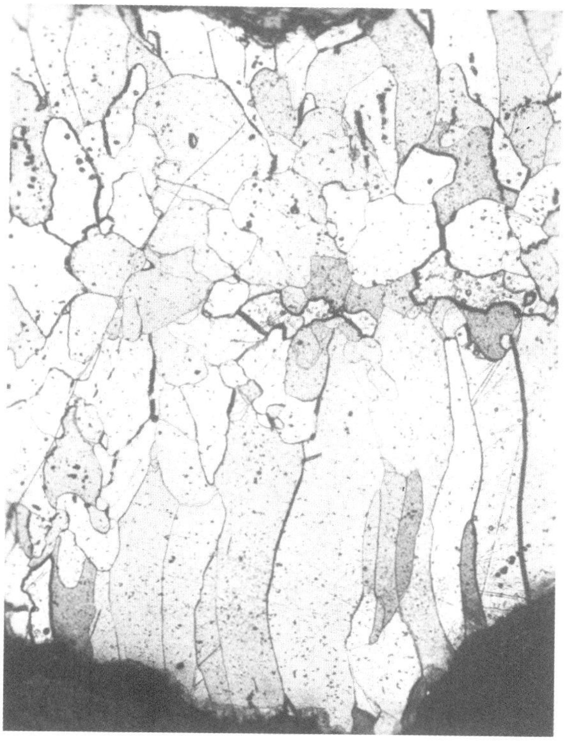

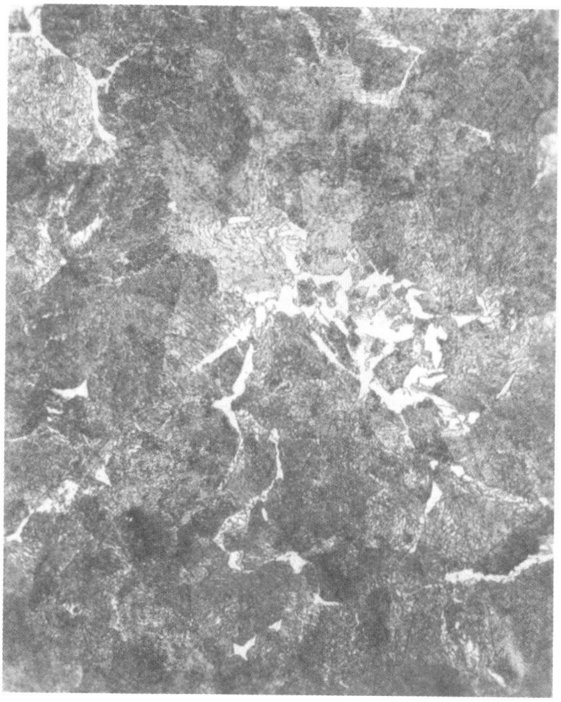

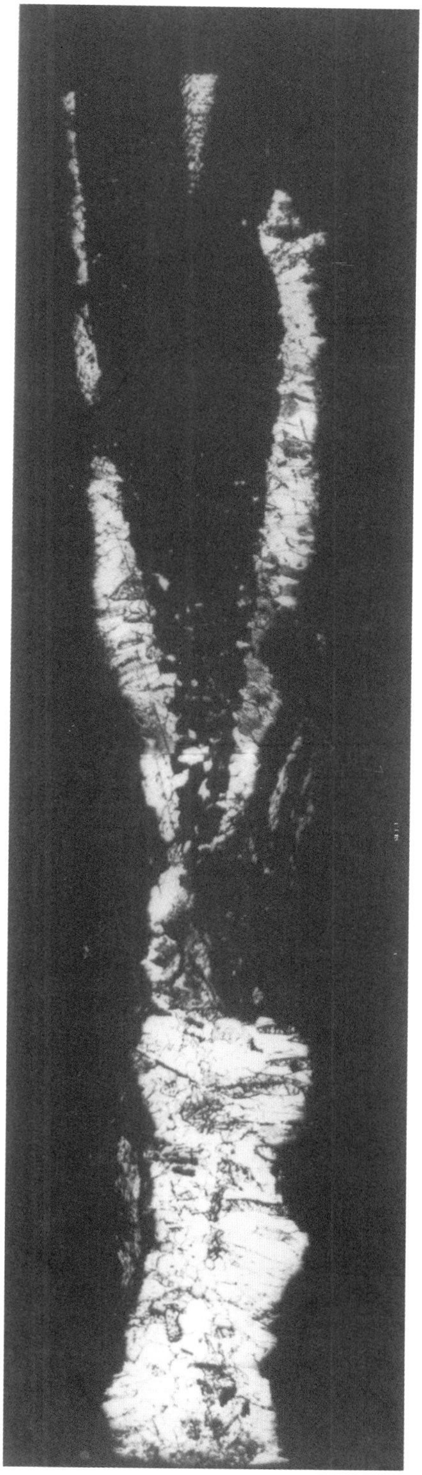

洛阳隋大业九年墓铁镜 YL125 组织形貌

1. 柱状晶和中心等轴晶（外区较薄处） x50

2. 细珠光体+莱氏体（外缘稍厚处） x400

3. 观察面各部组织全貌 x12.5

| 1 | 3 |
| 2 | |

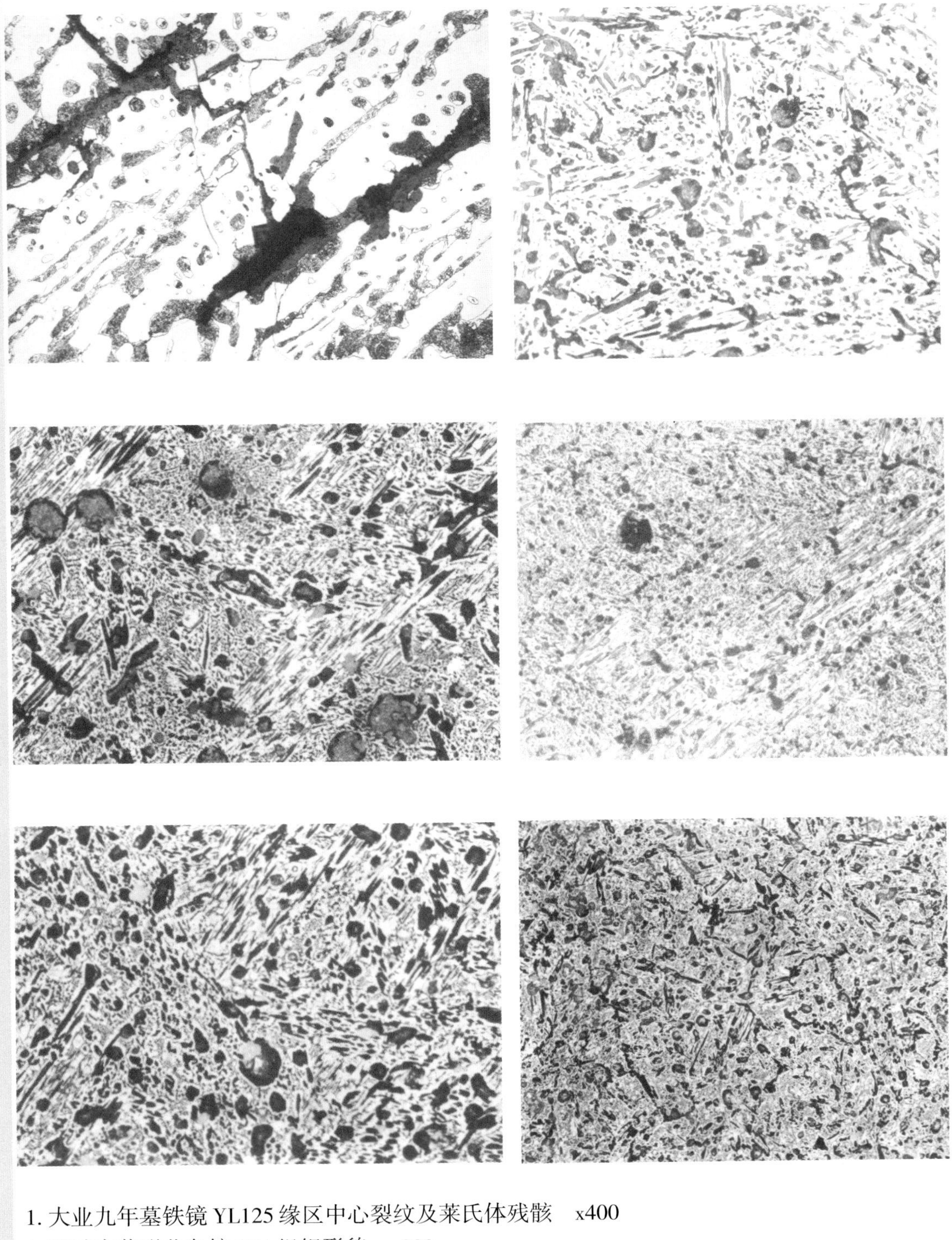

1. 大业九年墓铁镜 YL125 缘区中心裂纹及莱氏体残骸　x400
2. 鄂城唐菱形花鸟镜 E34 组织形貌　x320
3. 安徽唐初四神镜 W14 组织形貌　x320
4. 鄂城唐末素面镜 E38 组织形貌　x320
5. 山西唐六边形海兽镜 Z3 组织形貌　x320
6. 临沂唐禽兽葡萄镜 LY19 组织形貌　x250

1	2
3	4
5	6

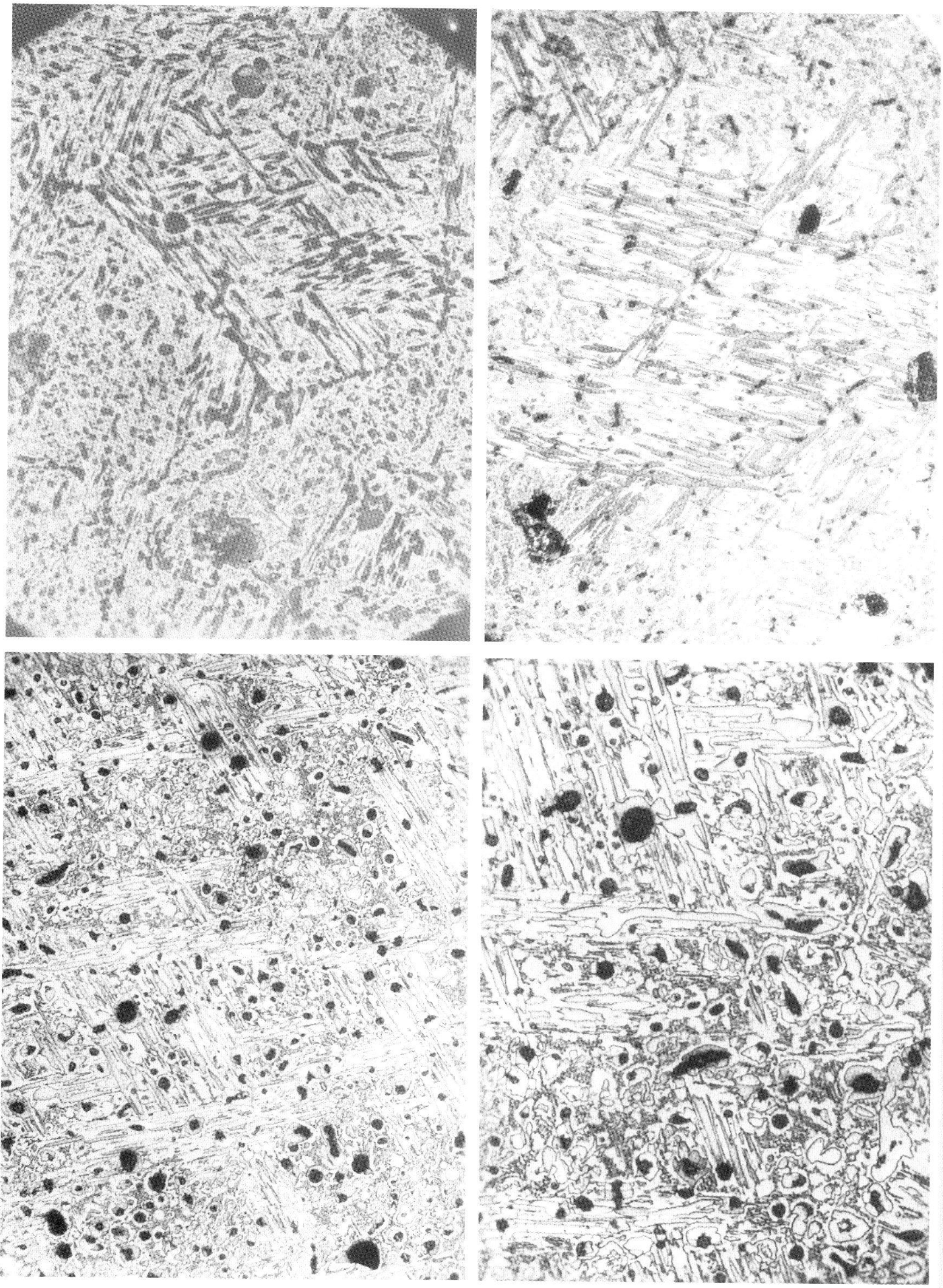

1. 鄂城唐方镜 E35 组织形貌 x250
2. 赤峰唐盘龙镜 N4 组织形貌 x320
3. 凤翔唐莲花镜 Sh3 组织形貌 x320
4. 凤翔唐莲花镜 Sh3 组织形貌 x500

1	2
3	4

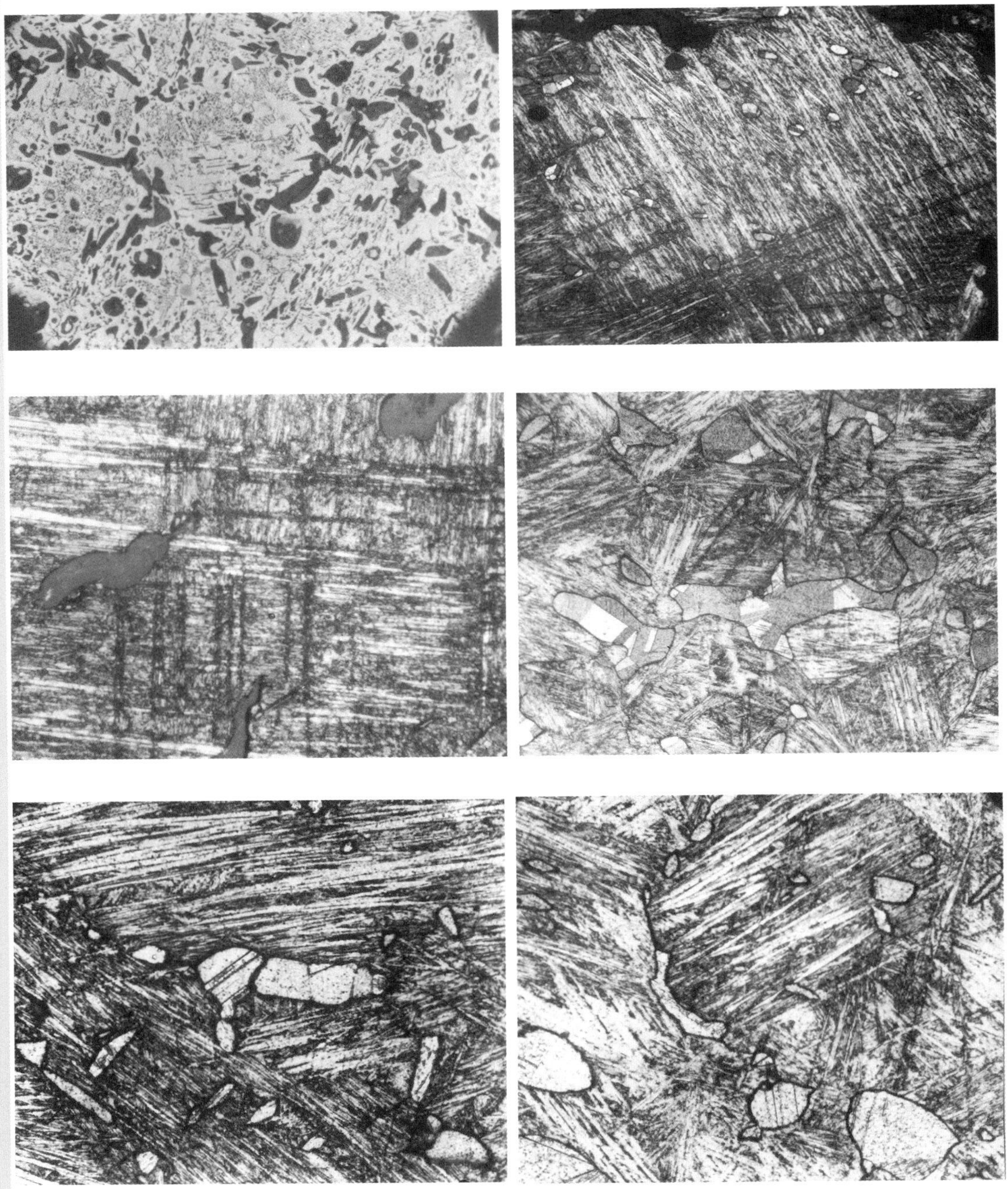

1. 鄂城唐八卦镜 E62 组织形貌 x500
2. 江西宋代铜钹 G2 组织形貌 x200
3. 江西宋代铜钹 G2 组织形貌 x500
4. 徐州宋代铜钹 JX6（DH：2 乙片）组织形貌 x250
5. 徐州宋代铜磬 JX7（DH：5）组织形貌 x500
6. 徐州宋代铜磬 JX7（DH：5）组织形貌 x500

1	2
3	4
5	6

自制高温回火试样 S61W1 组织形貌　x100

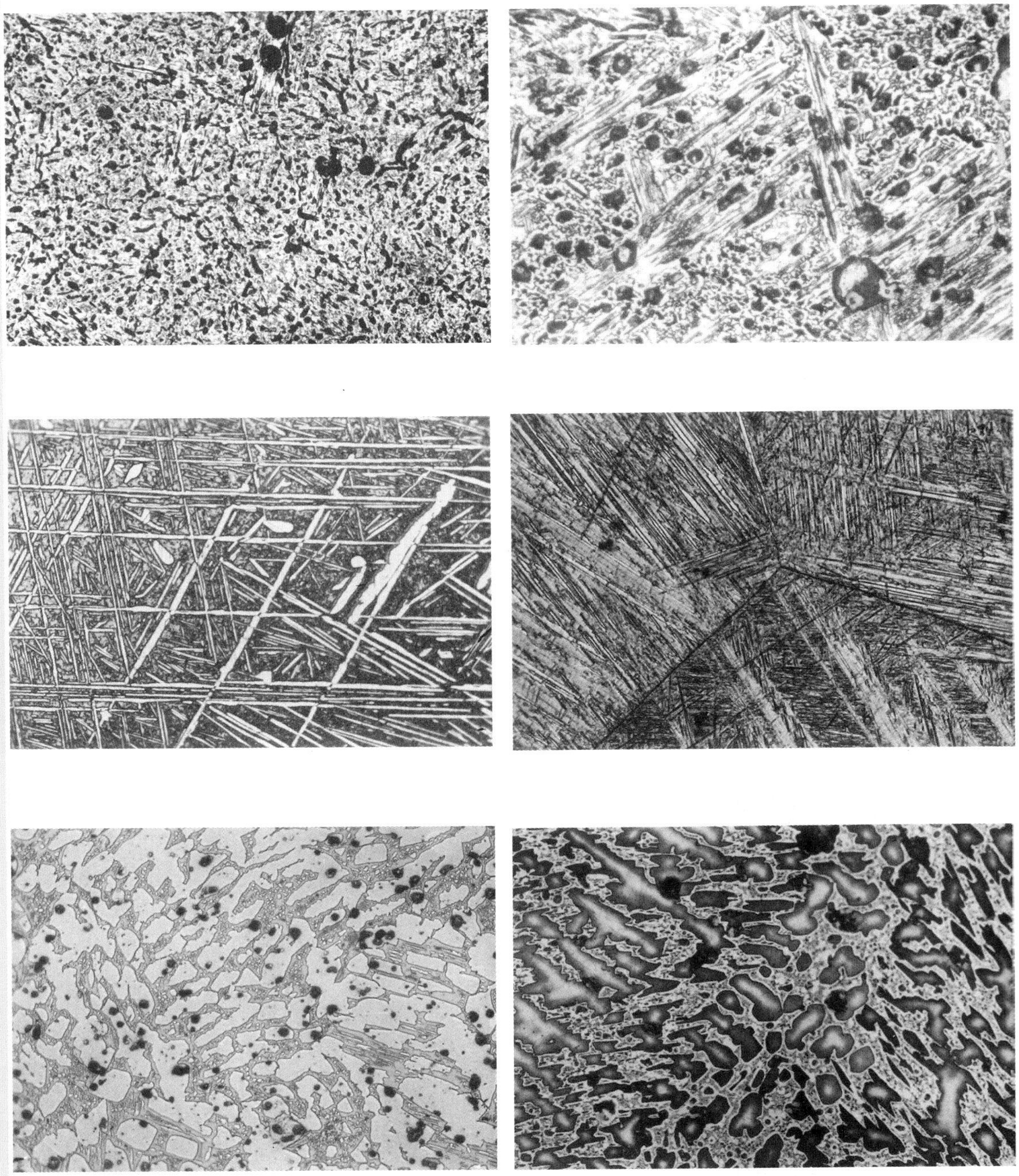

1. 江西许家六曲葵花镜 G1 金相形貌　x100
2. 江西葉家六曲葵花镜 G3 金相形貌　x500
3. 自制高温回火试样 S61W2 组织形貌　x125
4. 自制高温淬火试样 S61W0 组织形貌　x200
5. 自制高温退火试样 S5470 组织形貌　x200
6. 鄂城唐镜残片 E37 组织形貌　x320

1	2
3	4
5	6

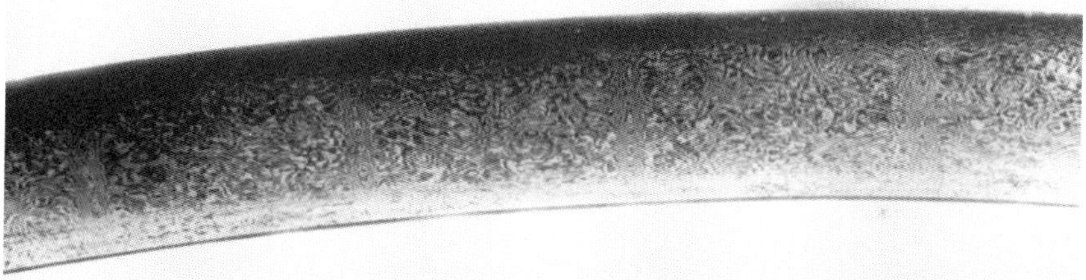

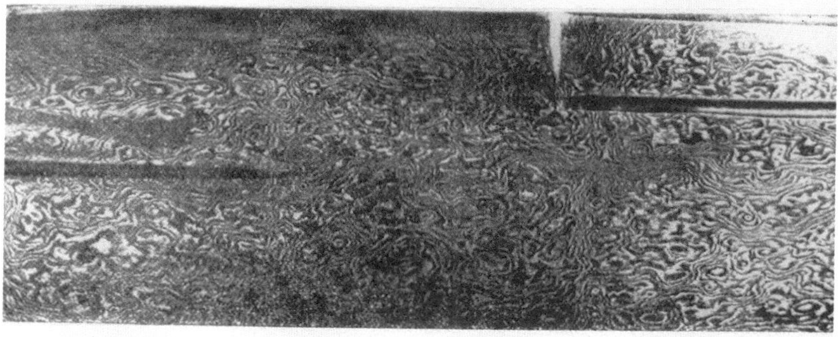

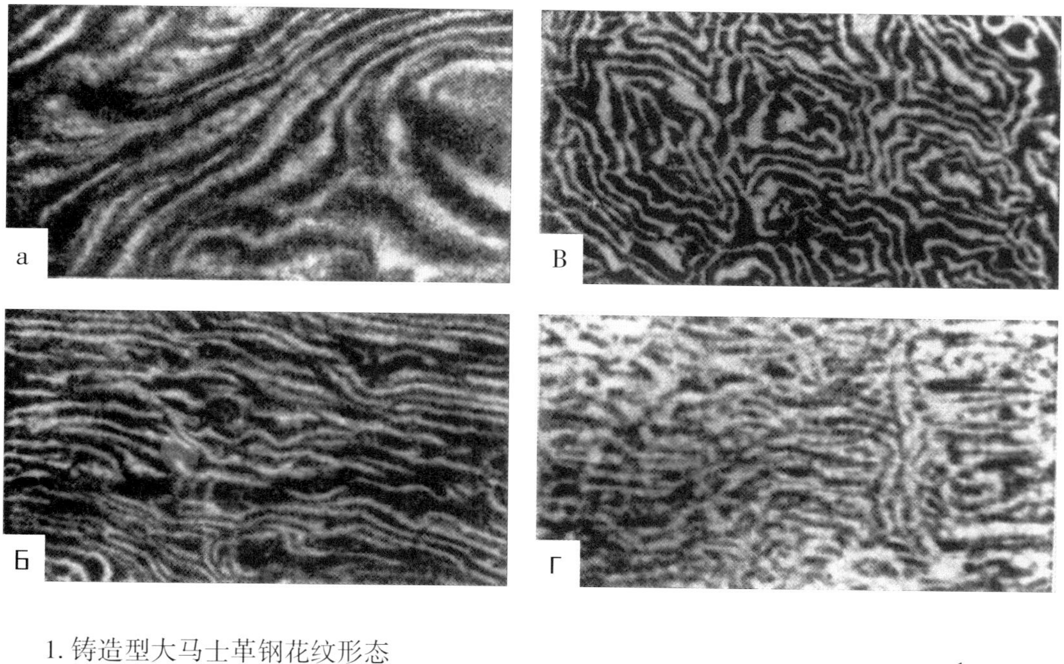

1. 铸造型大马士革钢花纹形态
2. 铸造型大马士革钢花纹形态
3. 布拉特钢花纹形态　x5（a.波斯刀，17世纪。Б.波斯匕首，18世纪。В、Г.安诺索夫制作的马刀，19世纪30年代）

1
2
3

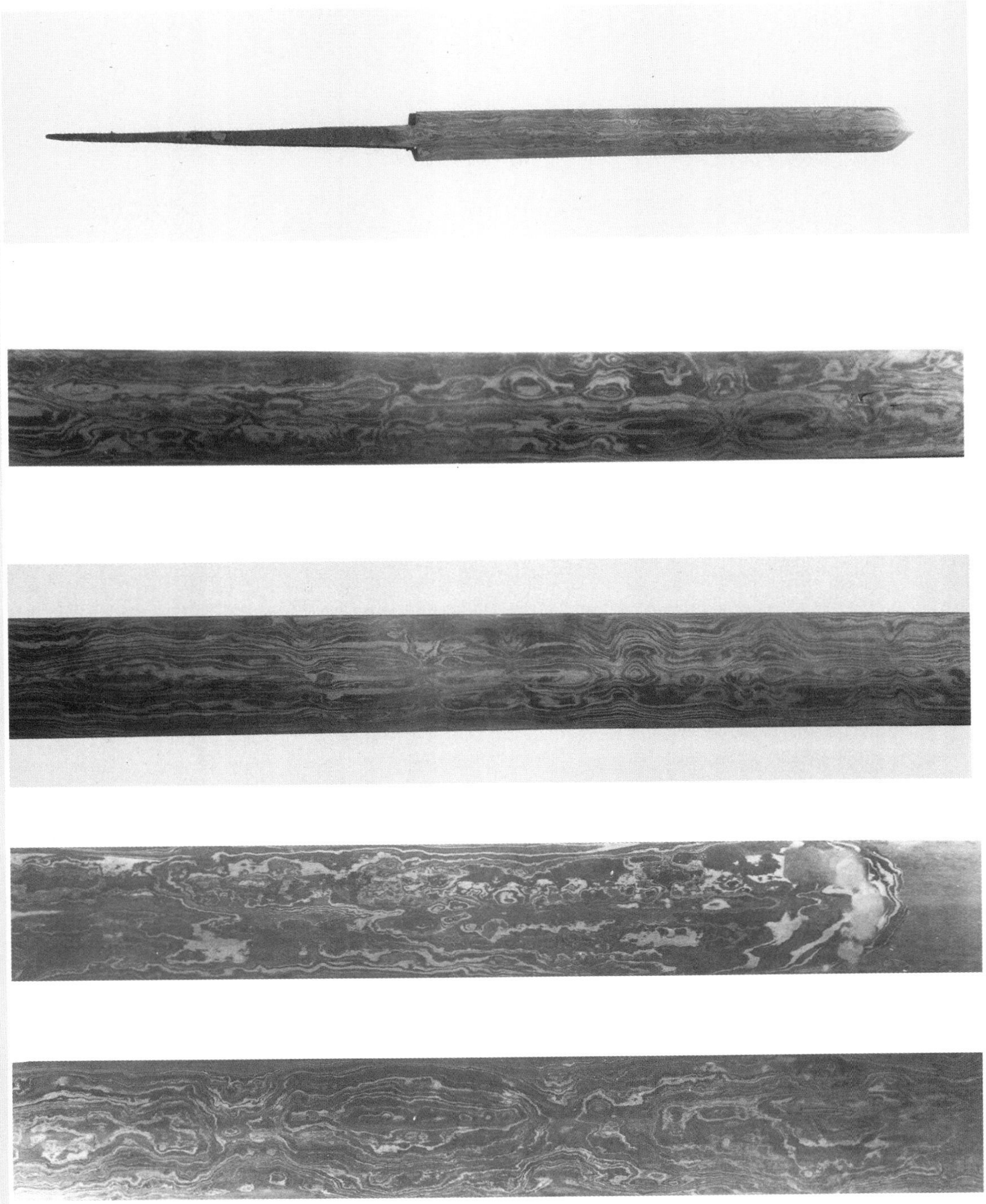

模拟试验所得北平折花剑外部形态及其花纹

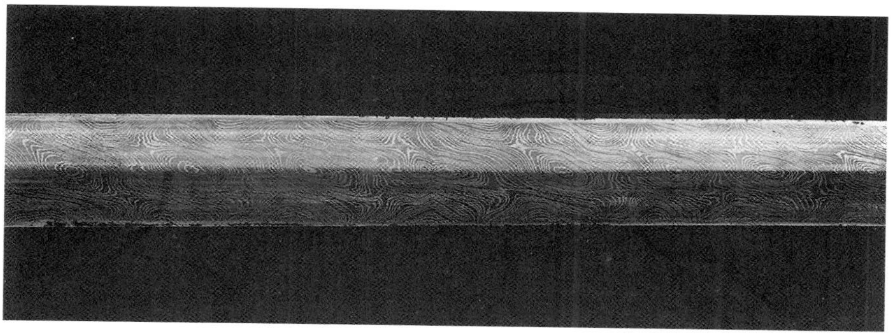

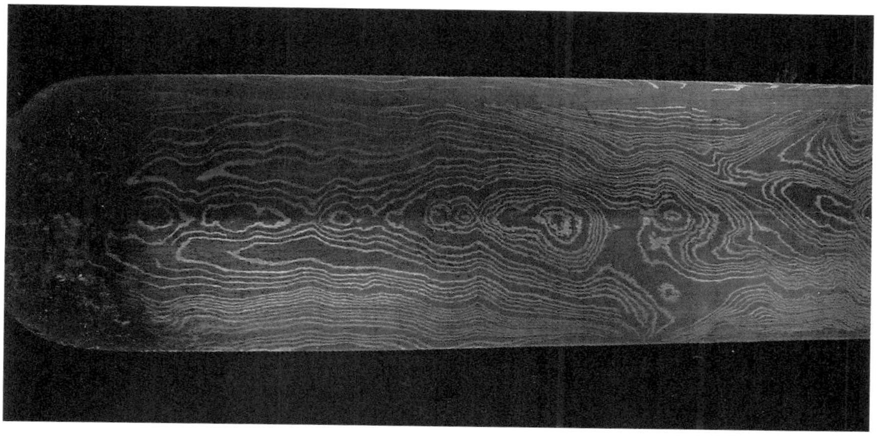

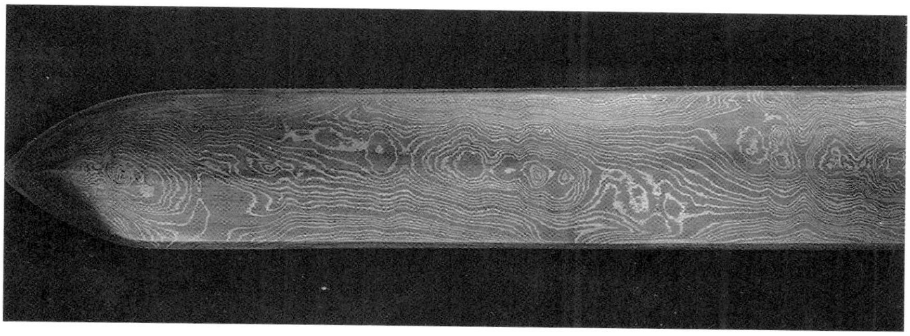

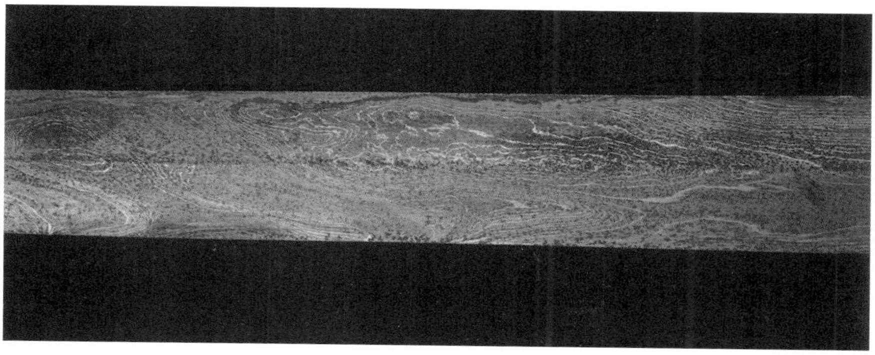

1. 传世银白色重圈纹半圈纹剑己
2. 传世银白色重圈纹半圈纹剑丁
3. 传世银白色重圈纹半圈纹剑丁(尾部)
4. 传世银白色重圈纹斗箕纹剑甲

1 / 2 / 3 / 4

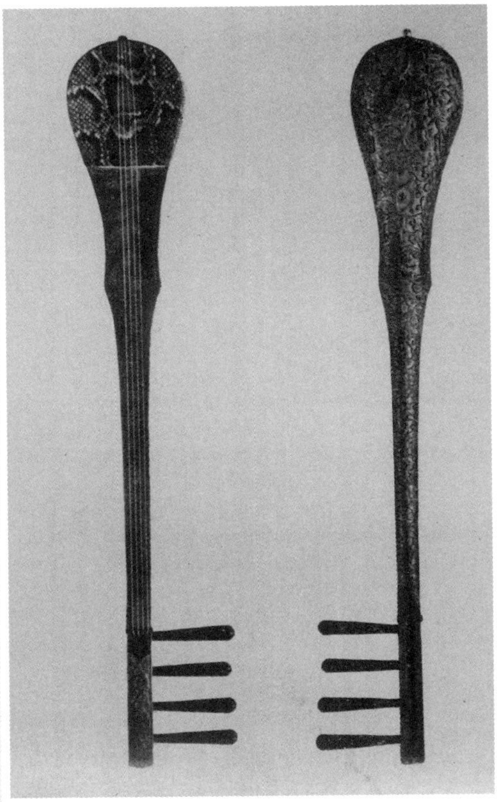

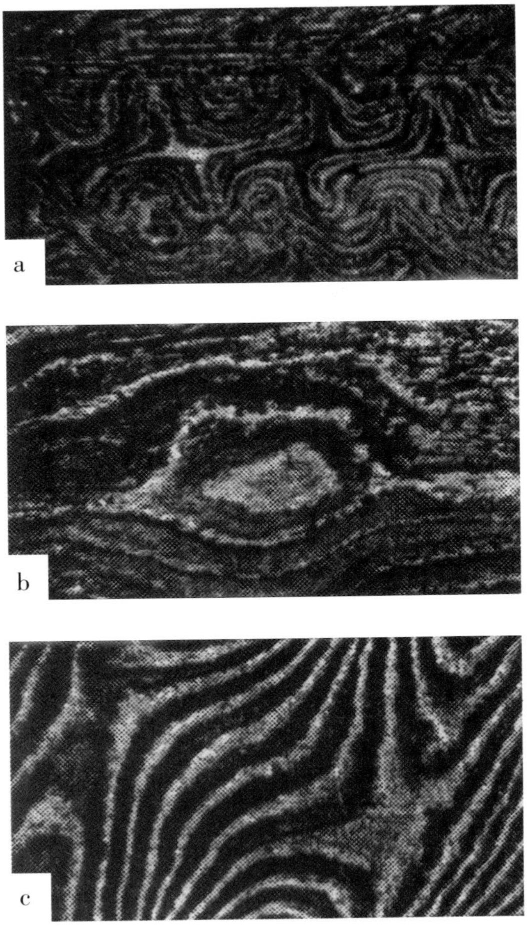

1. 北京民族乐器厂铜锣坯样B15组织形貌（热锻，未淬）　x500
2. 北京民族乐器厂铜锣坯样B16组织形貌（热锻，淬火）　x500
3. 保存于中国音乐研究所的镔铁胡不四
4. 锻造型大马士革钢花纹形态　x5（a.高加索短剑　b.马来刀　c.列日火枪）

1	2
3	4

序言

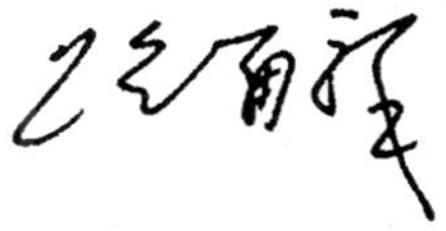

“工程技术”活动是人类最为基本的社会实践之一。现代工程技术主要表现为以科学发现来引导技术创新，并应用于生产；又围绕生产过程对技术实行集成，并以理论的形态，形成诸多独立的学科，起到联结科学与生产的桥梁作用。工程技术是在人类利用和改造自然的实践过程中逐渐产生，并发展起来的。在古代，人们只有有限、且不太系统的科学知识；科学与生产的联系也不像今天这样直接和紧密。古代工程技术，主要表现为累积了世代经验的生产手段和方法，这些手段和方法，有的经过了一定的总结和概括，有的就蕴含于生产过程之中。当然，由于目的及所采用的手段和方法的不同，古代工程技术也形成了许多门类。就中国古代工程技术而言，最为主要的有以下内容：采矿技术、冶铸技术、机械技术、建筑技术、水利技术、纺织和印染技术、造纸和印刷技术、陶瓷技术、军事技术、日用化工技术等。这些门类，也就是《中国古代工程技术史大系》所要包括的内容。

在科学技术突飞猛进的现代，来研究中国古代工程技术史，我觉得不能不思考三个问题：一是中国古代工程技术发展的特点或规律，二是中国古代工程技术实践的历史意义，三是中国古代工程技术实践的现实价值。我是学现代工程技术的，近些年因工作关系，与科学史界有较多接触，这次《中国古代工程技术史大系》编委会要我担任主编，也促使我有意识地对这些问题进行了思考，借此机会，谨将一些初步的认识梳理罗列于下，以与海内外科学史界的朋友交流、讨论。

（1）中国古代工程技术发展的主要特点

根植于中华农业文明，发展进程具有连续性、渐进性和相对独立性。

国家因素起着重大作用，具有强大组织功能的中央集权制国家机器推动产生了一系列规模宏大的工程技术实践。

独特的环境、独特的资源和独特的历史，孕育了诸多独特的发明创造。

辽阔与各具特点的地域，既孕育了丰富多样的技术成果，也导致了技术发展的地区差异。

（2）中国古代工程技术实践的历史意义

与中国古代农业技术相结合，共同构成了中华农业文明体系的技术基础。

以富有特色的大量发明创造，形成了世界古代工程技术的独特体系。

以一系列独具匠心的发明，对人类文明进步和近代世界发展作出了贡献。

凝聚了中国古人对于自然以及人与自然关系的丰富而独到的认识。

（3）中国古代工程技术实践的现实价值

当前我们正面临一个全球化的时代，现代化和全球化不能以失落传统为代价，未来世界应当是一个高度发达，同时又保有多样文化传统的多彩世界，中国古代工程技术实践的成果结晶既是中华民族文化传统的有机组成部分，也是人类科学技术传统的重要组成部分。

基于“敬天悯人”的意识，中国先贤一直以“顺天而动”、“因时制宜”、“乘势利导”、“节约民力”为工程技术活动的重要原则，由于多种因素的交互作用，既有成功，也有失败，这部“悲欣交集”的历史长卷，对于今天的工程技术实践乃至整个人类的活动，仍有丰富的启迪意义。历史的经验和教训从来都是一笔宝贵的财富，后来者要善于以史为鉴、服务当今、创造未来。

以上诸点，只是粗线条的概括性认识。我相信，本书各卷的撰著者，必然都从各自的领域和角度对这些问题进行了深入的思考，并以大量的资料进行论证，从而得出自己独立的见解，为读者展现出丰富而生动的学术成果。

中国科技史研究以往存在重数理而轻技术的现象，我希望这次通过编纂《中国古代工程技术史大系》，能够集中全国各方面专家学者的力量，对中国古代工程技术实践进行系统的整理和研究，力求科学地理解中国古代工程技术发展的历史，并对以往有关中国古代工程技术史的研究进行一次总结。

目录

CONTENTS

前　言

人类自降生到地球上，已有了三四百万年的历史，其中大多数时间是在没有冶金术的时代，即旧石器时代渡过的。旧石器时代约始于三四百万年前，止于14000～15000年前，人类接触到金属，是最近1万年，即新石器时代以后的事，较多地冶炼和使用金属，至今大约也只有四五千年的时间。此前，人类使用的生产工具、生活用具，基本上都是用石头、竹、木、陶制作的。冶金术的发明，金属之使用，极大地促进了生产力的提高和人类社会的发展，也极大地改善了人类自身的面貌。

本书的主要内容，是探讨我国古代冶金技术的发展状况、技术成就及其在世界冶金史上的地位。为了更好地继承和发扬我国古代这一优秀的文化技术遗产，本书同时还探讨了冶金技术与社会的关系和保留至今的传统冶金技术。本书的目的是“古为今用”，使人们能从古代技术成就和历史的经验中，在技术和思想认识两个方面都能得到有益的启迪。

一、世界古代冶金技术发展的基本历程

世界冶金术的发展是很不平衡的，很难用同一种模式，整齐划一的时间顺序来描述。但从亚洲、北非、欧洲几个典型的古文化区看，在“史前”期，人类金属文明的发展历程大体上可分为三大阶段，即铜石并用时代、青铜时代和铁器时代。“史前”期原则上是指有系统的文字记载以前，“史后”期原则上是指有系统的文字记载之后。

（一）铜石并用时代

人类最早使用的，并在社会生产和社会生活中产生过重大影响的金属是铜，之后才是铁和其他金属；最早使用的铜是自然铜，之后才是冶炼铜；最早的冶炼铜是红铜，或者含有共生元素的原始铜合金，之后才是人工配制的铜合金。铜石并用时代是人类最早使用金属的时代。

从现有资料看，人类较早使用自然铜器物的地方是中近东和小亚细亚一带。今伊朗境内发现过公元前9000～前8000年的自然铜小件饰物；小亚细亚的查塔尔莹克（Catal Hüyük）发现过公元前7000～前6000年的炉渣，其中含有金属铜小粒，很可能也是自然铜。一般而言，自然铜熔渣的组分应当是燃料灰分中的碱性氧化物与坩埚组分中的硅酸盐的反应产物，冶炼铜的炉渣组分则基本上是铁硅酸盐。查塔尔莹克的炉渣中没发现铁硅酸盐，这是人们推断其为自然铜的一个重要依据。自然铜的成因有二：（1）热液生成，由近地表的热水溶液分泌出来。（2）表生生成，这是与含铜矿物的风化有关的。自然铜分布较广，实际上，一般的大、小铜矿都含有一定的数量。

冶炼铜约出现于公元前4600年。1973年，我国陕西临潼姜寨出土了1件黄铜残片和1件黄铜管状物，校正年代为公元前4675±135年。与此差不了多久，伊朗的锡亚尔克（Sialk）也发现过一些精致的冶炼铜制品，其中一件为针头，其工艺是先铸后锻；一件为镞，经过了退火或热加工，约皆属公元前4500年。1970年，伊朗的泰佩叶海亚（Tepe Yahya）出土过刮刀、凿子、锥子，据分析，其中含有0.3%～3.7%的砷，原断代为公元前3800年，校正数字为公元前4000年。但从世界范围看，属于公元前4000年以前的冶炼遗物是为数不多的；公元前3500年之后，冶炼铜的数量才逐渐增多起来，埃及、叙利亚、以色列等国境内都发现过这一时期的冶炼铜制品。1965年，以色列的提姆纳（Timna）遗址发现了公元前3500年的炼铜炉及炉渣，这是目前所知较早的一座炼铜遗址。残炉呈碗形，以粗石砌成，周围的炉渣呈细碎状态。铜不太纯正，含砷量较低，渣属硅酸铁型[1]。

人类在铜石并用时代使用的铜有两种：一种是自然铜，一种是冶炼铜。自然铜一般较纯，可以冷锻、热锻，也可熔化后浇铸。早期的冶炼铜也有两种：一是红铜，这是由共生元素较少、较为纯净的铜矿冶炼得到的；二是原始铜合金，这是由共生矿，或单金属氧化矿的某种混合矿冶炼得到的。在中东和欧洲部分地区，这种铜合金主要有砷铜、锑铜、镍铜、铅铜等，也有少量铜锡合金。英国学者泰利柯特（R. F. Tylecote）在《金属史》一书中收集了24件不含锡的早期冶炼铜制品的成分，试样分别出土于今伊朗、叙利亚、以色列、埃及、捷克、罗马尼亚等地，时间由公元前3800～前2500年，器物种类有斧、凿、锯、锥、刮刀、铰刀、针、矛头、杖首、饰物、容器等。其含砷量一般较低，平均值为2.793%，超过10%的只有2件，即以色列的杖首和饰物，皆属公元前3300年。24件标本的含锑量介于0～0.77%间；含镍量为0～1.9%；含铅量为0～0.17%。表0－1为其中13件试样的成分[1]。在铜石并用时代，只有冶炼铜的使用才具有了真正的技术意义，同时也只有铜器含砷、含镍或含锡、含铅量明显增加时，才能确定其为冶炼铜。利用共生矿直接冶炼合金铜的技术，直到中世纪人们还在使用。

各地进入铜石并用时代的时间是不尽相同的，西亚为公元前6千年后期；埃及较早的铜制品约属公元前5000～前4000年，皆系锥和针，可能皆系自然铜制成；约公元前4000年（相当于前王朝中期）便有了冶炼铜。人们分析过一件前王朝时期的铜斧，成分为：镍、钴1.28%、砷0.49%、铅0.17%。约公元前3000年，含砷稍高的砷铜问世。靠近安纳托利亚（Anatolia）的巴尔干东部，约在公元前4000年便进入了铜石并用时代。在意大利，铜石并用时代大约属于公元前3000～前

2500 年，出土铜器有斧、匕首、针等，有一件匕首的含砷量高达 8%，当为冶炼铜制品。

表 0－1　中东和欧洲部分早期冶炼铜制品的成分

名称	出土地点	时间（公元前）	成分（%）				重量（公斤）
			砷	锑	铅	镍	
扁斧	埃及	3500	0.49	未测出	0.17	1.28	1.56
铰刀	叙利亚（阿姆克）	3400	1.35	未测出	0.003	0.93	
铰刀	叙利亚（阿姆克）	3400	0.04	未测	0.01	0.16	
刮刀	伊朗（叶海亚）	3800	1.7	<0.1	0.05	<0.01	0.065
凿子	伊朗（叶海亚）	3800	3.7	<0.1	0.05	<0.01	0.095
锤斧	捷克（蒂巴瓦）	3000	1.15	0	0	0.01	
杖首	以色列（贝尔谢巴）	3300	12.0	0.72	痕量	0.05	
饰物	以色列（米什马尔）	3300	3.5	0.18	0.034	0.17	
饰物	以色列（米什马尔）	3300	11.9	0.61	0.039	1.22	
斧	以色列（莫纳什村）	3300	4.07			1.25	
锯	以色列（莫纳什村）	3300				0.49	
矛头	以色列（莫纳什村）	3300	2.2			0.7	
容器	伊拉克（乌尔）	2900	0.65		痕量		

注：采自文献［1］。

（二）青铜时代

青铜时代是以较多地配制和使用锡青铜作为标志的，在欧、亚、非的几大古文化区，它大体处于公元前 3000 年到公元前 1000 年或稍后。考古界又常依陶器形制将它区分为早、中、晚三期。至今所见最早的锡青铜约出现于美索不达米亚，乌尔（Ur，伊拉克）在乌拜德文明时期（公元前 3500～前 3200 年）已生产了含锡量为 8.1% 和 11.1% 的斧子。但这在其他地方却是公元前 3000 年，或者公元前 2500 年之后的事。埃及在公元前 2600 年的铜基制品中开始用锡，公元前 2000 年时又有回复的迹象，之后不久便进入了真正的青铜时代。伊朗西北的乔伊泰佩（Geoy Tepe）大约在公元前 2000 年开始生产锡青铜，其中一根针的含锡量约为 10%，曾经退火，晶粒较细；另一根针和一只手镯的含锡量为 5% 左右，亦曾退火。塞浦路斯大约在公元前 2000 年后才出现了锡青铜，阿拉姆布拉（Alambra）曾出土过一把匕首和一把矛头，含锡量分别为 13.18% 和 11.59%。不列颠的早期青铜时代出现于韦塞克斯文化时期（公元前 1600～前 1400 年），且有的含锡量已达 17%。印度河流域的莫恒佐达罗（Mohenjo－Daro）大约在公元前 2500～前 2000 年便进入了早期青铜时代，在其已分析过的铜器中，青铜器约占 1/6。中国马家窑文化时期便生产了锡青铜，约公元前 18～前 16 世纪，便进入了早期青铜时代。从中东、欧洲的部分情况看，早期青铜时代的技术特点是：（1）锡青铜器数量依然较少，多数铜器依然是非锡青铜的，且形制较为简单。（2）相当大一部分器物采用热锻或冷锻的方式成型。铸件较少，见于考古发掘的主要是石范，保加利亚在公元前3000年之前的地层中曾有出土。(3)在仅有的一些锡青铜器中，虽有的含锡量较高，但大部分依然含锡量较低。泰利柯特在《金属史》一书中统计了17件含砷和不含砷的低锡青铜器成分，其中14件断代为公元前3900~前1700年，另有1件时代不明，2件属公元800年，分别出土于伊朗、伊拉克、印度、爱琴海、土耳其、埃及等地，含锡量为0.09%~3.0%，含砷量一般较低，个别达4.07%。(4)人们在使用少量锡青铜的同时，还使用了部分砷铜等。另外，部分地方还出现过回复，即锡青铜突然中断，回复到全以砷铜制造器物的现象。这些情况大约都与锡的来源有关，中东和欧洲的许多地方，其锡料都是从贸易中得到的。表0-2所示为其中部分早期低锡青铜器合金成分[1]。

表0-2 部分含砷和不含砷的低锡青铜器合金成分

地区	遗址	品名	年代（公元前）	成分（%）	
				锡	砷
伊朗	泰佩希萨尔1	针	3900~2900	1.74	未查
伊朗	乔伊泰佩	匕首	2000	~0.5	~0.3
伊朗	泰佩叶海亚	匕首	3000	3.0	1.1
伊拉克	乌尔	剑	2800~2500	2.4	未查
伊拉克	基什	碎片	2800	2.52	未查
伊拉克	特勒阿斯马尔	匕首	2500	2.63	0.15
爱琴海	莱斯博斯		2800	1.65	
印度	莫恒佐达罗		2100~1700	1.2	未查
土耳其	特洛伊Ⅱ		2500~2000	2.18	0.97
土耳其	特洛伊Ⅳ		2500~2000	2.90	1.50
埃及	图垣卡蒙墓		2000~1800	1.8	痕量
英格兰	伊特米斯顿	匕首	1700	1.54	2.9
布列塔尼	普卢丹尼尔	扁平斧	1800	0.09	4.07
秘鲁		小刀	约公元800年	2.49	未查
阿根廷		臂章	约公元800年	1.57	3.81

注：采自文献［1］。表中有几件器物的名称或出土地点原未说明。

大约在公元前2000~前1500年，欧亚大陆和北非的一些古文化区都先后进入了青铜时代的中、晚期，也即它的全盛期，安纳托利亚（Anatolia）、埃及、爱琴海约为公元前2000年，巴勒斯坦约为公元前1900年，东南欧约为公元前1500年，意大利、西北欧约为公元前1200年。其中年代最早的是美索不达米亚，约始于公元前2800年。伊朗和中国青铜时代的鼎盛期分别为公元前1500~前700年，公元前14~前5世纪。青铜时代中晚期的主要技术特点是：(1)出土青铜器的数量和种类增多，器形增大。(2)成型方式已由锻造为主转变成了以铸造为主。铸造成型不但简便，而且可生产一些形制复杂的器物；铸范不但有石型，而且有泥型、金属型。在不列颠，金属型约始于其青铜时代中期（公元前1400～前1000年）。锻造在青铜时代中晚期已经很少使用。（3）锡成了青铜合金的主要合金元素；人们可通过改变合金成分的方法来改善产品性能，而无需借助于加工硬化。向铜－锡合金中加入了一定量的铅，配制了铜－锡－铅三元合金。（4）利用了硫化矿。今知较早利用硫化矿的地方是奥地利阿尔卑斯山的基茨布尔工场，其时间当不晚于公元前12世纪。（5）青铜时代晚期，还大量使用了青铜质的木工、石工和金工工具，穿銎锤、弧刃凿、冲头等都已较多地应用于生产，在克里特（Crete）发现过需双手才能操作的铜锯，有的长达150厘米、宽23厘米。（6）出现了多种金属加工工艺，发明了焊接技术。

在研究亚洲青铜时代时，值得一提的是泰国班清遗址。其发现于20世纪60年代，遗址位于泰国东北部的班清村，其青铜时代墓葬出土了大量青铜器，种类有：斧、靴形钺、矛、镞、戈、臂甲等兵器和工具；铜鼓、小铃等乐器；戒指、手镯、项圈、脚镯等饰器；人像、牛、象、骑象者等铜俑。伴出物有彩陶器和少量铜铁合制件。学术界对其断代曾有过一些不同说法，原断代较早，后又作了一些修订。日本学者新田荣治等曾对有关遗物进行多次^{14}C年代测定，得知，班清遗址的青铜时代大体为公元前1090±50～前350±50年。王大道先生认为，这个说法应当是较为可信的[2]。在相当一个时期内，人们一直认为东南亚的青铜时代是公元前500年前后的事，班清青铜文化的发现，就增进了人们对东南亚青铜文化的了解。

（三）铁器时代

从东西方两大古文化区看，铁器时代约始于公元前1000年，终于公元500年前后。但实际上各地区、各民族的具体时间又是有较大差别的。安纳托利亚（Anatolia）、埃及、爱琴海、巴勒斯坦的铁器时代约始于公元前1000年，意大利、伊比利亚、东南欧约始于公元前800～前700年；中国约始于公元前500年；美索不达米亚稍早，可上推至公元前1200年。所以，我们很难用一个明确的时间来描述古代世界冶铁术的进程。因“石器时代”、“青铜时代”、“铁器时代”，原都是对史前史的一种划分，虽公元500年之后依然用铁，但这已属“史后时期”，人们已不再使用这种历史分期法，而使用诸如历史朝代一类称谓。

铁也包括自然铁和冶炼铁两种，自然铁又包括“地铁”和“陨铁”。“地铁”极少，在玄武岩及橄榄岩中成浸染体。格陵兰西岸迪斯科岛的玄武岩中曾有巨大的自然铁析出，但也有学者认为它是宇宙成因的。陨铁为宇宙成因，含镍量约介于4%～26%之间（多为5%～10%），含钴量约0.3%～1%。人类在发明冶铁术前，许多地方都曾使用过陨铁。格尔策（Gerzeh）出土过公元前3500年的陨铁小珠，含镍量为7.5%；伊拉克的乌尔（Ur）出土过公元前3000年的陨铁匕首，含镍量达10.9%；德尔巴哈里（Deir rl bahari）出土过公元前2000年的陨铁小刀，含镍量达10%。有人分析过小亚细亚特洛伊III期（约公元前2300年）发现的若干早期铁器，其中有的可能是陨铁和人工铁混合锻打而成，因有2件的含镍量分别为2.33%和3.9%，大大超过了人工铁的含镍水平。中国在商代中期和西周都出土过陨铁与铜的合制件。陨铁绝大多数都是可锻的，谨慎地热锻，可制成一些小件器物；若未作退火处理便进行冷锻，则可能沿晶面开裂。人们对陨铁的使用可能延续到了铁器时代初期或更晚一些。

一般认为人类冶铁术的最早发明地是小亚细亚，大约从公元前2000年起，那里便居住着使用铁器的民族。但在公元前第二千纪（公元前2000～前1000年）的早期和中期，人类冶铁、用铁量都是很少的，而且时断时续。公元前1200～前1000年间，冶铁、用铁量才有了明显的增长，人们刚刚开始较多地用铁来制造武器。乔伊泰佩发现了公元前1200年的确凿无疑的铁剑柄和其他铁制品。在约根泰佩（公元前1600～前1200年）发现了 铜剑铁柄。希腊在公元前11世纪末叶的一些富人墓中发现过许多铁质武器。中东加沙附近的格拉尔（Gerar）发现了不少公元前1200～前870年之间的锻铁炉，以及一把公元前1350年的铁刀。大约从公元前12世纪开始，一些地方的铁剑使用了铜柄，但其剑身往往是钢而不是铁。有人分析过公元前1100年的腓力斯铁剑，含碳量为0～0.8%，镍0.1%，硅、锰、磷、铜均为0.01%，曾经冷加工。显然，这其中有的是钢，而且达共析钢范围。早期之铁是十分珍贵的，当时主要用作饰器，以及铜柄铁匕首等物。

早期炼铁之法都是低温还原法，其产品是一种含碳量较低的固体块，以锻造方式成型。其炼钢法主要是属固态冶炼的“自然钢法”（直接冶炼法）和块铁渗碳法。当然，随着时间之推移，钢铁冶炼技术、铁器加工技术、热处理技术等也有了一些发展。目前所见年代最早的淬火器物是埃及公元前900年的两把斧头，其中一把未曾使用过，由中心到刃部，含碳量变化顺序为0～0.9%，斧刃曾在800～900℃下淬火。希腊时期有了许多关于淬火的记载，但可惜未曾得到有关实物的印证。早期制钢过程十分繁杂，一般产品的含碳量并不是太高，故罗马时代以前，淬火技术在欧洲的使用并不普遍。

以上是关于世界“史前”期，冶金技术发展的简单历程。其实这“史前”二字并不严格，中国的青铜技术、铁器技术，大体上都是“史后”期才发展起来的。同时，关于“史前”期的“铜石并用时代”、“青铜时代”、“铁器时代”的划分在世界上并无普遍性意义，它主要是指西亚、北非、欧洲一些典型古文化区而言。在进入有系统文献记载的历史时期之后，“铁器时代”这一术语便很少再用，而直接以历史朝代称之。除了铜、铁之外，在“史前”时期，金、银、锡、铅等多种金属技术也有了不同程度的发展。铅是一种较易冶炼的金属，1964年英国考古学家在土耳其的查塔尔莹克发掘了小件铅器，经^{14}C测定，该遗址属于公元前6000年，这是今见最早的铅制品。黄金多见于公元前第三四千纪，埃及境内曾发现过公元前4000年的金项链等物，此前是很少看到的。今见最早的银器属于公元前4000年，很可能是利用自然银制作的。地壳中存在极少量的自然银。炼银技术之发明约可上推到公元前2000～前2500年。特洛伊（土耳其）一期和二期遗址（公元前3000～前2300年）曾发现过银棒和铅棒；克里特（Crete）发现过3枚早期米诺斯文化（公元前2200～前2000年）的银匕首，其中一枚含银量为71%，含铜27.5%。人们推测，这些银应是借助于铅的帮助，使用灰吹法，即“铅炼银法”炼制而成。金属锡之冶炼约可上推至公元前3000年以前，但有关实物较少，人们看到过一只来自莱斯博斯塞米（Lesbos）的锡手镯，断代为公元前3000年。黄铜之使用约可上推到公元前1200年以前，人们发现过公元前1200～前1400年间的黄铜制品，系巴勒斯坦盖塞尔（Gezer）所制，含锌量达 23.4%，但它是否偶然所得，目前还很难判断。埃及黄铜是到了公元前 30 年才出现的，之后很快就传遍了罗马世界[1]。

在欧洲等地，整个罗马时代及至中世纪，其钢铁冶炼技术的发展一直是十分缓慢的，只有量的增长，而无质的飞跃。在块炼铁的漫长发展途程中，虽由于某个偶然的原因，也可能会炼出生铁来，但未形成一种工艺，更未推广和延续下来，故在公元 14 世纪以前，其炼铁炉依然是一种块炼炉，其炼钢术依然是“自然钢法”和块铁渗碳法。此期钢铁技术的发展主要表现是：操作更为纯熟、产量有了提高、多项金属加工工艺得到提高和推广。实际上，在整个中世纪，欧洲的钢铁生产并不能最大限度地满足社会的需要。公元 14 世纪时，随着炼铁炉炉身之加高和鼓风能力之加强，尤其是水力鼓风之使用，才在莱茵河畔炼出了生铁，炼钢技术的发展也才出现了新的转机，一系列的发明创造亦随之而来。大约 15 世纪中期，便发明了以生铁为原料，名之为“氧化精炼法”（to refine）的脱碳制钢工艺。1740 年发明了坩埚炼钢法，这是西方最早的液态钢。1784 年发明了搅拌法（puddle），这是一种反射炉炼钢，是西方半液态炼钢法的最高成就。1856 年发明了贝塞麦转炉钢，1864 年发明了西门子—马丁炉炼钢法，1878 年发明了托马斯转炉炼钢法，这些炼钢法的发明，最大限度地满足了社会对钢铁的需要，并极大地推动了产业革命的进一步发展。可以肯定地说，若无 19 世纪中期以来液态炼钢术的发明，人们绝不可能如此大量地生产和使用金属，也不可能产生和建立现代文明。直到目前为止，钢铁依然是现代文明的基础和支柱。

现代社会的农业、工业、国防、交通运输、建筑、航天事业，无不大量地使用金属。虽然 20 世纪 80 年代以后，世界经济、技术和钢铁生产的原有格局都发生了许多变化，金属矿总有一天会枯竭，冶金术也总有一天会消亡下去的；但有一点还可肯定的是：在一个相当长的时期内，金属的产量和消费量依然会呈上升的趋势，并且，这些指标将仍然是一个国家文明的重要指标之一。

二、我国古代冶金技术发展的基本历程

从新石器时代晚期到清代早、中期，细分起来，我国冶金技术的发展大体经历了八个阶段，这与我国社会的文明进程是基本一致的。

（一）从仰韶文化到龙山、齐家文化，这是我国古代冶金技术的萌芽期。在考古学上，仰韶文化属新石器时代晚期，龙山文化和齐家文化属铜石并用时代。

我国今见最早的金属冶铸遗物是 1973 年陕西临潼姜寨出土的黄铜片和黄铜管状物，均呈铸态。遗址校正年代为公元前 4675 ± 135 年，相当于仰韶文化早期[3][4]。仰韶文化是我国北方的一种新石器文化。稍后，在仰韶文化晚期、马家窑文化、红山文化、龙山文化、齐家文化遗址或墓葬中都有冶铸遗物出土。1977 ~ 1978 年，甘肃东乡马家窑文化层出土铜刀 1 枚，遗址年代为公元前 3200 ~ 前 2700 年，这是我国今见可辨器形的最早金属制品[5]。迄今为止，出土过冶铸遗物的仰韶文化（或与之年代相当的考古文化）遗址一共 7 处。目前出土有龙山文化冶铸遗物的地方约 17 处，其中山东有胶县三里河等 6 处，出土有铜锥、铜片、孔雀石、铜渣；河南有登封王城岗（四期）等 5 处，出土有容器残片、铜片、炉壁、铜渣、坩埚残片；此外还有：甘肃3处，河北、山西、湖北各1处，分别出土有铃形器、斧形铜片、铜锥、铜刀、铜块等。出土有齐家文化（公元前2200～前1800年）冶铸遗物的地方约有9处，其中甘肃7处、青海2处，出土的器物种类有空首斧、骨柄铜刀、铜镰、铜镜、铜凿、铜钻、铜匕、斧形器、铜泡、铜指环等。由仰韶文化到齐家文化，所出可辨器形的铜器计约50多件。这些都是我国今见最早的金属器，器物种类主要是小型生产工具和饰器，其中有红铜，也有青铜、黄铜；多为锻件，也有铸件。在红铜中，有的可能是自然铜，有的则可能是冶炼铜；青铜、黄铜则应是人工冶炼得到的。

（二）夏代中后期至商代前期，约相当于考古文化中的二里头文化至二里岗文化时期，这是我国的早期青铜时代。依据夏商周断代工程的最新研究，夏纪年约为公元前2070～前1600年，二里头文化约为公元前1880～前1520年。商代前期则为公元前1600～前1300年。

此期冶铸技术的主要技术成就是：（1）铜器出土的数量和种类明显增加。仅二里头出土铜器便不少于175件，器物种类有容器（如鼎、觚、爵、斝、盉）、乐器（铜铃）、兵刃器（戈、镞、戚）、生产工具（锛、凿、刀、锥、鱼钩）、饰器等。与二里头年代相当的四坝文化火烧沟遗址出土铜器达200多件，其中还有镢、镰类农具。二里岗时期，器物种类，尤其是容器有了明显增加，且器形明显增大。盘龙城出土铜器25种159件，一件大铜钺长41厘米。（2）铸造技术有了较大发展。在仰韶、龙山文化时期，锻造占有相当重要的地位，二里头时期便发生了较大变化，尤其是中原文化区，铸造不但占据了主导地位，而且技术上也有了很大的提高；二里头时期通常使用三片范，二里岗—盘龙城时期就出现了多范片铸造，以及分层铸造，并发明了器体与器身分开先后铸造之法。（3）商代中期便出现了一些规模较大的采矿、冶炼、铸造作坊。（4）人们已有意识地以锡和铅作为合金元素，生产了许多铜、锡、铅的二元和三元合金。（5）发明了铅、锡冶炼技术。但青铜合金技术尚处于早期发展的阶段，中原地区对锡、铅及其在铜合金中的作用尚无明确的认识。

（三）商代晚期至春秋战国。

商代晚期至西周，是青铜时代鼎盛期。此时，我国社会生产、社会生活的各个领域都大量地使用起青铜来，数量之多，品种之众，形体之大，工艺之精，都是前所未有、举世无可与之匹敌的。其中包括：青铜兵器，有戈、戟、矛、钺、刀、剑、镞等；手工业工具，有斧、锛、斤、锯、凿等；农具，有耜、铲、镢、锄、耨、镰等。尤其值得注意的是大量体型高大、造型复杂、图文繁缛的礼乐之器和大型容器，充分反映了商周青铜铸造技术的先进水平。如著名的司母戊大方鼎，通高达133厘米，口径达110厘米×79厘米，重达875公斤。中原文化区的成型方式主要是铸造，锻造已经很少使用。泥型铸造得到了充分的发展，器体与附件分开铸造的分铸法发展到相当成熟的阶段。以锡为主要合金元素的Cu－Sn－Pb三元合金系完全确立。创造了人类文化史上最为光辉夺目的青铜文明。西周晚期还发明了冶铁技术。

春秋战国，是青铜时代与铁器时代交替的阶段，春秋仍可视为青铜时代晚期，战国则已进入铁器时代。此时各项青铜工艺更为娴熟，生铁技术开始登上人类历史的舞台。春秋之后，由于礼乐崩溃，以礼乐器为中心的王室之器衰退，但诸侯之器却得到了最为充分的发展。泥型铸造中的先铸附件法更为精湛，不仅发明了层叠铸造、出蜡铸造、金型铸造，而且发展到了较高水平；青铜锻打、金属复合材料技术、焊接技术都有了发展；冲压、金银错、金银镀、硫化处理，都被使用于生产；青铜合金技术发展到更为成熟的阶段，并总结出了世界上最早的青铜合金规律——“六齐”规律。战国时期，生铁技术率先在中原文化区兴起，生铁可锻化退火处理迅速发展起来；战国中晚期，铁器在农业、手工业中取代了青铜和木石器的主导地位，且发明了钢和青铜的淬火技术。

（四）秦汉至南北朝，是我国古代钢铁技术全面发展、钢铁时代完全确立的阶段。

西汉中期之后，兴建了许多大型冶铸作坊，构筑了许多大型的冶炼和铸造竖炉，使用了水力鼓风和预热鼓风；生铁的三个基本品种，即白口铁、麻口铁、灰口铁都已出现；铸铁可锻化退火进一步发展，在石墨化退火和脱碳退火中分别生产出了“球墨可锻铸铁”和“铸铁脱碳钢”；发明了半液态冶炼的炒钢和灌钢；在炒钢反复锻打过程中又演变出了“百炼钢”；层叠铸造、铁范铸造技术都有了进一步发展；钢铁在兵刃器中取代了青铜的主导地位；以“生铁—炒钢、灌钢”为中心的冶金技术体系已经形成；人们在社会生产和社会生活的所有主要部门都大量地使用起钢铁来，我国古代的钢铁时代完全确立。青铜的主要用途已转到了铸钱、铸镜和一般生活日用器上。黄金、水银的使用量增加。

魏晋南北朝是我国古代社会经济、文化和科学技术备受摧残的时代。此期唯在有色金属冶炼上获得过一些新的成就，钢铁技术基本上是沿用了汉代的技术，很少有新的建树。其中比较值得注意的事项是：水力鼓风进一步推广；炒钢和灌钢工艺更普遍地使用起来；人们开始了对淬火剂的选择，发明了油淬和尿淬；花纹钢工艺发展到相当繁盛的阶段；民间使用了作为铜锌合金的黄铜；炼出了镍白铜和砷白铜；炼出了单质砷。

（五）隋唐五代，冶金技术发展的相对稳定期。

隋唐时期的金属生产和消耗量都是较大的，但技术上并无突破性的发展。比较值得注意的事项是：胆水炼铜开始出现；出蜡法铸造始见于记载；黄金白银加工技术发展到了一个新的阶段。

（六）宋元，持续发展期。

此时多种冶炼和加工工艺都有了进步，尤其北宋时期。比较值得注意的事项是：高炉炉型更趋合理；使用了活门式风扇送风；灌钢、百炼钢工艺都有了提高；胆水炼铜法大规模地使用于生产；炉甘石配制黄铜的技术、砂型铸造都开始见于记载；花纹钢技术、锣钹类高锡青铜的热加工技术都有了发展；创造了冷锻瘊子甲的工艺；发明、发展了加轴剪。元时，国家设立了镔铁局。

（七）明代，我国古代冶金技术和多项手工业技术集大成的阶段。

此时，金属的产量有了较大提高，技术上的创造性成就较多。在炼铁方面，使用了焦炭冶炼，有了活塞式风箱的明确记载，使用了萤石稀释剂；在炼钢方面，发明了串联式炒炼法，灌钢技术有了提高，焖钢工艺始见于记载；有色金属冶炼方面，炼锌技术、火法炼铜技术都有了较为详细的记载；在铸造方面，金属熔炼技术有了提高，泥型、砂型、出蜡铸造都有了发展；在金属加工方面，热锻、拉拔、化学热处理等都有了发展，创造了一种名叫生铁淋口的特殊化学热处理工艺；制作了宣德炉，它在合金技术、铸造技术、表面处理技术上都表现出了高超的技艺；硬钎焊技术有了发展。

（八）清代早、中期，我国传统冶金技术的衰退期。

此期的创造性成就较少。比较值得注意的事项是：广东部分炼铁炉采用了机车式装料法，坩埚炼铁进一步推广开来，灌钢工艺演变成了苏钢工艺，云南等地出现了白铜厂，铁画、铁炮锻制技术有了发展，拉制了多种型制的铜铁线材。可以说直到1784年西方发明反射炉炼钢前，我国传统的钢铁冶炼技术在世界上是长期处于领先地位的，之后便逐渐落到了西方的后面，尤其是1856年发明出贝塞麦转炉后，更逐渐衰退下来。

西方近代矿冶知识大体上是明代中晚期开始较多地传入我国的，清代晚期之后，它更作为一门生产技术，以一种不可抗拒的姿态，犹如潮水般向我国涌来。清政府最先发展的近代工业是枪炮业和船舶修造业，其中都有金属加工和小规模冶铸。19世纪80年代中期之后，我国开始大规模引进西方近代的金属冶铸、加工装置，刚发明出不久的贝塞麦转炉、西门子—马丁炉、托马斯转炉、轧钢机等各种各样的先进机械都被引入，从而开始了我国近代钢铁工业的历史。直到20世纪40年代末为止，近代矿冶技术的基本体系便大体确立。但在相当长一个时期内，我国钢铁技术的发展是十分缓慢的，在1898～1948年的50年内，只生产了760万吨钢（包括日本帝国主义侵占的地区）；20世纪六七十年代，又在两三千万吨间徘徊；改革开放后才获得了长足的进步，1984年全国钢产量已达4347万吨，1985年达4679万吨（均未含台湾省），居世界第四位，1996年突破了亿吨大关，1997年达1.07亿吨，居世界钢产量的第一位；10年之后的2007年，我国钢产量又上了一个新的台阶，高达4.89亿吨；而据估算，同年世界钢产量为13.2亿吨。

上述八个时期的划分，基本上反映了我国古代冶金技术发展的基本历程，本书的章节划分，大体上也是以此为本的。为了叙述方便，唯个别地方作了一些调整。

三、我国古代冶金技术的主要成就和基本特点

我国古代创造了世界上最为光辉灿烂的青铜文明和铁器文明，在金属冶炼、铸造和加工方面都取得了许多重大成就，对世界文明的发展做出了重要的贡献。今仅就其主要成就、基本特点，略述管窥之见，从中亦可获得一些有益的启示。

（一）关于主要成就。我们以为个中最为重要、带有全局性意义的约有6项，它们对我国古代文明的形成和发展，都产生过十分重要的影响。

1. 较早就建立了以锡为主要合金元素的Cu－Sn二元和Cu－Sn－Pb三元青铜合金技术体系，且含锡量较高。

我国古代的青铜技术约发明于二里头时期，以锡为主要合金元素的器物亦较多地出现；二里岗时期，青铜合金技术有了一定发展；商代晚期，以锡为主要合

金元素的 Cu－Sn－Pb 三元合金系初步确立，而且锡、铅使用量较高。之后，此体系便一直沿用下来，春秋战国时期还总结出了世界上最早的青铜合金规律——“六齐”规律。以锡为主要合金元素的 Cu－Sn－Pb 三元合金系的形成和确立，是整个青铜技术的关键和核心，也是整个青铜文明的技术关键和核心。锋利的青铜兵刃器、精美的青铜工艺品、各种发达的青铜加工技术，都是在这一基础上产生出来的。在古代世界的许多地方，这一合金技术的确立或稍晚，或发展水平较低，更未形成规范了的合金规律。锡青铜的优点是：可通过改变合金成分的方式来改变材料机械性能、可广泛地使用铸造方式成型、冷凝过程中线收缩量较小，这都是其他古代铜合金，如欧洲和西亚早期使用的砷铜、锑铜等所不能与之相比的。

2. 较早就形成了以泥型铸造为主，以熔模铸造、金型铸造和石型铸造等为辅，较为完善的铸造技术体系。

这在较大程度上满足了军事以及日常生活、手工业和农业的需要。尽管某些单项技术的发明期未必较中亚或西方为早，但我国整体水平较之为高，其中并有许多独特操作。在诸古代文明古国中，我国现存于世的青铜器物是最为丰富的。

3. 较早就发明了生铁冶炼技术，并一直沿用了下来。

我国古代的生铁技术至迟发明于春秋早期，战国中晚期便推广开来。与块炼铁相比较，生铁的优点是：含碳量较高，其性较坚，出炉产品呈液态，渣铁分离较好，基本上不含非金属夹杂，可用浇铸方式成型，炼炉可连续生产，生产率较高。同时，生铁的出现，亦为“铸铁可锻化退火”和“二步炼钢法”的发明和发展打下了良好的基础。可以说，若无生铁技术的发明，便无战国时期铁器的广泛使用和两汉时期炼钢技术，以及整个社会生产力的提高。在生铁技术中，不但有高炉冶炼，而且有坩埚冶炼，这后者，世界其他地方是所见不多的。古印度曾有过坩埚钢，但不是坩埚炼铁。在生铁冶铸中，预热鼓风、活塞式风箱、莹石稀释剂、倾动式炉身等技术，都是使用较早的。欧洲的生铁技术约发明于公元 14 世纪，此前的整个历史时期内，其炼铁法是原始的低温还原法，不但生产率较低，而且往往性能欠佳。可以说在相当长一个历史时期内，欧洲铁器的产量和质量都是满足不了社会需要的。有资料说，人们曾在乔伊泰佩（Geoy Tepe，公元前 2300～前 200 年）发现过一块白口铁坯，成分为：碳 3.5%、磷 0.45%、硫 0.16%[6]。类似的生铁在其他古文化区可能也曾偶然得到过，但它并未成为一种成熟的工艺，更未沿用下来，对社会生产力亦未产生过重大的影响。

4. 较早就发明和发展了铸铁可锻化退火处理技术。

我国古代铸铁可锻化退火处理技术约发明于春秋晚期，战国中晚期便推广开来，并一直沿用到了金元时期。它主要用来处理锄、镬、铲等农具，以及斧、锛、剪类手工业工具和少量刀、剑类刃器，对我国古代社会生产的发展起到了不可估量的作用。因生铁之性是既硬且脆的，很难制成强度要求较高的生产工具和生活用器，以满足社会多方面的需要。铸铁可锻化退火，就克服了材料的脆性，其中的脱碳退火还可使材料获得一定的可锻性，从而极大地改善了铸件的使用性能，扩大了生铁的使用范围。可以说，若无可锻铸铁技术的发明，决无春秋战国时期铁器的广泛使用，亦无春秋战国时期社会生产的那般高涨和发展。在欧洲，铸铁可锻化处理是公元18世纪才发明出来的。

5. 较早就发明和推广了半液态冶炼的炒钢技术。

炒钢技术是以生铁为原料的半液态脱碳制钢法，它至迟发明于西汉中晚期，之后就一直沿用了下来，1980年湖南攸县还有使用，是我国古代可锻铁生产的基本工艺。西汉中晚期之后及至明清，兵器、生产工具、日用器中的锻件，绝大多数都是炒钢锻制的。炒钢的优点是成分可适当控制，强度、硬度都较高，而且生产率较高，从而较大地改善了钢铁材料的使用性能，并扩大了它的使用范围，使钢的产量和质量都在较大程度上满足了我国古代社会的需要，可以说炒钢技术的发明，是“两步炼钢法”的最早起点。在欧洲，名为氧化精炼的生铁脱碳炼钢法当是公元15世纪中期才出现的，但与炒钢工艺相类似的搅拌法（puddle）实际上是到了1784年才发明并逐渐推广开来的。此前一段相当的历史时期内，欧洲的基本炼钢法是块铁渗碳法和自然钢法，产品含碳量一般较低，生产率亦较低，所以在整个中世纪，欧洲钢的产量和质量是不能完全满足社会需要的。

6. 较早就发明并推广了半液态冶炼的灌钢技术。

灌钢是以生铁和“熟铁”为原料的半液态制钢法，约发明于东汉晚期，20世纪四五十年代还在使用。这个原料“熟铁”，实际上是一种含碳量较高的炒炼产品；灌炼的主要目的是去除“熟铁”中的夹杂。炒钢和灌钢，是人类古代半液态制钢法的最高工艺形态，由于它们的出现，使我国在东汉之后便建立了以“高炉炼铁—炒钢—灌钢”为中心的钢铁技术体系。这一体系的形成，对我国古代社会生产的发展和社会进步，都起到了难以估量的作用。古代西方没有与此类似的技术体系，而比灌钢更为优越的制钢工艺是1740年发明的坩埚钢和1856年、1864年才先后发明的转炉钢和平炉钢。

（二）关于基本特点。在技术及其与社会的关系上，我国古代冶金技术具有下列5项较为基本的特点。

1. 具有典型性和连续性。

前面提到，考古学家曾将部分古文化区的史前期区分成了石器时代、青铜时代和铁器时代；在石器时代与青铜时代间又分出了一个铜石并用时代；在生铁出现前还有一个块炼铁的阶段等。这些较为典型，且较为基本的历史阶段在我国都存在过，也未曾间断过，这便是我国古代冶金技术发展的典型性和连续性。当然，具体进程未必与欧洲古文化区完全相同。如：（1）石器时代、青铜时代、铁器时代这三个时代的划分，原都是针对欧洲部分地区史前期而言的，而我国大约在铜石并用时代末期便进入了文明时期，我国的青铜时代、铁器时代，实际上皆属“史后期”。（2）“铜石并用”时期在我国延续时间较短。（3）我国未必存在使用自然铜的独立阶段。（4）我国的块炼铁阶段较短，等等。

2. 飞跃式发展，后来者居上。

这在我国青铜技术和生铁技术上都表现得十分明显。

伊朗最早的铜器可追溯到公元前9000～前8000年，埃及和欧洲开始用铜的时间也都不晚，但相当长一个时期内，诸古文化区皆停留于早期青铜、低锡青铜的技术范围内，发展速度不快，技术水平也不高。目前我国所见最早的铜器（块）

属仰韶文化早期，即公元前4600年，在二里头至二里岗时期，青铜技术有了初步发展。商代晚期就建立了水平较高的青铜文明。国外最早的冶铁年代当可上推到公元前2000年以前；到公元前9世纪，铁器便在欧洲开始推广；但其生铁技术却是到了公元后14世纪才发明出来的。目前我国所见最早的铁器属西周晚期，而战国中晚期便在农业、手工业和日常生活中，广泛地使用起铁器来。我国的青铜技术、钢铁技术，都是飞跃式发展、后来者居上的。个中缘由，浅见以为是充分利用了我国的资源条件和技术条件，抓住了“青铜合金技术”和“生铁技术”这两个技术上的关键。

3. 具有包容性和开放性。

自古以来，中华文化都是既包容又开放的，不管政治上还是技术上，都具有海纳百川的气概，冶金技术作为中华文化的一个部分，亦是如此。我国的冶金技术既善于吸收和消化外来的先进技术，亦将本国先进技术传到了国外。前者如黄铜技术、镔铁技术等，这都是中近东、南亚的先进技术的产品，皆先后传到了我国，并受到国人的赞许；后者则如生铁技术、可锻铸铁技术、百炼钢技术等，其发明后不久，便传到了朝鲜和日本等地。在人类文明的进程中，国家与国家，民族与民族间的各种文化、技术交流总是不可避免的。只是到了近代，由于积贫积弱的内部条件和外强的封锁、侵略，才使这种开放性受到了一定的影响。

4. 古代冶金技术发展较快，近代却十分的缓慢。

这是个客观事实，也可说是我国冶金技术发展的一个特点。产生这一现象的原因看来是多方面的，有必然的，也有偶然的；有技术的，也有社会的。我以为主要是社会的。个中最为基本的一条是：我国传统的原有市场，尚未形成对现代冶金技术、现代冶金产品的强烈需求，而原有的冶金技术体系，即“高炉炼铁—炒钢—灌钢”，却能最大限度地满足社会的需要。早在明洪武十八年（1385年），明太祖便曾因存铁过多而诏停各处官铁冶，二十六年时，因有需要方才复开官铁冶。及至洪武二十八年时，内库存铁达3743万多斤，明太祖又“诏罢各处铁冶，令民得自采炼，而岁输课程，每三十分取其二”[7]。明清时期，我国钢铁技术已发展到相当完善的阶段，在这样一种生产状态下，十分明显，若无更为广大的市场需要，是很难突破原有技术体系，取得更大进步和提高的。欧洲在地理大发现和产业革命之后，出现了一个很大的市场需要，而原有的技术体系又不能满足这一要求，其冶金技术在停滞了相当长一个时期后，产生了一个新的飞跃，与此是不无关系的。

5. 长时期处于官营式管理之下。

从先秦设立铁官开始，到清末的汉阳钢铁厂止，在两千多年的漫长历史时期内，官营一直是我国金属冶炼和加工的重要管理方式。许多重要时期的大型冶炼作坊，重要的金属加工作坊，大凡都是置于官方控制和半控制之下的。这一管理制度对我国古代冶金技术的发展，曾起到过许多积极的和消极的作用。归结起来，这作用主要有四：（1）便于集中资金和技术，建立一些规模较大、技术较为先进的冶炼和加工作坊。（2）便于保证国家或官方需要的基本产品，其中包括军用品和宫廷生活用品，以满足国防和战争的需要。（3）便于先进技术的推广和应用，并生产出一些技术水平较高的产品。(4) 便于稳定市场，保证国家的财政收入和抑制豪强。但其消极作用也是十分明显的，归结起来主要有三：(1) 不利于自由竞争，从而限制了人们的创造精神，其中包括技术上和管理上的创造。(2) 这种官僚制度很难避免各种各样的腐败。(3) 官方作坊的产品形制和质量，未必能完全满足民间的需要。这正反两个方面的作用，汉桓宽《盐铁论》皆进行过讨论。

(三) 几点有益的启示。

在我国古代冶金技术发展的几个特点中，我以为如下几点是具有启示意义的：

1. 抓住技术关键，便可后来者居上。

从历史上看，每一个时代都有自己一两项关键技术和支柱产业，人们只要抓住了这些关键技术和支柱产业，便可带动全局，促进整个社会经济的发展。在青铜时代，这应是青铜合金技术和青铜冶铸业；在钢铁时代，便应是生铁和炒钢技术。在相当长一个时期内，我国的经济和文化在世界上都处于领先的地位，这些技术应是起到了关键性作用的。

2. 充分利用自己资源和技术的优势，发展特色技术和特色产业。

如，我国具有丰富的锡资源，先人们充分地利用了这一资源优势，把我国古代青铜文化推到了光辉的顶点；我国具有丰富的瓷石资源，先人们充分地利用了这一资源优势，创造了享誉世界的瓷器技术。当然，世界上还有一些地区也是具有丰富的铜、锡资源，或者瓷石、高岭资源的，但其并未创造出灿烂的青铜文化，亦未创造出古代瓷器技术。

3. 发扬既“开放”，且“包容”的精神；取人之长，为我所用。

4. 适时调整管理制度，为技术的发展创造一个良好、宽松的环境。

从总的情况看，影响技术发展的主要因素应是它的若干内部条件，但在许多情况下，限制生产技术发展的因素却往往是一些管理制度。

四、我国古代冶金技术史研究的简单情况

用现代科学技术的观点，对我国古代冶金技术史进行研究之事，约始于民国初年。虽历朝历代都较为重视修书治史，但那主要是社会史，而技术史，尤其是冶金技术史，却是很少有人问津的。在浩如烟海的经史子集中，属于“冶金技术史”的内容，多是一些较为零星、分散的资料，而且主要是人们对某些重要器物、重要人物及典型事件的简单追忆。及至民国初年，现代冶金知识已经传入，现代冶金业也已出现，第一批具有现代科学知识的科研队伍开始形成，才为科技史、冶金技术史的研究打下了良好的基础。从民国初年至20世纪末，我国古代冶金技术史的研究大约经历了四个阶段，即萌芽期、平稳发展期、初步发展期和蓬勃发展期。我国科技史研究能取得今日之成果，一方面是得益于先人创造的光辉业绩，另一方面则是得益于近百年来几代学者，其中包括科技史工作者、文物考古工作者等的共同探索和努力。

萌芽期，即20世纪20年代及其稍前。最早一批使用现代科学观点来研究我国古代科技史、冶金技术史的学者基本上都是这一时期出现的，其中有通论性的研究，也有专题性研究，并形成了冶金技术史研究的第一个冲击波。较早投身于此研究事业的人主要是一些科技工作者，大家较为熟悉的有矿物学家章鸿钊、化学家王琎、日本化学家近重真澄等人。此期比较值得注意的事件主要有：（1）发表了一系列关于冶金史、金属化学史的综合研究论文。如1918年章鸿钊《中国铜器铁器时代沿革考》①，1920年王琎《中国古代金属原质之化学》，1925年章炳麟《铜器铁器变迁考》[8]等。（2）中、日两国学者都分析过不少中国古代铜镜、铜钱和青铜兵器刃器等的合金成分。（3）开始了对中国古代青铜合金技术和《考工记·六齐》的专题研究。值得注意的论文有：1920年近重真澄著的《东洋古代文化之化学观》，1923年王琎《五铢钱化学成分及古代应用铅锡锌镴考》，1925年梁津《周代合金成分考》，1928年王琎《中国黄铜业全盛时代之一斑》等。此外，1929年近重真澄出版了《东洋炼金术》一书。（4）开始了我国古代炼锌技术发明期的研究和讨论。值得注意的文章有：1923年章鸿钊《中国用锌的起源》，1925年章鸿钊《再述中国用锌的起源》，1925年曾远荣著的《中国用锌之起源》等[9]。这些先辈们既重视文献研究，也重视考古实物的科学分析，使冶金史研究从一开始便有了一个正确的方向和正确的研究方法。

平稳发展期，即20世纪三四十年代。我国的现代科学技术在这一时期曾获得过不少成就，但冶金技术史研究却显得相对平淡，研究性论文和论著都很少，这与当时国内外环境或有一定关系。此期比较值得注意的事件有：（1）我国考古工作者第一次发掘了古代铸铜遗址，即殷墟铸铜遗址，且刘屿霞于1933年发表了《殷代冶铜术之研究》一文。（2）1938年，周志宏对重庆北碚金刚碑炼钢厂苏钢工艺进行了考察，后于1954年发表了《中国早期钢铁冶炼技术上创造性的成就》一文。（3）日本人通过各种方式获得了大批中国古代青铜器，同时也进行过许多研究，如小松茂、山内淑人对数十件中国古镜进行了合金成分分析和金相分析，并先后于1933年、1937年发表了《东洋古铜器的化学研究》、《古镜的化学的研究》等文；道野鹤松分析了不少兵器、钱币，发表了《东洋古代金属器之化学的研究》、《古代支那货币的化学的研究》等文[10]。

初步发展期，20世纪50～70年代初期。在科学家们的奔走和政府的支持下，科技史研究事业正式纳入了国家科学研究的轨道，各方面的工作都有计划地开展起来，并获得过多项重要成果。其中较值得注意的事项有：（1）1957年，中国科学院自然科学史研究室成立，其中便包含了技术史的研究人员，同时还聘请了北京钢铁学院图书馆馆长胡庶华在该研究室兼职，专门整理和研究我国古代的冶金技术史资料。（2）由于考古事业的发展，发现和发掘了多处铜铁冶铸遗址，并出土了大批可以明确断代的金属器物。其中尤其值得注意的是：巩县铁生沟（1958～1959年发掘）、南阳瓦房庄（1959～1960年发掘）等汉代大型冶铸作坊、侯马铸铜遗址和兴隆铁范的发掘。（3）发表和出版了一批较有价值的论文和论著，论文如李恒德的《中国历史上的钢铁冶金技术》[11]、张子高的《六齐别解》（1958年）、杨宽等人对冶铁鼓风器的研究（1959年）[12]、华觉明等的《战国两汉铁器的金相学考察初步报告》（1960年）、凌业勤的《北京明永乐大铜钟铸造技术的探讨》（1963年）、李京华《从南阳宛城遗址出土汉代铁铧模和铸范看犁铧的铸造工

① 出处见正文。此处提到的文献较多，本书正文一般都要提及，此不再一一注明出处。

艺过程》（1965 年）；论著如杨宽的《中国土法冶铁炼钢技术发展简史》（1960 年，上海人民出版社）、张子高的《中国化学史稿（古代之部）》（1964 年，科学出版社）。

蓬勃发展期，20 世纪 70 年代中期至 90 年代。20 世纪 70 年代时，我国曾在较大范围内开展了“儒法斗争史”的研究，知识界的许多人士，包括高等学校、科研单位、史学界的学者都置身于这一行列中，客观上为科技史、冶金技术史研究输送了一大批优秀人才，使我国科技史研究出现了前所未有的、蓬勃发展的新局面。此期较值得注意的事项是：（1）1976 年成立了由北京钢铁学院（今北京科技大学）、冶金部有色金属研究总院、中国科学院自然科学史研究室（后来晋升为“研究所”）三家组成的“《中国冶金史》编写小组”；1980 年，在中国科学技术史学会成立的同时，成立了“中国科学技术史学会·金属技术史分会”，会员包括国内科研单位、高等学校、文物考古界等的数十名学者。这两个组织都开展过一系列的科研活动。（2）此期的冶金考古事业取得了十分可喜的成就，尤其是瑞昌铜岭（1988～1992 年）、大冶铜绿山（1973～1985 年）、皖南（1984～1986 年）、林西大井（1976 年）等大型古矿冶场的发掘和发现，及仰韶至龙山文化、齐家文化的早期铜器，和西周至春秋晚期的早期铁器，以及诸如“卅湅大刀”等具有较高研究价值的铜铁器之出土，都为冶金史研究提供了十分宝贵的资料。（3）研究方法和研究范围都有了较大的扩展，人们在继续遵循“文献研究与科学分析相结合”的方法时，还采用多学科相结合的方式，有组织有计划地进行了一系列的冶铸遗址调查、传统技术调查、模拟试验，并取得了多方面的有益成果，我国古代冶金技术发展的基本轮廓已经显现。自然，任何事物的发展必有高潮与低潮，下一个高潮到来时，我国的整个科技史、冶金技术史研究必将获得更大的进展。

参 考 文 献

［1］华觉明等编辑：《世界冶金发展史》，科学技术文献出版社，1985 年。原著 R. F. Tylecote，A History of metallurgy，1976 年英文原版。本文关于世界"史前"冶金技术的资料多引自此书。

［2］王大道：《云南青铜文化及其与越南东山文化、泰国班清文化的关系》，《考古》1990 年第 6 期。

［3］巩启明：《姜寨遗址考古发掘的主要收获及其意义》，《人文杂志》1981 年第 4 期。

［4］半坡博物馆等：《姜寨—新石器时代遗址发掘报告》，文物出版社，1988 年。

［5］甘肃省文物工作队等：《甘肃东乡林家遗址发掘报告》，《考古学集刊》(4)，1984 年。

［6］华觉明等编辑：《世界冶金发展史》第 110 页，科学技术文献出版社，1985 年。

［7］《明太祖实录》卷一百七十六载：洪武十八年十一月，"罢各布政使司，煎炼铁冶，以其劳民故也"。卷二百四十二载：洪武二十八年，"工部臣言，各处续开炉冶已三年，而内库见贮铁凡三千七百四十三万余斤。上以库内储铁已多，诏罢各处铁冶，令民得自采炼，而岁输课程，每三十分取其二"。并见万历申时行等重修《明会典》卷一九四"工部·冶课"。

［8］章炳麟：《铜器铁器变迁考》，《华国》1925 年 2 卷 5 期。

［9］曾远荣：《中国用锌之起源》，见王琎等：《中国古代金属化学及金丹术》，中国科学图书仪器公司出版，1955 年。并见《科学》1925 年第 10 卷第 12 期。

［10］载《日本化學會會誌》第 53 卷，1932 年。

［11］载《自然科学》1951 年第 1 卷第 7 期。

［12］1959 年国内学者关于冶铁鼓风器的论文主要有：王振铎：《汉代冶铁鼓风机的复原》(《文物》1959 年第 5 期)、李崇洲：《古代科学发明水力冶铁鼓风机"水排"及其复原》(《文物》1959 年第 5 期)、杨宽：《关于水力冶铁鼓风机"水排"复原的讨论》(《文物》1959 年第 8 期)。

第一章

仰韶至龙山文化晚期冶金技术的萌芽

中国这块土地上很早就有了人类的生存和繁衍。目前我国发现较早的人类活动遗物和遗迹已有多处，如江西繁昌石器（距今200～240万年）、四川“巫山人”化石（距今200万年）、云南“元谋人”化石（距今170万年）等。大约14000年～15000年前，以长江、黄河流域为中心的古文化区便开始进入了新石器时代，今见较早的新石器时代遗址在南方和北方都有发现，如广西桂林庙岩（^{14}C年代测定距今15000年以上）、江西万年仙人洞和吊桶环（距今14000～15000年）、湖南道县玉蟾洞（距今14000～15000年）、河北徐水南庄头（距今9700～10500年）等。大约公元前6000年之后，在黄河、长江两大流域的中、下游，便开始出现了多个大范围的文化高涨区，形成了一个个连续发展的文化序列。从现有资料看，我国古代的金属冶炼技术，就是在文化高涨期的仰韶文化，即新石器时代晚期发明出来的。较早使用金属的地方是今北方的黄河流域和辽河流域。我国不但是世界上较早发明冶金术的地区之一，而且还创造了古代世界最为光辉灿烂的金属文明。

本章主要研究仰韶文化至龙山文化、齐家文化时期，冶金技术发明、发展的一般情况，这是我国古代冶金技术的萌芽期。从^{14}C年代测定，和夏商周断代工程的研究情况看，我国历史上第一个统一的国家，即夏代，是在龙山文化晚期出现的；齐家文化是与龙山文化晚期相当的一种地区性文化。一般认为，龙山文化、齐家文化时期，是我国的“铜石并用时代”[1]。

第一节　早期冶铸遗物的出土情况

一、早期冶铸遗物的出土情况

“早期冶铸遗物”是指仰韶文化到龙山文化、齐家文化时期的冶铸遗物。目前见于报道的有关遗址，较为确凿的计约33处（表1－1－1），即：

仰韶文化（公元前5000～前3000年），以及与之年代相当的诸考古文化计有7处：（1）陕西临潼姜寨。1973年，在第79探方第29号房基的第3地层中出土半圆形黄铜片一件，残，直径4.8厘米、厚0.1厘米，一侧表面稍见光平，另一侧较为粗糙；两侧表面均有少量细裂纹，周边有锉痕；铸制，表面铸痕清晰，属铅黄铜，且含少量的锡。同时，在第259探方的第3地层中发现黄铜管状物一件，由黄铜片卷曲而成，残长5厘米、直径0.4厘米，出土时已被压扁[2]，大体上属简单黄铜。这是我国今见最早的金属器（件）。经^{14}C年代测定并树轮校正，29号房基的炭化木椽为公元前 4675 ±135 年[3]。这铜片和铜管皆属姜寨遗址一期[4]。(2) 甘肃东乡林家。1977 ~1978 年在马家窑文化遗址地层内出土铜刀 1 把、尚未充分还原的渣铜混合物 1 件、锈透了的铜块 2 件。铜刀器形完整，刀身厚薄均匀，表面平整，刀尖圆钝而微微上翘，弧背，柄部较窄，有安装过木柄的明显痕迹；通长 12.5 厘米，双合范铸成。渣铜混合物出土于灰坑 H54 中；其中的铜已锈透，状如铜渣，经中子活化法分析，成分为：铜 36.5%、锡 6.47%、铅 3.49%、铁 0.41%。两块锈透了的金属发现于探坑 H57 的第 4 层。经 ^{14}C 测定并树轮校正，遗址年代约为公元前 3200 ~ 前 2700 年[5]。其中的铜刀是我国今见年代最早且可辨器形的铜器。(3) 山西榆次源涡镇。1942 年曾发现一块陶片上附有铜渣[6]，约属公元前 3000 年。后经分析，此铜渣成分为：铜 47.67%、硅 26.81%、钙 12.39%、铁 8.0%[7]。(4) 山东大汶口。其 1 号墓随葬的一件小骨凿上附有铜绿，含铜量为 9.9%，有人认为这可能是铜器加工留下的痕迹。骨凿长 5.4 厘米，相当锋利[8]。属大汶口文化晚期，断代为公元前 3000 ~ 前 2600 年。(5) 辽宁建平牛河梁。1986 ~1988 年，牛河梁红山文化遗址第 2 地点的 1 号墓出土小铜环 1 件[9]。(6) 1987 年，内蒙敖汉旗西台红山文化房址发现陶范多块，外作方形，曾经火的烧烤，打开后见有鱼钩状空腔[10]。红山文化断代为公元前 4600 ~ 前 2800 年。(7) 陕西渭南仰韶文化晚期遗址出土有黄铜笄[11]。

表 1-1-1 仰韶文化至龙山文化、齐家文化冶铸遗物

出土地点	铜刀	骨柄铜刀	铜斧	铜锥	铜镰	铜镜	铜凿	铜铃	铜鬶残片	铜环	铜匕	铜泡	铜钻	铜片铜块	铜尖	铜管	铜条	铜指环	铜笄	铜饰器	炉壁残块	陶范	坩埚残块	渣铜	铜渣	铜锈	文献
临潼姜寨														1		1											[3] [4]
东乡	1													2										1			[5]
源涡镇																									1		[6]
大汶口																										1	[8]
辽宁建平										1																	[9]
内蒙西台																						若干					[10]
陕西渭南																			1								[11]
三里河													2														[12] [13]
诸城呈子														1													[1]
栖霞杨家圈				1																				若干			[1]
长岛店子														1													[1]
日照王城																									若干		[1]
临沂大范庄														1													[14]

王城岗									1																		[19] [20]
平粮台																									1		[15]
牛砦																					若干						[21]
董砦														1													[22]
煤山																							若干				[23]
陶寺								1		1																	[16]
大城山																				斧形饰2							[1] [24]
蒋家坪	1																										[1]
高苜蓿地														1													[17] [11]
照壁滩				1																							[17] [11]
石家河镇														5													[18]
皇娘娘台	6			15			1			1			2	4			1								若干		[28]
大何庄											1			1													[29]
秦魏家			1	1											1			2		2							[30] [31]
齐家坪			1			1																					[1]
西坪					1																						[1] [32]
岷县杏林	1		1																								[35]
临夏		1																									[34]
尕马台						1						1						1									[36]
总寨	2	2		2																							[37]
总计	11	3	3	20	1	2	1	1	1	3	1	1	4	18	1	1	1	3	1	4	若干	若干	若干	若干	若干	1	

注：（1）除表中所列，陶寺还出土铜质齿轮形器1件。

龙山文化（约公元前2800～前2000年）及其与之年代相当的考古文化中，出土早期冶铸遗物的至少17处，其中12处可能稍早于夏纪年，5处约与夏代早期相当。

早于夏纪年的12处是：（1）山东胶县三里河遗址。1974年发现铜钻2段。黄铜质，皆一端较粗，一端较细[12][13]，两段大体可对接起来，很可能是由一根折断的。年代约为公元前2400～前2000年。（2）山东诸城呈子遗址。1978年发现铜片1件[1]。（3）栖霞杨家圈二期遗址。1981年发现残铜锥1把，以及部分锈蚀了的铜块、孔雀石等炼铜原料。铜锥长18厘米，两端均残，一端宽5毫米、厚3毫米，另一端宽厚皆约3毫米。据^{14}C年代测定并树轮校正，杨家圈二期约与龙山文化早期相当[1]。(4) 长岛北长山岛店子遗址。1982 年发现圆形黄铜片 1 件。曾经加工[1]。(5) 山东日照王城安尧遗址，曾发现炼铜渣[1]。(6) 临沂大范庄，发现铜器残片[14]。(7) 河南淮阳平粮台遗址。1979～1980 年在龙山文化城址第三期灰坑的底部发现铜渣 1 块，长 1.3 厘米，断面近于正方形，边长约 0.8 厘米[15]。经^{14}C 测定，为公元前 2370±175 年，树轮校正约为公元前 2300 年。(8) 山西襄汾陶寺遗址。先后出土过铜质铃形器、铜质齿轮形器、铜环各 1 枚[16]。铃形铜器出土于 1983 年，横断面近似菱形，口部较大，长对角线 6.3 厘米，另两角呈圆弧形，对角线长 2.7 厘米。顶部略小，长短两对角线分别为 5.1 厘米、2.1 厘米。器高 2.65 厘米。顶部中间有一圆形小孔。此孔系整体铸成后再加钻而成的[16]。经^{14}C 测定并树轮校正，为公元前 2085 年。陶寺遗址还发现过两件与此铜质铃形制相似的陶铃，手制，横断面呈菱形，顶部有两个小孔。铜环出土于 2005 年，外径 4.6 厘米、内径 3.9 厘米、厚 0.7 厘米，属陶寺文化中期。(9) 甘肃永登蒋家坪。在马厂文化的地层中出土残铜刀 1 件，圆头，前端上翘，年代约为公元前 2330～前 2055 年[1]。(10) 甘肃酒泉县丰乐乡照壁滩马厂文化遗址出土铜锥 1 件[17]。(11) 又，丰乐乡高苜蓿地马厂文化遗址出土铜块 1 件[17]。(12) 1987 年，湖北天门市石家河镇罗家柏岭出土铜器残片 5 件，及部分铜渣，属石家河文化二期，约属公元前 2400 年。依伴出物推测，石家河文化可能还有铸造小型铜器的手工业生产部门[18]。

夏纪年之内的 5 处，皆属河南龙山文化，它们分别是：(13) 河南登封王城岗。1977～1981 年，在一个灰坑中出土铜质容器残片 1 件，宽约 6.5 厘米、高 5.7 厘米、厚 0.2 厘米，重 35 克，锡青铜，铸制。残片很像是青铜鬶的腹部与袋足部。壁厚均匀，厚约 0.2～0.3 厘米，出土时表面受蚀严重，器表有烟炱遗迹。属王城岗龙山文化四期。经^{14}C 测定并树轮校正，遗址断代约为公元前 2455～前 1900 年。第四期的年代即此下限[19][20]。这是我国今见最早的容器（残片）。(14) 郑州西郊牛砦村。20 世纪 50 年代前期出土过炉壁残块，经分析，其曾熔化过铅青铜[21]。(15) 郑州董砦。在王湾三期的地层内出土方形铜片 1 件，大小如指甲[22]。(16) 临汝煤山。其龙山文化遗址第二期的两个灰坑中出土有泥质的熔铜炉底残块[23]，其中一件直径 5.3 厘米、厚 2 厘米，在炉壁内有 6 层铜液痕迹，每层厚 0.1 厘米。经分析，炉壁上的“铜痕迹”含铜量近于 95%。树轮较正年代为公元前 2000 年。(17) 河北唐山大城山，1955 年出土 2 块穿孔斧形铜牌饰，其中较大的一件长 5.9 厘米、宽 4.2 厘米、厚 0.2 厘米。两器皆薄，表面很不平整，其上的小孔是从两面对钻出来的[24]。属夏家店下层文化[1]。

这是龙山文化及其与之年代相当的冶铸遗物出土情况，计 17 处，今山东 6 处，河南 5 处，甘肃 3 处，湖北、河北、山西 3 省各 1 处。其中的王城岗、煤山、牛砦、董砦以及唐山大城山铜器（片）大约都与夏代早期相当，或说都已进入了夏纪年（公元前 2070～前 1600 年）范围。

此外，还有 3 个地方也出土过与龙山文化年代相近或相去不远，但对其断代存在分歧的铜器：(1) 内蒙古朱开沟遗址，出土铜锥 1 把，原断代为龙山文化晚期至商代早期[25]，后经^{14}C 测定并树轮校正，为公元前 1700 年，与二里头文化相当；

其第三段最后定为夏代中期。有关情况本书第二章还要谈到。（2）安徽含山大城墩遗址第二期文化，出土铜刀1件，有人说其年代与龙山文化相当，也有人说其为二里岗时期[26]。（3）《河南考古四十年》第二章载，鹿邑栾台遗址二期的早期发现了铜器[27]，详情不明。此3个遗址皆暂不归于龙山文化范围。

齐家文化（公元前2200～前1800年）出土冶铸遗物的地方至少9处：（1）甘肃武威皇娘娘台。20世纪50年代和70年代四次发掘先后出土铜器（片）达30件，包括铜锥15件，铜刀6件，铜钻头2件，铜凿、铜环、条形铜器各1件，铜器残片4件。一件铜钻长18厘米；一件Ⅱ式铜刀呈长条形，表面磨光，弧刃，长11.5厘米、宽3厘米。1957年和1959年出土的铜锥达12件，完整者4件，长介于3.8～12厘米之间[28]。（2）甘肃永靖大何庄。出土铜匕和残铜片各1件。伴出的2件标本的放射性碳素测定年代为公元前1725±95年和公元前1695±95年[29]。（3）永靖秦魏家。出土铜器7件，即斧形器1件、铜锥1件、铜指环2件、铜饰器2件[30]、铜尖1件[31]。（4）甘肃广河齐家坪。出土铜质空首斧1件、铜镜1件。斧长15厘米、刃宽3.2厘米、头宽4.0厘米、厚3.1厘米，空首斧内残有木柄断茬。斧头有两个对称的半环形耳。镜为素面，直径6.0厘米，正面中央微凸，稍有光泽，曲率半径约241毫米[32]。广河齐家坪计有3组^{14}C年代测定数据，约分别为公元前2180年、公元前2060年、公元前2615年[33]。（5）广河西坪。墓葬出土铜镰一件，通长18.3厘米、柄长7.0厘米，刃端很少生锈，略带光泽[1][32]。（6）甘肃临夏县。采集铜刃骨刀1件，刀柄与刀身由动物的肋骨磨成，肋骨一侧开槽，铜刃嵌于槽中[34]。亦称骨柄铜刀。（7）甘肃岷县杏林，出土铜刀、铜斧各1件。从外形看，二器皆为红铜铸成，刀长22厘米、刃宽3厘米、把长9.5厘米，内曲弧刃，首部有一小耳，以为系绳之用。刀之环首的出现很可能与此系耳有关。斧长13厘米、宽5厘米、厚11厘米，銎部亦有一系耳[35]。（8）青海贵南县尕马台。墓葬出土铜镜、铜指环、铜泡等物。镜直径9.0厘米、厚0.3厘米，背面饰有七角星纹（图1－1－1）[36]。（9）青海互助土族自治县总寨乡。1979年、1980年出土铜刀2件、骨柄铜刀2件、骨柄铜锥2件。一件铜刀体形较宽，一面开刃，刃部留有使用过的痕迹，长13.5厘米、宽2.3厘米、厚0.2厘米，稍稍内弯；另一件铜刀呈片状，两面开刃，一端平，一端卷曲成了筒状，长11.4厘米、宽1.6厘米、厚0.1厘米[37]。从齐家文化的^{14}C年代测定来看，个别数据早到了公元前2600年，晚到了公元前1700年，但多数数据，或说主要年代应为公元前2050±155至公元前1915±155年范围[38]，这大体相当于夏代建国稍前至稍后一段时间。

另外，新疆也是值得注意的古文化区。据说疏附县有2个地方也出土过年代较早的铜器，一是乌帕尔苏勒塘巴俄遗址，采集有铜珠、残细铜棒4件、小铜块12件，伴出物的文化内涵与中亚克尔捷米纳尔新石器文化（公元前4000～前3000年）相似，故有学者推测其年代约为公元前3000年。经测定，小铜块为红铜，且夹杂较多。另一个是疏附县阿克塔拉遗址，曾采集到小铜刀和残铜块。经测定，小铜刀亦为红铜。有学者依伴出物风格，认为其年代可能与前者相近。但这两批文物皆为采集器，而克尔捷米纳尔新石器文化的年代范围较宽，故有学者又将此二遗址的年代置于公元前3000～前2000年之间[39]。如若此断代确凿的话，其时间便与仰韶文化晚期至龙山文化相当。但目前见有铜器的遗址多处于公元前2000～前1000年之间。1997～1998年，哈密天山北路清理了700多座墓葬，除个别墓葬外，器物出土量一般较少，种类有陶器、铜器、银器，和珠、贝等。铜器主要是饰器，如耳环、手镯、圆形牌饰、扣形器、珠、管、簪、镜等，另有少量刀、锥、镞等；银器为簪。这是目前在新疆青铜文化中，与甘青考古文化关系较为密切的一处。从器物类型学的角度看，其时代当在公元前2000～前1000年之间[40]。因时代范围较宽，很难做出进一步的年代判断。有关其金属技术的发展状况，将集中放在本书第三章，即先秦时期讨论。

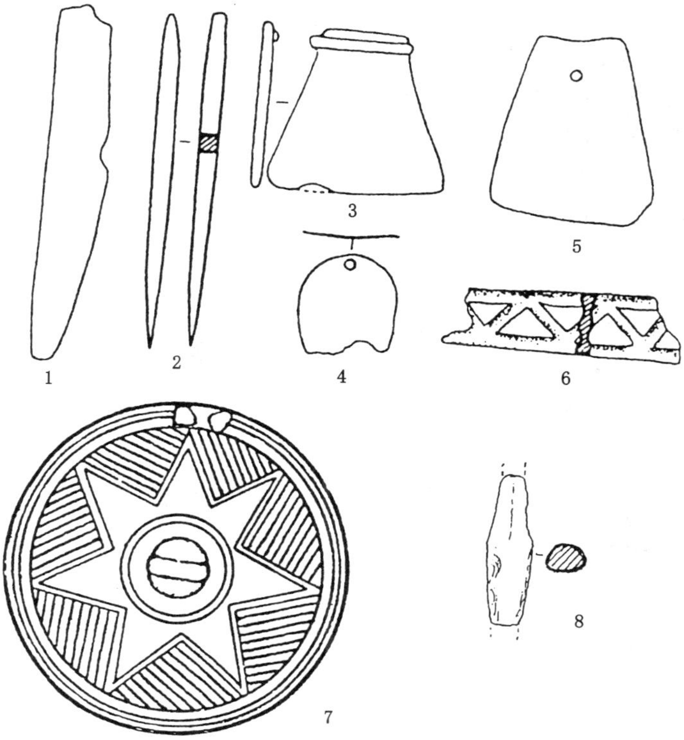

图1－1－1　龙山、夏家店下层和齐家文化铜器

1. 大何庄齐家文化铜匕　2. 秦魏家齐家文化铜锥
3. 秦魏家齐家文化斧形器　4. 秦魏家齐家文化坠饰
5. 大城山夏家店下层文化斧形饰　6. 皇娘娘台齐家文化刀柄（条形器）
7. 尕马台齐家文化七角星纹镜　8. 杨家圈二期龙山文化铜锥

转采自文献［1］，杨家圈铜锥见《胶东考古》第198页

这是仰韶文化、龙山文化、齐家文化及与之年代相当的诸考古文化冶铸遗物出土情况。可知这些冶铸遗物具有下列几个明显的特点：（1）分布地域不是太宽。主要在我国北方的山东、河南、河北，以及山西、内蒙、辽宁、陕西、甘肃、青海和新疆一带；长江流域只有湖北天门石家河一处。（2）数量不是太多。由仰韶文化早期到齐家文化时期，前后经过了大约2600年的时间，除了坩埚残片、炉渣、陶范之外，各种金属遗物，连同不辨器形的残片加在一起大约也只有80余件，而可辨器形的大约只有50多件。（3）器形多较简单，主要是一些小型的生产工具和日用器，多为素面，只有少数呈现了简单的几何学纹。在50多件可辨器形的器物中，最多的是铜锥，计20件（包括骨柄铜锥2件）；其次是铜刀，计14件（其中包括骨柄铜刀3件）。器形较为复杂的要算陶寺的铃形器、登封的铜鬶和尕马台的

七角星纹镜。器形较大的生产工具只有铜斧一种，容器只见登封铜鬶残片1件。（4）这些铜器（片）多属齐家文化时期。如表1－1－1统计的可辨器形的早期铜器中，最多的是小生产工具，约43件：属马家窑文化的只有1件，即铜刀；属龙山文化的也只有4件，即刀1件、锥1件、钻2件；属齐家文化的则有38件，即刀9件、骨柄铜刀3件、锥19件、斧3件、凿1件、钻2件、镰1件。（5）下面还要谈到，此期青铜器所含锡、铅量都较低，这对其铸造、加工和使用性能，都是有一定影响的。

二、有关早期金属使用情况的记载

我国古代有着最为丰富的文化典籍，在世界上是极为罕见的，它也是全人类的共同财富。我国古代许多重大的科技成就，都是由这些典籍保存下来、传布于世的，这对我们了解我国古代文化和科学技术的发展，探讨人类文明的进程，无疑都具有十分重要的意义。

从有关记载看，我国冶金技术的发明期当属于黄帝时期。

《史记》卷二十八“封禅书”：“黄帝采首山铜，铸鼎于荆山下。”首山，在今河南襄城县境。

《洞冥记》卷三：“此刀，黄帝采首山之铜铸之。”[41]

《世本》“作”篇：“蚩尤以金作兵器。”宋衷曰：“蚩尤，神农臣也。”[42]

《吕氏春秋》卷五“仲夏·古乐”：“黄帝又命伶伦与荣将，铸十二钟以和五音。”

《轩辕内传》：“帝会王母于王屋山，铸镜十二，随月用之。”《述异记》载：“饶州俗传轩辕氏铸镜于湖边，今有轩辕磨镜石，石上常洁，不生蔓草。”[43]

《史记》卷二十八：“黄帝作宝鼎三，象天地人。”

黄帝和蚩尤都是传说中人，他们生活的具体年代今已难考。《史记·五帝本纪》载：黄帝名曰轩辕，“轩辕之时，神农氏世衰。诸侯相侵伐，暴虐百姓，而神农氏弗能征。于是轩辕乃习用干戈……”“蚩尤作乱，不用帝命。于是黄帝乃征师诸侯，与蚩尤战于涿鹿之野，遂禽杀蚩尤，而诸侯咸尊轩辕为天子，代神农氏，是为黄帝。天下有不顺者，黄帝从而征之。”于是，“东至于海，登丸山，及岱宗。西至于空桐，登鸡头；南至于江，登熊、湘；北逐荤粥，合符釜山”。丸山，《正义》引《括地志》云：“丸山即丹山，在青州临朐县界朱虚故县西北二十里。”空桐，《集解》引韦昭曰：“在陇右。”似乎黄帝很有一些统一了中原北方的味道。依此，黄帝和蚩尤时代大约是处于父系社会高度发展、私有制将要产生或已经产生、部落战争日益加剧的阶段，应相当于仰韶文化中、晚期。关于黄帝和蚩尤使用金属之事，虽是后人依据某种传说而记述下来的，却应基本可信，这是人们对早期用铜的最早记忆。它与考古发掘情况是基本一致的。

在黄帝之后，又出现了禹铸铜鼎、铜兵的记载。

《左传》宣公三年：“昔夏之方有德也，远方图物，贡金九牧，铸鼎象物，百物而为之备。”九牧即九州，有学者认为其源于我国原始社会晚期的九个大文化区[44]。

《史记》卷二十八“封禅书”：“禹收九牧之金，铸九鼎。”

《越绝书》卷十一："禹穴之时，以铜为兵，以凿伊阙，通龙门。"

《墨子·耕柱》："昔者夏后开，使蜚廉折金于山川，而陶铸之於昆吾……九鼎既成，迁于三国，夏后氏失之，殷人受之；殷人失之，周人受之。"开，即启，汉代讳"启"而改用"开"。折，同摘，即采、掘。昆吾，孙诒让引《括地志》云："濮阳县，古昆吾国。"三国，即夏、商、周。

禹大体生活于龙山文化晚期，处于夏代立国之前。依"夏商周断代工程"的最新研究，夏始年为公元前2070年，故禹的年代应为2100年前后。前面谈到，王城岗出土过龙山文化青铜鬶残片（?），故禹铸九鼎虽属传说，但可能性还是存在的。

鉴于金属在人类社会生活中的重要地位，学术界对我国古代冶金技术的发明期一直都是十分重视的，且不停地进行着各种探索和研究，近代以来更是如此。至迟20世纪20年代前后，一些自然科学研究工作者便开始了这方面的工作，其中年代较早、大家较为熟悉的有章鸿钊、王琎等人。1918年章鸿钊在《石雅》一书中便提出了五帝时代应是我国石器、铜器时代转变期的观点[45]。1920年，王琎在《中国古代金属原质之化学》一文中提出了我国石器时代"大概在唐虞以前，至于用铜时代则始于唐虞前后，盛于夏商周，衰于秦，终于汉"的观点[46]。之后，有关研究一直不曾间断。因当时考古资料较少，这些研究皆主要是以文献记载为基础的。20世纪七八十年代之后，考古发掘的早期铜器明显增加，为各种研究工作提供了更为实际的依据；考古实物、文献记载、科学分析，三种资料相结合，把我国冶金技术史研究推向了一个新的阶段。

总之，从现有考古资料和文献记载看，我国古代冶金技术至迟发明于仰韶文化早期，龙山文化晚期便有了一定发展；较早地使用金属的地方是黄河流域和辽河流域。我国是世界上最早发明冶铜术的地区之一。昔有学者认为世界冶金技术都来自一个古老的中心，之后再由这个中心以激发的方式，一级一级地向四面八方传播，并认为中国古代冶金技术系由中近东传来；其实这并无确切的依据：(1)虽然我国古代使用自然铜的时间较西亚、中东稍晚，但冶炼铜的发明期却未必较之为晚。(2)我国的合金技术、加工技术，都具有鲜明的地区特点。这些前面都已经提到，后面还要进一步说明。关于世界冶金术起源，我们亦是同意多元论和多中心的。

第二节　铜的早期冶炼和加工技术

人类用铜、冶铜大体上经历了三个不同的阶段：(1)直接利用自然铜，用冷锻、热锻或熔铸的方式成型。(2)利用单金属氧化矿直接冶炼出红铜，或利用双金属、多金属共生矿或某种混合矿冶炼出原始青铜、原始黄铜或原始砷铜（砷白铜）；利用冷锻、热锻、熔铸的方式成型。(3)有意识地利用两种或两种以上的矿物、金属，采用某一方式，冶炼并配制出铜合金来。此三个阶段中，第一阶段在我国是否单独地存在过，目前还是不太了解的；仰韶文化、龙山文化、齐家文化时期，实际上已进入了第二阶段；二里头时期，或说夏代中后期，便进入了第三阶段。本章只讨论"早期铜器"类冶铸遗物，而年代属二里头文化及其之后的，不属本章、本节讨论范围。

一、关于铜的早期冶炼技术

这方面的资料较少，目前只看到过部分考古发掘的早期炉壁、坩埚残片、矿石等物。虽发现过一些炉渣，但很少进行过科学分析，对其物相和熔融温度、冶炼过程中的物理化学变化便难得了解，所以今对其冶炼技术只能做一些推测。早期金属中的原始青铜、原始黄铜，很可能都是利用共生矿，或单金属氧化矿的某种混合矿偶然冶炼得到的，在技术上与一般紫铜的冶炼并无太大区别，与后世铜合金冶炼却是不相同的。它没有繁杂的金属提纯和人为合金配制过程，故今仍将之与“早期金属”冶炼放在一起讨论。

（一）关于冶炼设备

人们推测，人类早期冶铜、铸铜设备约包括两大类型：（1）坩埚。这是比较肯定的。有关实物在临汝煤山龙山文化遗址[1]等处都可看到。目前见于考古发掘的坩埚等设备虽多用于化铜，但也可用于炼铜的，唯外部尺寸稍有差别。（2）地穴炉，有关实物尚未看到，它的使用目前还是一种推测，因冶炼遗址一般都接近矿山，有关设施不易保存下来。郑州牛砦发现过熔化青铜的炉壁残块[2]，到底是属于地穴炉还是坩埚炉，目前尚难分辨。但地穴炉的可能性还是存在的。

中近东也发现过相类似的早期冶铸设备。以色列的阿布·马塔（Abu Matar）铜石并用时代晚期工场发现了一座坩埚炉，包括加热炉和坩埚两个部分。加热炉残，炉体呈圆形，直径为30～40厘米，直立的炉壁厚3厘米，高12～15厘米以上，内壁由于高温的作用而玻璃化。坩埚呈椭圆形，底部为圆球形，外廓尺寸为11厘米×8厘米，内深7厘米，由灰色粘土制成，其中羼有碎麦秸。时间约属公元前3300～前3000年，这是近东今见最早的炉子。北叙利亚的阿姆克（Amuq）发现过一件早期坩埚残片，其附着物中含As 0.5%、Ni 1%、Sn 5%，断代为公元前3100～前2800年[3]。1965年，以色列的提姆纳（Timna）铜石并用时代工场发现了一座炼炉，可能是炼铜炉，以粗石砌成，残，今只见一个碗状的方形石坑，不见任何上部结构，深约40厘米，直径为50厘米。炉子周围有部分细碎的炉渣，可能是人们从渣中取铜时击碎的。据分析，此炉渣属硅酸铁型，与现代渣接近。其中渣样“72a”的成分为：FeO 34.91%、MnO 0.8%、SiO_2 36.77%、CaO 12.1%、MgO 1.4%、Al_2O_3 0.98%、Cu 2.64%、H_2O 4.04%、Na_2O 1.36%。另一块渣样“58C”的成分为：FeO 30.37%、MnO 29.33%、SiO_2 30.11%、CaO 12.17%、MgO 0.98%、Al_2O_3未测出、Cu 0.73%、H_2O未测、Na_2O未测。可见此氧化亚铁较高。但值得注意的是：当地矿石为硅质，是不含铁的，故人们推测，此氧化亚铁系人们有意加入，用来助熔的[4]。炉内温度估计可达1180℃～1350℃，说明当时已采用了鼓风设备。有学者认为它可能是坩埚炉，目前虽无十分确凿的依据，但可能性还是存在的，因冶铜技术发明之初，坩埚炉的使用较为普遍。

（二）关于早期冶炼用铜矿石的主要类型

自然界中的铜主要有3种存在形式：即硫化矿、氧化矿、自然铜。其中最多的是硫化矿，它又包括黄铜矿$CuFeS_2$、辉铜矿Cu_2S、斑铜矿Cu_3FeS_3、铜蓝CuS等种。其中又主要是黄铜矿，其约占世界铜矿总量的2/3左右。氧化矿是由原生硫化矿在地下水等的渗透作用下，经分解、氧化等作用转变成的，主要有赤铜矿 Cu_2O、蓝铜矿 $2CuCO_3 \cdot Cu(OH)_2$、孔雀石 $CuCO_3 \cdot Cu(OH)_2$、黑铜矿 CuO、硅孔雀石等。自然铜有的可能是近地表的热水溶液析出的，有的则与含铜矿物的风化有关。地壳中的氧化矿较少，自然铜更少。人类早期的炼铜原料主要是如下三种：（1）自然铜。（2）单金属氧化矿，其冶炼产品是红铜。（3）单金属氧化矿的某种混合矿，或多金属共生矿，冶炼产品是原始铜合金。由于时人尚未掌握金属的分离和提纯技术，故矿石成分就在很大程度上决定了产品成分。

自然铜。是原本存在于自然界中的铜块、铜粒，它在地球表面分布较广，几乎大小铜矿都有一定藏量。1943 年出版的《甘肃地质矿产调查报告书》载："武威、张掖、酒泉之南……祁连山北麓各沟谷中之砂砾层，含有大量自然铜。普通皆长三寸，宽二寸。所见之最大者，长一尺余，宽六寸，厚三寸，皆无棱角。"这种成块地存在于地表的自然铜，自然会被龙山文化、齐家文化人发现和利用的。有的自然铜还呈粉粒状，湖北大冶铜绿山古矿中便曾看到，其"自然铜常为赤铜矿、褐铁矿所包裹或存在于含褐铁矿的泥土中"。"老窿中主要矿物有：孔雀石、自然铜（粉粒状）、磁铁矿、赤铁矿。"[5]这种粉粒状自然铜也会被古人注意的。

在此有一点必须要指出的是：我国古代文献所云"自然铜"，其含义十分复杂，须仔细辨认。《本草纲目》卷八"自然铜·集解"条引宋马志《开宝本草》云："自然铜生邕州山岩间出铜处，于坑中及石间采得，方圆不定，其色青黄如铜。""不从矿炼，故号自然铜。"又引苏颂云："信州出一种如乱铜丝状，云在铜矿中山气熏蒸自然流出，亦若生银老翁须之类。"此所云很可能是真正的自然铜。该书又引苏颂云："今南方医家者说，自然铜有两三体。"一体"出铜坑中，击之易碎，有黄赤有青赤，炼之乃成铜也"。此则很可能是指黄铜矿。又引苏颂说："今市人多以鍮石为自然铜，烧之成青烟如硫黄者是也。"此却有可能是指黄铁矿或其他硫化矿。

自然铜一般较为纯正，可锻打成型，也可重新熔铸。若为锻件，自然铜与"冶炼铜"的区别还是比较明显的，因自然铜的组织和成分都不甚均匀，或晶粒较粗，或包含细小的角状晶，有的包含较大的空穴，隙缝中还经常沉集一些非金属夹杂。这种组织和成分的不均匀性在锻打之后仍可保留下来，晶粒间界上的非金属夹杂会以另一种形式存在，只要加热温度保持在 600℃ 以下，可溶性夹杂便来不及扩散。这些现象都将在金相①分析和微区成分分析时显露无遗。但自然铜一经熔化，各种非金属夹杂都将分离出去，可溶性夹杂将均匀地分布到整个铜液中，组织和成分的各种不均匀性都会立即消失，这便很难与冶炼铜相区别了。此时，人们只好另找旁证，或者凭经验来判断冶炼铜和自然铜。一般而言，纯度较高的早期铸造红铜，多数还应当是自然铜，但值得注意的是：由高纯度矿石炼得的红铜，其夹杂量也很低[3]。所以，要区分熔铸的自然铜与冶炼铜并非易事。

单金属氧化矿。目前在早期冶铸遗物中所见主要有孔雀石等，这在山东栖霞

---

① "金相"一词系 1909 年时，日本学者近重真澄由 Metallographie 意译而来的。近重真澄是一位杰出的汉学家，写过许多汉语古体诗。为普及金相学知识，曾于 1916 年出版过《金相学》一书，有关词语也就这样被确定了下来。"金相"等词语至今仍在中日两国沿用（岛尾永康：《近重真澄與中国古代化学》，《自然科学史研究》1987 年第 1 期）。

杨家圈龙山文化遗址等处都可看到。孔雀石即碱式碳酸铜，1933年时安阳殷墟冶铸遗址出土了一块，重达18.8公斤，遗址中还发现过许多直径3～7厘米的大块木炭[6]。铜绿山古坑道中也有孔雀石。说明在相当长一个时期内，这种矿石一直是我国古代炼铜的一种重要原料。孔雀石在我国古代又有铜绿、绿矿、绿青、石绿等名称，除炼铜外，它还可用作颜料、琢器以及药物。《滇海虞衡志·志金石》载：铜绿，"即绿矿也，以煎铜不及锡鑞，琢为器皿，值兼金。靡之为颜料，名之曰大绿，亦贵物"。此"锡鑞"即辉铜矿，"绿矿"即孔雀石。可见在明清之际，孔雀石作炼铜原料已不得与辉铜矿相比。许多本草类书中都曾谈到孔雀石可用作"吐风涎"等药。氧化矿的冶炼较为简单，木炭还原后便可得到粗铜。如若铜矿较为纯净，还原冶炼后便可得到纯度较高的产品。

共生矿。从现有资料看，在铜石并用时代、早期青铜时代及至稍后一个时期，古代世界的许多地方都曾使用过双金属或多金属共生矿。在中近东、北非、欧洲等古文化区，主要有铜－砷、铜－锑、铜－锡共生矿等。我国在仰韶、龙山、齐家文化时期则主要有铜－锡、铜－铅，以及铜－锌共生矿等。从现代矿产调查看，今山东的昌潍、烟台、临沂等地都有丰富的铜－锌、铜－锌－铅共生矿资源；胶东的福山县有铜－锌共生矿；平度县发现有含铅的铜－锌共生矿，以及古代的采坑、炼渣、炉衬等。1958年，五莲县开采过含铅的铜－锌共生矿；20世纪后期，日照县的一些小型矿山还开采过铜－锌－铅共生矿[13]。

（三）关于早期冶铜过程的推测

从现代技术原理看，火法炼铜最为基本的条件有二：一是足够高的温度，二是足够强的还原性气氛。看来，古人对于高温还是有一定认识的，对气氛则未必能够了解。他们是如何创造和具体控制这些条件的，今已不得而知，但有了坩埚炉或地炉，有了烧造陶器的高温操作经验，在长期的摸索和实践中，人们必将炼出铜来的。同时，在木炭或木柴正常燃烧的条件下，要在高温下获得还原性气氛也并不太难。若原料为氧化矿且较纯净，冶炼温度稍低于1083℃时，还原出来的铜便呈海绵状的固体块，经锻打加工后便可使用；若炉温高于铜的熔点，便可得到液态金属，可用浇铸方式成型。从商代的一些考古实物推测，我国早期冶铜坩埚可能是内加热的，把矿石、木炭投入其中，在高温还原性气氛下，便可把铜还原出来。龙山文化时期我国就生产了红铜铸件，其浇铸温度应不低于1150℃～1200℃，这种高温很可能有了人工鼓风，具体方法当是把风管从上部炉口直接插入坩埚。当时是否有了竖炉，是否使用了造渣熔剂，目前尚无确凿的资料。有人认为中东的早期冶铸坩埚是外加热的。在鼓风能力较低的条件下，其热效率当远较内加热为低。

（四）关于原始铜器的合金成分

为了解早期铜器的合金成分和加工状况，人们对它进行了许多科学分析。表1－2－1统计了37件早期铜器定性、定量、半定量分析结果，由之可见：

（1）其中有红铜、黄铜和青铜。

红铜。计23件，如陶寺龙山文化铃形器[7]、武威皇娘娘台齐家文化铜刀[8][9]、永靖大何庄齐家文化铜片[10]等，占试样总数的62.16%。

黄铜。计6件，其中有简单黄铜1件，即姜寨铜管[11]；复杂黄铜4件，即姜寨铜片[11]、店子铜片[12]、三里河铜钻（2 段）[13][14]；渭南铜笄[15]原也定成了黄铜，但不知其是简单黄铜还是复杂黄铜。

青铜。计 8 件，如东乡马家窑文化铜刀[13]，尕马台七角星纹镜等[16]，占试样总数的 21.62%。其中又有锡青铜、铅锡青铜和铅青铜 3 种。

在表 1-2-1 所列标本中，作过定量和半定量分析的计 14 件，其中有黄铜 5 件，平均含锌量为 28.338%；锡青铜的 2 件，即王城岗铜容器、尕马台七角星纹镜，平均含锡量约 7.88%；铅青铜 1 件，即秦魏家铜环。按：从金相分析看，东乡铜刀含锡量当在 6%~10%之间，东乡渣铜含锡 6.47%、含铅 3.49%[13]。看来，这东乡铜刀应是我国今见最早的锡青铜。

上述合金中，大凡合金元素含量稍高的器物，铸造、加工性能都是稍好的，硬度和强度亦较高。我国古代原始铜合金出现的年代如此之早，合金元素含量如此之高，在古代世界中是不多见的。

（2）年代和文化类型不同，合金种类的分布情况亦不尽相同。

仰韶、马家窑文化标本计 4 件，包括黄铜 3 件，青铜 1 件，无红铜。

仰韶、马家窑、龙山文化标本计 14 件，包括红铜 5 件，占试样总数的 35.7%；黄铜 6 件，占试样总数的 42.86%；青铜 3 件，占试样总数的 21.43%。

齐家文化标本计 23 件，其中红铜 18 件，占试样总数的 78.26%；青铜 5 件，占标本总数的 21.74%；无黄铜。可见齐家文化时期的红铜使用量是较大的，尤其是皇娘娘台，有学者曾对 13 件铜器进行了仪器分析，结果皆为红铜[15]。

这说明我国在仰韶—龙山文化时期使用的金属，是以原始铜合金为主，红铜为次的；齐家文化则出现了以红铜为主，青铜为次的情况。但在齐家文化之前，和齐家文化外的其他地区性文化中，我国是否与中亚、欧洲同样存在一个完整的红铜时代，目前尚缺少这方面的资料。

一般而言，这些原始铜合金都应当是利用共生矿，或某种单金属氧化矿的混合矿冶炼得到的。在常见有色金属中，较难冶炼的是 ZnO，其次是 SnO_2，最易还原的是 PbO 和 Cu_2O。所以铜-锡合金、铜-铅合金的冶炼并不困难，这些合金在表 1-2-1 中都已看到。铁的氧化物在铜、锡、铅的还原条件下主要还原成 FeO，并以此形态进入炉渣，实际上也起到了造渣剂的作用。人们最早冶炼出来的铜应是低温还原得到的海绵铜，经过锻打，排除夹杂后便可使用。后来随着冶炼温度的升高，炉缸容积的扩大，最后才炼出了液态铜。

这原始青铜、原始黄铜都是人们无意中冶炼得到的。当时我国古代冶金技术刚刚萌芽，合金技术尚未发明。有学者认为我国在齐家文化时期便已进入了早期青铜时代，这是值得商榷的。齐家文化的红铜使用量达 78.26%，而其青铜皆为原始青铜，这与“早期青铜时代”的称谓是有距离的。我们认为，“早期青铜时代”的主要标志应是人们刚刚开始有意识地配制了青铜合金，而成熟的青铜时代的主要标志应当是锡在合金元素中占据了主导地位。所以，由仰韶文化到齐家文化，都只能视为冶金技术的萌芽期；到了二里头文化时期，才进入了早期青铜时代[17]。利用共生矿冶炼得到的原始青铜，与人工有意冶炼的青铜是不同的。

（五）关于原始黄铜的讨论

长时期来，学术界对我国早期黄铜一直存在多种不同看法：（1）持怀疑态度，认为我国有黄铜，应是唐宋之后的事，从而认为我国仰韶—龙山文化黄铜是“在地层和时代上有疑问”的[18]。（2）认为它可信，且认为它是利用单金属氧化矿作混合冶炼，或直接用共生矿冶炼得到的。（3）亦认为它可信，但认为它是利用锌的氧化矿与红铜冶炼得到的。显然，怀疑原始黄铜的断代是没有必要的，因其为科学发掘，姜寨等地还有^{14}C 年代测定数据为凭。我们倾向于第二种观点。

为探讨原始黄铜的可能性及其冶炼工艺，孙淑云等曾进行过多次模拟试验。其方案有三：(1)用化学纯的氧化锌(ZnO)与氧化亚铜(Cu_2O)为原料，依铜∶锌＝1∶1之比，与过量的木炭混合，置石墨坩埚中冶炼。此配方计配制过4组标本，最后，各组产品的含锌量分别为：5.7%、12.8%、15.6%、34.3%。（2）用湖北大冶铜绿山的孔雀石与云南会泽者海的含铅菱锌矿为原料，亦依铜∶锌＝1∶1之比，与过量木炭混合冶炼。此配方计配制了6组标本，各组产品的含锌量分别为4.09%、6.33%、11.7%、13.77%、15.5%、18.08%。（3）利用山东栖霞铜铅锌共生矿为原料，计配了两组标本，产品成分为：铜40%～50%、铅34%～40%、锌2%～2.5%[13]。这些试验结果表明：（1）利用天然的单金属氧化矿作混合冶炼是可以得到黄铜的，而且产品含锌量较高。(2）利用共生矿也是可以冶炼出黄铜的，唯模拟试验产品的含锌量较低。但孙淑云认为，这很可能与选用矿料含铅量较高有关[13]。

说我国仰韶、龙山文化黄铜不是利用共生矿，而是利用炉甘石与红铜配制而成，这是在不同意前两种观点的基础上提出的，其主要依据是：

（1）锌是一种十分容易挥发的金属，利用铜锌共生矿虽可直接炼制黄铜，但含锌量应不超过5%。我国早期黄铜的含锌量都在20%以上，最高的达34.888%，利用共生矿冶炼是很难达到的。

（2）依照铜∶锌＝1∶1的比例配合的原料，在自然界中十分罕见。前述模拟试验的条件没有普遍意义。

（3）采用低品位的铜－锌共生矿，如栖霞的铜－铅－锌共生矿炼制的黄铜，含锌量只能达到2%～2.5%之间。

显然，第三种观点是针对第二种观点的不足处而提出的，自然也有一些道理。但也有一些疑窦。

（1）锌是一种很容易挥发的物质，在一般条件下，利用共生矿，或单金属氧化矿的混合矿为原料，炼出的黄铜含锌量可能是较低的，但是否存在一个十分偶然的条件，如矿物条件较为特殊，冶炼温度不是太高，还原冶炼与合金化过程同时进行，从而得到了含锌量稍高的黄铜。看来这种可能性是不能完全排除的。

（2）在中亚，最早的黄铜出土于巴勒斯坦的盖塞尔，含锌23.4%，属公元前1400～前1200年。也很难排除其为共生矿，或单金属氧化矿的混合矿作还原冶炼的可能性。

（3）从人类认识发展的一般规律看，应是先有红铜，经过了漫长发展历程后，才发明出了铜合金技术。在中亚，公元前9000～前8000年就有了人类用铜的证据，公元前3500年之后就有了较多的人工冶铜，但一般认为，公元前两千纪才有意识地生产了铜合金，此间经历了一个十分漫长的过程。我国今见年代最早的铜器便是姜寨黄铜和渭南黄铜。假若这些早期黄铜系红铜配制而成的话，那么，我国冶炼红铜的年代应在此前相当一个时期。即是说，我国发明冶炼红铜，或者熔铸自然铜的时间，至少应在公元前5000～前6000年以前。可惜的是，这样早的红铜迄今未见。即使以后出土了早于仰韶黄铜片的红铜器，人们也很难想象仰韶文化人、龙山文化人会利用红铜与锌的氧化矿，或者红铜与锌、铅、锡的氧化矿分别配制出简单黄铜或复杂黄铜来。

（4）姜寨铜管、长岛铜片的含锌量都达到或超过了32%，成分与后世伪黄金较为接近。其除了具有较高的强度、硬度、塑性和较好的铸造加工性能外，还具有艳丽的颜色。若其为人工配制的话，哪怕是用自然铜与炉甘石无意混合冶炼得到的，它的出现，也必将在人们心中留下深刻的记忆。黄铜的强度并不比锡青铜低，塑性却更高。况且，不管自然铜、人工红铜，还是炉甘石，皆不难得到、不难辨认，如若人们利用过这些矿物的话，是不应轻易失传的，但在整个商周时期，目前人们分析过的黄铜器只有少数几件（见第三章），且含锌量都较早期黄铜为低，这是不好理解的。

总的来看，如上第二、第三种观点都有一定的道理，但也都有一些不足，比较起来，我们还是倾向于第二种观点。早期黄铜，不管中国还是外国，都带有极大的原始性和偶然性。大凡都是无意中，在一种十分特殊的条件下得到的，从原料到操作工艺，皆无普遍性意义。正因如此，它并未被人掌握，故才易于失传。在罗马时期稍前，巴勒斯坦及其他地区并未发现过黄铜；在欧洲，黄铜技术是公元前1世纪后期才开始推广开来的，与盖塞尔黄铜相差了很长一个时期。看来，我国汉魏之后的黄铜，欧洲罗马时期的黄铜，都应当是重新发明出来的，在技术上与原始黄铜并无多少关系。当然，从现有研究情况看，第二种观点依然是一种推测，其具体操作如何，仍须通过大量试验才能最后确证。

二、铜的早期成型和加工技术

（一）锻造和铸造技术

由表1－2－1可知，我国早期铜器的成型方式主要有锻制、铸制两种。

（1）从材质上看，不管红铜、青铜，还是黄铜器，都有铸造和锻造的。

红铜铸件如陶寺铜铃，锻件如皇娘娘台铜锥等。青铜铸件如东乡铜刀、王城岗铜片、尕马台七角星纹镜，锻件如秦魏家铜环。黄铜铸件如姜寨黄铜片（图1－2－1）、胶县铜钻，锻件或曾经锻打之件如渭南铜笄、长岛店子铜片等。店子铜片的局部曾做轻度加工，观察面上显示了少量滑移线，看来还有一些回复。图版壹，1、2，图1－2－2所示为其组织形貌①。表1－2－1统计了23件早期铜器的成型加工状态，不管黄铜、青铜，还是红铜，皆以铸件稍稍居多。青铜标本计6件，其中铸件4件，锻件2件；黄铜标本6件，铸件3件，锻件2件，卷制1件；红铜标本11件，铸件6件，锻件5件。当然，今日做过金相分析的标本还不是太多，表1－2－1所示仅为作过定量、半定量分析的器物，故此统计未必能反映早期铜器

① 本书使用了不少金相照片，它们原都有一定的放大倍数的，因诸多缘由，这些“放大倍数”在冲洗、排版过程中，或多或少都发生了一些变化，故本书所标放大倍数与原放大倍数间可能会产生一些偏离，这是需要首先说明的。

铸、锻的全貌，但铸造在早期铜器中占有重要地位是肯定的，这也是我国古代金属技术的一个重要特点。

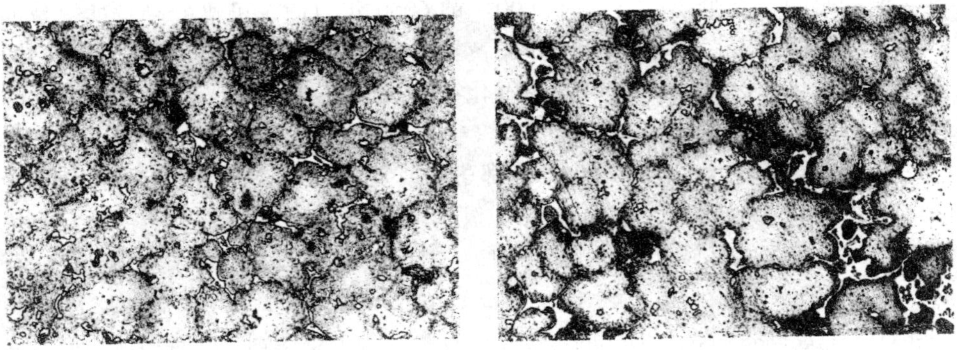

图 1－2－1　姜寨一期文化 T74F29 居住面出土黄铜片金相组织　×400　采自文献［11］

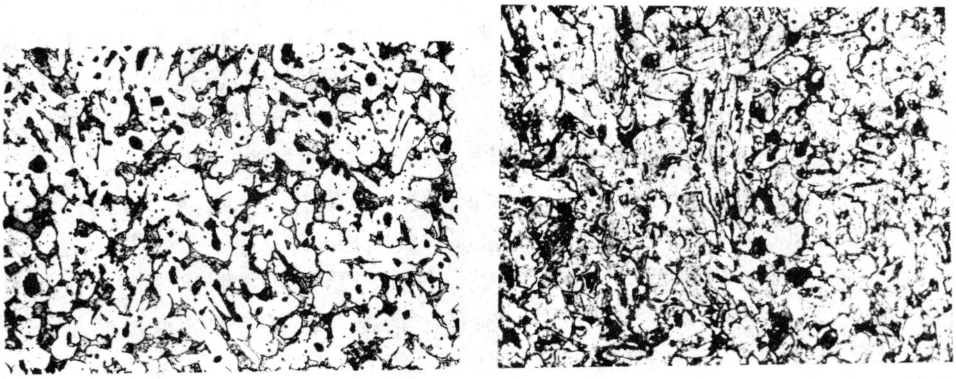

图 1－2－2　长岛店子龙山文化黄铜片组织形貌

左．×400　硝酸高铁酒精溶液轻度侵蚀，承冶金部洛阳铜加工厂李寿康分析

右．×500　氯化三铁盐酸水溶液擦蚀，承北京市粉末冶金研究所任新荷分析

标本承长岛县博物馆宋承钧提供

表 1－2－1　早期铜器（片）定性定量半定量分析

器号或样号	名称	地点和文化类型	成分(%)							加工状态	合金类型	文献
			铜	锡	铅	锌	铁	硫	银			
T74F29:15	铜片	姜寨，仰韶	66.54	0.87	5.92	25.56	1.11			铸	铅黄铜	[11]
T259(3):39	铜管		69.0			32.0	0.5	0.5～0.6		卷制	简单黄铜	
	铜笄	渭南，仰韶晚期								锻	黄铜	[15]
77DD1T42(3)	铜刀	东乡，马家窑	大	大	无		少		少	铸	锡青铜	[13]
T110(2):11	铜钻粗端	胶县，龙山	余量	2.12	2.74	22.8				铸	锡铅黄铜	[14]
T21(2):11	铜钻粗端		余量	0.35	2.53	26.44	0.053	0.585		铸	铅黄铜	
L C 14	圆形铜片	长岛，店子	61.659	0.319	2.404	34.888	0.0728			锻	铅黄铜	[12]
	铃形器	陶寺，龙山	97.86		1.54	0.16				铸	红铜	[7]

H617:14	容器	王城岗,龙山		7(±)	微					铸	锡青铜	[20]
75XD47(3)	铜刀	蒋家坪,马厂	大	大	无		少		无		锡青铜	[13] [14]
(高苜蓿地)	铜块	酒泉, 马厂文化								铸	红铜	[15]
(照壁滩)	铜锥									锻	红铜	
T10(2):335	饰牌	唐山大城山	99.33							锻?	红铜	[18]
T10(2):339	饰牌		97.97	0.17						锻?	红铜	
AT5:249	铜刀	皇娘娘台, 齐家文化	99.6～99.87	0.1～0.3	<0.03						红铜	[8]
A13:1	铜锥		99.87	0.1	<0.03						红铜	
T30:27	铜片	大何庄,齐家	96.96	0.02	痕						红铜	[10]
M99:6	铜环	秦魏家, 齐家	95(±)		5(±)					锻	铅青铜	[19]
T6:2	铜锥		大	中	中					锻	铅锡青铜	[13]
H72:1	铜斧		大	无	少					铸	红铜	[15]
	铜镜	尕马台	91.24	8.76						铸	锡青铜	[16]
19948	铜锥	皇娘娘台, 齐家文化	大	少	无		无		无		红铜	[13] [14] [15]
2281	铜锥		大	无	无		少		无		红铜	
75.W.X.T17(2)	铜锥		有	无	无						红铜	
甘267	铜锥		有	无	无						红铜	
75.W.X.(采)(19950)	铜锥		大	少	无						红铜	
75.W.X.T18:(3)(19947)	铜刀		大	无	无					锻	红铜	
75.W.X.T17(19946)	铜刀		大	少	无					铸	红铜	
75.W.X.T5(19668)	长铜锥		大	无	无					锻	红铜	
同上	短铜锥		大	无	无						红铜	
75.W.X.T14(3)(19951)	铜锥		大	少	少						红铜	
59.U.X.H9(3)	条形器		有	无	无					铸	红铜	
75GT1(GGP)M91	铜镜	齐家坪, 齐家文化	大	大	少		少		微	铸	锡青铜	
75GT1AF1:1	铜斧		大	无	少		无		无	铸	红铜	
临夏州博137	铜镰	广河西坪	大	无	无						红铜	
临夏州博187	骨柄铜刀		大	有	少						锡青铜	
KG3732(2):27	铜尖		大	少	少				无		红铜	

注:(1)由金相分析估计(见文献[13]),东乡铜刀含锡量约为6%～10%,东乡铜渣中的铜粒成分为:铜36.5%、锡6.47%、铅3.49%。因该样品已经锈透,分析显示的含铜量较低,故未引入表中。

(2)今日所见之胶县黄铜钻为2件,据说其原本是1件折断而成的。但分析显示的成分却有一定差距,一段为铅黄铜,一段为锡铅黄铜。待查。

(2)从时间和文化类型上看,仰韶和龙山文化时期,都是铸件稍多的;在齐家文化范围内,孰多孰少,则一时尚难分辨。

表1－2－1统计了12件仰韶、龙山文化标本的组织状态，其中锻制或锻打过之件约5件，即渭南黄铜笄等（按：唐山铜饰尚未作过金相分析）；铸件7件，即姜寨铜片等[11]。铸件稍多于锻件。从该表统计情况看，在齐家文化范围内，铸件依然稍多，但结合考古资料看，则锻件也是不少的。1957年和1959年，皇娘娘台出土铜锥12件、铜刀2件，1975年出土的铜刀1件、铜凿1件[9]，都是锻制的；1959年秦魏家出土铜指环2件，也是锻件[19]。看来，并不能排除锻件一度在齐家文化中居多的可能性。

（3）小件器物，如铜锥、铜指环，多用锻制；器形较大、形制较为复杂的器物，如铜斧、铜镜，多用浇铸法；铜刀有铸也有锻。

早期铜器铸造技术一般较为简单，多为单面范、双合范，前者如东乡铜刀、武威皇娘娘台采集的铜刀等，后者如皇娘娘台条形器等。只有少数几件器物，如陶寺铃形铜器、王城岗容器[20]、广河齐家坪空首斧和素面镜、尕马台七角星纹镜的造型稍见复杂；铃形铜器使用了一个芯子和两块外范[21]。

我国出土的最早铸范是西台红山文化陶范。据研究，山西襄汾龙山文化铜铃也是泥型铸造的[21]。二里头文化之后，各种铸范的出土都明显增多起来，其中有陶范，也有石范。一般认为，人类最早的铸范多为石质，叙利亚的布提克遗址，在公元前2300～前2100年的地层中，便发现过玄武岩的凿范。但我国今见最早的却是陶范，石范却始见于与二里头文化相当的时代。这也许与我国制陶技术特别发达有关。

陶寺铃形铜器的铸造工艺程序是：首先作一个泥模，并依模翻范；其次是阴干，分型；其三是做芯子，一般而言，芯子应当是另外制作的；第四为烘范，合范；第五浇铸[21]。

在齐家文化铜器中，目前作过金相分析的锻件有秦魏家铜锥和皇娘娘台铜锥各1件。秦魏家铜锥的基体为α相，晶粒间界上见有较多沿加工方向排列的（α＋δ）共析体，富铅相亦较多；晶粒较为粗大，可能与停锻温度较高，或锻打后进行过再结晶退火有关。皇娘娘台铜锥的金属基体亦为α相，亦曾再结晶，并可见到孪晶[13]。当然，岛店子黄铜片的回复和齐家文化铜器的再结晶，到底是人们有意之作，还是无意所为，目前尚难判断；我们还是比较倾向于后者，即很可能是无意所为的。

我国金属器早期成型技术上的一个重要特点是：铸造技术发明较早，并很快就取得了较高的成就，在龙山文化时期便铸造了形制较为复杂的铜铃和铜容器。铸造技术的发明，为金属器成型开辟了一条广阔的道路，对社会生产的发展产生了巨大的影响。

由于资源和技术道路等方面的差异，西方和近东在铜石并用时代及其稍后的相当长一个时期内，锻制都是占有重要地位的。锻打技术之发明，很可能与人类最为古老的技术传统和自然铜的使用有关。在石器时代，各种石器都是通过不同的打击方式而得到的，人们最早接触到自然铜时，也就沿用了这一工艺，加之当时不易获得自然铜熔化的高温，自然铜又宜于锻打，于是锻打就成了自然铜成型加工的主要工艺。安那托利亚（Anatolia）查塔尔莹克的小铜珠，也是自然铜的锻件，断代为公元前7000～前6000年，这大约是人们所见较早的锻件。之后，这种技术传统便一直保存了下来。在青铜时代，虽然多数器物都采用了铸造工艺，但有的器物，尤其是刃器，铸造后往往又对刃部进行锻打加工，一为改善外部形态，二为加工硬化。在早期铁器时代，甚至在中世纪，近东和欧洲的铁器基本上都是锻造的。我国是否存在完整的以锻为主历史阶段，目前尚无足够的实物资料。

（二）“铜骨”复合工具的出现

“铜骨”复合工具始见于齐家文化时期，如本章第一节所云，有关器物今已看到过5件：

1979～1980年，青海省互助县总寨乡出土骨柄铜刀、骨柄铜锥各2件。此骨柄铜刀成片状，其中一件长5厘米、宽1厘米，两面开刃，一端镶在兽骨制成的柄内。一件骨柄铜锥的铜头长6.7厘米、宽0.5厘米，亦镶在兽骨制成的柄内（图1－2－3）[22]。

1974年，甘肃临夏莲花公社齐家文化遗址灰坑采集到骨刀（连柄）铜刃1件。铜刃长4.7厘米，刃口较为锋利。骨刀的柄端已残，残长7.2厘米、宽1.6厘米、厚0.2～0.5厘米，由弯曲的动物肋骨的一侧开槽，嵌入铜刃而成[23]。

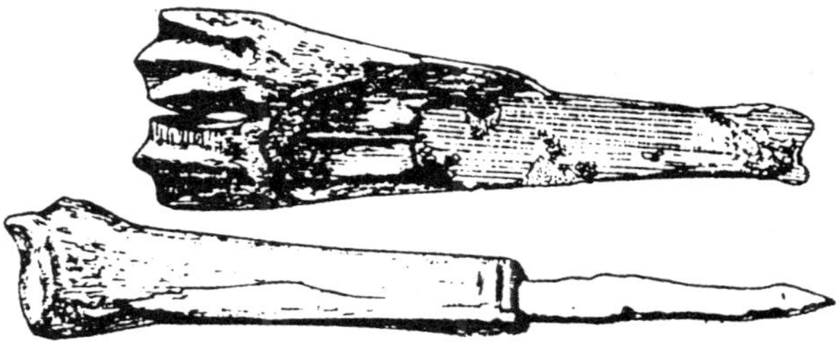

图1－2－3 总寨骨柄铜刀和骨柄铜锥

上. 骨柄铜刀 下. 骨柄铜锥 采自文献［22］

复合工具在人类历史上是出现较早的，其最早的工艺形态是石与木的复合，是一种装柄工具，即细小石器与木柄的复合，约出现于旧石器时代晚期。目前我国所见最早的装柄工具是1963年峙峪遗址出土的一件钺形小石刀[24]。新石器时代的“石－骨”复合，应是这种“石－木”复合的发展。1973年，甘肃永昌鸳鸯池仰韶文化马厂型曾出土有石刃骨刀和骨柄石匕首。石刃骨刀有两种类型，一种由3块材料，即骨质刀柄、骨质刀身、石刃制成；一种由两块材料，即骨身（连柄）、石刃制成。骨柄石匕首由4块材料，即骨柄、骨身和2片石刃组成[25]。齐家文化时期“铜－骨”复合工具的出现，是人类认识水平和综合生产技术的一大提高。

（三）铜器钻孔技术

据考察，唐山大城山所出两块斧形铜饰牌都很薄，表面很不平整，应是锻制而成的，其后端有一小孔，很像是由两面对钻出来的[26]。我国古代器物的钻孔技术约发明于旧石器时代晚期，到新石器时代便发展到了较为成熟的阶段，最早是用来钻制骨器、蚌器和石器，之后才是铜器，它们在技术上显然是一脉相承的。唐山铜饰牌为红铜，质地较软，操作起来并不困难。这应是我国最早的金属钻孔实例之一。在早期铜器中，陶寺铜铃、尕马台七角星纹镜都是穿了孔的。

第三节 关于“铜石并用”的技术特点

1819 年，丹麦皇家博物馆馆长 C. J. 汤姆逊依据北欧馆藏考古资料，最先把史前期分成了石器时代、青铜时代和铁器时代三个阶段。1836 年，他在所著《北欧古物导论》一书中，便阐明了此三个阶段的理论。1865 年，英国学者 J. 卢伯克又把石器时代分成了旧石器时代和新石器时代两个阶段。1877 年，意大利学者 G. 基耶里克又在新石器时代与青铜时代间插入了个“铜石并用时代”。这些划分虽非人类社会的普遍规律，但在欧、亚、非大陆的许多古文化区，还是具有一定代表性的。于是这一概念便渐为许多学者引用，并迅速流传开来，我国学者也把它应用到了古史研究中。从现有资料看，我国大体上也经历了上述几个历史阶段，而且已在学术界形成了一个共识。但在具体运用这一观点时，却又产生了一些分歧，究竟哪些考古文化属于铜石并用时代？我国青铜时代始于何时？看法并非完全一致。个中争论较大的是铜石并用时代，有说它相当于龙山、齐家文化，有说它相当于齐家文化，还有说它相当于仰韶文化的。看来，产生这些分歧的原因，与人们对“铜石并用”的主要技术特点尚未进行充分交流是有关的。我们亦倾向于把龙山文化、齐家文化当成铜石并用时代的说法，下面补充一下管窥之见。

一、“铜石并用”的技术特点

（1）“铜石并用”之“铜”应包括自然铜和冶炼铜，冶炼铜又包括红铜和原始铜合金。

因自然铜可使用锻打和浇铸两种方式成型，故其在技术上、思想上给人们的启示与石器是不同的。但因其数量有限，硬度、强度较低，又是“自然之物”，所以它在人类社会生活中的作用又是不得与冶炼铜相比的。

所谓“原始铜合金”，即是用多金属氧化矿，或单金属氧化矿的某种混合矿冶炼得到的铜合金，因其未作合金配制，故它在技术上、认识水平上，都是不能与人工铜合金相比的。一般而言，使用红铜和原始铜合金的阶段，大体上皆是“铜石并用”的阶段。

（2）此“冶炼铜”必须达到了一定的数量，如若数量过少，是很难称得上“并用”的。

从现有考古资料看，虽仰韶文化已有了冶炼铜，但数量太少，整个时期的铜器（片）实际上只有 7 件，即姜寨黄铜片、黄铜管，渭南黄铜笄、牛河梁铜环、东乡青铜刀，以及东乡的 2 件锈透了的铜块。从仰韶文化早期到大汶口文化晚期，出土过冶铸遗物的地方只有 7 处，即姜寨、渭南、东乡、牛河梁、西台、源涡镇、大汶口，这地点也是较少的。而在这 7 处中，早于公元前 3200 年的地方只有姜寨一处，其余 6 处都是属于公元前 3200 年之后的，由姜寨文化到牛河梁文化，其间跨越了 1400 年，目前尚未看到其他冶铸遗物出土。所以，把仰韶文化单独称之为铜石并用时代是不合适的。

（3）虽名之为“铜石并用”，但其生产工具依然主要是石器、木器、蚌器，生活用具依然主要是陶器，金属器在社会生产和社会生活中的实际作用是很小的。

前面谈到，从仰韶文化、龙山文化到齐家文化，可辨器形的铜器今只有50多件，连同残块、残片加在一起也只有80余件，可知所谓的“铜石并用”时代，实际上是新石器时代晚期的一个部分，是新石器时代与青铜时代之间的一个过渡阶段。

二、各地“铜石并用”时代的差异

从世界范围看，这差异主要表现在如下两个方面：

（1）“铜石并用时代”并不是一个普遍的历史现象，有的古文化区并未经历这一历史阶段。

如大洋洲，西方殖民主义者入侵前一直停留于石器时代，人们依然过着采集、狩猎的生活。又如撒哈拉以南的非洲，公元前一千年末至公元一千年初，人们从北方引入制铁术后，便直接进入了铁器时代，铁器时代之前并无青铜时代，更无所谓的“铜石并用时代”。在发生过“铜石并用”的古文化地区，这一时代经历时间的长短也是各不相同的。美索不达米亚于公元前7000年便进入了铜石并用时代，公元前3500年才进入早期青铜时代。我国幅员辽阔，各地区的发展状况也不一样。今学术界所云我国铜石并用时代，主要是对黄河流域而说的，对南方则未必合适。因迄今为止，我国长江流域及其之南的广大地区，属于公元前3000～前2000年间的铜器（片）今只有1件，便很难将其地其时视为“铜石并用时代”，也很难说南北出土的铜器曾对其时其地的社会和经济产生过重大影响。

（2）铜器的合金种类和加工技术未必相同。

我国中原文化区铜石并用时代使用的金属有红铜、原始黄铜和原始青铜，铸造成型很早便占有了重要的地位，人们主要是通过改变合金成分来改变材料机械性能的。中东和欧洲铜石并用时代使用的主要是红铜，以及少量砷铜、锑铜和含锡量较低的锡青铜，由于受到自然铜加工的影响，锻打在其金属成型加工中占有十分重要的地位，人们主要是通过锻打和加工硬化，来提高金属硬度和强度的。砷铜铸件的机械性能并不比纯铜优越。

第四节　关于冶金术的发明与制陶术的关系

冶金和制陶都是一种高温物理化学过程，在人类早期生产技术中，这两项技术间的关系是较为密切的，古人也早就注意到了这一点，我国古籍中所谓“陶铸”、“陶冶”之说，便是这一认识的一种反映。如《墨子·耕柱》：“昔者夏后开使蜚廉折金于山川，而陶铸之于昆吾。”《荀子·王制》：“农夫不斫削，不陶冶而足械用。”此“陶冶”和“陶铸”之意大体相近，也即以陶范铸造。从现代技术原理上看，古代冶金与制陶之间的关系当主要表现在如下三个方面：

（1）由于制陶技术的发展，使人们掌握了不少高温技术，如燃料燃烧技术、通风技术，以及筑炉技术。

（2）用于铸造的泥型技术的产生和发展，无疑受到过陶器成型技术的许多影响。此应即是“陶冶”和“陶铸”所反映的原意。

（3）制陶过程发生的许多物理化学变化，以及高温可创造新型物质的事实，在思想上会给人们许多有益的启示。

但冶金和制陶毕竟是两种不同的高温物理化学过程，它们还是有着许多区别的，所以，冶金术与制陶术之间的关系，多数还是间接的，启发性的，技术上虽有承袭，但更多的还是一种思想上的影响和启迪。从技术上看，制陶的必要条件只有一个，即足够高的温度和足够大的高温空间，而冶金的必要条件却有两个，一是足够高的温度和足够大的高温空间，二是足够浓度的和持续的还原性气氛。对于冶金来说，第二点尤为重要，没有足够浓度的还原性气氛，无论怎样的高温，也是于事无补的。成陶则不然，它完全可以在氧化性气氛中进行。

现今不少学者认为，冶金术的发明，不管在高温技术，还是还原焰技术上，都受到过制陶技术的影响。窃以为此话只说对了一半，冶金术受到过制陶高温技术的影响是明显的，但是否受到过其还原焰技术的影响，则值得商榷。

这包括两方面的问题：一是我国冶金技术发明于仰韶文化时期，那么，当时的窑炉是否有了还原焰？二是在陶窑（灰陶）的还原性气氛中，是否能够还原出铜来？

从现有考古资料看，我国古代的灰陶约出现于裴李岗文化时期，但数量非常之少。在整个仰韶文化时期，我国陶窑大体上都是采用氧化性气氛的。仰韶文化中的彩陶，其红彩的主要着色剂是 Fe_2O_3，黑彩的主要着色剂是 MnO 和 Fe_2O_3，都是在氧化焰中烧成的[1]。及至龙山文化时期，陶窑才以还原焰为主的，这可由庙底沟和三里桥各文化层中，陶器颜色的变化情况得到很好的说明。庙底沟仰韶文化灰坑（5 号、10 号、363 号、387 号）能分辨饰纹的陶片总数为 16082 件，其中红陶，包括细泥红陶和夹砂粗红陶，计 14415 件，占此期陶片总数的 89.63%；灰陶只有泥质陶一种，计 1663 件，只占陶片总数的 10.34%；黑陶只有细泥质一种，计 4 件，只占陶片总数的 0.03%。到了龙山文化期，就发生了明显的变化，在灰坑 551 号、568 号、576 号中，能分辨纹饰的陶片总数为 3941 片，其中灰陶（包括夹砂灰陶和泥质灰陶）计 3825 件，占陶片总数的 97.07%；黑陶只有细泥质一种，计 35 件，占陶片总数的 0.88%；红陶也只有泥质的一种，计 81 件，占总数的 2.05%。三里桥也有类似的情况，其仰韶文化灰坑（6 号）的红陶，包括细泥红陶和夹砂红陶，计 455 件，占陶片总数的 93.44%；灰陶，只有泥质一种，计 25 件，占陶片总数的 5.14%；黑陶只有细泥质一种，计 7 件，只占 1.44%。到了龙山文化就发生了较大的变化，在能分辨饰纹的陶片中，灰陶（包括夹砂灰陶和泥质灰陶两种）计 2739 件，占去此期陶片总数的 81.5%；黑陶（只有泥质一种）计 271 件，增至总数的 8.08%；红陶（包括泥质和夹砂质两种）计 351 件，只占 10.45%[2]。其他遗址也有类似情况，如西安半坡，粗砂陶（约占陶片总数的 60%）主要为红色和红褐色，此外还有浅灰、灰黑、灰褐、暗褐 、淡黄、橙黄等；细泥陶（约占陶片总数的 35%）也以红色为主，次为黑色（约占 15%）、灰色、褐色、黄色、乳白色；细泥硬陶（约占陶片总数的 5%）主要为红色、橙黄色，少数为红褐色和灰色。因红陶为氧化焰烧成，这便充分表明，仰韶陶窑主要是烧氧化焰的，龙山文化后才以还原焰为主。所以说人们在仰韶文化时期便得到还原焰的启示，这是值得怀疑的。

从制陶工艺研究来看，灰陶虽使用了还原焰，但那是不连续、不稳定的，并非烧造灰陶时，整个烧造过程都是还原焰，而是到了烧成后期，才通过封闭窑顶等方式来创造还原焰的。而金属还原则需要一个相对稳定的、持续高温的还原性气氛，这个条件在陶窑中是不易得到的。要人们从封闭窑顶的闷烧中得到“还原焰”的启示，以冶炼金属，这是十分困难的。金属冶炼皆需高温，皆需鼓风以加强空气流通，与“闷烧”相去甚远。而闷烧后温度马上就会下降，还原温度就很难保证，故陶窑的还原性气氛是很难保证炼出铜来的。

总的来看，冶金术应是在新石器时代晚期之后，在多项生产技术都有了发展，人们的认识能力和操作水平都有了较大提高的基础上发明出来的。它不是某个单项生产技术发展的结果，而是整个社会生产和人类自身认识水平发展的结果。冶金术的发明，既是社会的一种需要，也是历史发展的一种必然。新石器时代之后，人们有了对新产品、新技术的追求，有了一定的高温技术，从制陶工艺中获得了“高温可以创造新物质”的信念，冶金术总要发明出来的。至于冶金术发明的具体过程，其说不一，有说它可能与篝火有关，也有说它可能是森林失火造成等，但有一点可以肯定的是，最早的金属应是偶然炼制的，在大量的偶然事件后，人们才找到了其中的必然性。

参考文献

第一节 早期冶铸遗物的出土情况

[1] 严文明:《论中国的铜石并用时代》,《史前研究》1984 年第 1 期。栖霞杨家圈二期铜锥并详见北京大学考古系等《胶东考古》第 198 页,文物出版社,2000 年。按:长岛店子黄铜片为 1982 年该县博物馆宋承钧发掘。1984 年严文明最先在《史前研究》第 1 期上作了报道。李敏生曾对它进行过酸洗,并取样做过化学分析;之后本人又在其犄角处取样做了扫描电镜能谱分析和金相分析。去锈后铜片直径为 26.4 毫米、厚 0.8~0.9 毫米。今陈列于长岛县博物馆,为半圆形黄铜片,色泽金黄,异常艳丽,这是黄铜原有色态。

[2] 韩汝玢:《姜寨第一期文化出土黄铜制品的鉴定报告》,出处参见 [4]。

[3] 巩启明:《姜寨遗址考古发掘的主要收获及其意义》,《人文杂志》1981 年第 4 期。

[4] 半坡博物馆等:《姜寨——新石器时代遗址发掘报告》,文物出版社,1988 年。

[5] 甘肃省文物工作队等:《甘肃东乡林家遗址发掘报告》,《考古学集刊》(4),1984 年。并见文献 [1]。

[6] 和岛诚一:《山西省河東平野及び太原盆地北半部に於ける先史學的調查概要》,《人類學雜誌》58 卷第 4 期,1943 年。转自文献 [7]。

[7] 安志敏:《中国早期铜器的几个问题》,《考古学报》1981 年第 3 期。

[8] 山东省文物管理处等:《大汶口》第 43 页,文物出版社,1974 年。按:此铜绿与冶铜用铜有关当是可能的,但把它说成是铜器加工留下的痕迹则可商榷。

[9] 辽宁省文物考古研究所:《辽宁近十年来文物考古工作新发现》,《文物考古工作十年》,文物出版社,1990 年。

[10]《中国文明起源座谈纪要》,《考古》1989 年第 12 期。郭大顺:《赤峰地区早期冶铜考古随想》,《内蒙古文物考古文集》,中国大百科全书出版社,1994 年。

[11] 孙淑云等:《甘肃早期铜器的发现与冶炼、制造技术的研究》,《文物》1997 年第 7 期。

[12] 昌潍地区艺术馆等:《山东胶县三里河遗址发掘简报》,《考古》1977 年第 4 期。

[13] 中国社会科学院考古研究所:《胶县三里河》,文物出版社,1988 年。鉴定报告并见该书附五,《三里河遗址龙山文化铜器鉴定报告》。

[14] 山东省文物考古研究所:《山东省文物考古工作五十年》,《新中国考古五十年》第 238 页,文物出版社,1999 年。

[15] 河南省文物研究所等:《河南淮阳平粮台龙山文化城址试掘简报》,《文物》1983 年第 3 期。

［16］中国社会科学院考古研究所山西工作队等：《山西襄汾陶寺遗址首次发现铜器》，《考古》1984 年第 12 期。王晓毅等：《陶寺中期墓地被盗墓葬抢救性发掘纪要》，《中原文物》2006 年第 5 期。

［17］李水城等：《酒泉县丰乐乡照壁滩遗址和高苜蓿地遗址》，《中国考古学年鉴》（1987 年），文物出版社，1988 年。两遗址铜器出土情况见文献［11］。

［18］湖北省文物考古研究所等：《湖北石家河罗家柏岭新石器时代遗址》，《考古学报》1994 年第 2 期。

［19］河南省文物管理所等：《登封王城岗遗址的发掘》，《文物》1983 年第 3 期。按：学术界对王城岗铜片的年代和器形是有过不同看法的，今仍依发掘报告将之定为龙山文化晚期，并说其可能是鬶足片。

［20］河南省文物研究所等：《登封王城岗与阳城》，文物出版社，1992 年。按：依《夏商周断代工程 1996～2000 年阶段成果报告》（世界图书出版公司出版，2001 年），王城岗四期计有三组^{14}C 测定数据，皆处夏初范围。

［21］李京华：《关于中原地区早期冶铜技术及其相关问题的几点看法》，《中原古代冶金技术研究》，中州古籍出版社，1994 年。牛砦铜片出土于 20 世纪 50 年代，原发掘报告未曾提起。承李京华电告，其属龙山文化晚期。

［22］泉华：《中国早期铜器的发现与研究》，《史学集刊》1985 年第 3 期。

［23］中国社会科学院考古研究所：《河南临汝煤山遗址发掘报告》，《考古学报》1982 年第 4 期。

［24］河北省文物管理委员会：《河北唐山市大城山遗址发掘报告》，《考古学报》1959 年第 3 期。

［25］内蒙古文物工作队等：《内蒙古文物考古工作三十年》，《文物考古工作三十年》，文物出版社，1979 年。

［26］张敬国认为大城墩铜刀属龙山文化时期（《含山大城墩遗址第 4 次发掘的主要收获》，《文物研究》总第 4 期，1988 年）。但安徽省文物考古研究所《安徽含山大城墩遗址发掘报告》（《考古学集刊》（6），1988 年）认为大城墩二期属二里岗上层，且未提铜刀。

［27］河南文物研究所：《河南考古四十年》，河南人民出版社，1994 年。详情不明。

［28］甘肃省博物馆：《甘肃武威皇娘娘台遗址发掘报告》，《考古学报》1960 年第 2 期。《武威皇娘娘台遗址第四次发掘》，《考古学报》1978 年第 4 期。按：第一、二、三次发掘分别于 1957 年 9～11 月、1959 年夏、1959 年 11～12 月进行，第四次发掘 1975 年 4～7 月进行。

［29］中国社会科学院考古研究所甘肃工作队：《甘肃永靖大何庄遗址发掘报告》，《考古学报》1974 年第 2 期。按：大何庄，又有人写作“大河庄”。

［30］中国科学院考古研究所甘肃工作队：《甘肃永靖秦魏家齐家文化墓地》，《考古学报》1975 年第 2 期。

［31］孙淑云等：《中国早期铜器的初步研究》，《考古学报》1981 年第 3 期。并见文献［11］。

[32]《甘肃文物考古工作三十年》，《文物考古工作三十年》，文物出版社，1979 年。

[33] 中国社会科学院考古研究所：《中国考古学中的碳十四年代数据表》(1965～1981 年)，文物出版社，1983 年。

[34] 田毓璋：《甘肃临夏发现齐家文化骨柄铜刃刀》，《文物》1983 年第 1 期。

[35] 甘肃省岷县文化馆：《甘肃岷县杏林齐家文化遗址调查》，《考古》1985 年第 11 期。

[36] 青海省文物管理处考古队：《青海省文物考古工作三十年》，《文物考古工作三十年》，文物出版社，1979 年。

[37] 青海省文物考古队：《青海互助土族自治县总寨马厂、齐家、辛店文化墓葬》，《考古》1986 年第 4 期。

[38] 谢端琚：《黄河流域的新石器时代文化》，见中国社会科学院考古研究所《新中国的考古发现和研究》第 118 页，文物出版社，1984 年。

[39] 新疆维吾尔自治区博物馆考古队：《新疆疏附县阿克塔拉等新石器时代遗址的调查》，《考古》1977 年第 2 期。龚国强：《新疆地区早期青铜器略论》，《考古》1997 年第 9 期。并见陈祖光：《新疆金属器时代》，《新疆文物》1995 年第 1 期，张川译。

[40] 新疆文物事业管理局等：《新疆维吾尔自治区文物考古五十年》，《新中国考古五十年》，文物出版社，1999 年。北京科技大学冶金与材料史研究室等：《新疆哈密天山北路墓地出土铜器的初步研究》，《文物》2001 年第 6 期。

[41] 景印文渊阁《钦定四库全书》1042－307，台湾版。武汉大学电子版第 336 碟。

[42] 雷学淇校辑：《世本》第 75 页。王雲五主编：《丛书集成》（初编）三六九八册，商务印书馆，1937 年。

[43] 转引自《钦定古今图书集成》“考工典”第 27 函第 798 册第 47 页。

[44] 邵望平：《“禹贡”九州的考古学研究》，《九州学刊》总第 5 期，1987 年 9 月。

[45] 章鸿钊：《石雅 · 中国铜器铁器时代沿革考》，中央地质调查所，民国七年初版，民国十六年再版。今见周谷城主编《民国丛书》第二篇第 88 册，上海书店，1990 年影印民国十六年版。

[46] 王琎：《中国古代金属原质之化学》，《科学》第五卷第六期，1920 年 6 月。

第二节　铜的早期冶炼和加工技术

[1] 中国社会科学院考古研究所：《河南临汝煤山遗址发掘报告》，《考古学报》1982 年第 4 期。按：此炉壁残块，有人又谓之坩埚残块。

[2] 李京华：《关于中原地区早期冶铜技术及相关问题的几点看法》，《中原古代冶金技术研究》，中州古籍出版社，1994 年。

［3］原著 R. F. Tylecote，A History of Metallurgy，1976. 华觉明等译：《世界冶金发展史》第 44、23 页，科学技术文献出版社，1985 年。

［4］同［3］，见第 18、44 页。

［5］铜绿山考古发掘队：《湖北铜绿山春秋战国古矿井遗址发掘简报 · 附录湖北铜绿山古矿井的地质情况》，《文物》1975 年第 2 期。

［6］刘屿霞：《殷代冶铜术之研究》，《安阳殷墟发掘报告》第四期，1933 年。

［7］中国社会科学院考古研究所山西工作队等：《山西襄汾陶寺遗址首次发现铜器》，《考古》1984 年第 12 期。

［8］甘肃省博物馆：《甘肃武威皇娘娘台遗址发掘报告》，《考古学报》1960 年第 2 期。

［9］甘肃省博物馆：《武威皇娘娘台遗址第四次发掘》，《考古学报》1978 年第 4 期。

［10］谢端琚：《论大何庄与秦魏家齐家文化的分期》，《考古》1980 年第 3 期。

［11］韩汝玢：《姜寨第一期文化出土黄铜制品的鉴定报告》，载《姜寨——新石器时代遗址发掘报告》，文物出版社，1988 年。

［12］何堂坤等：《长岛店子龙山文化铜片科学分析》，待刊。铜片曾于 1984 年承北京市粉末冶金研究所任新荷、2000 年承冶金部洛阳铜加工厂李寿康等分析。

［13］孙淑云等：《中国早期铜器的初步研究》，《考古学报》1981 年第 3 期。

［14］张学正等：《甘肃发现的早期金属器物的研究》，国际冶金史学术讨论会论文，北京，1981 年。

［15］孙淑云等：《甘肃早期铜器的发现与冶炼、制造技术的研究》，《文物》1997 年第 7 期。

［16］李虎侯：《齐家文化铜镜的非破坏鉴定》，《考古》1980 年第 4 期。

［17］何堂坤：《先秦青铜合金技术初步探讨》，《自然科学史研究》1997 年第 3 期。

［18］安志敏：《中国早期铜器的几个问题》，《考古学报》1981 年第 3 期。

［19］端琚：《齐家文化是马家窑文化的继续和发展》，《考古》1976 年第 6 期。

［20］北京科技大学冶金史研究室：《登封王城岗龙山文化四期出土的铜器 WT196H617:14 残片检验报告》，载《登封王城岗与阳城》，文物出版社，1992 年。

［21］张万钟：《泥型铸造发展史》，《中国历史博物馆馆刊》总第 10 期，1987 年。

［22］青海省文物考古队：《青海互助土族自治县总寨马厂、齐家、辛店文化墓葬》，《考古》1986 年第 4 期。

［23］田毓璋：《甘肃临夏发现齐家文化骨柄铜刃刀》，《文物》1983 年第 1 期。

［24］贾兰坡等：《山西峙峪旧石器时代遗址发掘报告》，《考古学报》1972 年第 1 期。按：峙峪遗址发掘于 1963 年，据 ^{14}C 测定，距今约 28940 ± 1370 年。

［25］甘肃省博物馆文物工作队等：《永昌鸳鸯池新石器时代墓地的发掘》，

《考古》1974 年第 5 期。

［26］严文明：《论中国的铜石并用时代》，《史前研究》1984 年第 1 期。

第四节　关于冶金术的发明与制陶术的关系

［1］周仁等：《我国黄河流域新石器时代和殷周时代制陶工艺的科学总结》，《考古学报》1960 年第 1 期。

［2］中国科学院考古研究所：《庙底沟与三里桥》，科学出版社，1959 年。

第 二 章

二里头至二里岗时期青铜技术的初步发展

二里头至二里岗时期大体上相当于夏代中晚期至商代前期，是我国青铜技术发明、发展的重要阶段，也是我国的早期青铜时代。

夏代是我国历史上第一个统一的王朝，据“夏商周断代工程专家组”的最新研究，其约处于公元前 2070 ~ 前 1600 年[1]。在考古文化中，夏代早期当与王城岗二段、三段相当；中、晚期则与二里头文化一、二期相当。从考古资料看，偃师商城即是商灭夏后所建最早的都城，即是史书所云汤都西亳，它的始年即公元前 1600 年，这即是夏商两代政权更迭的标界。

偃师二里头遗址发现于 1959 年。遗址长 2000 米、宽 1500 米，中部为宫殿区，有数十座大小不同的宫殿遗迹，南部为冶铸作坊，西北部有制陶作坊，北面和东面可能是骨料加工场。二里头文化可分为四期。经^{14}C 年代测定，一期为公元前 1880 ~ 前 1730 年，二期为公元前 1740 ~ 前 1600 年，三期为公元前 1600 ~ 前 1555 年，四期为公元前 1560 ~ 前 1521 年[2]。所以，二里头文化的一、二期当属夏代中期、晚期，第三、第四期文化则已进入了商纪年。

从文献记载看，商始都于亳。此“亳”即偃师商城。商代建国后，因天灾人祸，曾多次迁都，皆不能扭转纷乱的局面。公元前 1300 年[3]，盘庚由奄迁至殷（今河南安阳），政局渐稳，经济文化都获得了较大发展。盘庚迁殷前一个时期，史称商代前期，历 10 代 19 帝。与之相对应的考古文化是二里岗时期、湖北盘龙城时期、河北藁城台西遗址、北京平谷刘家河遗址等。二里岗文化分上下两层，郑州商城是其中的重要组成部分。郑州商城始建于公元前 1580 年，较偃师商城稍后 20 年[1][4]。

早在二里头文化时期，诸考古文化所出金属器的数量和种类便已明显增加，体型增大，地域扩展；成功地冶炼出了金、银、铅、锡等有色金属；有意识地配制了一些不同成分的青铜合金；铸造、加工技术都有了提高；发明了镶嵌技术。二里岗—盘龙城时期，青铜技术在南方、北方都蓬勃发展起来，并出现了一些规模宏大的采矿、冶炼、铸造工场，其中大家较为熟悉的有江西瑞昌采矿场、郑州南关外铸铜作坊、江西吴城铸铜作坊等；铸制了许多器型宏大、花纹细腻、工艺复杂的青铜器，青铜技术开始向社会生产和社会生活的各个领域伸展；发明了金属复合材料技术。假如说早商文化依然主要集中在长江以北的话，那么商代中期之后，便迅速地向江南扩展开来。此期青铜技术的主要特点：一是人们开始有意识地以锡、铅作为主要合金元素来配铜合金，发明了青铜合金技术；二是青铜器开始伸向社会生产和社会生活的各重要领域；三是合金技术尚未十分成熟，锡在铜合金元素中的主导地位尚未牢固确立[5]。

第一节 铜器使用量的增加

一、二里头文化时期的铜器出土情况

这里包括二里头文化，及其与之年代相当的岳石文化、四坝文化、夏家店下层文化等。

（一）二里头文化

“二里头文化”之名源于1959年发掘的偃师二里头遗址，这一文化的中心区是河南、山西一带，在豫西、豫东、豫南、陕西东部、晋南等地都有分布；较大的遗址有河南偃师二里头、郑州洛达庙、洛阳东干沟、登封玉村、渑池鹿寺和郑窑、山西夏县东下冯等；其中又以二里头遗址范围最大，文化遗物最为丰富，最具代表性，并发现了宫殿遗址[6]。

二里头遗址所出金属器（片）应不少于175件[7]，其种类有[6][8]~[18]：

（1）礼器。包括鼎、觚、爵、斝、盉。这是我国迄今所见年代较早的一批铜容器，其数量多、种类众，而且相当部分都较为完整。其中尤其值得注意的是铜爵，这是一种酒器，在二里头容器中数量最多，今见至少12件，基本上皆属二里头文化三、四期，可知当时饮酒风气之盛。铜爵最早出土于1973年，该爵通高12厘米、底宽4.5厘米、底长5.5厘米、足高3.5厘米、胎厚0.10厘米；表面粗糙，体薄，无纹饰，无铭，具有早期铜器的特征；属二里头三期。二里头出土的不少器物体形已经较大，如1984年出土的一件铜斝，酒器，通高30.5厘米、口径17~18厘米，素面，口沿上设有两个三棱状矮柱，单把，束腰平底，三条腿的下部呈三棱锥状，下部微呈四棱状，属二里头四期。鼎是我国古代容器中至为尊贵之物，1987年出土1件，属二里头四期。这些容器，包括后面将要提到的乐器在内，实际上都是一种礼器，皆是直接从龙山文化陶质礼器演变过来的。它们的出现，一定程度上说明了礼制的巩固和发展。此前的王城岗龙山文化四期只出土过一件可能属青铜鬶的残片，不成器形。

（2）乐器。只有铜铃1种，计约5件。有的出土时铃上包裹有纺织品残片，其中一件平顶，弧形钮，器身一侧有扉棱，横断面呈椭圆形，近口部有一周凸弦纹饰，出土时有一管状玉器置于铃内。

（3）兵刃器。包括戈、镞、钺。铜镞至少16件[19]。铜钺计2件，分别出土于1975年和2000年，前者通长23.5厘米。多属二里头三、四期，这是迄今中原文化区所见较早的一批铜兵器。文献上虽说“蚩尤以金作兵器”，禹“以铜为兵”，但在蚩尤和禹时有关实物尚未看到；早期铜器中的铜刀类物，其主要功能大约依然是生产工具或生活用具。

（4）生产工具，包括锛、凿、刀、锯、锥、鱼钩、铜条和铜纺轮。铜锛、铜锯、铜纺轮、铜鱼钩此前均未看到。其中1件铜锛长11.4厘米、上宽2.4厘米、刃宽2.9厘米、厚0.5厘米。铜刀之中较值得注意的是1980年秋出土的一把环首

刀，全长 26.2 厘米、刃长 14.3 厘米；尖部圆钝而微微上扬，厚背略方，柄部微曲，柄部两侧饰有平行凸斜纹，中间皆饰有 6 个凹槽。这是中原文化区今见年代最早的环首刀（图 2－1－1）。

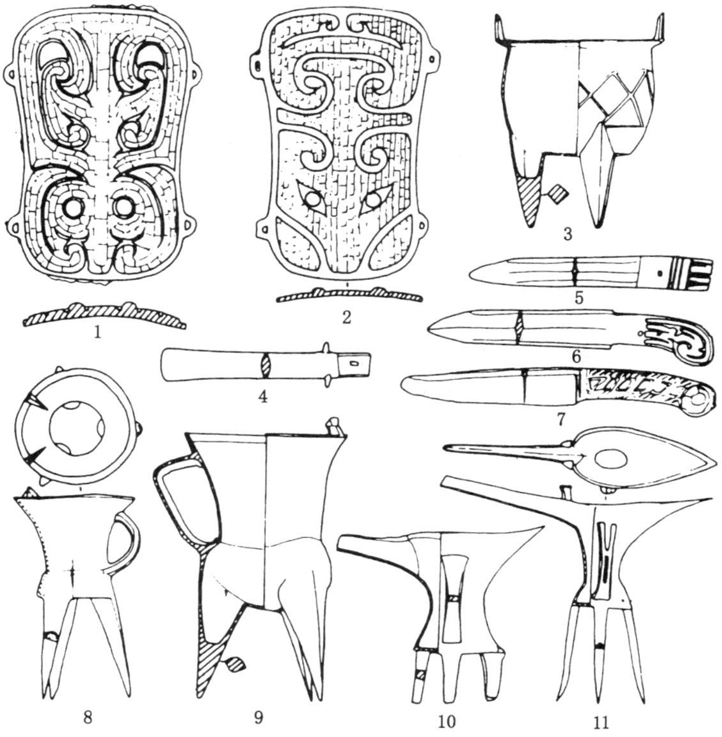

图 2－1－1　二里头出土的青铜器

1、2. 铜牌饰　3. 鼎　4. 戚　5、6. 戈　7. 环首刀　8、9. 斝
10、11. 爵　转引自文献［18］第 175 页

（5）饰器，包括圆形铜泡、镶嵌有绿松石的铜牌等。

这些器物多属二里头三、四期，一期只有铜刀 2 件，二期只有铜刀件 3 件、铜锥 1 件、铜铃 3 件、镶嵌兽面形饰牌 1 件[19][20]。

山西夏县东下冯遗址的第一至第四期文化亦与二里头的一至四期文化相当，其五、六期则分别与二里岗下层、上层文化相当。东下冯第一、二期皆无铜器。第三期出土铜器有凿 1 件、镞 4 件、残铜片 2 块、石范 6 块（其中 4 块为斧范）、铜渣 20 余小块。第四期出土铜器有：铜凿 1 件、铜镞 4 件、铜刀 1 件、残铜片 1 件，铜渣 10 余小块。此外还有一件石范，可能是铜凿范。铜刀通长 12.3 厘米，弧形刃，刃尖上翘，直柄直首[21]。

山西垣曲二里头文化晚期出土铜镞 1 件，长 7.1 厘米、宽 2.3 厘米，器身呈扁三角形，圆脊，圆铤，双翼后锋，两侧锋锐利。此镞嵌入一人颈椎骨，清理时与颈椎骨同时出土[22]。

此外，登封王城岗、洛阳东干沟、新密等也出土过一些铜器。王城岗属二里头文化二期的地层出土有铜刀1件、铜钻1件；属二里头文化三期的地层出土有残铜片1件等[23]；洛阳东干沟出土有铜刀、铜钻等[24][25]；新密出土有二里头文化三期铜刀[26]；偃师商城出土有铜爵、铜尊、铜戈、铜刀、铜镞等。

（二）岳石文化

因1960年平度东岳石遗址的发掘而得名，1979年之后，由于泗水尹家城、牟平照格庄等的发掘，才正式命名为一种新型考古文化，并从山东龙山文化中分离出来，其主要分布于山东和苏北一带。据^{14}C年代测定并树轮校正，年代范围是公元前1900～前1600年。尹家城出土有铜镞1件、铜刀5件、铜锥2件、铜环1件、铜片5件[27]；照格庄出土有铜锥1件[28]；黄县出土有青铜甗1件；1995年长清县仙人台出土有铸范1件、铜镞1件[29]。此外在清凉山、鹿台岗、郝家庄等处亦有出土[68]。故迄今所见岳石文化铜器至少25件。

（三）四坝文化

分布于永昌以西的河西走廊地区，其年代约与夏相当。它至少有四个^{14}C年代测定数据，达曼表校正后，其年代介于公元前1940～前1630年之间。许多四坝文化墓葬都有铜器出土，大家较为熟悉的有玉门火烧沟、民乐东灰山、酒泉干骨崖、安西鹰窝树等遗址。

1976年，火烧沟清理312座墓葬，出土大批冶铸遗物。其中铜器有200多件，种类有：（1）手工业工具，斧、环首刀、刀、锥、骨梗铜锥、凿、针、锤。（2）农具，镰、镢。（3）兵刃器，镞、矛。这应是迄今所知我国最早的铜兵器。（4）饰器，铜泡、耳环、鼻环、钏、铜管、条形饰、圆形饰、镜[30]。

1987年，民乐东灰山出土铜器16件，包括铜削8件、锥1件、铜镯1件、耳饰3件、小铜圈1件等，另有金耳饰1件，经测定并树轮校正年代约为公元前1700年。人们分析了其中的15件铜器，发现有14件为Cu－As二元合金，1件为Cu－Sn－As三元合金[31][32]。

酒泉丰乐乡干骨崖四坝文化遗址清理105座墓葬，出土铜器48件。断代为公元前1900～前1600年[33]。

安西鹰窝树四坝文化遗址出土铜器7件，其中有铜锥、铜刀、铜镞、铜泡等，年代较东灰山和干骨崖的稍晚[34]。

（四）夏家店下层文化

分布于辽宁西部、内蒙东部和河北北部，经过发掘或试掘的遗址约30多处，其延续时间较长，据^{14}C年代测定并树轮校正，上至公元前2300年，下至西周初年或稍后。有学者把它分作四个文化期，第一期约为公元前2300～前2100年，第二期约为公元前1800年前后，第三期约为公元前1800～前1300年，第四期约相当于殷至西周[35]。属于商代早期以前的铜器（片）约70余件[36]～[42]，其中有镞4件、刀4件、耳环31件、铜指环25件、杖首2件，铜环、铜冒、铜镦各1件等。仅大甸子便出土了55件（耳环26件、指环25件、铜冒2件、铜镦1件、铜杖首1件），大甸子遗址和墓葬的年代约相当于夏末商初。

（五）朱开沟文化。主要分布于内蒙古中南部，黄河河套及东北部分地区，往日曾有学者将之纳入夏家店文化下层范围。1977～1984年，考古工作者对内蒙古伊克昭盟伊金霍洛旗的朱开沟遗址进行了四次发掘，出土了数十件青铜器，其年代约相当于中原龙山文化晚期到二里岗文化，前后约延续了800年。其中属朱开沟文化第三段（相当于夏代中期）的青铜器计约7件，即生产工具的凿1件、锥1件、针1件，装饰器的臂钏2件、耳环、指环各1件。属其第四段（约相当于夏代晚期）的计9件，即兵器的镞1件、生活用器指环3件、耳环5件。属第五段（相当于商代早中期）的约27件，其中有兵器戈5件、短剑1件、鍪1件、镞6件，工具的环首刀1件、残刀3件，生活用器的鼎残片1件、爵足1件、爵残片1件，饰器的圆牌4件、耳环2件、残圈1件等，朱开沟总计出土铜器50余件[43]。可见：（1）其青铜器始见于第三段（相当于夏代中期），主要是少量小型生产工具和饰器；第四段始见有青铜镞。此两期的青铜器数量还是较少的。（2）第五段时青铜器的数量和种类才明显增加起来，器型亦稍有增大，兵器中出现了短剑、戈等，工具中出现了刀，容器中出现了鼎。较此更早的青铜剑今日尚未看到。

（六）长江流域诸考古文化

唯1984～1985年湖北江陵荆南寺遗址出土有铜镞、铜鱼钩、铜削等物，其年代与二里头四期相当[44]。

（七）新疆、西藏地区诸考古文化

前面谈到，有学者认为新疆铜器的起始年代为公元前3000～前2000年，虽学术界对此还存在一些不同看法，但新疆多处地方都出土了公元前1800年时的早期铜器这却是肯定的。如：（1）罗布泊地区孔雀河古墓沟墓地，有2座墓各发现1小件红铜卷。据^{14}C测定，距今约3800年。（2）罗布泊北端的铁板河地区古墓亦发现2小卷红铜片，未见大型铜器。属早期青铜时代。（3）塔城市卫校西古墓群出土有铜项珠2粒、铜耳环1对。在塔城西北角，在河的对岸还有一座古遗址，出土1件小铜条和1块铜炼渣。此墓葬和遗址年代基本一致，约距今4000～3000年。此外，属这一年代范围的还有一些，基本上都是一些小件器物。及至公元前1300～前500年时，铜器数量才明显增多起来[45]。

据报道，西藏拉萨曲贡出土了一件铜镞，经^{14}C年代测定，约属公元前1700年，与二里头文化年代相当[46]。

这是二里头及与之年代相当的考古文化铜器出土的部分情况，由之可见：

（1）与仰韶—龙山文化相比较，此时期的铜器数量明显增多。上文提到的已达500多件，此外，见于报道和未曾报道过的还有一些，如偃师商城出土有铜斝、铜爵、铜尊等铜礼器，铜戈、铜镞、铜刀等铜兵器；郑州市陈庄早商遗址出土有青铜钻[47]等。估计今已出土的夏代中期至商代早期铜器的总数应在600件以上。

（2）种类明显增多。镞、矛、戚、戈、剑等铜质兵器，镢等铜质农具，锛、锯、锤、纺轮等铜质手工业工具和镶嵌了绿松石的铜牌等饰器，都是此前不曾看到的。农具在齐家文化时期只有铜镰一种，四坝文化时又出现了铜镢。容器在龙山文化时期只有王城岗铜鬶（？）残片1件，此时期却出土了爵、斝、盉、甗、鼎、觚等器物。

在此有一点值得注意的是，二里头文化中，增长最为明显的是兵器、礼器和镶嵌了绿松石的铜牌饰，生产工具的增加并不是十分明显。自然，兵器是武力的象征，礼器是礼仪的象征，铜牌则是一种高级装饰品，这说明：一种新的生产资料、一种新的生产力，首先是被人们用来从“武”、“文”两个方面维护国家政权和供统治者消用的。

（3）器形增大，且稍见复杂。1987年二里头四期墓M57出土一件铜爵，通高16.4厘米，流尾距19.8厘米，同墓出土的一件铜刀长达34厘米。山东黄县出土的铜甗由甑、鬲两部分组成，通高33厘米、口径28厘米、鬲高21厘米，无箅，口沿外折，沿下有二道较细的凸弦纹，形制与胶东岳石文化陶甗十分相似，可算是当时较大的容器[47]。铜刀的式样明显增多，有直刃、斜刃，也有弧刃，有直柄直首、直柄环首；环首刀在火烧沟、二里头（三期）等遗址都有出土，有的刀上还有简单的纹饰。二里头铜戈有直内戈，也有曲内戈，内部有穿和精美的纹饰，戚的内与身之间有上下阑，铜镞出现了双翼带铤式。可见器物形制早已脱离了简单、细小的原始阶段。

以上只是二里头及与之年代相当的几个考古文化所出土铜器的部分情况。二里头三、四期，或说商代早期时，铜器使用已是相当普遍。

二、二里岗文化时期所出土铜器的基本特点

“二里岗文化”因20世纪50年代初始见于郑州东南郊的二里岗而得名[48][49][50]，遗址主要分布于今郑州市区偏东。郑州商城当即史云之隞都，其坐落于整个遗址的中部，今已发现了不少大型宫殿建筑，这是目前我国所见规模最大的商代城址。郑州商城遗址分上下两个地层，约相当于公元前1580～前1320年。与二里岗年代相当的考古文化，在我国南北多处都可看到，较为重要的主要有湖北黄陂盘龙城遗址[51]、江西吴城遗址[52]、湖南皂市遗址[53]、河北藁城台西遗址[54]、北京平谷刘家河遗址[55]。此外，在山东、江苏、安徽、山西、陕西等省都出土过商代中期铜器。商代中期铜器的出土量较大，无法再作详细统计。

此时期铜器的基本特点是：

（1）数量大，品种多，且已伸向社会生产和社会生活的各个领域，并显示了十分重要的作用。如：

湖北黄陂盘龙城遗址，20世纪60～90年代便出土过36种351件青铜器，包括：（1）工具，臿2件、镢2件、锛19件、斨3件、斧2件、凿4件、锯1件、菱形器1件、鱼钩1件，计35件。（2）兵器，戈26件、矛4件、钺5件、刀26件、钩刀2件、削刀1件、铍2件、戣3件、镞49件、镦1件、镦2件、饰件2件，计123件。（3）礼器，觚32件、爵50件、斝54件、盉1件、尊13件、罍2件、提梁卣1件、鼎19件、鬲8件、甗1件、盘2件、簋3件，计186件。（4）其他，铜泡5件、马面饰1件、铜块1件，计7件[56][57]。盘龙城应是商代南方的方国重镇[51]，内涵主要为二里岗上层，但也包括部分二里岗下层及至二里头文化。盘龙城城垣的营筑及使用年代，上限相当于二里岗上层一期偏晚，^{14}C测定年代为公元前1390年或稍早，下限在二里岗上层二期晚段，之后城址荒废[57]。

郑州商城遗址，所出青铜器种类有：（1）兵器，镞、戈、钺。（2）生产工具，镢、刀、刻刀、锥、钻、凿、鱼钩、铜钉。（3）礼器，斝、罍、盉、爵、觚、鬲、鼎、盘、壶、盂、卣、尊。这是商代前期青铜礼器的重要组合，其中包括酒器、水器、烹饪器等。(4) 饰器，簪[50][58][59][60]等。1983 年，有学者曾对 103 件二里岗期青铜容器进行过综合性的形制考察，其中包括鼎 14 件（圆鼎 10 件、方鼎 4 件）、盘 2 件、罍 5 件、觚 14 件、卣 1 件、盂 1 件（以上皆属二里岗上层）、鬲 8 件（二里岗下层 2 件，上层 6 件）、盉 4 件（二里岗下层 2 件、上层 2 件）、斝 24 件（下层文化 5 件，上层文化 19 件）、爵 30 件（下层文化 9 件，上层文化 21 件）[59]。这些器物在较大程度上反映了商代前期青铜技术的先进水平。尤其值得注意的是，郑州商城外还发现了两处大型铸造作坊：一在郑州南关外，二在紫荆山北，出土有大量铸范等冶铸遗物[50]。

东下冯第五期（相当于二里岗下层）出土有铜镞 10 件、铜刀 4 件、石范 3 件；第六期（相当于二里岗上层）出土有铜镞 3 件，铜刀、铜爵各 1 件[21]。

1973～1974 年，河北藁城台西村发掘 112 座商代中期墓葬，出土并收集铜器 21 种 101 件，其中容器有鼎、斝、觚、爵、罍、鬲；兵器有刀、镞、钺、戈、戟、镈；生产工具有锯、凿；乐器有铃；日用器和饰器有匕、笄形器、纽扣、舌形铜饰、甲泡等。

可见，二里岗—盘龙城时期，兵器、工具、礼器的数量和品种都有了明显的增加，这在二里头时期是不曾有过的。新出现的铜器中，工具有：臿、斨、锯等；兵器有：钺、戟等；礼器有簋、卣、盘、壶、尊等。戟出土于台西村 M17，系由戈、矛联装而成[54]，过去一般认为戟是西周时期才出现的。大方鼎始见于商代中期。商周青铜礼器的基本品种，商代中期多已具备。青铜器对社会生活的巨大影响，此时已经十分明显地表现出来。

(2) 器形高大、复杂，工艺精到。

盘龙城李家嘴墓 M2 出土一件大铜钺，通长 41.4 厘米，钺身两面皆饰夔纹。同墓还出土一件大圆鼎，通高 55 厘米、口径 31.6 厘米[56][57]。1974 年，郑州杜岭土岗出土两件大方鼎，形制、饰纹基本相同，器表皆饰饕餮纹和乳钉纹，一件通高 100 厘米、上口长 62.5 厘米、宽 61 厘米，壁厚 0.4 厘米，重 86.4 公斤；另一件通高 87 厘米、口径 61 厘米、壁厚亦为 0.4 厘米，重 64.25 公斤[60]。1982 年郑州向阳回族食品厂发现 13 件窖藏青铜器，包括饕餮纹乳钉纹大方鼎 2 件、饕餮纹大圆鼎 1 件、云雷纹扁足圆鼎 2 件、牛首鼎 2 件、羊首罍 1 件、饕餮纹提梁卣 1 件、饕餮纹觚 2 件、涡纹中柱盂 1 件、素面盘 1 件。其中一件方鼎（H1:2）通高 81 厘米、口部长 55 厘米、宽 53 厘米，重 75 公斤；另一件（H1:8）高亦为 81 厘米、口部长宽皆为 53 厘米，重 52 公斤。它们皆庄重宏伟，气势磅礴，显示了一代工师的杰出创造。这都是目前所见商代前期之重器，国之瑰宝。饕餮纹提梁卣和羊首罍皆周身饰纹，或饕餮纹，或云雷纹，或镂空纹，异常精美，开晚商繁缛纹饰之先河[61][62]。郑州小双桥出土两件大型青铜构件，一件重 8.5 公斤，高 21.5 厘米、宽 18～21 厘米[63]。该处可能是商代王室祭祀之所，也可能是离宫别馆。二里头青铜器虽然已有饰纹，但比较简单朴素；二里岗—盘龙城期青铜器则一般都有饰纹，其线条粗犷有力，构图茂密，主纹一般为抽象的动物图案。

(3) 地域已向南北扩展。

龙山文化时期，铜器出土地点基本上是属于黄河流域及其之北，南方只有一处；二里头时期，长江流域的铜器出土地点依然较少；二里岗时期，不但长江以北的地点有了增加，而且长江以南的地点也急剧增加起来。除盘龙城遗址外，此期江北出土铜器的地点还有：（1）湖北随州淅河遗址，出土青铜器13件，包括刀2件、斨2件、凿1件、斧1件、臿2件等青铜工具，戈（1件）等青铜兵器，爵2件、觚1件、斝1件等青铜礼器，其时代稍晚于盘龙城期，而早于殷墟[64]。（2）安徽含山大城墩遗址，1979～1982年，其第二期文化出土坩埚1件，残[65]；又有三角形铜刀1件，属二里岗上层[66]。此期江南的铜器出土地点主要有：（1）湖北宜都王家渡，出有青铜罍1件[67]，断代为二里岗期。（2）湖南省石门皂市商代中期遗址，1977年冬至1978年春出土铜镞、鱼钩、簪，以及铸造铜镞的石范、陶范和铜渣[53]。（3）江西吴城商代铸铜遗址，1975年出土大批石质铸范，并有部分陶范和铜器，其年代约相当于二里岗期至殷墟时期；属于二里岗期的铜器有铜刀等物[52]。

在北方，商代中期铜器出土点已扩展到了北京平谷。1977年，北京平谷商代中期墓葬出土青铜礼器16件，包括鼎5件、盉、盘各2件，鬲、卣、斝、甗、三羊罍、瓿、爵各1件，此外还有铁刃铜钺等兵器和饰器[55]。

此外，辽宁南部的双坨子三期发现有铜镞、铜泡、铜鱼钩等，属公元前1500～前1300年[35]。

可见商代中期时，以黄河、长江两大流域为中心，在北到今河北、辽宁，南及湖南石门、江西吴城的广大地域内，已形成了一个青铜器广泛使用，青铜技术蓬勃发展的新局面。

第二节　冶炼技术的初步发展

在二里头时期，金属采冶的规模依然是较小的；二里岗时期便迅速地发展起来，南方出现了类如江西铜岭等规模较大的采冶场。当时使用的铜矿主要是一种单金属氧化矿，也使用过部分共生矿。人们使用过一种陶缸式冶炼炉，采用内加热的方式进行冶炼，很可能使用了人力吹风，对耐火材料也已具备了一定的知识。金、银、铅器此时都已见诸使用，可能已发明了较为简单的黄金提纯技术和铅、锡冶炼技术。早在二里头时期，人们就大量地使用过丹砂，这对后来炼汞技术的发明显然是有一定帮助的。

一、关于铜的冶炼技术

（一）关于铜矿的开采

从现有资料看，北方不但出土铜器的年代早于南方，而且其铜矿开采时间也是早于南方的。前引《史记》卷二十八“封禅书”云：“黄帝采首山铜，铸鼎于荆山下。”《墨子·耕柱》篇云：“昔者夏后开，使蜚廉折金于山川，而陶铸之于昆吾。”这些资料皆可为证。但开采规模都不太大，二里头文化及其之前的采矿遗址在北方很少看到，规模较大的开采是二里岗时期首见于南方的。1988～1989年，江西瑞昌铜岭发现了一座古代的铜矿采、冶场。古矿遗址面积约1平方公里，在今已发掘的1800平方米采矿区和600平方米冶炼区内，出土有古矿井102口，巷道

18 条，采坑 7 处，冶炼炉 2 座，生活遗址多处；出土竹、木、石、陶、铜质的生产工具和生活用具近 400 多件。其开采法有平巷、竖井、露天采坑等。年代上限为商代中期，且一直延伸到了战国。这是我国迄今所见年代较早、规模较大，且保存较为完整的古矿冶遗址[1]。当时所采之矿大体皆为氧化矿。二里岗文化时期，虽在郑州二里岗、黄陂盘龙城、藁城台西、平谷刘家河等处都出土了大量的青铜器，但相关的采、冶遗址，以及后三者的铸造遗址，迄今尚未确定。

（二）关于铜的冶炼

二里头文化和二里岗文化时期，目前见于考古发掘的冶炼遗址各只有一处，分别为牛河梁和铜岭，但铜岭遗址有研究价值的冶炼遗物较少。

1986～1988 年，辽宁牛河梁转山子的金字塔状古建筑遗址顶部发现了一个冶铜遗址，出土大量炉壁残块[2]，有的残块还粘有炉渣。经热释光年代测定，炉壁年代约距今 3000±330～3494±340 年，属夏家店下层文化，大体上与二里头至二里岗文化期相当。牛河梁位于辽宁凌源、建平两县交界处。李延祥等曾对炉壁及其附着渣进行过不少研究，为人们了解此期冶铜技术提供了许多帮助[3]。

炉壁残块较为破碎，大小不一，相当部分都有一定弧度。经复原得知：炼炉总体应呈陶缸形（图 2－2－1），也即坩埚炉，上部内径约 18～20 厘米，外径约 21～24 厘米，壁厚约 1.5～3 厘米。炉壁上下有两圈小孔，上下交错排列，每圈大约 6 孔，每个坩埚炉两圈计约 12 孔，孔内径约 3.4～4.0 厘米，上圈孔与下圈孔的中心距为 8 厘米，上圈孔的中心距为 12 厘米。若炉壁呈竖直状的话，小孔便呈现向下 35 度的倾角，有关学者认为这很可能是鼓风口。因炉体外部未见灼烧痕迹，故此炉应属内加热型。

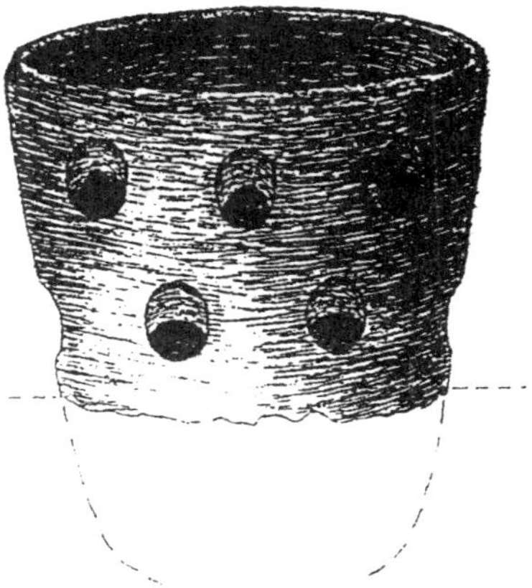

图 2－2－1　牛河梁冶铜炉上部复原示意图

采自文献［3］

至于鼓风方式，有学者推测为人力吹管送风，当有一定道理。在鼓风器发明前，古代世界的许多地方大约都采用过类似的操作。但这十分麻烦，牛河梁炉的直径只有 20 厘米左右，周围要 12 个人用吹管送风，其情景是可想而知的。

李延祥等还用扫描电镜能谱分析了牛河梁的 6 件炉壁，成分为：SiO_2 56.6%～61.2%，平均 59.08%；Al_2O_3 19.8%～21.8 %，平均 20.75%；FeO 8 %～10%、CaO 2 .9% ～ 8%、MgO 3.1 %～4.2%、K_2O 2.9%～3.6%[3]。这大体上属于含 Al_2O_3较高的北方型易熔粘土，与黄河流域新石器时代至商周的陶器大体处于同一成分范围[4]，唯 Al_2O_3量较之高出 2%左右。

有关研究者又用扫描电镜能谱分析了 6 件炉渣，成分为：SiO_2 42.5%～53.8%、Al_2O_3 1.0%～5.0%、FeO 6.5%～16.8%、CaO 7.8%～18.2%、MgO 13.9 %～26.7%、K_2O 0～0.6%；又用化学法分析过 6 件炉渣成分，含铜量为 3.12%～

8.72%。人们依此推测，它应是冶炼渣，而不是铸造渣。理由是：（1）渣的含铜量较低，最高值只有8.72%。一般铸造渣的含铜量应在15%以上。（2）渣中MgO量较高，含铝量较低，这在铸造渣中通常是不会发生的。因铸造渣的成分主要与两方面有关：一是粗铜的夹杂和造渣熔剂的成分，二是炉壁成分。因本炉壁含MgO量较低，含Al_2O_3量较高，故说明炉壁成分对此炉渣影响不大。一般粗铜也不会有太高的镁夹杂，故此渣中之MgO很可能是随矿石或某种熔剂带入的[3]。

从外部形态看，炉渣状态欠佳，熔化不良，其间夹有矿物和气孔，故冶炼技术较为原始，其渣铜分离是不会太好的[3]。

在中原和南方，这一时期的炼铜炉迄今未见；瑞昌铜岭炼渣则因堆积无序而难以分类和断代，这对我们探讨此期冶铜操作的具体过程自然增加了不少困难。值得庆幸的是，郑州出土了大量这一时期的铸造用炉和部分冶炼产品，为我们了解此期冶炼技术提供了较好的资料。

20世纪50年代，先后在郑州紫荆山北和旧城南关外都发现了铸铜遗址，其中又以南关外的最值得注意，遗址面积约2.5万平方米。1954～1955年发掘的南区铸铜场约650平方米，1959年发掘的北区铸铜场约670平方米，两处总计已发掘1320平方米。紫荆山北于1955～1956年发掘650平方米，出土有化铜坩埚、陶范、铜器、熔渣、木炭等物。此化铜坩埚计有3种类型：（1）大口尊型，即以陶质大口尊为胎，内外涂以厚达1.3～2.7厘米的草拌泥。其中1件标本保存较好，高30厘米、口径25厘米，内壁粘有数层铜渣。（2）砂质陶缸型，埚内仍粘有铜渣。（3）纯草拌泥型，其中一件的壁厚达6.5厘米，内壁粘有1～2层厚为0.1～0.2毫米的铜锈面层[5][6]。因器壁较厚，可能主要使用内加热。这种坩埚容积太小，大约只宜于熔炼和精炼。可见，在二里岗时期，筑炉技术已发展到一定水平，炉子既具有较为坚实的胎骨，也具有便于修补的耐火材料，这是我国古代高温技术的一项重要成就。

1995年我们分析了一批郑州商城和郑州小双桥出土的冶铸遗物，其中有5件标本，即2件铜块、3件渣铜，对我们探讨当时的冶炼、熔炼技术都具有一定的意义。表2－2－1所示为其分析结果。它们大体有3种不同类型：

（1）粗铜型。铜块YZ10、YZ12－4，两件标本的研磨面皆较光洁、均匀，含铜量介于97.47%～98.66%之间，大体上与古代粗铜相当。现代粗铜的品位一般为98.5%～99.5%。多年来，不管其他学者分析的，还是我们分析的，在郑州二里岗和湖北盘龙城，都很少看到红铜器物；所以，这两件标本不应是直接用于浇铸的，此期的浇铸用金属多是一种青铜合金。

（2）青铜型。渣铜标本YZ12－1的几个分析点都含有一定量的铅（平均25.57%），标本YZ12－2的多数分析点都含有一定量的锡（平均13.13%）和铅（平均16.25%）。看来它们皆应是青铜熔炼过程中的残留物。渣铜标本YZ12－1、YZ12－2皆质地不均，有的分析点含铜量达96.8%，接近于古代粗铜；有的分析点则铅、锡量都较高。这种成分不均匀性很可能与铜液混合不均等因素有关。

表2－2－1 郑州商城和小双桥铜块、渣铜成分分析

名称和分析号	器号	地点	成分（%）							
			铜	锡	铅	铁	硅	铝	钙	其他
渣铜 YZ9－1	C5T61③	郑州商城	79.42			10.98	5.38	2.24	1.98	
渣铜 YZ9－2			68.84			16.29	8.87	3.22	2.78	
渣铜 YZ9－3			67.97			16.34	8.73	3.25	2.91	氯0.81
渣铜 YZ9－4			74.78			13.02	7.51	2.34	2.34	
渣铜 YZ9－5			76.88			13.45	6.03	2.37	1.26	
渣铜 YZ9－6			70.40			17.26	7.67	3.53	1.07	钛0.08
渣铜 YZ9－7			72.43			13.79	8.84	3.61	1.31	钾0.02
渣铜 YZ9－8			73.72			13.22	8.61	3.18	1.26	
渣铜 YZ9－9			77.03			13.13	5.96	2.88	1.01	
铜块 YZ10	95ZXIV 区 T133④	郑州小双桥	98.66			1.34				
渣铜 YZ12－1－1	95ZV 区 H23		96.80		1.14	0.98		1.08		
渣铜 YZ12－1－2			38.48		39.67	6.21	11.9	3.74		
渣铜 YZ12－1－3			46.84		35.89	4.88	8.71	3.68		
渣铜 YZ12－2－1			76.78		11.34	1.39	5.50	2.96	1.51	钾0.51
渣铜 YZ12－2－2			45.23	23.53	18.92	1.98	7.04	3.31		
渣铜 YZ12－2－3			54.8	11.9	14.41	2.21	8.86	4.13	4.51	
渣铜 YZ12－2－4			62.63	7.29	14.62	1.99	9.15	4.32		
渣铜 YZ12－2－5			30.81	36.06	21.95	1.93	6.61	2.64		
渣铜 YZ12－2－6			96.94			0.96		2.37		
渣铜 YZ12－4－1			97.67			0.76	0.35	1.00	0.22	
渣铜 YZ12－4－2			97.47			0.74	0.3	1.25	0.24	

注：标本皆承河南省文物研究所安金槐、宋国定提供。皆承冶金工业部钢铁研究总院第三研究室扫描电镜能谱分析。标本 YZ12－1、YZ12－2、YZ12－4 三件原都共一个器号，且包在同一个标本袋中；但从外观和分析情况看，它们的来源和性质未必相同。

（3）渣铜熔混物。标本 YZ9 的表面很不光洁，渣、铜混溶，所有分析点都含有较多的铁、硅、铝等夹杂。9 个分析点的成分范围是：铜 68.84%～79.42%，铁 10.98%～17.26%，硅 5.38%～8.87%，铝 2.24%～3.53%，钙 1.01%～1.31%。可见此标本品位很低，含铁量较高，不见铅和锡，不像是浇铸时遗弃物，而像是被遗弃的冶炼产品的中间物，须进一步冶炼后才能成为粗铜。有待进一步研究。

总的来看：（1）因 5 件标本皆未见硫的踪迹，说明其铜矿是氧化矿。（2）铜块标本 YZ10、YZ12－4 当为粗铜，但品位都不太高，说明当时冶炼、精炼技术依然是不太高的。

郑州商代铸铜遗址内还出土过一些铜矿石，品位都较高（表 2－2－2）。虽用途不明，但对我们了解古人选矿、用矿情况还是有一定帮助的。值得注意的是南关外一件标本含铜量竟达 49.95%，几乎是纯碳酸铜。纯碳酸铜 $CuCO_3$ 的含铜量为 51.2%。原报告说它是孔雀石，孔雀石 $CuCO_3(OH)_2$ 的含铜量为 40.1%。

（三）关于原始砷铜的冶炼

在与二里头相当的年代，人们还经常使用一些共生矿作为炼铜原料，这在四坝文化中表现得最为明显。如前所云，孙淑云分析过 15 件东灰山铜器，都是含砷的，其中 14 件为 Cu－As 二元合金，1 件为 Cu－Sn－As 三元合金。她（他）们还分析过 46 件干骨崖铜器，有 16 件含砷；还有人分析过 29 件火烧沟铜器，有 5 件含砷[7]。显然这都应当是共生矿冶炼的产品，这是我国古代对含砷矿物的较早利用；利用单质砷来配制铜合金，应是南北朝之后的事。

表 2－2－2　郑州商代铸铜遗址出土的铜矿成分

地址、器号	成　分（%）					
	Cu	SiO_2	FeO	Al_2O_3	CaO	MgO
紫荆山北 C15F1:2－1	16.08	40.50	21.38	1.36	1.42	0.17
紫荆山北 C15F1:2－2	15.9	6.16	54.1	0.35	2.24	0.17
南关外二里岗上层一期 C5T6①:100	49.95	少量	少量	少量	少量	少量

注：采自《郑州商城》第 378、347 页，文物出版社，2001 年。

二、关于金银铅锡的使用和冶炼

在二里头至二里岗时期，除了铜外，金、银、铅、锡四种金属都已见诸使用。金、银可能是自然金属，铅、锡则应是冶炼产品。当时可能已有了简单的黄金提纯。

（一）关于金、银的使用和金的冶炼

我国今见最早的金器、银器皆属于四坝文化时期，稍后的许多地方，如昌平雪山第三期、赤峰大甸子、平谷刘家河和藁城商墓、郑州商城等地都有黄金出土。

1976 年，甘肃玉门火烧沟清理了 312 座墓葬，在出土铜鼻饮等大批青铜器的同时，还出土了金鼻饮和银鼻饮。鼻饮，习谓之鼻环，《后汉书》卷一一〇上“杜笃传”载：“若夫文身鼻饮缓耳之主，椎结左衽镙鍝之君。”此文身、鼻饮、缓耳都是人体上的一种装饰[8]。经激光光谱半定量分析，其中左金耳环（76YHM79）成分为金 93%、银 7%，显微硬度 HV＝140.2；右金耳环（76YHM79）所含金、银皆为“大量”，显微硬度 HV＝106.6。一件银鼻环所含金、银皆为“大量”，显微硬度 HV＝177.2[9]。

1987 年，民乐东灰山四坝文化遗址出土金耳环 1 件[10]。

据报道，二里头三期的两件铜刀皆铸有较细的花纹，其中一件刀背的细纹间见有饰金痕迹，原发掘者认为是镀金[11]。此金是否“镀”上去的，可以进一步研究，但此刀曾以黄金装饰却应可信。

北京大学在昌平发掘了雪山第三期（夏家店下层）文化遗迹，出土有铜刀、铜镞等物，在一座墓葬的人骨耳际还发现一对金耳环[12]。其时代约与夏至商代中期相当（公元前1800 ~ 前1300年）。

1974 ~ 1983年，赤峰大甸子夏家店下层文化墓葬和遗址出土金耳环1件（M516:2），重1.8449克，椭圆形，由金丝围成，一端扁平，一端圆钝，据^{14}C年代测定，断代为公元前1600年[13]。

1977年，北京平谷刘家河商代中期墓出土了4种5件金器。其中有金臂钏1副2件、金笄1件、金耳环1件、金箔残片1件。金臂钏原是手臂上的环状装饰物，两件形制相同，皆为直径0.3厘米的金条曲成，环的两端锤打致扁，环径12.5厘米，重量一件为93.7克、另一件为79.8克。笄即发髻上的簪子，长27.7厘米，头宽尾窄，尾端有一长约0.4厘米的榫状物，以便插入发中。笄的横断面呈钝三角形，重108.7克。从外形考察来看，当为铸件。耳环的整体呈钩状，一端带坠，坠呈扁喇叭状，喇叭状底部有一沟槽，用作镶嵌饰物，饰物今已脱落；另一端做成尖状；整体曲成径为1.5厘米的环形钩状，重6.8克。这几件器物都十分精致。金箔残片尺寸为2厘米×1厘米，无纹饰，似为器物之嵌饰。经分析，前三器含金量约为85%，此外含有较多的银，以及微量的铜[14]。

1973 ~ 1974年，河北藁城台西村商代中期墓葬在出土大批青铜器的同时，在墓M14的一件圆盒朽痕中，发现一段半圆形金饰片，厚度小于0.1厘米，正面阴刻云雷纹，显然这是贴在漆器上的金箔①。台西商代中期漆器有镶嵌绿松石的，也有贴金的[15]。

1952 ~ 1955年在郑州商城东北角内侧以狗为牺牲的24号祭祀坑内，出土一团极薄的金箔，展开后得知其原是一片罕见的夔龙纹金叶[16]，很可能也是一件漆器的装饰品。

纯金的最低再结晶温度约372℃，故这些金箔在加工过程中，都应当有意无意地进行过消除应力退火，否则是很难加工锻打到较薄程度的。

这是二里头—二里岗时期金、银器的使用情况。其中主要是金器，银器较少。这些金银器皆为小件，其用途主要有二：一作人体装饰，多见于北方游牧民族地区，如火烧沟、大甸子、昌平雪山等地；二作器物装饰，多见于中原文化区，如二里头、平谷刘家河、藁城台西。这两种不同风格的装饰倾向一直延续到了战国时代。这些黄金器件，包括金箔、金叶、金耳环、金臂钏等，皆是锻制的，铸件较少，只有刘家河金笄等。

金在自然界中多以单质的自然金形式存在，另有少数化合态，如碲金矿等。

直到20世纪为止，人类开采的依然主要是自然金，包括脉金和砂金两种，其

① 有人认为许多先秦金箔较厚，只宜称为金片。此说有一定道理，但未必十分全面。现代金箔厚度仅为0.000123毫米，而殷墟金箔厚达0.01毫米，临淄郎家庄东周墓出土的“金箔”厚0.04毫米，相差数十至数百倍。厚与薄的标准是随着时代而有所变化的。金箔，原是金薄、薄金之意。所以我们认为先秦黄金薄片，称之为金片，或“早期金箔”、金箔都是可以的。自然，不管是贴金箔，还是贴金片，都可称为贴金工艺。

中又以砂金为主。脉金又谓之山石金，是嵌布于石英脉等中的自然金单体，主要分布在高山地区，系因地质作用（主要是火山作用、岩浆作用、变质作用）而形成。砂金是暴露于地表的脉金长期风化，以及化学、物理化学等的作用而形成的。若因水流的冲积，沉积在河边、湖滨、海岸，便成了冲积型的砂金矿；若风化剥蚀后，金粒依然在原地堆积着，便成了残积型金矿。我国古代早有“水砂金”和“山砂金”的名称，前者大约主要指产自水中者，后者指产自陆地者。人们最早利用的大约又主要是水砂金。据报载，人类历史上所见最大的自然金块重达60.8公斤，是1984年在巴西的帕拉州金矿发现的。据称，巴西中央银行珍宝馆还藏有重量分别为40.5公斤和33.5公斤的天然金块，重量分别居于世界第二、第三位。另外，1872年在澳大利亚新南威尔士恩德山金矿采得一件连有黄铁矿化片岩的自然金，共重260公斤，其中含金93.3公斤。

人类最早使用的银当是自然银，之后才是冶炼银。自然银多为次生，并赋存于铅银（或银铅）矿床上部的氧化带中。其呈白色，富有一定的延展性，常含少量杂质，通常是金大于10%，铜约6%～7%，铁约1%，有时还含有其他一些物质。1875年，福来堡地下300米深处的矿井中发现过重达5000公斤的自然银块；智利发现过重达1420公斤的片状自然银块。但自然银数量较少，大多数的银都是以化合态形式存在的。

黄金之冶与铜、铁是不同的，一般开采的都是自然金，不存在还原问题，古人又称黄金冶炼为淘炼、淘冶。获取黄金的基本工艺环节：一是“淘金”，二是使之与少量杂质分离。这第二步中，最为简单的方法便是熔炼。如若刘家河金笄确为铸件的话，它便是经过了熔炼的，其中不可避免地要发生杂质分离，这便是一种最为简单的黄金提纯。依此，便可说我国古代的黄金冶炼技术，或说黄金提取技术发明于商代前期。

银的冶炼较为麻烦，二里头—二里岗时期我国是否发明了白银冶炼技术，目前尚无确切的资料。虽火烧沟人使用过银器，但数量很少，很可能是自然银。

（二）关于铅锡的使用和冶炼技术的发明

目前考古发掘所见最早的铅器约属夏家店下层文化和二里头文化，主要有下面数例：

（1）赤峰大甸子出土铅杖首1件（M371:20）、铅贝1件（M512:6）。铅杖之首为合范铸成，形似圆顶帽，锈蚀甚剧。铅贝呈白色，表面锈蚀，形如穿孔贝，以内范和外范合铸而成，属夏家店下层文化，断代公元前1600年[13]。

（2）二里头三期灰坑出土金属铅块1件（IVH76:48），不成器形[17]，长3.6厘米，宽3.3厘米。成分为：铅95.9%、铜2.13%、锡1.97%（详见表2－3－1）。

（3）郑州紫荆山二里岗上层铸铜遗址出土铅块4件，呈乳白色[5][18]，可能是氧化了的缘故。另有一件标本C15F2:16似为薄胎铅器之底部，经定性分析为铅[5]。

此时，文献上也有了用铅的记载。《盐铁论·错币》在谈到货币时，引大夫曰：“夏后以玄贝，周人以紫石，后世或金钱刀布，物极而衰。”此“玄贝”很可能是指铅贝的。另外，《禹贡》还说到了青州厥贡“铅松怪石”，此“铅”即是铅，意即金公，是人们对铅的美誉。

迄今为止，二里头—二里岗时期的纯锡器物尚很少看到，有关此时期用锡的文献记载亦鲜。但值得注意的是：此时出现了一些含锡量较高的器物，如二里头三期环首刀含锡15.4%、四期铜钩（VH82:9）含锡量高达23.09%、一件铜条含锡17.04%，这样高的含锡量应当是人们有意配制的。二里岗时期，青铜器的含锡、含铅量都有了明显的增加，同时含铅锡稍高的器物数量也有了增加，这一点，后面还要谈到。因自然界中并无单质铅、单质锡，故上述制器之铅以及配制青铜合金之锡和铅，都应当是冶炼得到的。所以，我国古代的炼铅技术应当至迟发明于二里头—夏家店下层文化时期，或说夏末商初。炼锡技术大约也是这一时期发明出来的。从现代矿床学的角度看，锡矿应包括原生矿和冲积矿两种，人们开采的锡矿主要是后者；铅矿主要有硫化矿和氧化矿两种，硫化矿分布较广，氧化矿是硫化矿长期风化的结果。

三、关于丹砂的使用

丹砂，我国古代又谓之朱砂。《说文解字》云：丹，“巴越之赤石也”。《本草纲目》卷九“丹砂·释名”云：丹砂即“朱砂……后人以丹为朱色之名，故呼朱砂”。后又因辰州丹砂不但产量大，且质地优良，遂又有辰砂之名。丹砂矿在我国分布很广，东起浙江，西迄甘肃，北到辽宁，南到广东、云南，都有发现。

我国古代对丹砂的利用至迟可上推到新石器时代，湖北宜都城背溪遗址一件陶盘曾涂有丹砂，秦安大地湾四期一些彩陶曾用它作过红彩[19]。二里头—二里岗时期，丹砂使用量大为增加，且多用于殓棺和保存器物，目前见于报道的已有多起：

1967年，偃师二里头早商宫殿遗址附近出土一批玉器，出土时全被裹于丹砂里，原距地表约2米余[20]。

1973年，二里头遗址第三工作区发现两个长方形坑，均曾被盗，坑底尚存大量丹砂，其中一坑的丹砂铺层长2.4米、宽1.5米、厚1.5～5厘米。丹砂层里有玉柄饰等物，丹砂是铺在席子上的[20]。

1980年，二里头三区、五区、六区计发掘9座墓葬，前两区的3座较大，墓底皆有丹砂。三区之墓M2棺内丹砂铺置为：长2.1米、宽0.9米，最厚处6厘米；在墓底南部有一腰坑，坑东及北壁亦布满丹砂。三区4号墓底部的丹砂厚达1～2厘米。五区3号墓底部的丹砂厚约2～3厘米。六区计有6座墓，底部多数亦铺丹砂[21]。

1984年，二里头发掘6座墓葬，墓底多铺丹砂[22]。

1987年，二里头中型墓M57墓底铺有2～3厘米厚的丹砂[23]。

这是二里头所出丹砂的部分情况，下面再看二里岗时期的例子。

1952～1955年，郑州商代城外的二里岗、南关外、白家庄、花园路、人民公园等地，清理了大量遗址和墓葬。在5座二里岗下层墓葬中，有3座的墓底铺有丹砂；在25座清理过的二里岗上层墓葬中，有5座底部铺有丹砂[24]。

1982年，郑州北发掘3座商代铜器墓，其中的1号和2号墓底都铺有厚1厘米的丹砂[25]。

这是二里岗时期的部分情况。此外，还有利用丹砂染物、涂物的。据说二里头有的器物的浅刻纹饰内曾涂有丹砂[26]，二里岗一件青铜觚出土时粘有“编织物痕，且涂过丹砂”[27]。这都说明二里头—二里岗时期，丹砂使用量已经较大，而且较广。至于此期是否已经用汞、炼汞，目前尚无确凿证据，但丹砂的大量使用，对炼汞技术的发明显然是有帮助的。

第三节　青铜合金技术的发明和初步发展

我国古代青铜合金技术约发明于二里头时期，当时已使用了部分含锡、含铅量较高的 Cu－Sn、Cu－Pb 二元和 Cn－Sn－Pb 三元合金，其中相当一部分应是人工有意配入的；二里岗—盘龙城时期，青铜中的铅、锡配入量明显增加，Cu－Sn－Pb 三元合金系初步形成，在中原文化区，锡在铜合金中的主导地位尚未确立。从二里头到二里岗的整个历史时期，大体相当于我国的早期青铜时代。

一、二里头时期青铜合金技术的萌芽

仰韶—龙山文化时期是我国古代冶金技术的萌芽期，当时使用的各种原始铜合金都是利用共生矿，或单金属氧化矿的某种混合矿，无意中冶炼得到的。二里头时期便进入了有意配制青铜合金的时代。但各地的发展水平不甚均衡，二里头文化、岳石文化使用青铜已较多；火烧沟四坝文化则红铜依然较多；民乐东灰山、酒泉干骨崖则利用共生矿冶炼了不少砷铜；大甸子和朱开沟的青铜合金技术则表现了较高的技艺。

表 2－3－1 所示，为 67 件二里头文化、岳石文化铜器定性、定量、半定量分析的结果[1]~[8]。由之可见：

（1）其计有 3 种类型的合金（金属），一是青铜，计 54 件，占试样总数的 80.60%；二是红铜，计 10 件，占试样总数的 14.93%；三是砷铜，1 件，占试样总数的 1.5%。此外，还有 1 件 V 式刀为铅基合金和 1 件“铅片”。此砷铜出土于二里头二期地层，这是我国今见较早的砷铜实物之一，含砷量达 4.47%。未见原始黄铜；类如仰韶—龙山（齐家）文化那种以红铜为主的现象已不复见。

（2）在 67 件试样中，以锡为主要合金元素的锡青铜（17 件）和铅锡青铜（12 件）计 29 件，占试样总数的 43.28%；以铅为主要合金元素的锡铅青铜（11 件）和铅青铜（11 件）计 22 件，占试样总数的 32.84%（按：难以分辨以锡，还是以铅为主要合金元素的标本计 3 件，暂不作分类统计）。所以从总体上看，以锡为主要合金元素的标本尚未过半；从平均成分上看，含锡量依然是较低的，且低于平均含铅量。在 67 件标本中，作过定量、半定量分析的计 60 件，平均成分为：铜 83.85%、锡 4.86%、铅 10.28%，这平均成分却是以铅为主要合金元素的合金。这说明了这个时期合金技术的原始性，以锡为主导地位的合金技术尚未确立，合金成分的使用尚无十分明显的规律。

（3）作过定量、半定量分析的兵工器，即锛、刀、锥、镞、钺、钩、凿，计 7 种 35 件（驻马店“凿形器”暂不计入内），其平均成分为：铜 85.2%、锡 4.82%、铅 9.41%。可见，这 35 件兵工器的平均成分也是以铅为主要合金元素

的，而且含铅量较含锡量高出不少，尤其是二里头四期一件立刀为铅基合金，其性是较软的，这些都显示了合金技术的原始性。

（4）在67件标本中，含锡量大于10%的计8件，最高含锡量达23.09%；含铅量高于15%的为15件，除了铅片和一件铅基合金外，最高含铅量达41.46%。

由这些情况看，在二里头文化、岳石文化中，有的器物含锡、含铅量已经较高，看来相当大一部分器物中的铅、锡应是人们有意配入的。有的器物，如二里头铜条含锡达17.04%、环首刀含锡达15.4%、东下冯一件铜镞含锡14.13%，机械性能都是不错的，但多数兵工器的性能欠佳，尤其是其中含铅量稍高的铅青铜、锡铅青铜。

韩汝玢、孙淑云等曾对66件火烧沟出土的四坝文化铜器作过定性分析[5][9][11]，其红铜使用量依然较大（表2－3－2），与二里头文化显示了一定的差别：

（1）此66件铜器包括两种材质：一是红铜，计34件，占试样总数的51.5%；二是青铜，包括锡青铜（15件）、铅青铜（10件）、铅锡青铜（6件）①，此外，还有1件名为四羊锤的标本，难以进一步分类，只笼统地暂定为“青铜”，共计32件，占试样总数的48.5%。可见，虽青铜合金使用量有了增长，但红铜依然较多；而且锡青铜和铅锡青铜只占标本总数的31.8%。

（2）兵工器总计41件，其中红铜质23件，占试样总数的56.1%，青铜质18件，占试样总数的43.9%。红铜依然占据主导的地位，以青铜为主的倾向尚未表现出来。

（3）在青铜器中，以锡为主要合金元素的锡青铜（15件）和铅锡青铜（6件）计21件，占青铜器总数（32件）的65.66%；铅青铜10件，占青铜器总数的31.3%。与前同样，还有一件标本只暂定为“青铜”，未作进一步的分类统计。说明在青铜器中，以锡为主要合金元素的倾向还是显示出来了。在兵工器中，锡青铜和铅锡青铜器计10件，占青铜兵工器总数（18件）的55.6%；铅青铜7件，占青铜兵工器总数的38.9%。可见在青铜兵工器中，以锡为主要合金元素的倾向也已表现出来了。

2003年，孙淑云等又对火烧沟出土的26件铜器用扫描电镜能谱进行了半定量分析（表2－3－3）[22]，其中有铜刀11件、铜锥5件、铜斧3件、铜矛1件、铜耳环2件、铜鼻饮2件、铜牌饰1件、铜泡1件。基本情况与表2－3－2所示无大差别，即青铜合金技术已经萌芽，但仍具较大的原始性。

（1）红铜和原始铜合金仍占较大比例。26件试样中，有红铜10件，占标本总数的38.46%；砷铜6件，占标本总数的23.07%。红铜、原始铜合金（砷铜、锑青铜）计达17件，占标本总数的65.38%；以锡为主要合金元素的锡青铜、砷锡青铜9件，只占标本总数的34.61%。

（2）平均含锡量较低。11件铜刀的平均含锡量仅有5.73%；5件铜锥中，4

① “铅锡青铜”是以锡为主要合金元素的Cu－Sn－Pb三元合金，“锡铅青铜”是以铅为主要合金元素的Cu－Sn－Pb三元合金。两者的主要合金元素不同，性能不同，千万混淆不得的。

件为红铜，1 件为砷铜；3 件铜斧都是红铜。刀、锥、斧都是生产工具，显然其强度和硬度都较低。

（3）但在 26 件标本中，有 4 件含锡量超过了 10%，其中的锡很可能是人们有意配入的。含锡量最高的是铜刀 882 号，为砷锡青铜，若分析无误的话，含锡量便达 33.4%；在二元合金相图中，其适处于 δ 相区，极脆；但铜鼻饮 910 号、铜矛（采集）A045，皆锡青铜，含锡量分别达 15.8% 和 15.3%，强度硬度都不低；铜刀 892 号含锡量达 10.4%，亦具有一定的强度和硬度。

表 2－3－1　二里头—岳石文化金属器成分分析

器名、器号	地点	文化期	成分（%）				合金类型	分析方法	文献
			铜	锡	铅	其他			
爵 T22(3):6	二里头		92.0	7.0			锡青铜	电子探针	[1]
（采集）	二里头		89.04	7.05			锡青铜	能谱分析	[2]
爵（采集）	二里头		91.89	2.62	2.34		铅锡青铜	化学分析？	[3]
铜条 63YLIVT11(3):4	二里头		82.71	17.04	0.57		锡青铜		
锛 IIIT212F2	二里头		91.66	7.03	1. 23		锡青铜		
刀 63YLIVT24(4)B:135	二里头		88.04	4. 32	4.83		锡铅青铜		
残片	二里头	二	90.7	7.4	1.3	银 0.161	锡青铜	等离子光谱分析	[4]
熔铜块	二里头	二	96.3	2.0	0.2	砷 0.762	锡青铜		[4]
笄	二里头	二	97.5	0.2	0.6	银 0.112	红铜		[4]
锥	二里头	二	94.0	0.3	0.0	砷 4.47 锑 0.518	砷铜		[4]
熔铜块	二里头	三	94.3	1.5	1.2	银 0.618 砷 0.619	青铜		[4]
环首刀	二里头	三	82.3	15.4	1.3	银 0.186 砷 0.128	锡青铜		[4]
残块	二里头	四	96.0	0	1.5	银 0.155 砷 0.277	红铜		[4]
锥	二里头	四	96.6	1.6	1.4	银 0.136	青铜		[4]
残片	二里头	四	86.3	4.1	1.6	砷 0.222	锡青铜		[4]
圈	二里头	四	67.2	9.4	20.7	砷 1.82 锑 0.263	锡铅青铜		[4]
斝	二里头	四	64.0	6.6	26.7	银 0.241	锡铅青铜		[4]
盉	二里头	四	62.8	13.9	22.3	银 0.157	锡铅青铜		[4]
斝	二里头	四	90.0	5.0	4.6	银　0.397 砷 0.203	铅锡青铜		[4]
钺 2000Y1IIIC:1	二里头	三	93.3	5.4			锡青铜	扫描电镜	[7]

刀 IVT24⑥B:9	二里头	一	83.29	0.43	16.28		铅青铜	X射线荧光分析	[8]
渣铜 VT33D⑩:7	二里头	一	98.39	1.38	0.23		红铜		[8]
立刀 IVT21⑤:6	二里头	二	94.94	4.2	0.85		锡青铜		[8]
铅片 IVH76:48	二里头	三	2.13	1.97	95.9		“铅片”		[8]
铜器 IVT203⑤:12	二里头	三	93.67	3.42	2.92		铅锡青铜		[8]
铜器 IVH76:23	二里头	三	57.85	0.69	41.46		铅青铜		[8]
铜器 IVH57:45	二里头	三	90.00	9.92	0.08		锡青铜		[8]
刀 IVT31③:8	二里头	三	88.54	2.5	8.96		锡铅青铜		[8]
锛 IVH57:27	二里头	三	97.00	0.69	2.31		铅青铜		[8]
刀 IVT6⑤:9	二里头	三	85.38	9.66	4.96		铅锡青铜		[8]
刀 IVT7④:11	二里头	三	81.79	3.41	14.8		锡铅青铜		[8]
纺轮 IVH58:1	二里头	三	97.89	0.40	1.71		红铜		[8]
镞 VT122③:1	二里头	三	91.02	2.57	6.42		锡铅青铜		[8]
I 式镞 IVT6⑤:54	二里头	三	99.72	0.25	0.03		红铜		[8]
钩 VH82:9	二里头	四	58.68	23.09	18.23		铅锡青铜		[8]
III 式镞 VH101:6	二里头	四	82.75	0.38	16.88		铅青铜		[8]
IV 式镞 VT17B⑤:2	二里头	四	86.83	10.41	2.76		铅锡青铜		[8]
III 式镞 VH108:1	二里头	四	62.17	1.90	35.94		铅青铜		[8]
III 式镞 VH20:1	二里头	四	96.78	2.04	1.18		锡青铜		[8]
III 式镞 VT24B④:1	二里头	四	94.42	5.01	0.57		锡青铜		[8]
II 式镞 IV214③A:14	二里头	四	61.12	2.14	36.75		锡铅青铜		[8]
II 式凿 IVT24④:116	二里头	四	97.50	0.04	2.46		铅青铜		[8]
VI 式刀 VT26B⑤:13	二里头	四	98.21	0.92	0.86		红铜		[8]
III 式刀 VT26A⑥:7	二里头	四	94.43	4.41	1.16		锡青铜		[8]
铜条 VT 119③:6	二里头	四	80.09	3.86	16.05		锡铅青铜		[8]
铜器 VF3:11	二里头	四	74.05	14.15	11.80		铅锡青铜		[8]
I 式镞 VT12B③:1	二里头	四	89.60	2.51	7.89		锡铅青铜		[8]
V 式刀 VH51:2	二里头	四	95.18	4.77	0.05		锡青铜		[8]
V 式刀 VT211③B:1	二里头	四	35.46	3.76	60.77		铅基合金		[8]
I 式凿 IVT23④:47	二里头	四	89.31	2.50	8.19		锡铅青铜		[8]
VII 式刀 IVT13②:35	二里头	四	81.31	0.35	18.34		铅青铜		[8]
锥 IVT24④:59	二里头	四	68.66	0.99	30.35		铅青铜		[8]
镞 VH103:3	二里头	四	95.9	1.92	2.18		铅青铜		[8]
凿形器 T4③:3	驻马店	(二里头)二	98.6			砷铋硒等计<1.5	红铜	扫描电镜	[5]

镞 75SW26H20－9	东下冯	四	85.57	9.14	2.0		铅锡青铜	化学	[3]
镞 SW26T22④19	东下冯	五	78.59	14.13	4.46		铅锡青铜		[5]
凿 H12:1	东下冯	三	大	无	无		红铜	光谱	[5]
锥 79SM2T10H37:29	照格庄		大	中	微	铁:微	锡青铜	激光分析	[5]
刀 T221⑦:21	泗水尹家城		91	5.47	1.13		锡青铜	原子吸收	[6]
铜片 T211⑦:6			89	1.98	1.28		青铜		
铜片 T198⑦:5			66.33	0.97	32.7		铅青铜	扫描电镜能谱	
铜锥 T258⑦:7			71.11	15.12	13.78		铅锡青铜		
刀 79H5:4							铅锡青铜	激光半定量	
刀 T222⑦:45							铅锡青铜		
铜锥 T268⑦:4							铅青铜		
铜环 T216⑦:27							红铜		
铜片 H479:1							红铜		

注:(1)除表中所列,文献[4]示出的标本还含有微量镍、锌等元素,其中二里头三期的熔铜块还含有锑0.534%。二里头三期的熔铜块、四期的铜锥,虽含锡含铅量不高,但合金元素总量超过3%,故定为"青铜"。二里头三期的"铅片",也可说是"铅基合金"。

总之,四坝文化时期,青铜合金技术已经萌芽,但红铜使用量依然较大,尤其是兵工器,从而表现了相当的原始性。其合金技术较二里头—岳石文化稍低。看来,齐家文化、火烧沟文化的红铜使用量都较多,这是西北金属文化的一个特点。

民乐东灰山等地的铜合金则显示了另外的特点,其铜砷合金较多。1987 年出土的铜器中,人们分析了 15 件,无一不含砷,其中 12 件为铜砷二元合金,2 件为铜锡砷三元合金,1 件为铜锡砷铅四元合金[10][11][12]。表 2－3－4 所示为其中 8 件试样原子吸收光谱分析结果,其铅锡量一般都小于 1%,最高含锡量也只有 7.95%,不能排除此锡多系共生矿带入的可能性,其中的砷自然也是共生矿带入的。

表 2－3－2　四坝文化火烧沟铜器定性分析小计(件)

工具种类(件数)	名称	标本总数	合金种类				
			红铜	青铜	锡青铜	铅锡青铜	铅青铜
工具(29)	铜刀	17	10		5	1	1
	铜斧	5	3				2
	铜锥	3	3				
	铜凿	1	1				
	铜镰	1	1				
	铜钁	1			1		
	四羊铜锤	1		1			
武器(12)	铜镞	11	4		2	1	4
	铜矛	1	1				

用器(7)	铜匕	5	2		1	2	
	铜镜	1	1				
	铜权杖首	1	1				
饰器(18)	铜泡	6	2			1	3
	铜鼻环	3	1		2		
	铜耳环	3			3		
	铜钏	1	1				
	铜管	1	1				
	条形铜器	2	1			1	
	圆形铜片饰	2	1		1		
总计		66	34	1	15	6	10

注:(1)本表依文献[9]、[11]整理而成。

(2)据文献[11]所载,由外形考察定成了锻件的有耳环2件(皆锡青铜)、铜管1件(红铜);由金相分析定成了锻件的有铜匕1件(铅锡青铜)。

表2-3-3 火烧沟铜器扫描电镜能谱半定量分析[22]

样号	器号	成分(%)						合金类型	加工状态
		铜	锡	铅	砷	锑	其他		
883	铜刀 76YHM6:6	94.25		0.77	3.19		铁	砷铜	铸,局部冷锻
887	铜刀 76YHM18:1	93.45	3.48				铁、硫	锡青铜	铸造
888	铜刀 76YHM20:2	90.4	7.88				硫、铋	锡青铜	铸造
886	铜刀 76YHM28:6	93.7			2.99			砷铜	铸,局部冷锻
907	铜锥 76YHM47:28	95.0	1.75					红铜	铸造
900	铜斧 76YHM50:2	97.0			0.56			红铜	铸,刃部热锻
894	铜牌饰 76YHM56:8	98.0						红铜	铸造
898	铜斧 76YHM:64:9	97.25			0.61			红铜	铸造
911	铜耳环 76YHM90:6	90.2	3.75		2.81			砷锡青铜	热锻
909	铜鼻饮 76YHM120:4	90.05	3.17	1.72	0.48	0.67	硫	锡青铜	铸造
884	铜刀 76YHM128:8	97.0	0.64					红铜	铸造
903	铜锥 76YHM136:10	97.0			1.31			红铜	铸造
916	铜泡 76YHM170:12	92.1			1.19	4.79	银 1.91	锑青铜	铸造
889	铜刀 76YHM176:9	95.95				1.25	硫	红铜	铸造
905	铜锥 76YHM185:4	92.8			2.32		硫	砷铜	铸,局部冷锻
906	铜锥 76YHM185:12	93.3			4.07			砷铜	铸,局部冷锻
890	铜刀 76YHM196:11	95.2					铁 1.1	红铜	铸造
896	铜刀 76YHM201:4	92.0	1.97		3.6		铁	砷铜	铸造
904	铜锥 76YHM215:4	96.1			0.76		铁	红铜	铸造

892	铜刀 76YHM252:11	89.6	10.4				硫	锡青铜	热锻
913	铜耳环 76YHM255:9	95.0			4.13		银	砷铜	热锻
901	铜斧 76YHM276:11	96.0					微锡锑砷银	红铜	铸,局部冷锻
910	铜鼻饮 76YHM299:21	84.2	15.8					锡青铜	铸造
882	铜刀 76YHM304:5	61.7	33.4		3.18	1.67		砷锡青铜	铸造
891	铜刀 76YHM304:15	90.8	5.30				硫	锡青铜	热锻 局部冷锻
899	铜矛采集 A045	84.7	15.3					锡青铜	铸造
平均成分(%)	锡青铜和砷锡青铜(9件)	86.12	10.94	0.19	0.72	0.26			
	砷铜(6件)	93.51	0.33	0.13	3.38				
	铜刀(11件)	90.37	5.73	0.07	1.18	0.27			
	铜锥(5件)	94.84	0.35		1.69				
	铜斧(3件)	96.75			0.39				
	饰器(6件)	91.59	3.79	0.29	1.44	0.91			

表 2-3-4　东灰山铜器原子吸收光谱分析

序号	器　号	名　称	成　　分(%)					
			铜	锡	铅	铁	砷	总计
1	T7(3)	耳环	93.2	0.58	0.14	<0.005	4.99	99.0
2	M21:1	手镯	94.1	<0.05	<0.005	<0.005	2.95	97.5
3	M127:12	刀	92.4	<0.05	<0.005	0.02	3.96	96.4
4	M218:2	刀尖	91.9	0.74	0.04	0.057	5.11	97.9
5	M51:1	耳环	93.1	1.76	0.22	0.038	4.67	99.8
6	T12②:3	耳环	93.8	0.40	0.43	0.007	5.18	99.9
7	M79:1	耳环	94.3	0.12	0.025	0.005	5.47	99.9
8	M34:x	耳环	88.2	7.95	0.11	0.012	2.62	98.9

注：文献［10］、［11］和文献［12］皆附有此表，今引自文献［10］。

酒泉干骨崖，铜砷合金也是较多的。有人对干骨崖出土的46件铜器进行过扫描电镜能谱分析，知其种类有红铜、砷铜、锡砷青铜、锡砷铅青铜、锡青铜和锡铅青铜。其红铜可能是自然铜，也可能是冶炼铜。其中的锡青铜含锡量稍高（大于10%）[11]，很可能是人工配制的，其他铜合金当多为共生矿炼制。

安西，迄今未见砷铜合金，有人分析过7件安西铜器，皆为锡青铜[11]。

这些红铜，以及共生矿炼制的铜合金，都表现了一定的原始性。至于这些早期砷铜与中亚砷铜间是否存在某种技术上的联系，目前还缺乏确切的依据。

李秀辉等人对30件朱开沟铜器进行了扫描电镜能谱分析（表2-3-5）[13]，其年代分属朱开沟三段、四段（计11件）、五段（19件），约与夏代中期到商代中期相当。由表可见：

（1）在30件标本中，以锡为主要合金元素者计18件（锡青铜10件、铅锡青铜8件），占标本总数的60%；以铅为主要合金元素者只有锡铅青铜8件，占标本总数的26.7%；可见以锡为主要合金元素的倾向已较明显。红铜只有3件，占标本总数的10%，远较火烧沟文化为少；作为原始铜合金的锡砷铜只有1件。

（2）第三、四段兵工器（4件）平均成分为：铜89.9%、锡6.5%、铅1.4%；第五段兵工器（13件）的平均成分为：铜69.8%、锡14.9%、铅12.0%。这平均成分也显示了以锡为主要合金元素的倾向。

（3）许多器物的成分，如针（1号样）、凿（2号样）、短剑（12号）、镞（18号）、刀（19号）等，都是选择较好的，且具有较好的综合机械性能。此短剑是今日所见并作过科学分析的最早的青铜剑。

（4）第五段合金技术较第三、四段有了明显的进步，这主要表现在两方面：一是铅、锡使用量都有了明显提高。第三、四段标本的最高含锡、含铅量只有17.0%和2.4%，第五段标本的最高含锡、含铅量则分别达35.9%（或23.9%）和37.5%；第三、四段兵工器（4件）的平均含锡、含铅量只有6.5%和1.4%；第五段兵工器（13件）的平均含锡、含铅量则达14.9%和12%。二是红铜器皆见于第三、四段，五段多数都是含锡含铅量稍高的铜锡铅二元或三元合金。

（5）但也有几件标本成分选择欠妥，如削刀（20号、21号）大体上处于纯δ相区，极脆，恐怕很难用它制成实用器具。也不知这种成分是真实状态的反映还是分析误差所致。镞（26、27、28、29号）含锡量较低，含铅量太高，强度、硬度都较低，恐难实际使用。若仅从合金成分上看，朱开沟文化的青铜合金技术是有了一定发展的，显然较四坝文化稍高，亦不在二里头文化、岳石文化之下，唯较稍后的夏家店下层文化赤峰大甸子青铜合金技术稍有逊色，一定程度上反映了当时青铜合金技术的先进水平。

夏家店下层文化青铜合金技术过去了解较少，有学者分析过1件唐山小官山铜耳环，成分为：铜90%、锡10%[5]，显示了较高的技艺。2003年时，有学者分析过41件赤峰大甸子青铜器（表2-3-6）[23]，包括耳环21件、指环14件、钉2件、帽2件、镦1件、杖首1件，使我们对它有了进一步的了解。这些标本多为小型饰器，尚未见生产工具、兵刃器、礼器、容器。由表可见：

（1）这41件标本只有两种合金，即锡青铜和铅锡青铜，再无其他原始铜合金，亦无红铜。即是说，Cu-Sn二元、Cu-Sn-Pb三元合金系在大甸子已经初步形成，其已脱离了早期青铜的原始性，锡在合金元素中的主导地位已经初步确立。

（2）在41件青铜标本中，锡青铜27件，占标本总数的65.85%；铅锡青铜14件，占标本总数的34.15%。锡青铜标本较多地超过了铅锡青铜。

（3）标本含锡量稍高，41件标本的平均成分为：铜81.1%、锡13.4%、铅1.7%。

27 件锡青铜的平均成分为：铜 84.7%、锡 13.5%、铅 0.8%；14 件铅锡青铜标本平均成分为：铜 82.9%、锡 13.2%、铅 3.3%。在 41 件标本中，含锡量大于 20% 的有 5 件；含锡量大于 15% 的有 16 件；最高含锡量达 24.5%（32 号标本，Ab 型指环）。

由现代材料学可知，这类合金既具有一定的强度，亦具有一定的塑性，对于指环、耳环、钉、帽、镦、杖首来说，完全能够满足其使用性能的需要。可惜其中未见兵工器，便在较大程度上影响到了我们对其青铜合金技术的全面了解，若仅从这些分析资料看，这大体达到了中原春秋战国青铜合金的技术水平。

除上所述，还有一些地方也很值得注意。如有人分析过一件拉萨曲贡出土的铜镞，成分为：铜 83.67%、锡 12.51%[14]。为锡青铜，含锡量不低。

总之，在二里头文化及与之相当的年代，青铜合金技术已经发明，其中又以大甸子、朱开沟、二里头文化、岳石文化的稍见进步，代表了当时最为先进的水平。但其发展不甚平衡，四坝文化合金技术尚相当原始；红铜在火烧沟依然占据主导的地位，原始砷铜在民乐东灰山和酒泉干骨崖依然使用较多。同时，大甸子等地的先进技术并未推广和延续，下面将要谈到，辽西地区直到夏家店上层文化时，还大量地使用过锡铅青铜。

合金技术的产生，与我国古代复合工具、复合材料技术当有一定关系。早在旧石器时代，人们就将石片和木棍组合起来，制成了“复合工具”；新石器时代后，又将泥土和砂石混合在一起，制成了热稳定性较好的夹砂陶。杂合则生变化，这一技术思想是早已深入人心的。《考工记·画缋》在谈到织物花纹时说：“杂四时、五色之位以章之，谓之巧。”这大体上也反映了同样的意思。合金技术当也是在这类思想的启示下产生出来的。

二、二里岗时期 Cu－Sn－Pb 三元合金系的初步形成

二里岗—盘龙城时期，青铜合金技术有了一定发展，主要表现是：青铜器在整个铜器中的比例增大、青铜中的铅锡配入量明显提高、Cu－Sn－Pb 三元合金系初步形成，但除个别地区外，锡在青铜合金中的主导地位尚未确立。表 2－3－7、表 2－3－8 所示为 76 件二里岗—盘龙城时期，及其与之年代相当的青铜器合金成分，它们分别出土于湖北盘龙城（48 件）、郑州（含小双桥计 16 件）、山西夏县东下冯（1 件）、偃师二里头二里岗文化下层（2 件）、江西清江（1 件）[2]和北京平谷刘家河（8 件）。前 68 件为定量、半定量分析，刘家河的 8 件为定性分析。由之可见：

（1）在 76 件标本中，只有江西清江 1 件为红铜，占试样总数的 1.3%；其余皆为青铜，占试样总数的 98.68%。这里红铜器的比例已经很小。

（2）76 件标本中，以锡为主要合金元素的锡青铜（14 件）和铅锡青铜（24 件）计 38 件，占标本总数的 50.0%；以铅为主要合金元素的标本有铅青铜（2 件）和锡铅青铜（30 件）计 32 件，占试样总数的 42.11%。有 5 件平谷标本在作定性分析时只定成了“青铜”，不便进一步分类，暂不作统计。这说明：与二里头时期同样，此时亦未曾显示以锡为主要合金元素的倾向。

（3）作了定量、半定量分析的 68 件标本中，青铜标本只有 67 件，其平均成分为：铜 75.20%、锡 10.65%、铅 11.74%。可见从总体上看，平均含铅量依然稍高于平均含锡量。当然各地平均成分又稍有不同，盘龙城（48 件），铜 72.944%、锡 11.566%、铅 13.028%；郑州（不含小双桥，计 11 件），铜 77.68%、锡 8.51%、铅 11.67%；二里头二里岗文化下层（2 件），铜 81.15%、锡 4.63%、铅 14.22%；东下冯（1 件），铜 78.59%、锡 14.13%、铅 4.46%；郑州小双桥（5 件），铜 88.23%、锡 8.92%。可见其锡、铅含量都不低。

（4）76 件标本中，绝大多数都是容器，兵工器只有 7 件，即盘龙城的青铜锛、凿、镞，东下冯（二里岗下层）的青铜镞，二里头青铜镞（2 件）、刘家河的铁刃铜钺。前 6 器作了定量和半定量分析，平均成分为：铜 79.15%、锡 9.37%、铅 9.85%，可见平均含锡、含铅量都不低。但除盘龙城铜凿、东下冯铜镞外，其他 4 件的硬度和强度都不太高。

（5）一般器物的含锡、含铅量都有了提高。表中所列作过定量半定量分析的 67 件青铜标本中，含锡量大于 10% 的达 38 件，最高含锡量为 19.474%。尤其值得注意的是郑州小双桥的 5 件容器，皆为锡青铜，平均含锡量达 8.92%。含铅量大于及等于 10% 的标本 35 件，最高含铅量达 40.9%。这样高的锡、铅量，尤其是小双桥者，全为锡青铜，当是人们有意配制的①。

这都说明，与二里头时期相比较，二里岗—盘龙城时期的青铜合金技术已有了一定的进步，锡和铅的配入量有了提高，红铜器已经很少，原始黄铜未曾显示。但值得注意的是，这种进步还是有限的，当时的青铜合金技术还不太成熟，虽比二里头时期有所进步，但无本质的区别：

（1）器物含锡量还不是太高，在表 2-3-7 所示 67 件作了定量、半定量分析的青铜器中，平均含锡量都不高，尤其是兵工器。

（2）以铅为主要合金元素的青铜依然占有较大的比例，表 2-3-7、表2-3-8 所示标本中，如前所云，有 42.11% 的标本是以铅作为主要合金元素的。盘龙城 1 件青铜凿、二里头 2 件铜镞，竟然使用了铅青铜和锡铅青铜，这性能是欠佳的。这也在一定程度上说明，人们对锡和铅在青铜合金中的作用依然没有足够的认识。唯郑州小双桥的青铜合金技术表现了较高的水平，其 5 件标本皆为锡青铜，且含锡量不低（表 2-3-9）。

表 2-3-5 朱开沟青铜器扫描电镜能谱分析

序号	器号	器名	段别	成分（%）						成型方式	合金类型
				铜	锡	铅	硫	铁	其他		
1	T238③:1	针	三	86.2	10.6	2.4	0.2		Ag 0.6	热冷加工	铅锡青铜
2	T230③:1	凿		89.5	9.2	<0.1	0.2		Cl 0.3	铸造	锡青铜
3	H1044:1	锥		92.3	<0.1	1.3	/		Mg 4.0As 1.6	铸造	红铜
4	M4007:2	臂钏		89.9	<0.1	<0.1	<0.1		/	铸造	红铜

① 文献［15］、［16］的标本皆采自盘龙城，大体皆为容器，分析结果却有一定差距，文献［16］分析数据的含锡量普遍偏高，这可能是真实情况的反映，更可能是分析误差。误差的影响因素较多，设备条件、试样条件、操作情况等都有一定关系。若为后二者，十分重要的一点便是锈蚀状况和取样状况。分析取样时，如若腐蚀层、半腐蚀层混入了样品，分析数据中的含锡量肯定会偏高的。不管化学分析还是扫描电镜能谱分析，都是如此的。从本人多年的分析情况看，这是许多分析数据中，含锡量偏高的主要原因。

5	M4040:1	镞铤	四	91.5	6.1	2.1	<0.1		/	铸造	铅锡青铜
6	M4060:6	指环		98.4	<0.1	0.9	0.1		/	铸后轻度冷加工	红铜
7	（采集）	耳环	三、四	84.2	12.5	2.2	0.3		Cl 0.3	热加工	铅锡青铜
8	（采集）	耳环		81.3	17.0	<0.1	<0.1		Cl 0.1	热加工	锡青铜
9	（采集）	耳环		89.8	8.3	1.5	0.3		/	热冷加工	锡青铜
10	（采集）	耳环		90.4	8.6	<0.1	0.5		/	热冷加工	锡青铜
11	（采集）	耳环		89.3	8.9	1.4	0.3		/	热加工	锡青铜
12	M1040:2	短剑	五	82.1	14.2	2.3		<0.1	Ag 1.4	铸后冷热加工	铅锡青铜
13	M1040:3	环首刀		91.3	8.2	/		0.5	/	铸后热冷加工	锡青铜
14	M1040:1	戈		80.0	15.0	4.7		<0.1	/	铸后热冷加工	铅锡青铜
15	M1070	残圈		87.5	11.3	/		/	Cl 1.0	热加工	锡青铜
16	M2012:2	耳环		84.5	11.0	0.7		<0.1	Mg 3.3	热加工	锡青铜
17	H5003:7	镞		90.4	5.8	1.2		0	Mg 2.4	铸造	锡青铜
18	H5003:11	镞铤		77.7	15.3	3.5		<0.1	Mg 3.6 As 1.4	铸造	铅锡青铜
19	H5028:1	刀把		71.8	23.9	3.5		<0.1	Ag 0.9	铸造	铅锡青铜
20	H5028:2	削刀尖		60.8	32.5	4.7		/	Ag 1.1 Mg 2.0 Cl 1.0	铸造	铅锡青铜
21	H5028:x	削刀		58.7	35.9	<0.1		<0.1	Cl 4.4	铸造	锡青铜
22	H5028:3	残戈		77.4	5.4	1.1		<0.1	As 6.8	铸造	锡砷铜
23	H5028:4	鼎残片		55.6	13.0	30.8			/	铸造	锡铅青铜
24	H5028:5	爵足		65.7	14.0	20.4		/		铸造	锡铅青铜
25	H5028:5	爵残片		63.2	16.5	26.7		<0.1	Mg 1.8	铸造	锡铅青铜
26	H5028:y	镞		55.5	9.6	33.7		/	Cl 1.2	铸造	锡铅青铜
27	F5001:1	镞		50.3	9.5	37.5		0	Mg 2.4	铸后轻度热加工	锡铅青铜
28	F5001:2	镞		58.4	9.4	29.4		<	Mg 2.0	铸造	锡铅青铜
29	F5001:3	镞		52.4	8.7	35.3		0	Ag 1.6	铸造	锡铅青铜
30	T124②:1	耳环		75.0	8.5	12.7		<0.1	Mg 2.5 As 0.3	热加工	锡铅青铜
平均成分	三、四段针凿锥镞，4件			89.9	6.5	1.4					
	三、四段臂钏指环耳环，7件			90.3	7.9	0.9					
	五段兵工器，13件			69.8	14.9	12.0					
	五段容器饰器，6件			71.9	12.4	15.2					

注：（1）采自文献［13］。有的两件器物同一个器号。

（2）据《朱开沟——青铜时代早期遗址发掘报告》（文物出版社，2000年）载，朱开沟遗址的年代计分作5段：第一段大体相当于龙山文化晚期，第二段约相当于夏代初期，第三段约相当于夏代中期，第四段约相当夏代晚期，第五段约相当于商代早、中期。

表2－3－6　大甸子青铜合金成分扫描电镜能谱分析[23]

样　号	器　号	器　名	合金成分（%）			加工状态	合金类型
			铜	锡	铅		
1	M453:2	小圆耳环	81.8	15.1	3.1	热锻	铅锡青铜
2	M463:7	小圆耳环	84.0	13.9	2.2	热锻	铅锡青铜
3	M507:1	小圆耳环	83.7	14.7	1.5	热锻	锡青铜
4	M725:1	小圆耳环	84.4	13.9	1.7	热锻	锡青铜
5	M672:14	大圆耳环	85.3	14.4		热锻	锡青铜
6	M813:3	改制型耳环	86.9	8.7	4.4	热锻	铅锡青铜
7	M683:7	钉	88.1	9.5	2.3	铸	铅锡青铜
8	M454:1	Ab型耳环	80.3	18.2	1.4	铸	锡青铜
9	M454:8	Ab型耳环	80.8	18.7		铸	锡青铜
10	M454:8	Ab型耳环	80.8	18.6	0.6	铸	锡青铜
11	M756:5	B型耳环	88.1	10.4	1.5	铸	锡青铜
12	M453:1	小圆耳环	89.4	8.4	2.2	/	铅锡青铜
13	M453:1	小圆耳环	84.5	12.6	2.9	/	铅锡青铜
14	M675:2	小圆耳环	82.8	13.4	2.3	/	铅锡青铜
15	M725:1	小圆耳环	88.8	9.2	1.6	/	锡青铜
16	M1265:4	小圆耳环	80.2	16.2	1.4	/	锡青铜
17	M1256:5	小圆耳环	86.0	11.3		/	锡青铜
18	（采集）	小圆耳环	86.8	9.8		/	锡青铜
19	M675:2	大圆耳环	88.0	10.4		/	锡青铜
20	M507:3	改制型耳环	79.0	19.5		/	锡青铜
21	M523:3	改制型耳环	96.9	2.2		/	锡青铜

22	M523:3	改制型耳环	92.4	4.4	2.7	/	铅锡青铜
23	M782:9	改制型耳环	77.4	18.4		/	锡青铜
24	M822:7	改制型耳环	92.7	5.7	1.6	/	锡青铜
25	M822:7	改制型耳环	90.0	7.6	1.8	/	锡青铜
26	M1254:1	改制型耳环	88.0	4.8	3.6	/	铅锡青铜
27	M830:2	Aa 型指环	92.0	3.8	1.8	/	锡青铜
28	M830:2	Aa 型指环	87.1	11.4	1.4	/	锡青铜
29	M830:2	Aa 型指环	89.8	8.3	1.9	/	锡青铜
30	M453:9	Ab 型指环	77.0	22.4		/	锡青铜
31	M453:9	Ab 型指环	71.3	23.2	4.8	/	铅锡青铜
32	M453:9	Ab 型指环	72.1	24.5	2.4	/	铅锡青铜
33	M454:3	Ab 型指环	80.2	18.2	1.3	/	锡青铜
34	M454:9	Ab 型指环	77.1	22.1		/	锡青铜
35	M756:5	B 型指环	89.5	8.9	1.6	/	锡青铜
36	M756:5	B 型指环	87.3	10.6	1.7	/	锡青铜
37	M683:7	钉	84.4	11.9	3.7	/	铅锡青铜
38	M683:7	帽	75.9	18.1	6.0	/	铅锡青铜
39	M715:13	帽	76.5	23.0	/		锡青铜
40	M715:13	镦	79.4	16.8	3.8	/	铅锡青铜
41	M43:12	杖首	81.9	17.9		/	锡青铜
41 件标本平均成分（%）			81.1	13.4	1.7		
27 件锡青铜标本平均成分（%）			84.7	13.5	0.8		
14 件铅锡青铜标本平均成分（%）			82.9	13.2	3.3		
6 件锻件平均成分（%）			84.4	13.5	2.2		
5 件铸件平均成分（%）			83.6	15.1	1.2		

注：本表所列标本中，有的是器号相同的。

表 2-3-7 二里岗—盘龙城时期铜器成分分析

原分析号	名称和器物发掘号	出土地点	成分（%）					合金类型	文献
			铜	锡	铅	铁	铝		
EP1-1	斝（?） PYZT31③A	湖北黄陂盘龙城	80.48	10.71	8.8			铅锡青铜	[15]
EP1-2			81.45	10.22	8.33				
EP2	尊残片 PYWM4:1		77.72	12.88	9.4			铅锡青铜	
EP3-1	斝 PWZ:0212		83.62	10.75	3.54	0.84	1.26	铅锡青铜	
EP3-2			85.3	10.04	2.68	0.95	1.03		
EP4	残铜爵 PLWM6:3		59.356	19.474	16.428		0.418	铅锡青铜	
EP5	铜块 P:0115		93.199	2.175	4.624			锡铅青铜	
EP6-1-1	锥足鼎 PYWM11:16		79.98	5.94	11.2	0.9	1.99	锡铅青铜	
EP6-1-2			80.53	5.52	11.02	1.19	1.74		
EP6-2-1			82.65	6.01	8.40	0.58	2.37		
EP6-2-2			82.61	5.85	8.18	1.06	2.31		
EP7-1	弧腹斝 PYWH6:18		78.46	8.22	9.83	1.25	1.91	锡铅青铜	
EP7-2			81.06	8.47	7.4	1.24	1.63		
EP8-1	铜器残片 P:0213		78.9	8.83	9.51	0.84	1.92	铅锡青铜	
EP8-2			79.52	9.7	8.01	0.63	2.13		
EP9-1	铜器残片 PWZ:0214		79.21	10.17	7.81	0.61	2.2	铅锡青铜	
EP9-2			79.72	10.07	6.58	0.96	2.66		
EP10-1	铜器残片 PWZ:0215		82.23	8.46	6.22	1.32	1.17	铅锡青铜	
EP10-2			82.18	9.6	5.05	1.23	1.94		
EP11-1	尊 PLZM1:8		87.74	6.77	2.35	1.87	1.28	铅锡青铜	
EP11-2			86.35	7.7	2.88	1.83	1.23		
EP12-1	尊 PLZM1:2		81.33	4.84	11.06	1.31	1.46	锡铅青铜	
EP12-2			77.06	4.34	15.85	1.19	1.57		
EP13	铜器残片 P:0216		80.28	7.05	9.13	1.41	2.13	锡铅青铜	
	锥足鼎 PLZM2:55		88.68	5.54	1.38	微		锡青铜	[17]
	弧腹斝 PLZM2:19		81.82	8.41	6.78	微		铅锡青铜	
	弧腹斝 PLZM1:12		71.59	3.92	24.45	微		锡铅青铜	
	尊 PLZM1:8		70.76	6.61	21.76	微		锡铅青铜	

	爵(采集)		67.01	11.46	15.91		锡铅青铜	[3]
	鼎(采 集)		72.68	13.64	10.75		铅锡青铜	
	鬲足(采集)		78.81	9.15	6.48		铅锡青铜	
	锛(采集)		80.18	11.25	4.01		铅锡青铜	
1801	斝残片	湖北黄陂盘龙城	64.7	13	19.9	锌0.7	锡铅青铜	[16]
1802	弧腹斝残片		71.2	16.7	9.5	锌1.6	铅锡青铜	
1804	凿		75.8	9.8	12.8	锌1.1	锡铅青铜	
1805	折腹斝鋬		65.3	12	21.2	钍0.6	锡铅青铜	
1806	镞残片		74.9	19.7	2.4	锌1.2 硫0.9 银0.8	铅锡青铜	
1807	铜器残片		76.0	13.7	7.3	锌0.6	铅锡青铜	
1808	铜器残片		79.0	4.8	15.2		锡铅青铜	
1809	斝足残片		60.7	11.0	27.1		锡铅青铜	
1810	觚残片		55.7	18.2	24.4	锌0.8	锡铅青铜	
1812	细铜杆残段		71.4	14.2	10	银2.25 钍0.8 锌0.6	铅锡青铜	
1813	残铜镞		78.0	11.7	9.4		铅锡青铜	
1815	残铜器		77.5	17.5	2.8	银1.1	铅锡青铜	
1816	细腰觚残片		57.9	13.1	26.5	硫1.35	锡铅青铜	
1817－1	尊足		65.5	12.6	20.5	锌0.8	锡铅青铜	
1817－2	尊肩		66.9	13.4	15.8	锌0.7 银0.5		
1818	尊残片		65.6	14.3	18.1	锌1.1	锡铅青铜	
1819	尊残片		63.8	13.6	21.0	硫1.1	锡铅青铜	
1820－1	尊口沿		66.9	15.8	14.8	硫1.2	锡铅青铜	
1820－2	尊肩		64.6	14.7	18.0	硫1.2 钍0.6		
1820－3	尊腹		59.2	15.5	21.3	锌1.2 硫0.7 银0.5		
1821	斝残片		67.1	15.7	15.5	硫0.5	铅锡青铜	
1822	盘残片		84.3	13.1	0.3	锌0.5 硫0.15	锡青铜	
1823	锥足鼎残片		63.0	10.2	25.5	锌0.8	锡铅青铜	
1825－1	鼎足残片		62.8	11.2	23.9	锌0.6 硫0.5	锡铅青铜	
1825－2	鼎残片		62.1	10.4	25.8	锌0.7 银0.5		
1826	爵残片		70.3	18.1	10.1	银0.7	铅锡青铜	

1827－1	爵口沿	湖北黄陂盘龙城	69.0	14.8	8.2	银5 锌0.7 硫0.9 钍0.7		银锡铅青铜	
1827－2	爵流		66.3	11.9	14.9	硫1 银4.8			
1827－3	爵腹		69.1	14.0	13.0	硫1.5 钍0.6 银0.5			
1827－4	爵足		57.3	10.0	31.1	锌0.6			
1829	马面饰残片		69.2	14.1	14.6	锌0.5 银0.7		锡铅青铜	
1830	残铜器		69.3	15.6	12.0	锌1.6		铅锡青铜	
1831	斝伞柱		64.1	10.4	23.7	硫0.5 银0.5		锡铅青铜	
1832－1	觚残片		70.0	16.4	11.7	硫0.6 银0.5		锡铅青铜	
1832－2	觚残片		61.4	15.4	21.2	硫0.5 银0.1			
	镞 74SW26T22④:9	东下冯(二里岗下层)	78.59	14.13	4.46			铅锡青铜	[3]
	大方鼎 H1:2	郑州向阳食品厂	87.73	8.0	0.1			锡青铜	[18]
	素面盆 H1:7		86.37	10.91	0.69			锡青铜	
YZ1	斝	郑州岔河	90.875	3.103	6.021			锡铅青铜	待发
YZ2	鼎		85.249	13.354	1.395			锡青铜	
	残器片	郑州	91.29	7.1	1.12			锡青铜	[19]
	大方鼎	郑州杜岭	75.09	3.48	17.00			锡铅青铜	[20]
1911	铜簋 96H1 上:9	郑州南顺城	79.90	13.00	5.50			铅锡青铜	[24]
1912	铜鼎 96H1 上:4	郑州南顺城	64.3	8.14	25.6			锡铅青铜	[24]
1913	铜斝 96H1 上:5	郑州南顺城	53.3	0.53*	40.9			铅青铜	[24]
1914	铜鼎 96H1 上:3	郑州南顺城	70.9	17.8	10.1			铅锡青铜	[24]
1915	铜鼎 96H1 上:2	郑州南顺城	69.5	8.69	19.9			锡铅青铜	[24]
YZ11－1	渣铜（浇铸尾液凝块）95ZXV区 H44	郑州小双桥	87.33	10.51			2.17	锡青铜	待发
YZ11－2			87.85	9.97			2.18		
YZ11－3			90.45	7.91			1.64		
YZ11－4			90.2	8.03			1.78		
			(88.96)	(9.11)					
YZ13－1	容器 95ZXIV 区 T194 (4)		83.31	13.12		0.88	2.96	锡青铜	
YZ13－2			82.96	13.84		0.45	2.75		
			(83.14)	(13.48)					
YZ14－1	容器 95ZXIV 区 T173 (3)		90.91	5.68		2.07	1.34	锡青铜	
YZ14－2			90.67	5.68		2.21	1.44		
			(90.79)	(5.68)					
YZ15－1	另一容器，器号同上		87.83	9.17			2.51	锡青铜	
YZ15－2			88.39	9.11			2.37		
			(88.11)	(9.14)					
YZ16－1	另一容器，器号同上		89.63	7.53			2.48	锡青铜	
YZ16－2			90.65	6.82			2.53		
			(90.14)	(7.18)					

	鏃 V H11:6	二里头二里岗文化下层	68.98	9.16	21.86			锡铅青铜	[8]
	鏃 V H11:16		93.32	0.10	6.58			铅青铜	
平均成分（%）	郑州(不含小双桥,11件)		77.68	8.51	11.67				
	郑州小双桥(5件)		88.23	8.92					
	黄陂盘龙城(48件)		72.944	11.566	13.028				

注：（1）本人分析的盘龙城标本承湖北省文物考古研究所陈贤一等提供，郑州岔河试样承郑州市博物馆陈立信提供，郑州小双桥试样承河南省文物研究所宋国定提供。

（2）本人分析的试样中，EP1 承北京工业大学王越、EP5 承冶金工业部钢铁研究总院李文成、其余承该院肖鹏、李洁分析，仪器皆为扫描电镜能谱。文献［16］亦采用扫描电镜 X 射线能谱分析法。

（3）试样含锡含铅量小于2%时皆视为杂质。

（4）除表中所列外，部分试样尚显示有其他成分：EP4 含锌 1.493%、硅 0.116%、硫 2.684%；EP7－1 含硅 0.34%、磷 0.01%；EP7－2 含硅 0.14%、磷 0.06%；大方鼎 H1:2 含锑 1.25%；素面盆 H1:7 含锑 0.01%；郑州杜岭方鼎含硅 0.2%；容器 YZ15－1、YZ15－2 分别含氯 0.49%、0.14%。文献［16］所列标本中，有的尚显示有数量不等的镍、锌、硫、铁、钍、银、硅等，其值约≥0.1%。

（5）除表中所列，文献［24］诸标本尚含少量铁、硫和氯，略。成分数据右上角带＊者，分析可能有误差，仅供参考。

（6）有的一件器物取了 2 件或 2 件以上的试样，一件试样上往往又采了多个分析点。本书在考察其合金成分时，依据的是每件器物的平均成分，而不是每件标本的平均成分，如盘龙城特大型圆鼎（EP6）计取了两件标本，计采了 4 个分析点，故大圆鼎的平均成分应是此 4 个分析点的平均成分。故在计算盘龙城青铜器的平均成分时，也是依器物数计算的，而不是标本数。文献［16］原公布的 35 个标本，却为 27 件器物，本文是依 27 件器物统计的。

表 2－3－8　江西清江、北京平谷青铜器定性半定量分析

名称　器号	地　点	成　分（%）			合金类型	文献
		铜	锡	铅		
鼎足 WET9H11:(2)	江西清江	98.87			红铜	[2]
小方鼎	北京平谷刘家河		有	有	青铜	[21]
弦纹鼎			有	有	青铜	
I 式盉			有	有	青铜	
I 式盘			有	有	青铜	
斝			有	有	青铜	
人面铜饰			有	无	锡青铜	
素面铜泡			有	无	锡青铜	
铁刃铜钺			有	少	锡青铜	

注：北京平谷刘家河标本定性分析原未示出铜的测定情况，亦未测定过铁和铝。除表中所列，小方鼎和弦纹鼎显示“有”锑，I 式盉、I 式盘、人面铜饰显示“少”量锑，铁刃铜钺“无”锑，其余二者锑量“更少”。刘家河 8 件试样皆“无”锌显示。铁刃铜钺“有镍的灵敏线”，其余 7 件试样皆“无”镍显示。

表 2-3-9　二里岗—盘龙城期铜器合金种类统计表

地点＼种类	锡青铜	铅锡青铜	铅青铜	锡铅青铜	青铜	红铜	标本总数
盘龙城	2	21		25			48
东下冯二里岗下层		1					1
郑州一般地区	4	2	1	4			11
郑州小双桥	5						5
二里头二里岗下层			1	1			2
清江						1	1
平谷	3				5		8
总计	14	24	2	30	5	1	76

注：表中泛称为“青铜”的合金，是其主要合金元素不知是铅还是锡者。

（3）不管在郑州二里岗，还是黄陂盘龙城，青铜兵刃器的数量和种类依然较少。反之，郑州二里岗所出石质的兵器和生产工具却较多。青铜时代的一种代表性器物——青铜短剑刚刚在朱开沟出现。这些，一方面固然与社会习俗和礼仪之风有关，但与合金技术尚未成熟、青铜兵刃器和生产工具尚不太刚韧等也是有关的。

三、关于早期青铜时代

由前可知，二里头文化时期，虽青铜合金技术已经发明，但其技术水平总体上还不是太高的：（1）以锡为主要合金元素的倾向尚未普遍表现出来，锡在合金元素中的主导地位更未确立；（2）作为合金元素的铅、锡配入量依然较低。二里岗时有了一些进步，铅锡的配入量有了提高，但以铅为主要合金元素的青铜器依然较多，而且含铅量较高，锡在合金元素中的主导地位仍未确立。说明人们对铅、锡在铜合金中的作用，及其对铜合金机械性能的影响，在认识上还不是十分清楚的，当时的铜合金技术依然处在较低的阶段上。虽大甸子、朱开沟的合金技术表现了稍高的水平，但其青铜器的品种和数量有限，亦未延续下来。从现代材料学观点看，不管是兵器、生产工具，还是一般性容器，其主要合金元素皆以锡为宜。因铅以软夹杂形式存在于铜基体中，铅青铜和锡铅青铜的强度和硬度都较低，耐蚀能力也较差。若为水器、食器、酒器时，还会发生铅的慢性中毒。我们以为，早期青铜时代的两个基本条件是：（1）首先是有了人工配制的青铜合金，没有人工青铜，是不能称为早期青铜时代的。（2）其青铜合金技术尚处在初级阶段上，锡在合金元素中的主导地位尚未确立。二里头—二里岗时期适与此相符。

在此有一点须指出的是：由于各种各样的原因，如资源方面的差异，或立足点不同等，人们对“青铜时代”、“早期青铜时代”的理解是不尽相同的。在中近东、小亚细亚和欧洲，有的地方使用的早期铜合金实际上是含砷、含锑量较低的砷铜、锑铜，或含锡量很低、含铅或不含铅的铜合金。表 0-2 为部分中近东、南亚、欧洲、美洲含砷不含砷的低锡青铜的成分，其含锡量皆低于 3%，半数以上的标本低于 2%。如若这些地方的铜矿皆为单金属氧化矿，这低锡便有可能是人工配入的，否则，便可能由共生矿带入。乔伊佩泰的 1 件匕首含锡量为 0.5%，所含锡砷总量也只有0.8%，在我国的资源条件下，是很难称之为“早期青铜”的。若非人工配制，便应名之为“原始青铜”，或“原始铜合金”。

第四节　加工技术的初步发展

一、成型加工技术的初步发展

二里头—二里岗时期的金属成型技术主要有锻造和铸造两种，但在不同的历史时期、不同的文化区，它们所占比重还是不同的。

（一）锻造技术之发展

在二里头文化及其与之年代相当的诸考古文化中，二里头文化是铸件为主，但在岳石文化、四坝文化、夏家店下层则锻造仍占有相当重要的地位，具体情况又各有不同。

孙淑云曾对泗水尹家城9件标本中的4件进行了金相分析，发现有2件曾经锻打。其中一件是铜刀T221⑦:21，基体为α相（成分见表2－3－1），呈明显的树枝状晶偏析，但刃部的树枝状晶呈方向性排列，并见有滑移线，说明此刀原为铸造成型，之后刃部经过了轻微的冷锻。另一件是铜片T198⑦:5，为铅青铜，金属基体为α相，呈再结晶晶粒，并有孪晶，铅粒沿晶粒间界分布，说明此器为铸制，之后又做了整体热锻。这种组织可能与停锻温度较高，或热锻后进行了再结晶退火有关。当然，也不能完全排除了全为冷锻，之后进行再结晶退火的可能性。此试样含铅量高达32.7%（表2－3－1），较软，是可适当冷锻的。在未作金相分析的5件中，从外形考察来看，大约有4件做过锻打加工，即铜锥T268⑦:4，为先铸，之后局部锻打；铜刀79H5:4、铜刀T222⑦:45，为先铸后锻；红铜环T216⑦:27，可能是整体锻制的[1]。果真如此的话，尹家城9件标本，便有6件做了整体锻和局部锻，占标本总数的66.67%，这比例是不小的了。

有学者对民乐东灰山出土的15件铜器中的11件作了金相分析，均为锻造。其中有6件是先热锻成型，之后又进行了不同程度的冷锻[2]。这冷锻的目的，首先是校形，是否对加工硬化也有了一定的认识，则需进一步研究。这分析过的标本皆为锻件，虽未必反映了东灰山成型技术的原貌，但锻件使用较为普遍则是肯定的。

人们早先对66件火烧沟铜器作外形考察时，认为只有4件器物，即铜匕（76YHM79:9）、铜管（76THM215）、2枚铜耳环（76YHM47:13和76YHM266:1）是锻造的，其余皆为铸造。其中的铜匕曾进行过金相分析，金属基体为α固溶体，呈多边形的再结晶晶粒，晶内可见滑移线。另3件，即铜管、2枚铜耳环皆用青铜丝卷成[3]。2003年人们分析了26件标本，发现4件标本，即2件耳环、2件小刀具有热锻组织，因其体形较小，可能是整体锻造的。其余22件皆系铸造成型①，其中有1件斧（900号）应是先铸造，后刃部经过了热锻，其刃部呈现热锻组织，器身

① 成型，亦作成形。“型”原指铸型、模型，故依模而制者谓成型，无模而制者谓成形。但自古“形”、“型”相通。《左传》昭公十二年：“形民之力。”杜预注：“言国之用民，当随其力任，如金冶之器，随器而制形。”为简便起见，不管有模无模，本书一般皆写作成型。

上见有分范缝。此外还有 5 件铸件，观察面上呈现了冷锻组织（表 2－3－3）[4]。形成冷锻组织的原因有多种，可能是有意的整形加工所致，也可能是某种外力无意间所致，但其具体形态是有差别的。

有学者曾对 30 件酒泉干骨崖铜器作了金相分析，有 14 件为锻造，另有 2 件是先铸，之后又做了冷加工[5]。即整体锻者，占标本总数的 46. 67%，若加上局部锻，则占标本总数的 53. 33%。这比例也是不小的。

有学者曾对 4 件安西铜器进行过金相分析，锻之与铸，各占 2 件[5]。

李秀辉曾对 30 件朱开沟铜器进行了金相分析，得知冷、热加工都使用得十分普遍（表 2－3－5）：（1）在 30 件标本中，进行过冷热加工的标本达 14 件，计占标本总数的 46. 7%；在第三、四段，此比例数就更高一些，在 11 件标本中计有 7 件进行过冷热加工，达标本总数的 63. 6%；第五段时，铸件便明显地增加起来，在表 2－3－5 统计的第五段标本中，铸件为 12 件，占标本总数（19 件）的 63%。（2）做冷热加工的不但有饰器耳环、指环和小型工具铜针、环首刀，而且还有短剑、戈、镞。（3）有的锻件含锡量还较高，含铅却不高，如短剑，其锡、铅量分别为 14. 2% 和 2. 3%；一件耳环（8 号样）含锡量甚至达 17%，含铅量却小于 0. 1%。故其加工难度是不低的[6]。图 2－4－1 为朱开沟青铜质的短剑、耳环的组织形貌，都显示了热加工后的再结晶组织。此两件标本的年代皆与商代早中期相当，合金成分见表 2－3－5。

李延祥等对 11 件大甸子青铜器进了金相分析（表 2－3－6），其中有耳环 6 件、指环 4 件、钉 1 件。6 件耳环皆为热锻，α 相呈现再结晶组织和双晶；有的标本晶粒大小均匀，有的则不太均匀；其平均成分为：铜 84. 4%、锡 13. 5%、铅 2. 2%。5 件指环和钉皆系铸制，α 相呈现明显的树枝状晶偏析，平均成分为：铜 83. 6%、锡 15. 1%、铅 1. 2%[7]。可见：两类器物的含锡量都不低，皆能较好地满足其使用性能的需要，而锻件平均含锡量较铸件稍低，这便有利于锻打加工。这是一种较好的成分选择，体现了较高的合金技术水平和热加工技艺。

图 2－4－1　朱开沟短剑、耳环金相组织

左．短剑 M1040:2　×200　右．耳环 M 2012:2　×100　采自文献［6］

看来，在岳石文化、四坝文化、朱开沟文化区内，锻造技术都已较为发达，有时甚至占据了主导的地位；但二里头文化区则锻件甚鲜，这大约主要与其青铜礼器较多，铸造技术较先发展等因素有关。锡青铜是宜铸而不宜锻的，尤其是含锡量较高时。所以，青铜技术的发展必将使锻造技术受到一定的影响。二里岗—盘龙城时期的锻件更少一些，近东和欧洲也遵循了同样的规律。目前人们分析过数十件盘龙城青铜器，据《盘龙城》发掘报告载，大约只有一两件显示过热加工组织，但大体上都是一种对铸件的再加工。

在二里头文化区，人们是否掌握了青铜热处理技术，目前尚无确切的依据。但泗水尹家城、火烧沟、朱开沟等青铜锻件组织中都显示了再结晶晶粒和滑移线，这便不能排除有意处理的可能，东灰山铜器较多地使用了冷锻，也存在有意处理的可能性。从现有资料看，说二里岗时期的一些黄金饰件（片），进行过退火处理，其理由自然要更为充足一些。

（二）铸造技术的发展

二里头文化时期，目前看到的冶铸遗址和有关遗物都是不少的，除二里头外，在夏家店下层文化、四坝文化、偃师尸乡沟早商遗址等处都可看到。值得注意的是：石范铸造在多个遗址都占有相当重要的地位。二里头遗址第三、四期出土有大量坩埚残块、陶范、熔渣等物[8]；东下冯出土不少石范，其中第三期文化为6块（斧外范4块，器形不明者2块）、第四期1块（凿范）、第五期（相当于二里岗下层）3块（斧范2块；塑有镞、凿、斧等多种器物型腔的范块1块，一侧塑有3件双翼镞的型腔，另一侧塑有一件斧、一件凿的型腔）[9]；属夏家店下层文化的赤峰四分地出土有陶范1块，其上刻有合范符号[10]；唐山雹神庙出土有石范5块（斧范1块、刀范2块、矛范2块）[11]；四坝文化的火烧沟出土有石质镞范，为一范二腔，一次可浇2件铜镞[12]；尸乡沟早商铸铜遗址出土有熔炉残块、陶范、熔渣等[13]。一般而言，这些遗址内或其附近应有铸造作坊存在，二里头等铸造作坊的规模已是不小的了。

二里岗—盘龙城时期，青铜铸造技术开始蓬勃发展起来。在郑州商城和小双桥、江西吴城等地都出现了一些规模较大的铸造作坊，造型技术也有了很大提高，铸造了不少体形高大、仪态端庄秀美、花纹细腻、工艺精到的青铜器物。前面提到，郑州商城计发现了两处铸造作坊，仅南关外一处，遗址面积便达2.5万平方米，包含了二里岗上、下两个文化层，出土有大量坩埚、熔渣、木炭、铜器，以及大量的陶范。上层所出陶范计109块，下层计37块。范腔的器形有：镢、斧、刀、凿、锥、镞、戈、爵、觚、鬲、斝、盉、鼎、盆、环、簪，以及花纹范等。二里岗上层文化还出土有烘范窑。紫荆山铸铜遗址因压于今世建筑物下，总面积难以估计，今已发掘650平方米，发掘部分属二里岗上层，出土有熔渣、木炭、熔炉残块、陶范、铜器等。陶范计54块，型腔的器形有：刀、镞、车轴头、花纹范等。两个遗址陶范的总数约200块，其中工具范112块，占陶范总数的56%；容器范38块，占19%；兵器范34块，占17%。两遗址都是以铸造生产工具为主的，南关外尤以铜镢为多，其二里岗上层文化计出土生产工具范61块，镢范多达45块[13]。可见青铜质的生产工具已在社会生产中占有相当重要的地位。郑州小双桥出土了炉壁残块和熔渣。江西吴城商代遗址出土了大量石范和部分陶范，此遗址计分三期，一期约与二里岗上层相当，出有锛范等[14]，有关情况下一章还要谈到。盘龙城出土了许多大型青铜器，一般而言，在其附近不远处也应存在相应的铸造作坊。

此期铸造技术上的主要成就是：

（1）在铸范泥料中区分了外范料和芯子料。外范采用细砂细泥，以便于浇铸花纹细腻、复杂的器物；芯子采用粗砂加植物碎末，以增强透气性和退让性，这在郑州二里岗上层镢范等上都可看到[13]，盘龙城和郑州商城部分陶范中还掺有草木灰[15]，以增强其透气性等。

（2）盘龙城和郑州商城部分陶范中还掺有草木灰，使陶范含有较高的植物硅酸体，这对于保证金属的充型性能具有尤为重要的意义[40]。

（3）使用了一个范块开凿多个型腔的工艺。火烧沟文化时，一范只有 2 个型腔[5]，郑州南关外的部分镞范则多至 7 个型腔，一次便可浇出 7 件镞来[16][13]。

（4）发明了多范块分层套合的浑铸法。郑州商城一个大圆鼎，鼎腹外范上、下分了两层，每层又分了 3 块范，之外再加一个连足的芯子[16][17]，有人认为其鼎耳却是分铸的[17]。

（5）较多地使用了多范连续拼铸法。操作要点是：将整个器物划分成若干个部分，分别设计、制模、制范，依次浇铸。从第二个部分起，每次造型时，均将已铸成的前块合拼在范中，如此连续逐个拼铸，最后铸合为一。每个部分间皆作榫卯式连接，并铸合。20 世纪 70 ~90 年代，郑州先后出土过 8 件大方鼎，即张寨 2 件、向阳食品厂 2 件、南顺城 4 件，皆属这一类型。有的要经过 10 多次拼铸才能成器[18]。河南龙山文化时期的一些轮制陶器也有多块拼合成的，如盉可分成 8 块、斝可分成 6 块、鬶形器可分成 7 块，最后粘结成器。青铜器的拼铸法，显然是在陶器拼粘法的基础上演变过来的[18]。

（6）先铸器体后铸附件的分铸法有了发展。此法始见于火烧沟四坝文化时期的四羊铜权杖首，其四羊头与杖首便是分铸的[5]。二里岗—盘龙城时期，此技术有了发展，郑州出土的涡纹中柱盂和提梁卣等[19][17][13]、盘龙城青铜簋等[20]都使用了这一工艺。涡纹中柱盂的工艺是：先铸中柱，之后放入盂体范中，并与 3 块外范铸成盂体，同时使中柱与盂身嵌铸在一起[17]。分铸法在殷墟时期便广泛使用起来。

图 2－4－2 为盘龙城青铜罍、斝的组织形貌。皆为铸态，金属基体为 α 相，浅灰色的圆形、条形块状物为富铅相，斝的含铅量稍高，与其成分分析（见表 2－3－7）完全相符。

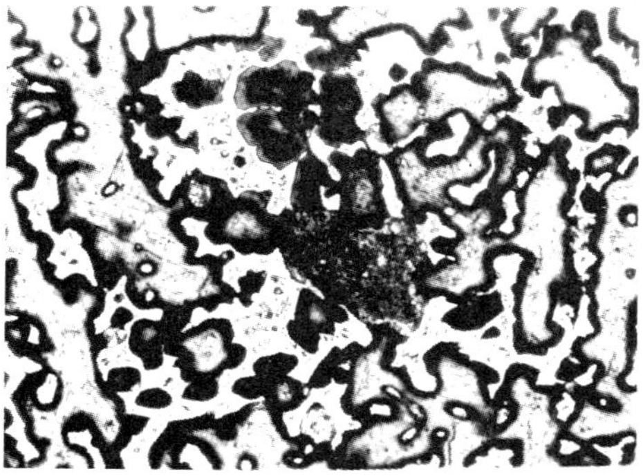

图 2－4－2　盘龙城青铜罍青铜斝组织形貌

左．罍 EP2　×500　右．斝 EP4　×500

标本承湖北省文物考古研究所陈贤一提供　承北京市粉末冶金研究所任新荷、郝志红分析

二、金属镶嵌技术的发明

我国古代的镶嵌技术主要用在金属器和漆器上。金属器之镶嵌始见于二里头时期，当时的装饰物主要是非金属的绿松石等物。类似的器物今已出土多件，器形主要是一种牌饰，有圆形、长圆形、三角形等，其大小约 10～20 厘米；多属二里头三期，年代最早的属二期偏晚，主要出土于河南偃师二里头，以及甘肃天水、广汉三星堆等地。

二里头至少出土过 8 件。

1975 年出土过 4 件。其中有镶嵌了绿松石的圆形牌饰 1 件（VKM4:2），直径 17 厘米、厚 0.5 厘米，残，发掘时已经变形，外区用 61 块长方形绿松石镶出辐射纹，状如钟表刻度，内区为两圈“十”字形图案，每圈 13 个“十”字[21][22]。镶嵌绿松石的圆泡形器 1 件（VIKM3:9）、镶嵌绿松石的圆形器 2 件（VIKM3:16、VIKM3:17）[22]。

1980 年，二里头三区 4 号墓北一个灰坑出土青铜尖状器 1 件，其上镶有数排小绿松石片，属二里头三期[23]。

1981 年出土 1 件，长圆形，长 14.2 厘米、宽 9.8 厘米，整体近于鞋底形，一面凸一面凹。凸面由许多不同形状的绿松石粘嵌排列成兽面纹，图案十分精细，保存较好；凹面粘附有麻布（图 2－1－1 之 1）。属二里头二期偏晚[24]。

1984 年出土 1 件，形状与 1981 年出土者相似，唯稍大，长 16.5 厘米、宽 8～11 厘米，亦置于主人胸前，正面用许多碎小的长方形绿松石片十分整齐地镶嵌成兽面纹，背上四个穿孔钮上下两两对称，可系绳提系，图纹形象生动，制作精巧（图 2－1－1 之 2），属二里头四期[25]。

1987 年出土 1 件，总体呈圆角梯形，且呈瓦状隆起，两侧各有两纽。器长 15.9 厘米、宽 7.5～8.9 厘米、厚 0.25 厘米。以青铜铸成兽纹镂空框架，再镶以绿松石片，出土时，绿松石片全部皆呈悬空状（原本应当是有支托的）。整体为一猛兽形象，头端窄而身部宽。镶有 400 余块长条形、方形、三角形绿松石片，厚约 0.2 厘米，最宽的大约只有 0.5 厘米，排列有序，镶嵌牢固。形象威武凶猛，生动逼真，工艺精湛，真乃稀世之珍。属二里头四期[26]。

甘肃天水秦城区出土 1 件，长约 15 厘米、宽约 10 厘米，腰微凹，一面呈瓦状拱起，其上见有镶嵌纹；两侧上下近圆角处各有一个半圆形的小孔纽。其纹饰与二里头四期所出镶嵌铜牌饰 M11:7 完全相同，故年代亦应相当[27]。

四川广汉出土 4 件。1987 年广汉三星堆真武仓包包出土 3 件，1978 年广汉高骈乡出土 1 件，但年代皆较二里头文化稍晚[28][29]。张天恩认为：在这些镶嵌绿松石的铜牌饰中，二里头的年代最早，天水次之，广汉最晚，并认为这是二里头文化与齐家文化以及三星堆文化交流的重要证据[27]。

以上是见诸考古发掘的情况。二里头文化的镶绿松石铜牌饰多见于一些遗物较为丰富的大型墓葬，看来它也是权力、地位和财富的一种象征。

此外，见诸著录和收藏的镶绿松石铜牌饰大约还有 10 余件，美国、日本、英国等都有藏品，其中又以美国为多。哈佛大学沙可乐博物馆收有 3 件、1965 年出版的《保罗·辛格医生所藏古代中国文物》载有1件、1979年出版的《火奴鲁鲁艺术研究院所藏中国古代青铜器、陶瓷器和玉器》载1件[30]、檀香山艺术学院收藏1件[31]，日本京都附近的兹贺县MIHO博物馆收藏1件[32]、伦敦埃斯肯纳齐行藏有1件[33][30]，已著录和未著录的藏品可能还有多件。

这些都是我国最早的金属镶嵌工艺品，也是最早的“金镶玉”类（铜镶绿松石）实例，这说明早在二里头时期，我国金属镶嵌工艺已达到较高水平。有关操作技术因缺乏研究而难作评述。一般应有两种操作：一是先铸后嵌法，先铸嵌槽，之后再将绿松石嵌入。二是先嵌后铸，先将绿松石嵌入铸范型腔中，之后再浇铸为一个整体。前法较为麻烦，但嵌入物无须经受高温烧烤；后法较为简便，但嵌入物必须承受高温灼烧。绿松石的化学式是 $CuAl_6[PO_4]_4(OH)_8 \cdot 5H\ O_2$，其中含水，是否能够使用第二法，须用试验来证明。自然，浇铸温度应低于此含水化合物大量分解的温度。

三、金属复合材料技术的发明

所谓“金属复合材料”[34]，是由两种不同成分的金属材料，通过铸焊、锻焊等方式铸合、焊合在一起而制成的。除接合部外，材料其他部分依然保留着各自在成分和物质结构上的特点。比单一材料具有更为优良的综合机械性能。其始见于商代中期，之后便沿用了下来，直到近现代，在兵刃器、生产工具、生活用器等中都有使用。本书主要研究金属锋刃器中的双金属复合材料技术，主要工艺形态有：陨铁与铜的复合、人工铁与铜的复合、含锡较高的青铜与含锡较低的青铜的复合和钢与“铁”的复合。前二者习又谓之铜铁合制件，是我国金属复合材料技术的早期工艺形态。此前的“铜-骨”复合还是一种简单的机构嵌合，是一种可合可分的形态，习谓之“复合工具”；此两种金属的复合，便不再是简单的机构嵌合，而是包含“熔合”、“焊合”。

我国古代铜铁合制的金属锋刃器始见于商代中期，有关器物一共2件，皆为铁刃铜钺。1972年河北藁城台西商代中期遗址出土一件，钺残长11.1厘米，阑宽8.5厘米，内端有一孔，阑部上下两面皆饰有两排乳钉纹，其中一面的两排各有乳钉6枚，另一面的两排分别为7枚和8枚。铁刃残，残余部分嵌入青铜钺身内约1厘米[35][36]。又，1977年北京平谷县刘家河商代中期墓出土一件，形制与前者相近，但略小、更窄，且无任何装饰，铁刃锈蚀、残损，钺残长8.4厘米，阑宽5厘米，直内，内上有一穿孔，孔径1厘米，钺身一面扁平，一面微凸，似为单面范铸成。铁刃残留部分包入铜钺之内约1厘米[37]。经鉴定，这两件铁刃皆有明显的分层现象，皆为陨铁所制[37][38]。

关于台西铜钺铁刃的材质，学术界是有过不同意见的[39]，曾有学者认为它原是人工冶炼之铁，夏鼐首先提出了它是陨铁的可能性，柯俊等则用科学分析的方法证实了这一判断。说它是陨铁的主要依据是：（1）其所含夹杂的成分、数量和分布形态，都与人工铁不同，如硅酸盐夹杂。我们知道，人类早期冶炼的铁都是在低温下还原出来的，一般都含有较多的大块氧化亚铁-硅酸盐共晶夹杂。江苏六合程桥春秋晚期铁条，夹杂物竟多达器物体积的10%左右；河南渑池汉魏铁窖57号铁钺系铸铁脱碳退火而成，含硅量应是较低的，夹杂量也达0.16%。而藁城铜钺铁刃的含硅量大约只有0.03% ~0.05%，可见此铁刃的硅酸盐夹杂含量很低，与人工铁相差甚为悬殊。又如钙，人工铁通常都含有少量的钙，并与氧化亚铁一起形成含钙的铁橄榄石，但藁城铜钺铁刃内基本上是不含钙的。（2）镍含量和镍分布与人工铁不同。据分析，铜钺铁刃的平均含镍量当在6%以上，平均含钴量当在0.4%以上，从我国古代铁器分析来看，这种成分是很少看到的。同时，尽管经过了锻造和长期的自然风化，铜钺铁刃中的镍、钴分布依然存在很大的偏析。其高镍层在风化前含镍量当高达12%，乃至大于30%。显然，这种偏析只能在冷却速度极为缓慢时才能获得，而这种冷却速度只能发生于铁镍天体中，而不得发生于地球上[38]。刘家河铜钺铁刃曾作过光谱定性分析，含镍而不含钴。

据研究，两件铁刃铜钺的制作工艺是：先将陨铁锻成厚为2毫米左右的薄刃，之后再与青铜钺的身部铸合为一[37][38]。铁镍合金是较难锻打的，在商代中期能锻制出这样薄的陨铁片，绝非易事。

显然，这种铜铁复合材料当是从齐家文化时期的铜骨复合工具演变过来的，此技术在我国一直沿用了下来，并不断地有所发展，近现代仍在使用。

参 考 文 献

第一节　铜器使用量的增加

［1］夏商周断代工程专家组：《夏商周断代工程 1996～2000 年阶段成果报告（简本）》，世界图书出版公司，2001 年。

［2］江林昌：《来自夏商周断代工程的报告》，《中原文物》2001 年第 1 期。

［3］同文献［1］。从考古资料看，殷墟一期为公元前 1260～前 1235 年；从文献推算看，盘庚迁殷年当为公元前 1318 年。为此，今估定盘庚迁殷年为 1300 年。

［4］杨育彬：《^{14}C 年代框架与三代考古学文化分期》，《中原文物》2001 年第 1 期。杨育彬：《夏商周断代工程与夏商考古》，《中原文物》2001 年第 2 期。

［5］何堂坤：《先秦青铜合金技术的初步探讨》，《自然科学史研究》1997 年第 1 期。

［6］赵芝荃：《二里头遗址与偃师商城》，《考古与文物》1989 年第 2 期。二里头出土的青铜器有：兵器：戚、戈、镞，生产工具：锛、凿、刀、锥、鱼钩和纺轮等，酒器：爵、斝、盉，乐器有铃。

［7］李维明：《关于夏商分界的标准及其他》，《中国文物报》2000 年 3 月 29 日第 3 版。李维明说二里头铜器估计不少于 175 件，计 25 种，具体情况未曾详述，估计包括部分未发表者。据梁宏刚等统计，今见于公开发表的二里头铜器有 117 件，约 26 种（见文献［19］）。

［8］中国科学院考古研究所洛阳发掘队：《河南偃师二里头遗址发掘简报》，《考古》1965 年第 5 期。铜器有鱼钩、镞、刀、锥、铜条、铃各 1 件。此外还有坩埚残片、铜渣、陶范。多属二里头晚期。

［9］中国科学院考古研究所二里头工作队：《河南偃师二里头早商宫殿遗址发掘简报》，《考古》1974 年第 4 期。属二里头三期。出土的铜器有：凿 1 件、锥 1 件、刀 2 件、镞 1 件、鱼钩 1 件。

［10］中国科学院考古研究所二里头工作队：《河南偃师二里头遗址三、八区发掘简报》，《考古》1975 年第 5 期。出土铜锛 1 件、铜爵 1 件和采集铜凿 1 件。二里头三期。

［11］中国科学院考古研究所二里头工作队：《偃师二里头遗址新发现的铜器和玉器》，《考古》1976 年第 4 期。属二里头三期。1975 年发掘，出土的铜器有：戚 1 件、戈 1 件、爵 1 件、泡形器 1 件、镶嵌圆形饰器 1 件。此“戚”为长条形，长 23.5 厘米、宽 3.1 厘米，器身无孔，后正名为钺。

［12］中国社会科学院考古研究所二里头（工作）队：《1980 年秋河南偃师二里头遗址发掘简报》，《考古》1983 年第 3 期。属二里头三期。铜器均出自墓 M2，有爵 2 件、刀 2 件。

［13］中国社会科学院考古研究所二里头（工作）队：《河南偃师二里头二号宫殿遗址》，《考古》1983 年第 3 期。属二里头三期。出土有铜镞、镂空铜器等。

[14] 中国社会科学院考古研究所二里头工作队：《1981年河南偃师二里头墓葬发掘简报》，《考古》1984年第1期。二期偏晚。出土的铜器有：铃1件、兽面铜饰牌1件。中国社会科学院考古研究所二里头工作队：《1982年秋偃师二里头遗址九区发掘简报》，《考古》1985年第12期。出土有铜铃1件等，属二里头二期。

[15] 中国社会科学院考古研究所二里头工作队：《1984年秋河南偃师二里头遗址发现的几座墓葬》，《考古》1986年第4期。二里头四期。所出铜器有：爵3件、兽面铜饰牌1件、铃1件、斝1件。

[16] 中国社会科学院考古研究所二里头工作队：《河南偃师二里头遗址发现新的铜器》，《考古》1991年第12期。皆为二里头四期。所出铜器有：鼎1件、觚1件、斝1件。

[17] 中国社会科学院考古研究所二里头工作队：《1987年偃师二里头遗址墓葬发掘简报》，《考古》1992年第4期。属二里头四期。铜器皆出自墓M57，有：爵1件、铃1件、刀1件、铜饰牌1件。又，《河南偃师二里头遗址发现一件青铜钺》，《考古》2002年第11期。2000年出土，器残长13.5厘米，宽6.1厘米，刃宽7.6厘米，厚0.5厘米，肩部最厚处0.6厘米。实用器。

[18] 中国社会科学院考古研究所：《偃师二里头（1959～1978年考古发掘报告)》，中国大百科全书出版社，1999年。从1959～1978年，二里头各期文化层和墓葬所出冶铸遗物有：一期，铜刀2件，渣铜1件。二期，铜刀3件（立刀2件、横刀1件)、铜锥1件、铜铃1件、范缝扉边铜块1件、坩埚碎片9件、陶范2件。三期，刀13件、戈2件、钺1件、锛2件、凿2件、镞7件、锥1件、锯1件、鱼钩2件、纺轮1件、爵4件、镶嵌绿松石圆形器1件、泡形器1件、圆形器2件，计40件，此外还有一些不成型铜块、铜片等。四期，刀14件、镞8件、凿5件、锥3件、鱼钩1件、铜爵2件、铜斝1件、圆形铜片1件、铜片1件、细铜条1件、浇道铜3件、方柱形铜条1件、残铜块1件，计约42件，此外还有铜渣1件、陶范20余件和部分坩埚残片。

[19] 梁宏刚等：《二里头遗址出土铜器研究综述》，《中原文物》2004年第1期。

[20] 李京华：《河南冶金考古的发现与研究》，《中原古代冶金技术研究》，中州古籍出版社，1994年。

[21] 中国社会科学院考古研究所等：《夏县东下冯》第252页，文物出版社，1988年。

[22] 中国历史博物馆考古部等：《垣曲商城》，科学出版社，1996年。

[23] 河南省文物研究所等：《登封王城岗与阳城》，文物出版社，1992年。

[24] 中国社会科学院考古研究所：《洛阳发掘报告》，北京燕山出版社，1989年。

[25]（中国科学院）考古研究所洛阳发掘队：《1958年洛阳东干沟遗址发掘简报》，《考古》1959年第10期。

[26] 北京大学考古文博学院：《河南新密曲梁遗址1988年春发掘报告》，《考古学报》2003年第1期。属二里头文化三期。

［27］山东大学历史系考古专业教研室：《泗水尹家城》，文物出版社，1990年。

［28］孙淑云：《山东泗水县尹家城遗址出土岳石文化铜器鉴定报告》，北京科技大学《中国冶金史论文集》（二），《北京科技大学学报》增刊，1994年。严文明：《论中国的铜石并用时代》，《史前研究》1984年第1期。

［29］李步青等：《山东黄县出土一件青铜甗》，《考古》1989年第3期。山东大学考古系：《山东长清县仙人台遗址发掘简报》，《考古》1998年第9期。

［30］张学正等：《甘肃发现的早期金属器物的研究》，中国冶金史第一届国际学术讨论会论文，北京，1981年。

［31］甘肃省文物考古研究所等：《甘肃民乐县东灰山遗址发掘纪要》，《考古》1995年第12期。许永杰：《民乐县东灰山火烧沟四坝文化遗址》，《中国考古学年鉴（1988年）》，文物出版社，1989年。

［32］甘肃省文物考古研究所等：《民乐东灰山考古——四坝文化墓地的揭示与研究》，科学出版社，1998年。

［33］李水城等：《酒泉县丰乐乡干骨崖遗址》，《中国考古学年鉴（1987年）》，文物出版社，1988年。铜器出土情况详见［34］。

［34］孙淑云等：《甘肃早期铜器的发现与冶炼、制造技术的研究》，《文物》1997年第7期。

［35］许玉林：《辽宁商周时期的青铜文化》，《考古学文化论集》第3辑，文物出版社，1993年。

［36］天津市文物管理处：《天津蓟县张家园遗址试掘简报》，《文物资料丛刊》（1），文物出版社，1977年。

［37］内蒙古自治区文物工作队：《内蒙古宁城县小榆树林子遗址试掘报告》，《考古》1965年第12期。铜刀1件，长6.7厘米。

［38］天津市文化局考古发掘队：《河北大厂回族自治县大坨头遗址试掘简报》，《考古》1966年第1期。铜镞1件。

［39］苏赫：《从昭盟发现的大型青铜器试论北方的早期青铜文明》，《内蒙古文物考古》第2期，1982年。经树轮校正为公元前1695年。

［40］北京市文物研究所：《北京考古四十年》第23页、第31页，北京燕山出版社，1990年。雪山二期文化具有龙山文化特征，三期属夏家店下层文化。

［41］高美璇：《兴城县仙灵寺夏家店下层文化遗址》，《中国考古学年鉴（1985年）》，文物出版社，1985年。

［42］中国社会科学院考古研究所：《大甸子——夏家店下层文化遗址与墓地发掘报告》，科学出版社，1996年。

［43］内蒙古自治区文物考古研究所等编《朱开沟——青铜时代早期遗址发掘报告》，文物出版社，2000年。分析报告见其中所载李秀辉等：《朱开沟遗址出土铜器的金相学研究》。书中第4页说出土铜器50多件，第423页列出了43件的器号。各段铜器出土数量参考李文。关于朱开沟文化第五段的年代，发掘报告定之为二里岗文化，并认为以二里岗上层文化遗存为主。李秀辉等文定之为商代早期。本

书定之为商代早、中期。

[44] 荆州地区博物馆等：《湖北江陵荆南寺遗址第一、二次发掘简报》，《考古》1989 年第 8 期。

[45] 陈祖光：《新疆金属器时代》，《新疆文物》1995 年第 1 期，张川译。龚国强：《新疆地区早期青铜器略论》，《考古》1997 年第 9 期。新疆文物事业管理局、新疆文物考古研究所：《新疆维吾尔自治区文物考古五十年》，《新中国考古五十年》，文物出版社，1999 年。

[46]《西藏高原考古重大进展——拉萨曲贡遗址出土早期青铜器》，《中国文物报》1992 年 1 月 26 日。《新中国考古五十年》第 418 页“新中国成立以来西藏自治区考古工作成果”，文物出版社，1999 年。

[47] 陈庄青铜器见郑州市博物馆：《郑州市陈庄遗址发掘简报》，《中原文物》1986 年第 2 期。黄县青铜器见李步青等：《山东黄县出土一件青铜甗》，《考古》1989 年第 3 期；作者认为，此青铜甗的年代当在公元前 1800 ~ 前 1600 年之间。

[48] 安志敏：《一九五二年秋郑州二里岗发掘记》，《考古学报》第八册，1954 年。

[49] 河南省文化局文物工作队：《郑州二里岗》，科学出版社，1959 年。

[50] 河南省文物考古研究所：《郑州商城》，文物出版社，2001 年。

[51] 湖北省博物馆等单位盘龙城发掘队：《盘龙城一九七四年度田野考古纪要》；江鸿：《盘龙城与商朝的南土》，皆载《文物》1976 年第 2 期。

[52] 江西省博物馆等：《江西清江吴城商代遗址发掘简报》，《文物》1975 年第 7 期。

[53] 高至喜等：《湖南商周考古的新发现》，《光明日报》1979 年 1 月 24 日；并见《文物考古工作十年》第 208 ~209 页，文物出版社，1990 年。

[54] 河北省博物馆等：《河北藁城台西村的商代遗址》，《考古》1973 年第 5 期。河北省文物管理处台西考古队：《河北藁城台西村商代遗址发掘简报》，《文物》1979 年第 6 期。

[55] 北京市文物管理处：《北京市平谷县刘家河发现商代墓葬》，《文物》1977 年第 11 期。按：也有学者认为平谷刘家河应属殷墟早期。

[56] 湖北省博物馆：《盘龙城商代二里岗期的青铜器》，《文物》1976 年第 2 期。

[57] 湖北省文物考古研究所：《盘龙城（一九六三 ~ 一九九四年考古发掘报告）》第 511 ~512 页、第 448 页，文物出版社，2001 年。

[58] 河南省文化局文物工作队第一队：《郑州商代遗址的发掘》，《考古学报》1957 年第 1 期。

[59] 裴明相：《郑州商代二里岗期青铜容器概述》，《中国考古学会第四次年会论文集》（1983 年），文物出版社，1985 年。

[60] 河南省博物馆：《郑州新出土的商代前期大铜鼎》，《文物》1975 年第 6 期。

[61] 河南省文物研究所等：《郑州新发现商代窖藏青铜器》，《文物》1983 年

第3期。

［62］河南省文物考古研究所等：《郑州商代铜器窖藏》，科学出版社，1999年。

［63］陈旭：《郑州小双桥商代遗址的年代和性质》，《中原文物》1995年第1期。作者认为，小双桥遗址的年代，既非二里岗时期，亦非商代晚期，而是相当于白家庄期，属商代中期，应是仲丁之隞都。

［64］随州市博物馆：《湖北随县发现商代青铜器》，《文物》1981年第8期。

［65］安徽省文物考古研究所：《安徽含山大城墩遗址发掘报告》，《考古学集刊》（6），1988年。

［66］张敬国：《含山大城墩遗址第四次发掘的主要收获》，《文物研究》总第四期，黄山书社，1988年。按：此文说该遗址第二期出土1件铜刀，属于龙山文化。今依文献［65］断代为二里岗上层。

［67］宜昌地区博物馆：《馆藏铜器介绍》，《江汉考古》1986年第2期。

［68］徐基：《夏时期岳石文化的铜器补遗——东夷式青铜重器之推考》，《中原文物》2007年第5期。本文说出有岳石文化铜器的地方有8处，计约23件：（1）尹家城16件，即镞1件、刀3件、雕刀2件、锥2件、臂钏1件、铜条铜片铜块计7件。（2）清凉山，镞1件。（3）鹿台岗，刀1件。（4）城子崖，刀1件。（5）照格庄，锥1件。（6）滕花落，削1件。（7）郝家庄，容器一件，器形不明。（8）姑子坪，凿（1件?）。

第二节　冶炼技术的初步发展

［1］江西省文物局：《瑞昌铜岭矿冶遗址发掘获重大成果》，《中国文物报》1992年1月19日。江西省文物考古研究所铜岭遗址发掘队：《江西瑞昌铜岭商周遗址第一期发掘简报》，《江西文物》1990年第3期。

［2］辽宁省文物考古研究所：《辽宁近十年来文物考古工作新发现》，《文物考古工作十年》，文物出版社，1990年。

［3］李延祥等：《牛河梁冶铜炉残片研究》，《文物》1999年第12期。

［4］周仁等：《我国黄河流域新石器时代制陶工艺的科学总结》，《考古学报》1960年第1期。

［5］河南省文化局文物工作队第一队：《郑州商代遗址的发掘》，《考古学报》1957年第1期。河南省文物考古研究所：《郑州商城》，文物出版社，2001年。

［6］李京华：《河南冶金考古的发现与研究》，《中原古代冶金技术研究》，中州古籍出版社，1994年。

［7］孙淑云等：《甘肃早期铜器的发现与冶炼、制造技术的研究》，《文物》1997年第7期。甘肃省文物考古研究所等：《民乐东灰山考古——四坝文化墓的揭示与研究》，科学出版社，1998年。

［8］甘肃省博物馆：《甘肃省文物考古工作三十年》（原文注［28］），《文物考古工作三十年》，文物出版社，1979年。

［9］张学正等：《甘肃发现的早期金属器物的研究》，国际冶金史学术讨论会

论文，北京，1981 年。

[10] 许永杰：《民乐东灰山火烧沟四坝文化遗址》，《中国考古学年鉴（1988 年）》，文物出版社，1989 年。

[11] 郑光言，见《中国文明起源座谈纪要》，《考古》1989 年第 12 期总第 1112 页。

[12] 严文明：《论中国的铜石并用时代》，《史前研究》1984 年第 1 期。

[13] 中国社会科学院考古研究所：《大甸子——夏家店下层文化遗址与墓地发掘报告》，科学出版社，1996 年。

[14] 北京市文物管理处：《北京市平谷县发现商代墓葬》，《文物》1977 年第 11 期。刘秀中：《平谷刘家河商墓出土的金器》，《中国文物报》1993 年 8 月 8 日。

[15] 河北省文物管理处台西考古队：《河北藁城台西村商代遗址发掘简报》，《文物》1979 年第 6 期。

[16] 河南省博物馆等：《郑州商代城遗址发掘报告》，《文物资料丛刊》（1），1977 年。

[17] 李敏生：《先秦用铅的历史概况》，《文物》1984 年第 10 期。此文说金属块（IVH76:48）是不成器的铅块。中国社会科学院考古研究所：《偃师二里头（1959～1978 年考古发掘报告）》第 240 页，中国大百科出版社，1999 年。此说金属块（IVH76:48）是锡片。但该书所附曲长芝等文《二里头遗址出土铜器 X 射线荧光分析》表明，金属块 IVH76:48 为铅片，并见本书表 2－3－1。

[18] 李京华：《河南冶金考古的发现与研究》，《中原古代冶金技术研究》，中州古籍出版社，1994 年。

[19] 陈振玉：《宜都县城背溪遗址》，《中国考古学年鉴（1984 年）》，文物出版社，1984 年。甘肃省博物馆文物工作队：《甘肃秦安大地湾第九区发掘简报》，《文物》1983 年第 11 期。马清林等：《甘肃秦安大地湾遗址出土彩陶（彩绘陶）颜料以及块状颜料分析研究》，《文物》2001 年第 8 期。

[20] 中国科学院考古研究所二里头工作队：《河南偃师二里头遗址三、八区发掘简报》，《考古》1975 年第 5 期，二里头三期。

[21] 中国社会科学院考古研究所二里头队：《1980 年秋河南偃师二里头遗址发掘简报》，《考古》1983 年第 3 期。

[22] 中国社会科学院考古研究所二里头工作队：《1984 年秋河南偃师二里头遗址发现的几座墓葬》，《考古》1986 年第 4 期。

[23] 中国社会科学院考古研究所二里头工作队：《1987 年偃师二里头遗址墓葬发掘简报》，《考古》1992 年第 4 期。

[24] 河南省博物馆等：《郑州商代城遗址发掘报告》，《文物资料丛刊》（1），1977 年。

[25] 河南省文物研究所：《郑州北二七路新发现三座商代墓》，《文物》1983 年第 3 期。

[26] 中国科学院考古研究所洛阳发掘队：《河南偃师二里头遗址发掘简报》，《考古》1965 年第 5 期。

［27］郭宝钧：《商周铜器群综合研究》第9页，文物出版社，1981年。

第三节　青铜合金技术的发明和初步发展

［1］中国科学院考古研究所二里头工作队：《河南偃师二里头遗址三、八区发掘简报》，《考古》1975年第5期。

［2］李仲达等：《商周青铜容器合金成分的科学考察——兼论“钟鼎之齐”的形成》，《西北大学学报》（自然科学版），1984年第2期。

［3］李敏生：《先秦用铅的历史概况》，《文物》1984年第10期。中国社会科学院考古研究所等：《夏县东下冯》第208～209页，文物出版社，1988年。

［4］金正耀：《二里头青铜器的自然科学研究与夏文明探索》，《文物》2000年第1期。

［5］孙淑云等：《中国早期铜器的初步研究》，《考古学报》1981年第3期。驻马店铜器见孙淑云：《河南驻马店杨庄出土二里头文化二期铜凿形器的检测》，载北京科技大学《中国冶金史论文集》（三·A），《北京科技大学学报》增刊，2002年4月。

［6］孙淑云：《山东泗水县尹家城遗址出土岳石文化铜器鉴定报告》，《中国冶金史论文集》（二），《北京科技大学学报》增刊，1994年。

［7］梁宏刚等：《二里头遗址出土青铜钺分析测试报告》，《考古》2002年第11期。

［8］曲长芝等：《二里头遗址出土铜器X射线荧光分析》，《偃师二里头（1959～1987年考古发掘报告）》，中国大百科全书出版社，1999年。

［9］张学正等：《甘肃发现的早期金属器物的研究》，中国冶金史国际学术讨论会论文，北京，1981年。

［10］甘肃省文物考古研究所等：《甘肃民乐县东灰山遗址发掘纪要》，《考古》1995年第12期。孙淑云：《东灰山遗址四坝文化铜器的鉴定及研究》，载甘肃省文物考古研究所等《民乐东灰山考古——四坝文化墓地的揭示与研究》，科学出版社，1998年。

［11］孙淑云等：《甘肃早期铜器的发现与冶炼、制造技术的研究》，《文物》1997年第7期。

［12］李水城等：《四坝文化铜器研究》，《文物》2000年第3期。

［13］李秀辉等：《朱开沟遗址出土铜器的金相学研究》，载内蒙古自治区文物考古研究所等：《朱开沟——青铜时代早期遗址发掘报告》，文物出版社，2000年。

［14］中国社会科学院考古研究所：《拉萨曲贡遗址出土早期青铜器》，《中国文物报》1992年1月26日。

［15］何堂坤：《盘龙城青铜器合金成分分析》，《盘龙城》，文物出版社，2001年。

［16］郝欣、孙淑云：《盘龙城商代青铜器的检验与初步研究》，《盘龙城》，文物出版社，2001年。

［17］湖北省博物馆：《盘龙城商代二里岗期的青铜器》，《文物》1976年第2

期。

［18］河南省文物研究所等：《郑州新发现商代窖藏铜器》，《文物》1983年第3期。

［19］杨根等：《司母戊大鼎的合金成分及其铸造技术的初步研究》，《文物》1959年第12期。

［20］北京钢铁学院《中国冶金简史》编写小组：《中国冶金简史》第24页，科学出版社，1978年。

［21］北京市文物管理处：《北京平谷发现商代墓葬》，《文物》1977年第11期。也有学者认为，平谷刘家河墓葬的年代应与殷墟早期相当。

［22］孙淑云等：《火烧沟四坝文化铜器成分分析及制作技术的研究》，《文物》2003年第8期。

［23］李延祥等：《大甸子墓地出土铜器初步研究》，《文物》2003年第7期。

［24］孙淑云：《郑州南顺城街商代窖藏青铜器金相分析及成分分析测试报告》，《郑州商城窖藏铜器》，科学出版社，1998年。

第四节　加工技术的初步发展

［1］孙淑云：《山东泗水县尹家城遗址出土岳石文化铜器鉴定报告》，《中国冶金史论文集》（二），《北京科技大学学报》增刊，1994年。

［2］甘肃省文物考古研究所等：《甘肃民乐县东灰山遗址发掘纪要》，《考古》1995年第12期。

［3］张学正等：《甘肃发现的早期金属器物的研究》，国际冶金史学术讨论会论文，北京，1981年。孙淑云等：《中国早期铜器的初步研究》，《考古学报》1981年第3期。

［4］孙淑云等：《火烧沟四坝文化铜器成分分析及制作技术的研究》，《文物》2003年第8期。

［5］孙淑云等：《甘肃早期铜器的发现与冶炼、制造技术的研究》，《文物》1997年第7期。

［6］李秀辉等：《朱开沟遗址出土铜器的金相学研究》，载内蒙古自治区文物考古研究所等编《朱开沟——青铜时代早期遗址发掘报告》，文物出版社，2000年。

［7］李延祥等：《大甸子墓地出土铜器初步研究》，《文物》2003年第7期。

［8］赵芝荃：《二里头遗址与偃师商城》，《考古与文物》1989年第2期。

［9］中国社会科学院考古研究所等：《夏县东下冯》，文物出版社，1988年。

［10］辽宁省博物馆等：《内蒙古赤峰县四分地东山咀遗址试掘简报》，《考古》1983年第5期。

［11］安志敏：《唐山石棺墓及其有关遗物》，《考古学报》第七册，1954年。

［12］甘肃省博物馆：《甘肃省文物考古工作三十年》，《文物考古工作三十年》，文物出版社，1979年。

［13］李京华：《河南冶金考古的发现与研究》，《中原古代冶金技术研究》，中

州古籍出版社，1994 年。

［14］江西省博物馆等：《江西清江吴城商代遗址第四次发掘的主要收获》，《文物资料丛刊》（2），文物出版社，1978 年。吴城文化分为三期，一期约与二里岗上层相当，二期相当于殷墟早中期，三期相当于商末周初。

［15］1996 年 9 月，承湖北省博物馆帮助，我等参观了部分盘龙城的考古实物。并见河南省文物考古研究所《郑州商城》第 383 页（文物出版社，2001 年）。

［16］河南省文化局文物工作队第一队：《郑州商代遗址的发掘》，《考古学报》1957 年第 1 期。河南省文物考古研究所：《郑州商城》，文物出版社，2001 年。

［17］河南省文物研究所：《河南考古四十年（1952～1992 年）》第 192 页，河南人民出版社，1994 年。

［18］李京华：《郑州食品厂商代窖藏大方鼎“拼铸”技术初探》，又《郑州南顺城街商代窖藏大方鼎“拼铸”技术再探》，皆见李京华《中原古代冶金技术研究》（第二集），中州古籍出版社，2003 年。

［19］河南省文物研究所等：《郑州新发现商代窖藏铜器》，《文物》1983 年第 3 期。

［20］胡家喜等：《盘龙城遗址青铜器铸造工艺探讨》，《盘龙城》，文物出版社，2001 年。

［21］中国科学院考古研究所二里头工作队：《偃师二里头遗址新发现的铜器和玉器》，《考古》1976 年第 4 期。

［22］中国社会科学院考古研究所：《偃师二里头（1959～1978 年考古发掘报告）》第 255 页，中国大百科全书出版社，1999 年。

［23］中国社会科学院考古研究所二里头队：《1980 年秋河南偃师二里头遗址发掘简报》，《考古》1983 年第 3 期第 201 页。

［24］中国社会科学院考古研究所二里头工作队：《1981 年河南偃师二里头墓葬发掘简报》，《考古》1984 年第 1 期。

［25］中国社会科学院考古研究所二里头工作队：《1984 年秋河南偃师二里头遗址发现的几座墓葬》，《考古》1986 年第 4 期。

［26］中国社会科学院考古研究所二里头工作队：《1987 年偃师二里头遗址墓葬发掘简报》，《考古》1992 年第 4 期。

［27］张天恩：《天水出土的兽面铜牌饰及有关问题》，《中原文物》2002 年第 1 期。

［28］四川省文物考古研究所三星堆工作站等：《三星堆遗址真武仓包包祭祀坑调查简报》，《四川考古报告集》，文物出版社，1998 年。

［29］敖天照等：《四川广汉县出土商代玉器》，《文物》1980 年第 9 期。

［30］李学勤：《论二里头文化的饕餮纹铜饰》，《中国文物报》1991 年 10 月 20 日。

［31］朱仁星：《遗珍掠影》，《故宫文物月刊》第 113 期。

［32］李学勤：《从一件新材料看广汉铜牌饰》，《中国文物报》1997 年 11 月

30 日。

[33] 李学勤、艾兰：《欧洲所藏中国青铜器遗珠》，文物出版社，1995 年。

[34] 何堂坤：《我国古代金属锋刃复合材料的技术》，《五金科技》1983 年第 6 期。

[35] 河北省博物馆等：《藁城台西商代遗址》，文物出版社，1977 年。

[36] 河北省博物馆等：《河北藁城台西村的商代遗址》，《考古》1973 年第 5 期。

[37] 北京市文物管理处：《北京市平谷县发现商代墓葬》，《文物》1977 年第 11 期。

[38] 李众：《关于藁城商代铜钺铁刃的分析》，《考古学报》1976 年第 2 期。

[39] 详见文献 [36]，唐云明等文，附冶金部钢铁研究总院试验报告，夏鼐读后记。

[40] 谭德睿：《中国青铜时代陶范铸造技术研究》，《考古学报》1999 年第 2 期。

第三章

殷商至东周青铜技术的高度发展和冶铁技术的兴起

由文献记载看，夏族、商族、周族大约都是原始社会末期便已形成了的古老部落，并很早就发生过各种各样的联系。《史记》载，禹之父名鲧，曾为帝尧治水，之后，禹又为帝舜治水。传说商的始祖名契，“契长而佐禹治水有功”。周的始祖名弃，好耕农，尧“举弃为农师”。夏族大约主要活动于今山西省南部、河南省西部一带；商族早期大约主要活动于今河北省南部、河南省北部、山东省西南部一带；周人则主要生活于黄土高原。有学者认为，在夏代之前，我国就出现过一些准国家的部落联盟。一部落建国后，他部落则处于从属的地位[1]。

“殷”在今河南安阳，与殷商相应的考古文化即是安阳殷墟时期，其年代恰好晚于二里岗时期。盘庚迁殷后，“行汤之政”，使商王朝得到了较好的发展；商的亡国之君是纣，商纣无道，为周所灭。经“夏周断代工程”核定，商传31帝，由公元前1600～前1046年。盘庚迁殷之后一个时期，史称商代后期或殷商时期，包括盘庚在内，历12帝。

周的开国之君是周武王，定都镐京（今西安），史称西周。公元前771年，犬戎入侵，攻破镐京，周幽王被杀；次年，周平王在申（今南阳北）即位，后迁都至洛邑（今洛阳），公元前256年，为秦所灭，史称东周。春秋战国的年代与东周相近。

殷商时期，我国古代青铜技术发展到了较为成熟的阶段，南方和北方都出现了一些规模宏大的冶铸作坊；青铜器在社会生产和社会生活的一切重要部门都占据了主导地位；锡成了青铜的主要合金元素，锡青铜和铅锡青铜在铜合金中占据了绝对的优势，这是我国青铜时代进入成熟阶段的主要标志；纯铅器明显增加，商末周初，还出现了一些纯锡器，说明铅、锡冶炼技术有了进一步提高。两周时期，这些成就进一步推广开来，并使用了硫化矿炼铜。春秋战国是我国古代金属技术大变革的时代，青铜冶炼技术更为娴熟，构筑了一些较为高大的炼铜高炉；青铜合金技术更加成熟，并总结出了世界上最早的合金规律——“六齐”规律；多项金属加工工艺，如锻打、冲压、镶嵌、镌刻、焊接、铆接、金属复合材料技术、青铜退火和淬火技术都获得了较高成就；镀金镀银、镀铅镀锡技术都有了较大的发展，发明了硫化处理技术；边境各地区各民族，如滇池地区、巴蜀地区、吴越地区、延庆地区、辽西地区等的青铜技术都有了不同的进步。另一方面则是铁器作为一种新生产力的标志登上了历史舞台；铸制铁器逐渐在中原文化的农业和手工业生产中占据了主导的地位，发明了铸铁可锻化退火技术。由殷商到春秋，应是我国古代青铜技术的成熟期、全盛期，战国应是我国青铜时代的终了期，也是我国铁器时代的开始。

在此有一点需要说明的是，不管商之代夏，还是周之代商，都是在华夏民族之内，一个部族取代了另一个部族的统治地位，所以有时会看到前后并非十分衔接的现象，这在西周初年表现得最为明显。从许多考古实物看，西周初年的合金技术、铸造技术都较商代晚期逊色；西周中晚期虽有一些发展，但并无太多建树；周代青铜技术的真正发展，是东周之后才出现的。

第一节 青铜器使用的基本情况

一、殷商时期

这是我国古代青铜技术相当发展的阶段，此时青铜器数量之多、种类之众、体形之大、工艺之精到、花纹之繁褥、分布地域之广，都是前所未有、举世罕见的，其中发展得最为充分的是礼器和兵器。

1. 数量大、种类多。

如1976年，安阳殷墟妇好墓出土各类器物1928件，其中铜器468件（此外还有小铜泡一组109件），种类有：（1）礼器210件，其中有烹饪器，包括鼎、甗、汽柱甑3种；有食器，唯簋1种；有酒器，包括偶方彝、尊、觥、壶、瓿、卣、罍、缶、斝、盉、觯、觚、爵等15种；有水器，包括盂、盘、罐；此外还有不明用途的方形高足器和箕形器各1件。（2）武器3种152件，包括钺4件、戈91件、镞57件；此外还有镈形器（1件）和弓形器（6件）等。（3）乐器，仅编铙一套5件。（4）生产工具4种41件，包括锛9件、凿2件、刀23件、铲7件。（5）生活用具有匕、镜两种5件。（6）马具、杂器、艺术品若干。这不但数量大、品种全，而且形式多样，不少器物都是前所未见的珍品。这是一座殷王室大墓，有学者认为，墓主人“妇好”是商王武丁的配偶，属殷墟二期，约相当于公元前13世纪末至12世纪前期[2]。见于其他遗址和墓葬的商代晚期青铜酒器还有牺尊、勺、枓等；兵器还有剑、盔等；生产工具还有斧、针、锥、锤、雕刀、钻、锯、削刀、镢、鱼钩、耜、犁、臿、铚、镰、锄、耒等；车具有车軎等。可见种类之众。乐器中的编铙，生产工具中的铲、耜、犁等等，都是前所未见的。剑亦有了增加。其中尤其值得注意的是青铜农具，仅江西新干大洋洲商代大墓便出土了20多件，种类有犁（2件）、臿（2件）、耒（1件）、耜（1件）、铲（12件）、镰（5件）、铚（1件）、镢（1件）等[3]，可见殷商青铜农具的使用量已不算少。在江西铜岭、湖北铜绿山都出土过用于采掘的青铜工具，前者有铜锛、铜凿；后者有铜锛、铜斤等。作为主要耕作具的铜犁，除大洋洲外，往日在陕豫间和济南也有出土[4]。

殷墟中小型墓也有不少铜器出土。如1969～1977年，殷墟清理了939座中小型墓葬和5座车马坑，出土近1700件金属器物，其中有青铜质的礼器、兵刃器、手工业工具、车马器、响器，以及多种铅器、金叶等[5]。

2. 体形宏大，花纹繁褥，有的还有长篇纪事铭文。

1939年，安阳殷墟出土一件铭作“司母戊”的大型方鼎，系烹饪器，通高

133 厘米，口径 110 厘米 ×79 厘米，底径 100 厘米 ×72 厘米，壁厚 4 厘米，重 875 公斤①，口沿下饰有浮雕式饕餮纹，耳部饰有虎噬人首纹，腹壁内铸有“司母戊”铭文。宏大端庄，气势磅礴。

1976 年，妇好墓出土一对铭作“司母辛”的大方鼎，其中一件高 80.1 厘米，口径 64 厘米 ×48 厘米，重 128 公斤；一件高 80 厘米，口径 64 厘米 ×47.6 厘米，重 117.5 公斤。器身四面及四角处均饰饕餮纹、雷纹地，腹部四面、左右侧和下侧分别饰乳纹，足部饰饕餮纹。

1938 年湖南宁乡黄材出土一件四羊方尊，系酒器，高 58.3 厘米，口部每边长 52.4 厘米，重 34.5 公斤。周身满铸精细的花纹，颈部饰蕉叶纹、夔纹、兽面纹，肩部四龙盘缠，四角各为一只卷角大羊，羊背及胸部饰鳞纹，前腿为一鸟，圈足饰夔纹，全尊上下以细雷纹为地。造型巧妙，工艺精湛，其把器型与动物形态结合起来，显示了高超的设计和铸造技术水平。

殷墟一期青铜器有铭文的极少，二期普遍出现简单的铭文，三期则出现了长篇的纪事式铭文和类于“子子孙孙永宝用”一类祈祷用语。在妇好墓出土的 210 件礼器中，190 件铸有铭文。

3. 分布地域更广。

不仅黄河流域，而且长江中下游的湖南、江西、四川，甚至广西都出土过不少殷商青铜器。在商代中期，长江中游的青铜器仅见于洞庭湖之北；到商代晚期时，洞庭湖之南的宁乡、醴陵，及至衡阳一带都出土了图纹精致的铜器[6]。江西吴城铸铜遗址的主要部分应属殷墟时期。江西新干发现的 480 多件青铜器，其主要部分应属商代中晚期，其中一件铜甗高 105 厘米，一件方鼎高 97 厘米，一件钺长 35.2 厘米、刃宽 34.8 厘米[3]。1986 年，四川三星堆发掘了一处与商代晚期相当的巴蜀文化遗址，出土青铜器 439 件，尤以造型各异的大批青铜立人像、人头像、人面像、兽面像、铜树最引人注目，其中一具站立的大型铜质人像高达 260 厘米，一件八鸟四牛尊通高 53 厘米[7]。1974 年广西武鸣出土过一件商代晚期的铜卣和一件铜戈[8]。

二、西周时期

周原本是臣属于商的一个部族或邦国，武王灭商前，其青铜技术的发展水平是较低的，先周时期的青铜器出土量为数较少，技术上非但不能与殷墟时期相比，甚至都不能与二里岗 - 盘龙城时期相比。康王之后，西周青铜技术有了一定的发展，开始显示了自己的独特风格，数量、品种、地域上都有新的扩展，但依然没有太多的建树。与商代相比较，西周青铜技术中比较值得注意的是如下几点：

1. 品种上有了增加。在新增加的品种中，值得一提的是戟和阳燧。戟，原是戈和矛的复合体，兼具了勾和刺两种功能。河北藁城台西村商墓 M17 曾出土过一种将戈和矛两种兵器通过木柄或捆绑联成的组合兵器[9]，它应是戟的雏形；将戈和

① 近年有人又对司母戊大鼎外部尺寸和重量作了新的检测，为通高 133 厘米，口部长边 110 厘米、宽边分别为 76.5 厘米和 78 厘米，中国计量科学院最近得出它的称量数为 832.84 公斤（宋淑悌：《司母戊鼎的 X 光检测及其铸造工艺》，《东南文化》1998 年第 3 期）。

矛铸在一起的青铜戟是到了西周早期才看到的。1963年，陕西岐山贺家村发掘54座中小型周墓，其中的墓M31出土青铜戟1件，年代不晚于成王时期[10]；20世纪六七十年代时，洛阳北窑发掘清理了116座西周早期墓，出土戟10件[11]；此外在洛阳庞家沟、甘肃灵台白草坡、宝鸡峪泉、北京昌平白浮等西周早期墓都有青铜戟出土，形制皆已成熟。从大量的考古发掘看，许多古代兵刃器都可在石兵器中找到它的雏形，唯戟与复合剑例外，它们都是在青铜技术高度发展之后才出现的，它是人类智力和技术发展的一种反映。

阳燧，即取火之器。《淮南子·天文训》："阳燧见日则燃而为火，方诸见月则津而为水。"《礼记·内则》：子事父母，"左佩纷帨、刀、砺、小觿、金燧；右佩玦、捍管、遰、大觿、木燧"。此阳燧，即取火于太阳者，又谓之金燧，其实就是一种凹面镜。木燧，取火于木者。今在考古发掘中所见年代最早的阳燧属西周时期，至少已有5件：如1975年北京昌平白浮村西周木椁墓出土2件，其中一件的直径为9.9厘米，素，半环钮[12]；正面大部分地方为灰绿色的锈块覆盖，无锈处呈红黄色，并显得较为光洁；经测量，曲率半径30.8厘米[13]，断代为西周早期。1995年周原墓葬出土1件，直径9.05厘米，缘厚2～2.8毫米，曲率半径20.75厘米，焦距10.375厘米；表面锈蚀较剧，但正面尚存一些黑亮部分，断代为西周中期偏早[14][15]。1972年陕西扶风王太川村出土1件，直径8厘米，断代为西周中晚期[16]。

2. 地域上进一步扩展到了广东[17]、福建[18]等地。四川青铜技术又有了扩展。广东所见西周青铜器主要有信宜县松香厂出土的铜盉，曲江、佛岗发现的西周铜铙等。佛岗铜铙高40.8厘米，重18公斤，属西周早期。1959年和1980年，四川彭县竹瓦街先后两次发现大型西周青铜器窖藏，若说三星堆青铜器属巴蜀文化的话，彭县青铜器便都带有了明显的中原文化特征。在1973年辽宁省喀左县所出土的商周青铜器中，有一件涡纹罍，其大小、形制、纹饰都与四川彭县竹瓦街铜罍基本相同，这充分显示了中原文化在广大地域内的一致性和密切联系[19]。

3. 与商代同样，礼器占有十分重要的地位，但商代礼器是重酒器的，西周却重食器。重食的礼器体制至迟形成于西周中期，此时，有的墓葬（遗址）酒器数量逐渐减少，有的则改变了形式，有的则逐渐消失。觚在西周中期之后已经很少见到，觯转变成了饮壶一类器形，觥的兽类造型基本上已经退化，卣和尊的形式也已退化和减少。食器则处于方兴未艾的发展阶段。鼎的式样颇多，造型简洁，偏重于实用。列鼎制度、编钟制度此时也已完成。

4. 西周青铜器中出现了较多的长篇纪事铭文，其中记载了许多重要的历史资料，而商代末年，这种长篇纪事铭文还是较少的。如1972～1973年，甘肃灵台白草坡发掘2座西周墓，其1号墓出土青铜礼器23件，包括方鼎、鼎、甗、簋、尊、爵、角、斝、盉、卣、斗等，无觚，有铭文者凡13件；2号墓出土青铜礼器11件，亦无觚，有铭文者10件[20]。1976年，扶风庄白发现一座青铜器窖，出土铜器103件，其中74件有铭文[21]。1976年，陕西临潼出土一件利簋，其上记述了武王伐纣之事，说甲子日早晨夺鼎获胜，推翻了殷朝；与《尚书·牧誓》的记载正好相符。贵族利是牧野之战的参与者，受赐作器[22]。直至西周后期，铸作铭文的习惯依然有增无减。

三、春秋战国时期

这是我国由青铜时代向铁器时代过渡的阶段。春秋时期，中原文化区铁器使用量还是很少的，战国中期之后便迅速发展起来。但整个青铜器技术，其中包括铸造技术、合金技术、加工和热处理、表面处理等技术，都较商、西周时期有了较大的进步。在铜器使用上比较值得注意的是如下几点：

1. 由于礼乐崩溃，王室之器衰落，诸侯之器兴起。列国诸侯为提高自己的地位，并显示自己的身份，都铸造起钟鼎之器来，以铺陈宗庙和家室。大约春秋中期，列国青铜器就发展到了较为兴盛的阶段，一些地区性特点也明显地表现出来。河南淅川下寺春秋墓和河南郑韩故城、湖北随县等地的春秋战国遗址和墓葬，都出土过大量很有价值的青铜器物。如郑韩故城到 1998 年 1 月为止，先后出土的青铜礼器已达 142 件，编钟 24 套 192 件，计 334 件之众[23]。

2. 青铜器形制打破了商、西周时期的呆板、厚重、千篇一律的局面，而代之以轻便的造型，器类也有了增加。由于经济发展，战争频繁，铸钱业、铸镜业、铜剑等兵器制造业就成了青铜生产的重要部门。南方的吴越一带，青铜农具得到了较大的推广和发展。据 1987 年的一个统计资料，见于考古发掘和各博物馆收藏的镰、铲、锄、镢四种农具，夏及其之前的为 12 件，商代的 166 件，西周的 389 件，东周的 1058 件[24]。1975 年，苏州城南出土锯镰 4 件、铜铚 2 件、铜臿 1 件、铜凹口锄 4 件。1977 年，苏州城东北角一次就出土铜锄 12 件、铜臿 5 件、铜镰 6 件、铜耨 1 件，此外还有铜斤 6 件等[25]。安徽涡阳县还出土过一大批战国青铜农具残段[26]。虽然商至西周我国农具基本上还是以石器为主，但东周之后就发生了变化，至少吴越一带，青铜农器已得到了较大的发展。《考工记》云：“粤之无镈也，非无镈也，夫人而能为镈也。”说越地几乎人人皆能为镈，其生产量和使用量都是较大的。文献记载和考古实物适是相符。关于我国古代使用青铜农具的问题，学术界曾有过一些不同看法。1960 年，唐兰曾对有关文献进行了大量的研究，并得出了“商周时代曾经普遍地使用过青铜农器”的结论[27]，如今看来，这大体上是对的，尤其在南方。

3. 春秋时期，中原形制的青铜器在我国南北各地都有增加；战国中期，铁器便开始在农业和手工业生产中占据了主导地位。

第二节　大型矿冶场的出现和冶铜技术的多项成就

一、大型矿冶场的出现

我国冶铜术虽然发明较早，但大体上是在二里岗时期才获得较大发展的，所以与二里头文化年代相当或之前的大型矿冶遗址一处也不曾看到，与二里岗时期年代相当的大型矿冶遗址也只有江西瑞昌一处（其年代上限可推至商代中期）；殷商之后，就出现了多处规模较大、技术较为先进的大型矿冶场。由殷商到战国，今见于考古发掘的主要有如下几处：

（1）瑞昌铜岭矿冶场。1988 ~ 1992 年发掘，古采区遗址面积约 70000 平方米，冶炼区散布面积约 170000 平方米。考古发掘揭示采矿区约 1800 平方米，其中有露天开采，也有地下开采。古采区遗物丰富，有露天采场、矿井、巷道、选矿场、炼炉、工棚等百余处，以及铜、石、竹、木、陶质的生产工具和生活用器数百件。在采区内，今已清理竖井103口，平巷19条。井巷大多采用木质支护结构，井壁贴有扁平木板或小木棍，井体采用榫卯式和内撑式方框支架组接，井深大都在8米以上。发现铜渣堆4处，现存炼区3处，均呈椭圆形分布。其中下戴村铜石坡炼区约为410米×220米，散布面积约90000平方米。古代炼渣堆积最厚处达4米，总量约达数十万吨。据^{14}C测定，遗址年代上限为商代中期，下限为春秋，及至战国早期[1][2]。

（2）湖北大冶铜绿山矿冶场。1973年开始发掘，遗址范围约1公里×2公里。古采矿场分露天开采和地下开采，有竖井、斜井、盲井和平巷，并出土了大量木质、石质、铜质、铁质的采矿、选矿等工具，初步解决了井下支护、通风、排水、提升、照明等一系列技术问题。冶炼场约有数十处，炉渣堆积厚者达4米。1976～1979年，铜绿山东北坡（今XI号矿体）春秋早期炼铜遗址内发掘了10座炼铜高炉，下部炉基、炉缸基本保存完好，上部多已坍塌。遗址中还出土了大量的炉壁残块、矿石、粗铜、木炭、耐火材料、炼渣、石砧、石球，以及一些残破了的铜器和陶器等。冶炼场大体皆建于采矿场附近，以炉就矿，以减少矿石运输。铜绿山古矿冶场的使用年代较长：目前经考古发掘了的采矿场有商代晚期、西周、春秋、战国至西汉的。今发掘的冶炼遗址主要有两处，一是XI号矿体冶炼址，计发掘10座炼炉，约为春秋早期，或说两周之际；二是柯锡太村冶炼遗址，计发掘2座炼铜高炉，皆残，约属战国晚期。其实，铜绿山矿冶场直到宋代还在使用。据估计，其前后约冶炼了8～10万吨铜[3][4][5]。

（3）皖南矿冶场。据1984～1986年的调查，在皖南的繁昌、南陵、铜陵、贵池、青阳等市县，计发现了60多处古代矿冶遗址，时代由西周到唐宋。其中又以南陵、铜陵交界地的工山、凤凰山、狮子山、铜官山等处最为集中。这些遗址基本上都是采、选、冶配套的，由采矿到粗铜坯，皆在一个较小的区域内完成。大凡冶炼遗址的周围都有采矿遗址。采矿方法有露采、坑采、先露采后坑采等。通常是山之高处为采矿场，低处为冶炼场。古冶炼场约近40处，每个场的面积一般为1～5万平方米，大的超过10万平方米。有的冶炼场相距很近，绵延数里。先秦冶炼场约有15处，其中又以南陵江木冲、冷水冲、铜陵木鱼山三处时代最早，上限可达西周晚期；三处之中，以江木冲规模最大，其炼渣分布范围达1.5平方公里。江木冲、冷水冲、木鱼山都出土过冰铜锭，这几处遗址的年代下限为战国时代。先秦炼渣估计在一二百万吨以上；遗址内还出土有不少红烧土和炼炉残壁[6][7][8]。

（4）内蒙林西大井矿冶场[9][10][11]。1976年发掘，遗址范围约2.5平方公里，这是一处集采、选、冶、铸为一体的联合工坊。地表可见古代采矿坑47处，采矿工具甚众。遗址随山势（约30度）形成8个阶梯平台，每个平台为一个工作区，每区面积约5平方米，但其炉、窑数不一。8个平台计有多孔式焙烧炉4座、圆形或马蹄形炼炉5座、火灶7座[12]，出土陶范7块，以及大量的炼渣。开采工具主要是石器，种类有石钎、石锤、石球等，已收集到1500多件，主要以花岗岩和玄武岩砾石制成；铜工具只见1把铜凿。沿矿脉走向作露天开采，开采深度一般为7～8米，最深达17米。据^{14}C测定，古矿冶遗址距今约2970±115年，从伴出物形制看，约属于夏家店上层文化，相当于春秋早期，上至西周晚期。

除了以上4处，还有一些，规模有大有小，如：

（1）麻阳矿冶遗址。1982年，考古工作者在湘西麻阳清理了13处战国铜矿井，其中1处为露天开采，其余为地下开采；其中一条老窿斜长140米，竖直深度达80米；出土有大量铁质和木质的采掘工具。据^{14}C测定，遗址距今约2730±90年[13]。人们认为，其附近不远处当有冶炼场。

（2）汀祖矿冶遗址。鄂城县（今称鄂州市）汀祖镇一带，发现有多处东周铜矿遗址，其南发现有冶炼遗址，出土有炼铜炉和薄砖状铜锭[14]。

（3）奴拉赛山区和圆头山谷矿冶遗址。皆位于新疆伊犁河流域的尼勒克县，早在20世纪50年代便已发现，1982～1983年又作了进一步调查和发掘。奴拉赛古矿冶场位于今新疆尼勒克县城南3公里，发现有古矿井、木支护、采矿用的石器、炼渣、冶炼产品等。表层矿脉为氧化带，地表5米以下为原生矿。原生矿以辉铜矿为主，且含斑铜矿、黄铜矿、黄铁矿等。一号矿脉地表部分铜的平均品位为5%，有的高达17%，掌子面采集的样品中，有的高达30%。今发现古矿井约10余处，皆沿矿脉分布，可惜的是皆已塌陷。在一号矿体下的15米处，发现一个古代采空区，深及30米，宽6米，长8米。采空区内残有木支护、石锤、炭块、骨片等。距竖井不远的沟谷内发现有冶炼遗址，在深为1.5～2.0米处，有厚达0.5～2.0米、长40～50米的炉渣堆积，渣堆内出土有木炭、矿石、石器、兽骨、冰铜等物。据古矿坑木标本的^{14}C年代测定，其距今约2440±175年，相当于春秋战国时期[15][16]。

另外，三星堆两个祭祀坑中都出土过青铜熔渣结核、泥芯（内范）和坩埚，因其青铜器数量较多、体形较大，故其采、冶、铸的规模应是不小的；唯有关遗址如今尚未看到，有待进一步发掘。

上述采、冶场中，保存较好的是铜绿山矿冶场，规模较大的要算皖南矿冶场。4处之中，3处位于江南，且相去不太远，采、冶技术都较先进，可知先秦时期的主要产铜基地在南方。

关于南方产铜，并向北方供铜的文字资料也多了起来。

首先是《禹贡》，书中谈到的产铜之所只有2处，即扬州和荆州，皆在南方。云：淮海唯扬州，“厥贡唯金三品”；又说荆及衡阳唯荆州，“厥贡羽毛齿革，唯金三品”，孔氏注：金三品，“金银铜也”。孔颖达疏引郑玄云：“金三品者，铜三色也。”扬州，北距淮东距海；荆州，北距荆山，南及衡山之阳[17]。荆山，在今湖北南漳。荆、扬二州大体相当于今长江中下游一带。关于《禹贡》一书的年代，司马迁原定为夏书；今人顾颉刚认为它成于战国时期；考古学家邵望平认为其中关于“九州”的分野适与龙山文化以来黄河、长江流域的人文区系相符，故该部分的蓝本应出现于公元前1000年以前，并不能排除该书出自商朝史官之手，或者商朝史官对夏史口碑的追记之可能性[18]。此说很有见地。从湖北、江西的商代铜器出土情况看，并依郑玄之说，便不能排除商代或稍早，南方便已向中原供铜的可能性。

西周昭王时期，楚国反叛，過伯随昭王伐楚。過伯簋铭："過白（伯）從王伐反荆，孚（俘）金。用乍（作）宗室宝尊彝。"西周宣王时期的《兮甲盘》铭："王令甲政（征）𤔲（治）成周四方責（積）至于南淮夷，淮夷旧我帛晦（贿）人，毋敢不出其帛、其責（積）、其进人。"这是西周时期向南方俘铜之证。

《诗·鲁颂·泮水》云："憬彼淮夷，来献其琛；元龟象齿，大赂南金。"此诗是歌颂鲁僖公（公元前659 ~ 前627年，有的文献又作"釐公"）修泮宫克淮夷的。可见淮夷所献珍宝除了"元龟象齿"，还有"南金"。郑笺云："南金"即《禹贡》所云"荆扬之州贡金三品"。这是春秋时期向南方索铜之证。

春秋时期的《曾伯霥簠》铭曰："克狄淮夷，印（抑）燮𨞰汤，金道锡行。"此"金道锡行"指淮夷以铜锡入贡或交换之路。《考工记》云："吴粤之金锡，此材之美者。"清吴昌莹《经词衍释》卷二："粤，亦作越。"吴粤即吴越。可见这些资料都说到了江南产铜，应是中原向南方索铜之证。

由殷商到战国，见于考古发掘的较为重要的铸铜遗址主要有5处，即：

（1）江西吴城铸铜遗址。前面已经提到，已发掘近2000平方米，出土有大量石范、少量陶范、型芯和青铜生产工具等。石范计约300多块，其中较大的有105块，范腔的器形有：锛、斧、凿、刀、戈、镞、钺、车马饰器等。型芯计35件，有石质和陶质两种，断代商代中、晚期。石范的大量发掘在此具有尤为重要的意义[19]。

（2）安阳殷墟铸铜遗址。其计有4个铸铜作坊，其中最大的一个位于今孝民屯，总面积约达5万平方米，迄今已进行过三次发掘。其次是今苗圃处，总面积1万多平方米。此两处皆以铸造礼器为主。其他两处较小，分设于今薛家庄、豫北纱厂，以铸造兵工器为主。这些遗址出土有大量熔炉残块、陶范、青铜礼器、兵器、日用器、生产工具，以及俗称"将军盔"的化铜坩埚等。熔炉有的以草拌泥盘成，从残块弧度推算，炉子最大直径达83厘米。陶范出土较多，孝民屯仅2003~2004年便有近7万块。这些范有容器，也有兵工器，有外范，也有内范，此外还有陶模。范的器型有鼎、觚、爵、甗、簋、瓿、罍、卣、斝、觯、斗、盘、戈、刀、镞、削、锛等。最大的一块范呈方形，长达1.2米[20][21]。

（3）洛阳北窑铸铜遗址。遗址面积10余万平方米，出土有大量的熔炉残块、陶范、陶器、原始瓷等。熔炉皆为草拌泥加砂筑成，残块数以千计。炉子分大、中、小3种，最大的直径达1.6~1.7米，中等者0.9~1.1米，小的为0.5~0.6米。其中一节熔炉残块上见有3个风口，其中有两个风口的夹角为90°，由此推知该炉计有4个风口。陶范和陶模数以万计，可辨器形且花纹较为清晰的约四五百块。多为外范，内范和陶模较少。陶范、陶模皆由细土和细砂制成；已区分了面范和背范；面料较细，层厚约1厘米，背料较粗，层厚约4厘米。范腔的器形以礼器为主，有鼎、簋、卣、尊、爵、觯、钟等；车马器和兵器较少，只有辖、銮铃、泡饰、戈、镞等。其中一件镞范残有两排范腔，估计一范可浇8镞。铸铜遗址计分两层，分属西周早期和西周中期[22]。

（4）山西侯马铸铜遗址。出土熔炉残块和鼓风管残块2万多件，陶范、陶模计5万多件，以及大量熔渣、青铜器、陶器、原始瓷、釉陶等。此熔炉实际上是一种分节式坩埚炉，大小不一，一般为20～30厘米，下节为炉盆（炉缸），上部为炉圈（炉腹和炉口），皆为草泥质，制法待考。有的炉盆尚见有流嘴，当兼作浇包使用。风管有弯管和直管两种，草泥质，顶吹式送风。完整和能配套的模、范约近千件，数千件陶范、陶模上见有花纹；模和范都已区分了面料和背料；模的比例较大，在Ⅱ号遗址中，模占模、范总数的1/3；一般模、范型腔表面都涂有黑色或其他颜色的分型剂。一般陶范只设浇口，只有少数设有冒口。分铸法、分层铸造都已广泛采用。型腔的器形以生产工具为主，另有部分礼器和普通用器，计有镢、铲、凿、刀、锥、刻刀、剑、戈、矛、镞、鼎、鬲、豆、壶、舟、钟、镜、阳燧、带钩等。阳燧有模和范两种，这在中原考古发掘中还是第一次看到。铸铜遗址断代春秋中期至战国早期[23]。

（5）新郑春秋铸铜遗址。计有两处，分设于今吴楼和梳妆台，前者以铸造生产工具、兵器、货币为主，后者以铸造礼器和车马器为主。吴楼遗址面积达10多万平方米，出有熔炉残块、鼓风管残段、陶范、残破铜器、炼渣等。原报道说战国文化层也发现了相同的铸铜遗物，但此层稍薄。从这两处的发掘情况看，其熔炉计分大中小三种，中、小型熔炉的制法与侯马的相类似，也是分节制造的，其下节炉盆可作浇包用。有学者认为，吴楼出土的镢范应是卧式叠铸的早期形态[24][25]。

此外，南北其他地方也发现过一些先秦时期的铜冶铸遗址，其中尤其值得注意的是较为边远的广西、云南一带。1985～1986年，广西武鸣元龙坡清理350座墓葬，出土了大量陶器，以及部分青铜器、玉器，并有石范，有的青铜器尚可放入石范的型腔。青铜器110件，多残，有矛、钺、斧、匕首、镦、镞、刀、铃、钟、针（无针眼）。石范完整者6套，可辨器形者6件，残片30多件；器形有双斜刃钺、单斜刃钺、斧、镞、镦等，断代西周至春秋[26]。此石范产品如此丰富，增进了人们对石范工艺的了解。1992年云南大花石遗址出土有铜器残片、石范、炼渣等物，经^{14}C年代测定，约为公元前1335±160年[27]。

二、冶铜技术的多项成就

此时期冶铜技术的主要成就是：构筑了较为高大的高炉，在炉体的不同部位使用了不同的耐火材料，在炉缸下构筑了防潮风沟，有了一定的炉身角，炉腹上设置了鼓风口；可能使用了石灰石和铁矿石等作为造渣熔剂；初步解决了氧化矿和硫化矿冶铜的一系列技术问题，其中包括焙烧炉的使用等技术。

（一）原料准备

人类早期使用的铜矿主要是氧化矿，包括赤铜矿、黑铜矿、孔雀石、蓝铜矿等，但因矿藏条件之差别，故各地所用矿石品种亦异。我国硫化矿冶铜术约始于内蒙的林西，稍后或同时，南方的皖南、西北的新疆地区都掌握了这一技术。矿石准备中有了破碎和粒度分级两道工序；若为硫化矿，尚须进行焙烧，以去除部分硫黄，并使之转变成氧化矿。

林西大井的矿石主要是含锡石、毒砂的黄铁矿－黄铜矿，其占全矿区总储量的95%以上。矿区铜的平均品位为1.84%，最高达13.4%；砷平均品位为

9.83%，最高达14.68%；锡、银平均品位为0.51%、0.01091%[11]。铜绿山的主要矿物有硅孔雀石 $CuSiO_3 \cdot 2H_2O$、孔雀石 $CuCO_3(OH)_2$、蓝铜矿 $2CuCO_3 \cdot Cu(OH)_2$、铜铁矿（一种混合矿）、黑铜矿、赤铜矿 Cu_2O，此外可能还有部分自然铜。矿石之破碎和粒度分级技术已发展到一定水平，有关工具在林西春秋遗址、铜绿山春秋遗址中都可看到。林西出土有大、中、小3种石锤，大锤重7.5公斤，小锤不足1公斤，前者可用于开采，后者则可能是用于破碎矿石的，石钎也可用于破碎矿石。铜绿山炼铜高炉旁皆发现有碎料台、石砧、石球（质地为花岗闪长岩）等碎料工具，以及作过粒度分级的料堆；其中有粉矿堆，有粒矿堆，矿粒度为0.5～4.0厘米[28][29]。粉矿用作筑炉材料等。6号炉南的一座碎料台为高岭土筑成，台中置一石砧，其质地为花岗闪长岩，近于圆形，直径35厘米，中心呈凹面。石球计出土80余件，直径约8厘米，大小相近，应是碎矿和研磨炉料的工具[4]。这种破碎和分级技术的使用，说明人们已充分注意到了矿石粒度对透气性和整个冶炼过程的影响。人类早期冶炼用的燃料是木炭（和木柴），这在林西、铜绿山等遗址中都有出土。铜绿山木炭块的木纹清晰，质地坚硬，很可能是栎木烧制[4]，其机械强度较大，是一种较好的冶炼用料。

在相当长一个时期内，人们一直认为我国最早使用硫化矿的年代是东汉，由于林西矿冶遗址、皖南矿冶遗址、奴拉赛矿冶遗址的发掘，才更新了这一看法。李延祥等曾用扫描电镜能谱分析过一块林西铜矿（样号LO2），得知其灰色区成分为：铜1.24%、硫49.01%、氧化亚铁43.13%、氧化钙0.46%、二氧化硅5.98%；其暗色区成分为：铜30.5%、锡7.34%、硫28.61%、氧化亚铁26.7%、二氧化硅6.85%。从化学分析及岩相分析看，其主要矿物应是黄铜矿、黄铁矿、锡石和石英等。林西矿石还含有一定量的砷，另一件标本（样号LO3）的暗块成分为：铜23.74%、砷3.12%、硫0.05%、氧化亚铁66.17%、二氧化硅5.39%、氧化钙0.99%[11]。总体上看，林西铜矿大体上是一种含砷含硫的铜锡共生矿。

焙烧也是原料准备的一项重要内容。林西发现过4座多孔焙烧炉，直径1.5～2.0米，其上覆有红烧土，土层中布满了弯曲的管道，管道上有许多孔洞，孔径8～10厘米。此管道即是焙烧炉的排烟道。焙烧炉皆集中分布于冶炼区的西部，并位于山坡低处，距采矿区较近。这不但可减少矿石的运输，而且焙烧逸出的有害气体可沿沟向东南方向散开，从而减少了它对冶炼区的危害。这是一种相当合理的布局。焙烧后的矿石品位约含铜20%～25%、砷1.5%[11]。

人们对春秋战国时期的皖南铜锭至少进行了6次不同的分析，包括化学分析、光谱半定量分析、电子探针分析等，其中有两次显示了含2%左右的硫，看来它也曾使用过硫化矿炼铜[30]。

硫化矿的使用和焙烧技术的发明，是冶金史上的重要事件。它不但扩大了矿源，同时也扩充了人们的知识范围和认知能力。春秋战国时期金属表面硫化处理技术的发明，与此是不无关系的。

（二）筑炉技术

今在林西、铜绿山、皖南等地都发现过一些年代较早的先秦炼铜高炉，它们各自都有一些不同的特点，下面分别介绍：

今发掘的林西炼铜高炉计约5座，属春秋早期或稍早。其中2号炼炉轮廓较为清晰，炉壁残高20厘米，厚10～12厘米；炉口残部长轴120厘米，短轴80厘米；以草拌泥制成，呈红色。草拌泥是我国使用较早的一种耐火材料，如前所云，郑州商城的化铜坩埚也曾使用，战国两汉之后逐渐减少。林西炼炉的炉门拱砌，高20厘米、宽10厘米；炉门开于西北向，该处位置较低，既与风向相符，亦便于出铜、排渣等炉前操作。炉内及其周围遗留有炉壁残块、炼渣、木炭等。在冶炼遗址的灰土中出土过一具马首状陶质鼓风管，长33厘米，管首内径7厘米，稍残，一端的外周粘有炉渣[11]。说明当时已有了能力不低的鼓风设备。

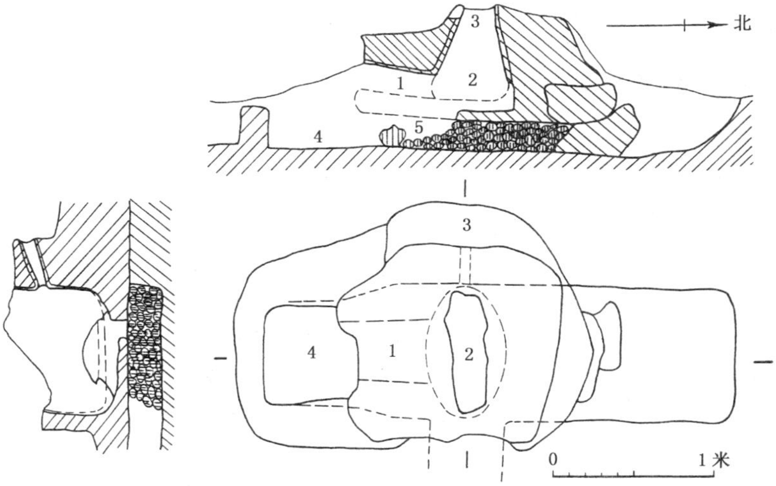

图3－2－1　铜绿山XI号矿体春秋早期4号炼铜高炉图

（俯视、正视中剖、侧视中剖）

1. 金门　2. 炉缸　3. 风口　4. 风沟　5. 渣垫炉基

采自文献［5］第146页，并见文献［4］

如前所云，铜绿山XI号矿体清理的炼铜高炉属春秋早期，计10座，有的保存较好，有的较为残破。从考古发掘[4][5]和有关研究看[31][32]，炉子结构和尺寸基本相同；炉体近于竖立的腰鼓形，由炉基、炉缸、炉身三部分组成（图3－2－1、图3－2－2、表3－2－1、表3－2－2）。炉缸断面有的近于圆形，有的近于椭圆形或长方形；圆形炉缸的直径约0.5～0.56米，炉高约1.5米，料柱高约1.2米，炉内容积约0.28～0.37立方米。炉体大体上是使用各种不同的耐火土、耐火材料夯筑成的，不见耐火砖和盘筑的泥条。在炉体构筑上，比较值得注意的是如下几点：

（1）炉址选择较好。其地势较高，地基坚硬干燥，便于防水、防潮和倒渣。有的炉基并非生土，而是以红土和铁矿粉等混合后分层夯筑成的，层面间的夯窝清晰可见。

（2）在炉缸下部的炉基中夯筑出了拱形风沟，其平面呈“T”形，炉缸座于风沟上。风沟中部置有石板、石柱（或废炉渣），以支撑炉缸底部。这种风沟可起到保温、防潮作用，以防止冻结。类似的防潮保温设置在我国一直沿用了下来，从东汉南阳铸铜炉，及至清代的关中冶铁炉上都可看到；唯具体形态各具一格。

表 3-2-1　铜绿山春秋早期炼铜高炉考古发掘资料

炉号	炉　基	风　沟	炉　缸	风口和金门	工作台	备　注
L3	下层：直径150厘米，深20厘米，红土夯实 上层：红土与石块混合垒筑。分层面上有夯窝	呈T形，沟壁糊高岭土，厚2厘米，其上有火烧痕迹	距基底70厘米，缸底分4层：第1层夯土厚8厘米，内含铁矿粉、石英砂、高岭土。第2至4层厚计9厘米，以木炭粉和高岭土逐层夯成，每层均经烘烤，第4层层面呈窝状		面积3平方米，稍高于炉缸底部，由红土与铁矿石混合垒筑而成	仅存炉基和炉缸底部，炉身残高75厘米
L4	建于生土墩上，此生土实系自然沉积的红粘土与细砂的交错层	呈T形，沟壁均被烧烤，质坚。风沟内铺有炼渣和两块花岗闪长岩巨石，以支撑炉缸底部	风口区的炉缸断面呈椭圆形，长轴77厘米，短轴48厘米，残深63厘米。炉缸底部厚15～20厘米，计分4层，每层1.5～5厘米，由不同的耐火材料构成，缸壁内外再涂耐火材料	风口：仅存一个，设于长轴方向，内口呈鸭嘴形，径5厘米，口沿烧流	为自然沉积的土墩，台面略低于鼓风口	炉基和炉缸保存较好
L5	呈圆弧形，南半圆垫有铁矿石块，其上用红粘土夯筑	呈T形	径约50厘米	金门：保存完好，其拱顶计分11层，每层厚2～5厘米，由耐火泥和红色粘土分层筑成		唯存炉基和炉缸，炉缸内壁和缸底皆已坍塌
L6	为生土层，且为前期炼炉残址	呈T形，中段放置石块以支撑炉缸，风沟为工作台封口，成为暗沟	横断面呈长方形，长67.5厘米，宽27厘米，残深60厘米，缸底略近椭圆形，内外壁、缸底的层次和所用耐火材料同L4号炉	金门：门坎保存完好，坎面向内倾斜8°	以粒状铁矿石和红土混合料在炼炉西北和东南筑成，稍稍倾斜	

注：采自文献［4］。

表 3－2－2　铜绿山春秋早期炼铜高炉复原尺寸（米、度）

炉号	炉缸			风口		炉身角	金门底面内倾角	料柱高度	容积
	断面形状	直径	面积	直径	倾角				
L3	近圆形	0.56	0.25			85		1.2	0.37
L4	椭圆形	0.77×0.48	0.29	0.05～0.07	19	84～86	9	1.2	0.32
L5	近圆形	0.5	0.2			85	17	1.2	0.28
L6	近长方形	0.86×0.27	0.18			83～85	8	1.2	0.25
L10						21	21		

注：采自文献［31］。

表 3－2－3　铜绿山春秋炼铜高炉耐火材料成分分析

分析部位	炉号	成分（%）								助熔剂总量（%）	氧化物总量（%）	耐火度（℃）
		二氧化硅	三氧化二铝	三氧化二铁	氧化钙	氧化镁	氧化钠	氧化钾	二氧化钛			
金门拱顶内衬	L4	76.67	18.35	4.04	0.16	／	0.034	0.51	0.35	5.094	95.02	1580
	L5	72.43	18.68	4.75	0.48	／	0.035	0.66	0.44	6.365	97.475	1580
次内壁	L9	69.26	21.95	5.19	0.28	／	0.043	0.70	0.56	6.773	97.983	1610
内衬	L5	73.48	19.43	1.52	2.20	0.26					96.89	

注：采自文献［33］。

表 3－2－4　林西和铜绿山炼渣化学分析

样号	试样状况	成分（%）											硅酸度（K）
		铜	锡	砷	银	氧化亚铁	三氧化二铁	二氧化硅	氧化钙	氧化镁	三氧化二铝	硫	
LS1		1.75	2.0	0.17	0.0084							0.096	
LS2		2.74	4.71	1.40	0.086							0.24	
LS3		2.75	1.29	0.49	0.0155							0.024	
LS4		2.03	2.53	0.43	0.0109							0.009	
LS5		1.93	2.98	0.65	0.0269							0.17	
LS6		0.82	4.89	0.35	0.0116							0.23	
LS7		8.8	2.9	1.22	0.1143							0.13	
TLS12	板状	0.955				44.73	5.61	36.74	3.17	0.91	7.807	0.39	1.8
TLS13	粗糙	0.798				36.02	1.84	22.22	1.34	1.33	4.355	0.84	1.4
TLS14	板状铜绿色	1.12				51.81	微量	28.6	3.9	1.62	6.41	0.57	1.2
TLS15	片状	0.858				50.46	0.53	25.96	1.95	1.51	6.3	0.93	1.3

注：林西渣（代号 LS）样资料采自文献［11］。铜绿山渣（代号 TLS）样采自文献［29］。铜绿山渣样 TLS13 采自 6 号炉的炉缸内，其他 3 件采自 6 号炉沟旁。

表3-2-5 林西炉渣中金属颗粒扫描电镜能谱分析

样号	分析方式	成分（%）							合金类型
		铜	锡	砷	锑	银	铁	硫	
LS5	面扫描	71.64	23.16	5.19	/	/	/	/	Cu-Sn-As三元合金
	面扫描	72.22	20.42	3.79	2.11	1.29	0.17	/	Cu-Sn-As，且含Ag、Sb
	A相点扫描	78.99	13.17	5.61	1.72	0.30	0.21	/	Cu-Sn-As，富Cu相
	B相点扫描	64.57	28.85	2.44	2.42	1.73	/	/	(α+δ)共析体，含Ag、Sb
	C相点扫描	73.70	3.27	1.05	0.33	0.26	1.80	19.6	Cu_2S-FeS相，且含Sn、As
LS6	面扫描	76.4	19.09	4.28	/	/	/	0.23	Cu-Sn-As
	面扫描	77.2	19.34	3.44	/	/	/	/	Cu-Sn-As
	面扫描	70.21	19.41	6.01	2.58	1.52	0.27	/	Cu-Sn-As，含Ag、Sb
	A相点扫描	78.82	13.15	5.47	1.75	0.7	0.11	/	Cu-Sn-As，含Sb
	B相点扫描	64.18	29.78	1.37	2.79	1.64	0.23	/	(α+δ)共析，含Ag、Sb
	C相点扫描	72.42	1.97	0.29	0.41	/	4.16	20.77	冰铜
	D相点扫描	69.02	18.73	8.78	2.97	0.33	0.185	/	Cu-Sn-As，含Sb

注：采自文献［11］。

（3）炉缸底部呈锅底状，但其水平断面却趋于椭圆形。从现代高炉的冶炼过程看，炉缸和炉身断面最好是圆形的，以利于物料下降、气流上升和整个还原冶炼的进行。在春秋早期高炉中，3号、5号炉介于圆形与椭圆形之间，4号炉为椭圆形，6号炉近于长方形而四角呈圆弧状。这种炉缸的优点是，若把鼓风口设于短足方向上时，即使鼓风能力不是太强，鼓风也能打到炉缸中心穿透料柱，从而较好地维护了炉缸中心的高温，并有利于炉况顺行。这种椭圆形炉缸直到汉代仍可看到。

（4）入风角选择较好，其风口至少有2个，有的还可能有4个。铜绿山高炉的上部多已坍塌，风口多已难辨，唯4号炉的长轴方向上保存一个风口；其呈直筒形，内径5厘米，向下倾斜19度，其中心点距炉缸底部为33厘米。此风口倾角使鼓风能直接吹到熔池上，对于改善火焰分布状态和保证炉缸高温都具有十分重要的意义。今在残炉上只见一个风口，又设于长轴方向上，这种鼓风是很难吹到炉缸中心的，为了保证炉缸高温和冶炼过程的顺利进行，至少应有两个风口，但最好是4个，即长轴、短轴方向上各置两个，使鼓风均匀分布。

（5）金门（出铜口）呈拱顶形，高和宽都是内大外小的，以便铜水流出。金门由数块预制的耐火砖堵塞。门槛稍稍内倾，使铜液不能出净而有利于保温。4、5、6、10号炉的这一倾角约分别为9度、17度、8度、21度。

（6）从复原情况看，其炉身内壁稍稍内倾，有一个适当的炉身角。这既有利于炉内保温，亦与炉料运行规律相符。

（7）耐火材料技术已有一定发展。一是其使用已较普遍；二是在不同部位，使用了不同的耐火材料。如4号炉，内衬厚2~3厘米，组分为：高岭土10%、硅化火成岩碎屑、石英砂73%、高温下烧烤析出的玻璃相15%。外衬厚30~40厘米，组分为：高岭土碎屑10%、石英砂34%、柘榴子石碎屑10%、赤铁矿和褐铁矿碎屑30%。炉缸底部计分4层，下第一层同外衬；第二层羼有大量大颗砂粒，组分为：高岭土20%，石英砂、长石、硅化火成岩碎屑36%，柘榴子石碎屑25%；第三层以细粒高岭土为主；第四层为褐黑色耐火泥。此炉缸的材料和构筑方式已引起了人们的极大关注。

尤其值得注意的是，人们已选择了高硅高铝质粘土作为耐火材料，这在炉衬上表现得最为明显。4号炉金门拱顶内衬所含 SiO_2、Al_2O_3 分别为76.67%、18.35%，助熔剂总量为5.094%，耐火度高达1580℃。9号炉的次内壁所含 Al_2O_3 的量高达21.95%，耐火度达1610℃（表3-2-3）[33]。显然这都是经过了精心选择的，它们大体上具备了耐高温、耐侵蚀，高温强度和热稳定性较好的优点，皆能满足冶炼过程的要求，从而表现了相当高的技艺。

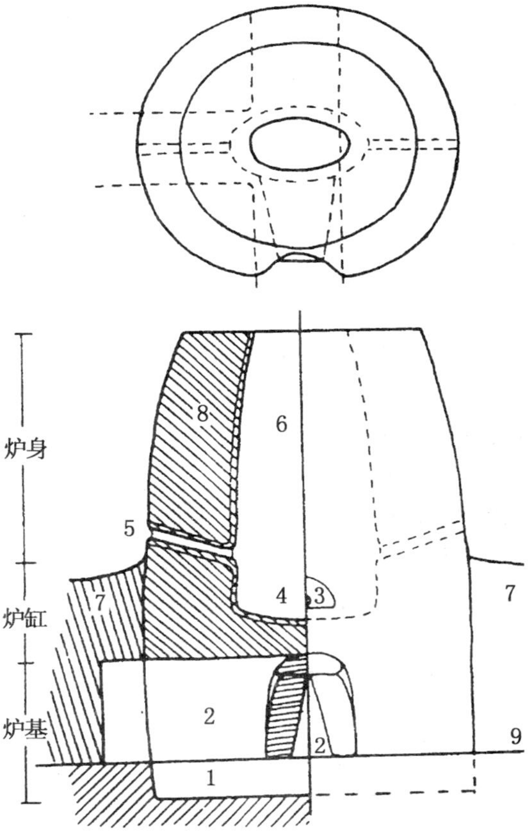

图3-2-2　铜绿山XI号矿体春秋早期炼铜高炉复原图

（俯视、正视中剖）

1. 炉基　2. 风沟　3. 金门　4. 排渣口位置　5. 风口　6. 炉子胸腔　7. 工作平台　8. 炉壁　9. 原地面

采自文献［5］第156页。文献［31］［32］原示：复原炉子下底外径16.0米，上口外径12.5米

XI号矿体3号炉的筑炉方式具有一定的代表性。此炉仅存炉基和炉缸底部，残高约0.75米，炉子内外堆积着大量倒塌了的炉壁残块。炉址选择在坡地上，土质干燥。炉子筑于人工夯筑的台基上，筑法是：（1）先筑炉基。先在炉址处挖一个圆坑，底部须平整，深约20厘米、直径约150厘米，后以红土充填夯实即成炉基。（2）再筑台基，即在炉基圆坑夯土上用石块、红色粘土混合垒筑成圆柱形台基。此台基分层清晰，层面留有夯窝。（3）筑风沟。风沟呈"T"形，筑于台基内；沟向内倾斜，底部略高于当时的地面。沟之内壁糊有厚约2厘米的高岭土，其上留有火烧痕迹。其中一个沟门的尺寸为：宽50厘米、高40厘米，往内逐渐缩小。（4）筑炉缸。炉缸呈锅状，自上至下分4层，计约17厘米：第1层以铁矿粉、

石英砂、高岭土夯筑，厚约 8 厘米；第 2 ~ 4 层用木炭粉和高岭土混合逐层捣制，每层均有烘烧的痕迹，3 层厚度计约 9 厘米，其中第 4 层的层面呈凹状。炉缸底部距炉基底部为 70 厘米[5]。风沟和炉缸都在地面以上。

柯锡太村战国晚期炼炉基本上沿袭了春秋时代的先进技术，唯不见风沟。从其 2 号炉的复原情况看，最值得注意的是：炉子内型呈腰鼓状，炉腹较大，炉顶和炉底稍小，炉腹角约 82°，炉身角约 68°，炉身原高估计约有 170 厘米，容积亦较春秋炼炉稍大[5]（图 3 - 2 - 3）。

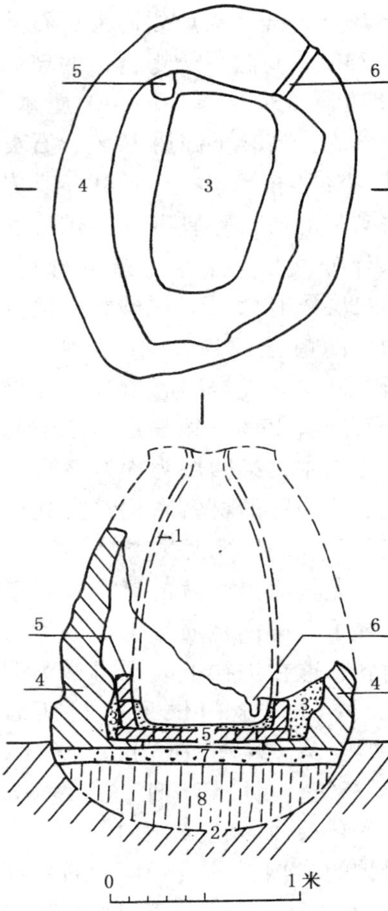

图 3 - 2 - 3　柯锡太村战国晚期 2 号炼铜高炉复原图

（俯视、正视中剖）

1. 复原的炉腔内型轮廓线
2. 炉基底部锅状窝坑生土线
3. 炉缸底部草拌高岭土层
4. 残存的炉子外壁
5. 石砖
6. 孔道
7. 红烧土层（内含细炉渣和细石子）
8. 炉基底部锅状窝坑的灰色粘土层（以高岭土和少量木炭粉拌和）

采自文献［5］第 159 页

今发掘的皖南先秦炼铜高炉保存较差，只残存炉基和风沟，炉缸形态约有椭圆形、圆形两种，结构基本相同。据推测，构筑方法是：（1）先筑炉基。在地下挖一圆形浅坑，并构筑一条一字形风沟。整个炉基形成一个空腔。（2）将炉基夯实，并构筑炉缸和炉体。筑炉材料是一种红土或黄土，内含少量石英。炉壁厚约 20 ~ 25 厘米，炉体内壁附有一层黄色和淡绿色的釉状物。炉子原高大约超过了 1.0 米。炉基一侧的下方设有渣坑。

此时期的熔炉技术也有了较大的发展，而且表现出更高的技艺。炼炉与熔炉，在技术上是密切相连的。

（三）冶炼技术

氧化矿冶炼的技术要点是，在一定的温度和气氛条件下，先将铜还原出来；再经精炼，以分离伴生元素、去除夹杂，最后得到较为纯净的铜。矿石带入的脉石与熔剂生成炉渣排出。炉渣成分控制得好，金属与渣的分离就较好。所以，冶炼技术之高低，常可通过炉渣和铜块性状反映出来，大凡古今中外都是这样的。

从外观上看，铜绿山炼渣一般都是光滑的片状渣，流动性较好，说明炉温较高，并且成分选择较好。

卢本珊等曾分析过数百件铜绿山炉渣的化学成分，知其多处于：SiO_2 25% ~

30%、FeO 42%~54%、Fe_2O_3 5%~13%、CaO 5%~6%、Al_2O_3 4%~7%；渣中含铜量约为0.4%~1.3%，平均约为0.7%。其中探坑T36、T37、T45的5件标本的平均成分为：SiO_2 31.77%、FeO 50.67%、Fe_2O_3 3.142%、CaO 3.304%、Al_2O_3 7.88%、MgO 0.88%、S 0.54%、Cu 0.787%[31]。

同时人们还对铜绿山炉渣作了物相分析、扫描电镜能谱分析、X射线衍射结构分析等，由之可知：

（1）炉渣组分与现代渣型基本相同，硅酸度一般在1.2~1.8之间。现代渣的硅酸度要求为1~2。

（2）炉渣熔点稍高，据SiO_2-FeO-CaO三元熔度图，铜绿山炉渣熔点约介于1100℃~1200℃之间[31]。

（3）炉渣含铜量较低，说明铜的回收率较高，即使在现代技术条件下，这种操作水平也是不错的。

（4）渣中未发现氧化铜，即氧化铜已全部还原成了金属铜，说明炉内还原条件较好。

（5）渣中的铜大部分以硫化铜形式存在，很少看到金属铜的颗粒，说明炉况正常，渣、铜分离较好。此硫化铜原系矿石带入，在鼓风炉中，硫化铜是很难还原成金属铜的。

（6）使用了造渣熔剂。理由有二：一是炉渣成分较好。铜绿山早期开采和使用的矿石主要有三种，不管使用哪种单一的矿石，都不可能炼出现有炉渣的成分；二是在11号矿区的冶炼遗址中，发现有石英卵石，另一矿区的炉旁却发现有破碎了的铁矿石，它们很可能是被人们当作熔剂使用的[31][34]。

由于铜绿山高炉冶炼的还原过程进行得较为完全，渣、铜分离较好，粗铜品位亦较高，经分析，其3号炉一件粗铜块的成分为：铜93.23%、铁3.35%、锑0.0075%、铅0.038%、锌0.014%、锡0.023%[31]。可见其含铜量较高，含铁量较低，没发现共生元素。现代粗铜品位要求为92%~95%。

但林西炉渣颜色较黑，其中包含有铜的颗粒，说明炉渣流动性稍差，渣、铜分离欠佳。有人用化学法分析过7件林西炉渣，平均含铜量为2.95%，平均含锡量为3.04%，此外还有0.67%的砷，说明其金属损失较大。渣样LS7的含铜量竟高达8.8%。7件标本都含有一定量的硫，其中又以渣样LS2含硫量最高，达0.24%，说明焙烧去硫进行得不太完全。渣样LS5的成分为：铜1.93%、锡2.98%、砷0.65%、硫0.17%、银269克/吨（表3-2-4）。炉渣熔点约1100℃~1200℃。林西炉渣中还夹杂有部分石灰石颗粒，说明其使用了石灰石作为造渣熔剂[11]。这是我国今见石灰石造渣的较早资料。

林西炼炉所用为共生矿，因焙烧进行得不太完全，渣、铜分离又不太好，故金属损失量较大。人们分析过两颗包含在渣中的铜粒，平均成分分别为：标本LS5为铜71.93%、锡21.79%、砷4.49%；标本LS6为铜74.61%、锡19.28%、砷4.58%[11]。表3-2-5所示为林西铜渣包裹的铜粒扫描电镜能谱成分分析结果，其中有面扫描，也有物相的点分析。由之可知：（1）炉渣中包含有较多的铜粒，这当与冶炼温度不够高、炉渣成分选择欠佳、造渣剂使用不当等因素有关。

(2) 林西的冶炼产品大体上是一种 Cu－Sn－As 三元合金，有的还含有一定量的银和锑。(3) 有的分析点显示了较多的硫和铁，这当与矿石焙烧进行得不够完全有关。当然，有的杂质可在精炼中去除。砷是易挥发之物，矿石焙烧时会减少一部分，精炼过程中也会减少一部分，所以，若非注意控制，砷的收得率是较低的[11]。

从现代技术原理看，硫化矿冶炼的第一步是去硫，其工艺流程通常是：硫化矿－冰铜－铜。硫化矿虽经焙烧，但并不能将硫去除干净，初次冶炼得到的产品实际上是一种名为“冰铜”的中间产物，即一种以硫化亚铜 Cu_2S 与硫化亚铁 FeS 为主的硫化物熔融体；第二步再反复吹炼，以氧化冰铜中的硫，并达到提纯铜的目的。此第一步得到的炼渣常谓之冰铜渣，第二步的炼渣则应谓之氧化渣。

从有关标本的科学分析看，奴拉赛使用的是一种高品位的硫化矿。今人采集到的渣样多是黑色和灰黑色的团块，部分渣样气孔较多，有的还夹杂有木炭和石英颗粒，说明这部分渣流动性能欠佳。经测定，渣的熔点约为 1070℃～1160℃。经分析，渣中一般都含有砷铜或冰铜、砷冰铜的颗粒。显然，含砷铜颗粒的渣应是氧化渣，而含有冰铜、砷冰铜颗粒的渣则应当是冰铜渣。经扫描电镜能谱分析，一件砷铜标本的成分是：铜 82.02%、砷 17.92%；另一件标本的砷铜颗粒含砷量为 23.13%。在此有一点值得注意的是，此地的铜矿石含砷量甚低，但铜锭含砷量却较高，因此人们推测，此金属中的砷，很可能是通过添加高砷矿物的方式获得的[16]。如若此说无误的话，这便是冶金史上的重要事件，它在世界早期冶金工艺中是不曾多见的。

(7) 鼓风技术已发展到一定水平。我国冶、铸鼓风技术的发明期应当是较早的。古人从日常生活和制陶生产实践中，都不难了解“风助火势”的道理，所以它的发明应与冶、铸同时，或稍稍滞后一个时期。最为原始的送风方式自然是“对口吹管”式，之后才发展成“挤压皮囊”式。从现有资料看，用皮囊送风的时间至少可上推到商代晚期[35]。罗振玉《殷墟书契续编》（六·二四·六）载：“……百，才……（橐）界（盧）。”此，《甲骨文字集释》释之为橐；“界”则释之为盧，即爐的初文。战国时期，人们把鼓风器称之为橐。《墨子·备穴》篇说：“具鑪橐，橐以牛皮。鑪有两瓶，以桥鼓之。”此商代和战国皆“橐”、“爐”两字连文，所述与冶铸有关无疑。《说文解字》：橐，“囊也”。林西冶铜遗址的马首陶质风管、洛阳北窑西周早中期熔炉、铜绿山炼炉等上的风口，都应当是皮囊送风的证据。春秋早期之后，有关实物进一步增多起来，侯马铸铜作坊（春秋中期到战国早期）、新郑春秋铸铜作坊等都出土了大量鼓风管残段；侯马铸炉所用风管有直管和弯管两种，都是插入坩埚炉使用的，呈顶吹式；铜绿山炼炉和侯马铸炉的进风角度都是很有讲究的。

当然，先秦时期的整个冶炼、精炼的技术水平还不是太高的，产品品位也参差不齐，一件殷墟西区中小型墓出土的红铜戈含铜量仅为 95.56%，余部为砷、铅、锌、锡等共生元素；河南罗山一件红铜斧含铜量却高达 99.24%，余部为铅和锡（均见表 3－3－1）。安阳苗圃北地出土过一块铜锭，铸成扁平长方形，断口呈梯形，成分为：铜 97.21%、锡 2.71%[21]，其中的锡不能排除共生矿带入的可能性。

第三节　三元合金技术的发展及其成就

我国古代的青铜合金技术约萌芽于二里头时期，二里岗时期便有了一定发展，殷墟时期，Cu－Sn 二元和 Cu－Sn－Pb 三元合金系便基本确立，在殷墟大墓的王室之器中，锡成了主要的合金元素。西周之后，先进的青铜合金技术逐步推广开来，并有了一定提高，春秋战国时遂发展到相当成熟的阶段，并总结出了世界上最早的青铜合金规律——“六齐”规律。我国不但是世界上最早发明了冶铜术的国家之一，而且很早就把青铜的冶炼、铸造和合金技术发展到了较高的水平，这是古代世界任何一个国家和地区都不可与之比拟的。

为探讨我国古代冶金技术、合金技术的发展状况，早在 20 世纪 20 年代前后，国内外学者就利用现代科学方法对商周铜器进行过许多研究，其中年代较早的，日本学者有近重真澄[1]、道野鹤松[2][3]等人，我国学者有梁津[4]等人。稍后，日本学者还有山内淑人、小泉瑛一、小松茂[5]，我国学者还有梁树权、张翰南[6]等。这些学者分析的标本虽非正式发掘，但一般都经过了考古学家的鉴定，断代还是大体可信的。20 世纪七八十年代后，随着科技考古事业的发展，古代金属遗物的分析量明显增加，分析手段也更为完善和进步，仅殷墟金属器，中国社会科学院考古研究所先后 3 次就分析了 160 件[7][8][9]。他处出土的商周青铜器标本，本人和其他学者先后都作了不少的分析。因这些标本多皆科学发掘，具有确切的出土地点和断代，这为我们了解商周青铜合金技术、冶炼技术提供了更为确凿的依据。

一、商代晚期三元合金系的初步确立

我们统计了 254 件商代晚期青铜器的合金成分，主要是兵工器和礼器，其中包括：兵器 95 件、生产工具 12 件、鼎 42 件、响器 4 件、一般容器 101 件。兵器种类有：戈、矛、镞、刀、钺等。生产工具有：锛、削、锥、凿等。鼎和一般容器多属礼器范围，包括烹饪器：鼎、鬲、甗、甑等；食器：豆、簋等；酒器：爵、觚、尊、卣、彝、盉、斝、罍、觥、壶等；水器：罐等。响器：铙、铃等。这些标本多出自安阳殷墟，另有部分出自河南信阳、山西、江西新干、湖南、北京等地；多为发掘品，少部分为传世品；有其他学者分析的，也有本人分析的。表 3－3－1、表 3－3－2、表 3－3－3 所示分别为商代晚期青铜兵工器、青铜鼎和响器、普通容器合金成分。可见其有 3 个明显的特点：

1. 合金技术的整体水平有了较大发展。

（1）绝大多数试样都是 Cu－Sn、Cu－Pb 二元和 Cu－Sn－Pb 三元合金，这类试样计达 243 件，占试样总数的 95.67%；不见原始黄铜，试样含锌量多在 0.4% 以下，虽个别试样的稍高于 1%（表 3－3－1，19 戈），但仍可视为杂质元素。红铜只有 11 件，占试样总数的 4.33%。说明锡、铅已成了主要的合金元素。

（2）在二元和三元合金中，锡青铜器（94 件）和铅锡青铜器（87 件）计 181 件，占试样总数（254 件）的 71.26%；铅青铜器（46 件）和锡铅青铜器（16 件）计 62 件，占试样总数的 24.41%。说明锡在合金元素中的主导地位已初步确立。这种现象在各种不同器物中也明显地表现了出来，如青铜兵工器，计 107 件（表

3－3－1)，其中锡青铜器（36 件）和铅锡青铜器（20 件）共 56 件，占兵工器试样总数的 52.34%；又如青铜鼎和响器（表 3－3－2）计 46 件，锡青铜器（23 件）和铅锡青铜器（19 件）共 42 件，占试样总数的 91.3%；普通容器（表 3－3－3）计 101 件，锡青铜器（35 件）和铅锡青铜器（48 件）计 83 件，占容器试样总数的 82.18%。可见在兵工器、青铜鼎和响器、普通容器中，锡青铜器和铅锡青铜器同样都占据了主导地位，说明以锡为主要合金元素的 Cu－Sn 二元、Cu－Sn－Pb 三元系已初步确立。这是商代晚期青铜合金技术进步的主要表现。

(3) 在平均成分中也表现了以锡为主要合金元素的倾向，且含锡量不低，含铅量不高；254 件试样的平均成分为：铜 80.7%、锡 10.92%、铅 5.11%。这是总的情况，各类器物大体也是这样的。如青铜兵工器（107 件）的平均成分为：铜 81.75%、锡 7.22%、铅 6.16%；青铜鼎和响器（46 件）的平均成分为：铜 81.4%、锡 12.68%、铅 2.4%；普通容器（101 件）的平均成分为：铜 78.42%、锡 13.53%、铅 5.22%。

(4) 部分器物显示了含有少量的砷、锑等元素，但含量较低，大体上皆可视为杂质；说明铜料品位较高，这与铜的选矿、冶炼、精炼技术之发展大概也是有关的。

2. 殷墟大墓的青铜合金技术已发展到较高水平。

这在妇好墓上表现得十分明显。前面说到，妇好墓出土青铜器 486 件，李敏生等分析了其中的 91 件[7]，其中包括兵工器 16 件、青铜鼎 20 件、普通容器 45 件、残器 10 件，结果发现，都是以锡为主要合金元素的 Cu－Sn 二元和 Cu－Sn－Pb 三元合金，铅青铜、锡铅青铜、红铜、黄铜皆未显示，而且一般含锡量较高，含铅量较低，成分亦较稳定，表现出了较高的技术水平。这种合金制度和技术思想与春秋战国已较为接近。具体情况为：

表 3－3－1　商代晚期青铜兵工器合金成分

序号	名称、取样部位、器号	出土地点	成分（%）					合金类型	铭文硬度	时期	文献
			铜	锡	铅	锌	其他				
1	钺(M5:1156)	殷墟妇好墓	81.7	15.16	1.62	0.51		锡青铜	亚启	殷墟Ⅱ期	[7]
2	刀，脊		81.32	17.08	0.62	0.13	砷 0.55		HV150		
	刀，刃		80.36	17.84	0.64	0.14			HV146		
3	戈		86.04	12.13	0.69	0.07					
4	戈，内		84.30	13.37	1.15	0.20					
5	戈，内		86.94	10.92	0.97	0.17					
6	戈，援		86.66	11.70	1.19	0.19	砷 0.14				
7	戈，援		89.90	8.79	0.84	0.13			HV110		
8	戈，援		88.18	10.22	0.43	0.16					
9	镞		79.64	18.70	0.56	0.06					
10	镞(M5:1131)		79.43	18.70	0.73	0.13					
11	镞(M5:1129)		79.44	18.6	0.79	0.16					
12	镞(M5:1128)		83.93	13.30	1.51	0.24					
13	锛(M5:719)		79.39	16.52	2.66	0.42		铅锡青铜			
14	锛(M5:710)		79.04	16.53	3.00	0.43					
15	凿(M5:712)		78.93	16.67	2.86	0.50					
16	凿(M5:1650)		79.30	16.90	2.50	0.32					

17	戈(91:66)	殷墟西区中小型墓	91.81	/	6.10	0.19	砷0.69	铅青铜		Ⅱ	[8]
18	戈(391:10)		76.29	19.51	1.73	0.23		锡青铜			
19	戈(413:1)		81.82	/	14.87	1.02	锑1.0	铅青铜	HV38.9		
20	戈(515:1)		95.56	0.19	0.66	0.28	砷1.62	红铜			
21	戈(604:1)		85.9	0.31	10.79	0.60	砷1.26	铅青铜			
22	戈(619:1)		87.76	0.38	8.84	0.21					
23	戈(627:2)		94.86	3.04	1.33	0.29	硫0.324	锡青铜			
24	戈(918:1)		74.54	/	23.03	0.32	硫0.32	铅青铜			
25	戈(918:2)		83.19	0.17	14.29	0.32					
26	刀(271:10)		76.49	5.05	14.94	0.34	砷0.72	锡铅青铜		Ⅲ	
27	矛(271:12)		71.82	0.69	23.05	0.66	砷0.89	铅青铜	HV62.6		
28	戈(294:12)		86.04	4.56	7.54	0.27	砷1.38	锡铅青铜			
29	矛(777:3)		94.60	0.49	2.76	0.14		铅青铜			
30	戈(819:4)		94.33	/	4.45	0.13	砷0.79				
31	刀(976:11)		83.10	12.15	2.36	0.29		铅锡青铜			
32	矛(234:2)		90.30	/	7.21	0.53	锑0.48	铅青铜		Ⅳ	
33	戈(234:5)		85.67	/	12.79	0.14	硫0.28				
34	矛(621:7)		63.85	/	32.44	0.55	银0.11				
35	戈(263:4)		84.42	12.70	0.79	0.06		锡青铜	HV89.4		
36	戈(269:x)		83.64	13.34	1.02	/					
37	戈(269:2)		87.09	9.88	0.42	0.06	砷0.6				
38	刀(279:11)		86.06	7.49	3.74	0.47		铅锡青铜			
39	戈(692:12)		89.79	3.95	3.71	0.30					
40	戈(1116:3)		84.97	/	12.63	0.28		铅青铜			
41	锛(642:3)		96.06	/	2.97	0.13				Ⅱ	
42	锥(279:19)		85.20	7.19	4.25	0.17	砷0.78	铅锡青铜		Ⅳ	
43	凿(640:05)		88.15	4.66	4.81	0.34		锡铅青铜			
44	锛(M160:349)	安阳郭家庄中型墓	85.67	8.49	2.58	0.27	铁1.07	铅锡青铜		殷墟Ⅲ期	[9]
45	戈(M160出土)援		81.67	14.64	2.66	0.12	铁0.2		HV135		
46	矛(M160出土)尖		77.64	2.56	14.29	0.24	铁0.47	锡铅青铜			
47	矛(M160出土)刃		70.55	2.79	22.06	0.26	铁1.12				
48	戈(M160:295)援		70.14	1.84	18.05	0.13	铁1.13	铅青铜			
49	矛(M160出土)刃		69.34	3.06	19.52	0.71	铁3.02	锡铅青铜			
50	戈(M160出土)援		69.98	1.77	18.5	0.2	铁0.51	铅青铜	HV74		
51	戈(M160出土)援		66.1	1.31	21.8	0.2	铁0.29		HV86		
52	戈(M160出土)内		69.78	1.54	16.5	0.25	铁0.97				
53	戈(M160:251)援		50.95	1.13	37.77	0.13	铁0.56				
	戈(M160:251)内		49.51	1.5	37.82	0.13	铁0.74				
54	戈(M160出土)援		81.4	1.93	9.28	0.2	铁1.05		HV42		
55	戈(M160:308)内		91.09	1.91	4.91	0.31	铁0.82				
56	镞(M160出土)		91.29	0.81	4.04	0.19	铁0.67				
57	镞(M160出土)		89.08	4.26	3.83	0.12	铁0.53	铅锡青铜			

58	刀	安阳	93.13		5.53		/	铅青铜		殷	[10]
59	镞		83.46		9.8		铁1.4				
60	刀		85.0	15.0				锡青铜			[11]
61	镞		83.0	17.0							
62	戈		80.0	20.0							
63	戈		87.23	9.49			铁1.48				[12]
64	刀		82.48	17.1	<0.1		锌<0.1				
65	矛		73.94	0.12	16.92		铁1.19	铅青铜			[22]
66	戈		77.20		15.08		铁2.80				[3]
67	戈		88.85	2.19	5.85			锡铅青铜			
68	戈		97.6	0.6	0.58			红铜			
69	矛		84.78	0.24	6.02		铁3.65	铅青铜			[2]
70	戈		88.14	痕	6.64						
71	戈		85.86	痕	13.5						
72	戈		84.92	13.74	0.3			锡青铜			
73	斧(M12:21/0126)	河南罗山蟒张天湖村	99.24	0.58	0.07			红铜		商	[13]
74	镞(M1:16/0015)		86.61	12.16	1.24			锡青铜			
75	镞(M6:20/0063)		91.23	7.80	0.96						
76	戈(M1:41),内		91.07	6.37	1.77						
77	矛(M8:11/0083),銎		92.61	0.55	4.33		硅2.15	铅青铜			
78	矛(M12:15/0121),銎		100.0					红铜			
79	削(M6:13/0056),身		87.54	9.03	3.43			铅锡青铜			
80	锛(M41:21/0179),銎		86.90	11.15	1.45			锡青铜			
81	凿(M11:33J/0112),銎		95.87		3.41		硅0.68	铅青铜			
82	直戈834(M3),下刃	河南固始	86.34	13.66				锡青铜			
83	戈 B008	山西灵石	80.67	15.35	4.22			铅锡青铜			[14]
84	钺 B108	北京	72.12	16.11	9.12		铁0.56		HB176		
85	三棱形刻刀 XDM:431	江西新干大墓	77.88	13.25	3.48	0.009				殷墟中期	[15]
86	V式长骹矛 XDM:92		71.52	2.76	3.06	0.005		锡铅青铜			
87	长脊宽翼镞 XDM:154		49.07	24.27	1.05	0.009		锡青铜			
88	I式直内戈 XDM:114		82.77	16.40	0	0.01					
89	II式圆锥形铜镈 XDM:304		57.49	16.21							
90	I式翘首刀 DXM:466		29.27	34.04	4.93	0.004		铅锡青铜			
91	戈		84.33	14.71				锡青铜		商	[22]
92	戈		83.06	14.5							
93	戈		80.24	14.61							
94	镞		83.84	11.8							
95	戈		80.35	14.16	2.36			铅锡青铜			
96	戈		80.49	14.4	2.18						
97	戈		81.52	10.5	6.94						
98	戈		73.31	9.43	17.0			锡铅青铜			
99	戉		88.89	7.09	4.38			铅锡青铜			
100	戉		83.37	12.02	4.18						
101	戈		78.7	0.13	18.9		砷1.65	铅青铜			
102	矛		93.77	0.16	1.85			红铜			
103	戈		92.91	0.75	3.21			铅青铜			[23]
104	戈		91.04	7.06	1.16			锡青铜			
105	戈		88.49		8.51			铅青铜			
106	戈		82.63	1.31	15.43			铅青铜			
107	戈		81.98	8.62	9.12			锡铅青铜			
平均成分(%)	妇好墓兵工器(16件)		82.73	14.73	1.38						
	殷墟中小型墓兵工器(56件)		82.91	4.45	8.92						
	新干兵工器(6件)		61.33	17.82	2.08						
	其他兵工器(29件)		86.18	8.07	4.31						
	107件兵工器		81.75	7.22	6.16						

注：(1) 文献［7］、［8］示出了实测值和校正值，此引用的皆为校正值。表3－3－2、表3－3－3同。

(2) 表中以罗马数字表示的“时期”系指殷墟的分期。表3－3－2、表3－3－3同。

(3) 2号和53号样都取了2个分析点，成分基本一致；计算兵工器平均成分时，是以该试样的平均值为准的。

(4) 除表中所列，文献［7］、［8］、［9］等还列出了许多试样的微量元素和杂质元素含量(表3－3－2和表3－3－3同)，因其多与本研究关系不大，故略；其中比较值得注意的试样及其成分有：17号，铋0.24%、银0.11%、硫0.4%；19号，铋0.13%、砷0.73%、银0.14%；20号，锑0.79%、铋0.22%；21号，锑0.22%、银0.12%、硫0.41%；24号，砷0.63%、银0.14%；26号，锑0.72%、银0.12%、硫0.53%；27号，银0.17%；32号，砷和硫各0.44%。

(5) 文献［13］的试样为扫描电镜能谱分析，文献［11］3件标本的成分是在金相显微镜下估计的；其他多用化学分析。表3－3－2、表3－3－3同。

(6) 由于锈蚀过甚等原因，新干多件标本的分析数据都误差较大，如有的标本各组分总量甚至不足70%，还有30%不知为何物；有的标本甚至处于纯δ相区，很难制成实用器物；但这些数据仍具有一定的参考价值。如Ⅰ式翘首刀DXM:466，从现有分析数据上看，其似属锡基合金，但通过综合考察便可知悉，其原本应属铅锡青铜。

表3－3－2 商代晚期青铜鼎和响器合金成分

序号	名称、取样部位、器号	出土地点	成分(%)					合金类型	铭文硬度	时期	文献
			铜	锡	铅	锌	其他				
1	中型圆鼎(M5:757)	殷墟妇好墓	78.87	16.39	2.86	0.22	砷0.46	铅锡青铜	妇好	殷墟Ⅱ期	[7]
2	大圆鼎(M5:808)口沿		82.10	13.64	3.2	0.34			亚弜		
	大圆鼎(M5:808)足部		82.52	15.26	1.22	0.28					
3	中型圆鼎(M5:758)		79.00	19.08	0.78	0.16	砷0.33	锡青铜	妇好		
4	中型圆鼎(M5:814)		79.41	17.28	1.05	0.43	砷0.42		妇好		
5	中型圆鼎(M5:762)		82.00	16.39	0.50	0.10	砷0.52		妇好，HV136		
6	中型圆鼎(M5:755)		81.01	16.57	0.88	0.18	砷0.48		妇好		
7	中型圆鼎(M5:754)		80.85	16.70	1.23	0.32	银0.19		妇好		
8	中型圆鼎(M5:759)		80.39	16.99	0.78	0.11	砷0.42		妇好		
9	中型圆鼎(M5:760)		82.49	15.58	0.60	0.32			妇好		
10	中型圆鼎(M5:815)		82.42	15.5	0.94	0.10			妇好		
11	中型圆鼎(M5:761)		84.95	13.2	1.21	0.17			妇好，HV104		
12	中型圆鼎(M5:816)		81.09	17.13	0.69	0.07			妇好		
13	方扁足鼎(M5:812)		80.28	17.92	0.65	0.10			妇好		
14	扁足圆鼎(M5:1173)		77.98	18.58	1.66	0.30			𢦏		
15	深腹柱足鼎(M5:753)		84.14	14.59	0.40	0.13	铋0.72				
16	鼎口沿		79.32	19.04	0.57	0.06			HV167		
17	鼎耳		81.08	17.35	0.48	0.06					
18	鼎腹		84.06	14.48	0.38	0.06			HV102		
19	鼎腹		81.33	17.17	0.41	0.06			HV127		
20	大方鼎(M5:809)口沿		86.06	11.62	1.19	0.13			司母辛		
	大方鼎(M5:809)腹部		85.77	11.76	1.29	0.16					
	大方鼎(M5:809)足部		85.41	12.89	0.51	0.16					
21	司母戊大方鼎	殷墟	84.77	11.64	2.79			铅锡青铜	司母戊		[16]

22	小圆鼎 M160:123	安阳郭家庄	77.78	11.28	7.31	0.45		铅锡青铜		殷墟Ⅲ期	[9]
23	大鼎 M160:62		80.72	10.82	3.66	0.32	铁 0.28				
24	方鼎 M160:134		81.07	10.94	4.47	0.32					
25	鼎(M6:14),身腹部	罗山	77.88	17.86	2.23		铁 1.27	铅锡青铜			[13]
26	兽面纹虎耳方鼎(XDM:11)	江西新干	71.09	12.25	7.34			铅锡青铜		殷墟中期	[15]
27	兽面纹虎耳方鼎(XDM:8)		78.48	9.48	7.82						
28	兽面纹锥足圆鼎(XDM:5)		75.97	16.84	2.25						
29	立耳鱼形扁足圆鼎(XDM:24)		84.41	0.35	1.45			红铜			
30	兽面纹虎耳方鼎(XDM:12)		84.57	8.78	0.43			锡青铜			
31	兽面纹锥足圆鼎(XDM:4)		75.26	0.35	5.7			铅青铜			
32	鼎腹 B005	山西灵石	86.12	10.44	3.12			铅锡青铜	HB95	商晚	[14]
33	鼎腿 B010	山西石楼	81.13	12.13	2.86				HB57.3	商	
34	鼎		77.88	12.92	7.33						[17]
35	鼎 47.11		79.6	13.8	3.1						[18]
36	鼎 60.18		82.9	13.6	2.8						
37	鼎 59.15		82.1	12.0	6.1						
38	鼎 46.31		86.0	9.7	0.4			锡青铜			
39	鼎足		85.7	11	1.2						[19]
40	鼎足		83.8	9.5	3.3			铅锡青铜			
41	鼎足		80.8	13	2.3						
42	鼎		92.0		5.0			铅青铜			[21]
43	铃(234:1)	小屯村西	84.66	4.11	8.39	0.66		锡铅青铜		殷墟Ⅳ期	[8]
44	铙	宁乡	98.22	0.002	0.058			红铜		商	[20]
45	铙		68.9	11.8				锡青铜		殷	[21]
46	铙		73.7	12.17							
平均成分(%)	妇好墓青铜鼎(20 件)		81.44	16.32	0.96						
	殷墟中小型墓青铜鼎(4 件)		81.09	11.17	4.55						
	新干青铜鼎(6 件)		78.30	8.0	4.17						
	其他青铜鼎(12 件)		82.99	11.32	1.9						
	铃和铙(计 4 件)		81.37	7.03	2.10						

注：(1) 凡同一器物有两个以上分析数据者，在计算总的平均值时，是先求出该器物的平均成分，再计算总平均成分的。

(2) 文献 [1]、[2]、[8]、[9]、[15] 等还列出了许多试样杂质元素的含量，因与本研究关系不大，暂略无妨。其中比较值得注意的是 4 号样，含有 0.13% 的银等。

表 3－3－3 商代晚期普通容器合金成分

序号	名称、取样部位、器号	出土地点	成分（%） 铜	锡	铅	锌	其他	合金类型	铭文	时期	文献
1	觚(M5:625)	殷墟妇好墓	77.38	20.15	1.30	0.15	铋 0.72	锡青铜	司㚸母	殷墟Ⅱ期	[7]
2	觚(M5:619)		80.95	16.28	1.84	0.25			司㚸母		
3	觚(M5:631)		81.85	15.05	0.82	0.11	砷 0.7		司㚸母		
4	觚(M5:640)		82.09	16.66	0.14	0.11			妇好		
5	觚(M5:639)		80.02	18.83	0.16	/			妇好		
6	觚		79.72	18.22	1.29	0.42			（无铭）		
7	觚		79.77	17.84	1.28	0.20	砷 0.68		（无铭）		
8	中号斝(M5:751)		79.96	18.82	0.43	0.07			妇好		
9	四足方斝(M5:855)		80.76	16.98	1.13	0.15			妇好		
10	四足方斝(M5:854)		81.07	17.12	0.80	0.10					
11	平底大斝		81.24	16.13	1.53	0.07					
12	鸮尊(腿根部,M5:784)		77.82	19.34	0.75	0.13	铁 1.55		妇好		
13	鸮尊(腿根部,M5:785)		80.10	18.26	0.48	0.16			妇好		
14	方尊(M5:806)		83.65	14.65	0.61	0.08			后㚸母癸		
15	方口大尊(M5:868)		80.72	17.44	0.67	0.14			后㚸母癸		
16	偶方彝(M5:791)		81.98	14.93	1.73	0.34			妇好		
17	三联甗架(M5:790)		84.76	13.35	1.16	0.22			妇好		
18	上半甗(M5:870)		85.06	11.90	1.81	0.23			妇好		
19	小方彝(M5:828)		79.50	18.98	0.39	0.06			妇好		
20	小方彝(M5:825)		79.79	18.48	0.37	0.06	砷 0.65		妇好		
21	甑(M5:768)		84.18	14.30	0.85	0.07			妇好		
22	甑(M5:769)		85.23	13.25	0.75	0.06			妇好		
23	瓿(M5:778)		75.30	20.68	1.83	0.46	砷 0.49				
24	簋(圈足,M5:848)		80.87	16.53	1.68	0.06					
25	封口盉(M5:859)		76.87	20.79	0.47	0.06			妇好		
26	带盖壶(M5:863)		83.39	14.03	0.79	0.25			妇好		
27	提梁卣(M5:829)		80.34	17.24	1.36	0.05					
28	双耳罐(M5:852)		90.15	8.79	0.19	0.06			妇好		
29	方斗(M5:744)		81.73	16.58	1.25	/			妇好		
30	觚(M5:620)		79.98	14.92	4.89	0.22		铅锡青铜	束泉		
31	觚(M5:635)		78.41	12.83	7.80	0.10	砷 0.34		束泉		
32	虎面纹觚(M5:648)		76.37	16.45	6.05	0.14			妇好		
33	虎面纹觚(M5:827)		75.86	17.11	5.94	0.08			妇好		
34	大圆斝(M5:860)		80.91	13.77	4.18	0.14			司㚸母		
35	大圆斝(M5:857)		79.04	15.17	5.38	0.07			司㚸母 与 M:860 成对		
36	大圆斝(M5:861)		76.62	16.22	6.03	0.14			亚其		
37	汽柱甑形器(M5:764)		79.19	13.43	5.85	0.54			好		
38	大型盂(M5:811)		82.23	11.96	4.43	0.47			好		
39	提梁卣(M5:765)		79.23	15.16	3.81	0.78					
40	尊(M5:318)		79.85	15.18	3.90	0.06			子束泉		
41	觚		77.58	18.02	3.46	0.30					
42	圆斗(M5:746)		81.68	14.68	2.40	0.25			妇好		
43	瓿(M5:830)		80.31	16.34	2.51	0.20			妇好		
44	带盖方罍(M5:866)		80.31	17.06	2.13	0.06			妇好		
45	觚(M5:636)		76.84	19.82	2.09	0.27			（铭文难辨）		

46	觚(391:3)	殷墟西区中小型墓	79.54	16.42	1.69	0.13		锡青铜		殷墟Ⅱ期	[8]
47	觚(391:5)		78.53	15.28	3.76	0.34		铅锡青铜			
48	觚(618:13)		80.17	18.41	0.61	0.13		锡青铜			
49	爵(627:3)		78.21	20.52	0.52	0.10					
50	觚(271:8)		92.76	3.51	3.57	0.06		锡铅青铜		殷墟Ⅲ期	
51	爵(198:4)		80.23	17.12	2.03	0.06		铅锡青铜			
52	簋(355:6)		84.0	/	12.95	0.15	砷1.02	铅青铜			
53	觚(777)		94.75	0.73	1.71	0.24	锑0.66	红铜			
54	爵(234:6)		72.85	/	23.72	0.92	硫0.58	铅青铜		殷墟Ⅳ期	
55	觚(234:7)		67.84	/	29.61	0.14	锑0.94				
56	尊(269:14)		76.5	/	20.05	0.73	砷0.42				
57	簋(269:16)		72.10	/	24.45	1.87					
58	爵(269:17)		75.34	0.26	22.95	0.29	砷0.34				
59	觚(692:11)		74.43	14.43	10.09	0.27	砷0.25	铅锡青铜			
60	甗(M160:51)	安阳郭家庄中型墓	99.17		0.41			红铜		殷墟Ⅲ期	[9]
61	方形礼器(M160:50)		96.21		1.42	0.13					
62	觚足(M160:113)		77.13	17.6	2.09	0.25		铅锡青铜			
63	觚口(M160:116)		77.51	17.07	2.08	0.25					
64	角足(M160:124)		77.83	16.72	4.08	0.25					
65	觚口(M160:170)		76.67	16.04	5.05	0.45					
66	方斝(M160:111)		76.18	17.22	3.86	0.38					
67	方尊(M160:152)		74	19.33	3.68	0.13					
68	分裆斝(M160:174)		75.65	13.07	5.19	0.64					
69	铜豆(XDM:42)	江西新干	74.07	1.92	8.92	0.01		铅青铜		殷墟中期	[15]
70	三足铜甗(XDM:39)		56.7	15.68	0.23	0.007		锡青铜			
71	铜罍(XDM:44)本体		75.38	18.44	4.73	0.007		铅锡青铜			
72	铜罍(XDM:44)附饰羊		75.23		5.84	0.007		铅青铜			
73	铜瓿(XDM:41)		47.42	1.58	5.42	0.005	镍0.83	铅青铜			
74	四足铜甗(XDM:38)补块		79.74	12.95	3.82	0.02		铅锡青铜			
75	四足铜甗(XDM:38)本体		78.58	1.15	1.43	0.02		红铜			
76	觚(M6:7),口沿下部	罗山	83.25	12.08	4.87			铅锡青铜		商	[13]
77	爵(M15:3),足部		85.25	14.75				锡青铜	贮		
78	尊B124	衡阳	77.92	20.22	0.21		镍0.1				[14]
79	鬲B004	灵石	77.72	15.59	5.49					晚商	

80	觚 40.3		75.20	19.0	4.8			铅锡青铜		商	[18]
81	壶 48.1		76.40	18.1	3.0						
82	觚 43.9		73.0	17.5	7.0						
83	尊 51.19		77.9	17.2	2.4						
84	卣 42.14		74.4	15.7	7.8						
85	斝 35.12		75.1	15.6	9.5						
86	斝 53.83		76.3	15.3	6.9						
87	觚 07.34		76.7	15.2	4.9						
88	卣 40.11		82.8	14.6	3.7						
89	爵 56.19		80.8	13.7	3.5						
90	盉 42.1		78.4	13.6	3.1						
91	方彝 54.13		78.1	12.9	7.1						
92	爵 25.3		80.5	12.7	5.0						
93	簋 94.17		82.6	10.2	3.5						
94	簋 41.8		74.9	14.3	10.0						
95	觚 51.18		72.4	13.3	11.3						
96	壶 49.5		73.7	12.4	12.1						
97	觥 38.5		69.1	15.1	13.9						
98	觥 39.53		70.1	11.6	15.6			锡铅青铜			
99	尊 55.1		71.5	6.5	19.5						
100	方彝 15.136		67.8	7.1	21.9						
101	觚 11.51		64.0	5.9	25.9						
平均值(%)	妇好墓容器(45件)		80.45	16.21	2.19						
	殷墟西区(14件)		79.10	7.62	11.27						
	安阳郭家庄(9件)		81.15	13.01	3.09						
	江西新干(7件)		69.59	7.39	4.34						
	其余地区(26件)		75.98	13.85	8.19						

注:(1)除表中所列,文献[7]、[8]等还列出了妇好墓和殷墟西区标本的部分微量元素含量,因其与本研究关系不大,暂略;其中较值得注意的是部分试样还含有下列成分:3号,铋0.61%、银0.14%;23号,铁1.05%;25号,铁1.45%;52号,铁1.55%;53号,铁1.32%;54号,铁1.02%、硫0.58%、银0.17%;55号,银0.13%;32号,铁10.2%、铋0.45%、银0.11%;58号,银0.12%。

(2)妇好墓出土有两件四足方斝,即M5:854与M5:855,两件鸮尊,即M5:784与M5:785,两个大圆斝,即M5:857与M5:860,皆为成对器物。

(3)有的试样分析误差实在太大,各组分之总和竟不及90%,虽不能通过它了解标本合金成分的具体情况,但仍可了解大概情况,故仍具一定参考价值。

(1)Cu-Sn二元合金,即锡青铜占据了主导地位。在91件青铜器中,锡青铜66件,占试样总数的72.53%,铅锡青铜25件,占试样总数的27.47%。一般器物也这样大量而普遍地使用锡青铜,在整个先秦时期都是不多见的。

(2)试样平均含锡量较高,含铅量较低。91件试样的平均成分为:铜80.71%、锡15.85%、铅1.79%。

(3)成分较为稳定。如兵工器,含锡量介于8.79%~18.7%之间,平均14.73%,其中9件标本含锡量超过14%,占兵工器试样总数的56.25%;含铅量介于0.43%~3.0%之间,平均1.38%。显然,这种兵工器的强度、硬度都是不错的,尤其是其中的3件镞、4件镑(表3-3-1,10~12号、13~16号标本),含锡量皆处于16%~19%之间，与春秋战国同类器物的成分已较接近，既较锋利，亦较坚韧，综合机械性能较好。

又如鼎，含锡量为11.62%~19.08%，平均16.32%，其中含锡量高于14%的18件，占铜鼎试样总数的90%；含铅量为0.38%~2.86%，平均0.96%。这与《考工记·六齐》的规定成分已相当接近。

此外，1939年河南安阳出土的司母戊大鼎成分为：铜84.77%、锡11.64%、铅2.79%[16]，与妇好墓诸鼎处于同一成分范围。

又如普通容器，含锡量为8.79%~20.79%，平均16.21%，其中高于14%的37件，占容器试样总数的82.22%；含铅量为0.14%~7.8%，平均2.19%，其中低于3%的为33件，占容器试样总数的73.33%。

所以在殷墟大墓中，不管是兵工器、鼎，还是普通容器，都大量地使用锡青铜，而且平均含锡量较高、成分较为稳定。这些成分，皆大体上满足了人们对器物使用性能的要求。以锡为主要合金元素的技术思想的确立，说明人们已区分了铅、锡两种金属及其对铜合金性能的不同影响[24]。

另外妇好墓还有10件残器，其中7件为锡青铜，平均成分为：锡15.68%、铅1.13%；3件为铅锡青铜，平均成分为：锡13.25%、铅5.02%。与上述情况基本一致，也是含锡量较高，含铅量较低。因不知这些器件的名称和种类，不便进一步评述，其合金成分亦未一一引述。

当然，妇好墓青铜器合金技术也显示了一定的局限性：（1）其锡青铜比例太高，从浇铸和加工角度看，普通器物应以铅锡青铜为宜。（2）兵工器平均含锡量较鼎和普通容器还低，这是不太合理的，与现代技术原理亦相悖。这也在一定程度上说明了殷人对礼器之重视。

3. 在不同地区，及至同一地区的大墓和中小型墓葬间，合金技术的发展水平是不同的。

安阳殷墟大墓（如妇好墓），以及江西新干、河南固始、罗山等的合金技术水平都是较高的，但殷墟中小型墓则较低。

先看殷墟中小型墓。表3-3-1、表3-3-2、表3-3-3列出了李敏生、季连琪等分析的83件殷墟中小型墓葬兵工器、鼎、普通容器的合金成分，总体上看，其合金技术的发展水平与二里岗-盘龙城期大体相当。主要表现是：

（1）合金种类较为复杂，有锡青铜（14件）、铅锡青铜（21件）、铅青铜（34件）、锡铅青铜（9件），还有红铜（5件）；其中以锡为主要合金元素的标本计35件，只占标本总数的42.17%；以铅为主要合金元素的标本计43件，占标本总数的51.81%；红铜占标本总数的6.02%。说明以锡作为主要合金元素的倾向尚未表现出来。

（2）83件试样的平均含铅量高于平均含锡量，具体成分为：铜84.04%、锡6.56%、铅8.06%。故从总体上看，这类器物的机械性能并不是太好。

（3）成分分布不太合理，主要表现是兵工器的平均含锡量低于平均含铅量，而鼎和普通容器的平均含锡量却高于平均含铅量。兵工器平均成分为：铜82.91%、锡4.45%、铅8.92%；青铜鼎平均成分为：铜81.09%、锡11.17%、铅4.55%；普通容器平均成分为：铜79.9%、锡9.73%、铅8.08%。同时兵工器成分波动较大，锡含量介于0～20%之间，其中含锡量低于5%的达41件，占兵工器试样总数的73.21%；铅含量介于0～37.82%之间，其中含铅量低于5%的只有27件，占试样总数的48.21%。从平均成分和成分分布看，这些青铜鼎、普通容器的性能还是不差的，但兵工器则欠佳。

再看江西新干青铜合金技术，表3－3－1、表3－3－2、表3－3－3列出了樊祥熹等人分析的19件新干青铜器合金成分[15]。总的来看，技术水平较妇好墓稍低，但较殷墟中小型墓稍高。

（1）合金种类也较复杂，包括锡青铜（5件）、铅锡青铜（7件）、铅青铜（4件）、锡铅青铜（1件）、红铜（2件）。其中以锡为主要合金元素的试样计12件，占试样总数的63.16%；以铅为主要合金元素的试样计5件，占试样总数的26.32%。以锡为主要合金元素的倾向已初露端倪。

（2）19件试样的平均含锡量高于平均含铅量：锡10.88%、铅3.57%。各类器物的平均含锡量亦高于其平均含铅量，其中兵工器平均成分为：锡17.82%、铅2.08%；青铜鼎平均成分为：锡8%、铅4.17%；普通青铜容器平均成分为：锡7.39%、铅4.34%。从平均成分看，这些青铜器具有较好的机械性能，尤其是Ⅰ式直内戈含锡量达16.4%，不含铅；Ⅱ式三棱形刻刀，锡、铅含量分别为13.25%和3.48%。这成分是很不错的了。

（3）但成分波动较大。如兵工器，计6件，含锡量为2.76%～34.04%；青铜鼎，计6件，含锡量为0.35%～16.84%；普通容器，计7件，含锡量为0～18.44%。虽从平均成分看，新干青铜器性能不错，但从成分分布看，则许多器物的性能都是欠佳的，其合金技术的总体水平并不太高。

在研究新干青铜器时，还有几点值得注意的是：（1）由于各种条件的限制，有的分析误差较大，有的标本各组分的总量竟低于90%，这对我们讨论问题是有一定影响的①。（2）目前学术界对这批器物的断代还有一些不同看法，有学者说其可能晚到了西周；可以进一步探讨。

再看其他地方，如信阳、北京、山西、湖南，以及一些出土地点不明者亦归于此，计67件标本。总的来看，这些地方的合金技术似较殷墟中小型墓稍高。

（1）虽其合金种类亦较复杂，但以锡为主要合金元素的倾向已经显示出来。在67件试样中，有锡青铜（14件）和铅锡青铜（36件）计50件，占试样总数的

① 如Ⅰ式翘首刀（表3－3－1，90号），各组分之总和尚不足70%，含锡量竟达34.04%、含铅量为4.93%，表3－3－2、表3－3－3所列也有类似现象，分析误差都太大。至于那些组织和成分皆处于或挨近纯δ相区的器物，若非分析有误，那么，它原本便应是一件不能实际使用的明器或残次品。

74.63%；另有铅青铜11件、锡铅青铜5件，总计只占试样总数的23.88%；此外还有红铜1件。

（2）67件试样的平均成分为：铜81.65%、锡10.57%、铅5.39%。可见其平均成分也显示了以锡为主要合金元素的倾向。

（3）但成分依然不太稳定。如兵工器，计29件，含锡量介于0～16.11%之间，其中低于7%者10件；含铅量介于0～18.9%之间，其中高于17%者2件。有的兵工器性能不错，如河南固始直戈、山西灵石戈等，其含锡量不低，不含铅或含铅量较低；有的则较差，如罗山的1件矛、1件斧皆为红铜，1件出处不明的戈（101号试样）为铅青铜，铅含量高达18.9%。至于这些高铅低锡的兵器是否为明器①，目前很难判断，但其强度和硬度肯定都是较差的。

4．响器技术有了一定发展。

表3－3－2列出了4件殷商响器合金成分，有锡青铜2件、锡铅青铜1件、红铜1件。后两者的性能自然较差，但前两者的含锡量分别达11.8%和12.17%，性能还是不错的。春秋战国编钟的含锡量多在14%～16%之间。

总之，殷商时期的青铜合金技术以殷墟大墓的最为先进，殷墟中型墓次之，小型墓更次之，其他地区则大体上介于殷墟大墓与中小型墓之间。此时，人们已较多地使用了锡青铜和铅锡青铜。此后，以锡作为主要合金元素的技术思想便逐渐深入人心。人们常说的青铜时代，应是以锡为主要合金元素的铜合金时代；若无锡青铜和铅锡青铜的大量使用，是没有真正的青铜时代的；除了锡青铜和铅锡青铜外，其他青铜很难构成较大的生产力，也产生不了众多杰出的青铜艺术品[24]。

也许有人会说，殷墟大墓大量地使用含锡量较高的锡青铜和铅锡青铜，是当时锡多铅少之故。这种可能性是较小的，因这些不同种类的器物并非短期内铸成。所以，殷墟大墓的青铜合金技术，应是当时先进技术的一种反映。

二、西周青铜合金技术的推广和提高

西周时期，青铜合金技术有了一定的提高，主要表现是：锡在青铜合金中的主导地位在更广的地域内逐渐确立起来。表3－3－4所示系175件西周青铜器合金成分，种类有：（1）兵刃器，包括戈、矛、戟、镞、剑，计67件。（2）鼎和响器，包括鼎、铃，计26件。（3）阳燧，1件。（4）普通容器，包括壶、觯、尊、觥、彝、卣、盘等，计44件。（5）生产工具，有锛、凿，3件。（6）车器、铜泡、杂器等计34件。出土地点有北京、陕西、山东、河南、江苏等地。其中有本人分析的，也有其他学者分析的。为方便起见，将表分成了上、中、下3个部分。“上”为一般性地区，包含了整个西周时期的器物；“中”为洛阳北窑西周器物，主要是兵器，其数量较大，包含了早、中、晚三期；“下”为三门峡西周晚期虢国墓器

① 明器。《礼记·檀弓上》：“明器，神明之也。”郑氏注：“言神明，死者也。神明者，非人所知。”后人又写作冥器。

物[25]，主要是容器。这些标本对我们了解西周青铜合金技术都具有重要的意义，尤其是北窑和虢国墓器物。由此可见：

（一）以锡为主要合金元素的试样有了增加，在175件标本中，锡青铜（64件）和铅锡青铜标本（71件）计135件，占试样总数的77.14%；铅基合金（1件）、铅青铜（8件）和锡铅青铜标本（27件）计36件，占试样总数的20.57%。与殷墟中小型墓以及商代晚期的一般地区青铜器相比较，显然有了明显的进步。另有红铜2件，铅黄铜2件，计占试样总数的2.28%。

（二）与殷墟相比较，许多器物的成分分布更趋合理。如兵刃器，67件，其中锡青铜（33件）和铅锡青铜标本（14件）计47件，占兵器试样总数的70.15%；铅青铜（5件）和锡铅青铜标本（12件）计17件，占25.37%；另有铅黄铜2件，红铜1件，计占试样总数的4.48%。这些标本中，尤其值得注意的是：高淳出土的2把剑，成分分别为：锡19.09%、23.22%，铅4.65%、7.83%；可知其含锡量较高，而含铅量却不太高。虢国墓出土的2件镞和1件戈，含锡量皆在20%以上，含铅量亦不高；2件镞的平均含锡、铅量分别为22.65%、3.0%。北窑青铜戈，不但含锡量稍高，而且相当稳定。表3－3－4所示的27件洛阳北窑西周青铜戈中，由早期到中期、晚期，平均含锡量皆处于8%～9%之间，其中大于8%的达15件；平均含铅量为1%～4%，其中大于5%的只有5件。从西周早期到西周晚期，北窑青铜戈的成分皆无太大变化。这都说明，人们已开始注意到兵刃器使用性能与合金成分间的关系。此时虽还有2件铅黄铜的镞铤，含锌量分别为10.911%和11.809%，含铅量分别为3.455%和5.065%，但含铅量不高，材料性能较红铜稍有改善。看来这也应当是利用共生矿，或单金属氧化矿的混合矿冶炼得到的，依然属于原始黄铜范围。

阳燧，1件，断代西周中期偏早，基体平均成分为：铜72.35%、锡18.18%、铅5.775%、硅2.945%、铁0.65%[26]。其含锡量约与战国汉唐镜之下限相当，大体上属于镜用青铜范围；这成分是不错的，研磨面已经发白，反映了一种较高的合金技术水平。

生产工具，锛、凿计3件，其中2件为锡青铜，1件为铅锡青铜，平均成分为：铜82.4%、锡12.833%、铅1.23%。这成分也是不错的。

青铜鼎，上、中、下三个表计19件，其中铅锡青铜11件，占青铜鼎试样总数的57.89%；铅青铜2件，锡铅青铜5件，计占试样总数的36.84%；另有红铜1件。虽然这些青铜鼎的合金成分与商代晚期并无十分明显的差别，因人们对鼎的机械性能原无过高要求，故仍能满足需要。

青铜铃、銮铃，7件，其中锡青铜6件，铅锡青铜1件，无红铜和锡铅青铜。含锡10.9%～16.9%，平均13.129%；含铅0～2.33%，平均0.513%。可见含锡量较高，含铅量较低，且较稳定，这对铜铃的发声是很有帮助的。与现代技术原理基本相符，比商代晚期有了较大的进步。

普通容器，44 件，其中锡青铜 13 件，铅锡青铜 23 件，计占此类标本总数的 81.81%；铅青铜 1 件，锡铅青铜 7 件，计占此类标本总数的 18.18%。可见这多数都是以锡为主要合金元素的合金，且含锡量较高，含铅量较低，成分亦较稳定。其中表 3－3－4 上、表 3－3－4 中标本的平均含锡量为 14.487%，其中大于 14% 者 16 件；平均含铅量 3.436%，其中低于 3% 者 16 件。可见大多数器物都具有较高的强度和硬度，比商代晚期有了较大进步。表 3－3－4 下标本的平均含锡量为 12%，平均含铅量为 11.61%，大体上皆能满足其使用性能的要求。

车具、泡饰、杂器，计 35 件，其中锡青铜（10 件）和铅锡青铜（19 件）共 29 件，计占此类试样总数的 82.86%，这比例是较高的；铅基合金（1 件）和锡铅青铜（5 件）总计只有 6 件。这些标本多数含锡量稍高，其中高于 11% 的达 20 件，虢国墓车軎（M2010:77）含锡量最高，达 18.2%，机械性能是不错的。虽有的铜泡含铅量稍高，但基本上亦能满足人们对器物使用性能的要求。

可见兵器、阳燧、工具、响器成分都控制得较好，尤其是洛阳北窑和三门峡虢国墓青铜器，它们大体上反映了西周青铜合金技术的先进水平。

当然，也有器物，如一般地区出土的青铜戈，成分波动依然较大，如滕县戈 LT2 等的成分是不错的，但相当大一部分则较差。表 3－3－4 上所示 17 件戈中，含锡量波动范围是 0.51% ～14.864%，含铅量波动范围是 0～28.85%；含锡量大于 15% 者并无一件，含铅量大于 20% 的却有 5 件。17 件标本的平均成分为：铜 79.679%、锡 7.464%、铅 10.841%。可见其平均含铅量大于平均含锡量。产生这一现象的原因目前尚难分辨，但不能排除有的标本原属明器，或其他非实战器的可能性。苏南有的地区的青铜技术大体与二里岗－盘龙城期相当，含锡量较高的器物和含铅量较高的器物都使用得较多，有的标本的成分选择显然欠佳。如溧水乌山方鼎 M2:1 含铅量高达 34.27%，却不含锡；其不但性柔，而且含铅量如此之高，制作食器恐怕是欠妥的。丹徒母子墩西周中期车器含锡量高达 37.57%，从 Cu－Sn 二元合金机械性能曲线可知，其强度也是很低的。

（三）王室大墓和一般中小型墓青铜技术间的差别虽不像殷墟那样明显，但依然存在着。第二次发掘的虢国墓有多座王室大墓，如墓 M2001 的主人虢季为国君，墓 M2012 的主人为虢季夫人；墓 M2011 的主人为太子；墓 M2009 的主人虢仲亦为国君。其青铜器的含锡、含铅量都稍高，尤其是青铜镞和青铜戈，大体与春秋战国时期的合金成分相当。如戈，洛阳的 9 件北窑西周中期戈平均含锡、含铅量分别为：8.795%、2.77%；一般地区的 17 件西周青铜戈的平均锡、铅量为：7.464%、10.841%；1 件虢国墓戈却为：锡 21.3%，铅 < 0.1%。又如鼎，一般地区的 10 件西周鼎平均锡、铅量为：10.186%、4.526%；虢国墓的 8 件鼎平均锡、铅量却为：13.08%、9.35%。我国古代青铜合金技术的全面提高并超越殷墟大墓的青铜

合金技术，大体上是春秋战国的事。

表 3－3－4 上　西周青铜器合金成分

序号	名称	样号或器号	出土地点	时间	成分（%）				合金类型	文献
					铜	锡	铅	其他		
1	戈	B35	北京	西周早期	89.311	10.688			锡青铜	[28]
2		B36			84.930	14.864	0.204		锡青铜	
3		Sh6	武功		89.045	8.688	2.260		铅锡青铜	待刊
4		LT2	滕县		82.872	13.841	0.496		锡青铜	
5					82.72	13.61	0.78		锡青铜	[6]
6					87.44	10.75	0.10		锡青铜	
7					73.38	12.10	12.41		锡铅青铜	
8					83.94	10.22	4.76		铅锡青铜	[23]
9					78.06	0.67	17.14		铅青铜	
10					87.92	5.97	5.54		铅锡青铜	
11					87.48	8.66	3.66		铅锡青铜	
12					86.37	4.82	7.7		锡铅青铜	
13					74.39	1.54	23.81		铅青铜	
14					70.67	0.51	24.64		铅青铜	
15					70.10	3.71	24.37		锡铅青铜	
16					65.52	1.91	28.85		铅青铜	
17					60.39	4.34	27.57		锡铅青铜	
18	戟				85.42	12.48	0.26		锡青铜	[6]
19	矛		丹徒母子墩	西周中期	49.57	16.15	25.29		锡铅青铜	[29]
20	剑	LP1	蓬莱		84.83	15.17			锡青铜	[27]
21	阳燧		周原	西周中期	72.35	18.18	5.755		铅锡青铜	[26]
22	镞铤	LC4	长岛		72.596	11.934	15.469		锡铅青铜	[27]
23	箭头 a				94.52	1.93	2.09		铅青铜	[6]
24	箭头 b				82.4	14.19	1.60		锡青铜	
25	镞		丹徒母子墩	西周中期	61.62	19.16	15.02		铅锡青铜	[29]
26	镞铤	LC2	长岛		84.453	1.099	3.455	锌 10.911	铅黄铜	[27]
27		LC3			82.184	0.936	5.065	锌 11.809	铅黄铜	
28	鼎			西周早期	98.87				红铜	[12]
29	方鼎				88.0	2.4	6.4		锡铅青铜	[18]
30	鼎	M1：x	溧水乌山		87.26	0	10.74		铅青铜	[29]
31	方鼎	M2：1			52.49	0	34.27			
32	鼎	Sh4	武功		81.11	14.272	4.617		铅锡青铜	待刊
33		Sh5			86.284	5.617	8.098		锡铅青铜	
34		LZ1	招远		79.5	16.6	2.289	铝 0.726	铅锡青铜	[27]
35			岐山		83.63	11.70	3.30		铅锡青铜	[14]
36		4.6			76.0	16.0	6.0		铅锡青铜	[18]
37	方鼎	50.7			77.7	14.9	5.5		铅锡青铜	
38	铃				80.62	16.88	0.04		锡青铜	[6]
39					86.4	13.27			锡青铜	
40					81.55	10.9	2.33		铅锡青铜	
41	漆口铜壶	B32	北京	西周早期	86.991	11.003	2.004		铅锡青铜	[28]
42	壶	59.14			83.1	15.1	0.1		锡青铜	[18]

43	圈足	B23	北京		88.52	11.479			锡青铜	待刊
44	礼器口沿	M42.184	浚县辛村		79.78	15.00	2.34		铅锡青铜	[6]
45	觯	Sh13	陕西	西周早期	81.92	18.08			锡青铜	待刊
46		19.6			77.5	14.2	4.3		铅锡青铜	[18]
47		49.10			78.0	19.5	0.4		锡青铜	
48	方彝	30.54			77.7	21.5	1.2		锡青铜	
49	尊足	M60.5	浚县辛村		79.19	12.70	6.24		铅锡青铜	[6]
50	方尊	50.18			75.8	19.1	0.8		锡青铜	[18]
51		25.2			79.7	13.6	2.0		铅锡青铜	
52	尊	11.4			82.2	14.8			锡青铜	
53		54.122			81.3	15.8	1.8		锡青铜	
54		16.142			79.4	13.0	5.0		铅锡青铜	
55			丹阳司徒乡	西周中期	76.15	13.37	3.42		铅锡青铜	[29]
56	卣	09.258			79.6	16.4	1.9		锡青铜	[18]
57		60.20			83.3	15.1	0.1		锡青铜	
58		16.361			83.3	14.5			锡青铜	
59		37.1			84.1	13.3	1.2		锡青铜	
60		47.12			74.7	12.6	5.4		铅锡青铜	
61	鬲		丹徒母子墩	西周中期	54.54	0	30.46		铅青铜	[29]
62	簋	11.53			82.6	13.2	1.5		锡青铜	[18]
63		16.480			78.2	17.1	3.2		铅锡青铜	
64		15.102			77.2	16.2	3.2		铅锡青铜	
65		11.83			76.0	14.8	7.9		铅锡青铜	
66		38.2			82.0	13.2	3.6		铅锡青铜	
67	长方形铜泡	B27	北京	西周早期	81.087	13.129	5.782		铅锡青铜	[28]
68	球形铜泡	B28			87.555	11.769	0.675		锡青铜	
69	半球形铜泡	B29			81.958	8.389	9.651		锡铅青铜	
70		B30			87.101	7.167	5.73		铅锡青铜	
71	车軎	B31			84.046	15.953			锡青铜	
72	当卢	B33			88.973	11.026			锡青铜	
73	盾饰	B34			84.375	15.267	0.357		锡青铜	
74	铜残器		陕西陇县		79.16	8.97	6.16		铅锡青铜	[60]
75	车器	B22	北京		88.216	11.783			锡青铜	[28]
76	莹环		岐山		76.85	13.98	3.10		铅锡青铜	[14]
77	车軎		丹徒母子墩	西周中期	59.45	37.57	0		锡青铜	[29]
78	马镳				69.19	25.45	0		锡青铜	
79	马泡				70.23	17.18	4.77		铅锡青铜	
80	车马器				80.43	11.39	6.61		铅锡青铜	[6]
81	轴头				68.43	7.98	21.54		锡铅青铜	
82	甲泡				74.48	16.16	3.97		铅锡青铜	
83	甲泡				85.45	9.44	2.33		铅锡青铜	
84	空心半球				76.47	11.67	11.31		铅锡青铜	
85	铜鱼 a				81.86	11.11	3.58		铅锡青铜	
86	铜鱼 b				82.35	10.86	5.10		铅锡青铜	
87	剑刃	3：1251	高淳	西周中、晚期	75.4	19.09	4.65		铅锡青铜	[59]
88	剑首	3：1253	高淳		69.22	23.22	7.83		铅锡青铜	

平均成分（%）	戈（17 件）	79.679	7.464	10.841			
	戟、矛（2 件）	67.495	14.315	12.775			
	剑（3 件）	76.483	19.16	4.16			
	阳燧（1 件）	72.35	18.18	5.775			
	青铜鏃（4 件）	77.784	11.804	8.545			
	铅黄铜鏃铤（2 件）	83.319	1.018	4.262	锌 11.36		
	青铜鼎（10 件）	83.846	10.186	4.526			
	青铜铃（3 件）	82.857	13.683	0.79			
	普通青铜容器（26 件）	79.338	14.486	3.436			
	车马器、饰器、杂器（20 件）	79.383	13.812	4.533			

注：除表中所列，阳燧等标本还有一些次要成分未曾列出，但这并不影响我们的研究和讨论。

表 3－3－4 中　西周青铜器合金成分（洛阳北窑青铜器）

序号	器名（取样部位）	墓号或器号	时代	成分（%）				合金种类
				铜	锡	铅	其他	
1	戟（刃）	中墓 M5	西周早期	86.53	10.20	2.24	铝 1.03	铅锡青铜
				84.86	10.51	3.37	铝 1.27	
2	戈（刃）			86.61	7.07	6.32		铅锡青铜
				88.34	6.32	5.34		
3	戟（刃）			87.33	11.34		铁 0.52 铝 0.81	锡青铜
				86.6	10.82	0.88	铁 0.54 铝 1.16	
4	戈	中墓 M115		87.89	9.84		铁 1.01 铝 1.26	锡青铜
				88.29	9.49		铁 1.0 铝 1.22	
5	矛	大墓 M141		84.21	11.01		铝 4.77	锡青铜
				83.29	10.2		铝 6.51	
6	戈（刃）	大墓 M141:5		89.8	8.2		铁 0.93 硅 0.17 铝 0.91	锡青铜
				90.71	7.67		铁 0.45 硅 0.17 铝 0.99	
7	戈（刃）	中墓 M155		86.01	5.58	6.56	铁 0.94 铝 0.91	锡铅青铜
				83.56	5.36	8.89	铁 1.21 铝 0.98	
8	矛（刃）	大墓 M200		85.75	8.13	4.3	铁 0.87 铝 0.95	铅锡青铜
				86.21	7.91	4.38	铁 0.64 铝 0.87	
9	无胡戈（刃）	中墓 M346		86.93	11.26		铁 0.8 铝 1.01	锡青铜
				87.57	10.8		铁 0.83 铝 0.79	
10	戈（刃）	中墓 M370		81.47	12.99		铁 4.49 铝 1.05	锡青铜
				80.59	12.56		铁 5.58 铝 1.26	
11	戈（刃）	中墓 M440:13		84.15	6.94	6.32	铝 2.6	铅锡青铜
				84.68	6.68	5.79	铝 2.85	
12	戈（刃）	中墓 M440		86.0	9.19	2.39	铁 0.75 铝 1.66	锡青铜
				87.29	8.91	1.33	铁 0.94 铝 1.52	
13	筒状车器			85.45	10.34	2.99	铝 1.23	铅锡青铜
				87.14	10.31	1.73	铝 0.81	
14	戈（刃）	中墓 M448		87.41	9.78	1.88	硅 0.1 铝 0.83	锡青铜
				88.39	8.91	0.95	铁 0.96 铝 0.79	

15	戈	中墓 M112	西周中期	83.99	8.04	4.85	铁 2.29 硅 0.11 铝 0.73	铅锡青铜
				83.8	7.9	5.12	铁 2.48 硅 0.06 铝 0.64	
16	短胡戈			85.88	10.85	1.08	铁 0.95 硅 0.05 铝 1.17	锡青铜
				85.85	11.08	1.36	铁 0.75 硅 0.03 铝 0.93	
17	戈（刃）	大墓 M139		89.18	10.82			锡青铜
				88.88	11.12			
18	戈（刃）	大墓 M139:17A		86.75	11.02		铁 0.81 硅 0.03 铝 1.39	锡青铜
				87.38	10.41		铁 0.83 硅 0.13 铝 1.24	
19	戈（刃）	大墓 M139:15		88.46	2.71	7.7	铝 1.12	锡铅青铜
				80.7	2.42	15.96	铝 0.91	
				84.88	2.8	11.35	铝 0.97	
20	长方形铜泡	大墓 M241		11.66		74.97	铁 5.07 钙 2.7 硅 3.69 铝 1.92	铅基合金
				10.07		64.69	铁 4.49 钙 8.55 硅 7.35 铝 2.96 钾 1.62	
				28.15		49.41	铁 3.58 钙 7.75 硅 7.78 铝 2.96 钾 1.02	
21	銮铃(口沿)			86.58	11.13		铁 1.35 铝 0.95	锡青铜
				87.36	11.35		铁 0.72 铝 0.57	
22	銮铃(口沿)			87.30	11.07		铁 0.91 铝 0.72	锡青铜
				86.27	11.56		铁 1.07 铝 1.09	
23	车軎	中墓 M350		87.95	10.3		铁 0.58 硅 0.04 铝 1.12	锡青铜
				87.56	10.46		铁 0.67 硅 0.21 铝 1.10	
24	戈（刃）	中墓 M421		86.32	3.68	6.6	铁 2.67 铝 0.74	锡铅青铜
				86.46	3.74	5.29	铁 3.34 铝 1.17	
25	匕（食具）	中墓 M519	西周晚期	86.87	8.62	3.01	铁 1.5	铅锡青铜
				87.24	8.68	2.96	铁 1.12	
26	戈	中墓 M400		85.76	8.94	3.37	铁 0.89 铝 1.05	铅锡青铜
				84.52	9.21	4.15	铁 0.92 铝 1.2	
27	戈	中墓 M513		87.75	10.56		铁 0.57 铝 1.13	锡青铜
				87.73	10.15		铁 0.91 铝 1.2	
28	銮铃			82.32	11.6	1.05	铁 0.84 铝 4.19	锡青铜
				82.9	11.17	1.07	铁 0.82 铝 4.05	
29	戈	中墓 M568		90.27	6.15	1.13	铁 1.64 铝 0.81	锡青铜
				91.04	5.91	0.81	铁 1.31 铝 0.94	
30	戈			90.62	7.7		铁 0.73 铝 0.94	锡青铜
				89.57	8.73		铁 0.78 铝 0.92	
31	戈（刃）	中墓 M252	西周	97.29		1.82	铁 0.89	红铜
				97.98		1.35	铁 0.67	
				96.43		1.98	铁 0.87 铝 0.73	
				96.67		1.73	铁 0.97 铝 0.63	
32	鼎	（采集）		81.16	6.85	7.11	铁 3.96 硅 0.12 铝 0.8	铅锡青铜
				81.88	6.98	5.89	铁 4.51 铝 0.73	

33	戈	大墓 M210:21	西周早期	82.17	7.5	0.10	铁 0.68 铋 0.06	锡青铜
34	戈（明器）	中墓 M78:5		62.22	5.38	26.6	铁 1.72 铋 0.03 砷 1.6	锡铅青铜
35	戈	大墓 M141:15		85.0	4.4	5.84	铁 0.2 砷 0.16	锡铅青铜
36	戈	中墓 M51:3		83.0	12.6	0.62	铁 0.06 砷 0.0135	锡青铜
37	丰伯戈	大墓 M215:76		84.31	11.65			锡青铜
38	长骨宽叶矛	大墓 M141:16		87.66	9.97	0.25	铁 0.11	锡青铜
39	丰伯剑	大墓 M215:55		88.22	11.76			锡青铜
40	戟（锋）	中墓 M5:16		76.2	9.8	3.2	铁 1.6	铅锡青铜
41	锛	中墓 M203:18		80.0	13.6	0.06	铁 0.06	锡青铜
42	锛	大墓 M210:34		87.2	9.7	3.3		铅锡青铜
43	车軎	中墓 M170:1		70.0	16.6	6.32	铁 1.26 砷 0.004	铅锡青铜
44	辖踏	中墓 M203:3		84.49	8.18	0.01	铁 0.06 铋 0.02	锡青铜
45	銮铃	中墓 M234:6		74.0	16.9	0.16	铁 0.1	锡青铜
46	当卢	大墓 M17:14－1		78.61	9.79	8.31	铁 0.19	铅锡青铜
47	泡饰	中墓 M115:14		69.0	19.4	9.4		铅锡青铜
48	戈	中墓 M52:19	西周中期	78.5	10.7	0.08	铁 0.32 砷 0.0168	锡青铜
49	戈	中墓 M306:5		76.2	12.8	0.2	铁 0.58 砷 0.91	锡青铜
50	长胡三穿戈	中墓 M307:7		86.71	8.76	0.8	铁 0.05 铋 0.02	锡青铜
51	戟	中墓 M112:5		84.49	10.31	0.17	铁 0.11	锡青铜
52	凿	大墓 M139:17		80.0	15.2	0.33	铁 0.8	锡青铜
53	车軎	中墓 M365:1		79.0	14.8	3.5	砷 0.0128	铅锡青铜
54	车軎	中墓 M307:2		63.0	9.8	22.0	铁 0.2 砷 0.83	锡铅青铜
55	车軎	大墓 M118:20	西周晚期	85.19	4.04	0.18	铁 0.28 铋 0.19	锡青铜
56	辖踏	大墓 M662:6		65.0	17.2	4.7	铁 2.04 砷 4.3	铅锡青铜
57	车辖	（采集）	西周	76.62	11.17	11.25	铁 0.02	锡铅青铜
平均成分（%）	戈	14 件西周早期		83.896	8.595	4.004		
		9 件西周中期		84.248	8.795	2.77		
		4 件西周晚期		88.41	8.423	1.183		
		1 件西周		97.09		1.72		
	矛、戟，7 件，西周			84.393	10.021	1.6		
	剑，1 件，西周早期			88.22	11.76			
	銮铃，4 件，西周			82.593	12.713	0.305		
	锛、凿，3 件，西周			82.4	12.833	1.23		
	车軎车踏、车辖、筒状车器，9 件			77.483	11.388	5.591		

注：（1）试样 1～32 承洛阳市文物工作队提供，承原冶金部钢铁研究总院肖鹏、李洁扫描电镜能谱分析。见陕西师范大学等编：《黄盛璋先生八秩华诞纪念文集》，中国教育文化出版社，2005 年，何堂坤文。

（2）试样 33～57 采自《洛阳北窑西周墓》第 374 页（文物出版社，1999 年），北京钢铁学院（今称北京科技大学）中国冶史编写组等文。

（3）铜泡 2 件、当卢 1 件、鼎 1 件、匕 1 件，计 5 件，未计平均成分。

三、春秋战国“六齐”合金规律的出现

春秋战国时期，我国古代青铜合金技术发展到了相当成熟的阶段，主要表现是：南方北方合金技术都有了很大提高，在中原文化区内，地域上的差别基本消失；锡在铜合金中的主导地位完全确立，普通器物都使用了锡青铜和铅锡青铜；不同使用性能的器物使用了不同的成分，总结出了世界上最早的青铜合金规律——“六齐”规律。

表3-3-4下　西周青铜器合金成分(虢国墓青铜器)

序号	名称、器号	分析部位	成分(%)				合金类型
			锡	铅	铁	其他	
1	双翼外张形镞 M2001:386-1	残断处	25.2	6.0	<0.1*	硫1.2 氯0.1*	铅锡青铜
2	无翼四叶镞 M2001:391-1	残断处	20.1	<0.1*	<0.1*	/	锡青铜
3	戈 M2001:518	胡部	21.3	<0.1*	0.7	/	锡青铜
4	虢季鼎 M2001:71	耳残部	18.0	2.6	0.6	银1.0 氯<0.1*	铅锡青铜
5	虢季鼎 M2001:72	碎片	9.4	15.8	0.4	银0.3 氯<0.1*	锡铅青铜
6	虢季鼎 M2001:82	口下沿	18.9	6.1	/	/	铅锡青铜
7	虢季鼎 M2001:390	腹下部	12.3	6.7	0.6	/	铅锡青铜
8	波曲纹鼎 M2011:77	腹部	11.4	5.1	0.9	/	铅锡青铜
9	垂鳞纹鼎 M2012:1	鼎足	10.9	10.4	<0.1*	/	铅锡青铜
10	垂鳞纹鼎 M2012:33	鼎足	12.5	13.3	0.4	银<0.1* 氯<0.1*	锡铅青铜
11	变形窃曲纹鼎 M2013:1	腹部	11.2	14.8	2.3	/	锡铅青铜
12	S形窃曲纹軎 M2010:77	中部	18.2	10.8	<0.1*	银0.5 氯<0.4*	铅锡青铜
13	联羽纹圆壶 M2001:80	圈足座	8.3	26.4	1.8	银<0.1* 氯<0.1*	锡铅青铜
14	联羽纹圆壶 M2001:89	腰部	17.1	6.5	0.6	银0.8 氯<0.1*	铅锡青铜
15	虢季方壶 M2001:90	口沿部	8.5	25.6	1.3		锡铅青铜
16	虢季方壶 M2001:92	圈足座	14.5	3.1	/	/	铅锡青铜
17	S形窃曲纹圆壶 M2011:62	盖口沿	8.2	4.1	1.1	硫1.1	铅锡青铜
18	重环纹盘 M2008:9	腰部上	12.9	6.8	/	/	铅锡青铜
19	凸弦纹盘 M2013:6	腰部	4.7	13.7	1.2	银<0.1* 氯0.7	锡铅青铜
20	虢季匜 2001:77	腰部	13.6	10.2	0.7	银<0.1* 氯<0.1*	铅锡青铜
21	虢季匜 M2001:78	残片	20.6	10.6	<0.1*	/	铅锡青铜
22	曲体龙纹匜 M2006:64	残片	17	8.4	<0.1*	/	铅锡青铜
23	虢季簋 M2001:95	口沿	11.1	9.6	<0.1*	/	铅锡青铜
24	S形窃曲纹簋 M2011:325	底部	12.4	16.3	/	/	锡铅青铜
25	S形窃曲纹簋 N2012:7	腹部	9.9	13.9	<0.6	银<0.1* 氯1.7*	锡铅青铜
26	龙纹盉 M2001:96	残断处	11.7	9.6	<0.1*	银<0.1* 氯<0.1*	铅锡青铜
27	虢季盨 M2001:97	下腹部	11.4	6.3	<0.1*	银<0.1* 氯<0.3*	铅锡青铜
28	虢季甫 M2001:148	足部	16.1	17.7	<0.1*	/	锡铅青铜
29	虢季甫 M2001:148	足部	19.9	11.5	<0.6	银<0.1* 氯<0.1*	铅锡青铜
30	波曲纹方甗 M2010:28	底部	8.2	8.7	<0.1*	/	锡铅青铜
平均成分(%)	镞,2件		22.65	3.0			
	戈,1件		21.3	<0.1*			
	鼎,8件		13.08	9.35			
	軎,1件		18.2	10.8			
	盘2 壶5 匜3 簋3　1甫2　1盉1		12	11.61			

注:(1)采自文献[25],除表中所列含量,余部当为铜。

(2)"/"表示无此元素。"*"表示该元素含量小于仪器测量极限,表中所列数值仅供参考。

(一)从实物分析看春秋战国青铜合金技术

表3-3-5至表3-3-10所示分别为此时期青铜剑、一般兵工器、钟鼎、青铜镜、一般容器的合金成分,其中有其他学者分析的,也有本人分析的。在此有一点需要说明的是:这些试样基本上采自中原文化区,凡器物形制具有明显的地区性特点者,如巴蜀、滇池和北方游牧民族地区,当另行讨论。

1. 青铜剑的合金技术

表3-3-5列出了59件春秋战国青铜剑合金成分,由之可见:

(1)其绝大多数皆以锡作为主要合金元素。在59件标本中,锡青铜剑23件、铅锡青铜剑 34 件,计 57 件,占试样总数的 96.61%;以铅为主要合金元素的只有锡铅青铜剑 2 件,占试样总数的 3.38%。这说明人们已充分认识到了锡对铜合金机械性能的影响。尤其值得注意的是:此铅锡青铜标本多于锡青铜标本,这进一步说明人们已充分注意到了铅对锡青铜铸造加工性能的某些调剂作用。这比商代妇好时期是一个进步。

(2)一般含锡量较高,含铅量较低,平均值为:铜 76.000%、锡 16.92%、铅 4.151%。从现代材料学可知,这种剑的强度和硬度都较高,综合机械性能亦较好。

(3)成分较为稳定,且分布较为合理。59 件剑含锡量处于 8.849% ~24.94% 之间,其中介于 15% ~22% 的达 41 件,占试样总数的 69.49%,它们大体上都可通过淬火的方式来改善材料机械性能。含铅量小于 5% 的达 33 件,占试样总数的 55.93%;大于 7% 的只有 12 件,占试样总数的 20.34%。

(4)一般而言,春秋剑和战国剑的合金成分并无明显差别,江陵、固始、淅川所出土的 3 件春秋剑含锡量为 18.26% ~21.4%,平均 19.487%,与鄂城战国剑成分十分接近。唯山东招远春秋剑含锡量稍低(平均 12.286%),这可能与多方面因素有关,有待进一步研究。

2. 普通青铜兵工器合金技术

表 3-3-6 列出了除剑之外的 112 件普通兵器、生产工具合金成分,由之可见:

(1)以锡为主要合金元素的铜合金已占主导地位。在 112 件试样中,锡青铜的 37 件,铅锡青铜的 63 件,计 100 件,占试样总数的 89.29%;锡铅青铜(9 件)、早期黄铜(锡铅黄铜,1 件)、铅锌锡青铜(1 件)、锑铅青铜(1 件)计 12 件,占试样总数的 10.71%。

(2)兵工器的平均含锡量较高,平均含铅量较低。除 3 件耜含锡量稍低,属于铅青铜和锡铅青铜外,其余皆属锡青铜或铅锡青铜,而且含锡量都较多地超过了含铅量。

(3)成分分布较为集中、合理,波动较小。在 112 件标本中,有 74 件的含锡量集中在 12% ~26% 之间,占标本总数的 66.07%;75 件的含铅量集中在 0 ~6% 之间,占标本总数的 66.96%。

在兵器中,含锡量最高的是矛,其平均成分为:锡 20.396%、铅 5.787%;在 15 件矛中,含锡量大于 15% 的达 14 件,占试样总数的 93.33%。镞次之,平均锡、铅量为:17.29%、5.229%;在 19 件镞中,含锡量大于 12% 的达 15 件,占试样总数的 78.947%。钺又次之,平均锡、铅量为:17.157%、2.667%。戟又次之,平均锡、铅量为:16.973%、7.123%。戈再次之,平均锡、铅量为:14.21%、4.82%;在 30 件戈中,含锡量大于 12% 的达 22 件,占试样总数的 73.3%。可见,所有兵器中,戈的平均含锡量是最低的,但也超过含铅量许多。

在工具中,含锡量最高的是篾刀,平均锡、铅量为 26.525%、1.33%;其次是镰,平均锡、铅量为:23.785%、10.525%;再次为凿、钻、斧、斤、锯镰、臿、削。篾刀和镰都是锋刃之器,含锡量较高是十分必要的,只可惜 2 件削含锡量稍低。

从现代技术原理看,铜与锡可形成置换固溶体和多种电子化合物,在正常生产条件下,含量低于 5% 时,锡常与铜形成置换固溶体,在铜的晶格中占据一个位置,金属组织呈单相 $\alpha-\mathrm{Cu}$;含锡量达 5% ~7% 时,铸态组织中便有 $(\alpha+\delta)$ 共析体析出,δ

相是以电子化合物 $Cu_{31}Sn_8$ 为基的固溶体，其色灰白，其性硬且脆，一定程度上可起到加强金属基体的作用。一般而言，当含锡量达 7% 后，合金硬度和强度都有所提高；含锡量大于 14% 后，强度和硬度都有明显提高；含锡量超过 20% 后，材料强度逐渐达最大值；含锡量达 28% 时，硬度达最大值。所以在一定成分范围内，含锡量增加，合金强度和硬度都会随之增长。铅与铜既不能形成电子化合物，也不能形成固溶体，而是以软夹杂形式存在于铜基体中，对金属基体起到一种切割作用，从而破坏了金属的连续性，削弱了它的强度和抗腐蚀的能力。所以，合金含铅量提高，材料的强度和硬度都会受到影响。春秋战国时期兵工器含锡量较高，含铅量较低或不含铅，说明人们对锡、铅两种金属及其在铜合金中的作用都有了相当的认识。

当然，不管是青铜剑，还是一般兵工器，此时期依然存在少量铅青铜或锡铅青铜质。造成这种现象的原因较为复杂，但它并不代表当时的真实水平。即使到了 20 世纪，农村使用的各种刃器亦非每一件都是好钢制作，都是十分锋利的。

(4)关于兵工器中的锑、锌、砷。粡 WF17 为锑铅青铜，平均含锑量为 8.97%。在今日所见古代青铜器中，含锑这样高的青铜器尚属首例。看来它很可能是随共生矿带入的。锑的冶炼较为麻烦，我国的炼锑工艺大体上是 20 世纪初才出现的。

江陵战国铜镞 J2 为锡铅黄铜，成分为：锡 7%、铅 7.14%、锌 8.11%，可见锡、铅、锌含量都不高。目前分析过的商、周黄铜器共计 3 件，前面表 3－3－4 上还提到过 2 件，皆为复杂黄铜，含锌量都较仰韶、龙山文化黄铜为低。至于商周时期是否已对这种合金有过一些认识，目前还缺乏足够的资料。看来它们大体上皆属原始黄铜范围。

在表 3－3－6 中，唯少数标本含有少量的砷，显然是一种杂质。从现有分析资料看，在先秦青铜器中，唯深圳大梅沙青铜矛[32]、丹阳司徒乡青铜鼎（表 3－3－7）和青铜簋（表 3－3－9）等含砷量稍高。大梅沙青铜矛金属基体成分为：铜 81.8%、锡 5.72%、铅 0.67%、铁 0.25%、硫 0.14%、砷 6.35%，器体表面含砷量达 10.2%[32]；丹阳青铜鼎基体含砷量高达 11.4%、丹阳青铜簋含砷量为 8.93%。这砷究竟是有意加入，还是无意带入，有待进一步研究。

3. 青铜鼎和响器的合金技术

表 3－3－7 列出了 41 件春秋战国青铜鼎合金成分，由之可见：

(1)41 件试样中，有锡青铜 1 件，铅锡青铜 22 件，计占试样总数的 56.098%；砷铅青铜 1 件，锡铅青铜 17 件，计占试样总数的 43.902%。可知锡在合金元素中的主导地位并不十分突出。在同一时期的兵工器中，这种现象是不曾有过的。

(2)平均含铅量稍高于平均含锡量，具体数值为：铜 67.229%、锡 12.308%、铅 13.249%。这种现象在此时期兵工等器中也是不曾有过的。

(3)在 41 件标本中，只有 26 件的含锡量集中于 9%～18% 之间，只占试样总数的 63.415%。

(4)成分分布不甚均衡，即使在中原文化区内，波动也是较大的。湖北荆门包山战国中期墓的 3 件试样皆为铅锡青铜，平均含锡量高于平均含铅量，具体数值为：锡 12.768%、铅 5.218%；河南淅川下寺春秋中晚期墓的 8 件试样中，铅锡青铜只有 3 件，锡铅青铜却有 5 件，平均含铅量高于含锡量，具体数值为：锡 10.959%、铅 15.845%；河南陕县后川东周墓的 6 件试样中，5 件为锡铅青铜，1 件为铅锡青铜，平均含铅量较多地高于含锡量,具体数字为:锡 7.168%、铅 20.72%。

这种成分与殷墟妇好墓青铜鼎,以及西周青铜鼎,都有不少差别。但这未必不是一种进步。实际上,鼎是一种烹饪器、一种容器,人们对其机械性能并无十分严格的要求;不管以锡为主要合金元素,还是以铅为主要合金元素,只要铅、锡量不是太高或太低,一般情况都是能够满足其使用性能要求的;所以,表 3-3-7 所示青铜鼎的成分一般并无大的缺陷。唯铅对人体有害,故铅青铜,尤其是高铅青铜,是不宜做鼎等生活用器的。

表 3-3-7 还列出了 18 件响器的合金成分,其中有钟 10 件、錞于 3 件、铃 2 件、镈 3 件。由之可见:

(1)18 件响器都是清一色的以锡为主要合金元素的铜合金,其中有锡青铜 7 件,铅锡青铜 11 件,不见铅青铜和锡铅青铜。在春秋战国诸青铜器中,这种情况并不多见。

(2)响器平均含锡量较多地超过了平均含铅量,具体数字为:铜 73.652%、锡 15.881%、铅 3.795%。自然,这种情况在成分波动范围中也可看到:此 18 件标本范围是:锡 10.482%~26.91%、铅 0~8.53%。

(3)各响器的成分分布较为合理。其中含锡量最高的是铃,平均成分为:锡 22.18%、铅 4.225%;其次是錞于,平均成分为:锡 18.963%、铅 5.243%;再次为钟,平均成分为:锡 14.751%、铅 3.117%。

从现代技术原理看,铅是以软夹杂形式存在于铜基体中的,对声波的传播起到一种阻尼作用,所以响器皆应以锡青铜,或者含铅量很低的铅锡青铜制作。含锡量稍高时,敲击之声便清脆悠扬。若以铅青铜或锡铅青铜制作,则击钟莫如击箕,很难得到清脆嘹亮的声音。此响器含锡量皆较高,含铅量都较低,说明人们对响器的使用性能与合金成分的关系已有了较深认识,也说明此时的青铜合金技术已达到相当高的水平。

在此还有一点值得注意的是:春秋战国时期的响器多含有一定量的铅;在我们统计过的 18 件标本中,含铅量 <1% 的有 2 件,<5% 的有 7 件,最高含铅量竟达 8.53%,这一方面可能与控制失当有关,但另一方面,却也是人们对铅的阻尼作用的一种利用,当集体演奏时,若余音太长,声波互相干涉,也会影响音乐效果的。

4. 青铜镜的合金技术

表 3-3-8 列出了 13 件战国青铜镜合金成分,由之可见:

(1)这 13 件镜清一色地都是以锡为主要合金元素的铜合金,有铅锡青铜 8 件,锡青铜 5 件。在此时期中原文化区内,未曾见过铅青铜和锡铅青铜的镜。

(2)这 13 件镜平均含锡量较高,含铅量较低,具体数值为:铜 73.646%、锡 20.584%、铅 3.818%。

(3)成分分布较为合理。成分范围是:锡介于 15.976%~24.2%之间,其中大于 18%的达 11 件,占试样总数的 84.615%;铅介于 0~9.77%之间,其中 9 件低于 5%,占试样总数的 69.231%。

从现代技术原理看,锡青铜的含锡量超过 5%后,含锡量每增加 1%左右,金属基体中的 δ 相量就增加 4%,当含锡量达 20%左右时,$(\alpha+\delta)$ 相在观察面上所占面积便达 60%左右,于是整个研磨面就会变得洁白起来,研磨得好,铜镜便会获得良好的映照效果。战国镜多出土于楚国的长沙、江陵以及今安徽一带。由大量分析资料看,从战国到唐代,铜镜合金成分基本上是一致的,都反映了相当高的技艺。

在春秋战国时期,响器、铜镜、青铜剑、一般青铜兵器的合金技术都已达到较高水平,尤其前三者,在中国科技史、世界科技史中都享有较高声誉。

5. 普通容器合金技术

表3-3-9所示为53件春秋战国普通青铜容器合金成分,其中包括饪食器16件、酒器14件、水器18件、其他容器5件,少数试样的年代或可上推到西周晚期。鼎实际上是一种烹饪器,也是一种容器,因古人将之与钟连到了一起,故将之分别叙述。由表3-3-9可见:

(1)其中有锡青铜(7件)和铅锡青铜(29件)标本计36件,占标本总数的67.925%;砷铅青铜(1件)和锡铅青铜(15件)、铅基合金(1件)计17件,占标本总数的32.075%。这说明,在春秋战国时期的一般容器中,锡青铜和铅锡青铜虽占据了主导地位,但铅青铜和锡铅青铜标本依然是较多的,尤其是饪食器,砷铅青铜、锡铅青铜和铅基合金计达8件,占饪食器标本总数(16件)的50%。此“铅基合金”即指丹徒青龙山铜甗,这是从现有分析数据作出的临时判断,但此分析数据显然是有误差的,故不能排除其属铜基合金,即青铜的可能性。

这种情况在平均成分中也有反映。53件容器的平均成分为:锡14.048%、铅11.393%,此平均含锡量只是稍高于平均含铅量。

(2)与鼎同样,一般烹饪器、食器(计16件)的平均含锡量亦低于平均含铅量,具体数字为:铜66.593%、锡10.716%、铅16.38%。

(3)这些器物的成分分布都不太集中。如饪食器,含锡量小于5%的试样1件,介于5%~10%之间的5件,10%~15%的6件,15%~20%的3件,无大于20%者。介于10%~20%之间的(10件)只占试样总数(16件)的56.25%。含铅量小于5%的4件,介于5%~10%之间的3件,10%~15%的1件,15%~20%的1件,20%~25%的2件,25%~40%的5件。酒器、水器和其他容器的成分分布大体上亦是如此。

从总体上看,青铜容器,包括鼎在内,合金成分的控制皆无铜镜、响器、剑等兵工器来得严格,甚至不能与殷墟大墓的相比;但从资源的合理利用、铸造和加工等方面看,与鼎同样,这未必不是一个进步;人们对一般容器的机械性能原无过高要求,故对成分范围也就放得稍宽。看来,饪食器(包括鼎)和一般容器含铅量稍高,是此时期合金技术的一个特点,说明当时对铅毒的害处尚无足够认识。

(二)钱币合金技术

钱币是我国古代金属器中一个较为特殊的品种,因人们对其强度、硬度、塑性等的要求不是太高,故其成分范围也就较宽。从总体上看,影响货币合金成分的主要因素,首先是经济的和政治的,其次才是技术的。不过,从先秦到明清,我国钱币合金成分还是有一定规律的。通过对这一规律的研究,不但可以了解历朝历代的经济、政治状况,亦可从某一侧面了解当时合金技术的发展水平。

对先秦钱币的合金成分,数十年来,国内外学者都做过不少分析,其中分析工作最为系统,工作量最大的是赵匡华等人。1992年,他们共计分析了163枚战国钱币,分别出土于河北、山东、安徽等地,种类有燕国“匽”字刀币、齐国“齐法化”刀币、齐国“节墨之法化”刀币、齐国“賹化”圆钱、魏国桥足布币、楚国蚁鼻钱等。蚁鼻钱计分两式,I式出土于安徽

繁昌和阜阳,II 式出土于肥西。表 3－3－10 所示为其成分分布,由之可见:

1. 从合金种类看,163 枚钱币约可区分为两种四类,一是铜钱,或叫铜合金钱、铜基合金钱;二是铅钱,或叫铅合金钱、铅基合金钱。其中铜钱又可分为 3 类,即锡青铜钱、锡铅青铜钱和铅青铜钱。

铅锡青铜钱,计 4 枚,占标本总数的 2.454%。它包括齐国"节墨之法化"刀币 1 枚(原表编号 3)、"梁正尚百当寽" 桥足布币 1 枚(原表编号 14)、I 式蚁鼻钱 2 枚(原表编号 26、28)。总的特点是:含锡量不高,且锡、铅量较为接近,如节墨之法化刀币,其锡、铅量分别为:12.69%、11.22%。

锡铅青铜钱和铅青铜钱,计 113 枚,占标本总数的 69.325%。其中含铅量一般较高,且波动较大,含锡量多数较低。

铅钱,计 46 枚,占标本总数的 28.22%。这些铅钱绝大多数是 Pb－Cu 二元合金,少数为 Pb－Cu－Sn 三元合金①。这些钱币含铅量一般较高,如 II 式蚁鼻钱,计 25 枚,有 24 枚为铅钱,其含铅量波动范围为 47.69%～66.82%;包括 1 枚锡铅青铜钱在内,此 25 枚 II 式蚁鼻钱的成分为:铅 42.74%～66.82%,平均 57.23%;铜 24.09%～51.3%,平均 32.84%;锡 0.2%～2.75%,平均 0.98%,可见其含锡量甚低。此平均成分便是一种 Pb－Cu 二元合金。

2. 不同诸侯国的货币,或同一诸侯国货币的不同阶段,合金成分都波动较大。如蚁鼻钱便可分为两式,I 式为铜钱(或叫"铜合金钱"、"铜基合金钱"),其中有 2 枚是以锡为主要合金元素的铅锡青铜,其余为皆以铅为主要合金元素的锡铅青铜。II 式则只有 1 枚铜钱(属锡铅青铜),其余皆是"铅钱"②。

表 3－3－10 所列 4 个诸侯国 6 种货币大体上亦可归为两种四类,从中可窥视到各国的钱币合金制度。

II 式蚁鼻钱含铅量最高。其 25 枚标本中,只有 1 枚铜钱,系以铅为主要合金元素的锡铅青铜;其余 24 枚皆属铅钱,基本上皆可视为 Pb－Cu 二元合金,其中少量的锡可视为杂质。

燕国"匽"字刀币含铅量次之。其 40 枚标本中,有 21 枚属铅钱,系以铜为主要合金元素的 Pb－Cu 二元合金和 Pb－Cu－Sn 三元合金,三元合金甚少。只有 19 枚为铜钱,系以铅为主要合金元素的 Cu－Pb 二元合金和 Cu－Sn－Pb 三元合金,三元合金甚少。40 枚标本的平均成分为:铅 47.54%、铜 46.94%、锡 2.32%。从平均成分看,这是一种以铜为主要合金元素、锡为次要合金元素的"铅钱"或"铅合金钱"。

齐法化刀币、齐赊化圆钱含铅量又次之。此两种齐钱币成分较为接近,除少数特殊标本外,基本上都是以铅为主要合金元素的铅青铜、锡铅青铜。其中齐国刀币的平均成分为:铅 37.17%、铜 54.21%、锡 4.57%。

---

① 二元和三元合金系的表示法,通常只依习惯行事,并无定制。一般而言,铜基合金是把"Cu"放在前面,铅基合金则把"Pb"放在前面的,合金元素则依铜、锡、铅的顺序布列。如铅锡青铜和锡铅青铜,都是铜基合金,常用"Cu—Sn—Pb"三元系表示;含有少量铜、锡的铅钱,属铅基合金,则常用"Pb—Cu—Sn"三元系,而不用"Cu—Sn—Pb"表示。

② 严格说来,"铅钱"与"铅合金钱"是有区别的,前者应指纯铅钱,即含铅量应在98%以上,后者则是以铅为基的一种合金;但因纯铅钱较少,世俗中常把铅合金钱称为铅钱,正如常说的铜钱,实际上是一种铜合金一样。

魏国桥足布币、楚国Ⅰ式蚁鼻钱更次之。此两种钱币的成分较为接近，除少数特殊标本外，皆是以铅为主要合金元素的铅青铜和锡铅青铜；但其含铅量较前几种货币皆低。桥足布圆钱的平均成分为：铅14.67%、铜74.36%、锡4.35%。

总之，战国货币的一般特点是：含铅量较高，及至成了铅钱；含锡量一般较低，往往可视为杂质。

笔者和另外的学者也分析过少量先秦钱币，其种类有切头尖首刀币、齐"节墨之法化"刀币、燕明刀币、布币等，如表3－3－11所列，计7枚：有铅锡青铜1枚、锡铅青铜4枚、"铅钱"（铅铜合金）2枚。7枚标本的平均成分为：铜67.053%、锡7.555%、铅22.941%。这一平均成分也显示了以铅为主要合金元素的情况。其中的切头尖首刀币等，表3－3－10皆未提到。合金成分的基本情况与表3－3－10相类似，但也稍有特点。

（三）"六齐"合金规律的出现

《考工记·六齐》云："金有六齐，六分其金而锡居一，谓之钟鼎之齐；五分其金而锡居一，谓之斧斤之齐；四分其金而锡居一，谓之戈戟之齐；三分其金而锡居一，谓之大刃之齐；五分其金而锡居二，谓之削杀矢之齐；金锡半，谓之鉴燧之齐。"此"金"即铜，这是先秦时期对铜的称谓。"齐"同剂，是剂量、配比之意。"六齐"即六种剂量、六种配比。一般认为，《考工记》是东周时期齐国的官书[48]，它的最后成书年代是战国中晚期[49]。这里说到了六种器物应当使用的六种合金成分，这是我国，也是世界上最早的青铜合金规律。

国内外学者利用现代科学的手段对"六齐"的研究约始于20世纪20年代前后，较早的有日本学者近重真澄[50][51]、我国学者梁津[4]等人。由于年代久远，加之原记载又不是十分明确，故长时期以来，学术界对"六齐"规律的文字和百分比成分存在两种不同的解释：一是认为"六齐"中的"金"指青铜，作为"鉴燧之齐"的"金锡半"是"金锡各半"之意；一是认为"六齐"中的"金"指红铜，"金锡半"即"金一锡半"。表3－3－12便表示出了两种观点解释的"六齐"百分比成分。目前比较流行的是后一种观点，它是1929年最先由近重真澄提出，1958年由张子高完善的[52]，本人亦循此说[53]。我们以为，"六齐"与现代技术原理是基本相符的，它指出了不同器物应使用不同的合金成分，由钟鼎到斧斤、戈戟、大刃、削杀矢、鉴燧，含锡量逐渐升高，这大体上反映了有关器物的使用性能与合金成分的关系，及人们对这类器物的性能要求。这一认识显然是正确的。鼎为容器，人们对其硬度和强度的要求都不是太高，故含锡量可以稍低；斧斤、戈戟、大刃、削杀矢皆为锋刃器，人们对其强度和硬度都要求较高，故含锡量皆需较高，但又不宜过高；鉴燧为映照器，人们对其使用性能的基本要求是硬度较高、研磨面颜色洁白，对强度要求不高，故配锡量较高。我国古代青铜器的种类较多，人们却只对这六类（12种）器物的成分提出了明确的要求，这与现代技术原理也是相符的。所以，"六齐"规律在中国技术史、世界技术史上，都占有十分重要的地位。

（四）"六齐"原是一种实验资料的反映和归纳

人们在研究《考工记·六齐》规定的合金成分时发现，它与考古实物间存在两点明显的差距：（1）除钟鼎外，其余五"齐"规定的含锡量都大于考古实物的含锡量，而且远远地超过了允许误差范围（表3－3－13）。（2）"六齐"器物一般都是含铅的（表3－3－5至表3－3－8），而"六齐"规定成分却不含铅（表3－3－12）。

为了消除或缩小这两个差距，数十年来，国内外学者进行了许多研究，也提出了一些假说，其中较为重要的假说有下列三个：(1)认为“六齐”规定数中的锡原是包含了铅的，并认为人们对铅、锡原本就分辨不清，“铅锡淆乱，自昔已然”。类似的说法早在1918年章鸿钊便已提出[54]，稍后，王琎在1920年[55]、梁津在1925年[4]、张子高在1958年[52]，先后都重复过相类似的观点。(2)因郭沫若认为《考工记》系齐人之作，于是便有学者认为：“六齐”规定成分虽与楚器成分不符，与齐器则可能是相符的。(3)这些差距可能是烧损不均所致。多年来我们对齐器合金成分进行了许多分析，发现其与楚器并无异样，故第二个假说也就失去了最为基本的依据；烧损不均自然会影响到实物成分，但无论如何，也应在允许的误差范围内，第三个假说亦从之者鲜。这三个假说中，影响较大的是第一个，我们对此亦稍有异议。下面试作一讨论。

1. 从前述大量考古实物的科学分析看，从二里头文化到二里岗文化时期，这是我国的早期青铜时代；人们对铅、锡两种元素在铜合金中的作用，还分辨得不太清楚，这就很难说当时已真正地区分了铅和锡。但自商代晚期之后，以殷墟大墓为代表的青铜合金成分已表现出一定的规律，锡在合金元素中的主导地位，和铜—锡—铅三元合金系皆已初步确立，许多锋刃器的含锡量都较高；这充分说明，此时人们已区分了铅、锡及其在铜合金中的作用。经西周，及至春秋战国，我国古代的青铜合金技术便发展到了较为成熟的阶段，不但生产了许多含锡量稍高，合金成分控制较为合理、稳定、严格的镜、剑、钟等器，而且还铸造了青铜复合剑这样的器物。这都充分说明，人们对铅、锡这两种金属及其在铜合金中的作用已区分得十分清楚，表3－3－1至表3－3－9所示对数百件青铜器的科学分析是十分有力的证据。若古人对铅、锡两种金属的基本属性区分不清，在实际生产中铅、锡混用的话，是很难解释殷商以来，尤其是春秋战国时期青铜合金成分的杰出成就的。我们很难想象，一个铅、锡淆乱的民族能够生产出许多成分合理、稳定的青铜器来，更难想象一个铅、锡淆乱，将铅当成了锡来使用的民族能够铸造出青铜复合剑来。在前列数百组分析数据中，从未发现一组是把铅归入了锡中计算的事例。

2. 由表3－3－13可知，即使把含铅量也当成了含锡量，与原含锡量加在一起计算，将铅的锡当量系数视为1，成为“虚拟含锡量”时，其与“六齐”规定数依然是多数不符的。依“金即赤铜”说和“金一锡半”说时，“六齐”规定数中的六种成分间，每一级成分的百分比差额分别是：2.38％、3.33％、5％、3.57％、4.67％。那么，表中所列12种器物中，至少有8种，即钟、鼎、斤、刀、削、矢、镜、燧的误差都超过了一个级差，显然与“六齐”规定数不符，尤其是削、鼎、镜、燧。削的虚拟含锡量与“六齐”规定数之差超过13％，镜的虚拟含锡量与规定数之差超过8％。

3. 将含铅量归入含锡量，这不但与考古实物的科学分析不符，而且与现代技术原理也是不符的。锡与铜可形成置换固溶体和多种电子化合物，可起到强化金属基体的作用；铅则是以软夹杂的形式存在于铜基体中的，它会破坏金属基体的连续性，从而削弱铜基体的强度，仅从这点看，它们的作用是相反的。其实古人对此认识已较明确，决不会将铅归入锡中的，这在剑、镜、响器合金成分中表现得最为清楚。

4. 锡对铜合金性能的影响，在先秦和汉后的文献中都有大量记载，前面已经提到一些，后面还要谈到。这也说明人们在实际生产中，是区分开了铅和锡的。

依此我们以为：说“六齐”中的锡原本就包含了铅，说我国自古便铅、锡淆乱，这是没有实际依据的；至少商代晚期之后，在工艺师的实际操作中，从未发生过铅、锡淆乱之事，更未将铅当作锡来使用过。

至于汉唐之后，人们有时将铅称之为“锡”，将锡称之为“铅”，这是多种原因造成的，这些条件先秦时期未必存在。并且这也仅仅是名称上的一种混用，在实际生产中，铅与锡是从未混淆过的。有关问题第五章还要谈到。

那么，“六齐”规定数为何与实物分析数之间存在明显的差距呢？我们认为此差距是原本就存在的，同时“六齐”并不是生产经验的总结，也不是指导生产实践的一种工艺规范，而是一种试验资料的反映和归纳，并带有一些理想化的色彩。为说明这一点，我们且先把“六齐”规定成分与今人绘制的 Cu－Sn 二元合金相图（图 3－3－1），及其机械性能曲线的一些特殊位置（图 3－3－2）作一比较，之后我们马上就会发现，它们之间十分巧合。

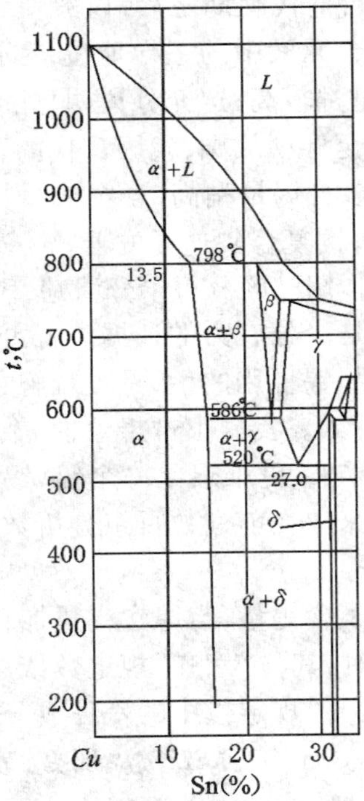

图 3－3－1　Cu－Sn 二元合金相图

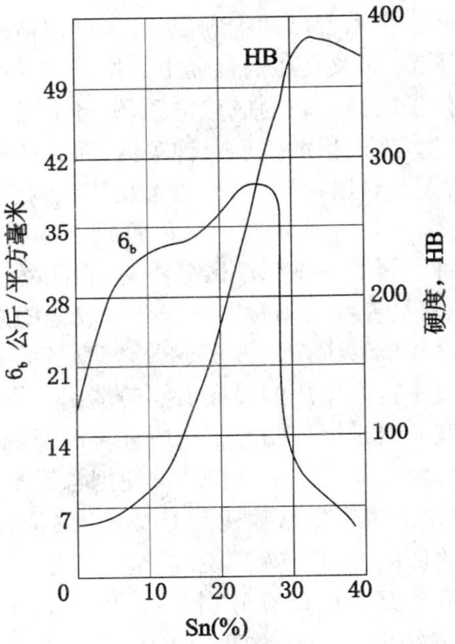

图 3－3－2　Cu－Sn 二元合金机械性能曲线

如“钟鼎之齐”，若依“‘金’即赤铜”说，其合金成分为：铜 85.71％、锡 14.29％，此合金正好与 δ 相大量析出的成分相近，其含锡量稍高，以之为钟，便具有洪亮的声音和较好的音色。因其研磨面依然泛黄，以之为鼎，便显得圣洁而庄重。从现代技术原理看，钟、鼎是两种不同的器物，一为响器，一为饪食器，合金成分应当是不同的；但在古代，都是礼器，古人把它们合在了一起，故“钟鼎之齐”是带有了明显社会意识色彩的[56]。

“刃器四齐”，若依“‘金’即赤铜”说，其含锡量便分别为 16.67％、20.0％、

25.0%、28.57%，余部为铜，此时合金正好处于高强度、高硬度的成分范围，最宜于制作兵器和生产工具，"戈戟之齐"、"大刃之齐"适与最高强度值的成分较为接近，"大刃之齐"又与最高硬度值的成分较为接近①。

"鉴燧之齐"，若依"金一锡半"说，其百分比成分便为铜66.67%、锡33.33%，此合金适与电子化合物$Cu_{31}Sn_8$的成分(含锡32.9%)相近；在这一成分附近，合金皆处于纯δ相区，其不但硬度较高，且研磨面颜色最为洁白；仅从这个角度看，是最宜于做镜、做燧的。

这是"六齐"成分与Cu－Sn二元相图及性能曲线巧合的情况；它不是一组成分、一个特殊位置，而是多组成分、多个特殊位置，这是很值得研究的。怎样解释这种巧合呢？我们以为，在此只有一种解释较为合理，即："六齐"规定成分并不是生产经验的总结，也不是指导生产实践的一种工艺规范，而是一种试验资料的反映和归纳。春秋战国是我国古代科学技术大发展的重要阶段，学术思想十分活跃，人们在天文、数学、物理、化学、医学、农学、水利、冶金、纺织、机械等方面都取得了可喜的成就，其中有的是生产、生活经验的总结，有的则是通过试验才得到的。同样，人们对金属材料的性能与合金成分间的关系进行一些简单的试验，是完全可能的。大家较为熟悉的《墨经》，就有大量的试验资料和观测记录，其中的小孔成像、平面镜成像、平行放置的两块平面镜反复成像、凹面镜成像、凸面镜成像等许多光学现象的记录和解释，都是以试验为基础的[57]。在六齐合金中，钟鼎的颜色和声音、鉴燧的研磨面颜色、刃器四齐的硬度和强度，都是较为直观的，所以人们进行一些简单的试验是完全可以实现的，它并不比那些光学试验来得复杂和困难。当然，这种试验只能是较为直观和简单的，不能与现代材料学研究相比，也不可能画出一条性能曲线来，更无金属结构方面的知识。

说"六齐"成分并不是生产经验的总结，亦非指导生产实践的工艺规范，除此以外还有一个理由，即从现代技术原理看，"六齐"器物中，除了鼎之外，其他器物的规定含锡量一般都是嫌高了的，致使这种规定成分不宜，甚至不能应用于生产。如"鉴燧之齐"，规定含锡量为33.33%，若仅仅从研磨面颜色和硬度这两方面看，是可以做鉴做燧的，但这种合金强度极低，实际上是不能做鉴做燧，乃至任何一种器物的②。

---

① 各家所绘Cu－Sn二元合金机械性能曲线稍有出入，大约与试验条件不同等因素有关。

② 在见诸刊布的古代青铜器合金成分中，常见到含锡量为30%～34%，而含铅量又不太高的实例；这类器物的机械性能肯定是相当差的，此成分是否反映了标本原貌，也很值得怀疑；看来并不能排除分析误差的可能性。这种误差的产生自然与多方面因素有关，其中一个重要方面是标本状态、去锈情况和取样位置。采用化学分析时，取样和去锈都是相当费事的，故产生误差的可能性就大一些。自20世纪80年代以来，我主要采用扫描电镜能谱分析，它的最大优点是，只要稍加注意，便可有效地避开腐蚀层、半腐蚀层的干扰，故本人的分析数据中，不合理的数据很少，或者说基本上没有。近年不少学者都采用了这一方法，但不少分析数据的含锡量依然偏高，这很可能与标本状态，或取样光斑的溅落位置有关。若将已锈或半锈的"金属基体"也当成了样品，或取样光斑不能准确无误地溅落在未曾受蚀的金属基体上，肯定会产生误差的。所以，问题的关键是如何有效地将未曾锈蚀的金属基体与腐蚀层、半腐蚀层严格地区分开来。此事在本书中曾不止一次地提到。

表3-3-5 春秋战国青铜剑合金成分

序号	样号或器号	时代	出土地点	成分(%)				合金类型	文献
				铜	锡	铅	其他		
1	LZ2	春秋	山东招远	85.619	10.917	3.405		铅锡青铜	[30] [34]
2	LZ3			86.888	8.849	3.640	铁0.582		
3	LZ4			79.818	16.993	2.671	硅0.193 铝0.213		
4	LZ5			70.236	13.326	12.585	铁0.692 硅0.53		
5	LZ6			83.808	11.344	4.355	硅0.491		
6	YG4		河南固始	81.740	18.260			锡青铜	
7	M11:19	春秋中晚期	淅川下寺	78.140	21.430	1.150	锌0.12		[31]
8	越王勾践剑*	春秋晚期	江陵	80.30	18.800	0.400	铁0.4		[38]
9	3157(菱形纹)	东周	传世	80.340	19.660				[46]
10	徐29	战国早期	广东罗定	87.37	11.500	0.130	锌0.2 铋0.8	锡青铜	[32]
11	徐46			81.2	17.600	1.100	铋0.1		
12	徐3	战国晚期	广东龙门	82.24	15.760	2.000		铅锡青铜	
13	JM68:2		当阳赵家湖	65.50	15.35	15.97		锡铅青铜	[39]
14	EC11	东周		81.050	16.170		镍0.18 锌0.12	锡青铜	[6]
15	化验号A174采		湖北江陵雨台山	76.92	17.1		锑<0.5	锡青铜	[58]
16	化验号A179采			78.71	21.2		锑<0.5	锡青铜	
17	化验号A180采			71.44	14.4			锡青铜	
18	B013		山西洪洞	73.390	17.700	6.670	铁0.09	铅锡青铜	[14]
19	E67	战国	湖北鄂城	78.672	18.361	2.966			[33]
20	E79			70.860	24.940	4.210			
21	E80			81.430	17.778	0.791		锡青铜	
22	E81			78.032	14.522	7.445		铅锡青铜	待刊
23	E82			80.801	18.539	0.659		锡青铜	[33]
24	E83			70.530	21.160	8.300			
25	LG3		山东栖霞	79.911	16.891	2.833	硅0.363	铅锡青铜	[34]
26	LG4			82.677	15.146	2.176			
27	LL8		临淄	79.612	17.006	3.380			
28	LL9			78.432	16.566	5.001			
29	LL23			81.539	17.016	1.443		锡青铜	
30	LZ01		山东邹县	81.214	15.449	2.756		铅锡青铜	[30]
31	LY1		临沂	74.390	21.730	3.880			待刊
32	LR1		山东日照	81.380	15.600	1.420	铁0.96 铝0.65	锡青铜	
33	J15		湖北江陵	79.531	20.486				[30] [35]
34	J16			62.023	18.956	11.407	锌4.468 铝1.094	铅锡青铜	
35	J18			77.049	16.041	6.825	铁0.083		
36	J20			75.453	18.674	5.872			
37	J21			73.505	18.993	6.566	铁0.934		
38	J22			82.786	17.039	0.173		锡青铜	
39	J23			77.028	17.591		锌3.367 硫0.942		
40	B127		汉口	77.600	18.610	3.15	铁0.1 锌0.02	铅锡青铜	[14]
41	B139		株州	76.720	18.230	4.100	镍0.01		
42	青黑色剑		长沙	78.380	14.981	1.479	锌0.77 锑0.524	锡青铜	[37]
43	绿色剑			71.610	14.328	1.020	锌0.66 锑0.431		
44	陈32	东周	传世	84.400	12.320	1.960			[23]
45	陈33			83.300	14.610	0.720			
46	陈34			78.960	19.780	0.290			
47	陈35			77.620	20.500	0.830			
48	陈36			74.270	14.570	7.540		铅锡青铜	
49	陈37			74.000	12.400	10.370			
50	陈38			73.850	17.840	6.840			
51	陈39			73.720	19.010	6.970			
52	陈40			73.700	12.360	12.460		锡铅青铜	
53	陈41			72.260	19.650	7.140		铅锡青铜	
54	陈42			72.150	15.780	10.710			

55	陈 43			72.120	15.920	11.240		铅锡青铜	[23]
56	陈 44			71.590	17.140	10.400			
57	114866 – 1	战国晚期	新都马家	74.130	20.000	4.8400		铅锡青铜	[36]
58	114866 – 2	战国晚期	新都马家	78.690	16.280	3.970			
59	3:1252	春秋中晚期	江苏高淳	73.71	21.06	6.68		铅锡青铜	[59]
59 件青铜剑平均成分				76.00	16.92	4.151			

注:(1)除表中所列,试样 LZ4 含银 0.11%;LZ5 含铂(?)2.629%;J23 含磷 0.517%、硅 0.655%;J16 含铁 0.426%、硅 0.579%、硫 0.497%、磷 0.528%;B127 含锰 0.02%;长沙青黑色剑含镍 0.154%、铁 0.103%;长沙绿色剑含镍 0.198%、铁 0.016%。

(2)江陵所出越王勾践剑成分是在剑刃表面点击取样的,未作破坏性取样分析,亦未磨光,因其表面状态较好,估计其含锡量较基体稍高,但相去不会太远,今以“*”号标示。

我曾配制过含锡量为 33% 的 Cu – Sn 二元合金，用砂轮一打，便有碎块掉下，用砂纸一磨，边角处也会有碎块脱落，无论如何也加工不出一个完整而光洁的平面来。又如“大刃之齐”，规定含锡量为 25%，此合金的强度和硬度都不低，似乎宜于为刀为剑，但若果真用它铸刀铸剑时，那便相当于让材料在满负荷下工作，没有足够的安全系数。刃器的其余三“齐”也是这样。所以仅仅从某一角度看，“六齐”规定成分似乎是宜于制作某类器物，但从实际效果上看，又多数是不宜制作该类器物的。看来，这种规定成分多数是不宜或不能用于指导生产的，古人亦未依它指导过生产；人们仅仅从生产经验中，也是总结不出“六齐”规律来的。

表 3 – 3 – 6 春秋战国普通兵工器合金成分

名称	样号器号	出土地点	时期	主要成分(%)			杂质元素 硬度	合金类型	文献
				铜	锡	铅			
戈	LL5	临淄	春秋	82.724	10.557	5.952	硅 0.776	铅锡青铜	[34]
	LL6	临淄		82.824	13.973	3.202			
	7 – 40	丹徒青龙山	春秋中晚期	77.32	21.92	0		锡青铜	[29]
	M2:89	淅川下寺		78.59	14.62	1.93	锌 0.17		[31]
	EC7	传世采集		66.27	17.61	13.55	铁 0.22 锌 0.13 镍 0.11	铅锡青铜	[6]
	陈 18		东周	81.24	17.71	0.26		锡青铜	[23]
	陈 16			82.02	16.64	0.41			
	陈 17			81.44	15.75	1.27			
	陈 19			80.74	18.09	0.17			
	陈 20			80.55	12.89	5.91		铅锡青铜	
	陈 21			79.93	13.69	4.21			
	陈 22			79.80	16.90	3.40			
	陈 23			79.61	15.57	3.40			
	陈 24			79.53	16.33	3.49			
	陈 25			77.09	14.63	5.88			
	陈 26			76.65	21.75	0.76		锡青铜	
	陈 27			75.62	13.17	10.29		铅锡青铜	
	陈 28			73.32	14.33	11.06			
		洛阳	周代	70.33	15.27	痕	(铭“因之公戈”)	锡青铜	
				82.22	16.75	痕			[4]
				88.94	8.02	痕			
				88.94	8.02	痕	(成分与前戈同)		
		当阳赵家湖	战国早期	73.09	11.16	14.97		锡铅青铜	
木镈戈	M2:490	荆门包山	战国中期	84.737	11.938	3.278		铅锡青铜	[40]
戈	J6(M554)	江陵雨台山	战国	68.12	5.85	20.5	锌 1.96	锡铅青铜	待刊
	J19,M29			84.902	14.516		硫 0.43	锡青铜	[35]
	B24	北京		81.543	15.027	3.429		铅锡青铜	待刊
	LL7	临淄		72.59	12.772	13.173	氯 1.463	锡铅青铜	
	LZ7	招远		83.578	8.821	7.599		铅锡青铜	[27]
	LZ8	招远		81.074	11.967	6.498	硅 0.486		

戟			周代	76.33	9.32	13.75		铅锡青铜	[4]
	9-64	丹徒青龙山	春秋中晚期	64.42	23.72	7.52		锡铅青铜	[29]
	EC9		东周	77.95	17.88	0.10	锌0.06 铁0.09	锡青铜	[6]
矛	LC7	长岛	春秋	78.707	9.217	12.074	铂1.463	锡铅青铜	
	8-45	江苏丹徒青龙山	春秋中晚期	75.18	18.04	1.65	硫0.83 银0.99 砷0.36 铬0.26	锡青铜	
	8-46			66.01	20.46	11.30	硫1.56	铅锡青铜	
	8-56			60.12	29.17	3.70	硫2.97 银1.16 砷0.37		[29]
	9-59			75.12	25.72	1.51	硫0.29 砷0.36	锡青铜	
	76			70.36	27.15	1.13	硫1.13 砷0.24		
	采28	镇江王家山	春秋晚期	75.69	20.05	3.42			
		昆山兵希盛	春秋晚期	59.25	29.6	7.76		铅锡青铜	
	EC10		东周	69.97	17.71	11.45	铁0.14		[6]
	E74	鄂城	战国	70.50	17.30	11.90			[33]
剑形矛	EP1 (M2:386)	荆门包山	战国中期	82.597	17.402			锡青铜	[40]
矛	WF18	安徽涡阳	战国	76.37	15.36	4.15	铝3.22	铅锡青铜	[41]
	(绿色)	长沙	战国	73.46	17.037	5.752	锌0.66 锑0.505		[37]
	JM51:5	当阳赵家湖	战国中期	70.24	19.93	10.31			[39]
		广东广宁	战国晚期	/	21.8	0.7	HV168.9	锡青铜	
钺		广东罗定	战国早期	/	19.02	2.0	锌2.0 HV269.2	铅锌锡青铜	[32]
				/	13.9	5.2	HV329.5	铅锡青铜	
				/	18.55	0.8	HV190.3	锡青铜	
斧		河南	周代	81.41	11.32	8.16		铅锡青铜	[4]
空首斧	WF1	安徽涡阳	战国	76.28	12.98	6.77	铁0.86 铝1.61 硅1.07 氯0.43		[41]
斤	LG2	栖霞		89.342	8.686	1.970		锡青铜	[27]
斧	J11(719)	江陵		82.92	7.09	1.27	锌1.97		待刊
	B109	长沙		77.51	16.31	7.51		铅锡青铜	[14]
	EC8		东周	68.69	19.17	7.7	镍0.1	铅锡青铜	[6]
		广东德庆	战国中期	/	14.30	1.50	HV208.46	锡青铜	[32]
		广东广宁	战国晚期	/	10.96	0.80	HV172.7		
小刀	EC13		东周	72.64	16.62	6.18	铁0.12 锌0.11	铅锡青铜	[6]
大刀	J14	江陵	战国	81.84	5.49	7.49	锌0.5	锡铅青铜	待刊
削	LC8	长岛	春秋	87.741	11.287	0.97		锡青铜	[27]
	WF2	涡阳	战国	78.275	14.645	5.665	铁1.415	铅锡青铜	[41]
	LG5	栖霞		87.731	9.166	3.102			[27]
	J8(M281)	雨台山		79.18	7.67	0.046	锌1.87	锡青铜	[35]
	M2:203	荆门包山	战国中期	90.01	9.362	0.626			[40]
		广东肇庆	战国晚期	/	13.82	5.28	HB65.3		[32]
		广东广宁	战国晚期	/	6.35	3.3	铋3～10 HV124.6	铅锡青铜	
削,柄部身部	JM168:1	湖北当阳赵家湖	战国中期	66.74	15.68	15.97			[39]
				74.28	18.27	0.67			
篾刀		广东罗定	战国早期	/	19.5	1.04	HV395	锡青铜	[32]
		广东广宁	战国中期	/	33.55	1.62	HV421.29		
镞	M8:19	河南淅川下寺	春秋中晚期	76.72	18.08	4.72	锌0.14 铁1.21	铅锡青铜	[31]
	M8:16			75.98	22.8	2.0	锌0.06		
	M36:15			78.91	18.99	1.08		锡青铜	
	采5	镇江王家山	春秋晚期	64.59	32.78	0	硅1.35 硫0.5 铁0.24		[29]
矢	A5		周代	77.57	21.00	痕			[4]
	B4			64.69	24.48	11.32		铅锡青铜	
	A7			62.07	31.73	4.55			
镞	EC12		东周	70.71	11.12	14.41	镍0.13 铁0.13	锡铅青铜	[6]
		广东罗定	战国早期	/	14.67	1.86	锌0.8 HV303	锡青铜	[32]
		广东罗定	战国早期	/	18.0	2.2	HV244.6		
	JM43:1	当阳赵家湖	战国早中期	71.77	16.67	6.32		铅锡青铜	[39]
	E69	鄂城	战国	82.438	12.566	4.995			[33]
	E70			79.10	13.278	7.62			
	E71			87.50	10.30	0.360		锡青铜	
	E72			74.928	16.763	8.308		铅锡青铜	
	E73			83.50	14.70	3.60			
	J1(M1)	江陵藤店		77.054	16.758	5.667	铁0.15 硅0.372		[35]
	J2(M306)	江陵		76.77	7.0	7.14	锌8.11	锡铅黄铜	待刊
	J4(M512)	雨台山		72.34	6.82	13.2	锌1.91	锡铅青铜	

六棱钻	WF3	涡阳	战国	79.24	12.62	7.42	铁 0.73	铅锡青铜	[41]
凿	LC9	长岛	春秋	86.383	12.101	1.515		锡青铜	[27]
	LG6	栖霞	战国	85.154	11.344	2.355	硅 1.144	铅锡青铜	[27]
	EC14		东周	69.31	17.74	6.33	铁 0.19 镍 0.11 锌 0.1		[6]
		广东广宁	战国晚期	/	13.48	2.75	HB123.6		[32]
镰		昆山兵希盛	春秋晚期	49.48	30.53	14.82	硅 2.78 铁 0.67 硫 1.72		[29]
			春秋晚期	69.66	17.04	6.23	硅 3.11 铅 2.17 硫 0.89		
锯镰	WF4 －1	涡阳	战国	85.18	11.23	2.58	铁 1.01		[41]
	－2			85.56	11.37	2.25	铁 0.82		
	WF5 －1			84.09	12.14	1.62	铁 1.33	锡青铜	
	－2			85.13	12.17	1.43	铁 1.28		
	WF6			82.36	14.11	3.54		铅锡青铜	
	WF7			82.15	12.92	4.93			
	WF8			77.17	13.51	5.38	铝 2.53 铁 1.4		
	WF19 －1			80.45	13.17	3.61	铁 0.56 硅 0.16 铝 2.05		
	－2			79.92	13.34	3.73	铁 0.88 硅 0.15 铝 1.98		
臿	WF9			86.22	12.02	1.76		锡青铜	
	WF10			83.55	11.90	2.23	铁 1.09 铝 1.23	铅锡青铜	
	WF11			86.25	9.47	4.28			
	WF12			85.82	11.76	2.42			
	WF13			82.30	11.71	5.99			
	WF14			81.56	15.26	1.25	铁 0.81 硅 0.2 铝 0.92	锡青铜	
耜	WF15			83.98	8.31	5.58	铁 0.61 硅 0.21 铝 1.32	铅锡青铜	
	WF16			82.35	5.89	9.49	铁 0.57 硅 0.29 铝 1.40	锡铅青铜	
	WF17 －1			61.00	0	23.37	锑 8.83 银 4.97 铝 1.12 铁 0.6	锑铅青铜	
	－2			65.75	0	17.47	锑 9.88 银 5.16 铝 1.08 铁 0.58		
	－3			54.47	0	30.97	锑 8.1 银 4.89 铝 0.79 铁 0.61		
平均成分(%)	戈(30 件)			79.18	14.21	4.82			
	戟(3 件)			72.867	16.973	7.123			
	矛 15 件			71.684	20.396	5.787			
	钺 3 件			/	17.157	2.667			
	斤、斧(8 件)			79.359	12.602	4.46			
	削(8 件)			82.05	11.159	3.414			
	刀(2 枚)			77.24	11.055	6.835			
	篾刀(2 件)			/	26.525	1.33			
	镞(19 件)			75.61	17.29	5.229			
	凿(4 件)			81.154	13.667	3.237			
	锯镰(6 件)			82.04	12.88	3.58			
	镰(2 件)			59.57	23.785	10.525			
	臿(6 件)			84.283	12.02	2.988			
	耜(3 件)			75.58	4.730	13.00			
	钻(1 件)			79.24	12.62	7.42			

注:(1)当阳赵家湖削刀的身部和柄部成分相差较大,考虑器物合金种类和试样的总平均成分时,皆依该试样平均成分计。

(2)广宁篾刀含锡达 33.55%,含铅仅 1.62%;镇江王家山铜镞含锡达 32.78%。从现代技术观点看,皆处纯 δ 相区;这种材料都是很脆的,恐难实际使用。这很可能与分析部位已局部氧化等原因引起的误差有关。

(3)江陵铜斧 J11(登记号 719)曾用两种方法做过成分分析,文献[35]刊载了一组扫描电镜能谱半定量分析数据,今刊载了一组化学定量分析数据,具有同样的参考价值。

(4)据文献[4]云,梁津分析了 4 件戈,其中"第三、四戈援刃之成分"完全一样。

所以我们以为,"六齐"成分只从某一角度反映了制作某器物的最佳成分、理想成分,此成分实际上多数是不宜,或不能使用的。"六齐"规定数与实物成分间的差距,是原本就存在了的,人们无须再去寻找产生这一差距的其他原因。至于"六齐"规定数中只提到了铜、锡两个组元,并未提到铅,这是人们将锡当成了主要合金元素,将铅当成了次要合金元素，有意识地省略了铅的缘故[53]。至于有学者因“六齐”规定成分与实物成分间存在一定差距，而怀疑起它的科学价值来，这是没有必要的；“六齐”规定数与 Cu－Sn 二元合金相图和性能曲线的一些特殊位置相合，是具有重要学术价值的事件。

表 3－3－7　春秋战国青铜鼎和响器合金成分

器名	样号器号	取样部位	出土地点	时代	成分（%）				合金类型	文献
					铜	锡	铅	其他成分、硬度		
鼎	（鲁公鼎）			周	78.48	7.02	11.39	铁 2.12 银 0.01	锡铅青铜	[4]
鼎			丹阳司徒乡	西周晚期至春秋早期	69.18	5.24	21.44	铁 2.06 银 1.09	锡铅青铜	[29]
鼎		口沿	丹徒青龙山	春秋中晚期	65.89	18.87	12.44		铅锡青铜	[29]
鼎		底部			67.38	22.18	5.94		铅锡青铜	[29]
鼎		耳部			37.99	26.45	22.78		铅锡青铜	[29]
鼎		耳部			57.85	23.44	9.01		铅锡青铜	[29]
鼎		耳部			61.87	26.01	5.95		铅锡青铜	[29]
鼎			高淳	春秋早期	54.92	16.05	24.08	硫 3.42 铁 0.85	锡铅青铜	[29]
鼎			丹阳司徒乡	春秋中期	56.27	0.9	21.49	砷 11.4 硫 7.3 铁 1.19	砷铅青铜	[29]
鼎	ZM23:2	腹部	当阳	春秋中期	58.38	9.37	19.41		锡铅青铜	[39]
鼾鼎	M1:55	下腹	河南淅川下寺	春秋中晚期	65.62	7.95	24.39	锌 0.33 铁 0.6	锡铅青铜	[31]
鼾鼎	M1:55	爬兽			73.16	10.82	15.79	锌 0.37	锡铅青铜	[31]
鼾鼎	M2:34	盖			63.99	9.31	24.81	锌 0.14	锡铅青铜	[31]
鼾鼎	M2:34	底部			79.34	13.5	5.14	锌 0.19	锡铅青铜	[31]
鼎	M10:51				61.75	7.11	25.86	锌 0.2	锡铅青铜	[31]
鼾鼎	M1:41	底部			72.67	14.34	9.32		铅锡青铜	[42]
鼎	M2:47	腹部			71.98	11.3	11.5		锡铅青铜	[42]
鼎盖	M7:7				72.6	13.34	9.95		铅锡青铜	[42]
鼎	YM6:1	腹部	当阳	春秋晚期	63.76	13.55	20.91		锡铅青铜	[39]
鼎			丹徒粮山墓		84.81	8.23	5.53	铁 0.47 铝 0.56 硅 0.37	铅锡青铜	[29]
鼎	丹 04		丹徒背山顶		74.9	14.93	7.44		铅锡青铜	[29]
鼎	丹 05		丹徒背山顶		81.99	10.93	4.5		锡铅青铜	[29]
鼎	溧 01		溧水采集		85.73	6.77	6.92		锡铅青铜	[29]
鼎	EC2			东周	72.65	18.21	8.65	锌 0.15 铁 0.16	铅锡青铜	[6]
鼎盖	M2041:8		河南陕县后川	东周	79.17	10.95	3.86		铅锡青铜	[43]
鼎盖	M2041:9				60.49	3.91	30.21		锡铅青铜	[43]
鼎足	M2115:4				61.70	4.25	28.85		锡铅青铜	[43]
鼎足	M2124:41				67.75	7.4	20.76		锡铅青铜	[43]
无盖鼎	M2040:62				69.2	7.06	18.94		锡铅青铜	[43]
鼎耳					65.52	9.44	21.7		锡铅青铜	[43]
鼎	11.6			周代中期	76.5	15.3	2.4		铅锡青铜	[18]
鼎	徐 26		广东罗定	战国早期	/	15.3	6.5	HV166.36	铅锡青铜	[32]
鼎	徐 48		广东罗定	战国早期	/	15.2	8.7	HV117.5	铅锡青铜	[32]
鼎	C.87		湖北随县	战国早期	79.54	13.76	5.98	锌 0.01	铅锡青铜	[47]
鼾鼎	M2:137	底部冷隔	湖北荆门包山	战国中期	82.731	13.069	4.199		铅锡青铜	[40]
		足部内侧			83.851	12.638	3.51			
方耳鼎	M2:105	身部			75.87	12.33	11.80		铅锡青铜	[40]
方耳鼎	M2:127	足部			86.88	13.119			锡青铜	[40]
鼎	（绿色）		长沙	战国	67.08	14.132	15.851	锌 0.46 锑 0.203	锡铅青铜	[37]
鼎	008	足部	江西清江	战国	63.37	16.93	2.84		铅锡青铜	[60]
鼎	009	腹部		战国	60.91	16.01	15.79		铅锡青铜	[60]
鼎	47.20			周代晚期	74.8	13.7	10.0		铅锡青铜	[18]
钮钟	69		丹徒背山顶	春秋晚期	77.25	17.20	4.61		铅锡青铜	[29]
甬钟	M2:1	甬部	淅川下寺	春秋中晚期	80.45	15.6	2.8	锌 0.11	铅锡青铜	[31]
		舞部			73.55	15.01	11.73	锌 0.11		
钟	EC1			东周	73.26	17.72	8.53	锌 0.07 镍 0.05	铅锡青铜	[6]
季氏梁钮钟				春秋战国	81.24	15.9	1.0	锌 0.03 铁 0.59	锡青铜	[44]
季氏梁钮钟					85.27	12.63	0.8	锌 <0.01 铁 1.2	锡青铜	[44]

曾侯乙钮钟			湖北随县	战国早期	77.54	14.46	3.19	锌 0.02	铅锡青铜	[44]
曾侯乙甬钟					85.08	13.76	1.31	锌 <0.01	锡青铜	[44]
曾侯乙甬钟					83.66	12.49	1.29		锡青铜	[44]
曾侯乙甬钟					78.25	14.6	1.77		锡青铜	[44]
曾侯乙甬钟					81.58	13.44	1.40		锡青铜	[44]
錞于	采 1		镇江王家山	春秋晚期	66.62	26.2	4.63	硫 1.03 铁 0.59 硅 0.5	铅锡青铜	[29]
錞于	丹 21		丹徒背山顶	春秋晚期	76.13	16.7	4.92	硫 0.83 铁 0.59 银 0.44	铅锡青铜	[29]
錞于	丹 23		丹徒背山顶	春秋晚期	78.49	13.99	6.18	硅 0.48 硫 0.19	铅锡青铜	[29]
铃			丹徒青龙山	春秋	71.55	26.91	0		锡青铜	[29]
铃	EC17			东周	73.73	17.45	8.45	锌 0.08 镍 0.03	铅锡青铜	[6]
镈	LC5		山东长岛	春秋	84.010	10.482	5.507		铅锡青铜	[27]
镈	LC6		山东长岛	春秋	81.932	12.738	5.329		铅锡青铜	[27]
镈			郑州	战国	73.15	13.88	2.13		铅锡青铜	[14]
平均成分(%)	鼎(41 件)				67.229	12.308	13.249			
	钟(10 件)				72.313	14.751	3.117			
	錞于(3 件)				73.747	18.963	5.243			
	铃(2 件)				72.64	22.18	4.225			
	镈(3 件)				79.697	12.367	4.233			

注:部分试样在原分析报告中尚显示少量杂质元素,因数量较少,故对本研究影响不大;加上篇幅有限,今暂舍去。

表 3-3-8 战国青铜镜合金成分

名称	样号或器号	出土地点	成分(%)				合金类型	文献
			铜	锡	铅	其他		
铜镜残片	B015	山西长治	63.13	25.18	7.37		铅锡青铜	[14]
铜镜残片	B110	长沙	68.81	23.75	7.67			[14]
青黑色镜残片		长沙	71.74	19.632	2.69	锌 0.66 锑 0.32		[37]
绿色镜残片		长沙	66.33	21.992	3.363	锌 0.66 锑 0.591		[37]
周镜残片		传世	66.09	24.20	4.54	铁 2.36		[4]
铜镜残片	EC6	传世	71.31	16.63	9.77	锌 0.07 铁 0.13		[6]
蟠螭纹镜	W2	安徽	78.94	18.646	2.413			[45]
彩绘镜	C1	长沙	73.472	18.775	7.601			[45]
四山镜	C2	长沙	78.112	20.624	1.262		锡青铜	[45]
四山镜	W1	安徽	78.779	19.684	1.536			[45]
蟠螭纹镜	C8	长沙	77.294	21.343	1.361			[45]
铜镜残片	J10	江陵	78.826	21.173				[45]
云雷纹蟠螭纹连弧纹镜	LZO2	山东邹县	84.567	15.967	0.064			[34]
13 件试样平均成分			73.646	20.584	3.818			

注:除表中所列,部分试样尚含少量杂质元素,如长沙青黑色镜含镍 0.132%、铁 0.05%;长沙绿色镜含镍 0.121%、铁 0.392%;试样 EC6 含镍 0.06% 等。

表 3-3-9 春秋战国普通青铜容器合金成分

名称部位	样号器号	出土地点	时代	成分(%)				合金类型	文献
				铜	锡	铅	其他		
甗		丹徒青龙山	春秋中晚期	31.55	11.83	37.29	硫 12.3 银 2.06 砷 1.3 铬 0.53	铅基合金	[29]
鬲	C.126	湖北随县	战国早期	81.78	12.52	4.63		铅锡青铜	[47]
敦	JM235:2	湖北当阳	春秋晚期	64.08	9.43	25.62		锡铅青铜	[39]

簠		丹阳司徒乡	春秋早期	44.25	1.31	33.34	砷8.93 硫7.17 铁4.23	砷铅青铜	[29]
簠		高淳东坝		56.71	11.67	22.37	硫2.85 铁2.44 硅2.49	锡铅青铜	[29]
簠	C.105	湖北随县	战国早期	81.51	13.52	4.07		铅锡青铜	[47]
簠,耳	M1:45	淅川下寺	春秋晚期	79.2	16.89	3.79	锌0.2	铅锡青铜	[31]
簠,耳	M4:5			60.72	7.78	27.91	锌0.24	锡铅青铜	[31]
簠,耳	M8:3			75.56	15.67	5.92	锌0.14	铅锡青铜	[31]
簠	M8:4			63.68	8.87	15.16		锡铅青铜	[42]
簠,足	M8:4			70.5	7.92	3.16		铅锡青铜	[42]
簠	M2041:223	陕县后川	东周	63.31	6.73	24.95		锡铅青铜	[43]
簠	M2041:224			64.21	6.6	25.63		锡铅青铜	[43]
簠	EC3			76.44	12.62	9.19	锌0.14 铁0.13	铅锡青铜	[6]
簠	EC4			68.79	16.7	13.65	锌0.13 铁0.15	铅锡青铜	[6]
钵	LG7	山东栖霞	战国	83.2	11.405	5.393		铅锡青铜	[27]
壶	M2149:3	陕县后川	东周	63.61	6.38	25.43		锡铅青铜	[43]
壶	EC5			68.73	17.29	13.26	锌0.27 铁0.11	铅锡青铜	[6]
壶	(绿色)	湖南长沙		73.66	8.317	16.192	锌1.02 锑0.591 镍0.11	锡铅青铜	[37]
卣		高淳柒桥	西周晚期至春秋早期	50.01	27.75	14.34	铝4.28 铁2.73 硅0.89	锡铅青铜	[29]
卣		高淳柒桥		77.27	5.51	16.15	铝0.56 硅0.26 硫0.26	锡铅青铜	[29]
卣		高淳采集		50.23	5.49	35.24	铁6.67 硫1.03 银0.17	锡铅青铜	[29]
卣				58.22	10.27	12.61	铁8.58 铝7.9 硅1.63	锡铅青铜	[29]
卣				65.18	8.68	24.16	硫1.2 铁0.93 硅0.39	锡铅青铜	[29]
卣		丹徒采集		80.48	10.4	7.15	铝0.54 硅0.42 硫0.41	铅锡青铜	[29]
卣				73.32	20.49	3.34	硅1.72 硫0.66 铝0.47	铅锡青铜	[29]
尊	(Ⅲ式)	丹阳司徒乡	春秋中期	59.16	33.65	1.85	铝1.11 硅2.53 硫1.13	锡青铜	[29]
尊		丹徒青龙山	春秋中晚期	57.04	27.15	8.04	铬0.33 砷0.52 银1.84 硫3.35	铅锡青铜	[29]
尊				67.65	21.6	5.0	铬0.36 砷0.36 银1.45 硫2.12	铅锡青铜	[29]
盉	原编号48	镇江王家山	春秋晚期	68.14	23.87	5.88	硫1.66 硅0.34	铅锡青铜	[29]
匜	采51号			76.73	18.52	2.78	硫0.54 银0.23 硅0.58	铅锡青铜	[29]
匜	M2042:8	陕县后川	东周	84.39	12.77	2.04		铅锡青铜	[43]
浴缶	M2:55	淅川下寺	春秋中晚期	74.94	15.8	5.04	锌0.21	铅锡青铜	[31]
缶,腹	M36:3			63.27	10.46	22.67	锌0.26	锡铅青铜	[31]
缶	原号06	丹徒背山顶	春秋晚期	59.02	35.91	3.09	硅0.53 银0.46 铁0.41	铅锡青铜	[29]
盥缶	C.186	湖北随县	战国早期	79.74	16.5	3.26	锌0.02	铅锡青铜	[47]
舟	LT3	山东滕县	春秋	82.872	13.841		铂2.788 铁0.496	锡青铜	[34]
舟	ZHM8:18	湖北当阳	春秋中期	59.49	15.48	20.63		锡铅青铜	[39]
盘足	M7:2	淅川下寺	春秋中晚期	68.1	11.86	20.1	锌0.19	锡铅青铜	[31]
盘足	M10:41			74.51	13.81	7.78	锌0.12	铅锡青铜	[31]
盘	M11:6			84.93	12.67	2.23	锌0.06	铅锡青铜	[31]
盘	原编号36	镇江王家山	春秋晚期	68.39	17.51	12.50	银0.11 硫0.3 铝0.69	铅锡青铜	[29]
盘	M2040:70	陕县后川	东周	77.95	8.6	8.15		铅锡青铜	[43]
盘	M2040:76			83.03	13.5	1.84		锡青铜	[43]
盘	C.148	湖北随县	战国早期	82.82	11.27	4.36	锌0.01	铅锡青铜	[47]
鉴缶	C.139			79.59	18.30	1.32	锌<0.01	锡青铜	[47]
鉴		丹徒背山顶	春秋晚期	61.69	21.10	13.87	铁1.43 硫0.45 硅0.73	铅锡青铜	[29]
鉴	M2041:3	陕县后川	东周	70.15	14.86	12.2		铅锡青铜	[43]
容器	LC11	山东长岛	战国	88.933	10.425	0.641		锡青铜	[27]
容器	LC12			87.522	10.519	1.958		锡青铜	[27]
盒	C.235	湖北随县	战国早期	82.89	13.6	1.7		锡青铜	[47]
炉盘	C.197			80.87	15.2	3.87		铅锡青铜	[47]
鹿角立鹤底盘	E.137			84.48	12.52	2.60		铅锡青铜	[47]
平均成分	饪食器(16件)			66.593	10.716	16.380			
	酒器(14件)			65.193	16.181	13.474			
	水器(18件)			73.978	15.709	7.992			
	其他(5件)			84.939	12.453	2.154			
	总计(53件)			70.462	14.048	11.393			

注:丹阳司徒乡春秋中期青铜尊的含锡量高达33.65%,含铅量只有1.85%,其强度是极低的。丹徒背山顶春秋晚期青铜缶含锡量为35.91%,含铅量为3.09%,性能也是不好的。这类器物恐怕很难实际使用,很可能是分析误差所致。文献[29]所列杂质元素较多,本书仅摘其要者。

表3-3-10　战国钱币成分分布

货币种类	成分(%)			标本数	说明
	铜	锡	铅		
燕国"匽"字刀币	34~61.46	0.2~8.24	27.82~60.8	40	21枚铅钱(以铜为主要合金元素)
	平均46.96	平均2.32	平均47.54		19枚铜钱(以铅为主要合金元素)
齐国刀币	44.72~74.51	3.01~12.71	11.2~45.3	31	1枚标本含锡量稍高于含铅量,其余
	平均54.21	平均4.57	平均37.17		皆锡铅青铜
齐国賹化圜钱	42.18~62.99	1.68~5.83	26.97~45.94	18	1枚可属铅钱(以铜为主要合金元素)
	平均56.18	平均3.77	平均34.99		其余皆铜钱(以铅为主要合金元素)
魏国桥足布币	62.54~86.02	0.86~11.7	7.01~23.3	36	皆铜钱。1枚含锡量稍高于含铅
	平均74.36	平均4.35	平均14.67		量,其余皆以铅为主要合金元素
楚国蚁鼻钱(Ⅰ式)	57.51~67.74	5.81~18.8	11.63~29.54	13	皆铜钱。2枚含锡量稍高于含铅
	平均62.26	平均10.03	平均20.81		量,其余皆以铅为主要合金元素
楚国蚁鼻钱(Ⅱ式)	24.09~51.3	0.2~2.75	42.74~66.82	25	1枚铜钱(以铅为主要合金元素)
	平均32.84	平均0.98	平均57.23		其余皆铅钱(以铜为主要合金元素)

注:(1)本表采自赵匡华等《战国时期古币金属组织试析》(《自然科学史研究》1992年第1期),并加以整理。

(2)表中各标本皆采用化学分析法分析,除此所列,原表还示出有不同数量级的铁、铝、钡、钴、硫等杂质,今略。

(3)齐国刀币主要包括"齐之法化"、"齐法化"、"节墨之法化"3种,计31件。

表3-3-11　几枚战国钱币成分分析

样号	钱币名称	地点	成分(%)				
			铜	锡	铅	铁	银
LZ9	"己"字切头尖首刀币	山东招远	77.093	7.847	13.347	1.711	
LZ11	"王"字切头尖首刀币	山东招远	75.695	5.494	18.809		
LG1	"节墨之法化"刀币	山东栖霞	85.379	9.294	5.326		
B5	燕明刀币	北京	42.101	5.571	52.326		
梁1	燕明刀币		44.24	4.67	45.55	2.95	0.044
田1	燕明刀币	山西洪洞	73.18	9.68	10.11	0.51	
田2	布币	山西洪洞	71.68	10.33	15.12		
平均成分			67.053	7.555	22.941		

注:(1)标本LZ9、LZ11承招远县图书馆王吉道提供,标本LG1承栖霞县文管所提供,标本B5承北京市文物工作队程长新提供。均承原冶金工业部钢铁研究总院李文成扫描电镜能谱分析。见何堂坤《招远切头尖首刀及其科学考察》,《中国钱币》1987年第3期。

(2)样号"梁1"采自梁津《周代合金成分考》,《科学》第9卷第10期,1925年3月。

(3)样号"田1"、"田2"采自文献[14]。

表3-3-12　关于"六齐"合金成分的两种解释

不同解释 / "齐"名	"金即青铜"说		"金即赤铜"说		"金锡各半"说		"金一锡半"说	
	铜	锡	铜	锡	铜	锡	铜	锡
钟鼎之齐	83.33	16.67	85.71	14.29				
斧斤之齐	80.00	20.00	83.33	16.67				
戈戟之齐	75.00	25.00	80.00	20.00				
大刃之齐	66.67	33.33	75.00	25.00				
削杀矢之齐	60.00	40.00	71.43	28.57				
鉴燧之齐					50.00	50.00	66.67	33.33

表 3-3-13　东周青铜器实际含锡量与"六齐"含锡量的对比

器名＼项目	六齐规定含锡量(%)	试样数(件)	实际含锡量(%)			虚拟含锡量(%)	
			波动范围	平均值	平均值与六齐规定值之差	虚拟值(Sn+Pb)	虚拟值与六齐规定值之差
钟	14.29	10	12.49~17.72	14.751	0.461	17.868	3.578
鼎	14.29	41	0.9~26.45	12.308	-1.982	25.554	11.264
斧	16.67	7	7.09~19.17	13.16	-3.51	17.976	1.306
斤	16.67	1		8.686	-7.984	10.656	-6.014
戈	20.0	30	5.58~18.09	14.21	-5.79	19.03	-0.97
戟	20.0	3	9.32~23.72	16.973	-3.027	24.096	4.096
剑	25.0	59	8.849~24.94	16.81	-8.08	21.071	-3.929
刀	25.0	2	5.49~16.62	11.055	-13.945	17.89	-7.11
削	28.57	8	7.67~16.975	11.159	-17.411	14.573	-13.997
矢	28.57	19		17.29	-11.28	22.519	-6.051
镜	33.33	13	15.967~25.18	20.584	-12.746	24.402	-8.982
西周阳燧	33.33	1		18.18	-15.15	23.955	-9.375

注：(1) 本表系依前表 3-3-5 至表 3-3-10 整理而成。

(2) 表中所说"六齐"成分，系依"金即赤铜"说和"金一锡半"说解释的成分。

(3) 此"虚拟含锡量"，或"虚拟值"系指平均含锡量与平均含铅量之和，即把实物分析的含锡量与含铅量都当成了含"锡"量，即把铅的锡当量系数视为 1。

(4) 此"虚拟值与'六齐'规定值之差"，即含锡量与含铅量之和与"六齐"规定含锡量之差距。虚拟含锡量较大者为正值，较小者为负值。

(5) 在表 3-3-6 所示青铜削中，以湖北当阳赵家湖战国中期铜削含锡量最高。此器有两个分析数据，今以其平均值为准。

(6) 表中未曾列出铜镞含锡量的波动范围，因表 3-3-6 所示铜镞成分中，有的分析数据显然有误，如镇江王家山铜镞(采5)的含锡量达 32.78%，不含铅，此合金正好处于纯 δ 相区，这是极脆的，根本不能用来制作任何器物。

(7) "六齐" 规定的是杀矢的成分，但杀矢形态较难分辨；本表所列为普通的青铜镞。迄今尚未分析过东周阳燧成分，今附西周阳燧以代之，其成分见表 3-3-4 上。

"六齐" 成分这种 "理想化" 的色彩，在《考工记》及至《周礼》一书中，皆不鲜见。如《考工记·桃氏为剑》："身长五其茎长，重九锊，谓之上制，上士服之。身长四其茎长，重七锊，谓之中制，中士服之。身长三其茎长，重五锊，谓之下制，下士服之。" 显然，如此规范的剑制，在考古实物中并未得到证实，这是一种理想化了的规定。

四、以锡为主要合金元素的技术思想及其形成过程

前面谈到，考古学家曾把人类的史前时期区分为石器时代、青铜时代和铁器时代。在人类的早期铜器中，虽曾有过 Cu-As、Cu-Sb、Cu-Pb 等合金，但对社会生产力产生过重大影响的，便只有锡青铜和铅锡青铜了，故真正的 "青铜时代" 应是以锡为主要合金元素的铜合金时代。

(一) 关于锡青铜的优点

与其他古代铜合金相比较，锡青铜的主要优点是：

(1) 它可通过改变合金成分的方式来改善材料的铸造和加工性能，在一定成分

范围内，含锡量增加，合金强度和硬度都会相应提高，而不是像砷铜那样，须通过加工硬化的途径来达到这一目的。

（2）锡青铜可广泛地采用铸造方式成型，这不但提高了成型生产率，而且还为大型、复杂器物的生产开辟了广阔的道路，这是锻造成型法不可比拟的。而砷铜铸件的机械性能并不比纯铜优越多少。

（3）锡青铜的线收缩率较小，不会形成集中性缩孔，宜于铸制断面变化较为复杂的工件，故习有艺术青铜之称谓。

商周时期，我国生产了许多机械性能较好的兵工器和体形复杂、艺术价值较高的青铜礼器，与这三个特点都是密切相关的。

由前可知，除了响器外，我国古代一般青铜器都配入了数量不等的铅，古代世界的许多地方也都如此；唯不列颠诸岛等地有些例外，其早期青铜时代所用金属是砷铜，或较纯的低锡青铜（其中不含砷或铅），中期所用的是纯锡青铜，含锡量常超过10%；在不列颠东南部，青铜时代晚期才加入铅。在古代技术条件下，锡青铜加铅的优点主要是：

（1）铅的熔点较低（327℃），且与铜互不相溶，加入适量的铅可降低金属熔点，改善金属流动性和铸造性能。

（2）因铅不溶解于铜，而是以孤立分散的颗粒分布在铜基体上，切削加工时易于得到零散易断的金属切屑，从而改善了材料的切削加工性能。在古代，这对铸件浇铸系统的清理和表面打磨等操作，都是具有重要意义的。

（3）因锡青铜易于形成分散性缩孔（组织疏松），而铅的熔点较低，在金属凝固后期，富铅溶液便会填入枝晶间的大量显微缩孔中，便可适当减少这种组织疏松对某些性能的影响。

（4）因铅以软夹杂形式存在于铜基体中，有如铸铁中的石墨一般，加入适量的铅，金属就具有较好的自润滑作用，并降低了材料的摩擦系数，提高了它的耐磨性能和疲劳强度。在古代，这对车具尤为重要。

（二）关于锡在合金元素中主导地位之确立

人们对锡、铅及其在铜合金中的作用的认识，以锡为主要合金元素的技术思想的确立，都是人们在长期生产实践中，逐步摸索、总结出来的；不管东方还是西方，都经历了漫长的探索过程。中近东和欧洲的情况前面已有简单介绍，今再依前述分析数据，对我国的情况作一归纳。

仰昭－龙山、齐家文化时期，为我国的冶金技术发明期和铜石并用时代。在作过定量和半定量分析的早期铜器中，锡青铜只有2件，只占试样总数（14件）的14.28%。这个比例显然是很低的，整个冶金技术仍处在萌芽的阶段上，合金技术仍处在妊孕中。

二里头－二里岗文化时期，为早期青铜时代[24]。今统计的二里头文化和岳石文化标本计67件，其中锡青铜和铅锡青铜标本计29件，约占标本总数的43.28%。今统计的火烧沟文化标本计66件，其中锡青铜和铅锡青铜标本计21件，占标本总数（66件）的31.8%。今分析统计的二里岗－盘龙城时期标本计76件，其中锡青铜和铅锡青铜计 38 件，占标本总数的 50.0%，显示了一种增长的趋势。但在二里岗－盘龙城时期，人们一方面较多地使用了含锡量较高的铜合金，另一方面也较多地使用了含铅量较高的铜合金，这是人们对锡、铅及其在铜合金中的作用依然区分得不太清楚的表现。

由商代晚期至春秋战国，属青铜时代中期和晚期，锡在合金元素中的主导地位逐渐确立。商代晚期，在我们分析、统计了的 254 件试样中，锡青铜和铅锡青铜计 181 件，占试样总数的 71.26%。西周时期，我们分析、统计了 175 件试样，锡青铜和铅锡青铜计 135 件，占试样总数的 77.14%。春秋战国时期，我们分析、统计了 59 件普通青铜剑，锡青铜和铅锡青铜的为 57 件，计占试样总数的 96.61%；我们还分析、统计了 112 件春秋战国的一般兵工器合金成分，其中锡青铜和铅锡青铜计 100 件，计占试样总数的 89.29%；而春秋战国的响器和青铜镜都是 100% 的锡青铜和铅锡青铜。这一比例数的变化，充分反映了锡青铜和铅锡青铜逐步确立的过程。以锡为主要合金元素的技术思想至迟“妇好”时期便初步形成，西周之后进一步确立起来，春秋战国时期发展到较为成熟的阶段，此时，人们对锡、铅两种金属及其与铜合金性能的关系，都有了较深的认识。

对我国何时进入青铜时代的问题，学术界存在多种不同看法，这主要是划分标准不一之故；我们以为，一个完整的青铜时代的标准应是：

（1）青铜器的使用量应当较大。

（2）锡在合金元素中应占据主导的地位，即锡青铜和铅锡青铜在整个铜合金中所占比例必须是大多数。

（3）锡青铜和铅锡青铜的含锡量应当较高，后者的含铅量应当较低，尤其在刀剑等兵工器、镜类映照器，以及钟等响器中。

（4）不同的器物应当使用不同的合金成分。

其中最为基本的一点是第二点，这在中国、外国，都是一样的。所谓“青铜时代”即是以锡作为主要合金元素的铜合金时代[24]。

当然，由于自然条件和民族特性的差异，这四个条件的具体表现是不会完全相同的。我国古代的青铜技术发展得较为完善，并且具有下列三个明显的特点：

（1）发展迅速。锡青铜和铅锡青铜技术一经出现，便迅速地发展起来，从未停滞过，更未曾中断。

（2）使用量较大，铸造技术发展较早较快。不管兵刃器、手工业工具、农器、礼器、生活日用器、车马器等，都大量地使用青铜铸件，其中许多器物的成型加工技术都表现了高超的技艺。

（3）合金技术发展到了相当高的水平。较早就确立了锡在合金元素中的主导地位，并形成了一套较为规整的合金配制制度。“六齐”类器物皆含锡量较高，含铅量较低，成分较为稳定。

我国古代冶铜技术之发明期约与中近东相去不远，但青铜技术却很快就走到了世界的前面，其中的关键，便是很早就产生了以锡为主要合金元素的技术，并在实际生产中使用了数量较大、含锡量较高、成分配制较好的锡青铜和铅锡青铜。

我国能够把握住这一技术关键，原因是多方面的，其中较为重要的是：

（1）我国蕴藏有较为丰富并便于开采的铜、锡矿资源。

（2）较早就形成了在经济、文化上联系较为密切的部落联盟和统一国家，为技术和资源的交流创造了良好的条件。

（3）具有优秀的文化技术传统，善于及时抓住能带动全局的技术关键。

（三）由文献记载看我国古代对锡的认识

我国古代文献在谈到青铜器，尤其是"六齐"类器物的铸造时，往往都是只提到铜、锡两个组元，很少提到铅,《考工记·六齐》和其他许多文献都是这样的。这充分说明，从很早的年代起，人们就较好地区分了锡、铅两种金属，并确立了以锡为主，以铅为辅的合金技术思想。

《考工记·国有六职》在谈到吴越之剑时云："吴粤之金锡，此材之美者也。"只提到了吴越之铜和锡，未曾提到铅。

《荀子·强国篇》在谈到青铜兵刃器的铸造工艺时说："刑范正，金锡美，工冶巧，火齐得，剖刑而莫邪已。"这里谈到了铸造锋刃兵器的四个基本工艺要素，即型范规整、铜锡精良、工冶精巧、火候得宜，其中也只提到了铜和锡两种金属，未提到铅。

从现有的文字资料和实物资料看，我国古代铅、锡冶炼技术的发明期应是相差不远的，但不能排除铅早于锡的可能性。今日所见最早的纯铅器（块）属二里头文化三期，最早的纯锡器是到了商末周初才看到的，但《周礼·地官》在说到地官职权范围时说："卝人掌金玉锡石之地"。这里只说了卝人职掌铜、玉、锡、石之地，未说到铅。此说明：卝人的职责可能没有铅矿，也可能有铅矿而将之省略了。但不管怎样，都表示了人们对锡的重视程度胜过铅。

尤其值得注意的是《吕氏春秋·别类》，还谈到了铜、锡合金化问题，其云："金柔锡柔，合两柔则为刚"。即是说，铜柔锡柔，合此两柔之后，合金性能就会变得刚强起来。这与现代技术原理是基本相符的，这是我国最早的合金化理论。这里也未提到铅，更未说到铅及铜铅合金的机械性能。这充分说明，人们对铅、锡及其与铜合金机械性能的关系是区分得较为清楚的。

第四节 部分地区性文化的青铜合金技术

我国是个幅员辽阔、民族众多的国家，由于自然条件、文化背景的差别，在同一时期内，各地区、各民族的生产技术、科学技术的发展水平是不太平衡的，前述青铜合金技术主要是指中原文化区，或与之关系较为密切的地区，下面再介绍部分"地区性文化"的情况。所谓"地区性文化"，它的一个重要特点是器物形制具有明显的地方特征，这与"政治隶属"在概念上是不同的。西汉之后，随着统一中央集权制国家的巩固和发展，以及各地区经济、文化交流的繁荣，许多地区性特征逐渐减少。

一、北方青铜合金技术

我国古代文献对北方民族早有记载，《史记》卷一一〇“匈奴列传”载：“唐虞以上有山戎、猃狁、荤粥。居于北蛮，随畜牧而转移。”又说：“燕北有东胡、山戎。”《史记·齐世家》：“山戎伐燕，燕告急于齐。”但这些民族与哪些考古文化相对应，目前还不是十分清楚。从现有考古资料看，先秦北方游牧民族较为重要的青铜文化主要有：夏家店上层文化、军都山文化、鄂尔多斯文化等。有学者认为：夏家店上层文化可能属“东胡”，延庆军都山文化可能属“山戎”；但也有人认为夏家店上层文化属山戎，军都山文化则属白狄[1]；至于鄂尔多斯文化的族属，则更难判断。下面主要讨论辽西和军都山的青铜技术。鄂尔多斯也出土过许多青铜器，2004 年后，韩汝玢等和本人都先后作过一些分析，日后再作讨论。

（一）辽西青铜合金技术

今辽宁西部和内蒙东部一带已出土数千件青铜器。表 3－4－1 列出了 64 件辽西青铜器合金成分，其中有叶刃青铜短剑 39 件（图 3－4－1）、刀 5 件、斧 4 件，以及青铜匕首、镞、锥、镜形饰、銮铃、铜泡各 1 件，分铸剑首及其框架 8 件，以及仿制的中原东周式青铜短剑 2 把。皆出土于辽西地区，时代约相当于西周晚期至战国中晚期。由之可见：

（1）这些标本都是以锡或铅为主要合金元素的青铜，没有红铜，也没有原始黄铜；不但数量较大，且含锡、含铅量较高，这显然是人们有意配制的；说明此时辽西地区的青铜冶炼、铸造、合金技术早已脱离了铜石并用时代的原始性，并具有一定水平。

（2）但锡在铜合金中的主导地位尚未确立，在 64 件标本中，有锡铅青铜 34 件、铅青铜 4 件，计占试样总数的 59.38%；有铅锡青铜 19 件、锡青铜 3 件，计占试样总数的 34.37%；还有 4 件试样的含铅、含锡量基本一致，暂定为“青铜”，计占试样总数的 6.25%。

（3）器物含铅量较高，各类器物的平均含铅量都高于平均含锡量。表中所列 39 件辽西青铜短剑平均成分为：锡 9.42%、铅 13.91%；12 件一般兵工器（镞、刀、斧、削、锥）平均成分为：锡 11.6%、铅 12.47%；剑首、铜泡等 9 件标本平均成分为：锡 14.18%、铅 15.57%。

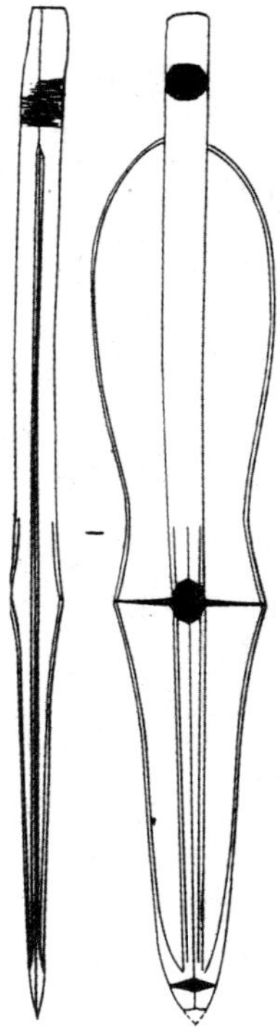

图 3－4－1　辽西叶刃式青铜短剑　朝阳县木头沟出土（器号 M1:1），承靳枫毅提供

（4）各类器物成分波动较大，且分布没有明显规律。如 39 件辽西青铜短剑中，锡铅青铜者 23 件，铅锡青铜者 11 件；含锡量在 10% 之上的只有 18 件，最高含锡量为 23%，而含铅量在 10% 之上的达 34 件，最高含铅量亦达 23%。

（5）由西周晚期到战国中晚期，锡青铜和铅锡青铜的比例并无十分明显的增长，如春秋早期及其之前的辽西青铜短剑（11 件）中，以锡为主要合金元素的标本（3件）只占标本总数的27.27%，平均成分为：锡8.79%、铅12.78%；春秋早中期至战国中晚期的辽西青铜短剑（28件）中，以锡为主要合金元素者（8件）只占试样总数的28.57%，平均成分为：锡9.672%、铅14.361%。

（6）2件东周式青铜剑含铅量都较高，分别达14.5%和20%，且其中一件为锡铅青铜，这种成分在中原是很少看到的。故此二器当不能排除仿制的可能性，但只仿了外形，形似而神不似。

（7）其镜形饰为铅青铜，含铅2.5%、锡0.5%；銮铃为锡青铜，含铅1%、锡2.5%；其实都近于红铜，映照效果、声学效果都是较差的。

（8）26号青铜刀含锡量高达33%，含铅量仅为1.5%，大体上处于纯δ相区内。如前所云，这种合金是很脆的，恐难制作任何一种器物。在这64件标本中，只有环首削（12号）等少数器物成分配制较好，其含锡20%、含铅1.8%；其余标本的成分多是欠佳的。

按：此镜形饰，是指类似铜镜一样的小型饰器，似铜泡而非铜泡。这些饰器在制作和长期使用过程中，其表面肯定是要被研磨，或抚摩致光的，于是它便有可能具有不同程度的映照能力。窃以为，我国古代之铜镜，很可能是由这类曾经研磨致光，且具有一定映照能力的饰器、生活日用器等演变过来的[4]。

表3－4－1　辽西夏家店上层文化青铜器合金成分半定量分析

原分析号	名　称	器物发掘号	断　代	出土地点	成　分（%）			合金类型	文献
					铜	锡	铅		
1	叶刃短柄式短剑	M780:1	西周晚期至春秋早期	建平水泉城子	95.0	1.5	3.5	铅青铜	[2]
37	叶刃短茎式青铜短剑	朝文馆总228		朝阳胜利花坤北台子	76.0	5.0	19.0	锡铅青铜	[3]
38		朝文馆总229		朝阳胜利花坤北台子	87.0	2.0	11.0	锡铅青铜	[3]
43		总793，考378		朝阳十二台营子	73.0	8.0	19.0	锡铅青铜	[3]
45		朝文馆总794，考379		朝阳边杖子	70.5	13.0	16.5	锡铅青铜	[3]
49		朝地博，收28		朝阳羊山北广富营子	73.0	11.0	16.0	锡铅青铜	[3]
51		朝地博，收005		朝阳北四家子耿台子	79.0	13.0	8.0	铅锡青铜	[3]
50		总116，铜12	夏家店上层文化	建平	78.0	12.0	10.0	铅锡青铜	[2]
9		总116，铜12	春秋早期	建平	73.2	14.2	12.6	铅锡青铜	
31		朝地博7801		建平	84.0	4.0	12.0	锡铅青铜	
46		总790，考375		朝阳十二台营子	74.0	13.0	13.0	青铜	
6		总142－1	春秋早中期	朝阳六家子东岭岗	84.0	3.0	13.0	锡铅青铜	
7		146		朝阳六家子东岭岗	78.0	8.0	14.0	锡铅青铜	
16	花棱脊剑	收0001	春秋晚期至战国早期	北票县	61.5	21.9	16.6	铅锡青铜	

18	叶刃短茎式青铜短剑	朝文馆总 230	春秋早中期	朝阳六家子东岭岗	61.7	21.8	16.4	铅锡青铜	
19		M1:1	春秋晚期	北票三宝何家沟	85.0	0.01	14.1	铅青铜	
20		M1:1	春秋早期至春秋中期	朝阳木头沟石椁墓	60.0	20.0	20.0	青铜	[3]
21		总 1087	春秋早中期	朝阳十二台营子	62.8	23.0	14.1	铅锡青铜	
33		朝文馆总 144		朝阳六家子东岭岗	77.0	4.0	19.0	锡铅青铜	
34		朝文馆总 143－1		朝阳六家子东岭岗	72.0	13.0	15.0	锡铅青铜	
35		朝文馆总 145		朝阳六家子东岭岗	78.0	5.0	17.0	锡铅青铜	
36		朝文馆总 140－1		朝阳六家子东岭岗	67.0	20.0	13.0	铅锡青铜	
39		总 1085，考 670	春秋早期至春秋中期	朝阳孟克石椁墓	77.0	4.0	19.0	锡铅青铜	[3]
40		总 1086，考 671		朝阳木头城子	62.0	19.0	19.0	青铜	[3]
41		总 1087，考 672－1		朝阳十二台营子	79.0	13.0	8.0	铅锡青铜	[3]
42		总 1087，考 672－3		朝阳十二台营子	77.0	7.0	16.0	锡铅青铜	[3]
44		朝文馆总 134		朝阳东大道	75.0	2.0	23.0	锡铅青铜	[3]
47		总 792，考 377		朝阳	83.0	2.5	14.0	锡铅青铜	[3]
48		总 1056，考 641		朝阳长宝三队	88.0	5.0	7.0	锡铅青铜	
52		总 267，铜 163	春秋中期至中晚期	北票	84.0	3.0	13.0	锡铅青铜	
53		总 268，铜 164		北票	84.0	11.0	5.0	铅锡青铜	
62		M2:1	春秋早中期	朝阳东岭岗	91.0	3.0	6.0	锡铅青铜	
63		总 142－1		朝阳东岭岗	84.0	3.0	13.0	锡铅青铜	
64		总 146		朝阳东岭岗	78.0	8.0	14.0	锡铅青铜	
4		M1:1	春秋晚期至战国早期	建平万寿河南	65.0	14.0	21.0	锡铅青铜	
5		M2:1		建平万寿河南	75.0	8.0	17.0	锡铅青铜	
10		总 1031，考 616		朝阳东五家子娘娘庙	74.5	13.6	11.9	铅锡青铜	[3]
32		朝文馆总 147－1	春秋中期至战国中期	朝 阳 波 罗 赤	78.0	12.0	10.0	铅锡青铜	[3]
11	曲刃匕首式短剑	总 795，考 380		朝 阳 召 都 巴	84.0	3.0	13.0	锡铅青铜	[3]
17	东周式青铜剑	总 028	战 国 中 期	朝阳木头城子南大坑 2 号墓	63.4	22.0	14.5	铅锡青铜	
56	东周式青铜剑	朝文馆总 363		朝阳东五家子娘娘庙南营子	75.0	5.0	20.0	锡铅青铜	
2	铜刀	M7801:2	西周晚期至春秋早期	建平水泉城子	94.5	2.2	3.1	锡铅青铜	[2]

26	铜刀	总 791，考 376	夏家店上层文化	朝阳波罗赤	65.5	33.0	1.5	锡青铜	[3]
27	铜刀	总 481，考 111		建平二十家子朝阳沟	62.3	12.9	24.8	锡铅青铜	[2]
28	铜刀	M1:4		朝阳木头沟石椁墓	70.6	6.3	23.0	锡铅青铜	
57	铜刀	总 483，考 113		老建平	83.0	13.5	3.5	铅锡青铜	[2]
8	铜镞	141	春秋早期	朝阳六家子东岭岗	80.9	1.3	17.8	铅青铜	
12	环首削	总 787，考 372	春秋晚期至战国早期	喀左六官营子南洞沟	78.2	20.0	1.8	锡青铜	
25	铜斧	总 785，考 370	春秋中期至晚期	朝阳胜利程家沟	79.9	2.8	17.26	锡铅青铜	
29	铜斧	M1:5	春秋早期至中期	朝阳木头沟石椁墓	72.6	14.7	12.6	铅锡青铜	[3]
59	铜斧	总 119，铜 15	夏家店上层文化	建平	80.0	17.0	13.0	铅锡青铜	[2]
60	铜斧	总 120，铜 16		建平	81.0	8.0	10.5	锡铅青铜	[2]
30	铜锥	M1:6	春秋早期至中期	朝阳木头沟石椁墓	71.2	8.0	20.8	锡铅青铜	[3]
13	T 形剑首	M1:2	春秋晚期至战国早期	北票三宝何家沟	69.9	15.6	14.8	铅锡青铜	
14	T 形剑首	收字 91	春秋中期至中晚期	朝阳地区博物馆收集	65.8	16.8	17.4	锡铅青铜	
15	如意形剑首	M1:2	春秋早期至中期	朝阳木头沟石椁墓	65.6	19.9	14.5	铅锡青铜	[3]
22	T 形剑首	总 117，铜 13	夏家店上层文化	建平	63.1	13.4	23.4	锡铅青铜	[2]
23	T 形剑首	总 788，考 373	春秋早中期	朝阳波罗赤	63.0	19.3	17.7	铅锡青铜	
24	T 形剑首	朝地博 001	战国中期至中晚期	北票大板杨树沟	75.0	16.6	8.3	铅锡青铜	
54	铜嵌框架	收 006	春秋中期至中晚期	朝阳地区博物馆收集	74.0	13.0	13.0	青铜	
55	铜嵌框架	朝文馆总 147－2	春秋中期至战国中期	朝阳波罗赤	75.0	8.0	17.0	锡铅青铜	[3]
58	铜泡	1 号	春秋晚期至战国早期	凌源三官甸子	81.0	5.0	14.0	锡铅青铜	
3	镜形饰	M7801:3	西周晚期至春秋早期	建平水泉城子	97.0	0.5	2.5	铅青铜	[2]
61	銮铃	总 798，考 383	春秋	喀左中三家	96.0	2.5	1.0	锡青铜	
平均成分（%）	春秋早期及其之前（含夏家店上层文化）辽西青铜短剑（11 件）				78.43	8.79	12.78		
	春秋早中期至春秋晚期辽西青铜短剑（23 件）				76.04	9.57	14.31		
	战国早期至战国晚期辽西青铜短剑（5 件）				75.3	10.12	14.58		
	全（39 件）辽西青铜短剑				76.21	9.42	13.91		
	东周式青铜剑（2 件）				69.2	13.5	17.25		
	辽西青铜镞、刀、斧、削、锥（12 件）				76.64	11.6	12.47		
	剑首、铜嵌框架、铜泡（9 件）				70.23	14.18	15.57		
	全 64 件标本				76.12	10.38	13.6		

注：（1）6 件剑首（5 件 T 形、1 件如意形）都是与剑身分铸的。

（2）春秋早期以前的 11 件辽西青铜短剑试样包括：1、9、31、37、38、43、45、46、49、50、51 号；春秋早中期至春秋晚期 23 件试样包括：6、7、16、18、19、20、21、33、34、35、36、39、40、41、42、44、47、48、52、53、62、63、64 号；战国早期至战国晚期 5 件试样包括：4、5、10、11、32 号；东周式青铜剑即 17、56 号两件。

（3）本表分析数据皆采自张日清、曲长芝《同位素 X 射线荧光法对稀珍文物的无损分析》（见《考古学集刊》（2），1982 年），该文主要讨论同位素 X 射线荧光法的可行性，尚未来得及对辽西青铜合金技术进行讨论。表中“文献”栏所列文献皆为发掘报告。

(4) 镜形饰和銮铃各只有1件标本，而它们的性能又相差较大，故表中未计算其平均成分。

(5) 表中有的标本（如原分析号9、50等）的出土地点、器号是完全相同的。

总的来看，此64件标本的机械性能多皆欠佳，不管青铜剑、青铜刀、生产工具，还是鸾铃、镜形饰等，大体皆是如此。其合金技术的总体水平约与二里头－二里岗文化相当[5]。辽西青铜剑一般较短，很少看到长剑，这与人们的生活习俗和材料性能都是密切相关的。

在此还有两个现象值得注意：(1) 在辽西青铜器中，不少标本的年代与大井采冶遗址相近，但大井使用过含砷矿物，此却未见砷的踪影。(2) 与前述表2－3－6所示夏家店下层文化赤峰大甸子青铜合金技术相比较，此辽西夏家店上层文化青铜合金技术发展水平却较之为低，看来，这两种文化未必存在继承关系。

（二）军都山文化青铜合金技术

1985～1991年，北京延庆县军都山清理了570多座游牧民族的墓葬，出土大小铜器约16000多件，其年代大体与中原文化的春秋时代相当，少数墓葬约可上推到西周晚期，下延及战国早期，表3－4－2所示为23件军都山文化青铜器合金成分。由之可见：

表3－4－2　军都山文化青铜器合金成分分析

样号	器名	器号(墓号)	分析部位	成分(%)				合金类型
				铜	锡	铅	其他	
B38	簋盖	YYM2:5	钮部	81.28	11.94	6.77		铅锡青铜
B39	鼎	YYM2:2	足部分型面	97.52	2.48			锡青铜
B40	斧	YYM13:4	銎部浇口	89.26	8.26	2.46		铅锡青铜
B41	环首削	YYM175:3	身刃部	90.69	8.11	1.19		锡青铜
B42	方环首削	YYM99:2	柄部	87.54	8.87	3.59		铅锡青铜
B43	环首削	YC	刃部	87.86	12.14			锡青铜
B44	锛	YYM95:5	銎部浇口	90.81	5.32	3.87		铅锡青铜
B45	锛	YYM17:7	刃部	88.91	9.86	1.23		锡青铜
B46	短剑	YYM6	刃部小耳环	74.82	15.69	5.46	铁0.87 硅0.92 铝1.86	铅锡青铜
B47－1	带钩	282:8	扣部	71.66	12.77	10.12	铁1.05 硅1.7 铝2.7	
－2			同上另一处	70.84	12.72	9.97	铁1.04 硅1.67 铝2.64	
B48－1	小铜扣	YYM95:9	别棍	71.78	19.3	5.59	铁1.17 硅0.34 铝1.82	
－2			同上另一处	66.30	24.38	5.42	铁1.33 硅0.79 铝1.78	
－3			扣体，口沿	80.36	10.79	4.68	铁1.12 硅0.35 铝2.7	
－4			同上另一处	81.13	12.35	2.67	铁1.19 硅0.21 铝2.45	
B49－1	小铜扣	YYM95:9	别棍	69.89	20.06	6.69	铁1.37 硅0.45 铝1.46	
－2			同上另一处	69.06	21.56	5.92	铁1.34 硅0.58 铝1.54	
－3			扣体，口沿	77.64	14.98	4.88	铁0.93 硅0.21 铝1.35	
－4			同上另一处	82.28	11.41	3.53	铁1.17 硅0.28 铝1.35	
B50－1	小铜扣	YYM95:9	别棍	68.58	21.00	7.36	铁1.49 硅0.61 铝0.95	
－2			同上另一处	66.81	24.80	5.05	铁1.53 硅0.61 铝1.21	
－3			同上另一处	71.91	19.99	5.19	铁1.14 硅0.49 铝1.28	
－4			扣体，口沿	75.73	16.03	4.19	铁1.53 硅0.93 铝2.13	
－5			同上另一处	72.88	16.98	6.03	铁1.89 硅0.43 铝1.79	
－6			同上另一处	82.96	9.12	4.04	铁1.24 硅0.19 铝2.46	

B51－1	包金铜贝	YYM2:15	铜贝，口沿	61.66	13.97	19.81	铁 1.95 铝 2.6	锡铅青铜
－2			包金	6.45			金 88.51 银 2.6 铁 2.35	金基合金
－3			包金	6.45			金 87.37 银 2.47 铁 2.33 钙 1.38	
B52－1	三翼镞	YYM18：7（Ⅰ）	銎部	62.95	16.19	17.62	铁 0.96 硅 0.19 铝 2.05	锡铅青铜
－2			同上另一处	50.04	22.17	21.00	铁 1.04 硅 1.49 铝 2.63	
B53－1	三棱铜镞	YYM18：7（Ⅱ）	铤部	78.24	13.06	4.07	铁 2.24 硅 0.31 铝 2.08	铅锡青铜
－2			同上另一处	77.09	13.74	4.86	铁 1.48 硅 0.25 铝 2.36	
B54－1	方体锥	YYM32:6	身部	84.70	9.33	2.99	铁 0.80 硅 0.45 铝 1.72	
－2			同上另一处	84.60	9.19	3.46	铁 1.05 硅 0.29 铝 1.41	
B55－1	短剑	YYM17:2	刃部	80.86	10.37	6.45	铁 0.87 硅 0.35 铝 1.11	
－2			同上另一处	81.89	11.92	3.73	铁 0.94 硅 0.31 铝 1.21	
B56－1	削	YYM17:4	刃部	83.17	11.58	3.32	铁 0.59 硅 0.05 铝 1.29	
－2			同上另一处	79.72	13.54	4.32	铁 0.71 硅 0.23 铝 1.57	
B57－1	饰铃	YYM302:5	身部	90.95	4.48	2.43	铁 0.97 硅 0.11 铝 1.05	
－2			同上另一处	90.92	4.47	2.52	铁 1.21 铝 0.88	
B58－1	饰铃	YYM302:5	肩部	84.62	7.96	5.06	铁 0.72 铝 1.65	
－2			同上另一处	86.41	7.60	3.89	铁 0.39 铝 1.71	
－3			同上另一处	85.78	7.03	5.15	铁 1.06 硅 0.17 铝 0.81	
－4			同上另一处	87.82	7.00	3.52	铁 0.62 硅 0.18 铝 0.86	
B63	方长体锥	YYM34:6	身部	82.83	11.17	4.81	铁 1.20	
B64	圆体锥	YYM78	身部	88.59	5.57	5.34	铁 0.51	
平均成分	铸斧（3件）			89.66	7.82	2.52	/	
	剑（2件）			78.097	13.418	5.275	/	
	削（4件）			86.884	10.42	2.15	/	
	镞（2件）			67.08	16.29	11.89	/	
	锥（3件）			85.18	8.82	3.99	/	
	容器（2件）			89.4	7.21	3.39		
	饰铃（2件）			88.55	5.94	3.4		
	扣，体部（3件）			78.97	12.94	4.21		
	扣，别棍部（3件）			69.21	21.53	5.82		
	带钩（1件）			71.25	12.75	10.05		
	包金铜贝（1件）			61.66	13.97	19.81		

注：（1）标本承北京市文物研究所靳枫毅提供，承钢铁研究总院肖鹏、李洁扫描电能谱分析。

（2）除表中所列，试样 B46 尚含有 0.37% 的磷，B52－1 含磷 0.04%、B52－2 含磷 1.63%，B47－2 含有 1.11% 的氯。

（3）3 件小铜扣中，B49、B50 的成分分析数据都基本正常。唯 B48 有些异样，除表中所列 4 组成分外，还有 3 组成分波动较大，这可能是真实情况的反映，也可能与试样表面状态有关。今将铜扣 B48 的此 3 组成分附于后，以备参考：

别棍分析点 3：铜 55.64%、锡 28.85%、铅 9.17%、铁 2.28%、硅 1.71%、铝 2.28%、氯 0.08%。

别棍分析点 4：铜 81.15%、锡 12.16%、铅 3.8%、铁 1.02%、硅 0.09%、铝 1.77%。

扣体口沿部分析点 7：铜 67.76%、锡 22.57%、铅 5.59%、铁 1.00%、硅 0.81%、铝 1.92%。

（1）锡青铜和铅锡青铜已在青铜合金中占据了主导的地位。在分析过的 23 件标本中，有锡青铜 4 件，铅锡青铜 17 件，计占试样总数的 91.3%。以铅为主要合金元素的只有锡铅青铜2件（即包金铜贝1件、三翼镞1件），占试样总数的8.7%。没有红铜和原始黄铜。

（2）以锡为主要合金元素的情况在试样平均成分中也充分地反映出来。如4件削的平均成分为：锡10.42%、铅2.15%；2枚剑的平均成分为：锡13.418%、铅5.275%。

（3）大多数器物的成分波动较小，含锡量稍高，含铅量稍低，尤其是兵工器中的削和剑。在表中所列14件兵工器中，除1件三翼镞外，其余13件标本含锡量波动范围是：5.32%~15.69%，其中有8件处于9%~12%之间；含铅量波动范围是：0~5.46%。这些器物的使用性能多数是不错的。

两件容器，即鼎（B39）、簋盖（B38），分别为锡青铜和铅锡青铜；饰铃虽含锡量不高，仍属铅锡青铜。大体上皆能满足人们对器物使用性能的要求。

（4）包金铜贝为锡铅青铜，而且含铅量较高，与先秦中原钱币成分基本上是一致的。钱币对铜合金机械性能原无严格要求。

总体上看，军都山青铜合金技术已发展到了大体成熟的阶段，人们已较好地区分了锡、铅两种金属，及其对铜合金机械性能的影响；兵工器一般含锡量稍高，含铅量稍低；铜贝则含铅量稍高；合金技术的总体水平略高于辽西，但略低于中原文化区[6]。

二、新疆青铜合金技术

新疆也是我国古代青铜文化发展较早的地区之一，但由于各种原因，其考古文化的年代序列目前尚未完全确立，从而在一些考古遗址的断代上，往往存在一些分歧。有学者主张将新疆青铜文化分为四个阶段，即：（1）红铜期，约公元前3000~前2000年，目前只在帕米尔高原东麓出土过少量铜器，器形细小、加工（锻打）简单。（2）早期青铜时代，约公元前2000~前1000年，相当于中原的夏商至西周初期。红铜仍继续使用，青铜占据了主要地位，出土青铜器的墓葬和遗址主要属于哈密盆地、天山北麓东段、焉耆盆地、罗布泊地区等。大约公元前1300年左右，焉不拉克一期便出现了铁器。（3）青铜器发展期，约公元前1000~前500年，相当于西周早期至春秋晚期，铜器主要出土于哈密盆地与和静－轮台两个地区。铁器出土量增多。（4）青铜器繁荣期，约公元前500~公元1年，相当于战国至西汉末期，所出青铜器不但数量和种类增加，而且地域也扩大了，在天山北麓东段、伊犁河谷地、塔额盆地、准噶尔盆地北沿、吐鲁番盆地、天山中部山谷、塔克拉玛干沙漠西缘和北缘、塔克拉玛干沙漠南缘等地都有出土[7]。

2001年，有学者分析了新疆哈密天山北路出土的89件青铜器[8]，年代为公元前2000~前1000年；器物种类包括：饰器类的铜扣9件、铜牌28件、铜管14件、铜珠13件、铜手镯2件、铜耳环12件，工具类的铜刀7件、铜针1件、铜锥2件，兵器类只有铜镞1件。都是一些器形简单、短小的饰器和兵工器，不见大型容器；这一方面与其生活习惯有关，同时也反映了其青铜技术的发展水平。

表3－4－3所示为89件哈密天山北路青铜标本定性分析结果[8]，其中有24件标本已经完全锈蚀，25件已经半锈蚀，未曾锈蚀的只有40件；金属受蚀后，各种组分都会发生不同程度的流失或迁移，尤其是铜和铅，这对分析结果显然是有明

显影响的，不但会影响到它的定量，而且会影响到它的定性。为此，今只讨论未曾锈蚀的 40 件标本的分析情况，其余 49 件标本亦列入表中，仅供参考。由表可见：

（1）在 40 件标本中，有 10 件为红铜，占标本总数的 25%。可见红铜器在新疆早期青铜时代中，是占有一定地位的。

（2）新疆早期铜合金的种类较多，表中所示 40 件标本中竟包含了 6 种不同的合金。其中锡青铜 16 件，占标本总数的 40%（按：含锡量集中的成分范围是 7% ~10%）；砷铜 7 件，占标本总数的 17.5%（按：含砷量为 2% ~6%）；Cu－Sn－As 三元合金 3 件，占标本总数的 7.5%；Cu－Sn－Pb 三元合金 2 件，占标本总数的 5%；Cu－Sn－Sb、Cu－As－Pb 三元合金各 1 件，各占标本总数的 2.5%。

表 3－4－3　哈密天山北路青铜器合金类型小计

合金类型 / 标本状况(件)	Cu	Cu－Sn	Cu－As	Cu－Sn－As	Cu－Sn－Pb	Cu－Sn－Sb	Cu－As－Pb	总计（件）
未锈蚀	10	16	7	3	2	1	1	40
部分锈蚀	0	22	2	1	0	0	0	25
完全锈蚀	1	23	0	0	0	0	0	24
标本数小计	11	61	9	4	2	1	1	89

注：（1）采自文献［8］。标本断代为公元前 2000 ~ 前 1000 年。分析手段为扫描电镜能谱。由于各种原因，只作了定性分析。

（2）某元素含量大于 2% 时视为合金元素，小于 2% 时视为杂质。

表 3－4－4　拜城克孜尔墓地铜器和伊犁等处铜鍑扫描电镜能谱分析

名称样号	出土地点	成分（%）								材质	加工
		铜	锡	铅	砷	锑	氯	铁	其他		
锥 XJ20	拜城克孜尔墓地	93.35	4.77							锡青铜	锻
镜 XJ189		87.77	10.11							锡青铜	铸
勺 XJ191		81.65	7.34	8.90			1.1			锡铅青铜	铸
铆扣 XJ193		93.4	3.93				0.67			锡青铜	铸
扣 XJ195		93.8	3.64				0.64		铋 0.53	锡青铜	铸
簪 XJ196		91.45	5.49				1.36	0.89		锡青铜	锻
铜鍑 107	伊犁新源	98.6	痕	痕	/	痕			氧 1.8	红铜	铸
铜鍑 108	哈密巴里坤南湾	97.2	/	痕	/	1.2			硫 0.5	红铜	铸
铜鍑 118	塔　城	98.7	/	/	/	/			硫 1.3	红铜	铸
铜鍑 123	昌吉奇台碧流河	96.4	/	/	2.2	1.5				砷铜	铸
拜城 6 件标本平均值		90.23	5.83	1.48							

注：（1）拜城县克孜尔墓地资料采自张平等:《新疆拜城克孜尔水库墓地出土铜器的冶金学研究》(《弘扬民族科技促进西部开发——第五届中国少数民族科技史国际研讨会论文集》，广西民族出版社，2002 年)，铜鍑资料采自梅建军等:《新疆出土铜鍑的初步科学分析》(《考古》2005

年第4期)。

(2) 铜镀107断代为公元前750～前200年，铜镀108原断代为公元前700～前200年，铜镀118、铜镀123原断代皆为公元前800～前400年。

(3) 拜城的每件标本原皆标有2组分析数据，今示出为两组数字的平均值。

表3－4－5　哈密天山北路铜器成型方式

种类和名称 / 加工工艺	装饰品						工具			兵器	合计
	铜扣	铜牌	铜管	铜珠	手镯	耳环	铜刀	铜针	铜锥	铜镞	
铸造	6	7		12	1	2	1			1	30
铸后冷加工		1		1	1		2				5
热锻		16	12			9	3	1			41
热锻后冷加工							1		2		3
总计	6	24	12	13	2	11	7	1	2	1	79

注：采自文献［8］。器物断代为公元前2000～前1000年。

这些情况说明：(1) 在公元前2000～前1000年间，天山北路铜合金技术的总体水平还是较低的，虽然锡青铜在各种铜合金中已居首位，但其总量依然较少。(2) 含砷铜器较多，计11件，占标本总数的27.5%。(3) 多种类型的合金并存，除中原文化习见的红铜、铜－锡二元、铜－锡－铅三元合金外，还有铜－砷二元、铜－锡－砷、铜－锡－锑、铜－铅－砷三元合金。显然，这与中原地区以及商代晚期之后其他边境地区的合金技术都有较大的差别；但与四坝文化的民乐东灰山遗址、酒泉干骨崖遗址合金技术却有些相似，唯后二者的砷铜使用量较哈密天山北路要更大一些。看来，这些合金类型的出现，首先是与资源条件有关，当然也不排除中亚、西亚技术影响的可能性。

还有学者对新疆拜城县克孜尔水库墓地所出土的铜器，以及北疆各地出土的铜镀进行了扫描电镜能谱分析（表3－4－4)。克孜尔墓地发掘于1990～1992年，经测定，年代为公元前1000～前600年，其标本未锈的只有6件；铜镀在新疆已出土数十件，其年代属于公元前800至公元400年，有关学者分析了5件标本，今列出的4件属公元前800～前200年，另一件属公元100～400年，今未列出。可见：

(1) 拜城6件标本中，5件为锡青铜，1件为锡铅青铜，说明锡已成了主要合金元素，而且锡青铜已占据主导地位。从总体上看，其合金种类与中原文化的较为接近，其合金技术亦具有一定的水平。但含锡、含铅量都不太高，尤其是作为生产工具的铜锥，含锡量理应更高一些。

(2) 此4件铜镀中，3件为红铜，1件为砷铜。4件标本的合金元素总量都较低，只有个别标本显示有铅、锡的痕迹，砷铜的含砷量亦较低。这些合金元素，包括砷在内，很难说是人们有意加入的。不过，我们亦不能依此来评判这些合金技术的发展水平，因这种成分已能满足铜镀的性能要求。

(3) 新疆是东西方文化的交汇处，但这两批标本的成分并未留下多少西方文化的痕迹。

在今人考察过的新疆铜器中，哈密天山北路标本的加工技术稍显复杂。在上述89件铜器中，除10件锈蚀过甚，成型技术难定外，人们对其余79件都作了认真考察（表3－4－5)[8]。得知有49件经过了不同形式的加工，其中热锻41件，包括铜牌16件、铜管12件、耳环9件、铜刀3件、铜针1件；热锻后又进行了冷加工者3件，即铜锥2件、铜刀1件；先铸后冷加工者5件，即铜刀2件，铜牌、手镯、铜珠各1件；计占标本总数的62%。铸造成型，且未作任何加工者只有30件，占标本总数的38%。其中铜扣6件、铜镞1件都是铸造的，铜管12件都是热锻的；铜珠以铸造为主，铜牌和耳环则以热锻为主。又，从合金类型上看，红铜器加工者尤多，在人们分析过的11件红铜器中，热锻者8件、铸后冷加工2件、呈现铸态组织的只有1件。看来，人们对器物使用性能与合金成分、加工方式间的关系已有了一定的认识。拜城克孜尔墓地铜器和伊犁等处铜镀的成型加工技术较为简单，10件标本中，只有2件为锻件，其余皆铸造。总之，不管从器形、合金成分，还是从成型加工技术上看，在公元前2000~前1000年，或及至前600年内，哈密天山北路青铜技术已有了一定的发展，大体与早期青铜时代相当。实际上，直到公元前500年为止，即在新疆的整个青铜时代和早期铁器时代中，其青铜技术亦未发展到中原的水平。

三、宝鸡強国墓的青铜合金技术

西北地区十分辽阔，民族较多，目前所见年代最早的铜器是甘肃东乡铜刀等物，属马家窑文化时期；稍后，齐家文化铜器在甘肃、青海都有不少出土。在与商周年代相当的历史时期内，西北地区较值得注意的是宝鸡強国墓青铜器。此墓群的族属目前还不是十分清楚，有人说其陶器明显地具有甘肃寺洼文化安国式的特征，还有人认为它可能是早期巴蜀的一支，但总体上呈现不同于周人的少数民族文化特征[9]，并反映了不同民族、不同文化相互交融的状况。曾有学者对该墓群出土的186件青铜器作过成分分析[10]，其合金成分与西周存在不少差距。表3-4-6所示为其中83件兵工器、响器、饪食器的分析结果。由之可见：

（1）从总体上看，锡在铜合金元素中的主导地位尚未确立。在83件标本中，以锡为主要合金元素的只有35件，包括锡青铜16件、铅锡青铜19件，计占标本总数的42.17%；以铅为主要合金元素的计47件，包括铅青铜8件、锡铅青铜39件，计占标本总数的56.63%；另有红铜1件。可见以铅为主要合金元素者稍占优势。

（2）分而观之，在各类器物中，大约锡只在生产工具的合金元素中占据了主导地位，而在兵器、响器，以及饪食器的合金中，主导地位还未确立。

生产工具，包括斧、锛、铲，计6件，其中以锡为主要合金元素者4件，以铅为主要合金元素者2件。

兵器，包括戈、戟、矛、镞，计14件，其中锡青铜（6件）和铅锡青铜的（1件）计7件，铅青铜（2件）和锡铅青铜的（5件）计7件，各占标本总数的50%。

响器，7件，包括锡青铜质1件、铅锡青铜质2件，计占标本总数的42.86%；另有锡铅青铜3件，红铜1件，计占标本总数的57.14%。

饪食器，56件，包括锡青铜7件、铅锡青铜14件，计占标本总数的37.5%；铅青铜6件、锡铅青铜29件，计占标本总数的62.5%。

（3）多数器物的含锡量都不太高，含铅量却不低。所有响器，多数兵器，半数工具，使用性能都是欠佳的，皆不能较好地满足人们的需要。

如戈、戟、矛、镞，计14件，平均成分为：锡7.83%、铅5.55%。虽平均含锡量高于含铅量，但其平均含锡量本身较低，且铅、锡两种组分的百分比值较为接近。

锛、斧，计4件，平均锡、铅量分别为8%、8.28%，此含锡量不太高，且含铅量稍高于含锡量。

编钟、铙，计4件，平均成分为：锡8.48%、铅4.43%。此平均含锡量不高，且含一定量的铅，4件中甚至还有1件为红铜。

铃，3件，平均锡、铅量分别为10.87%、12.07%。此含锡量虽不算太低，但平均含铅量稍高于平均含锡量。

兵工器中，性能较好的标本为数较少，兵器大约只有镞、矛，及3件戈（BZM19:62、BZM7:155、BZM18:49）；生产工具大约只有2件青铜铲和1件铜锛（BRM1乙:54）。

（4）从平均成分看，饪食器中的鬲、甗、簋、豆大体上还能满足人们对其使用性能的要求；但鼎的平均成分则较中原西周、东周青铜鼎稍次。此32件青铜鼎的平均成分为：锡6.01%、铅14.79%；如前所云，西周青铜鼎的平均成分为：锡10.186%、铅4.526%（表3-3-4上）；春秋战国青铜鼎的平均成分为：锡12.308%、铅13.249%（表3-3-7）。

強国墓的年代相当于西周时期，但其青铜合金技术却低于西周，亦低于殷墟妇好墓，大体与早期青铜时代相当。可见此时人们对铅、锡及其在铜合金中的作用还不是分辨得十分清楚。

表3-4-6 強国墓青铜器合金成分

名称	器号	分析部位	成分（%）					合金类型
			铜	锡	铅	铁	其他	
戈	BZM 8:24	援	89.4	3.5	6.4	0.06	铋0.1	锡铅青铜
戈	BZM13:48		81.0	7.0	12.0	0.11		锡铅青铜
戈	BZM18:49	阑	85.1	13.4		0.44		锡青铜
戈	BZM19:65	援	79.9	1.3	2.7	0.07		铅青铜
戈	BZM21:16	内端，浇口	91.1	3.9	1.8	0.5	银0.1 铋0.1~0.3	锡青铜
戈	BZM18:37	内	81.5	1.2	15.2	0.36	银0.1	铅青铜
戈	BZM13:44	内端，浇道	75.8	6.3	15	0.97	银0.1 铋0.3	锡铅青铜
戈	BZM13:45	刃部铸造纰缝	75.2	6.6	16.3	0.33	银0.1 铋0.3	锡铅青铜
戈	BZM11:4		/	5.3	10.9		银0.1 铋0.3~1	锡铅青铜
戈	BZM19:62	胡	84.97	10.26	1.08	0.07	砷0.24	锡青铜
戈	BZM7:155	援	63.73	14.72	5.68	1.912	砷0.4	铅锡青铜
矛	BZM1:263	銎口	87.2	11.5	1.5	0.25		锡青铜
戟	BZM21:5	内	82.4	9.5	1.8	0.51		锡青铜
镞	BZM20:48	铤端	72.5	15.2	1.4	0.12	铋0.1~0.3	锡青铜
斧	BZM18:58	铸造纰缝	/	6.6	14.2	/	银0.1 铋0.1	锡铅青铜
锛	BRM1乙:54	銎口	72.4	17.7	0.8	0.54		锡青铜
锛	BZM4:35	銎部	88.7	5.1	4.7	0.44		铅锡青铜
锛	BZM21:8	銎口	82.44	2.61	13.4	0.04	砷0.44	锡铅青铜
铲	BZM13:73	刃	83.7	13.4	2.6	2.5		铅锡青铜
铲	BZM13:73	銎口	82.7	12.4	/	0.33		锡青铜
编钟	BZM7:10	甬端	92.0	3.7	1.6	0.29		锡青铜

编钟	BZM7:12	甬端	61.0	13.8	10.2	0.17	铋0.3 银0.1	铅锡青铜
编钟	BZM7:11	甬端	97.18	1.9	0.21	0.235		红铜
铙	BZM13:X	残片	未测	14.5	5.7	未测		铅锡青铜
銮铃	BZM18:40	口沿	73.9	11.3	12.1	0.34		锡铅青铜
銮铃	BZM13:216	铃部之轮沿	77.0	9.5	11.4	0.11		锡铅青铜
銮铃	BZM7:17	轮沿残壁	73.5	11.8	12.7	1.05	银0.1 铋0.1～0.3	锡铅青铜
鼎	BZM1:1	腹底	74.0	2.2	17.8	1.8		锡铅青铜
鼎	BZM1:2	足端	74.5	4.3	6.1	1.31		锡铅青铜
鼎	BZM1:249	腹壁	60.0	2.2	30.6	0.07		锡铅青铜
鼎	BZM1:250	腹壁	78.8	3.7	15.7	0.1		锡铅青铜
鼎	BZM7:2	足端	70.9	7.9	16.2	0.42		锡铅青铜
鼎	BZM8:2	足端补块	70.6	2.7	18.3	0.2	银0.1 铋0.1～0.3	锡铅青铜
鼎	BZM9:1	足端补块	68.8	2.6	9.3	2.11		锡铅青铜
鼎	BZM11:70	足端	62.2	/	35.3	0.06	铋0.1～0.3	铅青铜
鼎	BZM13:14	足端残片	75.7	6.0	15.9	0.11		锡铅青铜
鼎	BZM13:15	足底	64.5	2.4	24.9	0.2		锡铅青铜
鼎	BZM13:104	足端	73.5	/	16.5	0.09		铅青铜
鼎	BZM18:1	足之包补层	84.9	4.3	9.2	0.08		锡铅青铜
鼎	BZM20:2	足之铸造纰缝	80.5	0.3	10.0	0.29	铋0.1～0.3	铅青铜
鼎	BZM19:1	足底	56.6	8.1	26.4	4.15		锡铅青铜
鼎	BRM1乙:16	足底	66.1	5.6	23.8	0.14		锡铅青铜
鼎	BZM4:12	腹部	60.7	4.7	34.9	0.12	铋0.1～0.3	锡铅青铜
鼎	BZM4:76	足端	84.1	0.4	11.1	0.17		铅青铜
鼎	BZFM1:2	足底	75.2	5.4	11.1	0.19		锡铅青铜
鼎	BZFM1:3	铸接足之补铸部分	81.5	6.5	4.8	0.33		铅锡青铜
鼎	BZM4:11	足	76.9	2.5	6.4	0.11	铋0.1～0.3	锡铅青铜
鼎	BZM3:1	足端	71.0	22.0	/	1.38	铋0.1～0.3	锡青铜
鼎	BRM2:4	底部扉棱	81.5	14.1	1.1	0.08		锡青铜
鼎	BZM14:1	足	73.7	1.8	5.7	0.46	银0.1 铋0.1～0.3	铅青铜
鼎	BZM4:13	足	82.9	/	10.8	0.08		铅青铜
鼎	BZM7:330	足	/	8.0	21.8	/		锡铅青铜
鼎	BZM4:76	足上补块	82.12	4.75	6.45	0.083		锡铅青铜
鼎	BZM4:78	耳内侧	66.99	4.56	16.08	0.067		锡铅青铜
鼎	BZM13:16	足端	68.07	10.92	14.45	0.362	砷0.4	锡铅青铜
鼎	BZM13:19	足端	75.79	11.16	4.9	0.189	砷0.3	铅锡青铜
鼎	BZM20:1	足端	81.49	5.7	10.15	0.279	砷0.11	锡铅青铜
丰公鼎	BZM7:3	足端	83.33	10.92	10.8	0.135	砷0.15	铅锡青铜
鼎	BZM7:330	足端	74.82	8.71	13.0	0.119	铋0.1～0.3	锡铅青铜
鬲	BRM1乙:32	一底端	78.6	12.8	/	0.84		锡青铜
鬲	BRM2:14	一足端	/	10.8	5.0	/		铅锡青铜
鬲	BZM4:75	一足端	81.72	10.45	0.22	0.542		锡青铜
方鬲	BZM4:74	足端	67.5	13.7	15.5	0.1		锡铅青铜
鬲	BZM4:9	足端	83.8	8.93	4.02	1.633	硫0.174 砷0.09	铅锡青铜
夨伯鬲	BZFM1:12	足端	78.82	10.45	8.76	0.953	砷0.46 硫0.171	铅锡青铜

甗	BRM2:21	口沿	81.3	15.3	/	0.81		锡青铜
甗	BZM13:26	足端	78.86	6.41	9.65	2.076	砷0.4 硫0.27	锡铅青铜
豆	BRM1乙:40	镂空圈足	81.9	14.5	1.7	0.17		锡青铜
簋	BZM1:270	圈足底沿内侧	71.3	14.4	14.0	0.16		铅锡青铜
簋	BZM7:5	圈足底沿内侧	72.3	14.0	13.2	0.14		铅锡青铜
簋	BZM8:1	圈足底沿内侧	66.8	9.4	21.1	0.06		锡铅青铜
簋	BZM13:22	圈足底沿内侧	69.9	15.6	12.0	0.14	银0.1 铋0.3	铅锡青铜
簋	BZM13:106	圈足底沿内侧	74.9	14.0	10.1	0.79		铅锡青铜
簋	BZM1:271	腹部	79.3	15.3	3.8	0.13		铅锡青铜
簋	BRM1甲:9	腹部	67.2	15.5	/	1.07		锡青铜
簋	BRM1乙:4	圈足底沿内侧	73.0	6.4	12.4	0.22		锡铅青铜
簋	BRM1乙:7	圈足底部	68.4	9.1	19.2	0.15		锡铅青铜
簋	BRM2:7	圈足底沿内侧	69.7	10.0	18.3	0.2		锡铅青铜
簋	BZFM1:8	方座底沿内侧	71.6	11.1	12.6	1.09	铋0.1～0.3	锡铅青铜
簋	BZM1:254	耳中部	74.76	13.29	5.94	0.188	砷0.15	铅锡青铜
簋	BZM4:16	圈足底沿内侧	66.34	5.79	16.04	0.121		锡铅青铜
𢐗伯双耳方座簋	BZFM1:7	方座底沿内侧	75.08	14.96	5.9	0.307	铋0.6	铅锡青铜
簋	BZM14:2	圈足底沿内侧	77.48	11.78	3.09	0.06	砷0.28 硫0.1	铅锡青铜
平均成分(%)	戈、戟、矛、镞，14件		80.75	7.83	5.55			
	斧、锛，4件		81.18	8.0	8.28			
	铲，2件		83.2	12.9	2.6			
	编钟、铙，4件		83.39	8.48	4.43			
	铃，3件		74.8	10.87	12.07			
	鼎，32件		73.6	6.01	14.79			
	鬲、甗，8件		78.66	11.11	7.19			
	簋、豆，16件		72.5	12.2	11.2			

注：(1) 以上试样皆采自文献［10］，该文刊布了186件标本的分析数据，今只援引了83件。其中以“BZ”开头者为宝鸡竹园沟出土，以“BR”开头者为宝鸡茹家庄出土，以“BZF”开头者为宝鸡纸坊头出土。锛BRM1乙:54、编钟BZM7:12等锈蚀较剧。由于多种原因，多件标本百分比成分的总和都低于85%。表中两件铲的器号相同，分析部位不同，原资料是当成“两件器物”的，今亦循此处理。

(2) 部分试样含有一些微量的杂质元素，今未引出。

四、西南巴蜀和滇池的青铜合金技术

(一) 巴蜀

巴蜀金属文化的起始年代，目前还不是十分清楚。从现有考古资料看，至迟与殷商相当的时期，青铜冶铸技术便已发展到相当高的水平。1957年、1958年，在新都县先后出土过两批青铜器，1959年彭县又出土过一批，它们的纹饰都具有明显的中原文化特征[11]。具有鲜明地方特色的巴蜀青铜器是1986年在广汉三星堆发现的，其2个祭祀坑出土了500多件青铜器，仅2号坑便出土439件。器物种类有立人像、人头像、人面像、尊、罍 、彝、车形器、神树、铃、兽面、瑗等。这不但是巴蜀地区，而且也是我国迄今所见数量最多、体形最大的青铜雕像群。其中的大型立人像高 163.5 厘米，连同花冠、底座在内，通高达 260 厘米；青铜神树 2 株，其中一株残高 350 厘米。它比著名的古希腊德尔菲青铜像、宙斯铜像早四五百年[12]。这说明其冶炼、铸造和合金技术都已达到一定水平，年代约与殷商相当。2001 年，成都市西南金沙村又发掘了一处都城遗址，出土铜器 479 件，金器 56 件，此外还有大批玉器、石器等，可辨器形的各种珍贵文物计约 1400 多件。断代为商代晚期至春秋，其主体文化遗存当属商代晚期至西周早期，当是继三星堆之后，古蜀国都邑之所在[13]，其合金技术有了较大发展。

表 3－4－7 所示为 46 件三星堆铜器合金成分[14][15]，由之可见：

（1）在 46 件三星堆标本中，锡青铜器 11 件，铅锡青铜器 5 件，计占试样总数的 34.78%；铅青铜器 7 件，锡铅青铜器 18 件，计占试样总数的 54.35%。红铜器 5 件，占试样总数的 10.87%。可见三星堆时期，锡青铜和铅锡青铜器的比例还是较小的，在铜合金元素中占主导地位的是铅而不是锡，而且还有少量红铜器。

表 3－4－7　广汉三星堆（殷商）铜器合金成分

名　称	器号或样号	成　分（%）								合金类型	文献
		铜	锡	铅	铁	硅	铝	磷	钙		
戈	K1－53－1	98.4				0.9		0.7		红铜	[14]
戈尖部	K2－261－5	87.02	7.9	1.64		2.12		1.32		锡青铜	[14]
戈	ZY－358	85.2	12.3	0.2						锡青铜	[15]
罍盖口沿	1C1－135	93.08	3.01	3.91						锡铅青铜	[14]
尊腹	K1－258	71.76	3.18	25.06						锡铅青铜	[14]
罍下腹	K2－88	65.31	8.56	16.82	1.51		7.8			锡铅青铜	[14]
尊上腹	K2－127	77.69	4.42	15.97		1.92				锡铅青铜	[14]
尊口沿	K2－129	99.05						0.95		红铜	[14]
罍底部	K2－146	62.91	5.29	29.9		1.9				锡铅青铜	[14]
尊（腹部）	ZY－339	87.3	6.6	0.3						锡青铜	[15]
尊（底部）	ZY－344	80.7	9.1	1.4						锡青铜	[15]
龙虎尊（圈足）	ZY－331	70.3	10.2	14.2						锡铅青铜	[15]
盘（腹部）	ZY－333	67.3	5.6	21.9						锡铅青铜	[15]
盘（底）	ZY－334	67.5	10.9	20.3						锡铅青铜	[15]
罍（圈足）	ZY－336	73.0	15.2	9.7						铅锡青铜	[15]
尊（圈足）	ZY－338	77.9	18.6	3.0						铅锡青铜	[15]
铜罍腹部	K2－159	88.41	4.76	6.27	0.56					锡铅青铜	[14]
铜罍底部	K2－88	83.78	10.44	4.52	1.1		0.16			铅锡青铜	[14]
铜罍底部	K2－103	85.39	4.03	9.16	0.73		0.22			锡铅青铜	[14]
铜尊沿口	K2－135	80.76	15.71	2.89	0.53	0.05	0.07			铅锡青铜	[14]
铜尊沿口	K2－200	66.89	10.05	19.23	3.42	0.16	0.34			锡铅青铜	[14]
铜尊沿口	K2－129	79.04	3.26	16.77	0.95		0.44			锡铅青铜	[14]
铜人下嘴唇	K1－207	94.41	4.84	0.05			0.7			锡青铜	[14]
铜人头颈部	K2－82	97.08	2.45	0.12				0.35		锡青铜	[14]
铜人腰部	K2－149	95.81	3.22	0.03		0.71		0.23		锡青铜	[14]
铜人底座	K2－149	98.09	0.23	0.07		0.98		0.63		红铜	[14]
铜人头耳后	K2－15	86.96	3.14	9.19	0.71					锡铅青铜	[14]
铜人头耳内壁	K2－121	90.99	3.15	4.99	0.62	0.14	0.12			锡铅青铜	[14]
面具耳部	K2－152	96.16	3.26	0.11				0.47		锡青铜	[14]
铜面具唇下部	K2－148	96.48	3.17	0.09				0.27		锡青铜	[14]
面具（内侧毛纰）	ZY－321	85.4	7.8	0.6						锡青铜	[15]

铜面具下嘴唇	K2 - 201	78.18	8.54	12.25	1.04					锡铅青铜	[14]
铜树座底部	K2 - 191	79.19	2.32	18.49						锡铅青铜	[14]
铜树树干	K2 - 215	89.55	0.76	9.69						铅青铜	[14]
铜树干浇铸缝	K2 - 24	78.86	1.19	19.95						铅青铜	[14]
铜 树 枝	K2 - 322 - 11 - 2	79.65	0.09	20.26						铅青铜	[14]
铜小树枝	K2 - 261 - 5	73.86	0.43	25.72						铅青铜	[14]
铜树上果实	K2 - 322 - 11 - 1	64.48	1.38	32.71		1.43				铅青铜	[14]
神树(座)	ZY - 351	92.8	1.65	0.79						红铜	[15]
神树底部中心	K2 - 215	96.98	0.67	1.65	0.46				0.24	红铜	[14]
车 器 尖 部	K2 - 123	73.11	0.63	24.7		0.87		0.69		铅青铜	[14]
铜车轮沿口	K2 - 67	82.92	0.03	10.34	0.53	0.07	0.12			铅青铜	[14]
铜车轮轴辕边	K2 - 74	79.66	9.24	9.93	0.86	0.08	0.22			锡铅青铜	[14]
星状器外口沿	K2 - 139 - 1	78.08	4.65	16.31		0.96				锡铅青铜	[14]
铜皮	ZY - 325	85.9	10.2	2.5						铅锡青铜	[15]
铜瑗 - 285 - 5	97.77	2.23								锡青铜	[14]
平均成分	铜戈,3 件	90.21	67.3	0.61							
	铜容器,19 件	77.79	7.84	11.65							
	铜人,6 件	93.87	2.84	2.41							
	铜面具,4 件	91.31	5.69	3.26							
	神树,8 件	91.92	1.06	16.16							
	车器,3 件	78.56	3.3	14.99							
	铜瑗、铜皮等,3 件	87.25	5.69	6.73							

（2）3 件戈中，虽有 2 件为锡青铜，但只有 1 件含锡量稍高（戈 ZY - 358，12.3%），还有 1 件红铜（戈 K1 - 53 - 1）。3 器平均成分为：铜 90.21%、锡 6.73%、铅 0.61%。此平均成分虽含铅量较低，但含锡量也不高，故并不是十分刚强的。

（3）容器计 19 件，有锡铅青铜 12 件、铅锡青铜 4 件、锡青铜 2 件、红铜器 1 件；平均成分为：铜 77.79%、锡 7.84%、铅 11.65%。亦显示了以铅为主要合金元素的情况。

（4）铜人标本 6 件，有锡青铜 3 件、锡铅青铜 2 件、红铜器 1 件；平均成分为：铜 93.87%、锡 2.84%、铅 2.41%。铜面具标本 4 件，有锡青铜 3 件、锡铅青铜 1 件；平均成分为：铜 91.31%、锡 5.69%、铅 3.26%。可见铜人和铜面具多数皆以锡为主要合金元素，其平均成分皆为铅锡青铜。

（5）三星堆铜器中含锡量大于 10% 的有 9 件，含铅量大于 15% 的有 15 件；最高含锡量为 18.6%，最高含铅量达 32.71%。这说明：当时配铅量大于配锡量；同时也说明人们对铅、锡及其与铜合金性能的关系已开始有了一些认识，这些成分显然是有意配制的。

总体上看，三星堆时期的冶炼技术、合金技术都已脱离了铜石并用时代的原始性，应与早期青铜时代相当；合金元素使用量较二里头时期稍大；合金技术亦较二里头时期稍高，约与殷墟中小型墓或二里岗 - 盘龙城时期相当，锡在合金元素中的主导地位尚未确立。

表 3 - 4 - 8 所示为成都金沙遗址商代晚期至春秋铜器合金成分分析，由之可见：

表 3－4－8　成都金沙（殷商至春秋）铜器合金成分分析

器　　名	实验号	成　分（%）						合金类型	成型方式	资料来源
		铜	锡	铅	铁	硫	砷			
圆角长方形板状器	691	79.3	15.8	4.7	0.2			铅锡青铜	热锻	[13]
圆角方孔形器表面粘连的铜器残片	905	84.7	15.2		0.1			锡青铜	热锻	
璧环形器	924	90.7	2.4	0.5		0.5	5.9	锡砷铜	铸造	
残片	TC01	76.2	15.9	7.8				铅锡青铜	铸造	
残片	TC02	72.8	13.0	14.2	0.1			锡铅青铜	热锻	
残片	TC03	83.6	11.9	4.4	0.1			铅锡青铜	热锻	
眼形器残片	TC04	86.9	11.3	1.6	0.2			锡青铜	热锻	
残片	TC05	84.1	12.0	3.9				铅锡青铜	热锻	
残片	TC06	83.0	12.2	4.7	0.1			铅锡青铜	热锻	
残片	TC07	83.4	12.3	4.2	0.1			铅锡青铜	热锻	
残片	TC08	85.0	12.2	2.7	0.1			铅锡青铜	热锻	
眼形器残片	TC09	73.8	18.6	7.2	0.3			铅锡青铜	热锻	
薄壁器残片	TC10	82.1	14.9	3.0				铅锡青铜	热锻	
平均成分（13 件）		81.97	12.9	4.53						

（1）13 件标本的平均成分为：铜 81.97%、锡 12.9%、铅 4.53%，可知其含锡量不低，属铅锡青铜，距 δ 相大量析出的成分相去不远，含铅量稍低；此合金已具备了一定的硬度和强度。

（2）13 件标本中，有锡青铜 2 件、铅锡青铜 9 件，计占标本总数的 84.62%；锡铅青铜 1 件、锡砷铜 1 件，计占标本总数的 15.38%。说明锡在铜合金元素中的主导地位已经确立。此锡砷铜显然是原始铜合金。

显然，此合金技术较三星堆已有了较大的进步。虽然这些样品数量稍少，多系不知名的残片，且未见兵工器，但对我们了解四川先秦青铜合金技术的发展还是很有帮助的。

战国时期，四川地区的青铜技术又有了进一步发展。表 3－4－9 所示为 147 件四川战国青铜器合金成分分布情况[16]~[21]。由之可见：

（1）在 147 件青铜器中，有锡青铜 49 件、铅锡青铜 88 件，计占试样总数的 93.197%；锡铅青铜 9 件、铅青铜 1 件，计占试样总数的 6.803%。说明锡在铜合金元素中已占据了主导的地位，其青铜合金技术已进入了成熟的阶段。

（2）从平均成分看，表中所列兵刃器、生产工具、响器的成分都是较好的，大体上皆满足了人们对其使用性能的要求。如剑，计 13 件，皆为锡青铜，平均成分为：锡 14.981%、铅 0.698%。如戈，计 22 件，其中只有 1 件（戈 S14）为锡铅青铜，其余皆锡青铜（6 件）和铅锡青铜（15 件），平均成分为：锡 13.329%、铅 3.34%。又如矛，计 20 件，只有 2 件为锡铅青铜，其余皆锡青铜（6 件）和铅锡青铜（12 件），平均成分为：锡 11.920%、铅 4.296%。表 3－4－10 详列了 13 件剑和几件戈、矛、戟的合金成分，犍为罗城出土的 4 件剑含锡量均在 17% 以上，这性能是很不错的。

（3）有少数器物性能较差，如戈、戟、矛3种器物中，竟有3件，即戈S14、矛S10、戟S8为锡铅青铜，戈S14含锡量仅6.6%，含铅量却达17.7%，显然不太锋利，也不知是否为明器。

总体上看，战国时期，四川青铜器合金技术已发展到了较为成熟的阶段，但技术水平较中原稍低，与延庆军都山青铜合金技术相当或稍高。成都金沙遗址原断代范围较宽，为商代晚期到春秋（公元前13世纪～前6世纪），而表3－4－8所列标本的成分却与表3－4－9、表3－4－10标本更为接近，故我们推测，表3－4－8的标本当更接近于年代范围的下限，即春秋时期，至多是西周。

表3－4－9　巴蜀战国青铜器合金成分分布情况

名称	件数	含铜量(%)		含锡量(%)		含铅量(%)		合金种类			
		波动范围（成分总量）	平均值	波动范围（成分总量）	平均值	波动范围（成分总量）	平均值	锡青铜	铅锡青铜	锡铅青铜	铅青铜
剑	13	74.75～88.01	82.701	11.53～17.84	14.981	0.19～1.71	0.698	13			
戈	22	75.5～88.178	81.855	6.6～16.18	13.329	0～17.7	3.34	6	15	1	
矛	19	74.77～89.162	82.55	8.126～16.38	11.75	0～11.715	4.44	5	12	2	
戟	1		81.948		7.528		10.523			1	
镞	2	66.3～66.68	66.49	26.41～26.91	26.66	5.01～6.43	5.72		2		
钺	13	71.3～83.84	79.567	10.44～16.56	14.095	0.3～10.06	3.748	5	8		
斤	9	74.7～91.314	80.783	12.92～15.05	13.369	0.57～8.37	3.83	3	6		
削	10	75.22～81.77	79.541	9.79～17.84	13.634	0.36～9.64	5.006	2	8		
刀	14	77.469～84.49	80.985	8.249～18.656	13.715	0～14.238	4.401	6	7	1	
刻刀	4	71.91～88.44	74.798	13.46～23.88	17.653	1.04～7.2	3.568	2	2		
钟	2	71.88～75.56	73.72	14.12～15.31	14.715	0～4.0	2.0	1	1		
凿	13	71.94～87.42	79.083	2.66～20.12	13.093	0.51～12.04	5.785	4	8	1	
锯	3	76.81～88.955	80.858	11.04～12.31	11.828	0～10.88	7.253	1	2		
容器	22	72.52～91.31	78.058	1.43～19.82	13.046	1.83～11.32	6.573	1	17	3	1
总计	147							49	88	9	1

注：依文献[16]～[21]整理而成。其中：

(1)文献[16]，12件。该文原载14件四川青铜器的合金成分，但有2件，即S12、S13为战国西汉物，今未计入。

(2)文献[17]，10件。该文所载分析资料全部引入。

(3)文献[18]，6件。该文载有44件古代青铜器标本的分析资料，此处只引用了四川出土的战国兵工器的合金成分。

(4)文献[19]，4件。该文原载有5件四川标本的合金成分，但其中一件与文献[20]所载完全一样，故略。

(5)文献[20]，114件。该文原载116件四川出土的战国青铜器合金成分，但有2件为中原东周式青铜剑，今略去，并引入前表3－3－5中。

(6)文献[21]，1件。

(7)为简化起见，表3－4－9中之刀和容器包括了许多不同的器型：刀包括普通刀、环首大刀、弧形小刀、书刀、刮刀；容器包括鼎、敦、豆、豆形器、锅、釜、炊具、鍪、甑、缶、盘、盘形器、鉴、匜、勺、壶、觚，以及曲匕。

表 3-4-10 部分四川青铜剑戈矛戟合金成分

序号	取样部位	器物号或分析号	出土时间	出土地点	成分(%)			合金类型	文献
					铜	锡	铅		
1	剑刃	114962-1	1980	新都马家	85.770	13.210	0.870	锡青铜	[20]
2	剑脊	114962-2	1980	新都马家	88.010	11.530	0.380	锡青铜	
3	剑刃	S21	1981	成都枣子巷	84.440	13.560	0.350	锡青铜	
4	剑脊	S22	1981	成都枣子巷	84.420	13.940	0.590	锡青铜	
5	剑刃	M61	1976	绵竹清道	84.260	13.900	0.760	锡青铜	
6	剑脊	M62	1976	绵竹清道	82.930	15.050	0.550	锡青铜	
7	剑刃	CH51	1977	犍为罗城	81.030	17.840	0.490	锡青铜	
8	剑脊	CH52	1977	犍为罗城	79.750	17.140	0.460	锡青铜	
9	剑脊	CH62	1980	犍为罗城	78.660	17.780	0.190	锡青铜	
10	剑脊		1976	绵竹清道	84.500	13.900	0.760	锡青铜	[19]
11	剑		1979	绵竹清道	82.590	15.470	1.710	锡青铜	[21]
12	剑脊		1980	犍为罗城	74.750	17.140	0.460	锡青铜	[19]
13	剑	B075		涪陵	84.000	14.290	1.510	锡青铜	[18]
14	戈	S14			75.500	6.600	17.700	锡铅青铜	[16]
15	戈	114853-2		新都马家	82.210	13.790	3.320	铅锡青铜	[20]
16	戈	114880-1		新都马家	82.090	14.910	2.360	铅锡青铜	[20]
17	戈	114880-2		新都马家	81.580	14.990	2.890	铅锡青铜	[20]
18	戈	M71		绵竹清道	74.770	16.380	5.910	铅锡青铜	[20]
19	矛	M72		绵竹清道	78.910	13.780	5.650	铅锡青铜	[20]
20	矛	CH31		犍为罗城	81.550	15.930	0.790	锡青铜	[20]
21	矛	S10		彭县	78.282	10.002	11.715	锡铅青铜	[16]
22	戟	S8		彭县	81.948	7.528	10.523	锡铅青铜	[16]
剑平均成分(13 件)					82.701	14.981	0.698		

(二) 云南地区

从现有考古资料看，云南的早期铜器主要分布于滇池地区及其西北部的楚雄、祥云、剑川一带，其中年代较早的大约是龙陵县大花石遗址和剑川海门口遗址。大花石遗址发掘于 1992 年，出土有铜器残片、石范、炼渣等物。经^{14}C 年代测定，约为公元前 1335±160 年。海门口出土铜器计 14 件，种类包括斧、钺、刀、镰、锥、凿、鱼钩等，断代为公元前 1165±90 年[22]，树轮校正为公元前 1335±155 年。此两处遗址的年代皆与商代中期相当。年代稍后，在楚雄万家坝[23]、祥云大波那[24]、江川李家山[25]等地都出土过不少铜器，年代约与春秋战国相当[26]。表 3-4-11 所示为部分云南先秦至汉初铜器定性、定量、半定量分析结果，其中不含铜鼓，铜鼓之事后面再作讨论。

由表可见：作过定性分析的 11 件剑川海门口铜器中，红铜约 4 件，占试样总数的 36.36%；锡青铜和铅青铜计 7 件，占试样总数的 63.63%。因其与当地新石器晚期文化共存，大体可视为当地的铜石并用时代。此遗址也具有“铜石并用时代”的一般特点，如：红铜器数量较多，使用了部分原始铜合金。其特殊处是：其铜器不但数量较多、器形较大，而且种类较为齐全；其原始铜合金多为锡青铜，少数为铅青铜；不见黄铜，亦不见中东等处常用的砷铜。

表3-4-11　云南青铜器合金成分分析

名称	器号或样号	出土地点	年代	成分（%）				合金种类	文献
				铜	锡	铅	其他		
斧	剑海225	剑川海门口	前十四世纪	大	少	无	镍微	锡青铜?	[22]
斧	剑海226			大	少	无	镍微	锡青铜?	
斧	剑海227			大	少	微		锡青铜?	
钺	剑海228			大	少	无	锌微	锡青铜?	
刀	剑海222			大	少	无		锡青铜?	
镰	剑海229			大	微	微	锌微	红铜	
锥	剑海219			大	无	无		红铜	
凿	剑海220			大	无	无		红铜	
鱼钩	剑海218			大	无	少		铅青铜?	
饰片	剑海221			大	少	无		锡青铜?	
夹子	剑海223			大	微	微		红铜	
矛	M3:410	楚雄万家坝	春秋早期	>99.5	<0.01	0.014	铁0.028 砷0.024	红铜	[23]
矛	M23:266			97.95				红铜	[23]
矛		祥云大波那	战国早期	93.79	2.35	0.62		锡青铜	[24]
矛	D5	江川李家山	春秋晚期至西汉	90.99	9.9			锡青铜	[25]
剑	B120	江川	战国	83.4	14.45	1.33		锡青铜	[18]
剑	D6	江川竹园山	战国至西汉	87.801	12.198			锡青铜	[25]
剑柄	B121	江川	战国	76.43	7.24	14.95		锡铅青铜	[18]
削	B117	江川	战国	82.6	13.35			锡青铜	[18]
镞	M23:426	万家坝	春秋早期	97.55	1.85	0.16	铁0.024 砷0.064	红铜	[23]
镦	M1:8		战国早期	96.04	2.22	0.2	铁0.01 砷0.044	锡青铜	[23]
臂甲	M23:221		春秋早期	84.62	10.6		铁0.26	锡青铜	[23]
臂甲	D1	江川李家山	春秋晚期至西汉	92.951	7.048			锡青铜	[25]
臂甲	D2			89.88	10.12			锡青铜	[25]
斧	M1:50	万家坝	战国早期	98.37				红铜	[23]
斧	M23:13		春秋早期	98.01	1.4	0.59	铁0.14	红铜	[23]
锛		大波那	战国早期	94.2	3.71		铁0.2	锡青铜	[24]
凿	M23:213	万家坝	春秋早期	92.95	6.5		铁0.042	锡青铜	[23]
锄	M65:5		春秋早期至战国早期	95.65				红铜	[23]
锄		大波那	战国早期	92.77	0.19			红铜	[24]
锄	B113	楚雄	春秋早期至战国早期	72.13	16.12	9.51		铅锡青铜	[18]
四方锄	M1:82	万家坝	战国早期	99.5	<0.01	0.015	铁0.041	红铜	[23]
长条锄	M1:76			97.4	<0.01	0.19	铁0.082	红铜	[23]
四方锄	M23:24		春秋早期	99.78	<0.01	0.058	铁0.074 砷0.077	红铜	[23]
铃	M23:175			>99.5	0.41	0.11	铁0.16 砷0.011	红铜	[23]
钟		大波那	战国早期	79.96	16.34	微		锡青铜	[24]
铜镯	M23:224-75	万家坝	春秋早期	80.85	10.4	5.01	铁0.17	铅锡青铜	[23]
铜镯	M75:5		春秋早期至战国早期	73.39	10.99		铁0.22	锡青铜	[23]
铜镯	D3	李家山	春秋晚期至西汉	79.069	20.93			锡青铜	[25]
铜镯	D4			82.768	14.482	2.486	铁0.152 硅0.11	铅锡青铜	[25]
铜釜	M1:1	万家坝	战国早期	97.52	0.16	0.6	铁0.14 砷0.043	红铜	[23]

铜釜		大波那	战国早期	93.25				红铜	[24]
铜匕				84.13	13.69			锡青铜	
铜圆环				79.6	14.75	2.89		铅锡青铜	
葫芦笙				97.63	1.32	0.52		红铜	
铜棺				89.6	5.02	2.25		铅锡青铜	
铜马				93.8	1.92	1.12		红铜	
铜片	M25:1	万家坝	春秋早期至战国早期	90.10	8.16	0.032		锡青铜	[23]
平均成分（%）	矛,4件			95.56	3.06	0.16			
	剑,2件			85.6	13.32	0.67			
	臂甲,3件			89.15	9.26				
	斧锛,2件			96.86	1.7	0.19			
	镯,4件			79.02	14.2	1.25			

注：(1) 剑川海门口铜器为同位素X荧光仪分析，铜含量大于60%时为“大”；锡含量为1%～10%为“少”，1%左右为“微”；铅含量为3%～5%为“少”，小于3%为微。

(2) 部分标本尚含有部分其他杂质，因与本研究关系不大，略。

(3) 标本年代依最新研究重新作了排定，见文献[26]。

表中列出了28件春秋早期到战国早期标本，其中红铜器15件，占此期试样总数的53.57%，可见红铜量依然是较大的。当然，其中有的器物是应当使用红铜的，如万家坝铜釜（M1:1）；但相当大一部分则不必如此，如万家坝2件铜矛、1件铜镞、2件铜斧、1件铜铃等。按：有的标本断代范围较宽，如春秋晚期至西汉，未计入此期之内。

在春秋早期至战国早期的28件标本中，锡青铜（9件）和铅锡青铜（4件）计13件，只占此期试样总数的46.43%，说明青铜合金技术尚未推广。值得注意的是，在这13件标本中，含锡量大于10%的达7件，最高含锡量为14.75%（大波那出土的战国早期铜圆环）。这多件标本的含锡量如此之高，应当是人工有意配制的。所以，至迟战国早期，及至春秋早期，青铜合金技术在云南当已发明。

年代稍后，云南青铜合金技术有了发展。表中列出了9件春秋晚期至西汉的标本①，有锡青铜（7件）和铅锡青铜器（1件）计8件，计占此期试样总数的88.89%；锡铅青铜器1件，占11.11%；无红铜器。显然，锡青铜和铅锡青铜已占据主导的地位。在9件标本中，含锡量大于10%的达6件，最高含锡量达20.93%。可见此期的整个合金技术都有了较大提高。

云南青铜合金技术的发展情况在具体器物上也表现得十分明显。

如铜镯，表中列出了4件标本，时代由春秋早期至西汉，含锡量都在10%以上，可见含锡量都较高，尤其是李家山的2件，平均含锡量竟达17.706%。

又如矛，表中列出了4件标本的成分，万家坝的2件（春秋早期）皆为红铜；大波那和李家山各1件，皆为锡青铜，平均含锡量为6.125%；李家山的1件含锡量达9.9%。

① 把“春秋早期至战国早期”、“春秋晚期至西汉”作为先后两个时段来讨论，并不是十分恰当的，因有的标本原断代较宽，这也是无奈之举。但从概率上看，这种划分也有合理的一面，况且这种划分的结果还具有一定的积极意义，它大体反映了合金技术由低向高发展的基本状况。

又如剑，表中列有2件青铜剑标本，皆出土于江川，皆为锡青铜，含锡量分别为12.198%和14.45%，从而具有一定的强度、硬度和锋利性能。

再如响器，万家坝铜铃为红铜；大波那铜钟（战国早期）却为锡青铜，含锡量高达16.34%，与《考工记·六齐》规定数，与明代永乐大钟含锡量都较接近，其音质应是较好的。

臂甲，计3件，皆为锡青铜，不管年代稍早者，还是稍晚者，含锡量都不太低。3器平均含量为9.26%。

在春秋早期到西汉的37件标本中，含锡量大于10%的达13件，其中大多数的含铅量都不太高，故其综合机械性能是不错的；以锡为主要合金元素的倾向在此也反映了出来。

但多数器物的平均锡、铅量都较中原的稍低，尤其是兵工器，这无疑也会影响其锋利性能。所以即使是战国时代，云南青铜合金技术的总体水平依然较中原稍低。

以上讨论了先秦边境地区多种考古文化的青铜合金技术，其中新疆哈密天山北路铜器的年代可能较其他几种文化稍早，故技术上也显更加原始一些。除上述几个地区外，还有一些地方，如广东，其青铜文化也是很有特点的，其青铜剑的形制便与中原存在一些差别，但因目前分析的器物尚少，其在合金技术上的特点有待进一步研究。

五、西南多民族的铜鼓合金技术

铜鼓即用铜铸制之鼓，外形像个倒置的大口罐；上为鼓面，下底敞口，鼓身多为束腰状，也有的胴部凸起；鼓面和鼓身常铸有一些纹饰。主要产于南方的云南、广西、贵州、四川、广东、湖南等地，以及东南亚一带，北方地区较少。铜鼓虽是一种打击乐器，主要用于重大庆典和集会，但其实际功效却远远超出了一般乐器范围，甚至成了一种权力、财富和地位的象征，往往还带有几分神秘的色彩，在民族史、文化史上都占有重要的地位[27][28]。依不同的年代和地域，铜鼓又区分为多种不同类型，其中有：万家坝型，其生产和使用者主要是濮人；石寨山型，其生产者有滇人、劳浸、靡莫、夜郎、句町、骆越人；冷水冲型和遵义型，其生产和使用者主要是僚人；麻江型，其使用者有壮族、布依族、侗族、水族、苗族、黎族、瑶族、彝族、白族、土家族、仡佬族等。可见铜鼓在南方少数民族中是广为流行之物，甚至杂居其中的许多汉人也生产过铜鼓[27]。

今日所知年代最早的铜鼓当属商代，计约2件，一件传为安阳出土，通高79.4厘米，早已流落日本，原物为日本小泉家收藏，滨田耕作等《删订泉屋清赏》，以及我国学者容庚《殷周青铜器通论》都有著录[27]。另一件为1977年湖北崇阳出土，形制与安阳鼓甚为相似，通高75.5厘米、重42.5公斤，鼓身之状犹如切去了两头的橄榄，上宽49厘米、下宽39厘米，鼓面呈椭圆形，面径竖39.5厘米、横38厘米[29][30]。商代铜鼓数量较少，春秋战国时便有了较大的发展，之后便一直延续了下来，直到明清时期。

先秦铜鼓多出土于云南，其不但数量较多，而且有的出土于墓葬[27]，为许多铜鼓断代提供了重要依据。

1960年，云南楚雄大海波水电站工地出土1面铜鼓（楚大M1:11），面径26.5厘米、身高 27 厘米、胸径 40.9 厘米、腰径 23 厘米、足径 40 厘米。通体光素无纹，铜色紫红。形态较为原始，与釜十分相似，属春秋早期。伴出物有剑、斧等[31]。

1964 年，云南祥云大波那木椁铜棺墓出土 1 面铜鼓（祥大 19 号），身高 28 厘米、面径 23 厘米、足径 38 厘米[24]。亦属原始型铜鼓，与釜十分相似，属战国早期。

1972 年，云南江川李家山 27 座古墓中，出土铜器 1300 多件，在 M17、M23、M24 三墓之中，计出土铜鼓 8 面。皆出于第一类墓，属先秦时期。其中鼓号为 M17:10 者，高 24.5 厘米、面径 30.8 厘米、足径 36.7 厘米。铜色发黄，器表灰白[31][32]。

1973 年，云南昌宁县八甲大山出土早期铜鼓 1 面，身高 39.8 厘米、面径 41 厘米、胸径 51 厘米、腰径 35 厘米、足径 53.7 厘米。鼓身铜色发红[31][33]。

1975～1976 年，云南楚雄万家坝出土 5 面铜鼓（器号 M1:12、M23:158～161），皆胴部突出，胴径大于面径；纹饰简单，鼓面有太阳纹，无主晕纹；胴部和足部皆为素面。其中最大的一面（器号 M23:158）的面径为 46.5 厘米、胴径 65 厘米、腰径 51 厘米、足径 70 厘米、高 40 厘米、壁厚 0.5 厘米。墓 M23 断代春秋早期，墓 M1 断代战国早期。在此有一点值得注意的是：万家坝鼓制作技术多较原始，出土时鼓面向下，5 件之中至少 4 件外表布满了烟炱[23]。

1978 年，云南弥渡县苴力公社出土铜鼓 1 面，重 9 公斤，通高 26 厘米、面径 26.8 厘米、胴径 39.4 厘米、下口径 41.4 厘米。1979 年，苴力又出土铜鼓 1 面，重 18.5 公斤，通高 33.3 厘米。两鼓皆定为战国时期[34]。

此外，出土和征集到的早期铜鼓可能还有一些。虽最早的 2 件铜鼓始见于河南安阳和湖北崇阳，但生产和使用早期铜鼓较多的地方还是云南。

表 3－4－12 所示为 15 面春秋早期到战国中晚期铜鼓的合金成分，标本皆出自云南。由之可见：

1. 此 15 件标本的含锡、含铅量一般不高，多处于 2%～7% 之间，含锡量超过 7% 的只有 6 件，含铅量超过 7% 的只有 3 件；15 件标本的平均成分为：铜 80.13%、锡 5.27%、铅 4.89%。可见：铅、锡使用量不多，平均含锡、含铅量相差不大，微弱地显示了一种以锡为主要合金元素的倾向。

表 3－4－12　先秦铜鼓合金成分

器　号	出土地点	类型(年代)	成　分(%)				合金种类	出处
			铜	锡	铅	其　他		
楚大 M1:11	大海波	万家坝型期(春秋早期)	83.4	7.6	1.6		锡青铜	[35]
楚万 M23:159	万家坝	万家坝型中期(春秋晚期至战国早期)	94.1	3.5	3.5	锌 0.1～0.2	青铜	[35]
楚万 M23:158	万家坝		95.63				红铜(?)	[23]
楚万 M23:160	万家坝		89.3	1.83	1.58		青铜	[35]
楚万 M23:161	万家坝		91.84	2.31	3.42	铁 0.02 锌 0.086	青铜	[37]
祥大 19 号	大波那	万家坝型晚期(战国早期)	87.96	6.87	3.46	铁 0.64	铅锡青铜	[24]
昌宁鼓	八甲大山		93	4.64	0.388	铁 0.18 砷 0.1	锡青铜	[35] [36]

云南甲式 2	云　南	石寨山型早期(战国早期)	94.1	7.4		锌 0.1～0.2	锡青铜	[35]
曲八 M1:1	曲靖珠街		93.63	0.11			红铜(?)	[35] [36]
江李 M17:30	李家山	石寨山型中期(战国)	83.0	14.66	0.135		锡青铜	[35]
江李 M17:10	李家山		68.6	7.84	22.5		锡铅青铜	[35]
江李 M24:36	李家山		62.9	14.3	14.4		青铜	[35]
江李 M24:60	李家山		77.45	3.34	15.25	锌 0.22 砷 0.072	锡铅青铜	[35]
苴力小鼓	苴　力	万家坝型	91.65	2.56	2.36	锌 0.06 铁 0.076	青铜	[37]
苴力大鼓	苴　力	万家坝型	78.76	9.74	6.49	锌 0.012 铁 0.024	铅锡青铜	[37]
平均成分(15 件)			80.13	5.27	4.89			

注：(1) 有的标本锡、铅量相差较少，或其含锡、含铅量原本就很低，很难区分其主要合金元素到底是铅还是锡，暂且统称之为“青铜”。前后同。万家坝铜鼓 M23:160 虽含锡、含铅量都低于 2%，但两者之和超过了 3%，这对相图和其性能还是有一定影响的，故定为“青铜”，而非红铜。

(2) 江李 M24:60 尚含铁 0.062%。

2. 15 件标本中，锡青铜(4件)和铅锡青铜质者(2件)计为 6 件，占标本总数的 40%；红铜者计 2 件，占标本总数的 13.33%；锡铅青铜 2 件，占标本总数的 13.33%；有 5 件因铅、锡量较为接近，暂且笼统地称之为“青铜”，占标本总数的 33.33%。可见这些铜鼓成分虽较复杂，但在青铜之中，以锡为主要合金元素的锡青铜和铅锡青铜依然稍多，同样是微弱地显示了一种以锡为主要合金元素的倾向。

3. 此 15 件标本的合金成分波动较大：有锡青铜，如李家山战国铜鼓 M17:30，含锡量达 14.66%，与中原先秦响器成分相近，亦与《考工记·六齐》规定的“钟鼎之齐”大体相符；有锡铅青铜，如李家山战国铜鼓 M24:60，含铅 15.25%，含锡量只有 3.34%，这一成分则与中原一般性容器成分相当，说明这些铜鼓合金成分是不太稳定的。

4. 另外还有两点值得注意：(1) 铜釜使用红铜的情况似乎较铜鼓更多一些。如表 3－4－11 所示，万家坝和大波那出土的 2 件铜釜皆为红铜质；而在表 3－4－12 中，红铜鼓只占铜鼓总数的 13.33%。(2) 饪食器使用锡铅青铜的情况较铜鼓更多，表 3－3－9 统计过 16 件春秋战国饪食器，有锡铅青铜 6 件，另有砷铅青铜、铅基合金各 1 件，其平均成分便是锡铅青铜，具体数字为：锡 10.716%、铅 16.38%；表 3－4－12 所列 15 件标本中，锡铅青铜只有 2 件，无铅青铜和铅基合金，平均含锡量便稍高于平均含铅量。这说明人们已开始注意到了铜鼓与铜釜的区别。

5. 与中原先秦响器合金成分相比较，铜鼓含锡量较低；表 3－3－7 所列 18 件春秋战国响器皆以锡作为主要的合金元素，非但不见铅青铜，连锡铅青铜也未看到。这很可能与铜鼓无需清脆悠扬之声，且体形较大、打击较为猛烈等因素有关。

6. 从考古报道看，大海波鼓 M1:11 和昌宁八甲大山鼓，两器皆呈红色，显然与其含铅、含锡量较低是有关的；而李家山鼓 M17:10 基体发黄，器表灰白，则应是与器体含铅量较高和铅的腐蚀性有关。

第五节　金银铅锡汞的使用和冶炼

我国古代冶炼的单质金属和半金属计约9种，即铜、铅、锡、金、铁、汞、银、砷、锌，前7种的冶炼技术大约发明于先秦时期，砷约为南北朝，锌为明代。在前7种之中，炼铜术是最早的，铅、锡、金、铁稍后，大约汞、银更后，其中对社会生产影响最大的是铜和铁。

一、金银的使用和采冶

在商代晚期和西周，黄金技术的发展主要表现在地域的扩展和数量的增加上，加工工艺主要沿袭商代中期以来的一些方法，仍以锻制为主，器物主要是金箔和细小饰件，虽也发明了一些新的加工工艺，但使用较少。商、西周及至春秋中期，银的使用量依然是很少的，除了技术上的原因外，很可能与其色泽不是十分艳丽等因素也有一定关系。战国时期，金、银技术在全国范围内都有了提高，不但金银器的出土地域更广，数量更多，而且镀金、贴金、包金、金银错等新工艺都迅速推广开来，并出现了一些黄金器具和器皿。一些规模稍大的墓葬往往都有金器出土，有时还有银器。

（一）金银的使用

此期的纯金器主要包括三种类型：（1）饰器类，有人体装饰和器物装饰两种；（2）器皿、器具类，如金盏、金杯、金勺、金带钩、金舟等；（3）货币类。白银饰器、货币此时也可看到，白银器皿和器具则所见甚鲜。

（1）饰器类

这是黄金的基本用途，自始至终都可看到。商代晚期的黄金器多见于北方的山西、陕西、河北、河南、内蒙等地，四川等地也有出土。所见较多的是金耳坠、金钏、金箔等。金耳坠在20世纪50年代后便常有出土，如山西石楼县后兰家沟出土3枚[1]、吕梁县桃花庄出土8枚[2]、永和下辛村出土2枚、陕西淳化出土6枚[3]、清涧寺嫣村出土4枚，皆属商代晚期。金钏，1972年河北卢龙县商代晚期墓出土2枚[4]。金箔，安阳殷墟曾有出土，厚仅0.01毫米[5]。在商代黄金器中，最值得注意的是四川广汉三星堆，其一、二号祭坑都出土了种类繁多的黄金饰器，包括青铜人头金面像、金面罩、木杖金皮、金虎、金叶、金鱼、金璋、金带、金料块等，不但数量多，而且体形较大；其金杖长1.42米，重约500多克，以黄金包卷木杖而成；其加工工艺有模压和锤锞两种[6]。三门峡虢季墓M2001出土过16件金器（片），其中有腰饰12件，盾缀饰4件（其中2片为金箔），断代为西周晚期的宣、幽时期。

春秋战国时期的黄金饰器仍以中原和北方为主，内蒙杭锦旗阿鲁柴登、准格尔旗西沟畔、陕西神木纳林高兔等战国时期的匈奴墓，陕西凤翔马家庄春秋中期墓，陕西宝鸡益门春秋晚期墓，河南辉县战国晚期墓，山东曲阜鲁国故城战国墓等都有出土。比较值得注意的有如下四起：

1992年，宝鸡益门春秋晚期墓出土金器1141枚，包括带钩3枚、带扣7枚、圆泡56枚、方泡7枚、环6枚、络饰130枚、串珠908枚，以及铁剑金柄3枚、铁刀金环首13枚、铁刀金方首2枚、料背铁刃刀金环首2枚、铜刀金环首4枚。多为器饰，也有器具；皆浇铸而成，工艺水平极高。如金质剑柄，饰作精致的蟠螭纹和兽面纹；金带钩铸成鸳鸯形和盘蛇形；金质剑柄、方形泡等均为透雕，极其精巧华丽[7]。

1972年，内蒙古伊克昭盟杭锦旗阿鲁柴登战国晚期匈奴王墓出土金器218件，重4000余克，包括金冠饰1套4件（其中冠带饰3件，铸制；鹰形冠顶饰1件，锤打）、虎牛咬斗纹饰牌4件（铸制）、虎鸟纹饰牌12件（铸制）、羊形饰片2件（铸制）、虎头形饰片2件（铸制）、火炬形饰针1件（铸制）、鸟纹圆扣6件（铸制）、虎纹饰片21件（压制）、鸟纹饰片12件（压制）、羊纹饰片2件（压制）等各种动物形饰牌和金串珠、金锁链、金项圈、金耳坠等；出土银器5件，有银片饰3件（压制）、虎头形饰2件（铸制）。值得注意的是，这里没有器皿。成型工艺有铸造、锻打、模压等。充分反映了北方游牧民族先进的黄金工艺和技术特点，尤其是鹰形金冠顶和金冠带，堪称匈奴黄金工艺的佳作[8]。

1974~1978年，中山国王墓出土不少金银器饰，其中包括各种镶金的饰器、银贝、金箔、银箔、银球弹等[9]。

1977~1978年，曲阜鲁国故城墓葬出土圆形金带饰大小两种计13件、三角形金带饰3件、金叶2件、猿形银饰1件、镶嵌绿松石片银带钩1件、银带钩1件、银条筹1束，皆属战国早期。猿形银饰通高16.7厘米，猿身包金（图3-5-1）[10]。

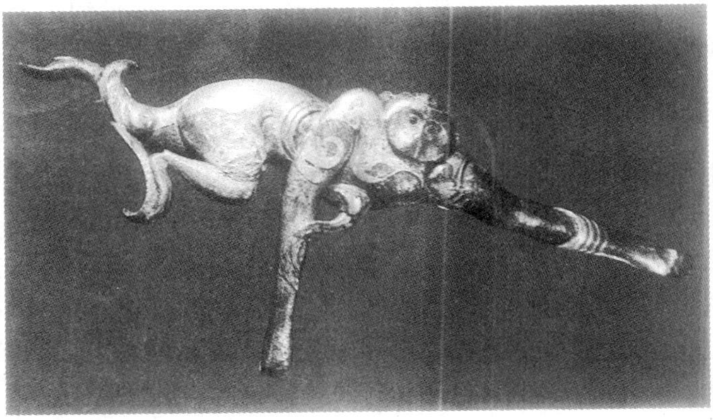

图3-5-1　战国早期包金猿形银饰

曲阜鲁国故城墓（M3）出土，采自文献［10］

除此四起外，还有不少，尤其是黄金装饰，不再一一列举。

白银装饰较少，除曲阜所出者外，1951年辉县固围村战国5号墓还出土有包金镶玉嵌琉璃银带钩，长18.4厘米。1954年长沙杨家湾墓M6（《长沙楚墓》一书新编号M569）出土银环1件，高0.4厘米、外径1.8厘米、内径1.4厘米，出土时系于绢带上。1964年长沙下麻园湾墓M2（《长沙楚墓》一书新编号1078）出土银环1件。

游牧文化与农业文化在黄金工艺上的差别是十分明显的，一个主要用作装饰人体，另一个主要用作装饰器物。

金银错是利用黄金和白银来装饰器物的工艺，其中的金错约始见于春秋中期，银错约始见于战国早期，本章第八节还要谈到。

（2）器皿和器具类

约兴起于春秋战国时期，之后便一直沿用了下来；山东、河南、湖北、浙江等地都有出土。比较值得注意的有如下三起：

1971 年，临淄郎家庄一号东周墓出土有金带钩 2 件、错金骨器 8 件、金丝若干、包金铜泡 10 枚，以及金箔厚薄两种。其中金带钩 M1:2，长 5.8 厘米，重 38 克。金箔上压出蟠龙纹或针刺出蟠龙兽面纹。断代为春秋晚期至战国早期。经分析，其中 1 件带钩含金 85%[11]。

1978 年，湖北随县曾侯乙墓出土 1000 多件器物，其中黄金器约 3600 多克，除用于器物装饰的金箔外，还有金器皿 5 件，包括金盏 1 件、金杯 1 件、金器盖 2 件、镂孔金勺 1 件，以及金带钩 4 件等。其中金盏通高 11 厘米、盖径 15.7 厘米，全重 2156 克，盏盖及盏腹饰以精细的蟠螭纹和云雷纹等，器形和饰纹皆异常精美[12]。这是今日所见最重最大的先秦金器。曾侯乙墓还出土过以丝线穿缀的黄金“弹簧”状物 462 段（1 号陀上有 220 段，7 号陀上有 230 段，零散的 12 段），重 490.6 克。经分析，其中一段的成分为：金 87.4%、银 11.3%、铜 0.079%。此外，该墓还出土有部分铅锡“弹簧”状物[12]。这类黄金和铅锡的弹簧状物都是缠于木陀上的，很可能是一种装饰，而非真正的“弹簧”。金箔除贴于器物表面者外，有的还脱落下来，此计约 940 片。墓葬断代为战国早期。表 3－5－1 上部所示为曾侯乙墓 10 件黄金标本成分，平均值为：金 89.33%、银 10.54%。

表 3－5－1 曾侯乙墓和军都山黄金器成分

器号或样号	地点	名称	成分（%）			
			金	银	铜	其他
E.2	曾侯乙墓	镂孔勺	87.45	12.55		
E.13		器盖	85.66	14.34		
E.93		器盖	88.09	11.91		
		素面金箔	92.0	8.0	微	
		几何纹金箔	86.7	13.3	微	
E.C.11:93		金带钩	90.9	9.1		
E.C.11:118		金带钩	90.8	9.2		
E.C.11:122		金带钩	93.6	6.4		
E.C.11:123		金带钩	90.7	9.3		
		金弹簧状物	87.4	11.3	0.079	
	延庆军都山文化墓	铜贝之包金	88.51	2.6	6.45	铁 2.35
			87.37	2.47	6.45	铁 2.33 钙 1.38

注：（1）曾侯乙墓标本采自文献［12］第 393 页、399 页、451 页。表中前 3 项为扫描电镜能谱分析。

（2）军都山文化铜贝之包金采自何堂坤等《北京市延庆县军都山山戎青铜技术初步研究》，《北方文物》2002 年第 2 期。扫描电镜能谱分析。

1982 年，绍兴狮子山 306 号战国初期墓出土玉耳金舟 1 件，高 6 厘米，舟身椭圆形，口径 11.2～14.2 厘米，两耳玉质，铆于器口两侧，连耳重 285 克。伴出有小金饼 1 块，小金片 1 块，金箔残片 2 块[13]。

此外，故宫博物院藏有楚王银匜 1 件，高 4.9 厘米，口径 12.5～11.8 厘米，其上刻有“楚王”等 9 字，属战国时期。前述宝鸡益门春秋晚期墓等也出土过黄金器具，不再一一列举。

先秦文献也有了黄金器具的记载。《考工记·玉人之事》载：“黄金勺，青金外，朱中。”一般认为，这是我国古代文献记载较早的黄金器之一。在此三句话中，多数人对第一句的解释大体上是一致的，但对第二、三句的解释则颇不相同，且疑点较多。青金，通常含义是铅；朱，通常含义是朱漆；但黄金勺如何外镶铅，内髹朱漆呢？似与常理不符，故也有人认为此“金”可能是指铜（详见《周礼正义》卷八十），可以进一步研究。

（3）货币类

从考古资料看，黄金货币约兴起于春秋战国之际，其主要有两种类型，即版金和饼金。前者为扁平的方块，后者为圆饼形。安徽、江苏、河南、湖北、湖南、山东、陕西等省都有黄金币出土，其中又以安徽和江苏两省为主。《周礼·秋官·职金》载：“旅于上帝，则共其金版。”大体上便反映了这一时期的情况。这“版”与“饼”今人似乎区分得较为清楚，古人则是不太严格的。郑注：“饼金谓之版。”银质货币大体上亦出现于春秋战国之际，但数量较少，器形主要有银布和银贝。

1974 年，河南扶沟县发现铜鼎和铜壶各一件，鼎内装银币 38 块，重 3072.9 克；壶内装金币 392 块，重 8183.3 克。金币有版金（195 枚）和饼金（197 枚）两种。金版均被切割成了碎块，金饼大部分也被切割。银币皆为布币，计 3 型 38 枚[14]。断代或可早至春秋战国之际。

1974 年，河北平山县中山国一号墓出土银贝 4 枚[9]。

1979 年，寿县出土楚金币 19 块，重 5187.25 克，正面钤有阴文“卢金”、“郢爰”等印。经分析，卢金的含金量为 94%～95%，其余金块为 97%～98%[15]。

1982 年，江苏盱眙南窑庄出土楚汉文物 38 件，其中有铜壶 1 件、金兽 1 件、黄金铸币 36 件。此金币包括郢爰 11 枚、金饼 25 枚，共重 1100 克[16]。这是迄今所见数量较多的一宗先秦金币。

1972 年，咸阳发现一批楚国金币“陈爰”，计 8 枚[17]。

1954 年，湖南长沙左家公山楚墓出土泥饼金 10 余块[18]。

1970 年安徽阜南出土有版金“郢爰”和破碎了的金饼数块[19]。

据吴兴汉在 20 世纪 80 年代中期的统计，当时在安徽、河南、江苏、湖北、陕西、山东、浙江等 7 省的 51 个地点便出土了楚金币 512 块，其中有龟板、长方形、瓦形、圆饼形四种，形状、大小、轻重各不相同；其上印记更是多少不一[20]。在 512 块中，完整的只有 78 块，其余都是经过了切割的碎块。

文献记载始用货币的时间要更早一些。《史记·平准书》：“虞夏之币，金为三品，或黄或白或赤。”索隐：“黄，黄金也；白，白银也；赤，赤铜也。”若依此说，则虞夏，便使用了黄金、白银、赤铜三种货币。此说是否属实，有待进一步研究。《管子·地数》篇载管子答桓公曰：“故先王各用于其重，珠玉为上币，黄金为中币，刀布为下币。”《管子·轻重乙》篇载管子答桓公曰：“五谷粟米者，民之司命也；黄金刀布者，民之通货也。”（皆并见“国蓄篇”）一般认为，这段文献反映了战国的情况，即金币大体应是战国时代，或稍早才进入流通领域的。一般认为，铜币流行的时间大约可以推到春秋晚期，《国语·周语下》载，周景王二十一年（公元前524年）铸大钱，这是大家较为熟悉的例证。

在我国古代文献中，“金”、“黄金”这一名称出现的具体时间，目前尚不十分清楚，大体上是春秋战国之事。《管子·地数》篇：“金起于汝汉之右洿。”同书“轻重甲”篇：“楚有汝汉之黄金。”《韩非子·内储说上》：“荆南之地，丽水之中生金。”《战国策·楚策》：“黄金珠玑犀象出于楚。”这些地方都明确地提到过“金”和“黄金”。前引《管子·地数》篇、《管子·轻重乙》篇和《考工记》等，也使用过“黄金”一词。显然，此“黄金”、“金”的含义与今是基本一致的。这些都是我国古代关于“黄金”一词较早且较为明确的记载。这些记载较多，说明黄金使用已广。但值得注意的是：先秦文献（包括金文）中的“金”字，常常是指铜的，这在前面已经看到，第四章还要谈到。

（二）关于黄金的淘炼

从有关记载看，先秦产金之地已经较多，上面谈到的有汝（淮河支流）、汉（汉水）、丽水（金沙江），大约主要产水砂金。丽水含砂金十分丰富，其往往天然地聚集到江心石上，且产量经久不衰，清代初期依然是我国重要的产金地之一。先秦时期大约也开采过山砂金。《山海经》一书提到的产金之所便有50余处[21]，如卷三“北山经·北次三经”载：归山，“其上有金玉，其下有碧”。龙侯山，“无草木，多金玉”。马成山，“其阴多金玉”。《管子·地数》篇还说到过黄金与其他矿物的共生关系，其引伯高回答黄帝道：“上有丹砂者下有黄金。”这些文献中说到的金、黄金，相当一部分可能是指山砂金的。

砂金的淘炼较为简单，先是淘洗，之后将淘出之砂金经提纯，将其中非金属夹杂和共生金属分离出去，便成了赤金。今见于考古发掘的先秦黄金铸件已经不少，且纯度较高，很可能使用了熔炼提纯法，这是最为简单的黄金精炼法。表3-5-1所示为11件（种）曾侯乙墓和军都山黄金器的定量半定量分析。由之可见：(1)这些“金器”的含银量都不低。(2)除银之外，军都山铜贝之包金还含有较高的铜，以及铁、钙等杂质；此铜很可能是有意配入的，铁、钙有可能是表面污染。曾侯乙墓黄金器其他杂质一般较少，这与金砂品位和提纯技术都有一定关系。(3)曾侯乙墓同类器物的成分较为接近，从而表现了一定的规律。表中3件器皿的成分是：金85.66%～88.09%、银11.91%～14.34%，平均成分为：金87.07%、银12.93%；4件带钩成分是：金90.7%～93.6%，银6.4%～9.3%，平均成分为：金91.5%、银8.5%。素面金箔与几何纹金箔的含银量分别为8%和13.3%左右。我们知道，含银量不同，“金器”的颜色、机械性能都是不太一样的；从这些情况看，不能排除此“金器”（金银合金）的成分是人们有意配制的可能性。

（三）关于白银

虽四坝文化便出土过银器，但在商、西周及至春秋中期的诸考古遗址中都很少看到；到了春秋战国之际和战国早期才逐渐多了起来，有关记载也有了增加。这一时期见于考古发掘的银器和银器加工工艺主要有：银错、银箔、银球、银饰片、银贝、银布等。《管子·地数》篇在谈到银的共生情况时，说："上有铅者，其下有银。"一般认为，《管子》一书约成于战国时期，但有关共生矿的知识可能此前便已产生。《山海经》说到的产银之所约有8处，有少阳山（交城）、鹿台山（长子，山西）、柴桑山（九江）、洞庭山（岳阳）等[20]。此两书大体上反映了战国时期的情况。

我国古代文献中的"银"字始见于何时，目前尚难定论。《禹贡》"梁州"条载，梁州"厥贡璆铁银镂"，此明确地说到了铁和银。但《禹贡》的成书年代，一直是学术界长期争论难以定论的问题。邵望平认为其中的"九州"产生于原始社会晚期，其中的基本内容大体上反映了公元前2000～前1000年的情况；这是很有见地的，但此书的字里行间是否留下过战国学者的笔迹，哪些是战国学者的笔迹，则是很难判断的。从考古资料看，直到殷商为止，铁和银的出土数量都很少；当时的铁大约只有陨铁，银大约只有自然银。当然，"银"字出现的确切年代，至晚不过战国时期。

我国古代炼银技术发明于何时，目前亦无确凿资料。我们推测，它不应晚于春秋晚期。理由是：（1）从四坝文化到春秋，白银使用量都是很少的，战国早期之后突然有了增加；这自然与整个金属加工技术的发展有关，但很可能与炼银术的发明也是有关的。自然银是很少的，若无炼银技术，未必能够满足战国时代的需要。（2）汉代之后，白银使用量又有了更为明显的增加，并有了炼银工艺的明确记载；其发明期上推到春秋应是可以的。但先秦炼银工艺目前尚难了解，可能是铅炼银法，也不能排除他法之可能性。

二、铅锡汞的使用和冶炼

（一）铅锡的使用

在考古发掘中，纯铅器约始见于二里头文化三期，商代晚期便明显增多起来。1952年，洛阳东郊商代遗址出土铅戈3件；1953年，安阳大司空村出土铅爵1件、铅觚1件、铅戈8件；1969～1977年殷墟西区出土铅器计11种57件，种类有鼎、觚、爵、戈、锛、凿、锥、刀、镞等[22]。纯锡器出现稍晚，约始见于商代晚期至西周初期，1958年安阳大司空村出土过商末周初的锡戈[23]。稍后，不管铅器还是锡器，出土量都有增加。如洛阳北窑西周早期墓出土有"尧氏"铅戈（M172:12）和"蔡叔"铅戈（M172:8）；前者援上墨书"尧氏"2字，后者援上墨书"蔡叔"2字。两器的成分皆为：铅99.79%、铜0.23%[24]。纯度较高，当为明器。三门峡西周晚期虢国墓M2118出土过铅鱼30件，可惜皆已腐蚀成了粉末[25]。侯马铸铜遗址出土铅锭110块，其大小不一，计约190公斤。铅锭呈长饼形，底面较为光平，但略凸起；上面较平，粘有少许熔渣。表面多呈暗灰色，少数地方及破损处泛青绿色，估计与含铜有关。上海钢铁研究所等曾用电子探针分析过其中一件铅锭碎块，成分为：铅71.58%、铜10.17%、锡0.75%、铁0.88%；铅锭碎块中的铜颗粒成分为：铜82.5%、铅>2%，铁、锡皆未显示。首都钢铁公司曾用化学法分析过一件铅锭，成分为：铅97.94%、锑0.95%、锡0.12%、砷0.105%，硫和铁皆为0.005%，铜为痕迹[26]。曾侯乙墓亦出土有大量铅锡类饰器，如其东室第二层便有草叶勾连纹铅锡饰、铅锡盾饰、圆饼形铅锡饰、鸟首形铅锡饰、圆形贴金箔铅锡饰、多沟形贴金箔铅锡盾饰等。此外，墓中还出土有多件盘形铅锡器和铅锡质的弹簧状物数百段，其成分为：铅43.9%、锡27.12%，余部未作分析[12]。与金银弹簧状物同样，此铅锡弹簧状物也是缠在木陀上的一种饰器。20世纪50～80年代，长沙楚墓出土铅器达40件，其中包括铅饼11件、铅块11件、刀形工具2件、"丁"字形器1件、锤形器5件、铅鼎4件、锥形器3件等[27]。先秦时期，云南使用的锡器稍多，如楚雄万家坝在M21、M23、M75三墓中计出土锡器53件，也是多为小件装饰器物；经定量分析，其中一件锡管（M75:1）的成分为：锡95.75%、铜0.77%、铁0.33%、铅0.027%；一件锡片（M71:1）含锡92.47%[28]，可见此纯度还是较低的。万家坝墓葬计分两期，一期相当于西周，二期相当于春秋早期至战国早期[29]，出土锡器的皆属第二期。自然，由于材料性属之故，纯铅、纯锡器的总量都不多。

先秦著作关于铅、锡的记载较多，这在第三节曾经提到。从考古实物和文献记载看，它们的用途主要包括下列六个方面：（1）配制各种青铜合金，以制作各种不同性能的器物。（2）制作软焊料。（3）外镀，主要是镀锡。（4）制作少量纯铅、纯锡器，其中包括锡箔和明器。（5）炼丹家用铅参与各种化学反应。（6）铅可制作铅粉，即胡粉，妇人用作敷面。宋玉《登徒子好色赋》："着粉则太白，施朱则太赤。"其中的"粉"便是铅粉，即碳酸铅 $PbCO_3$，或碱式碳酸铅 $Pb(OH)_2 \cdot 2PbCO_3$，它由先秦沿用到了明清。此外，铅还可以用来作勾（引，炼）金、勾银。

（二）关于汞的使用和冶炼

在先秦文献中，人们最先提到的是汞矿，即丹砂，之后才是汞。《逸周书》卷七"王会解"说：成周之会，"方人以孔鸟，卜人以丹砂"，向周天子（成王）进贡。卜人，晋孔晁注："西南之蛮，丹砂所产。"《穆天子传》卷三载："天子赐之黄金之婴、贝带、朱丹七十裹。"文献上关于汞的记载始见于春秋时期，当时主要用来殉葬。唐魏王李泰《括地志》下云："齐桓公墓在临淄县南二十一里牛山上，一名鼎足山，一名牛首堈。一所二坟，晋永嘉末人发之，初得版，次得水银池。有气不得入，经数日乃牵犬入。"[30]齐桓公于公元前685～前643年在位，属春秋（公元前770～前476年）早中期。赵晔《吴越春秋》云：吴王"阖庐死，葬于国西北，名虎丘……冢池四周，水深丈余，椁三重，倾水银为池，池广六十步"[31]。吴王阖闾属春秋晚期。这些说法都较明确，当基本可信。此说用水银池殉葬，可见数量较大；这样大的数量，一般推测，很可能春秋时已发明人工炼汞。

除殉葬外，先秦时期汞还有两个用途：一是镀金。今见较早，且年代较为可靠的镀金器物属于战国早期，河南、浙江等地有出土。二是镀锡。从实物考察看，西周早期及至更早便有镀锡器物，西周还有了关于镀锡的文献记载；如若无汞，镀锡操作是很不方便的。若依此论，我国用汞的时间便可上推到西周早期至商代晚期。

一般认为，人类早期使用的汞应是自然汞，之后才是冶炼汞。在我国古代文献中，梁陶弘景《名医别录》、宋周去非《岭外代答》等都记载过自然汞的性状，清康熙年间的田雯《黔书》也谈到过自然汞。依此我们推测：西周时期，汞的使用量较小，当时所用很可能是自然汞，或主要是自然汞；春秋之后，汞的使用量增大，单靠自然汞恐难满足社会需要，才发明了炼汞术。

一般认为，最早的炼汞法应是低温焙烧法，即将丹砂放在空气中焙烧，利用空气中的氧与硫作用，使硫与汞分离。反应式为：$HgS + O_2 = Hg + SO_2 - 60$ 千卡[32]。此反应一般在285℃开始进行，汞的沸点为357.25℃，一般的焙烧温度都是远远高于此数的，故汞还原出来后，须急速冷凝，否则将挥发以尽。先秦之汞，可能就是这样冶炼出来的。

在古代金属中，人工炼汞是发明稍晚的，大约这主要是未曾找到适当的冷凝装置把低温焙烧中还原出来的汞蒸气冷凝，并收集起来之故；故冶炼汞的获得，较铜、铁、铅、锡都更为困难一些。

第六节　炼铁技术的发明和发展

我国冶铁技术约发明于西周晚期，战国中后期时，铁器便在农业、手工业中取代了青铜器、木器、石器而占据了主导的地位。由西周到春秋，铁器以锻制居多；战国之后铸制铁器占据了主导地位。先秦炼铁技术的主要成就是建造了较为高大的高炉，使用了多橐送风，炼出了生铁。生铁技术的发明和推广，使铁器在整个社会迅速普及开来，从而极大地提高了社会生产力，并把我国古代文明推到了世界的前面。我国古代的青铜文明和铁器文明，在古代世界中都是遥遥领先的。

一、炼铁技术的发明

人类最早使用的铁是自然铁，之后才是冶炼铁。自然铁主要指陨铁，其不但数量较少，而且加工难度较大，它对人类社会的贡献是不能与人工铁相比的。冶炼铁一方面具有较高的强度、硬度，并且易于冶炼和加工，另一方面铁矿藏量又较大，所以炼铁术的发明是人类在制陶、炼铜术之后获得的又一项具有划时代意义的重大成就。它对人类社会的积极影响，大大超过了制陶和冶铜。

（一）商周陨铁器的出土和使用情况

从现有考古资料看，我国商周时期使用陨铁之事约有4起7件，大体上皆属商代中期至西周晚期。

1. 传为1931年河南浚县辛村出土铁刃铜钺、铁刃铜戈各1件，皆已流落海外；原定为人工铁，后改定为陨铁。前者铁刃含镍量高处为22.6%～29.3%，低处为6.7%～6.8%；后者铁刃含镍量为5.2%。原断代皆为西周。

2. 1972年河北藁城台西商代中期遗址出土铁刃铜钺1件，阑宽8.5厘米，铁刃残余部分嵌入青铜钺身内约1厘米。铁刃锈层含镍量为0.8%～2.8%。

3. 1977年北京平谷县刘家河商代中期墓出土铁刃铜钺1件，阑宽5厘米，铁刃锈蚀，残留部分包入铜钺之内约1厘米。铁刃含镍量为1.9%～18.4%。

4. 1990～1991年，三门峡虢国墓第二次的第一阶段发掘时，虢仲墓出土3件，即：

铜内铁援戈（M2009:703）。铜内及铜质援本部保存较好，铁援部锈蚀残断。器身残长19厘米、内长7.2厘米、内厚0.4厘米。铜内以绿松石镶嵌出条框纹及山字纹，铜质援本部以绿松石镶成长鼻龙首纹。铁援含镍量低处为6.0%，高处达

26.8% ~27.4%（表3－6－1）。

表3－6－1 虢仲墓陨铁标本的金属颗粒和铁锈成分分析

名称和器号	分析部位	成分（%）							铁/镍
		铁	镍	磷	硅	钙	铜	铅	
铜内铁戈 M2009:703 的金属颗粒	甲粒 A 点	70.6	27.4	1.1	/	0.3*	0.5*	0.4*	2.6
	甲粒 B 点	84.0	6.0	4.0	/	0.9	2.9	2.2	14
	乙粒点扫描	71.5	26.8	/	0.87	0.9	/	/	2.7
铜銎铁锛 M2009:720 的金属颗粒	甲粒 A 点	87.2	12.5	0.1*	/	/	0.01*	0.01*	7
	甲粒 B 点	87.3	12.6	0.05*	/	/	0.04*	0.01*	6.9
	甲粒 C 点	87.1	12.8	0.08*	/	/	/	/	6.8
	甲粒锈层 D 点	81.1	14.8	/	1.4	1.7	0.2*	0.86	5.5
	乙粒点扫描	85.9	9.1	/	4.3	0.7	/	/	9.4
	乙粒 A 点	52.3	47.7	/	/	0.01	/	/	1.1
	乙粒 B 点	62.9	36.9	/	/	0.2*	/	/	1.7
	乙粒 C 点	94.2	5.8	/	0.06*	0.04*	/	/	16
铜柄铁削 M2009:732 的金属颗粒	甲粒 A 点	63.4	35.6	0.05*	/	/	0.88	0	1.8
	甲粒 B 点	67.8	31.4	0.15*	/	/	0.59	0.1*	2.2*
	乙粒 A 点	86.6	13.4	/	0	0	/	/	6.5
	乙粒 B 点	90.3	9.3	/	0.15*	0.3	/	/	9.7
	乙粒 C 点	93.7	5.8	/	0.3*	0.2*	/	/	16
	乙粒微区	91.3	7.8	/	0.4	0.4	/	/	11.7

注：（1）本表采自文献［1］。

（2）星号“*”，表示元素含量极微，且已超出仪器检测极限，仅供参考。捺号“/”，表示未测出。

铜銎铁锛（M2009:720）。銎成长方形，出土时銎内尚残有木柄，铁刃锈蚀残损。器身残长11.3厘米、銎径3.1厘米×1.6厘米、铁质刃身残宽2.6厘米。镍分布极不均匀，测定数字显示了三种不同的情况：5.8% ~9.1%、12.5% ~14.8%、36.9% ~47.7%。

铜柄铁削（M2009:732）。长11.2厘米、宽2厘米、厚0.3厘米，出土时铁质部分多已残损。含镍量低处为5.8% ~13.4%，高处达31.4% ~35.6%。此三器皆断代西周末期，即公元前9世纪～前8世纪[1]。

此7件器物皆是铜与陨铁的合制件。它们的接合方式很值得研究一下，有关研究认为，藁城和平谷的铁刃铜钺都是铸合的，浚县两器的接合方式尚不清楚，而虢国3器都是锻合的。一般而言，铸合是比较方便的，锻合则难度很大；因铜与铁熔点不同、焊合性能不同，要把它们锻合、焊合在一起，是较为困难的，果若如此的话，其操作技术是较高的。

陨铁熔点较高，加工方式主要是热锻，一般用来制作比较贵重和小型的器物。今见于考古发掘的商、周陨铁主要用作锋刃器的刃部。与国外相比较，我国使用陨铁的时间稍晚，而且延续的时间也较短。我国早期文献中尚无使用陨铁的确切资料。《史记·周纪》载：武王克商，“以黄钺斩纣头，县（悬）太白之旗”；“至纣之嬖妾二女，斩以玄钺”。《集解》引宋均曰：“玄钺用铁，不磨礪。”钺是古代王权的一种象征，此“黄钺”当是指铜钺；“玄钺”则不能排除陨铁刃铜钺的可能性。宋均只说玄钺“用铁”，而不是“铁钺”；又说它“不磨礪”。这些特性与陨铁刃铜钺的特征正好相符。

陨铁是自然铁，无须冶炼，至多是经过了一些锻打，故陨铁的使用与冶铁术的发明，未必存在必然的联系；但它的锻打技术，与金属铜的铸接技术，对后世金属锻打和铸接技术应是有启发作用的。

（二）早期钢铁器物（件）的出土情况

人类与铁矿石的接触是很早的，江西繁昌曾出土数十件石器，其中85%皆以黑色铁矿石制作，属早更新世早期，距今200多万年[2]；但这是将铁矿石当作普通石料来使用的。山顶洞人的生活遗址中发现过赤铁矿碎块，其主要用作装饰性颜料，属旧石器时代晚期，距今约2.7万年[3]。

从现有资料看，我国中原钢铁冶炼技术约发明于西周时期，见于考古发掘的铁器都是西周晚期之后的，由西周晚期到春秋晚期，至少有20余处：

属西周晚期的1处：即河南三门峡虢国墓地，1990～1991年虢季墓（M2001）出土玉柄铜芯铁剑、铜内铁援戈各1件（M2001:393、M2001:526，图3－6－1），虢仲墓（M2009）出土铜骹铁叶矛1件（M2009:730），皆为铜铁合制器，计为3件，其中的前者和后者都定成了块铁渗碳钢，铜内铁援戈为块炼铁[1]。

属春秋早期和稍后的6处：（1）甘肃灵台春秋早期秦墓，1978年出土铜柄铁剑1件，其质定为块铁渗碳钢[4][1]。（2）甘肃永昌春秋早期遗址，1979年出土铁臿1件[5]。（3）陕西长武春秋早期墓，出土铁匕首1件[6]。（4）陕西陇县边家庄春秋早期墓，1987年出土铜柄铁剑1件[7]。（5）北京延庆军都山玉皇庙墓YYM2，出土铜柄铁刀1件。铁刀大部分残失，残长全8.1厘米，铜柄及环首长6厘米、铁

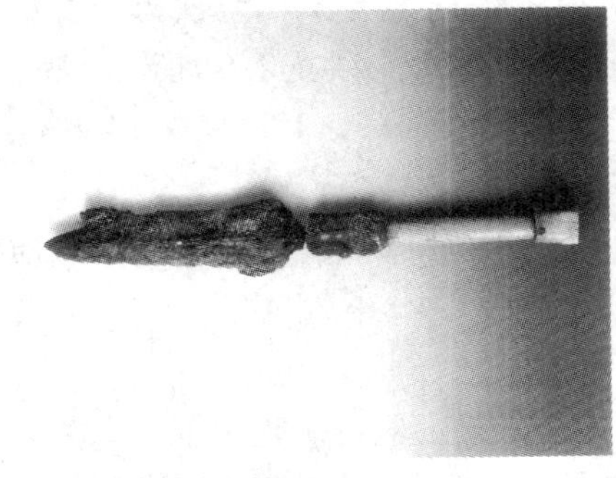

图3－6－1　三门峡西周晚期虢国墓玉柄铜芯铁剑和铜内铁援戈

左．玉柄铜芯铁剑 M2001:393　　右．铜内铁援戈 M2001:526

采自文献［1］彩版壹拾壹

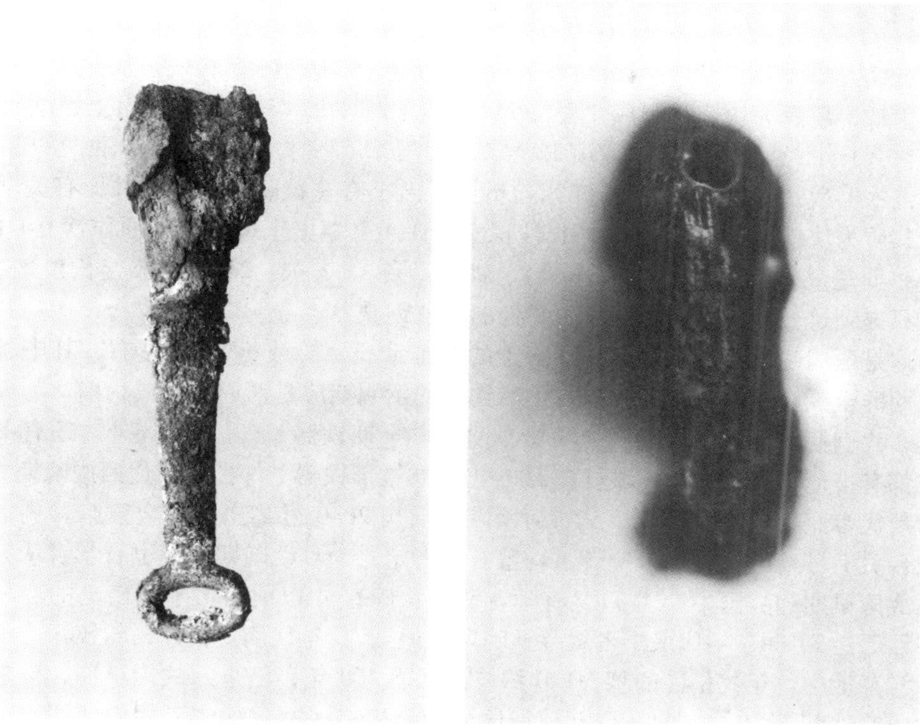

图3－6－2　延庆玉皇庙铜柄铁刀（YYM2:18）
左．铜柄铁刀外部形态　右．铁质刀身残断口上的层状、管状结构
照片承北京市文物研究所提供

质刀身长2.1厘米、宽2.1厘米（图3－6－2）。相当于春秋早期到中期早段，刀身基本锈透，锻制，科学分析表明，其基体为铁，未显示陨铁中常见的镍、钴、镁、铬等元素，故推定为人工冶炼的制品，但不知它到底是熟铁还是钢[62]。（6）山西天马-曲村出土过早期铁器3件，其中1件，即84QJ7T12④:9属春秋早期偏晚，是典型的过共晶白口铁[1]。这是今日所知我国最早的生铁。

属于春秋中期和稍后的4处：（1）陕西凤翔雍城马家庄春秋中期遗址，1981年出土铁臿1件[8]。（2）河南淅川下寺春秋中晚期楚墓，1976年出土玉茎铁匕首1件[9]。（3）山西天马－曲村出土的3件早期铁器中，1件如前所云，属春秋早期偏晚，另2件则分别属春秋中期偏早和偏晚：前者为铁条，编号86QJ7T44③:3，为块炼铁；后者为残铁片，编号为84QJT4③:3，为过共晶白口生铁[1]。（4）湖北大冶铜绿山VII号矿体1号点春秋采区东部，出土铁锛1件，全长11厘米，刃宽5.4厘米，铸制。经^{14}C年代测定，并树轮校正，距今为2635±170年，约属春秋中期[10]。

春秋晚期偏早的2处：（1）陕西凤翔雍城秦公1号春秋墓，出有铁铲、铁臿、铁环、铁削[11]。（2）宝鸡益门二号春秋晚期墓，1992年出土各种铁器计20件，其中包括金柄铁剑3件、金环首铁刀13件、金方首铁刀2件、金环首料背铁刃刀2件[12]。

属春秋晚期的计有9处：（1）河南登封王城岗春秋晚期遗址，出土有铲形残铁器1件[13]。（2）河南新郑唐户南岗墓，出土有曾经脱碳退火处理的残铁板[14][15]。（3）湖南长沙杨家山，1976年出土钢剑、铁削、鼎形器各1件，后者属白口铁[16]。（4）江苏六合程桥春秋晚期墓，出土有铁丸[17]和铁条各1件[18]。前者属生铁，后者为块炼铁制成[34]。（5）长沙龙洞坡52M826号墓，出土铁削（原作匕首）1件[19]。（6）常德德山12号墓，出土铁削1件[20]。（7）江西九江磨盘墩出土铁器残片2件[21]。（8）江苏苏州吴县出土有春秋晚期铁铲1件，有关学者认为其质为块铁渗碳钢[1]。（9）长沙识字岭314号墓出土过铁臿（原作锛）1件；长沙一期楚墓，出土铁臿（原作铲）、铁削数件[22]。按：2000年版《长沙楚墓》一书只提到过长沙龙洞坡和杨家山2处的春秋钢铁器[23]。

这是西周晚期到春秋晚期铁器出土的基本情况，总数约50件左右，其中属西周晚期的至少有3件，所以我国古代冶铁术的发明期应是西周晚期或稍前。为方便起见，我们把西周到春秋晚期的铁器，谓之“早期铁器”。除上所述外，还有不少地方都有报道，如：河北满城要庄H46出土有锥形铁器1件，原断代西周晚期[24]，可惜断代参照物较少，待定。又如河南陕县后川2040号墓出土有金质腊首剑，信阳长台关1号墓出土有铁带钩等，均曾有学者定之为春秋晚期，但也有学者认为其分属战国早期和战国中期[25]。又有学者认为：1997年以前松嫩平原出土的春秋战国铁器已达77件，年代最早者属春秋晚期；但据^{14}C年代测定，并树轮校正，泰来县平洋墓地中，年代稍前的墓M140约属公元前460年，已进入战国早期，该墓出土过一些铁削等物[26]。此外属春秋战国之际者还有一些，如宁夏固原、西吉、彭阳出土的铜柄铁剑、山东临淄出土的削刀等，皆不计入其中。

这些早期铁器的基本特点是：（1）数量和种类较少，器形较为简单、短小。（2）主要是兵刃器和小生产工具，其中有刀18件、剑7件、削5件、臿5件、铲3件、匕首2件，锛、戈、矛各1件，以及鼎形器、铁板等。（3）有锻件，也有铸件；有块炼铁和块铁渗碳钢，也有生铁；以锻件为夥。（4）分布地域较窄，迄至春秋中期，基本上都分布于黄河流域的陕西、甘肃、河南西部和北京地区，春秋中期才扩展到了南方的湖北、湖南、江西和江苏等地。看来，中原文化区的冶铁技术首先是在黄河流域发明、发展起来的。

除中原文化区外，我国早期冶铁术很可能还存在另外两个中心：一是今新疆一带，多个地方出土过属公元前1300～前500年间的铁器。如：（1）哈密焉不拉克墓地，两次共清理90座古墓，出土铁器7件，有刀、剑、戒指各1件，残铁器4件，经^{14}C测定并树轮校正，刀的年代距今3240±135年。此整个墓地断代约为公元前1300～前500年。如若断代无误的话，此铁刀便应是我国今见最早的铁器。（2）1983～1988年，和静县察吾乎沟先后发掘500多座古墓，个别墓地出土有铁小刀，此外还有铜器和黄金饰片。经^{14}C测定，其年代约属公元前1000～前500年。（3）1985～1987年，轮子台县群巴克计清理50余座古墓，出土有铁刀、铁镰、铁短剑等，以及部分铜器。时代约属公元前1000～前500年。（4）2001年，尼勒克穷科克台地出土一批铁器，以铁刀居多，多为墓葬出土，其中一件剑状物残长20厘米。从器形学推断，其时间约为公元前1000～前500年[27]。二是今云南。江川李家山出土过一件铜柄铁剑（M21:26），据^{14}C测定为公元前2500±105

年，大体上可定为春秋晚期[28]。至于这两个地区与中原文化间，新疆早期铁器与西亚早期铁器间是否存在某种联系，中原冶铁术是否受到过西亚的影响，目前皆无确切资料。从世界范围看，有学者比较强调“一元论”，认为人类冶铁术皆起源于一个古老的冶铁中心，之后再以激发传播的方式传到了世界各地；但也有学者认为，古代世界应存在多个冶铁中心，凡具备了一定的原料和技术条件，有了社会的需要，都可能发明出冶铁术。现今的多数学者都比较倾向于后一观点，各地区、各民族间的技术交流肯定是存在的，但冶铁术的发明地应是“多元”的。汉代之后，不管新疆的，还是云南的，这些技术都逐渐汇入到了中华文化的汪洋大海中。

关于我国古代冶铁术的发明期，长时期以来一直受到学术界的重视，早在20世纪20～60年代，学术界就进行过许多探讨。参加这一讨论的学者主要有：章鸿钊[29]、李恒德[30]、黄展岳[31][25]、周则岳[32]、杨宽[33]，以及部分日本学者等。人们一方面对文献记载进行了深入研究，另一方面也尽量地利用了考古发掘的最新成果。当时提出的观点主要有西周说、春秋战国说等；而今回首而观，这一讨论是取得了许多积极成果的，它不但增进了人们对我国古代冶铁技术发明期的了解，而且逐渐形成了一些共识；不管研究方法还是基本观点，皆不乏真知灼见，其中许多推断亦为后来的考古发掘所证实。

（三）关于早期冶铁技术

在前述早期铁器中，进行过科学考察的计14件，可知其大体上包括低温冶炼和高温冶炼两种工艺类型，细分起来又有4种不同的材质：（1）块炼铁，计3件，即三门峡西周晚期铜内铁援戈M2001:526、山西天马－曲村春秋中期铁条、六合程桥春秋晚期铁条。（2）块铁渗碳钢，计约5件，即三门峡西周晚期玉柄铁剑M2001:393、铜骹铁叶矛M2009:730、甘肃灵台铜柄铁剑、江苏苏州吴县铁铲，此外，长沙杨家山春秋晚期钢剑也应属于这一类型。（3）白口生铁，计4件，即山西天马－曲村2件残铁器、湖南长沙杨家山鼎形器[16]、江苏六合程桥铁丸[34]，分属春秋早、中、晚期，都显示了莱氏体组织；山西天马－曲村2件残铁器为过共晶生铁，杨家山鼎形器为共晶生铁。（4）可锻铸铁，1件，即河南新郑唐户南岗春秋晚期墓残铁板[14]，曾进行过脱碳退火处理。此外还有1件，即北京延庆军都山春秋早中期铜柄铁刀，其已基本锈透，冶炼工艺和材质较难分辨。所以，从我国的现有考古资料看，块炼铁技术是稍稍早于生铁的；从世界范围看，大体也是如此。

所谓块炼铁技术，实际上是在较低温度（约800℃～1000℃）下，用木炭直接还原的技术；因其出炉产品是一种海绵状的固体块，故谓之块炼铁，此冶炼法便谓之块炼法。类似的操作法在传统技术中尚未看到。从国外的一些资料看，其炼炉一般较为矮小，或为地穴炉，或矮小竖炉，通常也要鼓风；因炉身较低，加之鼓风能力不强，很难形成一个容积足够高大、温度足够高的熔炼空间，故还原出来的铁渗碳较少，熔点较高，未能化成液态。这种冶炼的基本特点是：（1）产品含碳量较低，通常是熟铁或低碳钢，从而其性较柔，极大地限制了它的使用范围。（2）出炉产品是海绵状的固体块，须用锻打方式成型。（3）产品中含有许多大块的氧化亚铁－硅酸盐共晶夹杂，虽经多次反复锻打，终难去除以尽。（4）不能连续作业，每炼完一炉，将铁块取出后，炉体就要受到破坏，下一次冶炼时重新建造，生产率较低。这种方法在我国一直沿用到了战国、西汉时期，当时的大部分锻件，大凡都是利用这一方法冶炼得到的。我国西周以前的铁器，一般也应当是块炼铁制成的。直到公元16世纪，欧洲许多地方还使用这种直接冶炼炉，其用水力鼓风，炼得的铁块用人工以木槌加工成块状，并排除夹杂，再用钳子夹住以水力槌将之分割开来，并在另外的加热炉中加工成棒状。类似的直接冶炼法在科西嘉岛和比利牛斯山区甚至保存到了公元19世纪[35]。

生铁技术是在块炼法的基础上发展起来的。由块炼铁到生铁，其中最为重要的技术关键有二：(1) 炉身必须足够高、大，使炉料与燃烧出来的铁有足够的时间和空间进行传热、还原和渗碳，并熔成生铁。(2) 鼓风能力足够强，使炼炉能获得足够的高温。与块炼铁相比较，生铁的优点是：(1) 含碳量较高，熔点较低，且其性较坚。(2) 因其经历了液态，渣铁分离较易；而且炉渣具有不同程度的脱硫能力，使生铁含硫量降低，故所含非金属夹杂极少。(3) 出炉产品呈液态，可用浇铸方式成型，成型生产率较高。(4) 炼炉可连续生产，生产率较高。这些都改善了铁器的使用性能，提高了铁器的产量，扩大了它的使用范围。生铁的出现，亦为“二步炼钢法”和“铸铁可锻化退火”的发明和发展打下了良好的基础。战国时期铁器的广泛使用，秦汉统一中央集权制国家的形成，与生铁技术的发明和发展都是密切相关的。除了上述作过科学分析的3件外，早期铁器中的铸件还有一些，如长沙识字岭铁臿等，铸痕清晰，虽未作过科学分析，属于铸件亦是无疑的。

从世界范围看，从块炼铁到生铁，多要经历一个漫长的发展历程。欧洲的块炼铁技术大约在公元前9世纪便已推广，但其生铁技术却是公元14世纪才在莱茵河畔出现，之后再逐渐推广开来。我国却有些特殊，虽也遵循了先有块炼铁，后有生铁的基本程序，但由块炼铁到生铁的时间是很短的。目前所见最早的块炼铁属西周，最早的生铁属春秋早期。生铁技术发明较早，从“块炼铁技术”到“生铁技术”的过渡时间较短，这是我国古代钢铁技术发展过程中的一个重要特点，也是一个优点。这与商、西周冶铜技术的高度发展是密切相关的。人们很早就掌握了大型竖炉，或说高炉的构筑技术，使铁的还原冶炼能在一个足够大的空间内进行；很早就发明了较为强大的鼓风装置，使炉内能形成一种稳定的高温和还原性气氛。如洛阳北窑西周化铜炉高达1.6～1.7米，设有多个风口[36]；前云铜绿山春秋炼铜炉高约1.5米，也使用了鼓风装置，这都为生铁技术的发明和发展创造了很好的条件。

我国古代炼铁技术发明于西周时期，那么文献中的“铁”字始见于何时呢？迄今为止，学术界仍无一致看法。一种意见说是春秋或西周，及至更早，也有学者执不同意见，说是战国时期。在人们多年研究过的文献中，影响较大的主要有如下4条：

前引《禹贡》“梁州”条：梁州“厥贡璆铁银镂”。有人认为这便是我国古代文献中最早的“铁”字，这也是夏代，或者商代已经冶铁、用铁的明证。但也有学者执有不同看法，即使《禹贡》一书总体上反映了公元前2000～前1000年的情况，但该书在文字上是否留下过战国时代的墨迹，这是不易做出判断的。

《诗·秦风·驷驖》："驷驖孔阜。"此诗的创作年代，大体为西周末年到春秋初年。驖，孔颖达"正义"迳作了鐵字[37]。朱熹《诗经集注》："驷驖，四馬皆黑色如鐵也。"[38]今世也有学者依此认为，可能周人在西北地区很早就发明了冶铁术。但也有学者认为此驖只作颜色解，《说文解字》：驖，"马赤黑色"，是不得引申为"鐵"的。

西周班毁铭："土驭戜人。"班毁，有谓成王时器，有谓康王穆王时器。

齐叔夷钟铭："造戜徒四千。"此钟为齐灵公（公元前581～前554年）时器。

有学者认为，此两文献中的"戜"和"戜"，都是指鐵的，并认为当时冶铁业已有了相当规模。但也有学者对此种解释持有不同意见，认为此二字未必与铁有关[25]。

如上诸说，看来都是有一定道理的。我们还是比较倾向于"驖"即鐵的说法，不管从字的结构上，还是原文的意思上，这都是说得通的。同时，我国冶铁术发明于西周，"鐵"字出现时间亦不应太晚。

二、铁器之普及和炼铁技术的发展

（一）铁器之推广和普及

及至战国，铁器使用量在南方和北方都明显增多。考古发掘的战国早期铁器，仅燕下都便至少出土了10件[39]；长治分水岭12号墓、14号墓计出土20件[40]；这批量都是较大的。南方的江西九江县沙河街大王岭遗址出土有残铁件[21]，较为边远的东北松嫩平原也出土过多件春秋晚期至战国早期的铁器[41]。它们主要是农器、手工业工具和生活用器。战国中晚期时，铁器在我国南方北方的广大地域内迅速推广开来，铁器逐渐在农业和手工业中取代了青铜器、木器、石器而占据了主导地位，钢铁兵器也登上了社会生活的历史舞台。

我们在20世纪80年代作过一次统计，得知在南到今广东始兴、广西平乐，北到今内蒙赤峰、辽宁鞍山，东到山东青岛，西到今四川巴县、成都[42]，都有战国铁器出土；云南、新疆的铁器技术此时也得到了迅速发展。铁器数量之巨、种类之多、分布地域之广，都是前所未有的。从出土情况看，数量最多的是农具，其次是手工业工具和生活用具。今河南辉县固围村5座魏墓出土铁器90多件，主要是生产工具，种类有：铁口犁、铁镢、铁口锄、凹字形锄、锄、铲、方銎铁斧、铁片斧、铁削、铁凿、铁小刀、铁镰，以及铁匕首、钳形器、铁钉等，此外还有铁铤铜镞86件；铜器却不多，且多为小型器物[43]。燕下都武阳台村西北21号作坊战国晚期遗址出土铁器计861件，而残器块、铁块、残铁铤尚未计算入内。种类有：（1）生活用具，环、钩各1件。（2）生产工具，有镢4件、三齿镐3件、铲1件、镰2件、锛26件、凿24件、锤12件、砧6件、工具刀5件、环首刀2件、刀1件、冲4件，计90件。（3）车马器，镳1件、辖4件。（4）兵器195件，即矛22件、剑7件、镈45件、镦118件、镞3件，此外还有铤808段。（5）防护用具，铁胄片214块、铠甲片277块。（6）刑具，以及铁料、杂器、残器等（表3－6－2）[39]。覆盖了社会生活的各个领域。原楚国一带许多地方也出土有较多的铁器。如长沙，1964年以前该地发掘的186座楚墓出土有铁器241件，其中有铁工具124件，种类有刀、削、锄、斧、锛等。广西平乐银山岭，其110座战国墓出土铁器181件，主要是工具，其中有锄89件、弧形脊的刮刀59件。湖南资兴旧市80座战国墓出土铁器32件[44]。据不完全统计，今出土的战国中晚期铁工具约20种上下，除上述提到过的外，还有五齿锄、铁臿、铁锤、铁夯锤、铁锥、铁锉、铁锯、铁钻、铁耙、铁锏等，同一器又往往有一些不同的器形，如铁锄，有凹字形锄、一字形锄、六角形锄。此期铁质日用器出土的数量和种类也是较多的，除上面提到过的外，还有铁鼎、铁足铜鼎、铁锥、铁罐、铁三脚架等。黑龙江省泰来县平洋墓地还出土过35件管形饰，多为扁圆形，有的略弯，有双管、单管两种[26]。此时期的生产工具多为铸制，锻件较少，尤其是镢、铲、锄、臿、斧之类；李仲达分析过燕下都出土的33件战国铁器，包括镢、锄、镰、铲、锛、凿、镐、钳、矛、剑、刀、铠甲片、铁板等，其中至少24件是铸制的[45]。甚至于铁剑这样的大刃，也使用了铸的工艺；如燕下都武阳台村西北21号铜、铁铸造遗址出土的战国晚期铁剑7件，其中6件为锻制，有1件是铸制的[39][45]。战国西汉时期，类似的铸制铁剑在其他地方也看到过。

表3-6-2　燕下都战国晚期铜铁兵器小计(件)

器名＼地点		老爷台庙5号建筑	老爷台庙27号建筑	郎井13号作坊	武阳台21号作坊	武阳台23号作坊	郎井10号作坊	高陌村2号址	虚粮冢8号墓	辛庄头30号墓	老姆台28号建筑	总计
剑	铜		1(剑首)				1		3	1		6
	铁	1(锻)			6(锻) 1(铸)		1			3(剑) 1(剑首)		13
镞	铜		1	5		1	74	12	9	52	3	157
	铁		1(铸)		3		2					6
铁铤铜镞		3					21		1			25
戈	铜					108			7	2		117
矛	铜								13			13
	铁				22		2					24
弩机	铜					1 (悬刀)			1			2
镈	铜						1		3	2		6
	铁				45 (铸)		3					48
镦	铜								18	2		20
	铁				118 (铸)							118
柲帽	铜								8			8
铲形兵器	铜								5			5
铁甲片					491		1					492
铁铤		1			808		10					819

注：采自《燕下都》，文物出版社，1996年。

战国时期，有关铁器的记载也多了起来。《墨子》、《孟子》、《韩非子》、《荀子》、《吕氏春秋》等都谈到过铁器的使用；《孟子·滕文公篇》云：许子“以铁耕乎?”《墨子·备城门篇》以下各篇谈到的有铁矛、铁钩钜、铁夫、铁锦、铁校等。《吕氏春秋·贵卒篇》谈到的有铁甲、铁杖。《管子·轻重乙》篇说铁质的农具和手工业工具已成为当时的必需品，“桓公曰：衡谓寡人曰一农之事，必有一耜一铫一镰一鎒一椎一铚，然后成为农；一车必有一斤一锯一釭一钻一凿一銶（戴望注：凿属）一轲，然后成为车；一女必有一刀一锥一箴一鉥（戴望注：长针也），然后成为女；请以令断山木，鼓山铁”。此椎，先秦又谓之“櫌”。元王祯《农书》卷十二“櫌”条云：“櫌，槌块器。〈说文〉云，‘櫌，摩田器’……今农家所制无齿耙，首如木椎，柄长四尺，可以平田畴击块壤，又谓木斫，即此櫌也。”这说明当时铁器已在农业和手工业中占据了主导的地位。《管子·地数》篇载管子曰：“地之东西二万八千里，南北二万六千里……出铜之山，四百六十七山，出铁之山，三千六百九山。”这些数字虽未必十分准确，但说明冶铁技术在先秦时期已经兴起，且有了较大发展。按：管仲系春秋中期人，《管子》一书并非管仲之作，亦非成于一时，有人认为它反映了春秋到西汉的一些情况；结合铁器出土情况看，我们以为今引用的两段文献，当与战国中晚期相当。又，《山海经·五藏山经》①所载产铁之山34处[33]，即“西山经”8处、“北山经”6处、“中山经”20处。今日可考者计19处，其中“西山经”有5处：(1) 符禺之山（“其阴多铁”），渭南县东北；(2) 英山（“其阴多铁”），渭南县东北；(3) 竹山（“其阴多铁”），渭南县东南；(4) 泰冒之山（“其阴多铁”），延安县；(5) 龙首之山（“其阴多铁”），西安市北。皆属今陕西。“北山经”2处，(1) 虢（号）山，河南陕县；(2) 白马之山，山西阳泉市。“中山经”12处[33][46]，不再一一引述。这些文献关于铁的记载，自然是确定无疑的。

但值得注意的是，战国时期铁器虽已在农业、手工业，及至日常生活中取代了青铜器、木石器的主导地位，但在兵器中，青铜兵器依然占据主导的地位，即使在炼铁技术较为发达的燕国，青铜兵器也是不少的。表3-6-2所示为燕下都部分战国晚期的遗址、墓葬兵器出土情况。虽铁剑、铁矛、铁镈、铁镦等大型兵器都超过了相应的铜质兵器，但铜镞依然大量使用，铁镞则较少，戈只有青铜质，而未见铁质者。虚粮冢8号墓所出兵器全为铜质，竟无一铁质者[39]。在其他考古发掘中，青铜兵器则更多一些。如1975年~1976年，江陵雨台山发掘558座墓葬，属战国晚期者39座，无任何铁器出土，青铜兵刃器却有匕首2件、戈3件、削刀3件、剑9件、镞7件、戈尊1件，计25件[47]。

当然，由于历史背景等之不同，古代世界对早期生铁的使用情况是不尽相同的。由上可知，及至战国中晚期，我国之生铁皆主要用在生产工具和生活用器上，用于兵器者鲜。在欧洲则有些不同，其生铁技术在14世纪发明出来后，主要是用

① 今本《山海经》为18卷39篇，大体上由“山经”、“海经”、“大荒经”三部分组成，其中“山经”又包括“南山经”、“西山经”、“北山经”、“东山经”、“中山经”，凡5卷26篇，习谓《五藏山经》。“藏”即内之意，《五藏山经》即所述山川皆在内地，属于华夏范围。

于铸炮，即用于战争的，大约到了15世纪后期，生铁铸造才转成非战争的目的[48]。看来，这与其未能及时找到一种克服生铁硬脆性的工艺是有一定关系的。

（二）年代最早的一批冶铸铁遗址

春秋晚期及其之前的钢铁冶铸遗址迄今尚未见于报道，这或与当时规模较小、炉子较小等有关。战国之后便突然出现并增多起来，目前见于报道的约有20余处，多属高炉冶铸，多属铸铁遗址，也有一部分为冶铁遗址。铸铁遗址的涌现，也是冶铁技术发展的一个标志。今一并述之。

其中属于战国早期的只有河南登封告成铸铁遗址1处，其始于战国早期，一直延续到了战国晚期和汉代。属战国早期的铸造遗物有：熔炉残块、鼓风管残块、铸模、泥质和砂质铸范、铁器，以及部分铜器。属战国晚期的有：熔炉残块、烘范窑、鼓风管、铸模、铸范。属汉代的有：炉基、熔炉残块、铸模、铸范[13]。

属战国中晚期的冶铸遗址至少有下列10处：

（1）新郑仓城战国铸铁遗址。有残炉1座、烘范窑1座、陶范10余种、大量铁器。陶范之器型有：镢、锄、镰、铲、锛、凿、削、刀、剑、戟、箭杆、带钩等，以镢范、锄范为多。铁器主要是生产工具，有镢、锄、铲、锛、刀、削、凿、镰、锥等。这是一处以铸造农具为主的手工业作坊[49][51]。

（2）辉县共城铸铁遗址，1988年发现，出土有烘范窑、陶范、铁板材、铁器。铸范有镢范芯模、臿范、锛范、梯形板状器范、双削范、镢内范、T字形锄内范[50]。前者为镢内范的毋范，为陶质。

（3）淇县城内铸铁遗址，出土有炉壁残块、鼓风管、铁渣等[51]。

（4）上蔡故城西城墙外铸铁遗址，出土有炉壁残块、熔渣、铸范[51]。

（5）商水战国遗址，地面见有铁渣、铁器等[52]。

（6）山东滕县冶铁遗址，发现有红烧土、铁矿石、铁器残片，属战国时期[53]。1984年本人前去调查时，在地面上看到过小铁板（7厘米×3.2厘米×0.5厘米）、大铁板（15厘米×10厘米×0.5厘米）、炉壁残块（以草泥制成，内羼有粗细不等的砂子），至于铁矿石、铁渣，则俯首可拾。尤其值得注意的是我还看到过两块炉底积铁，暴露于地面部分的尺寸分别为：30厘米×40厘米、80厘米×40厘米，其上粘有矿石、木炭、石灰石。地面上见有许多汉瓦，故也有学者认为其属西汉初年。

（7）河北易县燕下都铸铁遗址，其中有铜、铁铸造作坊，以及锻铁作坊[54]。

（8）河北兴隆寿王坟。1953年出土86件战国时期的生产工具范，其中有锄范1副3件、双镰范2副2件、镢范25副47件、斧范11副30件、双凿范1副2件、车范2件。遗址中还发现有：矿石碎块、木炭、草泥、烧土、采矿坑[55]。

（9）福州市新店古城铸铁遗址，出土有冶铁炉炉底石基座1件、炉膛残块3件，以及炉渣、陶范等，属战国晚期。炉底石为白色花岗岩，残长58厘米、宽32厘米、厚17厘米；底部较平，一面打磨得较为光滑，上部有火烧后的红褐斑和黑斑。这种炉底基石在阿城金代炼铁炉遗址中也可看到，构筑工艺有待进一步研究。炉壁残块厚14厘米，膛腔内所结铁渣厚约0.8厘米。铸件有锤、镬、刀、镰等物品的粗坯[56]。炉子结构的其他情况有待进一步发掘。

（10）西平酒店战国晚期冶铁遗址，地表上散布着大量的矿石、炉渣。表土以下的文化层土质坚硬，颜色灰褐及黑灰色，内含大量的炉壁残块、碎矿石、红烧土。地表上有残冶铁炉一座，发掘和采集到部分炉壁残块、炉基残块、木炭等[57]。

此外，至少还有12处冶铸遗址的年代是由战国延续到了汉代的，即：

（1）西平杨庄铸铁遗址，出土有大量炉壁残块、炉渣（分布范围2500米×1500米）[51][58]。

（2）西平铁炉后村铸铁遗址，地表散布着碎铁渣、炉壁残块、战国汉代的陶片、瓦片[58]。

（3）西平付庄铸铁遗址，出土有炉壁残块、炉渣等[51]。

（4）舞钢市许沟冶铸遗址，出土有炉壁残块、炉渣、矿石，以及少量泥范、石范残块和战国汉代的陶片、瓦片[51][58]。

（5）舞钢市沟头赵冶铁遗址，出土有3块炉底积铁、少量炼渣，其中1件积铁直径约45厘米，最厚处达24厘米，重65公斤[51][58]。

（6）舞钢市翟庄冶铁遗址，出土有炼炉1座，并有大量炼渣、矿石和部分炉壁残块[51][58]。

（7）舞钢市圪垱赵冶铁遗址，出土有炉壁残块、炼渣、矿石、陶片、瓦片[51][58]。

（8）固始古城铸铁遗址，出土有炉壁残块、炉渣、陶范、陶片。遗址中部原有1座圆形炉址，河边原有3座炉址，今已不存[51]。

（9）宜阳韩城铸铁遗址，出土有炉壁残块、炉渣、陶片[51]。

（10）邯郸冶铁遗址，出土有铁渣、炭渣、红烧土、矿石[59]。

（11）临淄齐故城冶铁遗址，20世纪六七十年代勘察时，计发现过6处冶铁遗址，有的较难断代，可能属东周，也可能属汉。从现有资料看，其中下列两处可能是属于东周的：一是小城东部，面积70米×60米，计有3层文化堆积，总厚度约2米，东周冶铁遗址属第二层。另一处为大城东北部，面积为3～4万平方米，文化堆积计为3层，总厚度约3米，东周冶铁遗址属第二层[60]。6处炼铁遗址都可见到大量的炉渣堆积，1976年时，我们亦专程前往作过一次调查。

（12）鹤壁故城遗址，由战国中期、晚期，一直延续到了西汉。所出冶铸遗物有：熔铁炉残块（草拌泥）、带弯头和不带弯头的鼓风管残块（草拌泥）、铸范（石范1件、余皆陶范）、铸模等[61]。

在上述20余处中，可以定为冶铁遗址的大约只有7处，即山东滕县、西平酒店、舞钢市沟头赵、舞钢市翟庄、舞钢市圪垱赵、邯郸、临淄。但这只是粗略估计，是冶是铸，有时也是不易分辨的。在缺乏炉渣等遗物的科学分析资料时，判断冶炼遗址的主要参照物应是：（1）是否出土有古人采出的矿石。（2）炉渣量是否较大。铸造渣的数量是不会太多的。（3）是否有炉底积铁。一般而言，铸铁炉突然炉冷，出现炉缸冻结的可能性较炼炉稍小。（4）是否出土有铸范等铸造用具。一般情况下，这几个参照物还是靠得住的。

这些遗址中，遗物较为丰富，保留遗物较多的是西平酒店冶铁遗址、新郑仓城、登封告成、鹤壁铸铁遗址。西平战国属韩，是我国古代著名的冶铁和宝剑产地之一。《史记·苏秦列传》："韩卒之剑戟，皆出冥山、棠溪、墨阳、合膊、邓师、宛冯、龙渊、太阿……"据考，冥山、棠溪、墨阳、合膊、龙渊都是地名、山名、水名，其中不少都在西平酒店和舞钢区内[58]。此"合膊"，又作合伯、合伯膊。

（三）炼铁技术的发展

战国中晚期炼铁技术上的进步主要表现在两方面：一是建造了一批规模较大的炼炉和冶铁作坊；二是使用了能力较强的鼓风装置。这是生铁技术产生，并获得发展的必要条件。

1. 关于筑炉技术

先秦炼铁高炉保存较好的只有西平酒店一处。此炉发现于20世纪50年代，其筑于土丘斜坡上，因自然和人为的破坏，发掘时地面部分残高仅0.2米，上部皆已坍塌。唯炉底风沟、炉缸、炉腹仍可分辨。风沟位于炉缸之下，整体呈勺状，残长1.26米，宽1.36米，残高1.28米。炉缸横断面呈椭圆形，周壁近于竖直，径0.76米×0.96米，高0.62米。炉腹横断面亦近于椭圆形，上径稍大，约1.12米×1.36米，下径稍小，呈现一定的炉腹角；炉腹残高，即由炉缸口部到炉腹残口，为0.84米~1.48米。从风沟底部算起，炉子残高1.14（西南部）~2.17（东北部）米。估计此炼炉当时便是有一部分露于地面，部分埋于地下和斜坡内的（图3-6-3）[57]。（按：图3-6-3为考古行业的示意图，本书随文线图多属这一类型，它与机械行业的加工图是有区别的。）

酒店筑炉之法是：先利用自然山坡挖出一个炉子下部的外形轮廓，之后再用耐火材料构筑炉子内型，即炉缸、炉腹，以及炉腰、炉胸之周壁。其耐火材料由粘土、河沙、大小石英砂粒、炭粉合成。炉底平铺一层耐火材料，厚0.12~0.14米。炉缸周壁由3层模制的"耐火材料块"筑成；每一层都有多块，上、下两层"耐火材料块"的形状和大小都不尽相同。由下往上，三层的厚度依次为：0.1厘米、0.2厘米、0.32厘米；第一层呈"椭圆形"，第二、三层"耐火材料块"呈"倒梯形"，即其上部宽度大于下部的宽度。炉缸内壁整齐，但不管水平的还是纵向的交界线仍清晰可见。风沟是以长条状的模制"耐火材料块"构筑的。炉腹因已烧流，周壁构筑情况甚难分辨，估计也是使用模制"耐火材料块"分层筑成的。在炉缸之下见有一个大石块，以作支撑之用[57]。

除炼炉外，西平酒店冶炼遗址中还发现过两种分散的耐火材料残块，一种即如上述，系模制的"耐火材料块"，皆用夯模法制成。夯模法在先秦制陶工艺中常可看到。另一种由草拌泥制成，并含有少量细砂[57]。这些耐火材料块的可换性较强，它既可使用于同一炉子的不同部位，也可使用于不同的炉子。

这种炉子虽简单，但也表现了一定的技术水平，其中尤其值得注意的是：（1）炉体较大，使炉料预热和铁的还原、渗碳都有了一个足够大的空间。（2）炉底使用了防潮风沟，有利于铁水保温和防止炉缸事故。这种技术亦见于铜绿山春秋炼铜炉上，之后在冶、铸炉上一直沿用了下来。（3）有了一定的炉腹角。（4）炉缸和炉腹的横断面皆呈椭圆形，在鼓风能力较弱的情况下，风力也能到达炉缸中心。这种技术一直沿用到了汉代。（5）利用山坡筑炉，既可减少筑炉工作量，也便于上料和出铁操作。（6）使用了模制的"耐火材料块"筑炉，这不但有利于提高筑

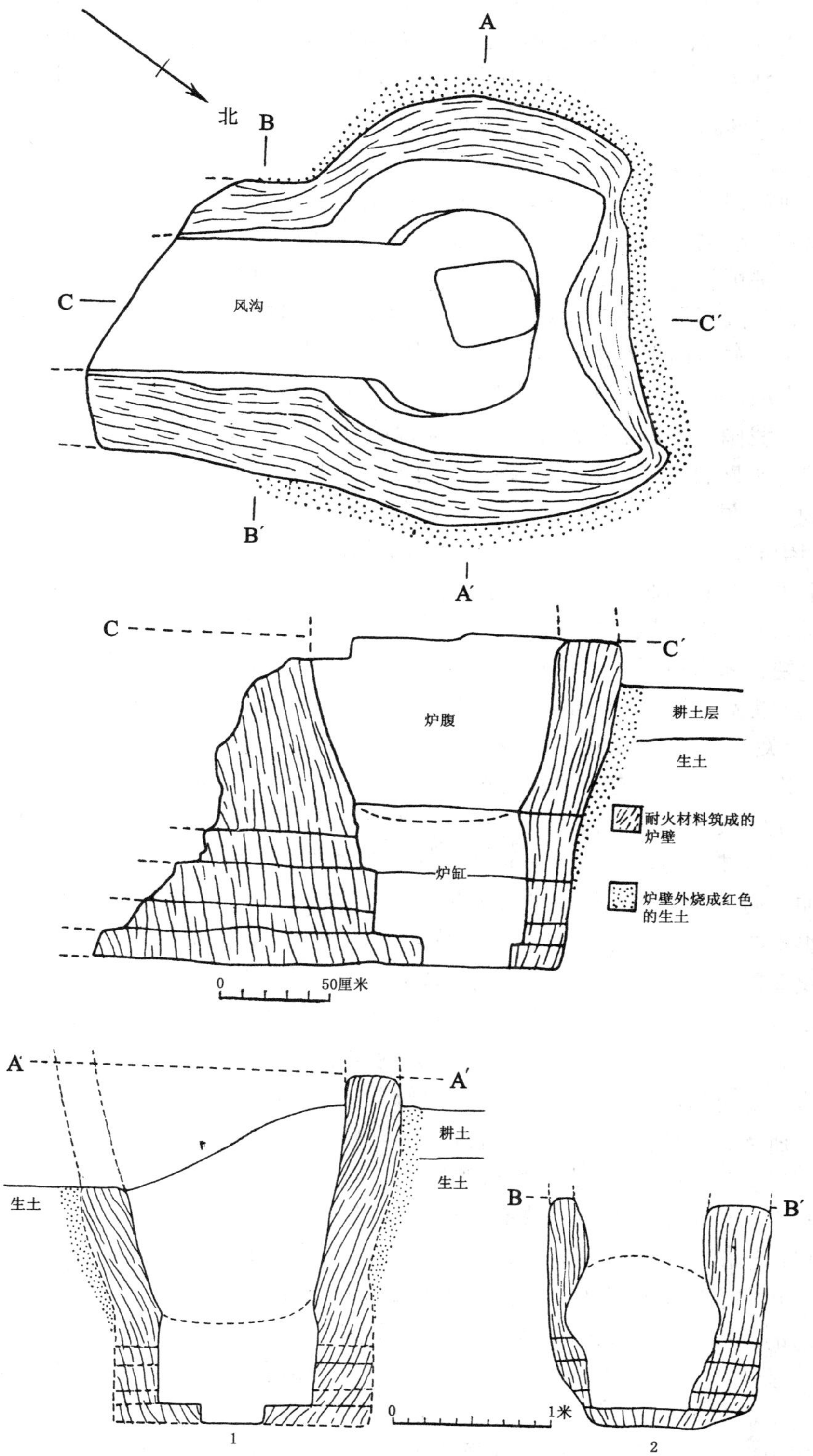

图 3－6－3　西平酒店战国炼铁高炉俯视和剖面示意图
采自文献［57］

炉速度，而且有利于保证筑炉质量。但不知为何缘由，发掘时未见风口、风管和铁口、渣口。我们曾在1989年到西平参观考察过，也注意过此事，可以进一步研究。但一般认为，此炉依然应当是冶炼生铁的，而不是块炼炉；其炉腹烧流甚剧，可知炉内温度较高，其产品应当是生铁。

2. 关于鼓风技术

前面提到，先秦时期的炼铜、铸铜，以及铸铁业都使用了鼓风装置，有关遗物在湖北大冶铜绿山春秋炼铜炉、洛阳北窑西周铸铜炉、登封告成战国早晚两期铸铁炉上都可看到。告成出土过许多鼓风管，有泥质和陶质两种，皆为直角顶吹式鼓风；其战国早期铸铁遗址出土陶质鼓风残段8件，泥质者5件。我们认为，先秦炼铁炉，包括西平在内，也应当是使用了鼓风装置的，且应能力更强。

早期鼓风装置应是人力推动的皮囊，也即前面提到的"橐"。如前所云，西周或稍前，我国冶铸炉上就使用了多橐多管送风，洛阳北窑西周化铜炉有4个风口，当是较为明显的例证。战国时期，人们还把橐用到了军事上。战国著作中，《墨子》的"备城门"、"备突"、"备穴"、"节用上"篇，《韩非子·八说》篇等都谈到过用橐向地道吹风（烟）以狙击敌人的战术。《墨子·备穴》篇说："具鑪橐，橐以牛皮。鑪有两瓶，以桥鼓之。"还说"疾鼓橐以熏之"、"灶用四橐"，此后一句即说以四具橐鼓风。这些橐，很可能是从冶铸业中援引过来的。唯冶铸业未受诸家重视，才未留下明确的记载。由于多橐多管的使用，使风量加大，风压也有了适当的提高，从而提高了冶炼强度。这是先秦冶铸技术的一项重要成就。

3. 关于先秦冶铁的基本工艺和基本产品

从现有资料看，先秦冶铁有两种工艺，一种是较为原始的块炼法，二是较为进步的生铁技术。与此相应，也就存在两类不同的产品，即块炼铁和生铁。

块炼铁技术约发明于西周时期，战国中晚期又有了一定发展，不但使用量有了增加，而且还出现了部分块铁渗碳钢。20世纪70年代，有学者分析过燕下都44号墓出土的铁器，发现其剑M44:19为块炼铁制成，含碳量很低，且含有较多的大块氧化亚铁－硅酸盐共晶夹杂[34]。1996年，有学者分析过33件战国中晚期的燕下都铁器，约有5件可定为块炼铁，即矛2件、铠甲片2件、剑1件。其中一件矛（3号试样）在矛头取样，锻制，组织为纯铁素体，晶粒粗大，夹杂较多，并见有大量多次煅烧后的过热组织。剑（29号试样）亦为锻制，亦是纯铁素体，且晶粒粗大，所含夹杂较多。这几件试样的基体特点都是：纯铁素体，晶粒粗大，夹杂较多，皆曾锻造[39][45]。有关块铁渗钢的情况，下面还要谈到。

从有关分析报告看，生铁的三个基本品种，即白口铁、麻口铁、灰口铁，战国时代都已出现，但后两者的出现是较为偶然的，很可能与某些特殊的冷却条件有关。在古代冶炼条件下，要达到麻口铁和灰口铁所需要的高温和高硅，都是不太容易的。麻口铁仅见于长沙窑岭战国早期M15铁鼎[16]、铜绿山战国中晚期铁锤[34]；此外，燕下都1件战国早期铁锛（25号试样）和1件战国晚期铁凿（30号试样）只有局部麻口。灰口铁仅见于燕下都1件铁镐（原报告1号试样），但此灰口铁组织还不太典型，或说发展得不太充分。西汉时期灰口铁数量才有了一些增加，但直到明代为止，我国古代生铁的主要品种仍然是白口铁，麻口铁与灰口铁的数量都是较少的。

第七节　炼钢技术的发明

我国古代炼钢技术约发明于西周晚期，战国中晚期就有了一定发展，并逐渐用到了兵器上。先秦炼钢法主要有三种，即块铁渗碳法、铸铁脱碳法，以及铸铁脱碳渗碳法。前者大约沿用到了西汉，后两者的工艺操作有许多相同处，皆沿用到了南北朝时期。

一、我国最早的钢制品

目前在考古发掘中看到的最早的钢制品约属西周晚期，在西周晚期至春秋晚期的钢铁器物中，经过了检测，并可称之为钢的器物至少有5件，即：

1990～1991年河南三门峡虢国墓出土的玉柄铜芯铁剑和铜骹铁叶矛，各1件，断代西周晚期，有学者将之皆定成了块铁渗碳钢，这是我国今日所见最早的钢制品。这些标本业已矿化，但其腐蚀前的组织和成分的差异，腐蚀后依然不同程度地保留了下来，故今在扫描电镜下依然可以看到原珠光体组织的痕迹。其腐蚀产物与材料本身含有的夹杂已很难区分。标本中未见镍、钴等物，从对铜骹铁叶矛的分析情况看，其夹杂物成分主要是铜、铅、镁、铝、硅、磷、钙等物[1]。

1978年甘肃灵台春秋早期秦墓出土铜柄铁剑1件，有学者定之为块铁渗碳钢[2][1]。

据报道，江苏吴县出土春秋晚期铁铲1件，有学者亦将之定为块铁渗碳钢[1]。

1976年，长沙杨家山65号墓出土春秋晚期钢剑1件，全长38.4厘米。经分析，含碳量约0.5%，组织均匀致密，夹杂极少，碳化物有些球化，约与高温回火态相当；刃尖部组织分层，看来曾经多次折叠锻打[3]。1977年时我曾在金相显微镜下观看过它的组织。其冶炼工艺在原分析报告中未给出明确的判断，我认为至少有两种可能：一是块铁渗碳钢，但进行过反复锻打，夹杂去除得较为充分；二是块炼钢，即使用较纯的矿石作直接冶炼。我倾向于前者，后者可能性很小，直接还原后即刻渗碳的话，其含碳量达下限低碳钢还是可能的，达中碳钢就十分困难了。

这是迄今我国所见最早的钢制品，一共5件，其中西周晚期2件、春秋早期1件、春秋晚期2件。可见我国古代制钢术的发明期当属西周晚期，其始见于西北地区，春秋晚期时南方亦有发现。此5件标本皆可定成块铁渗碳钢，块铁渗碳钢应是我国早期的主要制钢工艺。5件标本中，有兵器4件，生产工具1件，说明我国最早的钢，主要是用在兵刃器上的，这与西亚等处的情况有些相似。

在此需顺带讨论一下的是春秋末年吴越之剑的材质，近三四十年来，学术界是存在不同看法的。一般认为春秋吴越之剑，原皆青铜质；汉代之后，钢铁剑独领风骚，人们才将干将剑、莫邪剑附会成了钢铁剑。其主要依据是，认为考古发掘的春秋吴越之剑都是青铜剑。我们认为此说是有一定道理的，但也不能排除春秋末年时，吴越地区生产过钢铁剑的可能性：（1）《吴越春秋》和《越绝书》所记，有具体名称留下的宝剑中，青铜剑和钢铁剑的数量是相当的。汉赵晔《吴越春秋》卷二“阖闾内传”载：传说春秋末年，吴王阖闾请铸剑大师干将铸作铁剑2

枚，“干将作剑采五山之铁精，六合之金英”，铸得阳剑1枚，名为“干将”，制剑师将它留了下来；又铸得阴剑1枚，名“莫邪”，送给了吴王。汉袁康《越绝书》卷十一“外传记宝剑”载，传说春秋末年，欧冶子为吴王阖闾铸作铜剑5枚，“一曰湛卢，二曰纯钩，三曰胜邪，四曰鱼肠，五曰巨阙”。又说楚王令风胡子之吴，请欧冶子、干将制作铁剑。此二人“凿茨山，洩其溪，取铁英，作为铁剑三枚，一曰龙渊，二曰泰阿，三曰工布”。楚王见此三剑之精神，大悦风胡子。可知两书先后谈到了有具体名称的铜、铁宝剑各5枚。（2）在《吴越春秋》和《越绝书》两书提到的10枚宝剑中，与5枚铜剑相应的性状，在考古发掘的先秦青铜剑上皆可找到；而与铁剑莫邪相应的“漫理”纹，与铁剑泰阿相应的“流水之波”纹，却只能在后世钢铁剑花纹中找到，在青铜剑上是很难找到的。（3）虽今在考古发掘中看到的春秋吴越之剑都是青铜剑，但今在古越阁（阁主王振华）藏《商周青铜兵器》（1993年）中，却有1件战国早期的越王州句铜格铁剑，其铜格上铸有“越州句”等字；这是战国早期越国有了铁剑的明证。依此述三方面情况，我们认为，春秋吴越之剑当主要是青铜剑，但也不能排除了铁剑的可能性；即是说，并不能排除干将、莫邪、龙渊、泰阿、工布5剑皆为钢铁剑，或部分为钢铁剑的可能性。

二、炼钢技术的初步发展

战国时期，炼钢技术有了一定发展，并首先在南方的楚国、中原的韩国、北方的燕国等达到了较高水平。

《史记·范雎列传》载：秦昭王临朝叹息曰：“吾闻楚之铁剑利而倡优拙。”《荀子·议兵篇》载：“楚人鲛革犀兕以为甲，鞈如金石。宛钜铁釶，惨如蠭蠆。”“宛”属南阳；“钜”，杨倞引徐广言，注为“大刚”，即十分锋利的意思；“釶”即矛。这十分锋利的楚国铁剑和铁矛显然是由钢制成的。

在考古发掘中，目前出土战国铁兵器较多的地方是原楚、燕两国。1953～1955年，长沙、衡阳一带出土铁兵器数十件，其中有剑14件、戟2件、匕首4件、刀10件、矛1件、铁镞和铁铤铜镞若干；有的铁剑竟长达140厘米，长沙、衡阳一带，以及郴州都有出土[4][5]。显然，这些“铁兵器”中相当一部分应当是钢质的。这是楚国制钢术较为发展之证。

《战国策·韩策一》“苏秦为楚合从说韩王”载：“韩卒之剑戟，皆出于冥山、棠溪、墨阳、合伯、邓师、宛冯、龙渊、太阿。皆陆断马牛，水击鹄雁，当敌即斩。”这锋利的韩国剑、戟，也应当是钢的。其中的冥山（信阳县境）、棠溪、合伯①、龙渊、太阿（均西平县境）皆发现了古代冶铸遗址[6][7]。这是韩国制钢术较为发展之证。

再看燕国铁兵器。1965年燕下都发掘一座武士墓，出土铜铁兵器95件，其中铜兵器只有13件，占兵器总数的13.7%，铜铁合制20件，占总数的21%，钢铁兵器62件，占总数的65.3%[8]。前述表3－6－2也显示了燕下都的许多钢铁兵

① “合伯”，各书各版本的写法稍有差别。《史记》卷六十九“苏秦列传”作“合赙”；汉高诱注、宋姚宏续注《战国策》卷二十六“韩策一”作“合伯膊”；宋鲍彪注《战国策注》卷八作“合伯”（此两种《战国策》皆引自“四库”本）。本书在引用《战国策》时，皆写作“合伯”。

器，而且作为大刃器的剑、长兵器的矛，钢铁质皆超过了青铜质者。显然，这些“铁兵器”之中，相当部分也应当是钢的。

此外，西北地区的制钢术也发展较早。据报道，宁夏固原出土的铜柄铁剑2件、宁夏西吉出土的铜柄铁剑1件、宁夏彭阳出土的铜柄铁剑1件，皆属春秋战国之际，皆定成了块铁渗碳钢[1]。

三、关于先秦时期的炼钢工艺

先秦时期的炼钢工艺主要有三种，即：块铁渗碳法、铸铁脱碳法、铸铁脱碳渗碳法。此外，可能还有一种直接冶炼法，或叫块炼钢法、自然钢法（Natural Steel）。

块铁渗碳法。即以块炼铁为原料，在炽热的炭层中渗碳而成，并通过反复折叠锻打来加速碳的扩散和均匀化。此整个炼钢过程是分了两步来进行的，即先炼块炼铁，后渗碳成钢。20世纪70年代，有关学者分析过燕下都44号墓出土的6件兵刃器，其中1件剑为块炼铁，组织为纯铁素体；其余5件，包括剑2件、戟1件、镞铤1件、矛1件，皆为块铁渗碳钢制成，但碳分布不太均匀，虽经过了多次折叠锻打，仍含有许多大块状的氧化亚铁-硅酸盐共晶夹杂[8]。

块炼钢法，这是一种直接冶炼法，又叫自然钢（Natural Steel）法。这是古代世界许多地方都使用过的制钢工艺。操作要点是：以易还原且较纯净的优质铁矿为原料，以优质的含碳物质为还原剂，在低温还原冶炼的同时便进行了渗碳。其出炉产品是一种组织和成分都极不均匀的固体块。此整个冶炼过程只有一个工序，故这是最为原始的“一步炼钢法”、“一步冶炼法”。它的基本操作与块炼铁是大体一致的，主要区别是其渗碳条件较好，如炉温稍高、气氛较好、接触条件较好等，故出炉产品便是钢，而不再是熟铁（块炼铁）。实际上，在块炼铁冶炼过程中，只要温度和气氛得宜，是可直接渗碳，一次冶炼成钢的。所以，自然钢有可能是偶然得到的，也可能是有意控制的。但有关实物很少看到，在我国的传统工艺中亦未看到过类似的实例。1991年，我分析了一件包山楚墓的铁抓钉，其冶炼工艺当是原始的低温冶炼法，锻制，含碳量约与低碳钢相当，基体上分布着许多被拉长了的氧化亚铁夹杂，似曾经受过一定程度的激冷。与古印度钢有些相似，组织和成分皆极不均匀；标本整个断面上的碳分布皆无任何规律，并无表层碳高、内层碳低，界面处较高、远离界面处较低的情况，所以很难证明它是分了两步，先炼块炼铁，之后再渗碳成钢的。这便不能排除其属块炼钢的可能性[9]。图版壹，3、4为其组织形貌。但从总体上看，直接炼钢法在我国古代是不太发展的，目前看到的实例也较少。古代世界上许多地方的制钢法都主要是块炼钢法和块铁渗碳法，并一直沿用到了中世纪。

一般而言，如若锻打不太充分，且未作组织均匀化处理，块铁渗碳钢和块炼钢（自然钢）还是不难区分的。前者系渗碳而成，碳分皆从表面渗入，故其组织形态的基本特征应是表层含碳量稍高，内层含碳量稍低；界面附近碳高，中心区域碳低。块炼钢是在还原冶炼过程中渗碳的，碳分布也可能有些不均，似无渗碳钢那种规律。但值得注意的是，这种特征组织只存在于锻打不够充分，且未作组织均匀化处理（其中包括锻打和组织均匀化退火等）时，一旦进行了足分锻打，并作了组织均匀化处理，渗碳钢的这些组织特征便会立刻消失。

铸铁脱碳钢。这实际上是一种脱碳退火处理较好的白心可锻铸铁[10]。具体操作是：在氧化性气氛中将白口铁铸件加热到900℃～950℃，保温一段时间，使其中的碳氧化到钢（而不是熟铁）的成分范围，但不析出或很少析出石墨。20世纪90年代时，李仲达分析过燕下都出土的33件战国“铁器”，其中约有3件，即三齿镐（2号试样）、锛（25号试样）、刀（13号试样）皆可定为铸铁脱碳钢，其组织和成分皆与现代铸钢有些接近。三齿镐是在齿部取样的，铸态，组织为铁素体（F）＋珠光体（P），晶粒粗大，含碳量约0.2%。锛在刃角取样，铸态，组织为珠光体（P）＋网状渗碳体（Fe_3C），为亚共析高碳钢，边缘脱碳。刀在背部取样，织织为珠光体（P）＋铁素体（F），含碳量约0.4%左右，晶粒甚为细小[11]。

铸铁脱碳渗碳钢。由含碳量较低的白心可锻铸铁在高温下渗碳而成。人们经常把它与铸铁脱碳钢视为同一类型。其区别是：铸铁脱碳钢可能是一次脱碳处理得到的，在金相显微镜下很难发现其渗碳痕迹；铸铁脱碳渗碳钢则需2次处理，先由铸铁脱碳成低碳钢或熟铁，之后再渗碳，在金相显微镜下可看到明显的渗碳过程。经分析，在上述33件燕下都铁器中，约有5件，即剑（15号样，0.3%C）、钳（16号样，0.24%C）、铠甲片（17号样，0.1%C）、剑（19号样，0.35%～0.4%C）、残铁器（20号样，0.3%C）都是属于铸铁脱碳渗碳钢的，皆曾锻打。此第1把剑在中段取样，组织为（F＋P），边缘含碳量稍高，锻造后曾在空气中冷却。第2把剑在刃部取样，组织为（F＋P），晶粒较细，锻造后曾经空冷。甲片组织为（F＋少量P），晶粒粗细不一，当为锻造时变形不均所致。李仲达认为，值得注意的是此次分析未发现“块铁渗碳钢”[11]，这至少说明其使用量并不是太大的。

在此述的燕下都8件钢质标本中，原分析报告只对其中2件，即三齿镐和刀的制钢工艺作了结论，认为是铸铁脱碳钢，其余6件的制钢工艺皆未作详细说明，笔者对此8件标本的制钢工艺皆做出上述推断；主要是因其皆属铸件，皆经过了脱碳退火处理，其金相组织中皆未报道任何夹杂。

这是我国先秦时期的4种主要制钢工艺，前两种在古代世界的许多地方都可看到，后两种则是我国特有的。当然，这几种工艺还是较为原始的，其基本特点是：（1）产品含碳量较低。如块炼钢工艺，因在固态下进行，冶炼温度较低，操作难度较大，很难一次冶炼便获得含碳量较高的产品。块铁渗碳钢和铸铁脱碳渗碳钢皆属渗碳工艺，此过程是进行得十分缓慢的，即使在现代技术条件下，也不易获得含碳量较高的产品。铸铁脱碳钢的成分则不易控制。（2）碳分布往往不太均匀。（3）块炼钢和块铁渗碳钢皆属低温冶炼，出炉产品未经液态，渣铁分离较难，其中含有较多的氧化亚铁－硅酸盐共晶夹杂，且很难将之排尽。由于这三方面的原因，这些早期钢制品的硬度和强度往往是不太高的，有时甚至不能与高锡青铜相比。这也是冶铁术、制钢术发明后相当长一个时期内，青铜兵刃器依然占据主导地位的主要原因。（4）这几种制钢工艺的生产率和成型生产率都较低。但制钢工艺具有巨大的发展潜力，它的出现，是人类技术史上的一项重大事件。古代世界的制钢工艺名目繁多，主要是块炼钢（自然钢）和块铁渗钢两种，著名的印度乌茨钢是一种坩埚钢，亦包括直接冶炼法和块铁渗碳法两种工艺，但其渗碳剂是某种植物的茎叶和树汁，其所含夹杂便较少；有人说其产品出炉前已达胶融态，但出炉产品实际上是一种碳分布极不均匀的固体块。

此外，有学者在分析河南登封阳城铸铁遗址出土的遗物时，将一件战国晚期铁凿（YZHT4L2:7）的材质定成了炒钢，说其“氧化铁硅酸盐夹杂多而变形”，铁素体晶粒粗大，含碳量为0.1%[12]。此可进一步研究。

从技术发展的一般规律看，在早期制铁制钢工艺中，最先出现的应是块炼铁和块炼钢，之后才是块铁渗碳钢。前二者最初大约都是偶然得到的，之后才发展到有意控制的阶段。我国的块铁渗碳钢为何与块炼铁同时出现，而且数量较块炼铁还多，在其之前是否还有一个以块炼铁和块炼钢为主的阶段，有待进一步分析和研究。“铸铁脱碳钢”和“铸铁脱碳渗碳钢”当是在上述二者稍后才出现的，它们在我国早期制钢技术中也占有十分重要的地位，这是我国古代的一项特殊创造，有关情况本章“热处理”部分还要提到。

四、关于龙渊、太阿剑的产地

自古至今，龙渊、太阿剑的产地都有韩、楚和吴越之说。

从文献记载看，较早提到龙渊、太阿剑的地方是前引《战国策·韩策一》，说：“韩卒之剑戟，皆出于冥山、棠溪、墨阳、合伯、邓师、宛冯、龙渊、太阿。”其中的棠溪、合伯、龙渊、太阿均处今河南西平县境，当时皆属韩的范围。《战国策》虽经汉人编次、整理，但它在先秦时期已基本完成，故基本上反映了先秦史实，后世学者对此亦给予充分肯定。唐《元和郡县志》卷十“河南道·蔡州”载，西平县，“春秋时柏国也，古韩国之分。苏秦说韩王曰：韩有剑戟出于棠溪，今此县西界有棠溪屯是也，县又有龙泉水可以淬刀剑”。另外，《汉书》卷二十八上“地理志·汝南郡”师古注云：西平，“有铁官，莽曰新亭。应劭曰，故柏子国也”。如前所云，今西平县境内已发现了多处冶铁遗址，这与《战国策》亦可互相印证。所以，在战国时期，韩国在龙渊、太阿地方生产过宝剑是可信的，即龙渊、太阿剑当为韩国所产。但值得注意的是：此“龙渊”、“太阿”原皆地名，之后才演变成了纪地性的剑名，它本应是个集合名词，而不是专有名词。

但西平一带适位于韩、魏、楚交界处，其虽曾属韩，但相当长一段时期内是属楚的。郭沫若主编的《中国史稿地图集》（上册）便将西平置于楚境之内。自然，楚也会继承当地的金属冶炼和加工技术，所以汉后常谓龙渊、太阿剑为楚剑。如《水经注》卷三十一“潕水”条引晋《太康地记》曰：西平，“县有龙泉水，可以砥砺刀剑，特坚利，故有坚白之论矣。是以龙泉之剑为楚宝也。县出名金，故有铁官”。所以，今世学者说龙渊、太阿剑为楚剑也是可以的，只不过是沿用了古人的说法。

关于龙渊、太阿剑为吴越利器之说皆因《越绝书》而起，其卷十一“外传记宝剑”载：“楚王召风胡子而问之曰：寡人闻吴有干将，越有欧冶子，此二子甲世而生，天下未尝有，精诚上通，天下为烈士，寡人愿齎邦之重宝皆以奉子因吴王，请此二人作铁剑可乎？风胡子曰：善。于是乃令风胡子之吴，见欧冶子、干将。使人作铁剑，欧冶子、干将凿茨山，洩其溪，取铁英，作为铁剑三枚，一曰龙渊，二曰泰阿，三曰工布（一作市）。毕成，风胡子奏之楚王，楚王见此三剑之精神，大悦风胡子。”可见，此“龙渊、太阿”与《战国策》的“龙渊、太阿”是不同的：(1)《越绝书》所云为专有名词，是指专门一柄剑来说的；《战国策》所云为集合名词，泛指龙渊、泰阿两个地方生产之剑。(2) 此作剑具体地点不明，是吴，是越，今人很难确知。虽从“因吴王”、“之吴”二语来看，风胡子是到了吴国的。清初顾祖禹《读史方舆纪要》说，传为铸剑地点是浙江龙泉，但此前的唐《元和郡县志》、宋《太平寰宇记》在谈到浙江龙泉县时，均未提及此事。《战国策》说的地点却是十分明确的，而且至今遗址犹存。(3) 若《越绝书》所云属实的话，欧冶子、干将所作之龙渊、太阿剑当属春秋晚期，《战国策》所云者当属战国时期。

另外，《晋书》卷三十六“张华传”还说过西晋时期，龙渊、太阿剑皆在丰城出土。说孙吴未灭之时，斗牛间常有紫气，道术者认为吴方强盛，未可图也；张华（232~300年）则不以为然；及吴平，紫气愈明。张华于是请教于豫章人雷焕。雷焕妙达纬象，说此乃宝剑之精，上彻于天耳；并说宝剑埋于豫章丰城。于是，雷焕被补为丰城县令，掘地四丈余，得一石函，中有双剑，皆有题刻，一曰龙渊、一曰太阿。其夕，斗牛间紫气不复见。当然，这段记载中有一些夸张，“紫气”说亦难令人置信。《元和郡县志》卷二十九“江南道·洪州”条也说到过此事：“丰城县，本汉南昌县地……即是雷孔章得宝剑处也。”如若《晋书》所记属实的话，此刻有“龙渊”、“太阿”二字的宝剑，当即吴越之剑。但其未言明材质，不知是铜是铁。

西平的龙渊、太阿剑和传说中吴越的龙渊、太阿剑，对后世都产生过较大的影响。曹植《宝刀赋》提到过两种历史名剑，即巨阙和太阿：“踰南越之巨阙，超西楚之太阿。”显然，此“巨阙”当即欧冶子为越王勾践所制之铜剑；据《越绝书》卷十一载，欧冶子为越王制作宝剑五把，大型三小型二，分别叫湛卢、纯钩、胜邪、鱼肠、巨阙，皆为铜质。据《太平寰宇记》卷九十六载，传说其铸剑地便在今浙江会稽。此“太阿”，因曹植说它为西楚之剑，从地理位置上看，当指西平之太阿剑言。《史记·货殖传》：“夫自淮北沛、陈、汝南、南郡，此西楚也。”“正义”曰：“从沛郡西至荆州并西楚也。”

总之，从《战国策》和《越绝书》等文献的记载来看，我国古代的“龙渊、太阿剑”当有南北两种：北方是韩国，或说楚国西平制作的龙渊、太阿宝剑。此“龙渊、太阿”原是地名，后演变为剑名；它是个纪地的集合名词，而不是专有名词。南方则是传为干将、欧冶子制作的龙渊、太阿剑，这是他们为楚王制作的三把宝剑中的两把；此“龙渊、太阿”原本是专有的剑名，唐代之后才演变出了一个地名（浙江的龙泉县）。此外还有两点值得注意的是：韩国的龙渊、太阿剑未曾提到剑身上的花纹，而干将、欧冶子制作的龙渊、太阿剑是有花纹的。长时期以来，人们对韩国剑是较为相信的；对吴越干将、欧冶子剑则持有怀疑，认为其传说成分稍多，但结合数十件吴王剑和越王剑的出土情况来看，人们的疑虑便逐渐减少了。

第八节　多种金属加工技术的兴起

大凡自人类接触到了金属，便应有了金属加工。在二里岗文化及其之前，金属成型、加工技术的主要内容是铸造、锻造、镶嵌和金属复合材料技术等；商代晚期，尤其是春秋之后，原有技艺更加纯熟起来，同时又增添了许多新的工艺，冲压、焊接、铆接、镌刻等工艺亦逐渐推广开来。

一、铸造技术的发展

自商代晚期至春秋战国，我国古代青铜铸造技术已相当完善，并达到了它的顶峰时期，出现了许多规模宏大的铸造作坊，形成了一套较为成熟的生产工艺，从筑炉、熔炼、造型，到浇铸，都取得了杰出的成就。

在考古发掘的古代手工业作坊中，数量最多的是陶瓷作坊，其次是冶铸作坊，它们都十分引人注目。早在二里头时期，铸造作坊就有了相当规模，二里岗时期得到进一步发展，在郑州南关外、紫荆山北[1]、小双桥都发现了规模较大的铸铜遗址[2]。商代晚期至春秋战国，大型铸造作坊明显增多，而且每一个重要的历史时期都有大型作坊出现。属殷商时期的有江西吴城[3]、安阳殷墟铸铜作坊[4]；属西周的有洛阳北窑铸铜作坊[5]；属春秋战国的有山西侯马铸铜作坊[6]，河南新郑郑韩故城铜、铁铸造遗址[7]，登封阳城铸铁遗址[8]，河北易县燕下都铜、铁铸造遗址[9]等。这些地方都分别出土了数量不等的熔炉、铸范、鼓风管、烘范窑、熔渣等铸造遗物，有的前面已经提到，为我们了解先秦铸造技术留下了十分宝贵的资料。尤其是侯马，出土陶质模、范计5万多块，完整和配套的近千件，熔炉残块和鼓风管（残件）计2万多块。

（一）熔炉构筑技术

此时期熔炉种类较多，大体上可区分为坩埚式、竖炉式两大类，此外可能还有一种地穴炉。

1. 坩埚炉。主要有将军盔式、草拌泥式2种。“将军盔”主要见于安阳殷墟，其形如广口陶尊，其质多为夹砂红陶；其外多涂草拌泥，其内有的糊泥，也有不糊泥的；外表有烧流痕迹，很可能进行过外加热；内壁常残铜渣。其始见于1936年，之后也有出土；又以1987年为最多，其中1件高41厘米、口径32厘米、底径5.2厘米、厚5.8厘米。草拌泥式在新郑大吴楼春秋遗址、侯马春秋中期至战国早期铸铜遗址等都可看到。侯马坩埚炉有些特殊，由2节或3节组成，下节为炉盆，即炉缸，呈盆状、碗状、臼状；上节为炉腹、炉口，多为草泥质，内加热。从灼烧情况看，鼓风管皆是架于坩埚上口沿，鼓风都是倾斜进入熔池的[6]。可谓之斜顶吹。大约相当部分坩埚炉都曾采用此种方式送风。这种两节式铸炉，直到近代还在我国云南一些地方保留着（见本书第八章第四节），其不同处是：它不再是坩埚式，而是竖炉式的。

2. 竖炉。在安阳殷墟铸铜址、洛阳北窑西周铸铜址、登封阳城铸铁遗址等处都可看到。

安阳殷墟出土了大量炉壁残块，其中包括口沿部、腹部、底部残块等。由残块可知，熔炉系草泥条盘筑而成，皆筑于地面，有圆形、椭圆形两种；内表面和背表面皆涂有一层黄泥；内表多已烧流，底部残块尤甚。炉子直径约1.0米，底部或平或圜[4]。

洛阳北窑铸铜炉高达1.6~1.7米，以泥条盘筑法筑成。泥条为砂子、粘土、杂草合成。内壁以较细的耐火土为衬，外壁涂以草拌泥，炉子设有多个风口[5]。

登封所见为铸铁炉，它采用了多项新的技术，其中最为重要的：一是使用了耐火砖；二是采用了砂泥耐火材料，不再是单一的草拌泥；三是在横断面上采用了多层炉壁。熔炉分战国早期和战国晚期两个阶段，其炉壁都有“单一材料的条筑炉壁”和“多种材料的复合炉壁”两种类型。前者又有“单一草拌泥”和“单一砂质材料”两种，皆用条筑法筑成；在草泥质中，内壁再以砂泥作炉衬。后者的基本特点是使用多种材料、多层炉壁；在战国早期，由里往外，分布情况通常是这样：细砂质炉衬、粗砂质炉圈、草泥质层、泥质或砂质耐火砖层、草泥质外层。这显然是经过了多次改良而产生出来的。战国晚期时，这种“复合炉壁”的层数往往更多，结构也更好。在炉口、炉腹、炉缸部位的耐火材料层内还夹有残铁锄等器，以作加固之用。西平炼炉以耐火土筑成，未见耐火砖，且无如此繁杂的水平分层，显然有些不同。人们还对登封战国晚期的“单一草泥质薄壁熔炉”炉壁残块作过科学分析，其中一件的成分为：硅73.7%、铝13.3%、铁4.84%、钙1.3%、镁1.31%、钛0.8%、钾3.01%、钠1.61%；耐火度1230℃[8]。显然这是一种高硅质耐火材料，这种组分当与石英砂的使用密切相关。

新郑仓城铸铁竖炉也采用了“多种材料的复合炉壁”，但其炉壁耐火土中夹入的是瓦片，而不是铁片[7]，同样也可提高炉体强度。

3. 地穴式，皆穴地而成。20世纪五六十年代时，安阳殷墟便发现过5座。内型有圆形、椭圆形两种，直径约1.0米左右，坑深约0.3~0.59米，底部或平或圜。未见出铜口。内壁涂有一层草泥。出土时，草泥多已烧流，有的粘有铜渣和木炭。5座炉子中，3座属殷墟II期，2座属殷墟III期[4]。这种地穴式化铜炉的优点是构筑方便，坚固耐用；缺点是出铜困难，防潮、防水、保温较为麻烦，所以不能排除这种“地穴式炉”实际上是一种铜水包的可能性。后世很少看到。

（二）金属熔炼技术

此时的金属熔炼技术也有了较大提高，尤其是春秋战国时期，还出现了相应的文献记载和技术规范。《考工记》云：“㮚氏为量，改煎金锡则不耗，不耗然后权之，权之然后准之，准之然后量之，量之以为鬴。”郑注“不耗”云：“消湅之精，不复减也。”同书同段又说：“凡铸金之状，金与锡黑浊之气竭，黄白次之；黄白之气竭，青白次之；青白之气竭，青气次之，然后可铸也。”郑注云：此乃“消湅金锡精粗之候”。这些都说明古人在金属熔炼方面已积累了相当丰富的经验，并形成了一套较为严格的技术规范。

（三）成型技术

商周金属铸造主要是泥型，此外还有石型、金型和出蜡（失蜡）铸造。从现有考古资料看，我国最早出现的是泥型，西台红山文化、陶寺龙文化遗址都有泥型出土。石型大约始见于与二里头相当的考古文化中，山西夏县东下冯（二里头文化)、唐山雹神庙（夏家店下层文化)、玉门火烧沟（四坝文化）等都出有石范。至迟从二里头文化起，泥型铸造在中原青铜成型工艺中便占据了主导的地位，偃师二里头、乡尸沟早商遗址等都有泥范出土；之后，许多体型宏大、花纹细腻、制作工精的商周青铜器都是泥型铸造的。石型铸造在中原文化中一直未曾占据过主导的地位，但在南方和西南则有些不同；江西吴城曾有大量出土，并一度成为重要的成型方式之一；广东在先秦时期使用的石范也不少，其器形有：斧、钺、斨等；云南地区最早出现的是石型，陵县大花石遗址、剑川海门口遗址都有出土，之后并长时期沿用[10]。由殷商到东周，铸造技术上的主要成就是：

（1）殷墟时期，分铸法有了进一步发展，在二里岗时期“先铸器体，后铸附件”的基础上，又发明了先铸附件，后铸主件的分铸法。此法的操作要点是先铸器物的附件，之后将之与器体的铸范一起造型并浇铸。著名的宁乡四羊方尊便是用此法铸制的，基本操作是：先铸卷曲的羊角，再铸成带角的羊头，再将已铸好的整个羊头和龙头同时嵌入尊体的铸型内，浇成完整的尊体[63]。在铸造大型器物时，浑铸法仍在使用，著名的司母戊大鼎便是使用此法铸造的，计采用了 24 块范，即内范 1 块、四周腹壁连足计 4 块、顶范 4 块、双耳计 14 块（每个顶耳用外范 4 块、底范 1 块、芯 2 块)、底范 1 块，此外再加浇口范[64]。

（2）如前所云，早在二里岗—盘龙城时期，便发明了陶范羼灰技术，之后便一直沿袭了下来，这就有效地保证了陶范中植物硅酸体的含量，使金属具有良好的充型性能。谭德睿认为：这是我国古代青铜陶范铸造的技术关键之一。我国古代青铜器之所以能铸造出既花纹纤细，又器壁较薄的优良铸件，其中一个技术关键是古人较早就掌握了在范料中羼入植物硅酸体的技术[67]。

（3）西周时期，泥范造型中便区分了面料和背料。一般面料较细，背料较粗，这既有利于获得精细的花纹，也便于改善范的透气性。

（4）春秋时期发明了叠铸法。有关实例在山西侯马春秋铸铜遗址、新郑郑韩故城春秋铸铜遗址等处都可看到。稍后的登封阳城战国早晚两期铸铁遗址都有叠铸的带钩范出土。这一工艺的主要优点是一次可浇铸数件及至数十件产品。

（5）春秋时期发明了出蜡铸造，即熔模法。其中较早的实物是河南淅川下寺春秋中期 2 号墓出土的铜禁及其兽形饰、1 号墓 55 号鼎的兽形饰等[11]。此工艺主要用作铸造那些花纹细腻，或体形复杂而不便于分范的器物。之后便在我国一直沿用了下来，并成为我国古代传统铸造的基本工艺之一。

（6）春秋战国时期发明了金型铸造，其中包括铜范、铁范两种。安徽繁昌出土有铜质蚁鼻钱范；战国铁范在河北兴隆、磁县下潘汪等地都有出土[12]。其优点是铸型可使用多次，从而减少了制范工作量，节省了范料，提高了生产率。

春秋战国时期，各种分铸法混合使用，再辅之以焊、铆等工艺，使器物成型技术发展到更为完善的阶段。二里岗时期使用较多的拼铸法，在商代晚期至战国都已较少看到。

在此有一点需顺带指出的是：在先秦铸造技术研究中，长时期存在一些误区，如范片数量，往往认为范片数量越多，越能显示古代工艺之复杂。但须知这会造成两大麻烦：一是合范困难，二是浇铸时铜液容易渗流等。所以，最为高超的技艺应当是：利用尽量少的范片铸造较为复杂的器物。

二、压力加工技术的发展

此主要指锻打，另有少量型压。

锻打是人类掌握最早的一种金属加工工艺，它始见于铜石并用时代，应是从石器和陶器加工中演变过来的。因铸造的生产率较高，适用范围较宽，能生产许多体形较大、形制复杂、纹饰精细的器物，加之锡青铜铸造性能较好，且含锡稍高时宜铸不宜锻，所以二里头文化之后，锻打工艺在中原青铜器制作中便退到次要的地位，商、西周青铜器绝大多数都是铸造的，春秋之后才又出现了少量锻制之品。此时期锻打技术的主要成就是：（1）锻制了部分含锡量稍高，且形制稍显复杂的铜器；（2）钢铁锻打技术开始兴起。因成都金沙遗址稍有特殊，今先看一般地区的锻打技术，最后再看金沙青铜锻件。

此时期的一般青铜锻件主要有甲片和部分薄壁日用器，以及少数车马器、兵刃器等。

图3－8－1　李家山青铜臂甲D1组织形貌　×320

标本承云南省博物馆王大道提供

承北京市粉末冶金研究所任新荷等金相分析

青铜甲至迟见于西周，山东西庵西周车马坑出土过兽面文胸甲，上村岭和浚县发现过车甲泡，但其是锻还是铸，目前尚未分析。青铜甲在滇文化区曾有不少出土，云南江川李家山出土过一批青铜甲，计有颈甲、背甲、臂甲、腿甲、衣甲等，多已残破。臂甲中，有一件较为完整，圆筒形，上端较粗，下端收细，背面开口，边缘有对称的小孔，正面有线刻的动物图案。通长21.7厘米、上端直径8.5厘米、下端径6.6厘米、厚0.5厘米。颈甲亦呈圆筒形，锻制两端外侈，中段收细，高18厘米、直径21.5～30.8厘米、厚0.5厘米，断代战国至西汉。关于其成型工艺，原发掘报告说为薄铜打制，当有一定道理，我们分析过其中的两件臂甲，都是锡青铜（表3－8－1）锻制的，热锻后进行过再结晶退火（图版壹，5；图3－8－1）[13][14]。

薄壁青铜日用器之热锻兴起于春秋时期，习见有匜、盘、盒、奁等。其中又可区分为刻纹器和非刻纹器两种。刻纹铜器需用锐利工具在器壁上刻出装饰性图案来，今见于报道的应在40件以上[15][16]，年代较早的是江苏六合程桥春秋晚期铜盘（残片）。战国时期此技术有了一定发展，大家较为熟悉的有淮阴高庄战国盘、匜，河南辉县战国盘，陕县战国早期盘、匜等。这些器壁的厚度常低于1毫米，淮阴高庄刻纹铜器壁厚0.5～0.9毫米；所刻图案有几何图案和人物、禽兽、树木、楼台、车马等[16][17]。非刻纹的锻制薄壁日用器亦始见于春秋晚期，今见较早的器物有河南固始春秋铜匜（资料待发）等；战国时期也有了一定发展，大家较熟悉的有湖北荆门十里铺包山楚墓（战国中晚期）所出平顶盒M4:25、杓柄M4:19、C形铻M2:315－1等。平顶盒底部的厚度仅为0.4毫米；杓柄呈卷筒状，壁厚只有0.35～0.45毫米[18]。河北怀来北辛堡燕国铜缶亦为锻成，为针刺纹，与上二者皆略有不同。我们曾分析过淮阴高庄的刻纹铜器[17]，以及河南固始、荆门包山[18]的非刻纹铜器，都显示了大体相近的组织（图版壹，6；图版贰，1、2、3、4、5；图3－8－2）。依此可以推测，这类铜器的加工程序是：（1）浇铸出板状坯材；（2）在高温下热锻成型；（3）作再结晶退火，以消除内应力和加工硬化；（4）表面磨光；（5）若为刻纹铜器，则需绘图、刻纹。这是相当合理的工艺[17]。

图3－8－2　淮阴刻纹铜器Ha3组织形貌 ×320
标本承淮阴市博物馆王立仕提供
承北京市粉末冶金研究所金相分析

上述甲片和容器大凡都是完全用锻打方式成型的，此外，此时期还使用过局部加工的工艺，这在琉璃河西周早期青铜戈[19]，深圳大梅沙东周青铜戈、青铜钺[20]，四川战国青铜戈、青铜矛[21]，云南江川战国西汉青铜剑等兵刃器上都可看到[14]。这几件器物皆为铸制，在刃部取样，有的显示了加工态（图版贰，6；图版叁；图3－8－3；图3－8－4）。大梅沙3件青铜矛、2件青铜钺都是铸造成型后，刃部再经热锻的，有的加工量还不小。其中青铜钺刃部除热锻外，还作了冷加工；经扫描电镜能谱分析，其中两件钺（M6:4、M6:5）的基体成分为：铜83.2%、86.1%；锡14.2%、11.4%；铅0.79%、1.67%。另外，前者还显示有铁0.11%、硫0.15%；后者还显示出锌0.38%。大梅沙青铜器的年代为春秋晚期或战国早期，也有学者将之推到了西周晚期至春秋时期，本书倾向于前一说法。

表3－8－1是我们分析的18件周代热锻青铜器合金成分。由之可见：其含锡量稍高，含铅量较低。锡的波动范围是：7.048%～15.733%，平均值为11.173%；铅的波动范围是：0～4.168%，平均值为1.091%。这18件标本中，包括6件局部加工者，真正的锻造件只有12件，其平均成分为：铜87.903%、锡10.715%、铅1.345%。18件试样中，含铅量小于2%的13件，占试样总数的72%。这种成分选择是相当合理的，并显示了较高的技艺：（1）含锡量比较适中。若含锡量太低，不管是做甲片，还是做容器、刃器，皆嫌强度、硬度不足；若含锡量再高一些，则加工温度区间较窄，显然会给加工带来较多的困难。（2）含铅

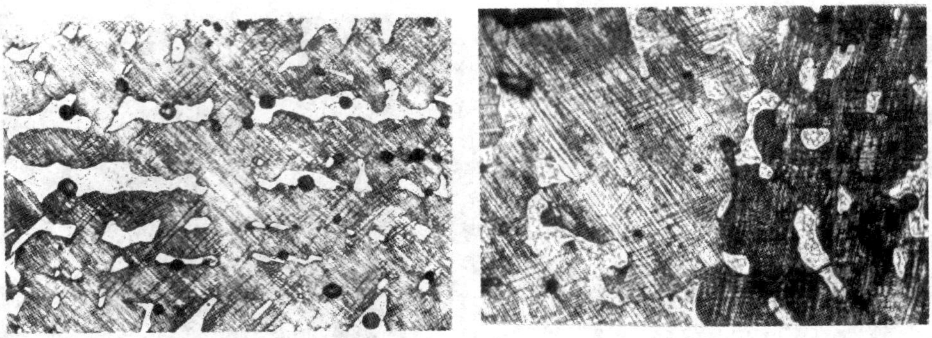

图 3-8-3　四川战国青铜戈 S5 组织形貌 ×320

标本承四川省博物馆范桂杰提供

先后承原冶金部有色金属研究总院、北京市粉末冶金研究所金相分析

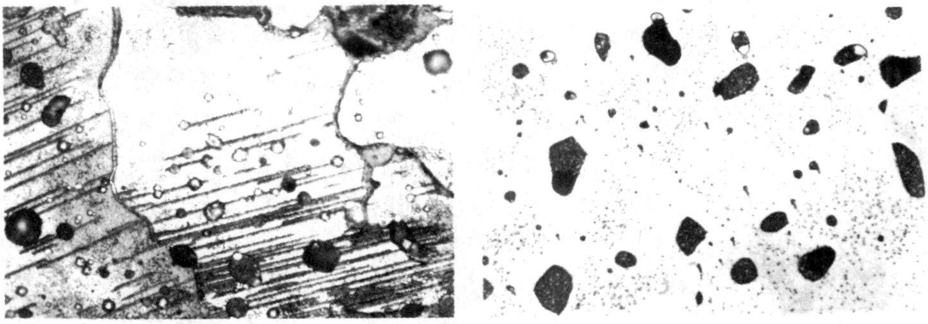

图 3-8-4　四川战国青铜矛 S29 夹杂和组织形貌

左．三氯化铁盐酸水溶液腐蚀 ×320　右．未蚀 ×500

标本承四川省博物馆范桂杰提供，承北京市粉末冶金研究所任新荷金相分析

量较低或不含铅，便于锻打。因铅是以软夹杂形式存在于铜晶粒间界上的，从而破坏了金属基体的连续性，铅的存在是不宜于锻打的。(3) 在现代机械化大生产的条件下，含锡量大于 8% 的青铜便定为非加工青铜；此平均含锡量达 11.173%，最高含锡量达 15.733%，故加工难度是不小的。按：这 18 件标本的成分数据还表明，人们对铅、锡两种元素，及其与铜合金加工性能的关系是区分得较为清楚的，从中原到云南，皆无铅、锡混淆之事。

表 3-8-1　周代部分热锻青铜器合金成分

名称样号	断代	地点	成分(%)			加工状态	资料出处
			铜	锡	铅		
戈 B35	西周早期	琉璃河	89.311	10.688		局部锻打	[19]
戈 B36			84.93	14.684	0.204		
匜 Y15	春秋	固始	85.83	14.17		锻造	待发

平顶盒 M4:25	战国中期	荆门包山	90.609	9.194	0.195	锻造	[18]
柄构 M4:19			83.388	15.733	0.469		
C 形铒 M2:315－1			89.6	8.852	1.546		
戈 S5	战国	成都	86.423	13.576		局部锻打	[21]
戈 S15			88.178	11.821			
矛 S29		彭县	87.147	9.57	3.282		
刻纹铜器 Ha3		淮阴	88.433	10.417	1.148	锻造	[17]
刻纹铜器 Ha4			86.259	9.572	4.168		
刻纹铜器 Ha5			86.337	11.001	2.66		
刻纹铜器 Ha6			89.299	10.366	0.333		
刻纹铜器 Ha7			85.064	11.736	3.199		
刻纹铜器 Ha8			87.206	10.368	2.425		
臂甲片 D1	战国西汉	云南江川	92.951	7.048			[14]
臂甲片 D2			89.88	10.12			
剑 D6			87.801	12.198		局部锻打	
平均成分			87.702	11.173	1.091		

注：标本分别承北京市文物研究所、河南固始文管会、湖北省荆沙铁路考古队、四川省博物馆、淮阴市博物馆、云南省博物馆提供，承原冶金工业部钢铁研究总院李文成教授扫描电镜能谱分析。

在此值得一提的是青铜兵刃器之锻打加工，相当长一个时期内，人们一直认为青铜兵刃器都是铸制，且不能锻打的。上述分析资料不但扩展了我们的认识范围，同时也为我们正确理解一些古代文献提供了较好的依据。《诗·大雅·公刘》篇载有“取厉取锻”一语，《书·费誓》载有“锻乃戈矛”一语，对这“锻”字昔曾有多种解释，郑玄注为“锻石”、“砺石”，是为石质；唐孔颖达认为是锻铁：“锻者，冶铁之名，非石也。”今人杨宽也认为是锻铁；但唐兰却认为是锻青铜。看来，“锻青铜”的可能性还是存在的，北京琉璃河锻打过的青铜戈矛便属于西周早期[19]，而公刘时期或西周早期锻打过的铁戈、铁矛在考古发掘中尚未看到。

今再看一下成都金沙遗址的青铜锻件。表 3－4－8 所列 13 件金沙青铜器标本中，11 件为热锻成型，此比例是很高的；据测量，多件标本的厚度只有 0.2～0.4 毫米；说明金沙地区的青铜热锻技术当时使用较多，且具有较高的技术水平。这么多的锻件，在三星堆时期是不曾看到的；鉴于此，故我们推测，表 3－4－8 所列标本当更接近于遗址年代的下限，即春秋时期，至多是上推到西周；即成都青铜热锻技术的发展过程与全国一般地区应是大体一致的。

此时期的钢铁器物多为铸制，其中包括农具、手工业工具和日用器在内，锻造主要用在铁甲和铁剑等的加工上。燕下都 44 号墓出土铁胄一件，高 26 厘米、宽 24 厘米，全胄由 89 片札叶穿缀而成。有学者分析过燕下都武阳台战国中晚期铜、铁铸造遗址的33件铁器，属锻件的大约有七八件，即剑3件、甲片3件、钳1件、残器1件；此外还有1件矛，原为铸制，石墨化退火后又曾经锻打。而未曾经过科学分析的锻件可能还有一些，如燕下都武阳台铸造遗址出土的491枚铁甲片、67件板状铁材、6件条状铁材，从外形看，都应当是锻制的[9][22]。当然，先秦铜、铁器锻造的技术水平还是较低的：（1）器型多较简单，焊口较少。器形稍见复杂，带銎的器件仍以铸制为夥。（2）青铜锻件的含锡量一般较低；钢铁锻件则有两种冶炼产品，一是块炼铁，如燕下都44号墓铁剑等；二是铸铁脱碳退火处理件，如武阳台的条材和板材等；这也是水平不太高的一种表现。

金属型压技术约发明于东周时期，主要用在金银器上，也不能排除少数用于铜及其合金加工的可能性。型压的金银器前面提到过一些，下面还要谈到；今主要讨论一下关于青铜型压技术的问题。我看到过一件河南光化县出土的春秋铜盒（残），器壁较薄，残器壁两面呈现对应的凹凸状几何纹图案。古代型压器物的一个重要特征是：压棱线较为圆钝，棱角不太分明；器表平整，花纹各部均称。光化铜盒与此是基本相符的。我们认为，若不用型压，而用其他方法时，是不易获得此种外部状态的，故此光化春秋铜盒很可能是型压成型。图3-8-5所示为其表面图案，正反两面互相对应。图版肆1、2为其组织形貌，显示了大量的孪晶，加工后当曾退火。其合金成分为：铜87.618%、锡10.724%、铅0.93%、硅0.374%、铁0.353%。此含锡量不低，含铅量却较低；这种成分选择是较为合理的，说明其加工水平不低。青铜的型压工艺当与黄金大体相类似，但其对模具强度、硬度的要求更高。看来，其工艺过程当是：（1）铸制薄壁的铜板，并经退火处理，以作型压之用。（2）制作模具。此模具应是含锡量稍高的锡青铜或铅锡青铜。（3）加热，型压。（4）退火。但可惜类似的标本目前只看到过此一件。

图3-8-5　光化春秋铜盒Y22加工图案

标本承信阳地区文管会欧潭生提供

承北京市文物研究所王殿平拍摄

三、镶嵌

镶嵌是依设计纹样，在金属表面嵌入另外一种较为华丽之物的表面装饰工艺。装饰物有金属和非金属，金属类主要有赤铜、金、银；若为金银，嵌入后便可用错石将之磨平错光，仍谓之金错银错。非金属类主要是绿松石、玉石等，嵌入后是不得错磨的，仍谓之镶嵌。“错”与“不错”，皆属镶嵌范畴。主体器物有铜器，也有铁器，此外还有漆器。嵌入非金属的工艺始见于二里头时期，嵌入金属的工艺则是到了商代晚期才看到[23]。

商代晚期的镶嵌材料主要是赤铜和绿松石。故宫博物院藏有一件直内戈，长21.1厘米、宽6.9厘米，援部两侧镶有赤铜质的棘形纹[23]；美国旧金山亚洲艺术博物馆藏有一件商代青铜钺，内端镶有赤铜兽面纹。据李济考察，小屯早年出土的5件削式青铜刀的兽首部都镶有绿松石[65]。西周一代，镶嵌器物所见甚鲜。

春秋战国时期，赤铜镶嵌工艺有了一定发展，大家较为熟悉的有：1978 年河南淅川下寺出土的春秋中期镶嵌红铜龙纹钾，通体镶嵌红铜龙纹和半环形纹。1978 年河南固始侯古堆出土的春秋晚期镶嵌红铜龙纹方豆，通体镶嵌红铜龙纹。1955 年安徽寿县蔡侯墓出土的春秋晚期青铜豆、敦、方鉴、缶、四耳盘。1923 年山西浑源李峪出土的战国早期狩猎纹铜豆。1951 年唐山贾各庄出土的战国早期镶嵌红铜狩猎纹壶[24]，以及 1957 年陕县后川出土的战国狩猎纹铜壶、涡纹铜匜等。

金错约始见于春秋中期，今见较为重要的实例是晋国栾书缶，自颈至肩下有金错铭文 5 行 40 字，栾书为晋国大夫，卒于公元前 573 年，这是青铜器错金铭文的较早实例[23][24]。春秋晚期至战国早期之后，金银错技术有了较大发展，除兵器、礼器外，车马器、带钩等日用器也都使用了这一工艺。1965 年湖北江陵出土的越王勾践剑，近格处有错金铭文 8 字。1965 年山西长治分水岭出土有战国早期错金豆[24]。安庆王家山战国墓出土的越王丌北古剑（M1∶7），通长约 64 厘米、茎长 9.6 厘米、格宽 5.2 厘米；剑格两面各铸有铭文 10 字，剑首铸铭文 12 字，计 32 字，其中有 16 字为错金鸟篆铭文，与未错金者相间排列[25]。江陵藤店越王州句剑，1973 年出土，属战国早期，长 56.2 厘米，剑身近格处有两行错金铭文："戉（越）王州（朱）句（勾）自乍（作）用佥（剑）。"[26]信阳长台关战国早期墓出土有 2 件错银饰、1 件错金银铁带钩等[27]。1977 年、1978 年，曲阜鲁国故城战国早期墓出土有金银错铜带钩 2 件、金银错青铜镈 3 件、金银错铜杖首 1 件；其中一件带钩长 12 厘米，尾部呈圆形，钩部作兽首形，表面以金银片错成蟠虺纹，背面和钮以金银丝、片错为卷云纹。李学勤、艾兰《欧洲所藏中国青铜器遗珠》亦载有多件金银错器，如伦敦载迪野行藏有 2 件，一为战国早期金银错异兽形盉（原图 135），兽首目部错金，颈部错金银，首顶羽片错金银；二为战国中晚期银错几何云纹车饰（原图 149），器呈管状，管身满布错银几何云纹。伦敦埃斯肯纳齐行藏有 3 件，一为战国早期金错鸟足金（原图 137），通体错金花纹，有的地方还嵌有绿松石；二为战国中晚期金银错镈（原 147 号），通体错金银；三为战国中晚期银错镈（原图 148），通体错银，间嵌绿松石。巴黎色努施奇博物馆藏有战国中晚期错金镶嵌绿松石带钩 2 件（原图 169）[28]。

依嵌入方式之不同，镶嵌和金银错约有 5 种不同的操作，即：

（1）膏状物填入法，主要对金银错言。即装饰用金银是以汞齐形式填入嵌槽内的。《说文解字》云："错，金涂也。"段注："涂，俗作塗，或又作搽，谓以金措其上也。"这应当是我国古代金银错的主要方法。

（2）液态浇灌法，主要对赤铜镶嵌言。即装饰用铜是以液态形式直接浇入槽内的。从有关资料和调查的情况看，20 世纪 30 年代和 70 年代的浙江龙泉剑便使用过类似的操作，不能排除古代也曾使用过的可能性。龙泉剑的资料第八章还要谈到。

（3）熔融填屑法，即先刻纹槽，然后将（金）银屑填入槽内，最后再熔融（金）银屑。类似的操作在传统乌铜走银工艺中曾有使用。纯铜、纯银的熔点依次为：1084.5℃、961.93℃。在此值得注意的是其熔点相差不是太大，故操作难度是较大的。为此我们推测，用于镶嵌的"银屑"当可适当地配入一些合金元素，以降低其熔点。

（4）固态锤入法，即作装饰的金、银、铜丝（片）是以固态形式锤击、按压方式嵌入槽的。此法操作难度较大。

（5）铸镶法，主要对赤铜镶嵌言，即先把作装饰用的赤铜花纹事先单独铸出，之后将其镶到器物铸范的相应部位，并浇在一起。据说曾侯乙墓的部分器物便曾使用过这一工艺；上海市博物馆藏有一件夆叔匜，腹壁镶有4条赤铜龙纹，花纹在内外壁的位置完全一致，饰纹处的厚度与壁厚亦完全一致，当亦铸镶而成[29]。此法大约只宜于长条、大块和简单的纹样镶嵌，复杂、纤细的纹样则是较为困难的。

此5种方法中，前4种的嵌槽大约多系事先铸成，横断面上小下大；第5种则无此之需。

我国古代关于错的记载较早，然其初始是指治玉、攻玉的。《禹贡》载：豫州"锡贡磬错"孔氏注云："治玉石曰错。"《诗·小雅·鹤鸣》："它山之石，可以为错。"郑氏笺云："错，石也。可以琢玉。"同篇又云："它山之石，可以攻玉。"郑氏笺云："攻，错也。"但这"错"的本意是摩，《广雅·释诂》："错，摩也。"所以，玉之错，与金银之错，虽最终的加工形态都是摩，但具体过程则未必一样。在汉代，金银之"错"又谓之鑢，《说文解字》云："鑢，厝铜铁也。"段注："厝者，厉石也。厉铜铁谓之鑢。"

镶嵌非金属以作装饰的工艺此期亦可看到，1987年四川广汉三星堆一个叫真武仓包的地方发现一个祭祀坑，出土有3件铜牌饰，其略呈梯形，边无凹腰，器形稍小，两件有饰纹，其上镶有绿松石，显示出变形兽面纹；另一件无纹。1976年，三星堆遗址西北约10公里的高骈乡也出土过1件形制与之相类似的铜牌饰。此外，其他铜器也有镶嵌玉石类，以作装饰的。

四、金属复合材料技术的发展

此时期金属复合材料技术的内容较为丰富，多种工艺形态皆在此争奇斗妍，一方面是商代前期出现的"陨铁与铜的复合"依然保留着，另一方面又出现了"人工铁与铜的复合"和"高锡青铜与低锡青铜的复合"。由商代晚期到战国，代表性器物先后主要有铁刃铜戈、铜柄铁刀、铜柄铁剑、铁铤铜镞，以及青铜复合剑（两色剑），后者具有尤为重要的技术意义。

1. 陨铁刃铜利器，今日所见至少5件。即：据传1931年河南浚县出土铁刃铜钺、铁刃铜戈各1件（此两器后来皆流落海外），据传其中的铁原定为人工铁，后经科学分析，改定为陨铁，原断代西周，但近年也有学者说其应属商末周初，或商代中期。20世纪90年代初河南三门峡虢国墓地出土铜内铁援戈、铜銎铁锛、铜柄铁削各1件，经分析，铁刃皆为陨铁，断代西周晚期。这些在前面皆已提到。显然这是为了加强铜器的锋刃部，以提高杀伤力的。

2. 铜柄铁利器，包括刀、剑、矛等。其始见于西周晚期，春秋早期便有了一定发展。由西周晚期到春秋晚期，今日所见至少有9件（剑5件、戈2件、刀1件、矛1件），即河南三门峡虢国墓出土玉柄铜芯铁剑1件、铜骹铁叶矛1件，断代皆西周晚期；1978年甘肃灵台秦墓出土铜柄铁剑1件，断代春秋早期；1987年陕西陇县边家庄出土铜柄铁剑1件，亦属春秋早期；1985～1991年北京延庆玉皇庙2号墓出土铜柄铁刀1件，相当于春秋早期到中期早段；江川李家山出土铜柄铁剑1件，约与春秋晚期相当；上海市博物馆藏有铜柄铁剑1件、铁刃铜戈2件，断代春秋早期[30]。除此9件外，年代稍后的还有一些，如前面提到的宁夏固原出土有铜柄铁剑2件，宁夏西吉出土有铜柄铁剑1件，宁夏彭阳出土有铜柄铁剑1件，皆属春秋战国之际，不再一一引述。图3－8－6所示为军都山文化铜柄铁刀的X射线探伤图，可见它是以“铜包铁”的形式接合在一起的。具体操作可能是：(1)先用块炼铁锻制刀身，并预留一个铁柄状的小榫头；(2)将铁质榫头插入铜柄的铸型内，并作为铸型的一部分；(3)将铁榫头与铜柄浇铸在一起，最后起到“铜包铁”的效果。这样，铜柄冷凝收缩时，便产生了一个紧箍力，与铁质榫头紧紧地抱在一起，永世不得分离。这种先制榫头，最后浇合的方法，是商周青铜分铸法中广泛采用的工艺[62]。在西周晚期和春秋早期，正是我国冶铁技术的发明期，铁的优良性能很快便引起了人们的注意，这是人们对铁的较早利用。在人类历史上，许多新材料、新技术、新工艺，都是最先应用到刃器、兵器上的。

图3－8－6 军都山文化铜柄铁刀接合方式
标本承北京市文物研究所提供
承钢铁研究总院X射线探伤分析

3. 青铜复合剑。系由两种含锡量不同的青铜嵌铸而成，刃部含锡量较高，颜色泛白；脊部含锡量稍低，铜、铅量之和稍高，颜色泛红泛黄。考古界习谓之两色剑。此工艺约始见于春秋晚期，流行于战国，汉后即衰，多见于南方。见于著录和报道的实例约有50余件，湖南长沙[31][32]、资兴[33]、衡山[34]、常德[35]、广东佛岗[36]、广西恭城[37]、湖北鄂城[38][39]、江陵[40]、江苏武进[41]、浙江长兴[42]、江西清江、建新、九江[43]等都有出土。据传，1923年时，北方的山西浑源亦曾出土过。其中年代较早的是广西恭城复合剑，断代春秋晚期或战国早期[37]；出土数量最多的是湖南，1951～1994年，湖南长沙楚墓先后出土青铜复合剑29件[31][32]，1978年资兴旧市发掘战国墓80座，出土铜剑33件，其中复合剑7件[33]。另外，还有一些传世品，如少虡剑，今日所知至少3件，故宫博物院珍藏1件、流落于美国和法国各1件，形制、铭文皆一致[44]。台湾王振华古越阁亦珍藏1件[45]。这些复合剑中，最负盛名的是少虡剑（彩版壹，1、2），全长54厘米、身宽5厘米，两侧脊部见有20字金错铭文：“吉日壬午，乍为元用，玄鏐（正面）鏄吕，朕余名之，胃之少虡（背面）。”其至今刃脊嵌合严密，色泽鲜明，光亮如新。

表3－8－2为9件复合剑合金成分，由之可见：(1)其刃部含锡量（平均18.321%）较高，脊部含锡量（平均10.370%）较低，8件刃部标本大体上均可视为锡青铜。(2)脊部含铜（平均83.585%）、含铅（平均5.031%）量较高。(3)刃部含铜（平均80.066%）、含铅（平均0.219%）较低；标本3的脊部，甚至含铅量高于含锡量，实为锡铅青铜。这种剑的优点是刃部刚强锋利，脊部强韧，从而具有较强的杀伤力。人们曾对多件复合剑进行过较为全面的分析，得知其嵌铸工艺大凡是这样的：(1)先铸剑脊，并在脊部预留一个蘑菇状的榫头；(2)将

铸得的剑脊插入刃范的相应部位，再合范浇铸剑刃。冷凝后，剑刃便对剑脊（榫头）产生一个自然的箍力。图3－8－7为鄂城复合剑E53的嵌铸工艺示意图，图3－8－8为其榫卯嵌合部的结构情况。复合剑是我国古代青铜剑工艺的杰出代表，它的合金技术、铸造技术，都反映了相当高的技艺。

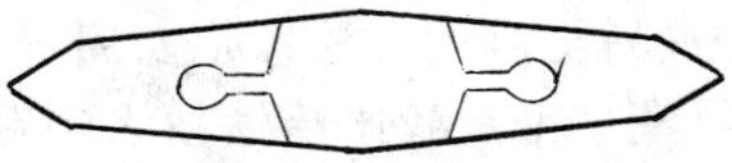

图3－8－7　鄂城复合剑E53嵌铸工艺示意图

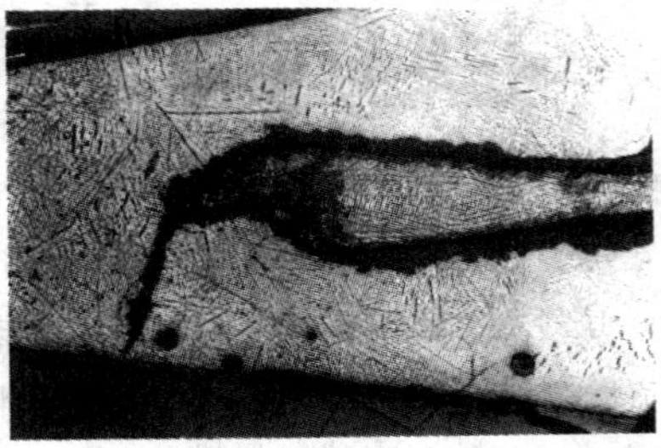

图3－8－8　鄂城复合剑E53榫卯接合结构 ×10

标本承鄂城县（今称鄂州市）博物馆提供，承北京市粉末冶金研究所任新荷金相分析

表3－8－2　战国青铜复合剑合金成分分析

序号	样号	分析部位	出土地点	成分（%）				合金类型	文献
				铜	锡	铅	其他		
1		刃部	长沙	73.79	18.416	1.025	锌0.82 锑0.419	锡青铜	[31]
		脊部		78.16	10.276	10.44	锌1.02 锑0.167	锡铅青铜	
2		刃部	传世采集	80.33	17.73	0.25		锡青铜	[46]
		脊部		84.58	11.79	2.13		铅锡青铜	
3		刃部		74.48	19.88	0.25		锡青铜	
		脊部		79.70	8.44	10.15		锡铅青铜	
4		刃部		79.13	19.35	0.19		锡青铜	
		脊部		87.03	11.22	<0.1		锡青铜	
5	E53	刃部	鄂城	82.785	17.214			锡青铜	[38]
		脊部		88.265	11.734			锡青铜	
6	E68	刃部		82.233	17.766			锡青铜	[39]
7	E85	刃部		82.458	17.541			锡青铜	
8	E86	脊部		83.773	8.759	7.467		铅锡青铜	
9	117	刃部	江陵	81.326	18.673			锡青铜	[40]
平均成分	刃部（8件）			80.066	18.321	0.219			
	脊部（6件）			83.585	10.370	5.031			

表 3-8-3　几件铁铤铜镞的合金成分

样号	提供单位 出土地点	时代	成分（%）			合金种类
			铜	锡	铅	
E72	湖北鄂城县博物馆	战国	74.928	16.763	8.308	铅锡青铜
B1	北京市文物研究所	战国	82.91	15.94	1.15	锡青铜
N5	内蒙赤峰市博物馆（美丽河）	秦	75.49	22.1	2.41	铅锡青铜
LL12	临淄齐故城博物馆（大武墓）	西汉	80.254	14.752	4.992	铅锡青铜
4 件战国至西汉铁铤铜镞平均成分			78.40	17.389	4.215	

注：标本承原冶金部钢铁研究总院、北京市检测中心扫描电镜能谱分析。

4. 铁铤铜镞，主要流行于战国西汉时期，我国南北各地，如辽宁、吉林、山西、河北、河南、陕西、湖北、湖南、江苏、江西、广西，以及朝鲜的渭原龙渊洞等都有出土。我们分析过两件这类铁铤，系铸铁脱碳退火处理所得白心可锻铸铁；当然其他标本也不排除块炼铁的可能性。铁铤铜镞的工艺要点是：先制铁铤，之后再与镞身嵌铸为一，形成“铜包铁”。从科学分析的情况看，铁铤铜镞的合金成分与普通铜镞并无太大差别（表 3-8-3）[38]，平均成分为：铜 78.4%、锡 17.389%、铅 4.215%。表 3-3-6 所列 19 件春秋战国青铜镞的平均成分为：铜 75.61%、锡 17.29%、铅 5.229%。铁铤铜镞的优点大约是可提高镞铤的强度和镞与铤的装配生产率。铁铤铜镞的出现，反映了我国古代兵刃器由青铜向钢铁过渡的时代特征。

五、焊接技术

我国古代的广义焊接约可区分为锻焊、铸焊、钎焊、汞齐焊四种类型。前者实为锻接，在“压力加工”部分已经谈及；铸焊实即铸接，先秦青铜器上常可看到。狭义的焊接主要指钎焊；汞齐焊使用较少，发明年代不详，有关记载是到了清代才看到的。今主要介绍钎焊，其中又包括软钎焊和硬钎焊两种。

有关研究认为，有商一代，及至西周中期，新器都是不作焊接的，只在旧器修补时采用过这一技术，如洛阳北窑西周中期墓 M366 所出铜盉的腹部便曾用铅锡合金等进行过修补[47]。西周晚期之后，焊接技术才逐渐用到了新器成型工艺中。今见较早的焊接件有河南上村岭虢国青铜壶耳和匜鋬等；上村岭虢国墓第一次发掘时，出土青铜匜计 13 件，其中有 7 件的匜鋬是焊接的，且在器体的相应部位都留有接合用榫头。1991～1992 年第二次的第二阶段发掘时，梁姬墓（M2012）出土的 2 件凤鸟纹方壶、虢季墓（M2001）方壶、孟姞墓（M2006）重环纹圆壶的耳部都使用了焊料。表 3-8-4 列出了 4 件西周晚期焊料的成分，可见其大体上包括两种类型，一种是铅焊料和铅基焊料，含铅量都在 90% 以上，实例是 2 件凤鸟纹方壶。显然，这种焊料是相当原始的，因铅与铜不能形成固溶体，故其接合能力较差，大体上只相当于一种弃填剂。另一种是含铅、含锡量稍高的铜基焊料，实例是虢季方壶和孟姞墓重环纹圆壶[48][49]。

春秋时期，焊接技术有了进一步发展，目前在河南淅川下寺、河南郑州、北京延庆等地都可看到。表3－8－4列出了部分春秋焊料成分，可见其皆属软焊料，其中包括铅焊料、锡焊料、铅基焊料、锡基焊料，有的含铅量和含锡量都较高，有的与今“四六”焊料已相当接近。

1976年，河南淅川下寺出土了许多很有价值的青铜器，其铸造成型技术体现了相当高的技艺。不少铜器的附耳、腿足、环钮等附件都常用分铸法成型，有的还使用了焊接技术[50]。经分析，其鼾鼎M2:34怪兽间的焊料含锡量为98.23%，基本上是一种锡焊料；其浴缶M3:6耳部的焊料也是一种锡焊料[51]。

1980年前后，河南郑州出土过一件春秋铜簋，器柄与器身是焊接的，焊料已经氧化，无金属光泽。焊料中的氧化铅含量达88.78%，另含少量锡、锌、银，大体属于铅焊料。

1985年～1991年，北京延庆军都山发掘了大批青铜器，其中3件青铜罍的耳部都是焊上去的。具体工艺是：先分别铸制器身和器耳，并在器身上预留出一个榫头来，之后再用焊接的方式把它们焊在一起；榫头、焊痕皆清晰可见。这3件器物都具有明显的中原文化特征，年代约相当于春秋时期。其中一件为纯铅焊；一件为含锡的铅焊料，平均含铅、含锡量分别为：91.845%、5.885%；另一件大体上为含铜的锡焊料，平均含锡、含铜量为：86.38%、11.115%[52]。

1988年，太原晋国墓出土大批青铜器，其中多件器物采用了分铸焊合法，如赵卿（赵简子、赵鞅）墓方壶M250:579、夔凤纹铜鉴M251:627、浅盘高柄豆M251:553、方座豆M251:554、铜罍M251:534、罍M251:539，以及结构较为复杂的匏壶、鸟尊等都使用了焊接技术[53]。其中铜方座豆的焊料成分为：铅56.044%、锡40.837%、铜2.603%，与今“四六”焊料已较接近。

在这作过科学分析的4批9件春秋焊料中，有铅焊料1件，锡焊料3件，另有属铅锡合金的焊料4件和含铜的锡焊料1件。总的来看，此多数焊料成分还是不太合理的，且器形和焊接口多较简单，延庆有1件纯铅焊料，淅川1件焊料含锡98.23%，大体上可视为纯锡焊，此二者的焊接性能都是欠佳的。锡虽可与多种金属形成固溶体或金属间化合物，亦较强固，但较锡焊料脆。春秋焊接技术进步的主要表现是：赵鞅墓铜方壶焊料成分已经选择较好，与“四六焊料”成分较为接近，器形也较复杂，大体上显示了由低级向高级发展的一些情况。

战国时期，钎焊技术逐渐推广开来。其技术上的进步主要表现在三方面：

1. 出现了一些大型复杂的焊件，这在湖北随县战国早期曾侯乙墓青铜器上表现得最为明显。该墓出土了大批很有价值的青铜器，其中许多器物的附饰，部分三足器的器足等都使用了焊接工艺。如尊C.38，器体用浑铸法浇出，除口沿附饰以外的其他附件皆分别铸制，之后再焊接在一起。部位不同，焊接方法亦异。尊腹部的四条双身龙分作8个单体焊接于腹部的8个接头上，而圈足上的四条双身龙却是挖出龙腹的部分泥芯，利用圈足的镂孔设范浇铸的，其浇铸的金属便是铅锡合金，制范用的木片至今犹存。如建鼓座，座体盘附有16条饰龙，按块（片）分割铸成了二十二节，然后再焊接，并和座体上的14个接头焊成一体，显得异常复杂[54]。

2. 焊料中出现了一些较好的成分配比。有学者对曾侯乙墓所出土的7件软钎焊标本进行了科学分析，得知其成分大体上可分成3种类型（表3－8－4）：（1）

以锡为基的铅锡合金，计 3 件，其中铜尊圈足内的焊料成分为：铅 41.4%、锡 53.41%、铜 0.38%；（2）以铅为基的锡铅合金，计 2 件，其中钟架横梁铜套内的焊料成分为：铅 58.48%、锡 36.88%、铜 0.23%、锌 0.19%；（3）锡焊料，2 件[54]。（按：建鼓座的龙头下焊料因含铅量较低，亦归于锡焊料范围。）此三种焊料中，显然第一种较为合适。现代铅锡焊料的成分为：锡 63%、铅 37%，此即所谓“四六焊料”，此时焊料熔点最低，焊接强度亦较大。可见铜尊圈足内焊料与此已较接近。

3. 发明了铜焊，或叫铜基焊，这是一种硬钎焊，主要用于对强度要求较高，尤其是对高温强度要求较高的器物。曾侯乙墓青铜器中，作炊煮用的炉盘、小口鼎、匜鼎等器均用铜焊，鼎的三足和炉盘的耳钮与器体接合部都有清晰的铜焊痕迹。尊 C. 38 的口部透空附饰是用出蜡法铸制的，先铸出形制相同的四大块，然后用铜焊与器体焊合。鉴缶、联禁大壶的龙耳也使用了铜焊[54]。软钎焊的焊料主要是铅、锡合金，焊口强度较低；硬钎焊的焊料则主要是铜基、银基合金，焊口强度较高。这说明至迟战国早期，我国古代钎焊技术的两项基本工艺，即软钎焊和硬钎焊都已发明，并表现了相当高的技艺。但在先秦焊料中，这种铜基焊料所见较少，西周晚期孟姞重环纹圆壶焊料虽大体上也是铜基焊料，但那很难说是有意所为。

战国晚期的焊料成分选择较战国早期并无明显进步。有学者分析过 16 件湖北九连墩战国晚期焊料，基本上都是含锡、含铅量都不太低亦不太高的 Sn—Pb 二元

表 3-8-4　先秦钎焊料成分分析

器名、器号	焊料所处部位	年代	地点	成分（%）			资料出处
				铅	锡	其他	
虢季方壶 M2001:92	耳部	西周晚期	三门峡虢国墓	20.4	18.2	铁 0.4，余部为铜	[49]
孟姞重环纹圆壶 M2006:53	耳部			13.8	13.5	余部为铜	
梁姬凤鸟纹方壶 M2012:16	耳部			97.0	1.5	余部为铜	
梁姬凤鸟纹方壶 M2012:25	耳部			91.7	1.1	余部为铜	
鼾鼎 M2:34	怪兽间	春秋中晚期	淅川		98.23		[51]
鼾鼎 M2:34	怪兽间			以锡为主（光谱定性）			
浴缶 M3:6	耳中						
铜簋	柄与器体间	春秋	郑州	88.78*	3.23*	锌 2.4* 银 0.26*	待刊
罍 YYM2:1	身、耳连接处	春秋早期	北京延庆军都山墓地	100			[52]
罍 YYM18:1 -1	身、耳连接处				89.33	铜 10.67	
-2					83.43	铜 11.56 铁 5.01	
罍 YYM250:1 -1	身、耳连接处	春秋		91.77	6.14	铁 1.64 铝 0.45	
-2				91.92	5.63	铁 1.8 铝 0.65	
铜方壶 M251:626	耳部	春秋晚期	赵卿墓	38.837	58.781	铜 1.855	[53]
铜方座豆 M251:554	足部			56.044	40.837	铜 2.603	

	钟架横梁铜套内	战国早期	随县曾侯乙墓	58.48	36.88	铜 0.23 锌 0.19	[54]
	钟架横梁铜套内，另一处			60.05	39.12		
	建鼓座的龙头下			5.88	93.36		
	铜尊圈足内			以锡为基的铅锡合金。铜、银、铋、锑、砷量均微			
	铜盘夔头						
	铜尊圈足内			41.4	53.41	铜 0.38	
	鉴缶龙头处			0.48	90.92	铁 <1 铜 0.03	
	炉盘、小口鼎			铜基焊料			
镬鼎 M1106	耳部	战国晚期	湖北枣阳九连墩	33.94	65.66	铜 0.1 硅 0.14	[68]
镬鼎 M1106	腿部			41.99	57.80	硅 0.07 铝 0.04	
铜簠 M141	耳部			61.72	38.19	铜 0.02 铝 0.01	
鼾鼎 M1130	腿部			52.25	47.56	铜 0.08 硅 0.06	
铜簠 M124	耳部			70.6	29.33	铜 0.02 硅 0.01	
铜簠 M126	耳部			70.7	29.28	铜 0.02	
铜簠 M155	耳部			72.4	24.78	铝 0.89	
铜鼎 M146	耳部			76.07	17.76	铜 0.44 硅 1.58	
鼾鼎 7M181	爬兽部			81.75	18.23	铜 0.01 铝 0.01	
铜簠 M148	耳部			81.92	17.95	铜 0.02 硅 0.02	
鼾鼎 M1130	立耳部			79.77	19.72	铜 0.01 硅 0.03	
铜壶 M1134	耳部			68.89	22.84	铝 0.67 硅 2.0	
鼾鼎 M1114	腿部			84.41	15.5		
鼾鼎 M1114	立耳			87.88	11.87	铜 0.08 硅 0.15	
鼾鼎 M1114	爬兽部			89.67	10.16	硅 0.1	
鼾鼎 M1130	爬兽部			92.27	6.41	铜 0.5 硅 0.3	

注：(1) 表中所列郑州春秋铜簠的成分为氧化物，而不是金属元素的含量。今以 * 号作为标识。

(2) 除表中所列外，多数焊料都含有少量杂质，当非有意配入，略。

(3) 郑州春秋焊料承郑州市博物馆陈立信提供，1981 年 4 月承中国社会科学院考古研究所李敏生分析。

合金，纯锡、纯铅焊料未再出现，低锡低铅（<10%）焊料亦为数较少，但与“四六焊料”接近者亦鲜，铜基焊料亦未发现。归结起来约可分为三种类型：(1) 以锡为主要组分，成分接近于“四六焊料”者，2 件，在表中九连墩标本的前列，其中 1 件成分为铅 33.94%、锡 65.66%。(2) 以铅为主要组分，含锡量波动于 10.16~47.56%之间，含铅量波动于 52.25~89.67%之间者，13 件，在表中九连墩标本的中部。(3) 以铅为主要组分，含锡量小于 10%者，1 件，在表中九连墩标本的最后。据国外学者研究，部分含锡量不同的 Sn—Pb 焊料的最大拉伸强度为：含锡 100%，为 11 牛顿/毫米^2；含锡 60%，59 牛顿/毫米^2；含锡 50%，46 牛顿/毫米^2；含锡 45%，43 牛顿/毫米^2；含锡 40%，42 牛顿/毫米^2；含锡 35%，40

牛顿/毫米^2；含锡 30%，39 牛顿/毫米^2；含锡 20%，37 牛顿/毫米^2。含锡量 < 10%时，接头发脆，焊接强度较低，焊料润湿能力亦较差。Sn—Pb 焊料的含锡量通常应控制在 10% ~60% 之间。依此，上述三组标本中，第一组强度较高，第二组次之，第三组又次之。但第一、三组标本数都较少，多数属于第二组。

关于先秦钎焊的具体操作，今日尚无十分确凿的资料，但从部分焊口的外部形态推测，主要当有两种：（1）浇焊，即用浇铸铅、锡合金的形式来实现焊接，此实为青铜铸接和分铸法的一种延伸和演变。如曾侯乙墓青铜尊 C.38 圈足上的双身龙等。延庆军都山 3 件青铜罍的耳饰处焊料都较厚，表面较为光洁平整，也不能排除了浇焊法的可能性。（2）点焊。大约一些较小，且不便浇焊的器物皆可使用此法。汞齐焊的技术条件在先秦也是具备了的，但目前尚无确切依据[55]。

六、关于黄金白银的加工

我国古代黄金、白银加工也有锤、铸、模压等类操作，并兼用了焊接等工艺，这与铜器成型加工大体上是一样的，但在对这些工艺的具体运用上却存在不少差别。铸造在早期铜器中便占有相当重要的地位，商周时期，我国青铜器、铁器，都是以铸为主的。金银则稍有不同，大约从商周到近现代，压力加工一直都占有相当重要的地位。前面提到，我国黄金铸造约始见于二里岗时期，但数量甚少，目前所知只有北京平谷刘家河金笄 1 件，其余都是锻制的。由商代晚期到东周，黄金铸件虽有了增加，但大体上都是锻、压、铸兼用。大件常以铸见多，小件则以锤锻为多，薄壁及带有花纹者，则常用模压、冲压、锤锞一类操作。一些器形复杂的器物，则往往又兼用多种不同的工艺。

此时期黄金铸件中，较为典型的例子是临淄郎家庄金带钩 M1:4，其晶内成分偏析较为严重[56]。

锤锞一直是黄金加工的重要工艺。从科学分析可知，郎家庄金箔是反复锤打而成的，之后进行再结晶退火[56]。殷墟的金箔自然也是锤打成的，其晶粒度大小不均，晶界平直，当也进行了再结晶退火[57]。纯金、纯银的再结晶温度都较高，最低应分别达 372℃、336℃左右。因黄金锤锻常在室温下进行，故再结晶退火具有十分重要的意义。我国古代金属加工中再结晶退火工艺之建立，与黄金加工是不无关系的。

模压（型压）在古代金银器加工中也是使用较多的。曲阜鲁国故城战国早期墓出土的圆形金带饰、三角形金带饰，其饰纹皆模压而成。其圆形金带饰有大小两种，计 13 件，金胎包金皮，大的正面微鼓，饰模压蟠虺纹，边缘两侧各饰有双穿，小者饰模压漩涡纹[58]。曾侯乙墓金箔最薄的达 0.037 毫米，其上多有压印花纹，当是模压而成的[59]。辉县固围村 3 号墓也出土过压花金片，计 3 块，金片厚约 0.25 毫米，花纹为简单的云纹。另外，湖北当阳曹家岗春秋晚期 5 号墓出土了多种金属质的甲片装饰，很可能也是型压出来的。其质地有铅锡合金（169 片）、黄金（27 片）、白银（残者 10 余片，完整者 1 片）三种。铅锡合金的成分为：锡 82%、铅 16.28%，铜、硅、铋共占 1.3%。尺寸大的，直径达 28.2 厘米，小的长度为 6.8 厘米，厚约 0.6 ~1.2 厘米。约有 68 种不同的形式和花纹，饰纹以蟠龙纹为主体，还有三角纹、兽形纹等，形制主要有燕尾形、三足形、虎形、叶片形等

10 余种[60]。

金银压花工艺大约是这样：（1）先制模具。因金银质地较软，故此模既可用金属铸成，大约也可用硬木雕成。（2）将金银打成薄片。（3）型压。（4）退火。前面谈到的青铜模压，大体也经历了同样的步骤，但其型压工序当是在热态下进行的。在相当长一个时期内，金银器之压花，当是我国古代金属型压的主要内容。三星堆黄金加工工艺大约采用过模压和锤鍱两种操作[61]。

拉拔技术发明之前，金丝的加工大约都是先将黄金打成薄片，再剪切成丝，最后作再结晶退火而得到的，临淄郎家庄金丝上便使用了类似的工艺[56]。

曾侯乙墓金盏，形制较为复杂，采用了钮、盖、身分铸，之后再合范浇铸或焊接[59]。

战国时代白银的成型、加工技术与黄金器相似，也有铸、压、锤等操作。铸、压，在阿鲁柴登都可看到[66]，锤锻亦使用于银箔加工中。

第九节　热处理技术的发展

我国古代金属热处理技术约发明于二里头文化时期，与此年代相当的多个考古文化，如玉门火烧沟、泗水尹家城、内蒙朱开沟等部分青铜器皆显示了较好的再结晶组织；稍后的北京平谷刘家河、河北藁城、河南郑州等商代前期遗址出土的金箔，其加工过程中都可能有意识地进行了再结晶退火和消除应力退火；商代晚期时，由于铸造技术的发展，青铜锻件使用较少，与上相类似的青铜退火实例所见亦鲜；西周之后，相关实例又逐渐增多起来，如北京琉璃河西周早期青铜戈等局部锻打后都做了退火处理。但金属热处理技术的真正发展，是春秋战国之后的事①，青铜退火、铸铁可锻化退火，青铜和钢铁的淬火技术此时都迅速发展起来，其中尤其是铸铁可锻化退火，取得了举世瞩目的成就。

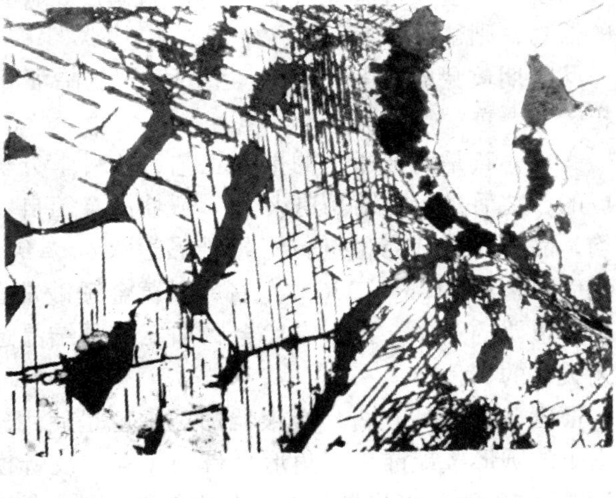

图 3-9-1　北京琉璃河西周早期青铜戈 B36（M105:X）**组织形貌** ×320

标本承北京市琉璃河博物馆田敬东提供

承北京市粉末冶金研究所任新荷、王雨茹金相分析

① 一件具有铸态组织的古代青铜器是否做了退火，这是很难确定的，因冷却速度、自然时效等，都会使正常的铸态组织产生一些变化。本书谈到的青铜退火组织，多是加工态的，其退火组织都十分明显；铸态的退火组织一般暂不收入。

一、青铜退火技术的发展

西周热处理实例依然不多，迄今所知主要是一些兵刃器的局部加工和再结晶退火。我们分析过北京琉璃河西周早期青铜戈，刃部取样，皆为铸制，观察面上见有较多的孪晶或滑移线（图版叁，2、3、4、5、6；图3－9－1），都显示了局部加工后的再结晶退火组织[1]。

春秋战国时期，青铜退火技术有了较大发展，局部加工退火和整体加工退火都已运用得相当自如。

局部加工退火依然主要用在部分兵刃器上，如四川战国青铜戈S5、S15、矛S29[2]、云南江川战国西汉青铜剑D6等[3]，都在局部锻打后进行了再结晶退火。前3器皆在刃部取样，后者在锋尖部取样，观察面上可见到疏密不同的双晶和滑移线（图版贰，6；图版叁，1；图3－8－3，图3－8－4，图3－9－2，图3－9－3）。

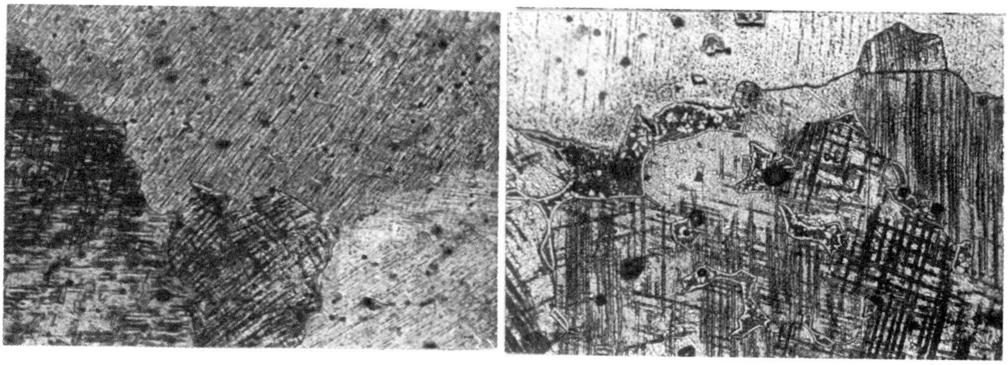

图3－9－2　四川战国青铜戈S15组织形貌

1. ×125　　2. ×320

标本承四川省博物馆曾忠懋提供

承原冶金工业部有色金属研究总院金相分析

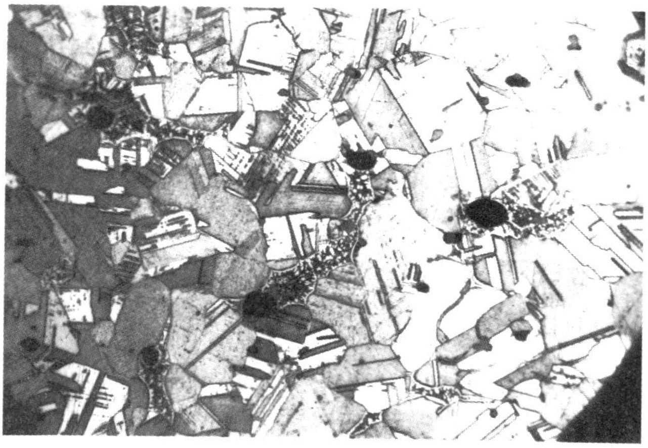

图3－9－3　云南江川竹园山战国西汉青铜剑D6组织形貌　×320

标本承云南省博物馆王大道提供

承北京市粉末冶金研究所任新荷金相分析

整体加工退火的器物主要有容器、甲片、车马器等，多见于春秋之后。此容器习见有“刻纹铜器”和“非刻纹铜器”两种。河南固始春秋青铜匜 YG2、湖北荆门战国平顶盒 M4:25、杓柄 M4:19、C 形铸 M2:315－1[4]、江苏淮阴高庄战国刻纹铜器[5]、云南江川李家山战国西汉臂甲片等[3]，今见组织皆为退火态，看来都是进行过再结晶退火的。3 件荆门铜器的观察面上都呈现大量的孪晶，杓柄因含锡量稍高（15.733%），热加工后的晶粒间界上仍残有少量（α＋δ）共析体（图版壹，6；图版贰，1、2）。淮阴刻纹铜器分析过多件，整个观察面上都布满了孪晶或滑移线，晶粒皆较粗大，呈再结晶退火态，亦可见少量（α＋δ）共析体残余（图版贰，3、4；图 3－8－2）。由科学分析情况推测，刻纹铜器的基本工艺程序应是：先将铜坯锻打成器的雏形，之后退火，最后刻纹。这是相当合理的工艺。退火可消除内应力和再结晶，从而提高了材料塑性，降低了硬度，以便镌刻。这说明人们对退火处理与材料性能的关系已有了较深认识。江川李家山青铜甲也是热锻后作过再结晶退火的（图版壹，5）。

前云成都金沙青铜器 13 件标本中，有 11 件残片都曾经热锻，皆呈现等轴晶和孪晶组织[6]，显然都经过了再结晶退火。也说明了春秋或稍前，成都地区热处理技术的发展情况。

二、铸铁可锻化退火技术的成就

生铁是既硬且脆的，很难用于实际生产，欧洲人最初炼出生铁时，曾将之当成废物抛弃。在英文中，生铁被称为 Pig（“猪”、“蠢猪”），这是很有意思的。我国发明生铁技术后，很快就发明并推广了生铁可锻化退火技术，使其硬脆性降低，塑性提高，使铁器在农业、手工业和日常生活中得以广泛使用。

我国古代的铸铁可锻化退火处理技术约发明于春秋晚期，这是柯俊院士等在分析河南新郑县唐户南岗春秋晚期墓出土的残铁板时发现的，为脱碳退火，标本仅表层脱碳，内层仍为共晶生铁（表 3－9－1）[7]，显示了相当的原始性。战国早期时，此技术便有了一定发展，在今人分析过的此期铁器中，至少有 8 件进行过可锻化退火。韩汝玢等分析过 6 件河南登封阳城的战国早期铁器，包括䦆 5 件、锄 1 件，皆进行过脱碳退火，其中至少有 3 件的整个断面都已脱碳成了钢或熟铁[8]。此前有学者还分析过洛阳水泥制品厂战国早期灰坑出土的铁锛和铁铲各 1 件，分别为脱碳退火和石墨化退火[9]。这些都是世界上最早的铸铁可锻化退火处理件。可见在春秋晚期至战国早期，铸铁可锻化退火处理的两种基本工艺，即脱碳退火和石墨化退火都已发明，其中最先产生出来的是脱碳退火。1977～1978 年，登封阳城铸铁遗址战国早晚两期地层都出土过条材范和板材范，这些铸铁的条材和板材，很可能是用作可锻化处理的半成品[8]。

战国中晚期时，铸铁可锻化退火技术有了较大发展，主要表现是：

（1）分布地域迅速扩展到了战国七雄的广大土地上，北及今河北易县，南到湖南长沙都有出土。

（2）有关器物的数量和种类急剧增加，其中尤其是农具的䦆、铲、锄，手工业工具的锛、斧、凿、削、刀，生活日用器的铁带钩等，此外，兵器的铁镈、铜镞铁铤，及至铁剑等，也都进行过可锻化退火处理。李仲达分析过 33 件燕下都的战国中晚期铁器，其中有灰口铁1件、白口铁7件、麻口铁（局部麻口）2件、块炼铁5件[15]，剩下的18件，大体上皆进行了可锻化退火，占标本总数（33件）的56.25%。这一比例是较大的。

（3）脱碳退火技术有了提高，有的器件，如辉县一件铁斧等[11]，竟完全脱碳成了熟铁或低碳钢（图版肆，3）；如燕下都一件铁锛等，竟是高碳钢[15]；而有的器物在脱碳退火成了熟铁或低碳钢后，又进行了渗碳，从而成为铸铁脱碳渗碳钢；有的还做了进一步加工锻打。这些，本章第七节皆已谈到。

（4）石墨化退火技术有了发展。表3－9－1统计了9件春秋晚期到战国早期的可锻化退火处理标本，其中石墨化退火只有1件，占标本总数的11.11%；表中又统计了57件战国中晚期标本，石墨化退火的达20件，占此时期标本总数的35%[16]。

（5）在石墨化退火处理中，不但培养出了发展得较为充分的团絮状石墨，而且析出了球状石墨，如登封阳城的1件铁锄、新郑的1件铁板和1件铁条，都有球状石墨析出。球墨可锻铸铁的性能，是优于絮墨可锻铸铁的。

据报道，河南登封战国晚期铸造遗址发现了3座热处理炉[8]，新郑仓城冶铸遗址也有出土[17]，这也从一个侧面反映了铸铁可锻化处理技术之发展。

当然，从表3－9－1所示可知，此时期的可锻化退火处理技术依然不是十分成熟，主要表现是：

（1）进行过可锻化处理的器物中，有的器物中心依然残有白口铁组织，这是处理得不太完全的表现。这类标本的组织特征是：表层脱碳，越往里含碳量越高，依次可能出现铁素体、亚共析、共析、过共析组织，中心为莱氏体组织。这种产品可称之“夹生可锻铸铁”[25]。图版肆，4、5所示为湖北包山大墓战国铁斧不完全石墨化退火的组织形态，表层完全脱碳，稍里为可锻铸铁，中心仍为白口组织[4]。此外，登封铁铲[7]、铁锄[8]，辉县铁铲、铁带钩、铁口锄[11]，燕下都铁锄[13]，铜绿山六角锄等[14]，其中心皆残有莱氏体组织。

（2）其脱碳退火处理产品的含碳量一般较低，多为熟铁和低碳钢，部分为中碳钢；在表3－9－1所列66件标本中，属高碳钢者不足10件。

（3）因石墨在金属基体中相当于一种软夹杂，故为了便于加工，板材本应当作脱碳退火的，但今统计的4件郑韩故城条材、板材中，都作了石墨化退火处理，其压力加工性能自然要受到影响。

铸铁可锻化退火处理技术的发明，是一项极其伟大的技术成就。它是1960年，华觉明、杨根等学者在研究战国、两汉铁器金相组织时，最先发现的，此前也有学者分析过相类似的辉县战国铁器，只可惜判断有误。可锻铸铁克服了普通铸铁的硬脆性，具有一定的可塑性、可锻性，改善了铸铁的使用性能，大大地扩展了生铁的使用范围，使铁器在农业、手工业，及至日常生活中都广泛地使用起来，从而创造了世界上最为光辉夺目的铁器文明。在西方，白心可锻铸铁是1722年才由法国人最先发明的，方法是把白口生铁放在赤铁矿粉中，在高温下保温数日，原料是当时欧洲生产的高硫低锰生铁。1826年，美国才使用自己生产的高锰低硫生铁制成了黑心可锻铸铁。此前，在相当长一个时期内，可以说欧洲的铁器供应量是不足的，这就在较大程度上制约了生产力的发展。我国古代铸铁可锻化退火技术发明得如此之早，而且很快就取得了较高成就，这与青铜的消除应力退火、再结晶退火的发明和发展是密切相关的。青铜技术的杰出成就，对钢铁技术是很好的帮助和启迪，它从多个方面影响和促进了钢铁技术的发展。

表 3-9-1　春秋战国铸铁可锻化退火处理件小计

名称	器　号	出土地点	断代	组织和成分	工　艺	备　注	文献
残铁板		新郑唐户	春秋晚期	边缘(F+P),中心共晶 Le	脱碳不完全		[7]
镢	YZHT2(3):8	登封阳城	战国早期	F,<0.1%C,晶粒度3级	脱碳完全		[8]
镢	YZHT2(3):25			F,<0.1%C,晶粒度2级局部5级	脱碳完全		
镢	YZHT3(3):67			F,<0.1%C,晶粒度1~2级	脱碳	只分析了表层	
镢	YZHT2H11:17			P,0.8%C	脱碳		
镢	YZHT2H17:33			F,<0.1%C,晶粒度1~2级	脱碳完全		
锄	YZHT3H20:3			(F+球化 Fe_3C),0.2%C	脱碳	只分析了表层	
锛		洛阳水泥制品厂		P+Le	脱碳不完全	大部分锈蚀	[9]
铲				F+絮状 G	石墨化	大部分锈蚀	
镢	YZHT2(2):24	登封阳城	战国晚期	(F+P),0.1%~0.2%C,晶粒度4级	脱碳完全		[8]
镢	YZHT4(2):7			F,<0.08%C,晶粒度3级	脱碳完全		
锄	YZHT2(2):71			F,<0.08%C,晶粒度4级	脱碳完全		
镢	YZHT2(2):26			(F+P),Fe_3C 部分球化,0.3%~0.4%C	脱碳	只分析了表层	
镢	YZHT2(2):69			F,0.1%C,晶粒度3~4级	脱碳	只分析了表层	
镢	YZHT3H32:4			(片状 P+网状 Fe_3C),<0.9%C	脱碳	只分析了表层	
镢	YZHT5(2):4			(F+P),0.4%~0.5%C	脱碳	只分析了表层	
镢	YZHT5H34:2			(片状 P+F),0.7%C	脱碳	只分析了表层	
镢	YZH 采:41			(P+F),0.7%C	脱碳	只分析了表层	
镢	YZH 采:46			(F+P),0.4%~0.5%C	脱碳	只分析了表层	
锄	YZHT3H32:1			F,0.1%~0.2%C	脱碳	只分析了表层	
锄	YZHT4L2:9			F,0.1%C	脱碳	只分析了表层	
锄	YZH 采:38			(F+P),0.3%~0.4%C	脱碳	只分析了表层	
锄	YZH 采:39			F,晶内有柱状 Fe_3C,0.1%~0.2%C	脱碳	只分析了表层	
锄	YZH 采:40			F,晶内有柱状 Fe_3C,0.1%~0.2%C	脱碳	只分析了表层	
锛	YZHT4L2:95			F,0.1%C	脱碳	只分析了表层	
削	YZH 采:44			(片状 P+网状 F),0.7%~0.8%C	脱碳	只分析了表层	
刀	YZH 采:45			(F+P),0.3%~0.4%C	脱碳	只分析了表层	
敦	YZHT2(2):22			(F+P),0.2%C、0.7%C	脱碳	只分析了表层	
弯板材	YZHT2(2):23			F	脱碳	只分析了表层	
板材	YZHT2(2):21			F,<0.08%C	脱碳完全		
锄	YZHT3H32:1			边缘为柱状 F,往里为(F+P),中心为(Le+Fe_3C)和团块状 G	石墨化不完全		
锄	YZH 采:42			(F+P)+球状 G	石墨化完全		

锄	新 218	新郑郑韩故城	战国中晚期	F	脱碳完全		[10]
锄	新 281			F	脱碳完全		
镢	新 65			P，亚共析、共析、过共析	脱碳完全		
凿	新 116			F－(F＋P)－($P+Fe_3C$)	脱碳不完全		
镢	新 68			F，团絮状 G	石墨化完全		
刀	新 15			F，团絮状 G	石墨化完全		
板材	新 23			F＋团絮状 G	石墨化完全		
板材	新 25			F＋大量石墨小球	石墨化完全		
板材	新 88			(F＋P)＋团絮状 G	石墨化完全		
条材	新 312			F＋少量球状 G	石墨化完全		
铲		辉县固围村		Le＋F	脱碳不完全		[11]
斧				F－过共析钢	脱碳完全		
带钩				F＋P＋Le＋块状 G	石墨化不完全		
铁口锄				F＋Le	脱碳不完全		
斧		石家庄		$F+P+Le+Fe_3C_I$	脱碳不完全		[12]
斧				$F+P+Le+Fe_3C_I$	脱碳不完全		
铲		长沙		F＋P	脱碳	只分析了表层	
镈		燕下都		F＋团絮状 G	石墨化完全		[13]
锄				F＋Le＋团絮状 G	石墨化不完全		
六角锄		铜绿山		柱状 $F+P+Le+Fe_3C_I$	脱碳不完全		[14]
铁斧		荆门包山		表 F，稍里(F＋P)，中心($Le+Fe_3C_I+G$)	石墨化不完全		[4]
铲		登封		表层 P，中心共晶 Le	脱碳不完全		[7]
铁板		新郑仓城		F	脱碳完全		
铜镞铁铤		内蒙赤峰		F	脱碳完全		待刊
三齿镐	W21T74(2)H57:1	易县燕下都		F(75%)＋P(25%)，0.2%C	脱碳完全		[15]
锛	LJ10T135(4):14			边缘脱碳，往里亚共析，属高碳钢	脱碳完全		
镢	LJ10T126(5)F10:6			纯 F，晶粒粗大	脱碳完全		
板式锄	LJ10T126(5)F10:1			P(基体)＋G(团絮状)，游离 Fe_3C	脱碳		
镰	LJ10T139(3):3			P(基体)＋少量 Fe_3C_{II}＋G(团絮状)	石墨化		
凿	LJ10T136(4):6			Le(基体)＋Fe_3C_{II}＋G(少量)	轻度石墨化		
镰	LJ10T129(3):1			P(基体)＋G(团絮状)	石墨化完全		
锛	W21T86(2):4			F(基体，粗晶)＋G(团絮状)	石墨化完全		
镢	W21T73(2)H36:2			F(基体)＋G(团絮状)	石墨化完全		
矛	W21T80(2)H84:3			F(基体)＋条状 G	石墨化完全	曾经锻打	

注：我曾分析过江西上高、内蒙赤峰等地所出多件战国铜镞铁铤，其脱碳处理皆较完全，且多已完全脱碳成了熟铁或低碳钢。但多锈蚀不堪，只有少数保存较好。有关资料待刊。

还有一事需要顺带提一下，即我国古代铁器首先是使用在农业和手工业中，最后才在兵器中推广开来。早在1927年，章鸿钊便注意到了这点[18]。从技术上看，主要原因也是我国较早地发明了生铁冶铸技术和铸铁可锻化退火处理技术之故。农具和手工业工具对材料使用性能要求稍低，便可使用部分可锻铸铁；兵器对材料强度等机械性能要求较高，只有钢质锻件才能较好地满足它的需要。所以，我国古代铁兵器取代青铜兵器的过程，是在制钢术有了较大发展的汉代才基本完成的。

三、淬火技术的发明和发展

我国古代的金属淬火技术当发明于春秋晚期至战国早期时①，战国中晚期便有了一定发展，在青铜和钢铁工艺中都有了较多的使用。

今见最早的淬火器物是长沙杨家山春秋晚期钢剑[19]、江苏丹徒春秋晚期青铜戈（3:664）[20]和广东罗定所出土的战国早期青铜篾刀[21]。前面提到的长沙杨家山春秋晚期钢剑组织均匀致密，含碳量约0.5%左右，碳化物有些球化，并依一定方向排列，约与中碳钢高温回火态相当，故此钢剑当进行过淬火处理，之后又进行了回火。其他因素，如冷热加工、高温退火、自然时效等，都会对晶粒状态产生一定的影响，但都很难获得类似的组织。丹徒青铜戈系回收品中拣得，观察面上分布着大量初晶α相，其间分布着大量针状马氏体β’组织，今见组织与淬火态相当。

淬火技术可能是人们在无意中发现的，也可能与阴阳五行思想有关。阴阳相合，水火相合，这都是五行思想的一个方面。《左传》昭公十七年：“水，火之牡也。”杜氏注：“牡，雄也。”又载：“水火所以合也。”杜氏注：“丙午火，壬子水；水火合，而相薄（又作“博”）。”

战国中晚期，淬火技术有了一定发展，不但钢铁刀剑淬火实例有了增加，而且还用到了青铜工艺中。

此时期的钢铁淬火器物主要有河北易县燕下都M44出土的2件钢剑和1件钢戟等。此剑由两种含碳量不同的铁碳合金折叠锻打而成，高碳层含碳量约0.5%～0.6%，低碳层约0.15%～0.2%；在刃部外层，高碳部分为马氏体，低碳部分为带有铁素体的细珠光体，并有少量索氏体（细珠光体）；刃心部因冷却较慢，故高碳部分的珠光体量和低碳部分的铁素体量都稍有增加[13]。另外，荆门包山铁棺钉似乎显示了一种激冷组织，其白色块状物为铁素体，灰色块状物当是珠光体和某种激冷组织（图版壹，3、4）。

在我国古代青铜器中，使用过淬火技术的器物主要是4种，即铜镜、刃器、响器和容器；先秦时期则主要是前二者。今日所见春秋战国淬火青铜刃器至少有6件，即江苏丹徒春秋晚期青铜戈[20]、广东罗定战国早期青铜篾刀[21]、四川峨眉战国青铜刮刀S22[22]、湖北江陵战国青铜剑J20（雨台山M131:X）[23]、山东临沂战国青铜剑LY1，以及1件采集的吴越残戈[20]。此外，四川涪陵小田溪战国晚期至秦汉的1件青铜剑（M22:6）亦曾淬火[26]，若将之统计入内，则计有7枚。今见

① 有学者说一件高淳出土的西周中晚期青铜剑（3:1253）曾经淬火，但从图示的照片看，其金属基体上并未显示淬火—回火组织。可以进一步研究。

组织多为回火态，也有淬火态。具有淬火回火组织的铜镜较多，如安徽战国四山镜 W1、蟠螭纹镜 W2，湖南长沙彩绘镜 C1、蟠螭纹镜 C8，江陵战国残镜 J10 等[24]。今见组织约与高温回火态相当（图 3－9－4、图 3－9－5、图 3－9－6、图版伍）。

在此有一点需顺带说明的是：关于我国古代青铜器，其中包括青铜镜，是否存在淬火技术，学术界是有过不同观点的；本人一直支持淬火说。有关各方的依据，本书第六章再作详细介绍。

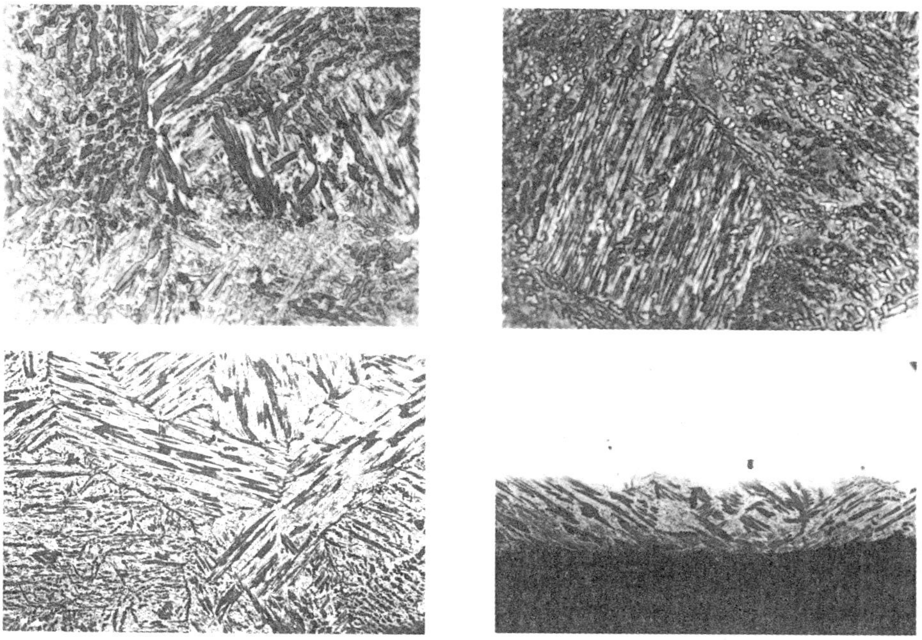

图 3－9－4　四川峨眉战国青铜刮刀 S22 组织形貌

左上．×500　　右上．×320　　左下．×320　　右下．×320（未蚀）

标本为 1963 年峨眉符溪公社出土，承峨眉文管会提供

承原冶金部有色金属研究总院和北京市粉末冶金研究所金相分析

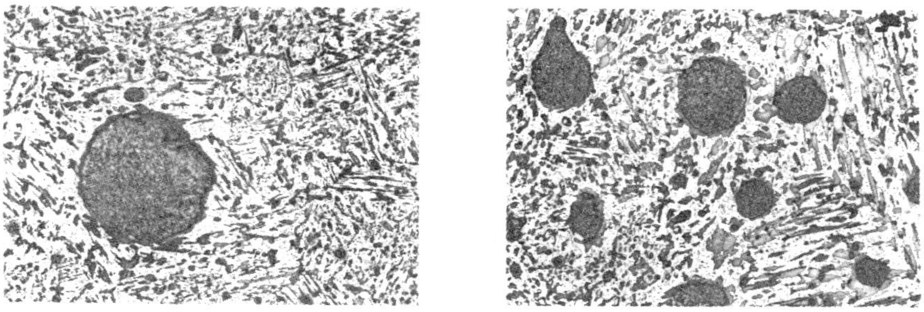

图 3－9－5　湖北江陵战国白点花纹剑 J20 组织形貌　×320

标本承荆州市博物馆陈跃钧提供

承北京市粉末冶金研究所任新荷等金相分析

从文献记载看，当时的楚、韩两国都制作过十分锋利的钢铁兵器，这显然与其热处理的工艺较好是有关的。前引《战国策·韩策一》、《史记》卷六十九“苏秦列传”都说韩出有龙渊、太阿等名剑。唐司马贞《索引》引晋《太康地理记》云：“汝南西平有龙泉水，可以淬剑，特坚利，故有龙泉水之剑。”《汉书·武帝纪》“龙渊宫”注引孟康云：龙渊“在西平界，其水可用淬刀剑，特坚利，古龙渊之剑，取于此水。”龙泉剑之名噪于战国，此两条文献皆云其曾用龙泉水淬剑，此说当属可信，这也说明了韩国淬火技术的发展。

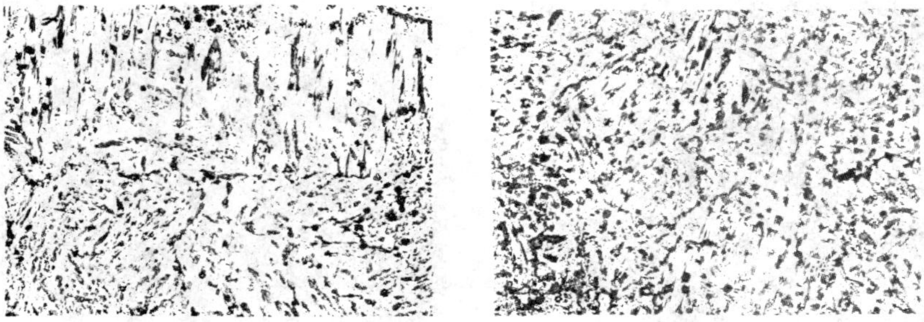

图 3－9－6　安徽、湖南战国青铜镜热处理组织（W1、C1）×320

左．四山镜 W1，安徽出土，承安徽省博物馆李国梁提供

右．彩绘镜 C1，长沙出土，承湖南省博物馆提供

承北京市粉末冶金研究所任新荷、王雨茹金相分析

热处理对金属材料性能的影响是不同的，一般而言，淬火可极大地提高钢的强度和硬度，但锡青铜则有些不同，其淬火后既可适当提高其强度，还可提高材料的塑性，降低它的硬脆性。由上述情况可知，早在先秦时期，人们对此就已有了较深的认识。

四、化学热处理技术的发明

此化学热处理技术主要指表面渗碳。我国古代钢铁渗碳技术当可上推至西周晚期，前云西周晚期虢国墓出土的玉柄铜芯铁剑和铜骹铁叶矛，便是块炼铁渗碳成钢的；战国时期，块炼铁渗碳技术有了一定发展，所见标本增多，如燕下都44号墓所出土的钢剑、钢戟[13]等；同时还出现了一种铸铁脱碳钢渗碳的新工艺，即铸铁脱碳成了低碳钢或熟铁后再进行渗碳，如李仲达分析的燕下都部分剑、戟等[15]。因块炼铁渗碳的对象是整个钢料，故虢国墓的块铁渗碳钢、燕下都44号墓所出土的块铁渗碳钢技术，通常都作为一种制钢工艺；而李仲达分析的铸铁脱碳钢件之渗碳，则通常是在器物表面进行的，它的对象是器件，其渗碳层有时可达整个断面，但往往只停留于表层，或不太深的地方，故通常可当作化学热处理，即表面渗碳。看来，我国古代化学热处理，或说表面渗碳技术应发明于战国时期。

第十节　金属表面处理技术的多项成就

“金属表面处理”的内涵十分丰富，大凡在金属表面进行的任何加工，如磨光、镶嵌、外镀、渗入等，都可归入这一范围；但本书主要是指外镀、表面渗入和其他物理化学处理。外镀主要有镀金和镀锡铅；表面渗入主要有渗硫、渗碳、渗氮、渗砷；磨光、镶嵌等操作则多归入机械加工范围。渗碳则既可归于化学热处理，亦可归入表面处理。在表面处理诸工艺中，沿用时间最长、使用范围最广的大约是镀金和镀锡。在我国古代金属表面处理的漫长发展历程中，较值得注意的是两个历史时期：一是春秋战国时期，外镀、渗硫，以及渗碳等技术，都得到了迅速发展；二是明代，渗砷、凝膏渗碳法、生铁淋口、宣炉宝色，此时期都已见于记载。表面处理既可改善产品的艺术价值，亦可提高器物表面的物理、机械性能，客观上还可起到减缓金属基体氧化的作用。

一、镀锡技术

我国古代镀锡技术发明于何时，如今尚难确定；或可上推到西周早期及至商代晚期。

20 世纪 30 年代，殷墟曾出土过数具虎面铜盔，据说其中一具的“内部红铜尚好，外面一层镀锡，镀法精美，光耀如新，且闪烁有白光”[1]。此虎面铜盔内层作红铜色，外表却闪烁白光，本人虽未见及原物，其说当属可信。此外，许多商代青铜器，尤其是觚、尊等酒器、日用器，往往都有一个“特殊表层”，其色青绿、翠绿、青黑、漆黑等，此表层一般都较薄，且致密地与器体粘连着，一定程度上还起到了保护金属基体的作用。如著名的湖南宁乡四羊尊，周身漆黑且稍带光泽，甚是精美。1976 年，宁乡又出土一件兽面纹铜觚，其色青黑，亦有光泽，断代商代晚期[2]。1994 年，我们考察过 6 件具有特殊表层的河南罗山、固始青铜器，其色或青绿、或草绿、或灰黑，其中一件镞的表面含锡量高达 73.65%；6 件试样 8 个表面分析点的平均成分为：铜 29.896%、锡 52.323%、铅 6.087%、硅 5.058%（表 3－10－1）[3]。不能排除其进行过镀锡处理的可能性。

西周时期，具有这种高锡表层的器物明显增多，文献上也有了关于镀锡工艺的记载。1988 年，我们考察过部分北京琉璃河西周早期青铜器，种类有铜泡、车軎、当卢、盾饰、戈等，表面呈现灰黑、灰白、乳黄、青绿等不同色态。我们分析过的 10 件标本 12 个表面分析点的成分为：铜 3.335% ~ 56.864%，平均 32.979%；锡 31.959% ~ 66.191%，平均 45.8%；铅 0 ~ 43.938%，平均 11.713%；硅平均 7.463%[4]。可见：（1）其表面含铜量都较基体为低，含锡、含铅量都较基体为高。尤其是球形泡状物 B28，表面灰白，受蚀甚轻，大体上是镀层本色，也显示了同样的特点。这些试样的合金成分见表 3－3－4。（2）好几件试样的基体皆不含铅或含铅量极低，如球形泡状物 B28，基体含铅量仅为 0.675%，其表面受蚀甚轻，含铅量却达 10.877%；戈 B35 基体不含铅，表面含铅量却达 8.74%。当是土壤污染或外镀所致，而以外镀的可能性最大。

在先秦典籍中，与镀锡有关的资料主要是《诗·秦风》中的“鋈”字，它在“小戎”篇一共出现过 3 次，曰“游环胁驱，阴靷鋈续”，曰“龙盾之合，鋈以觼軜”，曰“俴驷孔群，厹矛鋈錞”。“正义”云：“作《小戎》诗者，美襄公也。襄公能备具。”秦襄公于公元前 777 ~ 前 766 年在位。故此诗的创作年代，当为西周末年到春秋初年。历代学者对“鋈”字曾有过两种不同的解释，一说其指白色的金属。《说文》：“鋈，白金也。”《小戎》郑笺：“鋈，白金也。”“鋈，白金饰续靷之环。”二说它原指外镀白色金属的工艺。刘熙《释名·释车》：“鋈，沃也，冶白金以沃灌靷环也。”《小戎》孔疏：“言‘鋈，白金’者，‘鋈’非白金之名。谓销此白金以沃灌靷环，非训鋈为白金也。”今人张子高循刘、孔之说，进一步指出：

表3-10-1　商代晚期至春秋战国青铜器高锡表面扫描电镜能谱分析

名称样号	出土地点	断代	表面状态	成分（%）				
				铜	锡	铅	硅	其他
镞 YL3	罗山	商代晚期	草绿草黄	4.379	73.65	3.949	6.842	铁9.14　磷2.035
直戈 YL5			青绿色	46.38	42.368	4.096	4.071	铁3.083
环首刀 YL8			灰黑色	60.276	33.447	2.244	3.657	铁0.357
觚 YL11			外表，泛灰绿	18.101	57.999	15.456	4.302	铁4.143
			外表，泛灰绿，另一处	19.98	50.22	10.96	3.86	铁6.9 铝2.62 磷2.36 硫3.11
			内表，青灰	59.177	31.947	8.876		
爵 YL12			外表，灰泛绿	7.51	68.47		8.87	铁4.56 铝5.91 磷4.05 硫0.63
直戈 YG1	固始		灰黑	23.372	60.481	3.113	8.859	铁4.175
长方形铜泡 B27	北京琉璃河	西周早期	外表，灰黑，稍带光泽	34.139	39.246	22.594	1.655	铁0.524　磷1.838
球形泡状物 B28			外表，灰白泛青，稍亮	23.827	61.243	10.877	3.978	磷0.072
半球形铜泡 B29			外表，绿玉色有光泽	16.749	37.962	37.686	7.601	
			外表，青绿色，无光泽	15.463	32.122	43.938	8.475	
半球形铜泡 B30			外表，乳黄色，无光泽	3.335	66.191	6.117	7.657	铁15.646　磷1.031
车軎 B31			外表，乳灰色，稍亮	47.846	44.806	0.344	6.105	铬0.674　铁0.22
漆壶铜口 B32			外表，灰黑，有光泽	54.429	34.566	8.146	2.857	
当卢 B33			外表，青绿泛白，稍亮	41.825	53.339	0.794	3.157	磷0.882
盾饰 B34			外表，灰黑，稍带光泽	40.117	47.472		12.059	铁0.35
			外表，灰黑，稍带光泽	44.158	44.647	0.557	10.178	铁0.458
戈 B35			青灰，稍带光泽	16.978	56.041	8.74	16.373	铬0.694　铁1.171
戈 B36			黑色，稍带光泽	56.864	31.959	0.759	9.456	铁0.961
戈 LL7	山东临淄	春秋战国	灰绿	21.765	35.359	31.221	3.885	铁5.48　磷2.286
剑 LL9			灰黑，稍亮	49.651	30.174	11.333	3.076	铁3.148　铝1.456　磷1.159
剑 LL23			刃表，银白	63.215	32.076	1.346	2.788	磷0.577
剑 LZ2	山东招远		青灰	20.304	32.692	12.861	18.596	铁1.792　铝11.139　磷2.593
剑 LZ4			开刃线处，银白	39.979	40.004	11.612	5.152	铝2.478　磷0.773
剑 LZ6			青绿	21.08	42.918	26.096	4.055	铁1.953　磷3.896
剑 LG3	山东栖霞		绿黑	34.664	36.892	11.402	8.633	铁1.024　铝5.29　磷2.092
剑 LG4			灰黄	26.088	50.561	3.869	9.739	铁2.068　铝5.942　磷1.731
剑 LG5			青灰	22.99	48.011	13.039	3.318	铁6.369　铝2.579　磷3.699
钵 LG7			外表，乳白	18.954	49.879	13.262	6.567	铁6.626　铝2.423　磷2.287
罗山、固始6件试样8个分析点平均成分				29.896	52.323	6.087	5.058	
琉璃河10件试样12个分析点平均成分				32.979	45.8	11.713	7.463	
山东春秋战国10件试样平均成分				31.869	39.857	13.604	6.581	

注：河南罗山、固始商代晚期标本分别承欧潭生、詹汉清提供，详见文献［3］。琉璃河西周早期标本承田敬东提供，详见文献［4］。山东青铜器标本承齐故城博物馆张龙海、招远县图书馆王吉道、栖霞文管所提供。扫描电镜能谱分析承北京市粉末冶金研究所李耕、北京工业大学王越、冶金部钢铁研究总院李文成进行。

此“白金”即是锡，“鋈”即是镀锡[5]。此说是有一定道理的，且适与琉璃河西周早期车马饰器、兵器的镀锡技术相符。这是我国古代关于镀锡技术的最早记载。白金说则难得成立，在西周至春秋早期，白色的金属只有白银、高砷白铜（砷 > 10%）和高锡青铜；但白银当时极为稀少，高砷白铜亦鲜，都不可能用来装饰兵器和马具；高锡青铜性脆，不宜于用来装饰兵器和车马器；所以此“鋈”唯释作镀锡最为适宜。

春秋战国时期，镀锡技术在兵器、日用器、车马器中都有使用，其中又以铜镜和青铜剑最为引人注目。表3－10－1下半部列出了10件山东春秋战国时期的青铜剑、戈、钵表面扫描电镜分析结果，其表面平均成分为：铜31.869%、锡39.857%、铅13.604%。其中临淄青铜剑LL23、招远青铜剑LZ4、栖霞青铜钵LG7，表面皆作银白色或乳白色，受蚀甚轻，平均含锡量仍高达40.653%。此期铜镜表面的含锡量也很高[6]，看来都应当是镀上去的。法国考古学家卫松（Andre Vaysos de Pradenne）在化验我国周代青铜戈等兵器时，也发现过这一现象，并给予了很高评价，说：“中国古代，已有外镀，殊可钦异。且其外镀，不仅为美观避锈起见，又有保护兵器本身之功能。”“中国古代铜器铸术之高尚程度，非斯时任何他处所能及。”“外镀之术，实足以超绝斯世。”[1]从有关资料推测，我国古代镀锡技术可能有三种操作：（1）固态擦涂法。即将固态锡擦涂到器物表面上，以达到镀的目的。直到汉代，人们依然称镀金为涂金，可知“镀”的本意即是涂。（2）汞齐涂附法。即先将锡制成锡汞齐，之后通过涂抹汞齐的方式来达到镀锡的目的。（3）液态浇淋、浸挂法。即将锡液浇在金属器上，或将金属器浸入锡液中，以达到镀的目的。看来初始大约使用第一种方法稍多。炼汞术发明出来后，便应是第二种方法较多了。第三种方法的操作难度较大，锡凝固较快，浇淋法难得均匀；沉浸法须十分迅速，稍有不慎，器体便会即刻熔化成液；大约这只宜于中型器件，而不宜于大器，亦不宜于薄壁小件，即青铜热镀法操作是十分困难的，不能与后世马口铁（镀锡白铁皮）相比。此第三种方法是张子高1958年提出的[5]。1994年，有学者在考察鄂尔多斯青铜饰器时，也提出过类似的观点，说器物呈现单面镀层时，多采用了热擦镀锡工艺；呈现双面镀层时，则多用热浸工艺，并认为其镀料可以用纯锡，也可用铅锡合金。2004年，有学者在分析云南晋宁石寨山汉代青铜器时，认为石寨山剑鞘上的高锡表层也是使用热镀法镀上去的[7]，只可惜皆未列出模拟实验资料和文献依据。

在此有一点需特别指出的是，我国古代青铜器是否存在表面镀锡，基本操作和使用范围如何，长时期以来一直存在不同看法；早在汉代便产生了两种观点，后世学者也提出过各种各样的疑问。有关今人的一些不同意见，第六章还要介绍。本书判断早期镀锡工艺的基本依据是：部分考古实物的科学分析和《诗经·小戎》中关于“鋈錞”等的记载。

二、镀金技术

镀金，不知先秦如何称谓，汉谓之“涂金”、“黄金涂”，今俗又谓之“鎏金”[8]。操作要点是将金汞齐粉涂到洁净的铜器表面，令汞挥发后，器物表面便留下了一层薄薄的黄金。这种金汞齐是介于混合物与化合物之间的物质，通常不称之为合金，而称之为汞齐。镀金技术至迟发明于战国早期或稍早，战国中晚期才有了一定发展，西汉便广泛地使用起来，并沿用至今。它主要用于各种铜质的日用器、车马器、兵器、工艺品和建筑构件的装饰。银器、铁器镀金者鲜。

1957 年，河南信阳长台关 1 号楚墓出土镀金铜削 2 件、镀金铜质鼓环 2 件，2 号墓出土镀金长方形铜板 50 件，断代战国早期[9]；1982 年，浙江绍兴 306 号战国初期墓出土有镀金嵌玉饰[10]。这都是年代较早的镀金器物。

关于镀金技术的发明期，学术界还有过一些不同说法。据说二里头出土过一件青铜刀，其背部细纹间见有鎏金痕迹[11]；据报道，洛阳北窑西周中期中型墓 M32 出土金片 3 件、镀金铜管 1 件[11]。此两起资料都十分重要，可惜皆未见到原物，亦未见分析报告，有待进一步研究。又，据说 1975 年云南万家坝 21 号墓出土长方形镀金铜片 2 件，35 号墓出土镀金铜管 38 件，经测定，距今约 2640 ±90 年，相当于春秋中、晚期；铜管由薄铜片弯卷而成，镀层厚薄不均，附着力较差，一触即掉，光泽欠佳[12]。此事亦可惜未见实物，可以进一步研究。在此有一点值得注意的是，铜器表面薄薄的黄金层的获得，可能有两种不同的工艺，一是镀金，二是贴金、包金。一般而言，镀金层应当较薄、较平，不存在收口及其接合痕迹。但有时也是不易分辨的，如曲阜鲁国故城所出土的战国早期长臂猿饰器，原被定作镀金[13]，后来又才证实为贴金的[14]。此贴金长臂猿饰器已在本章第五节提到。又，北京延庆军都山文化墓出土过多枚包金铜贝，金层较薄，粘着较好，至今尚难从铜基体上剥离开来，若非细致观察，也很容易误认为是镀金。经量度，军都山金薄厚约 90 微米；其扫描电镜能谱分析如表 3－5－1。从现有资料看，直到战国早期，镀金器依然是较少的。

镀银技术发明于何时，目前尚无确切的资料。古越阁藏有镀银蟠螭纹戈 1 件，通长 21.8 厘米，原断代为春秋[15]，但可惜其为传世品，不知断代是否得体。在考古发掘中，银器在春秋时期便很少看到，镀银器则在整个先秦都是很少看到的。

战国中晚期，镀金技术有了较大发展，并显示了较高的技艺。1977 年、1978 年，曲阜鲁国故城出土 1 件镀金镶玉铜带钩，长 11 厘米，属战国中晚期[14]。20 世纪 50 年代，河南洛阳烧沟出土了镀金铜带钩[16]，河南辉县固围村 1 号墓棺外饰物有镀金铜兽环[17]。有学者分析过 1 件安徽出土的战国镀金残铜片，其镀金层只有 6 微米厚[18]。不过，直到战国中晚期为止，镀金器依然多是一些小件，大中型件都很少看到。

古今镀金法主要是汞齐粉涂法，通常用来制作汞齐的金属主要是金、锡、银、铅。

不管镀锡还是镀金，皆须以汞来“融合”锡和金。前面谈到，我国古代的炼汞术当发明于春秋或稍早。在冶炼出汞之前，人们还可以使用自然汞，所以作为镀锡、镀金的一些基本条件，在春秋，或者稍早，都是具备了的。

三、硫化处理技术

我国古代青铜器的硫化处理技术，是人们在 1979 年分析江陵望山 1 号墓所出土的越王勾践剑，及其伴出的同纹无铭剑时发现的，此两剑的表面都具有暗花菱形纹。其中的越王勾践剑通长 55.5 厘米，身宽 4.6 厘米，近剑格处有“越王鸠浅自作用鐱”8 字金错鸟篆铭文（彩版叁，1）；断代春秋晚期[19]。之后，我们在分析荆门包山[20]，江陵雨台山、藤店战国青铜器[21]时也发现了类似的硫化处理器物。此技术主要使用于春秋战国时期，即青铜技术最为兴盛的阶段。汉后所见甚鲜，在传统技术中亦未见过类似的操作。

从现有分析资料看（表3－10－2），先秦硫化处理器物的表面成分约包括3种类型，且对应着3种不同的工艺：

高硫型。包括包山剑形矛、铜削、车辖[20]和江陵雨台山铜戈、藤店铜镞等5件器物[21]，其或通体漆黑、或为灰绿，有的还稍带光泽。表面成分的基本特点是含硫量较高，在诸组分中，硫仅次于铜而占第二位。包山车辖表面平均含硫量高达17.298%，5件标本12个分析点的表面平均成分为：铜72.310%、硫12.915%、锡4.921%。这12个分析点中，11个未显示出铅来，唯江陵藤店青铜镞的一个分析点显示了铅，此青铜镞基体的含铅量为5.667%。

高铅高硫型。只有包山鸟首车饰包皮1器。表面成分的最大特点是含铅、含硫量都较高，表面平均成分为：铜60.005%、铅23.59%、硫12.695%，未显示出锡。

局部含硫型。包括越王勾践剑、与之伴出的同纹无铭剑、包山木樽戈3器，表面成分的最大特点是：漆黑部分（包括底色和花纹）都含硫，红黄色部分则不含硫。越王勾践剑黑色直线纹和剑格（黑色）的平均成分为：铜60.2%、锡31.025%、铅4.275%、硫1.825%。可见此含硫量较低，在表面成分中处于第4位，但其成分分布呈现一定规律。

一般而言，致使铜器表面含硫的因素可能有三：一是制作或使用过程中偶然渗入；二是埋藏过程中偶然渗入；三是有意渗入。看来，在本研究的几件标本中，前两条途径的可能性都较小。不管望山1号墓、包山大墓，还是雨台山、藤店墓，所出土皆非一两件器物，而其他器物皆未发现过类似的现象，所以，地下污染说当可排除；尤其是局部含硫者，其硫的分布呈现一定规律，若非人工所为，这是很难解释的[20][21]。此三种表面成分中，第一种应是整体渗硫的，既未镀锡亦未镀铅，表面分析显示出来的锡当来自金属基体；第二种也曾整体渗硫，但是否也曾镀铅，可以进一步研究；第三种则是局部渗硫的，目的自然是一种局部装饰。这类器物在新制成之时，可能已呈现出一些不同的颜色或文采。

我国古代关于硫化处理的记载较少，但硫可使金属致黑之事却为人熟知。《本草纲目》卷八“金石·附录乌银”条引唐陈藏器云：“今人用硫黄薰银，再宿泻之，则色黑矣。”《重修政和经史证类备用本草》卷四“石硫黄”条引五代独孤滔《丹方鉴源》云：“石硫黄可乾汞……见五金而黑，得水银而赤。”《本草纲目》卷十一“金石部·石硫黄”条引独孤滔所云大体一致，说：“硫能乾汞，见五金而黑，得水银则色赤也。”《物理小识》卷七“锻理”条载：“金银皆有镶嵌……其乌银则硫填纹而烧之，后代之工有巧于前者。”康熙五十六年周钟瑄修《诸罗县志》亦谈到过类似的现象，说“磺在干豆门之左，山产磺……毒气蒸郁，触鼻昏闷，金银藏者不数日皆黑”。看来，古人早已有意识地利用了硫可使部分金属表面致黑的现象。这种“硫填纹而烧之”的技术很可能早已出现。

从现代技术观点看，硫化处理之法大体上可区分为干法和湿法两种，我国古代应以干法为主[22]，具体操作有待进一步研究。

表 3-10-2 春秋战国硫化处理器物的表面分析

名称样号	出土地点		分析部位及表面状态	成分（%）铜	锡	铅	铁	硅	铝	硫	其他
越王勾践暗花菱形纹剑 WM1:G9	湖北江陵望山1号墓	1	剑刃表面	80.3	18.8	0.4	0.4				砷微量
		2	黄色花纹	83.1	15.2	0.8	0.8				
		3	黑色花纹	73.9	22.8	1.4	1.8			微	
		4	黑色花纹最黑处	68.2	29.1	0.9	1.2			0.5	
		5	剑格（黑色）边缘	57.2	29.6	8.7	3.4			0.9	
		6	剑格（黑色）正中	41.5	42.6	6.1	3.7			5.9	
伴出同纹无铭剑 WM1:B127		1	黄色花纹	72.2	15.7	6.6	0.4				
		2	黑色花纹	75.3	16.6	7.5	0.5			微	
		3	剑端最黑处	46.8	36.1	6.9	2.0			8.0	
		4	剑格（黑色）	41.8	40.4	9.0	3.7			4.9	
剑形矛 M2:386	湖北荆门包山战国墓	1	柄内表黑色，有光泽	70.454	2.399		1.309	4.162	3.365	16.107	钙2.181
		2		79.932	1.664			3.489	6.26	7.67	钙0.982
		3		74.888	0.881		0.734	4.549	7.061	10.717	钙1.167
铜削 M2:203		1	外表黑漆色，有光泽	72.961	7.915			3.968	1.891	13.241	
		2		84.952			0.554	3.293		11.2	
		3		69.219	10.352		1.091	3.415	1.719	14.299	
木樽戈 M2:490		1	外表红黄色	82.653	12.057			5.289			
		2		82.102	13.831	0.699		3.367			
		3	外表黑色斑点纹	48.439	28.736		0.686	11.082	8.518	2.438	
		4		50.506	25.281		0.798	10.991	8.679	3.742	
		5		66.81	25.919			3.491	2.348	1.43	
		6		59.705	23.905			6.027	4.866	5.494	
车辖 M2:366		1	外表深黑色	68.02	12.219		1.227	1.423		17.109	
		2		67.653	9.123		1.309	1.688	2.737	17.487	
鸟首车饰包皮 M2:346		1		59.0		23.82	2.31	1.67		13.21	
		2		61.01		23.36	2.51	0.95		12.18	
戈 M29:X	江陵雨台山	1	通体漆黑，但无光泽	80.926	5.029		0.187	1.059		12.806	
		2		82.176	1.418		0.339	3.431		12.650	
镞 M1:X	江陵藤店	1	表面，灰绿	67.277	3.952		1.676	9.698	6.659	8.328	磷0.131 锌2.32
		2	表面，灰绿	49.259	4.1	9.999	2.213	9.109	8.373	13.363	磷0.888 锌2.692
平均成分	越王剑黑色表面，4点			60.2	31.025	4.275	/	/	/	1.825	/
	践伴剑黑色花纹，3点			54.63	31.03	7.8	/	/	/	4.3	/
	包山矛、削、车辖，雨台山戈，藤店镞，5器12点			72.310	4.921	0.833	/	/	/	12.915	/
	木樽戈之黑斑，4点			56.365	25.96	0	/	/	/	3.276	/
	木樽戈，红黄色，2点			82.378	12.944	0.35	/	/	/	0	/

注：（1）望山1号墓青铜剑分析资料见文献［19］、［30］；包山楚墓青铜器分析资料见文献［20］；雨台山和藤店青铜器分析资料见文献［21］。

（2）越王勾践剑及其伴出的同纹无铭剑断代春秋晚期，其余断代战国。计算平均成分时，越王勾践剑的分析点1、2，与之伴出剑的分析点1皆未列入。

（3）平均成分中的第 3 行包括包山出土的青铜矛、削、车辖和雨台山出土的青铜戈、藤店出土的青铜镞，计 5 件标本。

（4）本表所列兵刃器合金成分见表 3－3－5，唯越王勾践剑的伴出同纹无铭剑成分不明。车辖成分为：铜 84.644%、锡 13.362%、铅 1.993%；鸟首车饰包皮成分为：铜 84.42%、锡 8.9%、铅 6.68%（见文献［20］）。

（5）表面分析显示出来的硅和铝，基本上都是地下腐蚀过程中造成的一种污染；铁大体也是这样，铜液经高温熔炼后，不应再含铁，或应含铁量很低。所以，在研究表面处理时，此硅、铝、铁是没有多大技术意义的，本节亦不讨论此三元素对表面状态的影响。数十年来，我曾对大量古代青铜器进行过表面分析，有的标本虽金属基体不含硅、铝、铁，但锈蚀部分经常含有一定量的硅、铝、铁，且往往是受蚀越剧，含硅、铝、铁越多。

表 3－10－3　《长沙楚墓》所载部分花纹刃外部形态（长度，厘米）

墓新编号	名称、器旧号	时期	类型	底色	通长	身长援长	花纹状态	表或正文页码
86	剑 57 长陈军 M35:3	二	BIa	绿	60.7	51.2	有黑斑	182
118	剑 52 乙 M102:1	三	A	灰黑发亮	49.6	40.6	有斑纹	177
125	剑 52M782:3	三	BIa	棕绿	37.8	28.6	有菱形纹	178
133	剑 52M823:1	三	AIIa	灰绿	50	39.4	灰黑斑纹	177
168	剑 53 长月 M4:5	三	F	灰绿	40.6	32.6	有浅褐色菱形纹	186
200	剑 54 长黑 M12:5	三	BIa	黑	64.5	54.3	有银色斑	180
336	剑 56 长烈博 M9:4	三	BIb	棕黑	49.8	39.8	有不规则网状纹	184
1204	剑 57 长左皮 M8:2	四	A	银灰	55.5		有银色斑	178
1568	剑 58 长烈 M1:4	战国	BIa	灰褐（断）	49.3	40	有斑纹	182
1634	剑 65 长梅七 M23:2	战国	BIa	灰绿（断）	54.75	44.4	有浅褐斑	183
1574	匕首 59 长子 M2:2	战国	AII	灰黄	23.6	19	有褐斑	189
22	戈 64 长五 M1:2	一	BIIa	灰绿	21.8	14.1	黑斑	195
123	戈 52M779:1	三	BIII	褐绿	25.2	15.3	有黑斑	195
175	戈 54 长新新 M2:3	三	BIId	褐绿（残）	24.2	14.8	内部有圆形斑点	彩版一五
329	戈 56 长沙 M58:6	三	CIa	翠绿（残）	21.6	12.6	黑斑	198
336	戈 56 长烈博 M9:4	三	BIV	黄（残）		18	黑斑纹	196
418	戈 52M851:2	四	BIII	黑	19	10.5	银斑纹	196
529	戈 54 长仰安 M23:2	四	BIII	黄灰（残）	25.5	14.9	有黑斑	196
559	戈 54 长政魏 M10:16	四	BII	灰绿	25.9	15.7	黑斑	196
735	戈 55 长政魏 M6:1	四	DII	浅绿（内残）	17.1	10.1	黑斑	201
738	戈 55 长政魏 M15:2	四	DII	浅绿（残）	19.4	12.2	褐斑	200
783	戈 55 长丝营 AM24:6	四	DII	绿色	残 15.5		黑斑	199
873	戈 55 长丝营 AM24:6	四	DII	绿色（残）	15.5	8.7	有黑斑	200
804	戈 55 长丝营 AM74:2	四	CIII	黑	20.5	13	银斑	199
846	戈长王 M2:1	四	CIII	绿褐色（残）	20.6		全身有较粗褐斑	197
1056	戈 59 长柳 M10:2	四	DI	灰绿	21		有黑斑	199

1057	戈 59 长柳 M11:2	四		绿色（残）	23.2		全饰银斑	201
1333	戈 52M802:2	战国	BIIb	灰绿	20.5	12.2	银灰斑	195
1456	戈 55 长沙 M12:1	战国	BIV	黑	20	12.5	银斑	196
1602	戈 64 长窑 M19:1	战国	BIV	灰绿（残）	22.3	14	褐斑	196
1610	戈 64 长下麻 M8:2	战国	BIIb	翠绿	19.4	11.8	黑斑	195
1612	戈 64 长下麻 M14:2	战国		内部三面刃	24.6		灰白色圆斑	194
338	矛 56 长烈博 M14:1	三	AIF	灰黄色	24.8		鸟形黑斑	213

注：（1）采自湖南省博物馆等：《长沙楚墓》，文物出版社，2000 年。有关数据以表格为主。（2）戈 M175:2，原书未曾提及，今依原书彩版一五，2 补入。

表 3－10－4　虎斑纹剑矛、白点星纹剑表面成分分析

名称样号		表面状态	成分（%）					
			铜	锡	铅	铁	硅	其他
虎斑纹矛 S10	1	基底，灰黑泛绿	9.571	40.915	25.332	3.68	14.149	铝 6.35
	2	灰斑纹，黑色	14.867	46.097	21.327		11.807	铝 5.899
虎斑纹矛 S29	1	基底，灰黄	12.222	38.168	22.928	9.503	6.512	铝 4.142 铂 6.521
	2	基底，灰黄	14.671	39.873	23.953	9.596	5.414	铝 3.972 磷 2.517
	3	虎斑纹，黑色	17.915	43.808	21.554	3.712	13.008	
	4		35.775	56.614	0	4.609	2.692	磷 0.308
剑（1979）	1	底色，灰黑	36.87	42.98	10.40	1.33	5.96	磷 0.21 硫 2.25
	2	虎斑纹	12.34	52.47	23.88	2.81	5.91	硫 2.59
白点星纹剑 J20	1	白点星纹	18.731	50.878	2.849	4.533	13.038	铝 9.113 磷 0.854
	2		22.838	55.677	3.228	3.439	7.557	铝 6.941 磷 0.316
	3		5.040	61.657	3.723	6.000	11.381	铝 7.606 硫 0.849 磷 1.249 锌 2.499
	4		9.796	64.331	0	5.001	10.71	铝 6.477 磷 0.778 铬 1.135 锌 1.775
	5		16.475	64.313	0	4.166	4.705	铝 4.722 硫 1.732 铬 2.157 锌 1.73
	6		9.556	58.208	7.049	7.035	7.995	铝 6.988 硫 2.203 磷 0.731 锌 0.237
	7		9.66	60.84	3.95	5.33	11.49	磷 2.45
	8	基底，青黑色	0.75	81.15	0.11	8.01	6.17	铝 2.58 磷 1.22
	9		2.421	67.604	4.293	7.822	9.818	铝 6.67 磷 1.37
	10		1.213	71.974	5.234	8.59	7.005	铝 5.014 磷 0.967
虎斑纹剑矛底色平均成分，3 件 4 点			18.334	40.484	20.653	7.593	8.692	/
剑矛虎斑纹平均成分，3 件 4 点			20.224	49.747	16.690	2.774	9.169	/
白点星纹剑底色平均成分，3 点			1.461	73.576	3.212	/	/	/
剑 J20 的白点星纹平均成分，7 点			13.157	59.415	2.971	/	/	/

注：（1）标本矛 S10、矛 S29 承四川省博物馆曾忠懋提供，承原冶金部钢铁研究总院李文成教授扫描电镜能谱分析，详见文献［28］，其合金成分并见本章表 3－4－4。

（2）标本白点星纹剑 J20 承荆州市博物馆陈跃钧提供，承原冶金部钢铁研究总院、北京市检测中心等单位扫描电镜能谱分析，合金成分并见本章表 3－3－5，其器号为“雨 M131:X”。

（3）剑（1979）系 1979 年四川绵竹县清道乡战国晚期墓出土。采自文献［29］。

四、关于青铜兵刃器的花纹技术

我国古代青铜兵刃器有三绝：一是犀利非常，古谓之“穿铜釜、绝铁钖，胥中决如粢”。二是器身上呈现各种不同的花纹，或如芙蓉始出，或如列星之行，浑浑如水之溢于塘[23]，又似鱼肠之逆理[24]。三是长短适中，轻重适手，体态秀美[25]。其锋利性能主要与合金成分等有关，其花纹的影响因素则较复杂。

青铜兵刃器的表面饰纹约始见于二里头文化时期，1980 年二里头“三期”出土 1 件铜刀 IIIM2:3，通长 26.2 厘米，柄端有环首，柄部两侧饰平行线纹，其年代约与商代早期相当。商代晚期和西周，兵刃器饰纹有了一定发展，春秋战国便达到了比较繁盛的阶段。早期主要是一些简单的铸造纹，随后才出现了多种不同的装饰工艺，今主要介绍春秋战国兵刃器中大家较为关注的几种类型：

（一）镶嵌纹。这是较早出现在铜兵器表面上的装饰纹，有关镶嵌工艺的发展状况及其工艺操作本章第八节曾经言及。古越阁所藏金银错三钩纹戈、金错鸠冒鹤嘴斧、金错几何云纹剑等皆属此类[15]。尤其是后者，体态匀称完好、光亮如新、华美富丽，堪称稀世之珍。

（二）龟裂纹。应是铸造过程形成的自然花纹。这是一种阴纹，状若龟裂，又如瓷器上的冰片纹，周纬在《中国兵器史稿》中又谓之“鱼肠”纹[1]，常见于东周式青铜剑上（图 3－10－1）。类似的花纹在今人铸制的铁锅上也曾看到。为了解这种龟裂纹的产生过程，20 世纪 80 年代时，我曾到北京铸锅厂作过一次考察，得知在半永久型浇铸过程中，由于激冷激热的作用，作为脱模剂的涂料层便会开裂。通常每浇铸一次，都要涂刷一次脱模剂，而每涂刷一次，原裂纹处便会滞留较多的涂料，此裂纹最初可能是较细、较少的，随着浇铸次数的增加，涂刷次数的增多，裂纹便会增加起来，滞留的涂料也会更多，遂成为一种龟纹状凸梗，浇铸后便会获得一种清晰的龟裂状花纹。现代铁锅龟裂纹的形成过程，为我们提供了很好的资料。我们认为，古剑上的龟裂纹也应是在铸造过程中自然形成的，其始很可能与铸型开裂有关，最初当是无意的，后来便有意识地当成了一种装饰。当然古剑多用泥型，而泥型通常只能浇铸一次，是不易得到此种龟裂状花纹的。故古剑龟裂纹的具体操作，还有待进一步研究。

图 3－10－1　江陵龟裂纹剑 J21（雨 M175:X）
标本承荆州地区博物馆陈跃钧提供

图 3－10－2　长沙战国晚期银斑纹戈（55 长丝营墓 AM74:2）
采自文献［27］

（三）雕塑、模印纹。此纹系在范上雕出、印出，这是用机械方式制作的铸造纹，有阳纹，也有阴纹。多见于战国时期，古越阁所藏蝉纹剑、手心纹剑、异虎纹剑、马蹄纹剑等皆属此类。这种花纹在《巴蜀青铜器》[26]一书所载兵器上也可看到。

（四）平面色斑纹。当系物理化学处理所致。这种纹饰多见于楚、巴蜀和吴越，尤以前二者为众。依颜色划分，有黑色、褐黑色、银灰色、白色等种；依形态划分，有蝌蚪形、圆点形、圆斑形、鸟形、蟠虺形、虎斑形，以及各种不规则状。基色稍浅，呈灰黑、或灰绿。黑斑纹、黑色圆斑纹多见于楚和巴蜀出土的青铜戈矛剑等上，除圆斑纹外，分布多无规则。20 世纪 50～90 年代，长沙发掘了 2048 座楚墓，出土有青铜戈 240 件、青铜剑 1486 件；《长沙楚墓》一书称，“在楚戈中，有斑纹者较多，或银灰，或黑褐，变化甚多”[27]。表 3－10－3 列出了其中 20 件斑纹戈、7 件斑纹剑的基本情况。虎斑纹多见于四川[26]。图 3－10－2、图 3－10－3、图 3－10－4 皆为长沙楚墓出土的花纹戈、矛。

图 3－10－3　长沙战国中期鸟形黑斑纹矛 M338:1

采自文献［27］

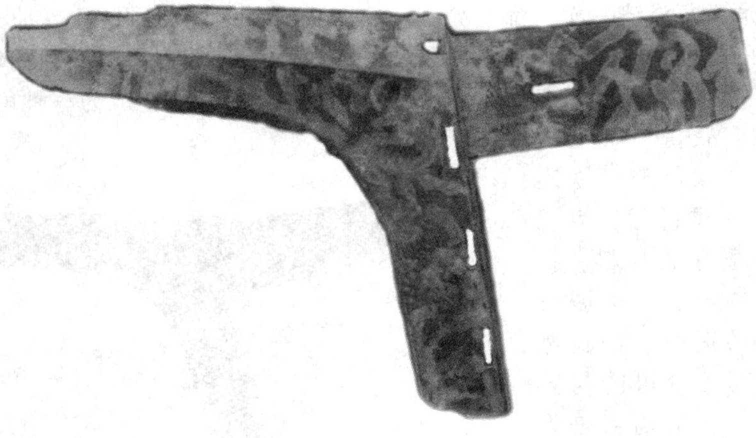

图 3－10－4　长沙战国晚期黑斑纹戈 M846:1

采自文献［27］

我曾分析过 2 件巴蜀青铜矛[28]，曾中懋分析过 1 件巴蜀青铜剑上的虎斑纹[29]（表 3－10－4），其中青铜矛 S10 表面基色灰黑而泛绿，虎斑纹处含锡量稍高，含铅量稍低；青铜矛 S29 表面基色灰黄，虎斑纹处的含锡量稍高。3 件标本 4 个虎斑纹分析点的平均成分为：铜 20.224%、锡 49.747%、铅 16.690%；3 件标本 4 个底色分析点的平均成分为：铜 18.334%、锡 40.484%、铅 20.653%。可见，虎斑纹处的平均含锡量较底色处稍高。我们推测，这几种花纹都应当是铜器新制成之时，利用化学腐蚀的方式在镀锡表面上处理出来的，故新制成之器物表面应呈现出各种不同的图案（图 3－10－5）[28]。

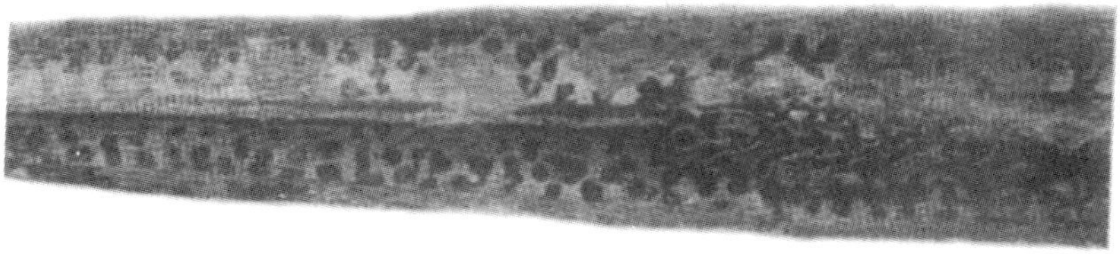

图 3－10－5　战国巴蜀式青铜剑上的虎斑纹

采自文献［26］

巴蜀青铜兵器是先秦青铜兵器的重要品种，其形制和饰纹都具有鲜明的地方色彩。其饰纹甚为丰富；有平面纹，亦有糙面纹；有圆斑纹，亦有非圆斑纹；有黑斑纹，亦有白斑纹；有紊乱分布者，亦有规则排列者，故其操作工艺亦应有多种不同类型，皆可进一步研究。此述平面虎斑纹仅仅是其中的一种。

我考察过 1 件湖北江陵雨台山出土的战国白点星纹剑 J20（雨 M131:X），其底色为青黑、灰黑，花纹呈白点状，其色纯白、净白，大小不一，疏密有异（图 3－10－6）。白点处含锡量为 50.878%～64.331%，平均 59.415%，青黑色基底处含锡量为 67.604%～81.15%，平均 73.576%（表 3－10－4），可见白点纹的含锡量较底色处稍低。我们推测，此基色应是镀锡表层自然腐蚀的结果，此白点纹应是人工使用化学处理方式制作出来的，新器上便显示了白点纹。但值得注意的是，此白点纹的含锡量较普通水银沁镜高出不少，具体操作有待进一步研究。

图 3－10－6　江陵白点星纹剑 J20（雨 M131:X）

标本承荆州市博物馆提供

我还考察过 1 件传世白色蟠虺纹小刀。其底色灰黑，白色蟠虺纹呈曲线纹状，纹路稍宽、稍短、稍曲，较为稀朗，有如绘彩器一般，约属战国时期，表 3－10－5 所列为其扫描电镜能谱分析的成分。其灰黑色基底为：铜 30.48%～39.7%，平均 33.806%；锡 46.79%～54.64%，平均 50.314%。白色花纹为：铜 35.68%～45.98%，平均 40.76%；锡 43.13%～49.41%，平均 46.73%。可见其白色花纹处的含铜量稍高，含锡量稍低，基本特点与后世铜镜表面成分和江陵白点星纹剑 J20（雨 M131:X）表面成分大体一致。但值得注意的是：（1）其基体成分波动较大，此可能与表面氧化和污染有关，因其为民间传世品，取样部位未作清理。（2）从平均成分看，白色纹路的含锡量与灰黑色基底相差不大。工艺原理当与前器相类似，具体操作有待研究。

（五）黑色菱形纹。底色或作灰黄色，或作浅黄色；花纹呈斜交直线状，即菱形纹，其色深黑。若剑身表面覆有半透明状的特殊表层，此菱形纹便作暗花状，或隐或现；若剑身表面无半透明的特殊表层，此菱形纹便作显花状，朗朗醒目。主要见于春秋战国时期的青铜剑、青铜矛上，目前在湖北、湖南、江苏、安徽、上海、北京都可看到，国外也有收藏。见于报道的有：江陵望山 1 号墓出土的越王勾践剑（C 型 WM1:G9，彩版叁，1）和伴出的同纹无铭剑（D 型 WM1:B127）各 1 件[30][19]，古越阁所藏暗花菱形纹剑、矛各 1 件[31]，北京保利艺术博物馆藏暗花菱形纹剑 1 件①，上海市博物馆藏菱形纹剑多件[32][33]，长沙楚墓菱形纹剑至少 2 件（见表 3－10－3）[27]，李学勤等撰写的《欧洲所藏中国青铜器遗珠》载春秋晚期菱形纹矛 1 件[34]。此外，还有一些未曾报道的剑、矛多件。1994 年时，谭德睿曾作过统计，说这种暗花菱形纹剑计约 9 件、矛约 15 件[35]，如今看来又有了一些增加。

表 3－10－5　白色蟠虺纹青铜书刀成分分析

序号	分析部位及其状态	成分（%）							
		铜	锡	铅	铁	硅	铝	磷	氯
1	表面上的白色花纹	35.68	49.41	6.57	2.16	1.72	1.39	1.78	1.3
2		41.02	46.55	5.36	2.5	1.08	0.67	1.81	1.01
3		39.15	48.31	6.08	2.04	1.41	0.91	1.24	0.88
4		41.97	46.25	4.34	2.78	0.73	1.7	1.82	0.4
5		45.98	43.13	4.25	1.39	1.29	2.37	0.98	0.6
6	表面灰黑色基底	33.95	47.3	8.16	3.68	1.46	1.0	2.94	1.50
7		34.34	49.3	6.20	3.26	1.29	1.4	2.91	1.3
8		30.48	53.54	7.28	2.35	1.00	1.14	2.20	1.20
9		30.56	54.64	6.93	2.36	1.59	1.74	2.18	
10		39.7	46.79	5.8	1.75	1.07	1.6	2.23	1.06
11	断口，近刃尖部	85.7	11.88		1.05		1.37		
12	断口，刃部与背部之间	87.46	10.86		0.61		1.07		
13	断口，近背部	76.49	16.59	4.19	1.20		1.53		
14	断口	83.34	11.68	2.38			2.6		
15		72.63	17.03	5.39			3.43		1.53
16		83.79	12.1	1.67			2.17		0.27
平均成分	表面白色花纹	40.76	46.73	5.32	2.174	/	/	1.526	/
	表面灰黑色基底	33.806	50.314	6.874	2.682	/	/	2.492	/
	金属基体（断口）	81.568	13.357	2.27	/	/	/	/	/

注：此器原为民间收藏，承原冶金工业部钢铁研究总院肖鹏、李洁扫描电镜能谱分析。

① 承保利艺术博物馆蒋迎春帮助并提供照片。

在迄今所见青铜花纹兵器中，以暗花菱形纹最为复杂、绚丽，所以也最受学术界关注。目前对其工艺方面的研究主要集中在两方面：一是着色元素和着色机理；二是菱形纹的制作方式。

第一方面的研究起步较早，如前所云，早在1979年，复旦大学静电加速实验室等单位，就用质子X荧光非真空法，对越王勾践剑及其伴出的同纹无铭剑进行了一次表面分析，得知其剑身表面黄色处（即底色处、非斜交线纹处）皆不含硫，且含锡量不高（最大值为15.7%）；而黑色处，即斜交的菱形线纹处、剑格、剑柄，皆显示有硫的痕迹，且含锡量稍高（最大值为42.6%，见表3－10－2）[19]。显然，这硫应是人们有意渗入的，其着色元素应是锡和硫。1994年，谭德睿等又对上海市博物馆所藏菱形花纹剑进行能量色散X能谱表面分析（表3－10－6），其底色黑黄，且稍暗，平均成分为：铜80.34%、锡19.66%；菱形花纹呈亮黑色，平均成分为：铜20.06%、锡76.46%、铁3.48%，未显示出硫来[33]。此着色元素应是锡，即它是通过锡的氧化来着色的，其中铁当为污染所致。

表3－10－6　上海菱形花纹剑表面能量色散X能谱分析

分析序号	部位及颜色	成分（%）		
		铜	锡	铁
1	基底暗黑黄色	81.22	18.78	
2	基底暗黑黄色	79.17	20.83	
3	基底暗黑黄色	80.64	19.36	
4	菱形纹亮黑色	18.86	77.02	1.12
5	菱形纹亮黑色	19.70	77.37	2.93
6	菱形纹亮黑色	21.64	74.98	3.38
平均成分	基　底	80.34	19.66	
平均成分	菱形纹	20.06	76.46	3.48

注：采自文献［32］。

第二方面的研究主要是形态考察，本人曾先后观察过多件具有菱形纹的剑和矛，发现其至少有两种不同的制作工艺：一是凹槽嵌入法，二是平面涂附法。前者的代表性器物有越王勾践剑等，其主要特点是不管以手触摸，还是凭肉眼观察，皆感到其斜交菱形线纹是凹下的。依此我们以为，此菱形纹的成花工艺应当是：（1）铸造剑体时，在剑身上铸出斜交的菱形状嵌槽。（2）用某种方式，如涂附法等，向嵌槽内填“锡”。（3）对表面做机械加工，使之致平致光。（4）整体表面镀锡。（5）局部地方渗硫。此剑新成之时，含硫部位应是深色的，余部则为浅色，如是便形成了一种规整的菱形纹。硫也是一种可使表面致黑的元素。表面分析显示出来的铁、硅、铝等应是污染所致的。1999年，承有关学者的帮助，我又对湖北某地新出土的一件菱形纹剑的外部形态作了较细的观察（未作科学分析）。其身部无特殊表层覆盖，底色呈灰黄色，其上分布着许多深黑色的斜交直线纹，构成了一个个菱形纹。剑纹与勾践剑大体相类似，但无那般光彩照人。勾践剑的菱形纹呈“暗花”状，其上似覆盖一层薄薄的半透明的特殊保护层；此剑的菱形纹却呈“显花”状，黑色线纹直接裹露于外，纹路稍粗，有如丹青水墨画一般，并无“特殊保护层”覆盖。在放大镜下，此斜交的黑色直线纹原是预先铸就的一条条凹槽，其间嵌有一种黑色物质，其形态有如氧化了的“镀锡”或“焊锡”一般。在铜剑表面灰黄底色处，即非凹槽处，显示有许多平行的加工道纹，说明凹槽“填锡”后曾经进行过机械加工，旨在使剑面致平。此“凹槽”既肉眼可见，亦手可触摸。依此，此剑纹制作工艺当与上述越王剑相类似，亦是：（1）铸剑时先铸嵌槽；（2）再向嵌槽内填锡；（3）对剑之表面进行加工，使之致平。但未作通体涂锡，亦不知是否作过渗硫处理。此菱形线纹很可能是采用简单化学处理方式来致黑的。

2002年，我还考察过安徽某地出土的1件菱形纹剑，其底色灰黄，菱形纹呈灰黑色，不管底色还是花色，皆稍显暗淡。据说新出土时，颜色较为鲜艳、清新。在放大镜下观察时，表面较为光洁平整，一般地方皆无凹凸之感，尤其值得注意的是，其直线斜交纹（菱形纹）的多个对顶处，花纹皆已脱落，只见一片平整的白斑，不见任何嵌槽的痕迹。显然，此剑表面并无嵌槽。此前，我还考察过保利艺术博物馆所藏菱形纹剑和江苏某地所藏菱形纹矛，其花纹皆无凹凸之感，似乎亦无嵌槽。依此我们推测，这类剑、矛之斜交直线纹（菱形纹）是在剑身表面上直接“制作”的，基本操作很可能就是涂锡、镀锡，之后再用某种简单的化学处理方式使之致黑，通体表面亦作镀锡处理。其是否进行过表面渗硫，只有科学分析后才能得知。

我国古代青铜兵器的纹饰较为复杂，除此五种外，自然还有不少。此五种中，第一种属镶嵌纹，第二、三种属铸造纹；这些花纹皆属糙面纹，皆看得见，摸得着，可摄影，亦可拓摩；这类兵器通常不再外镀，故无特殊表层覆盖。第四种大体上属物理化学纹，通常亦可称之为“平面纹”，即看得见，难触摸，可摄影，不可拓摩。第五种则可能包括部分机械性操作和物理化学处理两种工艺。

对这些花纹兵刃成花工艺的具体操作，至今依然大部分是了解未透的，可以进一步研究。但有一点需指出的是：因受各种技术条件、设备条件的限制，其操作工艺原理不会十分复杂。我们说的“物理化学处理”，也主要指一些简单的酸碱处理。这些青铜兵器的饰纹皆主要见于春秋战国时期，汉代之后，由于铁兵器的兴起而逐渐衰退。

第十一节　《考工记》及其反映的科技成就

《考工记》是一部关于先秦百工技艺的专著①，包括了我国古代冶金技术在内

① 学术界对《考工记》一书的总体估价曾有多种不同说法，其中较为流行的一种是“先秦百工经验的总汇”。笔者认为这是不太严格的。本章第三节谈到，《考工记》一书所述，虽多数都是生产经验的总结和归纳，但也有相当一部分只是一种试验资料的反映和归纳，有些东西甚至带有理想的色彩，与生产经验相去甚远，且不宜用于指导生产。所以，多年来我一直将它定位为“关于先秦百工技艺的专著”，这样或许更加贴切一些。

的多门科学技术的许多重大成就，都是由该书最先记述下来的，其中还涉及许多管理制度和典章制度，在中国文化史和世界文化史中都占据有重要的地位。

一、关于《考工记》的作者及成书年代

今日所见之《考工记》一书，是作为《周礼》的一个部分而存在的，但其原本未必属于《周礼》，其本名也不叫《考工记》；其作者是谁，原名为何，作于何时，何时编入《周礼》，学术界一直存在不同看法。

《周礼》一书原名《周官》，是一部关于先秦官制的专著，主要反映西周的典章制度。全书计分六篇，即《天官》、《地官》、《春官》、《夏官》、《秋官》、《冬官》；六篇之中，《冬官》"早亡"，人们便以《考工记》补之。但其何时补入，早在汉唐时期，便产生了"先秦说"、"两汉说"两种。《礼记·明堂位》"周三百"郑玄注："周三百六十官也，此云三百者，记时冬官亡矣。"依照这种说法，《周礼·冬官》篇似在先秦已亡。《隋书·经籍志》云："汉时有李氏得《周官》……上于河间献王。独阙《冬官》一篇，献王购以千金不得，遂以《考工记》补其处，合成六篇。"若依此说，补入时间可能在西汉献王刘德之时。《汉书·河间献王传》也有类似说法："献王所得皆古文先秦旧书，《周官》、《尚书》、《礼》、《礼记》、《孟子》、《老子》之属，皆经、传，说记七十子之徒所论。"但也有认为非献王之所补者，如马融认为：其乃成帝时刘向校阅所补；而"大宰"篇贾"疏"则认为：《冬官》，六国时亡，其时便以《考工记》代之。可见，这补入时间至少有 3 种不同说法。《考工记》一书之原名今已难考，有人认为，今名是汉人补阙时所题。孙诒让《周礼正义》疏："《冬官考工记第六》者，此西汉补阙时所题署也。"经查，秦至汉初，少府下设有"考工室"，武帝太初元年易名为"考工"。又，《汉书·百官公卿表》注引"臣瓒曰：冬官为考工，主作器械也"。《考工记》之名或许与秦汉官制有关。《考工记》被纳入《周礼》后，经刘向（公元前 77？～前 6 年）、刘歆（？—23 年）父子之手进行过一次较大的整理，将古文改成了今文，大约还对一些错简、漏简作了补阙和订正。宋王应麟（公元 1223～1296 年）《困学记》卷四："《周礼》，刘向未校之前有古文，校后为今文。古、今不同。"所以，今本《考工记》便是刘向等人整理后的状态[1]。

当今学术界对《考工记》一书的成书年代也有过许多不同看法：有说它"多是西周遗文"[2]；有说它成于东周；今还有人认为整部《周礼》，包括《考工记》在内，都是汉代大统一思想的作品[3]。在"东周"说中，又有春秋说、战国早期说、战国后期说等，诸说纷纭。但其中影响较大的又主要是宋人林希逸、清人江永、今人郭沫若的观点，他们大体上皆认为《考工记》是东周齐人所作，主要依据都是一些文字学、考古学资料。宋林希逸《鬳斋考工记解》："《考工记》须是齐人为之，盖言语似《穀梁》，必先秦古书也。"《穀梁传》，系《春秋》三传之一，传为战国时鲁人穀梁赤所作。可见，林氏认为《考工记》成于战国时期。清江永《周礼疑义举要》卷六说："《考工记》，东周后齐人所作。"此"后齐"当为田齐。可知江氏亦认为《考工记》成于战国时期。江永的理由是：（1）《考工记》中曾说到"郑之刀"、"秦无卢"。众所周知，厉王封其子友始有郑；周室东迁，封西周故地始有秦。（2）书中所云淮、济、汶皆齐、鲁间水名；所云终古、戚速、椑茭

等，郑注皆谓其为齐国方言。今人郭沫若大体上也同意这些观点，并认为“《考工记》实系春秋末年齐国所记录的官书”[4]，还对江永的论据作了许多补充。

看来林、江、郭之说都有一定道理；《考工记》涉及的时间范围较宽，但主要应属春秋中期至战国中晚期；其非一时一人所作，最后成书年代应是战国中晚期，应是齐人所作，很可能是齐国的官书。今再补充几条理由：

（1）其“国有六职”条有粤“非无镈也”之语。从考古实物看，吴越一带的青铜农具主要盛行于春秋中期至战国早期。

（2）该条又有“吴越之剑”一语，从文献记载和考古实物看，吴越地区的青铜剑是春秋晚期才兴起的。

（3）“攻金之工”条规定了铜镜等六种器物应当使用的合金成分。我国铜镜技术虽发明于齐家文化，但却是到了战国中期才兴起的，人们对其合金成分进行总结并做出规定，应是战国中晚期的事。

（4）书中对钟的形制做出了许多描述和规定。我国古代编钟虽出现于西周，但却是到了春秋中期之后才获得较大发展的，故有关技术规范似不应早于春秋中期。

（5）“函人为甲”条谈到了许多制甲工艺。从考古实物看，我国皮甲胄的全盛时代是战国初期。

西汉成书说是值得商榷的，仅《考工记》言，早在战国时代，它便已在楚国流行。《南齐书·文惠太子传》：建元元年（公元479年），“时襄阳有盗发古冢者，相传云是楚王冢，大获宝物：玉屐、玉屏风、竹简书、青丝编。简广数分，长二尺，皮节如新。盗以把火自照，后人得十余简，以示抚军王僧虔，僧虔云是科斗书《考工记》，《周官》所阙文也”。王僧虔是南朝著名书法家，科斗文是汉代对周代东方各国通行文字的称谓。

二、《考工记》的内容及其所反映的科技成就

《考工记》一书可分作两大部分，第一部分是总叙，主要述说“百工”的含义，它在古代社会中的地位，获得优良产品的自然条件和社会条件。书中说“国有六职”，“百工”便是六职之一。此部分较短，但辞藻华丽，文字优美、流畅。第二部分是该书主体，篇幅较大，分别谈到了“百工”中各工种的职能，及其实际的、理想的工艺规范。此部分一开始便说，“百工”可区分为6大类30个工种，即攻木之工（7个工种）、攻金之工（6个工种）、攻皮之工（5个工种）、设色之工（5个工种）、刮摩之工（5个工种）、搏埴之工（2个工种）。但分述时还提到过一种辀人，属攻木之工，于是攻木之工便应有8个工种，总数便是31个。基本上包括了古代官府手工业的一些基本部门，其内容涉及天文、数学、冶金、建筑、力学、声学、印染等学科，以及标准化管理、设计思想和一些典章制度。所以该书对我们研究先秦科技史、社会史都具有十分重要的意义。

《考工记》一书的主要科技成就是：

（1）金属技术方面。“攻金之工”条关于“金有六齐”的记载，是世界上最早的合金配制规律。“㮚氏为量”条所云铸金之状，是世界上关于依据烟气和火焰颜色来判断熔炼进程的最早记载[5]。

（2）建筑方面。“匠人建国”条的“水地以县”数句，是关于建筑业中利用

水平器，以及利用太阳和极星定向的较早记载。考古工作者在发掘偃师商城小城时发现，一些城墙的墙边挖有水沟，但其墙基并不在一个水平面上，从而推测“小城部分基础的水平测量是采取挖沟灌水测水平的方法完成的”，并推测这就是“水地以县”的具体操作[6]。

（3）丝绸漂练和印染方面。“㡛氏湅丝”条说“以楝为灰”、“昼暴诸日”等丝绸漂练操作，是我国古代关于灰水脱胶、日光脱胶漂白的最早记载。“钟氏染羽”条说“三入为纁”等，是我国古代关于媒染剂染色的最早记载[7]。

（4）力学方面。本书涉及较多，如“国有六职”条所云“轮已崇”数句，是我国古代关于滚动摩擦力与轮径关系的较早记载[8]；“矢人为矢”条谈到了箭羽装置方法，说“水之以辨其阴阳”，是我国古代以沉浮法来测定质量分布，并把箭羽作为箭的飞行稳定装置的较早记载[9]。

（5）声学方面。书中多处对发音机理作了精湛的论述，如“凫氏为钟”条谈到了钟的厚薄、长短对发音的影响；“磬氏为磬”条谈到了一种调磬的方法。这些都是我国古代关于打击乐器发声理论的最早记载。

（6）实用数学方面。本书具有丰富的实用数学知识，其中涉及分数、角度、嘉量器容积计算方法等问题。“车人之事”条谈到了矩、宣、欘 、柯、磬折，这是我国古代最早的一套角度概念[10]。

（7）天文学方面。“辀人为辀”条谈到了二十八星和四象，而且提到了其中一些星的名称，一般认为这是我国古代关于二十八星的最早记载。

三、关于《考工记》技术思想的基本范畴

《考工记》不但是先秦百工技艺的专著，而且它还从多方面涉及先秦百工的技术思想，为后世工匠、技术工作者留下了许多宝贵的思想财富。

“技术思想”应指人在从事某项技术活动时的指导思想、主导思想，但每一个从事技术活动的人都是生活在一个特定社会环境中、特定时间和空间内的，所以他的技术思维实际上是多方位、多范畴的，都要包括技术和非技术的内容，《考工记》技术思想的基本范畴则大体上涉及到了下列七个方面。

（一）科学性

《考工记》一书认为，百工的技术活动必须与科学技术的基本原理相符。虽因历史条件限制，当时还没有“科学技术”一类语汇，但这一思想却是贯穿于全书的，有关实例比比皆是。在人类社会的发展史上，技术应先于科学，技术思维、技术语汇也应当是先于科学思维和科学语汇的。

如《考工记·六齐》条谈到了制作钟鼎、斧斤、戈戟、大刃、削杀矢、鉴燧六类器物应当使用的合金成分，这与现代材料学原理是基本相符的：（1）阐明了使用性能不同的器物，应配制不同的合金成分这一基本原则。（2）所云由钟鼎到鉴燧，含锡量逐渐升高，这无疑是对的。

又如“轮人为轮”条载：“毂小而长则柞，大而短则挚。”意思是说，若毂小而长，辐间就会太窄；若毂大而短，则辐动摇且不坚牢。其又说：“凡为轮，行泽者欲杼，行山者欲侔。杼以行泽，则是刀以割涂也，是故涂不附。侔以行山，则是抟以行石也，是故轮虽敝，不甐于凿。”即是说，凡作轮，行驶于泽地者，轮缘需削薄；行于山地者，牙厚须上下相等。轮缘薄而行于泽地时，便如刀割泥，不会粘泥；牙厚上下相等的轮子行于山地，圆厚的轮牙滚在山石上，纵使轮子用得破旧了，也不致影响凿蚤而使辐条松动。又其“车人为车”条载：“行泽者欲短毂，行山者欲长毂，短毂则利，长毂则安。”这都与现代技术原理、现代力学原理基本相符。

（二）实践性

《考工记》一书认为，百工的技术活动必须接受实践的检验，只有经受了实践检验的工艺，才是好的工艺，经受了实践检验的产品才是好的产品。这也是《考工记》技术原则的一个鲜明特点。

如其“攻木之工”载：“轮已崇，则人不能登也；轮已庳，则于马终古登阤也。故兵车之轮六尺有六寸，田车之轮为六尺有三寸，乘车之轮六尺有六寸。”即是说，如若轮子太高，则人不易登车；若轮子太低，则役马始终处于爬坡的状态，拉起来十分费力。所以，兵车、乘车之轮径为六尺六寸，田车之轮径为六尺三寸。后面一段关于轮径的具体规定是否与考古实物相符，可进一步研究，但此整段文字却说出了检验轮径的一个道理和标准，那就是实践。

其“梓人为饮器”条载：“凡试梓，饮器乡衡而实不尽，梓师罪之。”即是说，凡检验梓人所制饮器是否合格，则举爵饮酒，若两柱至于眉而爵中尚有余滴未尽，梓师便要处罚制器的梓人。这里提到了检查爵等饮器质量的一条标准和赏罚制度。

“庐人为庐器”条载：“凡试庐事，置而摇之，以眡其蜎也，灸诸墙，以眡其桡之均也，横而摇之，以眡其劲也。六建既备，车不反复，谓之国工。”即是说，凡检查长兵器柄之法有三：一是置地而摇，看它的桡曲程度；二是撑在两墙之间，视其桡度是否均匀；三是横而摇之，视其强劲程度。车上五兵和旌旗皆已具备，且行车时不倾动，便可称之为国之名工。显然，这几种检查方法，都是出于实践的需要。

从有关文献记载来看，产品检验制度在先秦时期似已普遍使用。《周礼·夏官司马·槀人》载：“试其弓弩，以上下其食而诛罚。”意即考核弓弩时，凡合格者食之，优者赏之，劣者罚之诛之。《管子·七法·兵之数》载：“论百工之锐器，春秋角试，以练精锐为右。成器不课不用，不试不藏。”即是说，要比较百工兵器之锐利，须以春秋天的牛角来试验（按：秋天的角厚实，春天的角单薄）。兵器以精炼者为上。成器未经考核，是不能使用的；未经试验，是不能收藏的。这两段文献都谈到了百工之器均须试验，前一段还谈到了赏罚制度。此检验和试验，都是一种实践。

（三）规范性

《考工记》所述百工技艺中，十分强调其操作的规范性，大约这也是技术与科学的一大区别，这也是《考工记》技术思想的重要特点。为了某种目的，如便于检查、管理和使用，或为了社会对产品的某种特殊要求，人们都可对产品及其工艺过程做出规范。科学是无此之需的。

如其“桌氏为量”条载：“凡铸金之状，金与锡，黑浊之气竭，黄白次之，黄白之气竭，青白次之，青白之气竭，青气次之，然后可铸也。”这是对工艺过程的规范。所述与现代技术原理也是基本相符的。

又如“旊人为簋”：“实一觳，崇尺，厚半寸，唇寸，豆实三而成觳，崇尺。凡陶旊之事，髻垦薜暴不入市。”即是说，陶簋的容积一觳，则高一尺，壁厚半寸，唇厚一寸。豆的容量是觳的三分之一，高一尺。凡旊人的工艺管理，形体歪斜、顿伤、破裂、凸起不平者，皆不能入市交易。这里谈到了陶簋的尺寸规定和质量管理办法，说得十分具体。可见《考工记》时代对质量管理已经较严。

“庐人为庐器”条载：“戈柲六尺有六寸，殳长寻有四尺，车戟常，酋矛常有四尺，夷矛三寻。凡兵无过三其身，过三其身，弗能用也而无已，又以害人，故攻国之兵欲短，守国之兵欲长。”这段文字较为简明，谈到了兵器之长短规定及其实战过程中的利弊。

（四）社会性

技术是直接为社会服务的，它的产品必须与政治、礼制、宗法制度、人们的思想观念和认识水平相适应，这便是技术的社会性。一项不能为社会接受的技术，无论它怎样先进，一个时期内将很难发挥其应有的效力；而一项为社会推崇的技术，便会乘长风，破巨浪，飞速发展。

如其“桃氏为剑”条载：剑“身长五其茎长，重九锊，谓之上制，上士服之；身长四其茎长，重七锊，谓之中制，中士服之；身长三其茎长，重五锊，谓之下制，下士服之”。这种规定显然是为礼制服务、与当时典章制度相符的。

其“玉人之事”条载：“镇圭尺有二寸，天子守之；命圭九寸，谓之桓圭，公守之；命圭七寸，谓之信圭，侯守之；命圭七寸，谓之躬圭，伯守之。”同样，这种尺寸规定也是为礼制服务的。

“辀人为辀”条载：“轸之方也，以象地也；盖之圆也，以象天也；轮辐三十，以象日月也；盖弓二十有八，以象星也。”这反映了时人对世界和宇宙的一种观念。

“画缋之事”条载：“杂五色，东方谓之青，南方谓之赤，西方谓之白，北方谓之黑，天谓之玄，地谓之黄……五彩备谓之绣。”显然这包含了阴阳五行思想。其“庐人为庐器”条提到的“六建”即是“五兵”与旌旗。其中也包含了五行思想。这都说明了技术与社会意识的相互关联。

（五）顺应天时地利

《考工记》一书十分强调百工的技术活动要顺应天时地利，不管在“总叙”中，还是正文内，都多次提到这一观点。直到现在，这一思想还经常被人引用。纯科学是无所谓天时地利的。

如其“总叙”曾有大段文字对这一观点进行过系统的阐述：“天有时，地有气，材有美，工有巧，合此四者，然后可以为良。材美工巧，然而不良，则不时，不得地气也。橘逾淮而北为枳，鸜鹆不逾济，貉逾汶则死，此地气然也。郑之刀，宋之斤，鲁之削，吴粤之剑，迁乎其地而弗能为良，地气然也。”这段文字较为浅显明白，较好地论述了技术与自然环境、生物与自然环境的关系，这与现代技术原理是基本相符的。

“弓人为弓”条载：“凡相角，秋閷者厚，春閷者薄，稺牛之角直而泽，老牛之角紾而昔。”即是说，凡选择角，秋天屠宰的牛，角较厚实，春天屠宰的牛，角较单薄；幼牛角直而润泽，老牛角扭曲粗糙而无润泽。这里谈到了节气对选择牛角的影响。

（六）理想性

这在《考工记》一书中表现得较为突出，如前所云，“六齐”条规定的合金成分中，多是与考古实物不相符合的。这种成分实际上应是某些试验资料的反映和归纳，它并非来自于生产实践，亦非指导生产实践的一种工艺规范，其中包含了许多理想化了的东西[11]。又如，“桃氏为剑”条把剑分成了上制、中制、下制三个等级，也是与实际不符的，其中也带有理想化的成分。《考工记》一书中的技术规范、技术管理和社会管理，许多都是理想化了的。有学者因此而否定《考工记》的科学意义，这主要是对这种理想化的成分注意不够之故。

（七）崇尚科学技术，尊重技术人才

如其“总叙”中说：“国有六职，百工与居一焉。”又说：“知者创物，巧者述之，守之世，谓之工。百工之事，皆圣人之作也。烁金以为刃，凝土以为器，作车以行陆，作舟以行水，此皆圣人之所作也。”这一点对今人当有一定的启发。有人认为，中国古代不重视科学技术，不尊重技术人才，这是值得商榷的，恐怕不能一概而论，因这至少与《考工记》的记载不符。

第十二节　先秦时期的铜铁业管理

先秦时期的冶金技术得到了很大发展，许多金属制品都反映了较高的科技水平，并具有较高的艺术价值，这与当时各种管理制度和技术规范的建立是密不可分的。

从文献记载看，大约尧舜时期，便有了主管手工业的职官。《史记·五帝本纪》载：“尧又曰：谁可者？讙兜曰：共工旁聚布功，可用。”孔安国曰：“讙兜，臣名。”郑玄曰：“共工，水官名。”这是尧时设有职官之证。同书又说：“舜曰：谁能驯予工？皆曰：垂可。于是以垂为共工。”马融注“予工”：“主百工之官。”又注“共工”：“为司空，共理百工之事。”同书又载：“上下咸让垂主工师、百工，致功。”唐张守节《正义》云：“工师，若今大匠卿也。”今人一般认为，我国在尧舜时代已出现了准国家的部落联盟，所以设置各种职官，以管理各种事务是完全可能的。夏、商时期，各种管理机构逐渐变得复杂起来。《尚书·周官》：“王曰：唐虞稽古，建官帷百……夏商官倍。”《礼记·明堂位》：“夏后氏官百，殷二百，周三百。”说夏商周职官皆多于前。据《左传》定公元年载：春秋时期薛国的皇祖奚仲，曾“居薛，以为夏车正。”可见夏代已有了管理制车工人，而名为“车正”的职官。商代手工业职官当也是不少的，《左传》定公四年载，周分给鲁、卫的13族商遗民中，至少9族是从事某种手工业而著称的，其中的长勺氏、尾勺氏、锜氏等，大约皆为金工，这些当也是设有职官的。西周时期，各种管理机构更为繁杂，这在《周礼》一书中都有反映；其手工业和商业主要由国家控制，工商收入也成了国家的专利收入；作为“百工”的手工业者，主要是自由人，也有部分为奴隶；

工商从业人员从属官府，由官府供给食用，晋人称之为“工商食官”。春秋之前，一般民间手工业还是与农业结合在一起的；战国时期，与农业相分离的私营手工业兴起。先秦手工业的行政管理和技术管理的基本情况是：在工商管理的体制方面，先有“工商食官”制，后又出现了官营制、专卖制和征税制；在手工业技术行政方面，出现了多种职官的层层负责制和一系列较为严格的技术规范，以及质量检查制度等。

一、“工商食官”制的兴衰和专卖制、征税制的出现

《国语·晋语四》“文王纳襄王”载：“公食贡，大夫食邑，士食田，庶人食力，工商食官，皂隶食职，官宰食加。”这是关于“工商食官”的最早记载，有学者认为，其产生年代或可上推至商，商代卜辞中有“工”、“多工”、“左工”、“右工”之说，但这些名称的含义较为丰富，需认真区别。如“工”，有时是指一种职业，《考工记》：“知者创物，巧者述之，守之世，谓之工。”《周礼·天官·大宰》“五曰工事之式”郑注云：“工，作器物者。”有时又指工官，或工奴。“多工”则指众多的工奴，也有人认为是管理手工业具体事务的下级官吏。此“左工”、“右工”当是为殷王室管理工奴的官吏。但不管怎样，商代有了工官是肯定的，同时这些还说明其手工业也是国家管理的[1]。直到春秋中期，这种制度依然保留着。“工商食官”的具体含义有二：（1）整个工商业为官府所有。（2）从事工商活动的人隶属官府，且由官府维持其最低生活。手工业产品除满足官方需要外，大约还可出售。《国语·周语上》：“庶人工商，各守其业，以共其上。”这是对当时社会形态的较好反映。西周时期，国家的特权较前代进一步扩大，所有的土地、山川、森林、矿藏等一切自然资源，都属国家和领主。《左传》昭公二十年载晏子对齐侯语曰：“山林之木，衡鹿守之；泽之萑蒲，舟鲛守之；薮之新蒸，虞侯守之；海之盐蜃，祈望守之。”这用比喻的方式说明了国家控制自然资源的道理。

为了便于生产和管理，当时还规定将这些手工业设于“国”（城市）中的指定地点，士民工商，勿使杂处，且须世袭其业。《国语·齐语》载“管仲对齐桓公”曰：“四民者勿使杂处”，“昔先王之处士也，使就闲燕，处工就官府，处商就市井，处农就田野。”其中的“工”即手工业工人。为使这些社会阶层和社会集团十分稳定地一代代下传，使士之子恒为士，农之子恒为农，工之子恒为工，商之子恒为商，管仲还从社会稳定和人才培养的角度列举了许多理由，说：“令夫工，群萃而州处，审其四时，辨其功苦，权节其用，论比协材，旦暮从事，施于四方，以饬其子弟，相语以事，相示以巧，相陈以功。少而习焉，其心安焉，不见异物而迁焉。是其父兄之教不肃而成，其子弟之学不劳而能。”同书接着说“管子于是制国以为二十一乡，工商之乡六，士乡十五，公帅五乡焉。”《左传》“襄公九年”，楚国子襄道：“其大夫不失守，其士竞于教，其庶人力于农穑，商工皂隶，不知迁业。”“昭公二十六年”载晏子也有类似的说法：“民不迁，农不移，工贾不变，士不滥，官不滔，大夫不收公利。”从考古发掘看，夏商周三代，一般手工业作坊皆在城内，与此或有一定关系。

“工商食官”较好地保证了领主和国家对手工业产品的需求，也保证了国家和领主的财政收入，在一定历史条件下起到了积极的作用，但从长远来看，它对社

会经济的发展无疑是一个巨大的桎梏。春秋晚期时，随着民间工商业的发展，工商食官的格局终于被打破，出现一种新型的“官营手工业”管理形式。这种新的形式一方面继承了工商食官的一些传统，官府仍直接经营工商业，以控制社会的经济，另一方面又允许私营工商业的发展，从而征税制随之出现。

西周以前，工商虞衡一般是不征税的。《礼记·王制》（中）：“古者，公田藉而不税，市廛而不税，关讥而不征，林麓川泽以时入而不禁，夫圭田无征，用民之力，岁不过三日。”便说明了这层意思，甚至山林川泽，也允许人民在一定时期内采伐渔猎而不加禁止。我国古代的私营商业约兴起于春秋时期，私营手工业，尤其是冶铁业，大体上是战国时代才获得较大发展的，手工业的征税制大约也随之发展起来。《史记·货殖列传》载：“蜀卓氏之先，赵人也，用铁冶富。”“宛孔氏之先，梁人也，用铁冶为业。”鲁人曹邴氏，“以铁冶起，富至巨万。”这都是战国时代以冶铁致富的大富豪，迄汉依然。

先秦官营手工业的一种重要制度是专卖制。其约始于春秋齐桓公时期，也有人认为它始于西周末年的厉王时期，战国时代在秦国得到进一步发展，之后在我国延续了相当长一个时期，这是中国古代社会的特有现象。它的基本特征是：某工商部门在生产和流通过程中，全部或某个环节由国家垄断，禁止私人经营。从历史上看，全由国家垄断的主要是对国计民生影响较大的盐、铁等少数部门，对多数部门而言，通常国家只控制其流通领域，生产过程依然由私人经营。齐桓公用管仲辅政，实行“官山海”的政策，对盐、铁实行专卖。《管子·海王》篇载：齐桓公问何以为国，管子答：“唯官山海为可耳。”即山海皆由国家统一管理，实行盐、铁专卖。理由是：“十口之家，十人食盐；百口之家，百人食盐。”“一女必有一鍼一刀，若其事立。耕者必有一耒一耜一铫，若其事立。行服连轺辇者必有一斤一锯一锥一凿，若其事立”。据《管子·轻重乙》篇载，其铁业“专卖”是采用包购包销的办法，只管理其流通环节，生产过程仍由平民自己管理。具体做法是：“善者不如与民量其重，计其赢，民得其十，君得其三。”即是说，若依铁料重量计，则民得其十，三份交给官府充作赋税；若铁料或铁器皆由官府统一收购，则依其所得利润，民得其十，官得其三。铁器由官府收购后，再通过官价销售，依户籍销给农人。这便是管仲的铁业专卖制，实际上也带有赋税制的成分。管仲认为，“若此，则民疾作而为上虏矣”。秦国管理山海的方法大约也是征税制。据《汉书》卷二十四上“食货志”载：至秦，用商鞅之法，改帝王之制，“颛山泽之利，管山林之饶……田租口赋盐铁之利二十倍于古”。《盐铁论·非鞅》：“大夫曰：昔商君相秦也，内立法度……外设百倍之利，收山泽之税，国富民强，器械完备。”此“收山泽之税”大约便是其对山泽的管理方式。专卖制度为官府带来了巨大的经济利益，一个时期内也曾起到过稳定国家经济的作用，但在春秋战国这个私营工商业蓬勃发展的时代，大约只有秦国真正实行过盐、铁专卖政策。

二、多级行政管理机构的出现

我国古代的手工业管理约可上推到尧舜时期，夏、商之后又有了一定的发展，西周时期，各种职官制度更加完善起来，并逐渐形成了多级行政管理机构。《礼记·曲礼下》载，天子设天官六，典司六典；设五官，典司五众；设六府，典司六职；

设六工，典制六材。此六府即司土、司木、司水、司草、司器、司货；此六工即土工、金工、石工、木工、兽工、草工。郑玄注“六工”云：“此亦殷时制也，周则皆属司空。土工，陶旊也；金工，筑、冶、凫、栗、锻、桃也；石工，玉人、磬人也；木工，轮、舆、弓、庐、匠、车、梓也；兽工、函、鲍、韗、韦、裘也；唯草工职亡，盖谓作萑苇之器。”（“十三经注疏”本）可见此“六工”大体皆属于手工业范围。《周礼》原载有360个职官，其中相当一部分是属于手工业的，如“地官”载：“卝人掌金玉锡石之地，而为之厉禁以守之。”此“卝人”便是掌管金玉锡石等矿山的职官。“秋官”载：“职金，掌凡金玉锡石丹青之戒令……入其金锡于为兵器之府，入其玉石丹青于守藏之府。”此职金便是掌管金玉锡石丹青等金属、非金属矿的职官。大约这都是中央一级的情况。东周时期，群雄并起，列国纷争，各国都建立了一套较为完整的管理机构。《考工记》载有30种官府手工业的职官，西周管理机构多见于文献记载，东周各国的管理机构则相当一部分还见于铜器铭文。铜器铭文始见于商，战国最盛。它大体上包括两大类型，一是纪功颂德类，二是物勒工名类，前者多见于战国早期以前，后者多见于战国中期之后，其中又以三晋最是引人注目[2][3]。下面便依照部分文献记载和三晋等铜器铭文，对周代铜器职官作一简要说明。

府，中央一级的手工业最高管理机构。《周礼·天官》载有大府、玉府、内府、外府等部门：“大府，掌九贡、九赋、九功之贰，以受其货贿之入，颁其货于受藏之府，颁其贿于受用之府。”“玉府，掌王之金玉、玩好、兵器。”“内府掌受九贡九赋九功之货贿、良兵、良器，以待邦之大用。”“外府，掌邦布之入出，以共百物而待邦之用。”除此四府外，《战国策·韩策一·苏秦为楚合从说韩王》还说到过少府，说韩国少府所造强兵等“皆射六百步之外”；中国历史博物馆藏有少府制作的矛。

令，当即县令，地方一级的最高管理、督造机构。“令”的产生显然与郡县制有关，所以题有“令”的器物一般都是较晚的[4]。1971年河南新郑郑韩故城发现180多件韩国兵器，其中170多件有铭文，带“令”字铭者在20件以上，如“王二年郑令戈”铭为：“王二年奠（鄭）命（令）韩……右库工帀（師）鼂庆。”[5]此“王”当即某位韩王，很可能是韩桓王。《小校经阁金文拓本》所录“七年宅阳矛”铭为：“七年，宅阳令𨜓镫，右库，工师夜痃，冶趄造。”《陶斋吉金续录》录有一矛，有“六年，安阳令韩望”等字铭。在今见之器中，习见韩氏“令”，或即韩国所造。

司寇，原是刑官，兼有生产、督造兵器和刑具的职能。《周礼·秋官》载有大司寇、小司寇，“大司寇之职，掌建邦之三典，以佐王刑邦国，诘四方”。新郑出土兵器中，近20件为司寇督造、监造。如，其“廿一年郑令戈”铭作：“廿一年奠（鄭）命（令）鮀 口司伭（寇）吴裕左库工币（师）吉忘冶娱。”由司寇督造、监造兵器，一方面可能与冶铸业中使用刑徒有关，另一方面大约也是为了加强质量管理。据考证，司寇监造制度当不早于韩桓惠王六年（前267年），而相邦、守相监造的兵器则多见于赵国[3]。

库，原为兵车之藏，《说文解字》：“库，兵车藏也。”实际上也生产部分兵器等物。库又包括左库、右库、武库，这在新郑兵器铭中都可看到。如其一戈、一矛皆铭作“（鄭）右库”，另一件矛铭作“ 奠（鄭）左库”，另一件戈内铭作“奠（鄭）武库”。[5]前引《小校经阁金文拓本》所载“七年宅阳矛”也有“右库”等字铭。《三代吉金文存》也著有“郑武库”铭戈。

工师，兵器制造的实际负责人，兼有技术指导和质量监督两方面的职能。《礼记·月令·季春》载：“是月也，命工师，令百工，审五库之量。”可见工师高于百工，郑注其为“司空之属官”。前引新郑兵器铭文中，多见有“工师”字铭。三晋和秦等都设有“工师”。

冶、冶尹，兵器制造的直接掌管者，工师下属的低级管理人员，见于戈、矛等兵器。有人认为它约与《考工记》“攻金之工”的冶氏相当[5]。此名称似源于楚国。在铜器铭文中，它经常排在最后，如新郑一件“十四年郑令戈”铭作：“十四年奠（鄭）命（令）肖（趙）距司伩（寇）王𨸏武库工帀（师）輿（铸）章冶囗。”[5]

工鬼薪、城旦、隶臣，秦代官营手工业作坊中使用的刑徒，及有期限的奴隶[4]，在铜器铭文中皆位处最后。如二十五年上郡戈有“工鬼薪戠”、三年上郡戈有“工城旦囗”、二十七年上郡戈有“工隶臣積”、四十年上郡守戈有“（工）隶臣庚”等字铭[6]。河北易县出土过一件残戈，铭作：“十八年，漆工里纵囗，隶臣囗，工正，上郡武库。”[4]

见于铜器铭文的各种职官和生产人员还有一些，不再列举。《考工记》所云官府手工业作坊的30个（或说31个）工种中，与金属器有关的“攻金之工”计有6“氏”，即筑氏、冶氏、凫氏、㮚氏、段氏、桃氏；其分工是：筑氏为削、冶氏为杀矢、凫氏为钟、桃氏为剑、㮚氏为量。原书缺了段氏职责①。铜器铭文中所见较多的是“冶氏”。

先秦“百工”多属自由人，但其地位较低，此外还包括部分刑徒和奴隶。管仲说的“四民”即士、农、工、商，此“工”是属于民的。《国语·周语上》“邵公谏厉王弭谤”载：“百工谏，庶人传语。”在此，“工、商”与“庶民”是并列的，皆可向统治者进谏。《国语·周语上》“内史过论晋惠公无后”说：“庶人工商，各守其业，以共其上。”此也将“工、商”与“庶人”并列。《左传》“哀公二年”载赵简子誓师激励之言：“在此行也，克敌者，上大夫受县，下大夫受郡，士田十万，庶人工商遂，人臣隶圉免。”此“遂”，杜氏注为“得遂进仕”，即庶人工商立有战功，也是可以升官的。从考古发掘看，燕国的兵器作坊、制陶作坊，大约主要是官营，其制陶作坊内发现有铁颈锁和铁脚镣，说明这里也使用了奴隶[7]。

三、多种技术管理制度的建立

技术管理约包括工艺流程、产品尺寸、质量检测、赏罚制度等。

我国古代对技术管理是较为重视的，《周礼》、《考工记》、《礼记》等先秦著

① 按：一般认为，《考工记》是齐国的官书，故这种分工大体上只反映了齐国的一些情况，其他诸侯国是否如此，尚须进一步研究。《考工记》原缺段氏的职业分工，今在三晋赵国兵器中发现过4件“段工师”主造的青铜鈹，故此“段氏”很可能与鈹有关，有待进一步研究（参见黄盛璋：《三晋兵器“段工师”的发现及其相关诸疑难问题解决与落实》，油印件，承黄先生惠赠）。

作都有记载，尤其是《考工记》，对官府手工业的一些基本部门都作出了较明确的技术规定。

关于工艺流程。

前引《考工记·六齐》谈到了六种不同性能的器物应当使用的合金成分，“㮚氏为量”条谈到了熔炼过程中一系列工艺操作，同一条还谈到了依据火焰颜色来辨别熔炼进程的方法等，这都是关于工艺操作、工艺流程的一种规范。

关于度量衡管理。

《周礼·秋官·大行人》载：“王之所以抚邦国诸侯者，岁徧存……十有一岁，达瑞节，同度量，成牢礼，同数器，脩法则。”郑玄注：“度，丈尺也。量，豆、区、釜也。数器，铨衡也。法，入法也。则，入则也。”又，《史记》卷六十八“商君列传”载，商君曾采用“平斗桶，权衡丈尺”的措施。可见先秦时期，我国便在不同地区进行了规范度量衡的工作，为秦始皇在全国范围统一度量衡作了准备。

关于产品尺寸和重量。

《考工记·筑氏》条载：“筑氏为削，长尺博寸，合六而成规。”即是说，筑氏的专业是制削，削的尺寸规定是：长一尺，阔一寸，合六把削则成一个圆形。

“冶氏”条载：“冶氏为杀矢，刃长寸，围寸，铤十之，重三垸。戈广二寸，内倍之，胡三之，援四之。已倨则不入，已句则不决，长内则折前，短内则不疾。是故倨句外博，重三锊 。戟广寸有半寸，内三之，胡四之，援五之，倨句中矩，与刺重三锊。”即是说，冶氏作杀矢，刃长一寸，周长一寸，铤一尺，重三垸。戈宽二寸，内长为其二倍，胡长为其三倍，援长为其四倍。曲度太小则不易啄人，太勾则不易勾到目标（按：倨，微曲）。内太长则易于折断，内太短则势不猛。所以援应勾，且向上微斜，戈重三锊。戟宽一寸半，内长为其三倍，胡长为四倍，援长五倍，援与胡成直角，包括刺在内，总重量为三锊。

同样，该书对剑、钟、量器等各种金属器物的尺寸也都作了相应的技术规定。

关于质量检查和赏罚制度。

《礼记·王制》（下）：“用器不中度，不粥于市。兵车不中度，不粥于市。”粥，同鬻。即是说，用器和兵器的质量、尺寸不合要求，不准进入市场交易。这是关于一般器物质量的总规定。

《礼记·月令·孟冬》载：“是月也，命工师效功，陈祭器，按度程，毋或作为淫巧，以荡上心，必功致为上。物勒工名，以考其诚。功有不当，必行其罪。”《吕氏春秋》卷十“孟冬纪”也有类似的文字。此有两点值得注意：一是质量检查成了每年定期进行的制度；二是建立了较为严格的个人责任制，在器物上“物勒工名”。有的器物甚至把各级职官，及至奴隶、刑徒也都铸、刻到了器上，说明当时的质量管理是十分严格的。此制度在我国沿用了很长一个时期，两汉依然盛行。

前引《考工记·梓人》条说梓人为饮器时，“凡试梓饮器，乡衡而实不尽，梓师罪之”。这也是一种质量管理。

参考文献

第一节　青铜器使用的基本情况

[1] 许顺湛：《夏代前有个联邦制王朝》，《中原文物》1995年第2期。

[2] 中国社会科学院考古研究所：《殷墟妇好墓》，文物出版社，1980年。按：对于武器的总量，原报道说是134件，包括钺4件、戈91件、镞37件又两束，此外还有镈形器（1件）和弓形器（6件）等。值得注意的是此“两束”，原报道在最后统计时，是当成“2件”的；因每束有10件，2束计20件，故今写成兵器总数152件。

[3] 江西省文物考古研究所等：《江西新干大洋洲商墓发掘简报》，《文物》1991年第10期。詹开逊：《谈新干商墓出土的青铜农具》，《文物》1993年第7期。

[4] 原报道见：陈懋德：《中国发现之上古铜犁考》，《燕京学报》第37期，1949年12月；于中航：《济南市发现青铜犁铧》，《文物》1979年第12期。综合评述见何洪源等《济南市发现的青铜犁铧再探》，《农业考古》2001年第3期。后文认为陈懋德所藏陕豫古犁和济南市1973年采集的古犁皆属商代晚期。

[5] 中国社会科学院考古研究所安阳工作队：《1969～1977年殷墟西区墓葬发掘报告》，《考古学报》1979年第1期。

[6] 湖南省博物馆：《三十年来湖南文物考古工作》，《文物考古工作三十年》文物出版社，1979年。

[7] 四川省文物考古研究所等：《广汉三星堆遗址二号祭祀坑发掘简报》，《文物》1989年第5期。陈德安等：《三星堆》，四川人民出版社，1998年。四川省文物考古研究所三星堆工作站等：《三星堆遗址真武仓包包祭祀坑调查简报》，《四川考古报告集》，文物出版社，1998年。

[8] 广西壮族自治区博物馆：《广西考古十年新收获》，《文物考古工作十年》，文物出版社，1990年。

[9] 河北省博物馆等：《藁城台西商代遗址》，文物出版社，1977年。

[10] 陕西省考古研究所：《岐山贺家村周墓发掘简报》，《考古与文物》1980年创刊号。

[11] 洛阳市文物工作队：《洛阳北窑西周墓》第111页，文物出版社，1999年。

[12] 北京市文物管理处：《北京地区的又一重要考古收获——昌平白浮西周木椁墓的新启示》，《考古》1976年第4期。

[13] 何堂坤：《中国古代铜镜的技术研究》（再版）第280页，紫禁城出版社，1999年。

[14] 边江等：《陕西出土的西周青铜阳燧》，《中国文物报》1995年11月19日第一版。

［15］路迪民等：《周原阳燧的合金成分与金相组织》，《考古》2000 年第 5 期。

［16］罗西章：《扶风出土的商周青铜器》，《考古与文物》1980 年第 4 期。

［17］广东省博物馆：《广东考古结硕果，岭南历史开新篇》，《文物考古工作三十年》，文物出版社，1979 年。广东省博物馆：《广东考古十年概述》，《文物考古工作十年》，文物出版社，1990 年。

［18］福建省博物馆等：《福建近十年的文物考古收获》，《文物考古工作十年》，文物出版社，1990 年。

［19］《文物考古工作三十年》“四川省”部分及其原注［10］，并《文物考古工作十年》的“四川省”部分。

［20］甘肃省博物馆：《甘肃灵台白草坡西周墓》，《考古学报》1977 年第 2 期。

［21］陕西周原考古队：《陕西扶风庄白一号西周青铜器窖藏发掘简报》，《文物》1978 年第 3 期。

［22］临潼县文化馆：《陕西临潼发现武王征商簋》，《文物》1977 年第 8 期。并见同期所载唐兰、于省吾对利簋铭文的考释。

［23］蔡全法等：《郑韩故城考古再获重大发现——又有七十九件春秋时期郑国公室青铜礼乐器及相关重要遗迹出土，确认此地应为郑国社稷遗址，为春秋时代重要考古新发现》，《中国文物报》1998 年 3 月 5 日第 1 版。

［24］陈振中：《青铜生产工具与中国奴隶社会经济》第 13 页，中国社会科学出版社，1992 年。

［25］廖志豪：《论吴越时期的青铜农具》，《农业考古》1982 年第 2 期。

［26］何堂坤：《涡阳青铜器科学分析》（待刊）。

［27］唐兰：《中国古代社会使用青铜农器问题的初步研究》，《故宫博物院院刊》总第 2 期，1960 年。

第二节　大型矿冶场的出现和冶铜技术的多项成就

［1］江西省文物考古研究所铜岭遗址发掘队：《江西瑞昌铜岭商周遗址第一期发掘简报》，《江西文物》1990 年第 1 期。卢本珊、刘诗中：《铜岭商周铜矿开采技术初步研究》，《文物》1993 年第 7 期。

［2］江西省文物考古研究所等：《铜岭古铜矿遗址发现与研究》，江西科学技术出版社，1997 年。

［3］湖北省黄石市博物馆等：《铜绿山——中国古矿冶遗址》，文物出版社，1980 年。

［4］黄石市博物馆：《湖北铜绿山春秋时期炼铜遗址发掘简报》，《文物》1981 年第 8 期。

［5］黄石市博物馆：《铜绿山古矿冶遗址》，文物出版社，1999 年。对于 XI 号矿体冶炼遗址的年代，文献［5］强调它属两周之际。

［6］杨立新：《皖南古代铜矿初步考察与研究》，《文物研究》总第 3 期，1988

年6月。

[7] 刘平生:《南陵大工山古矿冶遗址群江木冲冶炼场调查》,《文物研究》总第3期,1988年6月。

[8] 杨立新:《安徽沿江地区的古代铜矿》,《文物研究》总第8期,1993年。

[9] 杜发清等:《战国以前我国有色金属矿开采概况》,《有色金属》1980年第2期。

[10] 辽宁省博物馆文物工作队:《辽宁林西县大井古铜矿1976年试掘简报》,《文物资料丛刊》(7),文物出版社,1983年。按:林西矿冶址原断代为西周(见文献[9]),后定为春秋早期,上至西周晚期。

[11] 李延祥等:《林西县大井古铜矿冶遗址冶炼技术研究》,《自然科学史研究》1990年第2期。

[12] 见文献[9]、[10]、[11]。文献[9]说大井有8座,文献[10]、[11]说有12座,窃以为可定为炼炉的大约只有5座,还有4座多孔式炉应为焙烧炉,可谓之窑炉,不是炼炉,另3座则待定,且不能排除炉灶的可能性。

[13] 湖南省博物馆等:《湖南麻阳战国时期古铜矿清理简报》,《考古》1985年第2期。

[14] 徐献国:《鄂城县发现一处古冶炼遗址》,《江汉考古》1985年第4期。

[15] 新疆文物考古研究所:《新疆文物考古工作的新收获》,《文物考古工作十年》,文物出版社,1990年。

[16] 梅建军等:《新疆奴拉赛古铜矿冶遗址冶炼技术初步研究》,《自然科学史研究》1998年第3期。

[17] 宋傅寅:《禹贡说断》卷二,《丛书集成初编》二九九〇。

[18] 邵望平:《"禹贡"九州的考古学研究——兼说中国古代文明的多元性》,《九州学刊》总第5期,1987年9月。

[19] 彭适凡:《江西商周青铜铸造技术》,《科技史文集》第9辑,上海科学技术出版社,1982年。

[20] 中国社会科学院考古研究所安阳工作队:《1987年安阳小屯村东北地的发掘》,《考古》1989年第10期。殷墟孝民屯考古队:《河南安阳市孝民屯商代铸铜遗址2003~2004年的发掘》,《考古》2007年第1期。

[21] 中国社会科学院考古研究所:《殷墟发掘报告(1958~1961年)》第30页、58页,文物出版社,1987年。

[22] 洛阳市文物工作队:《1975~1979年洛阳北窑西周铸铜遗址的发掘》,《考古》1983年第5期。叶万松:《从洛阳西周铸铜遗址出土的陶范、熔铜炉壁谈西周前期的青铜铸造工艺》,1981年国际冶金史学术讨论会论文。

[23] 山西省考古研究所:《侯马铸铜遗址》,文物出版社,1993年。

[24] 河南省博物馆新郑工作站等:《河南新郑郑韩故城的钻探和试掘》,《文物资料丛刊》(3),1980年。

[25] 李京华:《河南冶金考古的发现与研究》,载《中原古代冶金技术研究》,中州古籍出版社,1994年。

［26］广西壮族自治区文物工作队：《广西武鸣马头元龙坡墓葬发掘简报》，《文物》1988 年第 12 期。

［27］王大道：《滇池史前考古的重要收获——大花石遗址墓地发掘硕果累累》，《中国文物报》1992 年 4 月 19 日第 1 版。王大道：《云南剑川海门口早期铜器研究》，《中国考古学会第四次年会论文集》，文物出版社，1985 年。

［28］湖北省博物馆：《湖北古矿冶遗址调查》，《考古》1974 年第 4 期。

［29］朱英尧：《铜绿山古矿冶遗址炼铜技术的讨论》，《有色金属》1981 年第 4 期。

［30］张敬国等：《贵池东周铜锭的分析研究——中国始用硫化矿炼铜的一个线索》，《自然科学史研究》1985 年第 2 期。

［31］卢本珊：《铜绿山春秋早期的炼铜技术》，《科技史文集》总第 13 辑，上海科学技术出版社，1985 年。

［32］卢本珊等：《铜绿山春秋炼铜竖炉的复原研究》，《文物》1981 年第 8 期。此春秋炼炉之复原，不是复原某一座炉，而主要是参照 4 号炉和 6 号炉等来复原的。

［33］卢本珊等：《铜绿山春秋早期炼铜技术续探》，《自然科学史研究》1984 年第 2 期。

［34］朱寿康：《我国古代的炼铜技术》，《有色金属》1981 年第 4 期。

［35］温少峰等：《殷墟卜辞研究——科学技术篇》，四川省社会科学院出版社，1983 年。

第三节　三元合金技术的发展及其成就

［1］近重真澄：《東洋古銅器の化學研究》，《史林》三卷，大正七年（1918 年）。近重真澄：《東洋錬金術》，東京内田志鶴圃，昭和四年（1929 年）。

［2］道野鶴松：《東洋古代金屬の化學的研究》，《日本化學會誌》第五十三卷，1932 年。

［3］道野鶴松：《由化學上所見古代支那之金屬及其金屬文化》，《東方學報》京都版第 4 册，1933 年。

［4］梁津：《周代合金成分考》，《科学》第九卷第 10 期，1925 年 3 月。

［5］山内淑人、小泉瑛一、小松茂：《古代利器の化學的研究》，《東方學報》京都版第 11 册。

［6］Shu - Chuan Liang and Kan - Nan Chang，The Chemical Compsition of Some Early Chinese Bronzes，Chinese Chemical Society，Peking，1950.

［7］中国社会科学院考古研究所实验室：《殷墟金属器物成分的测定报告（一）——妇好墓铜器测定》，《考古学集刊》（2），1982 年。

［8］李敏生等：《殷墟金属器物成分的测定报告（二）——殷墟西区铜器和铅器测定》，《考古学集刊》（4），1984 年。

［9］季连琪：《河南安阳郭家庄 160 号墓出土铜器的成分分析研究》，《考古》1997 年第 2 期。

［10］北京钢铁学院《中国冶金简史》编写小组：《中国冶金简史》第 24 页，科学出版社，1978 年。

［11］刘屿霞：《殷代冶铜术之研究》，《安阳发掘报告》第 4 期，1933 年。按：该文刊载过多件青铜器成分，因嫌误差太大而未引用；今引用的 3 件标本的成分原是在金相显微镜下估计的。

［12］冯富根等：《殷墟出土商代青铜觚铸造工艺的复原研究》，《中国冶铸史论集》，文物出版社，1986 年。

［13］何堂坤等：《罗山固始商代青铜器的科学分析》，《中原文物》1994 年第 3 期。罗山天湖商墓 M8、M11、M12 约与殷墟二期相当，墓 M1 约相当于殷墟二期偏早，墓 M6 可能属帝辛时期或西周时期，但由铜器形制和铭文看，墓主人仍属商代，故今仍归商代。

［14］田长浒：《从现代实验剖析中国古代青铜铸造的科学成就》，《科技史文集》第 13 辑，上海科学技术出版社，1985 年。田长浒：《中国金属技术史》第 91 页、110 页，四川科学技术出版社，1987 年。

［15］樊祥熹等：《新干商代大墓青铜器合金成分》，载江西省文物考古研究所等：《 新干商代大墓》，文物出版社，1997 年。

［16］杨根等：《司母戊大鼎的合金成分及其铸造技术的初步研究》，《文物》1959 年第 12 期。

［17］上海市博物馆资料。周始民《〈考工记〉六齐成分的研究》，《化学通报》1978 年第 3 期。

［18］R. J. Gcttens，The Freer Chinese Bronzes Vol. II. Technical Studies. P. 33 – 56. Washington. 1969.

［19］Pieter Meyers，A Technical Study of Bronze from the Arthur M. Sackler Collections，国际冶金史学术讨论会论文，1981 年，北京。

［20］湖南省博物馆：《湖南省博物馆新发现的几件铜器》，《文物》1966 年第 4 期。

［21］梅原末治：《四五之尊彝之化學成份》，《東亞考古學論考》，1940 年。山内淑人、小泉瑛一分析。

［22］梅原末治：《支那銅利器之成份之考古學的考察》，《東亞考古學論考》，1940 年。山内淑人、小泉瑛一分析。

［23］陈佩芬：《古代铜兵铜镜的成分及有关铸造技术》，《上海博物馆馆刊》第 1 辑，1981 年。

［24］何堂坤：《先秦青铜合金技术的初步探讨》，《自然科学史研究》1997 年第 3 期。

［25］李秀辉等：《虢国墓出土青铜器材质分析》，载河南省文物考古研究所等编《三门峡虢国墓》，文物出版社，1999 年。

［26］路迪民等：《周原阳燧的合金成分与金相组织》，《考古》2000 年第 5 期。

［27］何堂坤：《胶东青铜器科学分析》，《文物保护与考古科学》1990 年第 2

期。

［28］何堂坤：《几件琉璃河西周早期青铜器的科学分析》，《文物》1988 年第 3 期。

［29］曾琳等：《苏南地区古代青铜器合金成分的测定》，《文物》1990 年第 9 期。按：此分析报告对青龙山青铜器未作断代，承肖梦龙于 1998 年 5 月 18 日电话惠告，应定作春秋中期偏晚。

［30］何堂坤：《春秋战国青铜剑科学考察》，《中国冶金史料》1990 年第 2 期。

［31］李敏生：《淅川下寺春秋楚墓部分金属成分测定》，《淅川下寺春秋楚墓》附三，文物出版社，1991 年。

［32］徐恒彬等：《广东省出土青铜器冶铸技术的研究》，《科技史文集》第 14 辑，上海科学技术出版社，1985 年。按：广东青铜合金成分多采自本文。杨耀林：《深圳及邻近地区先秦青铜器铸造技术的考察》，《考古》1997 年第 6 期。

［33］何堂坤：《鄂城战国青铜兵刃器科学分析》，《江汉考古》1990 年第 3 期。

［34］何堂坤：《山东青铜器合金成分分析》，《文物春秋》1992 年第 1 期。

［35］何堂坤、陈跃钧：《江陵战国青铜器科学分析》，《自然科学史研究》1999 年第 2 期。

［36］曾中懋：《出土巴蜀铜器成分的分析》，《四川文物》1992 年第 3 期。内中所列主要是巴蜀式青铜器，但有两件为中原式青铜剑，断代战国晚期，1980 年新都马家出土。

［37］湖南省博物馆：《长沙楚墓》，《考古学报》1959 年第 1 期。

［38］复旦大学静电加速器实验室等：《越王剑的质子 X 荧光非真空分析》，《复旦学报》，1979 年第 1 期。

［39］孙淑云：《当阳赵家湖楚墓金属器的鉴定》，《中国冶金史论文集》（二），《北京科技大学学极》增刊，1994 年。

［40］何堂坤：《包山楚墓金属器初步考察》，《包山楚墓》，文物出版社，1991 年。

［41］何堂坤：《涡阳青铜器科学分析》（待刊）。

［42］李仲达等：《淅川下寺春秋楚墓青铜器试样分析报告》，《淅川下寺春秋楚墓》，文物出版社，1991 年。

［43］李敏生：《先秦用铅的历史概况》，《文物》1984 年第 10 期。

［44］华觉明等：《先秦编钟设计制作的探讨》，《自然科学史研究》第 2 卷第 1 期，1983 年。

［45］何堂坤：《中国古代铜镜的技术研究》，中国科学技术出版社，1992 年。紫禁城出版社，1999 年再版。

［46］谭德睿等：《吴越菱形纹饰铜兵器技术初探》，《南方文物》1994 年第 2 期。

［47］湖北省博物馆：《曾侯乙墓》上，第 176 页，文物出版社，1989 年。

［48］郭沫若：《考工记的年代与国别》，《开明书店二十周年纪念文集》，1947

年。

[49] 何堂坤：《考工记提要》，《中国科学技术典籍通汇·技术卷》（一），河南教育出版社，1994 年。

[50] 近重真澄：《東洋古代文化之化學觀》，1919 年讲演，《科学》第 5 卷第 3 期（1920 年）刊载。

[51] 近重真澄：《東洋錬金術》，東京内田志鶴圃，昭和四年（1929 年）。

[52] 张子高：《六齐别解》，《清华大学学报》1958 年 6 月。

[53] 何堂坤：《“六齐”之管窥》，《科技史文集》第 15 辑，上海科学技术出版社，1989 年，并见中国科学院自然科学史研究所编《科学技术史研究五十年》（论文选），2007 年。

[54] 章鸿钊：《石雅》下编“五金”，中央地质调查所，民国七年初版，民国十六年再版。今见周谷城主编《民国丛书》第二篇第 88 册，上海书店，1990 年影印民国十六年版。

[55] 王琎：《中国古代金属原质之化学》，《科学》第 5 卷第 6 期，1920 年。

[56] 何堂坤：《“钟鼎之齐”初步研究》，《中国国学》第 21 期，台湾，1993 年。

[57] 洪震寰：《“墨经”光学八条釐说》，《科学史集刊》（4），1962 年。

[58] 湖北省荆州地区博物馆：《江陵雨台山楚墓》第 75 页，文物出版社，1984 年。

[59] 华觉明：《吴越之剑的铸作与品相》，《台湾龚钦龙藏越王剑暨商周青铜兵器》，南京出版社，2003 年。按：文中对西周和春秋的 3 件铜剑都列出了 2 ~ 3 个分析数据，今取其平均值。

[60] 李仲达等：《商周青铜容器合金成分的考察——兼论“钟鼎之齐”的形成》，《西北大学学报》（自然科学版）1984 第 2 期。

第四节　部分地区性文化的青铜合金技术

[1] 韩嘉谷：《从军都山东周墓谈山戎、胡、东胡的考古学文化归属》，《内蒙古文物考古文集》，中国大百科全书出版社，1994 年。

[2] 建平县文化馆等：《辽宁建平县的青铜时代墓葬及相关遗物》，《考古》1983 年第 8 期。

[3] 靳枫毅：《大凌河流域出土的青铜时代遗物》，《文物》1988 年第 11 期。靳枫毅：《朝阳地区发现的剑柄端加重器及其相关遗物》，《考古》1983 年第 2 期。

[4] 何堂坤：《铜镜起源初探》，《考古》1988 年第 2 期。

[5] 何堂坤、靳枫毅：《辽西夏家店上层文化青铜合金成分初步研究》，《考古》2002 年第 1 期。

[6] 何堂坤、靳枫毅、王继红：《北京市延庆县军都山山戎青铜技术初步研究》，《北方文物》2002 年第 2 期。按：延庆军都山遗址原定为“山戎文化”，后因学术界存在不同意见，遂改定为“军都山文化”。

[7] 龚国强：《新疆地区早期青铜器略论》，《考古》1997 年第 9 期。

［8］北京科技大学冶金与材料史研究室等：《新疆哈密天山北路墓地出土铜器的初步研究》，《文物》2001 年第 6 期。

［9］宝鸡市博物馆：《宝鸡竹园沟西周墓地发掘简报》，《文物》1983 年第 2 期。

［10］苏荣誉等：《強国墓地青铜器铸造工艺考察和金属器物检测》，《宝鸡強国墓地》上册附二，文物出版社，1988 年。

［11］王家祐等：《四川新繁广汉古遗址调查记》，《考古》1958 年第 8 期。王家祐：《记四川彭县竹瓦街出土的铜器》，《文物》1961 年第 11 期。

［12］四川省文物管理委员会等：《广汉三星堆遗址一号祭祀坑发掘简报》，《文物》1987 年第 10 期。四川省文物管理委员会等：《广汉三星堆遗址二号祭祀坑发掘简报》，《文物》1989 年第 5 期。陈德安等：《三星堆》，四川人民出版社，1998 年。

［13］成都市文物考古研究所：《成都金沙遗址的发现与发掘》，《考古》2002 年第 7 期。肖璘等：《成都金沙遗址出土金属器的实验分析与研究》，《文物》2004 年第 4 期。

［14］曾中懋：《广汉三星堆一、二号祭祀坑出土铜器成分的分析》，《四川文物》（四川广汉三星堆遗址研究专辑）1989 年 10 月。曾中懋：《广汉三星堆二号祭祀坑出土铜器成分的分析》，《四川文物》1991 年第 1 期。

［15］金正耀等：《商代青铜器中的高放射性成因铅：三星堆器物与沙可乐（赛克勒）博物馆藏品的比较研究》，载北京大学考古系编《“迎接二十一世纪的中国考古学”国际学术讨论会论文集》，科学出版社。

［16］何堂坤：《部分四川青铜器的科学分析》，《四川文物》1987 年第 4 期。

［17］何堂坤：《四川峨眉县战国青铜器的科学分析》，《考古》1986 年第 11 期。

［18］田长浒：《从现代实验剖析中国古代青铜铸造的科学成就》，《科技史文集》第 13 辑，上海科学技术出版社，1985 年。

［19］曾中懋：《磷——巴蜀式青铜兵器中特有的合金成分》，《四川文物》1987 年第 4 期。

［20］曾中懋：《出土巴蜀铜器成分的分析》，《四川文物》1992 年第 3 期。

［21］曾中懋：《巴蜀式青铜剑虎斑纹的铸造工艺》，《四川文物》1993 年第 5 期。

［22］王大道：《滇池史前考古的重要收获——大花石遗址墓地发掘硕果累累》，《中国文物报》1992 年 4 月 19 日第 1 版。关于遗址断代，详见文献［26］。王大道：《云南剑川海门口早期铜器研究》，《中国考古学会第四次年会论文集》，文物出版社，1985 年。

［23］云南省文物工作队：《楚雄万家坝古墓群发掘报告》，《考古学报》1983 年第 3 期。其中 23 号墓和 1 号墓的年代分别为公元前 690 ± 90 年、公元前 400 ± 85 年。

［24］云南省文物工作队：《云南祥云大波那木椁铜棺墓清理报告》，《考古》

1964 年第 12 期。断代约为公元前 2400 年。

[25] 何堂坤：《滇池地区几件青铜器的科学分析》，《文物》1985 年第 4 期。按：江川李家山古墓群，原断代战国至汉初；后经测定，其 21 号墓距今 2500 ± 105 年，约为公元前 550 年，依此，古墓群年代似应改定为春秋晚期至汉初。

[26] 对云南部分青铜文化遗址的断代，今参照《新中国考古五十年 · 云南省文物考古五十年》（文物出版社，1999 年），以及王大道《云南青铜文化与新石器晚期文化的关系》（《云南考古文集》，云南民族出版社，1998 年）两文。

[27] 中国古代铜鼓研究会：《中国古代铜鼓》，文物出版社，1988 年。

[28] 洪声：《广西古代铜鼓研究》，《考古学报》1974 年第 1 期。汪宁生：《试论中国古代铜鼓》，《考古学报》1978 年第 2 期。童正恩：《试论早期铜鼓》，《考古学报》1983 年第 3 期。

[29] 鄂博、崇文：《湖北崇阳出土一件铜鼓》，《文物》1978 年第 4 期。

[30] 田园：《商代铜鼓》，《江汉考古》1999 年第 1 期。

[31] 云南省博物馆：《近年来云南出土铜鼓》，《考古》1981 年第 4 期。

[32] 云南省博物馆：《云南江川李家山古墓群发掘报告》，《考古学报》1975 年第 2 期。

[33] 李伟卿：《关于铜鼓起源的若干问题》，《云南文物》第 9 集，1980 年。汪宁生：《试论中国古代铜鼓》，《考古学报》1978 年第 2 期。王大道、肖秋：《铜鼓起源试探》，《云南文物》第 9 集，1980 年。张增祺：《略论铜鼓的起源与传播》，《云南文物》第 9 集，1980 年。

[34] 田清怀：《弥渡县苴力公社发现两面战国铜鼓》，《云南文物》第 9 集，1980 年。

[35] 孙淑云、王大道：《广西、云南铜鼓合金成分及金属材质的研究》，载北京科技大学《中国冶金史论文集》（二），《北京科技大学学报》增刊，1994 年。

[36] 王大道：《云南铜鼓》，云南教育出版社，1986 年。

[37] 万辅彬：《中国古代铜鼓科学研究》，广西民族出版社，1992 年。

第五节　金银铅锡汞的使用和冶炼

[1] 郭勇：《石楼后兰家沟发现商代青铜器简报》，《文物》1962 年第 4、5 期合刊。

[2] 谢青山等：《山西吕梁县石楼镇又发现铜器》，《文物》1960 年第 7 期。

[3] 姚生民：《陕西淳化县出土的商周青铜器》，《考古与文物》1985 年第 5 期。

[4] 唐云明：《河北境内几处商代文化遗存记略》，《考古学集刊》（2），1982 年。

[5] 北京钢铁学院《中国冶金简史》编写小组：《中国冶金简史》第 34 页，科学出版社，1978 年。

[6] 四川省文物管理委员会等：《广汉三星堆遗址一号祭祀坑发掘简报》，《文物》1987 年第 10 期。陈德安等：《三星堆》，四川人民出版社，1998 年。

［7］宝鸡市考古工作队：《宝鸡市益门村二号春秋墓发掘简报》，《文物》1993 年第 10 期。原报道说出土金器计 104 组，估计把络饰和串珠各当作了 1 组。

［8］田广金等：《阿鲁柴登发现的金银器》，载《鄂尔多斯式青铜器》第 342 ~350 页，文物出版社，1986 年。按：原文说出土有黄金器 218 件。

［9］河北省文物研究所：《嚳墓——战国中山国国王之墓》，文物出版社，1996 年。《河北省平山县战国时期中山国墓葬发掘简报》，《文物》1979 年第 1 期。

［10］山东省文物考古研究所等：《曲阜鲁国故城》第 159 页、160 页，齐鲁书社，1982 年。

［11］山东省博物馆：《临淄郎家庄一号东周殉人墓》，《考古学报》1977 年第 1 期。

［12］湖北省博物馆：《曾侯乙墓》（上）第 390 ~ 399 页，文物出版社，1989 年。

［13］浙江省文物管理委员会等：《绍兴 306 号战国墓发掘简报》，《文物》1984 年第 1 期。

［14］河南省博物馆等：《河南扶沟古城村出土的楚金银币》，《文物》1980 年第 10 期。

［15］涂书田：《安徽省寿县出土一大批楚金币》，《文物》1980 年第 10 期。

［16］姚迁：《江苏盱眙南窑庄楚汉文物窖藏》，《文物》1982 年第 11 期。

［17］咸阳市博物馆：《咸阳市近年发现的一批秦汉遗物》，《考古》1973 年第 3 期。

［18］湖南省文物管理委员会：《长沙左家公山的战国木椁墓》，《文物参考资料》1954 年第 12 期。

［19］《无产阶级文化大革命中的考古新发现》，并《无产阶级文化大革命期间出土文物简介·安徽各地发现楚国金币——郢爰》，均见《考古》1972 年第 1 期。

［20］吴兴汉：《楚金币研究》，《楚文化研究论集》第 1 集，荆楚书社，1987 年。

［21］夏湘蓉等：《中国古代矿业开发史》第 32 ~ 35 页，地质出版社，1980 年。

［22］郭宝钧等：《1952 年秋洛阳东郊发掘报告》；马得志等：《1953 年安阳大司空村发掘报告》。皆见《考古学报》第 9 期，1955 年。中国社会科学院考古研究所安阳工作队：《1969 ~ 1977 年安阳殷墟西区墓葬发掘报告》，《考古学报》1979 年第 1 期。

［23］河南省文化局文物工作队：《1958 年春河南安阳市大司空村殷代墓葬发掘简报》，《考古通讯》1958 年第 10 期。锡戈数量不明。

［24］洛阳市文物工作队：《洛阳北窑西周墓》第 149 页，文物出版社，1999 年。

［25］河南省文物研究所等：《三门峡虢国墓》第 440 页，断代见第 456 页，文物出版社，1999 年。虢国墓于 1956 年 ~ 1957 年第一次发掘，原断代西周晚期到春秋早期；1990 年 ~ 1999 年又进行了第二次发掘，所挖墓葬和遗址定为西周晚期。

第二次发掘分三个阶段：（1）1990 年～1991 年，清理墓 M2001（虢季）、墓 M2009（虢仲）、墓 M2006（孟姞）、M2008（虢宫父）、M2010（五鼎，大夫）等。（2）1991 年～1992 年，清理 M2011（太子墓）、M2012（梁姬墓）、M2013（丑姜墓）。（3）1998 年～1999 年，配合基建，清理了部分墓葬。主要工作大体是前两段进行的。第二次发掘报告见此《三门峡虢国墓》。

[26] 山西省考古研究所：《侯马铸铜遗址》，文物出版社，1993 年。

[27] 湖南省博物馆等：《长沙楚墓》第 431 页，文物出版社，2000 年。

[28] 云南省文物工作队：《楚雄万家坝古墓群发掘报告》，《考古学报》1983 年第 3 期。

[29]《新中国考古五十年·云南省文物考古五十年》，文物出版社，1999 年并见北京大学历史系考古专业碳十四实验室：《碳十四年代测定报告（续一）》，《文物》1978 年第 5 期。

[30] 贺次君辑校《括地志辑校》卷三“临淄县”，中华书局，1980 年，并见清王漠辑《汉唐地理书钞》第 248 页，中华书局，1961 年影印版。

[31] 唐欧阳询：《艺文类聚》卷八“山部下· 虎丘山”引。《太平御览》卷八一二：“《吴越春秋》曰：阖庐葬墓中，澒地广六丈。”

[32] 赵匡华：《我国古代“抽砂炼汞”的演进及其化学成就》，《自然科学史研究》1984 年第 1 期。

第六节 炼铁技术的发明和发展

[1] 韩汝玢等：《虢国墓出土铁刃铜器的鉴定与研究》，载河南省文物考古研究所等《三门峡虢国墓》第一卷第 559～573 页，文物出版社，1999 年。按：山西天马－曲村铁器详见韩汝玢《天马－曲村遗址出土铁器的鉴定》，《中国冶金史论文集》（三·A），《北京科技大学学报》增刊，2002 年 4 月。

[2] 繁昌所出铁矿石制作的石器见《中国文物报》1998 年 12 月 6 日头版头条。

[3] 山顶洞遗址年代，最初推定为 10 万年前；20 世纪 80 年代作过一次测定，改定为距今 2.7 万年。见陈铁梅：《山顶洞文化年代的最新测定》，《中国文物报》1993 年 1 月 10 日。

[4] 刘得祯等：《甘肃灵台县景家庄春秋墓》，《考古》1981 年第 4 期。

[5] 甘肃省博物馆文物工作队：《甘肃永昌三角城沙井文化遗址调查》，《考古》1984 年第 7 期。

[6] 袁仲一：《从考古资料看秦文化的发展和主要成就》，《文物》1990 年第 5 期。并见文献 [7]。

[7] 张天恩：《秦器三论——益门春秋墓几个问题浅谈》，《文物》1993 年第 10 期。张天恩：《再论秦式短剑》，《考古》1995 年第 9 期。

[8] 陕西雍城考古队：《凤翔马家庄一号建筑群遗址发掘简报》，《文物》1985 年第 2 期。

[9] 河南省丹江库区文物发掘队：《河南省淅川下寺春秋楚墓》，《文物》1980

年第10期。

［10］卢本珊：《铜绿山古代采矿工具初步研究》，《农业考古》1991年第3期。

［11］韩伟等：《秦都雍城考古发掘研究综述》，《考古与文物》1988年5、6期合刊。

［12］宝鸡市考古工作队：《宝鸡市益门村二号春秋墓发掘简报》，《文物》1993年第10期。断代春秋晚期偏早。

［13］河南省文物研究所：《登封王城岗与阳城》，文物出版社，1992年。

［14］柯俊等：《河南古代一批铁器的初步研究》，《中原文物》1993年第1期。

［15］开封地区文管会等：《河南省新郑县唐户两周墓葬发掘简报》，《文物资料丛刊》（2），文物出版社，1978年。此文说唐户大队出土一件不明器形的残铁器，出于墓M7的底部，属春秋晚期。未知此器与文献［14］所说之残铁板是否为同一器物。

［16］长沙铁路东站建设工程文物发掘队：《长沙新发现春秋晚期的钢剑和铁器》，《文物》1978年第10期。另据文献［23］，此墓原编号为76长杨M65，新编号改为M26，削刀改称为刮刀。

［17］江苏省文物管理委员会：《江苏六合程桥东周墓》，《考古》1965年第3期。

［18］南京博物院：《江苏六合程桥二号东周墓》，《考古》1974年第2期。

［19］顾铁符：《长沙52·826号墓在考古学上诸问题》，《文物参考资料》1954年第10期。

［20］湖南省博物馆：《湖南常德德山楚墓发掘报告》，《考古》1963年第9期。

［21］彭适凡等：《江西冶金史研究》专辑，载《江西冶金》1994年第6期，并见《江西历史文物》，1978年第2期。

［22］中国科学院考古研究所：《长沙发掘报告》第37页，科学出版社，1957年。湖南省博物馆：《长沙楚墓》第41~60页，《考古学报》1959年第1期。

［23］湖南省博物馆等：《长沙楚墓》，文物出版社，2000年。第593~595页载：出土铁器的一期楚墓（相当于春秋晚期）只有2处，即一处是长沙龙洞52M826（墓葬新编号M6）出土铁刮刀1件，另一处是长沙杨家山76M65（新编号为M26）出土钢剑1件、铁鼎1件、铁刮刀1件。二期楚墓（相当于战国早期）出土铁器的计有5处，即：（1）黄泥坑52乙M60，出土有铁环首刀；（2）黄泥坑52M84，出土有铁臿；（3）杨家湾54M11，出土有铁刮刀；（4）烈士公园56M16，出土有铁斧、铁钩形器；（5）窑岭77M15，出土有环耳铁鼎。

［24］孙德海：《满城县要庄西周遗址和墓葬》，《中国考古学年鉴（1984年）》，文物出版社，1984年。

［25］黄展岳：《关于中国开始冶铁和使用铁器的问题》，《文物》1976年第8期。

［26］杨志军等：《平洋墓葬》第92～94页、第165页，文物出版社，1990年。

［27］新疆文物事业管理局、新疆文物考古研究所：《新疆维吾尔自治区文物考古工作五十年》，《新中国考古工作五十年》，文物出版社，1999年。新疆维吾尔自治区文化厅文物处等：《新疆哈密焉不拉克墓地》，《考古学报》1989年第3期。刘学堂：《尼勒克穷科克台地考古发掘发现早期铁器》，《中国文物报》2001年12月14日。原断代为公元前1000～前500年或更晚。

［28］王大道：《云南滇池区域青铜时代的金属农业生产工具》，《考古》1977年第2期，并见《考古》1982年第1期张增祺文。

［29］章鸿钊：《石雅 · 中国铜器铁器时代沿革考》，中央地质调查所，民国七年初版，民国十六年再版。今见周谷城主编《民国丛书》第二篇第88册，上海书店，1990年影印民国十六年版。

［30］李恒德：《中国历史上的钢铁冶金技术》，《自然科学》1951年第12期。

［31］黄展岳：《近年出土的战国两汉铁器》，《考古学报》1957年第3期。

［32］周则岳：《试论中国古代冶金史的几个问题》，《中南矿冶学报》第1期，1956年。

［33］杨宽：《中国土法冶铁炼钢技术发展简史》，上海人民出版社，1960年。

［34］李众：《中国封建社会前期钢铁冶炼技术发展的探讨》，《考古学报》1975年第2期。

［35］三谷耕作譯：《鐵の歷史》第46頁、47頁、51頁，慶應書房，1942年（德文原版1925年）。

［36］洛阳市文物工作队：《1975～1979年洛阳北窑西周铸铜遗址的发掘》，《考古》1983年第5期。

［37］《十三经注疏》本，“毛诗注疏校勘记”。

［38］朱熹：《诗经集注》，文渊阁《钦定四库全书本》。

［39］河北省文物研究所：《燕下都》（上），第148页、229页、494页、533页、617页，文物出版社，1996年。

［40］山西省文物管理委员会：《山西长治市分水岭古墓的清理》，《考古学报》1957年第1期。铁器断代见文献［25］。

［41］张伟：《松嫩平原早期铁器的发现与研究》，《北方文物》1997年第1期。按：这批铁器的年代原定为春秋晚期至战国晚期。但M140经^{14}C测定并树轮校正，距今2410±80年，为春秋晚期至战国早期。

［42］何堂坤：《关于春秋战国时期的钢铁冶金技术》，《科技史文集》第9辑，上海科学技术出版社，1982年。

［43］中国科学院考古研究所：《辉县发掘报告》，科学出版社，1956年。

［44］高至喜：《从长沙楚墓看春秋战国时期当地经济文化的发展》，《中国考古学会第二次年会论文集》，文物出版社，1980年。广西壮族自治区文物工作队：《平乐银山岭战国墓》，《考古学报》1978年第2期。湖南省博物馆：《湖南资兴旧市战国墓》，《考古学报》1983年第1期。

［45］李仲达等：《燕下都铁器金相考察初步报告》，载河北省文物研究所《燕下都》，文物出版社，1996 年。

［46］夏湘蓉等：《中国古代矿业开发史》，地质出版社，1980 年 7 月。

［47］湖北省荆州地区博物馆：《江陵雨台山楚墓》，文物出版社，1984 年。计发掘 558 座墓葬，断代春秋中期到战国晚期，铁器有臿、斧各 1 件，青铜器包括容器 52 件、兵器 518 件、工具 16 件，此外还有车马器、衡器、服饰器、乐器、杂器等。

［48］三谷耕作譯：《鐵の歷史》第 103 ~ 106 頁，1942 年，慶應書房，（德文原版 1925 年）。

［49］河南省博物馆新郑工作站等：《河南新郑郑韩故城的钻探与试掘》，《文物资料丛刊》（3），文物出版社，1980 年。

［50］新乡市文管会等：《河南辉县市古共城战国铸铁遗址发掘简报》，《华夏考古》1996 年第 1 期。

［51］李京华：《河南冶金考古的发现与研究》，载《中原古代冶金技术研究》，中州古籍出版社，1994 年。见正文和表格。

［52］商水县文物管理委员会：《河南商水县战国城址调查记》，《考古》1983 年第 9 期。

［53］庄冬明：《滕县古薛城发现战国时代冶铁遗址》，《文物参考资料》1957 年第 5 期。

［54］同［39］《燕下都》（上）。冶铸作坊有：高阳村西北 5 号战国锻（铸?）铁作坊（第 85 页）、郎井村西南 13 号战国晚期铸铜作坊（第 129 页）、武阳台西北第 21 号战国中晚期铜铁铸造作坊（第 161 页）、武阳台西北第 23 号战国晚期铜、铁（?）铸造作坊（第 190 页）、武阳台西北第 18 号战国晚期铜、铁铸造作坊（第 191 页）、郎井村东 30 号战国中期铸铜作坊（第 204 页）、高阳村西北 4 号战国铸铜作坊遗址（第 204 页）、郎井村西北 10 号战国中期至晚期铜、铁铸造作坊（第 433 页）。

［55］郑绍宗：《热河兴隆发现的战国生产工具铸范》，《考古通讯》1956 年第 1 期。按：资料照录不误。

［56］欧潭生等：《福州新店古城考古又获重大成果》，《中国文物报》1999 年 2 月 28 日。福建省博物馆等：《福建福州市新店古城发掘简报》，《考古》2001 年第 3 期（欧潭生执笔）。

［57］河南省文物考古研究所等：《河南省西平县酒店冶铁遗址试掘简报》，《华夏考古》1998 年第 4 期。

［58］李京华：《古代西平冶铁遗址再探讨》，《中原古代冶金技术研究》，中州古籍出版社，1994 年。

［59］邯郸市文物保管所：《河北邯郸市区古遗址调查简报》，《考古》1980 年第 2 期。

［60］群力：《临淄齐国故城勘探纪要》，《文物》1972 年第 5 期。

［61］鹤壁市文物工作队：《鹤壁鹿楼冶铁遗址》，中州古籍出版社，1994 年。

[62] 何堂坤等：《延庆山戎文化铜柄铁刀及其科学分析》，《中原文物》2004年第2期。

第七节　炼钢技术的发明

[1] 韩汝玢等：《虢国墓出土铁刃铜器的鉴定与研究》，载河南省文物考古研究所等《三门峡虢国墓》第一卷，第559～573页，文物出版社，1999年。

[2] 刘得祯等：《甘肃灵台县景家庄春秋墓》，《考古》1981年第4期。

[3] 长沙铁路东站建设工程文物发掘队：《长沙新发现春秋晚期的钢剑和铁器》，《文物》1978年第10期。按：1977年11月，北京钢铁学院黄务涤、姚建芳和敝人一起到长沙作冶金史考察，其时钢剑刚出土不久。我们在剑尾折弯处取样后，到中南矿冶学院请炼钢系殷先生做了金相分析。殷先生看到此剑组织时，脱口说出的第一句话是："这好像是调质钢。"所以，正式发掘报告说其组织与中碳钢高温回火态相当。当时我们也观看了剑的组织，只可惜没留下较好的金相照片。定成一级文物后就不便取样分析了。

[4] 湖南省文物工作队：《长沙、衡阳一带出土战国时代的铁器》，《考古通讯》1956年第1期。

[5] 张中一：《湖南郴州市马家坪古墓清理》，《考古》1961年第9期。

[6] 董文安：《韩国十大宝剑产地初考》，金属史学术讨论会论文，舞阳，1989年。据考证，墨阳在今河南淅川，邓国在今河南漯河东南。历代学者对《战国策》"韩策一"中关于韩国剑戟的文字作过许多注释，其中又以元代吴师道所注稍见详明，其认为这些剑戟中，既有地名，亦有人名，此外还有无考者。

[7] 李京华：《古代西平冶铁遗址再探讨》，载《中原古代冶金技术研究》，中州古籍出版社，1994年。

[8] 河北省文物管理处：《河北易县燕下都44号墓发掘报告》；（北京钢铁学院）压力加工专业：《易县燕下都44号墓葬铁器金相考察初步报告》。两文皆见《考古》1975年第4期。

[9] 何堂坤：《包山楚墓金属器初步考察》，湖北省荆沙铁路考古队：《包山楚墓》，文物出版社，1991年。

[10] 何堂坤：《铸铁脱碳钢与白心可锻铸铁》，《中国文物报》1995年11月26日。

[11] 李仲达等：《燕下都铁器金相考察初步报告》，载河北省文物研究所《燕下都》，文物出版社，1996年。按：该研究计分析了33件燕下都战国铁器，其中有白口铁器7件、灰口铁器1件、麻口（局部）铁器2件、块炼铁器5件（其中4号样算2件）、脱碳可锻铸铁3件、石墨化可锻铸铁7件、铸铁脱碳钢3件、铸铁脱碳渗碳钢5件。在后8件钢质标本中，原报告只对其中2件的制钢工艺作了鉴定，另外6件则是本人依其提供的金相照片等做出推断的。

[12] 北京科技大学冶金史研究室：《阳城铸铁遗址铁器的金相鉴定》，见河南省文物研究所等：《登封王城岗与阳城》第330页，文物出版社，1992年。

第八节 多种金属加工技术的兴起

［1］河南省文化局文物工作队第一队：《郑州商代遗址的发掘》，《考古学报》1957 年第 1 期。

［2］河南省文物研究所：《郑州小双桥遗址的调查与试掘》，《郑州商城考古新发现与研究》，中州古籍出版社，1993 年。

［3］江西省博物馆等：《江西清江吴城商代遗址发掘简报》，《文物》1975 年第 7 期。

［4］中国社会科学院考古研究所：《殷墟发掘报告》（1958～1961 年），文物出版社，1987 年。

［5］洛阳市文物工作队：《1975～1979 年洛阳北窑西周铸铜遗址的发掘》，《考古》1983 年第 5 期。

［6］山西省考古研究所：《侯马铸铜遗址》，文物出版社，1993 年。

［7］河南省博物馆新郑工作站等：《河南新郑郑韩故城的钻探和试掘》，《文物资料丛刊》（3），文物出版社，1980 年。大吴楼有春秋战国铸铜作坊，仓城有战国铸铁作坊。

［8］河南省文物研究所等：《登封王城岗与阳城》，文物出版社，1992 年。中国历史博物馆考古调查组等：《河南登封阳城遗址的调查与铸铁遗址的试掘》，《文物》1977 年第 12 期。

［9］河北省文物研究所：《燕下都》，文物出版社，1996 年。冶铸作坊的情况见第 85 页、129 页、161 页、190 页、191 页、204 页、433 页。武阳台铜、铁铸造遗址铁器出土情况见第 146～158 页。

［10］王大道：《云南出土青铜时代铸范及其铸造技术初论》，《四川大学考古专业创建三十五周年纪念文集》，四川大学出版社，1998 年。广东地区先秦部分石范铸造可参考杨耀林《深圳及邻近地区先秦青铜器铸造技术的考察》，《考古》1997 年第 6 期和李岩《广东早期青铜时代遗存述略》，《考古》2001 年第 3 期第 63 页。

［11］河南省文物研究所等：《淅川下寺春秋楚墓》，文物出版社，1991 年。

［12］郑绍宗：《热河兴隆发现的战国生产工具范》，《考古通讯》1956 年第 1 期。河北省文物管理处：《磁县下潘汪遗址发掘报告》，《考古学报》1975 年第 1 期。

［13］云南省博物馆：《云南江川李家山古墓群发掘报告》，《考古学报》1975 年第 2 期。

［14］何堂坤：《滇池地区几件青铜器的科学分析》，《文物》1985 年第 4 期。

［15］叶小燕：《东周刻纹铜器》，《考古》1983 年第 2 期。

［16］淮阴市博物馆：《淮阴高庄战国墓》，《考古学报》1988 年第 2 期。

［17］何堂坤：《刻纹铜器科学分析》，《考古》1993 年第 5 期。

［18］何堂坤：《包山楚墓金属器初步考察》，《包山楚墓》上，文物出版社，1992 年。按：第 417 页，杓柄 M4:19、C 形铏 M2:315－1 的厚度单位为毫米。

［19］何堂坤：《几件琉璃河西周早期青铜器的科学分析》，《文物》1988 年第

3 期。

［20］孙淑云：《深圳大梅沙遗址出土铜器的技术研究》，《考古》1997 年第 7 期。杨耀林：《深圳及邻近地区先秦青铜器铸造技术的考察》，《考古》1997 年第 6 期。

［21］何堂坤：《部分四川青铜器的科学分析》，《四川文物》1987 年第 4 期。

［22］燕下都铁器分析见文献［9］所载李仲达等文。燕下都 44 号墓铁胄见《河北易县燕下都 44 号墓发掘报告》，《考古》1975 年第 4 期，但该器未作科学分析。

［23］史树青：《我国古代的金错工艺》，《文物》1973 年第 6 期。王海文：《青铜镶嵌工艺概述》，《故宫博物院院刊》，1983 年第 1 期。

［24］蔡侯墓青铜器和越王剑，分别见安徽省文物管理委员会等：《寿县蔡侯墓出土遗物》，科学出版社，1956 年；湖北省文化局文物工作队：《湖北江陵三座楚墓出土大批重要文物》，《文物》1966 年第 5 期。部分镶嵌红铜器和错金器并见《中国美术全集》“工艺美术编 5 · 青铜器下”，文物出版社，1986 年。

［25］黄光新：《安庆王家山战国墓出土越王丌北古剑等器物》，《文物》2000 年第 8 期。

［26］荆州地区博物馆：《湖北江陵藤店一号墓发掘简报》，《文物》1973 年第 9 期。

［27］河南省文物研究所：《信阳楚墓》，文物出版社，1986 年。

［28］李学勤等：《欧洲所藏中国青铜器遗珠》，文物出版社，1995 年。

［29］贾福云等：《曾侯乙青铜器红铜花纹铸镶法的研究》，《科技史文集》第 13 辑，上海科学技术出版社，1985 年。

［30］廉海萍等：《铜—铁复合兵器铁刃的分析》，《文物保护与考古科学》1995 年第 11 期。

［31］中国科学院考古研究所：《长沙发掘报告》，1957 年，科学出版社。1951 年长沙楚墓出土青铜复合剑 2 把。

［32］湖南省博物馆等：《长沙楚墓》，文物出版社，2000 年。1952 ~ 1994 年，长沙楚墓出土青铜复合剑 27 件。湖南省博物馆：《长沙楚墓》，《考古学报》1959 年第 1 期。湖南省文物管理委员会：《湖南长沙陈家大山战国墓清理简报》，《考古》1958 年第 9 期。

［33］湖南省博物馆：《湖南资兴旧市战国墓》，《考古学报》1983 年第 1 期。

［34］刘冬华：《湖南衡山县出土战国青铜剑》，《考古》1989 年第 11 期。复合剑 1 件。

［35］湖南省博物馆：《湖南常德德山战国墓葬》，《考古》1959 年第 12 期。

［36］何纪生：《略论广东东周时期的青铜文化及其与几何印纹陶的关系》，《文物集刊》第 3 辑，1981 年。成分分析见徐恒彬等《广东省出土青铜器冶铸技术的研究》（《科技史文集》第 14 辑，上海科学技术出版社，1985 年），文中只说剑之含锡量 >10%，含铅量为 1.5%，未注明取样部位。

［37］广西壮族自治区博物馆：《广西恭城县出土的青铜器》，《考古》1973 年

第 1 期。

[38] 何堂坤：《我国古代金属锋刃器复合材料的技术》，《五金科技术》1983 年第 6 期。

[39] 何堂坤：《鄂城战国青铜兵刃器初步分析》，《江汉考古》1990 年第 3 期。

[40] 何堂坤、陈跃钧：《江陵战国青铜器科学分析》，《自然科学史研究》1999 年第 2 期。

[41] 镇江市博物馆：《江苏武进孟河战国墓》，《考古》1984 年第 1 期。

[42] 夏星南：《浙江长兴县发现吴越楚铜剑》，《考古》1989 年第 1 期。

[43] 彭适凡等：《江西出土的青铜复合剑及其检测研究》，《中原文物》1994 年第 3 期。江西清江、九江、南昌各出土复合剑 1 件。

[44] “少虡剑”，《贞松堂集古遗文》卷十二名之为“吉日壬午剑”，《两周金文辞大系图录》及《两周金文辞大系图录考释》名之为“吉日剑”。

[45] 《台湾古越阁藏青铜兵器精粹展（北京故宫博物院建院七十周年邀请展）》图 34，1995 年 8 月。按：此书是专为邀请展览出版的内部刊物，内中载有 42 幅图，其中第 34 幅便是古越阁所藏青铜复合剑，其通长 53.5 厘米，身宽 5 厘米。剑格上见有“戉（越）王州句，州句之用剑，余邗工利”13 字铭。断代战国早期。2000 年之后又归龚钦龙所有。据传，今古董界对此铭文的真伪曾有不同看法，有待进一步研究。但它为战国青铜复合剑应是肯定的。

[46] 陈佩芬：《古代铜兵铜镜的成分及有关铸造技术》，《上海市博物馆馆刊》第 1 期，1981 年。

[47] 洛阳市文物工作队：《洛阳北窑西周墓》第 370 页，文物出版社，1999 年。

[48] 郭宝钧：《商周铜器群综合研究》第 75 页，并见邹衡、徐自强《整理后记》（第 202 页），文物出版社，1981 年。

[49] 河南省文物考古研究所等：《三门峡虢国墓》，文物出版社，1999 年。表 3 – 8 – 4 所列西周晚期焊料引自该书李秀辉等文。

[50] 汤文兴：《淅川下寺一号墓青铜器的铸造技术》，《考古》1981 年第 2 期。

[51] 李敏生：《淅川下寺春秋楚墓部分金属成分测定》，《淅川下寺春秋楚墓》第 390 页，文物出版社，1991 年。

[52] 何堂坤等：《军都山山戎墓地青铜铸造技术初步考察》，《历史深处的民族科技之光（第六届中国少数民族科技史暨西夏科技史国际会议文集）》，宁夏人民出版社，2003 年。

[53] 吴坤仪：《太原晋国赵卿墓青铜器制作技术》，《太原晋国赵卿墓》第 273 页，文物出版社，1996 年。

[54] 湖北省博物馆：《曾侯乙墓》第 177 页、229 页、478 页、645 页，文物出版社，1989 年。

[55] 何堂坤等：《中国古代焊接技术初步研究》，《华夏考古》2000 年第 1 期。

[56] 山东省博物馆:《临淄郎家庄一号东周殉人墓》,《考古学报》1977 年第 1 期。

[57] 北京钢铁学院《中国冶金简史》编写小组:《中国冶金简史》第 34 页,科学出版社,1978 年。

[58] 山东省文物考古研究所等:《曲阜鲁国故城》第 159 页、185 页,齐鲁书社,1982 年。

[59] 湖北省博物馆:《曾侯乙墓》第 390~399 页,文物出版社,1989 年。

[60] 湖北省宜昌地区博物馆:《当阳曹家岗 5 号楚墓》,《考古学报》1988 年第 4 期。

[61] 四川省文物管理委员会等:《广汉三星堆遗址一号祭祀坑发掘简报》,《文物》1987 年第 10 期。陈德安等:《三星堆》,四川人民出版社,1998 年。

[62] 何堂坤等:《延庆山戎文化铜柄铁刀及其科学分析》,《中原文物》2004 年第 2 期。

[63] 凌业勤:《中国古代传统铸造技术》第 29 页,科学技术文献出版社,1987 年。

[64] 宋淑悌:《司母戊鼎的 X 光检测及其铸造工艺》,《东南文化》1998 年第 3 期。

[65] 李济:《记小屯出土之青铜器》,《中国考古学报》第四册第 28 页,1949 年。

[66] 田广金等:《阿鲁柴登发现的金银器》,载《鄂尔多斯式青铜器》第 342~350 页,文物出版社,1986 年。

[67] 谭德睿:《中国青铜时代陶范铸造技术研究》,《考古学报》1999 年第 2 期。

[68] 金普军等:《湖北九连墩楚墓出土青铜器钎焊材料的分析》,《焊接学报》2007 年第 11 期。按:九连墩焊料中,个别标本诸组分的总和不足 95%,不知是否有的组分尚未完全公布。

第九节 热处理技术的发展

[1] 何堂坤:《几件琉璃河西周早期青铜器的科学分析》,《文物》1988 年第 3 期。

[2] 何堂坤:《部分四川青铜器的科学分析》,《四川文物》1987 年第 4 期。

[3] 何堂坤:《滇池地区几件青铜器的科学分析》,《文物》1985 年第 4 期。

[4] 何堂坤:《包山楚墓金属器初步考察》,载湖北省荆沙铁路考古队《包山楚墓》(附四),文物出版社,1991 年。固始资料待发。

[5] 何堂坤:《刻纹铜器科学分析》,《考古》1993 年第 5 期。

[6] 肖璘等:《成都金沙遗址出土金属器的实验分析与研究》,《文物》2004 年第 4 期。

[7] 柯俊等:《河南古代一批铁器的初步研究》,《中原文物》1993 年第 1 期。

[8] 河南省文物研究所等:《登封王城岗与阳城》,文物出版社,1992 年。战

国早期条材范、板材范见第 270 页、306 ~ 307 页；科学分析见书中北京科技大学冶金史研究室《阳城铸铁遗址的金相鉴定》。

［9］李众：《中国封建社会前期钢铁冶炼技术发展的探讨》，《考古学报》1975 年第 2 期。

［10］李仲达等：《河南新郑郑韩故城战国铁器分析》，全国金属史学术讨论会论文，1985 年。

［11］原分析报告见《考古学报》1956 年第 2 期孙廷烈文。学术界对此鉴定报告一直存在不同意见。本人依孙廷烈提供的金相照片，也提出了另外的看法，详见《科技史文集》第 9 辑（上海人民出版社，1982 年）拙文。但原照片不是十分清楚，如铁带钩，莱氏体组织及其上析出的自由石墨是清楚的，而铁素体和珠光体组织则较模糊。

［12］华觉明、杨根等：《战国两汉铁器的金相学考察初步报告》，《考古学报》1960 年第 1 期。

［13］北京钢铁学院压力加工专业：《易县燕下都 44 号墓铁器金相考察初步报告》，《考古》1975 年第 4 期。

［14］（大冶钢厂）冶军：《铜绿山古矿井遗址出土铁制及铜制工具的初步鉴定》，《文物》1975 年第 2 期。

［15］李仲达：《燕下都铁器金相考察初步报告》，载河北省文物研究所《燕下都》，文物出版社，1996 年。试样分析情况详见本章第七节文献［11］。

［16］作者较为慎重，在文献［15］中有 8 件标本的冶炼技术未做出判断，原序号分别为 13、15、16、17、18、19、20、21。窃以为从含碳量看，其中 2 件当为熟铁，6 件当为中碳钢或低碳钢。夹杂分布情况作者皆未言及，可能是特征不太明显之故；为块炼铁时，夹杂的特征应是较明显的，为此，窃以为不能排除其中一部分为脱碳退火产品的可能性。

［17］李京华：《河南冶金考古的发现与研究》，载《中原古代冶金技术研究》，中州古籍出版社，1994 年。

［18］章鸿钊：《石雅·中国铜器铁器时代沿革考》，中央地质调查所，民国七年初版，民国十六年再版。今见周谷城主编《民国丛书》第二篇 88 册，上海书店，1990 年影印民国十六年版。

［19］长沙铁路东站建设工程文物发掘队：《长沙新发现春秋晚期的钢剑和铁器》，《文物》1978 年第 10 期。

［20］贾莹等：《吴国青铜兵器的金相学考察》，《文物科技研究》第 2 辑，科学出版社，2004 年。

［21］徐恒彬等：《广东省出土青铜器冶铸技术的研究》，《科技史文集》第 14 辑，上海科学技术出版社，1985 年。

［22］何堂坤：《四川峨眉战国青铜器的科学分析》，《考古》1986 年第 11 期。

［23］何堂坤、陈跃钧：《江陵战国青铜器科学分析》，《自然科学史研究》1999 年第 2 期。图版伍，1，承北京汽车制造厂中心试验室金相分析。

［24］何堂坤：《中国古代铜镜的技术研究》，中国科学技术出版社，1992 年。

紫禁城出版社，1999 年再版。

［25］何堂坤：《关于夹生可锻铸铁》，《中国文物报》1995 年 12 月 10 日。

［26］姚智辉等：《峡江地区部分青铜器的成分与金相研究》，《自然科学史研究》2005 年第 2 期。

第十节　金属表面处理技术的多项成就

［1］转引自周纬：《中国兵器史稿》第 151～152 页，三联书店，1957 年。按：此虎面铜盔可能已运往台湾，但数十年未见台湾学者再次提起。

［2］熊传新：《湖南宁乡新发现一批商周青铜器》，《文物》1983 年第 10 期。

［3］何堂坤等：《罗山固始商代青铜器科学分析》，《中原文物》1994 年第 3 期。

［4］何堂坤：《几件琉璃河西周早期青铜器的科学分析》，《文物》1988 年第 3 期。

［5］张子高：《从镀锡铜器谈到鋈字本义》，《考古学报》1958 年第 3 期。

［6］何堂坤：《中国古代铜镜的技术研究》，中国科学技术出版社，1992 年。紫禁城出版社 1999 年再版。

［7］韩汝玢等：《表面富锡的鄂尔多斯青铜饰品的研究》，《中国冶金史论文集》（二），《北京科技大学学报》增刊，1994 年。李晓岑等：《云南晋宁石寨山出土金属器的分析和研究》，《文物》2004 年第 11 期。

［8］何堂坤：《〈镀金〉还是〈鎏金〉》，《中国文物报》1995 年 9 月 10 日。

［9］河南省文物研究所：《信阳楚墓》，文物出版社，1986 年。

［10］浙江省文物管理委员会等：《绍兴 306 号战国墓发掘简报》，《文物》1984 年第 1 期。

［11］“二里头镀金器”见《中国文明起源座谈纪要》，载《考古》1989 年第 12 期总第 1112 页，郑光云。“洛阳北窑西周中期镀金器”见洛阳市文物工作队：《洛阳北窑西周墓》第 247 页，文物出版社，1999 年。

［12］邱宣充等：《楚雄万家坝出土锡器的初步研究——兼谈云南古代冶金的一些问题》，《云南省博物馆建馆三十四周年纪念文集》，1981 年。

［13］高鲁冀：《中国古代建筑中的鎏金与贴金》，《考古与文物》1980 年第 4 期。

［14］山东省文物考古研究所：《曲阜鲁国故城》第 152 页，齐鲁书社，1982 年。

［15］刘振华：《商周青铜兵器（古越阁藏）》，古越阁发行，1993 年。

［16］王仲殊：《洛阳烧沟附近的战国墓葬》，《考古学报》第 8 册，1954 年。

［17］中国科学院考古研究所：《辉县发掘报告》第 73 页，科学出版社，1956 年。又，该书第 108 页说固围村 5 号墓出土有嵌玉镀金的铜带钩，许多学者都曾引用。

［18］吴坤仪：《鎏金》，《中国科技史料》1981 年第 1 期。

［19］复旦大学静电加速实验室等：《越王剑的质子 X 荧光非真空分析》，《复

旦学报》1979 年第 1 期。

［20］何堂坤：《包山楚墓金属器初步考察》，《包山楚墓发掘报告》，文物出版社，1992 年。

［21］何堂坤、陈跃钧：《江陵战国青铜器科学分析》，《自然科学史研究》1999 年第 2 期。

［22］何堂坤：《几件表面含硫的战国青铜器的科学分析》，《中国科学技术史国际学术讨论会论文集》（北京，1990 年），中国科学技术出版社，1992 年。

［23］《越绝书·外传记宝剑》。

［24］《吴越春秋·阖闾内传第四》。

［25］何堂坤：《古兵三绝谭》，《台湾古越阁藏青铜兵器精粹展（北京故宫博物院建院七十周年邀请展）》，台湾古越阁发行，1995 年 8 月（内部刊物）。

［26］四川省博物馆：《巴蜀青铜器》，成都出版社，未著出版年月。今图 3 - 10 - 5 所示虎斑纹剑为 1957 年巴县冬笋坝 84 号墓出土，长 50.8 厘米，宽 5 厘米，叶扁平，长条形，脊突起，基部较宽，自茎至尖端与脊聚成尖锋，两面均饰虎纹、虎斑纹。采自原书第 119 图。

［27］湖南省博物馆：《长沙楚墓》，《考古学报》1959 年第 1 期。湖南省博物馆等：《长沙楚墓》，文物出版社，2000 年。图 3 - 10 - 2 采自前者，图 3 - 10 - 3、图 3 - 10 - 4 采自后者。本书所引内容多采自后者。

［28］何堂坤：《部分四川青铜器的科学分析》，《四川文物》1987 年第 4 期。矛 S10 为 1956 年彭县出土。

［29］曾中懋：《巴蜀式青铜剑虎斑纹的铸造工艺》，《四川文物》1993 年第 5 期。

［30］湖北省文化局文物工作队：《湖北江陵三座楚墓出土大批重要文物》，《文物》1966 年第 5 期。湖北省文物考古研究所：《江陵望山沙塚楚墓》，文物出版社，1996 年。

［31］在古越阁所藏青铜器中（文献［15］），暗花菱形纹矛见图 39、暗花菱形纹剑见图 77。值得注意的是：此剑上的暗花菱形纹须细看方能分辨。

［32］谭德睿等：《吴越菱形纹饰铜兵器技术初探》，《南方文物 》1994 年第 2 期。

［33］谭德睿等：《东周兵器菱形纹饰技术研究》，《考古学报》2000 年第 1 期。

［34］李学勤等：《欧洲所藏中国青铜器遗珠》第 132 图，文物出版社，1995 年。

［35］承谭德睿惠告，并见文献［32］、［33］。

第十一节　《考工记》及其反映的科技成就

［1］孙诒让：《周礼正义·冬官考工记第六》“疏”。

［2］刘洪涛：《〈考工记〉不是齐国官书》，《自然科学史研究》1984 年第 4 期。

［3］彭林：《〈周礼〉主体思想与成书年代研究》，中国社会科学出版社，1991年。

［4］郭沫若：《〈考工记〉的年代与国别》，《开明书店二十周年纪念文集》，1947年。

［5］何堂坤：《〈考工记〉提要》，《中国科学技术典籍通汇》，河南教育出版社，1994年。

［6］杜金鹏等：《试论偃师商城小城的几个问题》，《考古》1999年第2期。

［7］陈维稷主编：《中国纺织科学技术史（古代部分）》，科学出版社，1984年。

［8］杜正国：《〈考工记〉中的力学和声学知识》，《物理通报》1965年第6期。

［9］闻人军：《〈考工记〉中的流体力学知识》，《自然科学史研究》1984年第1期。

［10］钱宝琮主编：《中国数学史》第15页，科学出版社，1981年。

［11］何堂坤：《"六齐"之管窥》，《科技史文集》第15辑，上海科学技术出版社，1989年，并见中国科学院自然科学史研究所编《科学技术史研究五十年》（论文选），2007年。

第十二节　先秦时期的铜铁业管理

［1］肖楠：《试论卜辞中的"工"与"百工"》，《考古》1981年第3期。

［2］李京华：《从战国铜器铸范铭文探讨韩国冶铸业管理机构及职官》，《科学技术史文集》第13辑，上海科学技术出版社，1985年。

［3］黄盛璋：《试论三晋兵器的国别和年代及其相关问题》，《考古学报》1974年第1期。

［4］李学勤：《战国题铭概述》，《文物》1959年第7、8、9期。

［5］郝本性：《新郑"郑韩故城"发现一批战国铜兵器》，《文物》1972年第10期。

［6］郭沫若：《金文丛考》第417、418页，1952年改编。张政烺：《秦汉刑徒的考古资料》，《北京大学学报》（人文科学）1958年第3期第179页。

［7］《文物考古工作三十年》第42页，文物出版社，1979年。

第四章

秦汉至南北朝时期钢铁时代的确立

秦王政二十六年（公元前221年），秦攻破了山东六国中最后残存的齐，统一全国，结束了春秋以来500多年的混战局面，建立了我国历史上第一个幅员辽阔的中央集权大帝国。秦采取了许多重大改革措施：建全中央机构，实行郡县制；“一法度衡石丈尺，车同轨，书同文”；统一货币，统一财政机构和赋税制；逐匈奴，定南疆，兴水利，修长城。但由于秦二世的暴政，很快又暴发了农民起义。公元前207年，刚处死过赵高不久的秦王子婴（按：子婴未称皇，仅称王），捧着玉玺投降了汉王刘邦，秦亡。秦朝虽只存在了短暂的14年，但对我国历史却产生了许多重大影响。

西汉王朝基本上承袭了秦朝的政治制度，立朝后采取了一系列发展生产、减轻农民负担的措施，汉高祖崇尚黄老之术，法、礼并用，约法省禁，与民休息，减免田赋，招抚流民，还解放了一批奴婢，使社会获得了新的稳定，经济也得到了较快的恢复和发展。武帝时，创行新税制，实行均输、平准、盐铁专卖等政策，保证了国家财政收入；又对匈奴开展了大规模的防预性战争，巩固了北部边界；积极开发西南地区，并加强了同西域各国的联系。汉武帝罢黜百家，独尊儒术，在当时历史条件下，也起到了一定的积极作用。汉代疆域，东及辽东、乐浪，南抵交趾、日南，西及巴蜀，北达大漠；中华民族的大家庭，秦汉时期便已初步形成。两汉是我国古代社会政治、军事、经济、文化大发展和大变化的重要阶段。由西汉建立（公元前207年）到东汉灭亡（公元220年），计427年，除西汉末年的短暂战乱和东汉末年的纷争外，两汉社会基本上还是比较稳定的，大多数时期皆是一派升平。史所谓汉唐盛世，即此之谓。

魏晋南北朝是一个大分裂、大动荡、大倒退的阶段。从汉灵帝中平元年（184年）黄巾起义到隋文帝开皇九年（589年）统一全国，前后405年，即使扣除三国西晋的短暂安定，也足足混战了350年左右。其中尤为严重的混战有三次：一是东汉末年的军阀混战。黄巾起义被镇压下去后，董卓带兵进入洛阳，他放纵兵士烧杀、掠夺、奸淫；之后，大大小小的诸侯又进行了激烈的并争，使整个黄河流域“尸骨遍野，千里无鸡鸣”。二是西晋末年的八王之乱。八大王互相厮杀，许多城市又遭洗劫、焚烧，数十万人丧生，使西晋前期的复苏全部化为乌有。三是东晋十六国时期多个少数民族统治集团之间，他们与汉族之间的屠杀和兼并，无日不战，整整130多年，广大人民不死则逃，来不及逃的都成了屠杀对象，“白骨横野”，“僵尸蔽地”，整个社会丧失了自己的全部文明。直到北魏统一北方，才出现了一些安定。魏晋南北朝给中国社会造成的另一个重要影响是全国政治、经济的重心开始南移，关中和中原这两个古老的政治、经济中心开始衰落；此期的南方政权虽也像走马灯般更替，但相对稳定一些，加上中原人口南迁，使南方社会经济得到了发展。

秦汉在我国古代金属文化史上占有十分重要的地位，此时，铁器在社会生产和社会生活的各重要领域都完全取代了青铜的主导地位，这是我国钢铁技术完全确立的时代，也是我国金属成型技术由铸向锻转化的时代。武帝元狩四年（公元前119年）实行盐铁官营，对汉代和后世的铁业管理和铁业生产都产生了不小的影响。秦汉南北朝冶金技术的主要成就是：金属冶铸方面，在汉代就建造了一批规模较大的炼铁高炉和大型冶铸作坊，筑炉技术有了进一步发展，采用了水力鼓风和预热鼓风，西晋时期用煤冶炼了坩埚铁。西汉时期便对胆水中的金属置换作用有了一定认识；东晋南朝发明了镍白铜和人工砷铜，民间使用了黄铜。在炼钢技术方面，西汉时期发明了炒钢，东汉时期发明了百炼钢和灌钢，炼出了世界上最早的液态钢，即洛阳坩埚附着钢。热处理技术方面，三国时期就对淬火用水的性能有了一定认识，北朝时期发明了油淬；铸铁可锻化处理发展到更为成熟的阶段。金属加工方面，魏晋时期，花纹钢就发展到了较为繁盛的阶段，钢铁复合材料技术见于记载。

第一节 由铜到铁和由铸到锻的转变

战国晚期，铁器已在我国农业、手工业和日常生活中取代了青铜的主导地位；大约西汉中晚期，铁兵器也取代了铜兵器的主导地位，只有弩机等少数器物仍以铜制作。

1978～1980年，山东临淄发掘了一个随葬器物坑，出土铁器410件，其中兵器350多件、生产工具4件、生活用具1件、车马器44件、杂器6件。铁兵器种类包括戟141件、殳2件、矛6件、铍4件、杆形器约180件、甲片若干。出土铜器计6751件，其中兵器1904件，包括剑2件、矛14件、戈2件、戟4件、弩机72件、镞1810件。从出土器物铭文和器形推测，墓主当为西汉第二代齐王刘襄，他死于文帝元年（公元前179年）[1]。可见汉初兵器材质与战国尚无明显变化，铜兵器用量还是较大的，除了铜弩机和铜箭镞，铜剑、铜戈、铜戟、铜矛仍在使用。

1968年，河北满城中山靖王刘胜（公元前154～前113年在位）墓出土了大批很有价值的器物，其中青铜兵器有：剑3件、匕首1件、戈2件、弩机37件、镞70件、镦7件、镈1件；铁兵器有：剑9件、杖式剑1件、匕首1件、长刀1件（残长62.7厘米）、戟2件、矛1件、铤2件、殳10件、镞371件，铠甲1套2859片。刘胜为公元前113年去世，这大体上反映了西汉中期的情况。可见，铁剑数明显地超过了铜剑数，这是具有代表性意义的事[2]。

1975～1977年，汉长安城武库第一遗址和第七遗址出土大批兵器，铁兵器有：剑1件、短剑1件、刀10件以上、矛10件、戟6件、镞1000多件、甲片大量；铜兵器只有戈1件、剑格3件、镞70件以上。由伴出的西汉半两、五铢，新莽大泉五十、货布等遗物来看，其年代当为汉初至新莽[3]。所出兵器大体上反映了西汉末年的情况，此时铁质的长兵器、大刀器和铁镞都较多地使用起来，而除了铜镞和1件铜戈外，其他铜兵器已经很少，青铜剑和青铜矛无复再现。

1953年，洛阳烧沟发掘225座两汉平民墓，断代西汉中期到东汉晚期，所出铁兵器有：剑33件、大刀18件、矛5件；所出铜质兵刃器有：矛1件（东汉中期）、弩机17件（至少4件属东汉晚期）、镞1件（新莽或稍后）。按：铁刀计116件，有的体形短小，为书刀和“拍髀”，而非兵器。铜刀计7件，较小较薄，应非兵器[4]。

1957～1958年，洛阳西郊发掘了217座汉代平民墓，所出铜质兵刃器有：实用弩机1件（东汉中期）、镞2件（其中1件为明器），可算作武器的大约仅此3件；另有明器弩机7件、刀1件、削1件。所出铁质兵刃器有：剑65件、刀204件、镞1件、戟2件、钺形器1件、甲片328件以上。断代西汉中期到东汉中期[5]。

可见，大约西汉中晚期，铁兵器取代铜兵器的过程便基本完成。钢铁器物不但在农业、手工业、日常生活，而且在兵器方面，也取代了青铜的主导地位，社会生产和社会生活的各主要部门都大量地使用铁器。《盐铁论·复古》篇：“铁器兵刃，天下之大用也。”此书记载的，原是昭帝始元六年（公元前81年），贤良、文学就汉廷盐铁政策的一场辩论，此话正好反映了西汉中期铁兵器广泛使用的情况。《盐铁论·禁耕》篇：“铁器者，农夫之死生也。”这充分说明了铁器在汉代社会生产中的地位。东汉之后，除了弩机和少数箭镞外，其他青铜兵器都已较少使用，钢铁时代完全确立。南北朝时期，铸造的铜铁兵刃器已经很少。《南齐书》卷十六“百官志”载，少府属官有“锻署，丞一人（原注：永明三年省，四年复）”。可见锻造工艺已受到皇室的重视。又《南齐书》卷三十“戴僧静传”：“世祖以锻箭鏢用铁多，不如铸作，东冶令张候伯以铸鏢钝，不合用，事不行。”这也说明了以锻代铸已成为历史的必然。从技术上看，铁兵器的兴起，与炼钢技术的发展、锻造技术的发展是密切相关的。先秦时期的几种制钢工艺，即块炼钢、块铁渗碳钢、铸铁脱碳钢、铸铁脱碳渗碳钢，其含碳量皆往往较低、生产率亦较低，前二者所含非金属夹杂还较多，故其钢料在数量和质量上都难以满足兵器的要求，这便是钢铁兵器取代青铜兵器的过程，滞后于铁质生产工具的主要原因。

两汉时期的金属使用量是很大的，尤其是铁器和铜器。铁器在农业、手工业、日常生活、军事等方面都有大量使用；铜器以日用器为主，种类有容器、乐器、车马器、饰器、钱币、建筑构件以及度量衡、棘轮、游标卡尺等，其中耗铜量较大的主要是容器、铜镜、铜钱和建筑构件。

汉代铜质日用器的数量并不亚于先秦。习见种类有：酒器，如壶、钫、钟、缶、卮、杯、镳、鋬等；水器，如盘、匜、盂、洗等；食器，如豆、碗等；烹饪器，如釜、镀、鋗、铫等。但一般平民墓的铜器出土量不大，洛阳烧沟汉墓除前述者外，铜器还有：洗34件、带钩21件、车马饰器201件、顶针10件、印4件、铃14件、勺形器4件、杯1件、环20件、镀金铺首4件，杂器20件（包括板形器2件、筒形器4件、圆片形器2件、桃形器10件、管状器1件、长方形器1件）。而一些大型墓葬，如河北满城1号汉墓出土64种419件；2号汉墓出土40

种188件。不少器物皆器形较大，且光彩夺目，金碧辉煌，如满城1号墓一件镀金蟠螭纹壶，通高59.5厘米，重16.25公斤；一件镀金镶嵌乳钉纹壶，通高45厘米，重11.205公斤；2号墓所出镀金长信宫灯通高48厘米；皆是稀世之珍。

铜镜在汉代已经十分普及，洛阳烧沟225座汉代平民墓，95座出土有镜，其中铜镜95件，铁镜9件，稍见富庶的墓主都有铜镜出土。洛阳西郊217座汉代平民墓，出土铜镜175件。目前各博物馆藏品中，汉镜量也是较大的；在国外，日本、朝鲜、俄罗斯等地也有出土。

汉代铸钱量较大。洛阳烧沟225座墓葬，162座出土有钱币，有铜钱11265枚、铁钱1枚、铅钱1枚。其中又以金谷园1号墓出土最多，达1914枚。洛阳西郊217座墓葬，179座出土有钱币，有铜钱14486枚（包括半两钱、五铢钱、新莽钱、无字钱）、铁钱45枚、铅钱2枚、锡钱2枚。在各博物馆藏品中，较多的是汉钱、唐钱和宋钱。《汉书·食货志》载："自孝武元狩五年（公元前118年）三官初铸五铢钱，至平帝元始（公元1~5年）中，成钱二百八十亿万余云。"我国古代对"亿"之数有大、小两种进位法。《礼记·内则》"降德于众兆民"孔颖达疏："亿之数有大小二法，其小数以十万为等，十万为亿，十亿为兆也。其大数以万为等，万至万是万万为亿，又从亿而数至万亿曰兆。"因每个钱的重量不一，若依0.3克计，则由武帝到元帝的120年左右内，依大数法计，平均每年铸钱量达70万吨；依小数法计，则平均每年铸钱量为700吨。如若记载无误的话，我们以为，当以小数法之数，即每年铸钱700吨更为合理一些。

建筑用铜在许多文献中都可看到。汉《晋阳春秋》载："武帝改营太庙，南致荆山之木，西采华山之石，铸铜柱十二，涂以黄金，镂以百物。"谭桓《新论》载："王莽起庙，以铜为柱，甍带金银，错镂其上也。"[6]《汉武内传》曰："上起神屋台，以铜为柱，黄金涂之。"[7]《汉书》卷九七下：赵飞燕妹所居昭阳宫，"切皆铜，沓冒黄金涂"。师古注："切，门限也。""沓冒，其头也。"这建筑用铜自然都是不少。

六朝时期，金属使用量大为减少，尤其是北方，整个手工业长时期陷于瘫痪、半瘫痪状态中。南方稍较稳定，孙吴时期的铸镜业较为发达，铸制过许多精致的产品，但吴后渐衰。《宋书》卷三载，为示节俭，宋武帝永初二年（421年）还曾下令"禁丧事用铜钉"。

前面提到，在钢铁取代青铜的过程中，同时还发生了一个"以锻代铸"的过程。这"以锻代铸"有两方面含义：一是锻制的钢铁兵器取代了铸制的青铜兵器，这一过程大约西汉中晚期便已大体完成；二是在铁工具的成型方式中，从"以铸为主"，过渡到了"以锻为主"。此工具主要指锛、斧、臿、镢、铲、锄等手工业工具和农具，这一过程拖延时间较长。锻制铁工具大体上是东汉中晚期[8]，即炒钢发明、推广之后便逐渐多了起来，但铸之与锻，是长时期兼用的，隋唐及至稍后，还可看到锄铲等铸制铁农具。至于铁农具中的犁则不在这一范围，在牛耕农业中，20世纪中期我国农村还普遍使用铸制的犁铧。当然，各地可锻铁技术的发展也不太平衡，有学者分析过西汉早期南越王墓出土的9件铁器，其中8件为锻制，包括铁锉、铁锛、铁铲，有的器物也采用过先铸后锻的做法[9]。说明锻造技术在此推广较快。

魏晋南北朝时期，战争的毒焰使手工业受到了很大的摧残，各种金属的供应量都嫌不足。北方大约在北魏之后才稍见稳定，手工业也获得了一定发展。南方虽相对稳定一些，但王朝更迭，亦如走马灯一般，只有孙吴时期稍见发展，其他时候的手工业亦大体处于停滞的状态。《南齐书·高帝纪下》载：建元四年，为示节俭，规定“后宫器物，栏槛以铜为饰者，皆改用铁”。这也在一定程度上说明了南朝冶金业之凋零和铜器用量之少。

第二节　大型钢铁冶铸作坊的出现和分布

目前已发现的先秦钢铁冶铸作坊大约有20余处，汉魏时期则达到了50多处，而且地域更广，规模更大，河南、河北、山东、山西、内蒙、北京、陕西、江苏、新疆等地都有发现，其中又以河南为最。

（一）河南汉代冶铸址至少24处，其中大约包括冶炼遗址10处，兼作冶、铸者5处、铸造遗址6处，此外还有3处尚难分辨。

10处冶炼址是：

（1）林县正阳地村遗址。遗址延续约1.5公里，出土有炉壁残块、炉渣、矿石、矿粉、鼓风管、陶片[1][2][3]。

（2）汝州市夏店遗址。1958年发现，有炼炉1座及铁渣、铁器、陶片。炉径达2.0米，炉底似锅底形，炉内涂耐火土，炉壁系夯土而成。炉南10米处有一藏铁坑，藏有大小铁镢300多件，保存完好，全系套范法（叠铸法）铸成[4]。

（3）登封铁炉沟遗址。出土有炉壁残块、炉渣[5]。

（4）确山郎陵遗址。出土有炉壁残块、炼渣、矿石、陶片[6]。

（5）鲁山县西马楼遗址。面积4万平方米，出土有大量炉渣、炉壁残块、汉五铢等[2]。

（6）桐柏张畈遗址。遗址面积约3.6万平方米，出土有矿石、矿粉（2000吨以上）、炼炉残迹（径1米多）、炉壁残块、铁板、铁锭、炼渣、筒瓦、板瓦[3]。

（7）桐柏王湾遗址。出土有矿石、炉壁残块、炼渣、陶瓦片[3]。

（8）桐柏铁炉村遗址。出土有矿石、炉壁残块、炼渣、陶瓦片[3]。

（9）方城赵河遗址。出土有圆形炼炉4座、汉瓦、陶片[2][7]。

（10）桐柏毛集铁山庙遗址。出土有矿石、炼渣、炉壁残块、风管、铁器、陶瓦片[8]。

兼有冶、铸的5处是：

（1）巩县（今称巩义市）铁生沟遗址。遗址总面积约21600平方米，发掘2000平方米，以冶铁炼钢为主，兼有铸造、锻造、热处理等工序。出有炼铁炉8座、炒钢炉1座、锻炉1座、可锻化退火炉1座、烘范窑11座、多功能的长方形排窑5座、铁范1件、泥范少量、鼓风管8件、废铁坑8个、配料池1个、房基4座，各种铁器和铁料200件、陶器233件，各种炉壁残块、耐火材料和建筑材料1000多件，以及大量炉渣和矿石等。断代西汉中晚期，下限到东汉初期。所出8

件铁器上见有“河三”字样，人们推测其为汉河南郡第三冶铸作坊[7]。

（2）南阳瓦房庄遗址。遗址面积28000平方米。以铸造为主，兼有炒钢、锻打、热处理等工序。西汉地层出土有熔炉炉基4座，大量炉壁残块、鼓风管残块、方形铁板、残铁器、木炭、用于铸造大型器物的泥质地面范8个，以及少量泥范和泥芯等。此“地面范”是直接在地面上制出来的，大约主要用来铸制牢盆、大铁釜、大铁甑等器物，它是不能移动的。东汉地层内出土有熔炉炉基5座、大量的耐火砖、鼓风管、预热鼓风的熔炉，各种泥模和泥范602件，铁范多件、烘范窑4座、退火炉1座、炒钢炉1座、锻炉8座、范坑3个、渣坑若干、大量铁器，以及少量熔铜炉残块、铜渣、铜器 。遗址断代西汉初期到东汉晚期。因部分铁器上铸有“阳一”字样，人们推测它应是南阳郡第一冶铸作坊[9]。

（3）郑州古荥镇遗址。遗址总面积12万平方米，兼有冶炼和铸造两种功能。出土有炼炉炉基2座、矿石、鼓风管残件、大型炉底积铁、炉渣、耐火砖、铸造铁范用的陶模、烘范窑、铁工具、梯形铁板等。矿石有粒状和粉状两种，分别堆置，其中一堆约60立方米。大型炉底积铁至少5块，其中1号、5号积铁重均约20余吨。窑计13座，相当一部分是作烘范用的，可能有的用于烧造建筑材料。遗址断代为西汉中晚期至东汉时期。因部分铁器和泥范上见有“河一”字样，人们推测其为汉河南郡第一冶铸作坊[10]。

（4）新安上孤灯村遗址。遗址面积约4万平方米，出土有铁范83件、泥范1件、大量矿粉、炉壁残块、炼渣、风管、瓦片。村西有炒铁炉多座。铁铲范的正面铸有“弘 一”铭文，犁铧范上铸有“弘二”铭文[11]。

（5）鲁山望城岗遗址。1942年秋发现，1974年又做过一次调查，2000~2001年进行了一次发掘。前两次调查发现的冶铸遗物有:木炭块、耐火砖、熔炉炉基、炉壁残块、熔渣、“阳一”铧模、陶质风管、陶瓦片、大块生铁。遗址范围约1500×500余平方米。最后一次发掘的冶铸遗物有:炉渣堆积、炉壁和鼓风管残块堆积、泥质模范块堆积、矿石块和矿粉堆积，其中较值得注意的是:发掘了一座椭圆形冶铁炉，出土了大量使用过的、用于铸造铁范的泥质模范残块。已清理的1号炉起始年代约为西汉中期或稍早，延及西汉晚期至东汉初期[12][3]。

6处铸造遗址是:

（1）淇县傅庄遗址。出土有炉壁残块、熔渣、范块、陶片。

（2）泌阳遗址。中国历史博物馆藏品中曾见有“比阳”铁犁[13]。

（3）商水古城遗址。出土有炉壁残块、熔渣、范、陶片[1]。

（4）登封告成遗址。出土有熔炉残块、芯模、泥范、铁器[14]。

（5）温县西招贤遗址。范围约1万平方米，出土有1座烘范窑、500多套叠铸泥范、大量熔渣、木炭、铁器、陶片[15]。

（6）镇平安国遗址。出土有铁范、铁器、陶器[16]。

此外，还有3处遗址，是冶，是铸，还是兼而有之，眼下尚难作出判断，它们分别是:

（1）灵宝函谷关遗址。出土有炉壁残块、炉渣、铁器[1]。

（2）汝州市范故城遗址。出土有炼渣、炉壁残块、陶片[1]。

（3）禹州市营里遗址。出土有炉壁残块、炉渣、陶片[1]。

我们对“冶铁”、“铸铁”遗址的判断法亦如前云，未必十分准确。

（二）河南地区由战国延续到汉代的冶铸遗址约有9处，其中大约有冶炼址6处，兼有冶铸者2处，铸造址1处。

6处冶炼遗址分别是：

（1）西平杨庄遗址。出土有炉壁残块、炼渣、风管、铁器、瓦片。

（2）西平付庄遗址。出土有炉壁残块、炼渣、瓦片。

（3）舞钢市沟头赵遗址。出土有炉底积铁、炼渣。

（4）舞钢市翟庄遗址。出土有炉壁残块、炼渣、矿石、瓦片。

（5）舞钢市圪垱赵遗址。出土有炉壁残块、炼渣、矿石、瓦片[1]。

（6）宜阳韩城遗址。出土有炉壁残块、炼渣、陶片[1]。

2处兼有冶铸者分别是：

（1）鹤壁故城冶铸址。出土有炼炉、炼渣、矿石、炉壁残块、铸范、烘范窑、木炭、鼓风管、铁工具；1960年曾发现13座炼铁高炉[18]。

（2）舞钢市许沟冶铸址。出土有炉壁残块、熔渣、石范、矿石[17]。

1处铸造址即是：固始古城铸铁址。出土有炉壁残块、熔渣、范、陶片[1]。

（三）河南汉魏冶铸铁遗址，约有2处。

渑池火车站遗址。出土有炉壁残块、熔渣、铁范、铁器、铁材，为铸造遗址[19]。

新安铁门镇遗址。出土有铁渣[1]。

（四）其他省市的汉代冶铸遗址，计16处，其中大约有8处冶炼遗址、4处铸造遗址、4处兼有冶、铸的遗址。

8处冶炼址分别是：

（1）北京清河冶铁遗址。出土有炼铁坩埚、铁渣、炉壁残块，附近还出土有铁兵器和铁工具[20]。

（2）河北沙河冶铁遗址。自汉至宋元，冶铁之事从未间断[21]。

（3）江苏利国驿东汉炼铁遗址。存有一座方形高炉，残高1.78米（今地面以上1米，地面以下0.78米），炉体呈立体方形；炉身底部长4.7米，宽3.8米，壁厚1米左右；炉体内长2.5米，宽1.3米。炉内堆有散乱的炉壁残块；伴出物有炉渣等物[22]。

（4）江苏泗洪县峰山镇遗址。出土有炼渣、铁矿石、汉瓦、汉绳纹罐等，并见有半个冶铁炉残迹，如鸭蛋中剖状[23]。

（5）山东临淄遗址。城内发现6个冶铁遗址，分属东周和汉代。其中大城南部一处约40万平方米，往昔发现过“齐铁官丞”、“齐采铁印”等泥封，当为汉代冶铁址，并为汉代铁官所在[24]。

（6）新疆民丰尼雅汉代冶铁遗址。残留有炉址、矿石、烧结铁、铁渣、坩埚、鼓风管、铁器[25]。

（7）新疆洛浦汉唐冶铁遗址。发现有烧结铁、陶质鼓风管残段；伴出物有汉五铢和唐大历通宝等物[26]。

（8）新疆库车汉代冶铁遗址。发现有小坩埚、铁渣、矿石、陶硷，以及汉代陶罐[26]。

4处铸造遗址分别是：

（1）山西夏县禹王城汉代铸铁遗址。出土有大量陶范和陶器。范有内范和外范两种，内范含砂量较高，且含有部分糠壳类植物。许多内、外范型腔表面都涂有白色滑石粉。许多遗物上都有“东三”字铭，一件碎范上还有“东二”字铭，当为汉河东郡郡冶所在[27]。

（2）陕西汉长安城铸铁遗址。出土有坩埚残块、烘范窑、熔炉、叠铸陶范、鼓风管、熔渣。一件风管见有“坚利”铭。熔炉残高0.1米~0.2米，直径0.9米，炉底铺有土坯[28]。

（3）陕西凤翔遗址。遗址面积约200×300平方米，出土有陶范5块、石范4块、砖范1块，皆为小型工具的“范模”，此外还有铜渣、铁渣[29]。

（4）内蒙杭锦旗霍洛柴登汉代铸钱作坊和兵器铸造遗址。伴出物有“大泉五十”和“小泉直一”的泥质铸范，“中营司马”、“西汉农令”等官印，以及汉砖、瓦、陶片。1973年~1974年勘查[30]。

4处兼有冶、铸的遗址是：

（1）山东莱芜遗址。1972年出土有铁质农具范、模计24件，范有犁范、双镰范、镢范、耙范、大铲范；模有犁模、小铲模，断代西汉前期[31]。1986年，又发现汉代冶炼遗址5处，汉唐冶炼遗址2处，遗物有炼渣、矿石、炉底积铁、汉代陶器等。在铁牛岭遗址发现的一块积铁曾于1959年被炸去一部分，今暴露于地表部分的残径1.6米，高0.4米，地下部分不明[32]。

（2）内蒙古呼和浩特市冶铸址。出土有炼炉、坩埚、风管、铁矿石、炼渣、陶范、铁器等[33][34]。

（3）河北邯郸遗址。在战国和汉代文化层内有三处炼铁遗址，汉代文化层内出土有炉壁残块、铁渣、炭渣、矿石、齿轮陶范、三角形器陶范[35]。

（4）山东薛城冶铸遗址。出土有铁矿石、矿砂、炼渣、齿轮陶范、其他陶范、炉壁残块。原断代战国，后有人改定为西汉初[36]。

这是秦汉南北朝时期钢铁冶铸遗址的一般情况，计51处。当然这一统计是十分粗略的，因为：（1）上述51处中，实际上，有的一“处”就有好几个冶铸作坊，如山东莱芜，今只算作一处，其实它至少有5个汉代冶址：即城子县遗址、铁牛岭遗址、东风炉遗址、南徐冶遗址、汶阳北遗址，这些遗址都是相距较远的。其中的城子县即汉代嬴县，《汉书·地理志》载有铁官。山东临淄城内发现过6个东周至汉的冶铁遗址，但今也是算作了一处。（2）此外还有一些因资料不详，未曾统计入内。如：有报道说山东东平陵城发现汉代冶铸址；有说禹州市冶铸遗址见有“川”字铭铁臿、铁铧，沁阳市冶铸遗址见有“王小”铁铲、“王大”铁铲[1]。

总的来看，这些遗址具有如下几个特点：（1）分布较广。战国冶铸遗址主要分布于河南、山东、河北三省；汉代则又扩展了6个省市。（2）规模较大，遗址面积多在1万平方米以上，古荥镇的达12万平方米，临淄故城内几个汉代冶铸遗址总面积达40多万平方米。这些遗址中，规模较大，保存较好的是：巩县铁生沟、南阳瓦房庄、郑州古荥镇3处；其次为温县、鹤壁、渑池等。(3)分工较细，配套齐全。既有单一工序，或冶或铸的作坊；也有多个工序，兼有冶、铸、锻、热处理的作坊。此后者，即与现代联合企业相当，它们都反映了当时世界上的最高技术水平。(4)分布不均。在51处冶铸遗址中，河南35处，山东、新疆各3处，江苏、陕西、内蒙古、河北各2处，北京、山西各1处，大多分布于黄河流域及其之北，少数达淮河流域，未见长江流域及其之南者。武帝元狩四年（公元前119年），汉政府实行盐铁官营，据《汉书·地理志》所载，全国40个郡（县）、国设置了49个铁官，也是多在黄河流域及其之北的，其中今山东12处，河南、江苏各7处，陕西、河北、山西各5处，四川3处，安徽、湖南、辽宁、甘肃、北京各1处。冶铁遗址的分布和铁官设置，一方面与铁矿分布有关，但也说明当时的经济重心在黄河流域。(5)自身布局多较合理。单一的炼铁遗址多近矿、炭产地，炼钢、铸造、锻造、热处理则多近城市。如巩县铁生沟遗址位于少室山北麓，附近盛产铁矿；据调查，在青龙山、金牛山、罗汉寺都有汉代采矿坑；其四周的木炭和煤炭资源都较丰富。《盐铁论·禁耕》篇："盐冶之处，大傲皆依山川，近铁炭。"所云正是此意。(6)战国时期的许多铸铁作坊与铸铜作坊是混合使用的，既铸铜也铸铁，如燕下都便有不少这类铜铁作坊；汉后，这类例子大为减少。(7)魏晋南北朝时期的冶铸遗址较少，51处遗址中只有2处，这显然是与战乱有关的。《史记·货殖列传》载："铜铁则千里往往山出棊置。"这在考古实物中大体得到了印证。

第三节 炼铁技术的发展

我国古代的生铁冶炼有两种工艺，一是高炉法①，二是坩埚法。前者发明于春秋早期，这是我国古代生铁冶炼的主要方法；后者可能是汉代发明出来的，主要使用于我国北方的部分地区；它们皆一直沿用到了近现代。秦汉南北期时期炼铁技术的主要成就是:汉代就建造了高约6米的大型炼炉，椭圆形炉缸有了发展；含砂、含碳的耐火材料技术进一步推广开来；对矿石进行了较好的选择、破碎和筛分；发明了水力鼓风和预热鼓风；石灰石熔剂技术推广开来；生产了低硅、低碳的灰口铁；大约汉代或西晋便把煤炭用到了坩埚冶炼中。

一、筑炉技术的发展

战国炼铁高炉目前只在西平看到一处残迹，炉腹直径约在1.0米以上；及汉，炼炉的数量和规模都有了很大的增加和提高。仅河南一省，目前所见汉代高炉残迹便有31座，古荥镇2座、铁生沟8座、鹤壁13座、临汝夏店1座、鲁山望城岗清理1座、桐柏张畈1座、方城赵河村4座，此外江苏利国驿还有1座。这在前面都已提到。一般只残炉基，唯少数残有局部炉身。

---

① 人们常用"竖炉"或"鼓风炉"一词来称呼古代炼铁炉，以为"高炉"是现代词汇，其实并非如此。从我掌握的资料看，"高炉"一词至迟出现于清乾隆时，本义是高大的炉子；"竖炉"一词似是近现代才流行开的；"鼓风炉"显然是英文 blast furnace 的意译；故"高炉"一词原属传统文化范畴，此名称是无须更改的。本书亦使用"高炉"一词来称呼古代的炼铁和炼铜竖炉。有关情况第七章还要谈到。

汉代高炉多呈直筒形，炉缸平面有圆形、椭圆形、长方形或方形等，使用情况各作坊不尽相同。铁生沟8座炼铁炉中，圆形者6座，其中有3座内径达2.0米，另3座亦在1.0米以上；长方形者2座，其中一座长、宽分别为1.3米和1.0米。其8号炉残高1.5米，炉径2.0米。圆形炉中保存最好的是4号炉，炉缸成缶形，缸内表面已灼烧成了玻璃状，色青灰，残深1.1米，内径2.0米，炉壁残厚0.6米，出铁口低于炉底0.5米。古荥镇2座，皆为椭圆形，其中1号炉炉缸的长、短轴分别为4.0米和2.7米，炉缸面积约8.5平方米；经复原计算，有效高度可达6.0米，有效容积可达50立方米；估计有4个风口，分置于长轴方向的两侧（图4－3－1）[1][2]。这是今日所知汉代最大的高炉，西方当时尚无生铁炼炉。利国驿东汉高炉横断面为方形，炉身底部宽3.8米，长4.7米，炉壁厚约1米。炉身高

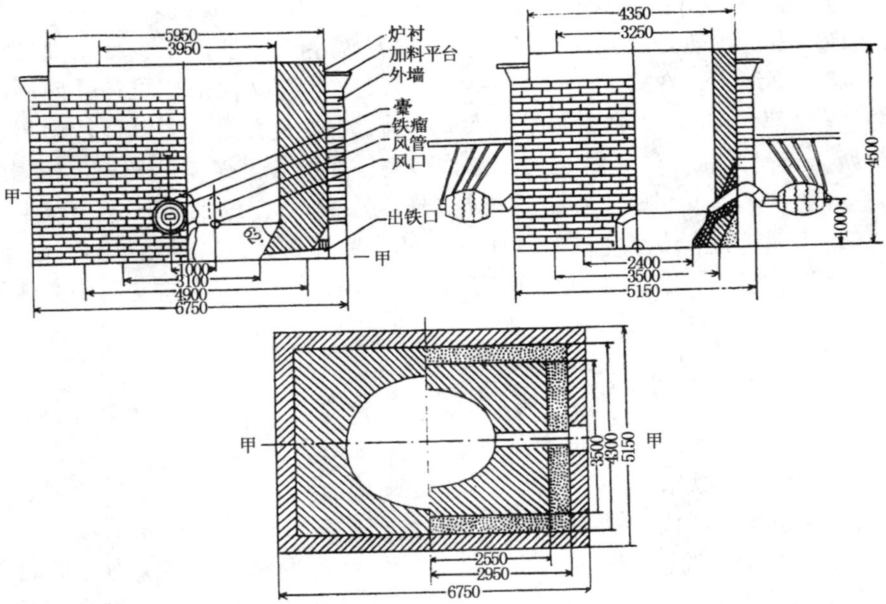

图4－3－1　古荥镇汉代冶铁作坊1号炼炉复原图

（原图提示：所示尺寸仅供参考）　采自文献［1］

注：图中标注的尺寸“15050”估计有误。

度约大于1.78米（今地下有0.78米，地面上残高1.0米），炉内长2.5米，宽1.4米[3]。鹤壁高炉皆为椭圆形，其中最大的一座残高3.0米，炉缸长、短轴分别为3.1米和2.4米[4]。鲁山望城岗1号炼炉的炉缸基床上，显示了大小两个炉缸，皆呈椭圆形；大炉缸长轴4米，短轴2.8米；小炉缸长轴约2米，短轴约1.1米；大约此炉进行过改建，小炉缸是在大炉缸的基础上改建成的[5]。从冶炼过程的实际需要看，炼炉横断面当以圆形为宜，但在一定历史条件下，椭圆形炼炉也产生过积极的作用，因其缩小了短足两端风口的距离，鼓风在能力不是太强的情况下，也能达到炉缸中心，避免了中心“死角”的出现，从而达到了既适当扩大了炉缸面积，又不致影响炉缸温度的目的；其始于先秦，发展于汉，这是我国古代冶炼技术的一项重要成就。在欧洲，椭圆形炼炉是19世纪中期才出现的，后来随着鼓

风能力的提高而逐渐被淘汰。

郑州古荥镇汉代冶铁作坊1号炉的南端，约5米处有一大坑，其内埋藏了一块大型积铁（图4-3-2），重约20余吨，保存甚好。这对我们了解汉代炼炉炉型有一定帮助。此积铁可分成两大部分，即“炉底积铁部”和“料柱结瘤部”。前者当为炉缸突然冷却时，内存铁水凝结而成，其整体为椭圆形扁块，外部形态适与1号炉炉缸尺寸大体相符，但其不甚规则；长轴为3.24米、短轴为1.72米~2.13米，最厚处达1.1米。后者当为炉身突然冷却时，料柱中已还原出来的铁凝结而成，其由炉底积铁的边缘倾斜向上、向外伸出，大体呈扁圆柱状，斜高2.2米、直径0.6米、厚0.25米~0.45米，上部分杈。“料柱结瘤”与“炉底积铁”成118度夹角，向外倾斜。此铁瘤并非任何地方都倾斜，在积铁平面0.8米以上，铁瘤外侧大体上是垂直的。依此可知，此炉之炉腹是向外倾斜的，炉腹角为62度，炉身处的炉壁则是垂直的，转弯处便是炉腹与炉壁的接合处。1976年4月，我们曾对古荥汉代冶铸作坊的发掘现场做过一次深入考察，从而加深了对这一汉代冶炼工场的了解①。鲁山望城岗1号炉前也有一个大坑，坑中埋有一块大积铁和多块小积铁。大积铁长轴约3.6米，短轴约2.5米，最厚处超过1.0米。此积铁应是被翻进去的，其底部朝上，较平[5]。

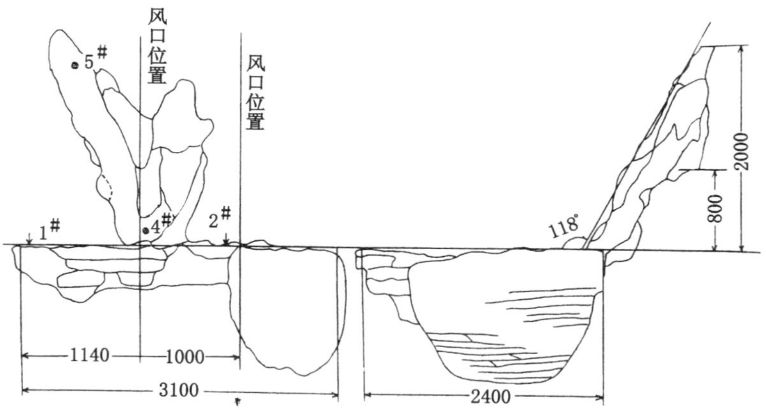

图4-3-2　古荥镇汉代冶铁作坊1号炉炉前坑内的大积铁

1、2、4、5为表4-3-2中的取样分析位置

采自文献［1］

由考古资料看，战国铸铁炉在使用泥条盘筑、耐火土夯筑的同时，已使用了部分耐火砖；及汉，耐火砖技术在铸铁作坊中迅速发展起来，如南阳瓦房庄汉代熔炉，大体皆以耐火砖筑成。耐火砖由石英砂和粘土合成，多呈弧形。熔炉部位不同，耐火砖的形状和组分亦异[6][7]。但炼炉却有些不同，从现有资料看，由战国到汉代，皆主要是以耐火土夯筑的。西平战国炼炉所用耐火土系掺有砂子和炭末的粘土；汉代炉基多用羼有细砂（或矿石末）、煤粉或炭末的耐火土逐层夯筑，

① 1976年4月，应郑州市博物馆于晓兴之邀，《中国冶金史》编写小组到郑州古荥镇汉代冶铸作坊遗址做了一次深入考察，当时遗址正在发掘中。参加考察的人员有：北京钢铁学院（今改名为北京科技大学）柯俊、丘亮辉、黄务涤等，自然科学史研究所华觉明、何堂坤等。编写小组由北京钢铁学院、冶金部有色金属研究总院、中国科学院自然科学史研究所三家组成。由于多种原因，《中国冶金史》未编成，20世纪80年代初，小组自行解散。

这在郑州古荥镇[8]、巩县铁生沟[9]、桐柏等处都可看到。《巩县铁生沟》[9]一书所云“煤饼”，有的便是这种炭质耐火材料。古荥镇1号炼炉的炉基用红粘土、矿石粉、炭末混合成的黑色耐火材料夯成。汉代炼炉上部虽多残损，从炉壁残块推测，大约也是以某种耐火土夯成的。利国驿东汉炼炉采用破碎了的石英砂与粘土混合而夯成；分层夯实，每层厚约6厘米。炉基用粘土夯成，炉子内壁因受高温灼烧，多已融流。当然，也不能排除部分炼炉炉身使用过耐火砖的可能性，尤其是铁生沟，其炼炉较多，出土耐火砖也较多。含炭、含砂耐火材料的使用，是战国汉代炼炉技术的一项重要成就，其优点是耐火度较高，耐急冷急热性能较好，抗渣性能较强。

考古工作者曾对鲁山望城岗1号炉进行过认真的解剖，使我们对汉代筑炉技术有了更细的了解。此炉从炉基的基础，到炉缸底部，都是分层夯筑的。具体做法是:先夯筑一个范围较大的炉基基础，之后在此基础上依次开挖炉缸基槽、上料系统和鼓风系统的基础坑；最后修建各种特殊建筑，建成炉体和有关设施。其炉基基础坑大致呈长方形，长约17.6米，宽约11.7米，深约1.8米；坑内以加工过的灰白色粘土分层夯筑填实，夯层厚约1厘米。基础坑底部做了防潮处理，做法是：最底层先铺一层木炭，纯净而均匀，厚约3～5厘米；木炭层上铺一层石灰，厚2～5厘米；石灰上夯一层黄褐色粘土，厚约10厘米；黄褐土上又铺一层石灰，厚约10厘米；黄褐土上为灰白色夯土，现存14层。炉缸基槽亦为长方形，长约7米，宽约5米，深度未探测。从残壁显露情况推测，此基槽在口部以下可能是呈台阶状内收的，槽内用耐火材料分层夯实，其中有红褐色粘土、石英或砂石颗粒、木炭颗粒；石英和砂石都经过了筛选，粒度为2～5毫米；木炭曾经整粒，大小约5毫米；他们皆掺和得甚为均匀；每层厚约5～10厘米；从而形成了一个耐火材料的炉缸基床[5]。

有一点需顺带指出的是，铜绿山春秋炼铜炉、西平战国炼铁炉、南阳瓦房庄汉代化铁炉的炉底都设有防潮风沟，但今在汉代炼铁炉上尚未看到。南阳瓦房庄化铁炉防潮风沟是支承在“镂空式”支座上的。做法是：（1）先把筑炉地点平整并夯实，后铺一层草拌泥作为炉基。（2）在炉基上构筑“镂空式”（支架式）炉座。此炉座为一个整体，“座底”厚约45毫米，由羼有大颗砂粒的耐火土做成。底座之上即所谓“镂空部”，由10余根束腰形的支柱组成，支柱与支柱间有一定距离，其上承炉底，下置于“座底”上；支柱由羼有大量细小砂粒的耐火土制成。镂空式炉座的外壁糊一层耐火泥，其中亦羼有大量细小的砂粒。（3）在“镂空式炉座”之外，再砌两层耐火砖，之外再糊草拌泥[1][6][7]。显然这比战国时代的更为讲究。虽然这是化铁炉，但它总体上反映了汉代筑炉技术的一个进步。

表4－3－1列出了部分铁生沟和古荥镇汉代耐火材料的成分，其SiO_2较高，且较稳定，其中3件耐火砖的波动范围是69.27%～72.62%，平均为70.82%。此含硅量比红陶、灰陶的皆高[10]，而与陶范的相当。显然这是经过了选择、配制的。我们统计过其他学者分析的51件新石器时代陶器，二氧化硅量平均值为60.28%，其中有31件介于55%～65%之间；谭德睿分析过6件先秦陶范，其平均成分为：二氧化硅72.29%、三氧化二铝11.69%[11]。

表 4－3－1　汉代炼铁炉耐火材料和炉渣的成分

标本号	名称	成分（%）									CaO/SiO$_2$	地点	文献
		SiO$_2$	Al$_2$O$_3$	Fe$_2$O$_3$	CaO	MgO	MnO	FeO	S	P			
1	长方形耐火砖	69.27	15.81	6.13	0.7	0.25						铁生沟	[1][9]
2	弧形耐火砖	70.57	12.94	4.35	3.02	0.34							
3	弧形耐火砖	72.62	13.08	3.92	2.6	1.51						郑州古荥镇	[1][8]
4	炉衬	66.24	15.91		5.0	1.58		6.55					
5	铁瘤上的耐火材料	62.2	11.85		6.3	2.37		11.15					
6	炼铁渣	53.74	12.14		22.7	2.52	0.63	3.74	0.114		0.422		[1][8]
7		54.52	13.23		24.0	2.07	0.34	2.44	0.172		0.44		
8		51.52	11.85		27.5	3.31	0.39	1.51	0.157		0.53		
9		49.16	11.01		25.6	2.66	0.34	4.1	0.45		0.521		
6～9号渣平均值		52.24	12.06		24.95	2.64	0.43	2.95	0.223		0.478		
10	炼渣	49.16	11.04		25.6	2.66	0.34	4.1	0.45	0.025	0.52		

注：（1）标本1、2的变形温度分别为1250℃、1150℃，软化温度分别为1280℃、1180℃。

（2）炉渣碱度常以（CaO＋MgO）/SiO$_2$ 来表示，当 MgO 含量大致不变时，亦可用 CaO/SiO$_2$ 来表示。现代生铁对不同的原料条件、不同用途的产品，炉渣碱度要求亦有不同；几种主要生铁的碱度值常为：平炉用生铁为1.1～1.35，贝氏转炉用生铁为1.2～1.35，铸造用生铁为1.2～1.45。

二、原料选择和加工

汉代炼铁炉料的选择和加工已相当严格，且已达一定水平。当时所用矿石依然主要是较易还原的赤铁矿和褐铁矿，入炉前均需破碎和筛分。古荥镇和铁生沟都出土过矿粉和矿粒，皆分别堆置，矿粉当是筛分下来的下脚料。古荥镇遗址一个矿堆的尺寸为长7米、宽6米、厚1.5米，体积约60立方米；粒度一般为2～5厘米，最大不超过12厘米。经分析，一份矿样的成分为：铁48.39%、氧化铁0.290%、氧化硅11%、氧化铝6.9%、氧化钙4.3%、氧化镁0.29%、氧化锰0.22%、硫0.054%、磷0.068%，为较富的赤铁矿。破碎工具有铁锤、石砧、石夯等[8]。铁生沟的矿石有赤铁矿和褐铁矿两种，前者居多；一份赤铁矿样所含三氧化二铁为76%，两份褐铁矿样所含三氧化二铁分别为：65.86%、64.48%。破碎工具有石杵、石砧、铁锤、铁锲等。探方7发现一堆矿石，粒度为3厘米左右。作坊内还发现一处配料坑[9]。

古时高炉炼铁用的燃料主要是硬质木炭。铁生沟出土的炼渣和半熔融炉料中均粘有木炭块，这是以木炭作燃料的明证，未见煤块。该遗址的一些烘范窑内曾发现过煤块，其他遗址的烘范窑内也有发现，故此煤块应是烘范用燃料。目前尚无西汉高炉冶铁用煤的确切资料。

在我国古代文献中，关于冶炼用煤的记载始见于西晋时期。北魏郦道元（466或472年～527年）《水经注》卷二“河水”条载：“释氏《西域记》曰：屈茨北二百里有山，夜则火光，昼日但烟，人取此山石炭，冶此山铁，恒充三十六国用，故郭义恭

《广志》云：龟兹能冶铸。”此屈茨、龟兹，皆今新疆库车古名；“夜则火光，昼日但烟”，是说煤炭因风化而自行燃烧，或因开采而加剧了的自燃现象，这是我国古代关于煤炭自燃的最早记载。“人取此山石炭，冶此山铁”数句，说明当时屈茨已经用煤冶铁，而且产铁量可供西域三十六国用，这是我国古代关于用煤炼铁的最早记载。因煤炭发热值较高，且资源丰富，故煤之用于冶炼，是具有重要经济意义的事件。今人岑仲勉《中外史地考证》认为，“释氏”即晋代之释道安[12]；而郭义恭为西晋时人。这说明早在晋代，今新疆地区便已大量用煤炼铁了。当然，此炼铁法应当是坩埚法，而非高炉法。高炉用“煤”冶铁应是宋、明之后的事。

三、冶炼操作技术的提高

（一）鼓风技术的发展

此时期鼓风技术有了较大的发展，一是使用了能力较强的鼓风装置，二是可能发明了风扇，三是发明了“水排”，四是可能发明了预热鼓风技术。

汉代冶铸遗址都出土过大量陶质、半陶质鼓风管，包括直筒和弯头两种；均一端较粗，一端较细，且可套接使用。风管外表多糊一层或多层草拌泥。南阳瓦房庄铸铁遗址所出弯头风管较多，此外还出土有25件陶质、半陶质的鼓风嘴。铁生沟冶铁遗址出土的一些风管中还羼有耐火砖块（熟料）。风管直径各不相同，铁生沟的多为5～10厘米；瓦房庄一种浅灰色粗绳纹风管，口径16.8～18厘米，身径粗达20.6～21.6厘米，有的更粗。古荥镇风管弯头的长度一般为17厘米，口径一般皆达19厘米，最长的一件风管残段长1.0米有余，粗端径达26厘米[8]。古荥镇另有一件完整的风管，粗端内径竟达32厘米，细端约10厘米[1]。瓦房庄一件风嘴的内径达8厘米，外径达13厘米。这样大的口径，说明其鼓风能力是较强的，因在一定鼓风条件下，管径越大，速度越小，鼓风就越难达到炉缸中心。

大约从商代到汉代，我国的鼓风装置皆谓之橐；先秦橐的具体形态今已难考，图4－3－3所示为山东滕县宏道院所藏汉代锻铁画像石中的图像[13]，大体上反映了汉代鼓风用橐的基本形态①，其实它就是一种皮囊。图4－3－4所示为欧洲16世纪时，人力或畜力推动的杠杆式鼓风装置，对我们了解人类古代鼓风方法有一定帮助。先秦冶铸炉上就使用了多管、多橐送风，汉后进一步推广开来，文献上也有了更为明确的记载。西汉《淮南子·本经训》：“鼓橐吹埵，以销铜铁。”东汉高诱注：“鼓，击也。橐，冶炉排橐也。埵，铜橐口铁筒，埵入火中吹火也。”可见，习之所谓橐，也即是排橐、多橐；埵即是鼓风用的铁质风管。同时，风是以“吹”的形式进入炉内的。晋王弼在注《老子·道德经》时也有过类似的话。《道德经》云：“天地之间，其犹橐籥乎？”王弼注：“橐，排橐也。”《后汉书》卷六十八“杨璇传”（宋范晔撰）载：“璇乃特制（制，原文）马车数十乘，以排橐盛石灰于车上。”章怀太子注：“排橐，即今囊袋也。”可见在汉晋时期，不管称之为“排橐”，还是“橐”，一般都是一种多管多橐的鼓风装置。老子所云之籥原是一种

① 此滕县宏道院锻铁画像石，有报道说是1930年滕县宏道院出土的，其实并非如此。今据滕县博物馆馆长万树瀛面告，画像石原出土时间、地点皆不详，是1930年宏道院收集到的，而不是1930年出土的。除此冶铁画像石外，当年宏道院还收集过其他一些画像石等物，同样，也被某些报道说成了1930年出土的，看来都不确切。

乐器，传统的解释说其状如笛。《说文解字》："龠，乐之竹管，三孔，以和众声也。"《广雅·释乐》："龠谓之笛，有七孔。"今人郭沫若却另有一种说法，谓其状如笙，是一排竹管编成的乐器。不管其状如笛还是状如笙，总之是多孔的，对于古代的冶铸鼓风来说，多孔便是多管、多橐，也即是一种排橐。

这种鼓风用橐的年代下限，目前还不是十分清楚。从有关资料看，很可能在晋代就逐渐演变成了风扇。

西晋张协（？～307 年）《七命》（《文选》卷三十五）在谈到宝剑锻打工艺时说："丰隆奋椎，飞廉扇炭。"此提到了扇，可知此鼓风是用扇的方式鼓入炉内的，而不像橐那样"吹"。这种送风方式的变化，很可能是由鼓风工具变化而引起的。

葛洪（281？～341 年）《抱朴子·黄白》载：汉黄门郎程伟好黄白之术，"伟方扇炭烧筩，筩中有水银"。可见此鼓风方式也是"扇"，而不是"吹"。

道家著作《神仙养生秘术》在谈到制作砷白铜时说过这样的话："用坩埚一个，装云南铜四两，入炉，用风匣扇。"这里提到了"风匣"，说鼓风是用风匣扇入的。此风匣当即是风扇。此书约成于后赵，详细情况下面再谈。这应是今见文献中较早且较明确地提到风匣、风扇的地方。

类似的锻炉、冶铸炉用扇鼓风的资料还有一些，不再列举。其具体形态今已难考，在考古发掘中看到过不少汉代粮食加工用扇，对我们了解晋代冶铸鼓风用扇，及其具体形态当有一定帮助。据报道，河南济源西汉末年墓出土有扇车、践碓的陶质模型，其扇车位于米碓后边，车厢呈梯形，中部有一方形漏斗，扇叶安装在中央轴上，有一立俑摇动风扇的摇柄[14]。1971 年，山西芮城汉墓群出土 4 件东汉釉陶粮食加工作坊模型（明器），形制基本相同。作坊中有碓、磨、扇车三种机械。风扇 6 叶，中轴通外有摇柄，上有盛米漏斗，下有出秕的夹槽，与流传至今的农村风扇车如出一辙[15]。1971 年，洛阳东汉砖券墓亦出土有陶质风扇车、践碓模型[16]。故从多方面资料看，冶铸鼓风用扇始于晋代的可能性还是存在的。当然，冶铸鼓风用扇更为明确的图像资料是宋及西夏时期才看到的。

图 4－3－3　汉锻铁画像石　采自文献［13］

鼓风动力最早应是人力、畜力，东汉时期才发明了水力推动的鼓风装置，习谓之水排，三国之后进一步推广开来。

《后汉书》卷六十一"杜诗传"：东汉建武七年（公元 31 年），河内郡汲县人杜诗任南阳太守，其性节俭，政治清平，"善于计略，省爱民役，造作水排，铸为农器，用力少见功多，百姓便之"。此"水排"即是水力推动的排橐，章怀太子注云："冶铸者为排以吹炭，令激水以鼓之也。"解释得十分明白。这是我国古代关于水力机械的最早记载。水力鼓风不但节省了人力、畜力，而且也提高了鼓风强度，加大了鼓风量，从而有利于提高炉温，提高生产。这是人们改造自然，利用自然的一项重大成就。汉代水排的具体形态已难了解，文献上关于水排结构的图示是到了元代才看到的，其实是一种水力推动的轮轴机构。在欧洲，水力鼓风是到了公元 12 世纪才发明出来的，图 4－3－5 所示为欧洲 16 世纪水力推动的鼓风装置。

图 4－3－4　欧洲 1500 年时人力或畜力推动的杠杆式鼓风装置

此图原出自阿格里可拉《金属论》（Georg Agricola, De re Metallica Iibri XII, Basel 1556 年），今转引自三谷耕作譯《鐵の歷史》第 45 頁圖 32，應慶書房，1942 年（德文原版 1925 年）。

三国时期，水排进一步推广开来。《三国志》卷二十四“韩暨传”载：南阳人韩暨任魏国监冶谒者，“旧时冶作马排，每一熟石用马百匹，更作人排，又费功力，暨乃因长流为水排，计其利益，三倍于前，在职七年，器用充实”。韩暨任监冶谒者的时间当在东汉末年，因魏文帝践阼时（220 年），韩被封为宜城亭侯。《太平御览》卷八三三引《武昌记》曰：“北济湖本是新兴冶塘湖，元嘉初发水冶。水冶者，以水排。冶令颜茂以塘数破坏，难为功力，茂因废水冶，以人鼓排，谓之步冶。”可见元嘉（424～453 年）初年南朝宋也推行过水冶。又据清嘉庆《安阳县志》卷五引《水冶图经》说：“后魏时引水鼓炉，名水冶，仆射高隆之监造。”可见后魏时，北方也推行过水冶。

图 4－3－5　欧洲 16 世纪水力鼓风装置

出处同图 4－3－4，第 45 页图 33

我们说汉代的冶铸炉采用了预热鼓风，主要依据是考古发掘所见风管烧流的情况。如古荥镇所出风管，外表多糊草拌泥，最厚的达 15 厘米，风管表面多皆一侧烧熔，且呈欲滴状，其色炭黑；另一侧却受火较轻，甚至泥色未变。流滴方向有的与粗端垂直，有的与之斜交，但与细端始终是平行的。依此人们推测，滴痕斜向者，风管可能是倾斜地插入炉内的，滴痕与粗端垂直者，便可能与炉外预热送风有关，不然，这种滴痕方向是很难解释的[2][8]。瓦房庄风管也有类似的现象[7]，图 4－3－6 所示为瓦房庄汉代化铁炉复原图，鼓风预热系统、炉底防潮风沟等结构均示于其中。虽陶质风管较厚，预热效果未必十分明显，但它毕竟是一项重要的创造，对于提高炉温具有积极的意义。

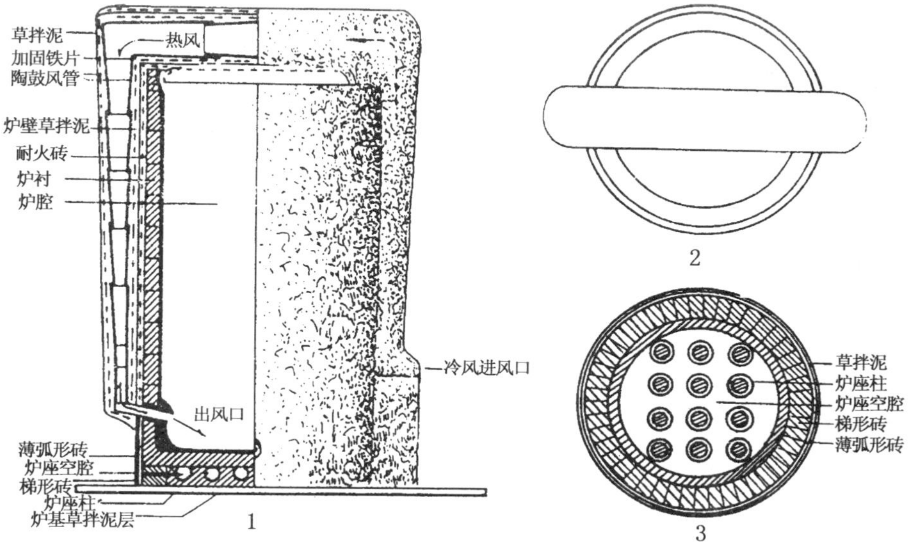

图 4－3－6 南阳瓦房庄汉代化铁炉复原图

1. 炉体结构图 2. 俯视图 3. 炉座断面结构图 采自文献［1］

（二）关于炉况控制和石灰石熔剂的使用

汉代各冶铸遗址都出土过大量炉渣，从外部状态看，大体可区分为两种不同类型：一是颜色发黑、熔化不够充分、流动性稍差、渣铁分离欠佳者，俗谓石头渣，这是炉温稍低、炉况不太正常的表现；另一种是较为光洁、断口呈玻璃状、流动性较好者，俗谓玻璃碴，此时炉况较为正常。有学者曾对后者进行过一些分析（表 4－3－1），知其仍呈酸性，CaO/SiO_2 为 0.5 左右；熔化温度约 1030℃～1080℃；这种渣的优点是熔点较低，流动性较好，缺点是脱硫能力稍差。但因古代以木炭作燃料，一般木炭含硫较低，矿石含硫量也较低，故金属脱硫任务不重，这种炉渣成分大体都能满足脱硫需要。这种渣的获得，说明当时的原料选择和配置技术、鼓风技术和熔剂配制等一系列操作上都达到了一定技术水平。现代高炉的碱度一般在 1.0 以上，主要是为了便于脱硫。

在此值得一提的是，汉代炉渣虽呈酸性，但经物料平衡计算，依然是配入了部分石灰石熔剂的[2][17]。石灰石熔剂在先秦炼铜炉上便已使用，今在汉代炼炉上进一步推广开来，是炼铁技术史上的一件大事，对于改善炉渣流动性能，增强炉渣脱硫能力等，都是具有重要意义的。

汉代炼铁技术虽取得了较高成就，但其冶炼技术依然是较低的，炉况不顺、悬料及至崩料等各种故障都时有发生，各遗址中大量石头渣，以及部分遗址中看到的一些大块炉底积铁，都是明显的证据。这在古代文献中也有记载。《汉书》卷二十七上“五行志”云：“征和二年（公元前 91 年）春，涿郡铁官铸铁，铁销，皆飞上去。”“成帝河平二年（公元前 27 年）正月，沛郡铁官铸铁，铁不下，隆隆如雷声，又如鼓声，工十三人惊走。音止，还视地，地陷数尺，炉分为十一，炉中销铁，散如流星，皆上去。与征和二年同象。”此现象当因悬料、崩料造成。这是我国、也是世界上关于高炉事故的最早记载。

四、关于坩埚炼铁技术的发明

坩埚炼铁是我国古代钢铁技术的一项特殊成就。其操作要点是把矿石和还原剂（煤粉或木炭粉）依一定比例放入坩埚中，然后置于加热炉内作外加热式的还原冶炼。

坩埚冶铁在我国发明于何时，学术界尚无一致的意见。与此有关的早期资料主要有下面一些：

20 世纪 50 年代，北京清河清理了一处西汉初期的铜铁作坊，出土有坩埚炼铁炉一座，底径约 12 米，坩埚高约不过 60 厘米，口径约 30 厘米，容积似不大于殷代化铜的“将军盔”[18]。

呼和浩特市二十家村南发现一处西汉铁工场，出土大小有异、形状有别的冶铁炉 16 座，在各冶炉附近都出土有坩埚、鼓风管、铁矿石、炉渣、炭灰、泥范，以及铁农具、铁车马器、铁兵器等。发掘者认为当时应使用了坩埚冶铁[19]。

1979 年，洛阳吉利工区发掘了一批汉墓，其中一座（C9M19）的墓塘内出土有 11 个坩埚，两两重叠，一个单置，横排放置在墓塘西壁边。坩埚直筒形，外径一般为 14～15 厘米，高 35～36 厘米，壁厚 2 厘米；直口卷缘，直腹，圜底，内外壁均已烧流，并粘附有铁块、煤块、铁渣、煤渣，坩埚底部附有煤块[20]。经分析，其中一件附着在内壁的“铁块”原是一件含有大量磷共晶夹杂的过共析高碳钢，这种磷共晶夹杂多见于以煤冶炼的坩埚铁中，详情后面再谈。

1992 年，洛阳东周王城遗址还发现了一座专门烧造坩埚的窑址，在窑址 Y1 和灰坑 H2 中，总计出土坩埚 35 件，有圜底和平底两种。在 35 件坩埚中，出于窑室内者（2 件）皆是未曾使用过的完整之器，出土于窑之操作坑（25 件）和灰坑 H2（8 件）中的多为残件。在窑 Y1 中与坩埚伴出的还有炉壁、鼓风口、铁渣，人们推测，窑之附近很可能有冶炼作坊[21]。

如前所云，1960 年时，新疆库车等地发现了许多汉代坩埚残片。

此外，还有两条旁证资料：

一如前所云，早在西晋时期，我国就有了以煤炼铁的记载，一般认为，此炼铁工艺便应当是坩埚法。煤虽有许多优点，但也有一个很大的缺点，即其热稳定性较差，在高炉中会因热裂粉碎，堵塞煤气通道而严重地破坏料柱的透气性，所以即使在现代技术条件下，高炉直接用煤冶炼也是十分困难的。所以一般认为释氏《西域记》所云冶铁，当为坩埚法。

二在今山西等地，长时期存在坩埚冶铁的技术传统。有关情况下面还要谈到。

综合上述多方面情况，汉代发明了坩埚炼铁工艺是十分可能的，其中洛阳吉利工区的“坩埚铁”最具说服力。

五、生铁品种的增加及其使用范围的扩展

战国时期，生铁的三个基本品种中，白口铁、麻口铁、雏形灰口铁都已出现；及汉，灰口铁组织发展得更为充分，有关器物的数量也明显增多。目前看到的有：

山东滕县出土的战国西汉铁块、徐州北洞山西汉楚王墓铁方暖炉残片①、满城汉墓出土的车锏、锄内范、镢内范[22]，铁生沟的汉代铁板、铁块、一字臿铁范芯（计7件）[9]、古荥镇的汉代铁镢、生铁块和浇口铁（计14件）[23]、瓦房庄西汉浇口铁、东汉浇口铁、铁质范芯[7]，镇平的汉代小型锤范[24]、渑池的北魏铁钻、铧范、新安铧范、“黾”字铭铧等[25][9]。这些灰口铁既有铁素体基体，如滕县铁块等（图版陆，1、2），也有珠光体基体，如满城3件标本等。灰口铁因其中的碳以片状、条状石墨的形态析出，故耐磨性能、切削加工性能皆较白口铁为良。此期麻口铁也明显增多，属汉代的有：铁生沟的残铁器[26]、古荥镇的浇口铁[23]、满城汉墓的铁犁铧、铁镢[22]、南召的铁铧、新郑的犁镜、鲁山望城岗的铁权、铁铲范、密县古桧城的犁镜[26]；属六朝的有：唐河4件铁鼎和1件铁釜等。

表4－3－2示出了部分汉魏南北朝27件标本的化学成分和部分生铁标本的组织状态，这对我们了解汉至南北朝时期生铁的品种和冶炼技术，都是很有意义的。

（1）标本5～9号，反映了铁在高炉内还原渗碳的基本过程。它们都是在古荥镇1号积铁上取样的；标本5为料柱结瘤的上部，含碳0.73%，反映了铁刚还原出来不久，渗碳较少的状态；标本6为料柱结瘤的下部，随着渗碳过程的进行，含碳量增至1.46%；标本7、8、9大体皆在铁口、风口平面附近，含碳量皆在3.5%以上。

（2）这些铁器、铁料的含碳量一般不高，多为亚共晶，或在共晶点附近。表4－3－2所列标本中，除去标本5、6两件，计25件，最低含碳量为2.31%（渑池新安铧范，标本20号）[27]，最高为4.52%，其中有21件标本含碳量处于3.5%～4.5%之间，占标本总数的84%。含碳量高于4.5%的只有1件。

（3）含硅量较低，27件标本含硅量波动范围是0.04%～0.42%，平均为0.15%，其中小于0.25%的达22件，占标本总数的81.48%。低碳、低硅，应是古代生铁的一个特点，这很可能与冶炼温度不是太高有关。现代生铁含硅量一般高于0.5%。

（4）含磷、含硫较低，这可能与用木炭为燃料等因素有关。

这些大体上都反映了古代生铁及其冶炼过程的基本特点。

在此有一点需注意的是：此期灰口铁的含硅量较低，如渑池新安铧范（420号）含硅量只有0.21%；从现代技术观点看，获得灰口是十分困难的。因硅能促进生铁中的碳以片状自由石墨的形式析出，硅低则削弱或失去了这种促进作用。现代灰口铁含硅量常控制在1.0%～3.5%之间。新安铧范含碳量也很低，其含硅、含碳量之和也只有2.52%。现代灰口铁要求硅、碳量之和不得低于4%。古人在低硅、低碳的情况下竟也生产出了组织形态较好的灰口铁，实在是一项了不起的成就。我们推测，在相当长一个历史时期内，这些古代灰口铁之获得，应主要与冷却条件有关。上述灰口铁标本中，浇口一类灰口铁应是浇铸过程中无意得到的。但类似于16、18～21号那样的小件器物，则不能排除人们有意控制冷却速度，以得到灰口铁的可能性。

① 山东滕县战国西汉铁块LT7为铁素体基体灰口铁，试样承滕县博物馆提供，金相分析承北京市粉末冶金研究所进行。徐州北洞山西汉楚王墓铁方暖炉残片采自《徐州北洞山西汉楚王墓》（文物出版社，2003年）第194页，韩汝玢等分析。

表 4-3-2　汉魏南北朝铁器、铁料成分分析

序号	名称器号	地点时代	成分(%)					组织状态	文献
			C	Si	Mn	P	S		
1	生铁板	铁生沟·汉	4.12	0.27	0.125	0.15	0.043		[1]
2	残铁铲 T12:16		3.55	0.09	0.12	0.40	0.022	白口铁	[9]
3	残铁器 T5:42		4.0	0.42	0.21	0.41	0.07	麻口铁	
4	残铁板 T13:7		3.8	0.22	0.09	0.48	0.04	灰口铁	
5	料柱结瘤上部(5 号样点)	古荥镇·汉	0.73	0.07	0.06	0.057	0.034		[1][8]
6	料柱结瘤下部(4 号样点)		1.46	0.38	0.14	0.121	0.025		
7	积铁(铁口方向 1 号样点)		3.97	0.28	0.3	0.264	0.078		
8	积铁(铁口对面 2 号样点)		4.52	0.19	0.2	0.239	0.111		
9	5 号积铁(北部)		3.53	0.16	0.15	0.378	0.065		
10	生铁		4.0	0.21	0.21	0.29	0.091	灰口铁	[23]
11	生铁板		3.95	0.15	0.09	0.22	0.052		
12	铁镢(3 号)		3.3	0.16	0.19	0.21	0.06	白口铁	
13	浇口铁(257 号)		4.2	0.07	0.05	1	0.012	麻口铁	
14	浇口铁(255 号)		3.8	0.12	0.05	0.02	0.292	灰口铁	
15	六角小轴承 H1:31	镇平·窑藏·汉	4.41	0.15	0.3	0.67	/	白口铁	[24]
16	小型锤范 H1:18		3.9	0.16	微	0.52	/	灰口铁	
17	小型锤范 H1:16		4.1	0.22	0.3	0.5	/	白口铁	
18	铁砧(62 号)	渑池·北魏	4.15	0.04	0.02	0.34	0.031	灰口铁	[27][28]
19	铧范(419 号)		4.4	0.1	0.11	0.24	0.029		
20	新安铧范(420 号)		2.31	0.21	0.19	0.38	0.031		
21	"津右周"1 式斧范(346 号)		3.46	0.07	0.05	0.38	0.028		
22	"黾"铧(158 号)		4.47	0.06	0.04	0.24	0.028	白口铁	
24	鼎(4150 号)	唐河·窑藏·六朝	4.37	0.11	/	/	0.034	麻口铁	[26][28]
25	铧(4152 号)		4.18	0.06	/	0.518	0.018	白口铁	
26	釜(4155 号)		3.72	0.07	/	/	0.086	白口铁	
27	铁农具范	莱芜·西汉前期	4.4	0.16	0.05	0.35	0.02		[29]

汉代生铁的用途主要有三方面：一是直接铸器；二是浇铸一种半成品的板材或条材，以作进一步加工；三是用作炒钢和灌钢的原料，以生产新的产品。前两项在战国便已出现，但汉后使用量明显增大，后者则是汉代才出现的，说明汉代生铁使用范围有了进一步扩展。呈梯形、长方形的板材或条材，在郑州古荥镇、南阳瓦房庄、鲁山望城岗等汉代冶铸遗址都可看到，作脱碳退火后，便可加工成各种熟铁、低碳钢、高碳钢的制品。

第四节　多种制钢技术的产生和发展

两汉时期，炼钢技术有了很大的发展。先秦时期的制钢工艺主要是块铁渗碳法和铸铁脱碳法等种，其整个渗碳、脱碳过程都是在固态下进行的，生产率较低。两汉时期，一方面这些制钢法得到了进一步发展，同时还发明了作为半液态冶炼

的“炒钢”法和“灌钢”法，极大地提高了钢的产量和质量，此外还发明了“百炼钢”法，可能还有“坩埚钢”法，把我国古代炼钢技术提高到了一个新的水平。这样，我国古代钢铁生产的基本体系便完全确立。这个体系是：“高炉炼铁工艺——炒钢工艺、灌钢工艺”，即第一步先由高炉冶炼生铁，第二步再将生铁炒炼成钢，或灌炼成夹杂较少且含碳量稍高的灌钢。此体系由两汉一直沿用到了明清，对我国古代社会生产的发展作出了不可磨灭的贡献。今逐一介绍，因铸铁脱碳钢属于热处理范围，本章第七节再作讨论。

一、炒钢技术的发明和发展

炒钢法的工艺要点是：以生铁为原料，并将之加热到胶融态，在氧化性气氛中使生铁脱碳成可锻铁，包括钢和熟铁。为加速碳的扩散和氧化，冶炼过程中需不断地搅动金属，有如炒菜一样，故谓之“炒钢”，但这一名称是后世才出现的。

今见于分析报道的炒钢实物约属西汉初期，主要是：

西汉早期南越王墓铁器。有学者分析并报道过其中 9 件铁器的分析情况，除 1 件鼎为生铁、1 件削定成了铸铁脱碳钢锻件外，其余 7 件皆定成了炒钢，其中包括剑 1 件、锛 1 件、甲片 1 件、方銼 1 件、铲 1 件、箭杆 1 件、镊子 1 件。剑的心部含碳量约 0.3% ~0.4%，外层约 0.6%，曾经淬火，表面有淬火马氏体。夹杂物有两种形态，一是氧化亚铁和硅酸盐单相细颗粒夹杂，呈弥散分布；二是氧化亚铁—硅酸盐复相夹杂。铁方銼组织呈层状，计约 32 ~34 层，各层的含碳量不同；高碳层含碳约 0.6% ~0.7%，低碳层约 0.1% ~0.2%。主要夹杂物为细颗粒的、呈带状分布的硅酸盐夹杂和大量条状的氧化亚铁——硅酸盐复相夹杂，夹杂物方向与层向一致[1]。

徐州狮子山楚王陵（约公元前 175 ~ 前 154 年下葬）多件炒钢制品。有学者分析过 21 件此楚王陵铁器，得知其中有 5 件，即 3 件铁凿、1 件铁矛、1 件铁轴全由炒钢锻成，3 件凿还经局部淬火；另有 2 件，即 1 件铁刀和另 1 件铁凿由炒钢与块炼铁叠锻而成，此凿亦曾局部淬火。其中凿（样号 2440 -2）颇具代表性，其全由炒钢折打而成，含碳量不均，单相细小夹杂较多，沿加工方向延伸；曾经淬火，马氏体多呈板条状，原奥氏体晶界上有屈氏体析出，心部马氏体较少[2]。

陕县西汉初年墓所出铁剑[3]。

河南巩县（今称巩义市）铁生沟遗址的炒钢炉、炒钢料和炒钢制品。发现汉代炒钢炉 1 座，上部已毁，炉基建在坚硬的红色生土上，炉体较小，由地表向下挖成缶形炉膛，炉膛长 0.37 米、宽 0.29 米，残高 0.15 米，内涂一层耐火泥。炉壁被烧成了黑色，炉内尚存一块铁块。有学者分析过 73 件铁生沟汉代铁器，其中的铁块、残铁锄、铁臿等 14 件都是炒钢制成。其中一件原称为“优质铁”（T12:21）的炒钢料成分为：碳 1.288%、硅 0.231%、锰 0.017%、硫 0.022%、磷 0.024%；原称为“海绵铁”（T1:22）的炒钢料成分为：碳 0.048%、硅 2.35%、锰微量、硫 0.012%、磷 0.154%。遗址断代为西汉中晚期[4][5]。与此相类似的炒钢炉，直到 20 世纪 40 年代还在伏牛山区、50 年代还在河南许多地方看到。

汉长安武库出土的大批钢铁兵器。有学者对其中的至少 12 件标本（镞 7 件、矛 1 件、戟 1 件、刀 3 件）进行了金相分析，发现其绝大多数都是炒钢制成的。其中一件镞的含碳量约0.7%～0.9%、矛的含碳量约0.45%～0.6%、一件铁刀含碳量约0.9%[6]。遗址断代为汉初到新莽。

1989年初，陕西扶风汉墓出土铁剑1把。剑身长96厘米，柄长20厘米，身刃部取样，经分析，为炒钢反复锻打而成，含碳量约0.65%～0.7%，表面曾经渗碳。断代新莽到东汉初期[7]。

由这些情况看，我国古代炒钢技术的发明期约可上推至西汉初期。如前所云，有学者认为河南登封阳城战国晚期铁凿（YZHT4L2:7）也是炒钢锻制的[8]，可以进一步研究。在金相显微镜下，块炼铁与炒钢夹杂物的性态是不同的：（1）前者因冶炼温度较低，其夹杂应以FeO－2FeO·SiO_2共晶夹杂为主，此外还有大量不易变形的颗粒状氧化亚铁（FeO）夹杂，不但总量较多，分布不均，且块度大；后者则因生铁冶炼温度较高，炒炼温度也较高，夹杂以易于变形的硅酸盐夹杂为主，其总量稍少，变形量较大，数目较多，细长分散。（2）块炼铁和块铁渗碳钢因未经液态，故锰、磷、硅元素分布不均，金属基体内会存在高磷、高锰区；炒钢则未必存在这种高磷、高锰区[9]。这都是由金属本身的物化性质决定的，人们便可依此判断一些器物的材质。但在实际分析中，也会碰到一些较难分辨的情况。我曾分析过一些明代中原文化区的锻件，其夹杂却是以长条大块FeO－2FeO·SiO_2共晶夹杂为主的。在中原地区，到了明代，是否还存在那样多块炼铁工艺？很难即刻做出判断。所以，对炒钢技术的发明期，我们认为还是暂定西汉为宜①；前面谈到，铁兵器以锻代铸的过程也是西汉中晚期才完成的；如若炒钢发明期较此更早的话，铁兵器的普及和推广理应更快更早一些的。

东汉之后，炒钢技术有了进一步发展，各种遗物也增多起来。

南阳瓦房庄炒钢炉、炒钢料和炒钢制品。炒钢炉1座（图4－4－1），仅存炉腔和炉底，炉膛平面呈椭圆形，长0.27米，宽0.23～0.28米，腔残深0.08～0.16米。火池在炉门外。炉腔壁被烧成了黄色琉璃体，炉底被烧成蓝灰色。基本形态与铁生沟的相同。炉底中央残留一块长0.15米、宽0.12米的炒钢料，其断面呈褐灰色，气泡较多。经鉴定，遗址内出土的一件东汉铁凿为炒钢制成。遗址断代为西汉初期至东汉晚期[10]。

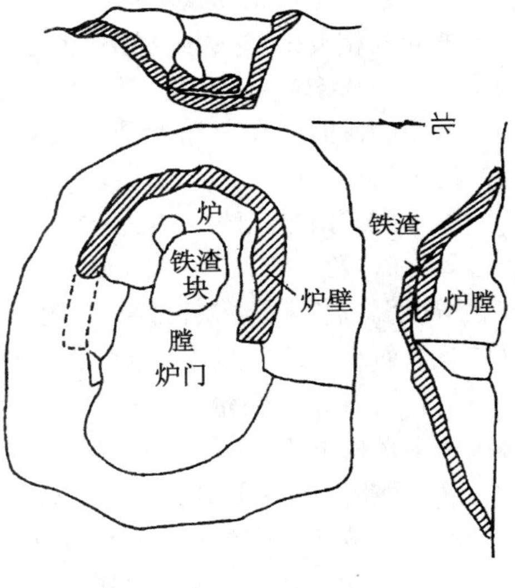

图4－4－1　南阳瓦房庄汉代炒钢炉平面、剖面图

采自文献［11］

前面谈到，河南新安上孤灯村汉代冶铁遗址发现过多座炒钢炉。

① 按：炒钢的发明期是可进一步研究的，随着研究情况的变化，人们的观点也会发生变化。

南阳东郊出土一把东汉铁刀，刀身上有一道平行于刃部的锻接痕迹，刀宽约11.2厘米、长约17厘米、背厚0.5厘米，保存基本完好，经鉴定为炒钢锻成[11]。又著名的东汉建初二年“五十湅”长剑、永初六年“卅湅大刀”等名贵刀剑，以及洛阳晋墓出土的徐美人刀等，经鉴定，都是炒钢制成的[12]。这都说明了炒钢技术的成熟和发展。有关五十炼长剑、三十炼大刀的情况，后面再作详细介绍。

文献上关于炒钢工艺的记载约始见于东汉时期。《太平经》卷七十二载：“今军师兵，不祥之器也，君子本不当有也……不贵用之也。但备不然，有急乃后使工师击冶石，求其中铁，烧冶之，使成水，乃后使良工万锻之，乃成莫邪。可以战斗，御急者亦岂及事邪?”此“莫邪”原指锋利兵刃。“烧冶之”三句，则说明了炒钢冶炼及制器的整个过程。“万锻”的目的：一是加速碳的扩散、氧化和均匀化，二是排除夹杂，三是将松散的海绵状炒炼产品加工成一个粗坯。《太平经》原是道家著作，书中所记基本上反映了东汉中晚期的情况[13]。

炒钢法的优点是：（1）以易于获得的生铁为原料，故原料较为廉价。（2）冶炼在液态、半液态下进行，氧化脱碳过程进行得较为迅速，生产率较高。（3）成分可适当控制，既可生产熟铁和低碳钢，若控制得好，也可生产中碳钢和高碳钢。上述提到的两件铁生沟炒钢料中，一件为熟铁，一件为过共析高碳钢；长安武库兵器则多为中碳钢和高碳钢。（4）一般而言，产品质量较块铁渗碳钢为高。炒钢的发明，使钢从数量和质量两方面都最大限度地满足了古代社会对可锻铁的需要。这工艺在我国一直沿用了下来，据调查，20世纪七八十年代，还分别在浙江永嘉、湖南攸县等地保留着。现代学者常把直接由矿石炼钢的工艺叫“一步冶炼”，而把先由矿石炼生铁，之后再由生铁炼钢的工艺叫“两步冶炼”。那么，炒钢的发明便是两步冶炼的起点。

在欧洲，以生铁为原料的半液态脱碳炼钢工艺大约是到了公元15世纪中期之后才发明出来的，习谓之氧化精炼法（to refine），工艺原理与我国的炒钢基本相同，但操作上略有差别。大约15世纪中期，奥斯曼锻冶便曾用精炼炉（Frischherd）精炼生铁，可获得优良的制针用铁和制板用铁[14]。1517年，波旁（Nicola Bourbon）首次描述了欧洲高炉的结构和操作，说其“炉渣不能流动，须用铁钩钩出；铁水注入圆形铸范内，铁锭送至精炼炉精炼，最后入加热炉，锻造成长铁棒。”[15]此“精炼”当都是一种以生铁为原料的半液态脱碳炼钢法。1784年发明的搅拌法（puddle）应是这种精炼法的发展。我国的炒钢和西方1784年搅拌法炼钢都十分强调金属之炒动、搅动，精炼法则未必如此，实际上它主要是通过向金属“熔池”吹风的方式来脱碳的（图4－4－2）。在精炼法之前的一个漫长历史时期内，欧洲的主要制钢工艺依然是自然钢（natural steel）法和块炼铁渗碳法，故其可锻铁供应量是不足的。

炒钢的发明或与铜的精炼有关。“生铜”在液态下反复吹炼、精炼，去除硫等夹杂后，便可得到性能较好的熟铜。人们由此便会得到一种启示，也对生铁水进行反复的吹炼和精炼，于是便发明出了炒钢。

炒钢的用途有三：（1）直接锻制一般器物，其中包括手工业工具、农具、日常生活用具、兵器、建筑构件等。凡可锻制的一般器物，皆可用炒钢制作。（2）

用作“百炼钢”的原料，制作优质兵器。（3）用作灌钢的原料。所以西汉中晚期之后，钢铁锻件的大量出现，钢铁兵器取代青铜兵器的主导地位，与炒钢的发明和发展都是密不可分的。

在此有一点需要说明的是，由汉至隋，这种生铁脱碳的半液态炼钢如何称呼，今已难得知晓；唐代曾有过“捧钢”之称；用“炒”字来描述这一工艺之事约始于明；由明清及至20世纪40年代，我国民间和学术界皆谓之“炒铁”、“炒熟铁”。“炒钢”之名实际上是20世纪50年代才流行开的，主要流行于学术界；直到20世纪80年代，民间依然谓之炒铁、炒熟铁。随着大工业的发展，炒钢工艺已逐渐退出了历史舞台，这些名称也就成了历史的记忆。

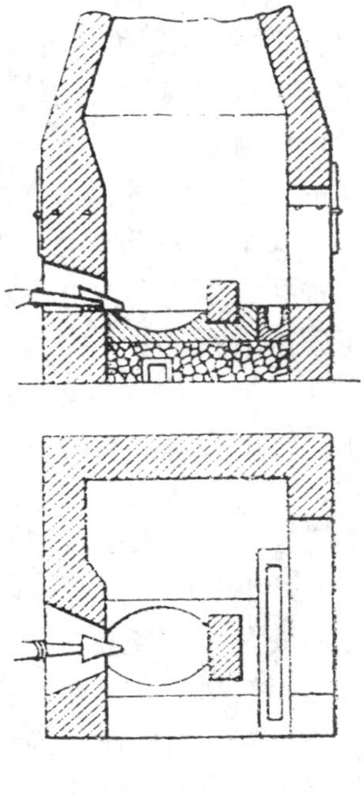

图4-4-2　公元1800年欧洲的氧化精炼炉

转引自三谷耕作譯《鐵の歷史》第117頁，慶應書房，1942年。

二、灌钢技术的发明和发展

“灌钢”工艺的操作要点是以生铁和“熟铁”为原料，把它们加热到生铁熔点以上，利用生铁含碳量较高、熔点较低，“熟铁”含氧化夹杂较多的特点，进行混合冶炼，最后取出加锤，以排除夹杂、均匀成分。此“熟铁”实际上是一种含碳量较高、含夹杂较多的可锻铁[16]。

关于灌钢技术的发明年代，学术界长时期存在不同看法，20世纪六七十年代时，一般认为是南北朝[17][18]；之后又有学者将它推到了西晋[19][20]；我又将它上推到东汉晚期[21]。

《全后汉文》卷九十一载王粲（177～217年）《刀铭》云：“和诸色剂，考诸浊清；灌襞已数，质象已呈；附反载颖，舒中错形。”我认为此中间两句所云应指灌炼工艺。“襞”，原指折叠衣服，此应指钢铁料的多层积叠、多次折叠；“灌”，以生铁水向“熟铁”料灌炼。“灌襞已数”，意指整个灌炼工艺，即是说，积叠、折叠、灌炼已进行了多次。这是主张灌钢工艺发明于东汉晚期的主要依据。

《文选》卷三十五载西晋张协（？～307年）《七命》云：“楚之阳剑，欧冶所营；邪溪之铤，赤山之精；销踰羊头，镤（鍱）越锻成；乃炼乃烁，万辟千灌；丰隆奋椎，飞廉扇炭；神器化成，阳文阴缦。”这段文字比较费解，许多学者都曾作过注释。其中又以唐李善注释得最为明白，其引汉许慎说：“销，生铁也。”镤或谓鍱。李善又引《广雅》，释之为鍱铤。于是“销踰羊头”两句就可理解为生铁料和“柔铁（熟铁）”料了。李善又注：“辟，谓叠之；灌，谓铸之。”上下文联系起来，“万辟千灌”就可理解为反复地把生铁水浇灌到多层积叠的“柔铁”料上，而“销踰羊头”以下四句就可理解为灌炼工艺了。这是主张灌钢发明于西晋的主要依据。这段文字在内容和形式上都与王粲《刀铭》类同，所云应是同一层意思，故灌钢工艺的发明期当可上推到东汉晚期[21]。此引许慎所云，也是今见文献中较早提到“生铁”一词的一个地方。

南北朝时，灌钢技术在南方北方都普遍使用起来。当时人们心目中的“钢”便只有灌钢，并在这一认识的基础上对钢、铁进行了分类。《重修政和经史证类备用本草》卷四“铁精”条引梁陶弘景（456～536年）云：“生铁是不破鑐（原注：音柔）鎗（原注：音铮）釜之类，钢铁是杂鍊生、鍒作刀镰者。”此“鍒”即柔铁、“熟铁”，是一种比较粗糙的炒炼产品；《说文解字》：“鍒，铁之耎也。”“杂炼生鍒”即灌钢工艺。这里提到了“钢铁”、“生铁”、“鍒”铁，是今见资料中，对钢铁的较早分类。这些都说明，在陶弘景生活的年代，灌钢已广泛地用来制作刀镰一类刃器。

《北齐书》卷四十九载：“綦母怀文，不知何郡人，以道术事高祖。”“又造宿铁刀，其法烧生铁精以重柔铤，数宿则成刚。以柔铁为刀脊，浴以五牲之溺，淬以五牲之脂，斩甲过三十札。今襄国冶家所铸宿柔铤，乃其遗法，作刀犹是快利。但不能过三十札也。”这里谈到了制作宿铁刀的三项基本操作：一是冶炼灌钢，即“烧生铁精”两句；“数宿则成刚”意即数次冶炼便可得到性能刚强的产品。二是使用了金属复合材料技术，即“以柔铁为刀脊”，以宿铁（灌钢）为刀刃。三是使用了尿淬和油淬，即“淬以五牲之溺”两句。可见此宿铁刀实际上是以灌钢为刃，热处理掌握较好的宝刀①。《北史》卷八十九亦有大体一致的记载。这段文献十分重要，后面还要多次提到。

这是迄今所知关于此期灌钢工艺的基本资料，都是文献记载。多年来，人们一直试图从考古实物中找到相关的器物。近年又报道过4件：

皆为河南唐河出土，皆为六朝铁刀。一件是铁刀4144号，背部组织分层，高碳者5层，含碳量约0.7%，夹杂较少；低碳者6层，含碳约0.2%，夹杂较多。刃部组织均匀，含碳约0.3%，亦有分层现象。另一件是铁刀4143号，组织分层，高碳层含碳约0.4%，夹杂较少；低碳层夹杂较多。还有两件是铁刀4142号、4172号，组织也都分层，高碳区含碳约0.7%。有学者认为，这4件标本都是灌钢制品，理由是其与灌钢模拟试验样品的组织相同[22]。这是有一定道理的，当然早期灌钢工艺中的许多问题仍须进一步研究。

往日曾有学者认为，灌钢的发明约与道家有关，此说当有一定道理，但从技术思想上看，我认为它还应当与我国古代“以刚克柔”、“以柔克刚”、“刚柔相济”的技术思想有关。生铁既硬且脆，“熟铁”则较柔。《易·系辞上》：“刚柔相推而生变化。”《淮南子·原道训》：“行柔而刚，用弱而强，转化推移。”“欲刚者，必以柔守之；欲强者，必以弱保之。”先秦时期的青铜复合剑技术、汉后的夹钢技术，与此都有一定关系。《吕氏春秋·别类》：“夫草有莘有藟，独食之则杀人，合而食之则益寿。”也反映了同样的技术思想。

灌钢亦属半液态冶炼。其优点是：（1）以生铁和“熟铁”为原料，此二者都较易得到。（2）氧化反应进行得较为剧烈，生产率较高。（3）与炒钢相比较，其

① 綦母怀文，又作綦毋怀文。《北齐书》全书，包括全书目录、卷四十九目录、卷四十九正文皆作“綦母怀文”，《北史》全书目录、卷八九正文亦作“綦母怀文”，唯独卷八十九目录作“綦毋怀文”（“廿五史”版）。本书一般用“綦毋怀文”。

去渣能力较强，夹杂较少，质量较好[23]。（4）成分较易控制，易于得到含碳量稍高的产品。在我国古代，炒钢主要生产一般性可锻铁，制作一般性锻件；灌钢夹杂较少，含碳量也往往较高，主要用来制作刀剑器的刃部。早年有西方学者认为，灌钢是“后世平炉炼钢的先声”，这当是恰如其分的评价。

三、百炼钢技术的发明和发展

“百炼钢”工艺实际上是对炒钢的进一步加工锻打[24]。炒钢冶炼是在液态、半液态下进行的，渣铁分离状况虽较块炼铁为良，但依然较为困难。在古代技术条件下，使渣铁分离的基本方法是锻打，锻打得充分，夹杂就较少，产品质量就较高；锻打不充分，残留夹杂较多，质量便会受到影响。所以，在一定条件下，锻打就成了提高炒钢质量的一个关键。《说文解字》：“锻，小冶也。”在古人看来，锻就是一种小型冶炼①。东汉思想家王充（公元27～97年）《论衡·率性篇》说：“世称利剑有千金之价，棠溪、鱼肠之属，龙泉、太阿之辈，其本铤山中之恒铁也，冶工锻炼，成为銛利。岂利剑之锻与炼，乃异质哉？工良师巧，炼一数至也。试取东下直一金之剑，更熟锻炼，足其火，齐其銛，尤千金之剑也。”此十分透彻地阐明了锻打与产品质量的关系，一把普通的铁剑，更熟锻炼，炼一数至，便可大大地提高质量，成为千金之剑。于是锻炼次数的多少，一定程度上也就成了衡量钢铁质量，及至刀剑质量的一种标志。“百炼钢”工艺的操作要点是：以含碳量较高、未经充分锻打的普通炒炼产品作为原料，进行充分的加热锻打，以进一步排除夹杂。“百”者，多也，未必正好是一百之数。“炼”者，锻也；百锻就是百炼。

（一）百炼钢技术的兴起

从现有资料看，我国古代标以“炼数”的制钢工艺约出现于东汉早期，在东汉中晚期及其之后都可看到，其中主要有“卅炼”、“五十炼”、“百炼”、“七十二炼”等说。

1978年，徐州市铜山县收集到一柄“五十湅”铭文剑，全长109厘米、身长88.5厘米、宽1.1～3.1厘米、脊厚0.3～0.8厘米。剑把正面有隶书错金铭文一行21字：“建初二年蜀郡西工官王愔造五十湅□□□孙剑□。”剑镡铜质，业已残脱，内侧阴刻隶书“直千五百”4字。伴出有铁刀、铁剑、铜镜、汉五铢、货泉等[25]。“建初”是东汉章帝年号，“建初二年”即公元77年；汉蜀郡在今四川；“湅”同炼。显然，此建初二年长剑应是由五十湅钢制成的。

《贞松堂集古遗文》卷十五录有3把金马书刀，皆残，铁质，金书，均为“卅湅”，皆广汉郡工官所造。其中一把的制作年代不清，余二为东汉和帝永元（公元89～105年）纪年。铭文分别为：“永元十□□广□郡工官卅湅书刀工冯武（下漫灭）”，存14字；“（上缺）广汉□□□卅□□□□秋造护工卒史克长不丞奉主”，存

① 在今人看来，冶、铸、锻是三种不同的工艺形态，其区别是十分清楚的，但在古代则不然，“锻”可称之为“小冶”，而“熔炼”、“铸造”则更是经常称之为“冶”的。《淮南子·俶真训》：“冶金之铸器，金踊于炉中。”此“冶金”，当是“熔炼”、“熔化”之意，而不是今义之金属还原冶炼。前引《三国志》卷二十四“韩暨传”在谈到水排时说：“旧时冶作马排”，后来韩暨改作水排，“在职七年，器用充足”。此“冶”显然也是指熔炼、铸造。

15 字；“永元十六年广汉郡工官卅湅□□□□□□□□□□史成长荆守丞熹主”，存 20 字。书刀一面金镂年月工名，一面金镂马形，下去环寸许。大约是广汉郡的特产。后汉李尤《金马书刀铭》：“巧冶炼刚，金马托形；黄文错镂，兼勒工名。”《汉书》卷八十九“文翁传”注云：“如淳曰，金马书刀，今赐计吏是也，作马形于刀环内，以金镂之。”晋灼曰：“旧时蜀郡工官作金马书刀者，似佩刀形，金错其拊。”

1974 年，山东省苍山县收集到“卅湅大刀”一件，全长 111.5 厘米、身宽 3.0 厘米、背厚 1.0 厘米。椭圆环首，环内径 2 ~ 3.5 厘米。刀背有错金铭文云：“永初六年五月丙午造丗湅大刀吉羊宜子孙。”[26] “永初”是东汉安帝年号，“永初六年”为公元 112 年。“宜子孙”3 字是用 X 射线照射出来的，出土时此 3 字已锈蚀不清。

显然，永元纪年等 3 把金马书刀和永初纪年刀皆系三十湅钢制成。

“百炼钢”实物目前只报道过一件，1961 年出土于日本奈良栎本东大寺山古墓，刀身细长而平直，稍稍内曲，全长 103 厘米、背厚 1.0 厘米，青铜环首，背部有错金铭文，笔法工整，刀身虽锈，却形迹可辨。全文为：“中平□年五月丙午，造作支刀，百練清刚，上应星宿，下辟不祥。”（图 4 －4 －3）[27]

图 4 －4 －3 中平“百练清刚”刀 采自文献［27］

“中平”是东汉灵帝年号，为公元 184 ~ 189 年。“練”同“炼”，“刚”，刚强，或同“钢”。这是今见资料中，最早提到“钢”这种合金和“百炼钢”工艺的地方。此刀应是当时或稍后由中国传到日本去的。

杨宽认为，钢，战国时谓之为“钜”，汉后又谓之“镂”[17]。依据是：（1）唐杨倞注《荀子·议兵篇》时，曾引徐广言，将“宛钜铁釶”中的“钜”释为“大刚”。（2）《说文解字》云：“镂，刚铁也，可以刻镂。”段注亦云：“镂，本刚铁之名。”杨宽之说有一定道理，其实清段玉裁也有类似的说法。《说文解字》云：“鍒，铁之耎也。”段氏注：“耎，犹偄也。偄者，弱也。鍒，正为钜之反。”依段氏之意，“钜”与“鍒”之含意正好是相反的，此“钜”自然是刚、钢、刚强之意。从现有资料看，东汉中期之后，一般都是用“刚”、“刚铁”来表示钢的。在现有字书中，“钢”字约始见于《玉篇》，此书为南朝梁顾野王原著，又经唐、宋时人增字。在一般文献中，至迟东汉晚期，“钢”字便已使用。

此“卅湅”、“五十湅”、“百练”，都是冠上了炼数的工艺，原理应当是相同的。建初“五十湅”长剑属东汉早期，永元“卅湅”金马书刀、永初“卅湅”大刀属东汉中期，中平“百练”钢刀属东汉晚期。这些事例说明，至迟东汉早期，标以炼数的制钢工艺便已兴起，“百炼钢”这一名称，便可能是东汉晚期或中期出现的。

文献上关于“百炼钢”的记载始见于东汉三国间，并且，魏、蜀、吴三国都制造过百炼或其他冠以炼数的名刀利刃。

陈琳（？～217 年）《武军赋》云：“铠则东胡阙巩，百炼精钢。”[28] 阙巩，《左传》定公四年“注”认为是“甲名”。东胡，古时活跃于今内蒙南部、河北北部、辽河流域的游牧民族，约与夏家店上层文化相当。陈琳系建安七子之一，尝为袁绍书记官，后归附曹操，以文学与王粲等齐名。若后人在转录此赋时，对文字偏旁未作改动的话，这便是今日所知文献上较早提到“钢”字的地方。

建安中，曹操命有司作“百炼利器”五枚，以龙、虎、熊、马、雀为识。三年乃成。其子曹植为此创作了《宝刀赋》，以热烈的感情描写了宝刀的制作过程及其优良性能[29]。后来曹操在《内诫令》中说：“往岁作百辟刀五枚，吾闻百炼利器，辟不祥，摄伏奸宄者也。”[30] 所指大约是同一件事①。

《古今注·舆服》云：“吴大帝有宝刀三……一曰百炼、二曰青犊、三曰漏景。”

《太平御览》卷三四六引梁陶弘景《刀剑录》：“蜀主刘备令蒲元造刀五千口，皆连环，及刃口刻七十二涑。”

西晋南北朝时期，文人学士吟诗作赋，也常以“百炼钢”为喻，来抒发自己的情怀；君侯将相，依然花费巨大的代价来制作百炼钢宝器。晋刘琨（271～318 年）《重赠卢堪诗》云：“何意百炼钢？化为绕指柔。”此以百炼钢为喻。《晋书》卷一三〇“载记”云：夏（407～431 年）赫连勃勃称王时，以叱干阿利领将作大匠。阿利性尤工巧，但刻暴残忍，其造五兵之器，射甲不入者，杀制弓人，入则斩铠匠，工匠必有死者。“又造百炼刚刀，为龙雀大环，号大夏龙雀。铭其背曰：古之利器，吴楚湛卢；大夏龙雀，名冠神都。可以怀远，可以柔迩；如风靡草，威服九区。世甚珍之。”高度赞扬了百炼钢刀的威力。《太平御览》卷六六五引陶宏景云：南朝有一种“横法刚”，也是“百炼”而成的。

由东汉末年到西晋，是“百炼钢”工艺的鼎盛期，也是我国古代钢铁刀剑技术的繁荣期。因刀剑刚从青铜工艺中挣脱出来，炒钢工艺又为它准备了一种特殊的原料，加之佩剑之风较盛，锻制钢铁刀剑便几乎成了一种时尚，不管是诸侯王，还是民间，都大量地锻起刀剑来。《太平御览》卷三八九载，建安七子之一的嵇康（223～262 年）便曾以好锻著称。梁陶弘景作《刀剑录》，对此时期，和此前的名刀利刃做了很好的记述，便是这种崇向刀剑之风的反映。

朝鲜和日本也有标以炼数的制钢工艺。日本奈良县石上神宫传世有七支刀，铭作“百炼”。此刀形制特殊，如树枝状，单支均作剑形，是百济王为倭王制作的一种武器。剑身表面有镂金铭文 34 字，另一面 27 字。分别为：“泰和四年五月十六日丙午，正阳造百练铁七支刀，世辟百兵，宜供侯王□□□□作。”“先世以来，

① 枚，古人常用的一个计量单位，与“件”、“个”相当；不但用于小件，而且一些大件器物也常使用。除曹操《内诫令》外，习见如《墨子·备城门》：“枪二十枚。”《史记》卷一二九“货殖列传”：“木器髤者千枚。”《汉书·五行志》：“拔宫中树七围以上十六枚。”今人对这个“枚”字似较生疏。

未有此兵，百济王世口奇生圣晋，故为倭王旨造传示后世。”此“泰和”为东晋废帝年号，“泰和四年”为公元369年。熊本县船山古墓出土一把大钢刀，脊上有嵌银铭文和马形图案，称“八十湅”，可能是公元5世纪之物。这说明了自古以来，中、日、朝在文化技术上的密切关系。

（二）关于百炼钢的工艺操作

关于百炼钢的工艺原理，在20世纪70年代以前，国内外学术界曾有过“生铁脱碳”还是“熟铁渗碳”的争论。自70年代之后，由于永初卅炼大刀、建初五十炼长剑的科学分析，这争论便大体结束。实际上，渗碳或脱碳都不是“百炼”的目的，“百炼”的基本目的和工艺原理是通过反复锻打来排除夹杂、提高材料质量。自然，这“百炼”的具体操作也会因时代、地域、各技术流派的操作习惯等不同而产生一些差别。

据分析，永初卅炼大刀系由炒钢锻成，夹杂物主要是硅酸盐，变形量较大，数目较多，细长分散，分布较为均匀；其条厚多为2.5微米～5微米、宽25微米～40微米；此外还有少量变形量较小的氧化铁夹杂。夹杂成行排列。刃部组织均匀，珠光体较细，含碳量约0.6%～0.7%。在此有一点值得注意的是：此刀的夹杂物明显呈现分层现象，且大体为30层左右[12]。

建初五十炼长剑刃部组织分为三个区域：中心区，组织为珠光体，含碳量约0.7%～0.8%，呈现明显的亮带，有如夹钢；依明暗程度，其约可分为15层（图版陆，3、4）。边缘区，位于中心区两侧，皆有高碳层和低碳层。此剑的材料亦属炒钢。夹杂物以硅酸盐为主，成行排列，总量较永初卅炼大刀稍少；高碳层内的夹杂细薄分散，变形量较大；低碳部分夹杂稍多，且较细碎，变形量稍小。断口上组织分层总数约为55层左右[31]。

可见永初卅炼大刀、建初五十炼长剑的组织具有下列几个共同特点：（1）夹杂皆以硅酸盐为主，很少看到氧化亚铁—硅酸盐共晶夹杂。一般而言，此材料应是一种炒钢。（2）夹杂细薄分散，变形量大。这说明材料曾经反复锻打、千锤百炼。（3）产品含碳量较高，看不到任何渗碳、脱碳的痕迹。说明百炼的目的并不是含碳量的增减。（4）组织分层，而且这层数与“炼数”较为接近。由这些情况看，汉晋“百炼钢”工艺的基本操作应是：用含碳量稍高的炒钢为原料，多层积叠、多次折叠、反复锻打；在“炼数”与组织层数间也许存在某种对应关系。

组织分层的情况在古代文献中也有反映。曹丕《典论·剑铭》说，建安中，曹丕命国工炼成宝刀3件、宝剑3件、匕首2件、露陌刀1件，都是“至于百辟”才成的[32]。晋傅玄（218～278年）《正都赋》说到过一种百辟文身刀[33]。前云王粲《刀铭》说到过“灌襞已数”；张协《七命》说到过“万辟千灌”；曹操“百炼利器”，又名为“百辟刀”。此“辟”和“襞”在此都有层、积叠、折叠的意思。日本刀工艺中，也有一道多层积叠的工序。如若原料成分不一，这种多层积叠便要导致组织分层的。

百炼的优点是，可进一步排除夹杂、均匀成分、致密组织，有时还可细化晶粒，从而极大地提高了材料的强度和综合机械性能。“百炼钢”的缺点是，因制作过程中需反复加热锻打，故劳动量较大，生产率较低，金属收得率不高。它主要用来制作宝刀、宝剑一类名贵器物，生产工具上使用较少。“百炼钢”说在我国古代长时期沿用，由宋、明及至清，仍有类似的说法。它对日本刀工艺的形成和发展，也产生过一定的影响。

最后，有一点需顺带说明的是，百炼钢的原料似应当是炒钢，而不是块炼铁和块铁渗碳钢。百炼钢的发明期应在炒钢发明之后，而不应当在炒钢发明之前；炒钢发明前，是无所谓“百炼钢”之说的。“百炼”的初始目的，便是对炒钢的进一步锻打。块铁渗碳钢的反复锻打与“百炼钢”之锻打，从目的到效果，从原料到锻打过程中的物理化学变化，都是有较大差别的。

四、渗碳钢技术的发展

本书在讨论渗碳技术时，涉及到了两项工艺：即渗碳钢工艺和化学热处理（表面渗碳）工艺。我们区别此二者的基本标准是：(1) 渗碳过程中是否进行过锻打，若进行了锻打，则应视为制钢工艺。因锻打过程便是碳的均匀化过程，其渗入之碳不仅停留于表面，而是不同程度地扩散到了整个断面。(2) 当渗碳过程中未作锻打时，则主要看其渗碳层的深度。若渗碳层只停留于器件表层，便应视为化学热处理（表面渗碳）工艺；若其已渗透到了器件中心，或渗碳后进行了组织均匀化处理，便应视为制钢工艺。当然，实际情况往往较为复杂，故这两项工艺有时是不易区分的。

汉代的渗碳钢应包括块铁渗碳钢、炒铁渗碳钢、铸铁脱碳渗碳钢三种。炒铁渗碳工艺和实物在南越王墓等处亦曾看到，但今见实物基本上属于表面渗碳，当属化学热处理范围；铸铁脱碳渗碳钢则与可锻铸铁更为接近，也应置于“热处理”部分，本章第七节再作讨论。今主要讨论块铁渗碳钢。

汉代块铁渗碳钢实物在满城中山王刘胜（公元前154～前113在位）墓、徐州狮子山西汉楚王刘戊（公元前175～前154年）墓等处都可看到。满城汉墓出土的刘胜佩剑，及其伴出剑和一件错金书刀，都是块铁渗碳钢制成，但其加工技术较燕下都钢剑有了不少进步，主要表现是：(1) 其夹杂物虽皆以大块硅酸盐－氧化亚铁共晶夹杂为主，但此汉代兵刃的夹杂则较少、尺寸较小，这说明其锻打得更为充分。(2) 组织虽然都有分层现象，但刘胜佩剑分层更多，每层的厚度更小。(3) 层与层之间，或者各层之内的组织虽皆存在不均匀现象，但刘胜佩剑等的组织不均匀性较低，其低碳层含碳量约0.1%～0.2%，高碳层含碳量约0.5%～0.6%；佩剑和错金书刀的表面含碳量皆在0.6%以上；高碳层与低碳层之间无明显的夹杂物（图版陆，5）。这表明，剑中的高碳层可能是渗碳得到的，而不是用高碳材料和低碳材料积叠锻打得到的[12][34]。徐州狮子山西汉王陵有4件器物使用了块铁渗碳钢，其中矛（甬:3）、凿（分析号2457）两器全由块铁渗碳钢锻制，凿（2460号）及铁刀（甬:120）两器则由炒钢和块铁渗碳钢叠锻而成。矛（甬:3）组织和成分不均匀，含碳量和晶粒大小皆分层，至多为8层；其夹杂数量较多，一部分以氧化亚铁为主，一部分以硅酸盐夹杂为主，均为单相，沿加工方向排列，变形量较大。矛的头部和两侧含碳量较高，部分渗碳体有些球化，高碳部分为0.5%，低碳部分为0.15%[2]。

关于早期渗碳的具体操作，目前尚缺乏可靠的资料。往日我们曾认为它可能是在锻炉中进行的，现在看来，也不排除秦汉或稍早便使用过渗碳炉的可能性。这主要有三点理由：(1) 固态渗碳的效率是很低的，即使在现代技术条件下，温度和气氛控制较好，在900℃下保温7小时，通常也只能渗入2毫米。普通锻炉的渗碳条件是不得与之相比的，且易于氧化。(2) 先秦时期便有了铸铁可锻化退火炉，其中包括石墨化退火和脱碳退火两种，并又曾对许多白心可锻铸铁重新渗碳，汉后，此技术又有了新的发展，且批产量不小，没有相应的设备，恐难达到相应的技术目的。(3) 不少器件尺寸较大，如刘胜佩剑（M1:5105），身长达86.5厘米、宽3.4厘米[35]，一般锻炉是很难进行渗碳的。有关研究认为，刘胜墓出土的书刀（M1:5197）在渗碳过程中还使用了骨粉一类催渗剂[12]，若依此说，是更不宜在普通锻炉中进行的。

前面提到，渗碳钢组织的基本特点是表层碳含量较高，中心含碳量较低，界面处含碳量较高，远离界面处含碳量较低，但这仅限于未作组织均匀化处理，或处理得不太好的情况，一旦进行过组织均匀化处理，这种组织特征便不复存在，人们便很难分辨它是否渗碳钢了。

五、关于坩埚钢[36]

坩埚钢是坩埚冶炼得到的钢。我国古代的坩埚钢目前只见一例，但却十分的重要，虽对其产生、发展和使用情况尚不十分清楚，但从科学分析看，它的存在却是十分肯定的，很可能还从汉代一直沿用到了近现代。

前面谈到，1979年，洛阳市文物工作队曾在黄河北岸吉利工区发掘了一批汉墓，其中一座（C9M19）出土有11个坩埚。内外壁均有烧流，外表粘有煤块、熔渣等物，内表面有的粘有铁渣。其中一个坩埚内壁的中段粘附着一块钢块，应是钢水倾倒未尽的残留物，其整体为戟形（图4－4－4），表面黄褐色，有颗粒状物凸起，长10厘米、厚0.4厘米。伴出物有五铢钱，其形制分别与《满城汉墓发掘报告》的Ⅱ、Ⅲ型（西汉中期）相当。坩埚经热释光断代分析，距今为1832±147年，墓葬年代约为西汉中期至东汉中期。

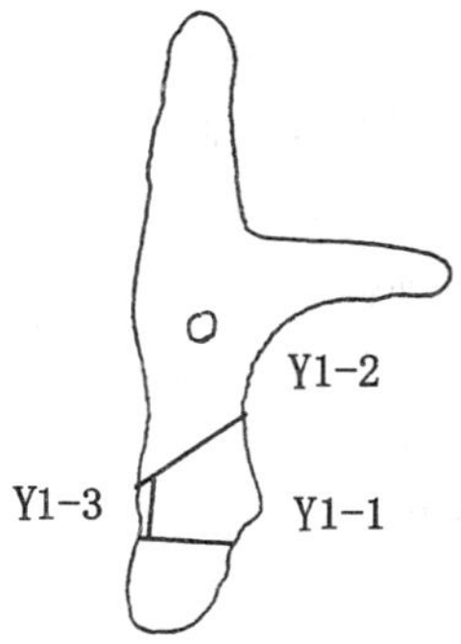

图4－4－4　洛阳坩埚附着钢块外部形态和取样方式

经原冶金部钢铁研究总院化学分析，钢块含碳量为1.21%，属过共析高碳钢。又经扫描电镜能谱分析，成分为：铁98.637%、磷0.277%、硫0.584%、硅0.117%、铝0.383%。可见含磷、硫都较高。图4－4－5为标本观察面Y1－1的整体形态，清楚地显示了钢水流动的情况。

图版陆，6，图版柒，1、2、3、4为洛阳坩埚附着钢组织形貌。金属基体为珠光体，晶粒间界上分布着许多网状渗碳体、磷共晶和部分氧化物等，碳分布比较均匀。在可以分辨的组织中，基本上是等轴晶粒，晶粒度5～6级，未见明显的柱状晶。珠光体呈层片状，粗细不一，无球化现象，显微硬度HV290～320。磷共晶以不规则的星形分布于晶粒间界上，经扫描电镜能谱分析，此共晶区的含磷量介于9%～12%间。不管是金属晶粒还是非金属夹杂，均无破碎和拉伸现象，说明标本未曾经受任何压力加工。

坩埚断口一般呈褐黑色，显得比较致密坚实。岩相分析表明，其系由煤炭（或木炭）与粘土组成，肉眼可见大小为1~2毫米的炭块和砂粒。坩埚内外层材料基本一致。一个坩埚的成分为：SiO_2 43.57%、Al_2O_3 37.28%、Fe_2O_3 3.46%、K_2O 0.63%、Na_2O 0.26%、C 13.66%。可见其含碳量较高，含铝量亦较高，这显然是人们有意配制的，且反映了较高的技术水平。这对于提高材料的耐火度和化学稳定性都具有重要的意义。经测定，坩埚耐火度为1580℃~1610℃。从Fe-C平衡图上看，此钢块的熔点当为1470℃上下。考虑到磷等杂质元素的影响，实际熔化温度应当更低一些。故坩埚的耐火度已能满足冶炼需要。

图4-4-5　洛阳坩埚附着钢块观察面

Y1-1　×20

承原冶金工业部钢铁研究总院吴可秋分析并拍摄

关于此坩埚钢的冶炼工艺，目前尚无确切资料，我们推测不外乎三种可能：（1）熟铁渗碳法。即以熟铁或低碳钢为原料，以木炭、煤粉等为渗碳剂，在坩埚中作高温冶炼。（2）直接冶炼法。即以矿石为原料，以木炭、煤粉等为还原剂，在坩埚中直接冶炼出钢来。（3）生、熟铁混炼法。即以生铁块、熟铁块为原料，在坩埚中熔化，作为浇铸用。此时的坩埚便又起到了钢水包的作用。

此三种方法中，与第一种相类似的操作在古印度曾经看到过，但在我国的传统工艺和文献记载中皆未发现。我国古代虽有渗碳钢，但其整个冶炼过程都是在固态下进行的，在技术上与坩埚钢存在较大差别。我国古代是否掌握了这一技术，目前尚无确凿资料。第三种方法的工艺原理约与灌钢相当，但与文献记载的灌钢工艺相距较远，且其中的高磷夹杂不好理解，国外亦未曾看到过类似的古代炼钢操作。从现有资料看，可能性较大的应是第二种。因我国古代曾有坩埚冶铁，在渗碳不足的情况下，完全有可能得到这种钢的产品。在现代坩埚冶炼产品的少数分析数据中，人们便看到过含碳量仅为1.3%的实例。依此我们推测，坩埚钢工艺在我国北方部分地区，很可能从汉代到近现代都有使用；但人们对它长时期缺乏了解，也长时期不够重视。有关情况本书第八章还要谈到。

总之，两汉南北朝时期，我国的主要制钢工艺是炒钢法和灌钢法，其次为百炼钢法。不同的制钢方法，适应于不同的原料条件和用途，一般而言，炼钢过程的主要任务一是调整含碳量，二是去除夹杂。炒钢冶炼的原料是生铁，炒炼过程中，既需脱碳，也需排除夹杂，产品是一般可锻铁，用作一般锻件。灌钢冶炼的原料是生铁和“熟铁”，灌炼的主要目的是排除夹杂，其产品通常含碳量稍高、夹杂稍少，主要用作刀剑器的锋刃。百炼钢冶炼的原料是一般炒炼产品，百炼的目的是进一步排除夹杂，其产品主要用来制作宝刀、宝剑一类的名贵器物。这三种制钢工艺在我国都一直沿用了下来。块铁渗碳钢发明于先秦时期，其原料是块炼铁，冶炼过程的主要目的是渗碳，产品主要用作刃器，汉代仍有使用。古代坩埚钢今仅见于汉。这两种钢在汉代都处于次要的地位，之后都很少看到。铸铁脱碳钢发明于先秦时期，其原料是生铁，冶炼过程即是脱碳退火过程。产品主要用作一般农具和手工业工具，少数用于刀剑器，汉至北魏时期有了进一步发展，之后即衰，基本上属于热处理范围。

第五节 多种有色金属冶炼技术的发展

由于社会经济的发展，人们对各种金属的需要量都明显增大，从而促进了多种冶炼和加工技术的提高。此时期有色金属冶炼技术的主要成就是：两汉时期，不但冶铜区域进一步扩大，而且各项操作技术也更为成熟，使用了高铝耐火材料，炉底风沟技术进一步推广开来，精炼和造渣技术有了提高，对胆水中的金属置换作用有了初步认识。六朝时期，铜合金技术有了扩展，民间使用了锌黄铜、丹家们炼出了“砷黄铜”（低砷铜合金）、砷白铜和半金属砷，此外还有了关于镍白铜的记载。至迟汉代，就有了硫黄炼金法、水银炼金法（混汞法）和铅炼银法（灰吹法），以及低温焙烧炼汞法的记载。随着这些新的合金和冶炼工艺的出现，人们关于冶金的知识水平又向前推进了一大步。

一、产铜区域的扩展

《汉书》卷七十二“贡禹传”载：“今汉家铸钱及诸铁官，皆置吏卒徒，攻山取铜铁，一岁功十万人已上。”贡禹为西汉晚期元帝时人，可见汉代铜、铁采冶规模都是很大的。

从文献记载和有关考古资料看，秦汉南北朝时期的产铜区主要有三个：

（一）汉丹阳郡[1]

汉丹阳郡以今皖南为中心，包括江苏南部、浙江北部一带，凡治十七县。文献上关于丹阳产铜的记载较多。《汉书》卷三十五“吴王濞传”载：“吴有豫章郡铜山，即招致天下亡命者，盗铸钱。”韦昭注云，此“豫章郡”系章郡之误，即丹阳郡所属的“故鄣”。《括地志》卷八“宣州”条载：“铜山，今宣州及润州句容县有，并属鄣也。吴采鄣山之铜即此。”同书同卷“湖州·安吉”条载：“铜山，高一千三百尺，在县东三十里，吴采鄣山之铜即此。”[2]《史记·货殖列传》：“东有海盐之饶，章山之铜。”宣州旧治在今安徽，句容在今江苏，安吉在今浙江，汉时皆属丹阳，皆是吴采铜之所。丹阳铜在全国占有十分重要的地位，铜镜中习见“汉有善铜出丹阳，以之作镜清且明”等铭文，便是对丹阳铜的一种赞誉。《汉书》卷二十八“地理志”注载，丹阳郡有铜官；《汉书·地理志》注说西汉设铁官凡49处，但设铜官者却仅此一处。

如前所云，1984年之后，今皖南的繁昌、南陵、铜陵、贵池、青阳一带发现了60余处铜矿采冶遗址，其时代由西周晚期到唐代末年。1987年，安徽铜陵县金牛洞发现一处汉代采铜矿井，及部分铜器、铁器、石器、竹木器和汉代的陶片、瓦片等。古矿井使用了竖井、斜井、平巷联合开采法，井巷均采用了木质框架支护。地表上发现大量铜渣，应是采冶结合的古代遗址。由六朝到唐代，是皖南铜矿较为兴盛的时期[3]。

六朝时期，南方相对稳定，铜业仍有一定发展。《三国志》卷六十四“诸葛恪传”载：恪“以丹阳地势险阻……山出铜铁，自铸甲兵”。今在铜陵小破头山有一处六朝前期的采矿场[3]；乾隆《南陵县志》:铜山“在县东二十里，齐梁时置冶炼铜于此，遗坑尚存”。

（二）湖北大冶铜绿山

此古矿遗址的年代为春秋晚期至宋，该处古矿井内曾发现过“河三”铭铁斧等遗物，系汉河南郡铁官所辖第三冶铁作坊所产[4]。但与铜绿山铜业采冶有关的文献却属于明清时期。清顾祖禹《读史方舆纪要》卷七十六“大冶县”载:“县治西南有铜绿山，亦古出铜，冶铸之所，县名大冶盖以此。”

与铜绿山相去不远的白雉山也产铜。宋史乐《太平寰宇记》卷一一二“鄂州·武昌”条载:“白雉山，在县西北二百三十五里，高一百二十五丈……南出铜矿。自晋、宋、梁、陈以来，置炉烹炼。”《读史方舆纪要》卷七十六“大冶县”条载，县“北二十里为白雉山，周五十里……山南出铜矿，晋、宋以来具置铜场钱监，后废。”20世纪80年代，在鄂城还发现有三国两晋时期的采铜炼铜遗址、炼渣和红烧土[5]。

（三）今云南、四川一带

在汉代文献中，今云南、四川一带产铜地是较多的，《史记·货殖列传》、《汉书·地理志》注、《后汉书·西夷传》等都有记载。“货殖列传”云:“巴蜀亦沃野，地饶卮、姜、丹砂、石、铜、铁、竹木之器。”“集解”引徐广曰:“邛都出铜，临邛出铁。”《史记》卷一二五“佞幸列传·邓通”载:邓通，南安人也，孝文帝时宠臣，“相者相邓通曰:‘当贫饿死’。文帝曰:‘能富通者在我也，何谓贫乎?’于是赐邓通蜀严道铜山，得自铸钱，邓氏钱布天下，其富如此”。《汉书》卷二十八上“地理志”注云:邛都（今西昌）“南山出铜”。《后汉书》卷三十二“郡国志”注，灵关道（芦山）有铜。

1988年，四川东坪发现汉代冶铸铜遗址一处，面积约2平方公里，地面可见冶铸遗迹约50余处、冶铸所用土石炉11座、作坊遗址3处、炼渣约10万吨以上和数量不等的矿石、木炭、炉衬、耐火砖、风管、坩埚、铜锭、陶范等物。此外，还有钱币、五铢钱的铜质母范等。遗址东发现有汉代铜矿采洞和新莽时期的窖藏，内出有铜锭、铜锤，及钱币“货泉”的范盒（模子）等。经分析，一块粗铜锭成分为:铜76%、铅8.1%、铁14.2%[6]。遗址断代为西汉末年到东汉时期，与《汉书·地理志·邛都》“注”所云“南山出铜”正好相符[7]。

见于《汉书·地理志》“注”的云南产铜地至少2处，即来唯（文山）、渝元（澄江）。此外，《后汉书》卷一一六“哀牢夷传”还说哀牢出铜。

四川铜矿在南朝还曾采冶。《南齐书》卷三十七“刘悛传”云:齐武帝永明八年，“悛启世祖曰:南广郡界蒙山下有城名蒙城，可二顷地，有烧炉四所，高一丈，广一丈五尺，从蒙城渡水南百许步，平地掘土深二尺得铜……甚可经略……上从之，遣使入蜀铸钱，得千余万，功费多，乃止”。可见炉子规模已经不小。

此三大产铜区中，丹阳和铜绿山先秦时期便已开采；云南、四川一带先秦时期便铸造了许多青铜器，自然也已采铜，汉后大约又有了新的扩展。除此三处外，各种不同规模的采冶场其他地方还有一些:

1958年，山西运城发现东汉采冶铜遗址一处，残炼炉暴露于悬崖上，可能是圆形竖炉[8]。见于著录的传世铜器中曾见有“河东”铭铜鼎、铜弩机、铜虎符等，很可能与河东产铜有关。《小校经阁金文拓本》卷十一载永康元年河东铜鼎1件，铭为“汤官元康元年河东所造铜三斗鼎重廿六斤六两第廿五”23字；同书卷十四载冯久弩机一件，铭为“河东冯久”4字；同卷又载“李从弩机”一件，铭作“河东李从”4字；同卷又载“河东虎符”一件，铭作“口河东太守口第五”8字；皆被定为汉器。同书卷十四载永元八年河东铜官造四石弩机一件，铭作：“永元八年河东铜官所造四石机郭，工解伯作，造工尹，少监掾李浮，守丞王国，掾程渡，史樑阊主。”依此，河东尚设有铜官[9]，其年代可能是东汉。

1953年，河北承德清理汉代采矿遗址一处，包括采矿场、选矿场、冶炼场等，矿井深100多米。冶炼产品是铜锭，上有“东六十”、“东五十八”、“西六十”、“西五十三”等铭文，这可能有东西两厂，这些产品则可能是它们分别生产的。据报道，该遗址至少有5座炼铜高炉[10]。

1973年，山东莱芜铜山发现汉代冶铸铜遗址一处，其中包括采、冶、铸三大工序。出土有矿洞、炼渣、矿石、陶质风管、木炭、铜锭、铅块，以及半两钱范2块、三铢钱范3块、五铢钱范1块等物[11]。

1977～1978年，广西北流发掘汉代采冶铜遗址一处，发现炼铜竖炉14座、大量风管残段、炼渣、矿石、木炭等。炼炉为圆形竖炉，均只残留炉底，底径36～43厘米，用粘土和石英砂筑成。矿石为氧化矿，以木炭为燃料。有的风管烧流得十分厉害。经分析，一件铜锭的成分为：铜96.64%、铅0.142%、砷0.23%、锑0.685%。断代汉至南朝[12]。

北魏时期，在河南、山东等地也先后开采过一些小型铜矿。《魏书》一一〇“食货志”载，尚书崔亮曾奏请开采了恒农郡（今河南陕县）的铜青谷、苇池谷、鸾帐山铜矿，河内郡（今河南沁阳）的王屋山铜矿，每斗得铜4～8两不等，并恢复了南青州（今山东益都）苑烛山、齐州（今山东历城）商山两处铜矿。但规模都不大。

二、冶铜技术的发展

前面第三节谈到了汉代炼铁技术的发展，今再看炼铜技术，它们在技术上是既有联系，又有区别的。

（一）筑炉技术

利用有利地形筑炉。如广西北流残存的14座炼炉，炉底都保存一个流口，其多顺势向下，流口外均有高温烧烤过的硬土面，且互相连在一起。这是对地形的一种有效利用，这很可能与出铜或出渣有关。

耐火材料技术有了进步，且各有特色。广西北流炼炉炉底是使用粘土与石英砂构筑的，西昌东坪炉却使用了高岭土。西昌Ⅰ式炼炉中见有部分炉缸底部残块，厚度大于5厘米，高岭土制成。炉址内发现过一块圆形泥饼，直径约7厘米，以高岭土捏成，质地坚硬，估计是用作封堵金门的。在3号精炼炉内发现过一块坩埚残片，复原直径约30厘米，亦由高岭土制成，且含石英颗粒。经X射线衍射分析，一件灰白色高岭土质耐火材料含石英约50%，其余为硅酸铝和硅酸铝钙，成分与米易县（东坪南）高岭土相同[6]。后面我们还要谈到，东汉炼丹家也使用过许多含铝较高的坩子土。高岭土的使用，是我国古代耐火材料技术的一大进步，对北方制瓷技术的产生和发展，有一定的启迪作用。

风沟技术进一步推广。此技术始见于铜绿山春秋炼铜炉上，汉后在西昌东坪炼铜炉上推广开来。东坪冶铸用炉计 11 座，可分为 5 种类型，其中 I 型 4 座，可能是用于冶炼的，在炉缸底部下面发现有两条 H 形风沟。其中 6 号炉风沟的做法是:先把选好的地点平整夯实，再向下挖出两条沟槽，沟底两侧砌砖，其外先糊草拌泥，再糊夹砂细泥。两条沟槽间又以小沟槽相通，形成 H 形。沟槽上覆盖砖石盖板。风沟两端须伸出炉外。风沟筑好后，其上再构筑炉基和炉体。炉基用砾石围筑而成，直径为 2.6 ~3.0 米[6]。

（二）原料技术

在利用氧化矿的同时，硫化矿炼铜技术得到进一步推广。在考古发掘中，山西运城出土了硫化矿，经分析为黄铜矿 $CuFeS_2$，品位 5%。矿石破碎时可能还使用了火爆法[8]。

（三）冶炼、精炼操作

鼓风能力较强。北流遗址出土过许多鼓风管，其中包括直管和弯管两种，内径一般为 3 ~5 厘米，壁厚约 5 厘米，由粘土、石英砂以及谷壳、稻草制成。弯管成 90 度，长约 55 厘米，折角一端外观为方形，内径 5 厘米，另一端较细，圆形，内径 3 厘米。细端表面烧成了酱色玻璃质，应是插入炉内后灼烧所致[12]。由灼烧情况看，应是炉温较高，鼓风能力较强的。

石灰石造渣熔剂技术有了发展。此技术始见于林西炼铜炉上，汉后在炼铜、炼铁炉上都有了发展。经分析，广西北流炼铜炉渣含氧化钙较高，碱度达 2.0 左右，一般矿石所含氧化钙量是不会太高的。又北流渣多为片状及块状的玻璃体，流动性较好，渣铜分离较好，渣中平均含铜量为 1.07%。这些当都与加入了石灰石作造渣熔剂有关[12]。

对铜的精炼更为重视，并出现了标以炼数的工艺。这类资料约始见于西汉晚期，东汉三国时明显增多，所见有三炼、五炼、十炼、三十炼、百炼等。所见年代最早的是十炼、三十炼。

容庚《汉金文录》卷一载“上林十湅铜鼎”1 件，铭为：“上林十湅铜鼎，容一斗，并重七斤，阳朔元年六月庚辰，工夏博造，四百合，第百一十七。”计 33 字。阳朔系西汉成帝年号，“阳朔元年”为公元前 24 年。这是今见标以炼数的最早的铜器。同书又载永始二年“十湅铜鼎”2 件，1 件铭作“乘舆十湅铜鼎容一斗并重十斤四两，永始二年（公元 15 年）考工林造”等 51 字；另一件铭文与之多数相同，作“乘舆十湅铜鼎，容一斗并重十斤四两，永始二年考工林造”等，但为 53 字。又载永始三年（公元前 14 年）“十湅铜鼎”1 件，铭作“乘舆十湅铜鼎，容二斗并重十八斤，永始三年考工蒲造”等 52 字。又载元延三年（公元前 10 年）“乘舆十湅铜鼎”2 件，其中一件铭作 47 字，另一件铭作 51 字。许多铭文都依汉代的管理制度，物勒工名。此外，《枫窗小牍》说北宋宣和三年（1121 年）时，人得西汉绥和元年（公元前 8 年）“官造三十錬铜黄涂壶”1 件。今日所知绥和元年卅炼铜黄涂壶至少有两件，此外，《金索》卷三还著录过 1 件。此“永始”、“元延”、“绥和”，亦是西汉成帝年号，这说明，标以炼数的铜精炼工艺至迟成帝时期便已出现并较多地使用起来。

东汉时期，冶铜业中也出现了“百炼”说。传世有建安七年（202 年）半圆方形带神兽镜一件，铭作“建安七年九月廿六日作明竟，百湅青铜”等字。稍后，标以各种炼数的器物，其中主要是铜镜，迅速地增加起来。所见有黄初三年“五柬”神兽镜、黄武元年“百湅明竟”（半圆方枚神兽镜）、赤乌元年“百湅正铜”镜（半圆方形带神兽镜）、黄龙元年“陈师世造三湅明镜”（重列神兽镜）、西晋太康元年“百湅青铜”镜（神兽镜）、西晋元康元年“百湅正铜”镜（半圆方形带神兽镜）等。在历代纪年镜中，这类镜子以孙吴时期最多，《汉三国六朝纪年镜图说》载吴纪年镜计约 60 余件，标有“百湅”字样者至少 23 件，此外尚有“三湅”、“五湅”、“九湅”各 1 件。及至唐宋，“百炼镜”说依然盛而难衰[13]，直到明代，《宣德鼎彝谱》卷六中还有“五炼”、“六炼”、“八炼”、“十炼”、“十二炼”等说。“百炼”的一项重要操作当是反复吹炼，具体操作则难确知，主要目的当是去除硫、铁等夹杂，此外可能还包括脱氧、除气。这里的“百”当言多。

我国古代关于火法炼铜工艺较为明确的记载大约是到了宋代、明代才看到的。《抱朴子》中有一段相关文字，原讨论炼丹，对我们了解当时的炼铜工艺和人们的思想方法仍有一定帮助。《抱朴子·内篇》卷十七“登涉”载：“《金简记》云，以五月丙午日日中，捣五石，下其铜。五石者，雄黄、丹砂、雌黄、矾石、曾青也（孙星衍按：当衍雌黄，脱慈石。前‘金丹篇’不误）。皆粉之，以金华池浴之，内六一神炉中，鼓下之，以桂木烧为之。铜成，以刚炭炼之。令童男童女进火取牡铜，以为雄剑；取牝铜，以为雌剑……欲知铜之牝牡，当令童男童女，俱以水灌铜。灌铜，当以在火中向赤时也，则铜自分为两段。有凸起者，牡铜也；有凹陷者，牝铜也。”这里谈到了原料破碎、冶炼、精炼和区分牡铜、牝铜的方法，是一段难得的资料。此以“五石”为原料，自然是丹家的思维方法。其产品中当含有少量的砷。“刚炭”即硬木炭，以之作为精炼用燃料，说明对温度要求较高。此“以水灌铜”的方法在保留至今的传统技术中仍可看到，但它只作为一项取铜的操作工序，而无其他讲究。

（四）对胆水中的金属置换作用有了初步认识。“胆水”即胆矾的水溶液。我国古代常把天然硫酸铜称之为“胆矾”、“石胆”，系硫化铜矿在空气中风化、氧化而成，化学式为 $CuSO_4 \cdot 5H_2O$。《太平御览》卷九八八“药部五·白青”条引《淮南万毕术》云：“白青得铁，即化为铜。”此白青，袁翰青认为是即胆矾，硫酸铜的蓝色结晶在空气中风化后就成了白色[14]；这一过程用化学式表示出来即是：$CuSO_4 + Fe = Cu + FeSO_4$。《淮南万毕术》为汉高祖之孙刘安（公元前 179 ~ 前 122 年）所撰，现仅存辑录残本。这是我国古代关于胆水中的金属置换作用的最早记载，时为西汉早期。按：也有人认为白青是孔雀石类物质，化学式为 $CuCO_3 \cdot Cu(OH)_2$。

东汉成书的《神农本草经》也曾谈到过类似的现象，说“石胆……能化铁为铜”。晋代炼丹家葛洪《抱朴子· 内篇· 黄白》：“以曾青涂铁，铁赤色如铜……而皆外变内不变也。”此“曾青”，袁翰青认为是蓝铜矿，是硫铜矿风化、氧化而成的次生矿，主要化学成分为 $2CuCO_3 \cdot Cu(OH)_2$[14]。但也有人认为即是石胆，即含水硫酸铜。此“外变内不变”，说明葛洪对这化学变化有了进一步的认识。

南北朝时期，人们对这种金属置换作用的认识又有了扩展。《重修政和经史证类备用本草》卷三“矾石”条引陶弘景云：“鸡屎矾，不入药，唯堪镀作，以合熟铜，投苦酒中，涂铁，皆作铜色。外虽铜色，内质不变。”此“鸡屎矾”大约是难溶于水，易溶于酸的碱式碳酸铜。“苦酒”即醋。于是，这就把人们对金属置换作用的认识，从只溶于水的硫酸铜扩展到了其他可溶性铜盐中，而超出了胆水范围。唐宋之后，这认识被用到了生产实践中。

三、铜合金技术的发展

此时期铜合金技术的主要成就是：文献上有了黄铜和镍白铜的记载，且配制了铜砷合金。

（一）关于黄铜技术

黄铜，即铜锌合金，由汉晋到唐宋，人们又谓之“鍮”、“鍮铜”、“碖石”、“鍮石”。在考古发掘中始见于仰韶、龙山文化，但当时很可能是利用单金属氧化矿的混合矿，或共生矿冶炼得到的，数量较少。从二里头文化到战国时期，迄今所见黄铜器只有长岛西周镞铤（表3－3－4上），江陵战国铜镞（表3－3－6）等物，数量亦不多。东汉三国之后，它才又被人们使用起来。但一般认为，此黄铜与原始黄铜在技术上是无继承关系的。

我国古代关于黄铜，即鍮石的记载始于何时，学术界尚无一致的意见，从现有资料看，窃以为至迟应是东汉三国间，但也不排除更早的可能性。

三国吴支谦所译《佛说阿难四事经》云：“世人愚惑，心存颠倒，自欺自误，犹以金价买鍮铜也。”[15]这里提到了“鍮铜”[16]，即是鍮石、黄铜。支谦，字恭明，三国吴时杰出的译经家，生卒年不详，当主要活动于公元3世纪前期。支谦本大月氏人，初随族人迁至东土，寄居河南，后避乱入吴。其饱览群籍，通晓六国语言，时人呼为智囊。入吴后颇受孙权之礼遇，并尊为博士，以辅导太子孙亮。这段记载虽为翻译文字，但至少说明当时我国已有了“鍮铜”一词。这应是我国古代关于鍮铜的较早记载之一。此说“世愚”以金价购买鍮铜，应是鍮铜某些性能与金相类之故。

《太平御览》卷八一三引钟会《刍荛论》云：“夫莠生似禾，鍮石像金。”钟会（225～264年），三国魏颍川人，有才数技艺，与邓艾征蜀有功，官至司徒。此像金之“鍮石”自然应是黄铜。今世有学者认为我国古代文献中的“鍮石”，有时是指黄铁矿、黄铜矿，此说大约是1963年岳慎礼提出，其实并无可靠依据。关于古代“鍮石”的性属和定义，宋程大昌已说得十分清楚，我们无须再作其他解释。有关情况第六章第三节再作详细介绍。

这两段记载都是比较可靠的，所以，东汉三国间已有鍮铜在我国流传应是肯定的。

又《西京杂记》卷二载：“（武帝）後得贰师天马，帝以玫瑰石为鞍，镂以金银鍮石。”① 此书旧题作晋葛洪撰，今据《四库提要》考证，原是汉刘歆（？～公元23年）编撰的，晋葛洪抄录了其中一部分，以补《汉书》之不足。此说当大体可信，依此，则武帝时期，便有了“鍮石”的。那么，“鍮石”、“鍮铜”之物之名便有可能与张骞通西域有关。

---

① 这个“（武帝）後得贰师天马”中的“後”，是不得简化的，简化后，其意就变成武帝之妻得贰师天马了。这类麻烦经常可以碰到。

《黄帝九鼎神丹经诀》卷十八载："去鍮石及铁恶法。去铁鍮二物恶秽，亦与铜法不殊。鍮铜欲打为叶，先须予小炼三遍，其体益净。"同书卷十九载："杀鍮石毒法。取真波斯马舌色上鍮……与丹阳铜无异也。"[17]可见此两段文献都提到了"鍮"，或"鍮石"、"鍮铜"。据陈国符先生考证，虽《黄帝九鼎神丹经诀》系唐人所纂，但其中卷十八收录的"去铜恶物法、去鍮石及铁恶物法、鍊锡法；卷十九杀丹阳铜毒法、杀鍮石毒法、杀铁铧精毒法，及此二卷中有关诸法，疑亦录自狐刚子'粉图'"[18]。此"粉图"，即狐刚子《五金粉图诀》。即是说，陈国符认为:狐刚子在其著作中不止一次地提到了"鍮石"一词。狐刚子，名狐丘，杰出的外丹黄白大师；据赵匡华考证，其当是东汉末年人，与张道陵同时或稍早[19]。若依陈国符和依赵匡华上述考证，则"鍮石"一词在东汉末年便已为道者使用是肯定的。

这两段文献虽可能存在不同看法，但依然值得我们重视。

大约两晋时期,关于鍮石、鍮铜的记载便逐渐多了起来。《太平御览》卷八一三又引晋郭义恭《广志》云："鍮石似金，亦有与金相杂者，淘之则分。"同书同卷又引晋王嘉《拾遗记》云："石虎为四时室浴，台皆用鍮石、珷玞为陡岸。"此"珷玞"即玉石。晋陆士衡（机）《演连珠》："悬景东秀，则夜光与珷玞匿耀。""鍮石"、"珷玞"皆是奢华之物，而"鍮石"又置于"珷玞"之前，非黄铜莫属。

大约南朝时期，鍮石使用量有了明显的增加，而且还有了民间使用鍮石的明确记载。梁（502～557年）宗懔《荆楚岁时记》云："七月七日为牵牛织女聚会之夜……是夕，人家妇女结采缕，穿七孔针，或以金、银、鍮石为针，陈几筵酒脯瓜果于庭中，以乞巧。"此"鍮石"与金、银并提，且可作针，自是铜锌合金；其成了民间的节日用品，说明已非稀罕之物。

但这些黄铜到底是我国本土冶炼，还是外域传入？由上述记载还是很难肯定的，大约从20世纪20年代起，人们就进行过许多研究，并产生了两种不同的看法:一种认为我国汉魏之后的黄铜，很可能是从波斯等地传入的，或至少受到过外来技术的影响；也有人认为它是本土发明。现今仍以前说为主，我们也倾向于前一说法，归结起来，其理由主要有四点：

1．"鍮石"一词似非我国固有词汇。早在20世纪20年代，一位名为洛弗尔（B. Laufel）的外国学者就提出了我国古代之"鍮石"，与波斯人和阿拉伯人所谓"偷梯雅（tutiya）"正好相符的观点；1925年，章鸿钊亦曾引用过这一说法[20]。1933年，陈文熙认为阿拉伯语中的Tutty即是黄铜，即是我国的鍮石，并认为黄铜之制当在汉初。同年，章鸿钊认为"鍮石"一词很可能与印度语Tamra有关[14]。看来，这些说法都是有一定道理的。又，元人汇编的丹经《庚道集》卷二"关庚法"（即点化黄金法）载："用北炉甘石一两，即北回回名脱梯牙……"[21]北回回即古波斯。故依元人之说，"偷梯牙"与炉甘石原是一物。这对我们了解黄铜技术的原委是有一定帮助的。

2．西亚、南亚一些地方的黄铜技术皆较我国为早。在公元前后，罗马人便用黄铜制造货币。如人们分析过的3枚罗马货币成分为:铜81.3%、锌15.9%（公元前79年）；铜71.1%、锌27.6%（公元前45年）；铜88.96%、锌7.89%、锡2.43%、铅0.18%（公元161～162年）[22]。《魏书》、《周书》都说到过波斯产鍮石；下一节还要谈到。唐初高僧玄奘到西天求取真经，回国后将一路见闻写成了《大唐西域记》，其中提到许多地方都有鍮铜佛像。其在谈到“梵衍那国”大佛像时说：“王城东北山阿有立佛像……东有伽蓝，此国先王之所建也。伽蓝东有鍮石释迦佛立像，高百余尺，分身别铸，总合成立。”可见这佛像高百余尺，耗铜量是相当大的。这一方面说明其资源之丰富，另一方面也说明其鍮铜技术已有了相当长的历史。宋代及至稍后，关于波斯产鍮石之说依然不断。

3. 汉唐时期，我国今见的两批黄铜实物都出土于西北地区，都可能与中外文化交流有关。1995 年新疆罗布泊西侧营盘墓地出土过 3 件，含锌量皆大于 20%，杂质很少，年代与汉晋相当，有学者认为它很可能是西方传入的[23]。此外，青海都兰亦出土过多件，属唐代中期，有关情况后面还要谈到。

4. 在西北地区新发现的贸易文书中，也包含了不少中外黄铜贸易的资料。如哈拉和卓 90 号墓出土文书残页载：“归，买鍮石……毯百八十张。”此墓属公元 5 世纪[24]。阿斯塔那 305 号墓出土物单上记有：“鍮铤钗一双”等字，墓中伴出物有建元廿年（384 年）具结[25]；514 号墓所出文书载有：“翟萨畔买香五百七十二斤，鍮石参拾。”[24] 在唐代敦煌文书中，关于鍮石贸易的文书更为习见[26]。

总之，汉至魏晋之后所用黄铜由波斯等地传入，或受到过外来技术影响的可能性还是很大的，古代社会并不像今人想象的那样封闭。但这影响的具体内容、形式、路径如何，从西域传来的到底是黄铜实物还是冶炼工艺？还是二者俱来？目前都是不太清楚的。

说黄铜为本土发明，这主要是对某些实物分析资料和文献资料产生了不同理解之故。

1. 关于对实物分析资料上的不同理解

1925 年，章鸿钊在探讨中国炼锌技术的起源时，分析了 6 枚汉代钱币，即“大泉五十”、“货泉”、“小泉直一”、“壮泉四十”、“大布黄千”、“货布”各 1 枚，结果都含有少量的锌，波动范围是 0.84% ~6.96%（壮泉四十），平均值为 3.1%。依此，章鸿钊认为：“锌非由铅无意带入可知”，其意也即汉代便有意识地冶炼了黄铜[20]。

其实这是值得商榷的。自 20 世纪 20 年代以来，国内外学者都对我国古代钱币做过许多分析，表 4-5-1 所示为 30 枚汉钱合金成分，有 20 世纪 20 年代分析的，也有 70 年代之后分析的，其中的 12、17 ~20、22 号便是章鸿钊曾经提及的 6 枚试样。由之可见：（1）虽 20 世纪 20 年代的多数试样都含有一定量的锌，但实际含量都不高；这些标本为第 4 ~7、10、12、13、17 ~23 号，计 14 枚，平均含锌量只有 2.45%；只有 4 枚的含锌量介于 3% ~7% 之间，很难说是有意加入。（2）表中不同年代的分析数据存在一个明显的差别，即 20 世纪 20 年代分析的 14 枚试样中，多数都含有一定量的锌，而 70 年代以后分析的 16 枚试样中，唯 9 枚显示了锌，含锌量一般都在 0.01% 左右，只有 2 枚达到了 0.03%，16 枚标本平均含锌量为 0.00825%。后面我们还要谈到，在宋代钱币分析中也出现过类似的现象，即 20 世纪 20 年代分析的宋钱含锌量稍高，70 年代之后分析的含锌量稍低，这些都是很值得注意的，很难说与分析手段、分析条件没有任何关系。

表 4－5－1　汉代铜钱成分分析

序号	钱币名称	成分（%）					
		铜	锡	铅	锌	铁	总计
1	西汉半两	96.33	0	1.465	0.03	1.92	99.75
2		96.78	0	1.762	0.01	1.29	99.84
3		59.46	4.33	37.05	0.01	0.74	101.6
4	吕后八铢半两	61.23	9.83	25.49	1.55	1.54	99.64
5	文帝四铢半两	92.66	0.27	0.43	2.82	0.28	96.46
6		70.77	8.19	12.5	2.66	2.8	96.92
7		93.97	0.16	0.57	3.85	0.05	98.6
8	西汉五铢	88.59	6.44	3.27	0.01	0.94	99.25
9		95.79	2.00	0.12	0.012		97.92
10	汉五铢	81.9	5.36	0.93	2.9	2.28	93.37
11	新莽大泉五十	86.78	4.0	5.63	0.03	0.91	97.35
12		86.72	3.41	4.33	4.11	0.13	98.7
13	大泉	85.7	6.88	4.16	0	1.53	98.27
14	新莽货泉	86.93	3.35	8.8	0.01	0.47	99.56
15		82.88	4.04	13.07	0.01	0.21	100.2
16		66.99	3.6	27.04	0.01	0.027	97.71
17		77.53	4.55	11.99	3.03	1.46	98.56
18	小泉直一	89.27	6.39	0.37	2.15	1.5	99.68
19	大布黄千	89.55	4.71	0.62	1.48	3.56	99.91
20	货布	83.41	6.86	6.54	0.84	0.47	98.12
21	货泉	86.9	5.08	6.36	0.88	0	99.22
22	壮泉四十	90.83	0.02	0.48	6.96	0.55	98.84
23	契刀五百	81.13	6.96	6.17	1.01	1.39	96.66
24	五铢 M53:13－1	84.33	4.48	10.79		0.40	
25	五铢 M53:13－2	93.64	1.79	3.86		0.71	
26	五铢 M53:13－3	95.41	2.6	1.61		0.37	
27	大泉五十 M122:10－1	87.32	5.10	7.54		<0.1	
28	大泉五十 M122:10－2	87.15	5.58	6.43		0.84	
29	五泉五十 M122:10－3	90.91	5.04	3.78		0.28	
30	五泉五十 M122:10－4	92.99	<0.1	6.77		<0.1	
平均成分	半两钱，7 枚	81.6	3.254	11.324			
	五铢钱，6 枚	89.94	3.78	3.43			
	莽钱，17 枚	85.47	4.45	7.06			
	总，30 枚	85.46	4.04	7.33			

注：（1）各试样的来源如下：

1、2、3、8、11、14～16 号，赵匡华等分析，见《自然科学史研究》1986 年第 3 期。9 号，戴志强等分析，见《中国钱币》1985 年第 3 期。4～7、12、17～20、22、23 号，章鸿钊等分析，见《石雅》下编卷十“色金”。10、13、21 号，王琎等分析，见《中国古代金属化学及金丹术》，中国科学图书仪器公司，1955 年。24～30 号，李秀辉等分析，见《上孙家汉墓出土金属器物的鉴定》，载青海省文物考古研究所《上孙家寨汉晋墓》，文物出版社，1993 年。

（2）除表中所列，少数标本尚含有少量的镍。略。表中所有数据，皆是原原本本地引来。

2. 对文献的不同理解

20 世纪 20 年代时，章鸿钊等人依据下列资料，提出了我国金属锌和黄铜的冶炼技术始于西汉的观点。

《汉书·景帝纪》载:中元六年“改诸官名，定铸钱、伪黄金弃市律”。据云，《淮南子》曾载有“饵丹阳之伪金”一语。因黄铜之外观与黄金甚为相似，故章鸿钊认为，这是我国西汉已有黄铜之证。

《史记·货殖列传》云:“长沙出连锡。”《汉书·食货志》说:“王莽居摄，变汉制……铸作钱布皆用铜杂以连锡。”章鸿钊对这两段文献都作了许多考证，认为此“连”即是锌矿，并认为王莽铸制了黄铜钱[20]。但今世许多学者都不支持这一说法。如“伪黄金”之说，黄铜自然是称得上伪黄金的，但颜色与之相近的未必只有黄铜一种，砷铜也可呈现金黄色。同时，迄今尚未在西汉铜器中看到过一件真正的黄铜器。前述含锌量仅为6.96%的铜锌合金，其色浅黄，是很难称为伪黄金的。又如《史记》和《汉书》中说到的“连”，其实际含义为何，自古至今，学术界一直存在不同看法，这是个悬而未决的疑案，我们很难肯定它就是锌矿或金属锌，有关情况本章第五节还要谈到。

此外，还有一些古代文献使用了“黄铜”一词，也是使人容易产生误解的。如，西汉方士东方朔《神异经·中荒经》云:“西北有宫，黄铜为墙。”“西方裔外有大夏山，以金为墙”;“西南裔外老寿山，以黄铜为墙”。

《南史》卷二十三“王莹传”也提到过“黄铜”一词，其云:王莹位左光禄大夫，开府仪同三司、丹阳尹;“既为公，须开黄阁，宅前促，欲买南邻朱侃半宅，侃惧见侵，货得钱百万，莹乃回阁向东。时人为之语曰:欲向南，钱可贪;遂向东，为黄铜”。

其实，前一段文献中的“黄铜”，不能排除它原指黄色的铜锡合金或者紫铜的可能性;后一段文献中的“黄铜”，应是“铜钱”的贬义词，或其他黄色的铜，都很难肯定它是铜锌合金。据赵匡华考证[27]，由南北朝到宋，铜锌合金的通用名称是鍮、鍮石;“黄铜”作为铜锌合金的专有称呼，应是元代之后的事。

综合上述资料看，“鍮铜”、“鍮石”之名、之物在我国至迟出现于东汉三国间，但也不排除稍早于此的可能性;它最初很可能是从外域传来的。从现有资料看，说我国早在汉代便较多地冶炼和使用了铜锌合金，依据还是不足的，但可进一步研究。

（二）人工铜砷合金技术的发明和半金属砷的发现

我国古代铜砷合金的使用约可上推到四坝文化时期，甘肃东灰山、干骨崖、火烧沟等都出土过四坝文化时期的含砷铜合金。年代稍后，内蒙林西夏家店上层文化也出土过不少含砷的铜渣和铜粒。中原地区接触砷铜的时间至迟是夏代晚期，如二里头二期1件铜锥含砷量达4.47%（表2-3-1）;自此以后，虽这类器物的数量都不是太多，但好几个时期都曾看到。日本学者分析过1件传为郑州出土的晚商铜戈，成分为:铜83.05%、铅10.11%、砷4.27%、铁1.07%[28];丹阳司徒乡1件春秋早期青铜簋含砷8.93%（表3-3-9），1件春秋中期青铜鼎含砷11.4%（表3-3-7）。一般认为，这些含砷铜合金皆应是利用共生矿，或某种混合矿，在有意无意间炼制出来的原始铜合金。

我国较早有意识地炼制的砷铜合金的地方是新疆的奴拉赛，约相当于春秋晚期，它是采用外加高砷矿物的方法来炼制的;在中原则应是汉晋时代的事，这是道家的杰出创造。先是西汉时期配制了含砷量较低（<10%左右）的黄色铜砷合金，东晋时期又才配制成了含砷量稍高（>10%）的白色铜砷合金，并炼出了单质砷。这是我国古代冶金技术、化工技术上的一项重要成就。原始砷铜当是百工有意无意的行为结果，单质砷和人工砷铜则是人们一种有意识的创造。

宋何薳《春渚纪闻》卷十“序丹竈”载，传说西汉时有道者“三茅君”，因丹阳岁歉，乃点化丹阳铜以救饥人。其原文是这样的：“丹竈之事……皆是仙药丹头也。自三茅君以丹阳岁歉，死者盈道，因取丹头点银为金，化铁为银，以救饥人，故后人以煅粉点铜，名其法曰丹阳；以死砒点铜者名其法曰点茆；亦有取丹头初转伏朱，以养黄茆，死磂以乾汞，如汉之王阳、娄敬，唐之成弼……但得之者，真龟毛兔角。”[29]三茅，即茅盈（前145～？年）、茅固、茅衷兄弟三人，皆方士。此“以煅粉点铜”，很可能就是以砒制作黄色铜砷合金的工艺。

又，《汉书·景帝纪》云：中元六年（公元前144年），“定铸钱、伪黄金弃市律”。此“伪黄金”是为何物，多少年来，学术界进行过许多研究。有人认为是铜锌合金（黄铜），有人认为是不足成色之金，或者外表为金内胎为铜的“裹金”，但结合《春渚纪闻》的记载来看，说其为黄色铜砷合金的可能性似更大一些。

文献上关于人工黄色铜砷合金的确切记载却是西晋才出现的。晋葛洪（283～343年）在《抱朴子·黄白篇》中曾详细地谈到了一种制作伪黄金的方法，这是一套完整的砷黄铜冶炼工艺。第一步大约是冶炼粗铜，原料为武都所产的雄黄（As_2S_2）和石胆。武都雄黄，色如鸡冠，多少任意，不可少于五斤；将之捣碎如粉，以牛胆汁和之，煮之令燥。先把戎盐（氯化钠，助熔剂）、石胆末放入釜中，令厚三分；再放雄黄末，令厚五分；复加戎盐于上，如是者层层相叠；又加碎炭（还原剂），其大小如枣核，令厚二寸。此“釜”即相当于坩埚，共容一斗，分上釜和下釜，以赤土，即含铁量较高之土作成。把原料、还原剂、助熔剂等放置完毕，釜外再糊泥密封。阴干后，用马粪火缓慢加热，经三天三夜，便会还原冶炼出含砷的铜合金来。第二步应是精炼。但原文生涩难解，意思大约是使第一步的产物与丹砂水（硫化汞在醋和硝石的混合液中溶解而成）作用。做法是将前述反应产物捣碎、加入生丹砂和汞，再用马粪火加热精炼，其产品是一种“光明美色”的黄色铜合金。葛洪，丹阳句容人，是道教史上一位承前启后的人物；《抱朴子》成书于317年，正是西晋愍帝司马邺被俘，东晋始建之年，书中所述丹家之事当属西晋及其之前。这应是我国关于制造黄色铜砷合金的最早记载[30]。之后，南朝梁（502～557年）陶弘景所集《名医别录》云：雄黄“得铜可作金”，所说应是同一意思。

大约与黄色砷铜合金同时，我国还炼出了半金属砷。《抱朴子·仙药篇》在谈到雄黄的服法时说：“铒服之法：或以蒸煮之，或以酒铒，或先以硝石化为水，乃凝之；或以元胴肠裹蒸之于赤土下，或以松脂和之，或以三物炼之，引之如布，白如冰。服之皆令人长生，百病除。”此说为了服食雄黄，须预先对它进行一翻处理，葛洪在此谈到了6种处理法，其中最值得注意的是第6种，即“以三物炼之”。三物，即硝石、元胴肠、松脂。硝石，硝酸钾；古人常把芒硝（硫酸钠）与之相混。元胴肠，孙星衍注云：“《大观本草》引元胴肠作猪胴二字”，也即猪大肠，猪脂。“引之如布，白如冰。”是对反应生成物，即氧化砷（砒霜）的生动描述。因硝石是强氧化剂，猪脂、松香都是强还原剂，再加入雄黄后，便与早期火药的成分相当了，加热后会发生爆炸的，今却生成了“白如冰”之物，说明此四种物质并非同时加入，而是依照其他排列组合的方式加入的。如：（1）用三物分别与雄黄合炼；（2）依先氧化后还原的顺序，用三物先后与雄黄（和反应产物）合炼；（3）依先还原后氧化的顺序，用三物先后与雄黄（和反应产物）合炼。有关学者还用第一种方法进行了多次模拟试验，分别得到了单质砷和氧化砷；依此，他们认为：葛洪确实制取了单质砷和氧化砷[30]。这是我国制取单质砷的最早记载。

砷是一种半金属。关于我国古代冶炼单质砷之事，原是1962年时，美国著名科学史家席文（N. Sivin）最先提出的；他是依据唐代医学家孙思邈《太清丹经要诀》中的“造赤雪流朱丹法”进行试验后提出的，这一点下面还要谈到。1982年之后，我国学者王奎克、赵匡华等对此作了进一步的论证。此前，西方化学家一般认为砷是公元13世纪时，由德国罗马教修道会学者制取的，但其未对砷的性态作更多的描述。直到16世纪，瑞士医学家才再次制作了单质砷，并说其色白如银。

我国炼制白色铜砷合金的时间至迟为公元4世纪前半叶。有关记载始见于道家著作《神仙养生秘术》，其第2~3页云：“点白：硇砂四两，胆矾四两、雄黄四两、雌黄四两、硝石四两、枯矾四两、山泽四两、青盐四两、各自制度。右为细末如粉，作匮，用樟柳根、盐、酒、醋调和为一升。用甘锅一个，装云南铜四两，入炉，用风匣扇，又瓦盖，熔开。下硇砂二钱，搅匀，次下前药二两、山泽一两，再扇，混茸一处，住火，青，如滑池内冷定，成至宝也，任意细软使用。”[31]此“山泽”即银或银矿；雄黄、雌黄分别为 As_2S_2、As_2S_3。硇砂，HN_4Cl。据后人的注解，此书原系“太白山人传，后赵（328~351年）黄门侍郎刘景文受，宋抱一子（即陈显微）校正”。所以此书大体上可认为是后赵作品，相当于东晋早期。此“点白”显然是点化砷白铜。这应是我国古代生产砷白铜的最早记载[32]。

（三）镍白铜的出现

从现在资料看，我国古代关于铜镍合金的记载始见于东晋时期。常璩《华阳国志》卷四“南中志”载：“堂螂县因山而得名，出银、铅、白铜；杂药有堂螂、附子。”堂螂县在今云南会泽县境，接近东川铜矿和四川会理铜镍矿。结合后世的大量实物和文献资料看，此“白铜”为镍白铜是无疑了的。这是我国，也是世界上关于镍白铜的最早记载。往日也有人认为我国早在汉代就炼出了镍白铜，据说国外有人分析过一件汉代白铜，其成分为：铜80%、镍16%。但可惜的是，多年来国内学者做了大量分析研究，一直未曾看到类似的实物，今仅存疑于此。由于各种原因，镍白铜技术的发展长时期较为缓慢，大约清代之后才有了一些进步。有关情况后面还要谈到。

看来，许多铜合金技术的发展过程中，都经历过使用共生矿，即原始铜合金的阶段，锡青铜、铅青铜、锌铜、砷铜莫不如此。之后，有的则较快地发展成了人工铜合金，如锡青铜、铅青铜；有的原始铜合金却一闪即逝，经历了相当长的时期后才重新出现了人工配制的铜合金，如黄铜（铜锌合金）、砷铜等。在相当长一个时期内，镍白铜可能都是利用共生矿冶炼的，直到清代为止，人们并不曾炼出过金属镍，更未用镍配制过镍白铜，但人们早就意识到了镍这种特殊物质的存在，大约从较早的年代起，对镍铜矿的利用便是一种有意识的行为，故不排除人们较早就使用了镍矿与铜矿，或镍矿与紫铜混炼的可能性。这种有意识的混炼，与原始铜合金无意识的混炼，是有区别的。

（四）青铜合金的稳步发展

虽魏晋时期我国便有了黄铜的记载，至迟西晋便冶炼了铜砷合金，东晋便冶炼了镍白铜，但从先秦至唐宋，我国民间使用得最多的铜合金依然是青铜，即不同成分的铜锡铅合金。在此期青铜合金中，学术界一直较为关心的是铜镜和铜钱，其次是铜兵器和铜钟。

多年前我分析过49件汉魏六朝镜合金成分，表4－5－2是随意摘录的其中30件，可见其成分控制较好：（1）30件镜皆为铅锡青铜（26件）和锡青铜（4件），无一属于其他合金者。（2）10件西汉镜的成分是：锡18.181%～26.745%，铅1.238%～8.52%，平均锡23.053%、铅4.227%；4件新莽到东汉前期镜成分为：锡18.631%～24.80%、铅1.12%～7.004%，平均锡22.381%、铅5.12%；16件东汉中晚期至南北朝镜成分为：锡20.14%～28.2%、铅1.794%～7.0%，平均锡23.492%、铅5.025%。可见在整个汉魏六朝时期，其不但铜、锡、铅三者的比例得当，而且相当的稳定，与战国镜大体属于同一成分范围。

此期钱币含铅、含锡量一般都不太高，表4－5－1为30枚汉代钱币合金成分分析，其中包括汉半两、汉五铢、莽钱等，表4－5－3是其成分分布情况。可见：（1）含锡量较低，在今统计的30枚标本中，18枚的含锡量处于0～5%之间，占标本总数的60%，最高含锡量也只有9.83%。半两、五铢、莽钱三种货币，各自的平均含锡量皆处于3%～5%间。30枚标本的平均含锡量为4.04%。（2）含铅量一般亦不高，在30枚标本中，有10枚的含铅量处于0～2%之间，占标本总数的三分之一。有22枚标本处于0～8%之间，占标本总数的73.3%。30枚标本的平均含铅量为7.33%。（3）但值得注意的是有3枚标本含铅量超过了20%，最大值达37.05%。当然，人们对钱币合金成分原无十分严格的要求，这种成分已能满足其使用性能的需要①。

因钢铁兵器已开始登上历史的舞台，秦汉时期，青铜兵器逐渐被取代；大约秦朝青铜剑还是不少的，之后便迅速下降，但整个青铜兵器的合金技术水平却依然保持在较高水平上。秦俑坑出土过17件青铜剑，长度一般皆超过90厘米，只有一件为83.1厘米，最长达94.4厘米，这长度是较大的。这些剑是否用于实战，可以进一步研究。表4－5－4为数件秦俑1号坑青铜兵器合金成分，与春秋战国大体上属于同一成分范围。其中4件青铜剑的平均成分为：铜75.09%、锡20.73%、铅0.63%。

① 往昔看到的战国秦汉铜钱含铅含锡量都不太高，但徐州北洞山西汉楚王墓铜钱却有些特殊。周卫荣用化学定量分析法（湿法）分析了该墓出土的46枚铜钱，其中包括战国半两、秦半两、西汉榆荚半两、西汉八铢半两、西汉四铢半两，其含铅量高于20%者15枚，最高含铅量35.31%；含锡量高于7%者21枚（其中高于10%者7枚），最高含锡量18.1%（见周卫荣：《北洞山西汉楚王墓出土钱币等器物的分析》，《徐州北洞山西汉楚王墓》，文物出版社，2003年）。此高锡、高铅的情况可进一步研究。自然，这类成分也能大体满足钱币使用性能需要，但高铅的铜合金更易锈蚀，机械性能亦更差一些。

表4-5-2 汉魏六朝铜镜合金成分

样号	镜名	地点	时代	成分（%）				合金类型
				铜	锡	铅	其他	
E1	卷叶纹镜	湖北鄂城	西汉早期	69.5	25.9	3.0		铅锡青铜
C3	四乳螭纹镜	湖南长沙	西汉	70.7	25.5	5.0		铅锡青铜
W3	星云镜	安徽	西汉中晚期	75.595	18.945	4.76	硅0.698	铅锡青铜
Sh8	星云镜	陕西武功		69.615	25.12	5.263		铅锡青铜
Sh10	日光镜（内向连弧纹）	陕西武功		73.044	22.374	4.581		铅锡青铜
W9	日光镜（内向连弧纹）	安徽		70.580	26.745	1.238	硅1.435	锡青铜
LL3	连弧缘镜	山东临淄		66.013	25.466	8.52		铅锡青铜
Z1	未央镜	山西		76.695	18.181	4.685	铁0.437	铅锡青铜
Sh11	昭明镜	陕西武功		74.608	21.484	3.908		铅锡青铜
LL10	草叶纹日光镜	山东临淄		77.877	20.810	1.311		锡青铜
W4	四神规矩镜	安徽	新莽至东汉前期	74.364	18.631	7.004		铅锡青铜
W7	四神规矩镜	安徽		70.40	24.800	5.9		铅锡青铜
W11	四神规矩镜	安徽		77.197	21.681	1.12		锡青铜
E3	四神规矩镜	安徽		68.16	24.41	6.46	锌0.015	铅锡青铜
W13	半圆方枚神兽镜	安徽	东汉中晚期至南北朝	75.127	22.292	2.58		铅锡青铜
E18	半圆方枚神兽镜	湖北鄂城		70.89	23.78	4.26	锌0.009	铅锡青铜
E59	环状乳神兽镜	湖北鄂城		71.3	24.8	6.0		铅锡青铅
Z2	青羊镜	山西		76.538	21.666	1.794		锡青铜
E25	连弧纹镜	湖北鄂城		68.59	24.0	6.28	锌0.01	铅锡青铜
B2	连弧纹镜	北京		68.827	27.337	3.834		铅锡青铜
B9	三角缘画像镜	北京		74.387	21.845	3.766		铅锡青铜
E11	柿蒂镜	湖北鄂城		72.4	20.4	5.3	锌0.012	铅锡青铜
E5	变形柿蒂纹镜	湖北鄂城		69.7	23.7	5.3	锌0.009	铅锡青铜
E10	变异兽首镜	湖北鄂城		70.6	23.8	5.7		铅锡青铜
E13	位至三公镜	湖北鄂城		68.7	22.7	7.0	锌0.007	铅锡青铜
E28	柿蒂半圆枚镜	湖北鄂城		69.4	23.0	6.8	锌0.004	铅锡青铜
E9	兽首镜	湖北鄂城		69.04	25.81	5.7	锌0.011	铅锡青铜
E57	四叶八凤镜	湖北鄂城		67.6	28.2	5.4		铅锡青铜
E14	直列重铭神兽镜	湖北鄂城		74.11	20.14	4.18	锌0.14	铅锡青铜
E22	嘉禾元年神兽镜	湖北鄂城		70.6	22.4	6.5	0.009	铅锡青铜
西汉镜平均成分（10件）				72.423	23.053	4.227		
新莽至东汉前期镜平均成分（4件）				72.530	22.381	5.12		
东汉中晚期至南北朝镜平均成分（16件）				71.113	23.492	5.025		
总平均（30件）				71.74	23.20	4.77		

注：（1）本表数据皆采自文献［13］。

（2）试样号前冠以字母“E”者，承湖北省鄂城县（今称鄂州市）博物馆熊亚云提供；冠以字母“W”者，承安徽省博物馆李国梁提供；冠以“Sh”者，承陕西省武功县康乐、何志健提供；冠以“B”者，承北京市文物研究所程长新提供；冠以“C”者，承湖南省博物馆提供；冠以“Z”字母者，承山西省博物馆提供。标本多承原冶金部钢铁研究院李文成扫描电镜能谱分析。

（3）标本 B2 含锡量达 27.337%，E57 含锡量达 28.2%，从 Cn－Sn 二元合金机械性能曲线和本人大量模拟试验的情况看，这两个镜子的含锡量是稍稍偏高了一些。一般而言，铜镜含锡量应稍稍低于 25% 方宜。这两个镜子都是本人分析的，也是我分析过的标本中，含量稍高的镜。

表 4－5－3 汉代钱币成分分布（件）

成分范围 / 组分	0～2（%）	2～5（%）	5～8（%）	8～11（%）	11～14（%）	24～27（%）	27～30（%）	37～40（%）	样品总数
锡	7	11	10	2					30
铅	10	5	7	2	3	1（25.49%）	1（27.04%）	1（37.05%）	30
锌	22	7	1						30

注：（1）依据表 4－5－1 整理而成。

（2）此成分区间为“立地不顶天”，“0～2%”实即：≥0%，＜2%；“2～5%”即：≥2%，＜5%；“5～8%”即：≥5%，＜8%；“8～11%”即：≥8%，＜11%。

表 4－5－4 秦俑 1 号坑青铜兵器成分分析

器号	名称	成分（%）						分析方法
		铜	锡	铅	锌	镍	其他	
01395	残剑	73	21.4			0.63		电子探针
01396	残剑	76.4*	21.38	2.18	0.041			化学定量
01399	残剑	76.32	18.02	0.17			铁 0.08	化学定量
0190	镦	84.83	15.15					化学定量
01400	镞	78.88	14.04	5.88				化学定量
01411	镞	87.72	11.8	0.21		0.27		电子探针
		85.14	11.39	1.95				化学定量
01397	镞	81.09*	11.10	7.71	0.098			化学定量
0205	矛	79.42	13.6	0.75			铁 0.07	化学定量
287	剑	74.64	22.13	0.15	1.14			

注：（1）剑 287 资料采自文献［33］王学理文；其余采自陕西省考古研究所等：《秦始皇陵兵马俑坑（一号坑发掘报告，1974～1984）》，文物出版社，1988 年。

（2）凡带＊号者，原报告只标着“余量”，并未写明具体成分，此成分数是作者计算的。

考古发掘的汉魏六朝青铜钟较先秦稍少，表 4－5－5 所示为数件西汉南越王墓青铜钟合金成分，其中的“勾鑃”为古代吴越乐器。可见：（1）4 件标本的含锡量都较高，尤其是甬钟和钮钟。（2）含铅量也较高，尤其是勾鑃和钮钟。显然，这比我们现在看到的一般先秦乐钟、明代梵钟，以及宋代之后的锣钹类响器含铅量都高。大量铅的存在，对声波传播是不利的。

表 4 - 5 - 5　西汉南越王墓铜钟成分

名称和样号	成分（%）				
	铜	锡	铅	锌	铁
钮钟 B94 - 1	66. 24	20. 97	12. 02	0. 63	0. 16
甬钟 B94 - 5	65. 24	24. 62	8. 78	0. 88	0. 48
勾鑃 B96 - 6	57. 08	17. 52	24. 97		0. 43
勾鑃 B96 - 6	70. 32	13. 31	15. 94		0. 43

注：（1）采自《西汉南越王墓》第 45 页。
（2）原表中的第三、四件样品号相同。

四、西南多民族铜鼓合金技术的发展和演变

在汉魏六朝的青铜合金中，除了铜镜、铜钱等外，较值得注意的还有西南各民族使用的铜鼓合金。由前可知，先秦铜鼓合金微弱地显示了以锡为主要合金元素的倾向，但六朝之后，就演变成以锡铅青铜为主的状态。表 4 - 5 - 6 为 40 件云南、广西、广东出土和收藏的汉魏六朝铜鼓合金成分，由之可见：

1. 作为合金元素的铅、锡使用量都较先秦有了提高。由前表 3 - 4 - 12 可知，15 件先秦铜鼓的平均含锡量仅为 5. 27%、平均含铅量只有 4. 89%；而 16 件汉代铜鼓平均含锡量达 10. 95%，平均含铅量达 7. 43%；24 件魏晋南北朝铜鼓平均成分为:锡 9. 01%、铅 15. 86%。在 40 件汉魏六朝标本中，含锡量高于 10% 的达 18 件，占标本总数的 45%；含铅量高于 10% 的达 27 件，占标本总数的 67. 5%。

2. 由先秦、两汉到南北朝，红铜在铜鼓中的使用量呈现下降趋势。先秦 15 件铜鼓中，有 3 件为红铜质；两汉 16 件标本中，只有 1 件为红铜质；六朝 24 件标本中，无一红铜质。清屈大钧《广东新语》卷十六“器语 · 铜鼓”：“凡为铜鼓，以红铜为上，黄铜次之。”此“红铜”、“黄铜”当未必是现代意义的红铜和黄铜。从现有分析资料看，六朝之后，再未看到过红铜（“纯铜”）之鼓，亦未看到过黄铜（Cu - Zn）之鼓。

3. 在 16 件汉代铜鼓中，以锡为主要合金元素者计为 9 件（锡青铜 7 件，铅锡青铜者 2 件），占标本总数的 56. 25%；以铅为主要合金元素者计为 5 件（皆为锡铅青铜），占标本总数的 31. 25%。可见这大体上显示了以锡为主要合金元素的合金配置制度。在 24 件魏晋南北铜鼓中，20 件皆为锡铅青铜，占标本总数的 83. 33%；锡青铜（1 件）和铅锡青铜（3 件），总计 4 件，占标本总数的 16. 67%。这清楚地显示了魏晋南北朝铜鼓以铅为主要合金元素的制度。同时我们还看到，由先秦、两汉，到六朝，锡铅青铜的比例是逐渐升高的。在表 3 - 4 - 6 统计的 15 件先秦标本中，锡铅青铜鼓只占标本总数的 13. 3%。

表 4－5－6　汉魏南北朝铜鼓合金成分

器号和分析部位	地　点	类型　年代	成　分（%）				材　质	资料出处
			铜	锡	铅	其他		
石 M15:22	石寨山	石寨山型中期（西汉早期）	69.18	7.15	21.0	铁 0.2 砷 0.12	锡铅青铜	滇
石 M12:150	石寨山		77.13	21.5	0.85		锡青铜	万
残片	石寨山	石寨山型中期	82.95	15.07			锡青铜	滇
百 01（足沿）	广西百色	石寨山型中期（西汉）	66.1	10.5	18.4		锡铅青铜	钢
石 1:33（残片）	石寨山	石寨山型晚期	76.95	14.75	4.87	铁 0.11	铅锡青铜	万
石 1:58（足沿）	石寨山	石寨山型晚期（西汉中期）	99.2				红　铜	铜
土 280（胸）	广西		85.43	9.01	0.24	铁 0.279	锡　青　铜	万
麻栗坡（耳部）	云南	石寨山型晚期（西汉）	72.3	11.7	11.6		青　铜	钢
广南鼓	云南		80.51	14.19		铁 0.11	锡青铜	滇
贵　罗 M1:11（耳）	罗泊湾		86.3	14.5			锡青铜	钢
贵　罗 M1:10（足）	罗泊湾		90.89	11.5			锡青铜	钢
鼓土 1611	贵县	西汉中期	88.59	5.18	0.43	铁 1.96	锡青铜	李
鼓 101（足）	北流存	北流型早期（汉）	66.5	9.5	18.5	锌 0.1	锡铅青铜	钢
鼓 143（胸）	平南征集		72.5 76.2 66.96 （71.8）	7.5 4.34 10.44 （7.43）	13.5 14.0 16.58 （14.69）	锌 0.4 锌 1.57 铁 0.98	锡铅青铜	钢 桂
横 05（腰）	横县	冷水冲型中期（东汉）	69.5	10.5	17.4		锡铅青铜	钢
铜鼓（云六 101）	云浮六都	汉		12.7	10.9		铅锡青铜	徐
鼓 38（足沿）	宾阳	冷水冲型中期（魏晋南北朝）	69.2 66.7 （67.95）	14.5 13.5 （14）	16 16.3 （16.15）	0.05	锡铅青铜	钢
鼓 110（足炯）	金秀	冷水冲型中期（南北朝）	75	3.8	14.5		锡铅青铜	钢
鼓 26（足沿）	广西		66.5	5.5	21.3	锌 <0.01	锡铅青铜	钢

鼓 136 (足沿)	横县征集	冷水冲型中期 (魏晋南北朝)	67.2 67.7 (67.45)	7.33 7.41 (7.37)	21.8 23.5 (22.65)		锡铅青铜	钢
武　宣 01(腰)	广西		69.8	13.4	16		锡铅青铜	钢
鼓 100 (足沿)	藤县		69.5	9.1	20.6	锌 <0.01	锡铅青铜	钢
鼓 121 (足沿)	广西 藤县		66.0 67.6 (66.8)	11.8 11.3 (11.55)	18.9 16.1 (17.5)		锡铅青铜	钢
鼓 117 (足沿)	广西		65.0 66.0 (65.5)	7.2 8.3 (7.75)	25.0 26.1 (25.55)		锡铅青铜	钢
陆良鼓	云南 陆良	冷水冲型中期 (魏晋南北朝)	63.68	8.63	27.41	锑 0.31	锡铅青铜	滇
鼓 114	梧州地区	冷水冲型中期 (南北朝)	68.53	9.25	17.82	锌 1.83 铁 1.82	锡铅青铜	桂
鼓 126	藤县		67.3	8.19	22.0		锡铅青铜	钢
鼓 316 (腰)	陆川	北流型中期 (南北朝)	75.4 67.3 (71.35)	9.89 15.8 (12.85)	16.5 11.8 (14.15)		锡铅青铜	钢
浦北 04 (足部)	浦北	北流型中期 (南北朝)	82.5	7.10	3.9		铅锡青铜	钢
合浦 01 (胸)	合浦		81.4	11.6	3.55		铅锡青铜	钢
浦北 06 (腰)	浦北	灵山型早期 (魏晋)	71.0	8.7	14.3		锡铅青铜	钢
鼓 125 (腰)	广西 馆存		77.5 80.7 (79.1)	7.5 6.98 (7.24)	12.0 8.79 (10.4)		锡铅青铜	钢
横 04(足)	横县		64.5	11.8	19.3		锡铅青铜	钢
钦 02(腰)	钦州		87.5	5.30	1.4	锌 0.12	锡 青 铜	钢
鼓142(足)	横县征麻	灵山型中期 (南北朝)	80.5	7.7	6.2		铅锡青铜	钢
鼓 133	横县		69.89	10.44	14.09	锌 1.57	锡铅青铜	桂
鼓 122	合浦征集		68.7	8.83	16	铁 0.424	锡铅青铜	桂
鼓 128	陆川		69.06	5.59	19	铁 0.603	锡铅青铜	桂
鼓 153	容县征集		64.68	8.58	19.76	锌 1.31 铁 0.47	锡铅青铜	桂
灵山鼓 98	广西灵山	六朝		12	17.1	镍 0.8 锌 0.5	锡铅青铜	徐

16 件汉代铜鼓平均成分	78.89	10.95	7.43			
7 件云南汉代铜鼓平均成分	79.75	12.05	5.47			
8 件广西汉代铜鼓平均成分	78.14	9.77	8.71			
1 件广东汉代铜鼓成分		12.7	10.9			
5 件石寨山汉代铜鼓平均成分	81.1	11.69	5.34			
24 件魏晋南北朝铜鼓平均成分	71.23	9.01	15.86			

注：（1）凡百分比含量在0.1%以下者皆略。1 件标本列有多组分析数据时，括弧中的一组是为平均值。

（2）资料出处："钢"，北京钢铁学院分析；"滇"，云南省博物馆委托他人分析；"桂"广西博物馆委托他人分析。以上皆见孙淑云王大道《广西、云南铜鼓合金成分及金属材质的研究》（北京科技大学《中国冶金史论文集》（二），《北京科技大学学报》增刊，1994 年）、中国古代铜鼓研究会《中国古代铜鼓》（文物出版社，1988 年）。"万"，引自万辅彬等《中国古代铜鼓科学研究》（广西民族出版社，1992 年）。"李"，引自李晓岑《白族的科学与文明》（云南人民出版社，1997 年）。"徐"，徐恒彬等人分析，引自《广东省出土青铜器冶铸技术的研究》（《科技史文集》第 14 辑，上海科学技术出版社，1985 年）。

（3）"土 280（胸）"原刊铜锡含量印刷有些不清，今依其百分比总和，做了微小订正。

4. 从平均成分看，先秦到两汉铜鼓以锡作为主要合金元素的倾向都是较为明显的。先秦铜鼓的平均含锡、含铅量分别为 5.27%、4.89%，平均含锡量稍高于平均含铅量；两汉铜鼓的平均含锡、含铅量分别为:10.95%、7.43%，平均含锡量依然高于平均含铅量。六朝便发生了变化，其平均含锡、含铅量分别为 9.01%、15.86%，平均含铅量远远地超过了平均含锡量，铅成了主要的合金元素。所以，先秦、两汉、魏晋南北朝，这三个阶段的铜鼓合金成分是不同的:先秦的铅锡使用量都较低，但平均含锡量稍高于平均含铅量；两汉的铅锡使用量都有了提高，但不管云南铜鼓，还是广西铜鼓，皆以锡作为主要合金元素；六朝则是以铅作为主要合金元素的。

5. 由表 3－4－12、表 4－5－6 的统计情况看，由先秦、两汉，到六朝，皆未看到"不含锡"的铅青铜之鼓，当非偶然所致。它至少说明，铅青铜机械强度较低，对声波传播的阻尼作用较大，人们对此是早有了一定认识的。同时也说明了南方民族的合金知识也达到了一定的水平。

6. 汉魏六朝时期，各地铜鼓合金成分的基本特征一致，平均值也较接近。7 件云南汉代铜鼓平均成分为:铜 79.75%、锡 12.05%、铅 5.47%；5 件云南石寨山汉代铜鼓平均成分为:铜 81.1%、锡 11.69%、铅 5.34%；8 件广西汉代铜鼓平均成分为:铜 78.14%、锡 9.77%、铅 8.71%；1 件广东铜鼓含锡 12.7%、含铅 10.9%。表 4－5－6 统计的魏晋南北朝铜鼓多数出土于广西，24 件标本平均成分为锡 9.01%、铅 15.86%。可见，两汉各地铜鼓的平均含锡量都稍高于平均含铅量，六朝铜鼓却显示了平均含铅量远远超过平均含锡量的特点，尤其是云南陆良鼓，含锡量只有 8.63%，含铅量却达 27.41%。

7. 由先秦到六朝，铜鼓合金成分一直都有波动，汉时有的还波动较大，不如

“六齐”合金，即钟鼎、斧斤、戈戟、大刃、削矢、镜鉴，以及后世的锣钹那般规范。石寨山一件汉代铜鼓（编号石 M12:150）为锡青铜，含锡量高达 21.5%，这是迄今所见铜鼓标本中，含锡量最高的一件；石寨山的另一件汉代铜鼓（编号石 M15:22）却为锡铅青铜，含铅量高达 21%。

8. 但从总体上看，铜鼓平均铅、锡量都不是太高，或者说，含铅、含锡量较高的标本都不是太多。先秦铜鼓的含锡、含铅多在 5% 左右，两汉的多在 10% 左右。对铜鼓而言，一定量的锡，既可提高铜基体的强度和硬度，亦可改善铜鼓音质；一定量的铅，则可降低锡青铜的硬脆性，同时可适当改善合金的铸造性能。六朝铜鼓平均含铅量虽有了较大提高，但太高者较少。这说明人们对“锡高则脆，铅高则软”的思想已有了一定认识。在两汉六朝铜鼓标本中，含锡量超过 15% 的标本只有 2 件，最高含锡量为 21.5%（石 M12:150）。含铅超过 20% 的标本只有 7 件，最高含铅量为 27.41%（云南陆良鼓）。因从材料学的角度看，含锡量超过 15% 后，金属基体中析出的（$\alpha+\delta$）便会明显增多，金属在硬度和强度提高的同时，脆性亦会提高，所以含锡量高达 21.5% 的石寨山铜鼓，质地较脆，是很容易打破的。同样，若含铅量较高，则不但会削弱基体强度，亦会影响到鼓的声学性能。

铜鼓虽也是打击乐器、响器，但其形制和用途，与乐钟、朝钟、锣钹都是不同的。《旧唐书》卷一九七“南蛮·谢东蛮”：“聚则击铜鼓，吹大角，歌舞以为乐，好带刀剑，未尝舍离。”清屈大钧《广东新语》卷十六“器语·铜鼓”载：“古时蛮部多以铜为兵，以铜为器。富者鸣铜鼓，贫者鸣铛，以为聚会之乐。”“南海庙有二铜鼓，大小各一，大者径五尺，小者杀五之一。”乐钟、朝钟、锣钹则不但要求清脆、悠扬，具有一定的节奏，而且要有独特的音域和音质。铜鼓，则主要是求其洪亮，且经得住连续的重锤打击，所以它的合金成分与其他响器是有区别的。从表 4－5－6 所列成分看，除少数标本含锡、含铅稍高外，绝大多数标本的成分选取都是不错的，基本上满足了人们对其使用性能的要求。它依然反映了我国古代青铜技术上的成就，也说明人们对铅锡两种元素与合金性能的关系是早有一定认识的。

五、金银使用量的增加和冶炼技术的发展

我国使用最早的金银器属于四坝文化时期，其年代约与夏相当，但由商到战国，黄金的生产和使用量一直都是不大的，很少看到大件器物，亦无浓妆重彩的镀金器，白银使用量更少。两汉之后，这情况就发生了变化，不但南北出土量明显增加，器形也有增大，文献记载也增多起来，尤其是黄金，其冶炼、加工技术和使用情况都进入了一个新的发展阶段。

（一）金银使用量的增加

秦代时间短暂，科学技术上难有较大建树，出土的金银器亦为数不多。山东淄博西汉齐王刘襄墓陪葬坑出土银器 131 件，包括生活用器 4 件、车马器 76 件、漆器银扣 48 件、其他 3 件；生活用器中，有 3 件镀金刻花银盘，其中一件的口沿底面刻有“三十三年左工口，名吉七，重六斤十二两廿一铢奇”等字，实测口径 37.5 厘米，通高 5.5 厘米，重 1705 克，容积 4100 毫升。经考证，此器当为秦始皇

三十三年所造；花纹精细，线条流畅，工艺娴熟；从一个侧面反映了秦代银器加工技术的发展水平[58]。

两汉金银器在南方主要见于江苏盱眙、涟水、邗江、安徽合肥、广东广州等地。盱眙南窑庄窖藏出土金兽 1 枚，黄金币 36 枚。金币皆为完整的金版和金饼，其中郢爰 11 枚、金饼 25 枚，共重 11000 克。20 世纪 50 年代以来，江苏一省便近有 40 个地方出有郢爰，这是较多的一次。其金兽长 17.8 厘米，宽 16 厘米，通高 10.2 厘米，重 9000 克，作蜷伏状，颈部戴三轮项圈，通身锤饰圆形斑点，类似的做法较为少见，是至今发现的古代黄金器中最重的 1 件[34]。1983 年广州南越王墓出土有“文帝行玺”龙纽金印、“泰子”龟纽金印、金带钩、金银串珠、银盒、金杯形器等，从一个侧面反映了岭南地区金银工艺的发展水平[35]。

两汉时期北方地区出土金银器较多的地方主要有河北、山东等地。河北满城中山靖王刘胜墓出土金器 12 件、银器 77 件，种类有金针、银针、银盒、银漏斗形器、银镞等[36]。河北定县中山怀王刘修墓出土有金饼 40 块和马蹄金、麟趾金等，后二者皆铸作精细，上口盖有掐丝联珠镶玻璃面罩[37]。定县中山穆王刘畅墓出土金器 80 件，银器 25 件，其中尤其值得注意的是掐丝金龙、掐丝龙形饰片、掐丝金避邪[38]。1995 ~ 1996 年，山东长清县双乳山一号汉墓出土金饼 20 块，总重 4262.5 克，其上多有“王”字，少数作“齐”、“齐王”等字。这是汉王陵中，出土金饼重量数最大者。断代武帝末年[39]。

此期金银的用途主要有四方面：

（1）作货币。《汉书》卷二十四下“食货志”载：“秦并天下币为二等，黄金以溢为名，上币；铜钱质如周钱，文曰半两，重如其文。”这是秦的情况。西汉一代，黄金白银都是货币，黄金币名义上与铜钱平等，实际上起着主币的作用。同书同卷又云：文帝之后，“金有三等：黄金为上，白金为中，赤金为下”。此第一个“金”当指货币言，意即可充作货币的金属分为三等，黄金价值最高，白银次之，铜更次之。王莽时期，“黄金重一斤，直钱万。朱提银重八两为一流，直一千五百八十。它银一流直千，是为银货二品”。“直”同“值”。《史记·平准书》还谈到了汉代“杂银锡为白金”，分别铸有龙、马、龟等饰纹。此“银锡”含义不明，或指银、锡两种金属，或指锡一种金属，“银”在此只当作形容词。大约东汉时期，黄金才退出了流通领域。目前在河南长沙、广西合浦、山西太原、河北满城、河南郑州等地都发现过汉代金饼，但汉代的银饼一直未见，有关银锭的记载大约是南北朝时才看到的。《魏书》卷三十五“崔浩传”：“浩明识天文，好观星变，常置金银铜锭于酢器中，令青，夜有所见，即以银画纸作字以记其异。”这里提到了金锭、银锭、铜锭。

（2）君王用于赏赐。从有关记载来看，其数量巨大到了难以置信的程度。

赵翼《廿二史劄记》卷三“汉多黄金”条，征引“史”、“汉”，对汉代黄金大宗赏赐做过一系列的统计。如：“汉高祖以四万斤与陈平，使为楚反间。”“吕后崩，遗诏赐诸侯王，各千斤。”“文帝即位，以大臣诛诸吕功，赐周勃五千斤，陈平灌婴各二千斤，刘章刘揭各千斤。吴王濞反，募能斩汉大将者赐五千斤，列将三千斤，裨将二千斤。”“梁孝王薨，有四十万斤。”“卫青击匈奴……军受二十余万斤。”“宣帝即位，赐霍光七千斤，广陵王五千斤。”“王莽娶史氏女为后，用三万斤。”“莽末年，省中黄金万斤者为一匮，尚有六十匮。”此用金量如此之大，很早就有人注意过，也很早就有人提出过怀疑。如清陈元龙《格致镜原》卷三十四“珍宝类三·金”引《孔氏杂说》:高祖“使陈平为反间，捐金四万斤，使其价不贱，安得如是之多哉?”此“黄金”的具体含义虽仍有许多疑团，但也很少有人肯定它为非黄金的。不管怎样，汉室赐金量较大应是可信的。

（3）用作各类饰器和工艺品。如镀金、错金、贴金等表面装饰，以及掐丝金龙、银镞等纯金银器物。

（4）制作少量实用器具。如前所云金针银针等物；道家为了长生，还以之作为饮食器。

（二）黄金采冶技术的进步

此期的黄金采、冶技术都有了较大进步，不但开采了水沙金，而且开采了山沙金，并发明了黄金萃取和提纯的多种工艺。

此期的黄金产地主要是汝汉、豫章郡和云南、四川一带，其他地方稍少。

汝汉之金，先秦汉后都常见于诸家著述。《盐铁论·力耕》篇：“汝汉之金，纤微之贡，所以诱外国而钓羌胡之宝也。”《魏书·食货志》：“汉中旧有金户千余家，常于汉水沙淘金。”

关于豫章黄金的记载始见于汉代。《史记·货殖列传》载：“豫章出黄金。”《汉书·地理志》“豫章郡·鄱阳”注：“武阳乡右十余里有黄金采。”王隐《晋书》载：“鄱阳乐安出黄金，凿土十余丈，披沙之中，所得者大如豆，小者如粱米。”[40]

云南哀牢产金事当亦始见于汉。《后汉书》卷一一六云:哀牢“出铜铁铅锡金银”。章怀太子注引《华阳国志》云：“兰沧水有金沙，洗取融为金。”《后汉书》卷三十三“郡国志”也曾谈到哀牢出金。此卷一一六虽为南朝宋范晔所著，卷三十三为南朝梁刘昭所补，但当有汉代资料为本。

梁李膺《益州记》载：“金山（在今四川广元县北）长七八里，每夏淹水有崩处，即金粟散出。”这是说梁时广元沙金。

《重修政和经史证类备用本草》卷四“金屑”条引梁陶弘景云：“金之所生，处处皆有，梁、益、宁三州多有，出水沙中，作屑，谓之生金……建平晋安亦有金砂，出石中，烧熔鼓铸为碢，虽被火亦未熟，犹须更炼。”

两汉时期，人们对水沙金和山沙金的矿物形态和矿床形态都有了较多的了解。东汉王充《论衡》“验符”篇：“永昌郡（今云南保山县东北）中亦有金焉，纤靡大如黍粟，在水涯沙中。”又，《山海经·南山经》晋郭璞注：“今永昌郡水出金，如糠，在沙中。”此“黍粟”、“糠”，都是古人对自然金形态的描述。“在水涯沙中”、“在沙中”，则是金的产状。《黄帝九鼎神丹经诀》卷九引狐刚子《出金矿图录》则说得更为明白：“凡金矿，或在水中，或在山上。水中者，其如麸片、棋子、枣豆、黍粟等状。”“水南北流，金在东畔。”“入沙石土下三寸或七寸。”“水东西流，金在南畔生。”“入沙石土下五寸或九寸。”此为水中金，乃“第一上金也”。“山中者其形皆圆。”“山东西者，金在北阴中。”“根脉向阳，入地九尺或九十尺，夹沙石土而生，赤黄色，细腻滑重。折之不散破，以火消熔，色白如银，以药搅和，入八风炉淘石炼成之。”“山南北者，金在西阴中生也。”“带水杂沙，挟石出而生，深浅如上也，入杂沙挟土下，根脉向阳，或七尺，形质如上。”此为山沙金，乃“第二金也”[41]。这里谈到了水沙金和山沙金的形态和埋藏情况。

不管水沙金，还是山沙金，冶炼的主要任务都是分离石英类杂质和共生金属，后者主要是银。脉金的处理稍见复杂，须外加粉碎和浸出等，但不像铜、铁那样须经历复杂的还原过程。所以，今人往往把黄金冶炼唤作“提纯”或“提取”。在此，最为简单的冶炼便是熔炼。许慎《说文解字》载:金，“黄为之长，久薶不生衣，百炼不轻”。这种“百炼”实际上只是一种熔炼，大约只能分离一般性夹杂，但若要分离金银，则要复杂得多，许多提纯操作实际上都是为此而开展的。赵匡华等对我国古代金银冶炼和分离技术都作过许多研究，从大量的文献记载和研究情况看，汉代至少采用了黄矾—树剂炼金法、水银炼金法[42]，或许还有铅炼金法。人们可依据不同的条件而选择适当的工艺。

黄矾—树脂炼金法。此法主要用于提纯含银的黄金。操作要点是:使流（硫）黄与银等作用，生成银的硫化物等而去除，最后既分离了杂质，又分离了金、银[42]。狐刚子《出金矿图录》在谈到“出水金矿法”时说:“用甘土作锅，火熏使干。用松木炭置锅炉中，即下金矿埚中，即排囊火炊之。使即下盐末，合搅，看熔尽，以荆杖掠去恶物。更下盐末，更搅掠去恶物。尽泻脂膜（模）中，出入打看，若散裂，即以铁醋滤（错铿）为屑。和牛粪灰、盐末等分，还用牛粪火中养之。还沙取更熔打看，若柔软，即打使薄。用黄矾石、胡同律等分和熔，和泥涂金薄上，炭火烧之赤即罢。更烧，如此四五遍，即成上赤金……若欲作金薄（箔）、金泥涂饰物者，更熔金一斤，与石流（硫）黄、曾青等分一两入埚中合搅，即柔软，随意打用之。若一遍入牛粪灰食炼尤不好者，重食炼，即恶物无不尽。”[41]此甘土，即坩土，是含三氧化二铝较高之土，这是我国古代使用高铝质耐火材料的较早记载。前面说到，西昌东坪炉也使用了高岭土。盐末、牛粪灰，皆造渣熔剂，旨在使杂质生成低熔点化合物而与金银分离。粗盐中往往含有 Na_2SO_4、$MgCl_2$；黄矾，硫酸铁；胡同律，又作胡同泪，胡杨分泌的树脂，在土中留存多年而成[43]，其与黄矾共烧，必会生出硫黄来。这整段文字虽系道家者言，但却反映了黄金提纯的一些基本过程。此大体可分为三步：第一步，利用造渣熔剂，先使金与石英等杂质分离；即“用甘土作埚”至“即打成薄”数句所云。第二步，利用硫化法使金与银铜等重金属分离，得到不太纯的“赤金”；引文中即“用黄矾石”至“即成赤金”数句所云。第三步，使金银进一步分离，以得到可制作金箔和金泥的纯金。原文中有两处使用了“金薄”一词，前一个当指黄金薄片，第二个才是可供装饰的金箔。此名为“三步”，其实每一步都可能重复多次。

山沙金所含杂质较多，故提取也就更为复杂。《出金矿图录》载：“金精、石胆、朱砂、雄黄、石硫黄、朴硝、硇砂、白矾、麒麟竭等各二两……密陀僧、紫石英，已上各五两，盐一斤，凡十二物药，各捣为末。别用水银八两。于小铜铛中以醋沃水银，铛下小猛火，别铁器中熔锡，泻著水银中，即合相得，刚柔兼好，即取细腻矿，打令使碎如黍豆等。十斤矿与药二两，与黄矾石末十两相合，入八风沃炉中。用柽柳木炭，刚柔兼好装炭勿使不均，即火不彻，尽火力止……取熟金如麸片或如细沙糖屎……取牛屎灰一斗，盐末半升，与二两熟金沙一时和搅，以玄精水和团如鸡子，熏干还入牛屎火食之，若好一遍即罢……消之，泻脂膜中，打薄。用胡同律、黄矾石等分醋和，涂薄铤烧出色，一如水金矿法，即成上金。若作薄（箔）、泥，涂饰物者，还依前法。一斤金，黄矾、曾青等分一两，埚中令熔搅即柔软，随意打用矣。”[41]这段文字较长，许多过程尚不十分清楚；其中也谈到了石硫黄，原理上当与前法相似，但更繁杂。

铅炼金法。操作要点大约是:先制作金与铅的合金，之后将铅氧化去除。在这过程中既分离了杂质，最后也分离了铅。此法的工艺原理是利用金可与铅形成合金，铅又较易氧化去除的特性。张道陵《太清经天师口诀》“度灾灵飞散法”载：“一切金银多毒，若不精炼，恐畏伤人。先铅炼三七遍，次水银炼三七遍……铅炼金法:用金三十六两，用铅七十二两。作灰杯，火烧令干，密闭四边，通一看孔，安铅杯中。作一铁杯，大小可灰杯上，遍凿作孔，用合灰杯。杯上累炭，炭上覆泥。火之铅尽，还收取金。更作灰杯，如是三七遍，名曰铅炼金也。”[44]这段文字十分简明。道家炼金的目的虽是为了服食，但此法的实际效果如何，却未试过，类似的记载《道藏》中还有一些，有的十分烦琐。

水银炼金法，今又谓之“混汞法”。操作要点是:先使金与水银形成汞齐，之后驱汞，以达到与杂质分离的目的。此法始于汉或汉前，至今仍在土法、洋法生产中使用。前引《出金矿图录》说山沙金提纯时曾用水银，其中必有汞齐生成，当有汞的提纯作用，即是一种混汞法。此外还有多条类似的文献。张道陵《太清经天师口诀》在谈到了铅炼金后接着说：“作水银炼金法:将此铅炼金三十两，打作薄，用水银三十两，安瓷器中，微火缓暖之，渐下金薄，讫将一瓷器密合其上，经宿成泥。甘埚消之，水银消，唯有金在。如此三七遍，名曰水银炼，渐渐减毒，取合水银也。”[44]“将此铅”一句系承接上句“铅炼金”之铅言。又《史记·孝武纪》载少君曰：“丹砂可化为黄金，黄金成，以为饮食器则益寿，益寿而海中蓬莱仙者可见。”此第一句当是以汞可点化黄金的意思，当指混汞法炼金，而不是说硫化汞可变成黄金。《汉书》卷二十五上“郊祀志”也有类似的记载。

与混汞法相类似而不相同的，汉代还有一种水银作金银粉法，它对我们了解汉代混汞法的使用情况也是很有帮助的。《黄帝九鼎神丹经诀》卷九谈到金银粉制法时，引狐刚子说：“炼金银法:消新出矿金、银，投清酒中、淳酰中，若真蜜中二百度，皆得柔润……尔消投猪脂中二百遍，亦得成柔金。打为薄，细剪下，报无毒水银为泥，率金一两，配水银六两，加麦饭半盏许，合水。于铁臼中捣千杵，候细好，倾注盆中，以水沙去石，详审存意，勿令金随石去。以帛两重，绞去半汞。取残汞泥，置瓷器中，以白盐末少少渐著，研令碎，著盐可至一盏许即止。研讫，筛粗物，更研令细，匆置土釜中，覆荐以盐末，飞之半日许，飞去汞讫，沙去盐，即自然成粉。”[45]这里谈到了用水银溶解黄金、白银，以作金粉、银粉之法，较为详明。类似的工艺在我国一直沿用下来，后世虽有些许改进，但原理依然未变。

此时期是否开采过山石金，即原生脉金，目前尚难定论。《盐铁论·通有》篇载："钻山石而求金银。"又，《重修政和经史证类备用本草》卷四引梁陶宏景云："建平晋安亦有金砂，出石中，烧熔鼓铸。"这两段文字都十分简单。从"钻山石"、"出石中，烧熔鼓铸"三句话来看，开采山石金的可能性还是存在的，当然数量不会太大，因破碎矿石十分困难。在20世纪以前，全世界的黄金都主要是从沙金中萃取的，脉金的规模化开采基本上是20世纪之后的事。

这几种黄金提纯法，都是适用于不同条件的，既可单独使用，也可联合使用，每种方法都有一定的局限，如"水银炼金"时便难以分离银；"铅炼金法"的效果如何，未曾试过。这些方法多由铅丹家创造，之后推广开来。汉代黄金生产量较大，说明其生产工艺也是较为成熟的。

（三）白银冶炼技术的进步

银在地壳中的含量大约只有$1\times10^{-5}\%$，这是很少的，其多伴生于铜、铅、锌等矿石中。越是复杂的矿，往往含银量越高。银的主要矿物有：辉银矿（Ag_2S）、硫铜银矿（AgCuS）、硫锑银矿（$3Ag_2S\cdot Sb_2S_2$）等。但银常与铜、铅、锌等的硫化矿共存，而含硫矿物，冶炼前一般都要焙烧去硫。凡共生矿炼银，皆须另加分离共生元素的工序，银的品位一般较低，而且须进行多道金属分离，故银之采冶较黄金复杂而艰难。

汉代白银主要产于今云南一带。《汉书·地理志》"益州郡·贲古"注："北采山出锡，西羊山出银。"犍为郡"朱提，山出银"。《后汉书·郡国志》犍为属国："朱提山出银、铜。"益州郡："律高石室山出锡，監町山出银、铅。""贲古采山出铜、锡；羊山出银、铅。""双柏出银。"朱提、律高、贲古、双柏皆位于今云南境。朱提，治所昭通。《后汉书·郡国志》虽为南朝梁刘昭所补，当有汉代资料为本，至少是反映了南朝的情况。

北魏时期，今陕西、山西都曾产银。《魏书》卷一一〇"食货志"载："世宗延昌三年（514年）春有司奏：长安骊山有银矿，二石得银七两。其年秋，桓州又上言，白登山有银矿，八石得银七两，锡三百余斤。"桓州，今山西大同。可见这银矿品位都较低，前者含银量约为0.2%，后者为0.05%。这是我国古代关于银矿品位的较早记载。《魏书》载："银出始兴阳山县，又出桂阳阳安县。"《桂阳记》载："临贺山有黑银。"[46]与《魏书》对照起来看，此"黑银"当即为银。

南朝梁陶弘景也谈到过银的产地和矿床形态。《重修政和经史证类备用本草》卷四引陶弘景云："银之所出处亦与金同，但皆是生石中。"此"但皆是"三字用得比较准确，可见古人对金矿、银矿都已有了较多的了解。如前所引，陶弘景谈到的产金地有梁州、益州、宁州。

值得注意的是南朝王韶之撰《始兴记》，其曾生动地描述过广东英德、清远等地银矿的矿床情况，说："小首山崩，崩处有光耀，悉是银砾，铸之得银。而英德、清远，其山传有银矿者……其矿或红如乱丝，或白如草根，或衔黑石，或有脉，谓之龙口。循龙口挖之，浅者一二丈，深者四五丈，有焦路如灶土然，斯矿苗也。又挖则矿见矣。由微而盛，盛而复微，或如串珠，或如瓜蔓。微则渐绝，绝复寻焦，焦复见矿；若焦已绝，则又盘荒也。"（清屈大钧《广东新语》卷十五引）。这是关于银矿产状一段较早的记载。

我们推测，大约先秦时期便已开采和冶炼过一些简单的银矿物，如辉银矿等，汉代便发展到从复杂矿物中提取银的阶段。为后世广为采用的“铅炼银法”，即所谓的“灰吹法”，是到了汉代才见于记载的，其一直沿用到了20世纪，是我国古代炼银的基本工艺。它的基本特点是:整个冶炼过程分两步，第一步利用银与铅易于形成合金的特点，先将银溶入铅中，得到一个含银的“铅陀”；第二步再将此“铅陀”置风炉中烧炼，令铅氧化成密陀僧（PbO），之后，此氧化铅或为风吹去，或渗入灰中，最后达到分离银、铅的目的。这一工艺的发明年代，或许亦可上推到先秦时期。

狐刚子在谈到“出矿银法”时说:“有银若好白，即以白矾石、硇末，火烧出之。若未好白，即恶银一斤和熟铅一斤，又灰滤之为上白银。作灰坯:火屋中以土墼作土槽，高三尺，长短任人，其中作模。皆得，坯中细炼灰使满，其中以水和柔使熟，不湿不干用之。小抑灰使实。以刀铍作坯形，灰上薄布盐末。当坯内（脱铅字）矿，各以黄土炼（脱灰字）覆上，装炭使讫，还以墼盖，炉上当坯上各开一孔，使大气通出，周泥之。坯前各别开一孔看，时时瞻候，以铁钩钩断糖屎，使出。须臾火彻，锡矿沸动旋回，与银分离，锡尽，银不复动，紫绿白艳起，艳起以杖击。少许布水湿沾之，其银得冷即起龙头，以铁匙按取，名曰龙头白银。”[47]此“恶银”即粗银。后文的“锡”即前文的“熟铅”。此处把铅称为锡，看来有三种可能:一是笔误；二是古人铅锡分辨不清，概念模糊；三是丹家好用隐语，故作神秘，有意错写。我们以为，第一种可能性很小。第二种的可能性也不大，我国建立了世界上最为光辉的青铜文明，从先秦到汉后，青铜合金成分都是控制得很好的，不可能铅锡分辨不清。最大的可能是第三种，即道者有意写错的。大凡自汉至宋，在炼丹术盛行的时代，丹家故作隐语的现象较为常见，并且往往同一种物品有多个名称。如金，丹家又谓之庚辛、天真、男石山火、庚、太真；这都是一些隐语。决非铅与锡混淆。“锡矿（铅的氧化物）沸动旋回”是描写铅氧化成的密陀僧的炉内状态；最后，其完全渗入灰坯中，于是“锡（铅）尽，银不动”。这便是“铅炼银法”的全过程。类似的方法在我国一直沿用了下来，它与现代技术原理是基本相符的。

在此有一点需顺带说明的是:今俗所谓“灰吹法”、“混汞法”等名称是不甚确切的，比不上“铅炼金法”、“铅炼银法”、“汞炼金法”等来得贴切、明了。如灰吹法，其氧化得到的密陀僧，并非只能吹去，也可用铁钩钩出的。“灰吹法”之名或源于日本，日本矿冶著作《山相秘录》中曾经使用过这一名称。日本学者吉田邦光在《“天工开物”の製錬・铸造技术》一文中，在讨论“铅炼银法”时使用过此名，之后遂为中国学者广泛采用。此前，国人使用此名者甚鲜。《山相秘录》的原作者是佐藤信景，其子佐藤信季曾为之作注，其孙佐藤信渊于文政十年（1827年）时，作了最后的总结、整理，并定稿，是经过了三代人之手才完成的①。

① 关于《山相秘录》成书过程的资料承日本友人杉本和江女士提供。

表 4－5－7　汉代银器科学分析

名称	样号（器号）	分析序号及部位	时代	地点	成分（%）			
					银	铜	铅	铁
银钔	LL17	1. 断口	汉	临淄稷山	100			
		2. 表面			90.85			9.15
镀金银泡	LL20	1. 拉杆基体		临淄大武墓	84.076	15.923		
		2. 泡边框基体			86.924	13.075		
银泡	LL21	1. 拉杆基体			89.988	10.011		
		2. 泡表面			94.867	5.132		
铲形银锭	C201	基体	西汉	南越王墓	94.66	5.34		
银匜	E86	基体			98.4	1.5	0.03	0.04
银管	M64:25－7	基体	东汉晚期	青海大通县	100			

注：（1）临淄出土的 3 件标本承齐故城博物馆张龙海提供，承原冶金工业部钢铁研究总院扫描电镜能谱分析。资料待发。

（2）西汉南越王墓出土的铲形银锭为 X 射线能谱分析，银匜为扫描电镜能谱分析；均采自文献［35］孙淑云分析报告。

（3）大通银管系扫描电镜能谱分析，资料采自文献［48］。

表 4－5－7 为部分汉代银器成分。由之可见：

（1）临淄银钔 LL17、大通银管 M64:25－7 质地较纯[48]，在扫描电镜下没显示任何杂质。这在一定程度上反映了汉代炼银的技术水平。其表面上的铁显然是一种污染。银匜 E86 亦较纯。

（2）镀金银泡 LL20、银泡 LL21、南越王墓铲形银锭 C201 三器基本上都是银铜合金。银中渗铜后，颜色稍稍显黄，强度提高。此三器的含铜量较高，很可能是古人有意掺入。表中所列 6 件标本中，2 件银泡含铜量都较高，银钔则质地较纯，当非偶然因素所致。这说明早在汉代，人们对银铜合金的性能便有了一定认识。

六、关于铅锡的使用和冶炼

铅锡主要用途依然是前面提到的六个方面，但秦汉之后，它们都使用得更加普遍，使用量都有了增加。如洛阳烧沟 225 座汉墓，所出铅质明器有：盖弓帽 56 件、车軎 5 件、衔镳 5 件、圆筒形器 2 件，人骑羊、人骑马各 1 件，铅质圆环形器若干[49]。洛阳西郊 217 座汉墓，出有铅钱 2 件，锡钱 2 件，铅质车马器（明器）计约 9 件，铅质蛹形饰 6 件和铅夹饰等[50]。见于诸家著录的东汉铅质买地券较多，如《贞松堂集古遗文》卷十五载有：建宁二年王未卿买地券（83 字铭）、中平五年房桃枝买地券（96 字铭）、光和七年樊利家买地券（125 字铭）等。另外，汉代还以铅作笔，《东观汉记》卷十八“曹褒列传”载：“昼夜沉思，寝则怀铅笔，行则诵文书。”

自古以来，铅锡主要产于我国的南方和西南方。《史记·货殖列传》载:江南出“金、锡、连、丹砂”；“豫章出黄金，长沙出连、锡”。如前所云，其中的“连”是为何物，迄今未解，下章再作讨论。《汉书·地理志》载:益州郡贲古“北采山出锡，西羊山出银、鈆，南乌山出锡”。《后汉书·郡国志》“益州郡”载:“律高石室山出锡，盢町山出银铅。贲古采山出铜锡，羊山出银鈆。”梁刘昭原注云:“《地道记》曰南乌山出锡。”其中有的文献前面亦曾引用。

《本草纲目》卷八“锡·集解”引《名医别录》云:“锡生桂阳山谷。”又引陶弘景云:“今出临贺，尤是桂阳地界。铅与锡相似，而入用大异。”桂阳在今湖南，临贺在今广西，此二处邻近。关于《名医别录》一书的由来，李时珍云:“《神农本草》药分三品计三百六十五种，以应周天之数。梁陶弘景复增汉魏以下名医所用药三百六十五种，谓之《名医别录》。”

铅的矿石有硫化矿和氧化矿两大类。前者主要是方铅矿（PbS），后者主要是白铅矿（$PbCO_3$）。硫化矿分布最广，世界上的铅大部分是从硫化矿炼制的。冶炼前先须焙烧脱硫，之后再作还原冶炼。若用化学式表示，即:

$$2PbS + 3O_2 = 2PbO + 2SO_2\uparrow$$

$$PbO + CO = Pb + CO_2\uparrow$$

氧化矿是硫化矿长期风化的结果，常出现在铅矿的上层，储量较少，冶炼也较为简单，可在鼓风炉内直接用木炭作高温还原。

锡矿有两种，即原生矿和冲积矿。前者又叫山锡矿或脉锡矿，后者又叫砂锡矿，全世界大约三分之二的锡是由冲积矿冶炼的，古代更是如此。自然界中具有工业价值的锡矿物是锡石，化学式为 SnO_2，纯锡石的成分为锡 78.6%、氧 21.4%。锡者，金易也，较易冶炼的金属也。

也许是生产量较小，工艺也不太复杂之故，在明代以前，有关铅、锡冶炼的遗址和文献记载都很少看到。

七、炼汞技术的发展

此期的炼汞技术有了较大发展，不但使用量增加，而且出现了多种不同的炼汞工艺。

此期汞的用途主要有四个方面:（1）用混汞法提纯金银和制作金银粉。《重修政和经史证类备用本草》卷四“金屑”条引载:“陶隐居云:凡用银屑，以水银和成泥。”（2）制作金、银、锡的汞齐，用以镀物。后面将要提到。（3）作为医家用药，《本草纲目》卷九“石类·水银”条说，在《神农本草经》中，水银是作为“中品”药的。（4）殓尸，先秦两汉，及至后世都有使用，因古人认为水银具有防腐功能。《史记·始皇本纪》载:葬始皇于骊山，“以水银为百川江河大海，机相灌输，上具天文，下具地理”。汞是古代炼丹的主要药物，丹家们给它起了二十多种不同的名称，如:水银、澒、姹女、青龙、流珠、元水、铅精等[14]。这些名称对汞作了许多赞扬，但也使之披上了神秘的色彩。

汞矿主要分布于我国的南方和西南方。《史记·货殖列传》载:江南出“金、锡、连、丹砂”；巴蜀沃野千里，地饶“丹砂、石、铜、铁”。《史记·货殖列传》亦载:“巴（蜀）寡妇清，其先得丹穴，而擅其利数世，家亦不訾……秦皇帝以为贞妇而客之，为筑女怀清台。”含汞矿物约有15～20种，但具有工业开采价值的大约只有4～5种，即辰砂（HgS）、黑砂、自然汞、硫汞锑矿和汞黝铜矿等。在汞的诸矿物中，除自然汞外，其余都是硫化矿，而其中分布最广，最为重要的便是辰砂（丹砂）。

《本草纲目》卷九“丹砂·集解”引《名医别录》云：“丹砂生符陵山谷，采无时。”又引陶弘景云：“符陵是涪州，接巴郡南，今无复采者，乃出武陵西川诸蛮夷中，皆通属巴地，故谓之巴砂。仙经亦用越砂，亦出广州、临漳者，此二处并好。”显然，陶弘景是从医学角度来论述质地优劣的，但也反映了丹砂的一些产地。

依操作原理，我国古代炼汞法约有三种工艺：

（1）低温焙烧法。基本原理是利用空气中的氧来还原丹砂中的汞，使丹砂中的硫以二氧化硫的形式逸出。此无密封的加热设备，除空气外，通常亦无其他的还原剂。

（2）蒸煮法。操作要点是：将丹砂置于密闭的容器内，利用配入的某种还原剂将丹砂中的硫夺去，将汞还原出来。蒸煮在密闭的体系中进行，外加热，汞矿砂不得与空气接触，不能利用空气中的氧来氧化矿砂中的硫。但此汞蒸气的冷凝过程，与汞的还原过程，是在同一系统中进行的，没有独立的冷凝系统。依还原和冷凝方式之不同，今人又将之区分出了“下火上凝法”、“上火下凝法”等种操作。顾名思义，前者是在下部进行加热还原，在上部冷凝汞蒸气的，后者则是上加热，下冷凝。

（3）蒸馏法。与蒸煮法同样，还原冶炼也在密闭的体系中进行，且要配入某种还原剂；其与蒸煮法的区别是，冷凝过程是在一个独立的系统中进行的，还原系统与冷凝系统间以一导管相连。当然，“蒸煮法”也可视作蒸馏法的初始形态、低级形态。

在蒸煮法和蒸馏法中，古人使用过的还原剂，或说脱硫剂有生铁、炭、石灰石、铜、铅等。一般认为，低温焙烧法约发明于先秦，汉唐仍有使用；蒸煮法约发明于汉，延及唐宋；蒸馏法约发明于唐，之后便一直沿用了下来，直到近现代。我国古代关于炼汞技术的记载是到了汉代，才在炼丹著作中看到的。其实，古代文献中说的“飞汞”、“抽汞”、“抽砂”等名称，都包含了蒸馏的意思。近现代炼汞法较多，除蒸馏法外还有高炉法、沸腾焙烧法，以及湿法炼汞等。

原始的低温焙烧法虽然发明稍早，但有关记载是汉魏之后才看到的，宋苏颂《图经本草》载：“《经》云：出于丹砂者乃是山石中采粗次朱砂，作炉置砂于中，下承以水，上覆以盖，器外加火煅养，则烟飞于上，水银溜于下，其色小白浊。”这里未谈到密封的问题，也未谈到还原剂，可能是利用空气中的氧来还原汞的；还可能利用了水来冷却汞蒸气。此《经》当指《神农本草经》。这段文字，《重修政和经史证类备用本草》卷四“水银”条和《本草纲目》卷九“水银”条都有引述，内容基本一致。这大体上反映了先秦至汉晋的情况。此外，张华《博物志》卷四云：“烧丹朱成水银。”葛洪《抱朴子·金丹篇》载：“丹砂烧之成水银。”也都谈到了汞的冶炼，但所述甚为简单，是如何烧炼的，又是如何将逸出的水银收集起来的，皆不得而知，很可能也是同了这种原始焙烧法。

蒸煮法约始见于汉，最先出现的大约是下火上凝法。《黄帝九鼎神丹经诀》卷十一第二页说：“臣按：狐刚子云，凡出水银有三种法，一名雄汞，二名雌汞，三名神飞汞，用各有别，作亦不同。”[17]即是说，汉代的狐刚子认为炼水银有三种工艺，但大体上皆属下火上凝法。此“臣”未知何许人也，或即该书编纂者，或即修纂《新修本草》之苏敬等。

其中“雄汞法”是：“取朱砂十斤，酥一合。作铁釜，圆一尺，深半寸，平满，勿令高下不等，错之使平。以为釜灶，亦令正平。然后取青瓮，口与釜口相当者四枚，以酥涂釜，安朱砂于中，其朱捣筛令于釜中薄而使酥气。然后以瓮合之，以羊毛稀泥泥际口，勿令泄气。先然（燃）腐草，可经食顷，乃以软木柴然（燃）之……放火之后，不得在旁打地、大行、顿足，汞下入火矣。从辰至午当下之。待冷或待经宿，以破毛袋取著新盆中，以软苇皮裹新绵三四两许，好急坚缚，如研米槌状，于瓮中破之，安稳泻取尽罢矣……烧汞之人多食猪肉及酒，若不食者，汞气入人腹中，五脏塞，不能饮食，久久伤人，慎之。好朱一斤可得十二两，中朱十两，下朱八两。”[17]由此可见：（1）其冶炼过程是在密闭的上下釜中进行的，显然是蒸煮法，有如今人蒸煮食物一般。（2）上下釜间须以盐泥固济，用密闭的上下釜炼汞；用文火加热，腐草、软木柴的发热值都不太高，可减少汞的飞损。（3）汞开始分解后，严禁任何震动，以免水银珠重新滴落到下釜中。（4）其未谈到还原剂，人们推测，它可能是由下述两种物质充当的：一是有意无意带入的碳酸钙夹杂，二是“铁釜”。反应式应分别为：

$$4HgS(固)+4CaCO_3(固)=4Hg(气)+3CaS(固)+CaSO_4(固)+4CO_2(气)$$

$$HgS(固)+Fe(固)=FeS(固)+Hg(气)$$

因其冶炼时皆加热下釜，水银珠凝于上釜之壁，故谓“下火上凝法”[51]。陈国符在研究《道藏》[52]，赵匡华研究化学史时[51]，都对水银作过许多研究。

在此有一点值得注意的是：此两个反应式都是有气体产生的，尤其是上一个反应式，气体量很大，它必将破口而出，自然，汞也要跟随逸散一部分。

“雌汞”和“神飞汞”作法。《黄帝九鼎神丹经诀》卷十一又云：“臣按：若作此（雌）汞，用猪脂一升，和朱砂十斤为泥，以泥釜中。若作神飞汞，用朱砂末十斤，吴黄矾一斤，栀子四十枚，石盐一斤，郁金根一斤，胡同律一斤。各异捣下筛，以牛屎汁和之为泥，泥釜厚一寸，盖固际，柴草烧已，收拭一如上法。”[17]这段文字亦是以“臣按”的形式出现的，看来并非狐刚子原文，而是“臣”对它的综述。

这里对“雄汞”和“神飞汞”法介绍得较为简单，其实工艺上并无太大差别，大约三法皆是用铁釜加热的，配料上稍有不同。值得注意的是升炼“雌汞”时使用了猪脂，实际上就是碳，可起到还原剂的作用；升炼“神飞汞”时使用了黄矾，即硫酸铁，加热后可分解出 SO_3，可氧化密闭系统中由 HgS 加热分解出来的硫，也可起到还原剂的作用。

从有关记载看，上火下凝法大体上也是同一时期发明出来的。明刘文泰《本草品汇精要》卷三“水银”条，引宋苏颂《图经本草》曰：“《经》云：出自丹砂者乃是山中采粗次朱砂，和硬炭屑匀，内阳城罐内，令实。以薄铁片可罐口，作数小孔，掩之，仍以铁线罗固。一罐贮水承之，两口相接，盐泥和豚毛固济上罐及缝处，候干，以下罐入土，出口寸许。外置炉围火锻炼，旁作四窦，欲气达而火炽也。候一时则成水银，溜于下罐矣。”可见其整个蒸煮过程是在上下罐中进行的；上罐放朱砂和炭屑，其口向下；下罐盛水，其口向上；两罐口之间用一带孔的小铁板隔开，让汞蒸气透过。罐口相接处密封起来。下罐埋入土中，在上罐周围加热。“旁作四窦”，以作加热炉通风用。还原出来的水银冷凝于下罐的水中。这里使用了炭作还原剂。此《经》即《神农本草经》，此书集先秦至汉代本草学之大成，所以这段文字大体上反映了先秦、汉代，或者还稍后一个时期的情况。《本草品汇精要》一书成于明弘治十八年（1505 年），比《本草纲目》早七十年，清康熙三十九年（1700 年）付刊。在此有一点值得注意的是：这段文字不为宋《重修政和经史证类备用本草》所引，亦不为明《本草纲目》所录；此两书引用的都是《神农本草经》中的低温焙烧法，而刘文泰引用的却是《神农本草经》中的蒸煮法。刘文泰系明代太医判，其引文当有所本，如若无误的话，蒸煮法中的“上火下凝”法当也可推到汉代的。

从技术的发展程序看，在“下火上凝”和“上火下凝”这两种方法中，后者应是在前者基础上发展过来的。后者具有一个较好的冷凝系统，能更为有效地把汞蒸汽收集并冷凝下来，生产率自然较前法为高。“上火下凝”法把原本向上喷出的汞蒸气引导向下，故这应是古人的一项创造。

至迟南朝时期，我国便有了关于自然汞的记载。《重修政和经史证类备用本草》卷四“水银”条引南朝梁陶弘景云：“今水银有生、熟。此云‘生’，符（涪）陵平土者，是出朱砂腹中，亦别出沙地，皆青白色最胜；出于丹砂者，是今烧粗末朱砂所得，色小（稍）白浊，不及‘生’者甚。”可知此“生”水银系指自然汞，“熟”水银系指丹砂烧出者。“出朱砂腹中”、“别出砂地”，都是一种产出方式。

看来，我国古代汞冶炼术发明较晚的原因至少有二：一是未找到适当的冷凝器；二是未找到适当的还原剂。铜、铁、锡、铅等金属的冶炼，都是利用燃烧过程中产生的一氧化碳和游离的活性炭作还原剂的，并非人们有意加入。人们最初对这一还原剂的利用，应当是无意识的。要在汞矿蒸煮釜中有意识地另外加入一种物质作为还原剂，由无意到有意，需要经历一个漫长的探索过程。还原剂的有意使用，也是人们认识上的一次飞跃。

八、部分金属（合金）名称的出现和人们认识的深化

先秦时期，我国已冶炼出了金、银、铜、铁、铅、锡、汞七种金属，大量地使用了 Cu－Sn、Cu－Pb 二元和 Cu－Sn－Pb 三元合金，创造了人类历史上最为光辉灿烂的青铜文明。人们还使用了部分黄金器物，但很不协调的是，人们并未从名称上，把“铜”与“金”严格地区分开来，关于铜合金的初步认识体系亦未形成。汉代之后，随着冶铜技术的发展和铜合金技术的进步，人们对铜及其合金的认识才逐渐深化，并有了“铜”，以及“青铜”、“白铜”、“黄铜”等名称。

（一）“铜”字的出现

先秦著作很少看到“铜”字，一般情况下人们都是把“铜”称为“金”的。

前面引述的大量文献，如《考工记·六齐》等等莫不如此，迄至战国晚期依然如此。从现有资料看，“铜”字大体上是西汉中期之后才逐渐流行开的。

《左传》僖公十八年（前642年），“郑伯始朝于楚，楚子赐之金，既而悔之，与之盟曰：无以铸兵，故以铸三钟”。此既可铸兵，亦可铸钟之“金”显然是锡青铜。时为春秋中期。

《国语·齐语》载管仲论述如何充足兵甲之法，说：“制重罪赎以犀甲一戟，轻罪赎以鞼质一戟，小罪谪以金分。”又说“美金以铸剑戟，试诸狗马；恶金以铸锄、夷、斤、斸，试诸壤土”。此“金分”，当指不同分量的铜或青铜。韦召注：“小罪不入于五刑者，以金赎，有分量之差。”此“美金”指含锡量稍高、质量稍好的青铜；此“恶金”有学者认为是铁，窃以为应指含锡量稍低，硬度强度稍低的青铜。时当春秋中期。

《荀子·强国篇》在谈到强国之道时，曾以铸器造物为喻，来阐明一些治国的道理：“刑范正，金锡美，工冶巧，火齐得，剖刑而莫邪已。”这里谈到了获得锋利兵刃器的四个基本工艺条件，此“金”显然是指铜的。荀子（约公元前313年~前238年）为战国晚期赵人，三为稷下学宫祭酒。

李斯《谏逐客书》：“江南金锡不为用，西蜀丹青不为采。”秦始皇十年（公元前237年），下令驱逐列国入秦游说之士。李斯谏书即为此事而撰。此“金”显然指铜。时为战国末年。

西汉初期依然多以“金”称铜，之后就逐渐发生了变化。唯谈论历史时，仍以“金”名“铜”，而在谈论现实生活时，“铜”与“金”就逐渐区分开来。

1972年，湖北云梦县大坟头一号汉墓出土大批器物，其中有木牍1块，长24.6厘米、宽6.1厘米，正、背两面均有墨书文字，计221字，绝大多数清晰可辨，其中至少有10种器物题有“金”字，其实都是铜器。计有“金兵二”（铜钫2）、“金小盂一”（铜盂1）、“金鉇一”（铜匜1）、“金铣般一”（铜洗盘1）、“金鬲甗各一”（铜鬲铜甗各1）、“金匕木匕各一”、“铁斗金斗各一”（铜勺1，出土物中未见铁勺）、“金鼎二”（铜鼎2）、“金剑剑口各一”（只见铜剑1，另一物当为剑鞘，未见）、“金鍪一”（铜鍪1）。据考，墓主人大约是县丞，下葬时间当早于西汉文帝十三年（公元前167年），晚于始皇三十年（公元前217年）[53]。可见当时仍将铜名之为金。

《史记·孝武纪》：“禹收九牧之金，铸九鼎。”这是说夏代之事，把“铜”称之为金。

《淮南子·汜论训》：古者民泽处复穴，冬日则不胜霜雪，夏日不避暑热，故圣人“筑土构木，以为宫室”。“铸金锻铁，以为兵刃；猛兽不能为害。”此书系淮南王刘安与门客苏飞等人撰成。这是在回顾人类改造自然的历史，把铜称之为金。时为西汉中期。

《史记·秦始皇纪》载：秦统一全国后，曾收集天下兵器，聚之咸阳，销以为钟，并铸“金人十二，重各千石，置廷宫中”。此乃记述秦代的情况，把铜称之为金。

《史记·孝武纪》：“其后则又作栢梁、铜柱、承露，僊人掌之属矣。”这是汉代人记述汉代的情况，这里使用了“铜”字而未用“金”字。未再把铜称之为金。

《史记·货殖列传》在谈到全国的物产时说：江南出“金、锡、连、丹砂、犀”等物，“铜、铁则千里往往山出棊置”。这里同时提到了金和铜，显然已把铜与金区分开来。连，含义不明。

有时甚至在谈及历史时，亦不再以“金”称铜，而是直呼为“铜”了。如《史记·孝武纪》载：“黄帝采首山铜，铸鼎于荆山下。”这是一个很大的变化。

《史记》作者司马迁约生于武帝建元六年（公元前135年），卒于武帝太始、征和间，即公元前92年前后，年40余岁。时为西汉中期。说明当时人们已从名称上区分开了铜与黄金。

1968年，河北满城中山王刘胜墓出土大批青铜器，部分器物铸有铭文，且皆以“铜”名之，而未称之为“金”。如：铜钫，2件，都刻有“中山内府铜钫一”等字铭。铜锔，2件，颈部皆刻有“中山内府铜盆”等字铭。此鋗亦是一种盆，《说文解字》：“鋗，小盆也。”窦绾墓也出土有铜锔2件，皆有“中山内府铜锔一”等字铭。刘胜死于公元前113年，窦绾墓约埋葬于公元前118～前104年之间[36]。属西汉中期。

大约西汉中晚期之后，若非谈论历史、引述古籍，人们已很少再称铜为“金”。至于“铜”字的本意，历代注释家皆未说明，许慎《说文解字》也只说其为赤金，我以为这只说到了一半，还有一半意思他未说出。窃以为：铜者，金同也，同金也，与金等同也；看来这才是“铜”字的本意。可见汉代对铜依然是高看一眼的。

（二）黄铜、白铜、青铜等多种名称的出现

这几个名称大体皆始见于汉，与“铜”同时，或稍后便流行开来。

“黄铜”之说约始见于西汉中期。前引西汉方士东方朔（公元前154～前93年）《神异经》曾多次提及，如其“中荒经”云：“西北有宫，黄铜为墙。”东方朔在武帝时曾官至太中大夫，以奇计俳辞得以亲近，为武帝弄臣。虽其“黄铜”一词含义不明，但大体上应当是黄色的铜或铜合金。从数千年的历史看，我国古代“黄铜”一词先后至少有过三种不同的含义：（1）含锡量较低的锡青铜。一般而言，含锡量小于14%的锡青铜断面皆呈黄色。（2）低砷（<10%）的铜砷合金。（3）铜锌合金。

“白铜”一词大约亦出现于汉。《汉三国六朝纪年镜图说》载后汉建宁二年（169年）兽首镜1件，主铭作“三羊作镜自有方，白铜清明复多光”等字样。同书又载熹平二年（173年）环状乳神兽镜1件，副铭作“吾作明镜自有方，白铜清明兮”等字样。此“白铜”显然指铸镜用的高锡青铜。从众多文献记载看，我国古代白铜也有多种含义：（1）高锡青铜。（2）砷白铜，如前所云，明代宋应星《天工开物》也曾提到。（3）镍白铜，如前所云。（4）镀了锡的铜或者铜合金。《广雅·释器》云：“白铜谓之鋈。”今人张子高认为，此“鋈”即镀、镀锡[54]，意即此“白铜”是镀了锡的铜或铜合金。对于“鋈”字的含义，下面还要讨论。

“青铜”一词在汉代使用较多。辛延年诗《羽林郎》写道：“就我求珍肴，金盘脍鲤鱼。贻我青铜镜，结我红罗裾。”[55]辛延年，后汉人，生卒不详。朱乾《乐府正义》疑此诗为讽刺和帝（公元89～105年在位）时的窦景而作，窦景官执金吾，统帅部分禁军。若此说可信的话，此诗的年代当为东汉中期，即至迟东汉中期，便有了“青铜”一词。又，《汉三国六朝纪年镜图说》载建安七年（202年）半圆方枚神兽镜一件，铭作“建安七年九月廿六日作明竟百湅青同”等字。时为东汉末年。同书又载建兴二年、太平元年半圆方枚神兽镜各1件，分别有“百湅清铜服者万年”、“百湅清同上应里（星）宿”等字样。此两件镜的具体年代尚难确定，因以“建兴”、“太平”为年号的帝王较多，但为六朝镜是肯定了的。从文献记载看，我国古代“青铜”主要指锡青铜和铅锡青铜。明代有过以硝矾制炼青铜之说，其意不详。

汉时，人们已把黄铜、白铜、青铜当成了一个体系，且出现了一个统一的名称，即三色铜、铜三色。《禹贡》扬州，“厥贡惟金三品”，唐孔颖达注引汉郑玄云：“金三品者，铜三色也。”此“铜三色”，虽其未曾说明，但从汉代文献显示过的情况看，郑玄所指应当是黄铜、白铜、青铜。郑玄（127～200年），东汉经学家。可见在汉代，人们不但从名称上区分了金和铜，而且区分出了黄铜、白铜、青铜。尽管此三色铜的含意与现代未必十分吻合，但它毕竟是人们认识上的一个进步。及明，李时珍在《本草纲目》中又有一个分类法，后面再作介绍。

（三）关于“五金”之名及其变迁

我国古代原有“金三品”之说，即前引《禹贡》扬州厥贡所云，孔传其为“金银铜也”，孔颖达疏亦为“金银铜也”。《汉书》卷二十四下“食货志”又说“金有三等，黄金为上，白金为中，赤金为下”。孟康注：“白金，银也。赤金，丹阳铜也。”此“金三品”、“金三等”之说，汉后逐渐减少。

“五金”之名约始见于汉或稍前。《吴越春秋》卷四“阖闾内传”载：“臣闻越王允常使欧冶子造剑五枚……一名湛卢，五金之英，太阳之精。”此书为后汉赵晔所撰。

对“五金”的具体含义，许慎《说文解字》说得最为明白：“金，五色金也，黄为之长。”“银，白金也。”“铜，赤金也。”“铁，黑金也。”“铅，青金也。”即是说，所谓五金，即金、银、铜、铁、铅五种金属。许慎（公元58～147年）大体生活于东汉中期。这种定义、区分和归纳，显然是人们对古代金属在认识上的一次深化。当然它还有很大的局限，即它过于简单，这是历史条件造成，不能苛求于前人的。

《汉书·食货志上》“金刀龟贝”注：“金，谓五色之金也，黄者曰金，白者曰银，赤者曰铜，青者曰铅，黑者曰铁。”此注为唐颜师古所作，显然他是依照汉代的认识来写的，与《说文解字》所述完全一致。

在此有一点值得注意的是:汉代“五金”含铅而不含锡。先秦时期，人们对锡是十分重视的，大凡言及兵刃器、钟鼎器铸造时，一般都要谈到用锡，而很少谈到铅，《考工记·六齐》条便只谈到了锡而不曾提到铅。汉代之后，也只有两种情况经常谈及铅:一是铸钱时，二是炼丹时。铸造“六齐”类器物时，依然很少谈铅。那么，此“五金”为何一反先秦的日常习惯，轻锡而重铅呢？我们以为，这主要是受到了炼丹术和阴阳五行思想的影响。

五行说在我国很早便已出现。《尚书·洪范》云："五行:一曰水，二曰火，三曰木，四曰金，五曰土。水曰润下，火曰炎上，木曰曲直，金曰从革，土爰稼穑。"这是今日所见关于"五行"的最早记载，是一种十分朴素的唯物主义思想。《尚书》，司马迁定为周书，当成于西周初年。两汉时期，这种思想扩展到了社会生活的各个领域，人们把自然的、社会的许多相关和不相关的事物都冠上了"五"之数，形成了一整套"五行观"，如:五色、五方、五兵、五谷、五毒、五味、五常等。其实，其中的金属、颜色、谷物、兵器等，皆不只五种，只是为着应凑"五"之数，而将其他舍弃。在金属之中，铅、锡皆近青色，皆可谓之青金，但丹铅家重铅而轻锡，于是就排斥了锡，把铅当成了青金。

丹铅家重铅而轻锡，这在许多文献中都可看到。《诸家神品丹法》卷二引唐末玄真子孟要甫云："一切万物之内，唯铅与汞可造还丹，余皆非法。"[56]《本草纲目》卷八"铅"引土宿真君云："铅乃五金之祖……言其能伏五金，死八石也。雌黄乃金之苗，而中有铅气，是黄金之祖矣。银坑有铅，是白金之祖矣。信铅杂铜，是赤金之祖矣。与锡同气，是青金之祖矣。朱砂伏于铅，而死于硫，硫恋于铅，而伏于硇。铁恋于磁，而死于铅。雄恋于铅，而死于五知。故金公变化最多。一变而成胡粉，再变而成黄丹，三变而成密陀僧，四变而为白霜。"这里谈到了人们对铅的重视情况和原因。当然，有的炼丹家把有关和无关的现象乱加联系，结论自然是不恰当的，但他们观察到的许多现象却都是客观存在。另外，铅还可以勾金、勾银，此处未曾提到，这都是丹家重铅而轻锡的实际依据。"五金"之中"有铅而无锡"的现象大约一直延续到了唐宋时期，唯道家说、五行说盛极而衰，才出现了"五金"含锡而不含铅的现象。唐《太古土兑经》序："金、银、铜、铁、锡，谓之五金。"接着谈了这五种金属"相入与不相入"的情况[57]。据陈国符《道藏源流续考》，此书约成书于武后长安二年至玄宗开元末[52]。这是今见文献中较早把锡列入"五金"的地方，这一说法一直沿用至今。之后，宋宣和《博古图录》卷十六在谈到古镜为何多用铜铸制，而少用铁铸制时说："凡五金之序，黄金为上，白金次之，铜又次之，而铁锡为下。故斯鉴以铜先焉，铁次之。"可见锡入"五金"的观点，宋时已为社会上许多人采用。

"五金"，本应是五种金属的代称，其中的"五"本是个定数，后来就发生了变化，定数演变成了概数，"五金"变成了"多金"。迄今为止，我国民间一直还在沿用"五金"之说。

曾有一位伟人说过这样一句话:用改变事物的名称，来改变它的本质，是人类天生的一种诡辩法。我以为此话是有一定道理的，炼丹家推崇铅，把铅当成"五金之祖"，而把锡称为"五金之贼"便可为证。但我今在此还要加上一句，即:事物的名称原是生产力发展水平、人类认识水平的一种反映；名称的变更，也是人们认识上的一次进步和深化；不同名称，实际上都是适应于社会的需要和生产力的发展，随着人们认识水平的提高而产生出来的。

(四) 关于"连"的存疑

汉代著作中曾多次提到过名叫"连"的物质，但其具体含义是什么，迄今为止，人们依然是不太了解的。

在现有资料中，较早提到“连”的地方大约是《史记·货殖列传》，云：“长沙出连锡。”此把“连”与“锡”并提，并说它产于长沙。

《汉书》卷二十四下“食货志”载:王莽居摄，变汉制，“铸作钱布，皆用铜殽以连锡”。此将铜、连、锡三者并提。

对于“连”的具体含义，自古便有不同看法。唐颜师古《汉书》“疏”曾援引诸家说：“孟康曰：‘连，锡之别名也。’李奇曰：‘铅锡璞名曰连。’应劭曰：‘连似铜。’师古曰：‘孟、李二说皆非也。’许慎云：‘链，铜属也。’然则以连及锡杂铜而为钱也，此下又云能采金银铜连锡，益知连非锡矣。”即是说，对“连”的含义，至少有过四种不同看法：（1）认为是锡，以孟康为代表；（2）认为是铅锡矿，以李奇为代表；（3）认为是铜属，以许慎、应劭为代表；（4）认为不是锡，以颜师古为代表。现代学者也依据古人的这些说法，分别做出了不同的选择，有的还有所发展。其中大家较为熟悉的是章鸿钊，如前所云，其认为此“连”即锌矿或金属锌，并以此作为我国早在汉代便已发明炼锌技术的依据，这自然是缺乏说服力的。

在此还有一点值得注意的是，《史记》、《汉书》所写皆作“连”字，旁未从金。从金的“链”字是在《说文解字》中看到的。《史记》成书于西汉中期，作者司马迁约卒于公元前90年左右；《汉书》约成书于东汉早中期，作者班固（公元32~92年）去世时尚未最后完稿，缺八“表”和“天文志”，和帝（公元89~105年在位）遂令班固之妹班超等补齐。由《史记》到《汉书》，其间约有100年左右，即在这100年内，“连”字很可能都是不从金的。《汉书》至少有两个地方用到了“连”字，而未用“链”字。所以我们推测，在《史记》、《汉书》的成书年代，包括其作者在内，许多人对“连”是否是一种金属还是不太了解的。到了东汉中期、晚期，许慎、应劭才认为它是一种金属，将“连”写成了“链”，且认为它是铜属。

所以，对“连”字诸说的确切性，今人已经很难分辨；若依《史记》、《汉书》的本意，“连”当非铜、非锡，而可能是铅或铅锡合金。可待日后研究。

第六节　多种金属加工技术的发展

战国以前，金属加工的主要对象是青铜，战国之后铁器加工显露头角，两汉之后钢铁成了金属加工的主要内容。但从技术上看，则不管钢铁还是青铜，此期的加工技术都有了较大进步，锻打技术有了进一步提高，出现了不少薄壁青铜锻件，花纹钢工艺发展到相当成熟的阶段，钢铁锋刃器的刃部嵌钢技术广泛使用起来，可能还发明了黄金拉拔和简单的金属切削工艺，金属镶嵌发展到了一个新的阶段。

一、压力加工技术的发展

整个先秦时期，我国金属锻打技术是不太发展的，金属成型的主要方式是铸造；战国之后，虽部分铁器曾用锻造，但大部分依然是铸造的；汉后在相当长一个时期内依然保持了这一技术传统，所以铸铁脱碳退火工艺相当发展。但随着钢铁技术的发展，锻件的优点很快就显示了出来。汉代锻打技术不但是一种成型工艺，制作了大量兵器、生活用器、手工业工具和农具，而且还成了一种制钢工艺，人们通过“百锻”、“百炼”的方式，来排除夹杂、均匀成分，以达到提高材料质量的目的；渗碳钢则通过锻打来加速碳的均匀化过程。下面主要通过几种器物的加工来了解此时期锻打技术的发展。

（一）钢铁刀剑

早在先秦时期，我国便有了尚剑之风。《太平御览》卷三四二“兵部·剑上”：“《家语》曰：子路戎服见孔子，拔剑舞之曰：‘古之君子，以剑自卫。’”此说春秋晚期的君子之好剑。《管子》说：“吴王好剑，而国士轻死。”[1]《庄子·说剑》篇载：庄子说他有三剑，即天子剑、诸侯剑、庶人剑，唯王所用。所谓天子之剑，“直之无前，举之无上，案之无下，运之无旁，上绝浮云，下绝地纪。此剑一用，匡诸侯天下服矣”。所谓诸侯之剑，“直之亦无前，举之亦无上……上法圆天，以顺三光，下法方地，以顺四时，中和民意，以安四乡。此剑一用，如雷霆之震也”。庄子（约公元前369～前286年）为战国中后期人。这些说法自然是一种借喻或戏辞，但也从一个侧面反映了社会尚剑风气之一斑。该书又云：“昔赵文王喜剑，剑士夹门而客三千余人，日夜相击于前，死伤者数百人，好之不厌。”① 又，《战国策·齐策》四载，齐人冯谖客于孟尝君，因嫌其伙食太差而“倚柱弹其剑，歌曰：‘长铗归来乎，食无鱼。’”此铗即剑，时为战国中晚期，冯谖是个贫而不能自存之人，犹有佩剑随身。这些例子，皆可见尚剑风气之盛。

两汉至南北朝时期，崇尚刀剑之风盛而不衰。由侯王到庶人，莫不如此。建安时期（196～220年），曹操做宝刀五件，三年乃成；建安二十四年，曹丕命国工精炼宝刀宝剑九件；正始六年（245年），齐王芳造剑一件，常服之；黄武五年（226年），孙权采武昌铜铁，作剑十口，刀万口；章武元年（221年），刘备采金牛山铁，做铁剑八件；刘禅延熙二年（239年）作大金剑；关羽为先主所重，自采武都山铁，为二刀；张冀德初受新亭侯，命匠炼赤珠山铁为一刀[2]。1953年，洛阳烧沟发掘了225座汉墓，墓主人皆是平民，出土铁剑33件，最长的达117.8厘米；大小铁刀计116件，最长的达110厘米，断代为西汉中期至东汉晚期[3]。1957～1958年，洛阳西郊发掘217座汉墓，墓主人亦为一般平民，出土铁剑65件，最长的达118厘米；大小铁刀204件，最长达114厘米，断代亦是西汉中期至东汉晚期[4]。这些刀剑不但数量较大，而且有的长度也较大。1972年，陕西勉县红庙东汉墓出土一把铁剑，长达1.28米[5]；1981年稍前，江西南昌地区塘山东汉3号墓出土铁剑1把，残长1.3米[6]。南朝梁陶弘景作《刀剑录》，目的是记述历代的名贵刀剑，实际上也是对这一尚剑时代的一个总结。除刀剑之外，其他刃器也有较长的，《太平广记》卷四〇五引《酉阳杂俎》云：“中牟县魏任城王台下池中，有汉时铁锥，长六尺，入地三尺，头西南指，不可动。”折合今制，此铁锥长度亦在130～140厘米间。在此有一值得注意的现象是，从考古发掘看，先秦的青铜刀剑中，剑是多于刀的，但在汉后钢铁刀剑中，却是刀多于剑。看来这与实战状况、材料性能等都有一定关系。

---

① 赵文王，即越惠文王，赵武灵王之子，公元前298～前266年在位。

我国古代刀剑大体上具有三种社会功能：

（1）作利器。这类刀剑的基本性能是锋利。曹植《宝刀赋》称赞曹操的宝刀为："其利陆断犀革，水断龙角；轻击浮截，刃不纤削。踰南越之巨阙，超西楚之太阿。"《太平御览》卷六六五引梁陶弘景云：南朝时，有一种试验刀剑锋利程度的方法，把若干根"芒"捆为一束，用一丝发系悬于杖头，一人执杖，一人用刀剑挥砍此悬于杖头之束芒，凡芒断而发不断者方为好刀利剑，断截的芒数越多，说明刀剑越锋利。又说晋永嘉间有刘懂者，其千牛刀能断13芒；南朝梁时，黄文庆用谢平的钢料所制之剑能斫15芒，他们皆是中国绝手。

（2）作礼仪用器、日用佩带器。这类刀剑先秦便已出现，目前在考古发掘中看到的许多先秦名剑，如越王勾践剑等，装饰得十分精致，显然不是实战用的。《晋书·舆服制》："汉制，自天子至于百官，无不佩剑。"《后汉书·舆服志》载："汉承秦制，用而弗改，故加之以双印佩刀之饰。"同书同卷还对一些佩刀装饰作了明确规定。

（3）用作降魔辟邪。古人往往赋予刀剑许多神秘和超乎人力的功能。如前引曹操《内戒令》说其宝刀"以辟不祥，慑服奸宄者也。"中平百炼刚刀铭说"上应星宿，下辟不祥"等。

依《荀子·强国篇》所说，影响青铜刀剑质量的主要工艺因素有四，即："刑范正、金锡美、工冶巧、火齐得。"从文献记载和科学分析资料看，影响钢铁刀剑质量的主要工艺因素也有四个方面，即选料、锻打、复合材料技术、淬火技术[7]。现主要谈一下选料，并对"锻打"作一补充，后两方面另行讨论。

古人对刀剑用料的选择一直是十分重视的，曹丕《剑铭》在谈到其所制宝刀宝剑时说，"选兹良金，命彼国工，精而炼之"。此第一句即指选料，第三句指锻打。晋张协《七命》在谈到钢剑制作时说："邪溪之铤，赤山之精"，这是引用《越绝书·外传记宝剑》中的故事来阐述原料选择的。上云黄文庆所锻能斫15芒的剑，是选用了谢平炼制的钢料才制成的。从科学分析看，西汉中晚期之前，我国钢铁刀剑的原料主要应是块铁渗碳钢，之后主要应是炒钢；战国两汉大约都使用过少量铸铁脱碳钢或铸铁脱碳渗碳钢。从现代技术观点看，影响材料性能的主要因素是含碳量和夹杂量之多寡及其存在状态。在含碳量和夹杂量一定的条件下，人们都可通过反复锻打和淬火等方式来进一步改善它的质量。在汉后刀剑中，操作难度较大的：一是"百炼钢刀剑"，二是"花纹钢刀剑"；后者将在下节专门讨论。关于我国古代钢铁刀剑性能和工艺要点，宋代部分还要谈到。

战国两汉时期，不管兵器还是生产工具，锻打过程中往往还要渗碳。如西汉南越王墓铁剑D171，中心部位含碳量仅为0.3%～0.4%；表层渗碳，含碳量高达0.6%。箭杆C203由废钢锻成，加热过程中表层渗碳，心部含碳0.30%，表层0.6%～0.7%，夹杂主要是硅酸盐及少量氧化亚铁。铁削C145－42心部含碳量约0.3%，锻打过程中表层渗碳，后达0.4%，组织中可见少量硅酸盐夹杂。铁锛C145－5由两块含碳量不同的材料锻成，表面也曾渗碳[8][9]。

（二）铁甲

铁甲出现于战国时期，汉后有了较大发展，这主要表现在两个方面：

（1）使用量增加并成了军中重要装备。目前在山东淄博西汉早期齐王墓[10]、广州西汉早期南越王墓[8]、洛阳西郊西汉晚期墓[4]、呼和浩特二十家子西汉中期遗址[11]、安徽阜阳双古堆西汉初期1号墓[12]、福建崇安西汉中晚期城址[13]、河北满城西汉中期墓[14][15]、长安武库西汉中晚期遗址[16]、吉林榆树老河深鲜卑族墓[17]（相当于东汉）、徐州狮子山西汉楚王陵[18]等，我国东西南北的许多地方都有汉代铁甲出土。满城1号汉墓出土1件铁铠甲，方领，对襟开口，短袖，由2859片铁甲连缀而成；甲片大体有两种形状，其中一种呈槐叶形，上端平齐，长3.2厘米、宽2厘米、厚0.1厘米；甲片上有小孔，以麻绳连缀。甲片如此薄、小，数量如此之多，加工起来决非易事。1965年，疑为周勃墓的大墓附近10个土坑出土2500多尊模拟士兵的彩绘陶俑，其中有40%的陶俑披有铠甲[19]。这个百分比虽未必能反映汉代军队装备的全貌，况且各军兵种所用铁甲数也未必完全一样，但汉代铁甲使用量应是不少的。

（2）由西汉早期到中晚期，铁甲形制由札片甲演变成了鱼鳞甲，且遮护面增大；从甲片的制造、连缀到铠甲的形制，都形成了一整套工艺规范[20]。

当然，从金属工艺角度看，汉代铁甲技术依然是不高的。有学者分析过一件二十家子铁甲，低碳钢热锻而成，表面磨光，基体为纯铁素体，晶粒粗大，横断面中心为铁素体+珠光体，含碳量0.1%～0.15%，有少量氧化物和硅酸盐夹杂[11]。满城汉墓一甲片亦由块炼铁热锻而成，含碳量不超过0.08%，表层为细小的等轴铁素体晶粒，晶界上有少量游离渗碳体[15]。老河深一甲片大体为低碳钢，一侧为铁素体，晶粒度2～3级，另一侧为铁系体+少量珠光体，局部魏氏组织，含碳0.1%～0.15%；夹杂物以硅酸盐和氧化亚铁为主，沿加工方向排列成行[17]。看来，两汉甲片大体上皆为熟铁和低碳钢，热锻后大约还进行过组织均匀化退火和消除应力退火，但其强度和硬度都是不太高的。尤其值得注意的是，徐州狮子山西汉楚王墓6件甲片，皆系铸铁脱碳钢制成，其中有3件经过热锻，3件进行过冷锻[18]。及宋，冷锻铁甲又有了长足的进步。

（三）青铜容器

青铜锻打技术在战国时代已达一定水平，汉后又有了进一步发展：使用量明显增加，工件含锡量增高，锻造了部分形制稍大且稍见复杂的器物。

见于报道的汉代锻制青铜器较多，如满城1号汉墓出土有铜甗1套3件、铜釜3件、铜盆2件等；2号墓出土有釜5件、盆1件[14]。辉县琉璃阁汉墓出土有青铜洗1件[21]；长沙西汉后期墓出土有铜钵1件[22]；南越王墓出土有铜盆和铜鋗[8]；河南南阳出土有汉代铜舟等①。在此尤其值得注意的是满城铜甗（1:4104），其由釜、甑两部分组成，另备一盆。釜高31.2厘米、腹径37.5厘米；甑高18.9厘米、圈足径16.7厘米；釜甑通高48.2厘米。盆高16.2厘米、口径36.8厘米[14]。不但较大，且形制较为复杂。经分析，南越王墓锻制的铜鋗成分为：铜82.7%、锡8.7%、铅6.57%；铜盆成分为：铜66.6%、锡12.6%、铅1.4%、铁1.06%、锌<0.01%，呈再结晶等轴晶粒[9]。南阳铜舟成分为：铜79%、锡18.73%，此外还

① 标本承南阳市博物馆提供，分析手段为扫描电镜，报告待发。

有少量铁、硅、铝。可见这含锡量都不低，其中尤其是南阳铜舟；含锡量较高时，热加工温度范围更窄，更增加了加工难度。这种高锡青铜锻件，在汉前是不曾多见的。图版捌，1、2为南阳铜舟的组织形貌。

（四）青铜甲和剑鞘等

在汉代，这类经过加工的青铜器主要见于云南石寨山等地，所见器物有甲片、剑鞘、锄刃等。断代为西汉中晚期。

锻造青铜甲片在先秦滇池青铜器中便已看到，此技术亦为石寨山继承了下来。有学者分析过1件石寨山青铜甲片“石M71:155”，其合金成分为:铜83.9%、锡15.3%、铅约0.2%、铁约0.8%、硫约0.4%。金相组织中显示有α相等轴晶和孪晶。有学者分析过3件石寨山青铜剑鞘，有2件曾经热锻，其中标本“石M71:46”的成分为:铜86.3%、锡11.3%、铁约1.7%；扫描电镜显示有α相等轴晶[23]。

（五）铁锁链

最初大约主要用于军事，拦截江河以狙击敌船，之后才转移到了民用上，架设铁桥，以便交通等。从现有资料看，在我国古代军事上产生过重要影响的大型铁锁链至迟发明于西晋时期。

《晋书》卷四十二“王浚传”载:太康元年（280年），浚等伐吴，克丹阳，“吴人于江险碛要害之处，立以铁鏁横截之，又作铁锥长丈余，暗置江中以逆距船”。此铁鏁即铁锁链。其可横断长江，可见之长。唐刘禹锡《西塞山怀古》：“王浚楼船下益州，金陵王气黯然收；千寻铁锁沉江底，一片降幡出石头。”正是描写这一战役的佳句。今岳阳楼下，洞庭湖边的沙中有铁械3具，各长3米余，厚70厘米，重千余斤，中间各有大孔一，孔径30厘米左右。铁质坚韧，20世纪60年代时仍未见斑锈。此物又名铁钮，据说原为5具，有2具今已下落不明。北宋范致明《岳阳风土》对此铁械的来源和用途曾作过一次推测，说：“盖晋伐吴，吴人以铁锁横断截之，或者此即系植标锁之具。”[24]宋张世南《宦宦纪闻》卷八也有类似说法：“（弋阳）县境桃花步渔人入水见一物，长八尺，博四尺有五寸，约四百余斤，两头如燕尾，腰有眼，其二圆，其二如半月。”并认为与岳阳楼下铁枷同样，都是兵用锁江链的一个部分。此说当有一定道理。这也是我国保存至今的一种大型文物。

《南史》卷二十五“垣护之传”:垣护之“随王玄谟入河，玄谟攻滑台”，玄谟败退，“魏军悉牵玄谟水军大艚，连以铁鏁三重断河，以绝护之还路”。

《南史》卷六十七“肖摩诃传”:周武帝遣其将宇文忻争吕梁，摩诃深入周军，纵横奋击。及周遣王轨来赴，“结长围，连鏁于吕梁下流，断大军还路”。

此外，《北史》卷六十二“王轨传”等处都谈到过铁锁链在军事上的应用。

此时我国边境地区还出现了民用的铁索桥。唐道宣着《释迦方志》卷下“游履篇》载：“后魏神龟元年（518年），敦煌人宋支及沙门道生等，从赤岭山傍铁桥至干陀国雀浮离屠所，及返，寻于本路。”稍后的唐玄奘《大唐西域记》也记载了该处的铁索桥。看来对铁索链的利用，我国边境地区也是较早的。

后世铁锁链皆为锻制，汉魏六朝铁链虽未曾分析过，不敢断言，但生铁链既难制作，机械性能亦欠佳，铸制铁链的可能性是较小的。故铁链的大量使用，从一个侧面反映了锻造技术的发展。

（六）金属型压技术

金属型压技术约始见于东周或稍前，汉后又有一定发展，其仍主要用在金银加工上。上海市文物保管委员会藏有铁质金背四神规矩镜一件，镜径 20.5 厘米，圆钮，四叶座，座外双层方框，框内有十二地支铭，主纹为八乳、规矩纹、四神等，外为一周流云纹。镜背的整个内区皆为模压贴金图纹，线条凸出、流畅，挺劲有神，此部分直径 15 厘米，缘区为铁质镜体，缘斜而宽[25]。另外，山东临淄西汉齐王墓随葬器物坑和广州第二代南越王（卒于公元前 128～前 117 年间）墓都出土过一种银质盖碗，其上皆有凸出的列瓣纹，但有学者认为其可能是舶来品。

汉代铜器冲压件所见甚鲜。1976 年广西贵县罗泊湾木椁墓出土 3 件铜盘，报道说“内底有明显的在冲压过程中产生的辐射纹，可能是简单的机械手工制品”[26]。这条资料甚为重要，只可惜未曾看到实物。

（七）关于冷锻技术的发展

我国冷锻技术虽可能发明较早，但在整个商周时期都使用不多，汉后又才有了一些发展。满城汉墓一件铁錾，金相组织为铁素体 + 珠光体，含碳量约 0.25%。刃部铁素体晶粒明显伸长，变形量约 30%；刃部边缘硬度为 HV250 公斤/毫米^2，刃部中心硬度为 HV200 公斤/毫米^2。显然是刃部作了冷锻，旨在利用冷作硬化来提高錾刃的硬度[15]。前面谈到，徐州狮子山西汉楚王墓出土的 6 件铸铁脱碳钢的铁甲中，有 3 件曾经冷锻过，大约也是为了同样的目的。

在此有一点值得注意的是，汉代学者对“锻”的理解与后世是不尽相同的，东汉许慎《说文解字》说：“锻，小冶也。”认为“锻打”是一种小型冶炼；许慎在此只强调了“锻”的“冶炼”功能，而未言及成型功能。西汉史游《急就篇》卷二“锻铸铅锡”条，唐颜师古注云：“凡金铁之属，椎打而成器者谓之锻。”认为锻是金铁之属成型的一种手段。颜师古在此只强调了锻的成型功能，而未谈到它的冶炼功能。显然，这是不同时代和技术背景而产生出来的两种不同解释，自然都有一定道理。东汉时期，由于炒钢和百炼钢技术的发明和发展，使人们看到了锻打在排除夹杂、均匀成分、改善材料质量方面的作用，遂给予了“小冶”的评价和赞许。汉语中“锻炼”一语的产生，很可能是与此有关的。汉魏时期，锻铁甚至成了一种文人雅趣。《三国志》卷二十一裴松之注云：建安七子之一的嵇康好锻，有一次，大将军钟会至，他箕踞而锻，不为之礼，因传为美谈。之后，由于灌钢技术的发展和百炼钢技术的减退，人们又看到了锻打在成型过程中的作用，这才产生了颜师古的认识。

二、锣钹技术

锣和钹是两种重要的打击乐器，从现有资料看，锣约始见于汉，云南晋宁石寨山早期汉墓（1 件）[27]、广西贵县罗泊湾西汉前期木椁墓（1 件）[28]、海南琼中县乌石农场东汉初年瓮棺墓（1 件）等都有铜锣出土[29]。《文献通考》卷一三四“铜钲”条载：“钲如大铜疊（原注：似铜盘），县于簴而击之，南蛮之器也。”此“钲”即锣；说为“南蛮之器”，与考古发掘大体相符。

但文献上关于铜钹的发明年代和地区曾有多种说法，有说西域或南蛮传入者，也有说是齐穆士素制造者。《隋书》卷十五“音乐下”载：“西凉者，起苻氏之末，吕光、沮渠蒙逊等据凉州，变龟兹声为之，号为秦汉伎。魏太武既平河西得之，谓之西凉乐。至魏周之际，遂谓之国伎……其乐器有钟、磬……齐鼓、担鼓、铜钹。”吕光（338～399年），后凉创建者，386～399年在位。沮渠蒙逊（368～433年），北凉创建者，401～433年在位。魏太武即北魏帝拓跋焘（408～452年），423～452年在位。同书同卷又载：“天竺者，起自张重华据有凉州，重四译来贡男伎，天竺即其乐焉……乐器有凤首箜篌、琵琶、五弦……铜钹、贝等九种为一部。”张重华于公元346年自称凉州牧，假凉王。这是一种说法。又《文献通考》卷一三四“正铜钹”条载：“铜钹亦谓之铜盘，本南齐穆士素所造，其圆数寸，中间隆起如浮沤，出西戎、南蛮、扶南、高昌、疏勒之国，大者圆数尺，以韦贯之，相击以和乐。”同卷“铜钹”条接着又说：“铜钹谓之铜盘，本西戎、南蛮之器。”这又是一种说法，其强调了原为南齐（480～502年）穆士素所造，并认为西戎、南蛮等地都有出产。如若仅从这些资料看，似是西凉铜钹稍早，张重华假凉王为公元4世纪中期。但总的来看，在四五世纪时，铜钹在北方、南方都已流行。

我国锣钹的成型方式很可能经历了由铸到锻的发展过程，初始是铸造的，后来才改成了锻制。广西贵县罗泊湾铜锣（M1:33）整体呈圆盘形，面平，其上刻有一个“布”字；边上见有一道明显的铸痕，边呈弧形，稍稍内敛，上有3只活动小环耳；高7.5厘米、径33.5厘米[28]。但这由铸到锻的演变过程如何，目前尚难知晓，从现在资料看，这种转变大体宋代便已完成，有关情况后面还要谈到。

三、铸造技术的发展

我国古代金属铸造的三大基本工艺，泥型铸造、出蜡（熔模）铸造、金型铸造，先秦都已出现，且已发展到了较高水平；秦汉之后，这些工艺都有不少进步，且日臻娴熟，尤其是泥型（包括叠铸）和金型铸造。此期铸造内容上的一个重要变化是，战国中晚期以前是铸铜为主的，此期却是铸铁为主了。

（一）泥型铸造

此期的泥型铸造虽不像商周那样处于主导的地位，但技术上仍有不少建树：

（1）造型用料的选择更为讲究。如许多芯料中都羼入了破碎过的植物干、茎、叶，故考古发掘的芯料中，常可看到一些星星点点的白色灰烬；合范用的加固泥常选用了较粗的泥料，并羼入多量的麦秸一类植物。此技术在河南的许多汉代遗址都可看到[30]。1990年山西夏县禹王城汉代铸铁遗址出土过一批陶范，经考察，其内范含砂量一般皆高于外范，并含有糠壳类物质[31]。这显然有利于改善内范使用性能。

图4-6-1　西汉草叶纹日光镜范
采自梁上椿《岩窟藏镜》，传为济南出土。

（2）制范时很可能使用了模、模板和边框。做法是：先将模置于模板上，套上边框，再把和好的泥料填入框内，边放边夯实。之后阴干，入窑烘烤。南阳瓦房庄的犁铧、一字形臿、凹字形锛等和各种铁范，大约都是这样制造的[30]。

（3）浇口和冒口已明确分开。这在郑州古荥镇汉代泥范[30]，以及许多镜范上都可看到。据统计，目前仅临淄齐故城见于考古发掘、采集、著录的西汉早中期镜范便有95件，包括草叶纹镜范、蟠螭纹镜范、四乳龙纹镜范、四乳弦纹镜范等，其中有的基本完整。他们的结构基本一致，整体作瓢状，在“瓢柄”的顶端设有一个浇口，两侧各设一个冒口，浇口较大，两侧冒口较小[32][67]。

（4）分型剂使用已较普遍。河南古荥镇汉代泥范等皆使用了滑石粉涂料[30]；山西夏县禹王城汉代铸铁遗址出土的铸范中，不管泥芯还是外范，表面多涂刷了滑石粉[31]。这对提高生产率，改善铸造质量，都具有重要的意义。从传统技术调查来看，分型剂的使用，也须因器而定，一些薄壁小件，或花纹较浅较细的小件，若范料选择得宜、浇铸温度控制得宜，金属冷却较快，是未必需要分型剂的。

（5）镜范中羼入了含 SiO_2 较高的稻壳灰[66]。稻壳灰所含 SiO_2 量高达94.36%，在所有植物灰分中，其含硅量是比较高的；这就扩大了镜范的原料来源，更为重要的是，还较好地保证了陶范中植物硅酸体的含量。早期陶器中曾有一种名为夹炭陶的工艺，但夹炭与羼灰，尤其是羼入稻壳灰，是不同的，它们是两种不同技术阶段的产物。

秦汉时期的泥型铸造除了浇铸一般性铜铁器外，还铸造了不少铁范，以及部分铜范。

（二）层叠铸造

目前在陕西咸阳、西安、汉长安城、河南南阳[33]、邓县、温县[34]等地都发现了与汉代叠铸有关的实物，尤其是河南温县，其烘范窑中曾出土各类叠铸泥范500多套，其中主要是车马器范，多数保存较好。

从实物考察可知，温县等地的汉代叠铸工艺大体有三种分型方式：（1）采用单面范，在端面分型，如六角轴承等。（2）采用双面范，作对开水平分型，如革带扣等。（3）采用不平的分型面，如部分钩形器等。其制范工艺一般为：先用金属模盒翻制出范片，然后叠合成套；故范片皆有较高的互换性。有的铸范叠合层数较多，如革带扣范竟达14层，每层6件，一次便可铸84件。范腔之间的泥层一般较薄，有的小型铸件内浇口壁厚只有2毫米。范的外形与范腔亦较吻合，不少铸范削去了角部，这一方面有利于均匀散热，另一方面亦可节省泥料[30][34]。

魏晋南北朝的叠铸技术也有一定发展。1975年，江苏句容县葛村出土过东吴“大泉五百”、“大泉当千”钱及其叠铸清理下来的浇口杯和直浇道。钱币型腔呈“十”字形分布，每层可铸4枚，计约20余层，一次可铸百余枚[35]。叠铸产品主要有钱币和车马器等器形稍小而需要量又较大的器物。

（三）金型铸造

我国古代金型铸造主要包括铜范铸造和铁范铸造两种，汉时都有了进一步发展，尤其铁范铸造。

铁范和浇铸铁范的泥型目前在河南南阳瓦房庄[36]、郑州古荥镇[37]、鲁山、镇平、新安、巩县、山东莱芜[38]、滕县和渑池汉魏铁窖[39]都有发现。其浇铸产品除一般农具和轴承外，还有一种四方形的半成品板材。河南渑池汉魏铁器窖曾出土过各种不同种类和形式的铁范计152件，其有铁板范64件、双柄犁范3件、犁铧范32件、臿范5件、斧范12件、镞范18件，此外还有镰范、锤范、碗形器范、锄形器范等。其中斧范2式，Ⅰ式为砍伐工具，Ⅱ式为兵器。箭镞范计5式，即柳叶式、长四棱尖头式、长四棱圆头式、短四棱倾斜式、短四棱束腰式，一范可铸6~10支。铁范铸造的基本操作应与汉代无异。据李京华等研究，铁范浇铸过程约可分为五步[40]：（1）先做出实物模型；（2）以此模型翻出“一次泥范”；（3）再以“一次泥范”为模，翻出“二次泥范”；（4）以“二次泥范”浇出铁范；（5）最后再以铁范浇出形状与实物模型完全一致的产品来。

铜范主要用来铸造钱币，目前在陕西澄城、江苏徐州、山东诸城、湖南攸县等地都有出土，陕西省博物馆等亦曾有收藏[41]，《簠斋吉金录》等都有著录。范体有长方形、圆形或椭圆形等，陕西省博物馆分别藏有“大泉五十”铲形铜范、圆形铜范各一枚。在此有一点值得注意的是，由于世俗中经常“模”、“范”混称，因而部分学者亦常把翻铸泥范用的铜模与浇铸用“铜范”混称，其实它们是不同的，铜模皆作阳文，不能直接用来浇铸。铜范浇铸工艺与铁范相类似，不再重复，韩士元曾做过较为细致的研究[42]。

（四）大型铸件的出现

秦汉时期的铸件一般器形较小，主要是一般生产工具、兵器、日用器、钱币、车马器；魏晋南北朝时期，开始出现了一些特大型器物，如一些大型佛像、人像、铁镬等。《魏书》卷一一四《释老志》云：“兴光元年（公元454年）秋敕有司于五缎大寺内为太祖已下五帝铸释迦立像五，各长一丈六尺，都用赤金二万五千斤。”天安二年（公元467年），“又于天宫寺造释迦立像，高四十三尺，用赤金十万斤，黄金六百斤”。中国历史博物馆所藏梁鎏金铜尺相当于今0.2495米，若依此，此五帝释迦立像便高3.99米；天宫寺释迦像高达10.73米。据稗史称，京口北固山甘露寺有二大铁镬，系梁天监（公元502~519年）中所铸，上有铭文可辨，云其为五十石镬。另外，《魏书》卷七十四还谈到过不少铸制的人像，所有这些铸件，自然均需一定的设备、人力和技术水平。

此期的出蜡铸造无特殊之处，略。此外，有学者认为在南北朝，及至新莽时期便发明了砂型铸造，其主要依据是钱币等器物残留下来的一些特殊痕迹，有关学者认为，这些痕迹是只有砂型铸造才能获得的[43][44]。此说当有一定道理，可以进一步研究。

在研究此期成型加工技术时，还有一点值得注意的是：此时人们已经注意到，对于不同使用性能的器物，须采用不同的材料和不同的加工方法，这不但在兵器和农具中可以看到，在手工业工具中也是表现得十分清楚的。自20世纪70年代以来，人们分析了数十件手工业工具，一般而言，凡强度、锋利性能要求较高的器物，如錾、凿、镌、锯、削、锉等，多用锻打成型，其材质有炒钢、铸铁脱碳钢、块炼铁和块铁渗碳钢；而强度、锋利性能要求稍低的器物，如斧、锤、钻等，则多用铸造成型，其材质有白口铁和可锻铸铁[18]。当然，汉魏南北朝之后，这后三种器物也逐渐改用了锻件。

四、花纹钢技术的兴起和镔铁的传入

（一）花纹钢的兴起

所谓“花纹钢”，即是表面带有花纹的一种钢铁材料，实际上是一种组织和成分极不均匀的钢铁集合体，一经抛光，光纹即现；若再经人工或自然腐蚀过，花纹将更为明晰。

据传，我国古代花纹钢约发明于春秋末年。东汉赵晔《吴越春秋》第四“阖闾内传”载，吴国铸剑大师干将与其妻莫邪为吴王铸作铁剑两枚，“阳曰干将，阴曰莫邪。阳作龟文，阴作漫理”。此“龟文”即龟裂纹，“漫理”即水波纹。干将把阳剑藏了起来，将阴剑献给了吴王。又，《越绝书·外传记宝剑》载:楚王派风胡子到吴国，请吴国铸剑大师干将、越国铸剑大师欧冶子，为楚王铸作铁剑三枚，“一曰龙渊，二曰泰阿，三曰工布……欲知龙渊，观其状，如登高山，临深渊；欲知泰阿，观其釽，巍巍翼翼，如流水之波；欲知工布，釽从文起，至脊而止，如珠不可衽，文若流水不绝”。此书未著撰者姓名，“四库提要”认为是汉袁康撰，吴平定。显然，从上述二书描述的情况看，干将、莫邪、龙渊、泰阿、工布五枚铁剑都具有花纹，这是我国古代关于花纹钢的最早记载。因春秋末年已经有钢有铁，故发明出花纹钢的基本物质条件是具备了的，但先秦炼钢技术毕竟不太成熟，故我们认为，花纹钢技术应是汉后随着炒钢、百炼钢、灌钢技术的发展而发展起来的。

魏晋南北朝时期，花纹钢技术兴盛起来，有关记载也明显增多。如：

建安时期，曹操作宝刀五枚，三年乃成，三枚分别送给了三个儿子，自己留了两枚。曹植为此创作了《宝刀赋》，描写了整个制作过程的热烈场面和宝刀的花纹及锋利性能。其对花纹和锋利情况是这样描写的：“垂华纷之葳蕤，流翠采之荡漾。”曹操云，此宝刀名之为“百辟刀”，又叫“百炼利器”。《北堂书钞》卷一二三引曹操《内诫令》说：“往岁作百辟刀五枚，吾闻百炼利器，辟不祥，摄伏奸宄者也。”此“辟”即是襞，在此指材料之多层积叠、多次折叠；“百炼”即是百锻。

建安二十四年，魏太子丕作宝刀宝剑九枚，《典论·剑铭》曰：“选兹良金，命彼国工，精而炼之，至于百辟，其始成也。五色充炉，巨橐自鼓，灵物仿佛，飞鸟翔舞，以为宝器九。”其剑三，一曰飞景，光似流星；二曰流采，色似彩虹；三曰华锋；其刀三，一曰灵宝，文似灵龟；二曰含章，彩似丹霞；三曰素质，其锋似霜；匕首二，一曰清刚，理似坚冰；二曰扬文，曜似朝日；露陌刀一，曰龙鳞，状如龙文[45]。曹丕说得十分明白，是因姿定名的，故其中的飞景、流采、灵龟、含章、龙鳞等，大体上都是一种花纹，这些宝器皆是一种花纹钢刀剑。

晋张协《七命》云：“楚之阳剑，欧冶所营；邪溪之铤，赤山之精；销踰羊头，鍱越锻成。乃炼乃烁，万辟千灌。丰隆奋椎，飞廉扇炭。神器化成，阳文阴缦。流绮星连，浮采艳发。光如散电，质如耀雪。霜锷水凝，冰刃露洁。”[46]

裴景声《文身刀铭》：“良金百炼，名工巧展；宝刀既成，穷理尽妙；文繁波回，流光电照，在我皇世，戢而不耀。”[47]

傅玄《正都赋》：“五彩文身，质美光炫；激衡于秦炉，飞光天之烈焰。”“苗山之铤，铸以为剑；其利也，陆断犀兕，水戏轻鸿。”[48]

显然，其中描写的花纹，如“阳文阴缦”、“穷理尽妙”、“五彩文身”等，皆应是刀剑上的花纹。这些文字清秀、俊美，脍炙人口。

从文献记载看，汉魏南北朝的花纹钢主要有两种工艺：一是“百辟百炼”，即把两种（或多种）含碳量不同的铁碳合金多层折叠，反复锻合而成；曹操和曹丕所制之刀皆属此类。二是“万辟千灌”，操作原理与灌钢有些类似，如张协《七命》所云。花纹钢的工艺原理十分简单，把含碳量不同的钢铁焊合为一，因含碳量不同，铁碳合金的光学性能便存在差别。在自然光作用下，高碳部分青且亮，低碳部分则稍暗稍白，明暗相间，黑白相映，即是所谓的花纹。这是一种平面而有自然纹理的花纹，它发于内，露于外，看得见，难触摸，可摄影，不可拓摩。这种花纹是金属材料本身所固有的，砥磨掉一层后，又会显现出一层新的、变化了的花纹来，只要材料未曾耗尽、锈透，它就会存在。但花纹钢工艺操作十分艰难，原料含碳量不同，焊接性能即异，这就增加了锻打过程中的焊合难度。加热温度过低，便不能焊合；过高又会因组织和成分的均匀化而使花纹消失。在反复锻打、千锤百炼的过程中，各部温度稍有不均，或锤打稍有不慎，而焊合不好，皆会前功尽弃。古代的中近东、古印度等许多地方都曾有过花纹钢，操作工艺各有特色。直到20世纪30年代，类于百辟百炼的工艺还在北平沿用。有关情况第八章再作介绍。

（二）一种外国花纹钢——镔铁的传入

镔铁，即原产于波斯等地的一种外国花纹钢。“镔”，古籍中又作“宾”等，章鸿钊认为是波斯语 spaina 之音译[49]，欧洲人又谓之“大马士革钢”（Damascus steel）；“大马士革”（damask）一语，原本便是花纹、缎纹的意思。我国古代关于镔铁的记载始见于《魏书》，其卷一〇二“西域列传”载：波斯国都宿利城，古条支国也。出金、银、鍮石、颇梨、“金刚、火齐、镔铁、铜、锡、朱砂、水银”。稍后，《周书》卷五十“异域列传”也曾说到波斯产“金、银、鍮石、金刚、火齐、镔铁、铜、锡、朱砂、水银”等。镔铁最初大约是以礼品或商品形式传入的；唐宋时期，有关记载明显增多，在正史、杂著、诗文中都有记述。需顺带提一下的是，这两段文献都提到了波斯产鍮石。

五、拉拔车削焊接和刃部嵌钢技术

（一）关于拉拔

早期金属线材的生产方法主要是两种：（1）直接锻制；（2）先将黄金锻成薄片，之后再视需要进行剪切，最后再作修整。经过了相当一个时期之后，才发展到了拉拔的阶段。

我国古代的拉拔技术发明于何时，目前尚无确切的资料。有学者考察过秦俑坑2号铜车上的铜丝，认为是拉拔而成，理由是铜丝表面无锻打痕迹，粗细均匀[50]，这是值得研究的。承程学华提供样品，我也考察过10余段秦俑坑铜丝，直径约0.5～1.0毫米，较短，断面形状不太规则，哪怕同一根铜丝，也是有时较圆，有时却近于方形，恐非拉拔而成。这些标本原是经过了挑选的，考察的目的便是鉴定它是否使用了拉拔工艺。当然，这并不排除其他学者所见标本系拉拔而成的可能性。

今更值得注意的是刘胜夫妇墓的金缕玉衣。刘胜墓金缕玉衣共用玉片2498块，金丝约1100克；窦绾墓金缕玉衣用玉2160块，金丝约700克。金丝长约4～5厘米。形状和粗细皆不相同，可分为四种类型：

（1）近于圆形者，粗细不一。粗者直径 0.5 毫米，多用于上衣；细者直径 0.35 毫米，多用于手套。

（2）呈扁条状者，两端搓尖，较圆者为粗，用于裤筒上。

此两种占了金丝的绝大多数，估计都是从金片上剪下的细条，稍经加工而成。

（3）麻花状金丝，它也是从金片上剪下的细条，但金片更薄，厚度约只有 0.1 ~0.2 毫米，条宽约 1 ~2 毫米，之后拧成麻花状。

（4）合股金丝，由 12 根很细的金丝拧成，每股金线直径约 0.08 ~0.14 毫米。在金相显微镜下，金丝边缘不太整齐，且晶粒较细；金丝中部晶粒较为粗大，且晶界平齐。有学者推测，它很可能是拉拔成的，每次退火后加工量都较小，以致变形不能深透，于是表层形成一层较薄的细晶粒，中间晶粒则较粗大。在加工过程中和加工完毕后都进行过退火处理[51]。

后两种金丝都较少。看来，此合股金丝为拉制而成的可能性还是存在的。在相当长一个时期内，金属拉拔当主要用在金银上。除满城汉墓外，河北定县中山怀王刘修墓[52]等出土过金缕玉衣，但其金丝未曾作过科学分析。

（二）车削

我们在考察汉代青铜器时，经常看到部分铜镜、青铜容器等的表面呈现许多细小、均匀的螺旋状加工道纹，手工研磨是很难出现这种道纹的，而很像是轮轴机械加工的纹路。如湖北鄂城西汉早期卷叶纹镜 E1（图 4 –6 –2），低卷缘，缘高 0.65 厘米，肉厚 0.2 厘米；长沙西汉四乳四螭镜 C3，低卷缘，缘高 0.65 厘米；两镜的正背两面皆漆黑发亮，在背面低卷缘内，以及卷起的缘上都布满了清晰、均匀的加工纹路[32]。类似的道纹在满城汉墓出土的五铢钱上也可看到[53]，尤其值得注意的是河南南阳卧龙乡出土的汉代铜舟 YN1①，内、外两表面都有加工道纹，除了车削之外，是否使用过类如镟镳的技术，很是值得研究。

一般而言，器物表面出现加工道纹的原因可能有二：一是加工铸范或铸模时留下的痕迹，二是直接加工铸件留下的道痕。今看到的标本似以第二种可能性较大。泥范和泥模一般是无须此种加工的，上面谈到，此南阳铜舟原属锻件，无所谓铸模和铸范的影响。这种机械装置的具体形态我们还不太了解，自然是十分简单，其刀具可以是钢质，也可能是某种坚硬的石器。我国早在春秋晚期便发明了钢及其淬火技术，所以，汉或稍前使用钢质刀具进行车削也是可能的。如若使用石器，且其有多个“刃口”的话，就与磨削相当了。若南阳铜舟使用了“钢刃”，便可称之为“车削”，但使用了一种轮轴加工机械是肯定的。这类加工技术的发明，很可能受过陶器慢轮修边工艺的启发。

（三）焊接技术的发展

铅锡焊和铜焊先秦时期皆已发明。秦汉之后铜焊使用量有了增加。今见实例

① 铜舟 YN1 为南阳卧龙乡斗王庙村 20 世纪 70 年代出土，圆形，残，不能复原，直径估计为 18 厘米，腹部取样。取下的标本最长 15.8 毫米，最宽 11.0 毫米，厚 0.6 ~0.9 毫米，内、外两个表面皆有一层深灰色的特殊氧化层，其致密地与器体粘连着，且稍带光泽。标本外表面微凸，内表面微凹，皆有少许绿锈。两表面皆见有加工道纹。

有：秦始皇2号铜车，其轼与舆的连接处便使用了铜焊，至今依然可以看到不甚规则的铜液流块[50]；河北满城2号汉墓出土的1件“银柄”铁刃环首刀，其柄和环首都是用接近于共晶成分的Ag－Cu合金制作的，其柄与铁刃是使用铜焊料焊接在一起的[15]。

图4－6－2　鄂城西汉卷叶纹镜E1背面的加工纹路

标本承鄂城县博物馆熊亚云提供

在字书上，“焊”字是到了六朝才看到的，西汉史游《急就篇》、东汉《说文解字》中都没有“焊”和“銲”。《名医别录》云：“硇砂，味咸、苦辛；温，有毒……柔金银，可为焊药。”[54]这里提到了焊药，即焊接熔剂（硇砂，NH_4Cl），是我国古代文献中，较早提到焊接工艺和焊接熔剂的地方。稍后，《玉篇》中也有了“焊”字，并说：“焊，焊器也。”值得一提的是，此时期还使用了一种名叫胡桐泪的“焊料”，古人亦谓之“焊药”。《名医别录》云：“胡桐泪，味咸，苦，大寒，无毒……又为焊金银药。出肃州、川西平泽及山谷中，形似黄矾而坚实，有夹烂木者，云是胡桐树滋，沦入土，石碱卤地作之。其树高大，皮叶似白杨、青桐、桑辈，故名胡桐。木堪器用，一名胡桐律。”[54]前述黄矾—树脂炼金法中，也说到过胡桐泪，但用法不同。这焊接操作也说得不太清楚，若其焊药仅仅是胡桐泪一物，此工艺便属粘结范围，但明清文献说其中尚掺了银，那便与银焊相近了。

古代焊接技术是否成熟，至少可从下列四方面来考察：（1）古代焊接的两项基本工艺，即软钎焊和硬钎焊是否都已具备。（2）是否多数或相当大一部分焊料成分都控制较好。（3）是否使用了焊接熔剂。（4）是否焊接过一些器形复杂的大件。从现有研究情况看，此第一、第四方面在先秦便已具备，秦汉时期有了进一步发展；第三方面至迟南北朝时期亦已具备；第二方面的证据虽目前还不太充分，战国晚期时与“四六焊料”相近的实例尚不是太多，但其纯铅焊料、纯锡焊料皆未再现，低铅或低锡（<10%）的焊料亦鲜，故先秦焊料成分已达一定水平。综合这四方面的情况看，我们认为，至迟南北朝时期，我国古代焊接技术便已基本成熟。

（四）钢铁锋刃器复合材料技术的出现

我国古代金属复合材料技术主要有四种类型，即：（1）陨铁与青铜的复合。

代表性器物是陨铁刃铜钺、陨铁刃铜戈，主要使用于商、西周时期。(2) 人工铁与铜的复合。在西周晚期至春秋早期，代表性器物有:铜柄铁刀和铜柄铁剑；在战国至西汉初期，代表性器物是铁铤铜镞。(3) 含锡较高的青铜与含锡较低的青铜之复合，主要流行于春秋战国时期，代表性器物是两色剑。(4) 钢与“铁”的复合，由汉代一直沿用至今。对刃部性能影响较大的是第一、三、四种，而前三种前已言及，下面主要介绍第四种。

此“钢与铁的复合”主要指刀、剑、斧等锋刃器的刃部嵌钢工艺。《考工记·车人》汉郑玄注:“首六寸，谓今刚关头斧，柯其柄也。”唐贾公彦疏:“汉时斧近刃皆以刚铁为之，又以柄关孔，即今亦然。”所以依贾“疏”，汉代的“刚关头斧”即是刃部加了“刚铁”之斧。这是我国古代关于钢铁复合材料技术的最早记载。前面谈到，綦毋怀文造宿铁刀，以柔铁为脊，以灌钢为刃，也是一项复合材料工艺。类似的工艺在我国一直沿用下来，以至近现代。日常所谓“好钢要用在刃口上”一语，就是源于钢铁锋刃器的复合材料技术。

六、磨光技术的发展和“透光镜”的出现

磨光技术约发明于旧石器时代晚期,新石器时代便发展到一定水平。最初主要用来加工石器、陶器等表面，新石器时代的重要标志之一便是磨光石器的使用。磨光的目的:一是改善器物使用性能，二为增强其艺术效果。冶金术发明出来后，人们又把它用到了金属表面的磨光上。许多早期铜器，如齐家文化铜镜等，表面都较为光洁，显然都经过了一定的研磨。商周时期，一般青铜器至少浇口处是要砥磨的，有的器物则整个表面都要磨光。在众多青铜器中，最为讲究的应是镜、剑、泡饰之类。镜不磨不明，刀剑不砥不利。《荀子·强国篇》在谈到强国之道时说:刑范正、金锡美、工冶巧、火齐得，虽可得到锋利的兵器，“然而不剥脱，不砥砺，则不可以断绳。剥脱之，砥砺之，则劙盘盂，刎马牛，忽然耳”。此“砥砺”即是砥磨，可见砥砺之重要。汉代之后，由于钢铁锻件增加，一般金属器的研磨加工量减少，铜镜磨光技术就突出起来了，最后还演绎出了“透光镜”这一奇特的产品。

“透光镜”是普通铜镜在反复研磨致光过程中获得的。它与普通铜镜的区别是:将其镜面对准太阳或其他平行的强大光源时，在反射到墙上的映斑中，可显示出与镜背图纹相应的图像。“透光镜”原是不透光的，“透光”之名不过是一种借喻。

“透光镜”始见于战国时期。1989 年，湖南攸县古墓出土云雷纹蟠螭纹镜 1 件，残，镜径 21.8 厘米，厚 0.2 厘米，三弦钮，圆钮座，一条宽弦纹将镜背分成内外两区，两区皆云雷纹地，上饰蟠螭纹。镜面承受日光时，背纹清晰地映射于墙。断代为战国晚期，这是迄今所见年代最早的“透光镜”[55]。汉代之后，“透光镜”数量有了明显增加，1977 年江西萍乡出土日光“透光镜”1 件，镜径 7 厘米，背铭为西汉习见的“见日之光天下大明”字样[56]。1987 年河南新蔡出土四神禽兽透光镜 1 件，镜径 14.5 厘米，桥形钮，背纹为四神、七乳等，断代为西汉[57]。上海市博物馆旧藏西汉日光“透光镜”和昭明“透光镜”各 1 件[58]。另外，《岩窟藏镜》录有 4 件，即日光昭明镜 1 件、昭明镜 2 件、长宜子孙连弧纹镜 1 件；《铜仙传》录有5件，其中2件是日光镜，另3件形制不详；《西清古鉴》录有汉透光镜5件、《藤花亭镜谱》录有汉透光镜3件。此外还有一些，不再引叙。图4-6-3为上海西汉“透光镜”背纹及其映射图像。“透光”镜最初可能是偶然出现的，至迟唐代便有意识地进行了生产，清代晚期还在我国一些地区生产和流传。从大量研究资料看，铜镜“透光”是在镜面上产生了与镜背图纹相应的曲率差异之故[59]。影响铜镜“透光”的工艺因素较多，最为主要的有二：（1）镜背图纹要有足够大的凹凸；（2）镜体肉部要足够地薄。不管如何操作，只要满足了这两个条件，一般铜镜、铜钱及至铜片，都可“透光”的[60][61]。但一般情况下，致使铜镜“透光”的工艺因素应当主要是研磨，开镜时需要研磨，使用过程中也要经常研磨，遂使镜体变得越来越薄，以致“透光”。所以，“透光镜”的出现，可说是研磨工艺的一项杰出作品。图4-6-4为故宫博物院所藏清代磨镜图。

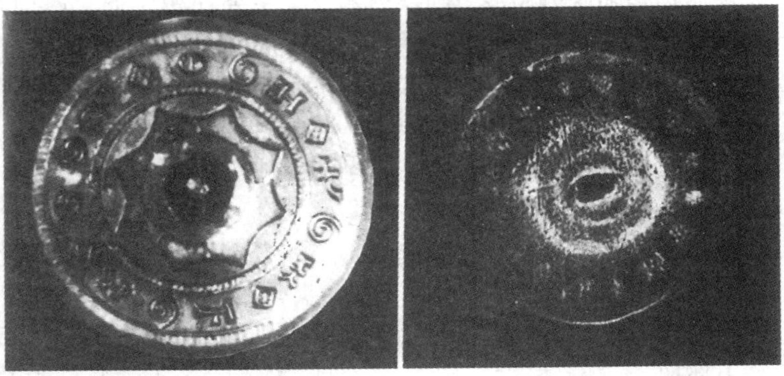

(a) 镜背图文　(b) 反射图像

图4-6-3　西汉日光“透光镜”及其反射图像　采自文献[59]

图4-6-4　故宫博物院所藏清代磨镜图
承故宫博物院提供

七、镶嵌技术的发展

由于铁器、漆器以及瓷器的大量生产和使用，此时期青铜器的地位已被削弱，但作为一项技术、一种工艺，其并未衰减，而且有所发展，镶嵌便是其中之一。两汉时期，不但一般日用器、兵工器仍在使用镶嵌，而且建筑构件也较多地使用起来。

今见于考古发掘和各家著录的汉代金错实物都较多。如1965年河北定县墓葬出土有西汉金银错狩猎纹车饰，包括车伞盖柄状物、车軎、轭角等器；1965 年，江苏涟水三里墩出土有西汉金银错铜牺尊；1964 年陕西西关出土有西汉金错虺纹铜钫；1968 年满城西汉 1 号墓出土有金错云雷纹书刀（至少 2 件）、金错博山炉、金银错鸟篆文铜壶等，2 号墓出土有金错铁尺、金错附件饰件（多件）、金错流云纹书刀（1 对 2 件）等；1968 年甘肃武威雷台出土有东汉金错铁镜；1974 年山东苍山县收集有金错永初卅炼大刀；1978 年山东铜山收集的金错建初二年五十炼剑等。其中最值得注意的当是满城的金错博山炉(1:5182)和鸟篆文铜壶。此香炉通高 26 厘米、腹径 15.5 厘米、圈足径 9.7 厘米，通体金错，圈足错饰卷云纹；座把透雕；炉盘错出流云纹；炉盘上部和炉盖铸出高低起伏、挺拔俊秀的多层山峦，炉盖因山势镂孔，山峦间神、人、群兽出没，猎人负弓弩巡狩，好一幅自然秀丽的狩猎场面，其细部又加金错勾勒渲染。金丝之细者犹如丝发，皆自然流畅。满城金银错鸟篆文铜壶计两件（1:5015、1:5018），风格基本是一致的，周身用纤细的金银丝错出鸟篆文吉祥语和动物图案；其中壶 1:5015 通高 44.2 厘米、腹径 28.5 厘米，错饰尤为绚丽精致，另一件通高 40 厘米、腹径 28 厘米。环首削（1:5917）通长 42.4 厘米，除刃部外，皆金错纤细的云雷纹，金丝径约 0.08 ~0.12 毫米，有的地方作平行双线，线间距为 0.1 ~0.15 毫米，真乃巧夺天工之作。刘胜妻窦绾墓所出土朱雀衔环杯（2:3032)，通高 11.2 厘米、宽 9.5 厘米，朱雀衔一可自由游动的玉环，立于一头匍匐的兽背上，展翅欲飞，雀、兽造型极为生动，通体金错并镶嵌绿松石[62]。

在汉代的金银错器中，最负盛名的是金错刀。因其精制名贵，常被当作礼品赠送，文人们赞美不已。除上述满城汉墓所出（至少 4 件)，《贞松堂集古遗文》所录（3 件，卅炼金马书刀）外，1957 年，成都天迴山崖墓出土金错刀一件，长 18.5 厘米，宽 1.5 厘米，环柄直身，环部镀金，刀身一侧用金丝嵌出铭文，一侧为精美的翔凤图案[63]。铭文隶书 24 字："光和七年（184 年）广汉工官囗囗囗服者尊长保子孙宜侯王囗宜囗。"字体精美俊秀（图 4 –6 –5)。《汉书 · 食货志》："错刀，以黄金错其文。"张衡《四愁诗》之一："美人赠我金错刀，何以报之英琼瑶。"前引东汉李尤《金马书刀铭》："巧冶炼刚，金马托形；黄文错镂，兼勒工名。"都是对金错刀的赞美。

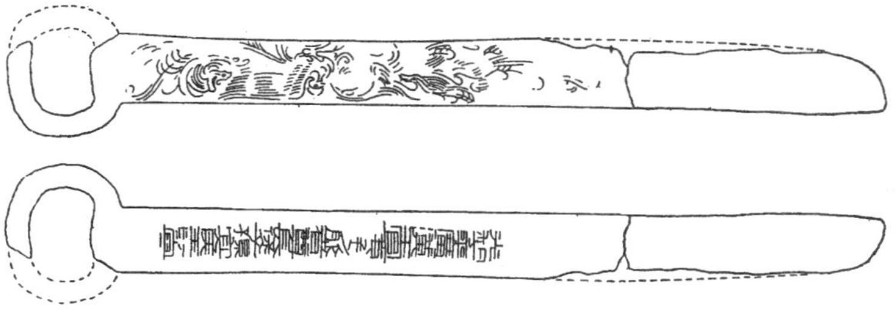

图 4 –6 –5　成都天迴山光和七年金错刀　采自文献［63］

汉代的金错建筑构件在考古发掘中尚未见于报道，但《桓子新论》却有明确记载。其云："王莽起九庙，以铜为柱，甍带金银，错镂其上也。"甍，屋脊。这类建筑当然只能用在帝王之家，自是异常富丽堂皇。

魏晋南北朝时期，战事不断，民不聊生，除孙吴铜镜一度辉煌过外，其他皆无大的发展。但统治者为满足自己的一些特殊需要，也总是要制作华贵之物的。1966 年，陕西省博物馆收集到前凉升平十三年（369 年）金错泥筩 1 件，铜质，呈竹筒状[64]。故宫博物院藏有六朝蟠龙镇 1 件，通体金银错。1965 年辽宁冯素弗墓出土有金错蒂纹大铁镜 1 件[65]。《魏书》卷一一〇“食货志”载：“和平二年（461 年）秋，诏中尚方作黄金合盘十二具，径二尺二寸，镂以白银，钿以玫瑰。其铭曰：‘九州致贡，殊域来宾；乃作兹器，错用具珍。锻以紫金，镂以白银；范围拟载，含耀吐真。纤文丽质，若化若神。皇王御之，百福惟新。”看来，其技术水平也是不低的。《邺中记》也谈到了不少镶金银的斗帐、香炉、屏风等。

金银错的具体操作，第三章第八节已经提到，主要是采用类于镀金的方式，将汞齐填入嵌槽中。《后汉书》卷十七“祭祀志”载：“检用金缕五周，以水银和金以为泥。”十分明显，检之金缕，是用填涂汞齐的方式来实现的。《说文通训定声》云：“错，今所谓镀金，俗字作镀。”故在操作上，此错与镀应是相类似的。

第七节　金属热处理技术的发展

为改善材料使用性能，从商周时代起，人们就从两方面进行了积极的探索：一是改变材料合金成分；二是改变材料组织结构。人们对合金成分的各种选择，自然是属第一方面的；而改变某些成型方式和条件，进行各种热处理，便属第二方面。汉魏时期，随着钢铁技术的发展和金属器的广泛使用，热处理技术又有了进一步提高。主要表现是：铸铁可锻化退火①发展到相当成熟的阶段；人们有意识地对淬火用水进行了选择，发明了尿淬和油淬。在整个古代世界中，我国的金属热处理技术并不是发明最早的，但因我国的青铜技术、炼铁和炼钢技术都发展到了相当高的水平，金属使用量较大，遂使热处理技术也取得了多项杰出成就；其不但种类较多、使用范围广，而且技艺高超，从而改善了材料使用性能，促进了社会生产的发展。

一、铸铁可锻化退火技术日臻娴熟

秦汉时期，铸铁可锻化退火技术发展到了相当成熟的阶段，地域进一步扩展，品种进一步增加。目前北到吉林[2]，南到广东[3]的广大地域内都有可锻化处理件出土，数量之巨，品种之多，都是前所未有的。魏晋南北朝时期，依然保持了较

① 自 20 世纪 50 年代以来，我国在古代可锻铸铁技术研究上取得了许多重大进展，同时也出现了不少新的术语，如柔性铸铁、韧性铸铁、铸铁脱碳钢等等。窃以为，“可锻铸铁”一名还是较好的，其虽外来，但已为学术界普遍采用，而且译得不错，所以本书依然采用这一名称。战国汉魏铁器的可锻化退火，不管是脱碳退火，还是石墨化退火，其产品皆可称之为可锻铸铁；今在汉魏考古实物中看到的可锻铸铁产品，在 1722 年和 1828 年之后，欧洲人和美洲人也生产过。所谓“铸铁脱碳钢”，实是白心可锻铸铁的最佳产品；对那些处理得不太完善，即中心仍夹有生铁组织者，本人称之为“夹生可锻铸铁”[1]。“球墨可锻铸铁”多数标本都是以脱碳退火为主的，基体与白心可锻铸铁相当；少数标本以石墨化退火为主，组织与黑心可锻铸铁相当；不管怎样，它依然是可锻铸铁。目前各家对汉魏球墨可锻铸铁器的统计数稍有出入，这与尚未形成统一的技术标准有关。

高的发展水平。丘亮辉等分析过 188 件郑州古荥镇汉代冶铸作坊出土的铁器（农具 146 件、手工业工具 21 件、生活用具 8 件、其他 13 件），其中至少有 112 件进行过可锻化退火，占试样总数的 59.6%[4]。这比例是较大的。此时期可锻化退火技术的主要成就是：

1. 不管脱碳退火，还是石墨化退火，都已达到相当完善的程度，中心很少看到白口组织。苗长兴等统计了 38 件河南出土的战国可锻化退火处理件，处理得不太完善、中心仍夹有白口铁残余的，即"夹生可锻铸铁"达 26 件，占试样总数的 68.42%；同时还统计了 210 件河南汉魏六朝铸铁可锻化处理件，其"夹生可锻铸铁"为 15 件，只占试样总数的 7.14%[5]。足见汉魏可锻铸铁技术之进步。我们推测，汉魏"夹生可锻铸铁"中有一部分当是无意得到的，但有一部分则很可能是有意制作的，因这夹生可锻铸铁的组织结构适与"夹钢"相当。

2. 脱碳退火已运用得相当自如，许多器件都整体脱碳成了钢或熟铁，使这一工艺成了可锻铁（包括钢和熟铁）生产的一项重要方法。

从考古资料看，脱碳退火在我国古代可锻铸铁工艺中始终是占据主导地位的，赵青云等分析过巩县铁生沟的 32 件可锻铸铁①，其中采用脱碳退火的约有 25 件[6]，占标本总数的 78%。此期脱碳退火器物的使用范围已经很宽，不但锛、斧、镢、铲、锄、臿、铧、刀、剪、镰、镞等一般兵工器和日用器，而且铁剑一样的大刃器，铁镜一样的生活用器，铁板一类半成品，也都使用了这一工艺。巩县铁生沟汉代铁剑（T16:18）[6]、北京大葆台汉代环首削（80 号）、河南固始东汉铁镜 YG6[7][8]，皆系铸铁脱碳钢制成。部分器物在脱碳成钢或熟铁后便直接使用了，这在郑州古荥镇、巩县铁生沟、南阳瓦房庄等处都可看到；它们的组织特征是：表层脱碳，往里依次为亚共析、共析及至过共析组织，没有或少有石墨析出。图版捌，3 为渑池汉魏铁铧 197、图 4－7－1 为固始铁镜 YG6 的组织形貌。有的器物脱碳成了钢或熟铁后，又进行了渗碳和组织均匀化处理，就可得到一种组织和成分皆与近代铸钢相近的产品，习谓之"铸铁脱碳钢"；郑州东史马铁剪、固始铁镜和相当一部分渑池铁器等，皆属这一类型。

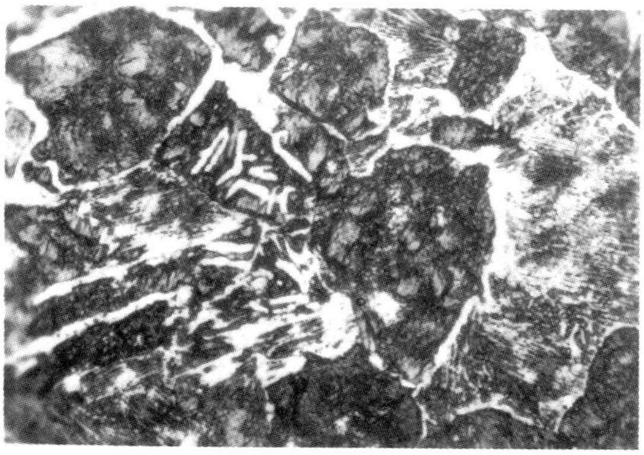

图 4－7－1　固始东汉铁镜 YG6 组织形貌　×500
标本承固始县文管会詹汉清提供
承北京市粉末冶金研究所任新荷等分析

1974 年，郑州东史马村古代窖藏出土 41 件铜铁器，断代为东汉末年或稍后，其中有 6 把交股（8 字形）铁剪，韩汝玢分析了其中的 3 把，皆为铸铁脱碳钢制

① "可锻铸铁"虽冠以"可锻"二字，但其可锻性能是较为有限的，其只能承受一定的塑性变形，延伸率最多可达 15%，并不能与炒钢类可锻铁相比。

成。如其剪“东554”，含碳量约1%，组织均匀，铁素体基体上均匀地分布着小颗粒的球状渗碳体，沿奥氏体晶界析出有少量网状碳化物，器体厚处有少许细小球状石墨析出。剪“东310”，含碳约0.4%，亦组织均匀，基体为铁素体和珠光体，碳化物有些球化。3把剪刀皆夹杂极少，更不见变形夹杂[9]。其工艺程序大约是：（1）先铸制具有白口组织的条块状半成品；（2）再将之进行脱碳退火；（3）将之锻打，并弯曲加工成剪的形状；（4）渗碳；（5）在渗碳的同时，或者另外进行组织均匀化退火。

1974年，渑池汉魏窖藏出土了60余种4000多件铁器，不少脱碳退火处理件在脱碳成钢（或熟铁）后，又对刃部进行了局部渗碳。如“新安”镰528号、Ⅰ式斧453号、471号、Ⅱ式斧277号、299号等皆属这一类型。Ⅰ式斧471号，刃部表层全为珠光体，含碳量达0.7%～0.8%；稍里为细珠光体，含碳量约0.5%～0.6%；心部含碳量只有0.3%～0.4%，基本上没有石墨析出；图4－7－2为其表层组织形态。镰528号的刃部边缘含碳量较高，珠光体量约达70%，中心含碳量较低，珠光体量只占30%。这种表层碳高，中心碳低的现象，显然是渗碳所致的。渑池Ⅱ式斧257的刃部还进行过局部加工，基体约与铧197相似，碳分布亦不均，中心达过共析，表层含碳量较低[10]。

1974～1975年，北京大葆台西汉燕王墓出土不少金属器，人们对其中9件铁器作了科学分析，至少3件，即铁簪（72号）、扒钉（75号）、环首削（80号）是铸铁脱碳钢锻打加工成的。环首削长14.7厘米，含碳量约0.2%[11]。经分析，西汉南越王墓铁削（C145－42）亦是铸铁脱碳钢锻成，其中心含碳量约0.3%，两侧含碳量约0.4%，显然进行过渗碳处理；组织为铁素体加细珠光体，部分珠光体中的渗碳体有些球化[3]。

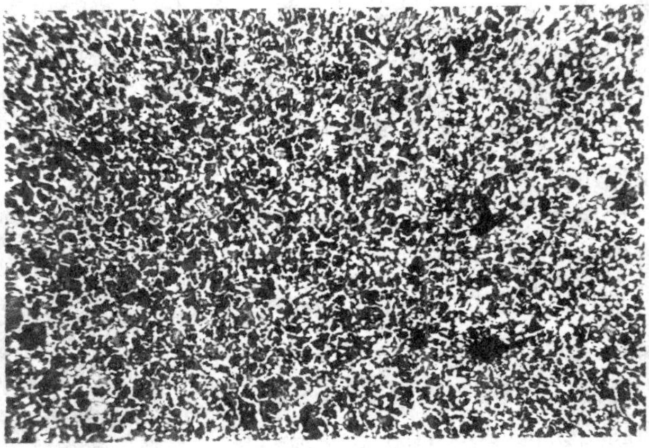

图4－7－2　渑池Ⅰ式斧471表层组织　采自文献［10］

作为半成品的薄壁小铁板在郑州古荥镇、南阳瓦房庄、鲁山望城岗等地都可看到，总数当有数百之饶。古荥镇的小铁板呈梯形，长19厘米、宽7～10厘米、厚0.4厘米，约有数十公斤。人们分析了其中的2件，属低碳钢，另有10件曾用火花法作过鉴定，含碳量约为0.1%～0.2%[12]。人们推测，这种小铁板的加工程序是：（1）先铸成白口铁的薄壁小板；（2）将之脱碳退火成钢或熟铁；（3）再加工成刀、剑等各种器物。这些情况说明，人们对脱碳、渗碳，已运用得相当自如。

3. 石墨化退火技术发展到娴熟的阶段，一方面培育了许多发展得较为充分的絮状石墨，另一方面还培育了部分球状石墨。如渑池出土的汉魏铁器中，人们分析过19件，有12件进行过可锻化退火，其中石墨化退火2件；在铁生沟铸件中，人们分析过 59 件，做过可锻化退火的计 32 件，其中进行了石墨化退火的 7 件[6]。在石墨化退火中，许多团絮状石墨都发育较好，金属基体既有铁素体，也有珠光体。汉魏南北朝时期，具有球状石墨的铁器已有 10 余件（表 4－7－1）[4][10]~[14]，如铁生沟铁镢（T4:1）、铁锛（T3:28）、南阳东汉铁镢（T1:135）、郑州古荥镇一字臿（T7:5）、铁臿 21 号、铁镢（采 23）、渑池北魏Ⅱ式斧（257 号）等。其金属

表 4－7－1　汉魏球墨可锻铸铁、球墨夹生可锻铸铁组织特征

名称、器号、取样部位	地点	组　织　特　征	文献
凿 T10:21	铁生沟	基体珠光体，石墨部分球化，多呈团块状。白心	
铁镢 T4:1		基体碳分布不均，边缘脱碳，中心过共析。石墨皆球化，结构完整，核心中偶见夹杂，1 级，直径 <50 毫米，球墨分布不均。白心	[6]
铁铧 T19:8		石墨部分球化，余呈絮状、团块状	
双齿镢齿 T8:26		石墨部分球化，余呈絮状、团块状	
铁锛 T3:28，刃部		基体亚共析，碳分布不均。石墨皆已球化，仅分布于中心，直径约 20 微米	[6] [13]
铁镢采 23，刃部	古荥镇	基体亚共析，边缘脱碳。石墨球化较好，近于 1 级。直径 20 微米，有二、三、四联球墨	[4]
铁镢(178/采:58)		表层脱碳，往里为铁素体加珠光体。在放大 100 倍时只见 2、3 粒球墨，石墨圆正，边界清晰，平均直径 100 微米	[13]
一字形臿 T7:5 刃部		基体为珠光体。石墨球化较好，直径 25 微米，双联球墨较多，多胞球墨偶见	[4]
铁镢(銎部、刃部，序 41)		銎部基体为珠光体加铁素体，球墨不够平滑，数量较少，直径 60 微米。刃部基体为莱氏体，球墨较少，直径 30 微米	[13]
铲 145/T8—3:12		夹生球墨可锻铸铁，脱碳层和莱氏体层皆有球墨，直径 40 微米	
铁镢 173 号		球墨直径有达 200 微米，铁素体基体上有未长大的成排小球墨	
28 号铁镢(561)		基体为铁素体和球光体，石墨球化程度与一字形臿 210/T7－5:2 相近	[4]
一字形臿(210/T7－5:2)		基体为珠光体和铁素体，外缘脱碳。石墨圆正，边沿清晰，有明显的核心和放射结构。属 1 级。有的石墨成排，成为三联、四联、五联球墨。在放大 100 倍时约可见 120 颗球墨	
铁镢(0919/061 采)		表层为共析组织，无球墨。中心为共晶组织，在 100 倍下不足 10 粒球墨，直径 40～50 微米	
铁镢 T1:135(东汉)	南阳	球墨规整，边缘光滑，一类 A 级	[12]
Ⅱ式斧 257(北魏)	渑池	基体珠光体，多数含碳相当于 0.4%，分布不均。在銎部的厚 3.2 毫米长 50 毫米的 U 形截面上有 30 余颗球墨，直径 20 微米	[10]

组织的基本特征是：表层脱碳，金属基体为珠光体+铁素体，碳分布不均，基体上分布着少量球状石墨。这类球墨多见于器壁稍厚处或器件中心。有的器件球墨较为规整，如铁生沟铁镢 T4:1、古荥镇铁臿 21 号、南阳铁镢 T1:135 号等；有的器件则球状石墨与絮状石墨、块状石墨共存，如铁生沟铁铧 T19:8 等；有的器件球墨稍多，有的则稍少；渑池北魏Ⅱ式斧 257 的球墨只见于銎部，在厚 3.2 毫米，长 50 毫米的 U 形断面上见有 30 多粒。球墨直径，大者达 100 微米以上，小者为 20 微米以下。在球墨可锻铸铁中，今人最先看到的是南阳瓦房庄东汉铁镢（T1:135）中的球墨①，之后是铁生沟铁镢（T4:1）中的球墨；此两器的球墨皆较规整，接近于球状，并边缘光滑、有明显的核心和放射结构，约与现代铸态球墨的 1 类 A 级、1 级相当（图版捌，4）。这类球墨可锻铸铁多是以脱碳退火为主的，通常可称之为白心可锻铸铁，但也有少数标本以石墨化退火为主，从而可称之为黑心可锻铸铁。表 4－7－1 所列铁生沟的 5 件标本中，4 件定成了白心可锻铸铁，只有 1 件，即双齿镢齿 T8:26 定成了黑心可锻铸铁。在表中所列 16 件标本中，有的器件，如古荥镇铁铲（145 号）等，脱碳退火不够完善，中心仍残有莱氏体，在脱碳层和莱氏体层中都有球墨析出，大约只能算是“夹生球墨可锻铸铁”，而不能称为“球墨可锻铸铁”的。

与条状、絮状石墨相比较，球墨可极大地降低石墨析出部位对应力集中的敏感性，从而较大地提高了工件强度的延伸率。为获得退火球墨，今人进行了许多探索，但迄今仍只能在实验室中严格控制温度和气氛，在含硅量高于 1% 的高硫铸铁中获得球状退火石墨；而我国古代却在低硅、低硫（表 4－7－2）的情况下获得了一些球化程度较高的退火球墨，这在世界冶金史上是甚为罕见的。虽此“球墨”属退火石墨，很可能是偶然得到的，并不能与现代铸态球墨相比，但它留给人们的启示却是深远的，对改善材料性能也具有一定的意义。

4. 脱碳退火、石墨化退火产品在使用上表现了某种分工的倾向。性能要求既锋利又轻便的兵工器，如剪、刀、凿、斧、镰、镞，生活用器的铁镜，半成品的梯形、长方形小板，多作脱碳退火；而农具的臿、锄、镢、铲等，则多作石墨化退火。在渑池汉魏锛、斧器中人们分析了 7 件，唯 1 件锛（458 号）为麻口铁，其余 6 件斧，即Ⅰ式斧 453 号、471 号、Ⅱ式斧 257 号、277 号、279 号、299 号都是脱碳退火的。南阳瓦房庄铁器中，锛、斧各只分析了 1 件，也是脱碳退火的[15]。郑州东史马出土 6 件铁剪，人们分析了其中的 3 件，皆脱碳退火所成[9]；赤峰秦代铁镞（资料待发）、满城汉墓铁镞[16]，都是脱碳退火的产品。此期的梯形小板亦多是脱碳退火，很少为石墨化退火的。

从现代技术观点看，铸铁可锻化退火操作的关键，是如何控制好温度和气氛，石墨化退火常先后在 900℃～950℃、720℃～760℃下，在还原性气氛中进行。脱碳退火则在高温氧化性气氛中进行。战国可锻化退火炉今已报道过多处，汉代则

① 南阳瓦房庄铁镢中的球状墨，是 1966 年 1 月本人分析南阳瓦房庄铁器时最先看到的，标本是河南省博物馆李京华邮寄到我单位的。后因“文化大革命”，有关资料未来得及整理而搁置了下来，本人亦未就此事发表过任何专门的文章。

在郑州古荥镇[17]、南阳瓦房庄[15]、巩县铁生沟[6]等处都可看到，其中尤以铁生沟的最为完善（图4-7-3）。铁生沟的退火炉整体作长方形，由炉门、火池、炉膛和烟囱四部分组成；炉膛长1.47米、宽0.83米、残深0.8米；以煤作燃料；人们可通过控制燃烧速度和空气流量的方式来实现对温度和气氛的适当控制。看来，脱碳退火的氧主要是由空气供给的。欧洲最早的脱碳退火是在炽热的赤铁矿粉中进行的。这类炉子有时也被称为烘范窑，它很可能是多功能的，某炉虽以某项操作为主，但也可兼作它用。烘范窑的温度应控制到900℃～920℃，可锻化退火的炉温与此相差不大。

表4-7-2 汉魏可锻铸铁化学成分

名称 器号(分析序号)	地点	热处理工艺和组织	成分(%)					文献
			碳	硅	锰	硫	磷	
铁镢(序23)	古荥镇	可锻化退火，有球墨	1.79	0.14	0.05	0.05	未测	[13]
铁镢	铁生沟	球墨可锻铸铁	1.98	0.16	0.04	0.048	0.29	
Ⅰ式斧471	河南渑池	脱碳退火，基体P+F	0.24	0.16	0.41	0.014	0.14	[10]
"新安"Ⅱ式斧254		脱碳退火，基体P+F	0.87	0.69	0.25	0.024	0.27	
"黾□□"Ⅱ式斧277		脱碳退火，基体P+F	0.87	0.05	0.6	0.011	0.14	
"黾池军□"Ⅱ式斧299		脱碳退火，基体P+F	0.29	0.1	0.58	0.011	0.11	
"陵右"Ⅱ式斧257		基体P+F，銎底在长50毫米的范围内有30余颗球状石墨	0.6～0.9	0.16	0.05	0.02	0.11	
"新安"镰528		脱碳退火，基体P+F，刃部边缘0.8%C，中心0.2%～0.3%C	0.57	0.21	0.14	0.019	0.34	

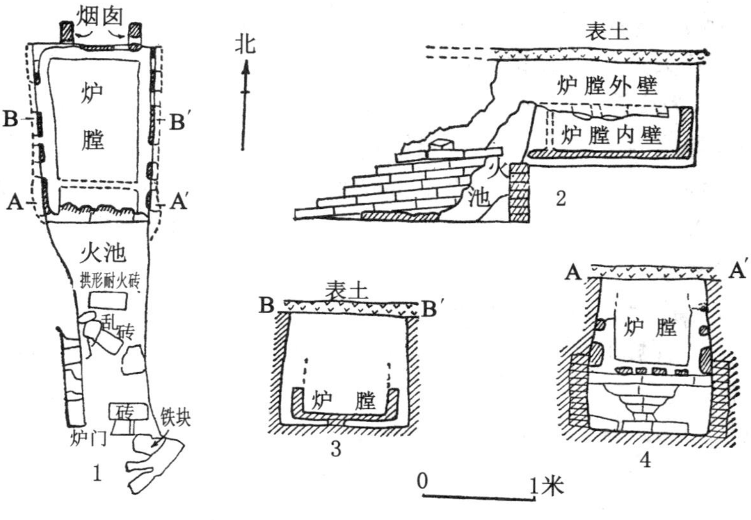

图4-7-3 巩县铁生沟可锻化退火炉（T12炉11） 采自文献[6]

二、可锻铁①和青铜的热处理

(一) 退火处理

我国古代金属退火主要有两种工艺:一是组织均匀化退火和消除应力退火,它约始见于与二里头文化相当的历史时期,最初用在青铜器上,春秋战国后便较多地用到了钢铁技术中,汉后有了进一步发展;二是铸铁可锻化退火,始见于春秋晚期,最早出现的是脱碳退火,紧接着就是石墨化退火。

汉魏时期,铜铁器的组织均匀化退火和消除应力退火都已使用较广,前述的郑州东史马铁剪等许多铸铁脱碳钢都进行过组织均匀化处理;消除应力退火多见于铜铁锻件,代表性器物是铁甲、青铜容器等,这在前面也已提及。西汉南越王墓铁甲(C233)的金属基体为纯铁素体,晶粒度三级;显然与停锻温度稍高或退火有关[3]。呼和浩特二十家子西汉铁甲片表面光洁,表层金属基体为纯铁素体,晶粒粗大;中心为铁素体加珠光体,含碳量约0.1% ~0.15%,可见部分氧化夹杂和硅酸盐夹杂;这显然与反复锻打过程中的脱碳及之后的退火有关[18]。吉林榆树老河深东汉铁甲(M24:41)一侧为铁素体,晶粒度2~3级,另一侧为铁素体和少量珠光体(含碳量约0.1% ~0.15%)[2],晶粒较为粗大,当也是退火所致的。前面谈到的许多汉代锻件,相当部分都进行过退火处理。

(二) 淬火

汉魏时期,我国淬火技术已相当的普及,有关考古实物在南方、北方都可看到,文献上也有了明确记载;作这处理的器物,钢铁方面主要是各种利器,青铜方面主要是铜镜,此外还看到过少数容器。

今日所见汉代淬火刃器已经不少,大家较为熟悉的,如辽阳三道壕西汉铁剑[19]、满城汉墓刘胜佩剑和错金书刀、钢錾[16]、山东苍山永初六年"卅湅大刀"[20]、广州南越王墓西汉钢剑[3]、河南密县古桧城铁凿、铁刀[21]、扶风汉代钢剑[22]、徐州狮子山西汉楚王陵的4件铁凿[23]等。满城3器为块铁渗碳钢,南越王墓钢剑和"卅湅大刀"为炒钢,古桧城2器为铸铁脱碳钢。徐州狮子山铁凿有3件为炒钢,1件为块铁渗碳钢与炒钢叠打而成;3件为圆头凿,1件为平头凿。这些淬火器物有普通生产工具,也有名贵刀剑,这都说明了两汉淬火技术使用之广。刘胜佩剑表面渗碳后淬火,刃部马氏体部分硬度为HV900~1170公斤/毫米^2,中心部分只有HV220~300公斤/毫米^2。这种局部渗碳、局部淬火的工艺,说明汉代淬火技术已达较高水平。

由于铜镜之广泛使用,其热处理技术亦迅速推广开来。目前作过科学考察的汉魏南北朝镜已有数十件,如湖北鄂城西汉早期卷叶纹镜E1、东汉环状乳神兽镜E20、孙吴嘉禾元年镜E22、安徽西汉星云镜W3、东汉大钮镜(残片)W12、北京东汉连弧纹镜B2、临淄西汉连弧纹镜LL3、山西西汉未央镜Z1、陕西西汉昭明镜Sh11等。我国古镜热处理态的特征组织约有四种类型:(1)观察面上可见到许多交叉针状、条块状物者。此交叉针状物多数较短,往往较粗,并较稀疏,其色青

① "可锻铁"指可以锻打的"铁",包括钢和熟铁;"可锻铸铁"指可以稍作锻打的"铸铁",它原是铸造成型的,但进行过可锻化退火处理。

灰或棕褐；其并非布满了整个观察面，此外还有一些颜色之相同的非交叉针状物、条块状物，此物常呈层流状、单片状；这些皆应是β相淬火后（β′），再经回火转变而得到的α相。这些组织间布满了斑纹状、絮状物，应是回火分解得到的（α+δ）混合相。如标本E22、LY16（图版玖，1、2）。（2）观察面上可见到许多连续、不连续的青灰色环链状、晶界状物者；此外还见有许多针状物，它们呈层流状、单片状或羽毛状分布，有的穿透过了晶界而形成明显的魏氏组织。这同样应是β相淬火、回火转变后的α相，它们之间的斑纹状、絮状区亦是回火析出的（α+δ）混合相。如标本Z1（图版拾，1）。（3）同时兼有如上两种特征组织者，如标本B2、B9、LY8、LL3、E3、E20、E21、E24、W12（图版玖，3、4，图版拾，2、3，图4-7-4、图4-7-5、图4-7-6。按:有的视场未曾示出）。（4）观察面上可见许多白色交叉状物者，如标本Sh11。这应是在（α+γ）两相区淬火得到的α相，它们之间的斑纹状、絮状物应是γ相淬火后、又经回火分解得到的（α+δ）混合相（图版拾，4）。看来，汉镜曾使用过高温淬火（586℃～789℃）和低温淬火（520℃～586℃）两种工艺，今见组织皆为回火态[24][25]。

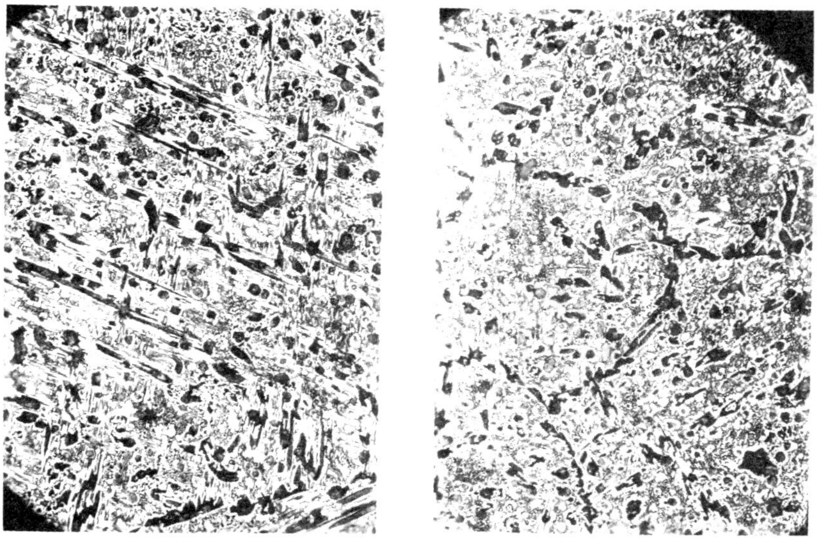

图4-7-4　安徽东汉大钮镜W12组织形貌　×320

注：标本承安徽省博物馆李国梁提供，承钢铁研究总院李文成扫描电镜能谱半定量分析（成分为：铜72.239%、锡20.91%、铅1.849%），承北京市粉末冶金研究所任新荷金相分析。

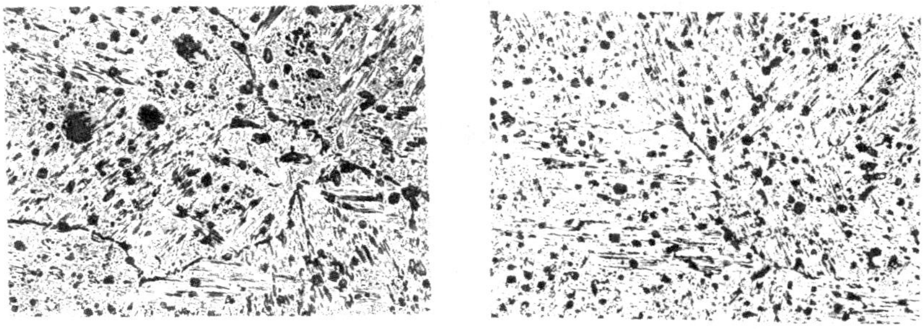

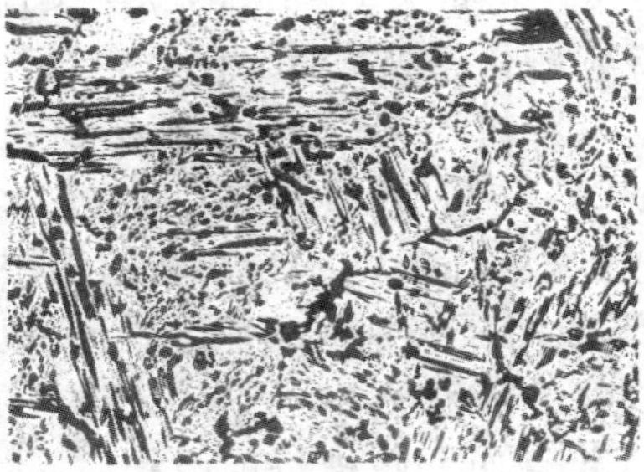

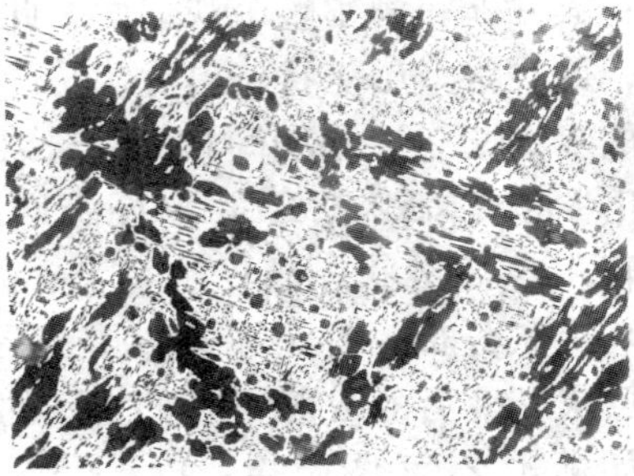

图 4－7－5 鄂城东汉六朝镜组织形貌

前页左．四神规矩镜 E3 ×320　　前页右．环状乳神兽镜 E20 ×320

本页左．神兽镜 E21 ×250　　本页右．柿蒂八鸟镜 E24 ×250

注：标本承鄂城县（今称鄂州市）博物馆熊亚云提供，承北京市粉末冶金研究所任新荷、王雨茹金相分析。标本 E3：铜 68.16％、锡 24.41％、铅 6.46％（承北京铜厂化学分析）；标本 E21：铜 73.3％、锡 22.4％、铅 3.7％（承北京市稀土及有色金属研究所化学分析）；其余 2 件未做成分分析。

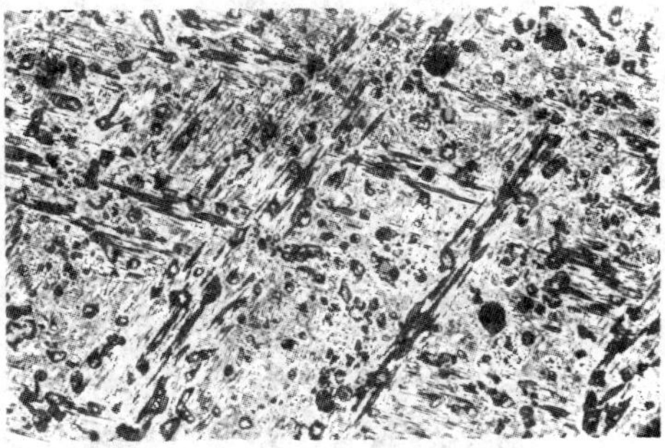

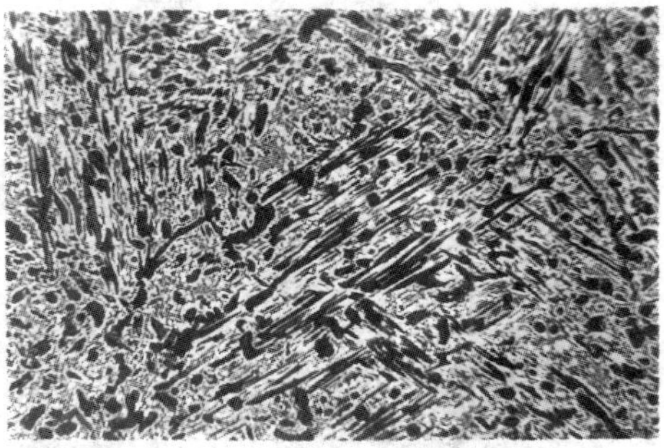

图 4－7－6 东汉中晚期镜组织形貌

左．三角缘飞鸟镜 LY8 ×500　右．三角缘画像镜 B9 ×300

注：标本 LY8 承山东临沂地区文管会宋彦泉提供、标本 B9 承北京市文管会程长新提供，皆承任新荷金相分析。标本 LY8：铜 76.829％、锡 21.03％、铅 2.14％；标本 B9：铜 69.04％、锡 25.81％、铅 5.7％。

作过淬火处理的青铜容器只有铜舟一种，即前云南阳青铜舟 YN1，其属锻件，组织呈淬火—回火态（图版捌，1、2）。因淬火可改善青铜的塑性和加工性能，这是今见标本中最早将淬火引入青铜锻造工艺的实例。

我国古代的金属淬火技术发明较早，但有关文献记载却是汉代才看到的。《汉书》卷六十四下“王褒传”引“圣主得贤臣颂”云：“巧冶铸干将之璞，清水焠其锋。”师古注：“焠，谓烧而内水中以坚之也。”《史记・天官书》：“火与水合为焠。”《汉书・天文志》：“火与水合为淬。”晋灼注：“火入水故曰淬也。”此“焠”同“淬”。许慎《说文解字》：“焠，坚刀刃也。”记载如此之多，说明淬火技术使用已广。

在此有一点需顺带说明的是:淬火对钢和青铜性能的影响是不完全一样的。钢淬火后强度和硬度都会提高；锡青铜淬火后，只是强度提高，硬度却是降低的。有关情况后面还要谈到。

三、淬火剂的选择以及蒲元、綦毋怀文的贡献

最早的淬火剂应当是水。前引《汉书·王褒传》云:“巧冶铸干将之璞，清水焠其锋。”《史记·天官书》云:“火与水合为焠，与金合为铄。”《汉书·天文志》云:“火与水合为淬，与金合为铄。”便是一个很好的说明。早期淬火用水，应当是未加选择的一般自然水。但不同地区的水，其成分是不会完全一样的，冷却能力也就不尽相同。经过了漫长的实践，至迟东汉末年，人们对此便有了一定的认识，并开始了对淬火剂的选择。对此，东汉三国间的蒲元、东魏北齐间的綦毋怀文，都是做出过杰出贡献的。

《太平御览》卷三四五引《蒲元传》载:“君性多奇思，得之天然鼻类之事，出若神，不尝见锻功。忽于斜谷为诸葛亮铸刀三千口，熔金造器，特异常法。刀成，白言:汉水钝弱不任淬用，蜀江爽烈，是谓大金之元精，天分其野。乃命人于成都取之。有一人前至，君以淬，乃言:‘杂涪水，不可用。’取水者犹悍言不杂，君以刀画水，云:‘杂入升，何故言不?’取水者方叩头首伏云:‘实于涪津渡负倒覆水，惧怖，遂以涪水入升益之。’于是咸共惊服，称为神妙。刀成，以竹筒密内铁珠，满其中，举刀断之，应手灵落，若薙生蒭，故称绝当世，因曰神刀。”这段记载生动地描述了以蜀水、涪水淬火的全过程，说蜀水爽烈，汉水钝弱不任淬。这个典故或许有些夸张，但它却是与现代技术原理基本相符的。现代工业淬火用水，便有普通自来水、盐水之别；选择一种较好的淬火剂，便可较大地提高淬火质量，改善工件使用性能。汉水、涪水、蜀水，因其流经地域不同，所含矿物质是不尽相同的，这对淬火效果便会有一定影响。这是我国古代关于选择淬火剂的最早记载，也是蒲元的一项杰出贡献。虽古人不了解其中的科学道理，但“天分其野”一语，便反映了人们对自然界的一种认识。明李时珍《本草纲目》卷五“水部·流水”条也有类似的说法:“观浊水、流水之鱼，与清水止水之鱼，性色迥别；淬剑染色，名色不同，煮粥烹茶，味亦有异。”一些古代杂记和笔记小说中也有过与此相类似的记载。时至今日，民间仍有类似的说法，说明我国古代对各种水的特性是早有一定认识的。

蒲元生平不详，世间虽有《蒲元传》、《蒲元别传》流传，但文字皆异常简单。据云，其曾任诸葛亮西曹掾，除首先选择了淬火剂外，他还帮助诸葛亮设计了木牛流马，应是我国古代工程技术史上一位杰出人物。唐虞世南《北堂书钞》卷六十八有“蒲元作木牛”之说，明陈禹谟补注:“《蒲元别传》云:元为丞相诸葛亮西曹掾，亮欲伐魏，患粮难致，元牒与亮:作一木牛，人行六尺，牛行四步。”可见在唐代虞世南和明陈禹谟看来，蒲元作木牛是早已定论的。赵无声《快史拾遗》卷七“蒲元传”也有类似说法:“木牛流马，今人皆谓武侯所创，按《蒲元别传》，元牒与亮曰:元等推意，作一木牛，连仰双环，人行六步，牛行四步。杜佑《通典》注云:亮集督军廖立、杜睿、胡忠等，推意作木牛流马。据此，则蒲元诸人实则创之，非亮自制也。”此说也很有道理。看来，木牛流马最初当是蒲元等人设计的。

从现代技术观点看，以水作淬火剂的优点是在高温区（550℃～650℃）冷却较快，缺点是在低温区（200℃～300℃）也冷却较快，易造成较大的组织应力，于是人们又发明了油淬。有关记载始见于《北齐书》卷四十九“方伎列传”，这在“灌钢”部分已经引出，因其十分重要，且文字精辟，今再引述如下：綦毋怀文“又造宿铁刀，其法烧生铁精，以重柔铤，数宿则成刚。以柔铁为刀脊，浴以五牲之溺，淬以五牲之脂，斩甲过三十札。今襄国冶家所铸宿柔铤，乃其遗法，作刀犹甚快利，但不能截三十札也”。此“宿”，原意为“隔夜”，此应是“合炼”、“灌炼”之意，故“数宿”应指数次灌炼，“宿铁刀”也即灌钢刀。“生铁精”即生铁水。“柔铤”指柔性较好的柔铁料。这里谈到了綦毋怀文制作宝刀的三项技术措施，其中第三项便是使用了油淬和尿淬，即浴以五牲之溺，淬以五牲之脂。这是我国古代关于使用油淬的最早记载。显然这溺和油是分别使用的，假若高温区先用溺淬，低温区再用脂淬，便相当于双液淬火了，那就是一套相当合理的工艺。由于綦毋怀文采取了这三项技术措施，故宿铁刀甚为锋利，能断甲过三十札。宿铁工艺对后世也产生了不小的影响，襄国冶家尚沿用其遗法。由这段记述来看，綦毋怀文的主要技术成就是：（1）发明了油淬、尿淬—油淬的热处理工艺。（2）把灌钢技术、复合材料技术、较好的淬火技术，都用到了制刀工艺中，从而制作出了甚为快利的宿铁刀。

綦毋怀文生平不详，大体上是东魏北齐间人，约生活于公元550年前后，曾以道术事齐高祖。许多现象表明，我国古代的不少科技成就都是与道家活动有关的。

四、化学热处理技术的使用

我国古代的化学热处理主要指表面渗碳和碳氮共渗，其目的都是通过改变材料表层的成分和组织，来改善材料机械性能。其始约可上推至战国时期，汉后有了进一步发展，类似器物在南北许多地方都可看到。

广州西汉早期南越王墓铁锛C145C－5、铁铲C145－14、铁凿C145－42、铁箭杆C203、剑D171等都做过表面渗碳，尤其是此铁剑，身刃部取样，中心含碳量0.3%～0.4%，外层含碳量达0.6%，并曾淬火，金属组织为马氏[3]。

河南密县古桧城所出汉代铁凿（4139号），原为铸铁脱碳钢锻成，刃部中心含碳约0.2%，表层含碳达0.6%，组织纯净，无变形夹杂，显然也曾渗碳[21]。

前面谈到的渑池汉魏铁器中，不少都做过表面渗碳，如镰528号、I式斧453号、471号等，皆是中心含碳量较低，表面含碳量较高[10]。

这些情况说明，汉魏时期，表面渗碳技术在南方、北方都已广泛使用，这对于提高刃口硬度，改善刃器使用性能，都是具有重要意义的。

第八节　表面处理技术的发展

这里主要介绍镀金、镀锡两项表面处理技术，并顺带讨论一下关于铬化处理和铜镜表面铜皮附着层的问题。

一、镀金

镀金技术在战国时代已有了一定发展，汉后便普遍地使用起来。镀金器物不但数量增多、形制增大、品种增加，而且地域也有了扩展，今河北、河南、陕西、甘肃、江苏、广西、云南等地都出土过不少保存较好的汉代镀金器。如河北定县中山穆王刘畅墓出土镀金器物500多件，仅耳环便有90件[1]。这数量是较大的。满城汉墓镀金器不但数量多，而且体型宏大。1号墓计出壶4件，2件镀金，2件金错，其中的蟠龙纹壶（1:5014）通高59.5厘米，腹径37厘米，重16.25公斤，通体镀金镀银。计出杯5件，风格相同，大小递增，口沿和底边皆镀金。所出铜勺中，Ⅰ型3件，外壁皆镀金。尤其值得注意的是2号墓所出“长信宫”灯，通高48厘米，外形作宫女跪坐持灯状，体内中空，通体镀金。这些器物皆光彩夺目，气势非凡，令人叹为观止[2]。

先秦镀金器多数是一些小件，汉后不但出现了一些大件，而且还应用到了建筑业中。《汉书》卷九十七下：“昭阳舍，其中庭彤朱，而殿上髹漆，切皆铜，沓冒黄金涂。”（《西京杂记》卷一略同）颜师古注：“以金涂铜上也。”此“涂”即镀，“黄金涂”即黄金镀、镀黄金。本章第一节引《晋阳春秋》云，武帝改营太庙，铸铜柱十二，涂以黄金；又引《武帝内传》云，武帝起神屋台，以铜为柱，黄金涂之。《太平御览》卷六〇六“封泥书”引《续汉书》曰：“光武封禅，乃求元封封禅事，奏用玉牒玉检，以水银和金为泥。”这里还谈到了镀金的一项基本操作，即“以水银和金为泥”。这是关于镀金操作的一段较早记载。

魏晋南北朝时期，虽烽火连天，战事不断，镀金器物却常看到。1974～1977年，曹操宗族墓出土镀金器40件以上，包括铜铺首、铜构件、铜马鞍饰、铜奁等[3]。1965年，辽宁冯素弗墓出土镀金器20件以上，器类有钵、盏、盘、提梁壶、螭首铜杆头、铜箍、印章等，墓主人死于公元415年[4]。1973年，北齐库狄迴洛墓出土镀金铜器70多件，数量如此之多，在南北朝墓中所见不多，其器类有斗、瓶、高足杯、碗、莲花烛台等，墓主人于太宁二年（562年）薨于邺[5]。

我国古代关于镀金工艺的记载约始见于汉，并称之为“涂”、“金涂”、“黄金涂”，这在上述文献中皆可看到。此外，其他一些文献和铜器铭文也有类似说法。

《枫窗小牍》载，北宋宣和三年，人得西汉绥和元年（公元前8年）壶1件，上有“三十鍊铜黄塗壶”等67字铭，此“黄塗壶”自然是黄镀（金）壶。《金索》卷三也著录过一件绥和元年“卅湅黄涂壶”，计42字铭。两器铭文主要内容基本一致，唯前段铭文稍长。

表4－8－1为山东临淄西汉墓镀金器科学分析数据。其中一件为临淄稷山铜钔镀金，一件为大武墓银泡镀金。前者的镀层中显示了11.228%的铜，后者镀层中显示了10.672%的银，这可能与元素扩散或者镀层稍薄都有一定关系。

1972年，邯郸市张庄桥出土东汉镀金铜烝盘1个，高8.9厘米、直径48.2厘米。铭文为：“建武廿三年，蜀郡西工造乘舆大爵酒樽，内者室铜工堂，金银涂章文工循，造工业，护工卒囗，长汜，令丞汎掾习，令史脩主。”[6]此“金银涂”，即金银镀。说明此时期已有了专职镀金工。

东晋至南朝早期，人们依然是把镀称之为涂的。《抱朴子神仙金汋经》卷上第一页载：“上黄金十二两，水银十二两，取金，鑢作屑，投水银中令和合，恐鑢屑难，锻铁质，锻金成薄如绢，铰刀翦之，令如韮叶许，以投水银中，此是世间以涂杖法。金得水银，须臾皆化为泥，其金白，不复黄也。”[7]这里对镀金工艺作了很好的描述，且较前更为详明。南朝宋时，因金银涂甚为侈华，曾一度被禁。《宋书》卷三“武帝纪下”:永初二年（421 年）正月辛酉，“大赦天下。丙寅，断金银涂……己卯，禁丧事用铜钉”。“宋台既建，有司奏东西堂施局脚床，银涂钉，上不许使用，直脚床钉用铁。”但“金涂”、“银涂”一类称呼依然沿用。

表 4－8－1　临淄汉代镀金器科学分析

名称、样号	分析部位	地点	成　分（%）				
			铜	锡	铅	金	银
镀金铜钅LL16	1. 基体	稷山	88.187	7.09	4.721		
	2. 器表镀金处		11.228			88.771	
镀金银泡 LL20	1. 银泡边框的基体	大武墓	13.075				86.924
	2. 银泡镀金处					89.327	10.672

注：标本承齐临淄故城博物馆张龙海提供，承钢铁研究总院扫描电镜能谱分析。

梁、齐之后便发生了变化。《本草纲目》卷九“金石·水银·集解”引梁陶弘景云:水银“能消化金银使成泥，人以镀物是也”。《南齐书·高帝纪》下:“不得以金银为箔，乘具不得金银度。”这里不再用“涂”，而使用了“镀”和“度”，是我国古代文献中，较早将这种汞齐表面处理工艺称之为“镀”的地方。

二、镀锡

镀锡工艺在我国古代主要用在青铜器上。汉代以后，青铜器使用量减少，范围变窄，于是主要保留在铜镜工艺中。习见的“黑漆古”、“绿漆古”、“水银古”、“铅背”等镜，大凡皆与镀锡及其之后的自然腐蚀有关。我们曾先后对100 多件古镜进行过表面分析，得知习所谓“黑漆古”[8]、绿漆古镜的表面含锡量约为 50% ～70% 间；“水银古”表面含锡量约在 30% ～40% 间[9]；花背镜表面的黑色处与黑漆古表面成分相类，其灰白处则与“水银古”表面成分相类[10]。表 4－8－2 所示为其中少数几件标本的表面成分。这样高的锡，我们认为主要是镀上去的。镀锡的目的：（1）掩盖各种铸造缺陷和加工过程中留下的痕迹。（2）提高其表面光洁度，以便

图 4－8－1　鄂城东汉内向连弧镜 E7 表层腐蚀状态
标本承鄂城县博物馆熊亚云提供
承北京市粉末冶金研究所任新荷分析

映照。图 4－8－1 为鄂城东汉内向连弧镜 E7 表层腐蚀状态，可见其表层大体上可区分为三层：最外粗黑条状物为腐蚀了的镀锡层，稍里为完全腐蚀了的铜镜基体，再往里则为半腐蚀层。由半腐蚀层可见，其最先受蚀的是 α 相，之后才是（α＋δ）共析体区。观察面上的深黑色斑块状物为富铅相。

表 4－8－2　战国汉魏六朝镜表面成分分析

名称和样号	时代	部位状态	成分（%）							文献
			铜	锡	铅	铁	硅	铝	磷	
蟠螭纹镜 C8	战国	正面漆黑	9.554	64.285	20.523	1.299	4.336			[8]
		背面漆黑	5.477	73.87	10.989	4.171	2.937	2.553		
卷叶纹镜 E1	西汉早期	背面漆黑	5.683	75.579	2.706	8.127	5.462	2.44		
四乳龙纹镜 C3	西汉	正面漆黑	18.012	65.656	1.803	5.883	3.347	4.4	0.896	
		背面漆黑	10.186	69.604	3.653	7.117	4.247	4.591	0.598	
变异兽首镜 E10	东汉	正面漆黑	41.385	49.76	4.919	0.973	2.916			
		背面漆黑	7.374	70.362	7.653	4.238	4.906	3.592	1.861	
		背面漆黑	6.026	72.057	6.588	4.446	4.57	3.566	2.745	
半圆方枚环状乳神兽镜 E59	孙吴	正面漆黑	18.152	61.38	13.935	0.759	5.464		0.307	
		背面漆黑	8.839	72.541	6.81	6.121	4.758	0.928		
四叶八凤镜 E57	六朝	正面漆黑	8.355	63.347	12.046	0.414	11.397	1.838	1.174	
百乳镜 Sh8	西汉	正面灰白	51.504	42.263	4.967		1.264			[9]
长乐未央镜 Sh9		正面亮白	65.515	30.057	2.288		2.137			
		背面灰白	62.507	29.233	5.75		2.509			
日光镜 Sh10		正面灰白	62.473	33.803	1.618		2.103			
昭明镜 Sh11		背面亮白	60.139	36.47	1.811		1.578			
君宜高官连弧纹镜 B2	东汉	背面灰白	32.134	55.111	9.251		3.502			
青羊镜 Z2		正面灰白	45.539	47.657	3.691		3.112			
四乳四虺镜 LY4（花背镜）	西汉	背面漆黑	36.212	48.704	9.391	0.588	3.416	1.685		[10]
		背面灰白	56.791	34.288	4.737	0.471	2.503	1.571		
三角缘飞鸟镜 LY8（花背镜）	六朝	正面灰白	59.158	35.997	1.91	0.514	2.418			
		正面漆黑	21.566	55.874	8.228	0.817	10.753	2.759		

注：（1）标本承湖南省博物馆（标本代号 C）、湖北省鄂城县（今称鄂州市）博物馆（标本代号 E）、陕西省武功县博物馆（标本代号 Sh）、北京市文物研究所（标本代号 B）、山东省临沂地区文管会（标本代号 LY）、山西省博物馆（标本代号 Z）提供，承钢铁研究总院等扫描电镜能谱分析。

（2）除表中所列，E57 表面尚含银 1.425%。

（3）试样 C8－E57，计 6 件，为黑漆古镜；试样 Sh8－Z2，计 6 件，为水银沁镜；其余 2 件为花背镜。

（4）表中列出了 1 件战国镜表面成分，以备参考。

（5）“花背镜”即在同一个侧面存在两种反差较大的颜色的镜，如标本 LY4，背面既有明显的漆黑色，又有明显的灰白色。

我国古代关于铜镜表面镀锡的记载约始见于汉。《淮南子·修务训》①："明镜之始下型，朦然未见形容，及其粉以玄锡，摩以白旃，鬓眉微毫可得而察。"这"玄锡"即锡汞齐。这段话的意思是：铜镜始脱范时，昏昏朦朦，未能映照人影，及致粉涂了锡汞齐，用白毛毡抛光后，便须眉可察了；其中作用，显然是镀锡。此外，在汉代资料中，还有两条资料说到过以玄锡开镜的：一是东汉高诱注《吕氏春秋·达郁》篇，说："镜明见人之丑，而人不椎破之；而扢以糸（玄）锡，摩以白旃。"这也说到了镜面须粉涂锡汞齐，才得光明。另一条是汉清白镜铭，云："絜清白而事君，志天彛明，玄锡之流泽，恐口而日忘美，天外承口口纪。"[11]这也暗示了玄锡与镜面映照间的关系。此"玄"约有两层意思：一表示颜色。其本指天青色，又泛指黑色，但汉代又多指为紫色。《诗·豳风·七月》"载玄载黄"郑注云："玄，黑而有赤也。"《说文解字》："玄，黑而有赤色者为玄。"因锡汞齐呈灰黑色，锡呈白色，故"玄锡"之"玄"当是黑色、灰黑色意。二表示幽远、玄妙。《老子》："玄之又玄，众妙之门。"若依此，"玄锡"意即"玄妙之锡"[12]。

但对这"玄锡"的含义，学术界一直都存在不同观点：（1）"水银"说，这是一种较为流行的说法[13]。主要依据是明代宋应星《天工开物》卷八"冶铸·镜"条中的一段文字：说铜镜铸成后，"开面成光，则水银附体而成，非铜有光明如许也"。宋应星说铜镜具有较好的映照能力，是"水银附体"之故，但从现代技术观点看，显然弄错了，水银易于挥发，是不能镀的。（2）"金属铅"说。这部分学者认为"玄"色即黑色，故"玄锡"即黑锡；而《玉篇》又说"铅为黑锡"；于是便认为"玄锡"即铅[14]。（3）"铅汞齐"说[15]。（4）"锡石"说，认为玄锡是一种机械性的研磨剂[16]。我们认为这些说法都值得商榷[17]，其一方面与科学分析不太相符，另一方面也无确凿的文献依据。玄锡还应当是锡汞齐。

汉代之后，有关利用锡汞齐磨镜的记载便更加明确起来，20 世纪 90 年代以后，有学者先后又在《道藏》中找到了一条相关的资料[18][19]。

《道藏·上清明鉴要经·真人道士摩镜经第二》载："昔有摩镜道士遊行民间，赁为百姓摩镜……不以他物摩也，唯以药涂而拭之……是以道士有摩镜之药，药方出于白子高。方用锡四两，烧釜猛下火，令釜正赤，与火同色，乃内锡末，又末胡粉三两合内其中。以生白杨刻作人，令长一尺，广二寸，厚一寸，其后柄长短在人耳。以此搅之，手无消息，尽此人七寸。又复内真丹四两，胡粉一两，复搅之，人余二寸。内摩镜锡四两，搅令相得。欲用时，末如胡豆，以唾和之，得膩脂为善，又以如米大者，于前齿上嘘之后，以唾傅拂其上，以自拂之，即明如日月。"[20]可知此基本操作约可分为四步：（1）将四两锡在釜中用猛火熔化。（2）加入胡粉三两并搅拌（胡粉即碱式碳酸铅）。（3）入真丹、胡粉搅拌。此真丹，隋以前最为推崇的便是铅、汞所成者，其实便是一种铅汞齐。（4）再加锡四两熔化。

① 王振铎先生 1987 年曾对我说，今见《淮南子》篇名中皆有一个"训"字，有人怀疑并非刘安原意，而可能是后人加上去的。此说有一定道理，今世有学者将《淮南子》各篇中的"训"字写于篇名之外或干脆舍去，我认为都是可以的。不过，本书依然是遵照习惯操作，将"训"字写在里面。

最后得到一种铅锡汞齐，即含有少量铅的锡汞齐，且以之摩镜。关于《上清明鉴要经》的年代，有学者认为其属南北朝时期[18]，有学者认为其可能属东晋中期之后[19]，可以进一步研究。总之，汉代之后有关以锡汞齐或铅锡汞齐磨镜的记载便更加明确起来。

三、关于铬化处理

这问题是20世纪70年代末提出的，当时在秦俑坑和满城汉墓先后都出土了保存得十分完好的铜镞，其表面漆黑发亮，不见纤毫锈迹，十分可心。经分析，其表面皆含有2%左右的铬。依此有学者认为：这可能是人工铬化处理所致的，并认为它很可能与时人尚黑有关[21][22][23][24]。此事在国内外学术界影响甚大。随着考古业的发展，不久人们便对此观点产生了一些疑虑：（1）有关标本一直较少。20世纪70年代末，一共才发现了两件，在之后将近20年的时间内，我一直注意收集，先后又找到了6件，总计才8件。它们分属西周早期、战国、秦、汉，分布于北京、四川、湖北、山东、河北、陕西，器物种类有车軎、带钩、剑等。可见其延续时间较长，涉及地域较宽，器物种类也较多；其间似无明显规律。（2）文献上没有记载，传统工艺中也没有类似的操作，在汉文化区的其他地方也未看到类似的工艺。（3）所有标本的铬含量都较低，我分析过的6件标本中，平均含铬量只有1.065%。这类器物表面含量最高的是锡，其他依次为铜、硅、铅、铁、铝、硫、铬，铬处在第8位上，即使把铜、硅、铁、铝等元素剔开不计，铬含量仍较锡、铅、硫的平均值为低，处在第四位上（表4-8-3）。（4）铬化处理的目的不好理解。铜镞是大量消耗之物，并无防腐处理之需；铬盐亦非剧毒之物，也无需把它涂到镞上。临淄战国箭镞今呈灰白色，四川战国带钩呈灰绿色，江陵青铜矛呈灰黑色；很难说表面呈色与表面含铬间存在什么关系。我们分析的6件器物实际上都是镀了锡的，其表面上的铬应是自然污染所致[25][26]。我们认为，秦俑坑和满城汉墓铜镞是否进行过铬化处理，目前还是很难肯定的，需要进一步研究。

四、关于铜镜表面的铜皮附着层及其科学分析

近年在友人处看到过一种周身包裹了一层“红铜皮”的镜[27]。此铜皮虽非人工表面处理所至，但它对我们了解铜器埋藏过程中的氧化—还原过程、地质年代中的成矿过程，以及古青铜科学考察中的部分特殊现象都是很有帮助的。

此铜皮较薄，常为0.2~0.4毫米，致密地与器体粘连着，有时覆盖了整个镜体，非但肉眼可见，而且可用机械方式将之剥离下来。这类镜的表层结构一般是这样：镜之外表皆有一层厚实的浮土和绿锈，之下便为红色的粉锈层，再下才是“红铜皮”，之下便是灰白色、青灰色的“特殊表层”，其性状与普通铜镜的“水银古”层、“铅背”层相近，再往下便是镜体的完全腐蚀带和半腐蚀带，再往下才是金属镜体。当然，不同的镜，具体情况又有一些差别，如有的铜皮层稍厚，有的则稍薄；有的“红铜皮”包裹了整个镜体表面，有的则只覆盖了局部表面等。这种现象主要见于北方，南方部分铜器上往往只见有少数粉状红锈。多见于西汉时期，品种有内向连弧纹镜、草叶纹日光镜、蟠螭纹镜等，但唐代及其稍后仍可看到，承中国历史博物馆孙克让惠告，他看到过一件周身覆盖了“红铜皮”的唐镜。这种铜皮多见于铜镜，亦偶见于青铜剑局部表面。

表 4-8-3 几件西周至汉代含铬青铜器表面成分分析

名称样号	时代	地点	分析部位	成分（%）铜	锡	铅	铁	硅	铝	磷	铬
车軎 B31	西周早期	北京琉璃河	基体	84.046	15.953						
			外表乳灰稍亮	47.846	44.806	0.344	0.22	6.105			0.674
				46.958	47.585	0.447	0.208	3.56			1.241
戈 B35			基体	89.311	10.688						
			外表青灰稍亮	16.978	56.041	8.74	1.171	16.373			0.694
金错带钩 S12	战国	四川遂宁	基体	78.5	14.6	7.5					
			颈部表面灰绿	22.492	28.351	12.657	3.018	13.921	7.572		
				23.101	38.329	5.716	6.094	10.853		6.774	1.977
				14.781	50.244	5.612	9.954	5.974		7.224	0.877
矛 J12		湖北江陵	基体	80.7	15.782	3.516					
			表面灰黑	22.092	63.79		2.66	3.43	4.282	1.112	0.426
剑 J18			基体	77.049	16.041	6.825	0.083				
			表面灰黑	20.581	59.928	8.824	3.065	4.028	0.696		0.537
平头镞 LL2	西汉	临淄	基体	83.102	12.643	4.253					
			表面灰白	39.814	39.317	12.12		3.424	2.443	0.82	2.057
				40.895	36.929	12.5		4.133	2.631	0.738	2.17
铜镞 01411	秦始皇陵	临潼一号兵马俑坑	基体	85.14	11.39	1.95					
			表面光洁深灰色	59.5		7.92					0.87
				51.9	35.76						
				58.2							0.53
				17	28.77	9.2					2.03
				18.2							2.23
				29.5							1.2
				19.6		12.3					
铜镞 1:5082	西汉	满城刘胜墓	基体	74.74	22.1	2.7					
			表面黑色								0.2～5
秦俑坑铜镞表面平均含铬量											0.98
刘胜墓铜镞表面平均含铬量											2.0
其余6件青铜器表面平均成分				29.544	43.857	6.696	2.639	7.18	1.762	1.667	1.065

注：（1）标本车軎 B31、戈 B35 承北京市琉璃河博物馆田敬东提供；标本金错带钩 S12 承四川省博物馆范桂杰、曾忠懋提供；标本矛 J12、剑 J18 承荆州博物馆陈跃钧提供；镞 LL2 承中国社会科学院考古研究所临淄文物工作站朱玉德提供。秦俑坑铜镞分析资料采自文献［21］、刘胜墓铜镞表面分析资料采自文献［23］。

（2）带钩 S12 基体成分承北京钢铁学院原子吸收光谱分析，车軎 B31、戈 B35、矛 J12、剑 J18、镞 LL2 基体成分承原冶金部钢铁研究总院李文成扫描电镜能谱分析。

（3）车軎 B31 承北京市粉末冶金研究所李耕扫描电镜能谱分析，矛 J12、剑 J18 承冶金建筑材料科学院扫描电镜能谱表面分析，戈 B35、带钩 S12、镞 LL2，承钢铁研究总院李文成扫描电镜能谱分析。

（4）除表中所列，金错带钩 S12 三个表面分析点尚分别含有铂 11.896%、硫 7.154%、硫

5.33%；矛J12表面尚含锌2.218%；剑J18表面尚含硫0.166%、锌2.18%。

表4－8－4 镜、剑表面红铜附着层扫描电镜能谱分析

名称、样号 分析序号	分析部位	成分（%）			
		铜	锡	铅	其他
北京内向连弧纹镜SQQ1－1	镜正面的铜皮表层	98.44	0.46		铁1.1
－2	镜正面的铜皮表层	81.81	11.12	4.44	铁1.29、氯1.33
－3	镜正面的铜皮表层	79.21	4.21	7.44	铁1.82、硅3.04、钙3.11、铝1.17
－4	背缘凸起处的铜皮表面	74.95		8.67	铁2.61、硅6.0、铝2.01、钙5.76
－5	背缘凸起处的铜皮表面	82.33		9.3	铁2.36、硅3.67、铝0.93、钙1.4
－6	背缘凸起处的铜皮表面	79.61	10.38	7.58	硅0.61、铝0.56、氯1.26
－7	背缘凸起处的铜皮表面	86.22	2.08	7.39	硅0.61、铝0.53、氯3.17
郑州汉镜铜皮WCY1	镜表剥离下来的铜皮表面	97.59		1.16	铁0.55、铝0.69
郑州汉镜铜皮WCY2	镜表剥离下来的铜皮表面	100.0			
临淄内向连弧纹镜LL3－1	表面锉光口，色红（铜皮）	92.602	5.466	1.93	
－2	缘部外侧附着的红铜层表面	100.00			
武功长乐未央镜Sh9－1	正表面绿锈下的红色锈状物	88.59		3.882	铁0.429、硅7.097
－2	正表面绿锈下的红铜层	100.0			
日照战国青铜剑LRZ1－1	表面上的铜皮层	97.33	0.79		铝0.86、硅0.16、铁0.86

注：（1）标本SQQ1承北京孙秋强提供；标本LL3承中国社会科学院考古研究所临淄工作站朱玉德提供；标本Sh9承武功县文化馆康乐、何志健提供；标本WCY承郑州王趁意提供；标本LRZ1承山东日照博物馆提供，承周卫荣带回北京。有关这些标本的详细情况可参见文献［17］和［27］。

（2）这些标本分别承原冶金部钢铁研究总院李文成、肖鹏、李洁扫描电镜能谱分析。

表4－8－4为部分古镜、古剑铜皮附着层扫描电镜能谱分析结果。其中：标本SQQ1为西汉内向连弧纹镜，整个镜体外表皆为一层薄薄的红铜层包裹。标本WCY1、WCY2为西汉铜镜表面撕下的附着的红铜皮。标本LL3，西汉内向连弧纹镜残块，山东临淄城南尧王村出土，此镜的正、背两个表面及外缘，都有局部地方覆有红铜皮。标本Sh9，陕西武功西汉长乐未央镜残块，镜的大部分表面呈水银沁色，局部表面粘有绿锈，其下有红色锈状物和红铜层。标本LRZ1，日照战国青铜剑残段，大部分表面皆无绿锈沾染，其色灰白，唯局部表面见有大块绿锈，其下断断续续地看到少量红铜层。由表可见：（1）镜、剑表面铜皮附着层的含铜量较高，含铅、含锡量较低。如内向连弧纹镜SQQ1的7个分析点的成分波动范围是：铜74.95%～98.44%、锡0～11.12%、铅0～9.3%。郑州汉镜附着铜皮

WCY1、WCY2 皆只分析了 1 点，成分分别为：铜 97.59%、铅 1.16%；铜 100%。临淄标本 LL3 铜皮分析了两点，含铜量分别为 92.602%、100%。武功长乐未央镜 Sh9 两个分析点的含铜量分别为：88.59%、100%。日照战国青铜剑 LRZ1 铜皮成分为铜 97.33%、锡 0.79%。（2）从分析数据看，不少分析点的成分都有一定波动，如标本 SQQ1 的铜皮层，在 7 个分析点中，只有一个分析点接近红铜，其余 6 个分析点皆含有一定量的铅和锡，最高含锡量达 11.12%，最高含铅量达 9.3%。分析显示出来的铁、硅、钙、铝、氯自然是一种污染，而锡、铅，究竟是铜皮的真实成分，还是表面污染，目前尚难判断。

图 4－8－2、图 4－8－3 为郑州汉镜表面附着铜皮 WCY1、WCY2 的组织形貌，其中所含夹杂较多；有的视场呈现一种方向性的组织，有的地方类于双晶。铸态和加工态的特征都不太明显。

在图 4－8－4 中，"左"为武功汉长乐未央镜 Sh9 铜皮层的组织形貌，基本特征与 WCY1 大体相类似；"右"为散见于长乐未央镜 Sh9 半腐蚀带内的红铜颗粒；这种情况在古镜分析中常可看到。

图 4－8－2　郑州汉镜附着铜皮 WCY1 组织形貌 ×200

承钢铁研究总院胡锐分析，盐酸苦味酸酒精溶液腐蚀。

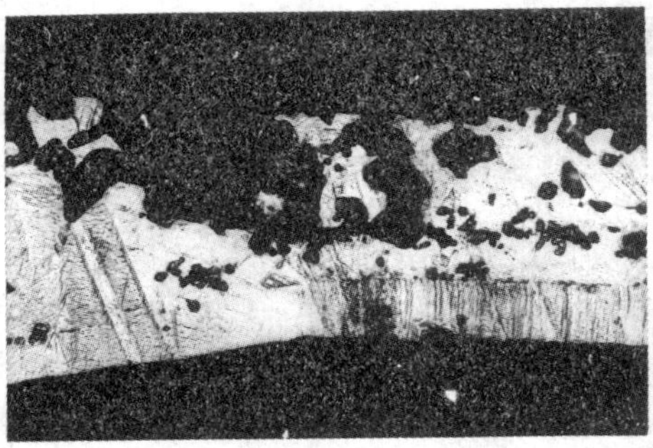
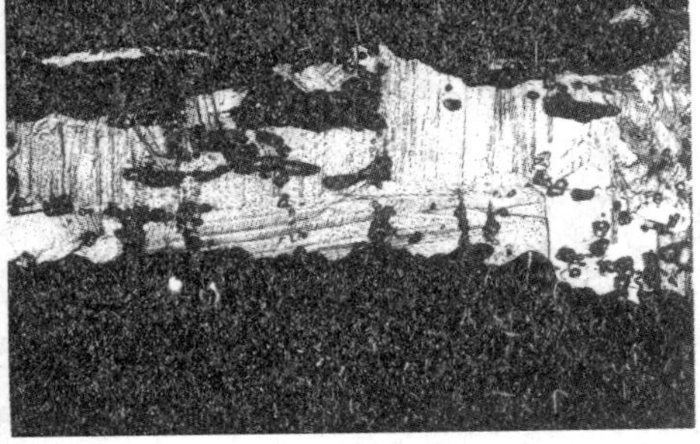

图 4－8－3　郑州汉镜附着铜皮 WCY2 组织形貌 ×320

承钢铁研究总院胡锐分析，盐酸苦味酸酒精溶液腐蚀

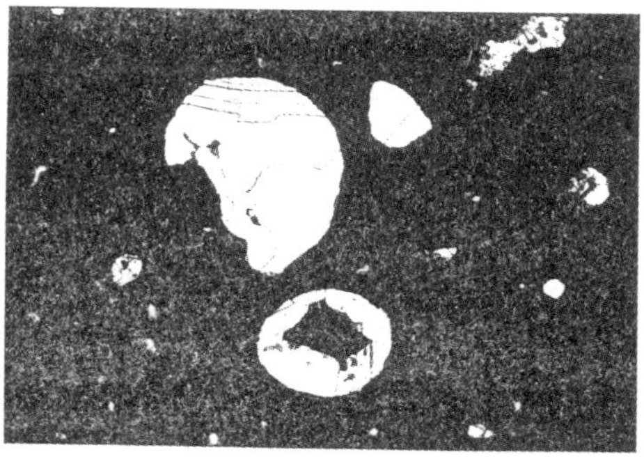

图4-8-4　武功汉长乐未央镜Sh9红铜皮及红铜颗粒组织形貌

左．镜缘外侧附着的红铜皮 ×500　右．镜表半腐蚀带内的红铜粒 ×500

承钢铁研究总院胡锐分析，盐酸苦味酸酒精溶液腐蚀

这种现象往日很少有人注意，有关报道和研究亦未见到。我们推测:这种铜皮附着层的成因不外乎下列四条途径：（1）沉浸附铜法，即有意识地将镜、剑浸入到红铜液中，沾附铜液而成。（2）机械包铜法。（3）“外铜附集说”，即镜、剑在埋藏过程中，由于某种原因，自然界中的铜聚集到了镜、剑表面上。（4）“内铜泛附说”，即镜、剑在埋藏过程中，器体腐蚀后，铜被氧化、水解并迁移，最后又自然地返回、附集于其表面。在这四条途径中，结合科学分析等诸多因素来看，我们认为“内铜泛附说”可能性最大。在现有实例中，凡表面附有铜皮的镜，其表面都附有厚重的绿锈，表层都有明显的完全腐蚀层和半腐蚀层；而外表不见厚重绿锈，表层未曾锈蚀的镜、剑，则无此种粉红色铜锈，更无此附着铜皮。图4-8-4，右所示出的半腐蚀带中的红铜颗粒，显然它是在自然条件下形成的，也是金属铜经腐蚀、迁移后残留下来的；而迁移到了器表的铜，在一定的物理、化学条件下，亦可重新聚集起来。这两种铜，即聚集于半腐蚀带内的红铜粒，和附着在器体表面的红铜皮大体上皆可称之为“聚集铜”。在对古镜、古剑等器作金相分析时，常在半腐蚀带内看到一些较为纯净的红铜粒、红铜块；有学者称之为自由铜、自由铜沉淀；显然它亦属聚集铜。矿物学中的所谓自然铜可能有多种成矿机理，其中一种则可能与近地表的热水溶液析出有关，这一点对铜皮附着层的成因也是有启发的。原冶金部洛阳铜加工厂李寿康认为，这种铜皮层在200倍以上的金相组织中呈现的孪晶，似可认为是在特定的物理和化学条件下，发生了类似于现代电解铜生产过程中铜离子在阴极板上的沉积，从而形成了类似于现代电解铜的显微组织。图4-8-4，右的显微组织，可认为类似于现代电解铜中出现的“铜豆”。孪晶在显微组织中的出现，是因铜离子在沉积成金属铜的过程中，即铜原子在堆垛的过程中，铜的堆垛层错（stacking fault）能较低，易于在堆垛中错排而出现孪晶，亦称为双晶。二者之不同在于，电解铜中的孪晶带（twinning zone）窄而密度较大，且有明显的方向性；而本文中的铜皮附着层的孪晶带较宽，且无明显的方向择优排列，有的还类似于退火孪晶，原因待查[27]。今日所见附有红铜皮的镜多见于北方，少见于南方，这与北方土壤多数稍显碱性且雨水较少，南方多数稍显酸性且雨水稍多是有关的。

在此有一点需顺带说明的是，本人在拙著《中国古代铜镜的技术研究》一书中，曾把临淄内向连弧纹镜LL3和武功未央镜Sh9表面红铜皮定成了“浇不到”之后的一种补浇，这是需要更正的。

第九节 关于技术管理及其与社会的关系

两汉时期，我国冶金技术在许多方面都获得了较大的成就，这一方面是由其内在规律决定的；另一方面，与当时政治、经济环境和各种管理制度的建立也是密切相关的。

秦代的冶金技术管理，因时间较短、资料短缺而难得详知，汉承秦制，大约与汉代不会相去太远。汉代冶金业大体可区分为官营和民营两种，但在不同历史时期，它又有多种不同形式。官营又有两种，即宫廷所有和政府所有；此外，西汉初期还有一个王国所有制。东汉至南北朝时期，又有一些变化。手工业管理不但直接影响到手工业者的生活、国家财政收入和社会稳定，而且直接影响到手工业技术，或者促进，或者束缚，或者阻碍它的发展。

一、官营冶金业管理制度的确立

冶金业的官营制度始创于先秦时期，秦汉之后又有了进一步发展，并更加规范和完善起来，遂成为中国历史上一个特有现象。后世官营手工业的各种管理体制，大体上都是由此发展、演变出来的。

汉廷在丞相下设有九卿[1]，手工业管理机构主要有少府、大司农、水衡都尉、匠作大匠等；大司农属政府部门，少府等属于皇室系统。大司农、少府和水衡都尉，都管理过金属冶炼和加工的诸项事宜。

（一）少府。宫廷手工业管理机构，皇室所需的手工业制品等均由少府供给。《汉书》卷十九上“百官公卿表上”说：“少府，秦官，掌管山海池泽之税，以给共养。有六臣。”属官有尚书、若卢、考工室、左弋等十六官令丞。唐颜师古注云：“少府以养天子也。”它在冶金方面的职责主要包括两方面：（1）在武帝实行盐铁专卖前，管理铜铁等之税收。《汉书·食货志下》载:元狩四年，大农上孔仅、东郭咸阳言：“山海，天地之臧，宜属少府，陛下弗私，今属大农佐赋。”（2）生产部分兵器和日用器。这主要由考工令丞和尚方令丞等负责。

考工令。《汉书》卷十九上“百官公卿表上”注引臣瓒曰：“冬官为考工，主作器械也。”汉初考工室分为左右，武帝太初元年更名考工室为考工；东汉时改归太仆分管，职责略有变化，《后汉书·百官志二》云其“主作兵器弓弩刀铠之属，成则传执金吾，入武库，及主织绶诸杂工”。今在考古发掘和传世品中所见考工令造器较多，如传世元康三年昭台宫铜扁[2]，永始二年鼎、建初五年弩机、永元六年弩机、永元七年弩机[3]，以及河南灵宝出土的永元六年八石弩机等。

尚方令。秦置尚方令，汉因之，掌御刀剑等器。武帝时分为三尚方，魏晋因之，东晋仅置一尚方，南朝宋齐有左右尚方[4]。三尚方可能有一个分工，有学者认为[5]右尚方主镜，以及盆、釜一类日用器，中尚方纯作玩好之物，左尚方主制弩机。在考古发掘和传世品中所见尚方造器甚多，右尚方器有甘露四年、五年兽首镜、景元四年规矩镜等；中尚方造器有元狩元年建昭宫鼎、太初二年骀荡宫壶[6]、建始二年斗[7]、元兴元年十石弩机、元初二年弩机、元初二年八石弩机[3]；左尚方造器有魏正始二年、正始六年弩机[3]。

这是设于京师的部分手工业机构。此外，少府还依据各地的资源和技术传统，在京外十多个地方设立了工官，生产各种精细华美的手工业制品。《汉书·地理志》注说设有工官的有蜀郡、广汉郡、河内郡等10处，见于器物铭文的还有2处[8]。设置时间有先有后，大约一半左右是景帝到武帝时创置的。工官产品主要有漆器、金银器，以及铜铁器等中工艺水平较高的高级生活用品、工艺品，也生产部分兵器，其中尤以蜀郡、广汉郡、河内郡所产最负盛名。《汉书》卷七十二“贡禹传”说：“蜀、广汉主金银器，岁各用五百万，三工官费五千万。”可见耗费之大。此“三工官”，颜师古注：“少府之属官，考工室也，右工室也，东园匠也。”今在传世和考古发掘中所见蜀、广汉二郡工官制品主要有：广汉郡工官金马书刀[2]、金凤书刀[9]、蜀郡西工官五十炼长剑[10]，广汉郡工官漆耳杯[11]，永寿二年广汉造作尚方镜等。金马书刀原是一种金错刀，《汉书》卷八十九“文翁传”如淳注云：“金马书刀……作马形于刀环内，以金镂之。”贞松堂曾著多件，一侧有金错铭文，另一侧有金错马形纹，精美之至，皆广汉郡所产，皆卅湅[2]。河内郡工官所制弩机较多，在《小校经阁金文拓本》、《贞松堂集古遗文》等中都有著录；20世纪50年代以来，考古发掘的也近10件，唯纪年者鲜；有学者认为，其多是元封元年以前所制，少数稍后，但不晚于西汉晚期[12]。

不少工官工场的规模较大、产品较多，耗费更是惊人，成为皇室一宗大的开支；后汉时期，依然经久不衰。《后汉书》卷十上“后纪·和熹邓皇后”载：为示节俭，“太后（邓太后）敕止，曰：‘杀省珍费，自是裁数千万……其蜀汉釦器、九带佩刀，并不复调，止画工三十九种’”。

（二）大司农，《汉书》卷十九上载，其原名治粟内史，秦置，景帝后元元年（公元前143年）更名大农令，武帝太初元年（公元前104年）更名大司农。除了掌管财政和农政外，还主管采矿、冶金、煮盐、酿酒等业的生产和运输；“属官有太仓、均输、平准、都内、籍田五令丞，斡官、铁市两长丞”。师古注云：“大司农，供军国之用；少府以养天子也。”[1]在盐铁官营前，大司农主要管理农业收入，盐铁官营后又才承担了盐铁的开采、制作、运输和销售等事宜，所以它不仅是社会生产的管理者，而且是生产组织者，大约铜铁业都由大司农管辖。

（三）水衡都尉。主管辨铜和铸钱。《汉书·百官公卿表上》载：“武帝元鼎二年初置，掌上林苑，有五丞，属官有上林、均输、御羞、禁圃、辑濯、钟官、技巧、六厩、辩铜九官令丞。”如淳曰：“钟官，主铸钱官也。辩铜，主分别铜之种类也。”可见水衡都尉曾分管了盐铁之外的大部分工商事务，但这个职官主要存在于西汉中后期；及至王莽时，铸钱事属少府。在此值得注意的是，此时还有一位分辨铜之种类，名为“辩铜”的职官。

汉代铜的生产和使用量都是不少的，铜的用处主要是三大方面：即铸钱、铸镜、铸造容器等一般器物。但铜在社会生活中的地位远不如前，见于《汉书·地理志》原注的铁官有数十处，铜官却只有丹阳郡一处。西汉初年时，曾听任私人铸钱，至景帝时，完全归了官营，成为官手工业的重要组成部分，武帝时，又完全收归中央。《汉书·景帝纪》载:中元六年（公元前144年），“定铸钱、伪黄金弃市律”。《汉书·食货志下》载:武帝元狩五年（公元前118年），“悉禁郡国毋铸钱，专令上林三官铸。钱既多，而令天下非三官钱不得行。诸郡国前所铸钱皆废销之，输入其铜三官”。“自孝武元狩五年三官初铸五铢钱，至平帝元始中，成钱二百八十亿万余云”。

官府手工业工人主要包括工、卒、徒、奴隶四种。《盐铁论· 水旱》篇载:“卒、徒、工匠，以县官日作公事。”《汉书·食货志》说“大农置工、巧奴与从事，为作田器”。工的来源主要是城市自由民和农村破产的农民，多从事技术性工作。卒主要是服役的更卒，以及部分正卒。更卒是每年为官府服一个月劳役的民役。《汉书·昭帝纪》注引如淳曰：“一月一更，是谓卒更也。”《汉书·食货志》师古注：“更卒，谓给郡县一月而更者也。”徒即犯罪的刑徒①。《汉书》卷七十二“贡禹传”：“今汉家铸钱及诸铁官，皆置吏卒徒。”此外，可能还使用过部分奴隶。不管奴隶还是刑徒，劳动生产率是很低的，尤其是一些女奴和幼奴。云梦秦简《工人程》中一段比较性文字便可为证：“冗隶妾二人当工一人，更隶妾四人当工（一）人，小隶臣妾可使者五人当工一人。”[13]秦代是这样，汉代当也是这样的。

东汉官制大体沿袭了西汉，但对工官裁并较多，官手工业多归少府统管。魏晋南北朝时期，政权更迭，战事连绵，不管是保持传统文化的魏晋南朝，还是源于游牧民族的诸北方政权，都力图建立强大的官营手工业体系，以独占手工业产品，以满足统治者的特殊需要。其总体上因袭秦汉旧制，唯具体机构略有增减。

魏晋南北朝的官府手工业工人成分较为复杂，大体上可归纳为两大类[14]：（1）是世代固定的所谓“在籍工匠”，其中包括注籍匠户、徒隶或俘虏，以及由官奴婢转成者。（2）是临时应役的工匠，这些人往往并无专门技术。为了确保官府对手工业的垄断地位，手工业者几乎被官府独占，尤其是北魏时期。《魏书·世祖纪》载:太平真君七年（446年）诏：“徙长安工巧二千家于京师。”太平真君五年诏：“自王公已下至于庶人，有私养沙门师巫及金银工巧之人在其家者，皆遣诣官曹，不得容匿……过期不出，师巫沙门身死，主人门诛。”他们的职业也是世袭的，“其百工伎巧驺卒子息，当习其父兄所业，不听私立学校，违者师身死，主人门诛”。

南北朝中期，我国工役制出现了一个重要改革，即采用了轮番制和雇借制，使百工得到一定时间休息，并从事自己的生产。《南齐书》卷六“明帝纪”载:建武元年（494年）十一月“丁亥，诏:细作、中署、材官、车官，凡诸工可悉开番假，递令休息”。及至梁代，营造匠基本上不再由国家征调，而是采用雇佣方式获得。《梁书》卷三十八“贺琛传”载：“凡所营造，不关材官，及以国匠，皆资雇借，以成其事。”北魏也采取了类似的办法。《魏书》卷七“高祖纪”上:孝文帝延兴二年（472年）诏“工商杂技尽听赴农”。太和十一年（487年）又诏：“罢尚书锦锈绫罗之工，四民欲造，任之无禁。”手工业者不许转业之禁由此解除，宫廷

① 河南巩县铁生沟汉代冶铸铁遗址出土的陶盆口沿上刻有“大赦”字样，这显然是指刑徒说的，这也是该作坊使用过刑徒的明证。

作坊的工匠也可遣散。北周时期，轮番制就有了明确记载，且为后世沿用。《隋书》卷二十四“食货志”：“高祖登庸，罢东京之役……发山东丁毁造宫室，仍依周制，役丁为十二番，匠则六番。”番役制和雇借制的出现，对百工户的束缚稍有减轻，有利于手工业技术的发展。轮番制的出现当是定期服役制长期演变的结果。

官府手工业在我国古代是一个独立完整的经济体系，它的产生当与氏族奴隶制有着密切关系。把少数怀有特长的手工业者集中起来，为宫廷和国家生产各种手工业产品，这一方面确保了统治者的特殊需要，保证了政府的财政收入，也有利于某些技术的提高，但客观上也扼杀了商品经济的发展和手工业者的积极性、创造性。宫廷和官府原都是社会商品的最大消费者，由于官府手工业的出现，他们便可不通过市场而直接获得各种质量较好的产品，无形地扼杀了生产和技术的竞争，客观上使社会生产和交换都失去了活力，而这些手工业工人的经济地位和社会地位都极低，故也就使技术活动失去了活力。

二、关于铁业专卖

专卖制约始见于先秦时期，秦代也实行过这一制度，《史记》卷三十“太史公自序”云:司马迁先人司马昌“为秦主铁官，当始皇之时”。说明秦设有铁官。

在武帝实行盐铁专卖前，西汉铜铁业大体有三种所有制，即：（1）汉廷所有。《汉书》卷二十四上“食货志”载:秦用商鞅之法，田租口赋盐铁之利二十倍于古；汉兴，“循而未改”，“宜少近古”，“塞并兼之路，盐铁皆归于民”。说明盐铁大体皆由官府掌握，很可能是一种包商制或征税制，但名义上却是“皆归于民”；具体管理机构大概是少府。前引《汉书·食货志下》载，大农上本东郭咸阳、孔仅云：“山海、天地之臧，宜属少府。”①（2）王国所有。《汉书》卷三十五“吴王濞传”云:“吴有豫章郡（韦昭云:当言章郡）铜山，即招致天下亡命者，盗铸钱，东煮海水为盐，以故无赋，国用饶足。”说明吴拥有铜矿采冶和煮盐、铸钱之权。潍县郭氏所藏封泥中有“齐铁官印”、“齐铁官长”、“齐铁官丞”、“临淄铁丞”封泥四枚（原藏北京大学）；《续封泥考略》卷三第三十五页载有“临淄采铁”封泥；有学者认为它们都是西汉高惠文景时之物，并认为这是西汉早期，齐国设盐铁官之证[15]。（3）私营。《史记·货殖列传》所载程氏、宛孔氏、曹邴氏、郭纵、蜀卓氏，分别以煮盐或冶铁致富。下面还要谈到。

武帝元狩四年（公元前119年）[16]，国家实行盐铁专卖，盐铁的经销权全由国家垄断。《汉书·食货志下》载:（元狩三年）东郭咸阳、孔仅“为大农丞，领盐铁事”；次年，政府在盐铁产地设置盐官、铁官；不产铁的地方设置小铁官，回收废旧铁器重铸，由所在县管辖；原诸侯王国出产盐铁的主要地区，也设置盐官、铁官，将盐铁之利收归中央。“敢私铸铁器鬻盐者，釱左趾，没入其器物。”“使仅、咸阳乘传举行天下盐铁。”元封元年，“桑弘羊为治粟都尉，领大农，尽代仅（孔仅）斡天下盐铁”。《汉书·百官公卿表上》载:大司农属官有斡官铁市两长丞，

① 盐铁业归少府的具体时间，文献上说得不太明确。《汉书·食货志下》谈到此事的全文是：“大农上盐铁丞孔仅咸阳言，山海、天地之臧，宜属少府。”其时间为元狩四年；而前一年，即元狩三年时，孔仅、咸阳已“为大农丞，领盐铁事”。

管理各郡国铁官；京兆尹、左冯翊、右扶风，各设铁官长丞[17]。据《汉书·地理志》注，有的是郡设铁官，有的是县设铁官，有的郡、县皆设铁官，总体上看，凡设有铁官的郡、国计40个，凡49处。但从铁器铭文看，大约蓝田县、渑池县、泌阳县、槚王县也应设有铁官，如此算来至少有53处；简称"大河五"的作坊归属哪个铁官尚待研究，今未计入；西汉初年的齐临淄铁官未作统计（表4-9-1）。从铁器铭文我们还可看到，一个铁官可管辖一个或多个冶铸作坊，河南郡铁官至少3个，其编号省称分别为"河一"、"河二"、"河三"；南阳郡至少2个，简称为"阳一"、"阳二"；河东郡可能有4~5个，简称"东一"、"东二"、"东三"、"东四"，此外可能还有一个"大河五"；山阳郡2个，简称"山阳一"、"山阳二"等等[19]~[34]。

表4-9-1　汉代铁官和冶铁作坊

设铁官的郡国	设铁官的郡县	铁官作坊标志
京兆尹	郑　(陕西渭南县东北)	
	蓝田县	"田"[20]
左冯翊	夏阳(陕西韩城县南)	
右扶风	雍(陕西凤翔县南)	
	漆(陕西邠县)	
弘农郡	渑池:郡铁官在渑池	弘一"(铲范、锄范)、"弘二"(犁范)[19]
	渑池:宜阳县铁官在渑池	"宜"(铁铲,传世)[6][3]
河东郡	安邑(山西运城东北)	
	皮氏(山西河津县)	"东二"(铁铲,出陕西陇县)[20] "东三"(传世耧轮范,夏县所出罐盆甑碗铲等的大量泥范)[21]
	平阳(山西临汾县西南)	
	绛(山西侯马西南)	
		"大河五"(铁斧,平壤出土)[26]
太原郡	大陵(汾县东北)	"大官釜"(陶灶)[34]
河内郡	隆虑(河南林县)	"内一"(陶釜,出安阳)[22]
	槚王(河南沁阳)	"王小"[33]、"王大"(铁铲)[33]
河南郡	洛阳(治所洛阳)	"河一"(铁器、陶模、陶灶,出郑州)[21][22]
		"河二"(铁铲,出陕西陇县)[20]
		"河三"(铁铲铁铧铁斧出铁生沟[24],陶釜出登封等[22])
颍川郡	阳城(河南登封告成)	"川"(铁铧,出陕西咸阳)[20]
汝南郡	西平(西平县和舞钢区)	
南阳郡	宛(河南南阳瓦房庄)	"阳一"(陶模,南阳瓦房庄,鲁山望城岗)[25]
		"阳二"(臿,传世1、陕西永寿县出土1)[2][18]
	比阳(河南泌阳)	"比阳"(铁犁)[60]

庐江郡	皖(安徽安庆)	
山阳郡	山阳郡(山东巨野、金乡一带)	
		"山阳二"、"巨野二"(泥模,出山东薛城)[26]
沛　郡	沛(江苏沛县东)	
魏　郡	武安(河北武安县西南)	
常山郡	都乡(河北井陉县西南)	
涿　郡	治所涿县(河北涿县)	
千乘郡	千乘郡(千乘,山东埔兴县西)	
	千乘县	
济南郡	东平陵(济南市东)	"济"(铁铸,出沂水)[27][32]
	历城(济南市)	
泰山郡	嬴(山东莱芜县)	
齐　郡	临淄	
东莱郡	东牟(山东牟平)	
琅琊郡	治所东武(山东诸城)	"莱一"(铁镢,出山东威海市)[28][32]
东海郡	下邳(江苏宿迁县西北)	
	朐(江苏东海县南)	
临淮郡	堂邑(江苏六合县北)	"淮一"(铁臿、铁铲,出江西修水)[29]
	盐渎(江苏盐城)	"淮二"(铜斧,出江苏仪征;铁斧,出安徽天长)[30]
桂阳郡	治所郴(湖南郴州)	
汉中郡	沔阳(陕西勉县东)	
蜀　郡	临邛(四川邛崃)	"蜀郡"、"蜀郡成都"(铁镢铁臿,出四川、云南)[31]
犍为郡	武阳(四川彭山县东)	
	南安(四川乐山)	
陇西郡	(甘肃临洮)	
渔阳郡	渔阳(密云县西南)	
右北平郡	夕阳(河北滦县南)	
辽东郡	平郭(辽宁盖平县南)	
中山国	北平(河北满城北)	"中山"(铁铲,传世)[6]
胶东国	郁秩(山东平度)	
成阳国	莒(山东吕县)	
东平国	治所无盐(山东东平县东)	
鲁　国	鲁(山东曲阜)	
楚　国	彭城(江苏徐州)	
广陵国	治所广陵(江苏扬州市)	

注:本表统计了53处铁官,其中49处见于《汉书·地理志》注,4处,即蓝田县、渑池县、泌阳县、槧王县仅见于铁器铭文而未见于《汉书·地理志》注。简称"大河五"的作

坊，亦仅见于铁器铭文，暂置于河东郡下，因未知其属于哪个铁官，故未统计铁官数。

本表是依《汉书·地理志》各郡县的顺序排列的。

西汉盐、铁虽然皆谓“专卖”，但具体管理方式是不同的。盐业只是包购包销，政府只管流通领域，生产领域依然交给平民。具体做法是：国家招募平民自己准备生活资料和生产费用而去煮盐，官府供给煮盐用的牢盆，产品全由国家依价收购。《汉书·食货志下》谓之“募民自给费，因官器作鬻盐，官与牢盆”。铁业则是包产包销的，由生产到流通，全由国家掌握。由官吏组织卒、徒和工巧奴进行生产；产品全归国家所有，由国家统一经销，国家设均输官和平准令。

盐、铁专卖的推行，在一个时期内，经济上和政治上都获得了巨大的效益：(1) 它为西汉政府提供了源源不断的财政收入，有力地支援了汉武帝为防止匈奴入侵而进行的一系列活动，巩固了边疆。《盐铁论·本议》：“大夫曰：匈奴背叛不臣，数为寇暴于边鄙。备之，则劳中国之士；不备，则侵盗不止。先帝（武帝）哀边人之久患，苦为虏所系获也，故修障塞，饬烽燧，屯戍以备之；边用不足，故兴盐铁，设酒榷，置均输，蕃货长财，以佐助边费。”(2) 打击了割据势力，有利于维护中央政权和国家的统一。(3) 抑制了富商、大贾和地方富豪的势力，延缓了农民的破产过程，有利于社会稳定和生产发展。《史记》卷三十“平准书”：那些大富豪，“冶铸煮盐，财或累万金，而不佐国家之急，黎民重困”。《盐铁论·禁耕》篇，大夫曰：山海之藏，“豪民不能通其利”，盐铁之笼，“非独为利入也，将以建本抑末，离朋党，禁淫侈，绝并兼之路也”。

专卖制的推行，也引起了许多人的不满。武帝死后第七年，即昭帝始元六年（公元前 81 年），为此举行了一次全国性大辩论。会议参加者有丞相田千秋及其属官，御史大夫桑弘羊及其属吏，还有来自各郡国的六十余名代表，即称为“贤良”、“文学”者。“贤良”实是为各地方选举为“贤良方正”的学者，“文学”是一些稍有名气的学者之通称。《汉书·食货志下》：昭帝始元六年，“诏郡国举贤良、文学之士，问以民间疾苦、教化之要。皆对：愿罢盐铁酒榷均输官，毋与天下争利，视以俭节”。辩论结果是，废除了酒的专卖，盐铁则“宣、元、成、哀、平五世，亡所变改。元帝时尝罢盐铁官，三年而复之”。

专卖制在历史上虽起到过不少积极的作用，但它也把官营手工业的许多缺点推到了十分严重的地步：(1) 首先是抑制了商品经济，即所谓的“建本抑末”。在自然经济占主导地位的古代社会中，盐铁都是人们须臾不可忽缺，必须通过市场交换才能获得的商品；专卖制的推行，“与民争利”，便把自由的商业活动压缩到了更为狭小的范围，使其难有大的作为，难以获得较高的利润。《史记·货殖列传》引《周书》云：“农不出，则乏其食；工不出，则乏其事；商不出，则三宝绝；虞不出则财匮少。”司马迁又云：“故待农而食之，虞而出之；工而成之，商而通之。”看来，司马迁对工、农、商之间的关系还是了解较深的。(2) 扼杀了竞争，把生产、运输、销售这整个过程放到了一个一成不变的制度和模式中，使整个事业的发展都受到了约束。(3) 其管理者往往是一些不懂生产技术的官员，管理过程中容易发生故障，易于滋长官僚主义和各种腐败现象。《盐铁论·复古》篇：“卒徒衣食县官，作铸铁器，给用甚众……而吏或不良，禁令不行，故民烦苦之。”（4）成本高，产品未必适合社会的需要。《盐铁论·水旱》篇：“县官鼓铸铁器，大抵多为大器，务应员程，不给民用，民用钝弊，割草不痛。”《史记·平准书》：“（卜）式为御史大夫，式既在位，见郡国多不便，县官作盐铁，铁器苦恶，贾贵，或强令民买之。”这自然也会影响到农业和手工业生产及其技术的发展。《盐铁论·复古》篇载文学评价盐铁专卖时说：“当时之利权，一切之术也，不可以久行而传世，此非明王所以君国子民之道也。”即认为它作为一种暂时性、应急性措施还是可以的，却非长久之计。

东汉铁业基本上沿袭了西汉的管理制度，但具体方法有所调整。东汉初，铁只在主要产地设官鼓铸；盐铁官皆归属地方。《后汉书》卷三十八“百官志五”载：“盐官铁官工官水官者，随事广狭置令长及丞。”“本注曰……凡郡出铁多者置铁官，主鼓铸。”《文献通考》卷十五“征榷考二·盐铁”：“东汉郡有盐官铁官者，随事广狭，置令长及丞。本注曰：‘凡郡县出盐多者置盐官，主盐税；出铁多者置铁官，主鼓铸。”《后汉书·和帝纪》载：和帝（89~105年）即位后，诏令天下：“郡国罢盐铁之禁，纵民煮铸，入税县官。”完全采取放任政策，以征税之法来获取财政收入。

魏晋时期，国家饱受战争摧残，军费开支不断增加，统治者的奢侈生活有增无减，为了增加财政收入和从事兵器制造等，专卖制就成了经常使用的法宝，但具体管理机构和方式有所变化。南朝总的情况是：铁业官私并行，官营为主；盐业民营为主，至陈又复专卖。北朝总的情况是：铁业主要由官掌握；盐业时而专卖，时而开放，但专卖的时间更长一些。

三、民营冶铁业的发展

包括冶铸业在内，汉代民营手工业的发展大体上可区分为三个阶段：（1）西汉初期，如《史记·货殖列传》所云：“开关梁，弛山泽之禁，富商大贾周流天下。”私营手工业得到较大发展。（2）西汉中期之后，因盐、铁、酒业之官营，铸币业收归中央和一系列管理制度的建立，使民营手工业的活动空间缩小。在冶金业中，此期的民营大约多属盗铸范围。（3）东汉，尤其是和帝之后，民营手工业的发展又有了稍见宽松的环境。

由于行业本身的特点，冶铸业，包括采矿、冶铜、炼铁、一般铜铁器加工和铸造等，多是作坊式的，都需要大量的资金、设备、人力投入，才能进行生产和销售，使私营的手工业作坊大约主要存在于秦至西汉初期。《史记·货殖列传》便曾谈到过开采丹穴、冶铁、煮盐致富的多个私营实例：

“而巴（蜀）寡妇清，其先得丹穴，而擅其利数世，家亦不訾。清，寡妇也，能守其业，用财自卫，不见侵犯。秦皇帝以为贞妇而客之，为筑女怀清台。”① 这是战国至秦，因开采丹穴致富的大家。訾，义同测；原意是清的资产巨不可测。

“猗顿用盬盐起，而邯郸郭纵以铁冶成业，与王者埒富。”

---

① 《史记》卷一二九“货殖列传”作“巴蜀寡妇清”，但“巴”与“蜀”是两个地区，疑误。《汉书》卷九十一“货殖传”作“巴寡妇清”，看来作者曾作过校正，今依其改之。裴骃《史记》“集解”引徐广曰：“涪陵出丹。”

"蜀卓氏之先，赵人也，用铁冶富。秦破赵，迁卓氏……致之临邛，大喜，即铁山鼓铸，运筹策，倾滇蜀之民，富致僮千人，田池射猎之乐，拟于人君。"

"程郑，山东迁虏也，亦冶铸，贾椎髻之民，富埒卓氏，俱居临邛。"

"宛孔氏之先，梁人也，用铁冶为业。秦伐魏，迁孔氏南阳。大鼓铸……因通商贾之利，有游闲公子之赐与名。"

《汉书·食货志下》载："咸阳，齐之大鬻盐；孔仅，南阳大冶；皆致产累千金。"

不但采冶、煮盐可以私营，汉文帝时，铸钱也可私营的。当时钱币业约有三种所有制：一是西汉政府，二是诸侯王国，三是私营。《汉书·食货志下》载："孝文五年，为钱益多而轻，乃更铸四铢钱，其文为半两，除盗铸钱令，使民放铸。"此"使民放铸"的结果，正如贾谊所云："细民人操造币之势，各隐屏而铸作。""今农事弃捐，而采铜者益蕃，释其耒耨，冶熔炊炭，奸钱日多。"在王国和私营钱币中，名气最大的是吴王刘濞和大夫邓通。《盐铁论·错币》篇："文帝之时，纵民得铸钱、冶铁、煮盐，吴王擅鄣海泽，邓通专西山；山东奸猾咸聚吴国，秦、雍、汉、蜀因邓氏。吴、邓钱布天下。"《西京杂记》卷三载："文帝时，邓通得赐蜀铜山，听得铸钱，文字肉好，皆与天子钱同，故富侔人主。时吴王亦有铜山铸钱，故有吴钱，微重，文字肉好，与汉钱不异。"因铸钱利益丰厚，放任铸钱后，给社会带来了许多不利影响。虽景帝时收归官有，武帝时又收归中央，但盗铸之风仍难禁绝，"民之铸钱益少……唯真工大奸乃盗为之"。

关于铜矿采冶的管理制度，只知由水衡都卫辩铜，其他则因资料较少而难得了解；因其与钱币密切相关，故铜业管理制度上的重大变迁应与钱币业、冶铁业大体一致。

上面是文献记载的情况，下面再看一下私营作坊的实物。

1972 年，山东莱芜出土了一批西汉早期的农具铁范，范上铭文有"李 "、"山"、"汜"等，这都是姓氏，不能排除其系私营作坊标识的可能性[35]。

1968 年，满城汉墓出土了大批青铜器，其中有 6 件当为私营作坊所产。其所刻铭文格式、内容基本相同，唯人名和地名不同。其中一件铜钫（1:4326）颈部镌刻铭文为："中山内府铜钫一，容四斗，重十五斤八两，第一，卅四年，中郎柳市雒阳。"[36]可见此钫是由中郎柳从洛阳买来的。河北行唐也发现了一件具有类似铭文的产品，其上阴刻有"郎中定市河东"等字[37]。

1975 年，广东德庆汉墓出土一批青铜器，其中一件铜壶的铭文为："元初五年（118 年）七月中，西于李文山治，谢著有。"[38]计 16 字铭。可见此铜壶属谢著所有，系李文山铸造。西于，属交趾郡。

1980 年，山东苍山县出土一批铜器，其中一件铜壶的铭文为："元和四年（公元 87 年），江陵黄阳君作。宜子孙，及酒食；吏人得之，致二千石。口人得之，致二千万；田家得之，千厨万仓。"同出的另一件铜洗铭作："蜀郡董氏造。"[39]可见这两件铜器分别为江陵黄阳君、蜀郡董氏铸造；前者还曾寻求过各种不同阶层的买主。

《小校经阁金文拓本》卷十三载汉蜀郡董是洗，计有 3 行 9 字铭，中间为"蜀郡董是作”5 字，两侧分别为“羊吉”、“吉羊”4 字。显然也是私营业主董氏所作。

在汉代金属器中，镜等青铜器也是一项较为重要的产品，它至少存在宫廷和民营两种所有制。习见之“尚方镜”，显然是少府尚方令所属；传世的延熹三年“汉西蜀刘氏作镜”（半圆方形环状带神兽镜）等姓氏镜[40]，传世蜀郡严氏、蜀郡杨氏、蜀郡董氏所造铜洗等[41]，则应当是私营作坊的产品。断代多在东汉时期。

汉代私营作坊的规模亦往往较大，并对社会造成了一些不利影响。《盐铁论·复古》篇引大夫曰：“往者豪强大家，得管山海之利，采铁石、鼓铸、煮盐，一家聚众或至千余人，大抵尽收流放人民也……依倚大家，聚深山穷泽之中，成奸伪之业，遂朋党之权。”由此可见：（1）“得管山海之利”的手工业作坊主，实际上是一些豪强大家。（2）其“一家聚众或至千余人”，可见其生产的目的是赢利，而不是自己消费。（3）因其“尽收流放人民”，说明私营手工业的工人主要是一种雇佣劳动，而不是奴隶。类似的资料在东汉也可看到，《后汉书》卷九十七“夏馥传”：“乃自剪须变形，入林虑山中，隐匿姓名，为冶家佣。”

魏晋南北朝时期，由于战争的破坏，商品经济受到极大的摧残，经常采用实物交换的形式进行贸易。一般手工业皆由官府控制，民间手工业普遍衰落，尤其是冶金业。《北史》卷三十九载，毕义云“私藏工匠，家有十余机织锦，并造金银器物”，致使获罪。作坊式的私营冶铸业是很难存在的。除了孙吴时期外，整个魏晋南北朝时期，考古发掘的金属器物远较两汉为少。

四、关于冶金业的技术管理

早在先秦时期，我国手工业技术就形成了一整套严格的管理制度。秦汉之后，由于统一中央集权制国家的形成，为技术规范的实施创造了更好的条件。先秦时期的许多制度都被继承了下来，并得到了进一步完善和推广。

首先是度量衡的规范化。秦统一全国后，即诏告天下，“一法度衡石丈尺，车同轨，书同文字”。有关资料在传世品和考古发掘中皆所见甚多。《贞松堂集古遗文》卷十二载秦诏量铭为：“廿六年，皇帝尽并兼天下，诸侯黔首大安，立号为皇帝。乃诏：丞相状绾法度量则，不壹歉疑者，皆明壹之。”汉代市场上的度量衡直接由大司农主管，由大都会的市长核定。《小校经阁金文拓本》卷十二载光和斛铭云：“大司农以戊寅诏书:秋分之日，同度量，均衡石桷斗桶，正权概；特更为诸州作铜斗、斛、称、尺，依黄钟律历，九章算术，以均长短轻重大小，用齐七政，令海内都同。光和二年（179 年）闰月廿三日，大司农曹祋、丞淳于宫，右仓曹掾朱音，史韩鸿造。”《汉书·律历志》说量器“职在太仓，大司农掌之”。与光和斛铭之说基本一致。此外，“律历志”还对度量衡的定制依据做了说明。又《太平御览》卷八二七引《东观汉记》云：“京兆尹阎兴，召第五伦署督铸，掾领长安市，平铨衡，正斗斛，其后小民争讼，辄云第五掾平市，无奸枉欺诈之巧。”说明核定和管理度量衡，是市长职责之一。《盐铁论·禁耕》云：“县官设衡立准，人从所欲；虽使五尺童子适市，莫之能欺。”大体上也说到了这层意思。

国家对手工业、农业等产品的标准化管理也有了加强。1975 年，湖北云梦睡虎地 11 号墓（始皇三十年，公元前217 年）出土1150 枚秦简，其中包括不少秦代的律令，如《工律》、《田律》、《仓律》、《金布律》、《均工》、《工人程》等[42]，便较全面地反映了这一情况。如《工律》规定了产品的规格："为器同物者，其小大、短长、广，亦必等。"即是说：同类器物的同一等级者，其尺寸必须相等。"不同程者，毋同其出。"此"程"即程度、规格。汉代器物的标准化在考古实物中随处可见，如汉弩，居延汉简中提到甚多，习见有三石、五石、六石弩，此外还有四石、七石、八石弩，以及张力更为强大的大黄弩[43]，从张力到射程都形成了一个系列。如汉简载："三石具弩射百廿步"；"口具弩一今力四石射二百口"；"官第一六石具弩一今力四石卌二斤射百八十五步完"。其中的"今力"，即核查后的实际力量，大约是相对于设计力和使用疲劳后的衰减而言的。依北京大学所藏"武库一斤"铭铜权[44]，汉一斤为今252克计，故此张力应分别为：三石＝90.7公斤，四石＝120.9公斤，五石＝151.2公斤，六石＝181.4公斤，七石＝211.7公斤，八石＝241.9公斤。"卌二斤"即四十二斤，折合今10.584公斤。这些弩的射程则介于120～200步，即约合今制167～278米。

此时由官方，乃至私人生产的一些特殊手工业品，都有了统一的标样。钱币自不待言的，此外一个较为明显的例子是镜。在考察战国到唐代铜镜的外部形态时，有两个现象很值得注意：一是有的镜虽大小不同，但图纹内容和布局、尺寸比例基本一致，很像是人们依据某种标准镜模"放大"、"缩小"，或修改成的；二是有的镜形制、大小、花饰、铭文都完全相同，很像是使用同一模型，以复印法制范，再浇铸得到的。如长沙仰天湖25号墓与前苏联阿尔泰山西麓出土的四山镜同形；长沙桂花园6号墓、月亮山18号墓、沙湖桥A58号墓等所出羽纹地叶纹镜同形[45]；日本大阪木村贞藏氏与瑞典国立博物馆所藏黄初三年神兽镜同形[46]。秦汉时代使用标准模的文字资料如今虽未看到，但在稍后的镜铭中却已见多条。传世泰始十年半圆方形带神兽镜铭中，有"吾作吾刑明竟"字样，此"吾刑"当即吴型，可见古人铸镜是确有一个模型的。张英《吉林出土铜镜》所载金代手柄文字镜铭云："黄阁成勋业，青铜示范模；开奁时览处，还忆故人无。"[47]此"青铜示范模"当即是标准镜模。在汉代，这种示范模很可能是由尚方令制作的。

此时期官营手工业分工较细，而且每一道工序皆由专人负责。先秦时期工匠铭刻和职官负责制也沿袭了下来，且在秦律的《工律》中做了明确规定："公甲兵各以其官名刻久之，其不可刻久者，以丹若鬃书之。"故秦俑坑所出器物中，不能"刻久"的器物，皆用朱红书写出"寺工"2字[48]。器无铭刻者，就要受到处罚的。《效》律载："公器不久刻者，官啬夫赀一盾。"今日所见铭勒工名的秦器，如五年相邦戟铭："五年相邦吕不韦造，寺工詟，丞义，工成。"又十二年上郡戈铭："上郡守寿造，漆垣工师乘，工更长骑。"此二器年代约为秦嬴政时期，其中都谈到了制作时间，以及工人和官员的姓名，这便是这种质量管理制度的体现。

秦政府还建立了一种"省殿"制，对每个手工业者的产品进行评比，并给予赏罚。秦杂律载："省殿，赀工师一甲，丞及曹长一盾，徒络组廿给。省三岁比殿，赀工师二甲，丞、曹长一甲，徒络组五十给。"意即考评为下等者，依照等级，主造者须要受罚，连续三年无所改变者，就得加倍受罚。

到了汉代，这种铭刻制度在许多饰器、日用器、兵器和生产工具上都可看到：

《小校经阁金文拓本》卷十三载“二年酒儋”1枚，铭作：“酒。二年，蜀西工长儋，令史後得，啬夫中章，佐广成，工贞造，容五石，重九十五斤。”计31字（《陶斋吉金录》作“二年酒铜”）。“蜀”为蜀郡简称。“西工”当为蜀郡工官专用名。“二年”未注明年号，具体年份不详；有学者认为当是武帝元鼎四年（公元前113年）创始年号以前的纪年。可见对此器负有责任的职官有：长、令、啬夫、佐，最后才是工。这些职官的名称，不同时期是略有变化的。西汉昭帝至东汉中期时，又设有“护工卒史”（东汉明帝时改为“护工掾”）、“长”、“丞”、“啬夫”（元帝后改为“掾”）、“令史”等多级职官；王莽时又一度改为：“护工史”、“宰”、“丞”、“掾”、“史”、“掌大尹”等官[49]。“长”是工官的首官，其秩禄和地位相当于县长，“丞”相当于县丞，其余则相当于县长之下的属吏。“护工卒史”之义当即“监督卒徒工匠之吏”，是郡吏[50]。

《贞松堂集古遗文》卷十五“杂器”载广汉郡“卅湅”金错刀3件，一侧金错年月工名。其中一件铭作：“永元十口口广口郡工官，卅湅书刀，工冯武（下漫灭）。”存14字，制作工人是冯武。3件中，一件金错飞马，另2件饰纹漫灭。

河南灵宝张湾M4出土永元六年（94年）弩机一，郭上有铭为：“永元六年考工所造八石机，郭工吴孟作，造工王三，大仆监右工掾口，令伦，丞诗，掾口，史旦主。”[51]这里提到了多个工人和管理官员。

阮氏《积古斋钟鼎款识》卷九所载建昭雁足镫铭，云：“建昭三年（公元前36年）考工辅为内者造铜雁足镫，重三斤八两，护建、佐博、啬夫福、掾光主、右丞宫令相省，中宫内者第五，故家后大厨，今阳平家画一至三，阳朔元年（公元前24年）赐。”计60字。同书同卷又载永元雁足镫铭云：“永元二年中尚方造雁足镫，重九斤，工宋次等作。”凡20字。《汉金文录》卷三载长安下领宫行镫铭为：“长安下领宫铜行镫重斤十二两，神爵元年（公元前61年）工锜建造。”凡21字。此工名为锜建。见于著录的这类铜镫约有数十件，铭文内容不尽相同，字数亦不一，其中提到的有管理机构、工人、匠人和监工姓名，显然都是一种责任制。

铁器上的铭文多较简单，一般只注出铁官作坊的简称（表4－9－1），如“河一”（河南郡第一冶铸作坊，郑州古荥镇）、“河三”（河南郡第三冶铸作坊，巩县铁生沟）、“阳一”（南阳郡第一冶铸作坊，南阳瓦房庄）等。这与上述铜器铭文具有同样的性质。

这种铭刻制度在我国沿用了很长一个时期，只是强度上略有衰减。1974年，河南渑池出土4195件古代窖藏铁器，其中绝大多数属北魏时期，少数属东汉，不少铁范、铁农具、铁兵器上都有铭文，但一般只有2～4个字，主要有“黾”、“黾左”、“黾右”、“黾池军左”、“黾池军右”，“津”、“津左”、“周左”、“夏阳”、“阳城”、“新安”、“新安右”、“绛邑”、“绛邑左”等，其中绝大部分应是官冶作坊的标志，“津”等则须进一步研究，“津右周”中的“周”则可能是工匠[52]。这种铭记与秦汉铜器、漆器又有了一些差别，但同样表明了一种责任。

汉代的平淮、均输官大约还经常将各铁官产品在全国进行均输，以满足各地的不同需要。湖北大冶铜绿山出土有“河三”铭铁斧[53]，陕西陇县出土有“河二”铭铁铲、“东二”铭铁铲；云南昭通鲁甸出土有“蜀郡成都”铭铁臿，江西修水出土有“淮二”铭文铁臿和铁铲。李京华先生曾对这类铁器铭文做过不少研究[26][32][33]。

在相当长一个时期内，手工业工人的技术教育都是以师徒相传的方式进行的，并且建立了一套相应的培养制度。秦简《均工》载：“工师善教之，故工一岁而成，新工二岁而成；能先期成学者谒上，上且有以赏之。”对于有技术的隶臣，均可用作普通工人:秦律《均工》又载：“隶臣有巧可以为工者，勿以为人仆，养。”

手工业官营和专卖制，集中了资金和优秀的技术人才，实行了严格的技术管理制度，在一个时期内，对冶金技术的发展起到了不少的积极作用。秦汉冶金技术取得了很大的成就，建立了一大批冶铸作坊，发明了多种冶炼和加工工艺，生产了大量的金属制品，基本上满足了社会各领域的需要，与此管理制度是不无关系的。其缺点是:扼杀了商品竞争，长此以往，也会影响到人们的创造性。郑州古荥镇等大型冶铸作坊的出现，一方面反映了当时较高的技术成就和创造能力；但从另一个角度看，那样高大的炉子，那样大规模的作坊，也是超越了时代的，必然会给生产和管理带来许多问题。之后，在整个唐宋时代，都很少看到这样大的高炉和冶铸作坊。

五、关于钢铁技术的发展与统一多民族国家的形成和巩固

早在公元前3世纪晚期，我国就建立了统一的中央集权制国家，之后历数千年而不衰，其间虽也经历过不少战乱和分裂，但多民族的团结和统一，始终是主流，并占据了大多数时间。世界上的几大文明古国，一个一个地都陨落了，有的甚至连文化也已中断，但中华文化却不然，它非但没有陨落，没有中断，而是延续着，发展着，如长江、黄河一般，汹涌澎湃，奔流不息，迄今依然光芒四射。始终是这样一群人，始终是这样一种文化，一直凝聚在一起，一直充满生命的活力，这在人类历史上是十分罕见的。造成这一现象的原因，有政治、经济的，也有民族素质、民族文化的等等多个方面。此外，我认为还有一点不可淡忘了的是科学技术和生产力，尤其是冶金技术的发展，对统一多民族国家的形成和巩固曾做出了不可磨灭的贡献。

人类最为基本的实践是生产实践，生产实践的最为基本的手段是生产工具。在人类历史的发展过程中，生产工具的材料曾有过从木、石，到青铜，再到钢铁的转变；这每一次转变，都是划时代的，对人类社会都是一次深刻的革命。我国古代的青铜技术，及其之后的钢铁技术，在古代世界中都是光彩夺目的，尤其是钢铁技术，对社会生产力的发展产生了巨大的影响。我国是世界上最早发明了生铁，并最早、大量地使用了钢铁的国家。我国的生铁至迟发明于春秋早期，钢约发明于西周晚期；及至战国，铁器就在农业、手工业中取代了木器、石器和青铜器，在社会生产中占据了主导的地位。前面谈到，目前在南到广东、北到内蒙、西到新疆的广大地域内，都有过大量战国铁器出土，其种类有农具、手工业工具、生活用器、兵器、车马器、刑具等，覆盖了社会生产和社会生活的各个领域。制钢技术、生铁可锻化退火技术，在战国时代都达到了一定的水平。两汉时期，又发明了炒钢法和灌钢法，它们皆属半液态冶炼，从而极大地提高了可锻铁的产量和质量，使钢铁兵器最终取代了青铜兵器。钢铁时代在我国的完全确立，为农业、手工业和经济、文化的发展，为整个社会的繁荣和国防的巩固打下了坚实的基础。西亚和欧洲的炼铁技术虽发明较早，但长时期停留在低温还原的阶段上，生产率较低，产品含碳量不高，含夹杂较多。在欧洲，生铁技术是到了公元14世纪才发明出来的，以生铁为原料的炼钢工艺大约是15世纪中期才出现的，所以在一个漫长的历史时期内，在整个中世纪，欧洲和古代世界的许多地方，钢和铁的生产率都是较低的，这必将影响到农业、手工业和整个社会经济、文化的发展。没有坚实的经济基础，没有一个大范围的共同的经济生活和文化生活，一个统一的多民族国家是很难形成和巩固的。古代世界也曾出现过一些凭借军事手段实现的大帝国，但都十分短暂，很快就分崩离析，原因是多方面的，其中之一是没有坚实的经济基础，而这个经济基础中，最为根本的东西便是生产工具。

对于铁器在社会生产中的作用，我认为至少可包括下列五个方面：（1）它极大地促进了农业、手工业的发展。（2）以此为基础，交通业、商业、文化事业也发展起来。（3）在此基础上，社会财富增加，国家财政收入增加，国家调控和管理能力也增加。（4）兵器质量提高，国防能力增强。（5）在上述基础上，有利于形成共同的经济、文化生活和共同的民族心理。对于这些方面，我国古代也是早有一定认识的。《管子·海王》篇载，管子在回答齐桓公关于为国之道时说，一定要官山海，要重视铁器，实行盐铁官营，理由是铁器在农业、手工业和日常生活中都占有十分重要的地位："一女必有一鍼一刀，若其事立。耕者必有一耒一耜一铫，若其事立。行服连轺辇必有一斤一锯一锥一凿，若其事立。不尔而成事者，天下无有。"即管子认为，不管作女工，还是务农，或者作车器，都必须具备各种不同的铁工具，然后才能成其事；无相应的铁工具而成事者，普天下都没有的。若，然后。铫，大锄。连，辇名，载任器，人挽者。《盐铁论·禁耕》篇载文学所言，则更为详细地说明了铁器对农业和整个社会经济和道德风貌的影响："铁器者，农夫之死生也。死生用则仇雠灭，仇雠灭则田野辟，田野辟而五谷熟、宝路开，则百姓赡而民用给，民用给则国富；国富而教之以礼，则行道有让，而工商不相豫。"即是说，铁器是农夫的命根子，有了铁器，便可开辟田野而获得丰收，以致民足国富，再教之以礼，社会风气也会净化的。《盐铁论·水旱》又载贤良曰："铁器，民之大用也。器用便利，则用力少而得作多，农夫乐事勸功。用不具则田畴荒、谷不殖，用力鲜，功自半。器便与不便，其功相十而倍也。"这里不但一般性地强调了铁器对于农业生产之重要，而且还着重谈到了铁器质量对农业生产的影响。《盐铁论·复古》篇载大夫言："铁器兵刃，天下之大用也。"接着，大夫还从巩固国家政权的角度论述了盐铁专卖之必要性。汉武帝实行盐铁专卖，在政治上和经济上都是获得过许多好处的，从而体现了"天下之大用"这一观点。当然，因冶铁业获利丰厚，即使不用专卖制，而是实行征税制，只要各项政策得当，未必不可获得同样功效。

我国古代学者在谈到治国之道时，常谈到一种富民政策。《管子·治国》篇："凡治国之道，必先富民。"民富则安乡重家，则敬上畏罪，则易治也。民贫则危乡轻家，则敢陵上犯禁，则难治也。"故治国常富，而乱国常贫。是以善为国者，必先富民。"而这富民之本，便是要发展农业、手工业、商业；而这基础，便是要有较好的生产工具。《盐铁论·本议》引管子云："国有沃野之饶，而民不足于食者，器械不备也。"此器械即生产工具。《周书》云："农不出，则乏其食；工不出，则乏其事；商不出，则三宝绝；虞不出，则财匮少；财匮少而山泽不辟矣。"[54]此农工商虞得以发展的基础，自然也是生产工具。在人类社会发展途程中，最为基本，也是最为活跃的因素便是生产工具。

在世界文明史上，我国冶铜术的发明期与西亚、中近东是不相先后的；冶铁术则较西亚，及至欧洲的一些地方稍晚；但我国很早就发明了 Cu－Sn 二元和 Cu－Sn－Pb 三元合金，并将其发展到相当高的水平，从而创造了光彩夺目的青铜文明；又很快就发明了高炉生铁，以及半液态冶炼的炒钢法和灌钢法，从而最大限度地满足了古代社会对钢铁的需要；在这两次革命性的大转变中，我国都是遥遥领先的，这便是东方古代文明的基石。

六、铁器外传和中日朝早期冶金技术的交流

（一）朝鲜半岛所出年代较早的铁器[55][56][57]

关于朝鲜半岛开始用铁的年代，学术界还有一些不同看法，但至迟应是战国晚期。今日所见年代较早的考古实物主要有：

1927 年，慈江道渭原郡龙渊洞遗址出土的 10 余件铁器，种类有矛、镢各 2 件，匕首、镞、锄、镰、半月形刀各 1 件，此外还有铁铤铜镞、铜带钩、燕国明刀币等。矛、匕首等兵器为锻件，余为铸件。器物形制约与战国晚期的燕国之器相当。

1959～1961 年，咸镜北道茂山郡虎谷第五期的 15 座居住遗址中，7 座出有铁器残片，种类有铁镢（白口铁）和薄刃工具。第六期的 6 座居住遗址都出有铁器，少者 1～2 件，多者 10 余件，种类有：铁镢、一字形臿、镰、半月形刀、斧、凿、镞、渔钩等。其形制与龙渊洞及辽宁等地所出燕国铁器基本一致，当与战国晚期及至汉初的相当。

平安北道宁边郡细竹里遗址第三期文化出有铁兵器和铁工具，种类有：矛、戈、镞、刀、镢、锄、镰、斧、凿、锥、渔钩等，多出于居住遗址。伴出铜器有明刀币、布币、镞、铃等。铁镢等形制与辽宁战国晚期的基本一致。

1954～1955 年，咸镜北道会宁郡五洞遗址出有铁镢等器。年代与虎谷五期相近，约与我国战国晚期相当。

20 世纪 50 年代中叶，咸镜南道永兴郡所罗里遗址出土有铁兵器和铁工具，种类有铁矛、短剑、镢、斧、马衔、钉等，其中的镢、剑、矛等，都具有明显的地方特征，很可能是本地生产的。

这都是今日所见朝鲜半岛年代较早的铁器，其年代大体上皆与战国晚期或汉初相当。此外可能还有一些。一般认为，多数是燕国传入的，也有本地生产的。汉乐浪郡设立后，铁器便进一步推广开来，当地冶铁术也有了发展。

（二）日本所出年代较早的铁器[57][58]

日本铁器始见于何时，日本学术界目前还存在一些不同看法。比较可靠的资料大约是弥生时代早期或稍早，主要事例有：

福冈县系岛郡曲田遗址出土的板斧状物的刃部残片，块炼铁锻成，属绳纹时代后晚期后段，也有学者定之为弥生时代早期。

北九州市长行遗址出土的带銎斧，残长 9 厘米，刃宽 4.5 厘米。属弥生时代前期。

熊本县玉名郡斋藤山遗址出土的銎斧刃部残片，属弥生时代初期。残长 4.7 厘米，刃宽 5.6 厘米。可能是铸铁可锻化退火件。据有关学者估计，属弥生时代初头和早期的铁器应在 20 件以上[59]。

弥生时代始于公元前 3 世纪，终于公元 3 世纪，前后约 600 年。属弥生时代前期的铁器自然还有一些，不再一一列举。总体上看，弥生时代前期铁器还较少，主要分布于九州和“中国地区”① 的濑户内海沿岸；种类主要是斧、锛、刀、削等工具，当时的生产工具依然以木、石为主；直到弥生时代中期前段，铁器种类依然主要是这些；及至中期后段，才出现了铁农具和铁兵器，铁器使用量才明显增加起来；弥生时代后期，铁器才在农业、手工业、兵器中取代了木、石而占据了主导的地位。据估计，日本出土的弥生时代铁器总计约达 5000 件左右[59]。一般认为：（1）这些铁器传入日本可能有两条路线，一是从中国东北，经朝鲜半岛传入的；二是从长江、黄河下游，由海路经朝鲜半岛再传入的。（2）日本自身的铁器加工技术可能是汉乐浪郡建立之后，才从中国经朝鲜半岛传入的。

（三）关于弥生时代所出铁器的加工技术[58]

为了解弥生时代出土铁器的材质，日本学者进行了一系列的科学考察，表 4－9－2 所示为有关学者收集整理的 42 例可锻铸铁、铸铁脱碳钢、炒钢标本等的分析结果。其中有“可锻铸铁”22 例，多数是斧；“铸铁脱碳钢”12 例，多是待加工的半成品；炒钢 5 例，主要是剑等；块炼铁 3 例，主要是斧。这表明，各种材料的使用情况与战国两汉大体上是一致的。其实，此“可锻铸铁”和“铸铁脱碳钢”都是一种可锻化退火处理件。这些铁器中既有铸铁可锻化退火（其中包括石墨化退火和脱碳退火）处理件，也有锻件（包括炒钢和块炼铁等）。福冈县春日市赤井手遗址的袋状斧还采用了贴钢技术，属弥生时代后期——末期[58]。日本本地的铁器加工技术至迟始于弥生时代中期，今已发现了多处这一时期的锻炉。至于冶铁术传入日本的时间，学术界至今仍存在许多不同看法，但应不晚于弥生时代后期。

表 4－9－2　部分弥生时代铁器材质考察小计

器名 / 材质	铸造斧片	镞	凿状器	半成品	铁片	铁板及板状器	剑	素材	板状及袋状斧
可锻铸铁	19	1	2						
铸铁脱碳钢		1		6	5				
炒钢					1	2	1	1	
块炼铁									3

注：由文献［58］之表 1 整理而成。原表中第 39、40 号标本的材质依正文。

① “中国地区”，日文常写成“中国地方（ゅぅごくちほう）”，指冈山、广岛、山口、岛根、鸟取五县。

参考文献

第一节　由铜到铁和由铸到锻的转变

[1] 山东省淄博市博物馆:《西汉齐王墓随葬器物坑》,《考古学报》1985 年第 2 期。

[2] 中国社会科学院考古研究所等:《满城汉墓发掘报告》，文物出版社，1980 年。

[3] 中国社会科学院考古研究所:《汉长安城武库遗址发掘的初步收获》,《考古》1978 年第 4 期。

[4] 洛阳区考古发掘队:《洛阳烧沟汉墓》，科学出版社，1959 年。

[5] 中国科学院考古研究所洛阳发掘队:《洛阳西郊汉墓发掘报告》,《考古学报》1963 年第 2 期。

[6] 引自《太平御览》卷五三一。

[7] 引自《太平御览》卷八一三。

[8] 渑池县文化馆等:《渑池县发现的古代窖藏铁器》,《文物》1976 年第 8 期。

[9] 北京科技大学冶金史研究室:《西汉南越王墓出土铁器鉴定报告》，载广州市文物管理委员会等:《西汉南越王墓》，文物出版社，1991 年。

第二节　大型钢铁冶铸作坊的出现和分布

[1] 李京华:《河南冶金考古的发现与研究》，并《汉代铁农器铭文试释》，皆见李京华《中原古代冶金技术研究》，中州古籍出版社，1994 年。部分冶铸遗址并见附表。

[2] 河南省博物馆等:《河南汉代冶铁技术初探》,《考古学报》1978 年第 1 期。

[3] 河南省文物研究所等:《河南省五县古代铁矿冶遗址调查》,《华夏考古》1992 年第 1 期。

[4] 倪自励:《河南临汝夏店发现汉代炼铁遗址一处》,《文物》1960 年第 1 期。

[5]《说嵩·古迹》卷十二，第 23 页，康熙五十八年。

[6] 钟华邦:《河南确山汉代郎陵古城冶铁遗址的新发现》,《考古与文物》1987 年第 5 期。

[7] 河南省文化局文物工作队:《巩县铁生沟》，文物出版社，1962 年。赵青云等:《巩县铁生沟汉代冶铸遗址再探讨》,《考古学报》1985 年第 2 期。

[8] 河南省文物研究所等:《信阳钢厂毛集古矿冶遗址调查简报》,《华夏考古》1988 年第 4 期。

[9] 河南省文物研究所：《南阳北关瓦房庄汉代冶铁遗址发掘报告》，《华夏考古》1991 年第 1 期。李京华执笔。

[10] 郑州市博物馆：《郑州古荥镇汉代冶铁遗址发掘简报》，《文物》1978 年第 2 期。

[11] 河南省文物研究所：《河南新安县上孤灯汉代铸铁遗址调查简报》，《华夏考古》1988 年第 2 期。

[12] 赵全嘏：《河南鲁山汉代冶铁厂调查记》，《新史学通讯》1952 年 7 月。河南省文物考古研究所等：《河南鲁山望城岗汉代冶铁遗址一号炉发掘简报》，《华夏考古》2002 年第 1 期。

[13] 李鸿庆：《北京历史博物馆三年来供应全国各地研究、参考、陈列材料两万两千余件》，《文物参考资料》1955 年第 11 期，其中有“比阳”铁犁，可知泌阳有铁官作坊。

[14] 河南省文物研究所等：《登封王城岗与阳城》，文物出版社，1992 年。

[15] 河南省博物馆等：《河南省温县汉代烘范窑发掘简报》，《文物》1976 年第 9 期。

[16] 河南省文物研究所等：《河南镇平出土的汉代窖藏铁范和铁器》，《考古》1982 年第 3 期。

[17] 李京华：《古代西平冶铁遗址再探讨》，《中原古代冶金技术研究》，中州古籍出版社，1994 年。

[18] 河南省文化局文物工作队：《河南鹤壁市汉代冶铁遗址》，《考古》1963 年第 10 期。原断代为汉，后改定为战国和西汉，即既有战国地层，也有西汉地层，详见鹤壁市文物工作队《鹤壁鹿楼冶铁遗址》，中州古籍出版社，1994 年。

[19] 渑池县文化馆等：《渑池县发现的古代窖藏铁器》，《文物》1976 年第 8 期。

[20] 周耿：《北京清河镇古城试掘简报》。此文尚未正式发表，但发掘者却不幸逝去，原稿已无处觅寻。今转引自黄展岳：《近年出土的战国两汉铁器》，《考古学报》1957 年第 3 期。又北京市文物研究所：《北京考古四十年》（北京燕山出版社，1990 年）载:清河镇朱房村古城遗址先后发掘过 5 次，第三次为 1954 年，抢救一处行将破坏的汉代铜铁遗址，发现有铜、铁炉渣、炉壁残块、铜镞、汉代绳纹砖的残墙；附近出土有“一堆铁刀、剑、戟、锄、裤铲、镢、镜、车轴瓦等许多铁器和铁农具，可能就是这一冶坊的产品”。

[21] 文物编辑委员会：《文物考古工作三十年》第 47 页，“河北省”部分，文物出版社，1979 年。

[22] 南京博物院：《利国驿古代炼铁炉的调查及清理》，《文物》1960 年第 4 期。计报道过两种炼炉，一种方形竖炉属东汉，一种（3 座，炉型不明）属唐宋。

[23] 尹焕章等：《淮阴地区考古调查》，《考古》1963 年第 1 期。

[24] 群力：《临淄齐国故城勘探纪要》，《文物》1972 年第 5 期。

[25] 新疆博物馆：《新疆民丰大沙漠中的古代遗址》，《考古》1961 年第 3 期。

［26］史树青：《新疆文物调查随笔》，《文物》1960年第6期。

［27］山西省考古研究所：《山西夏县禹王城汉代铸铁遗址试掘简报》，《考古》1994年第8期。

［28］中国社会科学院考古研究所汉城工作队：《1992年长安冶铸遗址发掘简报》，《考古》1995年第9期。

［29］陕西省考古所凤翔发掘队：《陕西凤翔南古城村遗址试掘记》，《考古》1962年第9期。按：原报道说“范”皆为小型工具的“范模”，依此，此范可能都是一种模子，即母范。

［30］内蒙古文物工作队：《内蒙古自治区文物考古工作的重大成果》，《文物》1977年第5期。

［31］山东省博物馆：《山东省莱芜县西汉农具铁范》，《文物》1977年第7期。

［32］泰安市文物考古研究室等：《山东省莱芜市古铁矿冶遗址调查》，《考古》1989年第2期。

［33］张郁：《呼市郊区发现一处西汉铁工场遗址》，《内蒙古日报》1962年4月3日。

［34］内蒙古自治区文物工作队：《呼和浩特二十家子古城出土的西汉铁甲》，《考古》1975年第4期。

［35］邯郸市文物保管所：《河北邯郸市区古遗址调查简报》，《考古》1980年第2期。

［36］李步青：《山东滕县发现铁范》，《考古》1960年第7期。按：此“铁范”的原意是铸造铁器之范，范之本身实为半陶质，而非铁质。断代参考《考古学报》1957年第3期第103页，黄展岳文。

第三节　炼铁技术的发展

［1］河南省博物馆等：《河南汉代冶铁技术初探》，《考古学报》1978年第1期。

［2］中国冶金史编写组：《从古荥镇遗址看汉代生铁冶炼技术》，《文物》1978年第2期。

［3］南京博物院：《利国驿古代炼铁炉的调查及清理》，《文物》1960年第4期。计报道过两种炼炉，一种方形竖炉属东汉，一种（3座，炉型不明）属唐宋。

［4］河南省文化局文物工作队：《河南鹤壁市汉代冶铁遗址》，《考古》1963年第10期，并见鹤壁市文物工作队：《鹤壁鹿楼冶铁遗址》，中州古籍出版社，1994年。

［5］河南省文物考古研究所等：《河南鲁山望城岗汉代冶铁遗址一号炉发掘简报》，《华夏考古》2002年第1期。

［6］河南省文物研究所：《南阳北关瓦房庄汉代冶铁遗址发掘报告》，《华夏考古》1991年第1期。

［7］李京华等：《南阳汉代冶铁》，中州古籍出版社，1995年。

［8］郑州市博物馆：《郑州古荥镇汉代冶铁遗址发掘简报》，《文物》1978 年第 2 期。

［9］河南省文物工作队：《巩县铁生沟》，文物出版社，1962 年。赵青云等：《巩县铁生沟汉代冶铸遗址再探讨》，《考古学报》1985 年第 2 期。

［10］周仁等：《我国黄河流域新石器时代和殷周时代制陶工艺的科学总结》，《考古学报》1960 年第 1 期。

［11］谭德睿：《商周青铜器陶范处理技术的研究》，《自然科学史研究》1986 年第 4 期。

［12］岑中勉：《中外史地考证》第 213 页，中华书局，1962 年。

［13］山东省博物馆：《汉画像冶铁图说明》，《文物》1959 年第 1 期。

［14］河南省博物馆：《济源泗涧沟三座汉墓的发掘》，《文物》1973 年第 2 期。

［15］赵家有等：《山西芮城出土风扇车模型》，《农业考古》1988 年第 2 期。

［16］余扶危等：《洛阳东关东汉殉人墓》，《文物》1973 年第 2 期。

［17］刘云彩：《中国古代高炉的起源和演变》，《文物》1978 年第 2 期。

［18］黄展岳：《近年出土的战国两汉铁器》，《考古学报》1957 年第 3 期。

［19］张郁：《呼市郊区发现一处西汉铁工场遗址》，《内蒙古日报》1962 年 4 月 3 日。

［20］洛阳市文物工作队：《洛阳吉利发现西汉冶铁工匠墓葬》，《考古与文物》1982 年第 3 期。此墓的年代下限改定为东汉。

［21］洛阳市文物工作队：《洛阳东周王城遗址发现烧造坩埚窑址》，《文物》1995 年第 8 期。

［22］北京钢铁学院金相试验室：《满城汉墓部分金属器的金相分析报告》，载《满城汉墓发掘报告》，文物出版社，1980 年。

［23］丘亮辉等：《郑州古荥镇冶铁遗址出土铁器的初步研究》，《中原文物》1983 年特刊，并见文献［28］。

［24］郑州工学院机械系：《河南镇平出土的汉代铁器金相分析》，《考古》1982 年第 3 期。

［25］中国冶金史编写组等：《关于“河三”遗址的铁器分析》，《河南文博通讯》1980 年第 4 期。

［26］柯俊等：《河南古代一批铁器的初步研究》，《中原文物》1993 年第 1 期。

［27］（北京钢铁学院）金属材料系中心试验室：《河南渑池窖藏铁器检验报告》，《文物》1976 年第 8 期。

［28］苗长兴等：《从铁器鉴定论河南古代钢铁技术的发展》，《中原文物》1993 年 4 期。

［29］山东省博物馆：《山东省莱芜县西汉铁农具范》，《文物》1977 年第 7 期。

第四节　多种制钢技术的产生和发展

[1] 北京科技大学冶金史研究室：《西汉南越王墓出土铁器鉴定报告》，载广州市文物管理委员会等编《西汉南越王墓》，文物出版社，1991 年。

[2] 北京科技大学冶金与材料史研究所：《徐州狮子山西汉楚王陵出土铁器的金相实验研究》，《文物》1999 年第 7 期。

[3] 中国社会科学院考古研究所《陕县东周秦汉墓》第 147 页、第 227 页，科学出版社，1994 年。

[4] 河南省文化局文物工作队：《巩县铁生沟》，文物出版社，1962 年。

[5] 赵青云等：《巩县铁生沟汉代冶铸遗址再探讨》，《考古学报》1985 年第 2 期。

[6] 杜茀运等：《汉长安武库遗址出土部分铁器的鉴定》，《考古学集刊》(3)，1983 年。

[7] 路迪民：《扶风汉代钢剑的科技分析》，《考古与文物》1999 年第 3 期。

[8] 北京科技大学冶金史研究室：《阳城铸铁遗址铁器的金相鉴定》，见河南省文物研究所等：《登封王城岗与阳城》第 330 页，文物出版社，1992 年。

[9] 李众：《中国封建社会前期钢铁冶炼技术发展的探讨》，《考古学报》1975 年第 2 期。

[10] 河南省文物研究所：《南阳瓦房庄汉代冶铁遗址发掘报告》，《华夏考古》1991 年第 1 期。

[11] 河南省博物馆等：《河南汉代冶铁技术初探》，《考古学报》1978 年第 1 期。

[12] 李众：《中国封建社会前期钢铁冶炼技术发展的探讨》，《考古学报》1975 年第 2 期。永初刀的组织分层，曾有三位学者在 100 倍的显微镜下观察过，并独立计算，结果分别为 31 层、31 层弱、25 层。

[13] 王明：《太平经合校·前言》，中华书局，1960 年。

[14] 中沢护人：《铁の歴史》第一卷第三分册第 321 页，たたら书房，原著 Dr. Ludwig beck，1897 年原版。

[15] 华觉明等编辑：《世界冶金史》第 209 页，科学技术文献出版社，1985 年。原著 R. F. Tylecote，A History of metallurgy，1976 年英文原版。

[16] 何堂坤：《关于明代炼钢技术的两个问题》，《自然科学史研究》1988 年第 1 期。

[17] 杨宽：《中国土法冶铁炼钢技术发展简史》，上海人民出版社，1960 年。

[18] 陈良佐：《我国炼钢史上的一个问题》，《大陆杂志》第 49 卷第 6 期，1974 年。

[19] 华觉明：《中国古代钢铁冶炼技术》，《金属学报》1976 年第 2 期。

[20] 杨宽：《中国古代冶铁技术发展史》，上海人民出版社，1982 年。

[21] 何堂坤：《关于灌钢的几个问题》，《科技史文集》第 15 辑，上海科技出版社，1989 年。

[22] 柯俊等：《河南古代一批铁器的初步研究》，《中原文物》1993 年第 1

期。
［23］周志宏：《中国早期钢铁冶炼技术上创造性的成就》，《科学通报》1956年2月。
［24］何堂坤：《百炼钢及其工艺》，《科技史文集》第13集，上海科学技术出版社，1985年。
［25］徐州博物馆：《徐州发现东汉建初二年五十湅钢剑》，《文物》1979年第7期。
［26］刘心健等：《山东苍山县发现东汉永初纪年铁刀》，《文物》1974年第12期。
［27］梅原末治：《奈良縣の櫟本東大寺山古墓出土の漢中平紀年の鐵刀（口繪解説）》，《考古學雜誌》第48卷第2號，1962年。
［28］《北堂书钞》卷一二一。
［29］曹植《宝刀赋》，见《太平御览》卷三四六。
［30］《北堂书钞》卷一二三。
［31］柯俊等：《中国古代的百炼钢》，《自然科学史研究》1984年第1期。
［32］《全三国文选》卷八。
［33］《北堂书钞》卷一二二。
［34］北京钢铁学院金相实验室：《满城汉墓部分金属器的金相分析报告》，出自文献［35］。
［35］中国社会科学院考古研究所：《满城汉墓发掘报告》，文物出版社，1980年。
［36］何堂坤等：《洛阳坩埚附着钢的初步研究》，《自然科学史研究》1985年第1期。

第五节　多种有色金属冶炼技术的发展

［1］《汉书》卷二十八上“地理志”师古注“丹阳郡”云：“故鄣郡，属江都，武帝元封二年更名丹阳。”
［2］岱南阁丛书。
［3］安徽省文物考古研究所等：《安徽铜陵金牛洞铜矿古采矿遗址清理简报》，《考古》1989年第10期。杨立新：《皖南古代铜矿初步考察与研究》，《文物研究》总第3期，1988年。
［4］（大冶钢厂）冶军：《铜绿山古矿井遗址出土铁制及铜制工具的初步鉴定》，《文物》1975年第2期。
［5］蒋赞初：《鄂城六朝考古散记》，《江汉考古》1983年第1期。
［6］四川大学历史系考古专业：《四川西昌东坪汉代冶铸遗址的发掘》，《文物》1994年第9期。
［7］《文物考古工作十年（1979～1989）》第257页，四川省部分，文物出版社，1990年。按：文献［6］说东坪出有货泉范盒，文献［7］说出有货泉钱范，及五铢钱铜母范。

[8] 安志敏等：《山西运城洞沟的东汉铜矿和题记》，《考古》1962 年第 10 期。

[9] 陈直：《汉书新证》第 145 页，天津人民出版社，1979 年。

[10] 罗平：《河北承德专区汉代矿冶遗址的调查》，《考古》1957 年第 1 期。

[11] 尚绪茂等：《山东莱芜铜山汉代冶铸遗址》，《中国钱币》1999 年第 1 期。

[12] 孙淑云等：《广西北流县铜石岭冶铜遗址的调查研究》，《自然科学史研究》1986 年第 3 期。

[13] 何堂坤：《中国古代铜镜的技术研究》，中国科学技术出版社，1992 年。紫禁城出版社，1999 年再版。

[14] 袁翰青：《中国化学史论文集》第 65 页，三联书店，1956 年。陈文熙、章鸿钊 1933 年的有关见解转引自此书第 20 页。

[15]《新修大正大藏经》卷十四第 757 页。

[16] 周卫荣：《黄铜冶铸技术在中国的产生与发展》，《故宫学术季刊》第十八卷第一期，2000 年秋。

[17]《黄帝九鼎神丹经诀》卷十一、卷十八、卷十九，皆见《道藏》第五八五册。按：据陈国符考证：《黄帝九鼎神丹经诀》20 卷，乃唐人所纂，其卷一即《黄帝九鼎神丹经》，出世于西汉末至东汉初年；东汉末年之左慈、张道陵皆得之；左慈往江东，此经亦流传于江东。说其为汉末左慈所撰，乃葛洪自其师所得之狂言也（见文献［18］，第 4—292 页、第 9—297 页）。狐刚子的许多著述亦收于《黄帝九鼎神丹经诀》中。

[18] 陈国符：《道藏源流续考 · 中国外丹黄白法经诀出世朝代考》，明文书局，1983 年。

[19] 赵匡华：《狐刚子及其对中国古代化学的卓越贡献》，《自然科学史研究》1984 年第 3 期。陈国符认为狐刚子系晋人，左元放（左慈，字元放）对狐刚子有传授关系，或说师徒关系，大致与葛洪同时，狐刚子实为最大之外丹黄白师。见文献［18］第 21—309 页。赵匡华先认为狐为东汉人，今从赵说。

[20] 章鸿钊：《中国用锌的起源》，《科学》第八卷第三期，1923 年。章鸿钊：《再述中国用锌之起源》，《科学》第九卷第九期，1925 年。

[21]《庚道集》卷二，见《道藏》总第六〇二册。按：本书所用《道藏》，除个别特别说明外，皆为 1923 ~ 1926 年上海涵芬楼影印本。前后不再详作说明。

[22] 华觉明等译：《世界冶金史》第 153 页，科学技术文献出版社，1985 年。

[23] 李文瑛等：《营盘墓地的考古发现与研究》，《新疆文物》1998 年第 1 期。李文瑛：《鍮石——丝绸之路贸易中的重要商品》，《中国文物报》1997 年。

[24] 国家文物局古文献研究室等：《吐鲁番出土文书》第 2 册第 24 页、第 3 册第 8 页，文物出版社，1981 年。

[25] 新疆维吾尔自治区博物馆：《新疆吐鲁番阿斯塔那北区墓发掘简报》，《文物》1960 年第 6 期。

[26] 参见姜伯勤：《敦煌吐鲁番文书与丝绸之路》第 67 页、第 68 页，文物

出版社，1994 年。

［27］赵匡华：《中国历代“黄铜”考释》，《自然科学史研究》1987 年第 4 期。

［28］山内淑人等：《古代利器の化学的研究》，《东方学报》京都版第 11 册。

［29］《席上腐谈》卷下的记载与《春渚纪闻》所云大体一致。

［30］王奎克等：《砷的历史在中国》，《自然科学史研究》1982 年第 2 期。赵匡华等：《关于我国古代取得单质砷的进一步确证和实验研究》，《自然科学史研究》1984 年第 2 期。

［31］《道藏》洞神部众术类，第五九九册。按：本书所用《道藏》，皆上海涵芬楼影印本，前后同。

［32］赵匡华等：《我国金丹术中砷白铜的源流与验证》，《自然科学史研究》1983 年第 1 期。

［33］王学理：《秦俑专题研究》第 379 页，三秦出版社（西安），1994 年。

［34］姚迁：《江苏盱眙南窑庄楚汉文物窖藏》，《文物》1982 年第 11 期。

［35］广州市文物管理委员会等：《西汉南越王墓》，文物出版社，1991 年。

［36］中国社会科学院考古研究所：《满城汉墓发掘报告》，文物出版社，1998 年。

［37］河北省文物研究所：《河北定县 40 号汉墓发掘简报》，《文物》1981 年第 8 期。

［38］定县博物馆：《河北定县 43 号汉墓发掘简报》，《文物》1973 年第 11 期。

［39］山东大学考古系等：《山东长清县双乳山一号汉墓发掘简报》，《考古》1997 年第 3 期。

［40］《太平御览》卷八一〇引。清陈元龙《格致镜原》卷三十四所引大体一致。

［41］《黄帝九鼎神丹经诀》卷九，第 1 ~4 页（《道藏》第五八四册）。

［42］赵匡华：《我国古代的金银分离术与黄金鉴定》，《化学通报》1984 年第 12 期。

［43］《本草纲目》卷三十四“胡同泪・释名”引苏珣云：“胡同泪，是胡同树脂也，故名泪。”时珍曰：“其入土石成块，如卤硷者，为胡同硷。”

［44］《太清经天师口诀》第 7 页（《道藏》第五八三册）。

［45］《黄帝九鼎神丹经诀》卷九，第 10 ~ 11 页（《道藏》第五八四册）。

［46］《太平御览》卷八一二。

［47］《黄帝九鼎神舟经诀》卷九，第 7 页（《道藏》第五八四册）。

［48］李秀辉等：《上孙家寨汉墓出土金属器物的鉴定》，《上孙家寨汉晋墓》，文物出版社，1993 年。

［49］洛阳区考古发掘队：《洛阳烧沟汉墓》，科学出版社，1959 年。

［50］中国科学院考古研究所洛阳发掘队：《洛阳西郊汉墓发掘报告》，《考古学报》1963 年第 2 期。

［51］赵匡华：《我国古代“抽砂炼汞”的演进及其化学成就》，《自然科学史研究》1984 年第 1 期。

［52］陈国符：《道藏源流续考》，明文书局，1983 年。陈国符：《道藏源流考》，中华书局，民国三十八年。

［53］湖北省博物馆：《云梦大坟头一号汉墓》，《文物资料丛刊》（4），文物出版社，1981 年。

［54］张子高：《从镀锡铜器谈到鋈字本义》，《考古学报》1958 年第 3 期。

［55］《玉台新咏》卷一，四部备要，总集六。

［56］《道藏》第五九四册。

［57］《道藏》第六〇〇册。

［58］山东省淄博市博物馆：《西汉齐王墓随葬器物坑》，《考古学报》1985 年第 2 期。釦，此正文原写作“漆器银扣”。

第六节　多种金属加工技术的发展

［1］《太平御览》卷三八九引。

［2］陶弘景《刀剑录》，《太平御览》卷三四三、卷三四六。

［3］洛阳区考古发掘队：《洛阳烧沟汉墓》，科学出版社，1959 年。

［4］中国科学院考古研究所洛阳发掘队：《洛阳西郊汉墓发掘报告》，《考古学报》1963 年第 2 期。

［5］唐金裕等：《陕西勉县红庙东汉墓清理简报》，《考古与文物》1983 年第 4 期。

［6］江西省博物馆：《江西南昌地区东汉墓》，《考古》1981 年第 5 期。

［7］何堂坤：《我国古代的钢铁刀剑及其工艺》，《五金科技》1982 年第 5 期。

［8］广州市文物管理委员会等：《西汉南越王墓》，文物出版社，1991 年。

［9］孙淑云：《西汉南越王墓出土铜器、银器及铅器鉴定报告》。出自文献［8］。

［10］山东省淄博市博物馆：《西汉齐王墓随葬器物坑》，《考古学报》1985 年第 2 期。

［11］内蒙古自治区文物工作队：《呼和浩特二十家子古城出土的西汉铁甲》，《考古》1975 年第 4 期。

［12］安徽省文物工作队等：《阜阳双古堆汉汝阴侯墓发掘简报》，《文物》1978 年第 8 期。

［13］福建省文物管理委员会：《福建崇安城村汉城遗址试掘》，《考古》1960 年第 10 期。

［14］中国社会科学院考古研究所：《满城汉墓发掘报告》，文物出版社，1980 年。

［15］北京钢铁学院金相实验室：《满城汉墓部分金属器的金相分析报告》，《满城汉墓发掘报告》，文物出版社，1980 年。

［16］中国社会科学院考古研究所汉城工作队：《汉长安城武库遗址发掘的初

步研究》，《考古》1978 年第 4 期。

［17］考古实物见吉林省文物考古研究所：《榆树老河深》，文物出版社，1987 年。铁甲分析见该书附北京钢铁学院冶金史研究室：《金属文物的鉴定报告》。

［18］北京科技大学冶金与材料史研究所等：《徐州狮子山西汉楚王陵出土铁器的金相实验研究》，《文物》1999 年第 7 期。

［19］陕西省文物管理委员会等：《陕西省咸阳市杨家湾出土大批西汉彩绘陶俑》，《文物》1966 年第 3 期。

［20］杨泓：《中国古代兵器论丛》（增订本）第 27 页，文物出版社，1986 年。

［21］中国科学院考古研究所：《辉县发掘报告》第 65 页，科学出版社，1956 年。

［22］中国科学院考古研究所：《长沙发掘报告》，科学出版社，1957 年。

［23］李晓岑等：《云南晋宁石寨山出土金属器的分析和研究》，《文物》2004 年第 11 期。

［24］刘与为：《岳阳楼》，《文物》1960 年第 3 期。

［25］沈令昕：《上海市文物保管委员会所藏的几面古镜介绍》，《文物参考资料》1957 年第 8 期。

［26］《文物考古工作三十年》第 343 页。

［27］石寨山铜锣，原报道为铜器盖。1983 年 3 月 15 日我与韩丙告到云南省博物馆参观时，该馆王大道介绍说：该物已订正为铜锣。

［28］广西壮族自治区博物馆：《广西贵县罗泊湾汉墓》，文物出版社，1988 年。

［29］《文物考古工作十年》第 249 页，文物出版社，1990 年。

［30］河南省博物馆等：《河南汉代冶铁技术初探》，《考古学报》1978 年第 1 期。

［31］山西省考古研究所：《山西夏县禹王城汉代铸铁遗址试掘简报》，《考古》1994 年第 8 期。

［32］何堂坤：《中国古代铜镜的技术研究》第 99～100 页，中国科学技术出版社，1992 年。

［33］王儒林：《河南南阳发现汉代钱范》，《考古》1964 年第 11 期。

［34］河南省博物馆等：《河南省温县汉代烘范窑发掘简报》，《文物》1976 年第 9 期。并见《汉代叠铸》，文物出版社，1979 年。

［35］刘兴：《江苏句容县发现东吴铸钱遗物》，《文物》1983 年第 1 期。

［36］河南省文物研究所：《南阳北关瓦房庄汉代冶铁遗址发掘报告》，《华夏考古》1991 年第 1 期。

［37］郑州市博物馆：《郑州古荥镇汉代冶铁遗址发掘简报》，《文物》1978 年第 2 期。

［38］山东省博物馆：《山东省莱芜县西汉农具铁范》，《文物》1977 年第 7 期。

［39］渑池县文化馆等；《渑池县发现的古代窖藏铁器》，《文物》1976 年第 8

期。

［40］河南省文化局文物工作队：《从南阳宛城遗址出土汉代犁铧模和铸范看犁铧的铸造工艺过程》，《文物》1965 年第 7 期，李京华执笔。李京华等：《南阳汉代冶铁》，中州古籍出版社，1995 年。

［41］师小群：《陕西省博物馆所藏新莽钱范》，《考古与文物》1994 年第 5 期。

［42］韩士元：《新莽时代的铸币工艺探讨》，《考古》1965 年第 5 期。

［43］袁涛：《郭浇柄现象——三论我国古代的砂型铸造（上）》，《江苏钱币》1995 年第 4 期。

［44］袁涛：《中国古代砂型铸造首创于新莽》，打印件。

［45］曹丕《剑铭》，引自《全上古三代秦汉三国六朝文》“全三国文”卷八。《太平御览》卷三四六的文字与此稍有出入。

［46］《文选》卷三十五，《晋书》卷五十五。

［47］裴景声《文身刀铭》见《太平御览》卷三四六引。另外，《全上古三代秦汉三国六朝文》“全晋文”卷八十五张协《文身刀铭》为：“宝刀既成，穷理尽妙，敛文波回，流光电照。”多句与裴景声《文身刀铭》同。

［48］《全上古三代秦汉三国六朝文》“全晋文”卷四十五，第 1715 页。

［49］章鸿钊：《中国伊兰卷金石译证》，《地质专报》乙种第三号。

［50］袁仲一等：《秦陵铜车马的结构及制作工艺》，中国机械史第二届学术讨论会论文。1991 年，大庸。

［51］中国社会科学院考古研究所：《满城汉墓发掘报告》第 36 页、第 244 页、第 355 页、第 390 页，文物出版社，1980 年。

［52］河北省文物研究所：《河北定县 40 号汉墓发掘简报》，《文物》1981 年第 8 期。

［53］中国社会科学院考古研究所：《满城汉墓发掘报告》第 212 页，文物出版社，1980 年。

［54］《新修本草》（辑复本），唐苏敬等撰，尚志钧辑校，安徽科学技术出版社，1981 年。

［55］贺鸿武：《湖南攸县发现一件古代透光铜镜》，《文物》1989 年第 2 期。

［56］陈全昌：《萍乡发现西汉透光铜镜》，《光明日报》1979 年 4 月 18 日。

［57］叶嘉林：《多钮四神禽兽透光镜》，《中国文物报》1989 年 7 月 7 日。

［58］陈佩芬：《西汉透光镜及其模拟试验》，《文物》1976 年第 2 期。

［59］上海交通大学西汉古铜镜研究组：《西汉“透光”古铜镜研究》，《金属学报》1976 年第 1 期。

［60］何堂坤：《关于透光镜机理的几个问题》，《中原文物》1982 年第 4 期。

［61］何堂坤等：《关于透光镜的模拟试验》，《自然科学史研究》1990 年第 3 期。

［62］中国社会科学院考古研究所：《满城汉墓发掘报告》第 63 页、第 43 页、第 106 页、第 277 页、第 265 页、第 279 页，文物出版社，1980 年。

[63] 刘志远:《成都天廻山崖墓清理记》,《考古学报》1958 年第 1 期。

[64] 秦烈新:《前凉金错泥筩》,《文物》1972 年第 6 期。

[65] 黎瑶渤:《辽宁北票县西官营子北燕冯素弗墓》,《文物》1973 年第 3 期。

[66] 刘煜等:《山东临淄齐国故城汉代镜范的科学分析》,《考古》2005 年 12 期。

[67] 白云翔:《临淄齐国故城汉代镜范及相关问题研究》,载《山东省临淄齐国故城汉代镜范的考古学研究》第 101 页,科学出版社,2007 年。

第七节 金属热处理技术的发展

[1] 何堂坤:《铸铁脱碳钢与白心可锻铸铁》,《中国文物报》1995 年 11 月 26 日。

[2] 北京钢铁学院冶金史研究室:《金属文物的鉴定报告》,载吉林省考古研究所编《榆树老河深》,文物出版社,1987 年。

[3] 北京科技大学冶金史研究室:《西汉南越王墓出土铁器鉴定报告》,载广州市文物管理委员会等《西汉南越王墓》,文物出版社,1991 年。

[4] 丘亮辉等:《郑州古荥镇冶铁遗址出土铁器的初步研究》,《中原文物》1983 年特刊。按:"28 号铁镢 561" 正文刊为 "23 号铁镢" (561)。

[5] 苗长兴等:《从铁器鉴定论河南古代钢铁技术的发展》,《中原文物》1993 年第 4 期。

[6] 赵青云等:《巩县铁生沟汉代冶铸遗址再探讨》,《考古学报》1985 年第 2 期。

[7] 何堂坤:《我国古代铁镜技术初步研究》,《中国国学》第 20 期,1992 年,台湾。

[8] 何堂坤、姚建芳:《铁镜工艺初探》,《中国文物报》1999 年 1 月 20 日。

[9] 韩汝玢等:《郑州东史马东汉铁剪刀与铸铁脱碳钢》,《中原文物》1983 年特刊。

[10] (北京钢铁学院) 金属材料系中心化验室:《河南渑池窖藏铁器检验报告》,《文物》1976 年第 8 期。

[11] 北京钢铁学院中国冶金史编写组:《大葆台汉墓铁器金相检查报告》,大葆台汉墓发掘组《北京大葆台汉墓》,文物出版社,1989 年。

[12] 河南省博物馆等:《河南汉代冶铁技术初探》,《考古学报》1978 年第 1 期。

[13] 丘亮辉:《古代展性铸铁中的球墨》,《中国冶金史论文集》,《北京钢铁学院学报》编辑部出版,1986 年。按:"铁镢 173 号" 唯见于正文第 138 页,不见于文献 [4]。

[14] 中国冶金史编写组等:《关于 "河三" 遗址的铁器分析》,《河南文博通讯》1980 年第 4 期。

[15] 河南省文物研究所:《南阳北关瓦房庄汉代冶铁遗址发掘报告》,《华夏

考古》1991 年第 1 期第 109 页。

［16］北京钢铁学院金相实验室：《满城汉墓部分金属器的金相分析报告》，《满城汉墓发掘报告》，文物出版社，1980 年。

［17］郑州市博物馆：《郑州古荥镇汉代冶铁遗址发掘简报》，《文物》1978 年第 2 期。

［18］内蒙古自治区文物工作队：《呼和浩特二十家子古城出土的西汉铁甲》，《考古》1975 年第 4 期。

［19］华觉明等：《战国两汉铁器的金相学考察初步报告》，《考古学报》1960 年第 1 期。

［20］李众：《中国封建社会前期钢铁冶炼技术发展的探讨》，《考古学报》1975 年第 2 期。

［21］柯俊等：《河南古代一批铁器的初步研究》，《中原文物》1993 年第 1 期。

［22］路迪民：《扶风汉代钢剑的科技分析》，《考古与文物》1999 年第 3 期。

［23］北京科技大学冶金与材料史研究所：《徐州狮子山西汉楚王陵出土铁器的金相实验研究》，《文物》1999 年第 7 期。

［24］何堂坤：《我国古代铜镜淬火技术的初步研究》，《自然科学史研究》1986 年第 1 期。

［25］何堂坤：《从科学分析看我国古代的青铜热处理技术》，《金属热处理学报》1987 年第 1 期。

第八节　表面处理技术的发展

［1］定县博物馆：《河北定县 43 号汉墓发掘简报》，《文物》1973 年第 11 期。

［2］中国社会科学院考古研究所等：《满城汉墓发掘报告》，文物出版社，1980 年。

［3］亳县博物馆：《亳县曹操宗族墓葬》，《文物》1978 年第 8 期。

［4］黎瑶渤：《辽宁北票县西官营子北燕冯素弗墓》，《文物》1973 年第 3 期。

［5］王克林：《北齐库狄迴洛墓》，《考古学报》1979 年第 3 期。按：原文第 385 页说有镀金器 60 多件，但后面列出的数字为 70 多件。

［6］河北省博物馆等：《河北省出土文物选集》，文物出版社，1980 年。按：各金文家对此器铭文的引述稍有出入，可能与原文不太清晰有关。

［7］《道藏》第五九三册。任继愈主编的《道藏提要》（社会科学出版社，1991 年）引孙诒让云：“《金匀经》，晋宋间人依傅《抱朴子》假托施工为之。”

［8］何堂坤：《几面表层漆黑的古铜镜之分析研究》，《考古学报》1987 年第 1 期。

［9］何堂坤：《几枚水银沁镜的科学分析》，《考古与文物》1991 年第 1 期。

［10］何堂坤：《花背镜科学考察》，《文物》1998 年第 8 期。

［11］陕西省文物管理委员会：《陕西省出土铜镜》第 43 页，文物出版社，1959 年。

［12］何堂坤：《玄锡补证》，《中国文物报》1993 年 10 月 31 日。

［13］岳慎礼：《青铜镜探源》，《大陆杂志》第 17 卷第 5 期，1958 年。曾持“水银”说的学者较多，略。

［14］王士伦：《汉六朝镜铭初探》，《考古通讯》1958 年第 9 期。

［15］朱江：《也来谈谈扬州出土的唐代铜镜》，《文博通讯》1981 年第 4 期。

［16］转引自梁上椿：《古代铸镜技术之研究》，《大陆杂志》第 2 卷第 11 期，1951 年。

［17］何堂坤：《中国古代铜镜的技术研究》第 183～240 页，紫禁城出版社，1999 年新版。

［18］祝亚平：《道藏文化与科学》第七章“科学与发明”第五节“铜镜抛光”，中国科学技术出版社，1995 年。

［19］韩吉绍：《〈道藏〉中的两种磨镜药研究》，《自然科学史研究》2005 年第 2 期。

［20］《上清明鉴要经》，见《道藏》28－418，文物出版社等，1988 年。

［21］韩汝玢等：《秦始皇陵陶俑坑出土的铜镞表面氧化层的研究》，《自然科学史研究》1983 年第 4 期。

［22］北京钢铁学院《中国冶金简史》编写小组：《中国冶金简史》第 121 页，科学出版社，1978 年。

［23］北京钢铁学院金相实验室：《满城汉墓部分金属的金相分析报告》，载《满城汉墓发掘报告》，文物出版社，1980 年。

［24］陕西省考古研究所等：《秦始皇陵兵马俑坑（一号坑发掘报告）》，文物出版社，1988 年。

［25］何堂坤：《几件表面含铬青铜器的科学分析》，《考古》1996 年第 7 期。

［26］何堂坤：《关于我国古代青铜器的铬化处理》，《中国文物报》1996 年 8 月 18 日。

［27］何堂坤、李寿康：《铜镜表面的铜皮附着层及其科学考察》，《中原文物》2003 年第 1 期。

第九节　关于技术管理及其与社会的关系

［1］《汉书》卷十九上“百官公卿表上”并注。

［2］罗振玉：《贞松堂集古遗文》卷十五，并著有“阳二”铭臿。

［3］刘体智：《小校经阁金文拓本》卷十四。又，卷十三第六十九页载“宜”字铭农器钱（铲）。

［4］对于左、右、中三尚方出现的时间，学术界曾有不同看法。唐杜佑《通典》卷二十七“职官九”说：“秦置尚方令，汉因之……汉末分尚方为中左右三尚分，魏晋因之。自过江左，唯置一尚方。”但阮元《积古斋钟鼎彝器款识》卷十说三尚方出现时间是东汉前期，主要依据是永元镫铭作“中尚方造”。而今人容庚认为是武帝时代，因其《汉金文录》卷十载有元狩元年（公元前 122 年）中尚方造建昭宫鼎，卷二载有太初二年（公元前 103 年）中尚方造骀荡宫壶等。

［5］驹井和爱：《中国古代铜镜の研究》第 30 页，株式会社，1953 年。

［6］容庚：《汉金文录》卷一、卷二，1931 年。又，卷四第二十七著有“宜”字铭、“中山”铭铁铲。

［7］端方：《陶斋吉金录》卷六第六十一页，光绪三十四年石印本。

［8］《汉书·地理志》注载，设有工官的十个地方是：河内郡怀、河南郡（荥阳）、颍川郡（阳翟）、南阳郡宛、泰山郡、济南郡东平陵、秦山郡奉高、广汉郡、广汉郡雒、蜀郡成都。此外，《汉书·地理志》注所不载者，还有子同（梓潼）工官（原载《汉代纪年铭漆器图说》第 41 页）、武都工官（原载日人大村西崖《中国美术史》）等，所以，汉代设有工官的郡县是绝不止十个的。按：“子同工官”和“武都工官”，今皆引自陈直《汉书新证》第 144 页，天津人民出版社，1979 年。

［9］刘志远：《成都天迴山崖墓清理记》，《考古学报》1958 年第 1 期。

［10］徐州博物馆：《徐州发现东汉建初二年五十湅钢剑》，《文物》1979 年第 7 期。

［11］贵州省博物馆：《贵州清镇平坝汉墓发掘报告》，《考古学报》1959 年第 1 期。

［12］杨琮：《“河内工官”的设置及其弩机生产年代考》，《文物》1994 年第 5 期。

［13］云梦秦简整理小组：《云梦秦简释文二·工人程》，《文物》1976 年第 7 期。

［14］刘佛丁等：《工商制度志》（《中华文化通志·制度文化典》第 4 典第 33 册）第 36～37 页，上海人民出版社，1998 年。

［15］陈直：《两汉经济史料论丛》第 108 页，陕西人民出版社，1980 年。

［16］关于汉武帝推行盐铁专卖的时间，曾有三种不同说法，即元封元年（公元前 110 年，见陈直《两汉经济史料论丛》第 108 页，陕西人民出版社，1980 年）、元狩三年（公元前 120 年，见刘佛丁等：《工商制度志》第 65 页，上海人民出版社，1998 年）、元狩四年（公元前 119 年，见《文献通考》）。浅见支持元狩四年说。今查《汉书》卷二十四下“食货志下”，某年，东郭咸阳、孔仅已“为大农丞，领盐铁事”（“二十五史”版，P116. 1，上海古籍出版社）；之后的第二年，“大将军票骑，大出击胡”。并孔仅、东郭咸阳“乘传举行天下盐铁”。但这未注具体年代。又查《汉书·百官公卿表上》，其云：元狩三年，霍去病为骠骑将军；元狩四年，又封为大司马骠将军。依此，霍去病元狩四年之事便对上了；故东郭咸阳、孔仅推行盐铁专卖的时间亦应是元狩四年，而被任命为大农丞的时间当为元狩三年。又查《史记·平准书》，云：“其明年，大将军骠骑大出击胡。”“集解”引徐广言，注“明年”为“元狩四年”。皆卷又载：同年，孔仅、东郭咸阳“乘传举行天下盐铁”。可见，徐广也认为“大将军骠大出击胡”和盐铁专卖的时间是元狩四年。再查《汉书·食货志下》，元封元年实际上是进一步加强了盐铁官营。

［17］《汉书》卷十九上“百官公卿表”：“内史，周官；秦因之。掌治京师。景帝二年分置左内史。右内史，武帝太初元年更名京兆尹，属官有长安市厨两令

丞，又都水铁官两长丞；左内史更左冯翊，属官有廪牺令丞尉，又左都水铁官……”（“二十五史”版，P74.3，上海古籍出版社）

［18］刘庆柱：《陕西永寿县出土的汉代铁农具》，《农业考古》1982 年第 1 期。1974 年，陕西永寿县西村农民平整土地时，发现一批汉代铁器，其中有凹字形铁臿 2 件，一件上铸有阳文“阳二”铭。

［19］河南省文物研究所：《河南新安县上孤灯汉代铸铁遗址调查报告》，《华夏考古》1988 年第 2 期。铲范上片、锄范上片都见有“弘一”铭文；犁范上片见有“弘二”铭；此范皆铁质。

［20］陕西省博物馆等：《陕西省发现的汉代铁铧和鐴土》，《文物》1966 年第 1 期。1964 年，咸阳出土一批铁器，铧的背面铸有一字，似为“川 ”字；鐴土背面铸有一个“田”字。1965 年，陇县出土一些铁器，一件裤形铲上铸有“河二”2 字铭，另一件裤形铲上铸有阴文“东二”2 字铭。

［21］“东三”字铭今见于报道的计有 2 批：一为传世沙土质棘轮范，1 件。著录于梓溪：《谈几件古器物的范》，《文物参考资料》1957 年第 8 期。原报道说是齿轮范，今从各地出土的实物看，此“齿轮”实际上是一种棘轮；因其不能传动，只能用于制动、刹车。二为山西夏县禹王城汉代铸铁遗址出土的大量泥范，其中有罐、盆、甑等容器范，范腔表面常刻有“东三十升”等字；釜、碗类容器范，范腔表面近口沿处多阴刻有“东三五升”文字；铲范，其上多印有阴文“东三”2 字。见山西省考古研究所：《山西夏县禹王城汉代铸铁遗址试掘简报》，《考古》1994 年第 8 期。作者认为，“东三”应设于汉代河东郡治，即今“禹王城”遗址之内。

［22］李京华等：《试谈汉代陶釜上的铁官铭文》，《中国古代冶金技术研究》，中州古籍出版社，1994 年。印有“河一”铭的陶灶陶釜有：荥阳 1 件、巩义 2 件，西安 10 余件；印有“河二”铭文的陶灶陶釜有：洛阳烧沟 1 件、鹤壁 1 件；印有“河三”铭的陶灶陶釜有：登封县文管所 2 件、巩义市 2 件、宜阳 1 件。印有“内一”铭的陶灶陶釜有：安阳 3 件；印有“弘一”铭文的有：灵宝 2 件。

［23］郑州市博物馆：《郑州古荥镇汉代冶铁遗址发掘简报》，《文物》1978 年第 2 期。计出土铁器 318 件，其中 10 余件上铸有“河一”铭文；另出土多件铸造铁范用的陶质模型（母范），一般在上内模上也阴刻有“河一”铭文。又，汤威：《介绍一件带铁官铭的陶灶》（《中原文物》2003 年第 3 期）云：1989 年，郑州博物馆收集到一件带有“河一”铭的汉画像灰陶灶，四壁皆有人兽图案。

［24］赵青云等：《巩县铁生沟汉代冶铸遗址再探讨》，《考古学报》1985 年第 2 期。计出土 200 多件铁器，其中的铁铲、铁铧、铁斧等 8 件铁器上有“河三”铭文。

［25］河南省文物研究所：《南阳北关瓦房庄汉代冶铁遗址发掘报告》，《华夏考古》1991 年第 1 期。至少 3 件六角形釭模上见有“阳一”铭文。又，鲁山望城岗出土的铸制铁范的泥质模范上有“阳一”铭文，见河南省文物考古研究所等《河南鲁山望城岗汉代冶铁遗址一号炉发掘简报》，《华夏考古》2002 年第 1 期。

［26］李京华：《汉代铁农具铭文试释》，《考古》1974 年第 1 期。李京华：

《朝鲜平壤出土“大河五”铁斧》，《中原文物》2001 年第 2 期。文中说平壤出土一把铁斧，正面有“大河五”三字铭。李京华认为，此铁官作坊应当属河东郡，此铁官设置年代可能在全国统一编号之后，并认为此序数“五”可能是河东郡铁官自己编的，故未将之纳入河东郡统一的序列。

［27］孔繁刚等：《沂水县发现古井和古墓》，《考古与文物》1995 年第 5 期。出土汉“济”字铭铁锛。沂水属汉琅琊郡。

［28］刘晓燕：《山东威海市发现一件汉代铁镢》，《考古》1997 年第 5 期。威海属汉东莱郡，一件汉代铁镢上有阳文“莱一”铭。

［29］江西省文物管理委员会：《江西修水出土战国青铜乐器和汉代铁器》，《考古》1965 年第 6 期。一件铁铲和一件铁臿上有阳文“淮一”铭。

［30］南京博物院：《江苏仪征烟袋山汉墓》，《考古学报》1987 年第 4 期；汉墓出土铜斧一，上有阳文隶书“淮二”铭。安徽省文物考古研究所等：《安徽天长县三角圩战国西汉墓出土文物》，《文物》1993 年第 9 期；西汉墓出土铁斧 3 件，皆长方体形，有銎，长 13.2 厘米，单刃刃宽 8.8 厘米，一面铸有隶书“淮二”2 字。

［31］李家瑞：《两汉时代云南的铁器》，《文物》1962 年第 3 期。1936 年，云南昭通石门坎出土铁镢 3 件，左右都有“蜀郡”2 字铭，下边有“千万”2 字连文。1954 年，云南鲁甸汉墓封土中见有铁镢（坤按：从拓片看，此鲁甸铁镢应当是铁臿）1 件，左右分别铸有“蜀郡”、“成都”铭，陈直将之定为西汉物。四川大学历史系考古专业：《四川西昌东坪坝汉代冶铸遗址的发掘》，《文物》1994 年第 9 期。东坪坝曾采集到“蜀郡”铭凹字形臿，成都亦曾采集到过“蜀郡”铭凹字形臿。

［32］李京华：《新发现的“济”“莱一”“淮二”铁官铭小考》，《考古》1999 年第 10 期。

［33］李京华：《“王小”“王大”“大字釜”铭小考》，原载《华夏考古》1999 年第 3 期。今转引自李京华著《中原古代冶金技术研究》（第二集），中州古籍出版社，2003 年。郑州古荥镇汉代冶铁遗址在 20 世纪 70 年代采集到一件铸有“王小”铭的铁铲，现藏郑州市博物馆。“王大”铭铁铲出土于登封告成镇阳城内的铁器窖，现存登封市文物保管所。李京华认为，此“王小”当是壄（野）王县小铁官冶铁作坊的简称，“王大”则是壄王县大铁官冶铁作坊的简称。大约壄王县原不产铁，故置小铁官；后因产铁，复置大铁官。

［34］河北省文物局文物工作队：《河北定县北庄汉墓发掘报告》，《考古学报》1964 年第 2 期。出土有“大官釜”陶灶釜，铭文见于釜肩。文献［33］认为，此“大官”铭应是大陵县铁官作坊之简称。

［35］山东省博物馆：《山东莱芜县西汉农具铁范》，《文物》1977 年 7 月。

［36］中国社会科学院考古研究所等：《满城汉墓发掘报告》，文物出版社，1980 年。本文引用的标本号为 1:4326，见该书第 49 页。

［37］郑绍宗：《河北行唐发现两件汉代容器》，《文物》1976 年第 12 期。

［38］广东省博物馆：《广东德庆大辽山发现东汉文物》，《考古》1981 年第 4 期。

［39］刘心健等：《山东苍山柞城遗址出土东汉铜器》，《文物》1983 年第 10 期。

［40］何堂坤：《中国古代铜镜的技术研究》第 24 页，中国科学技术出版社，1992 年。

［41］《小校经阁金文拓本》卷十三。

［42］云梦秦墓竹简整理小组：《云梦秦简释文》，《文物》1976 年第 6、7 期。

［43］中国社会科学院考古研究所：《居延汉简（甲乙编）》，中华书局，1980 年。劳榦：《居延汉简考释》（释文之部），商务印书馆，1949 年。

［44］国家计量局编：《中国古代度量衡图集》，文物出版社，1981 年。

［45］李正光：《略谈长沙出土的战国时代铜镜》，《考古通讯》1957 年第 1 期。

［46］樋口隆康：《古鏡》第 49～54 页，新潮社，1979 年。

［47］张英：《吉林出土铜镜》第 137 枚，文物出版社，1990 年。

［48］王学理：《秦代军工生产标准化的初步考察》，《中国兵工学会兵器科学技术史研究会第一次年会论文集》（1984 年），兵器科技史研究会主办。

［49］俞伟超等：《马王堆一号汉墓出土漆器制地诸问题——从成都市府作坊到蜀郡工官作坊的历史变化》，《考古》1975 年第 6 期。

［50］宋治民：《汉代铭刻所见职官小记》，《考古》1979 年第 4 期。

［51］河南省博物馆：《灵宝张湾汉墓》，《文物》1975 年第 1 期。

［52］渑池县文化馆等：《渑池县发现的古代窖藏铁器》，《文物》1976 年第 8 期。

［53］（大冶钢厂）冶军：《铜绿山古矿井遗址出土铁制及铜制工具的初步鉴定》，《文物》1975 年第 2 期。

［54］转引自《史记·货殖列传》。

［55］梅原末治、藤田亮策：《朝鲜古文化综鉴》第一卷，昭和二十二年。

［56］藤田亮策：《朝鲜發現的明刀及其遺跡》，《朝鲜考古學研究》，昭和二十一年。

［57］王巍：《东亚地区古代铁器及冶铁术的传播与交流》，中国社会科学出版社，1999 年。

［58］大澤正己：《彌生時代初期鐵器文化（可鍛鑄鐵·鑄鐵脱碳鋼·炒鋼）》，《日本鑛業史研究》，平成十二年。

［59］川越哲志：《日本弥生时代初期的铁器研究》，《江汉考古》2001 年第 3 期。韩国河译。

［60］李鸿庆：《北京历史博物馆三年来供应全国各地研究、参考、陈列材料两万两千余件》，《文物参考资料》1955 年 11 期，其中有“比阳”铁犁，可知泌阳有铁官。

第五章

隋唐五代冶金技术的发展

北周大定元年（581年），职掌北周军政大权的外戚杨坚结束了北周政权，建立了隋朝（581～618年），定都长安。开皇九年（589年），隋军南下灭陈，结束了自汉末以来长期混战、分裂的局面，我国又进入了一个相对统一、稳定的阶段。杨坚建国后，在政治和经济上采取了一系列措施，如整顿国家机构，在中央确立三省六部制，在地方实行州、县两级制；创立科举制；抑制和打击豪门大族；减轻刑罚和徭役，实行均田制、租庸调法；厉行节俭等；出现了一度繁荣，“户口滋盛，中外仓库，无不盈积”[1]。但这十分的短暂，隋文帝时便有过许多失政；炀帝又荒淫无度，沉湎酒色，隋王朝终于在农民起义的风暴中灭亡，历时37年。

在反隋的割据势力中，李渊是起兵较晚的，其凭借各种优势，最后扫灭群雄，统一了全中国，建立了我国历史上著名的唐王朝（618～907年）。李渊时期，国家就逐步实现了统一，社会逐渐安定下来；他采取过不少进步措施，经济逐渐恢复；玄武门之变后，李渊次子李世民登极，便进入了“贞观盛世”的阶段。唐太宗采取了一系列巩固政权的措施，如改革中央和地方官制，利用贤能；发展庠序，改革科举；实行均田制、轻税薄赋，减省国用，与民休息；改革军事制度；修订《唐律》，完善法制；促进民族团结；使农业、手工业、商业都得到了发展。司马光在《资治通鉴》卷一九二说：唐太宗“去奢省费，轻徭薄赋，选用良吏，使民衣食有余”。唐玄宗开元年间，也实行过一些改革，但他后期不问政事，酿成“安史之乱”，使唐由盛而衰。唐代后期，由于政治腐败，人民不堪忍受，终于暴发了黄巢起义。黄巢起义失败后，出现了藩镇割据，唐帝国名存实亡，后为宣武节度使朱温所代。唐亡，历时289年。接着，我国又进入了一个分裂、混乱的五代十国时期。

“五代”（907～960年）是指相继占据中原的五个王朝，名为五代，其实是八姓。“十国”指南方、北方十个较大的割据政权，一些较小的割据势力尚不包括在内。各种割据势力互相混战，耗尽了民脂民膏，“天下编氓，殆无膏血”[2]。南方稍见稳定，南北十国之中，唯吴越稍见繁荣。五代十国历时只有53年，一个个都像走马灯一样，匆匆而过。

隋唐五代冶金，虽在技术上建树无多，但作为一个行业，却是又一个繁荣期，各种金属，包括钢铁、青铜、金银等在内，其产量和使用量都是较大的，尤其是唐代。《新唐书》卷五十四“食货志”在谈到唐初全国金属采冶业的发展状况时说：“凡银、铜、铁、锡之冶一百六十八。陕（治今河南陕县）、宣（治今安徽宣城县）、润（治今江苏镇江）、饶（治今江西波阳县）、衢（治今浙江衢县）、信（治今江西上饶县）五州，银冶五十八、铜冶九十六、铁山五、锡山二、鈆山四①。汾州（治今山西汾阳县）矾山七。麟德二年（665 年），废陕州铜冶四十八。”关于这些金属的产量，同书同卷说：元和（806～820 年）初，天下岁“采银万二千两，铜二十六万六千斤，铁二百七万斤，锡五万斤，鈆无常数”。此“鈆”即铅，崇尚道术之人，及至一般学士，往往通用铅、鈆二字。唐代以前，如此详明的金属产量在各种史料中都是不多见的，这一方面自然与造纸术、印刷术的发展有关，另一方面也说明了人们对数字变化给予了更大的关注。但到宣宗（847～859 年）时，采冶数和产量又有了一些不同，其时，“增银冶二，铁山七十一；废铜冶二十七，铅山一，天下岁率银一万五千两，铜六十五万五千斤，铅十一万四千斤，锡万七千斤，铁五十三万二千斤”。这变化情况是：银山增加，产银量增加；铜冶数减少，铜产量却上升；铁山增加，产铁量减少；锡产量也减少。当然这都是税率量，实际产量当高出此数的。

此时期冶金技术上的主要成就是：冶炼规模明显增大，产品数量、质量、品种都明显提高，操作技术臻于娴熟。生铁技术、炒钢和灌钢技术都持续发展。硫化矿炼铜技术发展到较为成熟的阶段，胆水炼铜法开始应用于生产，黄铜、砷白铜技术、炼汞技术都有了一定提高。出蜡法铸造有了明确的记载。部分较为重要的生产工具依然采用铸造方式成型，可锻铸铁仍在使用。生产了类如大周颂德天枢、沧州铁狮子、扬州方丈镜等大型铜铁器，以及大量制作工精的金银器。此时期在冶金技术，乃至整个手工业技术上的建树都不是太多，但整个冶金业、手工业是比较发展和繁荣的。由于造纸术、印刷术的发展，与矿冶有关的记载也开始详细和明确起来。

第一节　冶铁业的发展和筑炉技术的进步

据《新唐书·地理志》载：全国“有铁”之所计约 104 处[3]，其中最多的是四川和山西，此外是陕西、河北、福建、山东、湖南、湖北，以及江苏、浙江、江西、广东、河南、安徽等。与汉代相比较，这“有铁”之所不但数量明显增多，而且分布区域发生了变化，重心开始转移，汉代多集中于今河南地区，隋唐则更扩展到了其他省份，有的甚至是边远地区。《本草纲目》卷八“铁·集解”引五代轩辕述《宝藏畅微论》云：“铁有五种：荆铁出当阳，色紫而坚利；上饶铁次之；镔铁出波斯，坚利可切金玉；太原、蜀山之铁顽滞。刚铁生西南瘴海中山石上，状如紫石英，水火不能坏，穿珠切玉如土也。”大约这都是从药物学角度上说的，但这也在一定程度上说明了冶铁技术普遍发展的情况。此“刚铁”当系金刚石之误。

唐代炼铁遗址目前看到的不是太多，仅有安徽繁昌[4]、江苏利国驿[5]、山东

① 这段记载有些不太明白，其说全国银铜铁锡四种金属之冶 168 处，但详述的却是六州银铜铁锡鈆五种金属之冶 165 处；其说为“五州”，但详列出的却像是六州。

莱芜[6]、河南林县[7]等数处，部分遗址往往跨越了好几个朝代。

其中保存较好的是繁昌遗址，冶铸遗物也较丰富。该县竹园湾、三梁山、铁牛山一带，约方圆十里的范围内曾发现过6处较大的冶铁炉遗址、17个废墟墩，及一些较小的冶铁址，大体皆属唐宋时期。竹园湾炉址保存尤为完整，炼炉纵断面近于桃形，炉径约1.15米，炉身残高0.6米，炉壁用灰砖立砌而成，砖的尺寸为长32厘米、宽20厘米、高10厘米；内搪厚约4厘米的耐火泥，泥中掺有大量粗砂。炉门宽约60厘米。炉底下层铺长方形灰砖；上层所搪耐火泥羼有大量粗砂，厚约17厘米。炉膛内残有尚未炼成的铁块，以及栗树炭、石灰石等。遗物中未见铸范。在善峰山发现过一口开采铁矿的古井[4]。由这些情况可知：(1) 其使用了耐火砖来构筑炉体，而汉代多数是用土夯筑的。无疑是个进步。(2) 竹园湾炼炉具有炉身角和炉腹角，较汉代许多直筒式炼炉又前进了一大步。(3) 使用石灰石做造渣熔剂的技术稳步发展。(4) 炼炉规模虽较汉代为小，但这与当时的原料条件、操作技术水平更为适应，这是人们认识上的一次深化。汉代构筑郑州古荥镇那样的大型炼炉，显然是超前了的。

1986年，山东莱芜市发现34处汉至明代的采矿冶铁遗址，其中纯属唐代的冶铁遗址1处，跨越汉、唐的计2处，跨越唐、宋的4处，由唐延续至明代的1处，即是说：唐代莱芜曾有8个地方冶铁。此8处之中，寨里镇宜山村冶铁遗址属于唐宋时期，至今仍见有一块大型的炉底积铁，并出土有大量炼渣、矿石、炭灰，以及唐代、宋代的陶、瓷片。该遗址还出土过一种厚度仅为2.7厘米，质白而细的薄形耐火砖。小北冶村遗址属唐至明代，出土有唐、宋、元、明各时期的瓷器残片，遗址内散布着大量炼渣、矿石等遗物，但未见完整的炉子[6]。

1974年，李京华、黄务涤等对河南林县铁炉沟冶铁遗址进行过一次调查，在500米长的小河两岸，约有9座炼炉，3处炼渣堆，一处矿粉和煤炭堆积，此外还散布着大量的炼渣、炉壁残块和少量陶片等，其中多数属于唐宋时期，个别可上推至汉。如第二冶炼场，炉子筑于台地上，其炉壁残块计有两种，一为鹅卵石质，当为唐宋时期新创；二为粘土质，其创始年代可上推到汉代。第三冶炼场的炉子亦筑于断崖上，炉底筑于地下，圆形，内径0.9米。第四冶炼场残存半个炉子，残高1.9米，炉径约0.8米，壁厚0.2~0.4米；炉壁用白色和红色的砂质鹅卵石筑成。第五冶炼场残存一座炼炉，残高1米，径约0.9米，炉壁用红白二色鹅卵石筑成。第六冶炼场的炉墙用红白二色砂石筑成。总的来看，铁炉沟炼炉有三个明显的特点：(1) 多处炼炉都利用台地筑炉，一侧靠山，一侧向坡，利用山势，不但省工，而且便于操作。(2) 多利用鹅卵石筑炉，既就地取材，又耐高温。(3) 炉子较小，便于操作。这都是筑炉技术上的进步[7]。

此时期冶铁用的燃料依然主要是木炭。有学者曾对西安、洛阳隋唐墓出土的17件铁器进行了硫印实验，其中锻件14件，基本上不含硫或含硫甚微；铸件中，1件含硫量为0.1%~0.3%，另2件为0.3%~0.6%。可见含硫量一般不高，虽个别稍高，但也很难肯定其使用了煤炭类燃料[8]。

第二节 炼钢技术的发展

在汉魏时期，我国炼钢工艺的种类还是较多的，所见有炒钢、灌钢、百炼钢、块铁渗碳钢、炒铁渗碳钢、坩埚钢、铸铁退火脱碳钢等，它们互为补充，共同发展，有的还发展到了较高水平。但从技术史角度看，其中有的工艺形态是相当原始的，随着时间的推移和炒钢技术的发展，很快便被淘汰。铸铁退火脱碳钢、块铁渗碳钢，隋唐时期皆已基本消失；坩埚钢可能依然保存着，但在考古实物和文献记载中皆未看到；炒铁渗碳钢有一定发展，但实物资料和文献资料皆所见甚鲜；百炼钢虽依旧保存着，但它在人们心目中的地位已不如汉魏时期那样重要，而且使用范围较窄。隋唐五代时期，炒钢和灌钢都使用得更加普遍，技术上更为熟练，以这两种工艺为主的制钢体制完全确立。此时还出现了“抟钢”、“灌刚”一类专有名称，这也在一定程度上反映了这两种制钢术的发展和人们认识的提高。此时我国整个制钢术的发展也进入了相对稳定的、缓慢的阶段。

（一）炒钢技术的推广

隋唐五代时期，炒钢技术得到了进一步推广，这在文献记载和考古发掘中都可看到。《夏侯阳算经》卷中“称轻重”条记载了几道有关由生铁炼“黄铁”，再炼成“钢铁”的计算题。说：“今有生铁六千二百八十一斤，欲炼为黄铁，每斤耗五两，问为黄铁几何？答曰：黄铁四千三百一十八斤三两。”又，“今有黄铁四千三百一十八斤三两，欲炼为钢铁，每斤耗三两，问钢铁几何？答曰：钢铁三千五百八斤八两一十铢五絫。”此“钢铁”的具体含义原未说明，但从前引陶弘景所云“钢铁是杂炼生鍒作刀镰者”可知，是即灌钢。至于“黄铁”，其由生铁炼成，其间的金属烧损率接近三分之一，其又可再炼成“钢铁（灌钢）”，那很可能便是炒钢。古人称之为“黄铁”，可能与炒炼产品往往含碳量较低，表面较易氧化，而生成一层黄色铁锈有关。所以这里记述的实际上是从生铁炒炼“熟铁”，再浇炼成“灌钢”的过程中，两个主要环节的金属收得率，经计算，由生铁炼黄铁（炒钢）的金属收得率为68.7%，由黄铁（炒钢）炼钢铁（灌钢）的收得率为81.2%，整个过程的金属收得率只有55.8%；这金属烧损是很大的。炒钢和灌钢冶炼被术算家当作了演算实例，说明了这两种工艺当时使用已广。据考证，《夏侯阳算经》约成书于唐代宗（762～779年在位）年间[1]，这是我国古代关于金属烧损的最早记载。

樊绰《蛮书》卷七“物产”条记述了一种南诏剑的制作工艺，其中也谈到了炒钢。其云：“南诏剑，使人用剑，不问贵贱，剑不离身。造剑法：锻生铁，取迸汁，如是者数次烹炼之，剑成，即以犀装头。”一般而言，生铁是不能或不宜锻打的，此说“锻生铁”，当是指以生铁为原料的，炒炼过程中的一种锻打，目的是均匀成分，加速氧化和脱碳过程。此锻，当是锻炼、冶炼之意，而未必是现代意义上的锻打。取，同趣、趋，即赶走之意，“取迸汁”即舍弃迸汁，因其中多含有较多的低熔点夹杂。数次烹炼，即炒炼数次。这里叙述了制作南诏剑的整个工艺过程，先取生铁，后加热、数次炒炼、锻炼，最后成钢，再锻打成剑。

唐代的道家著作《太古土兑经》卷中第二页“炼精铁法”也记载了一种炒钢

操作。说："右取生铁四两炼之，一销一入黍米酒中，又洋，投之米许硇砂，半两礜石，食久，急搅；又倾酒中，洋之。如此三十遍得精铁。"[2]此"洋"，当同烊，熔化之意。硇砂、矾石，大体上都是一种造渣熔剂。米酒应是一种冷却剂，因其所含酒精量极少，故加热和其他诸种化学作用都是十分微弱的。此工艺要点是：以生铁为原料，经过多次熔融（洋，烊）、急搅、脱碳，最后得到精铁，即一种含夹杂较少的炒钢。此述虽较繁杂，但基本工艺原理是生铁在熔融状态下氧化脱碳成钢。看来这种工艺较难用于实际生产，每次只取四两生铁，须炼三十次，生产率实在太低，大约只宜存在于道家的试验棚中，其产品大约也只能作为丹药。

杜茀运分析过41件隋唐时期洛阳、西安出土的铁器，其中有生产工具，如犁、铧、镰、铲、凿、锛、锄、斧等；生活用器，如铁剪、铁钉、铁镜、铁板、铁饰等；兵器，如刀、甲片、矛等。其中锻件30件，占试样总数的73.17%[3]，锻件比例如此之大，与炒钢技术的发展显然是密切相关的。此镰、铲、凿、锛、锄、斧、剪等类器物，战国两汉时期多以铸制，隋唐则多改成了锻造，这是个很大的进步；尤其值得注意的是：洛阳隋大业九年墓铁剪、西安大明宫铁臿、西安铁铲等都使用了锻件。其中大业九年墓铁剪组织为铁素体+珠光体，含碳量约0.2%，晶粒度5~6级（图5-2-1）①；同墓所出铁鼻（马饰），含碳量约0.3%，组织为铁素体+珠光体，晶粒度4级。西安大明宫铁矛，平均含碳量约0.2%，晶粒度7级，有魏氏组织，夹杂主要是细长且排列成行的硅酸盐。这些都应当是炒钢制品。

值得注意的是：此期还出现了"搏钢"一词，这是今见文献中对炒钢的最早称谓，因引文相重，下面再谈。

（二）灌钢技术的推广

与炒钢技术同样，灌钢工艺在隋唐五代也进一步推广开来。前云《夏侯阳算经》在计算金属冶炼过程中的收得率时，既谈到了炒钢（黄铁），也谈到了灌钢（钢铁），这便是明证。此外，唐代还有其他一些关于灌钢和炒钢的记载。

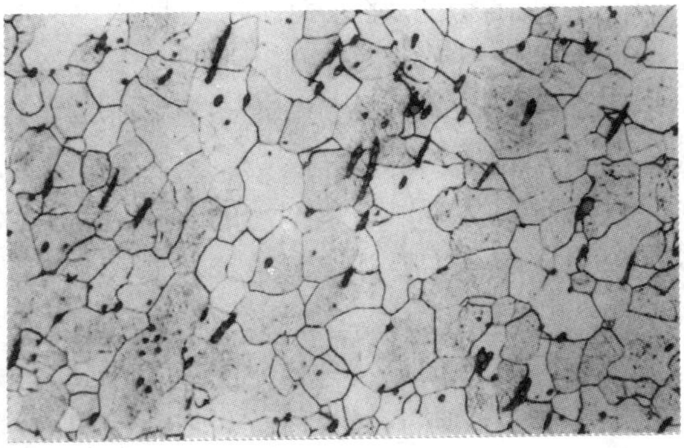

图5-2-1　洛阳隋大业九年墓铁剪YL122组织形貌　×400

承洛阳市博物馆岳金和提供（器号3:66）

唐代早期苏游在《三品颐神保命神丹方叙》中，曾从方药的角度，对各地钢铁之优劣高下，作了系统评述；之后还简要地谈到了灌钢的一些操作。凡入药之钢铁，"古方，多以雅州百丈、建州东瞿为上，陵州都卢为次，并州五生为下。又牂牁及广郴二州所出并不烦灌炼，即堪打用，此

① 隋大业九年墓铁剪（3:66），标本承洛阳市博物馆提供，1978年本人与姚建芳从洛阳带回，样品为YL122。有学者先拿去作了一次分析，并在文献［3］中作了报道，其样品编号为"122"。所以，本人的样品"YL122"与文献［3］的样品"122"实为同一标本。

即自然刚也。又，嘉陵荣资四州所出功力与广郴相似。而灌刚之时，要须百丈者相参，乃堪服用。又蕲州及忠渝等州所出并力薄，不堪用。”“又，灌刚之时，必须栎栗等炭，余皆不堪用。调停火色，唯须善别生熟，失宜即不任用。”刚铁，“取自然成刚铁上，次取捧刚五灌已上者佳”。[4]这段引文虽较繁杂，但它从入药的角度，对各地钢铁一一进行了评述，并分成了若干个等级，对我们了解唐代炒钢、灌钢工艺还是很有帮助的。其中的“铁”，当泛指炒炼产品言。“嘉陵荣资”四州皆属剑南道，其产铁之事并见《新唐书》卷四十二“地理志”。苏游在自序中说此文作于开耀二年（682 年）正月。这说明唐代之钢主要是两种：一是“不烦灌炼而”自然成钢者，即优质炒钢，“捧刚”则可能是指含夹杂较多的炒钢；二是灌炼五次以上的灌钢；在长期生产实践中，人们对灌钢冶炼已积累了相当丰富的经验：如（1）灌炼所用燃料，必须栎栗等炭，余皆不堪用。这主要是这类炭发热值较高等之故。（2）灌炼之时，必须善于观察和掌握火色，善别铁之生熟，失宜则不堪任用。引文中的“灌”，当指灌炼；“五灌”即以炒钢为原料，使之与生铁灌炼五次。所谓“灌刚”，即以灌炼方式制钢的工艺，这是我国古代文献中最早提到“灌刚”一词的地方。往日人们一直以为“灌钢”一词是始见于北宋沈括《梦溪笔谈》的。

另外，刘禹锡《砥石赋》也说到过灌钢工艺。其云：“彼屠者之刀（一作刃）兮，猎者之铤；不灌不淬兮，鍒错（一作锡）衔铅。”[5]此“灌”显然是指灌炼工艺。灌炼工艺见于诗文中，说明它已广为人知，还说明灌钢已广泛地用到了兵刃器上。

再回过头来看一下引文中的“捧刚”，即炒钢的问题。捧，或作“擣”，即锤打、搅扰。北周庾信《夜听擣衣》诗：“秋夜擣衣声，飞渡长门城。”元马致远《青衫泪》三：“我刘一郎何曾擣鬼。”“捧刚”一词既形象生动，亦较确切，它同时包含了捶打和搅扰这两层意思 。捶打的目的是排除夹杂、加速碳的氧化和均匀成分；搅扰的目的亦是均匀成分，帮助碳的扩散，加速脱碳过程。比较起来，“捧刚”一词较“炒钢”更为贴切；这也是今见文献中，对这个以生铁为原料的半液态炼钢工艺的最早称谓。

在此有一点需顺带说明的是，即炒炼工艺虽发明于汉，但汉代名之为何，迄今依然是不了解的。“炒钢”一词实际上是到了 20 世纪 50 年代才逐渐在学术界流行开的；南北朝曾谓之“鍒”，是即铁柔、柔铁；唐代又谓之“黄铁”、“捧刚”。明代之后又谓之“炒铁”、“熟铁”。由《夏侯阳算经》可知，唐时，人们对生铁、黄铁（炒钢）、钢铁（灌钢）及其间的关系又有了进一步的认识。《重修政和经史证类备用本草》卷四“铁精”条引唐苏敬等《新修本草》注云：“单言铁者，鍒铁也。”[6]此“鍒铁”即炒钢，这从另一个角度说明炒炼法在唐代已相当的普及，否则决不会把“铁”与“柔铁”等同看待的。

引文中的“自然钢”，当指一种优质炒钢。因其无须灌炼即可打用，而且性刚，故名之。我们知道，炒炼过程是可适当控制的，如若火候掌握较好，慎重地加热、脱碳、锻打，便可一方面使产品含碳量保持在较高的水平上，另一方面又可使氧化夹杂得以大部分去除。但其只出产于牂牁和广郴二州，这一方面可能与其矿石品位较高有关，另一方面则是操作较为讲究，技术水平较高之故。

（三）百炼钢技术的发展和演变

自汉魏之后，“百炼钢”说便深入到人们心中，及至隋唐，仍无任何衰减，五代还出现了一种“九炼钢”。《册府元龟》卷一六九载：后唐庄宗同光三年（925年）“九月，徐州进九练神钢刀、剑各一”。后晋高祖天福六年（941年）十一月壬申，荆南遣使进“九练纯钢金花手剑二口”。后汉高祖天福十二年（947年）荆南高从诲贺登极，进“九练纯钢刀一口”。后周太祖广顺元年（951年）① 六月，荆南高保融进“九练神钢陷金银刀剑各一”。后周太祖显德元年（954年）② 六月，荆南高保融进“九练神钢陷金、银刀、剑各一。”后周世宗显德三年（956年）二月，“荆南节度使高保融进御衣、金带、九练纯钢手刀、弓、箭等。”此“九练”，当即“久练”，多次“冶炼”之意，与百炼钢属同一工艺范畴。

第三节 有色金属冶炼技术的进步

此时期有色金属冶炼技术的主要成就是：各种金属的生产规模都明显增大，产量和质量明显提高。在炼铜技术中，硫化矿冶铜已发展到了相当成熟的阶段，胆水炼铜法约在唐五代间便开始运用于生产，人们对铜精炼技术的认识有了进一步提高。我国古代三大铜合金的青铜技术发展到更加娴熟的阶段；黄铜使用量明显增加，至迟五代便有了人工点化黄铜的记载。有关白铜的记载明显增多。单质砷的冶炼技术也有了提高。炼汞术中的“下火上凝法”始见于文献记载，可能还发明了蒸馏法。黄金萃取技术、白银冶炼技术都有了一定发展。

一、铜矿采冶业的分布和炼铜技术的发展

唐代的冶铜和用铜量都是较大的，前引《新唐书》卷五十四“食货志”云：陕、宣、润、饶、衢、信六州，有铜冶九十六；麟德二年时，仅陕州便废铜冶四十八。宣宗年间，天下岁率铜六十五万五千斤。结合《新唐书·地理志》等的记载看，唐代采铜、冶铜业的分布大体上可归结为五大区域。即：

（1）今山西一带。前云先秦山西铸铜业就已相当发达，汉代曾在运城采铜、炼铜；及至唐代，山西铜、银等业进一步扩大，《新唐书》卷三十八《地理志》载：陕州平陆县“有银穴三十四，铜穴四十八，在覆釜、三锥、五冈、分云等山。”按：陕州治所在今河南境，平陆在今山西境。同书卷三十九载：河中府解县“有铜穴十二。”绛州曲沃“有铜”，翼城“有铜有铁”，闻喜“武德元年置，有铜冶”；“太原府”太原郡土贡铜镜铁镜，盂县“有铜有铁”；代州五台“有银有铜有铁”。这都说明了唐代山西有铜冶等业，且曾贡铜镜。

（2）长江中下游的汉丹阳及周边地区，包括安徽、浙江、江苏的部分地区，从先秦到唐代，这都是我国的重要产铜地。《新唐书》卷四十一“地理志”载：宣

---

① 原文为“广顺六年”，据《中国历史年代简表》（文物出版社，1993年），“广顺”年号只有元年、二年、三年，无“六年”，疑“六年”为“元年”之误。

② 原文为太祖“显德六年”，据《中国历史年代简表》（文物出版社，1993年），后周太祖“显德”年号只有元年，世宗沿用“显德”年号，才有二年至六年。疑为“元年”之误。

州“土贡银铜器”，当涂“有铜有铁”；南陵“有铜有铁”，且曾置“铜官冶”，“有梅根宛陵二监钱官”；池州秋浦（今贵池）“有银有铜”，青阳“有铜有铁”；扬州江都“有铜”，六合“有铜有铁”，天长“有铜”；昇州上元“有铜有铁”，句容“有铜有矾”，溧水“有铜”，溧阳“有铜有铁”；苏州吴县“包山有铜”；湖州安吉“有铜有锡”。《元和郡县志》卷二十六载：句容县，“铜冶山在县北六十五里，山出铜、铅，历代采铸”。同书卷二十九“宣州·南陵县”载：“梅根监在县西一百三十五里。梅根监并宛陵监，每岁共铸钱五万贯。”“铜井山在县西南八十五里，出铜。”“利国监在县西一百一十里，出铜，供梅根监。”

目前所见较大的唐代冶铸铜遗址，皆主要见于长江中下游的扬州[1][2]、南京[3][4]、皖南[5]和浙江[6]一带，扬州有铸铜址，南京和皖南有采冶铜遗址。皖南铜矿采冶唐时又进入了新的高涨期，大诗人李白在《秋浦歌》中曾对秋浦冶铜的热烈场面作过十分生动的描述：“炉火照天地，红星乱紫烟，赧郎明月夜，歌曲动寒川。”秋浦，县名，在今贵池县境，唐属池州，《新唐书·地理志》说其“有银有铜”。

（3）长江中游的湖北、江西、湖南一带，自先秦起，也一直是我国的重要产铜之所。《新唐书》卷四十一载：鄂州武昌县（今湖北鄂州市）“有银有铜有铁”，永兴“有铜有铁”；洪州豫章“有铜坑一”；江州浔阳（今江西九江）“有银有铜”，彭泽“有铜”；饶州鄱阳郡“有铜坑三”，乐平“有金有银有铜有铁”；袁州宜春郡“有铜坑一”；郴州桂阳郡有桂阳监钱官，义章“有银有铜有铅”。五代独孤滔《丹方鉴源》卷上载：“武昌铜出鄂州白慢，可点丹阳银及鍮石。蕃折铜、东川赤札铜为丹阳，热打不裂。”[7]说明武昌在唐代产铜。此语有些费解，大抵是说武昌白慢地方所出之铜可点化成丹阳银（铜砷合金）及鍮石（铜锌合金）；蕃折铜、东川赤札铜点化成丹阳银后，热锻时不破。

（4）今山东莱芜一带。汉代以前，山东一带便曾产铜，迄唐依然未歇。《新唐书》卷三十八“地理志·兖州”载：莱芜“有铁冶十三，有铜冶十八、铜坑四，有锡”（《二十五史》本。文渊阁《钦定四库全书》本作莱芜“有铁冶十二”）。又，“沂州”沂水“有铜”。

（5）今四川云南一带。汉前便已采铜，迄唐依然。《新唐书》卷四十二“地理志”载：邛州“临邛，紧。有铜有铁”①；嶲州越嶲郡土贡麸金；雅州卢山郡土贡麸金，卢山“有铜”，荥经“有铜有金”。前引五代《丹方鉴源》说东川产铜。

《新唐书》卷五十四《食货志》载，唐乾元元年以前，为铸钱用，“天下炉九十九，绛州（治今山西新绛县）三十，扬（治今扬州）、润（治今镇江）、宣（治今安徽宣城）、鄂（治今湖北武昌县）、蔚（治今河北蔚县）皆十，益（治今成都）、邓（治今河南邓县）、郴（治今湖南郴县）皆五，洋州（治今陕西洋县）三、定州（治今河北定县）一。每炉岁铸钱三千三百缗”。可见乾元元年以前，唐代铸钱炉分布于10州，而今山西的绛州和长江中下游的扬、润、宣、鄂四州，便

① 紧，唐宋时，依辖区大小和经济状况等，将州县划分成了多个等级，“紧”是其中之一。《通典·职官》：“大唐县有赤、畿、望、紧、上、中、下七等之差。”

达70炉，占了天下铸钱炉的绝大部分。铸钱地固然与各处的政治、经济情况有关，但与产铜情况也有一定联系。

此外还有一些，据夏湘蓉等《中国古代矿业开发史》统计，唐代全国有铜之所凡77处，其中今浙江、山西各10处，安徽9处，江西8处，江苏、四川各7处，福建6处，湖南4处，河南3处，河北、山东、湖北、广东、陕西、甘肃各2处，广西1处。

唐代铜的用处主要有三方面：（1）铸钱。（2）铸镜及其他日用器。（3）作建筑构件。此三项的耗铜量都是较大的，如钱币，据《新唐书》卷五十四“食货志”载，乾元元年以前，绛、扬、润等十州设炉九十九，“每炉岁铸钱三千三百缗，役丁匠三十，费铜二万一千二百斤，镴三千七百斤，锡五百斤。每千钱费钱七百五十。天下岁铸钱三十二万七千缗”①。唐钱轻重不一，我称量过6枚开元通宝，每枚平均重约3.8克；每缗一千钱，依此计算，天下岁铸钱量便为1242.6吨。如若每年皆铸的话，数字是十分可观的。“每千钱费钱七百五十”即是说：每铸千钱，需750钱的成本费。镴的含义不明，可能是铅或铅锡合金，下面再作讨论。

唐代炼铜遗址目前看到的主要是3处，即皖南[5]、浙江淳安[6]、南京九华山[3][4]，虽皆保留得不太完整，难得形成系统的认识，但对我们了解唐代炼铜技术还是很有帮助的。

1984年以来，皖南地区在2000平方公里的范围内，发现过60多处铜矿采、冶遗址，断代西周晚期至宋，其中属于六朝至唐宋的冶炼遗址约20多处，主要分布于南陵、铜陵、贵池、繁昌、青阳五个县、市，面积较大的是南陵塌里牧、铜陵燕子牧、胡村和罗家村。从考察情况看，其中有两点很值得注意：（1）其冶铜量较大，如铜陵朱村乡五房唐宋冶铜遗址发现两堆废渣，一堆高达10米，底径近30米；南陵塌里牧冶炼场废渣量约在30万吨以上，断代三国至唐宋[5]。（2）从渣的外部形态推测，炉渣成分控制较好，冶炼技术已达较高水平。其先秦铜渣多呈褐色，气泡较多，表面呈“挤膏状”；汉代铜渣多呈灰绿色，表面平整，见有细微皱纹，结构稍显致密；六朝至唐宋铜渣多呈灰、黑色，表面有流动波纹，渣的块重亦较大[5]。

1970～1979年，浙江淳安铜山发现一处唐代矿冶遗址，有铜、铁、锡等矿。发现圆形炼铜炉3座，残高分别为30厘米、40厘米、60厘米，直径分别为125厘米、115厘米、195厘米。炉缸由石块叠砌而成，其外为红烧土，炉内尚残有木炭。遗址内发现的耐火材料主要有：红色粘土、火成岩碎屑、铁矿石粒（粉）、木炭粉等，大约是视需要而用于不同部位的。炉基附近发现的助熔剂有破碎过的石英石和白石等堆积。炉渣堆积区达3平方公里，厚约2～4米，民俗谓之“铜屎”。炉渣多为黑色玻璃碴，有光泽，表面有流动皱褶，质地疏脆。有一块炉渣直径达1.2

① 《通志》卷六十二“食货二”所载与此稍有些出入，其云：“每炉约用铜二万一千二百二十斤，白镴三千七百九斤，黑锡五百四十斤，每千钱除工匠外，用铜锡约值七百五十文，每炉岁铸钱三千三百缗，约一岁计铸钱三十二万七千余缗。”此“白镴”当为锡，“黑镴”当为铅，若烧损均衡时，钱币成分便为：铜83.05%、锡14.83%、铅2.11%。这与《新唐书》的说法有些差别；一是数字上不尽相同，二是部分金属名称，以及配料比上有些差别。

米，厚0.25米，呈铁黑色。矿区所产既有氧化矿，也有硫化矿。遗址内发现有摩崖石刻题记，系阴刻直行楷书："大唐天宝八年（749年），开山地取铜，至乾元元年七月，又至大历十年十右二月再采，续至元和四年（804年）。"计4行35字。前后约开采了60年。铜山遗址与皖南为邻，秦属鄣郡，为歙县所辖，汉元狩时改鄣郡为丹阳郡，淳安属之[6]。

我国硫化矿炼铜术约发明于春秋早期，及至西周晚期，唐代便发展到较高水平。除淳安铜山外，南京九华山也发现了一处唐硫化矿冶铜址，出土大量冰铜渣和烧烤过的残壁等。炉渣多呈片状，色多灰黑，有水波纹，说明出炉时流动性较好。有的炉渣断面较黑，似为晶态，部分断面呈红黑色玻璃态。炉渣中含有许多冰铜粒。李延祥等采集并分析了67块渣样，其Cu/S比的平均值约为0.5，说明含硫较高，属冰铜渣。从成分上看，这67块渣样计有两种类型，一种为高钙型，含钙14.54%～32.48%，平均22.48%；铁25.49%～52.68%，平均37.92%；硅20.71%～28.62%，平均24.45%。另一种为高铁型，含铁量为55.7%～67.57%，平均62.87%；含钙4.19%～7.41%，平均5.39%；硅22.06%～42.33%，平均34.19%。前者含脉石较多，应是首次冰铜渣，其产品含铜量可达25%；后者则可能是二次冰铜渣，其产品含铜量可达40%。看来，我国硫化矿冶铜技术在唐代已相当成熟。遗址中的南山矿石主要是黄铜矿、黄铁矿；矿区铜的品位一般为0.5%～1.5%，最高达16.65%；硫的平均含量为7.87%[4]。

关于唐代火法炼铜的记载很少，《酉阳杂俎》卷十一"广知"谈及一个炼铜操作："炼铜时与一童女，俱以水灌铜，铜当自分为两段，有凸起者，牡铜也，凹陷者，牝铜也。"类似的文字在《抱朴子》卷十七"登涉"篇等中都曾看到，现代土法炼铜工艺仍有类似的说法。

唐五代时，人们对胆水中的金属置换作用有了进一步认识。《重修政和经史证类备用本草》卷三"石胆"条引唐《新修本草》云："此物出铜处有，形似曾青，兼绿相间，味极酸苦。磨铁作铜色，此是真者。"此"兼"，当即缣，微带黄色的细绢，此指黄色。唐丹铅家金陵子在《龙虎还丹诀》中还多次谈到以铁釜熬胆水炼制"红银"（红铜粉）之事。这都说到了胆水中的金属置换作用。但唐人是否把这种认识应用到了生产实践中，目前尚无确切的资料，很可能依然是停留在炼丹家试验中的。大约五代就发生了变化，轩辕述《宝藏畅微论》云："铁铜，以苦胆水浸至生赤煤，熬炼成而黑坚。"[8]此"铁铜"即是以铁从胆水中置换出来的铜，这是我国古代对这类产品的最早称谓。这个名称不像是炼丹家的称呼，而像是民间称谓。所以五代时期，民间很可能已有了少量的铁铜生产。

此外，还有一条资料也很值得注意。《丹房镜源》载："今信州铅山县有苦泉流以为涧，挹其水，熬之则成胆矾，即成铜。煮胆矾铁釜久久亦化为铜矣。"[9]此书约成于唐乾元元年至宝应年间（758～763年）[10]。但经查，唐信州无铅山县，五代南唐始置铅山场，旋升为铅山县，故这段话很可能是后人记述的前朝事迹，这条资料便可作为上述资料的一个补充。

铜之"百炼"说在唐代仍较流行，且认识上也有了变化和提高。1954年，西安东郊郭家滩唐墓出土方形八卦百炼镜一件，圆纽，无座，主纹是八卦相组成的方折纹，其外有16字铭："精金百炼，有鉴思极，子育长生，形神相识。"[11]《小校经阁金文拓本》卷十七第七一页载方形八卦镜两件，其八卦相、铭文，皆与郭家滩镜完全一致，亦有"精金百炼"说，镜子大小亦相近，唯后二者稍成委角形。唐代诗文提到"百炼"工艺的亦不少，大家较为熟悉的莫过于白居易《百炼镜》歌："百炼镜，熔范非常规，日辰处所灵且祇，江心波上舟中铸。五月五日日午时，琼粉金膏磨莹已。化作一片秋潭水，镜成将献蓬莱宫。"这都是唐代"百炼"青铜的例子。但这镜是否真正"百炼"过，是否需要熔炼百次，"百炼"的结果如何？此时人们已有了新的认识。李肇《国史补》卷下云："扬州旧贡江心镜，五月五日扬子江心所铸也。或言无有百炼者，功至六七十炼则易破难成。"这一说法是很有道理的。从现代技术观点看，反复精炼的次数，应以去尽夹杂为度，并非次数越多越好，因在"百炼"的同时，还会伴随金属吸气；精炼次数越多，吸气量可能越大，温度较高时尤其如此，弄得不好时，还会出现过烧。所谓的"易破难成"，当是吸气等造成。至于"五月丙午"铸镜之说，窃以为不过是阴阳五行思想的一种反映，从实际效果看，气温高、湿度大，对铸镜是不利的[12]。今见唐镜断口洁白、致密，气孔、夹杂很少，说明其合金成分，以及熔炼时间、温度、气氛等都是控制较好的。至于有的研究者认为唐镜原是配了银的，其实未必如此，这一点下面还要谈到。

二、铜合金技术的发展

我国古代的铜合金主要有三种，即青铜、黄铜、白铜。前者是以锡、铅为主要合金元素的铜合金；次者是以锌为主要合金元素的铜合金；后者包括两种，分别以砷、镍为主要合金元素。但古人没有这许多科学的概念，他们对合金的命名，往往是以颜色为基准的，故常有混称的现象，所以古代文献中的"黄铜"是否皆指铜锌合金，"青铜"是否皆指铜锡铅合金，需得一一辨明。

（一）黄铜

至迟南北朝时期，我国民间就使用了黄铜，隋唐五代时，使用范围又有了扩展，人们一方面把它当成了区别贵贱和等级的标志，另一方面还把它用到了佛像和建筑物装饰上。此期还有了人工点化黄铜（鍮石）的明确记载。

《旧唐书》卷四十五"舆服志"说：唐初武德四年（621年）诏，三品以上饰用玉，五品以上饰用金，六品七品饰用银，八品九品饰鍮石，流外及庶人饰铜铁。上元元年（674年）又规定，三品以上用金玉带，四品五品用金带，六品七品用银带，八品九品用鍮石带，庶人用铜铁带。此"鍮石"即是黄铜。可见其在官员服饰等级中是最低的，只高于庶人使用的铜铁饰，说明黄铜在唐代已非稀罕之物。《唐会要》卷三十一载，景云二年（711年）规定："其腰带，一品至五品并用玉，六品至七品并用银，八品九品并用鍮石。"《新唐书》卷二十四"车服志"也有类似的说法：文宗（827～840年）即位后规定，度支户部盐铁门官等，鞍辔衔镫以鍮石，无官者则以铁镫。这是用鍮石作服饰之证，但在官服服饰中都属最低一级。

《新唐书》卷五十四"食货志"说："太和三年（829年）诏，佛像以铅、锡、土、木为之，饰带以金银鍮石，乌油蓝铁。"明陈仁锡《潜确居类书》载："鍮鉐，黄铜似金者。我明皇极殿顶，名是风磨铜，更贵于金，一云即鍮鉐也。"[13]说其更贵于金，是一种夸张，在前述资料中，鍮石的位置都是处在玉和金银之下的。《旧唐书》卷十八上“武宗纪”载：会昌五年（845 年）废佛像法，“中书又奏，天下废寺铜像、钟、磬，委盐铁使铸钱，其铁像委本州铸为农器；金银鍮石等像销付度支；衣冠士庶之家，所有金银铜铁之像，敕出后限一月纳官。”这是唐代把鍮石用于佛像，以及建筑物装饰之例。

此外，文人学士还把“鍮石”写入了诗文中。唐元稹《长庆集》卷二三“估客乐”：“鍮石打臂钏，糯米吹项璎，归来村中卖，敲作金玉声。”

文献上关于人工点化黄铜的记载始见于唐五代时。慧琳《一切经音义》卷三十九载：“鍮石似金。又云：西域以铜铁杂药合为之。”同书卷六十又载：“鍮石似金而非金，西戎蕃国药炼铜所成。有二种鍮石，善恶不等；恶者挍（较）白，名为灰折；善者挍（较）黄，名为金折……亦名真鍮，俗名‘不博金’是也。”此“药”当指炉甘石。这是唐代文献关于西域人工点化黄铜的记载。可见，此“真鍮”，即西域所产，颜色较黄，质地较好的黄铜。文献上关于我国人工点化黄铜的记载约见于五代时期，独孤滔《丹方鉴源》卷上云：“武昌铜出鄂州白慢，可点丹阳银及鍮石。”[7]此说把武昌铜点化成鍮石。虽具体操作不详，但这却是今日所知关于我国人工点化黄铜的较早记载。由前可知，东汉三国间我国便出现了“鍮铜”、“鍮石”一词，南北朝时民间便已使用，所以并不排除人工点化黄铜技术早于五代的可能性。

此时关于国外出产鍮石的记载也是较多的。《隋书》卷八十三“波斯列传”说，其地多“火齐、金刚、金银、鍮石、铜、镔铁、锡、锦”等。唐慧琳《一切经音义》卷一五载：“鍮石者，金之类也，精于铜，次于金，上好者与金相类，出外国也。”此说“上好者与金相类”，大约只指色言。唐杜佑《通典》卷一九三“大食”条引杜环《经行纪》云：大食人“每至节日，将献贵人琉璃器皿、鍮石瓶钵，盖不可数算。”《大唐西域记》中曾多次提到西域和印度铸有巨大的鍮石佛像，如卷一“梵衍那国”：“伽兰东有鍮石释迦立像，高百余尺，分身别铸，总合成立。”此“分身别铸”，应是指分段铸造，说明其鍮石不但产量大、器型大，而且成型技术亦达较高水平。唐代的鍮石制品则多是一些小件，数量大约也较西域和南亚为少。

目前在中原文化区的汉唐考古中还很少看到含锌量较高的黄铜器物。我分析过一件湖北鄂城县出土的素面镜，合金成分为：铜 65.9%、锡 3.4%、铅 4.3%、锌 26.66%，含锌量较高，属唐宋间，年代下限为北宋[12]，而且仅此一例。边境地区黄铜使用量则稍多，李秀辉等分析过 8 件青海都兰吐蕃墓葬出土的铜器，其中 5 件为铅黄铜，含锌量都较高，成分区间为：铜 63.23% ~75.09%、锌 17.75% ~29.23%，铅 3.49% ~9.19%，此 5 件器物分别为铜条、铜钩饰、牛鼻圈、带环、带扣[14]。黄铜器的数量、种类和使用范围都远远超过了中原。

（二）砷白铜和半金属砷

如前所云，早期铜砷合金含砷量较低（小于 10%）而呈黄色，至迟后赵，或说东晋早期，我国就点化出了含砷量较高（大于 10%）的白色铜砷合金。隋唐五代的砷白铜技术有了进一步发展[15][16]，这在多种方书中都可看到。

成书于隋开皇年间（581～600年）的苏玄明《宝藏论》对使用雄黄、雌黄、砒霜点化黄色和白色铜砷合金的方法都作了简单的总结，说："雄黄若以草药伏住者，熟炼成汁，胎色不移。若将制诸药成汁并添得者，上可服食，中可点铜成金，下可变银成金。"[17]"雌黄伏住火，胎色不移，鞴熔成汁者，点银成金，点铜成银。"[18]"砒霜若草伏住火，煅色不变移，熔成汁添得者，点铜成银。"[19]此以雄黄点铜而成之"金"，应即含砷量稍低的铜砷合金；以雌黄、砒霜点铜而成之银，应即砷白铜。文字简明扼要，说明了认识上的深化。虽皆出于炼丹家之手，但说明隋时砷白铜制作技术已较成熟。此"鞴"的具体形态不得而知，可以进一步研究。

唐乾元年间（758～760年）金陵子所撰《龙虎还丹诀》中淘汰了一些不必要的药物，但谈得更为具体。方法是:先以砒黄（氧化砷矿）、雌黄（As_2S_3）等为原料，做成精制的砒霜，后将之溶入铜液中，并加炭使之还原为砷，同时生成白色的铜砷合金。在这过程中，作者十分强调砒霜要分批多次加入，并需按到埚底，之后"即以炭搅之"，"其锅稍宜深作"[20]。目的是减少砷的蒸发，并加速它的溶解，与现代技术原理是完全相符的。唐人依托三国郑思远（葛洪之师）的著作《真元妙道要略》第八也有一段以砒霜点化白铜的文字，甚为简明："雄、雌二黄，砒黄等伏火皆有用处……红银者，每两点化伏火雌黄三铢成上金，亦可杂用砒霜伏火成白铜。"此"红银"当指红铜，"上金"指上等的黄色铜砷合金。"白铜"即砷白铜。

五代南唐的独孤滔在《丹方鉴源》中亦多次提到点化"丹阳"，其卷一载："红银，可勾金，亦可点为独体丹阳。"同卷还说到武昌铜可点丹阳银及鍮石。显然，此"丹阳"应指铜砷合金。但在此有一点值得说明的是:炼丹著作中，"丹阳"一词至少有两种含义，即砷铜和赤铜。唐《石药尔雅》卷上云："熟铜，一名丹阳，一名赤铜。"唐代著作《龙虎还丹诀》卷上也曾把赤铜指为丹阳。汉镜铭文中，习见有"丹阳铜"之说，这应是泛指红铜或一般的青铜。

从有关记载看，唐代还点化过数量相当可观的黄色铜砷合金。《太平广记》卷四〇〇引唐戴孚《广异记》云："隋末有道者居于太白山炼丹砂，合大还，因得道，居山数十年。有成弼者给侍之，道者与居十余岁，而不告以道。弼后以家艰辞去，道者曰：'子从我久，今复有忧。吾无以遗子，遗子丹十粒，一粒丹化十斤赤铜则黄金矣，足以办葬事。'弼乃还，如言化黄金以足用。办葬讫，弼有异志，复入山见之，更求还丹。道者不与，弼乃持白刃劫之。""弼多得丹，多变黄金，金色稍赤，优于常金，可以服饵，家既殷富。"唐太宗召弼造金凡数万斤，所谓大唐金也。百炼益精，外国亦传成弼金为宝货[21]。此"成弼金"乃以丹粒点化赤铜而成，很可能是砷黄铜。前引宋《春渚纪闻》卷十亦认为成弼金是丹药点化而成的。又，五代独孤滔《丹房鉴源》卷上云："武昌铜出鄂州白慢，可点丹阳银及鍮石。"[7]此"丹阳银"可能是砷白铜，"鍮石"则应是作为铜锌合金的黄铜。

隋唐时期的砷白铜实物在考古实物中大约只看到过一两件。李秀辉等在分析青海都兰吐蕃金属器时，发现过一件铅砷白铜，成分为：铜77.44%、砷15.89%、铅4.7%[14]。此外，据说有学者在分析广西出土的冷水冲型晚期铜鼓时亦发现一件，断代唐宋时期，但可惜未曾示出具体成分。结合前云甘肃民乐县东灰山四坝文化砷铜器物来看，似不能排除这些砷铜系共生矿所炼的可能性。

唐代文献也记载过一些“白铜”。如《新唐书》卷五十四“食货志”载：德宗初年，“判度支赵赞采连州白铜，铸大钱，一当十，以权轻重”。此说以“白铜”铸钱。连州，治今广东连县。《新唐书》卷四十三上“地理志”载：连州连山“有金有铜有铁”。又，《唐会要》卷三十一载：大和六年六月敕：“又准卤簿，令外命妇一品，厌翟车，从车六乘；二品三品白铜饰，犊车一乘，从车四乘；四品白铜饰，犊车一乘，从车两乘”。此说以“白铜”饰车，且作为一种等级的标志。但这两个地方提到的“白铜”的真实含义如何，是否与现代白铜相符，目前还是不了解的。清屈大钧《广东新语》卷十五“铜”条，在谈到唐代连州白铜钱时说：“连州则绝无白铜”。即屈大钧认为，连州没有真正的白铜。时至清代，人们对白铜已有了一定的认识，故屈大钧说的白铜，当是镍白铜或砷白铜。

隋唐时期，砷的冶炼技术也有了一定发展。唐代大炼丹家、大医学家孙思邈在《太清丹经要诀》中曾详细地记述过它的工艺。其云：“造赤雪流朱丹法：右雄黄一斤，捣，轻纱筛讫，以苦酒（按：醋）拌和之，令浥浥。日干，干更拌，如此十遍，止。与白盐末拌和，以盐覆藉（按：放在上下釜中），（按：以六一泥）固济（按：密封）。一日一夜后，以微火炙六一泥，令极干。渐加火，勿须猛。更一日一夜，即加猛火，令其下釜旦暮常须与火同色，不得暂时令火微弱。如此烧三日三夜，止。寒之一复时（按：一昼夜），开，取上釜药精，更微研之。下釜余滓亦捣，以药精相和。饭拌，令浥浥。依前布置，文武火一如前法烧之。药成，焕然晖赫，并作垂珠色丝之状，又似结网张罗之势，光彩鲜明，耀人目睛，见之者不觉心神惊骇。”[22]此第一步加热所得的“药精”应是雄黄、氧化砷等的混合物；第二次加热时用炭（饭）作还原剂，反应产物便应是单质砷。席文早在1962年就提出了我国古代生产过单质砷的论断，便是以此为据的，他还依此做了试验[23]。1982年，王奎克等人又对这一文献作了许多研究[15]；1984年，赵匡华等又做了多次试验[24]，都得到了肯定的结论。说明我国炼丹家晋葛洪和唐孙思邈等人，早在公元四和七世纪时，便多次从雄黄中还原出了单质砷，比大阿尔伯特分别早了900和600年。

（三）青铜

早在先秦时期，我国青铜合金技术就取得了相当高的成就，汉唐之后发展到更为娴熟的阶段，文献记载也更多、更为明确，对锡在铜合金中的作用，及其与铜合金性能的一些关系，认识也更为清楚。

在我国古代众多的青铜器物中，合金成分控制较为严格的主要是三种：即鉴燧、兵器刃器（如斤斧、刀剑、削杀矢）、响器（如编钟、锣、钹等）。先秦著作《考工记·六齐》规定的便是这三种器物的成分。汉唐时期，编钟和青铜兵刃器渐被淘汰，锣、钹使用量一直较少，铜镜合金技术的杰出成就便更加突出起来。1992年以前，我分析过66件西汉中期至五代镜的合金成分，成分波动范围是：铜66.013%（试样LL3）~78.814%（W16），锡17.734%（试样Z4）~28.2%（试样E57），铅1.12%（试样W11）~10.394%（试样E30），其中有77.27%的镜含锡量处于20%~26%间，83.33%的镜含铅量处于2%~8%之间。66件镜的平均成分为:铜 72.645%、锡 22.273%、铅 4.881%[12];同时我还统计过其他学者分析的 52 件西汉中晚期至五代镜的成分,基本情况也大体一致,其平均值为:铜 68.406%、锡 23.806%、铅 5.744%[12]。可见自战国至唐五代,铜镜合金成分都是相当稳定,且一直处于最佳状态的[25]。表 5-3-1 所示为 26 件隋、唐、五代镜合金成分[12][26]~[29],亦处于上述成分范围,成分相当稳定,相当优良,都是以锡作为主要合金元素的。

从大量分析资料看,由先秦到隋唐,一般的镜都含一定量的铅,但文献记载在谈到铸镜合金时,往往只谈铜、锡两个组元,很少提及铅的,由先秦到明清的文献皆是如此。如梁陶弘景云:“古无纯铜作镜,皆用锡杂之。”[30]此只提到了铜、锡两个组元,未提到铅,唐李石《续博物志》卷十曾一字不误地引用过此语。甚至在宋代、明代,铸镜用锡量已大为减少,用铅量大为增加的情况下,人们依然是十分强调铸镜用锡,而不谈用铅。如宋马志云:“凡铸镜皆用锡。”[30]明宋应星《天工开物》第八“冶铸·镜”条:“凡铸镜,模用灰沙,铜用锡和。”说明人们对于锡、铅在铸镜合金中的作用,是区分得相当清楚的。

关于铸镜用锡的技术效果,文献所云主要是两方面:(1)使合金致白。宋马志《开宝本草》云:铸镜不用锡,“即不明白”耳[30]。清郑复光《镜镜诊痴》卷一“镜资”条:“铜色本黄,杂锡则青,青近白,故宜于镜。”[31](2)使合金致坚,并使之易于研磨。《吕氏春秋·别类》:“金柔锡柔,合两柔则为刚。”唐代孟郊《结交》诗:“铸镜需青铜,青铜易磨拭……凡铜不可照,小人多是非。”这认识与现代技术原理都基本相符。我们知道,铜与锡能形成置换固溶体和多种电子化合物,可在一定程度上起到加强金属基体的作用,“合两柔则为刚”便是这种合金化的结果。当含锡量较低时,合金主要以单相 α 固溶体形式存在;在一般生产条件下,含锡量达 5% ~7% 之后,合金中便会析出一种以电子化合物 $Cu_{31}Sn_8$ 为基的固溶体,即 δ 相,其质硬且脆,其色青灰;当含锡量达 18% ~26% 时,δ 相量可达 60% ~80%,此时合金研磨面颜色洁白,强度和硬度都较高。色白,就宜于映照;硬度高,研磨时就不易留下道痕。郑复光“杂锡则青”,孟郊说“青铜易磨拭”,便分别说到了这两层意思。这些都表现了较高的认识水平。除这两方面外,锡青铜铸镜还有一个好处,古人未曾道及,即其线收缩较小,不易形成集中性缩孔,宜于铸造各种断面形状变化较大的艺术品,故它又有“艺术青铜”之称。战国汉唐镜图文细如丝发,却清晰明净,形神兼蓄,具有极高的艺术价值,与此是不无关系的[26]。

从有关记载看,唐镜很可能还曾配银。这主要有两条文献:(1)日本著作《延喜式》卷十七载平安时期(794~1192 年)所作七寸方镜,用熟铜 4 斤、锡 1 斤 4 两、银 12 两,若烧损均衡,铜镜含银量便是 4.67%。(2)明宋应星《天工开物》卷八“冶铸·镜”条说:“唐开元宫中镜,尽以白银与铜等份铸成,每口值白银数两者以此故……唐镜、宣炉,皆朝廷盛世之物。”若烧损均衡的话,此镜成分便是铜、银各占 50%。但这类例子不多,多年来国内外学者分析过不少唐镜,配银之镜一件也未发现。1992 年以前,我分析过 13 件唐镜,只有一件含银量达 0.504%(表 5-3-1),其他皆未显示银的痕迹;其他学者分析的亦大体如此[12]。

表 5-3-1　隋唐五代镜合金成分

样号	名　称	成　分（%）				文献
		铜	锡	铅	其　他	
小 8	神人十二生肖镜	69.28	22.98	6.03	铁 0.47 砷 0.32 锑 0.34	[26]
小 9	狻猊镜	68.37	24.02	6.02	铁 0.75 砷 0.33 锑 0.28	
W14	四神镜	74.606	23.126	2.267		[12]
W5	花草镜	70.880	19.151	9.346	铁 0.134 硅 0.486	
W15	凤鸟花草镜	78.281	19.934	1.783		
N4	盘龙镜	69.781	25.601	4.616		
Sh3	莲花镜	73.260	23.418	3.32		
Sh12	海兽葡萄镜	75.975	21.093	2.93		
E35	方镜	69.56	21.69	7.40	锌 0.38	
E36	宝相花镜	73.176	20.120	5.57	铁 1.132	
E87	宝相花镜	77.63	19.505	2.864		
Z4	宝相花镜	77.794	17.734	4.47		
E33	八卦镜	70.40	22.60	6.00		
E62	八卦镜	73.203	20.479	5.227	银 0.504 铁 0.32 硅 0.263	
Z3	六边形海兽镜	76.816	20.617	2.565		
小 15	海兽葡萄镜	68.75	25.4	4.16	铁 0.5 镍 0.26 锑 0.05	[26]
小 27	草狻猊镜	69.74	23.17	5.17	铁 0.25 镍 0.14 锌 0.33 锑 0.21	
近 6	海兽葡萄镜	67.56	27.57	5.43	铁 0.37	[27]
近 9	狻猊镜	62.15	26.47	5.29	锌 5.0	
波 1	海兽葡萄镜	68.02	27.3	3.4	铁 1.01	[28]
周 1	四神镜	68.6	23.6	6.04		[29]
周 2	双鸾镜	69.3	21.6	5.45		
W6	匠人镜	73.177	20.008	6.2	铁 0.614	[12]
C4	都省铜坊镜	75.413	20.342	4.244		
W16	都省铜坊镜	78.814	19.756	1.428		
W17	颀字镜	77.393	19.034	3.571		

注：（1）样号中的汉字，是本人所加，其多为作者姓氏，如“小”系日本学者小松茂姓氏中的第一字。

（2）样号“小 8”、“小 9”2 件属隋代，“W6”、“C4”、“W16”、“W17”4 件属五代，其余属唐代。

铜钱应是汉唐青铜器中较受世人关注的另一种器物，其合金成分虽无铜镜般严格，但也基本上满足了其使用性能的需要。表 5-3-2 为 22 枚唐开元通宝、乾元重宝的合金成分[32]~[35]，表5－3－3为其成分分布情况。由之可见：(1) 其成分波动范围较大，铜为56.5%～84.64%、锡3.37%～16.89%、铅为1.43%～34.4%；有的钱币为高锡合金，有的却为高铅合金。(2) 多数标本含铅量较高。22枚标本中，15枚为锡铅青铜和铅青铜，占标本总数的68.18%；只有7枚为铅锡青铜和锡青铜。22枚标本的平均成分为：铜69.25%、铅16.37%、锡9.94%。(3) 22枚标本中，15枚的含铅量处于10%～25%间，占标本总数的68%；16枚的含锡量处于5%～15%间，占标本总数的72.7%。这种含铅量大体反映了我国唐后钱币成分的一般情况。宋代钱币含铅量也较高，赵匡华等人曾分析过193枚北宋铜钱，其中只有2枚为铅锡青铜，余皆锡铅青铜和铅青铜，而且含铅量更高一些[33]。日本学者水上正雄分析过119枚北宋铜钱，结果只有2枚红铜，1枚铅锡青铜，其余

表5－3－2　唐代钱币化学成分

序号	种类	成分（%）						合金类型	文献
		铜	铅	锡	铁	锌	镍		
1	开元通宝	70.06	12.27	12.69	痕	1.1		铅锡青铜	32
2		63.60	24.15	8.74	0.22		0.14	锡铅青铜	
3		75.6	8.78	13.6	0		0.74	铅锡青铜	
4		78.4	12.29	7.19	0.6	0.01		锡铅青铜	33
5		68.11	14.19	13.9	0.26	0.01		锡铅青铜	
6		76.03	8.6	15.72	1.0	0.01		铅锡青铜	
7		71.95	12.45	16.03	0.087	0.01		铅锡青铜	
8		67.78	21.82	6.59	0.76	0.01		锡铅青铜	
9		71.1	11.5	7.0		0.0143		锡铅青铜	34
10		71.9	9.9	7.5		0.0612		锡铅青铜	
11		66.8	22.4	9.0		0.0042		锡铅青铜	
12		57.1	22.0	9.5		0.0071		锡铅青铜	
13		56.5	34.4	5.2		0.0044		锡铅青铜	
14		65.3	12.2	15.3		0.0051		铅锡青铜	
15		65.2	22.4	10.8				锡铅青铜	
16		69.7	20.4	8.8		0.0087		锡铅青铜	
17		66.9	20.1	9.0		0.0090		锡铅青铜	
18		60.4	22.4	8.4		0.0077		锡铅青铜	
19		84.64	1.70	11.65				锡青铜	35
20		65.14	27.73	3.37				锡铅青铜	
21	乾元重宝	73.71	1.43	16.89				锡青铜	
22		77.49	16.94	1.87				铅青铜	
平均成分		69.25	16.37	9.94					

表5-3-3　唐代钱币成分分布（件数）

组分＼成分范围	<5%	5%~10%	10%~15%	15%~20%	20%~25%	25%~30%	30%~35%	总数
含铅量	2	3	6	1	8	1	1	22
含锡量	2	11	5	4				22

注：本表依表5-3-2整理而成。其成分范围的界定法亦是"立地不顶天"，如"5%~10%"即≥5%，<10%；"10%~15%"即≥10%，<15%；依此类推。

皆属锡铅青铜和铅青铜，含铅量亦是较高的[34]。下章还要详细谈到。因铜钱为一般小型器物，不像兵刃器那样需要锋利，也不像鉴燧那样需要研磨面洁白，更不像响器，需要讲究声学效果；它只要求轮廓稍微清晰、有一定的沉重感，有一定的强度和硬度。古人铸钱时，经常考虑的是政治、经济因素，是成本；用锡多则成本高，用铅多则成本下降；所以古人总是设法在成本与合金性能间，或说在政治、经济、技术间，求得一个适当的平衡。因"六齐"器物只强调铜与锡两个组元，大约受此影响，汉时人们也曾强调铸钱配锡，且反对杂铅。《汉书》卷二十四下"食货志"载："贾谊谏曰:法使天下公得顾租铸铜锡为钱，敢杂以铅铁为它巧者，其罪黥。然铸钱之情，非殽杂为巧，则不可得赢。"即是说，虽规定了铸钱只准用铜用锡，凡杂铅、铁者，皆要处罚，但不杂铅以为巧，则不可得利。这里清楚地阐明了铸钱诸因素之间的关系。唐宋钱币成分较为稳定，也说明人们对这些关系已有了相当的认识。

前引《新唐书》卷五十四"食货志"提到的唐开元钱配料为:铜21200斤，镴3700斤，锡500斤，如若烧损均衡的话，此铜钱成分当为:铜83.46%、镴14.56%、锡1.97%。若视"镴"为铅的话，这与唐（表5-3-2）宋钱币的实物成分大体上是相符的，但不够典型，在唐宋钱币中没有代表性。

前面提到的唐代连州白铜钱，在此需要补充一下。近百年来，国内外学者对我国古代钱币都做了大量分析，但真正的白铜钱一枚也未见过，从先秦到汉后，莫不如此。所以这连州白铜钱到底是何合金，目前还很难得到肯定的答案。在钱币分析中，如今只看到过少量含锡量稍高，研磨面颜色发白的青铜钱，如表5-3-2所列21号乾元重宝，含锡量高达16.89%，含铅量只有1.43%，研磨面颜色应当是稍微显白的。今人分析的宋钱中，一枚皇宋通宝的成分为:铜68.95%、锡24.6%、铅9.63%[33]，其研磨面颜色应当较白。迄今为止，人们看到的所谓"白铜钱"，便是这类高锡青铜钱，而别无他物。《新唐书》所云连州白铜钱是否也属这一类型，仍需进一步查实。

三、炼汞技术的发展

我国古代的炼汞术约发明于先秦时期，到了唐代，前世发明的工艺更为成熟，而且发明了一些新的工艺[36]。唐代钢铁技术建树不多，但炼汞术却有了长足进步。

此期汞的产地大约主要是湖南、四川等地。《新唐书·地理志》卷四十一载：辰州（湖南沅陵）土贡光明丹砂，麻阳有丹穴；茂州（在今四川）土贡丹砂。同书卷四十三载，连州（在今广东）土贡水银。汞的用途依然主要是：提炼金、银；作金、银粉；作汞齐，以镀金银；入药。以汞殓尸之事唐后有所减少。《本草纲目》卷八“金石·银屑”条引唐《新修本草》云：“方家用银屑，取见成银薄，以水银消之为泥，合消石及盐研为粉，烧出水银，淘去盐石，为粉极细，用之乃佳。”此说以水银作银屑。唐人所撰《灵宝还魂丹方》中记有“化庚粉法”，所述更为详明：“上好庚一十两，汞五十两，贮于一罐内，常用火暖。将庚烧令赤，投于汞内，柳蓖搅，化尽为度。用盐花三斤与金泥同研，唯细，便入一大铛内，匀平，上用勘盆子盖铛，以泥固济周迴，令密。慢火煅之，却令汞飞上，以汞尽为度。次用煎汤沃盐花，候盐味尽为度。其庚粉于盘内日曝干后，细研。”[37]这说作金粉。这些方法大约都是从汉代继承下来的。《重修政和经史证类备用本草》卷一引唐陈藏器《本草拾遗》云：“凡用银屑，以水银和成泥。”《本草纲目》卷八“银膏”条引唐苏敬云：“其法用白锡和银薄及水银合成之，凝硬如银，合炼有法。”这是说做医用银膏以补牙。

此期使用过的炼汞法主要有如下几种[36]：

低温焙烧法。这是较为原始的工艺，起始年代无考，有学者认为其或始于先秦，唐代仍可看到。唐人所辑《黄帝九鼎神丹经诀》[38]卷十一第一页载：“臣又按：丹砂、水银二物等分作之，任人多少。铁器中或甘埚中，于炭上煎之，候日光长一尺五寸许，水银即出，投著冷水盆中，然后以纸收取之。”这里既未谈及上下釜，亦未言及蒸煮和还原剂，有可能是属于焙烧法。关于汞和汞蒸气的冷凝方式，只说“投著冷水盆中”，较为笼统。此法在唐代之后便基本上被淘汰了。本卷中多次见到“臣按”、“臣又按”一语，当指唐代的编纂者。

“下火上凝法”。约发明于东汉，唐代也有使用，且记载较为明晰。唐武德四年至开元末年成书的《太上卫灵神化九转丹砂法》[39]第一“转化丹砂成水银”载：“取光明砂一十六两（原注：辰、锦州出者良也），黄矾十二两（原注：用瓜州者）。右件药二味，先取黄矾砂炒过，研成末，布于炉子底，次研朱砂末，安在黄末向上，以银匕子均摊，令得所了。向上亦用黄矾末覆盖之，令厚二分，却以一小瓶子盖之，后用六一泥固济如法，须令坚密，勿使有泄气之处，候泥干了……然后下火。初先文火，养之一日一夜，讫后渐渐加武火，烧之经两日夜，候药炉通赤了便止火。候药炉冷了，细细开炉看之，其朱砂尽化成水银，以物扫之收取。如飞未尽者，须再准前用黄矾末覆于炉子内，如法固济，更加武火重飞之一两日间，以候飞尽水银为度。名曰河上姹女也。”此“六一泥”即“六加一”之泥，通常由七种物质合烧而成，属原始水泥一类物质，始见于《黄帝九鼎神丹经诀》卷一。这里详细地谈到了一种蒸煮法炼汞的全过程。黄矾 $Fe_2(SO_4)_3$ 可起到还原剂的作用。加热时，蒸馏罐内的主要化学变化为：

$$Fe_2(SO_4)_3 = Fe_2O_3 + 3SO_3\text{（气）}$$

$$HgS\text{（固）} + 2SO_3\text{（气）} = Hg\text{（气）} + 3SO_2\text{（气）}$$

此法的缺点是凝于上釜内壁的水银在聚集稍多后，便会坠落，而回到下釜，所以生产率较低。大约唐代中期之后便为“上火下凝”法取代。陈国符对《道藏》中的科技史问题进行了许多研究，他认为此法用了黄矾，故仍是孤刚子之法。

"上火下凝法"。始见于《神农本草经》。因其在上部还原，水银挥发后在下部冷凝，这就克服了下火上凝法中水银回滴高温区的缺点，从而提高了生产率。它应是人们在总结了下火上凝法的缺点后而发明出来的。此法曾有过多种不同的操作，唐代主要是"竹筒式"，多家文献都曾有过记述。

陈少微《大洞炼真宝经九还金丹妙诀》"抽砂出汞品第一"[40]（成书于垂拱二年至开元末年）云："诀曰:先取筋竹为筒，节密处全留三节，上节开孔，可弹丸许粗，中节开小孔子，如筋头许大，容汞溜下处。先铺厚蜡纸两重，致中节之上。次取丹砂，细研入于筒中。以麻紧缚其筒，蒸之一日。然后以黄泥包裹之，可厚三分。埋入土中，令筒与地面平，筒四面紧筑，莫令漏泄其气。便积薪烧其（筒口）上一复（时），令火透其筒上节，汞即流出，（入）于下节之中。毫分不折。忽火小，汞出未尽，尚重而犹黑紫，依此更烧之，令其汞合大（火）数足。如红马牙、白马牙、紫灵砂，抽汞一同此诀。余别诀飞抽者损折积多，而同（筒）抽诀最妙。"这里详述了"竹筒法"炼汞的整个装置和过程，由"莫令漏泄其气"可知，其蒸煮过程是在密闭体系中进行的。唐金陵子《龙虎还丹经诀》所载与此基本一致，据陈国符考证，此书约成于垂拱二年至开元末年（686～741年），或乾元元年至三年（758～760年）。

《黄帝九鼎神丹经诀》卷十一第一页也谈到过一种竹筒法，虽较简单，却也详明："臣又按:以生竹筒盛丹砂若朱砂，埋著地中，以云母覆口，与地平，筒上仅可三四寸土覆之，以糠灰（火?）烧之，再宿三日成水银也。若未成，更烧之，再宿三日成水银也。若未成，更烧之，以成为限。"[38]

此"下火上凝法"和"上火下凝法"皆属蒸煮法，后者稍优，因其汞蒸气的冷凝室与还原室已有了初步的分离，应是蒸馏法的早期形态或前身。他们与低温焙烧法的主要区别是：（1）其冶炼过程在密闭体系中进行，低温焙烧法却是在敞开体系中进行的；（2）其还原剂需另外加入，低温还原法是利用空气中的氧作还原剂的；（3）其具有稍好的冷凝和采集汞的装置，尤其是上火下凝法；低温焙烧则没有这一装置。这些方法虽只见于道家笔下，但应基本上反映了当时生产实际。

此外，唐陈少微《大洞炼真宝经九还金丹妙诀》"炼汞添金出砂品第二"[41]还谈到了一种以铅作还原剂的工艺："取黑铅一斤，将其黑铅于鼎中熔化成汁，次取紫砂细研，投入铅汁中，歇去火，急手炒，令和合为砂，便致（置）鼎中，细研盐覆盖，可厚二分，紧按令实。固济，武火飞之半日，灵汞即出，分毫无欠。"反应式为：HgS（固）$+ Pb$（固）$= Hg$（气）$+ PbS$（固）。因这里已谈到要"覆盖"，并加铅作为还原剂，当属蒸煮法，但具体操作不得而知。

蒸馏炼汞法。这是唐代炼汞技术的重要成就。唐张果《玉洞大神丹砂真要诀》第十二页第十品"抽汞诀"："先取铁鼎上下安盐固济，炉上开一孔子，引内气出，即用木柴火烧之，三日一收。汞出未尽更飞之。抽汞此为妙矣。"[39]在此值得注意的是"引内气出"、"抽汞此为妙"两语，由此我们推测，其很可能已使用了汞蒸气导管和另外的冷凝装置；"此为妙矣"一语表明，其生产率是较高的。看来，这应是蒸馏法的较早记载，应是在上火下凝蒸煮法的基础上发展过来的。其中的"抽汞"二字或与"引内气出"有关。

四、黄金、白银采冶技术的发展

（一）唐代金、银冶的分布

因唐代社会长时期较为安定，物质文化生活亦有不少提高，故其黄金开采和使用量都有较大增长。据《新唐书·地理志》载，唐代产金、贡金的州府达66处，这在历代“地理志”中是所见不多的；其多数在南方，计达55处[42]，尤以岭南道和剑南道为夥（表5-3-4）。唐刘恂《岭表录》云：“五岭内，富州、宾州、澄州、涪县江溪河皆产金。居人多养鹅鸭取屎，以淘金片，日淘一两或半两。”[43]此书专述岭南物产风土，原本久佚。岭表，即岭南。唐陈藏器云：“生金生岭南夷獠洞穴山中。”[43]这些都在南方。在这些产金地中，较负盛名的大约是岭南道的邕州（今广西南宁）和澄州（治广西上林县东）。《新唐书·地理志》载：邕州“土贡金银，有金坑。”“地理志”虽谈到了许多地方贡金，但说到“有金坑”的却只有邕州一处。大诗人刘禹锡《浪淘沙》：“日照澄洲江雾开，淘金女伴满江隈；美人首饰侯王印，尽是沙中浪底来。”澄洲，即澄州。诗人在此热烈地赞扬了澄州的淘金女。前引《新唐书》卷五十四“食货志”在谈到全国金属之冶时，只说到了银、铜、铁、锡、铅五种金属，未说到金，看来主要是其皆民营，而非官冶之故。

表5-3-4　唐代出产和进贡金银的州府

道　名	金	银
关内道	商	渭
河南道	河南	陕、河南、汝
河东道		代
山南东道	忠、涪、万、金	
山南西道	文、巴、通	
江南东道	台、建	衢、福、汀、建
江南西道	虔、饶、抚、信	宣、池、信、道、郴、邵、饶、抚
剑南道	嘉、眉、简、资、雅、嶲、茂、姚、当、保、悉、绵、剑、合、龙、陵、昌、泸	
岭南道	康、新、春、恩、崖、琼、振、儋、万安、邕、澄、横、浔、峦、钦、贵、岩、连、蒙、融、白、绣、党、爱、驩、长、汤、演、武安	广、康、泷、端、新、封、潘、春、罗、辩、高、恩、崖、万安、邕、澄、横、浔、峦、钦、贵、龚、象、藤、宜、桂、梧、贺、连、柳、富、昭、蒙、严、思唐、容、牢、白、顺、党、窦、禺、廉、义、陆、峰
陇右道	兰、廓、宕、肃	
合　计	六十六	六十三

注：采自《新唐书·地理志》

唐代白银的采冶量也是较大的，亦主要分布在南方。《新唐书·地理志》载，全国产银、贡银的州府达63处，其中南方占58处[42]。前引《新唐书》卷五十四“食货志”所云官银冶的六州，即陕、宣、润、饶、衢、信中，除陕州外，其余皆在南方。当时产银量较大的主要是江南西道和岭南道。《元和郡县志》卷二十九“饶州·乐平县”载：“银山在县东一百四十里，每岁出银十余万两，收税山银七千两。”依此可知，当时的税率约5%～7%。同书又载，岭南道“岁出银十余万两”。宋《太平寰宇记》卷一〇七“饶州”条载：德兴县“本饶州乐平之地，有银山，出银及铜。总章二年（669年），邓远上列取银之利，上元二年因置场监，令百姓任便采取，官司什二税之”。而《新唐书》卷五十四“食货志”说元和初天下“采银万二千两”，即税银一万二千两，依乐平的税率计，全国岁产银约二十万两上下。可见，江南西道和岭南道产银总数便占据了全国产银数的绝大部分。

自20世纪50年代以来，我国曾多次出土唐代金银器，迄至1985年，其总数达1400多件。较为集中的地区是江苏镇江地区和陕西西安附近。大家比较熟悉的有：西安何家村，1970年所出窖藏文物中，有金银器270件，除去装饰品外仍有205件。器物种类有碗、盘、碟、壶、罐、锅、盒、炉，以及银锭、银饼、银板等，年代下限为盛唐时期（约公元八世纪末）[44]。浙江长兴县许家村，1975年出土银器98副（超过113件）[45]。浙江临安唐水邱氏墓，1980年出土银器38件，邱氏死于昭宗天复元年（901年）[46]。江苏丹徒丁卯桥，1980年、1982年两次发现唐代窖藏，计出土各种银器976件[47][48]。此外还有：西安和平门外，1957年出土银茶托7件，茶托圈足内有“大中十四年（860年）八月造成”錾文[49]。陕西耀县柳林背阴村，1958年出土银器19件，其中一件刻有“盐铁使臣敬晦进”等字；敬晦于大中三年至五年（847～859年）任盐铁使臣[50]。西安坑底寨，1962年出土银盘1件，其上有“浙东道都团练”、“裴肃进”等錾文[51]。西安东南郊沙坡村，1963年出土银器15件，多属玄宗时期，个别的稍早[52]。辽宁昭乌达盟喀喇沁旗，1976年出土银器6件，其中一件上刻有“宣州刺史……刘赞进”等字；刘赞在宣州任职时间为贞元三年至十二年（787～796年）[53]。陕西蓝田杨家沟，1980年发现银器14件，其中一件上刻有“桂管臣李杆进”，另一件刻有咸通七年等錾文[54]。据统计，在这1400多件金银器中，大约1100多件是南方生产的[42]。此外，还见有多件南方税山银锭和市银锭；如1956年西安大明宫遗址出有天宝十载宣城郡和市银锭，上刻有“天宝十载”、“专知官”、“宣城郡和市银”等字；又有天宝十载税山银锭，上刻有“天宝十载正月日税山银”、“信安郡（即衢州，开元元年改）专知山官丞议郎行录事参军”等字[55]。1963年长安秦渡镇收集到天宝十三载宣城郡采丁课银锭，其上刻有“天宝十三载丁课银”、“宣城郡县尉”、“宣城郡诸军事守”等字[56]。此“专知山官”即专管银山之官，说明宣城郡、信安郡皆有官银冶。这都属于南方。这些银锭、银饼、银板，唐代以前都是很少看到的。

（二）砂金开采技术的进步

隋唐五代所采之金依然主要是砂金。开采技术上的进步主要表现是：有关记载明显增多，说明人们对其有了更多的了解。

原生脉金风化后，就会破碎成粒状、片状、末状，由于风力、水力的机械搬运作用，遂形成了金砂矿床；加之化学的、物理化学的，以及生物的作用，使金在沉积过程中又发生了一些不同程度的聚集，从而形成了许多大小不同的颗粒。早在汉代，狐刚子对金的产床便有了“或在水中，或在山上”的说法，对其形态有了“如麸片、棋子、枣豆、黍粟等状”的描述。唐代文献提到较多的是麸金，据《新唐书·地理志》卷四十二载，剑南道多数州皆贡金，基本上都是麸金。这些贡麸金的州分别是:嘉州、眉州、简州、资州、嶲州、雅州、茂州、姚州、当州、悉州、保州、绵州、剑州、合州、龙州、陵州、昌州、泸州等。此外，其他道也有贡麸金的。五代又出现了瓜子金、马蹄金等名。后世又依其粒度分别称之为狗头金、马蹄金、瓜子金、麸金等[57]。

砂金开采主要是淘洗法，“水砂金”在河中淘洗，“山砂金”则在山涧或蓄水中淘洗。唐樊绰《蛮书》卷七“云南管内物产”条载：“生金，出金山及长傍诸山、藤充（腾冲）北金宝山。土人取法:冬春间先于山上掘坑，深丈余，阔数十步；夏月水潦降时，添其泥土入坑，即于添土之所沙石中披拣。有得片块，大者重一斤或至二斤，小者三两、五两，价贵于麸金数倍。”这里说的便是山砂金，所用为挖坑蓄水淘金法，手选与淘洗并用。同书又说：“麸金出丽水，盛沙淘汰取之。沙赎法:男女犯罪，多送丽水淘金。”这说的便是河中淘洗的水沙金。

唐陈藏器《本草拾遗》还谈到过一种俗称纷子石的伴金石，和毡上淘取法。说：“常见人取金，掘地深丈余，至纷子石，石皆一头黑焦，石下有金，大者如指，小者犹麻豆，色如桑黄，咬时极软，即是真金。夫匠窃而吞者，不见有毒。其麸金出水沙中，毡上淘取，或鹅鸭腹中得之。”[43]此挖地所得之金，当属山砂金；“出水沙中”的麸金，则为水砂金；毡上淘取者，看来是粒度更细的糠金，用毡更有利于它的附集。此“纷子石”者，后世谓之“伴金石”，它是人们寻找金矿的重要标志。

五代轩辕述《宝藏畅微论》也有淘洗砂金的记载，其云：“麸金出五溪汉江，大者如瓜子，小者如麦……山金出交（今越南）广（今广西）、南韶（诏）诸山，衔石而生。马蹄金乃最精者，二蹄一斤。毒金即生金，出交广山石内，赤而有大毒。”[58]这里提到的麸金，及其瓜子金和麦金，当为水砂金；此“山金”、“出交广山石内”的生金，则含义不甚明晰，可能是指山砂金；“马蹄金”似也包括在山金的范围。

（三）关于脉金和“黄银”

我国古代的脉金开采始于何时，学术界一直持有不同看法。其中一种观点认为它应始于隋唐时期，主要理由是：

（1）由前引陈藏器《本草拾遗》可知，至迟唐代，人们就接触到了纷子石，而从现代矿床学看，它应是脉金矿床中与金相伴的矿物，其可以是石英、黄铁矿、黄铜矿、辉银矿，或者是黝铜矿、方铅矿、闪锌矿；古人看到的色态，应是黑色、灰黑色浸染体或斑点状细粒的集合体。既然金矿与“纷子石”相伴，便有可能是脉金，而不再是砂金。

（2）认为我国古代文献中记载的“黄银”便是银金矿[59][60]，而原生银金矿床是属于脉金矿的，故黄银的开采便与脉金发生了关系。《元和郡县志》卷十三“莱州·昌阳（今莱阳）县”载：“黄银坑在县东一百四十里，隋开皇十八年，牟州（治今山东牟平）刺史辛公义于此坑冶铸得黄银，献之；大业末、贞观初，更沙汰得之。”并说：“莱州（掖县），开元贡黄银。”说明隋唐时期，昌阳（山东莱阳）、牟州（山东牟平）已开采了银金矿。又，(乾隆)《浙江通志》卷一〇七“物产七·温州府”引《龙泉县志》说:黄银即淡金。并对其舂碓、浮选过程做了较好的描述，说此浙江“黄银”属原生金银矿是肯定的。

浅见认为，此两种说法都有一定道理，但尚不能最后定论，因有的文献还可做另外的理解：

（1）与纷子石伴出者未必都是脉金。如陈藏器云:纷子石下有真金，其大者如指，小者如麻豆，咬时极软；显然，此与纷子石伴出者应当是砂金，而不是脉金。《重修政和经史证类备用本草》卷四“金屑”条引《本草衍义》云：“颗块金即穴山或至百十尺，见伴金石，其石褐色，一头如火烧黑之状，此定见金也。其金色深，赤黄。”显然，这种伴金石下赤黄色之金也不是脉金，而应是块金。

（2）“黄银”未必都与脉金有关。“黄银”之说约始见于隋[61]。《隋书》卷七三载:酷吏辛公义迁牟州刺史，“时山东霖雨，自陈汝至于沧海，皆苦水灾……山出黄银，获之，以献。诏水部郎娄崩就公义祷焉；乃闻空中有金石丝竹之响。”此说黄银的出现与水灾有关。又，宋程大昌《演繁露》卷七载：“隋高祖时辛公义守牟州，州尝大水流出黄银。”这说得更为明确，说“黄银”是大水流出的，当为自然金块。再，前引《元和郡县志》先说了辛公义在牟州冶铸得黄银，紧接着又说“大业末、贞观初更沙汰得之”。若依此说，则牟州隋唐时期的“黄银”肯定有砂金。实际上，山东是既有砂金，也有脉金的，故山东隋唐开采的未必就是脉金。

（3）说“黄银”为银金矿，这是现代研究者的一种看法，古人也有说它是黄铜的。宋程大昌《演繁露》卷七所载唐太宗先赐房玄龄之黄银带，其实就是鍮石，即黄铜；接着，程大昌他还谈了一番真鍮和假鍮的区别，说天然自生者为真鍮，以炉甘石煮成者为假鍮（详细情况后面再谈）。我们知道，山东是存在铜锌共生矿的，故不能完全排除隋或唐时，曾用共生矿冶炼过黄铜的可能性。所以，即许浙江黄银可定为金银矿，但也不能排除莱州隋唐黄银为黄铜的可能性。

总之，我认为隋唐时期开采了脉金的可能性还是存在的，而且有关文献也透露了不少信息，但仍需进一步查证，目前还不能定论。

（四）炼银技术的发展

隋唐时期，人们对银的矿物形态及其采冶技术都有了进一步的认识，并有了真银、假银和生银之分别。《重修政和经史证类备用本草》卷四“饶州生银”条引隋苏玄明《宝藏论》，说银有十七种，“唯有至药银、山泽银、草砂银、母砂银、黑铅银五件（种）是真，外余则假。银坑内，石缝间有生银迸出，如布线，土人曰老翁须，是正生银也”。此“正生银”即自然银，余外“真银”即冶炼所得者。这是我国古代文献中较早提到自然银的地方。

早在唐代，就有人对自然银的形态作了描述，《重修政和经史证类备用本草》卷四“饶州生银”条引唐《丹房镜源》：“银生洛平卢氏县，褐色石，打破内即白，生于铅坑中，形如笋子……亦曰自然牙。”此说自然银生于铅坑中，其状如笋子，其内色白。

五代轩辕述也有类似说法，《本草纲目》卷八“金石·银·集解”引《宝藏畅微论》云：“天生牙，生银坑内、石缝中，状如乱丝；色红者上，入火紫白如草根者次之；衔黑石者最奇，生乐平鄱阳产铅之山，一名龙牙，一名龙须，是正生银，无毒。”“生银生石矿中，成片块，大小不定，状如硬锡。”此生银、天生牙，都是一种自然银。轩辕述亦说银有十七种，但认为十三种是假银，只有四种真银；除“天生牙”、“生银”两种自然银外，还有两种矿银也属真银，即：“母砂银，生五溪丹砂穴中，色理红光。黑铅银，得子母之气。”此母砂银或即含银的方铅矿，黑铅银或即辉银矿。

以上多条文献都谈到了自然银的产状和外部形态。归结起来，其外部形态约有三种：(1) 树枝状，包括自然牙、天生牙、龙牙等。(2) 乱丝状、丝发状、老翁须、龙须等，今人通谓之丝状。(3) 片块状、硬锡状，或鳞片状。矿物学家夏湘蓉认为，古人对自然银性态的这些描述既较全面又较确切；至于“形如笋子”者，则可能是平行排列的自然银单晶体簇[62]。

银的冶炼较为复杂，主要是银矿石品位较低，而且矿石须经粉碎、洗选等工序，硫化矿还须焙烧，冶炼后又须经多次提纯。唐《太古土兑经》卷上第一页说：“银产矿石之内。”[63]可见一般的银皆需从矿石中得来。《重修政和经史证类备用本草》卷四“银屑”条引唐李珣《海药本草》云：“今时烧炼家每一斤生铅只煎得一、二铢。”可见收得率之低。人们虽经常将银与金并提，但也很早就注意到了它们之间的区别。唐《新修本草》云：“银之与金，生不同处，金又兼出水中。”所以在矿物形态和冶炼方法上，银之与金，都是相差相当大的。我国古代的铅炼银法（灰吹法）至迟发明于汉，隋唐时期，这技术便更广泛地使用起来。唐司图空《诗品》“洗练”条：“如矿出金，如铅出银。”此前一句的“矿”字含义不甚明确，有可能指脉金；后一句则应是关于“铅炼银法”的明确记载。只有使用了“铅炼银法”，将铅氧化，将银从铅中分离了出去，才能说是“铅出银”。唐《阴真君金石五相类》第十五页载：“铅本是银质，银本是铅胎。”“铅精，银为骨，铅质是肉。”[64]唐五代人孟要甫《金丹秘要参同录》载：“铅者，银也；谓银从铅中得，故以圣银为真铅。”[65]五代独孤滔《丹方鉴源》卷上载：“铅银亦铅中所出。”[7]这些大约都包含了“铅炼银法”之意。文献记载之多，也说明了其冶炼技术的发展。有学者以为这是古人铅银不分，铅与银淆乱之证，其实并非如此。

1970 年，西安何家村唐代王府遗址出土一块直径 40 厘米、厚 3 厘米，重约 8 千克的炼渣，一冰曾对它进行过深入的分析和研究，并与现代炼银渣做了比较，认为其中的锌、铅、银、铜、铋、钴、镍、砷、铁等的含量与今是基本相同的，并认为这是唐代使用了灰吹法（铅炼银法）炼银的证据[66]。此结论应是不错的。

五、我国古代文献记载的假金和假银

五代轩辕述《宝藏畅微论》说，金有二十种，其中真金五种、假金十五种；银有十七种，其中真银四种，假银十三种。并说这假金、假银都是“以药制成”、“以药点成”的；自然，从现代技术观点看，它们都应当是一种颜色与金、银相类似的合金或化合物。这十五种假金是:“水银金、丹砂金、雄黄金、雌黄金、硫黄金、曾青金、石绿金、石胆金、母砂金、白锡金、黑铅金，并药制成者。铜金、生铁金、熟铁金、鍮石金，并药点成者。已上十五种，皆假金也”[67]。这十三种假银是:“水银银、草砂银、曾青银、石绿银、雄黄银、雌黄银、硫黄银、胆矾银、灵草银，皆是以药制成者；丹阳银、铜银、铁银、白锡银，皆以药点化者。十三种皆假银也”。[68]这里详细地说到了假金、假银的名称，并说它们都是“药制成”或“药点成”的。为了弄清其确切含义，赵匡华等曾做过许多研究和模拟试验[69][70]，使人们对其有了个初步了解。下面作一摘要介绍，凡前面谈到的，便顺手带过。

雄黄金、雌黄金。当即前云含砷较低（小于10%）的铜砷合金。

鍮石金。当即前云含锌量较高的铜锌合金，约相当于四六黄铜。

白锡金。当指二硫化锡。唐孙思邈《太清丹经要诀》“伏雄雌二黄用锡法”载:“雄黄十两，末之；锡三两；铛中合熔，出之。入皮袋中揉，使碎。入甘埚中火之。其甘埚中安药了，以盖合之，密固，入风炉吹之，令埚同火色。寒之，开，其色似金。”[71]在现代研究者中，席文最先注意到了这一资料，认为其可能得到单质砷等，并建议进行模拟试验[23]。赵匡华等人对此进行了模拟试验，不但得到了单质砷，而且得到了金黄色的二硫化锡，即将锡点化成了“白锡金”[69]。反应式为:

$$As_2S_2 + 2Sn = 2As + 2SnS \text{（黑色）}$$

$$As_2S_2 + 2SnS = 2As + 2SnS_2 \text{（金黄色）}$$

此二硫化锡作金黄色，模拟试验完全证实了孙思邈“其色似金”的记载，同时也证实了席文的推论。

黑铅金。应指黄色的粉状PbO，可能也含有部分Pb_3O_4。人们对这种氧化物的认识和制取，至少可上推到汉。东汉著作《周易参同契》载:“阴阳之始，玄含黄芽；五金之主，北方河车。”玄、河车，皆是铅之隐名；北方，主黑；黄芽，即黄丹（PbO）。全文即是说，自有了阴阳，铅中便含有了黄丹；在五金中占主导地位的是黑铅。这里谈到了铅之重要性、氧化铅的性状及其与铅的关系。汉《黄帝九鼎神丹经》载[72]:“取汞九斤，铅一斤，合置赤土釜中，猛火上（之）……水银与铅精俱出，如黄金色，名曰黄精，一名黄芽……取玄黄一刀圭纳猛火，以鼓囊吹之，食顷，皆消成黄金。”① 这是今日所知，关于制作氧化铅的较早记载。“玄黄”，即玄（铅）之黄者，当即铅的氧化物[73]；汞易挥发，在土釜中是很难生成汞氧化物的；汞的存在是否可加速铅的氧化和“粉化”，可以进一步研究。但这一过程的最后得到了金黄色PbO（即所谓“黄金”）却是可信的。类似的操作在唐代还可看到。唐《阴真君金石五相类》载:“波斯铅如著水银，于猛火中炼如金色。若未至金色，须百炼取金色。”[74]所说基本一致。

曾青金、石绿金、石胆金、砂子金、土绿砂子金，赵匡华等认为，从模拟试验的情况看，皆应是被含水氧化铁$Fe_2O_3 \cdot nH_2O$覆盖了的铜汞齐。曾青银、石绿

① 据陈国符研究，《黄帝九鼎神丹经》与《黄帝九鼎神丹经诀》原是两本不同的书，前者成于汉，后者成于唐；唯唐人将前者作为后者的卷一而汇在了一起。详见文献［72］。

银、胆矾银大体也属这一类型。

丹阳银、砒霜银、雄黄银、雌黄银，大凡皆是含砷量稍高的铜砷合金。

白锡银，看来并非一种特定的物质，而是多种物质的借用名，如银锡合金、锡汞齐等。

曾青银、石绿银、胆矾银，可能都是一种铜汞齐。

另外，还有一些，如生铁金、生铁银等假金假银，因文献记载不甚清晰等原因，解读较难，有待进一步研究。

随着假金、假银的出现，至迟宋代，社会上就出现了一种辨其真伪的方法。宋《重修政和经史证类备用本草》卷五引《本草衍义》曰："硇砂，金银有伪，投熔窝中，其伪物尽消散。"

六、关于铅、锡、镴的几个问题

隋唐五代时期，人们对铅、锡的认识又有了进一步提高，这一方面是由于铸镜、铸钱等实用技术的发展；另一方面则可能与汉代以来的炼丹术、本草学的发展有关，今日所见关于铅的许多资料，都是在炼丹术和本草著作中保存下来的。但由于历史的原因，人们对铅、锡等金属在认识上也还存在这样那样一些问题，其中主要是"镴"的含义和古人是否铅锡混淆的问题，今在此分别作一介绍。

（一）对铅矿采冶在认识上的发展

五代独孤滔《丹方鉴源》卷上云："钓脚铅出雅州诸县，形如皂子、如科斗子，黑色，生土山涧沙溪中，可干汞银，亦曰於铅。""草节铅即嘉州生铅，未锻为熟者。打破，脆；烧如硫黄。""信州铅全不可用，盖杂铜气也。""阴平铅出剑（州），刚铁之苗。"[7]五代轩辕述《宝藏畅微论》云："铅有数种:波斯铅，坚白为天下第一。草节铅，出犍为，银之精也。衔银铅，银坑中之铅也，内含五色，并妙。上饶乐平铅，次于波斯、草节。"[75]这是今日所见对铅矿的较早分类。

其中的草节铅，当是方铅矿（PbS）。由现代矿物学可知，方铅矿有如下几个明显的特点:一具有完全立方解理，断面具有节形[76]；二是性脆易破；三是烧之有硫黄气；四是锻炼后可制出铅（熟铅）来。这与古人描述的草节铅性状正好相符。同时，古人称之为"生铅"，也是很有道理的[77]。这也说明唐五代时期，人们对铅矿已有了较为全面和正确的认识，这显然是从长期生产实践中总结出来的。《重修政和经史证类备用本草》卷五引《丹房镜源》说同。

钓脚铅，应是自然铅。文献说其生于山涧沙（或作山洞溪沙）中，又说其可直接用于制作汞齐；尤其后一特性，这是只有自然铅才能具有，一般矿物是难得"干汞银"的。色黑，是表面氧化了的缘故。东汉魏伯阳《周易参同契》载："铅外黑，内含金华。""太阳流珠（汞），常欲去人；""卒得金华（铅），转而相亲；化为白银，凝而至坚。"此也说到了铅的两个特性，即表面呈黑色，且与水银"相亲"，与独孤滔所云基本一致。《重修政和经史证类备用本草》卷五引《丹房镜源》略同，但无"可干汞"三字。按:《周易参同契》所说大约还包含有铅炼银的意思。

阴平铅。因文献对其性态描述不详，只说它是铜铁之苗，故对其矿物形态很难做出明确判断。有学者推测是白铅矿 $PbCO_3$，理由是其常与褐铁矿 $Fe_2O_3 \cdot nH_2O$ 共存[78]，当有一定道理。同时，古今开采的铅矿中，主要是方铅矿和白铅矿，以及部分硫酸铅矿。

含银铅，当指与银矿共生的方铅矿。

有关铅冶炼的资料较少，唐金陵子《龙虎还丹经诀》卷上第八页曾说到一句："真铅者，取其矿石烧出，未曾烋抽伏治者，含其元气为之真铅。"[41]

上述资料主要是由炼丹家、医家记述下来的，在我国古代，许多大炼丹家就是大医学家，陶弘景、孙思邈等都是这样。这些人记述铅矿的目的虽有不同，但总体上都反映了炼铅技术的发展。在汉字中，医，从酉；又从巫，作毉，这也说明了我国古代医家与丹家（"巫术"）间的密切关系。

顺带提一下锡的问题。此期与冶锡有关的资料甚少，大约主要与其易制有关。在我国古代漫长的历史进程中，制作"六齐"类器物的工艺师对锡都是比较重视的，但炼丹家和本草家却"重铅轻锡"。《本草纲目》卷八"金石・锡・集解"引《土宿本草》云："五金之中，独锡易制。"因其易制，便认为再无提及之需。

（二）关于镴的存疑

在古代文献记述的金属工艺及其名词中，迄今依然有许多是难以解读的，前云部分假金、假银是其一；镴、链则是大家较为熟悉的另一个例子。镴、链以及钖，三个名称皆始见于汉，但《说文解字》只载链和钖，未载镴。钖即锡，古今皆无不同看法；但镴、链是为何物，前后却有不同的解释。在近现代研究者中，从20世纪20年代的章鸿钊[79]、王琎[80]起，许多学者都进行过不少的研究，但至今依然不解真谛。关于"链"的情况前面已经谈到，今再看一下"镴"。

《周礼・夏官・职方氏》，扬州"其利金锡箭竹"郑玄注："锡，镴也。"这是较早提到镴的地方，汉郑玄认为:镴即是锡。

隋唐时期，人们对"镴"的解释与汉代又有一些不同，一方面仍有人将镴与锡混称；但从另一部分记载看，它却可能是铅，或铅与锡的合金。

唐孙思邈《太清丹经要诀》谈到一种"波斯用苦楝子添输法"，要用六味药，其中一味是"贺镴一斤"[81]。经查，临贺产银、铜、铁、锡，无铅。《新唐书》卷四十三"地理志":贺州临贺郡"土贡银"，临贺县"有铜冶"，桂岭县"有铁"，冯乘县"有锡冶三"，富川县"有锡"。这是唐人指镴为锡之证。

《隋书》卷二十四"食货志"载:开皇五年，"是时见用之钱皆须和以锡镴，锡镴既贱，求利者多私铸之……其年诏，乃禁出锡镴之处，并不得私有采取。"这是锡、镴并提之例。

《新唐书》卷五十四"食货志"载："仪凤中，濒江民多私铸钱为业，诏巡江官督捕，载铜锡镴过百斤者，没官。"这是铜、锡、镴并提之例。

前引《新唐书》卷五十四"食货志"载，乾元元年以前，天下有铸钱炉九十九，每炉每年费铜21200斤，镴3700斤，锡500斤。此也是铜、锡、镴并提。由这三条文献看，镴似又非锡而是铅。

又，隋唐文献中，同一句话中虽然从不见铅、镴并用的实例，但有铅、锡并提的实例。如:《隋书》卷二十四"食货志"载:北齐乾明（560年）、皇建（亦为560年）之间，"江南所用钱有青薄铅锡之别"。《新唐书》卷五十四"食货志"载，德宗时，"江淮多铅锡"。元和四年，京师"有铅锡钱者捕之"。再结合锡镴并提的文献看，镴又应是铅，或以铅为主的铅锡合金。

今人章鸿钊认为：“镴”可能是“链”的转音，皆同声母，很可能是同为一物[79]。这也不无道理。但仍然是非难断。

总之，“镴”、“链”两个述语皆主要见于汉唐时期，此后很少有人再用。由汉到隋唐，人们对“镴”的解释是不同的，今人对它也很难做出明确的判断。但有一点值得一提的是，“钶”和“白镴”却都应当是锡，这不但持异议者较少，而且“白镴”还有多条文献和部分实物为证。

《山海经·中山经》，穊山“多白锡”郭璞注：“今白镴也。”

《尔雅·释器》“锡谓之钶”晋郭璞注云：“白镴。”

《急就篇》卷二“锻铸铅锡”唐颜师古注云：“锡，一名钶，在银铅之间，即今白镴也。”

《重修政和经史证类备用本草》卷五“鈆”条引《图经本草》云：“临贺出锡尤盛，亦谓之白镴。”

《本草纲目》卷八“金石·锡·释名”云：“锡，白镴。”

这是文献记载的情况，一般都认为白镴即是锡。

公元752年，日本奈良东大寺铸造大佛的同时，还铸造了一口高386厘米，直径271厘米的大钟，据记载，其用料量为铜35.4吨，白镉（即白镴）1.5吨。可见，白镉是其中唯一的合金元素。若烧损均衡的话，此钟的一般成分当为：铜95.93%、白镉4.07%。又，1965年检修时，人们用电子探针对钮部作了分析，成分为：铜83.4%、锡4.95%、银0.99%、砷2.99%，余部为铅、硫[82]。从科学分析看，锡是钮（钟）的主要合金元素，银、砷当为杂质元素，铅、硫量微。两相比较后可知，白镉（白镴）应当是锡，而且文献记载与科学分析的成分是基本相符的。

（三）关于“铅锡淆乱”说的一个误区

相当长个时期来，学术界一直有人认为：我国古代对铅和锡是分辨不清的，说“铅锡淆乱，自昔已然”[83]。这观点至今依然相当的流行。从大量考古实物的科学分析和大量的文献研究来看，我认为此说是不够确切的：（1）自商代晚期起，人们对铅锡两种金属，不管在基本概念上还是实际操作上，都是区分得十分清楚的；在名称上也从未曾混淆过。这在本书第三章已经谈到。（2）汉唐之后，在实际生产和生活中，人们对铅锡也是区分得十分清楚的，由于各种各样的原因，在名称上，或说对这两种金属的定义上确实出现过铅、锡互相区分得不太清楚的现象，但无论如何也成不了古人“铅锡淆乱”的证据。个中原因较为复杂，概括起来主要有两方面：一是对铅、锡定义得不太严格，有时甚至互为定义，互为解释；二是有意识地将铅写成了“锡”，或将锡写成了“铅”。这后者其实是今人以为古人“铅锡淆乱”的误区，一物多名，或多物一名，这是属于规范化的问题，它与“淆乱”是不同的，下面对有关情况逐一说明。

1. 关于《玉篇》对铅、锡的解释

《玉篇》云：“铅，黑锡也。”“锡，铅锡。”此书原为梁顾野王编撰，后经唐孙强增字、宋陈彭年等重修。依此有学者认为，《玉篇》既把铅称之为“黑锡”，又把锡称之为“铅锡”，说明古人对铅、锡分辨不清。我们以为：《玉篇》对铅锡的解释不太严格是肯定的，但这是历史局限造成的，并不能作为古人铅锡淆乱的依据。今人在定义各种金属时，可用元素符号、原子序数、原子量、颜色、比重、熔点、晶体结构，及其他多项物理化学性态来表述；古人却没有这许多科学的概念和术语，便只能使用一些直观的、浅显的性态通俗的语言，这是无可厚非的。因铅与锡某些性态相近，古人用铅来解释锡，用锡来解释铅，就既看到了铅锡的“同一性”，又看到了它们的区别，在当时的历史条件下，仍不惜为最佳解释方案。我们以为，《玉篇》二语的原意应当是：“铅，颜色较锡为黑的金属”。“锡，金属铅、金属锡之锡”。我认为这看不到任何“铅锡淆乱”之意。类似的解释法迄今在农村及至城市的启蒙教育中依然存在。该书对其他金属也采用过类似的解释法，如：“铁，黑金也。”“铜，赤金也。”这是阴阳五行的观点，是我国古代的习惯说法，我们决不能依此就说直到南北朝时期，人们依然将“铜与金淆乱”，“铁与金淆乱”的。《玉篇》对一些手工业的操作工艺甚至还采用过自身描述法来解释，如：“铸，熔铸也。”“铧，铧器也。”这种解释在今人看来是不可取的，但我们决不能依此便说古人对铸造和焊接这两种工艺概念不清。类似的解释法在其他字书中也可看到。《广韵》：“钬，铁钬。”“镕，铸镕。”对此前一句，其意当是：“铅，其色如铁。”对后一句，其意当是：“镕，为了铸造而作的镕炼。”而不宜依此便说古人铅与铁分辨不清，熔与铸混淆为一。其实，我国古代对许多事物名称较为详明的解释，是到了明代才出现的，这显然与造纸术、印刷术，和整个科学文化的发展有关。如明《正字通》云：“铅，锡类……一名黑锡。锡白，故铅为黑锡。”这种解释与《玉篇》基本一致，唯稍详明。

2. 关于苏敬唐《新修本草》对铅和锡的解释

《新修本草》苏敬云：“临贺采者名铅，一名白镴，帷此一处，资天下用。其锡出银处皆有之。”[84]这段话说到了两层意思，一是铅产于临贺，二是铅又叫白镴。显然，这两层意思都是弄错了的，实际上铅并不产于临贺，它也不叫白镴。李时珍在《本草纲目》一书中评论说：“苏恭（敬）不识铅锡，以锡为铅，以铅为锡。”[84]对于《新修本草》之说，以及李时珍的评论，今人引用者鲜，我们认为还是有必要提一下。如若不然，人们也会与李时珍同样，认为苏敬铅锡不辨、古人铅锡混淆的。

从大量文献记载看，所谓“苏敬不识铅锡”，其实是一桩错案；我们以为“临贺采者名铅”之“铅”应是“锡”之误；李时珍看到的可能就是一种抄错了的本子。流传下来的唐《新修本草》也是错漏较多的。

在今本唐《新修本草》中，上述苏敬之语见于“锡铜镜鼻”条，现把整段话引述如下：“铅与锡，《本经》云生桂阳，今乃出临贺，临贺犹是分桂阳所置。铅与锡虽相似，而入用大异。<谨案>：临贺出者名铅，一名白镴，唯此一处，资天下用。其锡，出银处皆有之。”[85]此“谨案”即苏敬案[85]。显然，这段话是前后矛盾的，错字、漏字较多，生涩难解；原文有错，苏敬案亦有错。此错至少有三：一是铅、锡产地弄错了；二是铅的颜色和别名弄错了；三是敬“案”前后不协调；其第一句说临贺采“铅”，最后一句却说锡的产地，令人难以理解。我们认为，全句话的正确意思当是：“铅出蜀郡平泽；锡旧出桂阳，后出临贺，又名白镴。”这是有大量文献为证的。

《本草纲目》卷八“金石·锡·集解”条引《名医别录》云：“锡生桂阳山谷。”又引梁陶宏景云：“锡，今出临贺，犹是桂阳地界。铅与锡相似，而入用大异”。

《重修政和经史证类备用本草》卷五“鈆”条引《图经本草》云：“鈆生蜀郡平泽，锡生桂阳山谷，今有银坑处皆有之。而临贺出锡尤盛，亦谓之白镴。”

清屈大钧《广东新语》卷十五“贺语·连”：“今广东锡多从广西贺县而至，贺县出锡，故名贺。贺，锡也。”

这些都只说了临贺产锡，而不是产铅；称锡为白镴，未称铅为白镴。简明透彻。此外，说锡出临贺的文献还有一些。

《新唐书》卷四十三“地理”载，“贺州临贺郡”冯乘“有锡冶三”、富川“有锡”，临贺“东有铜冶”。此说了临贺产锡，且产铜，但未言临贺有铅。

《宋史》卷一八五“食货志”载：“铅产越建连英春韶衢汀漳南剑十州，南安邵武二军有三十六场务，锡产河南南虔道贺潮循七州，安南军有九场。”此详述了宋代全国的众多产铅地，中无贺州；贺州产者有锡而无铅。

《宋会要辑稿·食货》卷三十三亦言贺州产锡，元丰元年锡的总产量为2321898斤，而贺州年产达878950斤，占总产量的37.85%。

一般文献中只见称锡为白镴者，未见称铅为白镴的。如：

《急就篇》卷二“锻铸铅锡”唐颜师古注云：“铅，青金也。锡，一名金引，在银铅之间，即今白镴也。”

《本草纲目》卷八“金石·锡·释名”云：“锡，白镴。”

《尔雅·释器》“锡谓之钘”晋郭璞注云：“白镴。”

依此，我们可得到两点结论：（1）临贺出锡，由南朝到唐宋，是妇孺皆知之事，《唐书》、《宋史》、《宋会要辑稿》，梁陶宏景、宋苏颂等，都持同一种说法，鲜见临贺出铅之说。苏敬为何不顾基本事实，说临贺出铅呢？这是不好理解的。（2）晋郭璞、唐颜师古、宋《图经本草》、明《本草纲目》等皆称锡为白镴，很少看到称铅为白镴者；铅色灰黑，这是常识，决无“白”之美喻。苏敬为何违背常识，别出心裁，将黑色的铅称为白镴，来一个黑白颠倒呢？这也是不好理解的。依此我们认为，并不是苏敬不顾事实，以锡为铅，以铅为锡，而是《新修本草》将“锡”字误写、或误刊成“铅”字了。只要将“铅”字还复为“锡”字，今本中的诸多毛病和疑团，都会烟消云散的。所以，李时珍也是不辨虚实，错怪了苏敬。

从许多记载看，非但匠师、丹铅家、本草家，即便是有关政府官员和管理人员，对铅锡也是区分得清清楚楚的。《唐六典》卷三十亦载：“凡州界内有出铜铁处，官未采者，听百姓私采者，煮铸得铜及白蜡（白镴，锡），官为市取。”又《唐大诏令集》卷一一二载:开元十七年（729年）“禁铸铜器诏”云：“唯以铸禁断私卖铜锡，仍禁造铜器。所有采铜锡鈆官，为市取勿抑其价务利于人。”即是说，在唐代，铜、锡都是要由国家统购的，禁止私卖铜锡。如若有关官员、管理人员不辨铅锡，如何对锡进行统购，如何去禁断呢？

3. 关于部分道家著作对铅锡的记载

部分炼丹著作中常见有将“锡”写成了铅，将“铅”写成了锡的现象，这也是当今学者认为古人“铅锡淆乱”的又一个依据。但我们认为，这很可能是道家、炼丹家的一种隐语，有的甚至是“明知故犯”，因古人在实际操作中，此铅彼锡，是区分得十分清楚、毫不含糊的。有的例子前面已经谈到，今再提一下。

前引《黄帝九鼎神丹经诀》卷九引汉狐刚子“出矿银法”时，谈到了“铅炼银法”（灰吹法）的一整套操作工艺，实质是以铅来提纯银，以铅勾银；操作要点是先将粗银与纯铅合成一种“合金”，以使银与杂质分离；之后再将此“合金”中的铅氧化去除，便可得到较纯之银。引文前面部分提到的“熟铅”即是用来提炼银的纯铅[86]。引文后面部分有这样几句话：“须臾火彻，锡矿沸动旋回，与银分离，锡尽，银不动，紫绿白艳起，艳起以杖击。”显然，此“锡矿”应指铅氧化物、铅渣；此“锡”应指前文之“熟铅”。十分明显，这是将“铅”字写成了“锡”字，而且是接连两处。

《黄帝九鼎神丹经诀》卷十七“玄黄”注：“玄黄者，锡投水银成之。锡本出于黄丹，不明锡质非精，则不堪入长生用。”此“玄黄”实是一种黄色、紫色，或者尚显灰色的一种混合物，主要成分当是黄丹 Pb_3O_4 和红铅 PbO，以及少量氧化汞 HgO，也许还有少量的汞齐。我们知道，铅投入水银加热后可成为玄黄，铅亦可以出自黄丹；但锡投入水银则不能成为玄黄，锡亦不能“出自黄丹”。汉末《黄帝九鼎神丹经》载有一段制作玄黄的工艺，所用药物即是铅和汞；晋《抱朴子·论仙》说“黄丹及胡粉是化铅所作”。所以玄黄和黄丹的作法是早为人们熟悉了的。《黄帝九鼎神丹经诀》为唐人收录汉晋至唐代多家著述而成，其“注”当为唐人所为。显然，此引文中的“锡”即是铅，唐人之“注”是写错了的，也是连错了两处。

这类例子还有一些，不再罗列。汉唐炼丹家将“铅”字写作了“锡”字，我们认为这是有意所为，目的是将真实隐去，这在道家著作中是常见的现象。袁翰青在研究了《道藏》中的化学成就后曾经说过：“《道藏》里的炼丹的书，读起来是很费力的。一则这些术士故意搞得很神秘，再则所用术语很不一致。就药物来说，有的一物数名，有的一名代表数物；就所用器具来说，名称也很混乱。”[87]对这种名称和术语上的混乱，晋代大炼丹家葛洪也很有感触。《抱朴子·黄白篇》载：“《神仙经》‘黄白’之方，二十五卷，千有余首。黄者，金也；白者，银也。古人秘重其道，不俗指斥，故隐之云尔。或题篇云‘庚辛’；庚辛，亦金也。然多深微难知，其可解分明者，少许尔。”但值得注意的是：不管人们将勾银之药写成了“铅”字还是写成了“锡”字，实际操作中总是用铅，而不会用锡的；炼丹家之辨锡与铅，无异于厨师之辨油与盐，决不会弄错了的。所以，“写错”的目的，是将真实隐去；不管在概念上还是实际操作上，人们都是区分得十分清楚的。

这种有意写错、明知故犯的例子直到近现代依然可以看到。如 1914 年出版的《中国矿业调查记》在谈到水口山锌矿的煅烧操作时说：煅矿时“先装柴块于炉底，后装块煤，再装铅砂；二者如此装至八层，即以泥封其缺。合计每炉砂百斤，煤柴各三十斤，炉顶盖胶泥和炼尾（即白铅砂）之厚块”。此“铅砂”、“白铅砂”，实指锌矿，而不是真正的铅（Pb）矿。这种名称上的错位，很可能是古代丹铅家留给后世的一种影响；这种影响在其时其地，或已成了一种习惯。但可十分肯定地说，不管将锌矿写成了“铅砂”，还是“白铅砂”，匠师们定然是心知肚明的；他们十分明白自己是在冶炼倭铅、白铅，而不是在冶炼黑铅的。我们也决不能依此就得出民国初年，人们还“铅锌淆乱”的结论。

总之，在先秦时期，或说商代晚期之后，人们对铅、锡两种金属，在概念上，在生产和生活实践中，都是区分得十分清楚的，名称上亦未混淆。汉代之后，由于各种原因，在少数文献中虽出现过所谓铅、锡名称“相混”的现象，但人们对这两种金属的基本属性依然是区分得十分清楚的，丹铅家和匠师们在实际生产和生活中，也是从未将铅锡混淆过的。这种名称上的所谓“淆乱”，其实是有意所为，是一种明知故犯，当事人心里都是十分明白的；这是属于用语规范化的问题，并非概念不清。我们不能想象，一个建立了高度青铜文明的国家，一个很早提出了“六齐”合金规律的民族，一个铸造了大量成分合理、稳定的青铜镜和青铜剑，并铸造了青铜复合剑的民族，会是铅锡分辨不清的。

第四节　金属加工和热处理技术

此期金属加工和热处理技术上较值得注意的事项是：钢铁锻打技术进一步推广开来，更多的生产工具采用了锻打工艺；不管青铜，还是钢铁，都制造了不少形制较大的器物；出蜡法铸造和镔铁工艺都有了文献记载；车削、型压、锤打等多种金银加工发展到了相当高的水平；铸铁可锻化退火处理依然保留着，青铜淬火有了文献记载；人们对焊接熔剂的认识有了扩展。

一、锻造技术的发展

（一）关于“以锻代铸”新进展

先秦、两汉时期，各地考古发掘中都可看到大量铸制的铁工具；隋唐五代之后就发生了明显的变化，一些原来铸制的生产工具和生活用具，如剪、镰、铲等，多为锻件取代，而且出土了较多铁棺钉一样的小型锻件。如前所云，杜茀运分析过西安、洛阳隋唐墓葬出土的41件铁器[1]，其中锻件达30件，包括铁钉7件、镰4件、剪3件，此外还有刀、矛、斧、铁甲、凿、镞等，计占标本总数的73.17%。锻制铁棺钉先秦便已使用，但直到汉魏南北朝，数量一直较少。在汉代，铁剪、铁臿、铁铲等，多为铸铁脱退火而成，锻造者鲜。隋唐锻件的增加，在较大程度上反映了锻造技术的发展。其中洛阳龙门排灌站隋大业九年（613年）墓出土的一件铁剪（试验号122），组织为铁素体+珠光体，可分为6层，硅酸盐夹杂沿加工方向分布，且有弯折，说明它曾经多次折叠锻打。一件铁镰（试验号7）为西安隋唐墓出土，基体为铁素体+珠光体；组织可分5层，高碳层含碳量达0.45%，低碳层为铁素体；层与层之间有细长的硅酸盐夹杂。铁臿（试验号10）为西安唐大明宫出土，铁素体基体，晶粒度3级，硅酸盐夹杂较多，有一定方向性，且有部分圆形氧化亚铁夹杂。显然，这都是炒钢制品。这都在较大程度上反映了以锻代铸的过程。

在此期的常用锻件中，较值得一提的是剪和刀剑。图5－2－1、图5－4－1分别为洛阳排灌站隋大业九年墓铁剪YL122、洛阳唐代铁剪YL118组织形貌。皆为炒钢锻成，基体为铁素体+少量珠光体，观察面上分布着大量沿加工方向排列的硅酸盐夹杂。这种组织说明标本可能进行过组织均匀化退火，但也可能与停锻温度较高有关。

唐代铁剪中，较负盛名的是并州剪和邠州剪。《分门集注杜工部诗》卷十六载《戏题王宰画山水图歌》云：“十日画一水，五日画一石……焉得并州快剪刀，剪得吴淞半江水。”苏曰：“索靖见顾恺之画，欣然曰：‘恨不带并州快剪刀来，欲剪淞江半幅纹练归去。’古诗曰:借君快剪刀，轻绡剪波去。”（《续修四库全书》1360—507）并州，旧治今山西太原。看来，并州剪是早负盛名的。

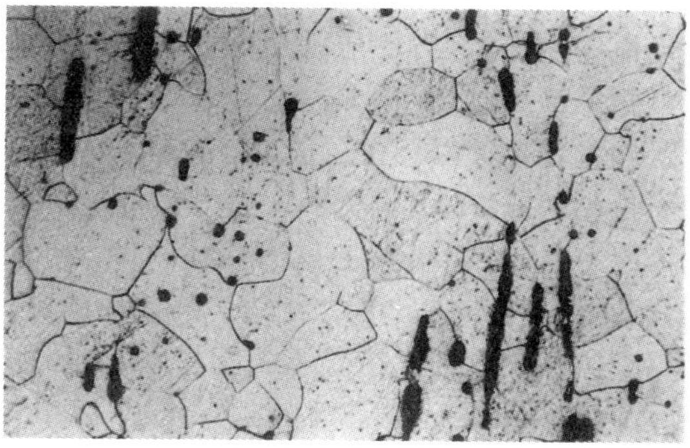

图 5－4－1　洛阳唐剪 YL118 组织形貌　×400

标本承洛阳市博物馆岳金和提供

《新唐书》卷三十七“地理志”载:邠州新平郡土贡剪刀。邠，本作豳；开元十三年，以“豳”类“幽”，遂改。旧治在今陕西彬县。

从我国古代整个刀剑技术看，春秋战国的青铜兵器中，似剑重于刀，这是剑的光辉时代。汉后，随着钢铁兵器之推广，人们虽依然刀剑并提，但在军队装备中，实际上开始了以刀代剑的过程；魏晋之后，刀渐领先；隋唐之后及至明清，在整个冷兵器中，刀都是军队的主要装备。《唐六典》有关武库的条文，有刀制而无剑制；唐代军队的标准装备中，有大量佩刀和陌刀，却无剑。唐代之后相当长一个历史时期内，剑往往成了一种装饰和礼仪用品[2]。此由剑到刀的转变，一方面可能与战争形态的变化有关，但我认为更为主要的原因是刀剑材质由青铜转变成了钢铁的缘故。由重剑到重刀的转变，亦从一个侧面反映了由铸到锻的过程。

但唐代尚剑之风依然较重，诗文中习见文人歌咏。白居易《李都尉古剑》诗云：“古剑寒黯黯，铸来几千秋；白光纳日月，紫气排斗牛。有客借一观，爱之不敢求；湛然玉匣中，秋水湛不流。至宝有本性，精钢无与俦；可使寸寸折，不能绕指柔。愿快直士心，将断佞臣头；不愿报小怨，夜半刺私雠。劝君慎所用，无作神兵羞。”（《唐文粹》卷十八）这里谈到了剑的两项性能：（1）耐蚀能力较强。白居易称之为“古剑”，却仍“寒黯黯”、“白光纳日月，紫气排斗牛”。（2）较为刚强、锋利，但弹性较低，“可使寸寸折，不能绕指柔。”

唐郭元振《古剑歌》有云：“君不见昆吾铁冶飞炎焰，红光紫气俱赫然；良工万锻经几年，铸得宝剑名龙泉。龙泉颜色如霜雪，良工咨嗟叹奇绝；琉璃玉匣吐莲花，错镂金环生明月。正逢天下无风尘，幸得用防君子身；精光黯黯青蛇色，文章片片绿龟鳞。”（《文苑英华》卷三四七）这里谈到了此“古剑”的三项性能：（1）其“颜色如霜雪”、“精光黯黯青蛇色”，说明其未锈，耐蚀能力较强。（2）“文章片片绿龟鳞”，说明剑身上有花纹。（3）“用防君子身”，说明其较锋利。这两条文献说的都是古剑，李都尉剑乃“精钢无与俦”，当为钢铁剑；郭元振说到了“铁冶”、“万锻”，当也是钢铁剑。

唐代较为著名的刀剑有:南诏铎鞘、郁刀、浪剑和山南道文铁刀等。

铎鞘、郁刀、浪剑，都是南诏所制。《新唐书》卷二二二中“南蛮传·南诏”载：“铎鞘者，状如残刀，有孔傍达，出丽水，饰以金，所击无不洞，夷人尤宝，月以血祭之。郁刃，铸时以毒药并冶，取迎跃如星者，凡十年乃成，淬以马血，以金犀饰镡头首，伤人即死。”宋李石《续博物志》卷九载：“郁刀铸以毒药，冶取跃如星者，淬以马血。成之，伤人即死。刀剑以柔铁为茎干，不可纯用钢，纯钢不折则缺。”前引唐樊绰《蛮书》卷七“物产”条在说到浪剑的制法时说：以生铁为原料，“数次烹炼之”。“剑成，即以犀装头，饰以金碧。浪人诏能，铸剑尤精利，诸部落悉不如，谓之浪剑，南诏所佩剑已传六七代也”。由这三段文献来看，南诏刀剑的主要技术措施是：（1）以炒钢为原料，反复锻打；即前云“数次烹炼之”。（2）使用了复合材料技术，即“以柔铁为茎干，不可纯用钢”。（3）“淬以马血”。这三点与前云汉魏刀剑工艺有许多相似处。

文铁刀主要见于山南道的忠州和涪州。《新唐书》卷四十“地理志·山南道”载，忠州“土贡生金，绵䌷……文刀”。涪州“土贡麸金、文刀、獠布、蜡”。《元和郡县志》卷三十一“涪州”也有同样的记载：“开元贡麸金，文铁刀。”同卷“涪州·涪陵县”又载：“开池在县东三十里，出钢铁，土人以为文刀。”此“文刀”、“文铁刀”，当即前云文身刀、花纹钢刀。裴景声曾作文身刀铭。宋《太平寰宇记》卷一二〇“涪州·土产”亦说涪州出“金、文铁”。

（二）铁索工程技术的发展

铁索工程的发展是此期锻造技术的另一重要成就，不但军事家们频繁地将之用到了各大江大河上，同时，中原地区还出现了民用铁索桥。

此期铁索在军事上的应用多见于长江。《隋书》卷四十八“杨素传”载：隋在统一东南的战斗中，遇到了陈军的抵抗。陈军守将吕仲肃为拦阻杨素沿江南下，“正据江峡，于北岸凿岩，缀铁索三条，横截上流，以遏战船。（杨）素与（刘）仁恩登陆俱发，先攻其栅。（吕）仲肃军夜溃，素徐却其锁。”此铁索三条，横截长江上流，可见长度之大，制作起来亦非易事。铁索拦截虽未能扭转战争局面，但仍在一定时间内起到了阻止敌人的作用。

《旧唐书》卷六十七“李靖传”载：唐初，高祖命李孝恭与李靖率军讨辅公佑。辅公佑在长江下游布防，“于梁山（今安徽当涂附近）连铁锁以断江路”，以遏制长江中游的唐军。后来，李靖采用了陆路包抄法，方才击溃辅公佑。

《资治通鉴》卷二六五“唐纪八十一”载：唐昭宗天佑元年（904 年）五月，驻守襄阳的唐忠义节度使赵匡凝派兵溯江上行，攻打割据四川的节度使王建，王建的“万州（今万县）刺史张武作铁絙，绝江中流，立栅于两端，谓之镲峡”。赵军受阻而返。

张武制作的铁链大约沿用了数十年，五代时仍多次在战争中发挥作用。《资治通鉴》卷二六九“后梁纪四”载：均王乾化四年（914 年），割据荆州的荆南节度使高季兴又发兵溯江而上，进攻已经称帝的前蜀王王建，兵至夔峡，铁锁建造者张武依然镇守此处，且已建成浮桥，“季昌纵火船焚蜀浮桥，招讨副使张武举铁絙拒之，船不得进，会风返，荆南兵焚溺死者甚众”。此“举铁絙拒之”一语很值得注意，它说明此铁链是可以升降的，这样，平时就不致影响航运。据《宋史·刘廷让传》载，50 年后的宋初乾德二年（964 年），宋军攻蜀时，此锁江铁链依然保存着，宋太祖依计方才攻取。

此时黄河上还架设了民用铁索桥，即著名的蒲津铁索桥。此桥位于山西永济县，始建于公元前 3 世纪，唐兵部尚书张说（667 ~ 730 年）《张燕公集》卷十二《蒲津桥赞》载：其原为竹索浮桥，连舰十艘；开元十二年（724 年）改为铁索浮桥。1989 年，古蒲津桥东岸出土铁牛、铁人、铁山各四尊等物[3][4]。从文献记载和出土情况看，铁索桥在黄河两岸各置有铸制的铁牛四头，铁人四个，铁山四座，连成一体以作“固地锚”；又有 36 根铁棍连接牛腹，对拽若干条铁链，连接几百艘船。四尊铁人分别代表维吾尔族、蒙古族、藏族和汉族；维吾尔族铁人身高 1.75 米，身宽 0.79 米，其他亦相近。一号铁牛高 1.5 米，身长 3.3 米，颈围 2.24 米，其他几尊亦大体同样。每头铁牛重约 15 吨。每头牛下皆有 4 根铁柱斜插入坚固的石堤基础内；铁柱长 3 米余，直径 40 厘米。铁牛皆蹲立于铁板上，铁板宽 2.3 米、长 3.5 米、厚 0.7 米。两岸各有铁山两座，置于四尊铁人中间，目的是加重地锚的重量；铁山露出地面 1 米余。整个铁牛、铁人、铁山布局的正中，入地一根巨型铁轴，其周长 1.03 米，露出地面 0.75 米，作为浮桥铁索的系柱。东西两岸皆有铁牛、铁人、铁山、铁柱，每岸用铁约 10 万余斤。据说两岸有“七星柱”布列如星斗形，用以固定并调节铁索长度，令其随黄河水位起落而缩盈[4]。按：前云张武制作的铁索可以升降，在此得到了印证。《张燕公集》卷十二《蒲津桥赞》在谈到施工情况时说：“飞廉煽炭，祝融理炉，是炼是烹，亦错亦锻。结而为连鏁，熔为伏牛，偶立于两岸，襟束于中禅。鏁以持航，牛以挚缆，亦将厌水，物奠浮梁。”这里说到的“锻”，对我们了解铁索工艺是很有帮助的。《新唐书》卷三十九“地理志”也有简明记载：说蒲津关“开元十三年铸八牛，牛有一人策之，牛下有山，皆铁也，夹岸以维浮桥。”此桥沿用了相当长一个时期，公元 13 世纪始才废绝。

此时淮河上亦曾多次将铁索用于军事。《资治通鉴》“唐懿宗咸通十年”载，当时庞勋的戍卒起义军与唐军作战，曾“锁断淮流”，但被唐军“斧断其锁”。《宋史·张永德传》载，后周显德三年（956 年），大将张永德为抗击吴国水军，也曾“以铁索千余尺横截长淮”。此说“铁索千余尺”，是较长了的。

二、关于镔铁及其工艺

镔铁于南北朝时传入我国，当时文献上记述的镔铁产地只有波斯一处，隋唐时期，镔铁来源扩展到了罽宾等地，文献上还有了关于镔铁工艺、镔铁器物和镔铁性能的记载。

《隋书》卷八十三“西域传·波斯国”载：波斯国土多良马，“火齐、金刚、金、银、输石、铜、镔铁、锡……”同卷“漕国”条载：“漕国在葱岭之北，汉时罽宾国也。”“饶象、马、封牛、金、银、镔铁。”此说到了波斯和罽宾两个地方产镔铁。

五代轩辕述《宝藏畅微论》云：“镔铁出波斯，坚利可切金玉。”[5]这也说到了波斯产镔铁。

在镔铁技术中，唐慧琳（737 ~ 820 年）《一切经音义》卷三十五的记载很值得注意，其云：“镔铁出罽宾等外国，以诸铁和合，或极精利，铁中之上者也。”

此“诸铁”即各种铁，指含碳量相差较为悬殊的一些铁碳合金。“和合”即锻合。即是说，镔铁是用含碳量不同的铁碳合金锻合而成的，十分精良、锋利。此述与现代技术原理基本相符，与我国古代花纹钢工艺亦基本一致。这是我国古代关于镔铁工艺的最早记载，在世界上也是较早的。昔有学者认为“诸铁和合法”制作不出镔铁来，说会留下一些焊接的痕迹[6]，实际上不是这样的，锻合后并不会留下任何痕迹，下面谈到的模拟试验便可为证。

从传入开始，镔铁在我国文献中便成了“坚利”、“优质钢铁”的代名词。前引唐慧琳说其“或极精利，铁中之上者”，五代轩辕述说其坚利可切金玉。又，唐元稹《奉和浙西大夫李德裕述梦四十韵》说：“金刚锥透玉，镔铁剑吹毛。”[7]也说其锋利；此“镔铁剑”也是我国文献中较早提到的镔铁器之一。

张子高认为，“镔铁”实际上就是欧洲人所说的“大马士革钢”（damascus steel），中东和俄国人又谓之“布拉特”钢（Булатая сталь）[6]，此说言之有理。概括起来，我们认为其主要有两种工艺类型[8]：

1. “铸造型”。其花纹不是使用锻造，而是使用类于铸造的方式，在结晶过程中得到的，所以也有人称之为“结晶花纹钢”。印度之谓乌茨（wootz）钢，中东及至俄国之谓布拉特钢（图版拾柒。1、2，铸造大马士革钢；3，布拉特钢：a. 波斯马刀，17 世纪。6. 波斯匕首，18 世纪。B、г 安诺索夫制作的马刀，19 世纪 30 年代），皆属这一类型。在此值得注意的是，在古代世界中，只有印度乌茨钢具有这个特性。乌茨钢的冶炼工艺也有两种，一是直接还原法，二是块铁渗碳法，皆属坩埚冶炼。据说其出炉产品本身便是一种含碳量较高、组织和成分极不均匀的固体块，之后还须在氧化性气氛下谨慎地脱碳退火，直至可以锻打成型为止[9]。此所谓的花纹，自然是由于组织和成分极不均匀而表现出来的一种光学性能，但对造成这种组织和成分不均的机理，各家都有一些不同描述。有学者为:坩埚冶炼中的金属必须十分缓慢地冷却，使碳分得以从溶液中析出，并在奥氏体晶粒周围形成粗大的网状渗碳体；也有学者认为，乌茨钢冶炼的产品成分极度不均，是低碳部分先结晶，并形成了粗大的树枝状晶，高碳部分后结晶而造成的。人们还为此做过不少试验[10]。

2. “锻造型”。与我国百辟百炼型花纹钢相类似，它也是以“钢”和“铁”两种材料，通过多层积叠、多次折叠、反复锻打的方式，锻合而成的[10]。唐慧琳所云即是“锻造型”。大约从较早的年代起，“大马士革钢”这一名称便包含了“铸造型”和“锻造型”这两种不同的工艺，随着“铸造型”之衰退，它便主要指“锻造型”了[11]。

三、铸造技术的发展

这个时期铸造技术上值得注意的事件是：（1）出蜡法有了明确记载；（2）控制晶间偏析的技术明显提高；（3）生产了许多大型铸件。

（一）关于出蜡法的记载

《唐会要》卷八十九载：“武德四年（621 年）七月十日，废五铢钱，行开元通宝钱……郑虔《会粹》云，（欧阳）询初进蠟样，自文德皇后掐一甲迹，故钱上有掐文。”“蠟”即蜡，“蠟样”即蜡质之钱样。这是今日所知关于出蜡法铸造的最早记载。郑虔，唐画家，荥阳人，开元二十五年（737 年）官广文馆博士，时有“郑虔三绝（诗书画）”之誉。此说当属可信①。

这种带有“甲迹”的开元钱今在考古发掘和民间收藏中都可看到，此甲迹形如新月。在此有一点需顺带提一下的是，此新月形甲迹都是阳文的，迄今未见阴文的实例，这便使部分学者对上述记载的确切性产生了疑虑。我认为这疑虑是有一定道理的，但上述记载依然是可信的。因为：若非帝王之家这种至高无上之人，是不可能在钱币上留下新月形痕迹的；至于今见开元钱上的新月痕呈阳文的原因，则很可能与人们作了特殊处理有关。

《灵宝众真丹诀》第十二页“几公白法”有一段文字，似也与出蜡法有关。其云：“白虎三十两，太阴玄精十二两，矾石十二两，胡粉八两。右三物捣研成粉，以左味和为泥。先捏蜡八两作鸡子形，即以药泥涂蜡鸡子上，令遍。以甘土泥药上，令周币（布）。泥令厚半寸许。顶上开一小孔子，如豆颗许，然后曝干，火烧去蜡。”[12] 白虎，铅。太阴玄精，不详，疑为氯化镁。矾石，或为硫酸铜等。胡粉，氧化铅 PbO。据陈国符考证，《灵宝众真丹诀》乃唐人所纂，后经宋人重订[13]。这对我们了解出蜡法的使用情况还是很有帮助的。

在此有一点需顺带指出的是:出蜡法铸造虽发明于先秦时期，但却是到了唐代始见于文字记载的，在先秦、两汉，及至唐宋，人们称之为何，今已不得而知。后面将要谈到，今俗谓此为“失蜡法”，这是不太严格的。

（二）对古镜组织疏松认识水平的提高

众所周知，我国古代铜镜的形制，各时代都有不同的特点。对这变化的原因，人们进行过不少研究，但往往只注重各历史时期审美观点的变化和社会风尚的转移，很少从技术史的角度进行过研究，我在《中国古代铜镜的技术研究》一书中也是这样[14]。而今从传统工艺调查来看，这形制变化应当还有一个原因，即它很可能与人们为减少组织疏松对镜面映照效果的影响有关，也即是说，古镜形制的变化，亦反映了人们对锡青铜组织疏松的认识水平和控制能力缓慢提高的过程。今先看一下古镜形制演变的一些情况，之后再作深入讨论。表 5－4－1 列出了 41 件战国（8 件）、西汉（8 件）、东汉中晚期至南北朝（13 件），以及唐代（12 件）铜镜的尺寸，标本系随机取来，分属湖北、湖南、安徽、陕西五省。由之可见：

（1）战国镜一般较薄，常介于 0. 8 ~ 1. 2 毫米间，只有少数稍厚；表中所列 5 件标本的平均厚度为 1. 16 毫米。汉至六朝时变厚起来，常为 1. 2 ~ 2. 2 毫米；表中所列 5 件西汉镜平均厚度为 2. 016 毫米，最厚一件安徽西汉百乳镜 W8 达 2. 8 毫米；6 件东汉中晚期至南北朝镜平均厚度为 1. 517 毫米。唐镜更厚，一般皆达 3. 0 毫米，表中所列 6 件标本平均厚度达 3. 15 毫米，最厚的一件鄂城八卦镜 E33 达 4 毫米。

（2）战国镜之钮一般是既较小且矮的，最为习见的是三弦钮，又谓之竹节钮。表中所列 3 件标本皆属此种类型，其长宽高往往分别在 5 毫米、4 毫米、7 毫米附

① 宋王观国《学林》卷三“开元钱”条也有类似的记载：“今之钱中，开元通宝钱最多，俗或谓是唐明皇开元年号所铸，钱背有半月手甲文，俗谓是杨妃甲痕，皆非也。案《唐书·食货志》曰：武德四年铸开元通宝钱，有司进钱模，太穆皇后误以指甲损其模，遂铸甲文。盖开元者，唐高祖所撰钱宝之号，非年号也。”（《钦定四库全书》武汉大学出版社电子版 316 碟）

近。西汉时期增大，最为习见的是乳状钮，表中所列3件标本皆属这一类型，其直径和高往往分别在12毫米、7毫米附近。东汉中晚期至南北朝镜钮的基本特点是既大且平，俗谓之扁圆大钮，表中所列7件标本皆属这一类型，其直径和高往往分别在34毫米、12毫米附近。表中所列7件标本中，最大的一个扁圆钮直径为40.6毫米，高5.0毫米，而其镜面直径却只有139毫米。

表5-4-1　部分古镜的几何尺寸（毫米）

名　称	样号	馆藏号	时代	地点	镜面径	镜面凸起	曲率半径	镜厚	钮　径	钮高
彩绘镜	C1	2:668	战国	长沙				1.2		
蟠螭纹镜	C8							1.1		
四山镜	W1			安徽				1.8		
蟠螭纹镜	W2							0.8		
残镜片	J10	雨台山M521:3		江陵				0.9		
四山镜		01		鄂城	144	0.8	3240		4×4	7
羽纹地镜		02			94	0.5	2209		5×4	5
四叶镜		04			111	0.4	3850		5×4	7
四乳螭纹镜	C3	59.171长下林子冲2:1	西汉	长沙				1.5		
百乳镜	W8	2:4485		安徽				2.8		
规矩四神镜	W11							1.8		
内向连弧日光镜	Sh10			武功				1.28		
昭明镜	Sh11							2.7		
昭明镜		1—003		鄂城	110	1.73	870		12	5
变形四螭镜		009			98	1.97	641		12	4
规矩四神镜（莽）		11			178	4.48	887		13	7
变形四柿蒂纹镜	E5		东汉中晚期至南北朝	鄂城				1.0		
兽首镜（平雕）	E9							1.3		
兽首镜（平雕）	E15							1.8		
半圆方枚带神兽镜	E18							1.2		
半圆方枚带神兽镜	E19							2.0		
半圆方枚带神兽镜	W13	2:5218		安徽				1.8		
尖角缘袁氏神兽镜		2:5829			183	2.5	1670		32	12
四乳龙氏镜		2:5878			191	2.5	1820		34	16
兽首镜（平雕）		029		鄂城	103	2.6	511		29.5	7.4
半圆方枚带神兽镜		46			146	4.65	589		38.4	10.4
画纹带神兽镜		1—116			201	5.38	947		33.5	12
高浮雕四乳神兽镜		71			165	3.98	8667		32	7.5
柿蒂八凤镜		32			139	3.36	722		40.6	5.0

八卦镜	E33		唐代	鄂城				4.0		
宝相花镜	E36							3.0		
宝相花镜	E87							3.0		
凤鸟花草镜	W15			安徽				2.9		
花草镜	Sh3			凤翔				3.0		
海兽葡萄镜	Sh12			武功				3.0		
花蕾镜		82		鄂城	166	3.41	1072		25	10
瑞鸟衔绶镜		78			107	0.55	3280		16	5
海兽葡萄镜		76			175	0.93	4121		21×18	13
凤鸟花草镜		2:3090		安徽	185	0	∞		21	8
宝相花镜		2:3392			188	0	∞		20.5	6.6
海兽葡萄镜		2:22035			106	2	700		20.5×14.5	9

注：（1）标本承湖北省鄂城县博物馆（E）、安徽省博物馆（W）、湖南省博物馆（C）、荆州博物馆（J）、陕西武功县和凤翔县文化馆（皆 Sh）提供。

（2）示有镜面直径的标本中，有的曾经刊载，其时编号中多数都加了一个“Z”字，今将“Z”字略去。

（3）示有镜面直径的标本中，3 件战国镜皆为三弦钮、3 件西汉镜皆为乳状钮、7 件东汉中晚期至南北朝镜皆为扁圆大钮，唐代两件海兽葡萄镜为海兽钮，其余 4 件唐镜为半圆钮。

（4）凡示有厚度的标本皆为残片，故其直径、镜面凸起高度和曲率半镜皆未示出。凡示有镜面直径、镜面凸起高度、曲率半径的标本，原系馆藏完整器物，其厚度难用简单工具测出，故未示出。

（5）由于各种各样的原因，铜镜的许多尺寸皆不甚均匀，尤其是镜面凸起高度，本表是依平均值计算的。

（6）凡本人取样分析过之镜，本表中皆示有“样号”，博物馆藏品而未曾取样者，便无“样号”。

（7）本试验所用测量工具为游标卡尺，精确至 20 微米。

（3）战国镜的镜面一般较平，表中所列 3 件标本的曲率半径平均为 3100 毫米。西汉镜凸了起来，表中所列 3 件标本曲率半径平均为 799 毫米。东汉中晚期至南北朝多数曲率半径较小，表中所列 7 件标本中，有 4 件的曲率半径小于 1000 毫米，但也有少数较平，表中一件高浮雕四乳神兽镜的曲率半径达 8667 毫米。唐镜只有少数依然较凸，相当大一部分的曲率半径较大，有的为无穷大[15]。

在这三方面中，第三方面大约主要与“纳人全像”或“纳人半像”有关；若镜之直径相同，镜与人之距离亦相同，面凸则可纳人全像，面平则只能纳人半像，沈括在《梦溪笔谈》卷十九大体上已谈到了这层意思。而此第一、第二方面则可能与组织疏松有关。

“组织疏松”是金属冷凝过程中，在枝晶间形成了许多显微缩孔所致。它多发生于铸件中心树枝状晶较为发达的部位，即粗大等轴晶区。它是金属冷凝时，最后冷凝的枝晶间的微小区域，因与其他部位隔绝，再也无法得到液态金属的补足而形成。它的形成及其数量，主要与金属本身冷凝收缩的特性有关。锡青铜因结晶温度范围较宽，产生疏松的倾向较大。一般而言，若这种疏松只停留于器件中心，对铜镜映照效果便无太大影响，但它往往出现于表皮之下，一磨即现，无数个显微缩孔，密密麻麻，成块成片，其色灰暗，有如乌云一般，很难用机械方法消除。如若处理不好，对镜面映照效果是有一定影响的。我在20世纪80年代时，做过一些研磨“透光镜”的实验，对此深有感触。从整个战国汉唐镜形制的演变来看，匠师们曾采用过多种方法，一直都在努力探索、避免这种不良影响的出现，并将之降低到最低限度。

许多商周青铜器都较厚重，不但礼器如此，即便兵器、日用器也是这样的。但战国镜却既小且薄，其钮亦异常之小，我们以为，这是人们为了避免显微收缩的不良影响，而采取的最为简单的办法。镜薄，钮小，金属总量便少，冷凝便甚为迅速，显微收缩量亦相对较小，其出现于镜面的几率也就较少，从而达到了提高映照清晰度的目的。但因战国汉唐镜含锡量较高，易于摔破，且不耐砥磨，故这种体薄钮小之镜，其缺点也是十分明显的。东汉中晚期至南北朝之镜变厚，镜钮变大，金属的高温中心，或说组织疏松区便会位移到了镜体断面中心，离表皮稍远，这就减少了它对镜面映照效果的影响。有时铸件外形的某些微小变化，都会影响到最后凝固区的位置，这种例子在东汉至南北朝镜中皆可看到。我们认为，铜镜外部形态，如厚薄等的变化，实际上也是人们对显微收缩的认识能力和控制能力不断提高的一种反映。

（三）特大型铸件的发展

我国古代大型铸件的发展经历了一个波浪形的历程:商周时出现过一些类如司母戊大鼎、四羊尊等那样的大型铸件；两汉大型器件较少；南北朝时期，由于佛教文化的发展，出现了一些类如巨型佛像、人像、铁镬这样的特大型铸件；及唐，又在此基础上有了进一步提高。特大型铸件的产生和发展，是国家政治、经济、文化发展的一种反映，也是金属技术发展的一种表现。此期较值得注意的大型铸件例证有：

大周颂德天枢。《新唐书》卷七十六“则天武皇后传”载：“孝明皇帝延载三年，武三思率蕃夷诸酋及耆老，请作天枢，纪太后功德……大裒铜铁合冶之，署曰‘大周颂德天枢’，置端门外。其制若柱，度高一百五尺，八面，面别五尺。冶铁象山为之趾，负以铜龙，石镵怪兽环之，柱颠为云盖。出大珠，高丈围三……用铜铁二百万斤，悉镂群臣蕃酋名氏其上。”① 此柱高达105尺，云盖，高丈，依中国历史博物馆所藏唐代镀金镂花铜尺，1尺折合今0.304米，则此大周颂德天枢总高度达35米左右（柱31.92米+盖3.04米）。若记载无大误的话，便相当于现在10余层楼的高度。

九州鼎及十二神。《资治通鉴》卷二〇五说:天册万岁元年（695年）“铸铜为九州鼎及十二神，皆高一丈，各置其方”。

① 据《中国历史年代简表》（文物出版社，1974年），“延载”年号只在一年（694年）使用过，即只有元年。《太平广记》卷二百四十“李峤”条、卷二百三十六“则天后”条引《大唐新语》也谈到过大周颂德天柱，但卷二百四十作“长寿三年”（684年）；其皆谓则天所造之柱为“大周万国述德天枢”，旨在“张革命之功，贬皇家之德”。

特大型铜镜。我国古代的特大型铜镜至迟出现于秦，《西京杂记》卷三载："高祖初入咸阳宫，周行库府，金玉珍宝不可称言……有方镜广四尺，高五尺九寸。表里有明。"西汉也铸造过大镜，1978～1980 年，淄博市西汉初年墓随葬器物坑出土矩形蟠螭纹镜一件，长 115.1 厘米，宽 57.7 厘米，厚 1.2 厘米，重 56.5 公斤[16]。西晋还有过哈哈镜，《太平御览》卷七一七"服用部"载："陆机（261～303 年）与弟云书曰，仁寿殿前有大方铜镜，高五尺余，广三尺二寸，立著庭中，向之便写人，形体了了，亦怪也。"此"亦怪也"，大约就是哈哈镜效应。唐代大镜较多，较为著名的有扬州方丈镜、镜殿等。《朝野佥载》卷三："中宗令扬州造方丈镜，铸铜为桂树，金花银叶，帝每骑马自照，人马并在镜中。"此即方丈镜。《资治通鉴》卷二〇二"开耀元年"云:少府监裴匪舒善营利，"又为上（唐高宗）造镜殿，成，上与仁轨观之，仁轨惊趋下殿。上问其故，对曰：'天无二日，土无二王，适视数壁有数天子，不祥熟甚焉。'上遽令剔去"。此即镜殿。

沧州铁狮子。后周广顺三年（953 年）铸，高 5.4 米，长 5.3 米，宽 3 米，重 29.3 吨，右项及牙边皆有"大周广顺三年铸"七字（图 5－4－2）。今存河北沧州县东南的古城内。泥型铸造，用顶注法浇铸，计约使用了 500 多块外范[17]。谈迁《枣林杂俎》中集"器用·铁狮"载："沧州铁狮，周世宗北征契丹驻此地，有罪人善冶，输金铸狮镇城赎罪。高一丈七尺，长一丈六尺。夜被州人捶去尾腹铁，至今缺之。"[18]

图 5－4－2　沧州五代铁狮子

照片承北京科技大学吴坤仪提供

大铜钟。保存至今的唐钟尚有多件。如陕西富县宝室寺铜钟，唐贞观三年（629 年）铸，通高 1.54 米、口径 1.33 米，厚壁 7.5 厘米。西安铜钟，唐景云二年（711 年）铸，通高 2.4 米、口径 1.4 米，重约 6 吨。江苏丹阳铜钟，僖宗中和三年（883 年）铸，高 214 厘米，口径 140 厘米，重约 3012 公斤。甘肃武威唐代铜钟，高 240 厘米，口径 145 厘米，重约 4 吨[19][20]。

云南弥渡铁柱。坐落于城西约 5 里处，公元 872 年铸，高一丈余，体圆，周三尺。大理崇圣寺大殿观音铜像，传为舜化贞时（879～902 年）所造，高 24 尺。又，据说段思平时（913～944 年）曾铸铜像 10000 尊[21]。

（四）关于铁镜铸造

我国古代铁镜技术约发明于汉，但长时期来人们对它的制作工艺是不太了解的。一是缺乏文献记载，二是它锈蚀较剧，缺少实物标本以供科学分析。1992 年，我们分析了一件洛阳龙门排灌站隋大业九年（613 年）墓出土的铁镜（试样编号 YL125），对其制作工艺才有了个基本认识。此镜直径 13 厘米，因锈蚀故，背部图纹已难分辨，今残存 3/4。扁圆钮，钮径 2.9 厘米，高 1.2 厘米；钮空心，壁厚

1.6毫米。外缘平素而无凸起。镜体厚2.5～3.5毫米；缘区稍厚，内区稍薄。钮与镜体是分别铸造的，先铸镜钮，后把镜钮插入镜体之铸范中制成整范，一起浇出。这种分铸法在铜镜工艺中是不曾见过的，优点是可避免因厚薄不均、收缩不匀而产生不良影响。钢铁冷凝时的体积收缩量是较大的；镜体部较薄，金属较少，便会先冷凝；镜钮部较厚，金属较多，便会后冷凝；若用浑铸法，镜钮与镜体一起造型浇铸，就会在钮部产生较大缩孔，或因冷却速度不一而引起镜体歪扭变形。铁镜采用分铸法，就避免了集中性缩孔的产生和镜体歪扭。我们知道，锡青铜的体积收缩量是较小的，铜镜虽整体铸造，大型缩孔和歪扭变形都不会发生。故这铁镜分铸，钮部空心，是一种相当合理的工艺选择，说明人们对锡青铜与钢铁冷凝时的体积收缩量，不但有了较深认识，而且采取了有效的防患措施[22]。我们推测，大约汉代铁镜也是这样铸造的。

四、金银细工和焊接技术的发展

我国古代金银器加工技术约发明于四坝文化时期，但长时期发展比较缓慢，战国两汉才迎来了它的第一次繁荣，唐代才发展到了较为繁盛的阶段。此时一方面制作了大量纯金、纯银容器；另一方面还大量地使用了金银器装饰，不但一般生活用器，如铜镜、漆器、衣物等，甚至陶瓷器上也有金银饰的。其技法既多样且熟练。从隋到唐代晚期，金银器工艺几乎长盛不衰。《通俗编》卷十二载："《唐六典》有十四种金：曰销金、曰拍金、曰镀金、曰织金、曰砑金、曰披金、曰泥金、曰镂金、曰戗金、曰撚金、曰圈金、曰贴金、曰嵌金、曰裹金。"（清陈元龙《格致镜原》卷三十四所引基本相同）这十四种金当然是指各种黄金加工，可知此期黄金使用范围较广。此"镀金"属表面处理，"织金"属纺织品之饰金，"贴金"为表面装饰，这都说明了此期黄金技术的发展。有关研究认为，唐代已有了许多金银铺，它们以打造金银器饰为主，同时经销金银器饰，并从事生金银的买卖和金银鉴定。金银器饰经久不衰，把唐代社会生活打扮得金碧辉煌，光彩夺目。

（一）金银加工

自20世纪50年代以来，我国曾多次出土过唐代金银器，从中可以看到唐代金银器技术发展的基本历程和基本特点：（1）唐初的金银器出土量较少，高宗、武则天时锐增。（2）早期器物明显存在两种不同风格，一种从形制到纹饰，都带有波斯萨珊朝金银器的影迹，很可能是输入品或仿制品；一种则从形制到纹饰，都兼收了我国瓷器、铜器、漆器的特点。随着时间的推移，前者渐少，后者日增。最后，两种风格、两种技艺融合如一，使金银器工艺达到相当成熟的阶段。为此，不少学者认为：唐代金银器的发展在很大程度上受到过萨珊朝的影响。（3）唐代后期，南方金银器技术迅速发展，产量和质量皆可与北方比翼，江苏镇江甘露寺[23]、丹徒丁卯桥[24]，浙江临安唐水邱氏墓[25]、长兴许家村[26]，以及北方的陕西耀县柳林[27]、西安北郊坑底寨[28]、原辽宁昭乌达盟喀喇沁旗[29]、陕西蓝田等地都出土过南方金银器[30][31][32]。（4）此期所出金银器中，多数是银器，而且在西安[33][34]、长安[35]、蓝田[31]、洛阳[36]、丁卯桥[24]、长兴[26]等地都出土过银锭，或银饼、银板等"地银"，这在一定程度上反映了唐代炼银技术、白银加工技术的发展。铸制的金饼、金板先秦两汉都可看到，而银锭、银板却是到了唐代才看到的。(5) 唐代中期以后，金银器的生产和使用，开始冲破宫廷之束缚，与民间生活有了较多的联系，唐代晚期，金银器的商品生产也有了较大发展[37]。

唐代金银细工中，人们经常使用的加工方法主要是锤锞、錾花、掐丝、珠焊、镶嵌、镂空、涂金等。如甘肃泾县大云寺舍利石函内的金棺银椁，其银椁系锤锞焊接而成，并錾刻出阴线花草纹，纤细且雄劲；金棺亦用锤锞法制成，并以掐丝制成莲花等图案，再嵌以珍珠等物，都是很有代表性的工艺品，时为初唐。何家村金银器加工技术尤为复杂、精细，器物成型以扳金和浇铸为主，兼用了焊接、切削、抛光、铆、镀、錾刻、镂空等技法，各项技艺皆十分纯熟。如焊，有大焊、小焊、两次焊、掐丝焊等，皆焊口平直。在盘、盒、碗等器上，都有明显的切削加工痕迹，螺纹清晰，起刀和落刀点明显，刀口跳动历历在目。有的小金盒螺纹同心度很高，纹路细密，盒的子口经锥面加工，子母扣接触严密；各种加工件很少有轴心摆动现象。人们推测，当是使用手摇式或脚踏式机械加工出来的，皆精致、新颖、高雅、华贵。其掐丝团花金杯、舞伎八棱金杯、刻花赤金碗、镂空银薰炉等都具有很高的技术水平和艺术价值[33]。长兴银器也采用了铸造、锤打、切削和焊接等技术[26]。在唐代银器中，不少饰纹是錾刻出来的，之后再镀金；这种银器镀金的花纹工艺，似是唐代新兴的，比这更早的金花银器迄今尚未看到[38]。

（二）金银错、贴金银和模压金银片

这是唐代重要的金银加工和装饰工艺，多作铜镜等装饰。1954 年、1955 年，西安东郊韩森寨先后出土唐错金镶料镜、嵌银鸾兽镜各 1 件[39]；1981 年，韩森寨唐墓又出土银背凸花镜 1 件，满背镶银，花纹由银片模压而成[40]。传洛阳出土贴银壳鸟兽花枝六弧镜 1 件，背纹原已铸出，其上又贴银片[41]。《在欧美的中国古镜》一书载有贴银八菱海兽葡萄镜 1 件、八菱贴银镀金双鸾衔绶宝马镜 1 件、贴银鎏金花卉镜 1 件、八角贴金禽兽葡萄镜 1 件、六菱贴金狻猊镜 1 件。《旧唐书》卷七十八“高季辅传”载：“太宗尝赐金背镜一面，以表其清鉴焉。”

在此需要一提的是金箔加工。我国古代的金箔或薄金技术约始于商代中期，但有关其制作工艺的记载却是较晚才看到的。《得树楼杂钞》载：“南唐昇元（937 ~943 年）之帖，以匮纸摹搨……匮纸者，打金箔之纸也。”此匮纸，明代又叫乌金纸，是打制金箔的间隔物。这段记载虽十分简单，却提到了打制金箔的一项重要操作。这是我国古代文献中，关于金箔打制工艺的最早记载。这一工艺在我国便一直沿袭了下来。曹士冕《法帖谱系》上“淳化法帖・绍兴国子监本”载：“绍兴中，以御府所藏淳化旧帖刻板实之国子监，其首尾与淳化阁本略无少异。当时御府拓者多用匮纸，盖打金银箔纸也，字画精神，极有可观。”元《南村辍耕录》卷十五《淳化阁帖》亦提到过宋代匮纸，说：“高宗绍兴中（1131 ~ 1162 年），国子监本其首尾与淳化略无少异，当时御前者多用。匮纸，盖打金银箔者也。”这两段文献虽然主要是谈匮纸的，但其中都提到了金箔技术。

（三）焊接技术

铅锡焊和铜焊皆在先秦便已发明[42]，汉后都有了进一步发展，并使用了硇砂作为焊接熔剂。此时期焊接技术上值得注意的事件主要是:在焊接熔剂方面，关于硇砂的记载有了增加，又新增了关于硼砂（$NaB_4O_710H_2O$）和松香的记载。

唐《新修本草》载："硇砂出西戎，形如牙硝。""不宜多服。柔金银，可为焊药。"[43]此说硇砂作焊药，即是焊接熔剂。

五代至宋的医药学家日华子云：蓬砂，"焊金银用，或名鹏砂。"[44]这是较早提到硼砂作焊接熔剂的地方。

五代独孤滔曰："松香焊锡。"[45]这大约是较早提到把松香用于锡焊的地方，这技术一直沿用至今。

五、热处理技术

（一）铸铁可锻化处理

我国的铸铁可锻化退火约发明于春秋晚期，汉魏便发展到了相当成熟的阶段，因随着炒钢技术的发展，在农业、手工业工具中出现了"以锻代铸"的过程，此技术就逐渐衰退下来，隋唐仍有使用，中原两宋时期已经很少看到①。今在中原所见隋唐铸铁可锻化处理件一共3批，计约9件，4件为脱碳退火，5件石墨化退火。

如前所云，杜茀运于1989年分析过10件唐代的铸铁件[1]，包括犁、锄、铲、铧、铁板、铁川、残农具、不知名的残工具各1件和锛2件，其中7件进行了可锻化退火处理，即2件脱碳退火。5件石墨化退火。说明在铸件中，可锻化处理件的比例依然是较大的。在脱碳退火件中，有的完全脱碳成了钢和熟铁，如西安唐墓出土的铁铲（27号），基体为铁素体+粗片珠光体，碳分布不甚均匀，观察面上残有气孔；有的处理不完全，如洛阳唐贞元十七年墓残农具（117号），只是边缘脱碳，内层为共晶莱氏体，实为夹生可锻铸铁。石墨化退火件中，基体有铁素体的，如西安唐墓铁锛（16号）；有珠光体的，如洛阳唐代铁锛（34号）、唐大明宫铁板（18号）；也有铁素体+珠光体的，如西安唐墓铁铧（28号）、西安唐大明宫铁锄（13号）；石墨一般皆为团絮状，但大明宫铁锄（13号）的却近于球团状；珠光体一般呈层片状，洛阳唐代铁锛（34号）的则有些球化。

如前所云，我们于1992年分析过一件洛阳龙门排灌站大业九年墓出土铁镜（YL125号），金相试样在缘区切取，为脱碳退火。依组织形态，可把试样分成三个部分：（ⅰ）近外区的薄壁处，整个断面皆已脱碳成了熟铁，经再结晶后已成为比较规整的柱状晶，试样中心有一狭小的等轴晶带（图版拾壹，1）。（ⅱ）近缘区的渐厚处，组织分为两层，表层脱碳成了熟铁，层厚约0.1～0.6毫米；内层为珠光体+铁素体，含碳量约0.7%，最大厚度为2.2毫米。（ⅲ）缘区较厚处，其组织计分三层：外层完全脱碳；稍里为珠光体+铁素体，含碳量约0.7%，有的地方更高（图版拾壹，2）；中心残有少量莱氏体组织（图版拾贰，1），莱氏体区呈笋形。整个观察面上很少看到自由石墨，且无任何层流状、条块状的非金属夹杂[22]。显然，此镜不是锻件，而是铸铁脱碳退火件，镜缘最厚处实属夹生可锻铸铁[46]。图版拾壹，3为标本整个观察面的组织形貌。

我先后分析过2件铁镜，另一件是前云河南固始东汉铁镜YG6，锈蚀较剧，

---

① 从道理上讲，宋也可能存在铸铁可锻化退火处理，但目前尚未见于报道。文献［47］说发现过6件宋代中原地区的可锻化处理器物，但文献［48］又说其断代有误，其中5件原当属汉，1件属唐，无一属于宋代的。此技术在金、元时期仍可看到，后面再谈。

内区取样；也是铸铁脱碳退火处理件，样品的整个断面都脱碳成了钢和熟铁，基体为珠光体＋铁素体。前面刊载的图4－7－1为其组织形貌。看来，我国古代铁镜工艺当是:先用分铸法铸出，之后再作脱碳退火处理。

1993年，有学者分析过一件河南登封出土的铁刮刀（4207号），由白心可锻铸铁锻打而成。金属基体为铁素体＋珠光体，含碳量约0.3%，质地纯净，观察面上不见夹杂[47]。原断代为宋，后改定为唐[48]。

这是3批隋唐铸铁可锻化退火处理件的基本情况。可见此技术大体上是与铸制的铲、锄、臿、镢、锛等相始终的。

（二）青铜淬火技术

此期青铜淬火技术上值得注意的是:铜镜淬火依然较为普遍，并出现了相应的文献记载。

20世纪80年代以来，我先后分析过16件唐镜、4件五代镜的金相组织。它们分别是:鄂城唐菱形花鸟镜E34、方镜E35、宝相花镜E36、残镜E37、素面镜E38、八卦镜E62[49]，安徽唐花草镜W5、四神镜W14、凤鸟花草镜W15[50]，陕西唐莲花镜Sh3、海兽葡萄镜Sh12[51]，内蒙唐盘龙镜N4，山西唐六边形海兽镜Z3、宝相花镜Z4，临沂唐炼形团花镜LY14、禽兽葡萄镜LY19，湖南五代都省铜坊镜C4，安徽五代匠人镜W6、都省铜坊镜W16、顾字镜W17。结果发现，除标本E37、W6、W16、W17、Z4、LY14等6件外，其余14件皆属热处理态，今见组织与回火态相当。与汉镜同样，这些试样的组织形态亦可分为四种类型：（1）观察面上可见到许多交叉的针状、条块状物者。此交叉块状物多数亦较短，有的也较粗，且较稀疏；它们并非布满了整个观察面。这应是β相淬火后（β'）的回火转变组织，即回火α相。它们之间的斑纹状、絮状物，应是回火分解得到的（α＋δ）混合相。图版拾叁，2所示为标本N4的组织形貌。（2）观察面上可见到许多青灰色环链状、晶界状物者。有的针状物呈层流状、单片状或羽毛状分布；这同样应是β相淬火后（β'相），再经回火转变而得到的组织，即回火α相。它们之间的斑纹状、絮状区亦是回火析出的（α＋δ）混合相。图版拾贰，2、6分别为标本E34、LY19的组织形貌。（3）兼具了以上两种特征组织者。图版拾贰，3、4、5，图版拾叁，1，图版拾肆，1分别为标本W14、E38、Z3、E35、E62的组织形貌。（4）观察面上可见许多白色交叉状物者。如标本Sh3（图版拾叁，3、4），这应是（α＋γ）两相区淬火得到的α相，它们之间的斑纹状、絮状物应是回火分解得到的（α＋δ）混合相。看来，唐五代镜也使用过高温淬火（586℃～789℃）和低温淬火（520℃～586℃）两种工艺，今见组织皆为回火态。不同处是，唐镜组织较战国两汉的稍见粗大。

我国铜镜淬火技术虽然发明较早，但有关记载却是到了唐代才看到的①。《聂

① 南朝梁陶弘景在谈到方药的制备时，也曾说将烧红了的镜鼻纳入酒中，但这是否通常意义的淬火，目前尚有疑问。《本草纲目》卷八“金石·古镜”条引陶弘景云:锡铜镜鼻，“即今破古铜镜鼻尔。用之当烧赤纳酒中……出入百遍，乃可捣也。”此“烧赤纳酒中”自然与淬火相当，酒即是淬火剂，但这处理的目的是制作方药，是将铜镜淬碎，而不是改善材料使用性能，所以很难将之与热处理工艺联系起来，也就很难说六朝已有了青铜淬火的记载。

隐娘传》载："忽值磨镜少年及门，女曰：'此人可与我为夫。'白父，又（父）不敢不从。遂嫁之，其夫但能淬镜，余无他能。"显然，此"淬镜"指铜镜淬火[52]。这是我国古代关于铜镜淬火，也是关于青铜淬火的最早记载。但对我国古镜是否存在淬火处理，学术界是存在不同意见的。有学者认为此"淬镜"系指磨镜言，而非淬火，我们认为这是讲不通的，在谈到实际工艺时，从未见古人有过将"淬镜"与磨镜互相借用的做法。有关情况下一章再作详细讨论。

第五节 表面处理技术

此时期的金属表面处理主要指镀金和镀锡，它们虽无创造性成就，但都使用得较为广泛。

一、镀金技术

镀金技术发明于先秦，但大体上是汉代才发展起来的，隋唐时期又发展到了一个新的阶段，使用范围扩展，使用量大增；有关器物目前在南北许多地方都有出土，且习见银器镀金，华美之至。隋器如1954年西安郭家滩大业六年墓所出者，有镀金铜带钩等饰物30余件[1]。唐器如1982年丹徒丁卯桥所出者，计有86件镀了金的银器，其中2件镀金凤纹大银盒，皆高26厘米、足径25.6厘米、腹径31厘米，重分别为2060克和2040克；一件镀金的银质龟负"论语玉烛"筹筒，通高34.2厘米、龟长24.6厘米，银龟栩栩如生，筹筒正面长方形铭框内刻有双线"论语玉烛"4字[2]。1970年西安南郊何家村窖藏器物中，出土有镀金八曲银杯、镀金铜锁等[3]。1955年西安东郊出土有唐镀金宝相花镜一件，直径22.3厘米[4]。1958年陕西耀县柳林背阴村出土有镀金刻花四曲银碗、镀金刻花银碟、镀金刻花银盘等[5]。《旧唐书》卷一一八"王缙传"载：唐代宗时，"五台山有金阁寺，铸铜为瓦，涂金于上，照耀山谷，计钱巨亿万"。

此期的文人学士亦常以镀金为喻，来抒发自己的情怀。李绅《答章孝标》诗云："假金只用真金镀，若是真金不镀金；十载长安得第一，何须空腹用高心。"[6]便是其中较为著名的诗句。

边境地区镀金技术也有较大发展，吐蕃人还把它当成一种等级的标志。《新唐书》卷二一六上"吐蕃传"载："其官之章饰，最上琴瑟，金次之，金涂银又次之，银次之，最下至铜止。"此"金涂银"即将金涂到银器上，是即银器镀金。

文献上有关制作金汞齐的记载也明显增多，前云作金粉法、作银膏法，其实都是一种汞齐法，即用汞将金银化了，使之成为一种汞齐。此外，此时还有一些作金泥的记载，《黄帝九鼎神丹经诀》卷十一第二页载：臣按，水银"能消化金银使成泥，人以度物是也"[7]。此金泥既可镀金，也可他用。前云金粉主要是仙家用来服食；银膏实是银锡汞齐，是用作补牙的。

关于镀金的配方，日本的《造金堂所解》"天平宝字四年"条曾有多段记述："请水银，合壹仟壹百贰拾陆两。九百八十二两二分灭练金百九十六两二分，以金一两充水银五两。"可见，金:汞=1:5。又载："练金百九十六两二分；灭料水银九百八十二两二分，合得灭金千百七十九两。"可见，金汞比依然是1:5。此"灭料"

即是水银，“灭金”即金汞齐。“灭”，今俗又谓之“杀”，消耗之意。又《东大寺要录》中所用练金和水银量为：“练金一万四百卅六两，水银五万八千六百廿两。”可见，金∶汞 = 1∶5.6。中口裕认为，此水银用量稍多，应是古代镀金的一个特点[8]。后面将要谈到，用汞量往往随气候等因素的变化而适当调整。

二、镀锡技术

我国古代镀锡技术约发明于先秦时期，许多青铜器都曾采用。汉后因钢铁技术之发展，一般铜器之镀锡操作渐衰，但在铜镜工艺中仍保存了下来。表 5－5－1 是我们分析的 11 件唐镜表面成分，其中有“黑漆古”镜 1 件（W14）、“绿漆古”镜 3 件（E33、E36、E62）、“水银沁”镜 3 件（Sh3、Sh12、N4）、“花背”镜 4 件（LY11、LY17、LY23、E87）。表 5－5－2 是我们分析的 45 件古镜表面成分，其中只有一件为宋镜，其余皆为战国至五代之镜；除“黑漆古”、“绿漆古”、“水银古”、“花背”镜外，还有几件“铅背”镜[9][10][11]。由之可见：(1) 唐镜的表面成分与前述战国两汉镜大体上是一致的，即表面含锡量都较金属基体为高，含铜量都较基体为低。(2) 亮白色、灰白色镜面的含锡量较黑漆色、灰黑色（“铅背”镜）、绿黑色镜面的稍低，但含铜量却较之为高。(3) 一般而言，只要色态相类，表面成分与镜的年代、出土地点并无太大关系；如“黑漆古”，不管是战国“黑漆古”，还是汉、唐“黑漆古”，不管是湖南出土，还是湖北、山东出土，表面成分都是基本一致的；绿漆古、水银古、铅背等大体也是这样。(4)“花背”镜，即表面呈现两种或多种色态悬殊之镜，其不同色态部分的成分也具有这些特点[11]。图 5－5－1、图 5－5－2 所示为临沂唐代菱形花鸟镜 LY17、人物镜 LY23 表面色态，皆属“花背”镜。

如前所云，铜镜表面的高锡表层，主要是镀上去的，这“黑漆古”、“绿漆古”、“水银古”、“铅背”、“花背”等表面色态，都应是镀锡表层自然腐蚀的结果；唐镜诸般色态的成因，自然也不例外。

表 5－5－1　唐镜表面成分分析

名　称	取样部位和颜色	成　分（%）						
		铜	锡	铅	铁	硅	铝	其他
四神镜 W14	正面，深黑	11.614	73.187	5.448	2.143	7.605		
八卦镜 E33	正面，绿黑	10.432	66.953	7.818	3.426	6.755	4.613	
宝相花镜 E36	正面，绿黑	7.567	65272	9.729	5.034	6.657	3.86	
	正面，绿黑	6.948	66.939	10.549	6.322	5.207	3.28	
	背面，绿黑	9.604	62.698	9.622	7.523	6.507	4.493	
八卦镜 E62	背面，绿黑	11.118	66.779	9.099	5.543	4.643	1.444	
莲花镜 Sh3	正面，亮白	58.289	34.798	5.289		0.891	0.73	
	背面，亮白	50.711	42.386	2.477	0.322	2.351	1.751	
海兽葡萄镜 Sh12	背面，亮白	56.729	39.791	1.961		1.517		

盘龙镜 N4	正面，灰白	62.267	33.223	1.172		2.492	0.844	
		64.799	31.737	1.659		1.804		
宝相花镜 LY11	背面，灰白	42.991	28.242	8.676	1.388	10.156	6.134	镁 2.36
	正面，灰白	54.695	38.565	2.157	0.723	2.115	1.743	
	正面，漆黑	23.78	61.41	6.73	3.65	2.39	1.74	磷 0.29
菱形花鸟镜 LY17	背面，灰白	54.996	29.899	9.296	2.408	1.482		磷 1.917
	背面，漆黑	24.864	47.749	10.854	3.346	5.369	2.793	镁 5.021
	正面，灰白	63.434	28.706	4.451	0.86	2.109		磷 0.437
人物镜 LY23	背面，灰白	54.198	33.559	3.207	1.643	3.422	2.148	镁 1.82
	正面，漆黑	17.376	58.964	13.148	2.325	7.635		
宝相花镜 E87	背面，绿黑	30.958	57.199	5.905	1.649	2.858	0.193	磷 1.234
		32.598	49.079	6.554	1.348	5.736	2.742	磷 1.948
	背面，灰白	63.33	31.478	2.877	0.832	1.405		磷 0.075
		58.449	31.81	3.85	0.634	3.453	1.554	磷 0.248

注：标本承湖北省鄂城县博物馆（代号 E）、山东省临沂地区文管会（代号 LY）、陕西省武功县博物馆、凤翔县博物馆（代号皆 Sh）、安徽省博物馆（代号 W）、昭乌达盟博物馆（代号 N）等提供，承钢铁研究总院等扫描电镜能谱分析。

表 5－5－2　古镜表面成分分布

名称	标本数	取点数	成分 类别	成　分（%）						出土地点
				铜	锡	铅	铁	硅	铝	
黑漆古	10	15	平均值	12.611	67.878	7.777	3.787	5.003	2.226	湖北 湖南 安徽
			最大值	41.385	75.579	20.532	8.163	11.397	7.201	
			最小值	5.447	49.76	1.803	0.414	2.25	0	
绿漆古	9	16	平均值	17.944	60.725	8.021	4.486	4.85	2.728	湖北 安徽
			最大值	39.666	70.959	12.942	8.412	7.925	6.15	
			最小值	6.105	41.892	3.472	1.348	0.82	0	
铅背	8	11	平均值	25.41	54.743	9.124	3.903	4.429		湖北 安徽
			最大值	49.129	69.98	14.695	10.366	8.268	2.933	
			最小值	8.224	39.995	6.284	0	2.077	0	
水银古	12	16	平均值	55.568	37.385	4.188	0.102	2.39	0.372	陕西 山西 北京 内蒙古
			最大值	69.708	55.111	12.654	1.239	7.75	2.633	
			最小值	32.134	28.29	1.172	0	0.424	0	

花背镜	9（灰白色）	9（灰白色）	平均值	55.877	33.265	5.587	1.057	3.271	1.665	山东湖北安徽
			最大值	63.785	39.177	9.296	2.421	5.967	6.134	
			最小值	42.991	28.242	1.91	0.471	1.229	0	
	4（漆黑色）	6（漆黑色）	平均值	26.509	53.735	9.745	1.831	5.642	1.556	
			最大值	36.212	61.41	13.148	3.65	10.753	2.739	
			最小值	21.566	47.749	8.228	0.817	4.416	0	
	3（灰黑）	5（灰黑）	平均值	38.947	43.122	8.457	2.65	4.247	2.001	
	1（绿黑浅绿）	4（绿黑浅绿）	平均值	24.754	55.832	6.896	2.474	2.953	0.734	

注：（1）本表标本承湖北省鄂城县博物馆、湖南省博物馆、安徽省博物馆、陕西省凤翔县博物馆、陕西省武功县博物馆、山西省博物馆、内蒙古昭乌达盟文物工作站、北京市文物研究所、山东齐故城博物馆、临沂市文管会等提供，承原冶金部钢铁研究总院李文成教授等扫描电镜能谱分析。

（2）本表的水银古镜表面成分采自依文献［9］，黑漆古、绿漆古、铅背的采自文献［10］，花背镜的采自文献［11］。

（3）本表统计了45件古镜的表面成分，但本表左第二列的标本总数却为56件，这是其中的花背镜1件当成了2件或多件标本，重复计算了之故。如鄂城唐宝相花镜E87总体上属绿漆古，但背面又有一白斑，此镜当属花背镜，便将其中的“绿漆古”和“水银沁”便各当成了一件标本，但它原属一件铜镜。这45件镜中，只有1件属宋，余皆战国汉唐。详见文献［9］［10］［11］。

唐《太清石壁记》（758～760年成书）还有一段关于制作锡汞齐的记载：“水银一斤，锡十二两。右取水银（置）铛中，著火暖之；别铛熔锡成水，投水银中，写入净地（池）中，自成白银饼。取饼捣碎，研细罗之。”[12]此“银饼”、“银”，当即锡汞齐。这种锡汞齐可用于镀物、粘接（低温焊接）等。

图5－5－1　临沂唐菱形花鸟花背镜LY17（残片）表面色态

标本承临沂地区文管会宋彦泉提供

图5－5－2　临沂唐人物花背镜LY23（残片）表面色态

标本承临沂地区文管会宋彦泉提供，承本研究所李安平拍摄

第六节 隋唐时期的冶金业管理

隋唐对矿冶业的管理较为宽松，银铜铁之采冶既有官营，也有民营，其民营业一直较为兴旺，后期才有了税收和禁榷制。黄金业一直以民营为主。隋唐在诸州徭役手工业工人中较好地推行了轮番制，使手工业者获得了一定的自由，官方还比较注意手工业工人的征集和培养，这都为冶金技术、整个手工业技术的发展创造了较好的条件。

一、冶金业的管理机构

一般而言，唐代官冶主要归少府。前期民营发展较快，中期始有了税收制，并主要归于户部。金属加工业的管理系统较复杂，除少府外，一个十分重要的方面是军事部门。地方也曾主管过矿冶和金属加工业。

《新唐书》卷四十八载，少府监的职责主要是为皇帝和宫廷服务。其下设有右尚署、掌冶署、诸冶监、铸钱监等。右尚署掌供“刀剑斧钺甲胄纸笔”等；掌冶署“掌范熔金银铜铁”。掌冶署下设诸冶监，“掌铸铜铁之事。”诸冶监职“掌铸兵农之器，给军士屯田。居民唯兴农冶”。

隋唐以前，军器一般皆由少府与军队共同生产，但唐设军器监，负责军队所需的全部器械，少府只负责生产御用兵器。《新唐书》卷四十八“百官志”载，军器监“掌缮甲弩，以时输武库”，总设弩坊、甲坊二署。弩坊署“掌出纳矛矟、弓矢、排弩、刃镞、杂作及工匠”。唐军器生产部门的归属虽屡有变更，但独立的时间较多。武库总藏天下兵器，置武库令总其事。据《唐六典》卷十六载，其兵器名目繁多，刀剑枪矛甲胄弓矢等无所不具。兵器生产的特点是种类多、数量大、技术要求高、生产规模大。

唐代地方政府是既有军权也有财权的。唐实行府兵制，各地也可设院制造兵器。《玉海》卷一五一载，李德裕任川西节度使时，曾设工场于蜀，而请甲人于安定，弓人于河东，弩人于浙西，所制兵器犀利非常。唐地方政府也曾管理矿冶之业。《新唐书》卷五十四“食货志”载：“开成元年（836 年）复以山泽之利归州县，刺使选吏主之，其后诸州牟利以自殖。”铸钱本是官营手工业的一个重要部门，初归少府监，后因矿区炉铸更为便利，遂罢少府铸钱事，转由诸州铸钱，并由所在州府管理，这实际上也就成了一种地方手工业。

二、金银采冶业管理

（一）黄金采冶

唐代产金之地虽然不少，但多数都是民营和地方官营的，少府和中央政府皆无黄金采冶之官。有唐一代，皆是如此。前引《新唐书》卷五十四“食货志”在谈到唐代早期官营矿冶时，只有银、铜、铁、锡、铅，并无黄金。《新唐书·地理志》说邕州有金坑，但都是民营。《唐大诏令集》卷一一二载唐代宗大历十四年（779 年）七月《放邕府金坑敕》云：“邕州所奉金坑，诚为润国，语人于利，非朕素怀……当任贫下百姓采劚，不得令酋豪及官吏影占侵扰。”早在乾元元年（757 年），盐业已行专卖，但此黄金却依然任贫下百姓采冶。据《续资治通鉴长编》卷二四九崇宁七年载，直到北宋崇宁时，邕州才设了场监。

国家管理黄金的办法，唐代前期的资料较少，后期是征税制，具体做法是官民分成。《蛮书》卷七“云南管内物产”条在谈到黄金管理时说：“然以蛮法严峻，纳官十分之七八，其余许归私。如不输官，许递相告。麸金出丽水，盛沙淘汰取之。沙赎法：男女犯罪，多送丽水淘金。长傍川界三面并出金，部落百姓悉纳金，无别税役征徭。”前五句说明了纳税方式，即官民分成，税率是“纳官十分之七八”，这税额是较高的。“沙赎法”以下三句，说政府强迫犯人通过淘沙来赎罪。显然，这种淘金活动是由政府经营的，这是地方政府经营黄金坑采之证。此书成于唐咸通四年（863 年）。作者樊绰，生平、籍贯不详。关于黄金征税之事，还可举出两个例子。《新唐书》卷一六三载，元和（806 ~ 820 年）时，岭南节度使孔戣曾免去该地“黄金税八百两”；《新唐书》卷一八二载，会昌（841 ~ 846 年）时，卢钧擢拜岭南节度使后，也曾免去该地的采金税。

（二）白银采冶业

隋和唐初皆有官银冶。《隋书》卷三〇“地理志·河东郡”载：安邑“有盐池、银冶”。《元和郡县志》卷七“陕州”载：安邑县“雷首山一名中条山，在县南二十里，其山有银谷，在县西南三十五里，隋及武德初并置银冶监，今废”。此说到了隋和唐初皆在安邑置有官银冶监，直到唐代中后期的元和（806 ~ 820 年）时方才废去。此书为李吉甫撰，成书于元和八年（813 年）。

唐代白银采冶的民营业也较发达，且一直占有重要地位。虽从一开始便有人主张加强官银采冶，但受到了最高统治者的反对。《文献通考》卷十八“征榷五·坑冶”载：“贞观（627 ~ 649 年）初，侍御史权万纪上言，宣、饶二州银大发，采之岁可得数百万缗。帝曰：朕之所乏者，非财也，但恨无嘉言可以利民耳……乃黜万纪还家。”万纪权主张将宣饶二州银冶收归官营，非但未被采用，反遭太宗斥责，落得个被贬还乡。

唐代中期之后，由于土地兼并，均田制受到很大冲击，贵族大地主与政府争夺土地和人口，致使国家面临极大的财政困难。《旧唐书》卷八十八“韦思谦子承庆嗣立”载：此时“国家租赋大半私门，私门则资用有余，国家则计支不足”。为此，有人提出了注重山海厚利的动议。《旧唐书》卷四十八“食货志”载：开元元年（713 年），左拾遗刘彤上表，建议“以山海厚利资农之。余人厚敛重徭，免穷苦之子；所谓损有余，益不足”。刘彤虽未提出具体办法，但此议深受唐王朝重视，“上令宰臣议其可否，咸以盐铁之利，其益国用”。并命人“检责海内盐铁之课”。开元十年（722 年），盐业正式收税（《文献通考》卷十五“征榷二”）。开元十五年（727 年），唐政府开始对民营银锡采冶收税。《新唐书》卷五十四“食货志”载：“开元十五年，初税伊阳五重山银、锡。”[1]又，《太平寰宇记》卷一一七“饶州德兴县”载：上元二年（761 年），“因置场监，令百姓任便采取，官司什二税之”。此饶州虽置有场监，却依然令百姓任便开采，官府只管税制，而不从事实际生产，实际上是一种官督、民采冶，官民分利的管理办法。银税率 20%。此银冶监也只管收税。这种办法的优点显而易见，既保证了官府的坐享其成，又不至于过分地损害劳动者的利益。又，《元和郡县志》卷二十九“饶州·乐平县”载：

“银山在县东一百四十里，每岁出银十余万两，收税山银七千两。”此年代较前者稍后，银税率大约只有5%～7%。

唐代中后期，政府对白银坑冶的政策开始严格起来。宪宗时，为铸钱和发展铜业，竟下诏禁止了北方银坑。《唐会要》卷八十九载：宪宗元和三年（808年）诏令云：“天下有银之山，必有铜矿，铜者可资于鼓铸，银者无益于民人。权其重轻，使务专一。天下自五岭以北，见采银坑，并宜禁断。恐所在坑户，不免失业，各委本州长吏课劝，令其采铜助官中铸作。”《新唐书》卷五十四“食货志”载：“元和初天下银冶废者四十。”或与此有关。《文献通考》卷十八“征榷五·坑冶”载：元和二年（807年）严禁私人采银，采“一两以上者，笞二十，逐出本界，州县官吏节级科罪”。

除税收外，国家还可通过进贡等方式从地方和民营坑冶处获得白银，有关税银、丁课银、贡银的实物，在考古发掘中曾多次看到。1956年西安大明宫遗址出有天宝十载宣城郡和市银锭，上刻有“天宝十载”、“专知官”、“宣城郡和市银”等字；又有天宝十载税山银锭，上刻有“天宝十载正月日税山银”、“信安郡（即衢州，开元元年改）专知山官丞议郎行录事参军”等字[2]。1963年长安秦渡镇收集到天宝十三载宣城郡采丁课银锭，其上刻有“天宝十三载丁课银”、“宣城郡县尉”、“宣城郡诸军事守”等字[3]。文化大革命期间，西安南郊出土杨国忠所进“河南府伊阳县天宝十二载窟课银壹锭伍拾两”[4]等。此外，见于报道的还有通州“税商银”等[5]。此“专知山官”即专管银山之官，说明宣城郡、信安郡皆有银官。“税山银”、“窟课银”当即采冶匠依税率向政府缴纳之采冶银，“丁课银”当是折充丁课之银。贡银的年代基本上都是开元之后的。

三、铜铁采冶业管理

铜铁是国家的重要物资，铜可用于铸钱，铁可用于制作兵器和生产工具，故历代对它们都是较为重视的，隋、唐亦然，且两代皆设冶官。但唐的政策稍显宽松。

《隋书》“地理志”载，隋曾在四个地方置有“冶官”，即：（1）延安郡金明（今陕西安塞县北）；（2）蜀郡绵竹（今四川德阳县北三十五里）；（3）隆山郡隆山（今四川彭山县）；（4）河南郡新安（今渑池东）。此“冶官”当泛指铜、铁言。

唐代早期所置铜、铁官冶数较多，这在前面已经提到，银、铜、铁、锡之冶168处，其中陕、宣、润、饶、衢、信六州有银冶58处、铜冶96处、铁山5处、锡山2处、铅山4处①。在整个唐代前期，铜铁皆允许私人采冶，大约亦无税收，唐代中期才发生了变化。《新唐书》卷五十一“食货志”载：唐肃宗（756～761年）时，“第五琦以钱谷得见，请于江淮置租庸使，吴盐、蜀麻、铜冶皆有税。”所以民营铜铁之税，当始于肃宗时。

① 这些数字是有一些疑问的。《新唐书》卷五十四“食货志”在谈到唐代早期全国金属之冶时，先说全国有银铜铁锡4种金属之冶168处，但接着又详列了陕宣润饶衢信“五州”（实为六州）有银铜铁锡铅5种金属之冶165处。这其中的具体情况则说得不太清楚，今人也很难再进一步考究。

唐代中后期，依然是官营与民营并存的。《旧唐书》卷四十四“职官志·掌冶署”载：“凡天下出铜铁州府，听人私采，官收其税；若白镴，则官市之。其西北诸州禁，人无置铁冶及采铁，若器用所须，具名移于所由官供之。”《唐六典》卷三十亦载：“凡州界内有出铜铁处，官未采者，听百姓私采者，煮铸得铜及白蜡（白镴），官为市取。如欲折课役，亦听之。其四边，无问公私，不得置铁冶及采铜。自余山川数泽之私（利），公私共之。致瑰异之货，以备国用。是以官无禁利，人无稽市。凡知山泽有异宝、异木，及珠玉铜铁、彩色杂物处，堪供国用者，奏闻。”此两条资料内容相近，可互为补充。此“白镴”当指锡。可见：(1) 此期铜、铁冶皆有官营和私营两种。(2) 凡不置官冶处，铜铁皆可任民采冶，官收其税，采取分成的办法“折充课役”。(3) 国家对铜、锡两种物资实行统购，民营冶炼所得铜、锡必须由国家收购。《旧唐书》卷十三“德宗纪”也有类似的说法：贞元九年（793 年）正月甲辰，“禁卖剑、铜器，天下有铜山，任人采取，其铜官买。除铸镜外，不得铸造”。(4) 无论官民，边境地区皆不得开采铜铁；所需皆由政府供给。(5) 铜铁之外的山泽之利，官民皆可开采；所有山海宝货，凡堪国用者，必须向政府报告。

实际上，整个坑冶业的归属和管理，包括采盐和银铜铁锡铅业在内，唐王朝内部也是一直存在不同看法的，而且不断地有人提出官营之事。总的情况是：由隋到唐代前期的 130 年内，盐业无税；金属坑冶在唐代前期大约同样无税；开元十年始征盐税，开元十五年初税伊阳五重山银锡；唐肃宗时，才有人提出铜税。稍后，才将山泽之利收归了国有。《册府元龟》卷五〇一“计帮部·钱币三”载：建中元年（780 年）九月，户部侍郎韩洄上言，“天下铜铁之冶，是曰山泽之利，当归王者，非诸侯方岳所宜有，今诸道节度都团练使皆占之，非宜也，诸总隶盐铁使。皆从之。”于是，山泽之利，皆收归了盐铁使掌管。这实际上是另一种形式的专卖制。后又因地方势力增大，开成元年（836 年）后，山泽之利又一度归州县所有；因地方牟利以自殖，而国家所得，“举天下不过七万余缗，不能当一县之茶税”；遂使宣宗（847～859 年）时，因“增河湟戍兵衣绢五十二万余疋，盐铁转运使裴休请复归盐铁使，以供国用”（《新唐书》卷五十四），又将山泽之利由地方收归了中央。

四、民营金属加工业管理

虽从资金、规模和生产技术上，民营与官营手工业都是不能相比的，但官营主要供给皇室、官府和军队，所以，民间的日常生产和生活用品，尤其是一些小件器物，便主要由民营手工业供给。由前引《新唐书》卷四十八“少府·诸冶监”说：“居民唯兴农冶。”大约民间部分大型农具也可由诸冶监负责生产或组织供应。但随着社会经济的发展和民间对各种手工业制品需求量的增加，民间冶铸和金属加工也有了较大发展。前面已经谈到，唐代的金银铜铁铅锡等金属采冶皆有民营，下面主要介绍一下民营金属加工的部分情况。

首先是铁器加工。从文献记载看，这个时期民间钢铁制品出现了不少新的内容，并出现了一些颇负盛名的制品，大家较为熟悉的如铁剪、铁镜、铁针、钢铁刀剑，以及前面谈到过的文铁刀等，有的还有了专门作坊。

《新唐书》卷三十七载：邠州（故豳州，开元十三年改）土贡剪刀等物。前引杜甫《戏题王宰画山水图歌》云：“焉得并州快剪刀，剪得吴淞半江水。”[6]可见邠州剪、并州剪在唐代已有了较高声誉。

《新唐书》卷三十九“太原府”载：并州“土贡铜镜、铁镜”。乔琳《太原进铁镜赋》云：“晋人用铁兮从革无方，其或五金同铸，百炼为钢。雕镌而云龙动色，磨莹而冰雪生光。烂成型于宝镜，期将达于明王。”[7]这是对太原铁镜的热烈赞美。

《太平广记》卷三三〇“杨元英”条谈到过一个“冶成坊削家”。说杨元英之剑在冶成坊削家为其子所见，其子“心异之，问削师：‘何得此剑?’云：有贵人形状衣服，将令修理。”此“冶成坊”之义不明，估计是锻冶产品的成品铺；此“削家”即是修剑师、削剑师。显然这是个私营作坊。此外，《吴地记》还谈到过“钉行”，当也是一个私营的铁器作坊。

除加工剪、镜、修剑等外，民营锻铁作坊还可打造兵器。《唐六典》卷二十“两京诸市署”载：“凡与官交易，及悬平赃物，并用中贾。其造弓矢长刀，官为立样。”政府部门需对民营弓矢刀等兵刃器纳入市场管理，可见产量也是不小的。此立样，大约包含了产品式样和价格两个方面。

此外，民营铁器加工的资料还有一些。如唐初名将尉迟敬德便是铁匠出身。《太平广记》卷一四六“尉迟敬德”载：隋末，一书生以教授为业，家贫，欲向尉迟敬德借钱，“至铁冶处，有锻铁尉迟敬德者，方袒露蓬首，锻炼之次。”此铁冶，当指锻铁。唐在西北地区虽禁铜铁采冶，但金属加工依然存在。《敦煌宝藏》第112、113册的“伯”2032背面、2040背面几件文书多次提到的都料史奴奴便是一位锻冶作坊主，其产品有为寺院打制的铁镬、钉叶等，此外其还为官府作坊司作锻铁服役。

唐代民营铜器加工业也较发达，其中最值得注意的品种是铜镜和铜钱，较著名的铜器产地是扬州，如前所云，考古工作者还在扬州发掘过较大的铸铜作坊。另外，文献上也有了“铜坊”的记载。《清异录》卷下“碧金仙”：“有刁萧者，携一镜，色碧体莹，背有字曰‘碧金仙，大中元年十二月，铜坊长老白九峰造’。”这是文献上较早提到“铜坊”这一名称的地方。此镜的制造者是白九峰。此“碧金仙”三字既是制镜者的自我赞誉，也是对外宣传的一种商标。但在考古实物和传世品中，这类标识甚为鲜见。唐代中期，民营手工业已相当发达，宫廷和官府一方面通过“折充课役”和上贡来获得民间精好之物，另一方面还直接到市场上采购。《旧唐书》卷一〇五“韦坚传”载，天宝二年（743年），韦坚为唐玄宗到南方采集了大宗物品，其中包括纺织品、金属制品、瓷器、各类珍宝、奇药等，皆属人间、山海之珍。其中就有广陵郡（扬州）所出锦、镜、铜器、海味；会稽所出铜镜等。这说明民间手工业的技术水平也是较高的。

因铜器可用作铸钱，且常发生“毁器铸钱”和“毁钱铸器”之事，为稳定市场，唐代中后期曾一再禁铸铜器。《唐大诏令集》卷一一二载：开元十七年（729年）九月“禁铸铜器诏”云：“铜者，馁不可食，寒不可衣也；既不堪于器用，又不同于宝物；唯以铸钱使其流布。宜令所在布知铸钱委按察使，申明格文，禁断私卖铜锡，仍禁造铜器。所有采铜锡铅官，为市取勿抑其价务利于人。”[8]此是说禁卖铜、锡和私造铜器。《册府元龟》卷五〇一“邦计部·钱币”载，大历七年（772年）代宗诏云：“禁天下新铸造铜器，唯镜得铸，其器旧者听用之，不得货鬻。将广钱货，资国用也。”据《旧唐书》卷十四“宪宗纪”载：元和元年（806年）时，竟“以钱少，禁用铜器”。《新唐书》卷五十四“食货志”载大和三年（829年）诏：“佛像以铅锡土木为之，饰带以金银鍮石乌油蓝铁，唯鉴磬钉环钮得用铜，余皆禁之，盗铸者死。”当然，其间也有过反复，即时禁时不禁。《唐会要》卷八十九载：贞元“十年（794年）六月敕，今后天下铸造铜器，并不须禁止，其器物约每斤价直不得过一百六十文，委所在长吏及巡院同勾当访察，如有销铸为铜，以盗铸钱论罪。”其实，世人唯利是图，铜器也是很难禁断的，《新唐书》卷五十四又载，文宗（727～840年）时，“时虽禁铜为器，而江淮、岭南列肆鬻之，铸千钱为器，售利数倍”。

金属加工也需纳税，至少唐代中后期是这样的。《文献通考·田赋考三》载：代宗大历四年（769年）敕：“百姓有邸店、行铺及炉冶，应准式合加本户二等税者，依此税数勘责征纳。”

五、技术管理

这里主要介绍一下技术人员的选择、培养和“物勒工名”制。

唐王朝对官营手工业者的选择一直都较注意，而且留下了不少重要的文字资料。官营手工业者主要由三部分人组成：一是官奴婢和刑徒，这是强制性劳动；二是散出诸州的轮番匠，这是徭役式劳动；三是和雇匠，这是雇佣劳动。所谓官奴婢，即因反叛罪，而被没入官府为奴的男女家人和私奴婢。依照有关规定：官奴婢“凡初配没，有伎艺者，从其能而配诸司；妇人工巧者，入于掖庭；其余无能，咸隶司农”（张九龄等《唐六典》卷六“刑部”）。即是说，官奴婢初配没时，便量才施用，有特长的男女，配入各作司和掖庭；无技艺者入司农。而对那些凡散出诸州、作定期服役的轮番匠，则需“皆取材力强壮，技能工巧者；不得隐巧补拙，避重就轻”。“有缺则先补工巧业作之子弟。一入工匠后，不得别入诸色。其和顾匠有名解铸者，则补正工”（《唐六典》卷七“工部”原注）。另外，官府还从散出诸州的轮番匠等之中，将那些被称为“长上匠”、“明资匠”等的技术佼佼者，给予较好的待遇，用雇佣方式来延长其服务期限。《唐六典》卷二三“将作监”载：“凡诸州匠人长上者，则州率其资纳之，随以应酬顾。”和雇匠多用于土木工程。这样，就一方面使官营手工业者的基本素质有了一定保证，另一方面也使其有了技艺超群的核心队伍，这对于保证各手工业产品的质量都具有十分重要的意义。这些规定，乃泛指一般工匠言，金工自在其中的。

官营手工业还注意到了各类技术工人的培养，且规定了严格的学习期限。《唐六典》卷二十二“少府”条在谈到官奴婢的技术培养时说：“凡教诸杂作，计其功之众寡，与其难易，而均平之。功多而难者，限四年、三年成，其次二年，最少四十日，作为等差而均其劳逸焉。”李林甫等原注云：“凡教诸杂作工业。金银铜铁铸泻凿镂错锡，所谓工夫者，限四年成，以外限二年成，平慢者即二年成；诸杂作有一年半者，有一年者，有九月者，有三月者，有五十日者，有四十日者。”

即说，培养时间依技术难易来决定，最难的四年；最易的只有数十日，此约与今“熟练工”相当。金银铜铁等金属铸造，以及镂错等金属加工，因技术难度较大，属于“工夫者”，故需四年时间。这是我国古代手工业工人技术教育的重要资料，他处所见甚鲜。

“物勒工名”制始于先秦，唐代亦一再强调这个制度。《新唐书》卷四十八“百官志·少府”条在谈到了与《唐六典》相类似的工人培养后说：“岁终，以监试之，皆物勒工名。”同书同卷“将作监”条在谈到兵器时也有类似说法：“军器则勒岁月与工姓名。”这两条文献皆指官营手工业言，其实民营产品也有类似规定。《唐六典》卷二十“两京诸市署”载：“其造弓矢长刀，官为立样。仍题工人姓名，然后听鬻之。诸器物亦如之。以滥伪之物交易者，没官。短狭不中量者，还主。”这当指民营产品言，它谈到了四方面内容：一是凡两京交易的弓矢长刀类兵器，皆须“官为立样”，官方对产品样式和价格都作了规定；二是“仍题工人姓名”，且诸类器物皆是如此；三是伪劣产品没官；四是尺寸不合规格者退还制作者。这种题名制在建筑业中也有规定。柳宗元《梓人传》在描述了一位杨氏“都料匠”（工头）现场指挥生产的情况后说：“既成，书于上栋，曰：‘某年某月某建’。则其姓字也，凡执用之工不在列”[9]。这种建筑物之题名，实际上是一种终身负责制，它对于保证建筑物这种特殊产品的质量和后世有关技术管理规范的实施，无疑都具有重要的意义。

参考文献

第一节　冶铁业的发展和筑炉技术的进步

［1］《隋书·食货志》。

［2］钱诩：《为集贤崔相公让大学士第二表》，《全唐文》卷八三五。

［3］据夏湘蓉等：《中国古代矿业开发史》第70页统计，地质出版社，1980年。按：《新唐书·地理志》“有铁”的含义不明，大体包括了已开采和未开采这两方面内容，多数应当是已经开采了的。

［4］胡悦谦：《繁昌县古代炼铁遗址》，《文物》1959年第7期。

［5］南京博物院：《利国驿古代炼铁炉的调查及清理》，《文物》1960年第4期。珍珠泉水塔附近为唐宋炼炉址，原报道说有3座，但未说具体形态。

［6］泰安市文物考古研究室等：《山东省莱芜市古铁矿冶遗址调查》，《考古》1989年第2期。

［7］河南省文物研究所等：《河南省五县古代铁矿冶遗址调查》，《华夏考古》1992年第1期。

［8］杜茀运：《隋唐墓出土铁器的研究》，全国冶金技术史学术讨论会论文，河南舞阳，1989年。

第二节　炼钢技术的发展

［1］钱宝琮校：《算经十书》，中华书局，1963年。

［2］《道藏》第六〇〇册。

［3］杜茀运：《隋唐墓出土铁器的研究》，全国冶金技术史学术讨论会论文，河南舞阳，1989年。按：原报道说41件铁器中，有锻件31件，铸件10件。应更正为：锻件30件，铸件11件。其中有一件铁镜，此文将之定成了锻件，浅见以为，铁镜原是铸造的，后经脱碳退火处理。详见本章第四节。

［4］转引自《云笈七签》卷七十八，齐鲁书社，1988年。

［5］《文苑英华》卷一〇九。景印文渊阁《钦定四库全书》台湾版1334－55。

［6］《本草纲目》卷八“金石部”：“铁，《本经》恭曰，此柔铁也，即熟铁。”此“即熟铁”3字不见于《重修政和经史证类备用本草》，亦不见于今本《新修本草》，不知是否李时珍所加。但其义无误。

第三节　有色金属冶炼技术的进步

［1］南京博物院等：《扬州唐城遗址1975年考古工作简报》，《文物》1977年第9期。

［2］南京博物院：《扬州唐城手工业作坊遗址第二、三次发掘简报》，《文物》1980年第3期。

[3] 南京市博物馆等:《南京九华山古铜矿遗址调查报告》,《文物》1991年第5期。

[4] 李延祥等:《九华山唐代炼铜炉渣研究》,《自然科学史研究》1998年第3期。

[5] 杨立新:《皖南古铜矿初步考察与研究》,《文物研究》总第3期,1988年。杨立新:《安徽沿江地区的古代铜矿》,《文物研究》总第8期,1993年。

[6] 鲍艺敏等:《浙江淳安铜山唐代矿冶遗址》,《南方文物》1997年第3期。

[7]《丹方鉴源》卷上第二,《道藏》第五九六册。

[8] 李时珍《本草纲目》卷八"金石·赤铜"条引。按:《本草纲目》曾多次提到《宝藏论》一书,但这应是《宝藏畅微论》的简称,李时珍并未看到过《宝藏论》,而只看到了《宝藏畅微论》。《本草纲目》卷一"序例上·引据古今经史百家书目"中,见有"轩辕述《宝藏论》"一书,这说明李时珍看到的是轩辕述的著作。轩辕述为五代人,著有《宝藏畅微论》;《宝藏论》作者是隋代的苏玄明。《宝藏论》和《宝藏畅微论》二书今皆失传。有关情况在文献[67][68]还要提及。

[9]《丹房镜源》原未具作者名,据陈国符考证,当为唐代宗宝应间(762~763年)行世(见陈国符《道藏源流续考·中国外丹黄白法经诀出世朝代考》,明文书局,1983年)。可能宋人曾有少数益损,在今人编纂的《道藏》"提要"和引得中,不见其篇名,唯见《铅汞甲庚至宝集成》卷四(涵芬楼影印本第五九五册)曾有辑录。引文见第3页。

[10]《丹房镜源》与《丹方鉴源》原非一书。前者为唐人所作,后者为五代独孤滔所作(《道藏》第五九六册)。见郭正谊:《水法炼铜史料新探》,《化学通报》1983年第6期;并见何丙郁:《道藏·丹方鉴源》,香港大学亚洲研究中心,1980年。

[11] 陕西省文物管理委员会:《陕西省出土铜镜》第103页,图93,文物出版社,1959年。

[12] 何堂坤:《中国古代铜镜的技术研究》,中国科学技术出版社,1992年。紫禁城出版社,1999年再版。

[13] 明陈仁锡:《潜确居类书》卷九十三,《格致镜原》卷三四亦引。

[14] 李秀辉等:《青海都兰吐蕃墓葬出土金属文物的研究》,《自然科学史研究》1992年第3期。

[15] 王奎克等:《砷的历史在中国》,《自然科学史研究》1982年第2期。

[16] 赵匡华等:《我国金丹术中砷白铜的源流与验证》,《自然科学史研究》1983年第1期。

[17]《重修政和经史证类备用本草》卷四"雄黄·宝藏论"条引。按:苏玄明,或作苏元明,号青霞子,隋人,著述丰厚,有《宝藏论》、《青霞子》等。

[18]《重修政和经史证类备用本草》卷四"雌黄·宝藏论"条引。

[19]《重修政和经史证类备用本草》卷五"信州砒霜·青霞子"。

[20] 见《道藏》第五九〇册,该文卷上第19页。有关文字为:"取前件霜,

每二两点一斤……丹阳（指赤铜）可分作两埚，每埚只可著八两，多少为得所乍可，已下不可过多，又不可少，少则埚中干。每一两药分为六丸，每一度相续点三丸。待金汁如水，以物直刺到埚底，待入尽，即以炭搅之，更鼓三二十下。又投药，如此遍遍相似，即泻入华池中，令散作珠子，急用柳枝搅，令碎，不作珠子亦得。又依前点三丸，亦投入池中。看色白未，若所点药不顺，将火烧却，其物即不白，更须重点一遍，以白为度。生药点埚甚难，所投点大须在意，冷热相冲，金汁迸出埚，遍遍如此，折损殊多。其埚稍宜深作，若能使金汁如水，点者为上。”

［21］成弼金，并见《格致镜原》卷三十四。

［22］这段文字在宋张君房《云笈七签》卷七十一，以及宋人编纂的《诸家神品丹法》卷三（《道藏》第五九四册，1926 年版）都有收录，内容基本一致，个别地方稍有出入。本文引自《云笈七签》卷七十一，齐鲁书社，1988 年。

［23］N. Sivin：《Chinese Alchemy：Preliminary Studies 》（1968），P . 180 ~ 183.

［24］赵匡华等：《关于我国古代取得单质砷的进一步确证和试验研究》，《自然科学史研究》1984 年第 2 期。

［25］何堂坤等：《安徽出土铜镜成分分析》，《文物研究》第 2 辑，1986 年。

［26］小松茂、山内淑人：《東洋銅器の化學的研究》，《古鏡の化學的研究》，分别载于《東方學報》1933 年京都版第 3 册、1937 年京都版第 8 册。

［27］近重真澄：《東洋古銅器の化學研究》，《史林》第 3 卷第 2 号，1918 年。

［28］波士顿博物馆藏品，据说出于成都，转引自梅原末治《歐米における支那古鏡》第 103 页，1931 年。

［29］周欣、周长源：《扬州出土的唐代铜镜》，《文物》1979 年第 7 期。

［30］转引自李时珍《本草纲目》卷九“铜锡镜鼻”条。

［31］《镜镜詅痴》，《丛书集成》第 1340 册。

［32］王琎等：《中国古代金属化学及金丹术·附录》，中国科学图书仪器公司出版，1955 年。

［33］赵匡华等：《北宋铜钱化学成分剖析及夹锡钱初探》，《自然科学史研究》1986 年第 3 期。

［34］水上正胜：《志海苔出土古钱的金属成分》，《中国钱币》1985 年第 3 期，阿祥译。

［35］转引自石野亨：《鑄造技術の歷史と源流》第 247 页，株式會社産業技術センタ — ，1977 年。

［36］赵匡华：《我国古代“抽砂炼汞”的演进及其化学成就》，《自然科学史研究》1984 年第 1 期。郭正谊：《从〈龙虎还丹诀〉看我国炼丹家对化学的贡献》，《自然科学史研究》1983 年第 2 期。陈国符：《道藏源流续考》第 78 ~ 94 页，明文书局印行，1983 年。

［37］《云笈七签》卷七十六引，齐鲁书社，1988 年版，第 435 页。

［38］《道藏》洞神部众术类，第五八五册。

［39］《道藏》洞神部众术类，第五八七册。

[40]《道藏》洞神部众术类，第五八六册，该文第2页。

[41]《道藏》洞神部众术类，第五九〇册。

[42] 刘建国：《试论唐代南方金银工艺的兴起》，载《唐代金银器》，文物出版社，1985年。夏湘蓉等：《中国古代矿业开发史》第71~74页，地质出版社，1986年第二次印刷。按：此两种文献及本书对唐代出产和进贡金银都作过统计，但统计情况互有出入，其中一个重要原因是各人的标准和角度不尽相同。如文献中说“有金”，这算不算产金？文献中说“贡金器银器”，这算不算贡金贡银？还有，文献中说“贡金银铜器”，其本意是指“贡金器银器铜器”，还是“贡金块、银块、铜器”？这都很难得到统一的看法。

[43]《本草纲目》卷八“金石·金”引。

[44] 陕西省博物馆革命委员会写作小组等：《西安南郊何家村发现唐代窖藏文物》，《文物》1972年第1期。

[45] 夏南星：《浙江长兴县发现一批唐代银器》，《文物》1982年第11期。

[46] 明堂山考古队：《临安县唐水邱氏墓发掘报告》，《浙江省文物考古学刊》，1981年，

[47] 丹徒县文教局等：《江苏丹徒丁卯桥出土唐代银器窖藏》，《文物》1982年第11期。其中，1980年出土银锭20笏，1982年在同一地点出土多种银器956件。银板、银笏，都是一种大型银锭。

[48] 镇江市博物馆、陕西省博物馆：《唐代金银器》，文物出版社，1985年。第3页:1982年丁卯桥出土银器数为950件，1980年同处出土银锭20笏。

[49] 马得志：《唐长安城平康坊出土的鎏金茶托子》，《考古》1959年第12期。

[50] 陕西省博物馆：《陕西省耀县柳林背阴村出土一批唐代银器》，《文物》1966年第1期。

[51] 李长庆：《西安北郊发现唐代金花银盘》，《文物》1963年第10期。

[52] 西安市文物管理委员会：《西安市东南郊沙坡村出土一批唐代银器》，《文物》1964年第6期。

[53] 喀喇沁旗文化馆：《辽宁昭盟喀喇沁旗发现唐代鎏金银器》，《考古》1977年第5期。按：昭盟的隶属关系曾有变动，曾属辽宁，后又属内蒙古。

[54] 樊维岳：《陕西蓝田发现一批唐代金银器》，《考古与文物》1982年第1期。

[55] 李问渠：《弥足珍贵的天宝遗物——西安市郊发现杨国忠进贡银铤》，《文物参考资料》1957年第4期。

[56] 朱捷元：《长安县发现唐丁课银锭》，《文物》1964年第6期。

[57] 砂金的分类方法在不同的国家和地区都不尽相同。吉林省冶金研究所等编《金的选矿》（第266~267页，冶金工业出版社，1978年）将之分为六种，即：(1) 大块金，大于5毫米；(2) 粗粒金，5~1.65毫米（10目）；(3) 中粒金，1.65~0.83毫米；(4) 细粒金，0.83~0.42毫米；(5) 微粒金，0.42~0.15毫米；(6) 最微粒金，小于0.15毫米。但也有人将之分为五种，即:块金、粗粒金、

中粒金、细粒金、粉状金，中间三种皆可用淘洗法收集。有学者认为：古所谓“麸金”约相当于中粒砂金，直径约0.25～2毫米，约2200粒为一两；瓜子金约相当于粗粒金；糠金相当于此细粒金；粒度小于0.05毫米者，今谓粉金，须用混汞法才能收集，淘洗法是为之乏力的，大约古人也很难提取。

［58］《本草纲目》卷八“金石·金·集解”引，并见文献［8］。

［59］夏湘蓉等：《中国古代矿业开发史》第305～306页，地质出版社，1986年第二次印刷。

［60］卢本珊等：《中国古代金矿的采选技术》，《自然科学史研究》1987年第3期。

［61］往日有学者把“黄银”一词的出现时间推到了汉晋时期，看来是值得研究的。其依据主要是：（1）方以智《通雅》、陈元龙《格致镜原》皆引《山海经》云：“皋涂山多黄银”。（2）张澍《蜀典》引《山海经》晋郭璞注：“黄银出蜀中，与金无异，但上石则色白。”但今查，《山海经·西山经》只说：“皋涂之山……其阴多银、黄金。”其中并未说到黄银。而《蜀典》引晋郭璞之注，却为今本所不见。这样，这两条依据都成了问题。对此，章鸿钊早在《石雅》（第326页）中已辨其误；黄盛璋《唐代矿冶知识与技术的发展》（《中国图书文史论集》〈下篇〉）也引用了章鸿钊的说法，并与之持了同样观点。所以至少现在看来，说“黄银”始见于隋，还是比较可靠的。

［62］夏湘蓉等：《中国古代矿业开发史》第286页，地质出版社，1986年第二次印刷。

［63］《道藏》第六〇〇册。

［64］《道藏》第五八九册。对于《阴真群金石五相类》的年代，陈国符认为是“唐肃宗乾元元年至五代末”。

［65］《诸家神品丹法》卷二第四页引，见《道藏》第五九四册。据陈国符考证，《金丹秘要参同录》纂者为孟要甫，成于唐宪宗元和元年至五代末年。见陈国符《道藏源流续考·中国外丹黄白法经诀出世朝代考》（明文书局，1983年）。

［66］一冰：《唐代冶银术初探》，《文物》1972年第6期。

［67］《本草纲目》卷八“金石·金·集解”引。按：《重修政和经史证类备用本 草》卷四“金屑”条引《宝藏论》云：“凡金有二十件（种），雄黄金、雌黄金、曾青金、硫黄金、土中金、生铁金、熟铁金、生铜金、鍮石金、砂子金、土碌砂子金、金母砂子金、白锡金、黑鈆金、朱砂金，已上十五件（种）。惟祇有还丹金、水中金、瓜子金、青麸金、草砂金等五件（种）是真金；余外并皆是假。”可见，《本草纲目》与《重修政和经史证类备用本草》所引有不少出入，皆云出自《宝藏论》，看来，《重修政和经史证类备用本草》所引当为《宝藏论》，而《本草纲目》所引当出自《宝藏畅微论》。

［68］《本草纲目》卷八“金石·银·集解”引。《重修政和经史证类备用本草》卷四“饶州生银”条引《宝藏论》云：“银有一十七件，真水银银、白锡银、曾青银、土碌银、丹阳银、生铁银、生铜银、硫黄银、砒霜银、雄黄银、雌黄银、鍮石银，惟有至药银、山泽银、草砂银、母砂银、黑鈆银五件是真，外余则假。”

可见，《本草纲目》与《重修政和经史证类备用本草》所引有多处不符。虽皆云出自《宝藏论》，但《本草纲目》当出《宝藏畅微论》。

［69］赵匡华等：《中国金丹术中的“彩色金”及其试验研究》，《自然科学史研究》1986年第1期。

［70］赵匡华等：《中国古代炼丹术中诸药金、药银的考释与模拟试验研究》，《自然科学史研究》1987年第2期。

［71］《云笈七签》卷七十一，第四〇二页中，齐鲁书社版，1988年。

［72］《黄帝九鼎神丹经诀》（《道藏》第五八四册）卷一，第6页。陈国符认为：“《黄帝九鼎神丹经诀》乃唐人所纂。”“《黄帝九鼎神丹经诀》卷一即《黄帝九鼎神丹经》。”即此“经”成于汉，“经诀”成于唐，“经”只是“经诀”的卷一（见陈国符：《〈道藏经〉中外丹黄白法经诀出世朝代考》，载赵匡华主编《中国古代化学史研究》第214页，北京大学出版社，1985年）。

［73］《黄帝九鼎神丹经诀》卷一第3页：“玄黄法，取水银十斤，铅二十斤，纳铁器中，猛其下，铅与水银吐其精华。华紫色或如黄金色，以铁匙接取，名曰玄黄，一名黄精，一名黄芽，一名黄轻。”两说大体一致。

［74］《阴真君金石五相类》第33页，《道藏》第五八九册。

［75］《本草纲目》卷八“金石·铅”条引。按：李时珍在同书同卷中亦曾引用过《丹房鉴源》对铅的分类，且较详细，但与《道藏》（涵芬楼影印本，第五九六册）本的文字稍有出入。并见文献［8］。

［76］王嘉荫：《本草纲目的矿物史料》第18页，科学出版社，1957年。

［77］张子高：《中国化学史稿（古代之部）》第118页，科学出版社，1964年。

［78］夏湘蓉等：《中国古代矿业开发史》第279页，地质出版社，1986年第二次印刷。

［79］章鸿钊：《中国用锌的起源》，《科学》第八卷第三期，1923年。

［80］王琎：《五铢钱化学成分及古代应用铅锡锌镴考》，《科学》第八卷第八期，1923年。

［81］转引自《云笈七签》卷七十一。

［82］A. Asada，T. Nakatsuka：Proc. Sixth Intern. Conf. on X-Ray Optics & Microanalysis，东京（1972年）735页。

［83］章鸿钊：《石雅》下编“五金”，1918年年初版，中央地质调查所1927年再版。今见周谷城《民国丛书》第二篇第八十八册第312页，上海书店，1990年。

［84］《本草纲目》卷八“金石·锡·正误”条，人民卫生出版社，1957年，据光绪二十一年本影印。

［85］唐苏敬等：《唐新修本草》（辑复本），尚志钧辑校，安徽科学技术出版社，1981年。“铅与锡，《本经》云生桂阳”，原作“锡及锡，《本经》云蜀郡柱阳”；尚本重校。此句不管采用《新修本草》的原文，还是采用尚志钧辑校本，对本研究皆影响不大。

［86］赵匡华：《狐刚子及其对中国古代化学的卓越贡献》，《自然科学史研究》1984 年第 3 期。

［87］袁翰青：《中国化学史论文集》第 207～213 页，三联书店，1955 年。

第四节　金属加工和热处理技术

［1］杜茀运：《隋唐墓出土铁器的研究》，中国金属技术史学术讨论会论文，河南舞阳，1989 年。

［2］周纬：《中国兵器史稿》第 229 页："唐人长兵重枪，重长刀；短兵重刀，剑渐沦为贵族及将官饰品，又降为道家镇邪之器。"

［3］《山西通志》卷五九"古迹"，雍正十二年。

［4］樊旺林等：《唐铁牛与蒲津桥》，《考古与文物》1991 年第 1 期。王泽庆：《唐蒲津桥与黄河铁牛铁人》，《中国文物报》1991 年 5 月 26 日第 3 版。李福昌：《蒲津铁牛壮山河》，《北京晚报》1992 年 1 月 8 日。

［5］转引自《本草纲目》卷八"金石・铁・集解"。

［6］张子高、杨根：《镔铁考》，《科学史集刊》（7），1964 年。

［7］元稹：《奉和浙西大夫李德裕述梦四十韵》，《全唐诗》卷四二三，第十二册，中华书局，1960 年。《新唐书》卷一八〇有李德裕传。

［8］何堂坤：《关于镔铁的产地和工艺》，《中国国学》第 25 期，台湾，1997 年。

［9］三谷耕作譯：《鐵の歷史》，慶應書房，昭和 17 年日文版。Otto Johannsen 原著，1925 年德文版。

［10］Oleg D. Sherby，Jeffrey Wadsworth：《大马士革钢》，《科学》1985 年第 6 期（中文版。王世德译，李英毅校）。并见《Большая Советская Энциклопедия》第 6 册第 257 页"Булат"条，1951 年；及第 13 册第 328 页"Дамаск"条，1952 年。

［11］A. K. 安捷仁：《波罗的海沿岸的大马士革钢》，俄文版，1973 年。

［12］《道藏》第一九二册。

［13］陈国符：《道藏源流续考》，明文书局，1983 年。

［14］何堂坤：《中国古代铜镜的技术研究》第 37 页，中国科学技术出版社，1992 年。紫禁城出版社，1999 年再版。

［15］何堂坤等：《我国古代铜镜的曲率考察》，《文物研究》总第九辑，1994 年。

［16］山东省淄博市博物馆：《西汉齐王墓随葬器物坑》，《考古学报》1985 年 2 期。

［17］尺寸及重量见曹英杰：《沧州铁狮子迁居，吊车解开重量之迷》，《北京晚报》1984 年 11 月 27 日。铸造工艺见吴坤仪等：《沧州铁狮的铸造工艺》，《文物》1984 年第 6 期。

［18］谈迁《枣林杂俎》，见《续修四库全书》第 1135 册，上海古籍出版社。

［19］姬乃军：《我国存世最早的唐钟——陕西富县宝室寺铜钟》，《考古与文

物》1983 年第 1 期。

［20］李秀辉：《中国古代的大型金属铸件》，《中国科技史料》1989 年第 1 期。

［21］李述方：《汉宋间云南冶金业》，《学术研究》（社会科学版），1962 年第 11 期。

［22］何堂坤：《我国古代铁镜技术初步研究》，《中国国学》第 20 期，1992 年，台湾。何堂坤、姚建芳《铁镜工艺初探》，《中国文物报》1999 年 1 月 20 日第 3 版。按：铁镜 YL125 承洛阳市博物馆提供，原是 1978 年我与姚建芳从洛阳带回京的，当年就作了金相分析，但一直未予发表；后来其他学者拿去又做了一下分析，且将之定成锻件发表了；1992 年，我又请北京吉普汽车有限公司（原名北京汽车制造厂）张惠云等作了一次金相分析，且对其制作工艺作了重新考察。

［23］江苏省文物工作队镇江分队等：《江苏镇江甘露寺铁塔塔基发掘记》，《考古》1961 年第 6 期。

［24］丹徒县文教局等：《江苏丹徒丁卯桥出土唐代银器窖藏》，《文物》1982 年，第 11 期。1980 年出土银锭 20 笏，1982 年在同一地点出土多种银器 965 件。按：笏，大型银锭的单位。

［25］明堂山考古队：《临安县唐水邱氏墓发掘报告》，《浙江省文物考古学刊》，1981 年。

［26］夏南星：《浙江长兴县发现一批唐代银器》，《文物》1982 年第 11 期。

［27］陕西省博物馆：《陕西省耀县柳林背阴村出土一批唐代银器》，《文物》1966 年第 1 期。

［28］李长庆：《西安北郊发现唐代金花银盘》，《文物》1963 年第 10 期。

［29］喀喇沁旗文化馆：《辽宁昭盟喀喇沁旗发现唐代鎏金银器》，《考古》1977 年，第 5 期。

［30］樊维岳：《陕西蓝田发现一批唐代金银器》，《考古与文物》1982 年第 1 期。

［31］《陕西蓝田出土的唐末广明元年银锭》，《文物资料丛刊》（1），1977 年。

［32］朱捷元等：《西安南郊出土的一批银锭》，《文物》1966 年第 1 期。

［33］陕西省博物馆革命委员会写作小组：《西安南郊何家村发现唐代窖藏文物》，《文物》1972 年第 1 期。

［34］贾效谊：《西安东北郊挖掘出天宝年间杨国忠等进献的遗物》，《文物参考资料》1957 年第 2 期。

［35］朱捷元：《长安县发现唐丁课银铤》，《文物》1964 年 6 期。

［36］苏健：《洛阳隋唐宫城遗址中出土的银锭和银饼》，《文物》1981 年第 4 期。

［37］刘建国：《试论唐代南方金银工艺的兴起》，载《唐代金银器》，文物出版社，1985 年。

［38］卢兆荫：《试论唐代的金花银盘》，《中国考古学研究》，文物出版社，1986 年。

［39］陕西省文物管理委员会：《陕西省出土铜镜》第 103 页，图 93，文物出版社，1959 年。

［40］袁长江：《西安唐墓出土开元年间银背凸花铜镜》，《人文杂志》1982 年第 5 期。

［41］梁上椿：《岩窟藏镜》第三集，图九三。

［42］何堂坤、靳枫毅：《中国古代焊接技术初步研究》，《华夏考古》2000 年第 1 期。

［43］《本草纲目》卷十一"金石·硇砂·气味"。

［44］《重修政和经史证类备用本草》卷五"玉石·蓬砂"条引。

［45］《本草纲目》卷八"金石·锡·气味"。

［46］何堂坤：《关于夹生可锻铸铁》，《中国文物报》1995 年 12 月 10 日第 3 版。

［47］柯俊等：《河南古代一批铁器的初步研究》，《中原文物》1993 年第 1 期。

［48］苗长兴等：《从铁器鉴定论河南古代钢铁技术的发展》，《中原文物》1993 年第 4 期。

［49］何堂坤等：《由金相分析看鄂城铜镜的热处理技术》，《江汉考古》1988 年第 3 期。

［50］何堂坤等：《安徽出土铜镜金相分析》，《文物研究》第 3 辑，1988 年。

［51］何堂坤：《几枚水银沁镜的科学分析》，《考古与文物》1991 年第 1 期。按：今提到的内蒙盘龙 N4 等唐镜、五代镜的金相组织，此前尚未专文报道和说明，其一般情况可参见文献［14］的"热处理技术"部分。

［52］史树青：《古代科技事物四考》，《文物》1962 年第 3 期。

第五节　表面处理技术

［1］陕西省文管会：《西安郭家滩隋姬威墓清理简报》，《文物》1959 年第 8 期。

［2］丹徒县文教局等：《江苏丹徒丁卯桥出土唐代银器窖藏》，《文物》1982 年第 11 期。1980 年出土银锭 20 笏，1982 年在同一地点出土多种银器 956 件。

［3］陕西省博物馆革命委员会写作小组：《西安南郊何家村发现唐代窖藏文物》，《文物》1972 年第 1 期。

［4］陕西省文物管理委员会：《陕西省出土铜镜》，文物出版社，1959 年。镀金宝相花镜见该书图 157。

［5］陕西省博物馆：《陕西省耀县柳林背阴村出土一批唐代银器》，《文物》1966 年第 1 期。

［6］《全唐诗》卷八七〇，中华书局，1960 年。

［7］《道藏》第五八五册。

［8］中口裕：《銅の考古學》第 265 页，昭和四十七年。

［9］何堂坤：《几枚水银沁镜的科学分析》，《考古与文物》1991 年第 1 期。

［10］何堂坤：《中国古代铜镜的技术研究》，紫禁城出版社，1999 年。

［11］何堂坤：《花背镜初步考察》，《文物》1998 年第 8 期。

［12］《道藏》第五八二册，卷中第四页。《道藏提要》（任继愈主编，中国社会科学出版社，1991 年）第 644 页云："此书（《太清石壁记》）盖出于晋隋间……后为楚泽先生辑补而成者。"

第六节　隋唐时期的冶金业管理

［1］《元和郡县志》"河南府 · 伊阳县"载："银矿窟在县南五里，今每岁税银一千两。"若依饶州税率（20%）计，其年产银量当为五千两。唐代每斤依 672 克计（见本章第五节），则伊阳县的年产银量约合今制 210 公斤。

［2］李问渠：《弥足珍贵的天宝遗物——西安市郊发现杨国忠进贡银锭》，《文物参考资料》1957 年第 4 期。

［3］朱捷元：《长安县发现唐丁课银锭》，《文物》1964 年第 6 期。

［4］秦波：《西安近年来出土的唐代银锭、银板和银饼的初步研究》，《文物》1972 年第 7 期。

［5］朱捷元：《唐代白银地金的形制、税银与衡制》，《唐代金银器》，文物出版社，1996 年。

［6］《分门集注杜工部诗》卷十六。

［7］《文苑英华》卷一〇五。见文渊阁《钦定四库全书》本第 28 册，武汉大学出版社电子版 429 碟。

［8］《唐大诏令集》卷一一二。见文渊阁《钦定四库全书》本第 20 册，武汉大学出版社电子出版 219 碟。

［9］《柳河东集》卷十七。见文渊阁《钦定四库全书》第 8 册，武汉大学出版社电子版 402 碟。

第六章

宋元冶金技术的新成就

公元960年，赵匡胤陈桥兵变，代周称帝，中原地区又进入了相对统一的时期。从赵匡胤代周而立，到靖康之变（1127年），徽、钦二帝为金朝俘去，一直建都北方的开封，史称北宋（960年～1127年）；从建炎元年（1127年）赵构继位，到祥兴二年（1279年）陆秀夫负幼帝投海而宋亡，一直建都南方临安（今杭州），史称南宋。两宋凡319年。

宋朝建立后，鉴于五代藩镇割据的教训，进一步强化了中央集权，把行政权、军权、财权都集中到了中央。但因其政治腐败，纲纪废弛，统治者穷奢极欲，加之土地兼并之风甚盛，使整个社会又陷入了深度矛盾中。虽宋初出现过短暂繁荣，但到英宗治平二年（1065年）便出现了入不敷出的局面。

还有一个更为严重的问题是，宋朝建立后，并未能统一全国，就连后晋石敬瑭奉献给契丹的燕、云十六州也未能收复。从10世纪中期到13世纪70年代，我国北部和西部地区相继建立了多个强大的地方割据政权，相互倾轧，激烈兼并。先是辽、北宋、西夏并存，后是金、南宋、西夏鼎立，周围还有大理、吐蕃、回鹘等政权的割据。宋是汉族在中原和南方建立的王朝；辽（916年～1125年）、金（1115年～1234年）分别为契丹族、女真族在东北地区建立的政权，西夏（1038年～1227年）是党项族在西北地区建立的政权，它们皆长期与宋对峙，最后皆为元所灭。元（1271年～1368年）是刚进入封建制的蒙古贵族政权，历时97年①，在很大程度上，这是历史的一种倒退。

无论政治还是军事上，两宋都是积贫积弱的，北宋与辽，南宋与金的战争，皆经常处于不利的地位，但有一个奇特的现象是，两宋却是我国古代坑冶业比较繁荣的一个时期，也是古代科学技术发展的又一个高涨期。北宋的矿业管理机构，有监、务、场、坑、冶等。“监”是主监官的驻在地，大凡铸钱地皆设监。“务”是矿冶税务所，或矿产收购站。“场”即采矿场，“坑”即矿坑，每个场可有若干个矿坑。“冶”即冶炼之所，一个“冶”的矿石须由多个场供应。大凡设“监”之所必有“冶”，设“务”之处多有“场”。《宋史》卷一八五“食货志”载：北宋初期的坑冶管理机构，“凡金银铜铁铅锡，监冶场务二百有一”。治平（1064年

① 元之始年常见有两种不同说法，即公元1271年和公元1279年，前者是元建立国号之年，后者则是其灭南宋、统一全国之年。其他几个少数民族政权的始年常无不同说法。公元916年，辽太祖即皇帝位，建元“神册”；公元1038年，元昊正式称帝，国号大夏；公元1115年，即金收国元年，阿骨打正式称帝建元。

~1067年）年间，或兴或废，全国坑冶总数达271处，其中铁冶77处，分布于二十四州、二军；铜冶46处，分布于十一州、一军；锡冶16处，分布于七州；铅冶30处，分布于九州、一军；银冶84处，分布于二十三州、三军、一监；金冶11处，分布于六州；此外，还有水银之州冶等。元丰元年（1078年），诸坑冶之年收入量为：金10710两，银215385两，铜14605969斤，铁5501097斤，铅9197335斤，锡2321898斤，水银3356斤。这是宋代坑冶业较为光辉的时期。与皇祐（1049年~1054年）中相比较，铜、锡、铅的产量都有提高，唯铁产量稍有降低。铜等的产量比唐代提高了许多，前云大中年间是唐代铜产量最高的，天下岁率铜只有655000斤（按：因其税率不明，故不便计算；若依饶州银税率二八抽份的话，实际产量便为3275000斤，也只有宋代的1/4~1/5）。在各种金属增加产量的同时，宋代冶金技术亦有发展，锻件在生产工具中进一步取代了铸件的地位，若说部分隋唐器物的形制还带有几分汉代遗风的话，宋后便与近现代比较接近了。辽金元的冶金技术也都取得过一定的成就，有的工艺还具有一定的特色，但总体上没有大的创新和发展。

第一节　炼铁技术的发展

《宋史》卷一八五“食货志”载：北宋治平年间，铁之冶七十七，产于：“登、莱、徐、兖、凤翔、陕、仪、邢、虢、磁、虔、吉、袁、信、沣、汀、泉、建、南剑、英、韶、渠、合、资二十四州，兴国、邵武二军”。南北都有出产。南宋时期，北方地区皆落金人之手，产铁较多的主要有南方的信州铅山场，弋阳、上饶两县和抚州东山场等处。金在东北地区的主要产铁地有黑龙江阿城小岭等处。这些冶铁地中，有的地方今已为考古工作者发现，有的则有待进一步调查。宋代炼铁技术的主要成就是：炉型逐渐趋于合理，有了炉身角和炉腹角，炉子尺寸与鼓风能力等更为适应；普遍使用了砂石和耐火砖构筑炉壁；耐火材料中掺了熟料；木扇鼓风推广开来；水力鼓风技术有了发展；蜀地可能还使用了活塞式鼓风箱。

一、筑炉技术和耐火材料技术的提高

我国古代的炼铁炉主要有高炉和坩埚炉两种，前者流行于南北各地，后者主要使用于北方产煤之所。今在冶铁遗址中看到的宋元炼炉主要是高炉，也有少数坩埚炉。

宋元冶铁遗址许多地方都有发现，其中大家较为熟悉的主要有如下几处：

（1）河北邢台宋元冶铁遗址。綦阳村（原属沙河县）及其附近的后坡、赵岗等处都发现了许多遗弃的矿石、铁渣和炼炉残址。綦阳村中名为“铁沟”的地方是炼炉较为集中之所，1957年时，地面上仍可看到十七八座炼炉遗址，其中4座尚残1/5；遗址内尚见有冷凝了的两大滩铁汁，计约七八块，每块皆重达数吨。村北玄帝庙东有《大宋重修冶神庙记》石碑一块，其上刻有“其地多隆岗秃，坑冶之利，自昔有之，綦村者即其所也，□皇祐五年（1053年）始置官吏。岁入之数，初也甚微”等字，立碑时间是北宋宣和四年（1122年）。村南观音寺后曾出土半截碑，其上刻有“顺德等处铁冶都提举司，大德二年（1298年）九月□日立石”

等字[1]。大德为元成宗铁穆耳年号。邢州冶铁在宋代文献也有记载。《太平寰宇记》卷五十九"邢州·沙河县"载："磬口山在县西南九十八里，卢毓《冀州论》云，淇汤磬口，冶铸利器，即汉时旧冶铸官也。邢州沙河县黑山在县西十里，出铁。"[2]

1958年在朱庄也发现过古代炼炉和铁渣；左村也发现过古代炼炉[1]。

（2）河南安阳铧炉村汉至宋明冶铁遗址。据李京华等1974年调查，自村边往北半公里范围内，有5处堆积如山的铁炼渣，粉红江东岸还有一块大积铁，土丘断崖上见有3处炼炉残迹。从陶瓷片特点看，其年代当为宋元至明。另外，安阳后堂坡还有一处汉到宋的冶铁遗址[3]。

（3）河南林县申村宋元冶铁遗址。据1974年的调查，遗址面积约30万平方米，其中见有炼炉残址21座，以及大量矿粉、耐火砖，唐、宋、元的陶瓷残片等。从炼炉残迹来看，其大体上有两种结构，一用鹅卵石建造，二以弧形砖建造。其中2号炉的底径为1.3米，底部残有8层耐火材料。仅1974年上半年，当地农民挖出卖了的矿粉便达1625吨[3]。

林县铁炉沟还有一处唐宋冶铁遗址，本书第五章第一节已经谈及。

（4）河南南召下村宋元冶铁遗址。据1974年的调查，遗址面积1.6万平方米，残存炼炉7座，其中6号炉残高3.9米，内径3.5米，外径6.1米，炉壁厚0.8~0.9米。此遗址年代原定为汉，后改定为宋元，因遗址范围内分布有丰富的宋元陶片和瓷片，筑炉方式也与其他宋元炉相似[3]。

南召庙后村宋元冶铁遗址。遗址面积1.4万平方米，见有残炉1座，炉残高1.8米，直径2米。炉子周围的炼渣约630立方米。炉子结构和筑炉材料与下村相同；出土有少量瓷片，器形和釉色亦与下村的相同[3]。

（5）福建同安宋明冶铁遗址。县城东桥头有一处约50米见方，高3米的土堆，堆积着大量铁渣、铁砂、炉壁残块、耐火砖残块、木炭、青花瓷片等，瓷片为宋明两代物，尤以宋代居多。此外，城内中山公园内也有同样内容的土堆。1958年，县城迁移一座宋代婆罗门石塔时，塔内填土中也发现了大量铁渣等物[4]。

此外，山东莱芜[5]、广东曲江[6]等处都发现过宋代冶铁遗址。上述遗址中保存较好的大约是林县申村、安阳铧炉村、南召下村等处。这些冶址的使用年代不尽相同，有的为宋元，有的延续到了明代。其中是否包含了铸造遗址，今日尚难分辨，因其中未见铸范。从调查发掘情况看，上述遗址的炼炉皆属高炉，其具有5个比较明显的特点：

（1）相当部分是利用山坡地形，依山傍沟建造的，这种炉子在安阳铧炉村宋元遗址[3]等处都可看到。优点是可减少筑炉工作量，增强炉体牢固性，便于生产操作，人们可利用上坡平台上料，利用下坡平台送风、出铁、放渣，这种构筑法在唐宋以前是较少的。

（2）多数炉子尺寸不是太大，如南召7座炉中，1号、6号炉内径是最大的，只有3.5米；3号、5号、7号炉次之，内径分别为1.7米、2.3米、2.0米；2号炉详情不明，但外径也只有2~4米。小炉子的优点是：在鼓风能力不是太强的情况下，有利于炉况顺行。像古荥那种汉代大炉，显然是超前了的，唐宋之后已很少看到。

(3) 炉体常用红色和白色的沙质鹅卵石构筑，而且不同部分采用了不同的构筑方式。如南召下村7座宋元炼炉，炉壁皆以鹅卵石砌筑，石缝间填以耐火土，石壁外为一层厚0.5米的红烧土。下村高炉炉缸部位砌筑得坚牢细致，没有缝隙，铁水不易渗漏；炉体上部，尤其是外壁，却砌筑较粗。说明人们对冶炼过程中炉体破坏情况已有了较为充分的认识。又如安阳铧炉村宋明炼炉，计3座，1号、3号炼炉保存较好；1号炉残高4米，炉径4米，在断崖处挖成圆井状，以鹅卵石构筑炉壁，石壁之外为土壁。3号炉残高4米，炉径2.4米，残存部分以鹅卵石筑成的直筒形炉墙。鹅卵石含硅较高，含铝也不低，一定程度上可提高炉体牢固性。这种构筑法在林县铁炉沟等唐宋炼铁遗址也可看到[3]。

(4) 有的地方使用了耐火砖，如林县申村炼铁遗址，其5号炉的炉缸外墙由3层耐火砖砌成：外层耐火砖虽已不存，但其弧形的残痕依然清晰可辨；中层耐火砖呈扇形，长20厘米，宽22.5~26.5厘米，厚8厘米；内层耐火砖为弧形，长22.5厘米，宽和厚皆8厘米；质地皆为红胶泥羼砾砂[3]。砾砂的耐火度也是较高的。同安宋明炼炉也使用了耐火砖，而且由炉壁残块和耐火砖残块来看，其耐火材料系由高岭土、黄泥及稻壳调和而成[4]。像汉代那种以泥土夯筑的炉子甚为鲜见。

(5) 部分炼炉已具有明显的炉身角和炉腹角，如南召下村6号炼炉的炉身角为78°~80°[3]。与炉料向下和煤气上升这两大运动中单位体积变化的规律相适应，有利于炉况顺行。

在此有一点需顺带指出的是：与林县申村宋元遗址相类似的粉矿，在安阳铧炉村宋明冶址、林县铁炉沟唐宋冶址等地也可看到，大凡都是作为废物处理的。这一方面说明人们对粉矿与炉况顺行的关系已有了较深认识，另一方面也说明当时尚未掌握粉矿烧结等利用技术。

金代冶铁遗址在黑龙江阿城县小岭地区曾发现一处，据王永祥1958~1962年的调查，当地的黄土坡及山岗上，都散布了大量的炼铁渣、木炭、红烧土、炼炉遗址，以及部分“海绵状熔铁块”、铁矿石等冶炼遗物，冶铁遗址计约50余处。小岭炼炉多筑于黄土岗内，内壁多为石块构筑，有的炉底亦用石块，有的还设有炉底风沟。因小岭炼炉有些特殊，且迄今还存有一些疑问，摘要介绍如后：

五道岭炼炉（在古矿洞附近）。炉子筑于黄土岗坡上，炉壁以花岗岩筑成，厚约30厘米，其中约有5~10厘米厚已经烧黑，并附有铁渣。炉子平面呈长方形，残高90厘米、长110厘米、宽75厘米。炉门宽45厘米，炉底用花岗岩筑成。炉壁外为原生黄土，有的已被烧红。

葛家屯炼炉。炉子筑于黄土岗内，大部分保存完好。内壁用花岗岩筑成方形，以黄土抹缝。石壁厚约40厘米，内壁被烧焦，并附有10厘米厚的铁渣。石壁外为原生黄土，已有60厘米烧成了红色。炉壁残高1.63米，炉底直径0.9米。炉门长90厘米、宽40厘米、高70厘米。炉门两侧以粘土抹平，经火烧而呈红色。炉为平底，以原生黄土筑成，未铺石头。未见鼓风口。

东川2号炉。炉基保存完好，炉子筑于黄土岗坡内，炉壁紧依上坡黄土岗。炉残高2.1米，炉膛长、宽各0.8米。炉膛用花岗岩砌成，厚约56厘米，炉内壁抹有一层耐火土，已烧成熔融状。炉壁外为原生黄土，已被烧成红烧土。炉底呈锅底状，底径约 60 厘米 ×55 厘米、深约 15 厘米。炉基下有一风沟，由 4 块石板作为四壁，石板长 80 厘米、宽 65 厘米、厚 7 厘米；风沟长约 1.2 米，直达炉的后壁。石板上铺有厚达 17 厘米的耐火土。炉底曾抹过两层耐火泥内衬。炉内存有木炭、炼渣等物。

东川 5 号炉。保存基本完整，现高 2.25 米，炉底呈锅底状，底径 0.75 米；炉膛呈方形，内壁灼烧甚剧，并呈不规则状。炉门较小，呈坡状，高 35 厘米、宽 45 ~50 厘米；抹有厚 11 厘米的耐火土，已经烧焦。炉门内残有 6 厘米厚的炭灰。炉门右侧砌有两块方石，高 65 厘米；左侧无石，用粘土抹平。炉底之下有一防潮风沟，沟呈方形，构造与 2 号炉相似，沟长 2.1 米、高 0.3 米、宽 0.2 米、底厚 0.25 米。石板厚 10 厘米，石板之上有一层厚 15 厘米的耐火土，耐火土之上才是炉底。沟的延伸方向与炉门朝向相同[7]。

1977 年秋，我们也曾专程到小岭地区作过一次调查，且亲自清理了一座炼炉，基本情况与考古报道一致①。看来，小岭遗址属冶铁遗址应是可信的，但目前也还有一些疑问，即其炉子上未见鼓风口，遗址内未见大块炉底积铁，炉渣量亦无河南各冶铁遗址那样大，所以，小岭炼炉的具体结构和冶炼工艺目前还是不十分清楚的，有待进一步研究。据说哈尔滨出土过冶炼坩埚[8]，这对我们了解古代哈尔滨地区的冶铁技术当有一定帮助，但迄今未见小岭冶炼坩埚的报道。

黑龙江不少地方都出土过金代铁器，而且批量不小，相当一部分还是生铁质。张传树等还对甘南县阿纶河土城子铁犁铧、双城县铁锅、绥滨县中兴三足铁锅、哈尔滨新发屯高三足飞沿铁锅、伊春市大丰林场六耳铁锅作过金相分析，皆为白口生铁，后者显示了过共晶组织，其余 4 件标本皆为亚共晶组织；含碳量都不算低（表 6－1－1）[9]。

图 6－1－1　元《熬波图》所载“铸造铁柈图”

古人对炼铁炉如何称呼，宋代以前已经难考，宋代曾谓之“蒸矿炉”。《宋会要辑稿》“食货”卷三十三之十三说：“雅州名山县，蒸矿炉三所，熙宁六年置。”这是今见文献中，对炼炉的最早称谓。

今人对古代冶铸炉形态的了解，基本上都是从考古发掘中得到的，最早的图示资料始见于元，实为铸造牢盆（煮

① 调查组一共 3 人，即北京钢铁学院黄务涤、姚建芳，以及本人。小岭冶铁遗址原发掘者王永祥先生始终陪伴着我们，特此表示感谢。

盐大铁锅）的化铁炉（图6－1－1）。此图见于陈椿所绘《熬波图》第三十七图，原题为“铸造铁柈图”，成于至顺元年（1330年）。其虽为铸造用的化铁炉，但对我们了解当时的炼炉技术还是很有帮助的。其文云：“熔铸柈（盘），各随所铸大小，用工铸造，以旧破锅镬铁为上。先筑炉，用瓶砂、白礶 、炭屑、小麦穗和泥，实筑为炉。其铁柈（盘）沉重，难秤斤两，只以秤铁入炉为则。每铁一斤，用炭一斤，总计其数。鼓鞴煽熔成汁，候铁熔尽为度。用柳木棒钻炉脐为一小窍，炼熟泥为溜，放汁入柈（盘）模内，逐一块依所欲模样泻铸。如要汁止，用小麦穗和泥一块于杖头上，抹塞之即止。柈一面亦用生铁一二万斤，合用铸冶，工食所费不多。”[10]示图（图6－1－1）和文字简明地反映了元代化铁炉的炉型、筑炉材料、熔铸操作及其工艺要素。这与上述考古资料基本相符，且可补其不足。

表6－1－1　金、元生铁器的化学成分和金相组织

名称 器号	出土 地点	时 代	尺寸 （厘米）	成　分（%）					金相组织
				碳	硅	锰	磷	硫	
铁鼎锅 990	双城县		口径 31 高 37 壁 厚0.8	4.13	0.138	0.164	0.106	0.03	亚共晶，基体为莱氏体加珠光体
六耳铁鼎锅2562	伊春氏大丰林场		口径 38 高 28 壁 厚0.6	4.24	0.123	0.17	0.113	0.054	麻口铁，基体为莱氏体加珠光体
铁犁铧 2033	甘南县阿纶河土城子		长7.3	\	\	\	\	\	亚共晶，基体为莱氏体加珠光体
三足铁锅 2854	绥滨县中兴	金	直口口 径 17.8 高 22 壁 厚0.5	\	\	\	\	\	亚共晶，基体为莱氏体加珠光体
三足飞沿铁锅1263	哈尔滨新发屯		口径 18 深 12.5 足高 12 沿宽 3 厚0.45	\	\	\	\	\	过共晶，基体为针片状渗碳体加莱氏体
铁钟4042				3.3	<0.03	0.015	0.66	0.56	亚共晶，FeS夹杂较多
铁炉4044		元		2.69	1.02	/	0.71	/	亚共晶，FeS夹杂较多
车轴4048				1.7	0.42	<0.01	1.06	0.31	亚共晶（?）FeS夹杂较多

注：（1）金代标本资料采自文献［9］，其中的“器号”系黑龙江省博物馆的馆藏号。

元代标本资料采自文献［16］。

（2）元大都车轴（4048号）含碳量为1.7%，从平衡状态图看，其理应属过共析组织；文献［16］今将之标为亚共晶组织，这可能与非平衡态等因素有关。

从图 6－1－1 可见，此化铁炉大体呈腰鼓型，有一定的炉身角和炉腹角。上口较小，可增加炉料与炽热气体接触的机会，提高热利用率，加速铁料的熔化和某些物理化学过程。炉腹下收，有利于热量集中，以提高炉缸温度。这与考古发掘中所见唐宋炼炉炉型大体上是一致的，与冶炼、熔铸过程中炉料下降和气流上升的运动规律亦基本相符。

此化铁炉所用耐火材料是掺和了瓶砂、白礶、炭屑、小麦穗的泥土。这比同安宋明炼炉筑炉材料又有所提高。此“瓶砂”，实际上是陶瓷器的碎粉，相当于一种“熟料”，可提高筑炉材料的耐火度和强度。“白礶 ”实系白色耐火泥，具有较高的耐火度和热稳定性。《本草纲目》卷七“白垩”条云：“土以黄为正色，则白者为垩色，故名垩。后人讳之，呼为白善。”“白土处处有之，用烧白瓷器坯者。”因炭在还原性气氛下具有较高的耐火度和抵抗炉渣侵蚀的能力，小麦穗炭化后亦可起到与炭屑同样的作用。

可知这元代的耐火材料技术、炉型设计、熔炼操作都已达到较高水平。与流传至今的传统铸造炉亦有许多相似之处，这对我们了解元及其稍前的炼炉炉型，铸造和冶炼技术都具有十分重要的意义。《熬波图》计有 47 幅图画，反映了海盐生产的全过程。铸牢盆图系其中之一。

1981 年，郑州市荥阳县楚村元代铸造作坊遗址出土过一批坩埚，吴坤仪对其中 4 件作过科学分析，知其物相基本一致，主要组分皆是粘土，其中杂有石英细屑；次要组分为煤粉，其中含有少量石墨。人们还在一件未曾使用过的坩埚中发现了少量莫来石（$3Al_2O_3 \cdot 2SiO_2$）晶体。故其耐火材料技术显示了与《熬波图》所云大体一致的特征：（1）此坩埚也使用了熟料。因莫来石晶体系粘土、高岭土在高温下煅烧而形成的，今出现于未经使用过的坩埚组织中，显然是作为熟料加入的。（2）都使用了炭质材料。荥阳坩埚中见有少量石墨，更有利于提高其强度和耐火度[11]。说明元代的耐火材料技术已达较高水平。

至迟元代，文献上便有了坩埚铁的记载。《元史》卷八十八“百官志”载：“辽阳等处金银铁冶都提举司……掌办金银硐铁等课。”又说：“宝昌库……掌受金银硐铁之课，以待储运。”将这两句话前后结合起来看，此“硐”，当即坩埚；“硐铁”当即坩埚铁。这也是我国古代对坩埚铁的最早称谓。同时这也说明，早在元代，辽阳坩埚铁就已相当发达。

二、鼓风器技术的进步

宋元冶铸鼓风技术较值得注意的主要有两方面：一是宋代有了十分明确的关于活瓣式木扇的图示资料；二是宋代蜀中可能使用了风箱。

北宋曾公亮等所撰《武经总要》“前集”卷十二载有一幅“行炉”图，所示为一种可以移动的炉子。图之原注云：“行炉，熔铁汁，舁行于城上，以泼敌人。”舁，共抬。可见这是一种可以移动的小型化铁炉，由多人将炉抬于城上，用铁汁淋泼来犯之敌。行炉旁置有一个梯形的箱状物，即是鼓风用的木质风扇，其上有两个小孔，应为进风活门；拉杆计见两根，伸于箱体之外。这是今日所见最为明确的，关于活瓣式风扇的图示资料。此图的原有形貌今已无考，此书在宋、元两代皆无抄本、刻本流传下来，今见最早的是明刻本。此图（图 6－1－2）虽有些差池，但结合年代稍后的西夏锻铁图、元《熬波图·铸造铁柈图》等来看，基本结构还是清晰的、可信的。此书成于北宋的庆历四年（1044年）。

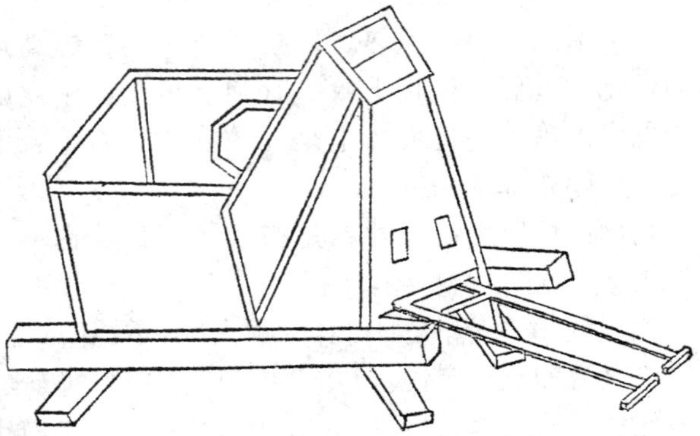

图6－1－2 《武经总要》"前集"所载"行炉图"

经查，"行炉"一词早在唐代便已出现。成书于唐乾元二年（759年）的李筌《神机制敌太白阴经》卷四"战具·守城具"条云："行炉，常熔铁汁，炉舁行城上，以洒敌人。土瓶盛汁，抛之敌，攻城不觉。"虽然所述甚简，且无图示，但其行文用词与《武经总要》是基本一致的，类似的行炉和守城方式，很可能唐代便已出现。

图6－1－3 西夏锻铁图 采自文献［12］

与《武经总要》相似的风扇在年代稍后的敦煌榆林窟西夏（1038～1227年）锻铁图上（图6－1－3）也可看到。推动拉杆，扇板启闭，活瓣启闭，便可起到鼓风作用[12]。及元，这种活瓣式风扇就进一步推广开来，图6－1－1所示铸牢盆图也看到过形态相类似的鼓风器，其活瓣和拉杆的形态都显示得十分清楚。《元史》卷九十四"食货志·岁课"载："太宗丙申年（1236年）立炉于西京州县，拨冶户七百六十煽矣。""大德十一年（1307年）听民煽炼，官为抽分。"这也在一定程度上反映了鼓风技术、风扇技术的发展。

看来，北宋、辽、元使用的鼓风器当主要是风扇，它应是汉代皮囊式鼓风器的发展。因《武经总要》所载为小型行炉，故其风扇不可能太大，而榆林窟西夏风扇、《熬波图》风扇都是较为高大的。这种大风扇的优点是风量较大，因其具有活瓣，故风压也明显提高。缺点是：（1）体积较大。（2）风压依然不能与风箱相比。后面将要谈到，20世纪30年代，重庆北碚苏钢作坊也曾使用过一种风扇，断面呈三角形，也有扇板，扇板上另安活瓣；从形态到结构，皆与《熬波图》的十分相似。有关情况第八章第二节将要谈到。此有一点较为明显的是：北宋和辽代风扇都是互不关联的双拉杆，元代却改成了双联杆，应是一个进步。

从有关资料看，宋代可能还使用了风箱，但未曾推广。《东坡志林》卷六在谈到卓筒井的开采时说："自庆历、皇祐以来，蜀始用筒井，用圜刃凿，如碗大，深者数十丈，以巨竹去节，牝牡相衔为井，以隔横入淡水，则咸泉自上。又以竹之差小者，出入井中为桶，无底而窍其上，悬熟皮数寸，出入水中，气自呼吸而启闭之，一筒致水数斗。凡筒井皆用机械，利之所在，人无不知。《后汉书》有水鞴，此法唯蜀中铁冶用之，大略似盐井取水筒。"显然，其中以巨竹去节相衔而连成的隔水井壁，便相当于风箱的外壳；"以竹之差小者"制成的"桶"便相当于一种"活塞"；"熟皮"便是一个"活瓣"。类似的汲卤筒直到20世纪80年代，在四川蓬溪大英乡等地还可看到，如大英乡一口老井，井深130米，井口直径9厘米，汲卤筒长9米，外径6厘米[13]。其汲卤筒在井中运动，与活塞式风箱的运动形式便十分相似。苏轼乃今四川眉山人，嘉祐进士，足迹大江南北，见多识广；神宗时曾知密州、徐州、湖州。因反对王安石变法，贬谪黄州；哲宗时又知杭州、颍州，官至礼部尚书。后又贬惠州、儋州。若苏轼的描述和比喻无误的话，宋代蜀中冶铁使用了活塞式风箱的可能性是存在的。

此外还有一个例证。《武经总要前集》卷十二谈到过一种喷火器，原书称之"猛火油柜"，实际上是一种用以攻敌的单缸、单拉杆、双活塞装置[14]。因原文较长，不再引出。这说明，"活塞"这一机件在宋代已非稀罕之物。

当然，在今见资料中，关于冶铸用风箱的十分明确的图示资料是到了明代才看到的。

三、水力鼓风技术的发展

我国古代冶铸的水力鼓风约发明于东汉早期，之后历代都有使用。但关于这种装置的结构形态，却是到了元代才在王祯《农书》中记述和图示出来的，这一方面固然与造纸术、印刷术的发展有关，另一方面，这也反映了此时水排技术的发展和元人对它的重视。王祯，东平（今山东东平）人，生卒年不详，曾任旌德（今安徽旌德）、永丰（今江西广丰）县尹，该书自序作于皇庆二年（1313年）。

元王祯《农书》卷十九"水排"条图示了两种不同形式的水排：一为卧轮式，主动轮的轮辐平面是呈水平状的；二为立轮式，主动轮的轮辐平面是竖立的。前者之制是："当选湍流之侧，架木立轴，作二卧轮，用水激转下轮，则上轮所周弦索，通缴轮前旋鼓，掉枝一例随转。其掉枝所贯行桄，因而推挽卧轴左右攀耳，以及排前直木，则排随来去。扇冶甚速。"（图6－1－4）此"弦索"相当于传动带，"旋鼓"即可转动的鼓状物；"掉"即摆动，"掉枝"即可摆动的枝杆；"行桄"即连杆。可知卧轮式水排的结构和传动方式是：先在河流湍急处设一木架，木架上竖一转轴，转轴上下各安一个水平放置的卧轮，下卧轮的辐向装有挡水叶板，水击叶板，下卧轮转动，上卧轮亦随之旋转，再通过绳索的传动，带动旋鼓转动。旋鼓原是置于上卧轮前方的，它又带动掉枝、行桄、攀耳、排前直木一起运动；排前直木一推一拉，风扇一启一闭，便不断将风鼓入炉内。

在此有一点需指出的是：今见王祯《农书》（聚珍版丛书本）的水排图并不是十分准确的，至少存在两个较为明显的问题：（1）水轮的旋转运动是如何转变成

图 6-1-4　王祯《农书》所载“卧式水排图”

排前直木的直线往复运动的，此转变过程及其关键性部件表示得不太清楚，且有遗漏弄错处。今世虽有学者从书面上作过一些复原，但问题仍然没有解决。（2）扇板上应留有护气活瓣，否则是不得收风的。

立轮式水排的结构是：“先于排前直出木簨，约长三尺，簨头竖置偃木，形如初月，上用鞦韆索悬之。复于排前植一劲竹，上带牵索，以控排扇。然后却假水轮卧轴所列拐木，自然打动排前偃木，排即随入。其拐木既落，牵竹引排复回，如此间打一轴可供数排，宛若水碓之制。”此“簨”指横木。古代挂钟的架子叫“簨虡”，横杆叫“簨”，直柱叫“虡”。此“拐木”即卧轴周边上的凸块。所以立轮式水排的构筑方式是：先在排前装一条长约 3 尺，名叫木簨的横杆。木簨的一端与扇板相连，另一端安上一块半圆形偃木，并用鞦韆索吊起，再在木扇前立一劲竹，以提扇板。水轮带动卧轴转动，卧轴周边所装名叫拐木的凸块间断地碰撞偃木，拐木与偃木碰上时，扇板就关闭；脱离接触后，因劲竹之力，扇板提起。如此一启一闭，便达到了鼓风的目的。一条打轴可供数排之用。类似的水力鼓风冶铁装置到 20 世纪 70 年代，还在我国浙江等地流传。

四、关于冶铁用煤问题和炼焦技术的发明

从大量考古资料和文献记载来看，我国古代冶铸用的燃料应主要是木炭，大约也使用过少量木柴、煤炭和焦炭。煤炭冶铁约始于汉，主要用在北方产煤区的坩埚冶铁中。高炉用煤或焦，大约是宋代，或者明代之后的事。木炭的优点是含磷、硫量较低，迄今依然是炼制优质生铁的最佳燃料；缺点是资源有限，发热值较低。煤炭的优点是资源丰富，发热值较高；缺点是热稳定性较差，受热后易于爆裂成粉状，堵塞煤气通道，而影响高炉透气性，以致造成炉况不顺和悬料、崩料，所以直到近现代，高炉直接用煤冶铁还是十分困难的。焦炭则是既保留了煤炭的优点，又克服了它的缺点。

（一）关于冶铁用煤

有学者认为：宋代已经直接用煤炼铁，主要依据有二：一是苏轼的《石炭》诗；二是部分宋代铁器含硫、硅较高。我们认为，这可能性是存在的，但此二条资料还不能成为立谕依据。

《石炭》诗计 16 句，前 4 句说彭城曾遇雨雪，因缺燃料，连百姓做饭、取暖都发生了困难；中间 8 句说彭城山中发现了煤炭，使万人鼓舞千人看。与冶铁有关的文字是诗的最后 4 句，以及序言。最后 4 句是这样的："南山栗林渐可息，北山顽矿何劳锻；为君铸作百炼刀，要斩长鲸为万段。"诗前的序是这样的："彭城旧无石炭，元丰元年十二月始遣人访于州之西南，白土镇之北，以冶铁作兵，犀利胜常云。"[15]这便是《石炭》诗与冶铁有关的全部内容。其中虽说到了"锻"矿、"冶铁作兵"，但我们认为依然不够明确。若依此便肯定宋代已经用煤冶铁的话，有不少问题都是很不好理解的：因石炭生铁一般含硫较高，炒炼出来的钢一般亦是含硫较高的，故容易发生热脆而不易锻造，所以，石炭铁或者石炭钢的刀剑都是很难获得"犀利胜常"的。我们推测，苏轼说的"锻矿"、"冶铁"可能有三种含义：（1）先将煤炼成焦炭，之后再在高炉中以焦炭炼铁。在传统技术中，人们经常把焦炭冶炼亦称之为用煤冶炼，有关情况第八章还要谈到。（2）用煤冶炼坩埚铁。（3）诗"序"所说"冶铁作兵"，原是锻铁作兵之意；锻，小冶也。所以，《石炭》诗的确切含义，是有待进一步研究的。

王可等分析过一件元大都铁炉（4044 号），含硅量竟达 1.2%[16]。前面谈到，有学者分析过 11 件汉魏铁器，平均含硅量只有 0.17%，最高含硅量只有 0.69%。有学者对宋元铁器作过一些科学分析和硫印试验，发现其部分样品含硫量确实较高，有学者皆将这些作为宋代用煤冶铁的依据，其实这也是靠不住的，因为：（1）生铁含硅量较高，虽与炉温较高有关，但影响炉温的因素还有鼓风等，很难肯定炉温高便一定是使用了煤炭。（2）生铁中的硫主要有两个来源，即燃料和矿石；把部分生铁含硫较高的原因皆归于燃料，也是值得商榷的。（3）坩埚冶炼常以各种煤粉作为燃料和还原剂，其含硫量往往较高。我国很早就发明了坩埚炼铁技术，我们并不能排除此宋代高硫生铁属于坩埚冶炼的可能性。

总之，苏轼《石炭》诗和部分宋代铁器含硫、硅稍高之事，都只能作为宋元高炉用煤炼铁的一种可能性，尚不能以此作为定论的依据。当时即便用煤冶炼了高炉生铁，其数量也不会太大，而且应是试验性的。

古代生铁含碳量一般较低，多为亚共晶组织，且偏离共晶线较远。王可等分析过 3 件元大都铁器化学成分，悉是如此，这可能与炉温稍低、炉子较矮、渗碳时间不足等因素有关。类似现象在汉魏铁器中也曾看到。但也有一些例外，高传树等分析过 5 件黑龙江省出土的金代生铁器成分，其中 4 件为亚共晶生铁，但却有 1 件，即哈尔滨市新发屯出土的高三足飞沿铁锅（黑龙江省博物馆藏品号 1263）却为过共晶生铁，而且在几件亚共晶组织铁器中，有的含碳量也接近共晶点。

（二）炼焦技术之发明

目前所见此期炼焦实物一共有 2 例。

1978～1979 年，山西稷山县马村两座金代墓葬出土了煤炭和焦炭各 250 公斤，此焦炭与今之无异。墓葬年代下限不晚于金大定二十一年（1181 年），上限为北宋晚期。这批墓葬皆无棺椁，尸体置于砖床上，焦炭和木炭出于床下，床的四周有栏杆[17]，此焦炭原是为防腐、防潮的。这是我国所见最早的焦炭。

1957～1958 年，河北峰峰矿区的观台镇发现两座古代瓷窑，以及三座炼焦炉。遗址断代为宋元时期[18]。这是今见最早的炼焦炉。

焦炭的发明，是冶金技术史上的一个重要事件，它为冶金用燃料的来源开拓了广阔的道路。但这些焦炭当时是否已经用于冶铁，目前尚无确凿资料；今在宋金冶铸遗址中尚未看到过焦炭，亦无宋金冶铁用焦的确凿记载。我们推测，当时焦炭的主要用途应是某些生活用燃料和殓尸等，也可能有部分用于炼铁，有关情况尚需进一步研究。

第二节　炼钢技术的发展

早在隋唐时期，炒钢和灌钢在我国古代制钢术中的主导地位便完全确立，宋元时代，这两项技术都有了进一步发展，操作上更为熟练。同时，人们对百炼钢工艺有了进一步的认识，钢铁知识进一步丰富起来。

一、炒钢技术的发展和钢铁知识的增加

炒钢是我国古代可锻铁生产的基本工艺，汉代之后一直不断地发展。灌钢、百炼钢、渗碳钢等，实际上都是在炒钢基础上发展起来的，都是对炒炼产品的进一步加工。

这个时期炒钢技术发展的一个重要标志是：除少数特殊品种外，锻制的生产工具、生活用具已基本上取代了铸件的地位。许多生产工具已向小型、轻便方向发展，器形也与近现代的较为接近。

在此期的考古资料中，较为重要的是1977年铜绿山出土的17座宋代炒炼炉，朱寿康等对其进行了许多研究[1]。炉子结构简单，通常是由地面向下挖一圆坑而筑成。炉缸总体成缶形，较浅、较小，直径约0.5米，其中14号炉风口区的直径为0.4米，向上稍有扩大。炉子上部结构不明，估计其高度不超过1米。炉底无防潮风沟。炉缸用高岭土、磁铁矿粉及砂岩粉混合后夯实，上面再抹以厚约2厘米的砂岩粉、木炭粉及高岭土混合料。炉壁由黄泥构筑，内用高岭土涂抹。有一风口，位于渣口的对面。炉缸皆曾多次修补，每次修补量都较大，风口对面侵蚀尤为严重。炉子分布密集，17座炉子都排列于320平方米的范围内。类似的炉子此前还在附近发现过12座，形制基本相同，可惜已毁。说明此处在宋代曾是一座规模较大的炒钢作坊。

表6-2-1　铜绿山宋代炒炼渣成分

样号	成分（%）					
	铜	铁	氧化亚铁	三氧化二铁	二氧化硅	氧化钙
1	0.015	43.75	\	\	\	\
2	0.015	46.25	\	\	\	\
3	0.055	52.50	\	\	\	\
4	0.005	45.00	\	\	\	\
5（渣口附近）	0.094	\	60.98	7.51	21.28	1.04

注：(1) 采自文献［1］。

(2)“\”，未分析。

表6-2-1所示为铜绿山宋代炒炼渣成分。其中1~4号渣样只分析了铜和铁，

5 号渣样分析了铜和 4 种氧化物，可见此炒炼渣含铁量较高。经扫描镜能谱分析，渣内尚含有许多细小的金属颗粒，呈星状、花瓣状、球状，存在于铁橄榄石中。从扫描电镜能谱成分分析看，此渣的主要成分当是铁，经 x 射线衍射晶体结构分析，这些铁为 α－Fe；经金相分析，其组织为铁素体＋粒状珠光体，属于钢的组织[1]。

此时人们对炒钢，及其与其他铁碳合金间的关系有了进一步认识，人们的钢铁知识有了明显的增加。其中最值得注意的是宋苏颂《图经本草》所云："初炼去矿用以铸泻器物者为生铁，再三销拍，可以作鍱者为鑐铁，亦谓之熟铁，以生柔相杂和，用以作刀剑锋刃者为钢铁。"[2] 即是说：最初从高炉中冶炼出来，去除了夹杂，用以铸造器物的叫生铁；经过了再三熔融、锻打，可以打成铁片的叫"熟铁"；将生铁和"熟铁"混合冶炼，用来制作刀剑锋刃的叫做钢铁。在此，苏颂提出了区分三种铁碳合金的两个标准：一是它的冶炼工艺，二是产品性能。"初炼去矿"指高炉冶炼，"再三销拍"指炒炼，"生柔相杂"指灌炼，这都是冶炼工艺。"用以铸泻器物者"是指生铁的性能和功用，因生铁只可铸，不可锻；"可以作鍱者"指"熟铁"的性能和功用，因其可塑性、可锻性较好；"用以作刀剑锋刃者"指钢的性能和功用，因其刚性较好。这是我国古代对三种最为基本的铁碳合金较为系统的认识和分类。在当时技术条件下，这种分类标准和方法都是较为科学的。苏颂（1020～1101 年），北宋晚期人，官至右仆射兼中书门下侍郎，在天文学和本草学上都做出过重要贡献。对铁碳合金的分类和定义，梁陶弘景和唐苏敬等都作过一些工作，《重修政和经史证类备用本草》和《本草纲目》都有引述，但无苏颂说得系统和确切。《本草衍义》卷五"铁精"条也曾给生铁下过定义："其生铁既自火中炼石而出，世谓之生铁，亦如炒脂麻取油，谓之生油，其义同。"《元史》卷九十四"食货志"："凡铁之等不一，有生黄铁，有生青铁，有青瓜铁，有简铁。"这些分类法都不得与苏颂的相比。

宋苏颂说的"再三销拍"，指炒炼工艺；与唐苏游说的"捣"钢，汉《太平经》说的使良工"万锻之"，大体上是一致的，都突出了锻打在制钢过程中的作用。锻打的目的主要是排除夹杂；因炒炼在半液态下进行，渣铁分离较难，只有通过反复锻打才能将之排除。百炼钢工艺、灌钢工艺，实际上都是为了进一步排除炒钢夹杂，而演绎、发明出来的。

在此，苏颂较早地提到了"熟铁"一词，其实它就是炒炼产品，南北朝后曾谓之柔铁、鍒铁，唐代又曾称之为"黄铁"、"捣钢"等。元明时期，"熟铁"一词更为广泛地使用起来。如《元史》卷一〇四"刑法志"："江南铁货及生熟铁器不得于淮汉以北贩卖，违者以私铁论。"该书为宋濂（1310～1381 年）所撰，虽成于明代的 1370 年，但基本语汇当反映了元人的习惯。

我国古代对"钢"的认识也经历了漫长的历程。钢，先秦曾谓之"镂"，汉后又谓之"刚"、"刚铁"。《禹贡》云：梁州"厥贡璆铁银镂"。孔氏传："镂，刚铁。"《说文解字》："镂，钢铁也。"虽《说文解字》中的"刚"字未曾注出"钢"的含义，但在汉代一般诗文中，"刚"即是钢的。东汉李尤《金马书刀铭》云："巧冶炼刚，金马托形。"中平纪年刀铭云："五月丙午，造作支刀；百练清刚，上应星宿，下辟不祥”。显然，这两个“刚”都有钢的意思。在字书中，“钢”字始见于《玉篇》，其注释为“炼铁也”。六朝或稍前的文献也曾出现过“钢”字，但使用未广，宋代才逐渐流行开来，这也在一定程度上反映了宋代炼钢术的发展。至迟元代，人们对钢又有了进一步的认识。元《古今韵会举要》卷八载：“钢，坚铁也。”“刚，坚也，劲也。”[3]这就给“钢”和“刚”下了一个较好的定义，也从字形上较好地将之区别开来了。这大概是古人所能达到的一种较高的认识。此书为元黄公绍原著，熊忠举要。当然，一个新的名词、概念，要代替旧的名词和概念，需要一个十分漫长的过程，故宋代经常“钢铁”、“刚铁”并称、混用，并且主要指灌钢和百炼钢这两种工艺及其产品。在古人看来，只经过了一般的炒炼，而未经灌炼，或百炼者，一般只能称之为“铁”和“熟铁”的。

前面谈到，炒钢法的主要优点是：（1）炒炼过程在液态半液态下进行，氧化脱碳较为迅速，生产率较高。（2）炒炼过程可适当控制，出炉产品含碳量可高可低。炒钢法的发明，基本上满足了我国古代对可锻铁的需要。其缺点主要是渣铁分离较为困难，虽出炉产品含碳量可高可低，但若渣铁分离不好，还是不便使用的。一般而言，欲获得含碳量不是太高，对夹杂量要求不太严的炒钢产品还是较为容易的，但要获得含碳量较高，夹杂较少的产品则较麻烦。为此，人们先后发明了百炼钢法和灌钢法，以克服和避免炒钢法这个缺点，其目的都是为了进一步排除夹杂。对于高碳炒炼产品的问题，下面还要谈到，明代的唐顺之说得尤为贴切。

二、关于灌钢及其工艺原理

我国古代灌钢技术约发明于东汉晚期，此后，有关记载虽一直不断，但都十分的简单，很少看到关于工艺操作的文字，宋代之后才发生了变化。沈括《梦溪笔谈》卷三“辨证一”说：“世间锻铁所谓钢铁者，用柔铁屈盘之，乃以生铁陷其间，泥封炼之，锻令相入，谓之团钢，亦谓之灌钢。”这是我国古代关于灌钢具体操作的最早记载。此“锻铁”原指可以锻打的铁碳合金，意即可锻铁、可以锻打加工之铁。“钢铁”，即刚铁、灌钢。“柔铁”，指柔性大、刚性较低的炒炼产品。整段话的意思是：世间可以锻打的铁中，叫做钢铁者，其冶炼工艺是：先将柔铁曲盘起来，再将生铁陷入其间，之后用泥将它们封裹起来，加热至生铁熔点以上，通过锻打的方式使它们互相渗透，其产品谓之团钢，亦谓之灌钢。

此“封泥”的目的至少有三：（1）可防止和减少碳在加热过程中的烧损。（2）可防止生铁熔化后的流失，使之更好地与柔铁作用。（3）使“铁料”各部均匀受热，和生铁缓慢熔化，使生“熟”铁更好地渗淋[4]。昔有学者认为此“封泥”是“把炉密封起来烧炼”[5]，这是值得商榷的。把炉子密封起来后，如何加热，如何进行冶炼，都是不好理解的，所以“封泥”应指生铁与柔铁而言。

关于灌钢的工艺原理，国内外学者都进行过许多研究，长时期以来皆认为它是利用生铁作渗碳剂的“渗碳制钢法”或“匀碳制钢法”，我国学者张子高[5]、陈良佐[6]，日本学者吉田光邦[7]、薮内清[8]，英国学者李约瑟等[9]，大体皆持此一说。1958 年，李约瑟在《中国钢铁技术的发展》一书中说：灌钢“实际上是得到含碳量介于两者（指生铁和熟铁）之间的方法”，1970 年时并称之为 Co—fusion process。1964 年，张子高《中国化学史稿》一书在谈到灌钢工艺时说：灌钢“杂炼生柔即是将生铁和柔铁结合在一起炼钢，由于生铁熔点低、易于熔化，生铁熔化后滴入熟铁中，使碳分渗入，即能成钢”。同年，薮内清在《中国古代的科学》一书中说：灌钢是“把生铁和熟铁一起放入炉中，熟铁熔点高于 1500℃，生铁熔点为 1150℃，而比熟铁低得多，于是生铁先化，其中的碳素渗入熟铁中而成钢。这可叫渗碳制钢法”。陈良佐、吉田光邦也都持同样的观点，皆说其为渗碳钢。1976 年，国内也有学者提出了与李约瑟相近的观点，说“灌钢是在高温下将熔融生铁渗淋、灌注和擦入熟铁块或片的表层，利用碳扩散，使生铁含碳量降低，熟铁含碳量增高，再经锻打，而成钢。灌钢的冶炼过程是碳的扩散和均匀化，因此我们称之为匀碳制钢术”。在此明确提出了“匀碳钢”的名称。1985 年，我提出了另外一个看法，认为灌钢既不是渗碳钢，也不是匀碳钢，而是“排渣钢”。认为灌钢冶炼的主要目的不是碳的增加或均匀化，而是去除夹杂[10]。主要理由是：作为灌钢原料的“熟铁”料（柔铁料），多是一种含碳量较高、氧化夹杂较多的炒炼产品，其含义与现代熟铁是不同的，在含碳量、夹杂量、结构形态上都存在一定差别。在此，弄清古代“熟铁”的真切含义，便成了解决这一问题的一个关键。下面便从古代“熟铁”的冶炼工艺及其性能方面，分别讨论。

先看“熟铁”的冶炼工艺。前引宋苏颂所云，“熟铁”，是生铁“再三销拍”，即炒炼而得到的。明宋应星《天工开物》卷十四说：“凡铁分生熟，出炉未炒则生，既炒则熟。”可见，从工艺上看，所谓“熟铁”，实际上就是一种炒炼产品；“生”与“熟”的区别，是它们是否经过了炒炼；因炒炼过程可适当控制，故产品含碳量便可高可低。在考古实物中，汉建初二年五十炼长剑，永初纪年三十炼大刀，都是炒炼所得的高碳钢制品；汉铁生沟所出两件炒炼产品中，原发掘报告称为“优质铁”者含碳量达 1.288%，原称“海绵铁”者含碳量仅为 0.048%，前者相当于过共析高碳钢，后者相当于现代熟铁，但因其皆为炒炼所得，故皆可称之为“熟铁”或“柔铁”。

再看“熟铁”性能。元人伪撰《格物粗谈》卷下载：“地溲油又如泥，色黄金，气腥烈，柔铁烧赤投之二三次，刚可切玉。”此“柔铁”烧赤淬火后，“刚可切玉”，依此，其含碳量应当是较高的，否则难达“刚可切玉”的效果。明宋应星《天工开物》卷十“锤锻·治铁”：“凡熟铁、钢铁已经炉锤，水火未济，其质未坚……入清水淬之，名曰健刚（钢）、健铁。”此把“熟铁”与“钢铁”并提，说其未淬火时，其质未坚；而入水淬火后，就会变成了“健钢”、“键铁”。显然，这种“熟铁”、“钢铁”的含碳量应与现代钢相当。同书同卷“锯”条：“凡锯，熟铁锻成薄条，不钢，亦不淬健。”此说锯由“熟铁”锻成，其含碳量应与钢相当；今木工用具多为中碳钢，现代熟铁太软，是不得作锯的。在古代文献中，这类将含碳量较高的铁碳合金也称为“铁”的例子是较多的。又如，清徐寿基《续广博物志》第八“制造”说到过一种“炼铁之法”，实际上是一种反复淬锻法，“每淬一次，则锤炼一次，如是百回”。这其中是未曾渗碳的，但所得之剑却能“削凡铁如泥”，显然，这种被称之为“铁”的材料在淬炼前便是一种含碳量较高的铁碳合金，而不可能是现代意义的熟铁。

以上分别从文献记载和考古实物的科学分析，从冶炼工艺和材料性能方面对“熟铁”的含义作了一些探讨。所以，古代“熟铁”与现代熟铁是不能等同的。古人没有含碳量的概念，其区分各种铁碳合金的主要依据是冶炼工艺和材料性能。在古人看来，未炒则生，既炒则熟；可铸而不可锻则生，可锻则熟。所以，从性能上看，古代“熟铁”约与今可锻铁相当；从含碳量看，则应处于0～1.7%（或0～2.0%）之间，即古代“熟铁”是包含了现代熟铁和钢的。十分明显，若使用类于铁生沟“海绵铁”（0.048%C）那样的熟铁进行灌炼，其冶炼过程中自然要渗碳的。杨宽曾说古代“熟铁”相当于现代意义的熟铁（含碳量为0.03%～0.05%）和低碳钢（含碳量为0.05%～0.25%）[11]，依此，灌钢冶炼自然是一种渗碳钢的。但若使用了类于铁生沟“优质铁”（1.288%C）那样的“熟铁”进行灌炼时，则整个冶炼过程都只能是减碳，是不可能渗碳的。但从传统技术调查来看，用作灌炼的“熟铁”含碳量一般较高，故多数灌炼过程应是无须渗碳的。灌炼的目的主要是排除夹杂。

表6－2－2所示为今人周志宏[12]、石心圃[13]分析的部分现代灌钢——苏钢工艺的原料和产品成分。在周志宏分析的样品中，“熟铁”料含碳量达0.92%，显然不是现代意义的熟铁，而相当于现代过共析高碳钢。但其成品钢的含碳量却与原料“熟铁”一致，故这就很难说灌炼过程是生铁向“熟铁”渗碳的过程，也很难说灌炼的目的是“熟铁”增碳。此“熟铁”的含碳量已经较高，一般情况下也是无须渗碳的。石心圃未曾分析“熟铁”料的成分，只分析了3件苏钢（灌钢）的成分，难作进一步讨论，但也很难用“渗碳”说来解释有关现象。周志宏认为，灌炼法具有很强的去渣能力。有关情况第八章第二节还要谈到。

表6－2－2　传统技术中灌炼用料及其产品的成分

名称	成分（%）					文献
	碳	硅	锰	磷	硫	
生铁料	3.05	0.28	0.18	0.22	0.05	[12]
“熟铁”料	0.92	0.19	0.10	0.08	0.02	
成品钢中段外部	0.92	0.036	0.024	0.037	0.008	
成品钢中段内部	0.92	0.034	0.029	0.046	0.011	
苏钢1	0.68	0.049	0.013	微	0.024	[13]
苏钢2	0.99	0.12	0.014	0.016	0.03	
苏钢3	0.22	0.094	0.036	微	0.023	

也许有人要问，现代炼钢的主要目的是调节铁碳合金的含碳量，为何古代炼钢又另是一样？这正是古今炼钢法差别所在，而造成这一差别的主要原因，依然是古今冶炼条件之不同。炒钢冶炼是在半液态下进行的，排除夹杂十分困难，灌钢工艺则正好弥补了这一不足。灌炼的主要优点是：在生、“熟”杂炼过程中，利用了生铁含碳量较高，“熟铁”含氧化夹杂较多的特点，在液态、半液态的高温下

形成剧烈氧化，把夹杂排除出去。在古代冶炼条件下，这是排除钢中夹杂最为有效的方法，其操作之便、脱渣能力之强、生产率之高，是任何一种古代制钢工艺不可比拟的。致使古今一些大学问家因不理解而为之惊讶。沈括《梦溪笔谈》卷三在谈到了灌钢的冶炼工艺后说："此乃伪钢耳，暂假生铁以为坚，二三炼则生铁自熟，仍是柔铁，然而天下莫以为非者，盖未识真钢耳。"此"伪钢"指灌钢。北宋寇宗奭《本草衍义》卷五在谈到灌钢时也说："此盖草创之钢，亦不免伪也。盖生铁之坚，及三四炼则生铁亦自熟，却是柔铁，而天下莫以为非。"曾敏行《独醒杂志》卷四也有类似的说法："今人才以生、熟二铁杂和为钢，何炼之有。"沈氏、寇氏、曾氏皆承认灌钢之速，但不知其妙而称其为伪，认为只有百炼钢才是真钢，实是一种误解。

在讨论宋代灌钢工艺时，还有一段资料很值得研究，即南宋周去非《岭外代答》卷六"梧州铁器"条的"梧铁淋铜"。其原文是这样的："梧州生铁，在熔则如流水，然以之铸器，则薄几类纸，无穿破，凡器既轻且耐久。诸郡铁工煅铜，得梧铁杂淋之，则为至刚，信天下之美材也。"同书卷六"融剑"条也有类似的说法："梧州生铁最良，滕州有黄岗铁最易（锻），融州人以梧铁淋铜，以黄岗铁夹盘煅之，遂成松文，刷丝工饰，其制剑亦颇铦，然终不可以为良。"此"淋"即灌；淋铜，则有些费解。因为铜与生铁的基本物理化学性能相差很大，要将生铁"淋"到铜上，使之焊合、锻合为一，且成为至刚之物，成为天下之美材，这是很难实现，或不可能实现的。同时，在我国，以及汉文化区的其他地方，从未看到过生铁淋铜的工艺。我们以为，这很可能是"淋钢"（或"淋铁"）之误，也即其本应为灌钢。同时，其操作工艺与清代的苏钢也颇为相似。而此"以黄岗铁夹盘煅之"，"以梧铁淋"之，这些行文、用语，与沈括所云都是一样的。依此，"融剑"条第三、四句的原意当是：融州人以梧铁淋钢，方法是把黄岗铁夹盘起来，锻之。此"松文"即花纹钢之纹理，前云汉张协《七命》在谈到灌钢工艺时，也说灌钢有花纹。这与现代技术原理是相符的。有学者认为此梧铁淋铜是"合金铁"、"合金钢"或"铜合金铁"[14][15]，这是值得商榷的。因为：（1）标题为"梧州铁器"，但其内容却说"铁工煅铜"，而且不止一处，诸郡皆是如此。这有些不合情理，前后不通。理应当是铁工煅铁、铜工煅铜。即许存在"铁工锻铜"，那也只能是少数郡。（2）"融剑"条的第一、二句说的是梧州生铁，和可以夹盘起来的黄岗铁；第三句却说梧铁淋铜。同样是前后不太一致。（3）用锻的方式大体上只能得到一种机械混合体，是得不到合金的。

三、关于百炼钢及其工艺原理

我国古代的"百炼钢"和"灌钢"都是在炒钢工艺的基础上，为进一步排除夹杂，提高产品质量而发展起来的。灌钢的原料是生铁和"熟铁"，百炼钢的原料则只有"熟铁"一种。

百炼钢约发明于东汉时期，汉魏便发展到了较为兴盛的阶段，唐宋之后有关记载虽渐减少，但关于百炼钢工艺操作的记载却是宋代出现的。宋沈括《梦溪笔谈》卷三说："予出使至磁州，锻坊观炼铁，方识真钢。凡铁之有钢者，如面中有筋；濯尽柔面，则面筋乃见，炼钢亦然。但取精铁锻之百余火，每锻称之，一锻一轻，至累锻而斤两不减，则纯钢也，虽百炼不耗矣。此乃铁之精纯者，其色清明，磨莹之，则黯黯然青而且黑，与常铁迥异。亦有炼之至（文渊阁《钦定四库全书》作“不”，疑误）尽而全无钢者，皆系地之所产。”此“真钢”，即百炼钢。沈括至磁州才看到百炼钢，可见此工艺在北宋时期已经较少采用。精铁，百炼钢原料；此“精”，当指可以锻炼成钢者；“精铁”的原意当是“内怀精纯之铁”；从现代技术角度看，当是含碳量稍高、含硫较低之炒钢①。“凡铁之有钢者”五句，是对百炼钢工艺的一种比喻，说去除夹杂后便存留真钢；柔面，此喻夹杂。锻之百余火，是指百炼钢工艺的基本操作。一锻一轻，是不断地排除了夹杂，氧化铁皮不断产生并脱落了的缘故。累锻而斤两不减，应是夸张之说；不断地加热锻打，氧化铁皮不断产生并脱落，重量总要不断减轻的。炼之至尽而全无钢，看来主要是原料含硫较高，热加工时容易发生热脆，难以锻合，最后皆不得不如渣一般舍弃，故云“炼之至尽而全无钢”。

南宋初年曾敏行《独醒杂志》卷四说，湖南瑶族中也有百炼钢工艺：“予居湘时，见瑶人岁来谒象庙，各佩一刀，乃所谓黄钢者，惟诸蛮能作之。其俗，举子，姻族来劳视者，各持铁投其家水中，逮子长授室，大具牛酒，会其所尝往来者，出铁百炼，尽其铁，以取精钢。具一刀，不使有铢两之羡。”曾敏行还说灌钢是未曾经过锻炼之钢，唯融人所作黄钢刀才经过了百炼。

宋代也有“三十炼”钢之说。周去非《岭外代答》卷六“蛮刀”条在谈到左右江瑶族的峒刀时说：“峒刀以卅湅所作为佳，佩之于肩。”周去非，南宋永嘉人，淳熙年间（1174～1189年）在广南西路任官，官至桂林通判。

关于“百炼”的具体操作，沈括只说到了“锻之百余火”，曾敏行只说了“出铁百炼”，但如何锻法、炼法，未曾进一步说明。前云汉魏百炼钢的一种操作是“百辟百炼”，其“炼”数与材料积叠层数间存在一定关系。但宋代的沈括和曾敏行皆未提及此事，有可能另是一种操作。有关情况将在清代和传统技术中再作介绍。但有一点值得注意的是，“百炼”之“百”，一般应是个概数，即多次折叠、反复锻炼之意，而未必是一个具体数字。

关于“百炼钢”的工艺原理，国内外学者都进行过许多研究，也长时期存在一些不同看法：日本学者吉田光邦[16]等认为，百炼过程是一种生铁脱碳过程；日本学者薮内清[8]，我国学者杨宽[17]等人认为，百炼过程为熟铁渗碳。吉田光邦说：沈括说的真钢，“是在赤热的条件下反复锻炼，反复氧化精炼，使生铁脱碳”[16]。同时他还认为：曾敏行说的“瑶人风俗，也相当于只是锻炼生铁以脱碳的方法”[18]。杨宽认为：沈括说的“精铁”，当是一种熟铁，“可知这种‘百炼钢’的炼制，是用渗碳法的”。其实这都值得商榷，其中的关键是：作为百炼钢原料的“精铁”的含碳量到底如何，它究竟是现代意义的生铁，还是现代意义的熟铁。我们的看法是：它既不是现代意义的生铁，也不是现代意义的熟铁，而是含碳量较高、含夹杂较少的炒炼产品。主要理由是：（1）经分析，前云汉建初五十炼长剑，

① 清雍正十二年《山西通志》（第三十九册）卷四十七“物产”（第十页）：“磁州锻坊乃山西铁也，晋铁之多钢可见。”（文渊阁《钦定四库全书》本）。

永初三十炼大刀都是含碳量较高的炒钢。(2) 汉《太平经》卷七十二在谈到锻制锋利兵器时，也是先由生铁炼制炒钢，“使良工万锻之”，乃成莫邪的。(3) 后面将要谈到，流传至今的浙江龙泉宝剑旧有“九炼”说，“九”亦是久的谐音，其原料便是一种炒钢，九炼过程就是反复折叠锻打。(4) 上面谈到，古代“熟铁”的含碳量可以较高，也可较低，它与现代熟铁是不能等同的。所以我们以为，与灌钢同样，百炼过程既不是生铁脱碳，也不是熟铁渗碳，而是对一般炒钢的进一步加工锻打。此过程中自然也会发生碳的增减（通常是脱碳）的，但这不是百炼工艺的目的。我们曾多次谈到，炒钢冶炼是在半液态下进行的，渣铁分离十分困难。制作一般器物时，因质量要求不是太高，可使用锻炼次数不太多的一般炒炼产品作为原料；但若制作优良兵器，则须进一步反复锻打，以求将夹渣排尽。所以，“百炼”的目的，便主要是进一步排除夹杂，客观上也起到了均匀成分、致密组织的作用，有时还可细化晶粒，从而较大地改善了材料的机械性能[10][19]。唐南诏剑，苏游说的“自然钢”，实际上都是由炒钢反复锻打而成的。

百炼钢工艺的主要缺点是：(1)“百炼”时劳动量较大。(2) 氧化烧损甚剧，金属收得率甚低。(3) 技术要求较高，操作难度较大。所以，百炼钢成本较高，主要用来制作宝刀、宝剑类名贵器物，生产工具上应用较少。

总之，汉代之后，我国主要有三大制钢工艺，即炒钢法、百炼钢法、灌钢法。前法的主要技术目的有二：首先是降碳，或说控制含碳量，其次是排除夹杂，这两方面都十分重要，且偏废不得；后两法的主要技术目的是为了排除夹杂，含碳量控制通常都放在较为次要的地位。百炼钢工艺应是在炒钢法反复锻打的基础上发展起来的，灌钢法则是为了避免或弥补了百炼法的上述缺点而产生出来的。

第三节 有色冶金技术的发展

宋代的有色冶金业有了较大的发展，不但生产规模增大，产量增加，而且技术上也有了较大提高，其中尤其值得注意的是：硫化矿炼铜已从采矿、焙烧、粉碎、浮选，到冶炼、精炼，形成了一套较为完整的工艺。北宋时期，胆水炼铜开始推广，其中的浸渍法、淋铜法，北宋晚期皆已出现。铜合金技术此时也获得了可喜的进步，炉甘石点化黄铜的技术始见于记载，北宋早期官方便已设局冶炼；砷白铜技术更为成熟，而且出现了一些较为简便的操作；铅青铜也较多地用到了铜镜工艺中。对于砂金的形成过程，人们有意无意地进行了大胆的探索；有了溜槽淘金的明确记载；人们在开采自然砂金的同时，还开采了部分原生脉金；黄金提取法也有了发展。有关“铅炼银法”的记载更为明确；人们对自然银有了更多的了解。蒸煮炼汞法有了提高，未济式更为成熟，出现了石榴罐式的操作；蒸馏法炼汞也有了发展。不管黑色冶金还是有色冶金，稍见详明的记载大体上都是宋代才出现的，这便为我们今日的研究工作提供了许多较为确切的资料。

一、火法炼铜技术的发展

宋代的产铜量较大。《宋史》卷一八五“食货志”载：北宋早期，作为金银铜铁铅锡坑冶管理机构的监、冶、场、务，总计201处，其中铜在8州2军设有35

场，梓州设有一务。此8州是：饶、处、建、英、信、汀、漳、南剑。之后，兴废无常，岁课之数亦随之变更。皇祐（1049～1054年）时期，全国岁收铜5 180 843斤。治平（1064～1067年）时期，诸州坑冶之数总271处，其中铜之冶46处，分布于11州1军，即：饶、信、虔、建、漳、汀、南剑、泉、韶、英、梓州和邵武军；岁收铜增至7 050 834斤。元丰元年（1078年），全国岁收铜翻了一番，达14 605 969斤。辽、金、元的矿冶业皆无两宋发达，虽也曾致力于采冶，但收效不大。《元史》卷九十四记述了元天历元年（1328年）全国坑冶的岁课之数，其中铜只列出了云南省，岁课之数为2 380斤，远较宋代为低，其他处产量不明。

由于钢铁技术、制瓷技术、髹漆技术的发展，以及铜矿资源的缘故，铜器在宋元时期的使用范围已经较窄，它的主要用途是铸钱、铸镜和制作一些响器等，不过，铜的冶炼和加工技术却一直不断地发展着。在人类社会发展的整个进程中，技术总是最为活跃，永远向前的。此期火法冶铜技术上值得注意的事件是：火法硫化矿炼铜工艺开始有了文献记载，南宋洪咨夔（1176～1236年）创作了《大冶赋》[1]，以诗赋的形式，详细地描述了从找矿、采矿、焙烧，到冶炼（铜）的基本过程，及其热烈场面，这是我国古代保留下来的最早的冶金技术专著。

《大冶赋》曰："其为黄铜也，坑有殊名。山多众朴，蜿蟺扶舆，郁积磅礴……矿纹异采，乍纯遂驳。薰苗殊性，欲断还络。乌胶缀，金星烁；菽花淡，丹砂渥。鼠结聚团，鸡焦散泊；餈饵膏油，英润濯濯。宿炎炀而脆解，纷剞劂而巧斩。批亢蔟博浪之椎，陷坚洞混沌之凿。岩云欲起而复坠，石火不吹而自跃；磅磅驰霆，剥剥洒雹……共工触不周而地维断，神禹劈伊阙而龙门拓……逮其笼篑，齐奋臿具；专诸虎攫，孟贲豕负。徒堆阜于平陆，矗岑楼于炉步。熺炭周绕，薨薪环附。若望而燎，若城而炬。始束缊于毕方，旋鼓鞴而熛怒。鞭火牛而突走，骑烛龙而腾骛。战列缺霹历于焱庬（炖），舞屏翳丰隆于烟雾。阳乌夺耀，荧惑逊度。石迸髓，汋流乳，江锁融，脐膏注。銛再炼而粗者消，铈复烹而精者聚。排烧而汕溜倾，吹拂而翻窠露。利固孔殷，力亦良苦。唯彼泉井淘沙可铸。"这便是《大冶赋》关于火法炼铜部分的基本内容。这虽非记述性文字，其中还使用了许多典故和隐语，但所述生产过程还是基本清楚的。

此"黄铜"，即火法冶炼所得之赤铜，"黄"指色言，其中又主要指以黄铜矿为原料者，而不是铜锌合金[2][3]。这一名称约始于北宋徽宗崇宁时期（1102～1106年）。《宋会要辑稿》"食货"卷三十三之十九载："铜场岁收祖额总七百五万七千二百六十三斤八两。（其中）饶州兴利场胆铜五万一千二十九斤八两，信州铅山场胆铜三十八万斤，宝丰场黄铜二千斤。"韶州岑水场"黄铜"3 164 700斤，胆铜800 000斤；潭水永兴场"黄铜"1 796 000斤，胆铜640 000斤。这是今见文献中，较早将火法冶炼之铜称为"黄铜"的地方。其具体时间，文献上未曾说出，但这里提到了胆铜，后文我们将要谈到，南方胆铜之推广，大约是徽宗建中靖国元年（1101年）以前，所以这段资料的年代应在此稍后，赵匡华认为是崇宁二年（1103年）[4]，即是说，将火法冶炼所得之铜称为"黄铜"，大约是北宋徽宗之后的事。在"胆铜"生产兴起之前，是没有这一名称的。同书同卷第十一页在谈到北宋神宗熙宁（1068～1077年）、元丰（1078～1085年）年间诸州铜课时，并无

“黄铜”之名。其云：“铜，陇州古道场，元（原）额九千一十九斤，元丰元年收同……郴州桂阳延寿坑，熙宁二年置，又二场，元额七十七斤，元年（当指元丰元年）收八十四斤。”

除了“黄铜”之名外，胆铜兴起后，人们还曾把火法冶炼之铜称之为“石铜”。《宋会要辑稿》“食货”卷十一之一：“及蔡京为政，大观（1107～1110年）中，岁收铜乃六百六十余万斤；比祖额亏四十余万斤；内旧场四百六十余万斤，胆铜一百余万斤，石铜七十万斤，新场三十万斤。”顾名思义，“胆铜”即以胆水炼得之铜；“石铜”即矿石炼得之铜。此“祖额”大约亦指崇宁二年前后。

“山多众朴”数句，描述矿物的分布情况。

“矿纹异彩”数句，描写铜矿物的表面颜色、赋存形式等。“薰苗殊性”两句大约是说用火焰法来帮助找矿，并确定时断时续的矿脉走向。矿石表面状态如乌胶点缀，似金星闪烁，如落花之淡雅，又如丹砂之红润。“鼠结聚团，鸡焦散泊”等则形象地描述了铜矿的赋存形态。

“宿炎炀而脆解”数句，描写火爆法，及其采掘时的壮观场面；其气势如共工触不周之山而地维折断，神禹开伊阙而龙门拓开。炎，极热；炀，烘烤、焚烧。亢，咽喉；批亢，抓住要害；博浪之椎，源于张良使力士以铁锤于博浪沙狙击秦始皇的典故。这几句是说火爆法和开凿矿床的情况。火爆法采矿在我国发明较早，但唐及其之前的立论依据主要是考古资料和一些文献上的旁证。这段文字是关于火爆法采矿较早，且较为直接和明确的记载。

“逮其笼箦”数句，描写矿石搬运。笼、箦，皆为竹器，矿石搬运工具。专诸，春秋时吴国猛士，鱼腹藏剑而刺杀王僚，为公子光夺得王位；孟贲，古勇士名，据云其能生拔牛角；“专诸”两句在此描述了搬运工作之重要和艰辛。

“徒堆阜于平陆”数句，说矿石搬到平地后，堆积起来，周围环炭焙烧。焙烧的目的是使硫化矿转变成氧化矿。这充分说明，南宋时期已大规模地开采了硫化矿，一般氧化矿是无需焙烧的。炉步，当指炉的周围；举足为跬，倍跬为步。岑楼，楼之高锐似山者，此喻矿石焙烧窑；岑，小而高的山。薨薪，炭；薨，死去；在周代，天子死叫崩，诸侯叫薨。“若望而燎，若城而炬”，描写焙烧炉的壮观景象，说其有如楼城炬烧一般。

“始束缊于毕方”数句，记述了“石铜”的冶炼过程和壮观场面。缊，《汉书》卷四十五“蒯通传”师古注为乱麻。毕方，传说中的怪鸟，《山海经·西山经·章莪之山》：“名曰毕方，其鸣自叫也。见则其邑有譌火。”清毕沅注：“譌，亦妖讹字。”故“始束缊于毕方”当指点火冶炼；其以下八句当指点火鼓风后的壮观场面。列缺，闪电。炖，烈火炽盛貌；屏翳、丰隆，天神雷师、风神。“石迸髓”四句大约指冶炼出冰铜后的场面。鉐，大约是指原矿；鈲，当指冰铜。“鉐再炼”两句，指由矿石炼成冰铜，再炼成粗铜。

“排烧而汕溜倾”数句指粗铜的精炼。吹拂，向金属溶液鼓风，以去除硫等杂质。“吹拂而翻窠露”一句虽有些像“铅炼银法”，但从前后文看，应当是说炼铜。孔，甚；殷，宏大；“利固孔殷”两句，说获利虽然很大，但也是十分费力的。“唯彼泉井淘沙可铸”当指以铜铸钱言；“泉井”当指方孔、泉货。

《宋会要辑稿》“食货”卷三十四之二十四在谈论生产管理时，也顺带说出了铜矿采冶的基本过程。其云：南宋嘉定十四年（1221年）十月僚臣言，嘉定以前，铜的正常生产过程中都有一套严格的管理制度：“照得旧来铜坑，必差廉勤官吏监辖，置立‘隔眼簿、遍次历’，每日书填：某日有甲匠姓名，几人入坑及采矿几箩出坑；某日有矿几箩下坊碓磨；某日有碓了矿末几斤下水淘洗；某日有净矿肉几斤上炉烰炼。然后排烧窨次二十余日。每铜矿千斤，用柴炭数百担，经涉火数敷足，方始请官监视，上炉匣成铜。其体红润如烟（胭）脂，谓 之‘山泽铜’，鼓铸无折，而铸出新钱，灿烂如金。”嘉定之后，既不差官，又无隔眼簿和遍次历，且不按时发给匠人工资，管理十分混乱。这说的虽是管理制度，说整个生产须有廉洁勤政的官吏监辖，且须建立“隔眼簿”和“遍次历”两种生产记录、考勤本，记录整个生产过程的生产情况，炼出的产品须检验合格后才能铸造成锭，但它也道出了宋代炼铜的基本工艺流程，是可与《大冶赋》互为补充的。由记录内容可知，其铜矿采冶的生产工艺流程是：（1）入坑采矿。（2）将矿石碓磨成粉矿。（3）浮选。（4）上炉冶炼二十日。（5）熔铸成铜锭。其成铜用作铸钱时，须渣已去尽，再无耗损，其色灿烂如金。这段文献的不足处是把炉冶过程轻轻带过，过于简单，但它谈到了粉碎和浮选，《大冶赋》却未曾谈到这两项操作。在我国古代文献中，比这更为详尽的文字是到了明代才看到的。

二、胆铜技术的兴起

古代冶铜主要有火法和湿法两种工艺，前者发明较早、沿用时间较长、生产能力也较大，是人类古代炼铜的主要方式；后者在我国约始于唐五代时期，北宋中晚期逐渐兴盛起来，南宋曾占有相当重要的地位。五代名之为“铁铜”，宋代名之为胆铜；《宋会要辑稿》“食货”卷三十三经常将“胆铜”与“黄铜”对仗式出现。胆铜之大规模生产，是我国古代冶金技术的一项重大成就。张潜、张磐父子还编撰了我国历史上第一部湿法冶金技术专著——《浸铜要略》，只可惜今已失传。

从有关记载看，北宋早期起，关于胆铜生产的记载就逐渐多了起来。《太平御览》卷九八八“石药下·白青”条注：“取矾石、白青分等练（炼）治台铁，即成铜矣。”（文渊阁《钦定四库全书》本无此注）此注显然是宋人所加，该书编于太平兴国二年至八年（977～983年）。此“矾石”含义不明，唐《新修本草》说矾有5种，此可能指黄矾，即含水硫酸铁，化学式为$Fe_2(SO_4)_3 \cdot 9H_2O$，是绿矾氧化而成。白青，即胆矾。此具体操作不太详明，但结果是用铁将铜置换了出来。这是北宋早期关于铜铁置换作用的记载。

北宋晚期，德兴人张潜曾使其子张甲将《浸铜要略》一书呈献于朝[5]，认为浸铜乃系利国之术，官方便在信州铅山、饶州兴利等地经营并推广了这一工艺。

胆铜主要产于今广东、湖南、江西三地。《宋会要辑稿》“食货”卷三十四之二十一载，南宋乾道元年（1165年）时，最盛的是三省的三大场，即：韶州岑水场、潭州永兴场、信州铅山场。同书同卷之二十五载，北宋徽宗建中靖国元年（1101年），有胆水可以浸铁为铜的计11州，但主要的依然是这三省三处，此外还有今福建、浙江、安徽一些地方。宋张端义《贵耳集》卷下载：“韶州岑水场，以卤水浸铜之地，会百万斤铁，浸炼二十万（斤）铜。”此书，计分上、中、下三卷，分别成书于淳祐元年（1241年）、淳祐四年、淳祐八年，为南宋晚期。可见产量不低。

宋代的胆铜工艺约有三种操作：

（1）铁锅烹炼法。沈括《梦溪笔谈》卷二十五说：“信州铅山县有苦泉流以为涧，挹其水熬之则成胆矾，烹胆矾则成铜，熬胆矾铁釜久之亦化为铜。”这段话是沈括的读书笔记，原是从唐代中期著作《丹房镜源》一书中抄录下来的，虽后人笔墨曾经沾染，但其操作方法还是反映了唐五代及至北宋的实情。此熬胆水以成铜，应是胆铜工艺的早期形态，自然也只适用于小规模生产。

（2）铁片浸渍法。《宋史》卷一八〇载：“浸铜之法，以生铁锻成薄片，排置胆水槽中，浸渍数日，铁片为胆水所薄，上生赤煤，取刮铁煤入炉，三炼成铜。大率用铁二斤四两得铜一斤。”此“赤煤”即从胆水中置换出来的铜。“用铁二斤四两得铜一斤”应是经验数字，这用铁量是不高的，虽置换一斤铜的理论用铁量只要0.88斤铁，但实际用量皆要大于此数。此引文中的“生铁”含义不甚明白。从大量文献记载来看，古代“生铁”的含义与现代是基本一致的，都是未经炒炼、不能锻打、可直接用于铸造的高炉冶炼产品，这在前面已经谈到，但也不排除少数地方另有他指的可能性。此引文中的“生铁”可以锻成薄片，便有可能指锻炼不够充分、含夹杂较多、质地较粗的炒炼产品；前引《蛮书》卷七“锻生铁，取进汁”中的“生铁”一词，或许也有同样的含义。但这是特例，可进一步研究。

《宋会要辑稿》“食货”卷十一之三的有关记载与此大体一致，但有的地方说得更为明确、具体，如说薄铁片须“目为锅铁，入胆水槽，排次如鱼鳞状”；这说到了铁片的具体排列方式。宋人原撰有一种“宋会要”，但未出版，《宋史》和《宋会要辑稿》皆源于此。

洪咨夔《大冶赋》曾有大段关于胆水浸铜的记载。其先说到了浸渍法的发展过程：“其浸铜也，铅山兴利，首鸠僝功；推而放诸，象皆取蒙。”说浸渍法首先是由信州铅山场、饶州兴利场开始的，之后才推广开来。其次谈到了识别胆水的方法，须先以口尝，“青涩苦以居上，黄醯酸而次中”。之后再看其色态，“赤间白以为贵，紫夺朱而弗庸”。浸渍法的具体操作是：“陂沼既潴，沟隧斯决……铜雀台之檐霤，万瓦建瓴而淙淙。龙骨渠之水道，千浍分畦而潏潏 。量深浅以施槽，随疏密而制闸；陆续吞吐，蝉联贯列。乃破不镣之釜，乃碎不湘之锜 。如鳞斯布，如翼斯起；漱之珑珑，溅之齿齿。沉涵极表里以俱畅，蒸酿穷日夜而不止……变蚀为沫，转涩为髓，或浃下簟，自凝珠蕊，且濯且渐，尽化乃已。投入炉锤，遂成粹美。”即是说，先将胆水潴积为陂池，并设有主渠道和若干分渠道，其状若龙骨，渠道中设置分畦排布的浸铜槽。须分段设闸以控制胆水进出，使胆水在每段槽中都有一段停留时间。将旧铁锅、旧铁器打碎，如鱼鳞状次序排列于浸铜槽内，穷日夜而浸渍后，铜就会被置换出来，且“自凝珠蕊”。最后将所得之铜投入炉冶，遂成粹美之品。此法设有胆水潴积池、若干主渠道和分渠道，以及控制闸，管理上更为系统、完善，且利用旧铁锅旧铁器，无需加热。这显然是一种规模更大、效率更高、成本更低、可以连续生产的工艺。

明代著作《读史方舆纪要》卷八十五“铅山县·锁山门”条详述了该处浸铜操作，与《大冶赋》所述较为接近。很可能是宋代以来，铅山地区沿用的传统之法，而《宋史》和《宋会要辑稿》所述，则可能是饶州地区的工艺。有关文献将在明代部分再作引述。

(3) 煎铜法与淋铜法。《宋史》卷一八五“食货志”载：徽宗崇宁元年(1102 年) 游经上言道：“古坑有水处为胆水，无水处为胆土，胆水浸铜，工少利多，其水有限；胆土煎铜，工多利少，其土无穷。”此“胆土”是采铜矿时贫矿(硫化铜矿) 经风化、氧化等作用而得到的硫化铜与矿土混合物。所谓“煎铜”法，即把天然胆土用水煎熬而溶出硫酸铜，再用铁把铜置换出来。这里将“浸铜法”与“煎铜法”作了简要的对比,可知前者的特点是：“工少利多，但水有限”。因可溶性铜盐是可为水溶解的，即使一些难溶于水的铜盐，风化、氧化后，亦可转变为可溶性铜盐，这就使自然资源最大限度地得到了利用。游经上书为崇宁元年，为北宋晚期，说明煎铜工艺此时已被应用于生产。后来，人们便有意利用一些贫矿，把它堆积起来，令其风化、氧化，再淋水，遂演变成了所谓的“煎铜”工艺[6]。郭正谊对胆水炼铜技术作过不少研究，以往人们常把淋铜法与浸铜法混而为一，他认为，不管工艺操作还是使用效果，它们都是有区别的[6]。

淋铜工艺约出现于北宋晚期至南宋初期。《宋会要辑稿》“食货”卷三十四之二十七载，绍兴十二年 (1142 年) 洪迈言，顷年，其任淳安县丞，被差铅山，“体访坑冶利病，见每岁所得铜数，比往昔十无一二，因咨访耆老。皆云：‘昔系招集坑户，就貌平官山，凿坑取鉐淋铜，官中为置炉烹炼，每一斤铜支钱二百五十。彼时百物俱贱，坑户所得有赢，故常募集十余万人昼夜采凿……数十年以来，百物翔贵，官不增价，收买坑户失利，散而之他，而官中兵匠不足四百人。’”这里有两句话值得注意：一是“顷年”，故此耆老发表议论的时间至晚是绍兴十一年，距南宋立朝的建炎元年只有 14 年；二是“数十年以来”的经营，这其中当然包含了浸铜、煎铜两项操作，但也不能排除了淋铜的可能性。所以，淋铜法虽较浸渍法稍晚，但其至迟应始于南宋初期，也不能排除北宋晚期的可能性。

对于淋铜的具体操作，《宋会要辑稿》未曾细说，《大冶赋》作了较好的描述：“其淋铜也，经始岑水，以逮永兴。地气所育，它可类称。土抱胆而潜发，屋索绹而亟乘。剖曼衍，攻崚嶒，浮埴去，坚壤呈。得鸡子之胚黄，知土鉐之所凝。辇运塞于介蹊，烽积高于修楹。日愈久而滋力，矾既生而细砼。是设抄盆�络以庋，是筑甓槽竹龙（笼）以酾。散铌叶而中铺，沃鉐液而下渍。勇抱瓮以潺湲，驯翻瓢而滂濞。分酽淡于淄渑，别清浊于泾渭。其渗泻之声，则糟丘压酒于步兵之厨。其转引之势，则渴乌传漏于挈壶之氏。左挹右注，循环不竭，昼湛夕溉，熏染翕歙，幻成寒煖燥湿不移之体，疑刀圭之点铁，若乃卝课登纲程。促铁往铜来，锡至铅续。”全文简要地描述了胆铜生产的发展过程和整个生产工艺，也是一段难得的资料。

“其淋铜”至“可类称”，说淋铜技术是始创于韶州岑水，而传至潭州永兴的，这是两地之“地气”相类之故。

“土抱胆”至“之所凝”，说胆土的开采过程。矿土包含胆水而潜发，犹如制陶而待建屋。“剖曼衍”，经开采后，便可得到所需之胆土，其有如鸡子之胚黄，是原料中最为重要的部分。

“辇运”以下应指搬运和堆积胆土，令其风化、淋水，并浸渍的过程。“日愈久而滋力”指风化越久反应进行得愈完全。“抄盆”用陶甓筑成，浸液须用竹笼过滤。将铁片（锟）散于中铺浸渍。“铁往铜来”则形象地表述了整个浸渍过程。“锡至铅续”则是指以铅、锡来置换铜。从金属的化学活动顺序可知，锌、铁、锡、铅都是可以将铜从胆水中置换出来的。

胆铜法的原料计有胆水和胆土两种，铁锅烹炼法和铁片浸渍法的原料都是胆水，淋铜法则是胆土。但宋代的胆铜工艺主要应是浸渍法和淋铜法两种。淋铜法的发明，一方面使贫矿得以利用，开拓了更为宽阔的原料资源；另外也解决了水流断续带来的困难。周辉《清波杂志》卷十二载：“信州铅山，胆水自山下注，势若瀑布，用以浸铜，铸冶是赖……近年水流断续，浸铜颇费日力。”此书约成于南宋绍熙三年（1192 年）。在欧洲，与淋铜法相类似的工艺到了 1752 年才首先在西班牙采用。

元时，饶州胆铜仍在生产。嵇璜等《续文献通考》卷二十三“征榷·坑冶”载：“至正十二年三月立饶州铜冶。中书省言：张理献言，饶州德兴三处胆水浸铁可以成铜，宜其地各立铜冶场，直隶宝泉提举司，即以张理为铜冶场官。从之。”

胆铜法的优点是：（1）可在常温下进行操作，从而节省了大量燃料和高温冶炼设备。（2）可利用贫矿。（3）设备简单，操作较易，成本较低。

三、铜合金技术的重要成就

宋代铜合金技术的主要成就是：以炉甘石点化黄铜的工艺有了明确记载；砷白铜工艺更为娴熟；铅青铜使用量有了增加。

（一）黄铜技术之大发展

我国古代使用人工黄铜的时间不算太早，有关冶炼工艺的记载则是到了五代，及至北宋初年才看到的。北宋早期，以炉甘石点化黄铜的工艺便迅速推广开来。

《日华子点庚法》载：“百炼赤铜一斤，太原炉甘石一斤，细研，水飞过石一两，搅匀，铁合内固济阴干，用木炭八斤；风炉内自辰时下火，煅二日夜，足冷取出，再入气炉内煅，急扇三时辰，取出打开，去泥，水洗其物，颗颗如鸡冠色。母一钱点淡金一两成上等金。”[7]此“上等金”即是作为铜锌合金的黄铜。炉甘石，学名碳酸锌（$ZnCO_3$）。李时珍云：炉甘石，“炉火所重，其味甘，故名。”[8]此操作要点是把赤铜、炉甘石、木炭混合后密封起来烧炼，炉甘石分解、还原，及锌的合金化过程皆在同一体系中进行。用化学式表示，其分解还原过程即：

$$ZnCO_3 = ZnO + CO_2$$

$$2C + O_2 = 2CO$$

$$ZnO + CO = Zn + CO_2$$

日华子姓大，名明，四明人，宋初开宝（968～975 年）年间撰有《日华子本草》传世。这是我国关于人工配制黄铜的最早且较明确的记载。元陶宗仪《南村辍耕录》卷二十四“历代医师”条谓“五代日华子”；看来日华子当系五代至宋初人。依此，用炉甘石配制黄铜的技术当可上推到五代或稍早一个时期。

稍后的崔昉《外丹本草》说得更为简明："用铜二斤，炉甘石一斤，炼之即成鍮石一斤半。非石中物取出乎？真鍮石生波斯，如黄金，烧之赤而不黑。"此"用铜二斤"，疑为"用铜一斤"之误[9]。"非石中物取出乎"一语表明，冶炼产物的重量（一斤半）当高于原料铜的重量。崔昉系方士，号文真子，宋仁宗（1023～1063年）时曾在湖南为官。

宋程大昌《演繁露》卷七"黄银"条还对鍮石性能作了简要描述，且说世间有真鍮和假鍮之别："世有鍮石者，质实为铜，而色如黄金，特差淡耳。""鍮，金属也，而附石为字者，为其不皆天然自生，亦有用炉甘石煮炼而成者，故兼举两物而合为之名也。《说文》无'鍮'字，《玉篇》、《唐韵》、《集韵》遂皆有之，岂前乎汉者未知以石煮铜，故其名不附石耶。谚言：'真鍮不博金。'甚言其可贵也。夫天然自生者既名真鍮，则炉甘石所煮者决为假鍮矣。"这段引文较长，但却十分重要。

（1）首先它肯定了"真鍮"和"假鍮"的同一性，即它们都是金属："鍮石者，质实为铜"，"鍮，金属也"。

相当长一个时期以来，学术界对"假鍮"并无疑义，认为其即黄铜，但对"真鍮"却有不同看法。20世纪60年代时，岳慎礼曾依《外丹本草》说真鍮"烧之赤而不黑"，便认为它是黄铜矿，理由是：黄铜矿加热后变成了红色，适与古人描写的"赤而不黑"相符；而黄铜加热后却是呈黑色的，与古人描写的"赤而不黑"不符[10]。迄今仍有许多学者引用这一观点，但实情并非全然如此。黄铜加热后的颜色，是由反应条件和反应产物的物质结构形态决定的，往日民间用炭火伪烧宣炉宝色时，也常泛黑泛紫，未必净是红色。20世纪80年代时，为得到宣炉宝色，我也曾用炭火迫烧法进行过类似的试验，结果是，有时泛红，有时泛黑，多时皆可得到一种猪肝色，这主要与火候等因素有关。当然这并不难解释，因 Cu_2O 呈红色、CuO 呈黑色，所以只依鍮石烧过后的颜色变化来辨别它的材质是不够的。另外，硫化矿煅烧后，硫质逸出，成了相对疏松的氧化矿，整个物质结构形态都发生了变化，其质地与作为金属的黄铜有着天壤之别。在这种情况下，若真鍮为矿石时，古人决不会只注意煅烧后的颜色变化，而不注意质地变化的。所以，认为我国古代文献中的"鍮石"可能包括黄铜和黄铜矿两物，认为"真鍮"为石质之说，其论据是不充分的。且与程大昌之说不符，与本人的试验情况也不相符，与前引唐慧琳《一切经音义》所云也是不符的。这一点，下面还要谈到。其实，诸古籍所云之"鍮石"，真正可定之为石质，如黄铜矿或黄铁矿者甚为鲜见。

（2）指出了"真鍮"和"假鍮"的区别，认为"真鍮"是"天然自生者"，"假鍮"则是"炉甘石所煮者"。并认为，人们将鍮写作"碖"、"鍮石"，附以石质，乃是有的"鍮"系以炉甘石煮炼而成之故；最初人们不了解此事之原委，故只写作"鍮"，而不写作"碖"。20世纪90年代时，有学者依真鍮是"天然自生"一语，也作出了真鍮是黄铜矿的判断，这与程大昌的原意同样是不符的。程大昌首先肯定了两者皆为铜质，说真鍮为"天然自生"，假鍮为"炉甘石煮炼"而成，他并未说真"鍮"为石质。至于"天然自生"的含义，我们认为可能是指天然矿物直接冶炼，而无需以炉甘石点化之意。

在此有一点值得注意的是，关于真鍮的冶炼工艺，程大昌与前引慧琳《一切经音义》所云是稍有区别的。慧琳认为不管善鍮、恶鍮，真鍮、假鍮，都是“西戎蕃国药炼铜所成”的。唯恶者较白，名灰折；善者较黄，名为金折，亦名真鍮，俗名“不博金”。依此，古之所谓“真鍮”，当有两种含义，一是色黄质善者，如慧琳所云；二是以共生矿直接冶炼所得者，如程大昌所云。今人岳慎礼也曾指出过，印度便出有这种铜锌共生矿，出炉产品即是黄铜[10]。自然，真正能够直接冶炼出含锌量较高、色泽类金的铜锌共生矿应是较少的。

北宋早期，由于民间黄铜生产的发展，官方也开始了设局制造。《宋会要辑稿》“食货”卷三十四之三十一载：“（真宗）景德三年（1006 年），神骑卒赵荣伐登闻鼓言：‘能以药点铜为鍮石’。帝曰：‘民间无铜，皆熔钱为之，此术甚无谓也’。诏禁止之，其来自外蕃者不在此限。”由于真宗的反对，赵荣的建议未被采用，但之后很快就发生了变化。洪迈《容斋三笔》卷十一“宫室土木”条载：“真宗以符瑞，大兴土木之役……又于京师置局，化铜为鍮。”这是官方设局冶炼黄铜的较早记载。还是在真宗时，仅仅过了两年时间。《续资治通鉴长编》卷七十一亦载，大中祥符二年（1009 年）四月，“及京师营宫观，有当用铜而涂金者，皆以鍮石代之。置务点造于陕西，采炉甘石供用，亦禁民贩鬻。”说明北宋初年官方已使用和生产了大量的黄铜。

由于民间常有毁钱点化黄铜之事，北宋早期时，官府就制定了相应的法律。《续资治通鉴长编》卷七十一载：大中祥符二年（1009 年），“民间多熔钱点药以为鍮石，销毁货币，滋长奸盗，命有司议定科禁，请以犯铜法论。上特宽之，犯二两者科铜一两之罪。”《宋史》卷一八〇载：“天禧三年（1019 年）诏：犯铜鍮石，悉免极刑。”崇宁二年（1103 年）“太严私铸之令，民间所用鍮石器物，并官造鬻之，辄铸者依私有法加二等”。这也从一个侧面反映了民间黄铜技术的发展。

及元，人们对我国古代的三种主要铜合金，即黄铜、白铜、响铜（青铜）都有了较为系统的认识。元人伪撰《格物粗谈》卷下载：“赤铜入炉甘石，炼为黄铜，其色如金；砒石炼为白铜，杂锡炼为响铜。”此依合金的炼制工艺和成分，较早地对黄铜、白铜、响铜（青铜）进行了分类和定义。这显然是人们认识上的一种深化。今人将常用铜合金区分为黄铜、白铜、青铜三种：凡 Cu—Zn 合金，皆谓之黄铜；凡 Cu—As、Cu—Ni 合金，皆谓之白铜；其余的，如 Cu—Sn、Cu—Pb、Cu—Al 等合金，皆谓之青铜。此“黄铜”、“白铜”的含义与现代技术原理基本相符，这也是最早将铜锌合金定义为“黄铜”，将铜砒合金定义为“白铜”的地方。此“响铜”即锡青铜，意即“可作响器之铜”，与现代技术原理亦大体相符。

宋元时期的黄铜实物在考古发掘中看到较少，我曾分析过一件五代至宋的素面镜、一件金代的带柄龟裂纹镜，含锌量分别达 26.66% 和 33.717%（表 6－3－1）[11]，含锌量都不算低，尤其是那件金代镜，接近于四六黄铜，其色金黄。我国古代的黄铜镜较少，主要见于清代，古人是反对以黄铜作镜的，其映照效果自然比不得青铜镜清澈、可心。

（二）砷白铜技术进一步发展

宋代砷白铜技术较唐代又有了进步，且出现了一种简单易行的工艺。北宋末年何薳《春渚纪闻》卷十“记丹药·丹阳化铜”载：“薛驼，兰陵人也。尝受异人

(炼丹家)煅砒粉(砒霜)法，是名丹阳者。余尝从惟湛师访之，因请其药。取药帖药抄二钱匕相语曰：‘此我一月养道食料也，此可化铜二两为烂银。若就市货之，煅工皆知我银，可再入铜二钱，比常直每两必加二百付我也。’其药正白而加光璨，取枣肉为圆，俟熔铜汁成，即投药甘锅中，须臾，铜汁恶类如铁屎者，胶着锅面，以消石(硝，芒硝)搅之，倾槽中，真是烂银，虽经百火，柔软不变也。此余所躬亲试而不诬者。”(文渊阁《钦定四库全书》本)此“烂银”即砷白铜。此点化白铜的基本工艺是：将砒霜用枣肉制成圆球，投入铜液中，以芒硝搅之即可。取枣肉为圆，是为减少砷的挥发；枣肉炭化后，可起到还原剂的作用。硝，造渣剂，使各种氧化夹杂较好地与铜液分离。这是一套比较成熟、合理的工艺。由“煅工皆知我银”一语可知，此“银”已非罕见之物，生产量也不会太少。我国古代白铜虽有镍白铜和砷白铜两种，但方家较为重视的则是砷白铜，即砒粉点化的烂银。

南宋陈元靓编《事林广记》续集卷八“锻炼奇术·白铜法”条也谈到过一种白铜工艺：“林律五文、砒霜五文，好者合研细，坩埚内熔赤铜一两成汁，以纸片子搅匀，泻向铁模内，以湿纸盖之自白也。”此述十分简单，当为砷白铜。

宋李焘《续资治通鉴长编》卷九十四载：真宗天禧三年(1019年)八月，“已亥，大会道释于天安殿，凡万三千八十六人，先是建道场，是日，上亲临视，以药银铸大钱，面赐之。”此药银是为何物，自是不得而知，但不能排除砷白铜的可能性。

在中原地区，汉代之后的砷白铜实物较少看到。有学者分析过一件广东省博物馆收藏的宋代铜鼓，鼓高27.5厘米、面径48厘米，鼓面中心为太阳纹、菱格纹、木节纹、三角纹等，周围饰以虎头纹；断面抛光后呈银白色；成分为：锡10.92%、铅13.17%、砷4.7%，余部为铜；电子探针分析表明，微区含砷量高达28%[12]。另有一件广西容县征集的遵义型早期铜鼓，含砷量达5.15%，其余成分为：铜69.0%、锡7.7%、铅14.2%，断代为宋[13]。这类标本在中原地区是所见不多的，其中的砷很可能与矿石有关。

我国古代冶金技术包括“有色冶金”和“黑色冶金”两大体系，它们的发展历程是各不相同的。“有色冶金”以冶铜及其合金技术为主，早在商至春秋时期，青铜技术就发展到了较高的水平，但当时主要是铅锡青铜和锡青铜，其他的铜合金，如黄铜、白铜技术的真正形成和发展，都是唐宋代之后的事，所以有色金属的整个系统，是开始得早，确立得较晚的。“黑色冶金”技术以生铁和钢的冶炼、加工为主，早在汉代就确立了以“高炉炼铁—炒钢、灌钢”为主的基本技术体系，之后，它就一直沿用了下来，及至20世纪前期才为近现代钢铁技术取代。所以，黑色冶金技术虽开始得稍晚，但其技术体系却确立得较早。黄铜技术的发展，以及砷白铜、镍白铜技术体系的逐渐形成，在我国古代铜合金技术发展史上，都是具有重要意义的事件。

(三)关于镜用青铜合金的演变

在宋代日用青铜制品中，合金成分控制较好的应是响器；但使用量较大，人们接触较多，也较为后世研究者关注的却是铜镜和铜钱；它们的合金成分在宋代都发生了不少变化，尤其铜镜。

由战国至汉唐，铜镜基本上都是含锡较高的青铜制作的，鲜见其他材质，宋金时期就发生了变化。表 6－3－1 所示为 25 件宋金铜镜合金成分，可见其大体上包括了五种不同类型：（1）高锡型，计 5 件，即标本 G1、G3、A1、A4、A6。最低含锡量为 18.987%，最高达 27.473%，平均 23.193%。（2）黄铜型，计 2 件，即标本 E39、B7。（3）高铜型，计 5 件，即标本 W18、B3、B26、A3、A5。最低含铜量为 81.674%，最高达 87.245%，平均 84.103%。（4）低锡低铅型，1 件，即标本 E41，其铅、锡量皆在 11%～13%之间。（5）高铅型，计 12 件，即除上述之外的其他标本，占标本总数的48%。最低含铅量为 16.465%，最高达 29.181%，平均 22.042%。显然，在这五种合金中，第一种是从战国汉唐沿用下来的；其余四种则是宋后独创的。黄铜镜在宋金以前很少看到，古人是反对铸镜配锌的[16]。在宋金诸镜中，最具代表性的是高铅型，尤其是在南方，和南宋时期，人们常说的宋镜合金，也主要指这一类型。但值得注意的是：在宋人心目中，最佳铸镜合金

表 6－3－1　宋金铜镜合金成分分析

样号	名　称	时代	出土地点	成分（%）					文献
				铜	锡	铅	锌	其他	
E39	素面镜	唐宋间	鄂城	65.90	3.40	4.30	26.66		[11]
W18	双龙镜	宋	安徽	84.149	7.174	8.675			
G1	许家六曲葵花镜		江西	63.778	27.473	7.041		硅 1.714	[14]
G3	叶家六曲葵花镜			69.65	25.76	4.59			
E41	菊花镜		鄂城	74.656	12.637	11.827		铁 0.158 铝 0.655	[15] [11]
E60				64.791	10.345	24.863			
E43	菱形镜			67.38	8.33	23.05	0.026		
E50				64.60	7.47	26.20	0.017		
E45	八卦镜			73.191	9.214	17.593			
E46	葵形镜			74.586	6.414	18.902		铁 0.　097	
E48	带柄夔凤镜			70.17	7.　92	22.90	0.033		
E51	素面镜			67.70	8.　58	23.27	0.024		
E52	湖州葵形镜			72.853	7.375	18.407		铝 1.004 硅 0.358	
E61	十二曲镜			64.151	6.062	29.181		银 0.25 硅 0.353	
E47	六葵镜			70.500	10.10	22.15	0.037		
B20			北京	70.915	7.549	21.535			
B3	八葵镜	金		83.225	7.635	9.139			
B26				84.22	7.12	8.659			
B7	带柄龟裂纹镜			59.822	1.785	3.532	33.717	铁 1.142	
A1	双龙镜		阿城	75.408	24.318	0.272			
A6				79.171	19.429	1.398			
A2	带柄花鸟镜			77.203	6.104	16.456		硅 0.236	
A3	“上京巡院”镜			81.674	8.415	9.909			
A4	双鱼镜			78.438	18.987	1.270		铁 1.　303	
A5	“青盖作镜”			87.245	6.431	6.302			
平均成分	高锡青铜镜（5 件）			73.289	23.193	2.914			
	高铅青铜镜（12 件）			69.837	7.955	22.042			
	黄铜镜（2 件）			62.861	2.593	3.826	30.189		
	高铜青铜镜（5 件）			84.103	7.355	8.548			
	低铅低锡青铜镜（1 件）			74.656	12.637	11.827			

注：标本承湖北省鄂城县博物馆（E）、安徽省博物馆（W）、江西省博物馆（G）、

北京市文物研究所（B）、黑龙江省阿城县博物馆（A）提供，承钢铁研究总院等扫描电镜能谱分析。

依然是含锡较高的青铜。《重修政和经史证类备用本草》卷五“玉石·铅”条引《图经本草》云：“镜虽铜，而皆用锡杂之，乃能明白。”这就特别强调了须以铜中加锡的方式，即使用锡青铜来铸镜。

对于宋代镜用合金成分的变化的原因，学术界历来都有一些不同观点，其中较为流行的一种认为此乃缺铜所致，我们认为这是值得商榷的。理由是：（1）缺铜之事在我国历史上也曾不止一次地发生过，为何此前未见镜用合金成分变化？（2）若果真缺铜，便应减少铸镜量，减少铸镜配铜量，但从数十年来的考古发掘看，宋镜铸造量并不太少，从表6－3－1所示情况看，除2件黄铜镜外，铸镜配铜量与战国汉唐镜并无大的差异，其中的5件“高铜”镜的平均含铜量甚至达84.103%，这在唐和唐前都是不曾多见的。我们认为，宋后镜用合金成分改变的原因，主要与下列四方面有关：（1）战国汉唐镜皆以含锡较高的青铜铸制，镜面上的组织疏松是很难避开的，虽汉唐工匠采取了许多技术措施，如加入适当的铅、加厚镜体和加大镜钮，移动钮孔位置等等，但皆难获得万无一失的效果，且甚麻烦。（2）高锡青铜镜虽映像清晰、艺术效果极佳，但其性硬且脆，容易摔破；铁镜技术和铜镜淬火技术，以及宋金时期的高铅青铜镜，都是人们为克服这硬脆性而作的一次次努力。（3）唐宋以前，铜镜是百姓日用艺术的一个重要中心；唐宋时期，制瓷技术获得了很高的成就，遂使这一艺术中心发生了转移。（4）随着宋代商品经济的发展，人们更注重实用，而新型的铸镜合金从技术上和性能上，皆较好地适应了这一变化。宋镜合金的优点是：（1）铅青铜、锡铅青铜等，其组织疏松的倾向皆较锡青铜为低。（2）塑性较好，不易摔破，便于携带。（3）便于制作。（4）经表面处理后，也可获得较好的映照效果。“高铅型”的缺点是：耐蚀能力较差、机械强度较低、艺术效果欠佳。宋镜是人们对铸镜合金性能进行的一次新探索，使铅青铜技术获得了一次良好的发展机会。

（四）宋代钱币含铅量明显提高

20世纪20年代，及至稍早，国内外学者便开始利用现代科学手段对我国古代钱币，其中也包括宋钱，进行了许多科学分析。20世纪70年代以来，随着有关研究的深入和分析手段的进步，分析数量和精确度也大为提高，其中对北宋铜钱分析量较大的主要有三宗：一是1973年日本学者水上正胜分析的志海苔钱币，计119枚[17]；二为1985年戴志强等分析的，计62枚[18]；三为赵匡华等分析的，计192枚[19]；三批计373枚。为我们了解北宋钱币合金制度提供了许多宝贵的资料。

表6－3－2为其分布情况。由之可见：

（1）含铅量较高，含铅量处于20%～30%间的达290枚，占试样总数的77.7%；处于20%～25%间的达165枚，占试样总数的44.2%。最高含铅量达46.7%。三批试样中的铅分布规律基本相同，说明北宋钱币的含铅量还是较为稳定的。

（2）含锡量不高，含锡量处于5%～11%间的达326枚，占试样总数的87.4%；处于8%～11%间的达203枚，占试样总数的54.4%。三批试样的锡分布大体上都遵守了这同一规律，说明北宋铜钱的含锡量也较稳定。

表 6－3－2　北宋钱币的成分分布

甲　含铅量分布（枚）

成分区间 试样数	0 （%）	5～10 （%）	10～15 （%）	15～20 （%）	20～25 （%）	25～30 （%）	30～35 （%）	35～40 （%）	45～50 （%）	文献
119	2	1	3	16	53	33	7	3	1（46.7%）	［17］
62			1（13%）	8	32	18	2	1（35.95%）		［18］
192		1（9.63%）	4	12	80	74	20	1（35.61%）		［19］
373（总计）	2	2	8	36	165	125	29	5	1	

乙　含锡量分布（枚）

成分区间 试样数	0 （%）	0～2 （%）	2～5 （%）	5～8 （%）	8～11 （%）	11～14 （%）	14～17 （%）	24～28 （%）	文献
119	2	1	5	51	58	1	1（15.4%）		［17］
62			7（2.52%～5%）	22	29	4（11%～13%）			［18］
192		5（0.59%～2%）	5	50	116	14	1	1（24.6%）	［19］
373（总计）	2	6	17	123	203	19	2	1	

丙　含锌量分布（枚）

成分区间 试样数	0～0.1 （%）	0.1～0.2 （%）	0.2～0.3 （%）	0.3～0.4 （%）	0.4～0.5 （%）	0.5～0.6 （%）	0.6～0.7 （%）	文献
119	余部	7	1	1（0.318%）				［17］
62	余部	2	1		1		1（0.66%）	［18］
192	余部	4		2				［19］
373（总计）	余部	13	2	3	1		1	

丁　合金种类分布

项目 标本数	合金种类				文献
	锡铅青铜	铅青铜	铅锡青铜	红铜	
119	116	1		2	［17］
62	62				［18］
192	186	4	2		［19］
373（总计）	364	5	2	2	

注：（1）表 6－3－2 系依据文献［17］、［18］、［19］整理而成。文献［19］的含锌量为光谱半定量分析。

（2）与前同样，本表对成分区间的界定，依然是“立地不顶天”，凡处于“界限处的成分”，皆归入高成分区间。如“5～10% 实即：≥5%，<10%；“10～15%”即：≥10%，<15%；“15～20%”即：≥15%，<20%”。如含铅量为 25% 的标本，当归入“25%～30%”的范围，而不归入“20%～25%”；含锌量为 0.1% 的标本，皆归入“0.1%～0.2%”的区间，而不归入“0～0.1%”的区间。

（3）由汉到唐，到宋，我国钱币的平均含铅量是不断升高的。由前表 4－5－3 可知，汉代钱币有 73.3% 的标本含铅量介于 0～8% 之间；大约从唐代起，含铅量开始相对集中于 20%～25% 的范围（表 5－3－3），但这类标本在唐代只有标本总数的 36.4%，依然不是太多，最高含铅量也只有 34.4%。宋代则有更多标本集中于这一成分范围。

（4）373 枚标本计有 4 种不同的合金，但多数是锡铅青铜钱，计 364 枚，占标本总数的 97.587%；5 枚铅青铜钱，占标本总数的 1.34%；2 枚铅锡青铜钱、2 枚红铜钱，各占标本总数的 0.536%。

（5）北宋钱币含锌量依然较低，在 373 枚试样中，含锌量大于 0.1% 的只有 20 枚，最高含锌量只有 0.66%，其余皆在 0～0.1% 之间。此锌显然是杂质元素。昔曾有学者认为宋代已用锌铸钱[20]，看来值得商榷。下面专门讨论。

1986 年，赵匡华等人对 32 枚南宋钱币进行了科学分析，其种类包括建炎通宝、绍兴通宝、绍兴元宝、乾道元宝等 15 种，表 6－3－3 便是依此所作分类统计情况。由之可见：

表 6－3－3　南宋钱币成分分类统计

名称	合金种类	成分（%）				枚数
		铜	锡	铅	铁	
建炎通宝	铅基合金	40.84	3.43	54.2	0.43	1
	锡铅青铜	49.55～66.65	2.48～9.88	15.8～43.1	0.21～2.03	5
		平均 59.044	平均 5.56	平均 31.72	\	
绍兴通宝	锡铅青铜	58.51～60.23	10.22～11.3	24.5～29.3	0.74～1.28	2
		平均 59.37	平均 10.76	平均 26.9	\	
绍兴元宝	铅基合金	47.03	2.37	50.61	0.91	1
	锡铅青铜	63.91	7.62	25.2	0.17	1
乾道元宝	锡铅青铜	52.17～54.00	4.52～4.99	40.42～41	1.2～1.4	2
		平均 53.085	平均 4.755	平均 40.41	\	
淳熙元宝	锡铅青铜	56.42～57.21	2.38～2.5	38.5～40.4	1.05～1.25	2
		平均 56.815	平均 2.44	平均 39.45	\	
庆元通宝	锡铅青铜	55.15	2.75	37.9	1.0	1
嘉泰通宝	锡铅青铜	58.69	6.17	34.8	0.92	1
	铅青铜	60.64	1.14	35.2	1.29	1
开禧通宝	锡铅青铜	57.54	2.57	38.8	1.74	1
嘉定通宝	铅青铜	50.54～59.29	0.54～1.7	34.7～43.5	1.31～1.65	4
		平均 55.815	平均 0.943	平均 39.6	\	
	锡铅青铜	53.65	3.26	40.6	1.17	1

绍定通宝	锡铅青铜	51.18～56.46	2.66～2.95	41.3～42.9	1.03～1.4	2
		平均 53.82	平均 2.805	平均 42.1	\	
瑞平通宝	铅青铜	63.25	1.53	32.2	1.67	1
	锡铅青铜	59.08	3.49	35.4	0.79	1
嘉熙通宝	铅青铜	55.83	1.99	39.6	1.28	1
淳祐元宝	铅青铜	51.38～54.66	1.63～1.90	43.4～45.7	1.1～1.12	2
		平均 53.02	平均 1.765	平均 44.55	\	
景定元宝	锡铅青铜	53.74	5.2	35.9	1.06	1
咸淳元宝	锡铅青铜	55.62	2.11	41.2	1.03	1
平均成分		56.115	3.758	37.688	\	32

注：(1) 本表系依赵匡华等《南宋铜钱化学成分剖析及宋代胆铜质量研究》(《自然科学史研究》1986年第4期) 整理而成。

(2) 组分含量小于2%时皆视为杂质元素。

(1) 钱币含铅量较高，含锡量较低。32枚标本平均成分为：铜56.115%、锡3.758%、铅37.688%。

(2) 其中有锡铅青铜钱21枚，占标本总数的65.625%；铅青铜钱9枚，占标本总数的28.125%；铅基合金钱2枚，占标本总数的6.25%，其中1枚建炎通宝钱的含铅量达54.2%。不见一枚锡青铜或铅锡青铜钱。此铅基合金，其基体是铅，主要合金元素是铜，其次是锡。铅基合金钱在先秦使用较多，汉代较少。

(3) 标本含锌量极低，一般皆为0.03%～0.05%左右；只有1枚标本达0.3%，2枚标本达0.1%。

宋代钱币含铅量提高，一方面大约与技术要求和成本有关，但可能还有一个原因，即与边事有关；因铅青铜的机械强度较低，不宜制作兵刃之器。今日所见宋钱多数锈蚀较剧，与含铅量较高也是不无关系的。

(五) 响器合金技术的发展

响器，即可打击作响之器，主要包括钟、铙、磬、锣、钹、铃等。其起始年代各不相同，陶寺龙山文化晚期遗址出土有铜质铃形器；殷墟妇好墓出土有铜铙；西周便已有钟，《考工记》有“凫氏为钟”；磬始为石质，后为铜质；锣、钹大体上是汉后才出现的。古人对响器合金成分一直较为重视，《考工记》“六齐”条规定了六种三类合金的成分，其中一类便有钟。宋代之后，响器合金技术又有了一定发展。

表6-3-4示出了5件宋代，1件元代响器的合金成分。其中有1985年吴坤仪分析的宋、元梵钟各1件，标本皆为北京大钟寺博物馆藏品；我分析的江西、徐州宋代锣、钹、磬计4件。江西铜钹为农民采集，徐州锣、钹、磬3件为纪年窖藏出土，厚度在0.4～1.0毫米间，都表现了较高的水平。由之可见：

(1) 不管是钟还是锣、钹、磬，凡6件标本，清一色都是锡青铜。

(2) 含锡量较高，且较稳定。宋熙宁十年钟含锡量16.5%，元钟为13.45%，锣、钹、磬 4 器含锡量波动范围是 16.87% ~18.74%，平均 17.873%。这含锡量较“六齐”规定数中的“钟鼎之齐”稍高。

（3）其铅大体上可视为杂质。宋钟含铅 0.155%，元钟含铅 0.84%，4 件宋代锣、钹、磬含铅量波动范围为 0 ~0.81%，平均 0.323%。

表 6－3－4　宋元响器合金成分

名称器号	样号	取样部位	地点	时代	成分（%）				
					铜	锡	铅	其他	总
熙宁十年钟		钟口沿	北京	宋	82.5	16.8	0.16		99.46
		钟上部			77.0	16.2	0.15		93.35
元钟		钟上部	北京	元	71.0	13.9	0.86		85.76
		钟下部			70.0	13.0	0.82		83.82
钹	G2	外区，厚 0.8 毫米	江西	宋	81.26	18.74			
锣 茅 H:4	JX5	沿部，厚 0.4 毫米	徐州雪山寺	宋	79.12	17.96	0.81	铁 1.1 铝 1.01	
钹 茅 H:2	JX6	外区，0.8 ~1.0 毫米		宋	79.89	17.92	0.12	铁 0.78 铝 1.3	
磬 茅 H:5	JX7	口沿，厚 1.0 毫米		宋	80.27	16.87	0.36	铁 1.04 铝 1.04	
宋钟平均成分（1 件 2 个样品）					79.75	16.5	0.155		
元钟平均成分（1 件 2 个样品）					70.5	13.45	0.84		
宋锣钹磬平均成分（4 件）					80.135	17.873	0.323		

注：（1）宋钟、元钟资料采自吴坤仪：《明清梵钟的技术分析》，《自然科学史研究》1988 年第 3 期，并见吴坤仪《梵钟的研究及仿制》，第二届全国金属史学术讨论会论文，1985 年。

（2）标本钹 G2 为农民采得，承江西省博物馆李恒贤提供，承北京市粉末冶金研究所李耕扫描电镜能谱分析；其余 3 件标本皆纪年窖藏出土，承徐州市博物馆李银德提供，承原冶金工业部钢铁研究总院肖鹏、李洁扫描电镜能谱分析。分析报告待发。

（3）除表中所列成分外，磬 JX7 尚含有硅 0.34%、氯 0.08%。

前面谈到，锡和铅对振动波的传动效果是不同的，这响器皆用含锡量较高，含铅量极低的锡青铜制作，这说明宋人对此又有了进一步认识。

此外还值得注意的是：欧阳修《归田录》卷上还明确地谈到了响器须减铜齐，以提高其含锡量之事，这进一步说明了人们对合金性能与合金成分间的关系已有较深认识：“景祐中，李照作新乐，又下其声，太常歌工以其太浊，歌不成声。当铸钟时，乃私赂铸匠，使减其铜齐，而声稍清，歌乃叶而成声，而照竟不知。以此知审音作乐之难也。”[45] 叶，《宋本玉篇》：“古文协。”而非今人之谓“葉”之简化字。此“减其铜齐”，便相当于增加了含锡量，致使其声稍清。这与现代技术原理是完全相符的。可见，自先秦到宋代，匠师们都清楚地认识到了含锡量对乐钟音质的影响。

（六）关于“夹锡钱”和“绍圣钱”

这两件事是紧密相连的。20 世纪 20 年代时，章鸿钊曾提出过我国早在宋代，及至汉代便已冶炼了金属锌，并用它配制了黄铜钱的观点[20]。他的主要依据是一些与“夹锡钱”和“绍圣钱”有关的而又难以肯定的资料，所以数十年来，学术界对此一直较为关注。

宋代文献谈到过夹锡钱的地方似不止一处，但较早引起学术界注意的是蔡京主行的夹锡钱。《宋史》卷一八〇“食货志·钱币”云：“初，蔡京主行夹锡钱，诏铸于陕西，亦命转运副使许天启推行。其法：以夹锡钱一折铜钱二，每缗用铜八斤，黑锡半之，白锡又半之。既而河东转运使洪中孚请通行于天下。”这里谈了两件事，一是夹锡钱的配方；二说夹锡钱曾广为推行。章鸿钊认为，引文中的“黑锡”即是铅，“白锡”即是锌。依此，他进一步认为，夹锡钱即是夹锌钱，并认为这是宋代有锌的证据。

1923 年，王琎分析过 8 枚北宋铜钱，其年号分别为“淳化”、“治平”、“熙宁”、“元丰”、“元祐”、“绍圣”、“大观”、“政和”，其中 7 枚都是以铅、锡为主要合金元素的，含铅、含锡、含锌量分别为：14.1% ~ 26.59%，3.07% ~ 13.87%、0.97% ~2.18%；唯一枚绍圣钱含锌量稍高，具体成分为：铜 55.49%、铅 25.8%、锌 13.15%、锡 3.07%、铁 1.4%（表 6 –3 –5）[21]。章鸿钊认为：若将蔡京夹锡钱中的“白锡”释之为锌，其年代和配比，皆与此绍圣钱基本相符。

表 6 –3 –5　王琎分析的宋钱合金成分

钱币年号＼成分	成分（%）				
	铜	锡	铅	锌	铁
淳　化	68.0	11.9	21.5	1.08	痕
治　平	66.5	10.2	22.6	1.0	0.4
熙　宁	69.9	13.87	14.1	1.4	0.38
元　丰	65.8	4.27	26.59	2.18	0.3
元　祐	56.54	5.97	26.2	1.26	0.7
绍　圣	55.49	3.07	25.8	13.15	1.4
大　观	65.74	9.98	20.8	0.97	0.86
政　和	47.0	6.71	23.75	2.14	0

注：转引自《中国古代金属化学及金丹术》，中国科学图书仪器公司，1955 年。

因黄铜和金属锌冶炼技术的发明是我国古代冶金技术史、化学史上的一项重要成就，故自 20 世纪 20 年代之后，国内外许多学者都一直较为关注，并进行了许多研究，但却往往得到了与章鸿钊不尽相同的结论。

首先是实物资料。在前述 373 枚北宋铜钱中，其年代既有蔡京之前的，也有其后的，但再未看到一枚含锌较高的实例。水上正胜分析的 119 枚铜钱多属仁宗、神宗时期；哲宗时期的有真书元祐通宝 5 枚、篆书元祐通宝 10 枚，皆在绍圣之前。“绍圣”也是哲宗年号。戴志强等分析的 62 枚中，45 枚属哲宗之前；9 枚属哲宗时期，包括元祐（1086～1094年）通宝5枚、绍圣（1094～1098年）元宝2枚、元符（1098～1100年）通宝2枚；8枚属徽宗时期，包括8种不同的名称钱币。赵匡华等分析的192枚中，其年代基本上覆盖了整个北宋，绍圣前后的钱币有：元祐通宝12枚、绍圣元宝8枚、元符通宝2枚、圣宋元宝5枚、崇宁重宝5枚、大观通宝4枚、政和通宝7枚、宣和通宝3枚。所有这些钱币，其合金成分皆如表6-3-2所示，基本上都是以铅为主要合金元素的锡铅青铜，含锌量极低，完全是一种杂质，所以，王琎分析的含锌绍圣钱只是一例孤证。说宋代已经炼锌，或者已掺锌铸钱，说绍圣钱为铜铅锌锡四元合金，都还缺乏足够的实物依据。

关于夹锡钱，中外学者都进行过不少研究，当今较为流行的一种说法是，认为它是以铁为基的合金，是即一种铁钱。这其中又有两种说法：（1）部分学者认为它是铁钱夹铅夹锡，为三元合金；并认为《宋史》卷一八〇“食货志”关于夹锡钱的条文中，误将“铁”字刊成了“铜”字，其原文应当是：“每缗用铁八斤，黑锡半之，白锡又半之。”（2）另一部分学者则认为它是铁钱夹锡，无铅，为二元合金，并认为上述《宋史》卷一八〇的引文原应有两项内容的，其间存在重大遗漏：（1）从“初，蔡京主行”至“夹锡钱一折铜钱二”，所说应是夹锡钱。（2）从“每缗用铜八斤”至“白锡又半之”，所说应是“当十铜钱”；因崇宁二年时，当十铜钱与夹锡钱同时推行，并认为在这前后两段文字间遗漏了一大段文字。这些学者还分析过300多枚宋代铁钱，经扫描电镜能谱分析，发现其中有2枚政和通宝平均含锡量达3%，3枚大观通宝平均含锡量达1%[22]。

我们亦大体同意夹锡钱为铁钱之说。有关资料较多，其中较值得注意的是《文献通考·钱币二》，其云：“（崇宁）二年（1103年），河东运判洪中孚奏，二虏以中国铁钱为兵器，若杂以铅锡，则脆不可用，请改用夹锡当二铁钱，诏从之。”这是崇宁年间曾铸夹锡铁钱之明证。当然，将夹锡钱说成铁钱，也还有一些疑窦。如：（1）《宋史》卷一八〇有“夹锡钱”之名，还有“铁镴钱”之名，它们的关系如何？如若它们原为一物，为何使用两个名称？（2）同书同卷说到过“青铜夹锡钱”之名，为凤翔府所铸，其性“脆恶易毁”。青铜钱原本便是夹有铅锡的，为何又新起一个青铜夹锡钱之名？（3）说《宋史》有遗漏，或说印错，这并无旁证。看来“夹锡钱”之事确有些复杂，有的问题仍可进一步研究。

四、黄金采冶技术的发展

宋代黄金生产量较大，分布地域也较广，其中产量最大的是登、莱二州。《宋会要辑稿》“食货”卷三十三之七载，元丰时金产二十五州，元丰元年岁收总量达10 710两，其中登、莱二州合收9 537两，占总量的89%。“登州元（原）额三千九两，元丰元年收四千七百一两，又土贡一十两；莱州三县和买金元（原）额四千一百五十两，元丰元年收四千八百七十二两”。可见元丰元年时，登、莱两州产金量都超过了原额。

元代也很早注意到了黄金开采，产地也较多。《元史》卷九十四“食货志·岁课”载：“初金课之兴，自世祖始。”元代在今吉林、辽宁、新疆、云南等地都设有不少淘金所，地域上有了扩展。《元史》卷九十四“食货志”载：天历元年（1328年）岁课金量较大的地方有：云南省，184锭1两9钱；江浙省，180锭15

两 1 钱；湖广省，80 锭 20 两 1 钱；腹里，40 锭 47 两 3 钱；江西省，2 锭 40 两 5 钱。作为衡制的“锭”有大有小，此锭可能较大。从上述行文可知，不足 1 锭的散金量最多为 47 两 3 钱，其次为 40 两 5 钱；依此我们推测，此一锭可能是 50 两；如此计算，天历元年的课金数约合 24424 两 9 钱。这数字是不小了，若其税率与元丰时期一致的话，则总产量超过元丰元年一倍多。

此期开采的依然主要是砂金，基本操作是淘洗，自然也可手选。我国古代的淘金法主要有两种，即重砂淘洗和溜槽淘洗。重砂淘洗发明较早，操作也较简单，依淘洗工具之不同，又可区分为淘槽法、淘盆法和淘筛法，工作原理都是利用了矿物的重力差。我国铜矿洗选用的溜槽始见于战国西汉时期，即湖北大冶铜绿山古矿场所出，发掘报告原定为木质水槽者[23]，经有关专家仔细鉴定，后改定为选矿用溜槽[24]。淘金溜槽看来也不会太晚，但文献上是到了宋代才见于记载的。

宋朱彧《萍州可谈》卷二载：“两川冶金，沿溪取沙，以木盘淘，得之甚微且费力。登莱金坑户止用大木锯剖之，留刃痕，投沙其上，泛以水，沙去，金著锯纹中，甚易得。”这里简单而明白地介绍了溜槽淘洗法的操作。“溜槽”即一种斜槽，槽底以大木制成，其上锯有许多刃痕，利用矿物的重力差，金砂的比重因较大而下沉较快，从而达到驱除杂质的目的。引文所云“木盘淘”即是重砂淘洗，得之甚微且费力，所以溜槽淘洗法的推广，是宋代采金技术上的一大进步，使生产率大为提高。

此期关于淘金的记载较多。《大冶赋》也曾有过长段描述：“但见汰金有洲，淘金有岗……乐安精镠，胎瑞坑谷。浚埼碛以采摭，画埠沙而披漉。大如落萁之豆，小如脱秕之粟。轻如麸之去麧，细如尘之生麯。澄之汰之，倏胂蒲掬。”这描述的应是砂金淘洗过程，并且很有些像溜槽淘洗，尤其是“乐安”以下四句。文字虽有些含蓄，基本意思还是明白的。

宋、元时期，人们对砂金的形成过程和外部形态，都有了进一步认识。宋范成大（1126～1193 年）《桂海虞衡志·志金石》载：“生金出西南州峒，生山谷田野沙土中，不由矿出也。峒民以淘沙为生，坯土出之，自然融结。成颗大者如麦粒，小者如麸片，便可锻作服用，但色差淡耳。欲令精好则重炼，取足色，耗去什二三。既炼则是熟金。”此“生金”即采集来的自然金，可锻作服用，唯颜色稍淡。从现代技术观点看，生金颜色与所含杂质量有关。其杂质常为银，含银量越多，颜色越淡，比重越小。欲得熟金，须得重新提纯。未炼则生，既炼则熟。提纯时“耗去二三”，这是关于黄金损耗比的较早记载。

在这段文献中，尤其值得注意的是“融结”一词，依范成大的意思，自然金是“融结”成的。这是个大胆而出色的见解。新近研究认为，砂金是原生脉金风化后，经过多次富集、结集、叠加、再生，不断地表面活化而最后形成的。此过程中既有机械作用，也有化学、物理和生物的作用，就连大块狗头金也应当是在砂矿床和矿床氧化带中“长大”的。胶体吸附，以及有机物的作用，对金的迁移、沉淀、及赋存状态均有重大影响。此“融结”二字原是指流体、胶融体之聚集和固化，在此却十分生动地描述了砂金的形成过程。虽范成大尚不可能认识到其中的许多科学道理，但“融结”之说无疑是一种大胆探索，且闪烁着先进思想的光辉。范成大于隆兴中（1163～1164 年）为静江（今桂林）地方长官，此书系记其见闻所得。

周去非《岭外代答·金石门》也谈到过自然金的一些形态及其形成过程："凡金不自矿出，自然融结于沙土之中，小者如麦麸，大者如豆，更大如指面，皆谓之生金。"前两句所说是砂金的形成，认为它是自然"融结"成的，后四句则描述了砂金的形态。其中有的说法与范成大相类似，很可能是从范书中借用过来的。周去非曾于淳熙年间（1174～1189 年）任桂林通判，有人问岭外情况，因作此书以答。

北宋寇宗奭还较早地注意到了麸金的颜色，其《本草衍义》卷五说："麸金即在江沙水中，淘汰而得，其色浅黄。"此书为政和年间（1111～1118 年）所成。宋周密（1232～1298 年）在《癸辛杂识续集》卷下"金紫银青"条也谈到了砂金的形态和颜色："广西诸洞产生金，洞丁皆能淘取，其碎粒如蚯蚓泥，大者如甜瓜子，世名瓜子金。其碎者如麦片，则名麸皮金，金色深紫。比之寻常金色复加二等，此金之绝品也。"

在自然金块中，人们较为注意的是块度较大的颗块金，后世又叫狗头金，它的出现一直被认为是祥瑞之兆，宋时亦有多次记载。《宋史》卷六十六"五行志四"载："庆历四年（1044 年）五月乙亥金峪县得生金山（生山金?），重三百二十四两……（政和）五年（1115 年）正月湖南提举常平刘钦言：芦荻衡出生金，重九斤八两，状类灵芝、祥云；又淘得碎金四百七两有奇。"颗块金自然是难得之物，但多种文献都曾提到，及至 20 世纪七八十年代，还不止一次地发现[25]。

宋代采金技术上的另一重要成就是，脉金开采技术有了多段较为明确的记载。《宋会要辑稿》"食货"卷三十四之十五载："绍圣三年（1096 年）湖南转运司言，潭州益阳县金苗发泄，已差官检视置场，今体访得先碎矿石，方淘净金。"此"先碎矿石，方淘净金"的意思十分明白，自然是指脉金开采言；若非脉金，便无"先碎矿石，方淘净金"之说。

宋洪咨夔《大冶赋》也谈到了原生脉金的开采。云："渠阳泽铣，毓奇溪洞，寻苗阙汋之邃；破的礌壁之壅，煍以火则流脂铁笼之烈，淬以水则舂麋钐杵之重。"此前三句当指找矿，后三句则是采掘；"淬以水则舂麋钐杵之重"应是水爆法开采；若非脉金开采，是无需此举的，淘尽便是了。

《关尹子文始真经·六匕》也有一段关于脉金开采的文字："我之为我如灰中金，而不若矿砂之金；破矿得金，淘砂得金，扬灰终身无得金者。"[47]此"破矿得金，淘砂得金"，正好说到了我国古代黄金开采的两项基本工艺，即脉金开采和砂金开采。《关尹子》，旧题周尹喜撰，《汉书·艺文志》曾有著录，但《隋书·经籍志》等不载，可知原书久佚。今本为宋人伪撰；伪撰此书时，不知是否见及原书残卷；但这条文献不会晚于宋代当是肯定的。

此期的黄金提纯技术也有了进一步发展，混汞法、硫黄法等的记载更为明确，且出现了矾硝法。

《老学庵笔记》卷九载："宣和（1119～1125 年）末，又以方士刘知常所炼金轮颁之天下；神霄宫名曰神霄宝轮。知常言其法：以汞炼之成金，可镇分野兵饥之灾。时宣和七年秋也。”这说的是混汞法黄金提纯，即“汞炼金”；说得十分明白的。

《修炼大丹要旨》（卷上）“分庚银”还谈到过一种“硫黄炼金”的黄金提纯工艺，云：“将淡金作汁，先用些小硫擂之提起，候冷，次下前药盖面，上头用陈壁土和盐盖头，又用小锅盖之，铁线扎缚封固，通身用泥固之，大火鞴得十分好。候冷，破锅取出。其金作一块在内，银在外包了，打去外银，仍将金用前法，再用药一半，再如此鞴之，又如前去银……其金方净。”[26]此“淡金”，即金银矿。“前药”，指引文前提到的硫黄、伏火硝石、矾及盐的粉状混合物。这里主要是用硫黄与银金矿中的银等作用；反复多次后，便可使金与银铜等重金属分离，而达到提纯黄金的目的。此虽使用了多种药物，但更突出了硫黄的作用，故可谓之“硫黄炼金法”，这应是汉代黄矾—树脂法的一种发展。同书同卷接着又说：“傥金银内有铜时，先用硝提得净了，却分金、银，分银、铜，即次银。先用壁泥盐盖在上，作汁了，不可搅，令其自然二气相感；破锅取出，再作汁，用硝（原注：伏硝）多矾少，再三再四提之，搅得硝矾在锅内，边上倾出银了，再熔矾。再有银，以无即止。若七成者，只得七分。”这是说分离金银内之铜。陈国符认为，此书最早约出现于宋[27]。

南宋陈元靓编《事林广记》续集卷八“锻炼奇术”谈到了一种矾硝法黄金提纯，云：“煮次金法：胆矾（硫酸铜）八铢，鸡屎矾（不纯的黄矾）六铢，柳絮矾（脱水白矾）五铢，绿矾（皂矾，硫酸亚铁）五铢，黄矾（硫酸铁）八铢，青盐二铢、解盐（山西解州池盐）二两，硝石二两。用矾、金子打伏，次入硇砂二铢，掺向上放冷，取硝八铢，用滚合研细，铺坩埚底着金物，却用药盖，簇火任令沸。候将火筯以蘸水碗内，试有赤色，更煮，候赤黑色即住，夹出淬入热水内，洗取，是上色物也。”此“锻炼奇术”实即将次金炼成上等金之术，即利用矾、硝、盐的混合物来提纯黄金。这段文字虽有脱落和讹字处，但基本内容还是完整的，其中有绿矾、硝石、青盐，当可溶解金中的银，从而达到提纯金的目的[46]。但此法十分繁琐，应是一种神秘丹方，生产上的应用较为困难。

《事林广记》续集卷八“锻炼奇术·火攻金法”条还谈到过一种用硼砂提纯药金的方法：“老壁土、赤鸟脚、解盐、信土各四两研细。先打金成薄片，以胆矾三铢，硼砂一铢半，黄矾二铢，叶子雌黄六铢，合研，用蜜调搽片子上重重，用荷末隔，（置）合子内，十斤火煅，候冷取出，温汤洗，再熔，成上色金。”迄明，此工艺更为成熟。

《本草衍义》也谈到过一种硇砂法，云：“金银有伪，投硇砂锅中，伪物尽消化。”[28]此法甚为简便。

五、白银冶炼技术的发展

宋代白银生产量也较大。据《宋史》卷一八五“食货志”载，皇祐（1049～1054年）中岁得课银219 829两；元丰元年（1078年）稍有减少，为215 385两。据《宋会要辑稿》“食货”卷三十三载：元丰元年收银量较多的地方是如下四州：南剑州，51 227两；信州，35 957两；潭州，28 757两；虢州，25 642两。此四州收银总量为141 583两，占全国收银总量的65.7%。

元代产银量较低，据《元史》卷九十四“食货志二”载：天历元年（1328年）岁课之数总计为1559锭111两（未折算）。该年收银量较多的地方是：云南省，735锭34两3钱；江西省，462锭3两5钱；湖广省，236锭9两；江浙省，125锭39两2钱；腹里，1锭25两。此元代官库银每锭的重量未曾细考。湖北黄石市西塞山出土的宋代银锭有“五十两”、“贰拾伍两”、“拾贰两半”、“拾两”四种规格[48]，下述《云麓漫钞》载南宋官库银每锭为五十两，此述不足1锭的最大散银数为39两2钱，依此我们推测，此元代课银每锭当亦50两，经折算，天历元年课银数则为1561锭11两，虽宋元税率未必完全一致，看来元代产银量依然较宋代为低。宋、元产银之地同样主要在南方。

在自然界中，金、银、铜、铁、汞都有单质的自然金属，其中金最多，铜、汞、银次之，铁又次之。人们采冶的银多为硫化矿，且伴生于铜、铅、锌等矿中。我国古代白银采冶技术约发明于先秦，汉、唐文献都曾提到炼银技术，宋代之后，有关记载更为详明，并且对自然银、矿中银及其冶炼工艺，都有了更深的认识。

北宋寇宗奭《本草衍义》卷五“银屑”条载：“银本出于矿，须煎炼而成，故名熟银。”“其生银即是不自矿中出，而特然自生者，又谓之老翁须，亦取像而言之耳。”[29]此“生银”即自然银，其状若老翁须。“老翁须”之名在五代文献中便已出现。“熟银”即由矿石煎炼而成者。

苏颂《图经本草》载：“其银在矿中则与铜相杂，土人采得之，必以铅再三煎炼方成。”生银“出饶州乐平诸坑，生银矿中，状如硬锡，文理粗错自然者真。今坑中所得乃在土石中，渗溜成条，若丝发状，土人谓之老翁须。似此者极难得”[30]。这里主要谈了三个问题：（1）说银常与铜共生；（2）说银“必以铅再三煎炼方成”；（3）说到了自然银的几种产状和性状，并说它是极难获得的。

苏颂在谈及密陀僧时，对铅炼银法作了更为全面的描述：“初采矿时，银铜相杂，先以铅同煎炼，银随铅出。又采山木叶烧灰，开地作炉，填灰其中，谓之灰池，置银铅于灰上，更加火煅，铅渗灰下，银住灰上，罢火候冷，出银。”[31]这里说的是银铜共生矿，完整地谈到了铅炼银法的全过程。其实，世界上多数硫化铜矿床都含少量的银。此冶炼过程分三步：（1）先作竖炉炼铜，银铜相杂；（2）再用铅使银从铜中分离出来，银随铅出；（3）最后再用铅炼银法，将铅氧化，于是铅渗灰下，银住灰上，从而达到银铅分离的目的。此氧化铅，丹铅家和本草家又谓之密陀僧，唐苏敬（恭）说其出波斯国，并认为“密陀僧”或谓“没多僧”，“并胡言也”[31]，即都是外来语。

《本草衍义》和《图经本草》都是本草学专著，其中保存了如此很有价值的金石史料，是十分难得的。更值得庆幸的是，与冶铜、采金同样，宋代还出现了专述银矿采冶的记载，其中主要是《云麓漫钞》和《大冶赋》，这是社会进步的表现。商品经济发展了，人们的许多社会意识也随之发生了变化，与百姓日常生产和生活相关的日用技术，就会更多地为文人记述下来。

南宋赵彦卫《云麓漫钞》卷二有一段专门记述银矿采冶的文字，说：“取银之法：每石壁上有黑路乃银脉，随脉凿穴而入，甫容人身，深至十数丈，烛火自照。所取银矿皆碎石，用臼捣碎，再上磨，以绢罗细，然后以水淘，黄者即石，黑者乃银，用面糊团入铅，以火煅为大片，即入官库。俟三两日再煎成碎银，每五十三两为一包。与坑户三七分之，官取三分，坑户得七分，铅从官卖……它日又炼，每五十两为一锭，三两作火耗……大抵六次过手，坑户谓之过池、过水池、铅池、灰池之类是也。”这里说了 4 个问题，即（1）辨认矿脉和采矿。说石壁上的“黑路”即是银脉，坑道甫容人身，开采时须以烛火自照。（2）破碎和选矿。其中包括捣碎矿石、上磨、以绢罗细、以水淘洗。（3）冶炼。先制“铅陀”，即含银的铅块；二三日后再去铅炼成碎银。（4）它日再炼。用铅炼银法，即灰吹法，前后大抵要“吹”六次。此每锭五十两，大约是一种官库银的单位制。这段文字虽然不长，却对采、选、炼三个基本工序都作了简要介绍，是难得的资料。此书之序作于开禧二年（1206 年）。

《大冶赋》对银之采冶花费了更多笔墨。其云：“以至银城有场，银斜有坑……立岩墙而弗顾，慨徇利而忘安。䆅路深入，阁道横蹑，篝灯避风而上照，梁杠插水而下压。戽楬深穽之腹，炮泐骈石之胁；捷跳蛙其不系，磔苍髯而可镊。碓山藉矿而殷雷，淘池搅粘而飞雺。流景倒爤，星星晔晔。烧窖熟盦，炉裂铅驼，沸灰窠发。气初走于烟云，花徐翻于霜雪。它山莫优，朱提则劣；于以供王府匪颁之用，于以补冶台货本之阙。”此以文学性的语言描述了银矿采冶的全过程。

“立岩墙”两句说开采银矿是常有危险的。

“䆅路深入”五句说在矿灯照耀下，矿工沿坑道逐次进入了矿井深层。

“戽楬”两句指排水和排除有险情的岩石。泐，原指石头依纹理而裂散；骈，原指并列、对偶；骈石，并列的许多石头。

“捷跳”两句描写矿工在井下采矿的情况；说矿工捷跃胜于跳蛙，状如黑须的银矿便可采取。磔，古时分裂祭牲以祭神；镊，当同摄。

“碓山”四句说矿石的粉碎和淘洗。

“烧窖”一句当指焙烧；因本赋原是对偶性文字，疑此句之后当有一句脱落。

“炉裂铅驼”四句当指铅炼银法的冶炼过程。这是整段引文中较为重要的部分。“铅驼”，含银的“铅块”；“沸灰窠发”，将铅驼投入灰窠后开始煽炼吹灰；“气初”两句描述铅氧化而渗入灰后，余下霜雪般的白银徐徐翻动的景象。“铅驼”中的铅，是另外加入的还是原本便有的，“赋”中未曾说明，从上下文看，不能排除原本便有的可能性，即这里开采的是银铅共生矿。

“它山”四句对所得白银作了赞美，并说了它的用途。

《物类相感志》还记述了提纯银的简便之法，云：“银中杂铜多者，熔化时以锡相投，则其铜如在水上，作水片取出。”此法效果如何，未曾试过。它是仅用来去除银中铜的。铜与银，铜与锡，都能形成固溶体。此书为苏轼所撰，宋俞琰《席上腐谈》卷下：“东坡有《物类相感志》。”

周密《癸辛杂识续集》卷下“金紫银青”条还谈到了银的质量辨别法：“银之品有纹如罗甲者，有松纹者，有中洼而郭高者，皆为精银。其绝品则色青，故官品有金紫银青之目，盖金至于紫，银至于青，为绝品也。”这种质量辨别法此前很少见人提起。

六、炼汞技术的发展

《宋会要辑稿》“食货”卷三十三之一八载：诸坑冶收水银，祖额总计4 937斤；元丰元年总收3 356斤，其中产量较大的几处是：（1）文州（治今甘肃文县）曲水县水银务，熙宁五年置，原额2 370斤，元年收1 279斤。（2）阶州（今甘肃武都）大石水银务和彭城水银务，原额751斤，元年同。（3）凤州（治今陕西凤县）河池县水银务，原额247斤，元年收743斤。（4）商州（今陕西商县）上洛、商洛、洛南三县水银朱砂务，原额水银569斤，元年收584斤。可见宋代水银主要产于今甘肃、陕西。

元代水银生产的具体资料不多，《新元史·食货志》载：朱砂、水银，至元十一年（1274年）时，“在湖广者，沅州五寨萧雷发等每年包纳朱砂一千五百两，罗管寨包纳水银二千二百四十两，潭州安化县每年办朱砂八十两，水银五十两”。他处不详。此总计水银2 290两，朱砂1 580两，这数字远较宋代为低。

宋代水银的主要用途依然是如前所述。北宋寇宗奭《本草衍义》则对水银的性能、功用作了更为生动的描述。其云：“水银得铅则凝，得硫则结，并枣肉研则散。别法煅为腻粉、粉霜，唾研之死虱。铜得则明，灌尸中则后腐，以金银铜铁置其上则浮。得紫河车则伏，得川椒则收。可以勾金，可以涌泉。”[32]紫河车，铅汞混合氧化物。勾金，提纯黄金。关于殓尸之事，《宋史》卷一二四“礼志·诏葬”还有记载：“绍兴二十四年，太师清河郡王张俊薨。上曰：张俊极宣力……务从优厚，仍赐水银二百两，龙脑一百五十两。其后，杨存中薨，孝宗令诸寺院声钟，仍赐水银龙脑以敛（殓）。”看来，皇帝常赐水银以葬，在宋代还是一种较为优厚的待遇。1971年，江苏江浦县南宋张同之夫妇墓，“棺下均铺有厚0. 36米的石灰，并有大量水银（汞）；除翻动流失不能收起外，尚取出水银约5市斤左右”。张同之，宋代词人张孝祥之子，曾任江南路转运判官等职，死于庆元元年（1195年），其妻死于庆元五年（1199年）[33]。

宋元时期，蒸煮炼汞术仍有一定的发展，蒸馏法有了较大的提高[34]。

在今见资料中，上火下凝法先后有过多种操作：汉代有过阳城罐式，唐代有过竹筒式，宋代又出现了石榴罐式、上下釜式、倒覆坩埚式等，其原理都是一样的。南宋方士白玉蟾《金华冲碧丹经秘旨》（成书于1225年）载[35]：“石榴罐中盛辰砂十两，赤金（红铜）珠子八两，磁瓦碎片塞口，倒扑石榴罐在坩埚上，埚内华池水二分。”此即所谓的“石榴罐”式。石榴罐与坩埚间用六一泥固济，加热石榴罐，水银被还原出来，并进入坩埚下面的华池水底。在此值得注意的是它使用了红铜作还原剂。

《修炼大丹要旨》卷上“硃砂取汞”条也记载了一个上火下凝式操作，说：“硃砂十两，乳细，用松炭末和之，装在大坩埚内，至六分，用松炭末盖之。上用小瓦片装在上，用铁线结成一团片，盖在锅口，用铁线缚之。打一土窟，先安小瓶在窟内，瓶内用水；将坩埚盖覆转在瓶口。用泥封口，四周砖砌。上面用大火一煅，再加半炉火。每硃一两，可得真汞七钱在瓶内。去水，洗得净。”[36]可见，这整个装置是一个对口坩埚式，亦是上下釜式，将朱砂盛坩埚内，以炭末作还原剂，用编成网状的铁丝盖住口部，之后倒覆在一个盛有水的瓶上，两口相对，在上部加热。汞蒸气由上而下，在下部水中冷凝并被收集起来。从理论上讲，一两朱砂可得 0. 86 两水银，今得七钱，收得率为 81%，已经不低。

这种“火在上，水在下”的蒸煮炉古人又谓之“未济炉”，因在六十四卦中“上离（火）下坎（水）”为未济卦。图 6 －3 －1 为南宋吴悮《丹房须知》所示“未济炉”。同一道理，古人亦将“火在下，水在上”的蒸煮炉就称作了“既济炉”[37]。现代研究者中，曹元宇 1933 年在讨论中国古代金丹家的炼丹设备及其方法时，也沿用过这一名称[38]。在此值得注意的是，示图左右两侧伸出的两臂，有可能是两个出气管道，蒸煮过程除了汞蒸气外，还可能有二氧化碳等气体逸出。图中右侧的葫芦状物有些像冷凝器，如若此说无误的话，那么，这便也是一种蒸馏器了。但因其“火在上”，而一般蒸馏器都是“火在下”的，这便可视之为蒸馏器的早期形态或未济式蒸馏器。

图6 －3 －1　未济炉（上火下水）

采自南宋《丹房须知》

周去非《岭外代答》卷六也谈到过一种上下釜式的蒸煮法。其云：“邕人炼丹砂为水银，以铁为上下釜，上釜盛砂，隔以细眼铁板；下釜盛水，埋诸地，合二釜之口于地面，而封固之。灼以炽火，丹砂得火化为霏雾，得水配合，转而下坠，遂成水银，然则水银即丹砂也。”蒸煮装置的基本结构与上相类似。此“得水配合”一语当是藉水冷却之意。

这种“上下釜式”与上述“倒覆坩埚”式、“石榴罐式”、“竹筒式”和《神农本草经》说的“阳城罐式”，皆属蒸煮法，皆属“火在上，水在下”的未济炉，这种炼汞法在我国沿用了相当长一个时期，元末明初仍可看到[34]。因其有了相对独立的冷凝室，避免了水银珠再次滴回高温区，较下火上凝法是个较大的进步，但其需两个容器相扣，故依然只宜于小规模生产。

蒸馏法炼汞在唐代已露端倪，宋代便逐渐推广开来，宋人吴悮《丹房须知》载有一幅原题作“抽汞之图”者，有燃烧室、蒸煮室和冷凝室，与后世农村的蒸馏装置基本一致，曹元宇说它已是相当“完美的蒸馏器”[38]（图6 －3 －2）。该书的篇首有作者于南宋孝宗隆兴癸未年（1163 年）自序，属南宋早期。只可惜不见文字说明。

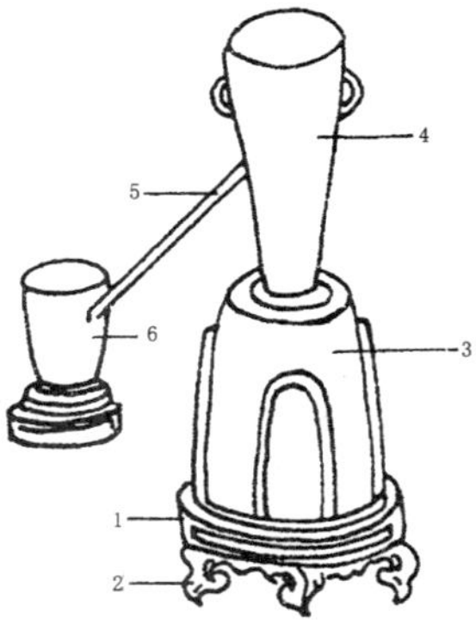

图 6 －3 －2　蒸馏法炼汞图

1. 木床，径四尺
2. 木足，高一尺
3. 丹灶
4. 圆釜，径八寸
5. 气管（导汞管）
6. 盆

采自南宋《丹房须知》所载“抽汞之图”

周去非《岭外代答》卷七“银珠”条在记述银珠工艺时，也谈到过一种蒸馏装置，正好弥补了《丹房须知》无文字说明之不足，其云：“桂人烧水银为银朱，以铁为上下釜，如盘盂，中置水银，上釜如盖，顶施窍管。其管上屈曲垂于外，二釜函盖相得，固济，既密，则别以水浸曲管之口，以火灼下釜之底，水银得火则飞，遇水则止。火熯体乾，白变而丹矣。其上曰头朱，次曰次朱，次者不免杂以黄丹也。”“银朱”即硫化汞，化学式为 HgS。当然，这里对银朱制作过程是记述得不太完备的，但却清楚地描述了一个蒸馏装置。有导管将汞蒸气引入冷水中冷凝，在古代技术条件下，这是一种较为有效的方法。如若釜中放的是丹砂和炭屑，便是一种蒸馏法炼汞了。

我国古代关于自然汞的记载始见于南朝梁时，陶弘景称之为“生汞”，并称冶炼汞为“熟汞”[39]。此生与熟，主要是从入药角度而言的。《岭外代答》卷七“炼水银条”也谈到过自然汞，云：“然丹经乃有真汞，何哉？余以为丹砂烧成水银，故已非真汞。邕州右江溪峒，归德州大秀墟，有一丹穴，真汞出焉，穴中有一石壁，人先凿窍，方二三寸许，以一药涂之，有顷，真汞自然滴出，每取不过半两许。所涂之药，今忘其名矣。”这里也把自然汞称做了“真汞”。

七、《浸铜要略》和《大冶赋》的社会意义和技术意义

我国古代冶金技术是发明较早的，并且很早就取得了较高成就，但在浩如烟海的文化典籍中，冶金技术专著却为数甚少，且出现较晚。先秦冶金史料多散见于诸子百家中，著名的“六齐”合金规律，在《考工记》中也只有小段文字；汉代桓宽的《盐铁论》，大体属于经济学、管理学著作；梁陶弘景的《古今刀剑录》，主要记述古代名刀利剑的名称和形制；汉后道家著作中虽保存了大量金石史料，但并非专著，而且其目的是炼丹。所以，《浸铜要略》和《大冶赋》两种专著的出现，是冶金技术、印刷技术发展和整个社会生产、社会意识变化的反映，尤其是《浸铜要略》，又极大地促进了冶金技术的发展，所以这是我国古代冶金技术发展史上，具有重要意义的事件。

（一）关于《浸铜要略》的出现及其社会意义

对胆水中的铜铁置换作用，早在西汉便有了一定认识，之后，在东汉、六朝，及至唐代，本草书中都有记载，至迟五代，就有了“铁铜”一词，可能民间已有少量胆铜法生产。但可惜的是这一新生事物一直未被官方接受，直到北宋早期依然如此。

从文献记载看，最早建议官方组织胆铜生产之事约始见于北宋中期，最早提出建议的是宦官阎文应，以及朝廷主管此事的三司度支判官许申。《宋史》卷一八〇“食货志”在谈到铸钱时说：景祐（1034～1038 年）初，“许申为三司度支判官，建议以药化铁与铜杂铸，轻重如铜钱。”同书卷二九九“孙祖德传”载：“时三司判官许申因宦官阎文应献计，以药化铁成铜可铸钱。裨国用。”显然，此“以药化铁”、“以药化铁成铜”，皆指胆铜法，但可惜长期未能实行。其原因可能有二：一据说是工人厌苦。元末危素在《〈浸铜要略〉序》中记述过此事，说：“当宋之盛时，有三司判官许申能以药化铁成铜，久之工人厌苦之，而事遂寝。”[40]二是朝官中依然有人反对。《宋史》卷二九九在谈到胆铜时说，“祖德言：伪铜。法所禁而官自为是，教民欺也。固争之。”甚至元祐初（1086 年），苏辙为户部侍郎时，“有商人自言：有秘法，能以胆矾点铁为铜者。予召而诘之曰：法所禁，而汝能之，诚秘法也。今若试之于官，则所为必广，汝一人而不能自了，必使他人助汝，则人人知之，非复秘也。昔之所禁，今将遍行天下，且吾掌朝廷大计，而首以行滥乱法，吾不为也”[41]。此显然是因官方曾有禁铜诸议，苏辙等人必须承担责任之故。可见一项新技术之应用和推广，是很不容易的。

北宋哲宗（1086～1098年）时期，民间胆铜生产已较兴盛，自张甲进献《浸铜要略》一书后，官方始才改变了原有观念，并在饶州兴利、信州铅山等地经营起来，之后很快又推广到了其他地方。《舆地纪胜》卷二十三“江南东路·饶州·景物下·兴利场”载：“《长沙志》云，始饶州之张潜得变铁为铜之妙，使其子甲诣阙献之，朝廷始行其法于铅山，及饶之兴利，韶之岑水皆其法也。”说官方行胆铜法最早的地点是信州铅山，以及饶州兴利[42]。《舆地纪胜》为南宋地理学著作，约成书于南宋理宗宝庆三年（1227年）。作者王象之，浙江金华人，庆元元年（1195年）进士。

《浸铜要略》早已佚失，具体内容已难详知。今日所存唯两篇“序”和一篇“后序”。今人较为熟悉的是元末壬辰年（1352年，至正十二年）危素所作《〈浸铜要略〉序》，收于其《说学斋稿》中。其时，张潜的后人张理将《浸铜要略》一书进献于朝，以为复置兴利场，此“序”即为此而作[40]。21世纪初，孙承平在《星源甲道张氏宗谱》中又发现了张甲于绍兴元年（1131年）所作之《〈浸铜要略〉序》和张焘于绍兴二十四年（1154年）所作之《〈浸铜要略〉后序》，张焘为张甲侄孙[43]。但三篇文章均未涉及该书具体内容。我们推测，该书主要内容应是浸渍法的具体操作，工艺要点当如《宋会要辑稿》“食货”卷三十四、《宋史·食货志》和《文献通考》所引；大约前者引述最为详细，后二者都作了不同程度的精简。操作上应与《大冶赋》存在一些差别，《大冶赋》是南宋作品，估计张潜尚未提到淋铜法，因淋铜法是“经始岑水，以逮永兴”的，并非饶州所创。岑水的胆水冶铜是在饶州和信州之后才发展起来的，而张潜（1025～1105年）在崇宁四年便已去世。

从“序”和“后序”的记载来看，《浸铜要略》是在继承先世技术传统，总结德兴民间胆铜生产的基础上撰写出来的，此书的奠基人是张潜，执笔人是其长子张磐，最后由其次子张甲献于朝廷[43]。

张焘“后序”说：“曾祖（张潜）博览群书，下至方技小说，无不研究，遂得变铁为铜之妙，以授祖父（张磐）及叔祖（张甲）。使访诸铜窦有胆水处试之。曰：‘此利国术也。事成可以助朝廷之用度，所补岂浅哉！’祖父（张磐）、叔祖（张甲）禀命而行，久之，始得其地，于信州铅山试之，果有实效……其变化之功特在于水，其制化之妙特在于浸，而不在于炉火之间尔。”[43]危素“序”曾经指出：“今书作于绍圣（1094～1098年）年间，而其说始备，盖元祐元年（1086年），或言取胆泉浸铁，取矿烹铜。其泉二十有二，五日一举洗者，一曰黄牛……七日一举洗者，十有四，曰永丰……十日一举洗者，十有七……凡为沟百三十八。”这段话的意思是，说《浸铜要略》作于绍圣年间，这是指它的定稿时间；其实早在元祐元年，民间胆铜生产已盛，其泉计有22眼；浸铜所用时间各不相同，有五日、七日、十日之别。浸铜沟计有138条。危素（1303～1372年），字太朴，元时官至太常博士、监察御史、大司农丞、礼部尚书等。这些情况说明，早在元祐时期，德兴民间就有了胆铜生产，而且规模已经较大，自然积累了许多经验。此引文中的“取矿烹铜”一语当指煎铜法。前面提到，崇宁元年（1102年）已有煎铜法，可见浸渍法、煎铜法，在《浸铜要略》成书之前，民间皆已使用。

张焘“后序”还清楚地谈到了张潜命其长子张磐执笔，命其次子张甲献之于朝的大概过程。张焘云：“曾祖（张潜）……乃谓父曰：‘尔方从事科举’。谓叔祖（张甲）曰：‘尔有干略，可言于朝，为国宣力’。遂命叔祖诣阙，具以其说献之。又命祖父（张磐）撰成此书，以传永远，以备官司询访。”此清楚地谈到了此书编撰的具体过程和执笔者，但当今学术界却是到了21世纪初，才获得真切了解的[43]。前此，人们经常将《浸铜要略》说成是张潜所著。

可知，《浸铜要略》一书由编撰到失传的基本脉络是：其初步形成于北宋元祐时期，成书于绍圣年间，由张磐执笔，并在此时由张甲进献于朝廷。张甲“序”作于绍兴元年（1131年），说此书计二卷，名为《浸铜要略》。张焘“后序”作于绍兴二十四年（1154年）。元代晚期，张潜后人张理再一次将此书进献于朝，于是有了危素“序”，此“序”作于至元十二年（1352年）。看来，《浸铜要略》一书失传当是元末明初之后的事。

胆铜法之推广，是技术发展之必然结果，但与张潜家族的努力也是分不开的。张潜，字明叔，饶州德兴吴园人。1996年在张氏世居之地，德兴吴园村出土了一块张潜墓的行状碑，由碑文可知，张潜“尝读神农书（按：当指《神农本草经》），见胆矾水可浸铁为铜，试之信然。曰：此利国术也，命其子甲献之”[44]。由于张潜的建议，使朝廷摆脱了往日的偏见，在南方许多坑口推广了胆铜法，使胆水浸铜从民间的小规模生产发展成官方经营的大规模生产。张潜在此是起到了关键性作用的。张焘“后序”说：张甲进书后，“朝廷即下其法于铜山，及饶之德兴（疑脱“兴”）利、韶之涔水等处。行之一岁，收铜无虑数百万计，一时叹异，惊所未睹”[43]。《浸铜要略》也是我国古代第一篇冶金技术的专著。

胆铜法在得到官方认可后，很快便在南方诸路推广开来。最早大约是兴利场、铅山场，之后便是岑水场。大约绍圣五年（1098年）以前，此三处皆已设场生产。元符三年（1100年）以前又有了潭州等处，建中靖国元年（1101年）便达十一场。朝中最初主持此事的人大约便是游经。《宋会要辑稿》“食货”卷三十四之二十五载：“徽宗建中靖国元年（1101年），以宣德郎游经提举措置江、淮、荆、浙、福建、广南铜事。经先以忧去官，至是服阕，自言：昨在任日，常讲究有胆水可以浸铁为铜者，韶州岑水（今广东翁源县北）、潭州浏阳（在今湖南）、信州铅山（今江西铅山县）、饶州德兴（今江西德兴县）、建州蔡池（今福建建阳附近）、婺州铜山（今浙江永康县）、汀州赤水（今福建长汀附近）、邵武军黄齐（今福建邵武附近）、潭州矾山（或在今湖南浏阳附近）、温州南溪（今浙江永嘉附近）、池州铜山（今安徽铜陵附近），凡十一处。唯岑水、铅山、德兴已尝措置，其余未及经理。”这里谈到了建中靖国元年以前，十一场胆铜生产地的设置情况，其中包括游经丁忧期（三年）之前，即绍圣五年前设置的三处。同书同卷之二十一还说元符三年，饶、信、潭、韶等州已有胆铜。胆铜业的迅速推广，对宋代铜业的发展，和资源的合理利用，无疑都具有十分重要的意义。

北宋晚期之后，胆铜生产在宋代便占有了相当重要的地位，尤其南宋时期。据《宋会要辑稿》“食货”卷三十三之十九至二十载（表6-3-6），江南诸路祖额铜岁总收7 057 263斤8两，其中胆铜1 874 427斤8两，胆铜占南方收铜总数的26.56%。这“祖额”大约是指崇宁二年之额。南宋乾道元年（1165年），岁收铜总量为263 169斤9两，胆铜量却达212 665斤，胆铜占铜总量的80.8%。这个统计数字的胆铜和“石铜”，皆指南方诸路言，南方胆铜技术之兴盛是十分明显的。

（二）关于《大冶赋》的技术意义

《大冶赋》是我国保存至今最早的冶金技术专著，其内容涉及火法炼铜、湿法炼铜、黄金开采、白银采冶等。文字既华丽，又质朴；既夸张，又写实；既俊秀流畅，又气势磅礴。全文虽只有2 600多字，却是一篇在技术史和文学史上不可多得的作品。

表6-3-6　宋代南方诸路胆铜岁收量

时间 / 产地	北宋崇宁二年（1103年）	南宋乾道元年（1165年）
饶州兴利场	51 029斤8两	23 482斤
信州铅山场	380 000斤	96 336斤
韶州岑水场	800 000斤	88 948斤
潭州永兴场	640 000斤	3 414斤
池州铜陵场	1 398斤	485斤
婺州永康场	2 000斤	
总　　计	1 874 427斤8两	212 665斤

注：(1) 池州铜陵场乾道元年收铜量，原文作“四百八十五两”，疑误，此重量单位当为“斤”或有“斤”有“两”。除黄金白银类贵金属外，一般金属皆应以斤为单位的，尤其是大数量时。

(2) 包括“黄铜”和胆铜在内，江南诸路祖额（崇宁二年）岁收铜总量为7 057 263斤8两，乾道元年岁收铜总量为263 169斤9两。

(3) 均采自《宋会要辑稿》“食货”卷三十三之十九、二十。

《大冶赋》作者洪咨夔（1176～1236年），字舜俞，号平斋，宋临安于潜（今浙江临安西）人，南宋嘉定二年（1209年）进士，授如皋主簿，寻试为饶州教授，曾知龙州。入朝后，历秘书郎、金部员外郎、考功员外郎，拜监察御史，进殿中侍御史，迁吏部侍郎兼给事中，历刑部尚书、翰林学士，知制诰。有《平斋文集》传世，《宋史》卷四〇六有传。《大冶赋》系任饶州教授时所作。洪咨夔在赋的“序”中说：“余宦游东楚，密次冶台，职冷官闲，有闻见悉纂于策；垂去，乃辑而赋之。”此“东楚”，历来有不同说法：《史记·货殖列传》说是彭城以东，东海、吴、广陵为东楚；《汉书·高帝纪》注引孟康说，吴为东楚；因《大冶赋》涉及内容较广，在个别地方是很难得到如此丰富的资料和认识的，我们认为洪咨夔所说东楚至少还应包括饶州、信州一带。“职冷官闲”应指饶州教授之职。“有闻见”三句说此“赋”是作者宦游东楚之后，将见闻整理而成的，而非即兴之作。此后，洪咨夔受到楼钥（1137～1213年）的赏识。楼钥系宋明州鄞县（今宁波）

人，曾任吏部尚书兼翰林侍讲，《宋史》卷三九五有传。因楼钥卒于1213年，故《大冶赋》创作的具体时间当为1209～1213年之间。

关于《大冶赋》的基本技术内容，前面皆已提及，今再作一简要归纳：

（1）较早且较为明确地记载了火爆法采矿。计先后提到过两次，一次是关于铜矿开采，说“宿炎炀而脆解，纷剞劂而巧斩”；一次是关于脉金的开采，说“淬以水则舂縻铅杵之重”。这样明确的记载此前是不曾见过的。

（2）较早且较系统地记载了硫化矿从开采，到焙烧、冶炼冰铜和精炼出成铜的全过程。我国虽在先秦便开采和利用了硫化矿，但一直未见如此明确的记载。“赋”中关于矿石焙烧的文字是“熺炭周绕，蕘薪环附”。这是我国古代较早且较明确地谈到硫化矿焙烧的地方。《宋会要辑稿》谈到的虽也可能是硫化矿，但较为含糊。

（3）较好地记述了淋铜法的操作工艺，这一操作在其他文献，其中包括《宋会要辑稿》和《宋史》中都是不曾看到的。《大冶赋》还记述了一种较《宋会要辑稿》和《宋史》所述更为完善的浸渍法，使我们对南宋胆铜法有了更为全面的了解。

（4）较早记述了锡、铅对铜的置换作用，此即“锡至铅续”一语。早在西汉时期，人们对铁与铜的置换作用就有了一定认识，所以这是对金属置换作用在认识上的进一步深化。沈周（1427～1509年）在所著《石田杂记》中也有相似的说法。

第四节 金属加工技术

由先秦到唐宋，我国古代的金属材料经历了由青铜到生铁，再到可锻铁的转变，金属加工技术也经历了由“铸”到“锻”的过程。钢铁工艺中以锻代铸的过程大约始于东汉或稍早，但却是到了宋元才基本完成的。若说先秦两汉的器物形制显得古朴典雅，离我们较为遥远的话，那么，宋元的器物形制和加工技术便与近代较为接近了。此时期金属加工方面值得注意的事项是：在锻造方面，百炼技术、刀剑技术、花纹钢技术、青铜锣钹技术、冷锻瘊子甲技术，都取得了较高成就；铸造方面，砂型铸造见于记载、出蜡法铸造有了较为详细的记述，铜范铁范铸造仍在使用；此外，此期还发明了铜铁拉拔技术。

一、砂型铸造的使用和其他铸造技术的发展

（一）砂型铸造

我国古代砂型铸造发明于何时，学术界曾有过多种不同看法。1959年，曾有学者说它发明于唐，说“到了唐初，铸钱已完全用‘母钱’和‘翻砂法’”[1]。1994年，有学者又将它推到南北朝，及至新莽时期，理由是说南朝和新莽钱币上存在一种砂型铸造特有的标记[2]。此说也有一定道理，但最好能找到更多的证据。现在学术界普遍接受的一种说法是：翻砂法铸造至迟发明于北宋，南宋之后便较多地使用起来。

《宋会要辑稿》“刑法四”载，北宋大观元年，“池州言，勘会永丰监除见管兵

匠，及外州差来兵士六百九十五人外，见缺六十四人，敕翻铸御笔、大观通宝、小平钱，字精细，系背赤仄”。此“翻铸”一词很值得注意。

又，清陆绍闻纂《金石续编》卷十四“宋二·韶州新置永通监记”载：“模沙、冶金，分作有八。刀错水莹，离局为二。”云云。“模沙”，原指钱币铸造之用砂，此当指翻砂工序。据《资治通鉴长编》卷一六五可知，韶州永通监设立于庆历八年（1048 年）。

将这两条资料结合起来看，说北宋中期或稍早我国已有翻砂铸造还是可信的。

南宋时期，翻砂技术更加广泛地使用起来。宋张世南《游宦纪闻》卷二在谈到蕲州蕲春铁钱监铸钱工艺时说：“其用工之序有三：曰沙模作，次曰磨钱作，末曰排整作。”此“作”即作业、工序；“沙模”应即砂型，“沙模作”应即制作砂型的工序。这段文字虽然简单，意思却十分明白。尽管具体操作上可能与现代意义的翻砂存在一定差别，但本质上是一样的；它决不会再是泥型，或如某些学者所说，是羼了砂子的泥型。据《宋史》卷三十四“孝宗纪”载，蕲春铸钱监置于乾道六年（1170 年）。

此时人们对季节与浇铸的关系也有了进一步的认识。张世南《游宦纪闻》卷二载：“蕲春铁钱监，五至七月号为铁冻。”主要是五至七月气温较高、湿度大之故，这不但会影响到金属的吸气量，而且会影响制范操作，如果掌握不好，对铸件质量都会造成不利的影响。

（二）出蜡铸造

我国古代出蜡铸造虽然发明较早，但有关具体操作的记载却是到了宋代才看到的。宋赵希鹄《洞天清录·蜡模》载：“古者铸器，必先用蜡为模如此器样，又加款识刻画毕。然后以小桶加大而略宽，入模于桶中；其桶底之缝，微令有丝线漏处。以澄泥和水如薄糜，日一浇之；候乾再浇。必令周足遮护讫。解桶缚，去桶板，急以细黄土，多用盐并纸筋固济于元澄泥之外，更加黄土二寸留窍中，以铜汁泻入。”这里简述了出蜡法铸造的基本操作：（1）雕塑蜡模，其外部形态须与器物完全一致。（2）在蜡模外挂泥，先挂细泥，后用盐泥、纸筋加固。（3）出蜡，浇铸。这是我国古代关于出蜡法铸造的较早且较为详细的记载。

元朝的官府手工业机构十分庞杂，《元史》卷八十五“百官一”载，工部下设有诸色人匠总管府，“掌百工之技艺”，其下又设有“出蜡局提举司”，“掌出蜡铸造之工，至元十二年（1275 年）始置局，延祐三年（1316 年）升提举司”。此外还设有“铸泻等铜局”、“掌铸泻之工，至元十年始置”。此“出蜡”即今人之谓“失蜡法”、“熔模法”；“失蜡法”原是 lost wax process 的意译，其实，它远不如“出蜡法”之名来得形象、生动、确切。

（三）金型铸造

我国古代的金型铸造约发明于春秋时期，汉魏时代便得到了较为充分的发展，唐宋时期，中原地区已不常见，但在辽、金、元却还受到一定的重视。

1972 年，辽宁北镇发现辽代铜犁范一件，范重 13.75 公斤，通长 41.5 厘米[3]。1978 年吉林前郭县出土金代犁铧铜范 1 件，范为二合，重 63.0 公斤；1966 年，该县还出土过一件铜质犁铧上范，质料和造型皆与前范相同。吉林市江南金代窖藏的铁犁铧，辽宁新民县金元遗址的铁犁铧，皆与之形制相同[4]。1979年河北隆化发现辽末金初铜铧范1件，八达营出土的铁犁铧形制适与之相符[5]。

除铜质的阴文铸范外，此时期也使用过铜质的阳文模具，此模具不是用来浇铸，而是用于制范的。1981年，荥阳楚村发现了一批元代坩埚，及17件铜质犁铧模具，其中有犁镜模、犁铧模、犁铧芯盒、耧铧模、芯盒、耙齿模、莲花饰模、桥形器模等。此模具及其范芯盒在设计上有不少独到之处，如犁镜模设计有边框，其可在边框内造型，便节省了型箱，简化了操作；铜质犁铧模的芯座一侧有一长方形凸起，恰好与芯盒模型一侧凹块相吻合，使型与型芯上下左右正好对正。耙齿模和桥形器模均两件并联，共用一个浇口[6]。类似的铜质模具在北京延庆千家店元代铸造遗址[7]、包头市郊麻池元代遗址[8]等处都有发现。

除铜质的铸范和模具外，此时期还使用过铁范。1964年，元大都遗址出土大批铁器，其中就有铁范等物。经分析，一件元宝铁范（器物号4071，在范沿的残部取样）为亚共晶白口铁组织，观察面上见有较多的FeS夹杂[9]。据说宋代铸钱工艺中也使用过铁范，但有关铸范的实物不是太多。

宋元时期，虽然日常生产和生活中的铸件大为减少，但它依然保留着。在王可分析的55件元大都铁器中，作为生产工具的小铁铲（4069号，脱碳退火）、车轴（4023号，亚共晶组织；4048号，亚共晶组织）、铁勺（4055号，脱碳退火）等都是铸造的[9]，这些器物在后世一般都改成了锻件。

随着工艺技术之提高，此期的铸件质量也有了改善，不管薄壁的还是厚重的，都表现了相当高的技艺。周去非《岭外代答》卷六“梧州铁器”条说：“梧州生铁，在熔则如流水，然以之铸器，则薄几类纸，无穿破，凡器既轻且耐久。”此梧州铁器几薄如纸而不穿破，铸造技术是相当高的。宋《物类相感志》也注意到了气候对铸件质量的影响，说：“伏中不可铸钱，汁不清，名炉冻。”其意与前引张世南所云基本一致。宋代还生产了许多大型铸件。宋李心传《建炎以来朝野杂记》卷四“景钟”条载：“景钟，绍兴十六年（1146年）秋七月铸，钟高九尺，天子亲祠上帝。”若依宋1尺合今0.313米计[10]，则此钟高达2.817米。同卷“浑天仪”条载：“浑天仪，古器也，旧京凡四座，每座约用铜二万斤。”“绍兴三年，工部员外郎晋陵袁正功献浑仪本样，命有司制之，太史局请折半制造，计用铜八千四百余斤。”保留至今的宋代地面文物也较多。如河北正定隆兴寺佛像，原建于隋开皇六年（586年），毁于后周显德年间，北宋开宝四年重铸，其佛为一尊千手千眼观音，高达22米，分7层铸成。湖北当阳铁塔，原建于北宋嘉祐六年（1061年），计十三级，今实测高度达17.9米。湖南常德有一北宋铁经幢，圆形，下大上小，高约5米，底径约80厘米，全幢分为七层，在第五、六层上部都有出檐，八面挑角，其形似塔而非塔，生铁铸成。整个铁幢建立在八方形的石台上，台高约1米，石台边缘雕有仰莲纹饰。据考，此经幢的铸造年代不晚于宋大中祥符五年（1012年），其年代上限便有可能与建寺同时，即873年。又吉州安福县一村民收藏一宋代天圣三年（1025年）的传世生铁钟，钟通高120厘米，口径100厘米，双龙戏珠钮，钮高20厘米，保存完好，铸工精良，上有阳书楷体135字铭[11]。

二、刀剑技术的发展

我国古代钢铁刀剑技术约始兴于春秋战国时期，汉魏六朝便繁盛起来，在原料选择、锻打、复合材料、花纹钢技术、热处理技术等方面，都达到了相当高的水平。梁陶弘景作《古今刀剑录》，便是对这一时代的概括性总结。我国古代的名刀利剑有四绝：一曰犀利非常，二曰花纹绚丽，三曰舒曲自如，四曰难锈难蚀，其中最为宝贵的是花纹绚丽和难锈难蚀。宋代之后，这四方面都达到了更高的阶段。当然，这四方面往往不可兼得，通常只能获得其中的1～3项。今以宋代的为主，综合历代资料，对我国古代的一般刀剑技术作部分介绍和归纳。

沈括《梦溪笔谈》卷二十一载："钱塘有闻人绍者，常宝一剑，以十大钉陷柱中，挥剑一削，十钉皆截，隐如秤衡，而剑鑯无纤迹；用力屈之如钩，纵之铿然有声，复直如弦。关中种谔亦畜一剑，可以屈置盒中，纵之复直。张景阳《七命》论剑曰：'若其灵宝，则舒屈无方。'盖自古有此一类，非常铁能为也。"这里分别谈到了名刀名剑的两项性能：一是犀利非常，十大钉陷柱中，挥剑一削皆截；二是弹性较好，或可屈之如钩，或可屈置盒中，纵之复直。一般而言，"锋利"和"弹性"是较难兼得的，此钱塘宝剑却如愿以偿，充分反映了宋代刀剑的高超技艺。引文中的"鑯"，当亦《考工记》"桃氏为剑"中的"腊（臘）"。

古人对刀剑的锋利性能一直较为重视，为标定刀剑之锋利程度，人们采用了多种不同的方法，归结起来主要有如下几种：（1）削柱断钉法。如《梦溪笔谈》卷二十一所云，以十大钉陷柱中，挥刀即断。断截之铁钉越多，刀剑越锋利。（2）断截束芒法。如本书第四章第六节所云，将束芒以毛发系于竿头，挥刀削芒，芒断而发不断则利。断截的芒数越多，表示刀剑越锋利。（3）断截牛腰法。如南宋曾敏行《独醒杂志》卷四所说，瑶人所制百炼刀"铦利绝世，一挥能断牛腰"。明末《南中纪闻》说，黔蜀有一种数十锻钢刀，"一挥牛首辄落，其牛尚行十步许才仆"。（4）断截铜板（一种清代钱币）法。如现代浙江龙泉宝剑社所用。断截的铜板较多，刀剑之刃却纤毫无损，便算锋利。（5）见于各种诗文的还有"吹毛透风"、"削铁如泥"、"陆断犀革，水断龙角，轻击浮截，刃不纤削"等说法。

我国古代钢铁刀剑能获得上述优良性能，其影响因素是多方面的，归结起来，较为重要的是[12]：

（1）原材料须选择较好。前引《吴越春秋》说：干将作剑时，"采五山之铁精，六合之金英"。《越绝书》说，欧冶子干将为楚王作剑，"凿茨山，泄其溪，取铁英"。这是说原料。曹丕《典论》说要选择"良金"。宋代磁州锻坊制作百炼钢时，须选"精铁"锻之百余火。可见都十分强调原材料选择，这是制作宝刀宝剑最为基本的物质条件。

（2）锻炼精到，也即所谓的"百炼"。百炼的目的，是排除夹杂、均匀成分、致密组织，有时还可细化晶粒，从而改善材料的组织和性能。

但有一点需顺带指出的是：不同的刀剑，锻炼次数和方法是不同的。对于非花纹钢刀剑，则不管是材料加工，还是成型加工，皆可充分锻打；若为花纹钢刀剑，在"成花"加工和成型加工时，皆只宜适度锻打，而且宜少不宜多。

（3）刃部复合材料技术使用较好。汉代的刚关头斧、綦毋怀文的宿铁刀，其刃部都使用了复合材料技术；宋《梦溪笔谈》卷十九载："古人或以剂钢为刃，柔铁为茎干，不尔则多断折。剑之钢者，刃多毁缺，巨阙是也；故不可纯用剂钢。"宋李石《续博物志》卷九在谈到郁刀时说："刀剑以柔铁为茎干，不可纯用钢，纯钢不折则缺。"所云皆包含了复合材料技术。此"剂"即调剂之意；"剂钢"，当指含碳量较高，用于调剂材料强度、硬度的刃钢。据分析，江阴北宋葛闳夫妇墓钢剑[13]、江苏丹徒高资咸淳六年铁刀[14]、元大都铁矛（4064 号）[9]等都使用了夹钢工艺。咸淳刀全长 83.3 厘米，宽 4～4.6 厘米，脊厚 0.5～0.8 厘米，刀脊近茎处錾刻"两淮制置印侍郎任内咸淳六年造"十四字。本体为熟铁，夹刃含碳量约 0.4%。

（4）热处理技术掌握较好。我国古代对此早有较深刻的认识，蒲元遣人取蜀水淬刀、綦毋怀文以尿淬以脂淬，都是为了获得较好的性能。

当然，不同性能之刀剑，热处理工艺是不同的。有的刀剑对硬度要求较高，有的对弹性要求较高；有的刀剑有花纹，有的无花纹；皆应采用不同的热处理方式。

（5）对花纹钢刀剑来说，还须要采取特殊的"成花"工艺。后面还要讨论。

（6）砥磨。造型、锋利、显示花纹，都须通过砥磨来完成。如刀剑上的棱线，便是通过砥磨而加工出来的。

这六项工艺措施，不可忽缺。一把锋利的刀剑，应是多项金属工艺的反映。正如《荀子·强国篇》所说，即许"刑范正，金锡美，工冶巧，火齐得"，"然而不剥脱，不砥砺，则不可以断绳。剥脱之，砥砺之，则劙盘盂，刎牛马，忽然耳"。杨倞注："忽然，言容易也。"说明砥磨对诸兵刃也是十分重要的。近年我们看到过多件传世的花纹钢剑，年代无考，但稍经打磨，却依然光亮如新，这与原料选择较好、锻打较为充分、保存较好等因素都有一定关系。

从我国古代整个刀剑（包括青铜质和钢铁质）的发展情况看，其加工技术都十分讲究，但对形制则要求不一。如剑身"三线"，即脊棱线和两条开刃线，有的较为凸出，且直如斗墨；有的则只有脊棱线而无开刃线，有的甚至脊棱线都不明显。这主要是对加工质量要求不同所致。

三、花纹钢技术的发展

我国古代的花纹钢技术约发明于汉或汉前，宋代便达到了更高的水平，并出现了"银白色"花纹，有关记载也更多、且更为具体。

在这些记载中，大家较为熟悉的是沈括《梦溪笔谈》，其卷十九载："古剑有湛卢、鱼肠之名。湛卢，谓其湛湛然黑色也……鱼肠即今蟠钢剑也，又谓之松文；取诸鱼燔熟，褫去胁，视见其肠，正如今之蟠钢剑文也。"这里谈到了宝剑的两项性能：（1）表面带有花纹，如鱼肠剑。所谓"鱼肠"，依沈括说，正像将鱼烤熟，剖开两胁看到的鱼肠一般；他还认为，古之"鱼肠剑"，即宋之"蟠钢剑"。蟠，即盘曲；蟠钢剑，即表面上呈现盘曲状花纹之钢剑。这是我国古代文献中，对剑文形态描述得最为具体、详明的一段。"鱼肠剑"之名原出自专诸刺王僚的故事，依《吴越春秋·阖闾内传》所云，其剑文是"逆理不顺"的，后人遂将具有同类花纹之剑皆称作了"鱼肠剑"。若依《越绝书·外传记宝剑》所云，"鱼肠剑"原是青铜质的。(2) 剑身表面湛湛然呈黑色，如湛卢剑。大凡许多锋利的刀剑皆具有这种色态。宋范成大《桂海虞衡志·志器》说："云南刀，即大理所作，铁青黑……南人最贵之。"明《物理小识》卷七"金石类·铁"中通注："烧淬刀口色白，再烘之，为喜鹊青乃钢。"这种色态当主要与珠光体、马氏体组织，以及淬火时的表面氧化等有关。含碳较高时，淬火后往往会呈现这种色态。

宋王应麟《玉海》卷一五一"兵制·乾道雁翎刀"条也谈到过花纹刀："乾道元年十一月二日，命军器所造雁翎刀，以三千柄为一料。莲影如植，龟文若游，雄稜霜利；销白虹以影碎，耀青蛇而色秋。风伯吹卢（炉），云（雲）师炼冶；铁焰朝流，金精夜下。价值十城，名高千马；水文千曲，蛇鳞百层。燕砥歛刃，蜀水开锋。召风胡，邀欧冶，鳞铗星镡，步光之妙。禷具之华，含景吐商。虹蔚波映，龟文龙藻。清水淬锋，越砥歛锷。七彩九华之饰，龟文龙藻之丽；阳文若缦之奇，紫电白虹之异。"[38]禷，音雷，剑饰。可见此雁翎刀的花纹是"莲影如植，龟文若游"，"水文千曲"，其中许多词汇都是魏晋人描写花纹刀剑的用语。

光异则生文，色杂则生彩，这是习见的自然之理。宋前剑文颜色的杂合情况今已很难知晓，若用一般钢料、铁料杂合揉打，其剑身很可能是浅灰与青黑两色交辉的；至迟宋代，便出现了青黑与"银白"两色相映而成文的技术，说明其在原料选择和成花技术上都有一些新的变化。宋周密《云烟过眼录》卷一云："蓖刀一，其铁皆细花文，云此廼银片细剪，又以铁片细剪如丝发，然后团打万槌，廼成自然之花。其靶如合色乌木，乃西域鸡舌香木也。此乃金水总管所造刀也，上用渗金镌错造五字。斌铁自有细文如雪花，以银和团打，恐非也。"[39]此对花纹的具体形态未曾说明，从周密的描述来看，显然应当是"银白色"的。这种色态的剑文在传世品中多有所见，将在第八章谈到。至于说此蓖刀工艺"廼银片细剪，又以铁片细剪如丝发，然后团打万槌"。只不过是世人的一种说法，周密也不同意此说。一般情况下，要将金属银与钢铁锻合、焊合为一，那是十分困难的，非但其熔点不同，而且焊合性能也相差较大。

四、响器加工技术的发展

（一）锣钹技术

宋金时期，响器使用量增加，技术上也有了发展，合金技术、加工和热处理技术都取得了新的成就。合金技术前已言及，热处理技术下面再谈，今主要谈一下其使用情况，及其热锻和车削加工技术。

此期关于响器的文献记载和出土实物明显增多。

《宋会要辑稿》"食货"卷三十四之三十一载：太宗太平兴国二年，江南诸州禁铜，"请除寺劝（观）先有道佛像、钟、磬、铙、钹、相轮、火珠轮、铎及人家常用铜鉴外，民间所蓄铜器悉送官"。此说民间不得私蓄铜器，唯寺观原有铜器，如道佛像、钹等，以及民间常用铜鉴除外。钟、磬、铙、锣、钹等响器既可作为乐器、礼器，还可用为道、佛家使用的法器等。

同书同卷接着又说，太平兴国二年诏："应私铸铜器，蠧坏钱货，建康府台、明湖州犹甚，可专委守臣严切禁止，除钟、锣、磬、铙、钹、铃、杵、镜、鉠、镲，并依已降指挥内，钟、磬、铃、杵许投税获凿出卖。"此说私营毁钱铸器之事在建康等地甚为猖獗，故应严厉禁铜；但钟、锣、钹、镜等除外，钟、磬、铃、杵錾凿后还可出卖。

铜器禁令中一再提到锣、钹、钟、磬、铙，说明其使用量是不少的。

目前见于考古发掘的宋金锣钹类响器主要有下列几宗：

1971 年，江浦黄悦岭南宋张同之夫妇墓出土小铜钹一副，直径 8.5 厘米，其中一片高 2.0 厘米。张同之死于庆元元年（1195 年）[15]。

1977 年，浙江嘉兴出土南宋铜锣 1 件，直径 50 厘米，厚 1 毫米，重 7.5 公斤。铜锣边上錾字两行："知府节制余右司任内重修使用"，"嘉兴府咸淳四年（1268 年）三月初一日"等字样。当为地方官鸣锣开道的仪仗用物[16]。

1977 年，陕西扶风发现金代铜钹 2 副 4 片，圆形，大小略有差异，把柄处呈蘑菇状凸起，中部有穿，以便穿绳提系。铜钹甲，一片直径为 26.1 厘米，隆起侧有镌刻铭文："邠州新平县庆和院僧正司验讫官巨正。"计 16 字，测音为#F 调；另一片直径为 25.8 厘米，隆起侧有三段镌刻铭文："陕西东路铜局修造官"，"邠州普照寺僧正司验讫官"，"邠州龙兴寺僧正司验讫官"，计 31 字，经测定为 E 调。铜钹乙，一片直径 25 厘米，隆起侧镌刻铭文为："咸宁县验讫，官亓"，计 7 字，F 调，另一片直径 25.2 厘米，刻 7 字铭为："咸宁县验讫官Ⅰ"，基调#F[17]。

1978 年大连金代窖藏出土铜锣 2 件，一件体小无沿，锣面平且光亮，直径 14.5 厘米；另一件呈圆盘状，有沿，上端有双孔，直径 19.2 厘米。此外，还出土铜钹 2 副，一副稍小，直径 22.2 厘米，另一副稍大，残，直径 29.4 厘米[18]。

1984 年，徐州雪山寺北宋窖藏出土铜钹 2 副 4 片、铜铙 1 副 2 片、铜锣 1 件、铜磬 1 件。铜钹基本完整，通体无锈，色泽黄亮，有如新制成一般，其声悦耳。隆凸中心之穿径为 0.6 厘米，背面皆绘莲花。隆凸部分有锤击痕迹。铜钹 DH:1，直径 28.5 厘米，甲片正面边缘有镌刻铭文："徐州法轮院僧文端增字号官占"13 字，背面墨书正楷"（徐）州"、"雪山"四字；乙片正面边缘也镌刻有完全相同的铭文，背面有墨书"徐"、"雪"、"用"三字可辨。铜钹 DH:2，甲片直径为 27.2 厘米，正面边缘有针刺铭文："宣和三年六月日官"，8 字，背面墨书"雪山"等 6 字；乙片正面边缘有针刺铭文"濠州钟离县戒珠市僧善渊宣和三年六月日首到一钱一副亏字号官"28 字。器上见有墨书"徐州"、"雪山"、"寺而"6 字。铜铙，2 片尺寸相同，直径 28 厘米，2 片正面皆有铭文，略。无加工痕迹。铜铙形制与钹相似，唯中间用于把握的隆凸部分较小，其音较钹稍低，但余音较之为长。铜锣 DH:4，面稍凸，有光泽，稍残，口径 21 厘米、面径 20 厘米，有加工痕迹。铜磬 DH:5，口沿内有加工痕迹，底因残失而不存，口径 31 厘米、残高 19.3 厘米。从纪年文物等观之，此窖藏的年代当为宣和三年（1121 年）至北宋末年[19]。

此前的响器，多是铸制的，迄今尚未看到过有关锻制的报道。至迟宋代则发生了一个大的变化，较多地使用了热锻成型。如前述徐州雪山寺北宋窖藏出土磬、铙、锣、钹等响器计为 8 件，其中钹 2 副 4 件、锣 1 件、磬 1 件，都是锻制的，其上都有明显的加工痕迹。唯铙 1 副 2 件为铸制，未见任何加工痕迹[19]。图 6－5－1、图版拾肆，2～6 示出了我们分析的 4 件宋代响器，即江西铜钹 G2、徐州铜锣 JX5、铜钹 JX6、铜磬 JX7 的组织形貌，皆为热加工组织。

由 Cu－Sn 二元合金相图可知，高锡青铜的热加工是难度较大的，锣钹技术的推广，充分反映了宋代青铜热加工和冷加工技术之发展。

此期青铜加工技术中值得注意的另一事项是车削加工技术。金属车削技术至迟见于汉，唐代在银器中使用较多，宋代则较多地用到了铜钹中。徐州雪山寺 2 副 4 片铜钹的正面都留有明显的旋螺纹[19]，密密麻麻，甚为规整，很可能使用过某种简单的切削加工机械。

五、瘊子甲的出现——羌人在冷锻技术上的重大贡献

我国古代的冷锻技术至迟发明于四坝文化、岳石文化时期，徐州狮子山西汉楚王陵铁甲虽亦冷锻，但未能推广和提高。冷锻技术真正获得较大发展，却是宋代的事，其主要表现：一是羌人用冷锻方式制作了较好的铁甲，二是有了冷锻铁甲的记载。我国古代铁甲技术约发明于战国时期[20]，早期铁甲一般多用热锻，如河北满城和内蒙古二十家子汉代铁甲等[21]。

李焘《续资治通鉴长编》卷一三二谈到了北宋庆历元年（1041 年）田况《上兵策十四事》，其中的第十二事便谈到了羌族的冷锻铁甲。云："工作器用，中国之所长，非夷狄可及。今贼甲皆冷锻而成，坚滑光莹，非劲弩可入。自京赍去衣甲皆软，不足当矢石。以朝廷之事力，国之技巧，乃不如一小羌乎？由彼专而精，我漫而略故也。今请下逐处悉令工匠冷砧打造纯钢甲，旋发赴缘边。先用八九斗力弓试射，以观透箭深浅而尝罚之。闻太祖朝旧甲，绝为精好，但岁久断绽；乞且穿贯三五万联，均给四路，亦足以御敌也。"时为北宋中期，羌族之冷锻铁甲已震惊宋廷。依田况之见，羌之铁甲坚刚无比，乃因其专而精之故。

南宋岳珂（1183～1234 年）《愧郯录》卷十三"冷端甲"条也谈到过冷锻铁甲。其云："杨太监简在戎监，尝得诸李尉府显忠（1110～1178 年）之族子，谓甲不经锻，冷砧则劲可御矢，谓之冷端（锻）。遂言于朝，乞下军器所制造。"接着，岳珂又引田况所云，说"此甲在祖宗朝已有之"。说明不但边境少数民族，而且中原地区也较早就使用了这一工艺，但由于多种原因，或者失传，或如田况所云，漫而略，遂使中原铁甲不得与西羌相比。

沈括《梦溪笔谈》卷十九还对羌族铁甲的冷锻工作了简明的记述："青堂羌（在今青海西宁附近）善锻甲，铁色青黑，莹澈可鉴毛发。以麝皮为绠旅之，柔薄而韧……去之五十步，强弩射之不能入。尝有一矢，贯札乃是其中，费空所刮，铁皆反卷，其坚如此。凡锻甲之法，其始甚厚，不用火，冷锻之，比元（原）厚三分减二乃成。其末留筋头许不锻，隐然如瘊子。欲以验未锻时厚薄，如浚河留土笋也，谓之瘊子甲。"（文渊阁《钦定四库全书》本）这里谈到了冷锻瘊子甲的基本操作过程。此"比原厚三分减二乃成"，悉与现代技术原理相符。现代材料学研究表明，冷加工量小于 60%～70% 时，材料强度随变形量之增加而提高；变形量大于此数后，加工量再增加时，则硬度增加不多，材料却急剧变脆，使强度降低。所以此"三分减二"乃是获得高硬度、高强度的最佳变形量。这是我国古代少数民族在金属加工技术上的一项重要成就。

冷锻的优点是：（1）因加工硬化，产品具有更高的硬度。（2）因避免了热锻时的高温氧化，器表显得晶莹光滑。

六、关于铜铁拉拔技术

我国古代金属拉拔技术约发明于西汉时期，当时主要用在强度较低的黄金加工上[22]。铜铁因刚性较大，其拉拔工艺很可能是到了宋代才发明出来的。

中国历史博物馆收藏有宋代济南刘家功夫针铺广告印版一枚，全版分上下两个部分：上部，正中为一白兔捣药图案，两侧分别为“认门前白”“兔儿为记”二行八字，横批刻有“济南刘家功夫针铺”八字；下部，全为广告词，内容是：“收买上等”“钢条造功”“夫细针……”等，满刻七行28字。此“功夫细针”以铜版印制广告，说明其生产规模是较大的，一般认为，很可能采用了拉拔成型的工艺。

1953年，山西稷山县五女坟出土有铁丝，垂于两砖之间，可能是用于悬挂铜镜的，属南宋时期[23]。似不能排除拉拔成型的可能性。前此，考古发掘的铁丝是很少的。

《宋会要辑稿》“职官”卷二十九之一载，少府监所辖文思院领有四十二“作”，其中有“打作”、“镀金作”、“钉子作”等，最值得注意的是还有一个“拔条作”。此谓“拔条”而不叫“拔丝”，当非金银之属，而很可能是铜铁，假若这判断无误的话，宋代发明了铜铁拉拔工艺便是肯定了的。

《元史·百官志》记有各种职官，掌管金丝、铁线之事。其卷八十八载：将作监下设有“金丝子局……中统二年设二局，二十四年并为一”。卷八十九载：成制局提举司下亦设有“金丝子局，至元二年置，掌金丝子匠造作之事”。卷九十载：上都留守司兼本路都总管府下设有“器物局……掌造铁器，内府营造钉、线之事”。此金丝、铁线，由专门的职官管理，说明已形成了一定的生产规模，也不能排除拉拔成型的可能。早在辽代，织金织物便相当盛行，1953年，赤峰县大营子辽驸马墓便出土过金丝织物一件，金丝很细[24]，当系拉拔而成。

七、“透光镜”技术的发展和演变[25][26]

“透光镜”约出现于战国晚期，汉代就明显地增加起来，隋唐两宋之后便进入了一个新的发展阶段。主要表现是：出现了明确的文字记载，及一些新的工艺，学术界开始对铜镜“透光”的机理进行了深入研究，并提出了一些杰出的见解。这是此前不曾有过的。今将隋唐至明清的“透光镜”技术在此作一综述。

我国文献上关于铜镜“透光”现象的记载始见于隋，《太平广记》卷二三〇“王度”条引《异闻集》云：“隋汾阴侯生，天下奇士也”，其赠王度以古镜，“镜横径八寸，鼻作麒麟蹲伏之像，绕鼻列四方，龟龙凤虎，依方陈布。四方外又设八卦，卦外置十二辰位而具畜焉。辰畜之外，又置二十四字，周绕轮廓，文体似隶，点画无缺……承日照之，则背上文画，墨入影内，纤毫无失”。这前面一段描写镜的外部形态和背文布列，最后四句便说到了镜的“透光”现象。这是今见文献中，关于“透光”现象的最早记载，至迟唐代，人们便有意识地进行了“透光镜”生产。清冯云鹏《金石索·金索》卷六录有唐八卦透光镜1件，主纹为八卦相，外区有“透光宝镜，仙传炼成，八卦阳生，欺邪主正”十六字铭。著录者原题名为“唐透光镜”，说其“镜大汉尺九寸四分”，“迎日照之，八卦太极，光映素壁”。显然，此“透光宝镜”等十六字铭是唐代匠师铸就的，而它的“透光”现象却为清代学者所见，这是唐代匠师有意识生产了“透光镜”的明证。“透光镜”工艺在我国民间曾流传了很长一个时期，直到19世纪中期湖州还在生产。道光二十六年（1846年）成书的郑复光《镜镜诊痴》卷五说当时民间收藏了不少“透光镜”，并说：“透光镜，人争宝焉，不知湖州所铸双喜镜乃日用常品，往往有之，非宝也。”“闻湖州双喜镜透光者倍价。”这说明直到19世纪中期，人们不但仍在生产“透光镜”，而且将之作为一种商品在市场上销售，唯“倍价”于普通铜镜。

目前见于考古发掘的“透光镜”计有两种类型：一如传世的西汉透光镜，其较薄的，通常只有0.4~0.5毫米，其映射图像（“透光”图像）与镜背图文相符（图4-6-3）。二如1975年河南遂平县出土的唐宝相花“透光镜”，其较厚，背面无图文凸起处厚度达3.0~4.0毫米，映射图像与镜背图文存在较大差别（图6-4-1）。此镜之直径为16.9厘米，主纹为六朵团花[27]，我们认为，这后者应是区别于西汉透光镜的新品种，可视为西汉透光镜的一种补充、仿制或演变。

我国学者对铜镜“透光”机理的研究大约始于宋，不少学者，尤其是宋代的沈括、元代的吾邱衍、清代的郑复光3人，先后都提出过甚为出色的见解。

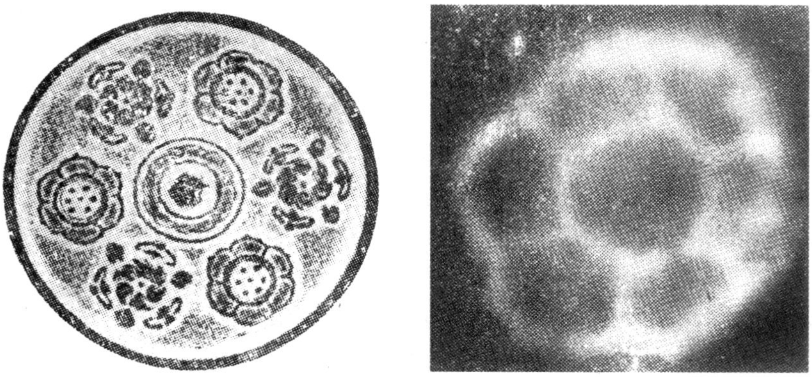

图6-4-1 遂平唐宝相花“透光镜”及其映射图像

左．背文拓片 右．映射图像 采自文献［27］

沈括《梦溪笔谈》卷十九载：“世有透光鉴，鉴背有铭文，凡二十字。字极古，莫能读。以鉴承日光，则背文及二十字皆透在屋壁上，了了分明。人有原其理，以为铸时薄处先冷，唯背文上差厚，后冷而铜缩多，文虽在背，而鉴面隐然有迹，所以于光中现。于观之，理诚如是。”（《钦定四库全书》本）依沈括之意，铜镜呈现“透光”现象，原是镜子厚薄不一，铸造过程中，薄处先冷而铜缩少，厚处后冷而铜缩多，使镜面上“隐然有迹”所致。沈括在此还最先提出了“透光镜”之名。

元代考古学家吾邱衍对铜镜“透光”的原因又提出了另外一种看法，其《闲居录》云：“假如镜背铸作盘龙，亦如镜面窾刻作龙如背所状，复以稍浊之铜填补铸入，削平镜面，加铅其上，向日射影，光随其铜之清浊分明暗也。”即吾邱衍认为，铜镜“透光”，原是镜面上镶嵌了与镜背图文相应的“稍浊之铜”所致，而且据说他还亲眼看到过这种镶嵌了“稍浊之铜”的“透光镜”。欧洲和日本人称“透光镜”为“魔镜”，日本江户期之后，也有类似的“魔镜”工艺。1907年出版的佛山吴趼人《近十年之怪现状》也描写过用镶嵌法制作“透光镜”的事。

清代物理学家郑复光在《镜镜诊痴》卷五“作透光镜”条提出的观点与沈括大体一致，而又不尽相同，他认为铜镜“透光”，原是镜子表面“起伏不平”造成的。其说：“铸镜时铜热，必伸。镜有花文则有厚薄，薄处先冷，其质既定，背文差厚，犹热而伸，故镜面隐隐隆起。虽工作刮磨，而刮多磨少，终不能极平，故光中有异也。”“铜镜磨工不足，故多起伏不平，照人不觉，发光必见。”在此，郑复光认为造成镜面“起伏不平”的原因有二：一如沈括所云，铸造时薄处先冷，厚处后冷；二是镜子刮磨时，因厚薄不匀而导致的刮磨不均。郑复光认为，这种“起伏不平”用肉眼通常是发现不了的，但经反射光放大后，便会显示出来。

由沈括、吾邱衍、郑复光的研究情况看，铜镜“透光”的原因主要有二：一如宋沈括、清郑复光所云，是镜面“隐然有迹”、“起伏不平”之故；即是说，它是由于镜面微观曲率的差异造成的。二如吾邱衍所云，是镜面上镶嵌了另外一种材料之故，即是说，它是镜面反身率差异造成的。为方便起见，我们可把前者称之为“曲率差异型”，后者称为“反射率差异型”。这是我国古代“透光镜”的两种基本类型。我们认为，不管是宋代的沈括，还是元代的吾邱衍、清代的郑复光，对“透光镜”机理的解释与现代技术原理都是基本相符的。在这两种类型中，看来前者是主要的，是我国古代“透光镜”的本原和主流，后者则应是它的补充、仿制和演变。此外，今人还用腐蚀法、镂刻法等，在镜面上做出细微的图文，也可使镜面产生各种不同形式的微观曲率差异，或反射率差异，使反射光斑中显示出图文来。这也只能看作是西汉“透光镜”的一种演变、补充或简化、伪作。本书第四章谈到，对于曲率差异型来说，“透光”的基本工艺条件只有两个：一是镜背上要有足够大的图文凸起，二是镜体要足够地薄。但要达到这两个条件，操作起来却非易事。高锡青铜是既硬且脆的，要用研磨方式使之致薄，就很容易弄破，而且费工费时，故人们才发明出了操作上较为简便，而映像效果大体一致的镜面镶嵌法、镂刻法和化学腐蚀法来。这是技术的一种发展逻辑。河南遂平唐宝相花“透光镜”较厚，映射图像与镜背图文并不十分一致，可以肯定它不是本来意义的“曲率差异型透光镜”，而很可能是利用“镶嵌法”，或者腐蚀法，或者刻刺法等，在镜面上作了特殊加工而成的。

欧洲人最早看到的“透光镜”是日本人生产的，它曾使19世纪一些最出色的科学家感到困惑，并称之为“魔镜”，日本学者至今一直沿用这一名称。其实，我国学者早在宋代便对它的机理作出了较好的解释。

八、宋代镔铁贸易的发展和元代镔铁局的设立

镔铁也是一种花纹钢，约北魏时始入我国，最初大约是以礼品，或交换的方式传入的，且传入数量一直不是太多，宋元时期发生了三个值得注意的现象：一是贸易量增大，且由国家垄断贸易；二是元代设立了镔铁局，组织镔铁的加工或生产；三是宋辽金时期，我国北方、西北方一些地区也有镔铁生产。

《宋史》卷一八六“食货志”载：“太祖开宝四年（971年）置市舶司于广州，后又于杭、明州置司；凡大食、古逻……诸蕃并通贸易，以金、银、缗钱、铅、锡、杂色帛、瓷器市香药、犀象、珊瑚、琥珀、珠琲、镔铁……等物。”太宗时又规定外贸皆由国家垄断，“非出官库者无得私相贸易”。之后又稍有放宽，诏：“唯珠贝、玳瑁、犀象、镔铁、鼊皮、珊瑚、玛瑙、乳香禁榷外，他药官市之余，听市于民。”可见在宋代，镔铁是与珠宝等并列的贵重物品，由国家垄断，不得让百姓随意与外蕃交易。《宋史》卷四九〇“外国传·大食”载：太宗淳化四年（993年），大食国遣使来华，进象牙50株、乳香1800斤、镔铁700斤等贵重物品。可见数量已经不小。

由国家组织镔铁生产和加工之事始见于《元史》卷八十五“百官志”，其云：工部的诸色人匠总管府下设有“镔铁局”，“掌镂铁之工，至元十二年置”①。工部下还设有提举右八作司，“在都局院造作镔铁、铜、钢、鍮石、东南简铁”。由国家设局组织生产，其数量不会太小的。因蒙古人占据大马士革后，曾将当地工匠掠走，故不能排除此镔铁局之工匠，有的来自大马士革的可能性。这在客观上自然也就造成了技术和人才的交流。

宋洪皓（1088～1155年）《松漠纪闻》卷一载：“回鹘自唐末浸微，本朝盛时，有入居秦川为熟户者，女真破陕，悉徙之燕山、甘、凉、瓜、沙，旧皆有族账……善造镔铁刀剑。”此说回鹘“善造镔铁刀剑”。洪皓，饶州鄱阳人，建炎三年（1129年）使金，拒受金人官职，留金凡15年，备受艰辛。绍兴十三年返临安。此书乃其长子和次子于绍兴和乾道中，据洪皓所获闻编成。《钦定重订契丹国志》卷二十一云：“高昌国、龟兹国、于阗国、大食国、小食国、甘州、沙州、凉州，已上诸国三年一次，遣使约四百余人，至契丹，贡献玉、珠、犀、乳香、琥珀、玛瑙器、镔铁兵器、硇砂……”这是说我国西方、北方的一些国家和少数民族也曾生产过镔铁，且向契丹进贡。这段资料在《辽史拾遗补》卷四亦有引述。之后，这技术便在我国北方一些地区沿袭了下来，明时，今新疆、山西等地都生产过镔铁。

因镔铁具有良好的性能，加之制作艰难，故一直受到人们的珍视。《金史·太祖本纪》载：“辽以镔铁为号，取其坚也。”镔铁主要用来制作宝刀、宝剑一类器物，统治者有时还用它作为赏赐品，奖给有功之臣。《金史》卷八十七载，仆散忠义因征契丹有功，金世宗便“拜忠义平章政事兼右副元帅，封荣国公，赐以御府貂裘、镔铁、吐鹘、弓矢、大刀……”镔铁日用器较少，主要有乐器、小工具等。元杨瑀《山居新语》载：“镔铁胡不四，世所罕也，乃回国中上用之乐，制作轻妙，余每问铁工，皆不能为也。今归平江巨室曹氏。”这是说镔铁制作的乐器。对这镔铁胡不四的具体形态，《元史》卷七十一“礼乐志·宴乐之器”曾有记述：“火不思（即胡不四）制如琵琶，直颈无品，有小槽，圆腹如半榼，以皮为面，四弦皮絣，同一孤柱。”可见其形制如琵琶。图版贰拾，3所示为保存于中国音乐研究所的镔铁胡不四[28]。后来的明代文献还提到过一些其他的镔铁工具。

关于“镔铁”一词的含义，前云章鸿钊认为它可能是波斯语 spaina 之音译，

① 又，《辍耕录》卷二十一“宫阙制度·大司徒领异样金玉人匠总管府”下设有：出蜡局、银局、铜局、铸泻等铜局、梵像局、镔铁局。见渊阁《钦定四库全书》本第十册，武汉大学出版社电子版第336碟。

这自然有一定的道理。今查，清邹代钧《西征纪程》卷三引《元史》云，波斯有一个名为“镔铁”的地方，宝祐六年（1258 年），蒙古人渡过红海，收富浪国，“师还至失罗子，至镔铁”。原注云：富浪国，“当为埃及国别部”。失罗子，“即今波斯国法尔斯部之什拉自城度分”。“‘镔铁’即今波斯国吉德国斯部之宾铁城，在赤道北二十六度十二分，京师偏西五十六度四十二分”。依此看来，镔铁城当在今伊朗境内。依此我今另有一个看法，即不能排除此“镔铁城”与作为花纹钢的镔铁间，存在某种关系的可能性[29]。

九、“刚柔相济”——关于复合材料的技术思想

“复合材料”是由两种或两种以上性能存在一定差距的材料复合成的，它具有比单一材料更为优良的综合机械性能，它也是我国古代一项重要的技术成就。在我国古代，复合方式主要有嵌铸和热锻两种①，先秦时期的铁刃铜钺、两色剑，汉后的刚关头斧，以及刃部嵌钢的刀剑，皆使用了复合材料工艺。金属复合技术约发明于商代中期，之后一直沿用了下来，并随着冶金技术的发展而不断地改变自己的工艺形态，从而较大地改善了兵刃器的使用性能，对我国古代社会生产和社会生活产生了许多积极的影响。

从人类历史上看，大凡一项重要技术成就的获得，都可能与两方面因素有关，一是大量的生产实践，二是先进科学原理和技术思想的影响。我们认为，我国古代的复合材料技术的产生和发展，也是在这两方面因素影响下获得的。历代匠师、技术家们的大量实践，积累了许多有益的经验；而“刚柔相济”的技术思想，则可以较快地使这些经验得到提高和升华。下面便对此作一简要说明，有的事例前面已经提及，现仅从技术思想、各门技术科学相互关联的角度作一综述和归纳。

（一）关于金属复合材料技术的产生和发展

如前所云，我国古代金属复合材料技术至迟发明于商代中期。1972 年，河北藁城台西商代中期遗址出土 1 件铁刃铜钺，钺身铜质，刃部陨铁质[30][31]。1977 年，北京平谷刘家河商代中期墓亦出土铁刃铜钺 1 件，亦是钺身铜质，刃部陨铁质[32]。此两器制作工艺基本相同，皆是先锻制陨铁刃，之后再将之嵌入器身铸范中，一起制范，嵌铸成型。如是，此铁刃铜钺就获得了既锋利、又坚韧，既刚且柔的性能。这是我国古代金属复合材料技术的最早工艺形态。

其实，与此相类的工艺形态，及其技术思想，并非始见于商代中期，它与新石器时代某些石刃骨刀、石刃骨匕首是密切相关、一脉相承的。

1973 年，甘肃永昌鸳鸯池马厂文化遗址曾出土过石刃骨刀和石刃骨匕首两种工具，皆由骨柄骨身嵌入石刃而成。其石刃骨刀计有两种做法：一种由三部分，即骨柄、骨身、石刃组合制成；骨身一侧开一深槽，石刃嵌入其中。一种只由石刃和骨身两部分组合制成，骨柄与骨身是一块整料，骨身的一侧亦开一深槽，作为夹刃之用。匕首由 4 部分，即 1 片骨质器柄、1 片骨质器身、2 片石质器刃组合制成，骨质器身的两侧皆开有深槽，作为夹固石刃[33]。这些石刃骨刀、石刃骨匕

① 现代复合材料的操作工艺主要有：焊接、浇铸、热轧、冷轧、热压、爆炸、涂层、电沉积、化学沉积、混合等。当然，不管工艺形态，还是技术效果，古今复合材料是存在一些差别的。

首，都使用了一种较为坚硬的石片为刃，而用较为柔韧的材料为器身。两种材料，处于两个不同的部位，各自充分发挥了自己的长处和优势，从而取得了最佳技术效果。

然而，石刃骨刀和石刃骨匕首，亦非铁刃铜钺的技术源头，在更为原始的工具，即旧石器时代的“复合工具”中，亦可找到类似的工艺形态或身影。此所谓“复合工具”，原是考古学家用来称呼木、石复合器的，它的常见形态是木身（柄）石刃。1963 年，峙峪遗址旧石器时代晚期地层出土一件钺形小石刀，其质为半透明水晶，一侧呈新月形锋刃，宽约 3 厘米，另一侧凸起。此凸起部分的两侧见有修理痕迹，顶端也经过了加工，器形周正。全器加工精细、小巧美观。人们认为，这小石刀是嵌入木质柄内而使用的。这是我国所见年代较早的一件木、石复合工具[34]。此外，河北阳原虎头梁出土过一种尖状器，很可能也是带柄工具的投射头[35]。下川遗址出土过不少细小石刃器，当也是嵌于木（骨）柄上使用的[36]。这些木、石复合工具与前述石刃骨刀不同处是，此石刃较小，且装于柄端，是装柄工具的早期工艺形态。在旧石器时代早、中期，一般工具都是无柄的，人们直接以手把握石器，所以这种复合工具的使用，便具有两方面的意义：一是器柄的使用，它延长了人的手臂，增大了力矩；二是石刃的使用，增强了刃部的砍伐能力。它是人类在旧石器时代获得的一项较为重要的技术成就[37]，从而也在思想上给人们留下许多有益的启示。

旧石器时代的木、石复合，新石器时代的骨、石复合，商代中期的青铜与陨铁复合，它们的工艺形态自然存在许多差别，但它们都有一个相同点，即都使用了两种不同的材料，使刃部得到了加强，达到了刚柔相济的目的，改善了工具的使用性能。一项先进的技术，总是在当代人的实践中，在前人经验和先进技术思想的基础上产生出来的。而一旦产生出来，它便会随着时代的发展，不断改换自己的工艺形态，丰富自己的内容，提炼自己的思想，以满足日益变化着、增长着的社会的需要。商代中期时，我国的青铜技术刚刚兴盛，人工冶铁尚未出现，为适应新时代、新材料的特点，人们发明了以陨铁为刃，青铜为身的金属复合工具。春秋战国时期，青铜合金技术已发展到相当高的水平，人们又发明了双青铜嵌铸的两色剑，以含锡量稍高的锡青铜或铅锡青铜为刃，以含锡量稍低、含铜含铅量稍高的青铜为脊，刚柔相济，优势互补，将复合材料技术发展到一个新的阶段。在两色剑上，我们同时还看到了石刃骨匕首的身影。两汉之后，青铜器衰落，钢铁技术兴起，人们又发明了刃部嵌钢技术，以含碳较高的铁碳合金为刃，以含碳量稍低的铁碳合金为器身，复合锻焊而为一器，把复合材料技术，发展到一个更高的水平。不管时代如何发展，材质如何变化，复合工具的基本形态，复合材料的基本原理，刚柔相济的技术思想，却是始终如一的。

（二）文献上关于刚柔相济的记载

先人们的大胆实践，不断地丰富着自己的经验，丰富着民族的文化和思想。由大量实物资料可知，复合材料技术和刚柔相济的思想都是产生较早的，而“刚柔相济”的思想，也早就成了我国古代哲学思想的一个重要组成部分。

《左传》昭公二十年：“清浊、大小、短长、疾徐、哀乐、刚柔、迟速、高下、出入、周疏，以相济也。”在此明确地谈到了多对矛盾的对立和统一，如清浊相济、大小相济、短长相济……以及刚柔相济等。这也是较早提到“刚柔相济”，并将之作为一个哲学范畴的地方。接着，同卷又云：“不竞不絿，不刚不柔。布政优优，百禄是遒。和之至也。”杜氏注：“竞，强也。絿，急也。”这也是把刚、柔当成了哲学范畴中的一对矛盾。这两段论述，显然都是在长时期的生产、生活实践中归纳、提炼出来的。

此外，其他许多先秦著作也曾多次从哲学的角度谈到过刚、柔的对立和统一。如《周易·系辞上》说：“刚柔相推，而生变化。”“系辞下”载：“刚柔相推，变在其中矣。”

汉代之后，在哲学领域和生产领域中，有关刚、柔的命题和术语被更广泛地使用开来。《淮南子·精神训》：“刚柔相成，万物乃形。”《盐铁论·禁耕》篇载：“秦楚燕齐，力土不同；刚柔异势，巨小之用。”同书“讼贤”篇载：“大夫曰：刚者折，柔者卷。故季由以强梁死，宰我以柔弱杀。”这都是用刚、柔这对矛盾所包含的哲学道理来论述治国方略。同书“水旱”篇载大夫曰：“吏明其教，工致其事，则刚柔和，器用便。”这是以“刚柔和”来描述农具的使用性能。《周易参同契》：“乾刚坤柔，配合相包；阳禀阴受，雌雄相须；须以造化，精气乃舒。”此“刚柔”亦属哲学范畴。

假若说复合工具在蒙昧时期依然是一种生产经验的话，那么，商周之后，“刚柔相济”便提升成了一种哲学思想。在此之后的各种复合工具、复合材料，则既是生产经验，又是在哲学思想指导下的一种实践。宋《梦溪笔谈》卷十九所说：“古人或以剂钢为刃，柔铁为茎干，不尔则多断折。”以及明宋应星《天工开物》卷十“锤锻”谈到的多种复合材料技术，都清楚地表明了这一点。

看来，刚柔相济这一技术思想，原是人们在长期生产实践中归纳、总结出来的，后又被先哲们提升成了一种哲学思想；之后，这种思想又反转过来，指导或者影响人们在复合材料技术方面的生产实践。

第五节　热处理技术

此期热处理技术方面值得注意的事项是：(1) 对“水的淬透性与地理环境的关系”有了进一步认识。(2) 使用了植物油和矿物油作淬火剂。(3) 有关青铜淬火的记载更为明确。(4) 有了关于黄铜热处理的明确记载。(5) 铸铁可锻化退火依然保留着。

一、热处理技术的发展

我国古代对淬火用水的选择始见于三国时期，之后这一认识又不断地得到深化和发展，宋代文献中也出现过一些关于选择淬火用水的记载。《岭外代答》卷六“蛮刀”条云：“今世所谓吹毛透风，乃大理刀之类，盖大理国有丽水，故能制良刀云。”可见在宋人看来，大理刀能吹毛透风，主要与丽水淬透性较好有关，这自然是对淬火剂的一种选择。

此期见于报道的钢铁淬火实物主要有：1964 年出土的元大都铁刀（4032 号）、铁矛（4046 号）等。铁刀在刃部取样，金属基体为马氏体，并见有细长的硅酸盐夹杂；铁矛在尖部取样，试样中心为马氏体，试样两侧为铁素体，说明其采用了夹钢工艺，并曾淬火[1]。

我国古代的油淬技术始见南北朝时期，当时用的是动物油；及元，又有了使用植物油和矿物油淬火的记载。苏轼《物类相感志》载："香油蘸刀则不脆。"《格物粗谈》也有同样的说法，说的都是植物油。与动物油同样，所云与现代技术原理是基本相符的。《格物粗谈》卷下又载："地溲油又如泥，色黄金，气腥烈，柔铁烧赤投之二三次，刚可切玉。"此"地溲油"即石油，这是以矿物油作淬火剂。如前所云，此"柔铁"即古代意义的"熟铁"，因其淬火后"刚可切玉"，含碳量应当较高。

宋元文献关于青铜淬火的记载较唐代更为明确，且表现了较高的认识水平。苏轼《物类相感志·杂著》云："锡铜相和，硬且脆，水淬之极硬。"说锡青铜淬火前兼具了"硬"和"脆"两种特性，水淬后便只剩下"硬"性了。这与现代技术原理是基本相符的。此"硬"当作"坚硬"解，与现代技术辞典中的"硬度"不尽相同。元人伪撰《格物粗谈》卷下也有同样的说法："铜锡相和，硬且脆，水淬便硬。"

此期青铜热处理的实例在锣、钹、镜中都可看到，图版拾肆，2～6所示为江西、徐州宋代铜钹、铜磬金相组织，都显示了淬火态；图6－5－1所示为徐州宋代铜锣JX5组织，标本曾经锻打，今见组织属退火态，这可能与停锻温度稍高，或在低温下进行过不太充分的退火有关；观察面上未见淬火、回火组织中习见的交叉针状物、交叉条状物和环链状物。一般而言，高锡青铜热锻后应作淬火处理，以提高其塑性，并改善其锻造性能。今不用淬火却用退火，可能是受到了钢铁热处理的影响；钢铁材料是淬火后硬度强度增大，退火后塑性提高的。其合金成分如表6－3－4所示。图版拾陆，1、2分别为江西许家六曲葵花镜G1、叶家六曲葵花镜G3组织形貌，约与回火态相当，其合金成分见表6－3－1[2]。

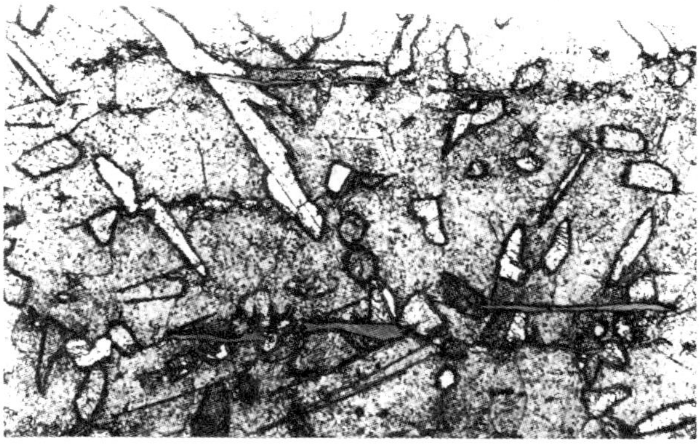

图6－5－1　徐州宋代铜锣JX5组织形貌　×500
标本承徐州市博物馆李银德提供，
承北京任新荷金相分析

黄铜淬火是此时期金属热处理技术的又一重要成就。苏轼《物类相感志·器用》云："鍮石铜先烧赤，取出令冷。以水淬之，槌打则不爆。"此"鍮石铜"即黄铜。此淬火的基本技术原理，是将塑性较好的高温无序β相黄铜保留下来，以免转变成较为硬脆的有序固溶体相β'。这也是我国古代关于黄铜淬火的最早记载。此"取出令冷"含义不明。在此有一点值得注意的是，不管青铜，还是黄铜，淬火的目的都是要改善它的塑性，这与钢的淬火是有区别的。

唐宋之后，由于铸件使用量减少，铸铁可锻化退火技术亦逐渐衰退下来，但并未完全消失，金、元时期依然可以看到。一项在历史上产生过重大影响的技术，是不太容易消亡的。

1985 年，吴家瑞等分析过 8 件黑龙江省所出金代铁器，其中包括：镞 5 件、匕首 2 件、矛 1 件，分别出土于呼玛、肇东、依兰、肇源、绥滨、宾县等县，皆进行过脱碳退火。总的情况是：（1）这些标本的金属基体基本上都是铁素体和珠光体；珠光体量一般较少，多呈粒状；边缘完全脱碳，且成为纯铁素体。（2）1 件铁镞（绥滨县出土，器号 2791）脱碳退火进行得不太完全，边缘有较多的珠光体和少量铁素体，中心残有明显的树枝状晶和莱氏体组织。属夹生可锻铸铁。（3）1 件铁镞（肇源县出土，器号 2110）的金属基体上见有少量石墨，基体为铁素体和分散的珠光体，边缘脱碳。（4）铁矛（宾县出土，器号 1495）曾经锻打，其金属基体为铁素体加珠光体，组织均匀，夹杂物带有方向性，边缘脱碳成纯铁素体[3]。

王可分析的 55 件元大都铁器中，有 2 件原为铸件，皆进行了脱碳退火：一为小铁铲（4069 号），刃部取样，金属基体为珠光体，部分碳化物呈网状，观察面上见有较多的 FeS 夹杂；二为铁勺（4055 号），金属基体为珠光体和少量铁素体，观察面上亦见有 FeS 夹杂[1]。这是迄今所知年代最晚的一批古代可锻铸铁。

二、关于我国古代青铜淬火技术的两种不同意见

青铜淬火是我国古代一项重要的技术成就，它约发明于战国时期，之后就一直沿用了下来，对改善部分青铜器的使用性能起到了重要作用。但由于此技术使用范围较窄，在保留下来的传统技术中，只见锣、钹等器进行淬火处理，故一般人对它较为生疏，加之各人掌握的文献资料和实物资料不尽相同，故国内外学术界对此都产生过一些不同看法，其中又主要围绕在铜镜技术上：有学者肯定我国古镜存在淬火处理，有学者却持了否定态度。有关情况在前述各章都曾涉及，今再集中作一讨论。

在现代研究者中，较早涉及这一问题的是日本学者小松茂、山内淑人，1933 年和 1937 年，他们对 56 件古镜作了成分分析，同时还作了金相分析，结果，这些标本都定成了铸态，未指出过一件热处理组织。这 56 件古镜中，至少有 48 件应是中国生产的，其意表明，中国古镜并无淬火工艺[4]。

1962 年，文博学家史树青在研究我国古代科技事物时，依前引唐人传奇小说《聂隐娘传》的文字，明确地提出了我国古镜曾经淬火的观点[5]。

20 世纪 70 ~ 90 年代，这方面的研究逐渐增多，两种观点的争论也逐渐开展起来。持否定态度的主要有：加拿大学者富兰克林 U. M. Franklin 和美国学者切斯 W. T. Chase（1979 年）[6]、澳大利亚学者凯农 N. F. Kennon（1992 年）[7]和部分国内学者[8]；持肯定态度的主要有田长浒（1985 年）[9]等，本人也是支持（1982 年）这一观点的。两派观点都从文献记载、科学分析、模拟试验方面寻找了自己的论据。1982 年以后，我先后对 100 多件古镜作了金相分析，并作了一系列模拟试验，也查阅了不少文献[10][11][12]。

下面亦从文献记载、科学分析、模拟试验三方面将两派观点和论证过程作进一步的说明。

（一）关于文献记载

持否定观点的学者认为：中国古代并无铜镜淬火的记载。我们认为：实非如此，除史树青查到的《聂隐娘传》所云外，我还在宋、元、明文献中找到了四条青铜淬火的资料和一条黄铜淬火的资料。唐《聂隐娘传》、宋《物类相感志》、元人伪撰《格物粗谈》关于青铜、黄铜淬火的记载，前面皆已谈到。假若说唐《聂隐娘传》关于铜镜淬火的记载还会引起一些人怀疑，可作其他解释的话，那么，《物类相感志》、《格物粗谈》关于青铜淬火的记载便是十分明白的了，很难再作其他解释。下面再看一段明代的文献，问题就更为清楚了。

明李时珍《本草纲目》卷八“金石・锡铜镜鼻”条说：“锡铜相和，得水浇之极硬，故铸镜用之。”即是说，古人之所以用锡青铜铸镜，是其淬火后更为坚强之故。李时珍把古人使用锡青铜铸镜的原因全归于淬火，虽有些夸张，但它却充分说明了铜镜淬火的原因、古人对铜镜淬火之重视，以及铜镜存在淬火处理的历史事实。

方以智《物理小识》卷八“铸法”条也有类似的说法：“锡铜相和，得水浇之极坚。”

除去黄铜淬火的文字，则宋元明时期至少还有四条关于青铜淬火的文献，其中三条泛指一般青铜器，一条专指铜镜，都说得十分明白。即使泛指一般青铜器淬火，也应当主要是指铜镜的，因汉代之后，可用淬火法来改善机械性能的器物主要是镜，其次是锣、钹类响器。战国汉唐镜皆以高锡青铜铸成①，其中（$\alpha+\delta$）相数量甚多，性硬且脆；一经淬火后，将高温 β 相保存下来，锡青铜的塑性和强度便大为提高。若无淬火实践，古人是不可能得出这般精辟论断的。尤其是李时珍所述，再明白不过。有学者说我国古镜无热处理的记载，看了上述资料后，问题当如冰之释。

（二）关于科学分析

两派意见的学者都分析过不少古镜，但其结论却大相径庭。持否定态度的学者认为：（1）我国古镜的特征组织是“两端尖锐的条状相及针状相”[7]，并无淬火组织。（2）“600℃及700℃回火组织类如600℃及700℃退火的样品组织”[7]；意即古镜的淬火回火态实为“高温退火态”之误判。我认为，这两点都是值得商榷的。

先看古镜的特征组织。我曾把古镜组织归纳为两类8种，两类即铸态和热处理态，其中热处理态又有4种，其特征组织分别是：（1）交叉的条块状物；（2）晶界状、环链状物；（3）兼有交叉状、环链状物者；（4）交叉状、环链状物呈白色者。这在图版伍，3、4，图版玖、图版拾等中都可看到。铸态也有4种，有的树枝状晶较为典型，图6－5－2分别为鄂城唐镜E37（残片）、东汉六镜直列重铭神兽镜E14（成分见表4－5－2）铸态组织的形貌。可见：古镜组织中的交叉状、晶界状、环链状，以及树枝状组织都是十分典型的；“两端尖锐的条状相及针状相”并非古镜的特征组织，仅仅用它来描写古镜也是远远不够的。

再看高温回火与高温退火的组织形态。我们认为，有关学者的判断无论如何

① 学术界对“高锡青铜”一词并无严格的定义，本书指可用淬火方式改变其组织形貌者，或说含锡量大于15%的Cu－Sn二元合金。

都是值得怀疑的，不管从逻辑推理、已有图谱，还是我们的试验资料看，高温回火态与高温退火态都是差别较大的；图6-5-3、图版拾伍、图版拾陆，3，皆属高温回火态，图版拾陆，5为高温退火态；表6-5-1所示为我们所作高温回火与高温退火的工艺操作；无论是古镜组织，还是模拟试验标本的组织，回火态都是不能与退火态相混的。

（三）关于模拟试验

今先介绍一下我的模拟试验情况，再介绍其他学者的观点。

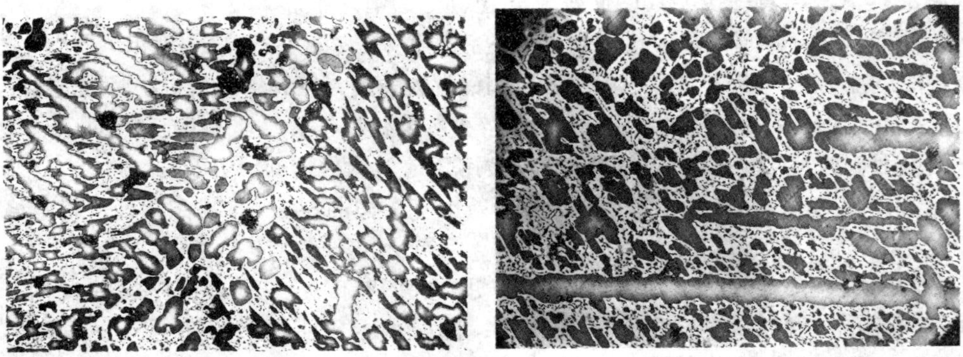

图6-5-2　古镜E37和E14的铸态组织　左．E37　×320　右．E14　×250

标本承鄂城县博物馆熊亚云提供，承北京任新荷等金相分析

因与古镜相类的组织形态在现有图谱中很少看到。为此，我进行了一系列的模拟试验，参照Cu-Sn二元合金相图，编制了一系列铸造和热处理工艺，进行了多次、多种退火、正火、淬火、回火处理，目的是制备一些足以标定古镜组织的图片。我试验用青铜合金成分计有6种，其中5种为铜锡二元合金，配锡量分别为：8%、13%、18%、24%、33%；一种为铜锡铅三元合金，锡、铅配入量分别为21%、10%；我使用的铸型有4种，即热砂型（100℃）、湿砂型（室温）、干砂型（室温）、铁型（100℃）；淬火温度有720℃、620℃、550℃，回火温度有550℃、500℃、450℃、400℃、350℃、300℃等；保温时间有1、2、5、7、12小时；冷却剂有自来水和食盐水。表6-5-1为本文涉及的部分标本的热处理工艺条件。图6-5-3所示为模拟试验标本S64W1、S61Q2的回火组织，观察面上显示了明显的交叉状、环链状物。图6-5-4、图版拾伍、图版拾陆，3分别为模拟试验标本S64W2、S61W1、S61W2的回火组织，其中既显示了交叉状物，亦显示了晶界状物，这些回火组织都较粗大，基本特征与古镜是一致的。图版拾陆，4为模拟试验样S61W0的淬火组织，见有大量交叉松针状和晶界状物，其组织较细，古镜中不曾看到。图6-5-5所示为自制低温淬火标本S6240中温回火标本S62'1Ⅱ''的组织形貌，显示了较多的交叉状物，回火标本还显示了明显的晶界状物。试验表明：（1）古镜组织的一些基本特征，是可用热处理方式模拟出来的；其交叉状、晶界状、环链状组织适与模拟试验的回火态相当；而古镜中被定成了“铸态”者，则多与模拟试验样品的退火态相当。（2）用正常铸造方式，无论怎样地改变铸造条件，都是得不到交叉状、晶界状、环链状组织的；而使用淬火、回火方式时，

却可轻而易举地得到这种组织。这充分表明：古镜进行过淬火。与此同时，我们还对古镜试样和模拟试验样，分别进行了 x 射线衍射物质结构分析和相成分分析（表 6－5－2），也得到了同样的结论。

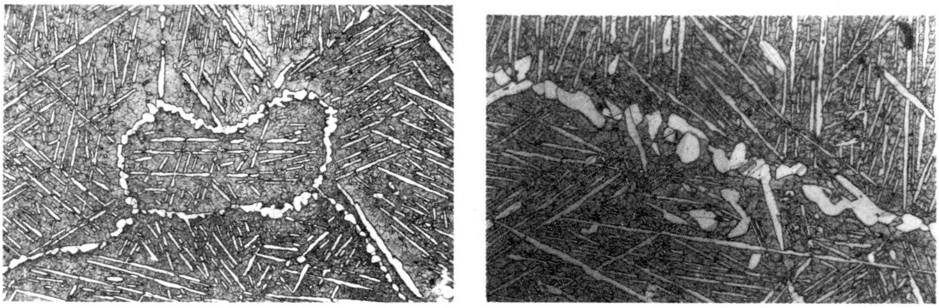

图 6－5－3　自制高温回火试样组织形貌

左．S64W1　×100　　右．S61Q2　×320　承任新荷拍摄

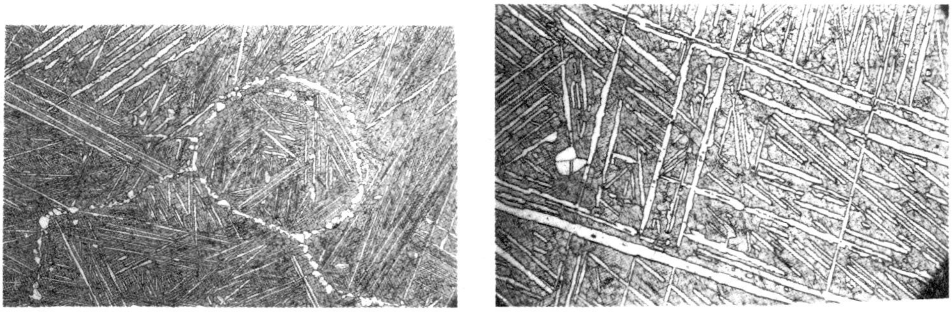

图 6－5－4　自制高温回火试样 S64W2 组织形貌

左．×100　　右．×320　　承任新荷金相分析

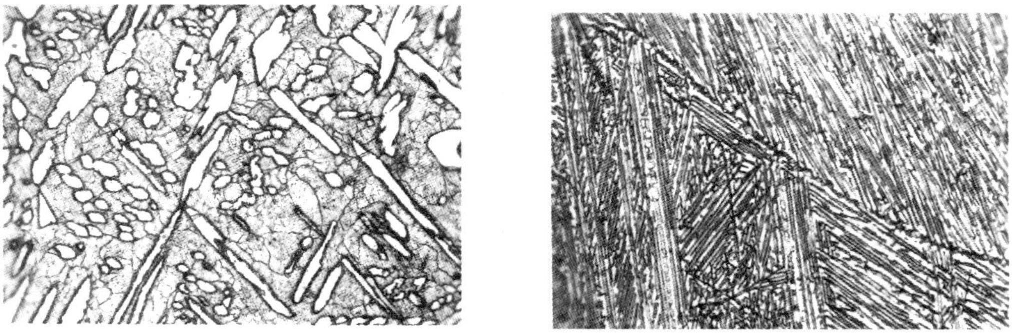

图 6－5－5　自制低温淬火和中温回火标本组织形貌　×320

左．低温淬火标本 S6240　右．中温回火标本 S62'1Ⅱ''　　承任新荷金相分析

国内外都有学者对古镜进行过铸造和热处理试验。相同处是：铸造方式基本一致，故谁也不曾在铸造条件下得到过具有交叉针状、晶界状、环链状组织；不同处是："淬火"方式有别，从而得到的组织形态亦不同。我们是依据传统方式操作的，即将工件（样品）由室温加热到（α + β）相区或（α + γ）相区，保温一定时间后投入自来水或盐水中，整个操作皆处在固态下进行。有学者却不是这样：他（她）们是将试样加热成了液态，之后直接倾注入水中的，最后也得到了一种针状组织，以及如图 6－5－6 所示的块状组织。他（她）们认为这"实际上是青铜淬火样品"[7]。但我们以为：这种操作是否可以称之为"淬火"，所得组织是否可称之为"淬火态"，这种"淬火态"是否可以用来标定古镜，都是值得研究的。

表 6－5－1　青铜热处理模拟试验工艺条件

样号	配料成分（%）	铸型条件	热处理工艺 加热温度（℃）	热处理工艺 保温时间（小时）	热处理工艺 冷却方式	标本最终状态
S5470	铜 79 锡 21	铁型	720	2	随炉冷	退火
S61W0	铜 76 锡 24	热砂型	720	5	水冷	淬火回火
S6240		湿砂型	550	1	水淬	
S61W1		热砂型	720	5	水淬	
			550	2	水冷	
S64W1		铁型	720	5	水淬	
			550	2	水冷	
S61W2		热砂型	720	5	水淬	
			500	2	水冷	
S64W2		铁型	720	5	水淬	
			500	2	水冷	
S61Q2		热砂型	720	7	水淬	
			500	2	水冷	
S62'1Ⅱ"		湿砂型	720	2	盐水淬	
			450	2	盐水冷	
			450	10	随炉冷	
S6123		热砂型	720	1	水淬	
			400	1	水冷	
S62'15		湿砂型	720	2	水淬	
			300	2	盐水冷	

注：试样承北京钢铁学院铸工试验室浇铸，热处理试验承北京钢铁学院冶金史研究室、原冶金部钢铁研究总院、北京吉普汽车制造厂进行。

热砂型、铁型皆预热到 100℃。

表 6－5－2　古镜及热处理试验标本的扫描电镜能谱相成分分析

组织特征	名称和样号	取样序号和部位	成　　分（%）		
			铜	锡	铅
交叉状	鄂城东汉变形柿蒂纹镜 E5	1. 青灰色长条块状物	86.574	13.425	
		2. 青灰色长条状物，另一处	87.779	12.220	
		3. 长条块状物间的斑纹状区	71.457	28.542	
	安徽东汉四神规矩镜 W7	1. 青灰色非交叉状物	87.979	12.020	
		2. 灰色圆块	87.276	12.723	
		3. 青灰色交叉状物	86.221	13.778	
		4. 青灰色交叉状物，另一处	84.099	15.900	
晶界状	江陵战国残镜片 J10	1. 晶界状物	85.904	12.496	1.599
		2. 青灰色条状物	87.755	12.244	
		3. 上述组织间的白色区	78.431	21.568	
交叉状、晶界状	鄂城东汉六朝变异兽首镜 E10	1. 青灰色交叉条状物	85.007	12.046	2.946
		2. 青灰色交叉条状物，另一处	76.952	20.140	2.906
		3. 青灰色交叉状物间的浅灰色区	73.509	26.491	
		4. 青灰色交叉状物间的浅灰色区	74.967	25.032	
		5. 青灰色非交叉条状物	83.546	11.307	5.145
		6. 非交叉条状物间的灰白区	75.944	24.055	
	北京东汉连弧纹镜 B2	1. 青灰色交叉条状物边缘	76.939	21.317	1.742
		2. 非交叉条状物	84.960	10.951	4.088
		3. 晶界状物	75.549	20.787	3.662
		4. 上述组织间的斑纹状区	75.294	22.612	2.093
		5. 与晶界状物相连的条状物	81.473	13.617	4.908
	北京汉魏六朝三角缘画像镜 B9	1. 青灰色非交叉条状物	88.144	11.855	
		2. 青灰色块状物	73.783	11.441	14.775
		3. 上述组织间的白色区	73.534	26.465	
交叉状、晶界状	模拟试验样 S6215 300℃回火	1. 白色交叉条状物	80.258	19.741	
		2. 白色交叉条状物，另一处	80.983	19.016	
		3. 交叉条状物间的灰色絮状区	80.196	19.803	
		4. 交叉条状物间的灰色絮状区	80.419	19.580	
	模拟样 S6123 400℃回火	1. 白色粗大针条状物	82.299	17.70	
		2. 条状物间的深色絮状区	78.994	21.005	
	模拟试验样 S62'1 II'' 450℃回火	1. 灰色交叉条状物	86.665	13.334	
		2. 灰色交叉条状物	86.105	13.894	
		3. 交叉条状物间的灰色絮状区	72.680	27.319	
		4. 交叉条状物间的灰色絮状区	72.256	28.743	

交叉状、环链状	模拟试验样 S61W2 500℃回火	1. 白色条状物	87.056	12.943	
		2. 白色交叉条状物	87.955	12.044	
		3. 上述组织间的灰白色区	77.683	22.316	
	模拟试验样 S61W1 550℃回火	1. 白色交叉状物	81.545	18.454	
		2. 白色交叉条状物	81.424	18.575	
		3. 白色交叉状物间的灰白色区	71.433	28.566	
		4. 白色交叉状物间的灰白色区，另一处	70.176	29.883	

注：样品承北京钢铁学院铸工试验室浇铸，热处理试验承北京钢铁学院冶金史研究室、原冶金工业部钢铁研究总院、北京汽车制造厂进行，扫描电镜能谱相成分分析承原冶金工业部钢铁研究总院李文成教授进行。

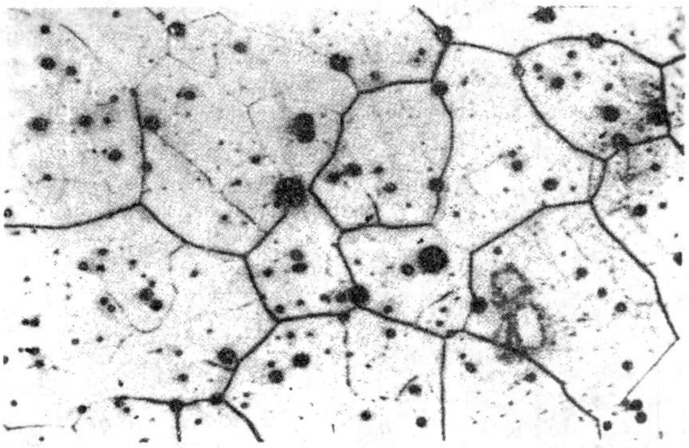

图 6－5－6　由青铜液倾注入水所得金相组织
采自文献［7］，试样原编号 S1－11

也许有人认为：古青铜含锡量较高时，在铸态条件下也会出现环链状、交叉状组织的，但此说并无实物依据。图 6－5－2 所示鄂城直铭重列神兽镜 E14（东汉三国）、图 6－5－7 所示安徽半圆方枚神兽镜 W13（三国）、鄂城战国青铜剑 E83 的组织形貌，它们都是含锡量稍高的铜、锡、铅三元合金，都呈现了明显的树枝状晶。镜 E14 成分为锡 20.14%、铅 4.18%（见表 4－5－2）；剑 E83 成分为：锡 21.16%、铅 8.3%（见表 3－3－5）；镜 W13 的成分为：锡 22.292%、铅 2.580%[13]；含锡量都不低。而峨眉战国刮刀 S22（锡 18.656%，组织见图 3－9－4）、江陵白点花纹剑 J20（锡 18.674%，见表 3－3－5，组织见图 3－9－5）、安徽战国镜四山镜 W1（含锡 19.684%）、湖南战国彩绘镜 C1（锡 18.775%，此二镜成分见表 3－3－8，组织见图 3－9－6），都明显地显示了交叉状或晶界状组织。这些都是含锡量较之为低的铜锡铅三元合金。从相图上看，锡青铜是否出现淬火组织，主要影响因素有二：（1）成分要符合要求，即要进入 β 或 γ 相的成分范围。（2）加热温度和冷却方式要适当，即需在 β 相或 γ 相的温度范围内保温后激冷。这两条件都是缺一不可的。当然，标本的合金成分对其组织形态肯定是有影响的，但是否含锡量较高时，就会呈现交叉状、晶界状、环链状组织，含锡量较低时就呈现树枝状组织，目前尚无实际依据。

所以从文献记载、考古实物的科学分析和模拟试验的情况看，古镜进行过淬火是肯定的。说古镜不曾热处理，既与大量文献记载相悖，亦与古镜中的大量交叉状、晶界状、环链状组织不符，更与现实生产和模拟试验相左。其实，用铸造方式是很难获得这种交叉状、晶界状、环链状组织的。多年来，湖北省鄂城县博物馆一直采用传统方式铸造铜镜，其合金成分与战国汉唐镜基本一致，大约有关学者亦分析过不少这类铸态样品，但从无一件交叉状、晶界状、环链状组织见诸报道。

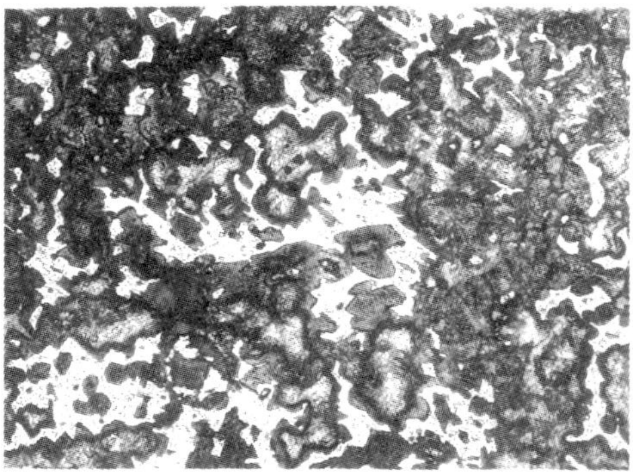
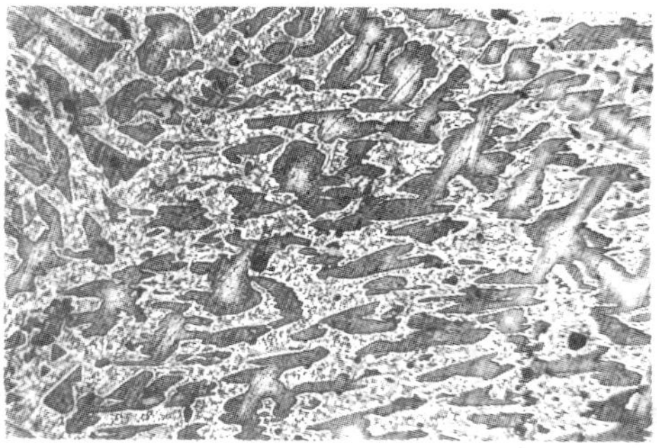

图 6－5－7 高锡青铜镜 W13、剑 E83 的铸态组织

左．安徽半圆方枚神兽镜 W13 ×320 承任新荷等金相分析

右．鄂城战国青铜剑 E83 ×300 承北京汽车制造厂理化试验室金相分析

在此还有两点须指出的是：（1）从操作上看，铜镜热处理的难度是较大的，很容易引起变形或开裂，所以部分学者对铜镜淬火的目的和效果感到不好理解，也是有一定道理的，大约这也是部分学者否定铜镜热处理的起因。（2）时效对古镜组织应当是有一定影响的，但这影响到底有多大，目前还不太清楚。从分析情况看，战国镜组织往往较唐镜稍细，古镜“铸态”组织往往与模拟试验的退火态相当，古镜热处理组织多与回火态相当，这些都不能排除时效的影响。图版拾陆，6 为鄂城唐残镜 E37 的“铸态”组织，图版拾陆，5 为自制试样 S5470 的退火态，可见其显示了一定的相似性。至于这种时效能否将铸态的树枝状组织，转变成交叉状、晶界状组织，我认为可能性是极小的。

第六节 关于青铜表面处理的两个问题

宋元时期的青铜表面处理依然主要是镀金和镀锡两项操作，但皆无大的建树，大体上是沿用了往日工艺，无需多费笔墨。此时期的镀锡工艺主要用在铜镜表面处理上，宋后之镜含锡量降低，往往含铅量升高，故基体较暗，泛红泛黄，镀锡操作便具有更为重要的意义。但对我国古代青铜器，包括铜镜在内，是否存在汞齐镀锡，学术界一直是存在不同看法的。为此，本节先对此事集中作一介绍，之后再谈一下宋代铜器仿古着色问题。此两个问题是既相联系，又相区别的。

一、关于铜镜镀锡的两种不同意见

我国古代青铜器有无镀锡处理，长时期以来学术界一直存在不同看法。归结起来主要是两种观点：一个是肯定古镜曾经镀锡，一个则表示怀疑或否定。在 20 世纪 80 年代以前，争论焦点主要围绕在下列两个问题上：（1）《诗·秦风·小戎》在谈到车器时，曾三次提到的“鋈”字是何含义？有说它是“外镀白色金属的工艺”，或说镀锡；有说它指白色的金属，与外镀无关。(2)《淮南子》和汉代其他资料谈到铜镜时，曾不止一次地提到的“玄锡”又是何物？有说是锡汞齐，有说是汞，或铅，或铅汞齐等。这些，此前皆已提及。20世纪八九十年代时，争论焦点又转移到了如何解释镜面的高锡表层，如“黑漆古”的成因上。

对古镜诸色表层的成因，古镜是否曾经镀锡，宋代之后学术界便进行过许多研究，至近现代，一直未曾停息。1952年，矿物学家梁上椿在研究古镜诸色表层的成因时，曾认为它是“地下自然腐蚀”所致的[1]；1958年，化学家张子高在研究古代镀锡铜器和“鋈”字的含义时，虽未直接谈及古镜，但却明确提出了古青铜曾经镀锡的说法[2]。1985年后，我提出了古镜曾经镀锡的观点，认为黑漆古等诸色是镀锡表层自然腐蚀的结果[3][4]；1992年，有学者又提出了另外的看法，说古镜的“黑漆古”表层原是腐殖酸造成，在腐殖酸作用下，铜镜表面的铜和铅氧化后多皆流失，锡则因氧化物难于水解而留了下来，并富集到铜镜表面，就形成了高锡的“黑漆古”表层[5]。此观点缺乏文献依据和科学分析资料的支持，虽有关学者进行过模拟试验，但其试验数据并未能支持这个结论，却是彼此相左的。今从文献记载、科学分析、模拟试验三方面再作一次系统的说明。

（一）关于古镜和一般铜器表面镀锡的记载

关于先秦、两汉至南北朝的有关记载，即“鋈”、“玄锡”、磨镜药与铜镜外镀的关系，前已言及，今主要介绍宋代之后的。

宋赵希鹄《洞天清录》说：“以水银杂锡汞（末），即今磨镜药是也。”磨镜而要以水银杂锡末为药，其客观效果自然是镜面镀锡。

明刘基《多能鄙事》卷五说：“磨镜药：白矾（六钱）、水银（一钱）、白锡（一钱）、鹿角灰（一钱）。右将白锡为砂子，用水银研如泥，淘洗白净，入鹿角灰及矾，研极细，用如色青，再洗令白。”[6]这磨镜药也主要是水银和锡，其余两味为辅助用料。白矾是硫酸钾与硫酸铝的含水复盐，可起到洗涤剂的作用；鹿角灰大约是研磨料。以锡汞齐磨镜，其客观效果自然是镀锡。

方以智《物理小识》卷八“铸法”：“今磨镜之药，乃锡汞也。”

《古今秘苑》卷十一载：“磨镜丹药，水银一两，上好锡夏秋七分，春冬八分，明矾夏秋一钱二分，春冬一钱半。先将锡熔化，入水银搅匀，冷定，同矾研细如飞面。”此磨镜丹药也是锡和水银，而且谈到了制作汞齐的方法，和“锡汞比”与气温的关系。

直到清代晚期，仍有锡汞齐磨镜的记载。道光二十六年（1846年）成书的清郑复光《镜镜詅痴》卷一“原镜”条：“镜所资要药二：曰水银，曰生净典铜锡。”卷一“镜资”条：“磨镜药亦锡汞为之。”其卷四“作照景镜”条：“铸镜既成，磨以方药则明。”接着，郑复光列出了四个丹方，一出自《古今秘苑》，如前所引；余三出自《多能鄙事》，其中一个上已引出；也都说到了以锡汞齐磨镜。

清代匠作则例也有类似说法：“镜光，头次磨光例照前，二次磨洗，光二遍，每尺用水银七钱五分，高锡七钱五分，白矾六钱，磨洗匠半工。”[7]

此外，明代文献中还记述过一般铜器的镀锡操作。《墨娥小录》卷二“博古绪余·铰铜”：“白锡细削，投水银中，良久，锡自软，烂化成泥，乃以津液染揩，擦涂铜器，以白为度，勿过，多恐蚀器，色退再抹。”

这些都是关于古镜，及至一般铜器镀锡的记载，都说得十分明确、具体，不但谈到了磨镜药的配方，而且谈到了一些具体操作。这与《淮南子》所云“粉以玄锡”的效果是一致的。

曾有学者认为，这些资料皆属宋代之后，只说明了宋后低锡高铅青铜镜曾经镀锡；战国汉唐镜含锡量较高，是无需镀锡的。其实并非如此，这也有文献记载为证。前引《淮南子》说铜镜铸成后须“粉以玄锡”是证据之一，明冯梦祯《快雪堂漫录》“铸镜法”所云则是又一证据，而且说得更为明确。书中先系统地谈到了铸镜的整个工艺过程，铸镜所用之铜锡比为：“每红铜一斤，加锡五两。”如若烧损均衡的话，镜的成分便是铜 76.2%、锡 23.8%，适与战国汉唐镜平均成分相近。在谈到表面处理时，冯梦祯说：铜镜“铸成后开镜。药：好锡一两六分，好水银一钱，先熔锡，次投水银，取起，入上好明矾一钱六分，研细听用”[8]。可见此“开镜药”依然是锡汞齐。这充分说明：这含锡量为 23.8% 的高锡青铜镜也需锡汞齐磨镜。明代铜镜含锡量一般不高，显然，此配方应当是先世传下来的。

众所周知，战国汉唐镜含锡量较高，研磨面已较洁白，即使不作外镀，映照效果也是不错的。但文献记载却说得明明白白，虽系高锡青铜，依然使用了锡汞齐磨镜。我们认为，逻辑推理固然十分重要，但更重要的还是文献记载和实物分析的证据。至于有人说锡汞齐涂磨镜面后，铜镜表面只能获得片刻的明亮，马上就会发乌，从而极大地影响它的映照效果，我以为这很可能是我们的试验与古人的具体操作还存在一定距离之故。从先秦一直到清末，大量文献都明明白白地记载着的工艺，当非无用之作。

（二）关于古镜表面科学分析

不少学者都曾对诸色古镜作过表面成分分析，所得数据大体一致，大家都知道古镜表面存在一个高锡表层。但在解释这高锡表层的成因时，却产生了较大的分歧。有学者认为战国汉唐镜不曾外镀，认为古镜高锡表层是因腐殖酸的作用而富集起来的。此说看似有一些道理，但解释不清考古实物及其科学分析中的许多现象。如：

1. 水银沁镜表面呈灰白色、亮白色，受蚀甚轻或基本上未曾受蚀；依“腐殖酸富集说”，便应很少发生或者不发生铜和铅的流失，也不应出现或很少出现锡的富集。

但我们分析过 12 件水银沁镜，表面平均含锡量达 37.385%（表 5－5－2），其中陕西唐莲花镜 Sh3 的一个亮白色表面的分析点含锡量竟达 42.386%（表 5－5－1），此分析点受蚀甚轻，其含量却较基体高出许多，它又是如何富集起来的？

2. 有的高锡青铜镜虽在地下埋藏了一两千年，并未富集出一个高锡表层来。有的器物虽含锡量不高，却出现了高锡表层，用“腐殖酸富集说”是不好解释的。如：（1）赤峰四弦纹镜 N2，断代西周至春秋，基体含锡达 19.269%，应属高锡青铜，但其表面并无高锡表层[9]。（2）山西西汉未央镜 Z1，基体含量较前者稍低，为 18.181%，它不但存在高锡表层，而且含锡量高达 37.8322%[10]。（3）云南江川李家山铜臂甲 D1，基体含锡量只有 7.048%，远较古镜低，但其表面含锡量却高达 34.362%[3]。低锡青铜为何也富集出此等高锡的表层来？

3. 从大量考古实物的科学分析看，铜镜表面的含铅多较基体为高，有的标本基体原是不含铅的，但其表面含铅量却不太低，这说明，铜镜在埋藏过程中，未必发生过铅的较大流失，而往往是铅在表面上的富集。

我分析过 7 件战国至西汉早期的镜，基体平均含铅量为 2.453%；又分析过 66 件西汉中期至五代的镜，基体平均含铅量为 4.881%；而我分析的 10 件战国两汉黑漆古镜表面平均含铅量却达 7.777%；湖南战国蟠螭纹镜 C8 正面黑漆古分析点“1”含铅量最高，达 20.523%，而此镜基体含铅量只有 1.361%。9 件战国到五代绿漆古镜的表面平均含铅量为 8.021%；其中又以鄂城东汉边弧镜 E7 绿漆古表层含铅量最高，达 12.942%，而此镜基体含铅量为 6.3%[10]。显然，这表面含铅量皆较基体为高，而不是较之为低，这就很难用铅流失来解释。

不但铜镜如此，其他一些铜器也有这样的。如：（1）南阳汉代铜舟（资料待发），基体为铜锡二元合金，不含铅；表面漆黑色，却含有 0.63% 的铅。（2）琉璃河西周早期球形铜泡 B28（M105），表面灰白色而泛青，受蚀甚轻，稍带光泽，基体含铅量为 0.675%，表面含铅量却达 10.877%[11]。（3）琉璃河西周早期铜戈 B35（M253），表面呈青灰色，稍带光泽，基体不含铅，表面含铅量达 8.74%[11]。显然，这也很难用表面“铅流失”来解释。看来，在自然腐蚀过程中，铜合金中的铅至少有过两个活动过程：一是向表面上聚集，二是向土壤中流失。这两个过程可能是同时进行的，但孰轻孰重，孰主孰次，大约与腐蚀阶段和腐蚀条件等都有一定关系；而未必任何时候都是只有铅的流失，相反，在上述分析资料中，是只见铅在表面上的富集而未见流失的。富集在铜器表面上的铅可能有两个来源，一是镀锡料带入，二是埋藏过程中由金属基体或土壤渗入。

（三）关于腐殖酸的模拟试验

据报道，有学者曾用腐殖酸侵蚀法，在未曾镀锡的青铜标本表面模拟出了“黑漆古”表层，并以此来证明黑漆古铜镜是未曾镀锡的。其实，这报道未必确切，今从两方面来讨论一下。

其一，报告中说模拟出了“黑漆古”表层，但仔细阅后便会发现，其试验结果与黑漆古的基本特征多有不符。我们认为，从大量考古实物的科学分析看：铜镜“黑漆古”表层最为基本的特征是：（1）此表层较薄，厚常为 10~20 微米，其色漆黑，且稍有反光，均匀地覆盖整个表面。（2）其含锡量较高，我们分析过的 10 件战国至唐代黑漆古镜表面含锡量为 49.76%~75.579%，平均 67.878%，为基体含锡量的 3 倍左右。但有关作者模拟出来的“黑漆古”标本并非黑漆色，而是深灰色和深褐色的，只在一件标本表面出现过“黑色球状物”。这“黑色球状物”并无高锡表层，表面含锡量只有 21.1% 左右，较基体还要低，基体含锡量为 23%。这说明，有关模拟试验并未获得“黑漆古”表层，亦未出现过锡的富集，反而出现了锡的负集。这种表面色态和成分是否可称之为“黑漆古”，是值得商榷的[12]。

其二，我们知道，在自然腐蚀条件下，不管青铜器体是否镀锡，经历千百年后，由于氧化和各种酸的侵蚀，都可能使其表面变黑，且含锡、含铅量升高的。所以，即便用腐殖酸在未镀锡的青铜器表面腐蚀出了类似于黑漆古的表层，也不能否定古镜存在镀锡的工艺，因古镜镀锡是有多条文献记载为依据的。

一般而言，导致古青铜表面颜色和成分发生变化的工艺和非工艺因素是多方面的，氧化可形成漆黑色表层，硫化也可形成漆黑色表层。在通常自然腐蚀条件下，不管镀锡还是未镀锡的高锡青铜器，表面都可形成黑色、灰黑色、灰白色的高锡表层的。至于受蚀甚轻，或基本上未曾受腐蚀的未镀锡青铜器，由于自然时效的作用，是否也会出现灰白色的高锡表层？其可能性也不能排除，但需进行大量的试验和成矿理论等多方面的支持。

总之，使铜镜表面致黑的因素是较多的，它可能有多条途径。至于哪条途径的可能性大，则需对多方面资料进行综合分析。在这种情况下，我们必须注意文献记载，那些十分明确的记载，是绕不开的。

二、关于宋代铜器的仿古作色技术

我国古代伪作古器的技术至迟出现于春秋时期。《韩非子·说林下》载：“齐伐鲁，索谗鼎，鲁以其赝往，齐人曰：‘赝也’。鲁人曰：‘真也’。齐曰：‘使乐正子春来，吾将听子。’鲁君请乐正子春，乐正子春曰：‘胡不以其真往也？’君曰：‘我爱之。’”这是春秋已有伪作古器之证。此虽未提到伪作古色之事，但我认为应是肯定的，只是繁简程度不同，不然便很难达到赝品的效果。汉后的相当长一个时期内，伪作古器之事并未得到发展，及宋方才兴盛起来，而且出现了大段的文献记载。

赵希鹄《洞天清录·古钟鼎彝器辨》有一大段介绍“伪古铜器”的文字，说：“其法以水银杂锡汞（末），即今磨镜药是也。先上在新铜器上，令匀。然后以釅醋调细硇砂末，笔醮匀上；候如蜡茶之色，急入新汲水浸之，即成蜡茶色；候如漆色，急入新汲水浸，即成漆色；浸稍缓，则变色矣。若不入水，则成纯翠色。三者并以新布擦令光莹。其铜腥为水银所匮，并不发露。然古铜声彻而清，新铜声洪而浊，不能逃识者之鉴。”（文渊阁《钦定四库全书》本）这里谈到了宋代铜器伪作蜡茶色、漆黑色、纯翠色的基本操作。基本原料都是水银和锡末，另加釅醋、硇砂。这是今见较早的，关于铜器伪作古色的记载。所述或有一定效果，常为后世学者引用，对后世诸色仿古工艺产生过一定的影响。此伪作古色亦需锡汞齐，对我们了解古镜，及至一般古代青铜器表面处理工艺也是有一定帮助的。

同书还谈到过古铜器的埋藏环境和埋藏时间对表面色态的影响。说：“铜器入土千年，纯青如铺翠，其色子（时）后稍淡，午（时）后乘阴气翠润欲滴……铜器坠水千年，则纯绿色而莹如玉，未及千年绿而不莹，其蚀处如前。今人皆以此二品体轻者为古，不知器大而厚者铜性卒未尽，其重止（只）能减三分之一或减半；器小而薄者铜性为水土蒸淘易尽……传世古则不曾入水，唯流传人间，色紫褐而有硃砂斑；甚者，其斑凸起如上等辰砂。”（文渊阁《钦定四库全书》本）这里谈到了在“入土”、“入水”、“传世”三种保存环境下，铜器表面色态与时间的关系。值得我们注意的有两点：（1）人们已认识到了保存环镜和时间与腐蚀状态的关系。所述虽非十分准确，但这已是个不小的进步。（2）人们已观察到了厚壁器物不易锈透，重量减轻较少；薄壁小件器物易于锈透、铜性易为水土淘尽的现象。所谓“铜性为水土蒸淘易尽”，实指腐蚀后铜的流失。这在冶金技术史、化工技术史上，都是很有意义的事件。这段记载对后世铜器作色也有一定的影响。

参考文献

第一节 炼铁技术的发展

[1] 任志远：《沙河县的古代冶铁遗址》，《文物参考资料》1957 年第 6 期。唐云明：《河北邢台发现宋墓和冶铁遗址》，《考古》1959 年第 7 期。关于綦村观音寺后出土的石碑碑文，此两个文献的引述有一字之差，本书依前者，后者引为“九月立石”。按：“綦村”原是个大村，后又分成了綦村、綦阳、后坡、赵岗等几个小村，原属沙河，后归邢台。

[2] 引自乾隆五十七年刻本，此本校刊质量似略胜于“四库”本。

[3] 河南省文物研究所等：《河南省五县古代铁矿冶遗址调查》，《华夏考古》1992 年第 1 期。调查者：李京华、黄务涤、华觉明、刘云彩等。

[4] 陈仲光：《同安发现古代炼铁遗址》，《文物》1959 年第 2 期。

[5] 泰安市文物考古研究室：《山东省莱芜市古铁矿冶遗址调查》，《考古》1989 年第 2 期。

[6] 曾广亿：《广东发现古代冶铁遗址》，《光明日报》1962 年 3 月 30 日。

[7] 黑龙江省博物馆：《黑龙江阿城县小岭地区金代冶铁遗址》，《考古》1965 年第 3 期。

[8] 李士良等：《黑龙江出土金代铁器的初步研究》，全国第二次金属史年会论文，哈尔滨，1985 年。

[9] 高传树等：《黑龙江出土金代铁铧铁锅的材质研究》，全国第二次金属史年会论文，哈尔滨，1985 年。

[10]《熬波图》系陈椿依据前任上海下砂场盐司提干（名守仁，号乐山）所绘草图绘成。流传至今的刊本是清乾隆年间编纂《钦定四库全书》时从《永乐大典》中辑出的。今引自文渊阁《钦定四库全书》抄本，武汉大学电子版第 243 碟，第二册，卷下第 31～33 页；台湾景印版第 662～352、353 页。

[11] 吴坤仪等：《荥阳楚村元代铸造遗址的试掘与研究》，《中原文物》1984 年第 1 期。

[12] 史金波等：《西夏文物》图 39，文物出版社，1988 年。锻铁图位于榆林窟内室东壁南端千手千眼观世音像法光两侧上部。左右对称，一式两幅。

[13] 白广美：《川东、北井盐考察报告》，《自然科学史研究》1988 年第 3 期。

[14] 戴念祖等：《中国古代的风箱及其演变》，《自然科学史研究》1988 年第 2 期。

[15]《东坡诗集注》卷三十。

[16] 王可等：《元大都遗址出土铁器分析》，《考古》1990 年第 7 期。

[17] 山西省考古研究所：《山西稷山金墓发掘简报》，《文物》1983 年第1 期。

[18] 河北省文物局文物工作队：《观台窑址发掘报告》，《文物》1959 年第 6 期。又《河北省考古工作介绍》，《考古》1962 年第 10 期。

第二节　炼钢技术的发展

［1］朱寿康等：《铜绿山宋代冶炼炉的研究》，《考古》1986 年第 1 期。

［2］《重修政和经史证类备用本草》卷四“柔铁”条引。

［3］《古今韵会举要》卷八，文渊阁《钦定四库全书》抄本第五册，武汉大学出版社电子版第 123 碟。

［4］何堂坤：《关于灌钢的几个问题》，《科技史文集》第 15 辑，上海科学技术出版社，1989 年。

［5］张子高：《中国化学史稿（古代之部）》第 34 页、101 页，科学出版社，1964 年。

［6］陈良佐：《我国炼钢史上的一个问题》，《大陆杂志》第 49 卷第 6 期，1974 年。

［7］吉田光邦：《天工开物の製錬・铸造技术》，载薮内清主编《天工开物の研究》，恒星社，东京，昭和三十年。

［8］薮内清：《中国古代の科学》第 51 页，角川新书，昭和三十九年。

［9］Joseph Needham, The Development of Iron and Steel Technolgy in China . P. 26, 1958. Clerks and croftsmen in China and the west. 1970.

［10］何堂坤：《我国古代炼钢技术初论》，《科技史文集》第 14 辑，上海科学技术出版社，1985 年。

［11］杨宽：《中国土法冶铁炼钢技术发展简史》第 175 页，上海人民出版社，1960 年。

［12］周志宏：《中国早期钢铁冶炼技术上创造性的成就》，《科学通报》1955 年 2 期。

［13］石心圃：《中国古代冶金》，《北京钢铁工业学院第一次科学研究及教学法讨论汇集》，1956 年。

［14］杨宽：《中国土法冶铁炼钢技术发展简史》第 211 页，上海人民出版社，1960 年。

［15］祝慈寿：《中国古代工业史》第 457 页，学林出版社，1988 年。

［16］吉田光邦：《中国科学技术史论集》第 423 页（《天工开物の製錬・铸造技术》），日本放送出版协会，东京，昭和四十七年。

［17］杨宽：《中国土法冶铁炼钢技术发展简史》第 193 页，上海人民出版社，1960 年。

［18］吉田光邦：《中国科学技术史论集》第 362 页《宋代の技术》，日本放送出版协会，东京，昭和四十七年。

［19］何堂坤：《百炼钢及其工艺》，《科技史文集》第 13 辑，上海科学技术出版社，1985 年。

第三节　有色冶金技术的发展

[1] 洪咨夔:《平斋文集》卷一,《四部丛刊续篇·集部》。李延祥:《冶金史上的奇篇——〈大冶赋〉》,《中国冶金史料》1992年第4期。

[2] 黄盛璋:《宋代冶金技术初探》,《科技史文集》第13辑,上海科学技术出版社,1985年。

[3] 赵匡华:《中国历代"黄铜"考释》,《自然科学史研究》1987年第4期。

[4] 赵匡华等:《南宋铜钱化学成分剖析及宋代胆铜质量管理》,《自然科学史研究》1986年第4期。

[5]《舆地纪胜》卷二十三"江南东路·饶州·景物下·兴利场"引《长沙志》。道光二十九年刻本,或《续修四库全书》第584册。

[6] 郭正谊:《水法炼铜史料新探》,《化学通报》1983年第6期。

[7] 宋人汇辑的丹经《诸家神品丹法》卷六第一页,见《道藏》第五九四册。日华子,五代名医。

[8]《本草纲目》卷九"金石·炉甘石"条引,人民卫生出版社,1957年。

[9] 此用铜量有三种说法,另两种是:(1)"用铜一斤",见方以智《物理小识》,丛书集成本和"四库"本皆然。(2)"用铜三斤",见"四库"本《本草纲目》。本人倾向于"用铜一斤"说。理由是:(1)引文中"非石中物取出乎"一语表明,冶炼产物的重量已高出了原料铜的重量,即原料铜的重量是低于一斤半的;那么,这便与"用铜二斤"、"用铜三斤"皆不相符。(2)《日华子点庚法》也说"铜一斤,炉甘石一斤"。当然,"用铜一斤"的话,则嫌金属收得率又太高。因在炉甘石中,锌占52%,即一斤炉甘石完全还原后当有0.52斤锌;依此,投入冶炼反应的(铜+锌)总量为1.52斤;要用这1.52斤铜和锌冶炼出1.5斤的黄铜,在实践上是很不容易的。故此"一斤半"鍮石当为大概之数。按:崔昉在湖南为官事,见元人所编丹经《庚道集》卷一第八(《道藏》第六〇二册至六〇三册)。

[10] 岳慎礼:《丹阳铜与鍮石——再论我国黄铜》,《大陆杂志》卷26第12期,1963年。

[11] 何堂坤:《中国古代铜镜的技术研究》,中国科学技术出版社,1992年。紫禁城出版社,1999年再版。

[12] 黄渭馨等:《砷铜文物一例》,《文物》1983年第11期。

[13] 孙淑云、王大道:《广西、云南铜鼓合金成分及金属材质的研究》,载《中国冶金史论文集》(二),《北京科技大学学报》增刊,1994年。

[14] 何堂坤等:《江西省博物馆所藏饶州镜及其科学分析》,《文物》1993年第10期。

[15] 何堂坤:《宋镜合金成分分析》,《四川文物》1990年第3期。何堂坤等:《几件金代铜镜的科学分析》,《北方文物》1990年第3期。

[16] 明宋应星《天工开物》卷八"冶铸·镜":"凡铸镜,模用灰沙,铜用锡和(不用倭铅)。"

[17] 水上正胜:《志海苔出土古钱的金属成分》,《中国钱币》1985年第3期。北京阿祥译。原载日本函馆市立博物馆、函馆市教育委员会主编:《函馆志海

苔古钱——北海道中世纪窖藏古钱的报告》，1973 年。

［18］戴志强等：《北宋铜钱金属成分试析》，《中国钱币》1985 年第 3 期。

［19］赵匡华等：《北宋铜钱化学成分剖析及夹锡钱初探》，《自然科学史研究》1986 年第 3 期。

［20］章鸿钊：《中国用锌的起源》，《科学》第八卷第三期。章鸿钊：《再述中国用锌的起源》，《科学》第九卷第九期。

［21］梁：《宋钱成分内之铅》，《科学》第七卷第八期，1922 年。按：该文原署名为“梁”，即王琎。王琎字季梁。

［22］戴志强、周卫荣等：《“夹锡钱”问题再研究》，《中国钱币》1999 年第 1 期。

［23］铜绿山考古发掘队：《湖北铜绿山春秋战国古矿井遗址发掘简报》，《文物》1975 年第 2 期。

［24］卢本珊等：《中国古代金矿的采选技术》，《自然科学史研究》1987 年第 3 期。

［25］熊耀先：《大海塘“狗头金”形成的地质特征》，《地质与勘探》1985 年。1977 年，湖南益阳一农民拾得一砂金重达 281 克余；1983 年，一农民相继掘得数块狗头金，块重一般都达千克左右，最重达 2160. 8 克，成色在 92% 以上。1983 年，有人在栖霞采得狗头金 812. 5 克。

［26］《修炼大丹要旨》卷上第二十二页，见《道藏》第五九一册。

［27］陈国符：《道藏源流续考 · 中国外丹黄白法经诀出世朝代考 · 修炼大丹要旨》：“此丹诀屡云铺盖，最早当出自唐肃宗时。”“卷下云‘人言’（信州砒霜）二次，信州砒霜已于唐代开始出产，此盖于后世用之……故此丹诀最早于宋代出世。”云云。《修炼大丹要旨》见《道藏》第五九一册。按：任继愈主编的《〈道藏〉提要》亦认为其作者为北宋人（第 674 页，中国社会科学出版社，1991 年）。

［28］《本草纲目》卷十一“金石 · 硇砂 · 发明”条引。

［29］《重修政和经史证类备用本草》卷四“饶州银屑”条引。另见《丛书集成初编》第一四三〇册。

［30］《重修政和经史证类备用本草》卷四“金屑”条引。

［31］《本草纲目》卷八“金石 · 密陀僧 · 集解”、“释名”引。

［32］《本草纲目》卷九“金石 · 水银 · 气味”条引。人民卫生出版社，1957 年。按：本书所引《本草纲目》，皆为此版本或“四库”本。

［33］南京市博物馆：《江浦黄悦岭南宋张同之夫妇墓》，《文物》1973 年第 4 期。

［34］赵匡华：《我国古代“抽砂炼汞”的演进及其化学成就》，《自然科学史研究》1984 年第 1 期 。

［35］南宋白玉蟾《金华冲碧丹经秘旨》卷下第四页。《道藏》洞神部众术类，第五九二册。

［36］《修炼大丹要旨》卷上第二十一页，《道藏》第五九一册。

［37］《丹房须知》第七页载有“抽汞之图”，即今图 6 – 3 – 2 所称“蒸馏法

炼汞图”，图中结构说明为今世学者所作；第九页载有“未济炉”和“既济炉”。见《道藏》第五八八册。

［38］曹元宇：《中国古代金丹家的设备及方法》，《中国古代金属化学及金丹术》，中国科学图书仪器公司，1957年。

［39］《重修政和经史证类备用本草》卷四“水银”条引。

［40］危素《〈浸铜要略〉序》见危素《说学斋稿》卷四第三十八页，文渊阁《钦定四库全书》，武汉大学出版社电子版418碟。

［41］苏辙：《龙川略志》卷五，文渊阁《钦定四库全书》本。

［42］宋代官方开始经营胆铜的具体时间和设场地点，文献上曾有不同说法，当今学者中也有不同观点。其中相当一部分人认为是元祐时期（1086～1094年）始于饶州兴利场，之后才是信州铅山场。南宋李传心《建炎以来系年要录》、南宋官修《皇宋中兴两朝圣纪》、宋王象之《舆地纪胜》卷二十一“江南东路·信州·古迹·铅山场”等皆主此说。《建炎以来系年要录》卷五十九“绍兴二年十月辛卯”载：饶、信二州“皆产胆水，浸铁成铜，元祐中始置饶州兴利场，岁额五万余斤；绍圣三年又置信州铅山场，岁额三十八万斤。其法以片铁排胆水槽中，数日而出三炼成铜，率用铁二斤四两得铜一斤云”。《舆地纪胜》所引大体相同。《皇宋中兴两朝圣纪》卷十二也有基本一致的说法：“元祐中始置饶州兴利场，岁额五万余斤；绍圣三年又置信州铅山场，岁额八十三万斤。”至于铅山场的始办时间，文献上又有两种说法，一如前云，绍圣三年；二如下云，绍圣元年。宋王象之《舆地纪胜》卷二十一“江南东路·信州·景物上”载：“胆水，在铅山自昔无之。始因饶州布衣张甲献言，可用胆水浸铁为铜，绍圣元年始令本州差厢军兴浸，其利渐兴，今淋铜之所二百四槽，岁浸铜八万九千斤。”但今世也有学者认为此说是不可信的，认为官方最早设置的应是铅山场（见文献［2］）。我们比较倾向于《建炎以来系年要录》、《皇宋中兴两朝圣纪》、《舆地纪胜》所云。其实，《浸铜要略》也说饶州在元祐时已有138条沟槽，不能排除官方已在组织生产的可能性。

［43］孙承平：《〈“浸铜要略”序〉的发现与剖析》，《中国科技史料》2003年第3期。

［44］孙以刚：《德兴发现北宋炼铜家张潜墓碑》，《中国文物报》1996年8月18日第1版。

［45］欧阳修《归田录》卷上，《文忠集》卷一二六第二十页，文渊阁《钦定四库全书》本第25册，武汉大学出版社电子版405碟。

［46］赵匡华：《我国古代的金银分离术与黄金鉴定》，《化学通报》1984年第12期。

［47］《关尹子文始真经》“六匕”篇，《续修四库全书》1292—51。

［48］陈上岷：《谈西塞山出土的宋代银锭》，《中国钱币》1985年第3期。

第四节　金属加工技术

［1］郑家相：《历代铜质货币冶铸法简说》，《文物》1959年第4期。

［2］袁涛：《定位星是我国早期砂模铸造的重要标志》，《自然科学史研究》1994 年第 1 期。袁涛：《郭浇柄现象——三论我国古代的砂型铸造》，《江苏钱币》1995 年第 4 期。

［3］刘鲡：《辽宁北镇发现辽代铜犁范》，《考古》1984 年第 11 期。

［4］刘景文：《吉林省前郭县出土的金代犁铧铜范》，《东北考古与历史》1982 年第 1 期。

［5］隆化县文物管理所：《河北隆化县发现金代窑藏铁器》，《考古》1981 年第 4 期。

［6］吴坤仪等：《荥阳楚村元代铸造遗址的试掘与研究》，《中原文物》1984 年第 1 期。

［7］赵光林：《北京市发现一批古墓遗址和窑藏文物》，《考古》1989 年第 2 期。

［8］盖山林：《内蒙古包头市郊麻池出土铜范》，《考古》1965 年第 5 期。原断为铜范，实为制范的铜质模具。

［9］王可等：《元大都遗址出土铁器分析》，《考古》1990 年第 7 期。

［10］矩斋：《古尺考》，《文物参考资料》1957 年第 3 期。该文列了 7 把宋尺，长度波动于 0.281 ~0.329 米之间，平均约 0.313 米。

［11］孙淑云：《当阳铁塔铸造工艺的考察》，《文物》1985 年第 1 期。戴亚东：《常德市乾明寺的唐代铁幢》，《文物参考资料》1958 年第 1 期。刁山景：《宋代天圣三年传世铁钟》，《南方文物》1998 年第 1 期。

［12］何堂坤：《我国古代钢铁刀剑及其工艺》，《五金科技》1982 年第 5 期。

［13］南京博物院：《近十年来江苏考古的新成果》，《文物考古工作十年》第 112 页，文物出版社，1990 年。

［14］宋捷：《江苏高资咸淳六年铁刀》，《文物》1983 年第 7 期。

［15］南京市博物馆：《江浦黄悦岭南宋张同之夫妇墓》，《文物》1974 年第 4 期。

［16］嘉兴博物馆：《浙江嘉兴发现南宋铜锣》，《文物》1980 年第 8 期。

［17］罗西章：《陕西扶风发现金代铜钹》，《文物》1983 年第 11 期。

［18］刘俊勇：《大连谭家屯金代窖藏》，《文物资料丛刊》（8），1983 年。

［19］李银德：《徐州雪山寺北宋窖藏纪年文物》，《文物》1990 年第 3 期。

［20］河北省文物管理处：《河北易县燕下都 44 号墓发掘报告》，《考古》1975 年第 4 期。河北省文物管理处《河北易县燕下都第 21 号遗址第一次发掘报告》，《考古学集刊》（2），1982 年。

［21］李众：《中国封建社会前期钢铁冶炼技术发展的探讨》，《考古学报》1975 年第 2 期。

［22］中国社会科学院考古研究所等：《满城汉墓发掘报告》第 390 页，文物出版社，1980 年。

［23］畅文斋：《山西稷山县“五女坟”发掘简报》，《考古通讯》1958 年第 7 期。

［24］热河省博物馆筹备组：《赤峰县大营子辽墓发掘报告》，《考古学报》

1956 年第 3 期。

[25] 何堂坤:《关于透光镜机理的几个问题》,《中原文物》1982 年第 4 期

[26] 何堂坤:《中国古代铜镜的技术研究》，中国科学技术出版社，1992 年初版；紫禁城出版社，1999 年再版。

[27] 王铠:《新发现一面唐代透光镜》,《中原文物》1981 年第 2 期。

[28] 张子高、杨根:《镔铁考》,《科学史集刊》(7)，1964 年。

[29] 何堂坤:《关于镔铁的产地和工艺》,《中国国学》总第 25 期，1997 年。按:《西征纪程》，清新化邹代钧著，光绪十七年（1891 年）版。国家图书馆藏有多个版本。

[30] 河北省博物馆等:《河北藁城台西村的商代遗址》,《考古》1973 年第 5 期。

[31] 李众:《关于藁城商代铜钺铁刃的分析》,《考古学报》1976 年第 2 期。

[32] 北京市文物管理处:《北京市平谷县发现商代墓葬》,《文物》1977 年第 11 期。

[33] 甘肃省博物馆文物工作队等:《永昌鸳鸯池新石器时代墓地的发掘》,《考古》1974 年第 5 期。

[34] 贾兰坡等:《山西峙峪旧石器时代遗址发掘报告》,《考古学报》1972 年第 1 期。

[35] 盖培、卫奇:《虎头梁旧石器时代晚期遗址的发现》,《古脊椎动物与古人类》1977 年（15 卷）第 4 期。

[36] 王健等:《下川文化——山西下川遗址调查报告》,《考古学报》1978 年第 3 期。

[37]《中华文明史》第一卷第一章“原始手工业技术”，河北教育出版社，1989 年。

[38]《玉海》卷一五一，文渊阁《钦定四库全书》本第 124 册，武汉大学出版社电子版第 326 碟。

[39]《云烟过眼录》，文渊阁《钦定四库全书》本，武汉大学出版社电子版第 318 碟。按：此本引文连用了两个“廼”后，又连用了两个“乃”字。

第五节　热处理技术

[1] 王可等:《元大都遗址出土铁器分析》,《考古》1990 年第 7 期。

[2] 何堂坤、李恒贤:《江西省博物馆所藏饶州镜及其科学分析》,《文物》1993 年第 10 期。

[3] 吴家瑞等:《黑龙江出土金代铁兵器的金相研究》，全国第二次金属史学术讨论会论文，1985 年 10 月，哈尔滨。

[4] 小松茂、山内淑人:《东洋古铜器の化学研究》、《古镜の化学的研究》，分别载于《东方学报》京都版 1933 年第 3 册、1937 年第 8 册。

[5] 史树青:《古代科技事物四考》,《文物》1962 年第 3 期。

[6] W. T. Chase and U. M. Franklin, Early Chinese black mirrors and patten -

etched weapons. ARS ORIENTALIS，VOL. 11，1979，p219～226.

[7] 孙淑云、N. F. Kennon：《中国古代铜镜显微组织的研究》，《自然科学史研究》1992 年第 1 期。

[8] 上海交通大学西汉古铜镜研究组：《西汉“透光”古铜镜研究》，《金属学报》，1976 年第 1 期。

[9] 田长浒：《从现代实验剖析中国古代青铜铸造的科学成就》，《科技史文集》第 13 期，上海科学技术出版社，1985 年。

[10] 何堂坤等：《由金相分析看鄂城铜镜的热处理技术》，《江汉考古》1988 年第 3 期。何堂坤：《关于“透光镜”机理的几个问题》，《中原文物》1982 年第 4 期。

[11] 何堂坤：《古青铜热处理模拟试验》，《自然科学史研究》1994 年第 1 期。

[12] 何堂坤：《关于古镜热处理的几个问题》，《中国历史博物馆馆刊》总第 27 期，1996 年。

[13] 何堂坤：《中国古代铜镜的技术研究》，紫禁城出版社再版，1999 年。

第六节　关于青铜表面处理的两个问题

[1] 梁上椿：《古镜研究总论》，《大陆杂志》第五卷第五期，1952 年。

[2] 张子高：《从镀锡铜器谈到鋈字本义》，《考古学报》1958 年第 3 期。

[3] 何堂坤：《滇池地区几件青铜器的科学分析》，《文物》1985 年第 4 期。

[4] 何堂坤：《几面表层漆黑的古铜镜之分析研究》，《考古学报》1987 年第 1 期。

[5] 孙叔云等：《土壤中腐殖酸对铜镜表面“黑漆古”形成的影响》，《文物》1992 年第 12 期。按：腐殖酸，本书正文写作“腐植酸”。

[6] 引自民国六年石印版。原文为：“磨镜药：白矾（六钱）、水银（一钱）、白铁（一钱）、鹿角灰（一钱，即锡），右将白铁为砂子……”。此“白铁”显然有误。《镜镜诊痴》卷四引《多能鄙事》云：磨镜药，“白矾（六钱）、汞（一钱）、锡（一钱），将白铁为砂子，用水银研如泥。”此引依然有误。又查《古今医统》卷九十六：“磨镜：白矾（六钱）、水银（一钱）、白锡（一钱）、鹿角灰（一钱），右将白锡入水银，和研如泥……”。从现代技术观点看，《古今医统》基本上是正确的，今依之订正。

[7] 王世襄编《清代匠作则例汇编·铜作》（油印本）第 41 页载，原出自“圆明”分册十九，雍和宫铸炉处铸黄铜例。

[8] 冯梦祯：《快雪堂漫录》，乾隆平湖陆氏刻《奇晋斋丛书》本，一卷。

[9] 何堂坤：《宁城早期铜镜及其科学分析》，《考古》1985 年第 7 期。

[10] 何堂坤：《中国古代铜镜的技术研究》，中国科学技术出版社，1992 年初版；紫禁城出版社，1999 年再版。

[11] 何堂坤：《几件琉璃河西周早期青铜器的科学分析》，《文物》1988 年第 3 期。

[12] 何堂坤：《什么是“黑漆古”》，《中国文物报》1996 年 10 月 27 日。

第 七 章

集大成的明至清代前期冶金技术

1368年，朱元璋在应天（今南京市）登极，建立了明朝，至1644年朱由检自缢煤山，明亡，凡276年。这是我国古代封建社会发展的又一个高峰期，也是我国古代科学技术集大成的重要阶段。

明代建国后，在政治上采取了几项较为重要的措施：一是扫除元朝残部、征讨各地割据势力，完成国家统一大业。洪武二十七年（1394年）编辑《寰宇通志》时，其疆域已东达朝鲜边境，西及土蕃，南及安南，北距大碛，成为当时世界上最为幅员辽阔，势力强大的国家之一。二是对中央和地方机构进行了一系列改革，进一步确立和完善了君主极权制；撤销了“行中书省”，以削弱地方权力；废除了丞相制，将权力集于皇帝一人。三是大封诸子为王，以永延帝祚。朱元璋出身寒微，深知民间疾苦，较为注意与民休养生息，其轻赋税，严禁兼并，惩饬贪劣，兴修水利，奖励垦殖，实行军垦，军饷不仰籍于县官，减免边运杂税，使农业、手工业、商业、航海事业、科学技术和文化事业都较快地恢复和繁荣起来。此时期的手工业也获得了较大发展，尤其是民营手工业，其甚至超过了官府手工业的水平，许多地方还出现了资本主义萌芽。明代的生产技术和科技成就都达到了我国古代史上又一个新的高峰。明代早中期，我国生产力的发展水平和科技水平，在世界上依然是领先的。明代中期之后，由于政治腐败，国力日趋衰落。

1644年，吴三桂引满人入关，满清贵族入主中原，到1840年鸦片战争，史称清代前期；由1840至1911年辛亥革命，史称清代后期或晚期①。前期经历了顺治、康熙、雍正、乾隆、嘉庆、道光六朝皇帝；康、雍、乾三朝为清之盛世，嘉、道始衰。

清王朝（1644～1911年）是在民族压迫和阶级压迫的基础上建立起来的。满清统治者入主中原后，对广大人民群众的反清斗争，进行了残酷的镇压，使社会生产遭到极大破坏。之后，清统治者为了自身的利益，曾采取了两项较为重要的措施：一是对人民群众作出了某些让步，如康熙废除了“圈地”制度，实行蠲租免税政策等；二是注意总结明朝灭亡的教训，革除了明代末年阉党专横、朋党祸国、狂征暴敛等种种弊政，从而使社会逐渐安定，经济和文化得到了一定的发展。

① 学术界对清代的分期法，习见有“两期”说和“三期”说。“两期”即：前期，1644～1840年；后期，1840～1911年。“三期”即早、中、晚期，此早、中期即1644～1840年，晚期亦是1840～1911年。但不管“两期”还是“三期”，都不是纯时间上的划分，而是都兼顾到了当时的政治经济形态。今采用“两期”说。

在手工业、农业中都出现了许多商品性经营，商业异常活跃，国力随之增强。收复了台湾，平定了葛尔丹叛乱，加强了对西藏的统治，实现了历代王朝从未有过的，在更为辽阔地域内的国家有效统一。同时，还有效地阻止了西方早期殖民主义者的入侵。清代前期的学术思想也较活跃，且整理出版过不少大型文化典籍。早在明代晚期，西方先进的科学思想便开始传入我国，清代晚期便有了进一步发展。清初之时，全国人口总数约1亿多，18世纪中叶达2亿多，19世纪中叶突破4亿。但此时资本主义已在西方兴起，其魔爪已伸向全世界，中国则依然停留在腐朽的封建制度下。清代晚期，更陷入了积贫积弱、备受欺凌的境地。

此时期是我国古代冶金技术集大成的阶段，它一方面把先世获得的优秀技术继承了下来，并加以总结、完善和提高，另一方面也有一些新的创造。在炼铁方面，构筑了较为坚实而高大的炉子，有的地区还采用了机车装料；炼焦技术和活塞式风箱都有了明确记载，使用了萤石作稀释剂；坩埚炼铁始见于明确记载。在炼钢方面，发明了串联式炒钢炉；灌钢技术有了提高，并发展到了“苏钢”的阶段；焖钢工艺始见于记载。有色金属冶炼方面，炼锌技术有了详细记载，火法炼铜和炼铅技术都有了较为详明的记载，镍白铜技术有了提高，黄金采冶技术有了发展。金属加工方面，热锻、冷锻、化学热处理技术都有了发展；采用了锻造法来制造铁炮；拉制出了多种不同型号的铜铁线材；创造了一种名叫生铁淋口的液态渗碳工艺和铁画工艺；硬钎焊技术有了发展。明代还制作了一种名叫宣德炉的祭祀用品，其铸造技术、合金技术，尤其是表面处理技术，都达到了一个较高的水平。但其中的创造性成就多数是属于明代的，清代较少。此期文献记载较多，这一方面反映了冶金技术的发展，另一方面，与印刷术的发展、商品经济的发展、某些社会思想的变化都有一定关系，如泰州学派的创始人王艮（1483～1541年）便特别强调“百姓日用之学”。

第一节　炼铁技术的重要发展

明代炼铁技术已达较高水平。其产铁地主要是南方，明代初年主要是江西和湖广等地。《明实录·明太祖实录》卷八十八载：洪武七年，“命置铁冶所官，凡一十三所”，各所产铁岁额为：江西南昌府进贤冶，163万斤；临江府新喻冶，81.5万斤；袁州府分宜冶，81.5万斤；湖广兴国冶，114.8785万斤；蕲州黄梅冶，128.3992万斤；山东济南府莱芜冶，72万斤；广东广州府阳山冶，70万斤；陕西巩昌冶，17.821万斤；山西平阳府富国冶，22.1万斤；丰国冶，22.1万斤；太原府太通冶，12万斤；潞州府润国冶，10万斤；泽州益国冶10万斤；总共805.2987万斤[1]。江西产铁量最大，达326万斤；湖广次之，为243.2777万斤；两省产铁量计569.2777万斤，占全国总产量的70%左右。李时珍（1518～1593年）《本草纲目》卷八“金石·铁”集解：“铁皆取矿土炒成，秦、晋、淮、楚、湖南、闽广，诸山中皆产铁。以广铁为良；甘肃土锭铁，色黑性坚，宜作刀剑；西番出镔铁尤胜。”这里也提到了明代的产铁地，并对其质量作了简单对比。此“炒”当是冶炼意。但唐顺之（1507～1560年）对生铁的产地和质量又另有一种说法，其《武编》“前集”卷五“铁”条云：“铁有生铁有熟铁，钢有生钢有熟钢。生铁出广东、福建，火熔则化，如金银铜锡之流走，今人鼓铸以为锅鼎之类是也。出自广者精，出自福者粗。故售广铁则加价，福铁则减价。”这种质量评定，可能是各人着眼点不同之故。明代的铁产量较早便出现了供大于求的现象，洪武十八年（1385年），“罢各布政使司煎炼铁冶，以其劳民故也”。二十六年复开。二十八年时，内库存铁已达3743万余斤，于是，明太祖又“诏罢各处铁冶，令民得自采炼，而岁输课税，每三十分取其二”[2]。此后，官铁冶渐少，民铁冶渐多。

清代冶铁基本上是民营，官收其税。北方的河北、山西、山东、陕西、甘肃，南方的江西、浙江、福建、湖北、湖南、广东，西南的四川、贵州等地都曾产铁。广东佛山、陕西汉中铁厂等都曾引起过时人的注意，这在《广东新语》和《三省边防备览》等中都可看到。

一、筑炉和冶炼技术的发展

我国古代生铁技术虽然发明较早，但在筑炉和冶炼技术方面稍见详细的记载，却是到了明、清时期才看到的。元《熬波图》虽也谈到了构筑情况，但那是铸造炉，而非冶炼炉。

宋应星《天工开物》卷十四“五金·铁”条载：“凡铁炉，用盐做造，和泥砌成。其炉多傍山穴为之，或用巨木匡围。塑造盐泥，穷月之力，不容造次。盐泥有罅，尽弃全功。凡铁一炉载土二千余斤，或用硬木柴，或用煤炭，或用木炭，南北各从利便。扇炉风箱必用四人、六人带拽。土化成铁之后，从炉腰孔流出。炉孔先用泥塞。每旦昼六时，一时出铁一陀。既出，即叉泥塞，鼓风再熔。”这里谈到了炉子构筑方法、冶铁燃料，以及鼓风、出铁等冶炼过程。宋应星（1587～1667年前后），字长庚，江西奉新人，万历四十三年（1615年）举人，曾任江西分宜教谕、福建汀州府推官和亳州知州等职。此书成于1637年[3]。

明朱国祯《涌幢小品》卷四“铁炉”条载：“遵化铁炉，深一丈二尺，广前二尺五寸，后二尺七寸，左右各一尺六寸，前辟数丈为出铁之所，俱石砌，以简千石为门①，牛头石为心，黑沙为本，石子为佐。时时旋下，用炭火置二鞲扇之，得铁日可四次。妙在石子产于水门口，色间红白，略似桃花，大者如斗，小者如拳，捣而碎之，以投于火，则化而为水。石心若燥，沙不能下，以此救之，则其沙始销成铁……其炉由微而盛而衰，最多至九十日则败矣。”[4]这里谈到了炉子的尺寸、筑炉方法、出铁时间、炉况处理等冶炼过程。孙承泽《春明梦余录》卷四十六、《天府广记》卷二十一等也有类的记载。遵化铁厂始建于永乐年间，是明代重要铁厂，军器之铁，皆取足于遵化，不必江南收买[5]，看来其质量也是不错的。

屈大均（1630～1696年）《广东新语》卷十五“货语·铁”条载：“铁莫良于广铁……炉之状如瓶，其口上出，口广丈许，底厚三丈五尺，崇半之，身厚二尺有奇。以灰沙盐醋筑之，巨藤束之，铁力、紫荆木支之，又凭山崖以为固。炉后

① 此“简千石”在不同的书、不同的版本有不同说法：《涌幢小品》卷四“铁炉”条作“简千石”（《笔记小说大观》，影印上海进步书局本）；《天府广记》卷二十“工部·铁厂”条作“简于石”（《续修四库全书》729册，据辽宁省图书馆藏清抄本影印）；重排《天府广记》卷二十一“工部·铁厂”条作“简干石”（北京古籍出版社，1984年）。

有口，口外为一土墙，墙有门二扇，高五六尺，广四尺，以四人持门，一阖一开，以作风势。其二口皆镶水石，水石产东安大绛山，其质不坚，不坚故不受火，不受火则能久而不化，故名水石。凡开炉始于秋，终于春……下铁矿时，与坚炭相杂，率以机车从山上飞掷以入炉，其焰烛天；黑浊之气数十里不散。铁矿既熔，液流至于方池，凝铁一版；取之，以大木杠搅炉，铁水注倾，复成一版。凡十二时，一时须出一版，重可十钧；一时而出两版，是曰双钩，则炉太王（旺），炉将伤。”这里说到了炉型（如瓶）、炉子尺寸、构筑方式、风口设置、鼓风、装料，以及冶炼情况等。

接着，屈大均还谈到了铁厂的生产规模和部分组织情况：“凡一炉场，环而居者三百家，司炉者二百余人，掘铁矿者三百余，汲者、烧炭者二百有余，驮者牛二百头，载者舟五十艘；计一铁场之费，不止万金。日得铁二十余版则利赢，八九版则缩。”这里已充分地考虑了生产成本，它反映了明末清初冶铁业中的资本主义萌芽。屈大均，广东番禺人，清军破广州后，遁入空门，行游南北，结交遗民；后又弃禅归儒。李调元《南越笔记》、范端昂《粤中见闻》等也有大体相类的记载。

严如熤（1759～1826 年）《三省边防备览》卷九“山货”在谈到关中冶铁炉情况时说：“铁炉高一丈七八尺，四面椽木作栅，方形，坚筑土泥，中空，上有洞放烟，下层放炭，中安矿石。矿石几百斤，用炭若干斤，皆有分量，不可增减。旁用风箱，十数人轮流曳之，日夜不断。火炉底有桥，矿渣分出，矿之化为铁者，流出成铁板。每炉匠人一名辨火候，别铁色成分。”这里也谈到了筑炉和冶铁的简单过程，其中的“火炉底有桥”，当是指风沟言。

接着，严如熤还谈到了生产组织和管理的一些情况：“通计匠、佣工每十数人可给一炉。其用人最多，则黑山之运木（炭）装窑，红山开石挖矿运矿，炭路之远近不等，供给一炉所用人夫须百数十人。如有六七炉，则匠作佣工不下千人。铁既成板，或就近作锅厂作农器，匠作搬运之人又必千数百人，故铁炉川等稍大厂分，常川有二三千人，小厂分三四炉，亦必有千人、数百人。”严如熤，湖南溆浦人，嘉庆五年（1800 年）举孝廉方正，后以知县发陕西，十三年擢汉中知府，官至贵州、陕西按察使。该书为道光二年初版。

此四段文献中，《天工开物》未指明具体地点，大体上反映了明代晚期炉子构筑和冶炼技术的一般情况；其他三段则是分别反映了遵化铁厂、广东和关中在明清时期的冶铁技术，在时间和地域上都具有一定的代表性。由之可见：

（1）炉子可用盐泥、灰沙盐醋、石块和土泥构筑。为坚牢故，多傍山穴，或用巨木匡围，巨藤束之。此匡、束加固法，已往是不曾见于记载的，应是明清筑炉技术上的一项进步。

（2）屈大均说“炉之状如瓶”，说明其具有炉身角和炉腹角。严如熤说关中炉底有桥，说明直到清代，炉底风沟技术依然保留着。

（3）明清炼铁炉外形未必都是圆的，遵化炼铁炉的横断面近于梯形，关中之炉为方形。

（4）看来，明末清初之时，广东是使用风扇送风的，清代关中则使用风箱送风。此风扇的具体形态不详。

此期炉子大小与各项辅助设备的生产能力较为适应。从山东梁山出土的骨尺和故宫博物院所藏嘉靖牙尺来看，明代一尺约相当于今0.32米[6]，故遵化炉深便为3.84米，关中炉高则为5.6米左右。

（5）这些文献提到的冶铁燃料有硬木柴、煤炭、木炭。这是我国古代文献中较早提到用木柴和煤冶铁的地方。此三者之中，看来主要应是木炭。木柴发热值稍低，煤炭的热稳定性较差，数量都不会太大。另外从清末一些资料看，所谓煤炭炼铁，实际上还是用焦炭冶炼的，民间亦谓焦炭为枯煤。这一点，第八章还要谈到。

（6）冶炼过程中使用了萤石，即遵化铁厂所用“色间红白，略似桃花”的石子，这是一种较好的稀释剂，主要用于炉况严重不顺时，对防止悬料和崩料具有十分重要的意义。这是我国古代冶铁高炉使用稀释剂的最早记载。

大约明代冶铸业中还使用过少量骨粉作为熔剂。明卢若腾《岛居随录》卷下“制伏”条载：“铸铁不销，以羊头骨灰致之，则消融。”这是说铸造的。另外，《涌幢小品》、《天府广记》等，都说到过冶铁时，铁不消融，有女子投身入炉，顷刻而成铁液的传说。这与《吴越春秋》说干将莫邪铸剑时，莫邪乃断发剪爪，投入炉中之事，大体上都反映了同一层意思，且都具有传说的成分。但有两点仍需说明的是：其一，骨粉、毛发、爪甲投入炉中，是既可渗磷，亦可渗碳的，而且渗碳作用可能大于渗磷；其二，渗磷实例尚未在考古实物中看到，有待进一步寻找。

（7）广东地区在明末清初便使用了机车装料，这是我国古代炼炉使用半机械装置的最早记载。这种装置是否受到过国外的启发已难考证，但在生产过程内部，也是可以逐渐萌发这一技术的，我国古代的许多机械装置，都是人们在生产实践中创造的。

（8）严如熤说“每炉匠人一名辨火候，别铁色成分”。这是一种技术责任制，由先秦始，这种责任制便在我国一直沿用了下来。

（9）由屈大均和严如熤的记载来看，明清时期的冶铁业，人们对生产管理和经济核算已较注意，这自然与民营和商品经济的发展有关。

关于炼铁炉的具体名称，宋以前的今已难得知晓，宋人曾称之为“蒸矿炉”（《宋会要辑稿》“食货”卷三十三之十三）；明代遵化铁厂谓之“大鉴炉”。《大明会典》卷一九四“工部十四·遵化铁冶事例”载：“正德四年开大鉴炉十座，计炼生铁四十八万六千斤；白作炉二十座，炼熟铁二十万八千斤，钢铁一万二千斤。六年开大鉴炉五座，白作炉八座，炼生熟铜（钢）铁如前。八年令生铁免炒。”[7]显然，此“大鉴炉”即生铁炼炉，此名称可能与其外部形态呈梯形，像“一面大镜”有关；“白作炉”应即炒炼炉。明末清初，屈大均又分别称之为“大炉”、“小炉”。《广东新语》卷十五“货语·铁”条载：“炉有大小，以铁有生有熟也。故夫冶生铁者，大炉之事也；冶熟铁者，小炉之事也。”自然，此“大炉”即炼铁炉，“小炉”即炒钢炉。从现有资料看，“高炉”一词约出现于清代中期或稍前。《清代钞档》“乾隆十七年八月总督四川等处地方军务兼理粮饷管巡抚事臣策楞谨题”在谈到四川威远铁业时说：“今查大山岭铁炉沟二处，铁矿颇旺，共设高炉六座。每炉一座，用夫九名，每日每名挖矿十斤，煎得生铁三斤……高炉六座，通共用夫五十四名。”[8]这是今见文献中，较早提到高炉一词的地方。在英文中，“高炉”一词写作 blast furnace，是“鼓风炉”之意。目前还看不出这两个词之间有何联系①。“高炉”之本义应即体形高大之炉，其意与《广东新语》说的“大炉”相近，人们不但用它称呼炼铁炉，而且还用它称呼其他较为高大的有色金属冶炼炉。如《道光大定府志》卷四十二“经政志”载：“《威宁州志》云：天桥银厂沟产黑铅、白铅；长炉、高炉均有。”此“长炉”当为炼锌炉，“高炉”则为炼铅炉。其实，“高炉”是既可炼铁，也可炼铜、炼铅的，近现代民间亦沿用这一名称和工艺。同样，“大炉”、“小炉”之称也一直在我国民间沿用。下面将要谈到，20 世纪三四十年代时，云南等地民间仍然使用此类称谓。

这四段文献描述的其他冶炼事项，如冶炼季节、冶炼周期、出铁时间、堵塞铁口的方法等，与流传下来的传统冶铁工艺基本上是一致的，无须重复。有关鼓风技术问题，下面再作讨论。

河北武安矿山村附近有一明代冶铁遗址，20 世纪时还保存着一座较为完整的炼铁炉，“高八公尺，宽三公尺，中空如瓶，宽二公尺。附近有一铁块，半没于土，露出者三尺余”[9]。可见其较为高大，其中空如瓶，便具有一定的炉身角和炉腹角。

1978 年，人们对广东罗定下村明末清初冶铁遗址进行了调查，它便是屈大均《广东新语》卷十五“货语·铁”所云“大塘基铁”的冶炼地。其实大塘基并不产铁，亦无炼铁炉，它只不过是下村铁的一个转运站和集散地。在罗定下村见有残炉 1 座，建于山坡坎窝中，上部呈椭圆形，东西长轴 343 厘米，南北短轴 149 厘米，炉残深 271 厘米。南北方向的炉壁从口沿至炉缸，基本上都是垂直的；东西方向的炉壁则自上至下逐渐收缩，至炉缸时亦近于垂直；故残炉下半部已近于圆形，炉底长、短径分别为 96 厘米、86 厘米（按：炉缸平面的长轴与短轴的差距当较此稍大）。炉墙北有一出铁口，内宽外窄，长 76 厘米，宽 55 厘米，因崩塌故，高度不明。由出铁口下沿至炉底，高 14 厘米。炉墙南侧有一风口，鼓风经风嘴进入炉内。风嘴由整块耐火石凿成，耐火石质地疏松；风嘴外宽内窄，外口径 15 厘米，内口径 8 厘米。风咀倾斜，且有一定弯度。单侧鼓风。

炉墙分三层，内层为耐火砂与盐泥夯筑而成，厚 2 厘米；中层 42 厘米；外层为红砖，厚 23 厘米。炉膛坚实，残炉内壁只发现一条小裂缝和一小块铁粘附于炉壁上，炉底也较干净，说明生产较为正常。炉底铺有一层青砖，青砖下为一层很厚的盐泥和耐火砂的混合物。炉后约 10 米的山坡上有一平台，为原料和燃料堆放地；由残炉顶部至此平台，高约 3～4 米。炉高不明，发掘者推测为 6～8 米。看来，实地调查与明清文献记载大体相符。

冶铁炉周围残留有采矿、碎矿、贮料场以及生活区。距铁炉约 500 米处有一水碓遗迹，人们推测当时已使用了水碓碎矿。我国古代水碓发明于汉，水力碎矿却

① 本卷主审黄务涤教授说：“1949 年以前我国冶金界惯用的‘鼓风炉’一词，是英文 blast furnace 之直译；1949 年之后，人们把俄语 Доменная Печь 一词意译为‘高炉’，与古代文献中的‘高炉’一词颇为一致。”黄务涤教授是原北京钢铁学院（今改名北京科技大学）冶金系主任，及校教务长。在中国古代冶金技术史方面做了许多研究，并发表了多篇论文，系《中国冶金简史》（科学出版社，1978 年）一书的主要执笔者之一。

一直未曾看到确凿的记载和实物。人们对遗址内出土的木炭进行了^{14}C年代测定，结果距今290±50年，相当于明末清初[10]。这应是明末清初水碓碎矿的重要证据。

二、鼓风技术的发展

此时期鼓风技术的主要成就是风箱技术的推广。

我国古代冶铁用鼓风器的发展大约经历了三个阶段：

（1）始称之“橐”，其实就是一种皮囊，运橐以送风便谓之“鼓橐”、“鼓橐吹埵”，橐的具体形态正如宏道院汉画像石所示。甲骨文中便有了“橐”字，汉晋时期一直沿用这一名称。前第四章引狐刚子《出金矿图录》在谈到黄金采冶时说：“用松木炭置锅炉中，即下金矿锅中，即排囊火炊之。”《老子·道德经》第五章晋王弼注：“橐、排橐也。”

（2）两晋时期，又发明了风扇，送风冶炼便谓之“煽炼”。另外，部分文献中说到的“韛”，或“鞴”，至少有一部分应是风扇类器物。

（3）最后是风箱。“风箱”之名至迟见于《天工开物》，其卷十四“五金·银”条载：“风箱安置墙背，合两三人力，带拽透管送风。”但其发明期当在稍前，有可能北宋便在蜀中使用，当是到了明代才推广开来的。

这三种鼓风器中，后二者都保存到了近现代。从有关记载来看，明代在广东，近代在四川，依然保留着风扇，基本结构当与宋代一致。

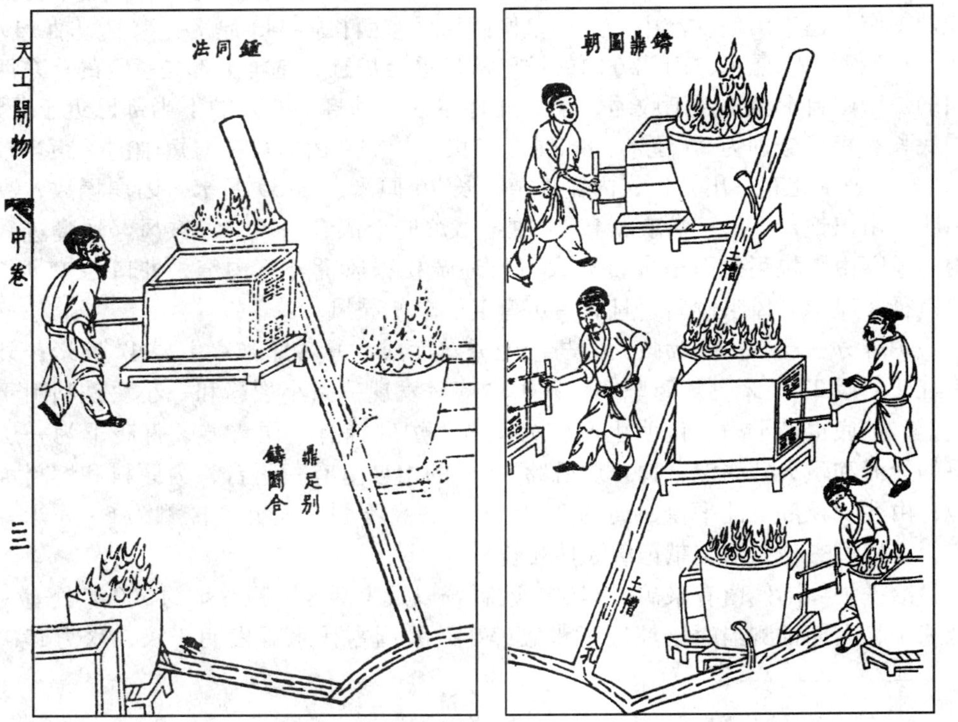

图7-1-1　《天工开物》所载“铸鼎图”中的活塞式风箱

图中文字，上端：“铸鼎图朝”“钟同法”。左中：“鼎足别铸鬬合”；左下：“槽”。右中：“土槽”；右下：“土槽”、“入孔”。

活塞式风箱的具体形态正如《天工开物》卷八“冶铸”所示（图7－1－1），原图虽无文字说明，但工作原理与今民间所用风箱应是基本一致的。其有前后两个空气回路，且有多个阀门和活瓣，不管连杆往前推进，还是往后拉拽，都有压缩空气从风箱吹出。这样，风压、风量和鼓风的连续性问题都有了一定保证。这是冶铁鼓风技术的一项重要成果。在欧洲，活塞式鼓风器大约是18世纪后期才出现的。

三、炼焦技术的发展

前面谈到，煤炭因热稳定性较差，受热后易于爆裂、粉化，而严重影响到料柱透气性，故直接用于高炉冶炼是较为麻烦的，古人对此早有了一定认识。明末赵士桢《神器谱·神器杂说》第三十一条载：“制铳必须用福建铁，他铁性燥不可用。炼铁，炭火为上，北方炭贵，不得已以煤火代之，故迸炸常多。”为此，发明了焦炭炼铁。我国古代炼焦技术约发明于宋金时期，但有关炼焦和用焦炼铁的记载却是到了明末清初才看到的。

清田易等纂《畿辅通志》卷五十七“物产·石炭”载：“（明李翊）〈戒庵漫笔〉：‘北京诸处多出石炭，俗称为水和炭，可和水而烧也。’〈磁州志〉：‘出西山，入穴取之，深数十丈，先见水，水尽见砂石，砂石尽见炭。（炭）有三种，初得者为山青，次为大青，末为下架；或炼为焦炭，备冶铸之用。”此书成于乾隆时，其中“磁州志”的年代待查。

方以智（1611～1671年）《物理小识》卷七载：“煤则各处产之，臭者烧熔而闭之成石，再凿而入炉曰礁，可五日不绝火，煎卝煮石，殊为省力。”此“礁”即焦炭，这里还简要地谈到了焦炭的烧造工艺。方以智，崇祯进士，官翰林院检讨。此“煎卝煮石”当指冶铁等言。

焦炭不仅用于冶铁，而且当时还用到了玻璃制造等手工业中。《物理小识》卷七又载：“今山东益都颜神镇烧琉璃，采诸石以礁化之，即臭煤也。慢礁五日不绝火，紧礁三日不绝火。”此“琉璃”当亦包括了玻璃。

孙廷铨（1613～1674年）《颜山杂记》卷四“物产”条：“或谓之煤，或谓之炭，块者谓之硔，或谓之砟，散无力也。炼而坚之，谓之礁，顽于石，重于金铁，绿焰而辛酷，不可爇也……故礁出于炭而烈于炭。”孙廷铨，山东益都人，明崇祯进士，清康熙时，官居内秘书院大学士。

清康熙《颜神镇志·物产》：“煤则凿石为井，有至二三百尺深者，炼而为焦，以供诸冶之用。”说焦炭供“诸冶之用”，说明当时焦炭炼铁已经开始推广。

嘉庆《彭县志》卷四十“物产·蓝炭”条还谈到了炼焦法，说蓝炭出磁坪峰，初掘出时尽为细末，“火煅三四昼夜，以烟尽为度，遂结成块，性最坚，火最烈。”

焦炭冶铁技术的推广，便开辟了新的能源，为提高炉温、改善产品质量提供了较好的保证。但冶铁用焦大约也只使用于北方产煤区，在南方或少煤区，依然是使用木炭的。

由于鼓风能力的加强、焦炭的使用和操作技术的提高，生铁的品种和质量当也有了一定的扩展和提高。由部分近现代研究者的调查资料看，在19世纪末至20世纪初，山西、云南、及至湖南等地，人们都掌握了麻口铁或灰口铁技术，我们认为这不应是它的发明期，它的发明期应当更早一些。有关情况下面还要谈到。

四、坩埚冶铁技术的发展

我国古代坩埚冶铁技术约发明于汉，但较为详明的记载却是到了清代才看到的。清代以前关于坩埚冶炼的考古资料已经不少，文献记载则主要是《元史·百官志》等。记载较少，可能主要与其操作较为简便、使用地域较窄等因素有关。

刘耀椿等《（咸丰）青州府志》卷三十二“风土考”在谈到博山冶铁时，引“县志”说：“康熙二年（1663 年），孙廷铨召山西人至此，得熔铁之法。凿取石，其精良为矿石，次为硬石，击而碎之，和以煤，盛以筒，置方炉中，周以礁火，初犹未为铁也。复碎之，易其筒与炉，加大火，每石得铁二斗，为生铁。”此“石”当指铁矿石，“煤”主要作还原剂，“礁”主要作燃料，“筒”即坩埚，“方炉”即对坩埚进行外加热的炉子。此第一次加热相当于焙烧，主要是去硫；第二次加热才是还原冶炼，其产品才是生铁。这是我国古代关于坩埚冶铁较早和较为详明的记载。

但这记载依然是较为简单的。19 世纪后期，李希霍芬在山西等地进行过许多调查，这对我们了解清代后期、及至前期的坩埚冶铁工艺都有一定帮助。有关情况下章再谈。直到近现代，坩埚冶铁工艺还在山西、山东、辽宁等地流传。此法的主要优点是：设备简单，操作方便，可大量地用煤冶炼，且可利用粉矿，成本较低[9]。19 世纪时，曾引起过不少西方人的兴趣，缺点是金属收得率太低，产品含磷、硫较高。

第二节　炼钢技术的长足进步

此期的炼钢工艺主要有四种，即炒钢法、灌钢法、百炼钢法和渗碳制钢法，前二者是基本的、主要的，但四种工艺此时都有了长足的进步。

一、炒钢技术的发展和串联式炒炼法的出现

明清炒钢技术不但操作上更为娴熟，而且还有一些创新，一是使用了串联式炒炼炉，二是很可能还使用了反射炉炼钢。同时，人们对钢铁的认识也达到了一个新的水平。此期的有关记载较多，而且稍见具体。

明代炒钢技术中，最值得注意的是有了串联式炒炼法的记载。宋应星《天工开物》卷十四“五金·铁”条载：“若造熟铁，则生铁流出时，相连数尺内，低下数寸，筑一方塘，短墙抵之。其铁流入塘内，数人执持柳木棍排立墙上；先以污潮泥晒干，舂筛细罗如面，一人疾手撒挹，众人柳棍疾搅，即时炒成熟铁，其柳棍每炒一次，烧折二三寸，再用则又更之。炒过稍冷之时，或有就塘内斩划成方块者，或有提出挥推（椎）打圆后货者。若浏阳诸冶，不知出此也。”（图 7－2－1）此“熟铁”泛指一般炒炼产品，含碳量约相当于现代意义的可锻铁[1][2]。此钢之炒炼与生铁冶炼串联作业，铁水从高炉流出后蓄于方塘，数人执柳木棍急搅，以帮助氧化脱碳。晒干且罗细了的污泥，系造渣熔剂。这种串联式炒炼法的优点是：（1）省去了一道生铁重新加热的工序，节省了燃料和时间，提高了生产率。（2）炒炼过程中金属无需再加热，也就避免了燃料中的硫分进入金属的可能性，

图 7－2－1　《天工开物》所载“生熟炼铁炉”图

上：“生熟炼铁炉”。中：“此管流出成生铁”、“流入方塘”、“撒潮泥灰”；下：“堕子钢”、“板生铁”。

从而保证了产品质量。这是一项相当先进的工艺。也是我国古代文献中，关于炒钢操作较早，且较为详明的记载。图 7－2－1 示出了生铁的三个去处：（1）做板生铁，看来主要用于铸造。（2）流入方塘，以炒炼“熟铁”。（3）做堕子钢，此即灌钢用原料。方以智《物理小识》卷七“金石类·铁”条所引大体相同。

从现有资料看，炒炼与生铁冶炼过程一般都是单独作业的，炒炼用原料一般为生铁块，炒炼过程中须对生铁块再加热，且需鼓风。故今也有人对此串联式炒炼法的可能性提出过怀疑。我们认为，此法虽较特殊，但应基本可信，与此相类似的明确记载他处虽未看到，但相关信息还是时有所闻的。承韩丙告先生面告①：20 世纪 40 年代时，四川一些地方便使用过与《天工开物》相类似的串联式炒炼法。又据丁格兰《中国铁矿志》载:20 世纪 20 年代以前，云南通海有一种炼铁法，其部分操作即与《天工开物》所记颇为相似，即铁水出炉后，须以木炭末撒于其上，并以铁棍搅之。有关情况第八章还要谈到。清刘耀春《（咸丰）青州府志》卷三十二“风土考”条谈到过山东博山一带，以坩埚生铁为原料的炒炼法。说坩埚生铁中，质优者可用来铸器，质恶者则用来炒炼：“每石得二斗为生铁。复取其恶者，置圆炉中，木（大）火攻其下，一人执长钩和搅成团，出之为熟铁，减其生之二焉。”此说炒炼炉呈圆形，其下用大火加热，为底吹式，用长钩炒炼。寥寥数语，既提到了炼炒设备，还提到了炒炼过程，但此需要加热。

我国使用反射炉炼钢的起始年代今已难考。1935 年出版的《中国实业志（湖南省）》第七编谈到过湖南邵阳土钢，当可增进我们对这一事件的了解。其云：“湘省邵阳、武冈、新宁、湘潭等县之土法炼钢，由来已久。邵阳原名宝庆，所产之钢，称曰‘宝庆大条钢’。邵阳附近之武冈、新宁出品，均集中于邵阳，业中人

① 韩丙告，原第一机械工业部情报研究所高级工程师，《中国大百科全书》“机械卷”“热处理工艺和设备”部分主编，长期从事中国古代铸造技术史研究。关于四川曾有串联式炒铁法之事，是 20 世纪 80 年代面告的。

亦以‘宝庆大条钢’名之。前清初叶，宝庆大条钢极负盛名，而产额之多，首推邵阳南乡，取当地之矿铁炼成。炼钢之家，统名钢坊。同治年间，有二十余家。所产钢条，年约一万余担，行销汉口、长沙、河南、甘肃、山西、河北等处，颇形畅旺。至光绪年间，外国钢条，进口日盛，质地虽不及土炼钢条，但国人喜其价廉，乐于购用，因此宝庆钢条，销路大衰。钢坊营业缩小，遂有停闭者。”从传统技术调查来看，邵阳一带的土钢冶炼法，实际上是以反射炉进行加热的炒炼法。杨宽亦以此作为我国早在前清初叶便有了有反射炉炼钢的依据[3]。此说当大体可信，“宝庆大条钢”能如此畅旺，很可能与反射炉冶炼有关。依此，这一技术的发明期，便应在清初或稍前。欧洲的反射炉炼钢，即搅拌法发明于1784年，故邵阳反射炉炼钢在世界上应是最早的。除湖南外，其在清代其他地区的使用情况目前尚无确凿资料，唯知20世纪前半期时，云南、四川等地都有一种别具特色的反射炉炼钢法。我们推测，在不太短的一个时期内，这种反射炉炼钢法应是我国广泛采用的工艺。有关情况第八章还要谈到。反射炉（窑），我国民间习之谓倒焰炉（窑），在考古发掘中至今未见，有报道说山东淄博磁村北宋瓷窑，南京聚宝山明代初年琉璃窑中都采用了倒焰窑，即反射窑[4]，其实那都是半倒焰窑。反射炉的优点主要是：(1) 熔炼室与燃烧室分离，减少了燃料中的硫等有害物质进入金属的可能性。(2) 热分布更为均匀，有利于均匀脱碳。它的使用，是清代炒钢技术中一项重要成就。

炒钢冶炼时，氧化脱碳并不十分困难，困难的是如何做好渣铁分离，即排除氧化过程中产生的氧化亚铁和硅酸盐等夹杂。一般而言，炒炼产品含碳量稍低时，锻打排渣过程便较方便，若含碳量较高，则稍显困难。在此，唐顺之（1507～1560年）《武编》“前集”谈得最为具体明晰。

《武编》“前集”卷五“铁”条载：“铁有生铁、有熟铁，钢有生钢、有熟钢……熟铁出福建、温州等处，至云南、山西、四川亦皆有之。闻出山西及四川泸州者甚精，然南人实罕用之，不能知其悉。熟铁多瀵滓，入火则化，如豆查（渣）不流走，冶工以竹夹夹出，以木捶捶，使成块，或以竹刀就炉中画而开之，今人用以造刀、铳、器皿之类是也。其名有三：一方铁，二把铁，三条铁；用有精粗，原出一种。铁工作用，以泥浆淬之，入火极熟，粪（糞）出即以铁捶捶之，则渣滓泻而净铁合，初炼色白而声浊，久炼则色青而声清；然二地之铁，百炼百拆，虽千斤亦不能存分两也。生钢出处州，其性脆，拙工炼之为难，盖其出炉冶者多杂粪（糞）炭灰土，且其块粗大，唯巧工能看火候，不疾不徐，捶击中节。若火候过，则与粪（糞）滓俱流；火候少则本体未熔而不相合。此钢出自处（州），唯浙东用之，若其他远土，则皆货熟钢也。”（茅元仪《武备志》卷一〇五“铁钢附”所引基本相同）这里依照铁碳合金的使用性能，首先对“铁”和“钢”进行了分类，并介绍了它们的产地，之后再详述了“熟铁”和“生钢”的加工过程。显然，此“熟铁”和“生钢”都是炒炼产品，“熟钢”则是灌钢。“熟铁”产地较宽，主要有福建、浙江温州、四川、山西、云南等地；生钢则产地较窄，唯浙江处州一处。其“熟铁多瀵滓”，入火则化，主要用以制造刀、器皿之类。“生钢”出炉时亦多杂粪炭灰土，性脆。此“熟铁”和“生钢”所含夹杂皆较多，其一个可锻性较好，一个稍次，我们推测，当主要是“熟铁”含碳量稍低，“生钢”含碳量稍高之故。含碳量稍低时，其性稍柔，虽“多瀵滓”，但“入火则化”，可锻性、可焊性都较好；含碳量稍高时，性较硬脆，再加之“多杂粪炭灰土”，则可锻性、可焊性皆较差，唯巧工能看火候，拙工炼之为难。该书同时使用了“粪”、“瀵”二字，从上下文看，其意应是相通的。文中说的“泥浆”，是造渣熔剂、覆盖剂；铁工“以泥浆淬之”，除了造渣外，还可防止和减少铁的氧化；类似的操作，农村铁匠至今仍在使用。这段引文虽然较长，但却十分重要，是我国古代文献中，关于炒钢加工，尤其是高碳产品加工的一段难得的记载。

清屈大均《广东新语》卷十五“货语·铁”条谈到了一种颇具特色的炒炼法：“其炒铁，则以生铁团之入炉，火烧透红，乃出而置砧上。一人钳之，二、三人锤之，旁十余童子扇之。童子必唱歌不辍，然后可炼熟而为鍱也。计炒铁之肆有数十，人有数千。一肆数十砧，一砧有十余人。”可见此法以生铁为原料，产品是“可炼熟而为鍱”的熟铁，显然，诚如屈大均所云，此亦是一种炒铁法，与一般炒炼工艺并无本质区别。这段文字的特色是：忽视了炒炼脱碳过程，只突出了锻打，且渲染了“童子必唱歌不辍”这一民族风情。

炒炼技术在我国经历了两千年左右的漫长历程，在不同历史时期、不同的地域、不同的作坊，具体操作都可能不同。从金属加热情况看，大体包括三种不同类型：（1）熔炼室与加热室共用一个空间者。此法发明较早，且一直沿用到了近现代，这是炒炼法的基本工艺，它又有多种不同的操作。今在考古发掘中看到的汉代炒炼炉，以及《咸丰青州府志》所云炒炼炉，大体上皆属这一类型。（2）无需加热室者，如宋应星所云串联式。（3）炒炼室与加热室相分离者，即宝庆一带的反射炉炒炼。

此时人们对生铁与“熟铁”的关系又有了进一步的认识。宋应星《天工开物》卷十四“五金·铁”条载：“凡铁分生、熟，出炉未炒则生，既炒则熟。”即是说，炼铁炉冶炼出来，未经炒炼的便是生铁，炒炼过的便是“熟铁”。这便从冶炼工艺上较好地区分了生铁和“熟铁”。对生铁与“熟铁”间的关系，南朝梁陶弘景、唐苏敬、宋苏颂等都曾作过阐述，尤以宋苏颂阐述得较为详细、全面；宋应星在此则说得更为简洁、明了，且突出重点。

将这种以生铁为原料的半液态脱碳炼钢法称之为“炒”，也是明代才出现的，除宋应星《天工开物》外，其他文献也有类似说法。如方以智《物理小识》卷七“金石类”：“凡铁炉用盐和泥造成，出炉未炒为生，既炒则熟，生熟相炼则钢。”《明史》卷九十三“刑法志”载：嘉靖二十九年定律例，“情重者煎盐炒铁，死罪五年，流罪四年”。此书为清张廷玉（1672～1755年）等撰，但此“炒”字并不能排除出自明代原始资料的可能性。明末清初孙承泽（1593～1678年）《天府广记》卷二十一“工部·铁厂”条引明正德（1506～1521年）中工部题：遵化铁厂“建置一百余年，山场树木砍伐尽绝，以至今柴炭价贵……若不从宜节省，仍旧原额炒炼，则柴炭价高，军力劳竭，月增岁益，必难支付”。这也用到了“炒”字。

这个“炒”字的使用，也是人们对炒钢工艺在认识上的一次深化。从传统技术调查来看，炒钢工艺主要包括两大技术环节：一是炒炼，主要目的是脱碳；二是锻打，主要目的是排除夹杂。此前人们在描述炒钢工艺时，往往只突出了“锻打”，而忽视了炒炼，如汉《太平经》说炒钢工艺是“烧冶之，使成水，乃後使良工万锻之”；唐《蛮书》说炒钢工艺是“锻生铁，取迸汁”；唐苏游则称炒钢为“擣钢”；宋《图经本草》则把炒钢工艺归纳为“再三销拍”；明代用“炒”字来描述这一工艺，便把氧化脱碳过程放到了更为突出的位置，与现代炼钢的技术原理也更为接近。

二、灌钢技术的发展和苏钢的出现[2][5]

明清时期，有关灌钢技术的记载明显增加，且稍见具体；多种不同的灌炼操作都有使用，技术上则发展到了更高水平，即苏钢工艺的阶段；人们对灌钢的整个认识也发生了变化。

明唐顺之《武编》“前集”卷五“铁”条载：“熟钢无出处，以生铁合熟铁炼成；或以熟铁片夹广铁锅，涂泥入火而团之；或以生铁与熟铁并铸，待其极熟，生铁欲流，则以生铁于熟铁上，擦而入之。此钢合二铁，两经铸炼之手，复合为一，少沙土粪滓，故凡工炼之为易也。”此“熟钢”即灌钢；“无出处”即无特别的产地，许多地方皆可生产。《考工记》：“粤之无镈，非无镈也，夫人而能为镈也。”其意相近。在宋代，人们是把灌钢贬称作“伪钢”的；明人已称之为“熟钢”，这是认识上的一个重要进步。此“铁锅”当即“铁锅片”或“锅铁”，即生铁。这里谈到了熟钢的两种操作，第一种与沈括所云相类似，将生铁陷于“熟铁”之间，可谓之“生铁陷入法”；第二种可称为“灌淋法”，即将生铁与“熟铁”一起加热，待生铁开始熔化时，再将“生铁于熟铁上，擦而入之”。可见，灌炼法的主要优点是去渣能力较强：“少沙土粪滓，故凡工炼之为易也。”前面提到，灌钢冶炼的技术目的主要是为了去渣，而不是碳的增减；其工艺原理是通过去除夹渣来提高材料质量，而不是通过调剂含碳量来提高材料强度的。唐顺之这些认识与现代技术原理是完全相符的，这是我国古代文献中，最早提到灌钢去渣能力的地方。它说明：明代对灌钢工艺原理的认识，已达到了相当高的水平。

宋应星《天工开物》卷十四“五金 · 铁”条谈到了另外一种操作：“凡钢铁炼法，用熟铁打成薄片，如指头阔，长寸半许，以铁片束包尖（夹）紧，生铁安置其土（上）（原注：广南生铁名堕子生钢者妙甚）；又用破草覆盖其上（原注：粘带泥土者，故不速化），泥涂其底下。洪炉鼓鞴，火力到时，生钢先化，渗淋熟铁之中，两情投合。取出加锤，再炼再锤，不一而足。俗名团钢，亦曰灌钢者是也。”此“生钢”、“堕子生钢”，依宋应星所云，是即广南的一种生铁。而前引唐顺之所云“生钢”则是含碳量稍高、含夹杂稍多的炒炼产品。与宋沈括《梦溪笔谈》记述的工艺相比较，其操作上的特点是：（1）生铁置于“熟铁”之上，熔化后向下渗淋，就增加了生、“熟”铁接触的机会。因姿定名，此法可谓之“生铁覆盖法”。（2）不像宋代那样，需要封泥相炼，只需上盖破草鞋，下涂泥就行了，简化了操作。（3）熟铁呈薄片状，如指头阔，长寸半许，从而增加了反应面，也提高了生产率。明方以智《物理小识》卷七“金石类”条也有相类似的记载。

唐和唐代以前的灌钢操作今已很难了解。由上述资料看，宋明时期，若依生铁与“熟铁”在冶炼过程中的相对位置，则主要有三种类型：一如宋代沈括《梦溪笔谈》、明代唐顺之说的“生铁陷入法”；二如唐顺之说的“生铁灌淋法”；三如明代宋应星说的“生铁覆盖法”。此第一种需“封泥炼之”，我们推测，大约这便是“团钢”一词之本意；第三种需要灌淋，窃以为，大约这便是“灌钢”一词的本意。由前可知，汉王粲《刀铭》、晋张协《七命》，都曾提到过“灌”炼；宋代的《岭外代答》说到过梧铁“淋铜（钢）”，也即“淋”炼；所以，这并不能排除汉、晋和宋代使用过“生铁灌淋法”的可能性。依此我们推测，在相当长一个时期内，很可能三种方法是长期并存的，它们各有千秋，匠师们往往依技术传统和操作习惯，各自采用不同的操作。

在讨论明代对灌钢的认识时，李时珍（1518～1593年）《本草纲目》卷八“金石·钢铁”条所云也是很值得注意的，其云：“钢铁有三种：有生铁夹熟铁炼成者，有精铁百炼出钢者，有西南海山中生成，状如紫石英者。”此前者即灌钢，次者即百炼钢，后者当是金刚石之误[6]。这也说明，灌炼在明代已成了人们心目中的主要制钢工艺，再非“伪钢”。

及清，灌钢技术发展到了“苏钢”的阶段。陈春华纂《嘉庆芜湖县志》卷一载：“芜工，人素朴拙……唯铁工为异于他县。”“居于廛治钢业者数十家，每日需工作不啻数百人。初锻熟铁于炉，徐以生镤下之，名曰馁铁，馁饱则不入也。于时渣滓尽去，锤而条之，乃成钢。其工之上者，视火候无差，忒手而试其声，曰若者良，若者楛。其良者扑之皆寸断，乃分别为记，橐束而授之客，走天下不訾也。工以此食于主人倍其曹，而恒秘其术。”可见这也是一种灌淋法，其称灌淋为“馁铁”。“徐以生镤下之”，即缓慢地将生铁灌淋到“熟铁”上，说明生铁灌淋“熟铁”的速度，和生铁与“熟铁”间的相对位置，都是可以适当控制的。

此与前述灌淋法的主要区别是：其原料“熟铁”仅仅是“初锻”过的；所谓“初锻”，即是初步锻打，实际上仅仅是一种“拍聚”，即将炒过之铁拍打、拍聚在一起而已。其优点是：（1）“初锻熟铁”组织较为疏松，可增加生、“熟”铁的接触反应面，而有利于渗淋。（2）其所含氧化夹杂较多，可较大地提高碳氧化反应的强度，使反应进行得更为强烈，从而极大地提高了它的去渣能力。（3）其中的氧化亚铁会部分地还原出来，从而提高了金属收得率。若以普通“熟铁”为灌炼用原料，这部分氧化亚铁便会被当成夹杂而排斥、废弃。看来，此前的“熟铁”当非初锻之品。灌钢工艺的主要优点是去渣能力较强，苏钢工艺则把这一优点发挥得淋漓尽致，“于时渣滓尽去”，这是很高的评价。

这种以初锻“熟铁”为原料的灌淋法，后人又谓之“苏钢”法，相传为江苏某氏所创[7]。1935年出版的《中国实业志（湖南省）》第七篇载：“湘潭产钢，名曰苏钢，与宝庆大条钢形式不同，质地较优。该业起自前清乾隆年间，由芜湖陶裕盛传授来湘。至咸丰时，湘潭之苏钢坊，计有四十余家……亦为湘潭苏钢业之黄金时代。”这里明确地说到了“苏钢”一名，并说湘潭苏钢系乾隆年间（1736～1795年）由芜湖传来。王闿运等纂光绪《湘潭县志》卷十一“货志五”也谈到过这一事件，云：“冶铁取刚，必于芜湖。乾隆中，黄聚泰身往佣于芜，三年结良工八人，要与归。起炉听钢，岁坐收千斤。”据今人研究，芜湖炼钢业约始于南宋时期[8]，明清时，芜湖钢业甚盛，不少大钢坊是南京迁去的，其工人也多出自南京地区，故说“苏钢”为江苏人所创是有一定道理的[3]。这工艺在我国一直沿用了下来，20世纪50年代，我国西南等地方还有使用[7]。

三、百炼钢技术的发展

明清时期，虽百炼钢工艺已经很少有人使用，但人们对它依然是相当重视的，操作上也有一些发展。

前面谈到，“百炼钢”的原料是炒钢，因初次炒炼出来的产品含夹杂较多，“百炼”的目的便是进一步排除夹杂。“百炼”即是“百锻”，对产品质量要求较高，锻打次数就多些，质量要求不是太高时，锻打次数就少些。前引明唐顺之《武编》“前集”卷五“铁”条，便谈到了高碳和低碳两种炒炼产品再度加工的情况。经过反复锻打，“则渣滓泻而净铁合，初炼色白而声浊，久炼则色青而声清”。明代对“百炼”还有一个新的认识，即如唐顺之所云：不管是福铁，还是处州之铁，皆“百炼百拆，虽千斤亦不能存分两也”。这种认识与现代技术原理是相符的，不断地加热锻打，氧化铁皮不断地生成并脱落，其重量便要不断地减轻，最后“分两无存”。这与宋沈括所云“累锻而斤两不减”是不同的。

普通“熟铁”与“百炼钢”的区别，主要是锻炼次数和程度不同，锻炼得越充分，所含夹杂越少，便越刚强。前面提到，东汉王充《论衡·率性篇》便有过类似的说法，及明，人们对此不但有了更深的认识，而且也有了更为简明的描述。朱国祯《涌幢小品》卷四“铁炉”条：“生铁之炼，凡三时而成；熟铁由生铁五、六炼而成，钢铁由熟铁九炼而成。”所说正是这个意思。《天府广记》卷二十一载“工部·铁厂”条等曾一字不差地引述了这段文字。此钢铁由“熟铁”“九炼”而成，也是一种标有炼数的工艺，大约亦可谓之“九炼钢”。

明赵士桢（约1553～1611年前后）《神器谱·神器杂说》第三十一条谈到过一种福建铁的锻打排渣法，须炼至十火之外。其云：“制铳，须用福建铁，他铁性燥，不可用。炼铁，炭火为上，北方炭贵，不得已以煤火代之，故迸炸常多。铁在炉时，用稻草戳细，杂黄土频洒火中，令铁尿自出。炼至五火，用黄土和作浆，入稻草浸一二宿，将铁放在浆内。半日取出再炼，须炼至十火之外；生铁十斤，炼至一斤余，方可言熟。”这里谈到了锻制铳铁的整个过程，并且说明了须用闽铁的道理。关于锻炼过程，较值得注意的两点是：（1）“铁在炉时，用稻草戳细，杂黄土频洒火中”，用黄土和黄土浆作为造渣熔剂。（2）“须炼至十火之外”。故这大体上也可视为一种“百炼型”工艺。这两项措施的目的，主要是为了排除夹杂。十斤铁，斤余产品，可见金属收得率之低。至于用闽铁制铳的原因，主要是他铁性燥之故。用现代技术观点言，则可能是闽铁为木炭铁，所含磷、硫类杂质元素较少，可锻性、可焊性都较好之故。引文第五句“炼铁”之意不明，可能指锻炼，也可能指冶炼。但赵士桢说煤“迸炸常多”，无疑是对的。接着，赵士桢还说过这样的话：“南方用木炭锻炼铳筒，不唯坚刚与北方大相悬绝，即色泽亦胜煤火成造之器。”同样是说南方木炭锻铁的优点。赵士桢，字常吉，浙江乐清人，曾授鸿胪寺主簿，后又受召入直文华殿。

自古以来，百炼钢主要用来制作宝刀、宝剑等贵重兵器刃器，一般性生产工具和生活用具较少，明代依然如此。李诩《戒庵漫笔》卷四记述过一把江阴侯赐刀，说："江阴侯吴良有赐刀一口，上有金错龙凤文，其铭曰：'百炼金钢，杀气难当；将军佩此，威镇四方。'"吴良，定远人，从太祖起濠梁，并为帐前先锋。显然，这赐刀应是百炼钢制作的。明宋应星《天工开物》卷十"锤锻·斤斧"条在谈到刀剑包钢工艺时说："刀剑绝美者，以百炼钢包果（裹）其外，其中仍用无钢铁为骨。"这是说用百炼钢制作刀剑的表层，以期不折、锋利、耐磨、耐蚀。明包汝楫《南中纪闻》说倭人和黔蜀皆有一种"数十锻"钢刀："倭奴制刀，必经数十锻，故铦锐无比。其国中，人炼一刀自佩，起卧不离。即黔、蜀诸土夷亦然。土夷试刀，尝于路旁伺水牛经过，一挥，牛首辄落，其牛尚行十步许才仆，盖锋利之极。"显然，这钢刀是由"数十炼钢"制成的。清张澍《续黔书》卷六也有一段与此相似的文字，说"苗人制刀必经数十锻"[9]。

明清时代还有一种较为重要的"百炼钢"型器物，即是火铳和火炮等。前引明赵士桢《神器谱》说用福建铁炼至十余火，应即是十余炼，用以造铳等器。这也是一种标以"炼数"的工艺。清魏源（1794～1857 年）《海国图志》曾多次谈到用百炼钢制作火器。其卷一载："铁经百炼而钢纯，皆与西洋无异。"其卷五十五引江苏候补知府黄冕《炸弹飞炮说》，谈到了铸造生铁炮的缺点和打造熟铁炮的优点，说："其打造之法，用铁条烧熔百炼，逐渐旋绕成团，每五斤熟铁方能炼成一斤，坚刚光滑无比……铁经百炼，永无铸造之炸裂，施用灵活，尤胜巨炮之笨重。"值得注意的是，这里还明确地谈到了"熟铁"炮的百炼操作，是"逐渐旋绕成团"。用百炼钢制作火器，是明清"百炼钢"在应用上的一个扩展，而"逐渐旋绕成团"的操作，便是百炼技术上的一项新的工艺。魏源，湖南邵阳人，道光进士，官致高邮知州。

明清时期还有一种"淬炼法"，其也有"百炼"说。方以智《物理小识》卷八"器用类·淬刀法"说："刀成之后，火赤屡淬之。"同书卷七"金石类·铁"条也有相似的说法："淬地溲百炼，又一法也。"清徐寿基《续广博物志》第八"制造"说得更为清楚："炼铁之法，以硝黄、盐卤、人溺合置器内，取铁烧透，俟其红时淬之，每淬一次，则锤炼一次。如是百回，则纯铁百斤仅得宝剑双股，削凡铁如泥。"此硝黄、盐卤、人溺皆系淬火剂，下面还要提到。此百淬百炼，既可进一步排除夹杂，亦可致密组织，但其金属损耗是很大的，故纯铁百斤仅得宝剑双股。近现代在云南有一种将"毛铁"（一种较粗的炒炼产品）炼成"熟铁"的操作，也使用了淬炼法；具体做法是："热锻—淬火—热锻"，如此反复三次，金属损耗五分之一[10]。

百炼钢技术约发明于汉，到近代炼钢法确立为止，在我国沿用了一千九百年左右的时间，因时代、地区、各人操作习惯，具体操作当有许多不同，从我们接触到的资料看，约主要有 4 种类型[11]：（1）"百辟百炼法"，如永初纪年"卅炼湅大刀"、曹操的"百炼利器"等。基本特点是"百炼"过程中要多层积叠和多次折叠。汉魏时期，"炼数"与组织层数之间似存在某种联系。（2）"旋绕百炼"法，如魏源引文所云。基本特点是"百炼"过程中要对材料作旋绕操作。（3）"百淬百炼"法，如《续广博物志》所云。百炼过程中，须依"热锻－淬火－热锻"方式，如是者反复百回。（4）单料反复折叠锻打法。现代龙泉宝剑社曾使用过这一操作。

据说日本刀也有类似的操作，有人认为日本新刀期要折叠15次①，得到32768层组织；有人认为近世日本刀不过折叠7～8次，得到128或256层组织[12]。折叠时，可垂直式地交叉进行，也可反复单向折叠。从这些情况看，也不能排除我国古代使用过这一操作的可能性。

百炼钢技术不但生产了许多质量上乘的产品，满足了古代社会的一些特殊需要；同时，因其制作过程体现了某种哲理，故也对人们的思想产生了许多积极的影响，“百炼成钢”早就成为人们生活中的一个格言和成语，激励人们在技术上、思想上精益求精、艰苦磨炼、不断进取。从实物看，有的材料可能是真正“百炼”过的，但有的则不过是一种褒奖和美誉②。

四、渗碳钢技术的发展

我国古代的渗碳钢技术约发明于先秦时期，当时主要是使块炼铁渗碳成钢；汉后，由于炒炼技术的发展，其原料遂改成了炒“铁”。但在汉后相当长一个时期内，“渗碳”操作往往被人们当成了一种表面处理、局部化学热处理工艺。文献上关于渗碳制钢的记载是到了明代才看到的。从总体上看，渗碳钢技术在我国古代并未得到充分的发展，而欧洲在17世纪以前，渗碳钢一直是占据主导的地位。

宋应星《天工开物》卷十“锤锻 · 针”条在谈到针的加工时说，先用拉拔方式制成针坯，“然后入釜，慢火炒熬。炒后以土末入松木、火天（矢）、豆豉三物罨盖，下用火蒸。留针二三口插于其外，以试火候。其外针入手捻成粉碎，则其下针火候皆足，然后开封。入水健之。凡引线成衣与刺绣者，其质皆刚；唯马尾刺工为冠者，则用柳条软针。分别之妙，在于水火健法云。”这里记述了钢针渗碳的整个过程。此“釜”，是兼有加热和渗碳两种功能的铁釜，相当于渗碳箱。我国古代的早期渗碳过程，很可能是在锻炉的炽热碳层中进行的，之后才使用了一种专门的渗碳设备，其发明年代今已难考。“慢火炒熬”，主要是为了消除针坯拉拔过程中产生的内应力。“土末”，填充剂；“松木、火矢、豆豉”，渗碳剂。此“火矢”不是一般木炭，同书同卷“治铁”条宋应星原注云：“火矢，扬烧不闭穴火者。”一般木炭是焖烧得到的。此试火候的外针能够捻碎，是氧化了的缘故。外针完全氧化，与内针渗碳完成的时间恰好一致，这是一种巧合，也是经验的总结。马尾，地名，在今福州市东南。针之刚柔“分别之妙，在于水火健法云”，说明了热处理技术对钢针质量的影响。可见，这制针法有较好的渗碳设备、渗碳剂和控制火候的方法，已是一套相当成熟的工艺，其可批量生产，产品的产量、质量都有一定的保证。在此有一点需顺带指出的是：“松木火矢”到底是一种还是两种物质，学术界是有过不同看法的，有说一种者[14]，我认为是两种[15]，都有一定道理。我的理由是：（1）从句子结构上看，将引文中“三物”的含义理解为松木、火矢、豆豉，而不是土末、松木火矢、豆豉，似更顺一些；（2）在传统技术中，曾见到多个以木屑作渗碳剂的实例[13]，此“松木”便相当于木屑，能起到较好的

① “日本刀”分为两个历史时期，即古刀期和新刀期。新刀期包括桃山时代（1573～1601年）至昭和时期。见文献［12］第27页。

② 清杨静亭等：《都门杂咏 · 镊子张》：“锤剪刀锥百炼钢，打磨厂内货真良；教人何处识真假？处处招牌镊子张。”此“百炼钢”一词大约只是一种美誉。打磨厂，在北京市前门外，并见本书第八章。

催渗剂和渗碳剂的作用。

20 世纪 50 年代时，我国河南、湖北、江苏、天津等民间仍流传一种俗称为“焖钢”的罐式渗碳法[13]，应是由这种“釜”式渗碳直接演变过来的。有关情况下面还要谈到。

明清制钢工艺主要是如上四种。此外，有的文献还记述过其他一些制钢法，如张宝琳《(光绪)永嘉县志》卷六“物产”引《东瓯杂俎》云：铁沙，“溪山处处有之，在黄土中淘出，色黑者，是以松炭炼之成铁，以栎炭炼之生钢。”我们以为这段话可作两种理解：(1) 因松炭发热值较低，故只能将铁沙炼成生铁；栎炭发热值较高，可将铁沙直接炼成钢。这便是一种直接冶炼。(2) 先用松炭冶炼出生铁，后用栎炭将生铁炒炼成钢。孰是孰非，眼下尚难肯定。第一种理解的可能性也是存在的，直接炼钢法一直是古代欧洲的重要制钢工艺，有的地方甚至沿用到了 18 世纪。

第三节　炼铜技术的重要发展

明至清代前期，冶铜技术有了较大的发展，其在继承先世优秀技术成果的基础上，有了不少提高，操作上更为成熟，产量明显增加，铜熔炼技术发展到较高水平，并出现了较为详细的记载。

明代产铜地分布较广。《明史》卷八十一“食货志”载：“铜场，明初唯江西德兴、铅山；其后，四川梁山、山西五台、陕西宁羌（宁强县）、略阳，及云南皆采。”宋应星《天工开物》卷十四“五金·铜”条载：“凡铜坑所在有之……今中国供用者，西自四川、贵州为最盛，东南间自海舶来，湖广武昌、江西广信皆饶铜穴。衡（今湖南衡阳）、瑞（今江西高安）等郡出最下品，曰‘蒙山铜’者，或入冶铸混入，不堪升炼成坚质也。”看来，明初之时，德兴和铅山的铜业是占有一定地位的，之后，其地位明显下降，及至明末，宋应星竟略而不提。

清代前期产铜地依然分布较宽，较为重要的有云南、四川、湖广、广东、广西等，尤以云南为盛。云南铜业始于先秦，历代虽曾开采，但在全国铜业中所占比重不是太大。清康熙二十四年（1685 年）后，才逐渐兴盛起来，雍正、乾隆两朝，滇铜达极盛的阶段，嘉庆之后渐见衰落。从康熙四十四年（1705 年）到嘉庆十一年（1806 年），云南全省计报开采 144 个铜厂（子厂未计入内）。康熙年间，经常开采的铜厂约十七八个；乾隆三十七年所开铜厂最多，达 46 个。从乾隆五年到嘉庆十六年（1740～1811 年），全省最高年产铜量达 14 674 481 斤（乾隆三十年，1765 年），最低年产铜量也达 9 155 974 斤（乾隆十五年，1750 年）[1]。

一、炼铜技术的发展

明代冶铜仍以火法冶炼为主。我国古代在这方面虽很早就取得了较高成就，但较为详细和明确的记载却是到了明清时期才看到的。此期较为重要且与冶铜有关的文献有：明陆容《菽园杂记》、宋应星《天工开物》，清倪慎枢《采铜炼铜记》、吴其俊（1789～1847 年）《滇南矿厂图略》等。它们都从不同角度对我国古代采冶铜技术作了较好的总结。

明陆容《菽园杂记》卷十四引《龙泉县志》在谈到处州采铜、冶铜法时说："采铜法：先用大片柴不计段数，装叠有矿之地，发火烧一夜，令矿脉柔脆。次日火气稍歇，作匠方可入身，动锤尖采打；凡一人一日之力，可得矿二十斤，或二十四五斤。每三十余斤为一小箩，虽矿之出铜多少不等，大率一箩可得铜一斤。每烀铜一料，用矿二百五十箩，炭七百担，柴一千七百段，雇工八百余。用柴炭装叠，烧两次，共六日六夜，烈火亘天，夜则山谷如昼。铜在矿中，既经烈火，皆成茱萸头，出于矿面。火愈炽，则熔液成驼。候冷，以铁锤击碎，入大旋风炉，连烹三日三夜，方见成铜，名曰'生烹'。有生烹亏铜者，必碓磨为末，淘去粗浊，留精英，团成大块，再用前项烈火，名曰'烧窖'。次将（击）碎连烧五火，计七日七夜，又依前动大旋风炉，连烹一昼夜，是谓成鈲（音嘲）。鈲者，粗浊既出，渐见铜体矣。次将鈲碎用柴炭连烧八日八夜，依前再入大旋风炉，连烹两日两夜，方见生铜。次将生铜击碎，依前入旋风炉烀炼，如烀银之法，以铅为母，除滓浮于面外，净铜入炉底如水。即于炉前逼近炉口铺细砂，以木印雕字，作'处州某处铜'，印于砂上，旋以砂壅，印刺铜汁入砂匣，即是铜砖，上各有印文。每岁解发赴梓亭寨前。再以铜入炉，烀炼成水，不留纤毫滓杂，以泥裹铁勺，酌铜入铜铸模匣中，每片各有蜂窠，如京销面，是谓十分净铜，发纳饶州永平监应副铸……铜矿色样甚多，烀炼火次亦各有异，有以矿石径烧成者，有以矿石碓磨为末如银矿烧窖者，得铜之艰视银盍数倍云。"陆容，太仓人，成化丙戌（1466年）进士，官至浙江右参政，事迹见《明史·文苑传二》。这段文献较长，主要谈到了采冶过程中的下列几个问题：（1）采矿。即"采铜法"以下一段。说到了火爆法开采。（2）焙烧。即"用柴炭装叠"以下一段，计六天六夜。主要为去硫，和矿石破碎。（3）入大旋风炉连炼三日三夜。即"候冷"以下数句。此过程叫"生烹"，约与今造锍熔炼相当。（4）粉碎，洗选，再用前项烈火烧炼，即自"有生烹亏铜者"以下数句。此过程叫"烧窖"。（5）冶炼生铜。即由"次将（击）碎连烧五火"，到"方见生铜"。须多次击碎，反复烹炼，总计17昼夜。此反复锻炼的一个重要目的是去硫。（6）如炼银之法，以铅为提纯，制取粗铜，并浇铸成铜砖。即从"次将生铜击碎"以下数句。（7）再将铜砖入炉精炼，"是谓十分净铜"。前后需20多个昼夜，与前云宋代冶铜需"排烧窖次二十余日"大体一致，可见古代炼铜是十分艰难的。从现代技术原理看，火法炼铜大体上可分为四步：（1）焙烧，主要为去硫。（2）造锍熔炼，其产品是冶炼过程的中间产物，即冰铜，主要是 Cu_2S 与 FeS 的一种熔融体，并含有许多贵金属。（3）炼制粗铜。（4）炼制精铜。

明末宋应星《天工开物》卷十四"五金·铜"条所载冶铜过程较为简单："凡铜质有数种，有全体皆铜，不夹铅、银者，洪炉单炼而成。有与铅同体者，其煎炼炉法，傍通高低二孔，铅质先化从上孔流出，铜质后化从下孔流出。东夷铜又有托体银矿内者，入炉炼时，银结于面，铜沉于下；商舶漂入中国，名曰日本铜，其形为长方板条，漳郡人得之，有以炉再炼取出零银，然后写（泻）成薄饼，如川铜一样货卖者。"（图 7-3-1）这里简要地说到了含银与不含银的两种铜矿物，及其不同的炼铜工艺。开"高低二孔"之说，《物理小识》卷七"金石类·铜矿"

图 7－3－1　《天工开物》所载“化铜”图

条也曾提及。

《滇南矿厂图略》是一部关于云南金属矿开采、冶炼、经济和行政管理的综合性著作，约成书于 1844～1845 年；《采铜炼铜记》基本上属于技术性专著，未见单本印行，今被《滇南矿厂图略》收录。它们对炼铜技术都作了较为详尽的描述，但又各有特点。它们亦大体上反映了清代前期的情况。

关于炼炉结构，《滇南矿厂图略》“炉”第五说：“凡炉以土砌筑，底长方广二尺余，厚尺余，旁杀渐上至顶而圆。高可八尺，空其中，曰甑子。面墙上为门，以进炭矿。下为门曰金门，仍用土封，至泼炉时始开。近底有窍，时开闭，以出锑（臊）。后墙有穴，以受风。铜炉风穴上另有一穴，以看后火。银炉内底平，铜炉内底如锅形。”可见此炼铜炉以土筑成，外呈方形，内如甑状，分别设有进料口、金门、鼓风口、观火口等。尤其值得注意的是观火口的设置，这对于火候控制是具有重要意义的措施。早在唐代，长沙窑就发明了名叫“火照”的火候试验装置，此观火口与之具有异曲同工之妙；看来此观火口的发明年代当在清代以前。

关于原料准备。《采铜炼铜记》云：“至于炼矿之法，先需辨矿彻矿，即可入炉。带土石者必捶拣淘滤；矿汁稠者取汁稀者配之，或取白石配之；汁稀者，取汁稠者配之，或以黄土配之，方能分汁；谓之带石。矿之易炼者，一火成铜，止用大炉煎熬。”这里谈到了辨矿、淘洗、配矿等操作，其中尤其值得注意的是配矿技术，其约发明于先秦时期，但关于炼铜配矿的明确记载却是清代才看到的。带石，即配带白石、黄土等造渣熔剂，使其中的 FeO 与 SiO_2 等以熔渣形式排出。此“一火成铜”当是一次冶炼之意，看来主要用于品位较高、杂质较少的矿料。分汁，指融渣与熔铜分离。这是我国古代文献中所见关于渣铜分离的较早描述。

但这“火数”的具体含义往往不易确定。如《天府广记》卷二十二“宝源局·户部尚书侯恂条陈鼓铸事宜”载：“铜矿产于石中，用钢钻打入，每得矿百斤，用木炭百斤，将矿烧炼，一火成铜铅，二火成黑铜，三火成红铜。每矿百斤，上者烧铜十五斤，次者十二、十一斤不等。”可见此“一火”可能是指一次加热冶炼，但也可能指一个回合的多次冶炼。

关于冶炼操作，《滇南矿厂图略》“炉”第五载：“凡起炉，初用胶泥和盐，于炉甑内周围抿实，曰搪炉。次用碎炭火铺底烘烧，曰烧窝子。约一二时，再用柱炭竖装令满，扯箱鼓风，俟其火焰上透；矿炭均匀，源源轮进炉内。风穴上，矿炭融结成一条如桥衡，通炉皆红，此条独黑，曰嘴子。看后火即看此。扯箱用三人，每时一换，曰换手。用力宜匀，太猛则嘴子红，太慢则火力不到之处，炉（矿）不能化，胶结于墙，曰生膀。每六时为一班，铜炉二班曰对时火，三班曰丁拐火，四班曰两对时火，六班曰二四火。泼炉则开金门，用爬先出浮炭渣子，次揭冰铜（原注：一冷即碎，故曰冰，亦曰宾铜）；次用铁条搅汁，拨净渣子，曰开面；次揭圆铜（原注：揭铜或用水，或用泥浆，或用米汤，视矿性所宜）。铜炉无过六班。炉火不顺，矿𫔉（又作臊）结成一块，曰抬（又作招）和尚头，配合不宜时有之。金门或碎，矿汁飞溅，曰放爆张，每致伤人，幸不常有。铅矿搪炉、烧窝皆同，而扯火紧慢任便。放𫔉（臊）一次放铅一次，可至七八十班，至炼银罩渣子，亦只一二班。”这里从搪炉、烘炉、装料，到鼓风、出渣、出铜，以及炉龄和常见事故，都作了简要介绍，甚为难得。此泼水取铜的记载始见于东晋时期，在流传下来的传统工艺中依然保存着。

《采铜炼铜记》所记冶炼操作又有一些特点，说：“每煅一炉，俗谓之扯火一个，彻矿需四十桶，用炭百钧；次矿唯倍加糜炭五之一，下矿三倍而差加糜炭三之一。火候停匀，昼夜一周，渣臊质轻，自金门流出，即从金门中钩去灰烬；铜质沉重，融于炉底，闪烁腾沸，光彩夺目，以渍米水浇之，上凝一层，钳揭而起，用松针糠核之类掠宕其面，淬入水中，即成紫板（原注：凡铜元易碎，其口青色，冷敲难开，其口红色），或得五六饼、六七饼不等。初揭一二饼，浮滓未净，谓之毛铜。须改煎方能纯净，自三四揭后，则皆净铜矣。其有矿经锻炼结而为团者，矿不分汁之故也。亦有本系美矿而亦结为团者，配制失法，火力不均之故也。”此较值得注意的是：（1）次矿配炭量需稍有增加；（2）美矿而亦结为团，主要是配矿不佳之故。可见配矿对冶炼过程的影响是很大的。这里又突出地谈到了次矿用炭量和配矿对冶炼过程的影响。

“一火成铜”的情况较少，实际冶炼是较为复杂的。《采铜炼铜记》载：“然一火成铜之厂，寥寥无几。其余各厂，并先须窑煅后始炉融。窑形如大馒首，高五六尺，小者高尺余，以柴炭间矿，泥封其外，上留火口。炉有将军炉、纱帽炉之分。将军炉上尖下圆，其形如胄；纱帽炉上方下圆，形如纱帽，并高二寻。十分高之四为其宽之度，十分宽之四为其厚之度，亦有高一寻者，其宽与厚亦称之，余同大炉。又有蟹壳（炉），上圆下方，高一丈有奇，宽半之，深尺有咫，余亦同大炉。矿之稍易炼者，窑中煨煅二次，炉中煎炼一次，揭成黑铜，再入蟹壳炉中煎炼，即成蟹壳铜，揭淬略如前法。其难炼者，先入大窑一次，次配青白带石入炉一次，炼成冰铜，再入小窑，翻煅七八次，仍入大炉，始成净铜，揭淬亦如前法。计得铜百斤，已用炭一千数百矣，此煎炼之大略也。”此说一般的冶铜皆较复杂，矿须先煅，后融；依据不同的情况，炼炉有将军炉、纱帽炉、蟹壳炉、大炉等之别；此“蟹壳炉”大约是用于冶炼粗铜或精铜的。较难冶炼之矿，估计也要煅、炼十余次，较陆容所述稍有减少。

此外，檀萃《滇海虞衡志》、张泓《滇南新语》等都有过炼铜技术的大段记述；《滇南矿厂图略》所引浪穹王崧《矿厂采炼篇》也是较为重要的采炼专著。由于这些明清炼铜著作的出现，也才使我们对古代炼铜技术有了较为真切的了解。

明代的胆铜业虽无宋代发达，但仍有一定发展。前引《明史·食货志》云，明初曾在德兴、铅山置铜场。《明史·地理志》说德兴县北有铜山，“山麓有胆泉，浸铁可以成铜。”又说铅山县西南“有铜宝山，涌泉浸铁，可以为铜。”《续文献通考》卷二十三“征榷六”载：“宣德三年（1428 年）九月，免江西德兴、铅山浸铜丁夫杂役，二县铜场岁浸铜得五十余万斤。”可见其产量也是不低的。明末清初顾禹祖（1631～1692 年）《读史方舆纪要》卷八十五“铅山县·锁山门”条曾详述过铅山胆水浸铜之业，云：“古时胆水出此，其水或涌自平地，或出自石罅……宋时为浸铜之所，有沟槽七十七处，兴于绍圣四年，更创于淳熙八年，至淳祐后渐废，其池有三：胆水、矾水、黄矾水，每积水为池，每池随地形高下深浅，用木板闸之，以茅度铺底，取生铁击碎入沟排砌，引水通流浸染，候其色变，锻之则为铜，余水不可再用。”此云大体上是宋和宋代以来的一般情况，明代胆铜的基本操作或与之相类似。

有一点值得注意的是，明人对胆水中的金属置换作用较宋代又有了新的认识。沈周（1427～1509 年）《石田杂记》载：“江西信州铅山铜井，其山出空青，井水碧色，以铅、锡入水浸二昼夜，则成黑锡，煎之则成铜。”[2] 显然，这里说的是铅、锡对铜的置换作用。唯“成黑锡”三字有些费解。《古今秘苑》卷二载：“锡变红铜法：胆矾一两，白矾二钱，共为末，搽锡上，如金色，搽铁变红色。”这里说的是锡、铁与铜的置换作用。

二、熔炼、精炼技术的提高

铜及其合金之熔炼，其实也是一种精炼，都要排除夹杂和除气、脱氧、均匀成分，不但要掌握好火候，而且要注意加料顺序，总的目的是提高铸件的质量。早在先秦时期，我国的铜熔炼技术、铜精炼技术就发展到了一定水平，这在《考工记》中都可看到，及明，有关记载更加明确起来。不但标以“炼数”的精炼工艺依然保存着，而且在铸镜工艺中还形成了一套较为完善的熔炼、精炼操作。

我国古代标以“炼数”的金属工艺始见于汉，之后就一直沿用了下来，及至明清。在此最值得注意的是明冯梦祯《快雪堂漫录》，其详细地谈到镜用青铜多次熔炼、反复熔炼的整个过程。对我们了解明清时期的铜精炼技术和我国古代标以“炼数”的工艺都有一定帮助。其“铸镜”条云：“凡铸镜，炼铜最难，先将铜烧红打碎成屑，盐醋捣，荸荠拌，铜埋地中；一七日取出，入炉中化清，每一两投磁石末一钱，次下火硝一钱，次投羊骨髓一钱；将铜倾太湖沙上，别沙不用。如前法六七次，愈多愈妙。待铜极清，加碗锡；每红铜一斤加锡五两，白铜一斤加六两五钱。所用水，梅水及扬子江水为佳。白铜炼净一斤只得六两，红铜得十两，白铜为精。”[3]此“磁石”（Fe_3O_4）、“火硝”，皆为氧化性熔剂。依据金属熔液中的氢氧平衡原理，它们皆可起到除气（氢）的作用。“羊骨髓”含磷，为脱氧剂。“椀锡”即锌。清郑复光《镜镜詅痴》卷四“作照景镜”条说：“倭铅即白铅，又名椀锡”。此“白铜”含义不明，应当是镍白铜或砷白铜，元代之后，这一名称的含义基本上已经定型。可见，此熔炼步骤是：先用磁石、火硝使熔液含氧量提高来达到去除氢气的目的；之后再用羊骨髓脱氧；之后加锌，以减少锡的氧化；最后再加锡。这是一套相当完善的精炼、熔炼工艺，与现代技术原理是基本相符的，现代部分铜加工厂也曾推荐过类似的操作法。文中的“如前法六七次”主要指除气、脱氧两道工序，看来它便是依照“先除气—后脱氧—再除气—再脱氧”方式反复进行的。但文中所云精炼次数“愈多愈妙”，则未必完全可信，如若掌握不好，精炼次数过多时，则会出现吸气、过热等不良后果。

第四节　青铜和白铜技术的发展

我国的铜合金技术在明清时期发展到了古代社会的最高水平。此时，三种主要的铜合金，即青铜、白铜、黄铜，技术上都更为成熟，后二者的产量也有了提高，使用范围更加扩展。

李时珍（1518～1593年）《本草纲目》卷八“金石·赤铜·集解”云：“铜有赤铜、白铜、青铜。赤铜出川、广、云、贵诸处山中，土人穴山采矿采取之。白铜出云南，青铜出南番，唯赤铜为用最多，且可入药。人以炉甘石炼为黄铜，其色如金，砒石炼为白铜，杂锡炼为响铜。”这里把铜及其合金分成了赤铜、白铜、青铜、黄铜、响铜五种，比元《格物粗谈》所云又有了一些扩展。此“赤铜”、“白铜”、“黄铜”的含义与现代基本一致；“青铜”含义不明；“响铜”即含锡量不太低的锡青铜。

稍后的宋应星（1587～1667年）《天工开物》卷十四“五金·铜”条说得更为简明：“凡铜供世用，出山与出炉止有赤铜。以炉甘石或倭铅参和，转色为黄铜；以砒霜等药制炼为白铜；矾、硝等药制炼为青铜；广锡参和为响铜；倭铅和写为铸铜；初质则一味红铜而已。”此将铜合金区分成了黄铜、白铜、青铜、响铜、铸铜五种，与李时珍稍有差别。此“黄铜”、“响铜”的含义与李时珍所云相同；“白铜”含义与李时珍不同，李时珍说“白铜出云南”，当为镍白铜，宋应星说“以砒霜等药制炼”者，当为砷白铜，但皆与现代技术语汇相通。此“青铜”依然含义不明，今人袁翰青认为它“大概指用矾硝等药剂使铜器表面呈现青色”[1]，可以进一步研究。此“铸铜”与“黄铜”都是Cu－Zn合金，其差别可能是含锌量稍有不同；宋应星说“转色为黄铜”，说到“铸铜”时则未言及转色之事，故“黄铜”含锌量可能较“铸铜”稍高。当然，这种分类与现代技术原理还是存在一定差距的，但它毕竟是人类进步的一个足迹。

方以智《物理小识》卷七“金石类·铜”也有类似说法：“铜有白赤，加倭铅与炉甘石者皆黄，以锡则响，以砒汞而点白者又非原白也。”这里将铜及其合金区分成了白铜、赤铜、黄铜、响铜四种。此白铜当为铜砷合金。

本节主要介绍青铜（包括响铜）和白铜。黄铜后面再作讨论。

一、对青铜的认识依然保持在较高的水平上

明清时期，青铜器物的使用量已经较小，使用范围也已较窄，但人们的认识水平却依然是较高的。此期青铜器主要是响器、钱币和铜镜，响器包括梵钟和锣钹等，锣钹分析较少，梵钟基本上还是青铜，清代则出现了黄铜钟。铜镜主要见于明，清后锐减，而且相当部分已改成了黄铜镜。青铜钱主要使用于明嘉靖以前，之后便出现了与黄铜钱并行的情况。黄铜的大量使用，是此时期合金技术的一个特点。

（一）响器

我国古代的响器主要有两种：一种是锣钹类打击乐器；一种是钟，包括乐钟、朝钟、梵钟。乐钟在先秦使用较多，其合金成分前已言明，后世减少；梵钟约兴起于南北朝末年至唐代[2]。前面谈到，目前国内地面保存的唐钟还有多座；明清时期，锣钹、朝钟和梵钟都使用较多。

锣钹一般含锡量较高，宋应星《天工开物》卷十四“五金·铜”载：“凡用铜造响器，用出山广锡无铅气者入内。钲（原注：今名锣）、镯（原注：今名铜鼓）之类，皆红铜八斤，入广锡二斤，铙、钹，铜与锡更加精炼。”依此，原料配比便为铜 80%、锡 20%。广锡，广西所产之锡。显然，这种成分的响器具有较为清脆、悠扬的音质。前面谈到，我们分析过的宋代锣、钹、磬的含锡量为 16.87% ~ 18.74%，平均为 17.873%。若考虑到锡的烧损，则此明代铜锣的含锡量与宋代大体处于同一水平。

目前看到的明代铜钟含锡量有两种资料，一是文献记载，二是实物分析。

文献记载的梵钟含锡量稍低。《天工开物》卷八“冶铸·钟”载：“凡铸钟，高者铜质，下者铁质。今北极朝钟则纯用响铜，每口共费铜四万七千斤，锡四千斤，金五十两、银一百二十四两于内。”若烧损均衡的话，此钟的含锡量便为 7.8%，考虑到烧损时，实际含锡量当低于此数。至于此金、银是用来装饰还是做合金元素，文中未曾细说；铸钟是否要以金、银做合金元素，它们对钟的机械性能和发音效果有何影响，则须用实验来证实。但金、银与铅不同，其与铜皆可形成固溶体，故其影响与铅肯定也是不同的。

实物分析的梵钟含锡量稍高。凌业勤[3]、吴坤仪[4][5]分析过的多座明清梵钟，其青铜钟的含锡量皆较宋应星所说的为高。表 7-4-1 列出了七座明代梵钟合金成分，含锡量为：12.2%（成化十七年钟的平均含锡量）~18.7%（宣德甲寅钟），平均 16.69%；含铅量为：0.04% ~1.12%，平均 0.506%；可见此含锡量较高，含铅量则较低，此铅大体上可视为一种杂质。其中著名的觉生寺明永乐大钟成分为：铜 80.54%、锡 16.4%、铅 1.12%[3]。

清代梵钟合金成分有两种类型：（1）传统的锡青铜，如康熙三十六年青铜钟，成分为：铜 75.2%、锡 11.15%、铅 1.07%。（2）新配制的黄铜，表中的两件标本，成分较为接近，平均值为：铜 60.5%、锡 2.32%、铅 0.65%、锌 23.2%。大

体上可视为锡黄铜。其中少量的锡可能是有意配入，也可能是脱氧除气时加入的。与明代相比较，清代梵钟合金技术是一种倒退。康熙三十六年钟含锡量降低了不少，其声音当无上述明代钟清脆、悠扬；黄铜钟的音色、音质恐难与青铜钟相比。但有一点值得注意的是，清代梵钟的含铅量依然是较低的，这说明，铅对震动波的阻尼作用，人们一直保持着清醒的认识。这也说明，人们对铅、锡是区分得十分清楚的。

在此有一点需顺带说明的是，部分学者对响器的含义有一些不同的理解，认为响器仅指锣、钹类打击乐器，而不含钟，因而响铜也仅仅指制作锣、钹之铜，而不含铸钟之铜，其实并非如此，《大明会典》卷一九四“工部十四·铸造”载：“凡铸造朝钟，用响铜于铸钟厂铸造。”可见，钟也是需用响铜铸造的响器。

表7-4-1　明清梵钟合金成分

名　称	年　代	取样部位	成　分（%）					文献
			铜	锡	铅	锌	总计	
永乐大钟	1418～1424		80.54	16.4	1.12			[3]
宣德甲寅钟	1434		72.6	18.7	1.0			[4]
成化十七年钟	1481	顶中心孔	74.5	12.6	0.9		88.0	[5]
		内壁	75.6	11.8	0.68		88.08	[5]
正德三年钟	1508	冒口	74.5	18.7	0.28			[4]
正德五年钟	1510	顶中心孔	76.8	18.4	0.08		95.28	[5]
万历戊午钟	1618	口沿内侧	80.8	17.0	0.04		97.84	[5]
		钟上部	80.8	15.3	0.04		96.14	[5]
天启钟		钟顶孔边	66.0	16.3	0.23		82.53	[5]
康熙三十六年钟	1697	钟顶	74.0	11.2	1.1		86.3	[5]
		钟口沿	76.4	11.1	1.04		88.54	[5]
康熙五十二年钟	1713	钟顶	61.5	2.8	0.72	23.1	88.12	[5]
乾隆黄铜钟		钟口沿	58.0	2.0	0.58	21.6	82.18	[5]
		顶孔边	61.0	1.68	0.58	25.0	88.26	[5]
明代钟平均成分（7件）			75.18	16.69	0.506			
康熙三十六年钟平均成分(1件)			75.2	11.15	1.07			
康乾黄铜钟平均成分（2件）			60.5	2.32	0.65	23.2		

注：据文献［3］［4］［5］所云，本表所有标本皆采自北京古钟博物馆。

（二）铜镜

铜镜技术在宋代便进入了衰退期，明代虽曾铸制过一些稍好的镜，但清中期之后，民间已较多地使用了玻璃镜，铜镜便逐渐成了一种装饰器、礼仪用品。学术界对明清铜镜的分析研究较少。表7-4-2为11件明清铜镜合金成分[6][7][8]。由之可见：

明代标本4件，计有三种不同的合金：

（1）锡青铜和铅锡青铜镜，2件，即仿海兽葡萄镜B8和仿汉四乳镜W23，它们皆以锡为主要合金元素，但含锡量较战国汉唐镜稍低，尤其是仿海兽葡萄镜B8。2件标本的平均成分为：铜82.812%、锡13.429%、铅3.758%。

（2）锡铅青铜镜，1件，即仿古弦纹镜B4，其成分为：铜81.53%、锡8.10%、铅10.368%；可见其含铅、含锡量都不高。

（3）锡锌铅青铜镜，1件，即小松茂、山内淑人分析的洪武元年云龙纹镜，成分为：铜70.95%、锡5.97%、铅11.40%、锌9.18%[6]。

4件标本竟有3种合金，说明了明代镜用合金制度之淆乱。其实，接近于战国汉唐镜用合金的只有仿汉四乳镜W23，其含锡量为15.014%，依然较低；含铅1.472%。传统的镜用合金未能继续使用，新的铸镜合金未能发展起来，这是铜镜技术衰落的表现。

表7－4－2 明清铜镜合金成分

名称及原分析号	时代	地点	成份（%）								文献
			铜	锡	铅	锌	铁	镍	砷	锑	
洪武元年云龙纹镜	明		70.95	5.97	11.40	9.18	0.6	0.32	0.36	0.24	[6]
仿古弦纹镜B4	明	北京	81.53	8.10	10.368						[7]
仿海兽葡萄镜B8	明	北京	82.111	11.844	6.043						[7]
仿汉四乳镜W23	明	安徽	83.513	15.014	1.472						[7]
近11	清		74.0	3.29	7.59	12.96		0.35		1.81	[8]
近12	清		58.52	5.58	7.66	23.29	1.78	3.17			[8]
五子登科镜W24	清	安徽	68.255	0.63	2.253	28.86					[7]
素面镜B14	清	北京	71.916	4.731	3.581	19.149	0.64				[7]
素面镜B17	清	北京	69.617	6.586	5.949	17.845					[7]
素面镜B18	清	北京	73.371	4.601	3.235	18.79					[7]
素面镜B19	清	北京	73.90	5.888	3.411	16.799					[7]
2件以锡为主要合金元素的明代铜镜平均成分			82.812	13.429	3.758						
1件明代锡锌铅青铜镜成分			70.95	5.97	11.40	9.18					
1件明代锡铅青铜镜成分			81.53	8.10	10.368						
7件清代黄铜镜平均成分			69.940	4.472	4.811	19.670					

清代标本计7件，其中有2件是1918年日本学者近重真澄分析的[8]，5件为本人在20世纪80年代分析的[7]，清一色的都是黄铜，其中6件为Cu-Zn-Pb-Sn四元合金，1件为Cu-Zn-Pb三元合金。7件标本的平均成分为：铜69.939%、锌19.67%、铅4.811%、锡4.472%。因这种合金稍稍发黄，显然比不上战国汉唐镜来得清晰明净，而且在我考察过的5件清代铜镜中，竟有4件素镜，看来并不能排

除其属装饰或避邪用品，而非实用器的可能性。

但值得注意的是：及至明清时期，人们对高锡青铜镜还是情有独钟的。宋应星《天工开物》卷八“冶铸·镜”条载：“凡铸镜，模用灰沙，铜用锡和（原注：不用倭铅）。”此说铸镜须配锡，未提配铅，反对配锌，这与我国的传统认识是基本一致的。如前所云：明冯梦祯《快雪堂漫录》在谈到铸镜配料时说：“每红铜一斤，加锡五两。”若烧损均匀的话，此镜的含锡量便为23.8%，与战国汉唐镜成分适相一致。清代物理学家郑复光《镜镜诊痴》（1846年出版）卷一“镜资”条载：“铜色本黄，杂锡则青，青近白故宜于镜。”这些说法与现代技术原理基本上是相符的。宋代之后，高锡青铜镜大为减少，及至清时，几乎完全消失，但人们依然认为高锡青铜是铸镜的最佳合金。这说明，一种正确的认识一旦在历史上出现，是很难消亡下去的。

（三）钱币

明代钱币合金有一个较为明显的界线，即嘉靖以前基本上都是青铜钱，嘉靖时有青铜、黄铜二种材质，之后则多为黄铜钱，或说基本上皆为黄铜钱。赵匡华、周卫荣等分析过101枚明代钱币，其年代为明初到明末；其中弘治以前的计29枚，皆为青铜钱；嘉靖通宝计20枚，只有2枚为青铜钱，其余18枚皆为黄铜钱；之后，由隆庆到崇祯，计52枚，皆为黄铜钱。[9]

表7-4-3所示为嘉靖以前31枚明代青铜钱的合金成分[9]，其中有大中通宝、洪武通宝、永乐通宝、宣德通宝、弘治通宝、嘉靖通宝，与宋代相比较，其合金成分发生了不少变化。由表可见：

（1）与宋代相比较，其平均含铅量大为降低，平均含锡量明显升高。31枚标本的平均成分为：铜75.27%、锡7.72%、铅14.79%。

（2）这31枚钱币包括3种合金，即锡铅青铜钱22枚，计占标本总数的70.97%；铅锡青铜钱7枚，计占标本总数的22.58%；锌铅青铜钱2枚，占标本总数的6.45%。不见铅青铜钱，更无铅钱。

可见明代前期铜钱虽沿用了先世以铅为主要合金元素的制度，但配比作了不少调整。嘉靖之后黄铜钱的有关情况下面再谈。

清代钱币分析较少，且主要是黄铜钱。《光绪大清会典事例》卷三一四“户部·钱法”载：咸丰三年准奏：“当千、当五百大钱铸成紫色，用滇铜七成、锡铅三成。”但也有的地方定为“铜七成，铅三成”，这两种配比在清代文献中曾多次提到。结合乾隆十二年奉敕撰《钦定大清会典则例》卷一二九“工部·鼓铸”等关于铸钱配比的资料来看，其中的“铅”当指倭铅。有关情况下节还要谈到。

我国古代金属钱币始于先秦，终于明清，其合金技术经历了漫长的发展历程：（1）先秦各国钱币一般含铅量较高，含锡量较低；大约70%左右的钱币为锡铅青铜和铅青铜，28%左右为铅基合金，前者含铅量达15%~40%，后者高达40%~60%；平均含锡量一般都低于5%，唯I式蚁鼻钱的达10%。（2）汉代钱币含锡含铅量都较低，含锡量相对集中的成分范围是2%~8%，平均4%左右；含铅量相对集中的成分范围是0~8%，但有少数几件含铅量较高，故平均值接近8%左右。（3）唐代钱币含锡含铅都有一定提高。平均成分约为铜70%、铅16%、锡10%。（4）宋代钱币含铅量又有了一定提高，北宋钱币含铅量大部分处于20%~30%之间；含锡量较唐代稍有降低，其大部分处于5% ~11%之间；南宋钱币平均含铅量达37%左右，含锡量不足4%；而且还出现了少量铅钱（铅基合金）。（5）明代前期钱币含铅量有所降低，嘉靖后出现了黄铜钱。可见，在明嘉靖以前，我国钱币的主要合金元素是铅，其含铅量经历了“高—低—高—低”的发展过程。（6）自明嘉靖至整个清代，基本上或说绝大多数都是黄铜钱。

表7－4－3　明代早中期(嘉靖以前)铜钱合金成分分布

名称	合金种类	成分范围(%)					标本数
		铜	锡	铅	锌	铁	
大中通宝	锡铅青铜	77.17	7.99	14.05	0.1	0.11	1
	铅锡青铜	79.05	11.79	6.54	0.14	0.9	1
洪武通宝	铅锡青铜	71.46 ~83.84	6.86 ~14.2	6.77 ~14.08	0.02 ~0.08	0 ~0.58	3
		平均79.587	平均9.527	平均9.56	\	\	
	锡铅青铜	68.4 ~77.9	6.19 ~10.37	14.56 ~21.2	0.02 ~0.1	0.03 ~0.53	7
		平均73.237	平均7.947	平均17.809	\	\	
永乐通宝	锡铅青铜	63.37 ~79.96	6.38 ~9.36	10.46 ~25.12	0.02 ~0.18	0.05 ~0.15	6
		平均72.731	平均7.755	平均17.492	\	\	
宣德通宝	锡铅青铜	72.78 ~74.49	6.03 ~7.01	17.82 ~19.44	0.13 ~0.14	0.14 ~0.25	2
		平均73.635	平均6.52	平均18.63	\	\	
弘治通宝	铅锡青铜	79.51 ~84.94	8.64 ~9.83	4.43 ~9.15	0.06 ~0.09	0.06 ~0.1	2
		平均82.225	平均9.235	平均6.79	\	\	
	锡铅青铜	64.23 ~81.91	6.12 ~10.25	11.41 ~24.24	0.06 ~2.48	0.04 ~0.11	6
		平均75.148	平均7.785	平均15.663	\	\	
	锌铅青铜	69.85	0.35	17.31	9.77	0.53	1
嘉靖通宝	铅锡青铜	84.1	10.17	4.15	0.08	0.06	1
	锌铅青铜	72.86		13.45	12.75	0.50	1
平均成分		75.27	7.72	14.79			31

注:(1)本表依文献[9]整理而成。

(2)表中的锌为光谱定量分析,其余为化学分析。

(3)组分含量大于2%,则视为合金元素,小于2%则视为杂质。

二、西南多民族铜鼓合金技术的新发展

在魏晋南北朝时期,铜鼓合金便形成了以铅为主要合金元素的技术体系,此体系一直延续到了唐宋,及至明清时代的西盟型;但明清时还发生过一些变化,主要是麻江型铜鼓的含锡量明显增加。表7－4－4是隋唐至明清的38件铜鼓合金成分。由之可见:

(1)在38件标本中,有锡铅青铜22件,占标本总数的57.89%;铅锡青铜(12件)和锡青铜(1件)计13件,占标本总数的34.21%;此外,有3件标本的含铅、含锡量都较高,难以

分辨合金元素之主次,暂且称之为“青铜”,占试样总数的7.89%。不见红铜,亦无铅青铜。隋唐到明清铜鼓的平均铅、锡量都不算太高。具体数值为:铜73.25%、锡9.57%、铅12.32%,与魏晋六朝铜鼓较为接近。这是总的情况。

(2)宋至明清铜鼓合金成分存在两种不同的趋势。一是西盟型,含铅量依然高于含锡量,其7件标本的平均成分为:铜72.38%、锡5.44%、铅17.44%,与魏晋南北朝铜鼓的成分较为接近。二是麻江型,含锡量高于含铅量,其12件标本的平均成分为:铜74.68%、锡11.24%、铅7.71%,与汉代铜鼓的平均成分较为接近。

所以从强度和声学角度看,在历代铜鼓合金中,麻江型铜鼓合金成分选择应是较为合理的。因铅以软夹杂形式存在于铜基体中,它会破坏金属基体的连续性,从而降低了材料的强度,并影响震动波的传播。

(3)从地区上看,由汉到明清,云南铜鼓的成分变化尤为明显。人们分析过的7件汉代铜鼓平均成分为:锡12.05%、铅5.47%,含锡量高于含铅量(表4-5-6);7件宋至明清铜鼓平均成分为:锡4.98%,铅16.89%,含铅量高出含锡量(表7-4-4)。

总的来看,从先秦到明清,我国铜鼓合金大体上是以锡铅青铜和铅锡青铜为主的;鲜用红铜,迄今尚未看到铅青铜。但不同时代,不同的类型,又存在一些差别。先秦以低锡低铅的铅锡青铜为夥;两汉铜鼓含锡、含铅量都有提高,其材质仍以铅锡青铜为主;六朝时期便发生了较大的变化,出现了以锡铅青铜为主的状况,且一直延续到了唐宋时期,在西盟型铜鼓中则一直延续到了明清;但明清时期有一特殊情况,即麻江型铜鼓一改往日铜鼓旧制,多数采用了铅锡青铜。总体上看,大多数铜鼓的合金成分都满足了人们对其使用性能的要求,从兼顾到声学性能、机械性能来看,明清麻江型铜鼓的平均成分应是较好的成分选择。

三、白铜技术的重要发展

我国古代白铜计有两种,即砷白铜和镍白铜。砷白铜最初是利用共生矿冶炼的,至迟东晋,就发明了人工配制技术;镍白铜始见于东晋或稍早,直到明清时期,大体上都是以共生矿为基础进行冶炼的。明清时期,这两种白铜技术都有了较大发展,有关记载也多了起来,尤其是镍白铜,出现了许多专门性工厂,产量、品种和质量都有了较大的提高和扩展。18世纪初,镍白铜传入欧洲,对欧洲化工技术、冶金技术的发展,都起到了一定的促进作用。下面主要介绍一下镍白铜。

(一)明清镍白铜生产的一般情况

自古至今,我国镍白铜主要产于云南、四川两省交界的会理、会泽、巧家和牟定一带。

明黄一正《事物绀珠》(1585年)卷二十五“珍宝部·五金类”载:“白铜出滇南,如银。”[10]此说云南产白铜。

在明代,四川白铜主要产于今冕宁、会理等地。李贤等撰《明一统志》卷七十三“四川行都指挥使司”载:“土产:铁、盐、白铜(原注:宁番卫出)”等。此书成于明天顺五年(1461年)。宁番卫治今四川冕宁县。同治九年《会理县志·赋役志·铜政》载:明代会川卫“白铜厂课程五两四钱八分”。会川卫为明洪武二十七年(1394年)到清康熙二十九年(1690年)建置,治今四川会理县。《续文献通考》卷二十三“征榷六”载:“自成化五年(1469年)定四川军民偷采白铜者,为首枷示,依律治罪。”说明明代中期,国家已加强了对四川白铜的管理,严禁军民私自开采。

表 7－4－4　隋唐至明清铜鼓合金成分

器号(取样部位)	类　型(时代)	出土地点	成　分（%）				材　质	备注
			铜	锡	铅	其他		
鼓 315(腰)	北流型晚期(六朝末至隋唐)	广西北流	66.5 64.4 (65.45)	15.9 15.0 (15.45)	15.5 18.8 (17.15)		锡铅青铜	钢
容 02		容县	87.5	6.5	4.6		铅锡青铜	钢
鼓 115		灵山征集	69.42	16.16	21.5	锌 1.57 铁 0.35	锡铅青铜	桂
鼓 140		广西博白	69.61	12.0	12.0	锌 1.43	青铜	桂
鼓 138		广西容县	82.2	7.6	5.8	锌 1.43	铅锡青铜	桂
鼓 56		广西陆川	83.42	7.9	3.12	铁 0.43	铅锡青铜	桂
铜鼓残片		广西北流	65.99	7.67	21.32	铁 1.25 砷 0.36	锡铅青铜	钢矿
鼓 305	冷水冲型晚期(隋唐)	广西邑林	67.8	8.55	17.82	锌 1.42	锡铅青铜	桂
鼓 149		宾阳思陇	74.03	6.88	14.5	铁 0.174	锡铅青铜	钢
鼓 104(足沿)	灵山型晚期(隋唐)	广西南宁	68.0 68 70.03 (68.68)	13.0 13.9 12.8 (13.23)	12.5 14.2 12.02 (12.91)	锌 3.92	铅锡青铜	钢桂
鼓 168		横县征集	64.68	9.44	17.12	铁 0.37	锡铅青铜	钢
鼓 151		广西横县	70.3	10.2	12.43	锌 1.05 铁 0.04	锡铅青铜	桂
鼓 155	(足沿)冷水冲型晚期(唐至宋)	广西	73.0 73.5 (73.25)	8.7 8.04 (8.37)	17.3 15.6 (16.45)		锡铅青铜	钢
鼓 164(足沿)		广西	67.0 70.0 (68.5)	9.2 8.1 (8.65)	15.0 14 (14.5)		锡铅青铜	钢
官渡鼓	遵义型早期(北宋)	昆明官渡	84.06	6.33	7.3	铁 0.12 砷 0.05	锡铅青铜	滇
鼓 186(足沿)	遵义型早期(宋)	容县征集	69.0	7.7	14.2	砷 5.15	锡铅青铜	钢
桂平 11(胸)		桂平	72.6	11.0	15.1		锡铅青铜	钢

店5(足)	西盟型中期(宋明)	云南征集	72.5	5.0	21.3		锡铅青铜	滇
丁式17(面)	西盟型(宋明)	云南	68.0	2.0	25.0		锡铅青铜	钢
店7(足)	西盟型(宋明)	云南	70.0	7.0	15.9	锌2.14	锡铅青铜	钢
店1(足) (腰)		云南	80.0 81.5 (80.75)	6.1 5.5 (5.8)	9.7 9.5 (9.60)	锌0.68 锌0.66	锡铅青铜	钢
鼓65(足)	麻江型中期(明初)	广西	80	11.7	7.8	锌<0.01	铅锡青铜	钢
鼓21(足)	遵义型晚期(明代)	广西	73.0 71.1 (72.05)	12.1 12.3 (12.2)	12.3 12.3 (12.3)	锌0.045	青铜	钢
鼓295(耳毛刺)	遵义型晚期(明代)	北流征集	72.1	14.9	13.4	锌0.078	铅锡青铜	钢
鼓213(足沿)	麻江型中期(明代)	柳州征集	77.5	12.8	5.80	锌2.16	铅锡青铜	钢
鼓193			67.63	12.0	14.0	铁0.67	锡铅青铜	桂
鼓281			80.93	13.16	0.73	铁0.514	锡青铜	桂
鼓230(胸)		广西	75.1	11.5	6.76		铅锡青铜	钢
鼓284(面)		广西	68.8	11.3	7.02	锌4.08	铅锡青铜	钢
鼓318	西盟型(宋—清)	广西	68.5	10.5	13.5		锡铅青铜	钢
孟连01(足)	西盟型(明清)	云南孟连	70.12	2.22	23.36	锌2.91 砷0.44 锑0.19 铁0.07	锡铅青铜	滇
丙式5(面) (腰) (足)		云南	78.6 78.4 73.4 (76.8)	7.14 6.64 2.83 (5.54)	8.93 9.22 22.1 (13.42)	锌0.70	锡铅青铜	钢
鼓293	麻江型晚期(清)		82.73	9.22	2.07	铁0.536	铅锡青铜	
鼓39			76.62	13.3	2.31	铁0.491	铅锡青铜	
鼓253			63.85	7.15	16.5	铁1.32	锡铅青铜	
鼓290			79.49	11.18	5.6	0.156	铅锡青铜	
鼓191		广西	66.7	14.3	14.3		青铜	钢

丁式3(胸)	麻江型晚期(康熙二十一年)	云南	75.5 78.02 (76.76)	7.4 7.19 (7.3)	9.6 9.67 (9.64)	锌2.4 锌3.1	锡铅青铜	钢
滇38件唐至清代铜鼓平均成分			73.25	9.57	12.32			
7件云南宋至明清铜鼓平均成分			73.56	4.98	16.89			
7件宋至明清西盟型铜鼓平均成分			72.38	5.44	17.44			
12件明清麻江型铜鼓平均成分			74.68	11.24	7.71			

注:(1)“丁式3”第二组数据尚含有铁0.37%、锑0.15%,砷0.68%,锑0.15%。

(2)括弧中的数据为平均值。

(3)在本表“备注”中,“钢”,表示北京钢铁学院分析;“钢矿”,表示北京钢铁学院委托原冶金部矿冶研究院分析;“滇”,表示云南省博物馆委托有关单位分析;“桂”,表示广西博物馆委托有关单位分析。另有4件标本原未注明产地,亦不知分析者,均见孙淑云、王大道《广西、云南铜鼓合金成分及金属材质的研究》(北京科技大学《中国冶金史论文集》(二),1994年)及中国铜鼓研究会《中国古代铜鼓》(文物出版社,1988年)。

明屠隆《考槃余事》卷三“香笺·匙箸”条载:“云间胡文明制者佳,南都白铜者亦适用,金玉者似不堪用。”此白铜已被制作日用器,说明其产量不低。屠隆,明隆庆、万历间人。明文震亨《长物志》卷七“器具·匙筋”条也有类似说法:“紫铜者佳,云间胡文明及南都白铜者亦可用。”文震亨,长洲人,崇祯中官武英殿中书舍人。匙筋,或作匙筯。筯,同箸。

这些情况说明,云南、四川一带的镍白铜生产,在明代已具相当规模,设立了一些专门的白铜厂,不但须向国家缴纳课税,而且禁止军民私自采冶。

清代之后,有关镍白铜的记载又有了增加,且更为具体。清代四川的白铜产地主要是会理,其在立马河、九道沟、清水河、黎溪等处都设有白铜厂。《清朝通典·食货八》载:“康熙二年(1663年)令四川黎溪、红卜苴二洞白铜旧厂听民开采。输税十九年。”《会理县志·铜政》(同治九年)载:黎溪厂产白铜,乾隆十七年开采,四十九年归会理州管理。额设每双炉一座,抽小课白铜五斤,每年获白铜一百一十斤;内抽大课十斤,每年额报双炉子216座,各商共报煎获白铜六万三千二三百斤。该书还说立马河、九道沟、清水河皆冶炼白铜。

清代云南白铜产地主要是今牟定、大姚、武定等县,雍正《云南通志》卷十一、《清朝通典·食货八》、光绪《续云南通志》卷四十三、《清一统志·会理州》、《钦定古今图书集成》等都有记载。如《清朝通典·食货八》载:云南“定远县(今牟定县)妈泰、茂密二厂白铜,岁无定额。”《续云南通志》卷四十三“食货·矿物”引“旧志”云:“茂密白铜厂子,大姚县属,发红铜到厂,卖给硐民,点出白铜……每炉每日抽白铜二两六钱五分。”

人们分析过的四川、云南白铜已有多件,其中有Cu-Ni二元合金,但多为Cu-Ni-Zn三元合金。1862年A. Levol分析了一件四川会理生产的镍白铜锭,成分为:铜79.4%、镍16%、铁4.6%[11],其中的铁为杂质。1776年时,瑞典人V. Engestram分析了一件中国白铜器,成分为:铜40.6%、镍15.6%、锌

43.8%[12]；1822年，英国A. Fyfe分析了一件中国白铜器，成分为：铜40.4%、镍31.6%、锌25.4%、铁2.6%[13]；1929年，我国学者王琎分析了一件古代白铜墨盒，成分为：铜62.5%、镍6.14%、锌22.1%、铁0.64%、锡0.28%[14]。这些标本当多属清代，王琎的墨盒为其购自北平，可能也是清代的，其实际上是铜锌镍三元合金。另外，1927年西方出版的一本关于镍货币的书中，还说中国汉代已有白铜，其含镍量达16%[13]。其资料是否确凿无误，有待进一步核实。

（二）关于镍白铜的冶炼工艺

文献上关于镍白铜冶炼工艺的记载，大体上是到了清代晚期，及至稍后才看到的。从文献记载和有关矿石成分（表7-4-5、表7-4-6）[15][16][17][18]推测，其大体上采用过四种不同的工艺，并炼出了Cu-Ni二元合金和Cu-Ni-Zn三元合金。

1. 直接利用共生矿冶炼

表7-4-5、表7-4-6所示会理力马河、青矿山等处铜镍矿化学成分和物相组成，显然，这是一种铜镍共生矿。早期镍白铜很可能是利用此矿直接炼制的，古人很难将此铜、镍分离开来。

2. 利用镍矿石与铜矿石混炼

《会理县志》卷九载："煎获白铜需用青、黄二矿搭配。黄矿炉户自行采办外，青矿另有。"这是今见文献中，较早提到镍白铜冶炼工艺的地方。该书出版于同治九年（1870年）。此"青矿"即镍矿，"黄矿"即铜矿。于锡猷《西康之矿产》（1940年）云："会理镍矿发现后，即有人用铜矿与之混合冶炼，然不知其为镍，故呼之为白铜矿。人从其带有黑色，又呼之为青矿。"[19]

3. 用镍高锍点炼红铜，或用镍矿石点炼红铜

关于使用镍高锍点炼红铜的操作，于锡猷《西康之矿产》依据有关调查作了较为详细的说明："取炉（鹿）厂大铜厂之细结晶黑铜矿与力马河镍铁矿各一半混合，放入普通冶铜炉中冶炼。矿石最易熔化，冷后即成黑块；性脆，击之即碎。再入普通煅铜炉中，用煅铜法反复煅九次，用已煅矿石七成，与小关河镍铁矿三成，重入冶炉中冶炼，即得青色金属块，称为青铜；性脆，不能制器。乃以此青铜三成，混精铜七成，重入冶炉，可炼得白铜三成；其余即为火耗及矿渣。"[19]这是20世纪40年代初，地质工作者访问清末白铜冶炼匠师的笔录，当大体上反映了清末白铜的冶炼工艺。这应是一种铜镍硫化矿，整个操作都已相当成熟。冶炼过程约分四步：

（1）依1:1的比例，将镍铁矿与黑铜矿混合冶炼。产品即所谓"黑块"，实为"铜镍锍"，又叫"镍冰铜"，是二硫化三镍、硫化亚铜、硫化亚铁的共晶或共熔体，化学式为$Ni_3S_2 \cdot Cu_2S \cdot FeS$。这铜镍锍的含铜、含镍量较低，冰铜的品位常为40%~50%，在铜镍锍中，铜镍总量大约只有百分之十几（如13%）。

（2）将前项产品，即铜镍锍煅九炼次，以去硫，进一步富集铜和镍。其产品依然是一种中间产物。

（3）依7:3的比例，将前项产品与小关河所产镍铁矿混合冶炼，产品为"青铜"，当即夹杂稍多、含镍亦稍高的铜镍合金，或称为"镍高锍"。

（4）依3:7的比例，将此"青铜"与"精铜"（纯铜）混炼，是为镍白铜[16]。

光绪《续云南通志》卷四十三引“旧志”说得较为简单，云：“茂密白铜子厂，大姚县属，发红铜到厂，卖给硐民，点出白铜。”此说以红铜点出白铜，其“点药”当即是镍高钪，当然也不排除为镍矿石的可能性。

类似的操作今人也有记载，李春昱《四川西康地质志》载：“今会理青矿山镍矿，在今会理之南，矿石含镍2%，昔时常与红铜制成合金以作白铜。”[20]

4. 在铜镍合金中加入红铜、黄铜或锌，制作 Cu-Ni-Zn 三元合金

曹蓤室《中国矿产志略》第 39 页载：“白铜以云南为最佳，其出产亦唯滇最盛。熔化制器时，须预派紫铜、黄铜及青铅若干，搭配和熔以定黄白。若搭冲三色三成，只用真云铜三成，已称上高白铜矣，至真云铜熔化时，亦须帮搭紫铜与青铅，使能色亮而韧。”此“青铅”当为锌；“真云铜”可能是含镍较高的铜镍合金；“上高白铜”当即白度较高的铜镍锌三元合金。“三色”大约是指紫、黄、青。加入锌的目的，看来主要是改善色态等性能。此书约成于 1890 年。大体上反映了清代中晚期的铜镍锌三元合金的配制工艺。

我国古代镍白铜生产技术已达相当的水平。梅建军分析过 7 份古代渣样，其金属量一般都较低，通常皆镍 <0.5%、铜 <0.6%，与中外的古代冶铜渣相比较，这金属损失是较少的。这说明炉渣流动性较好、造渣技术较高、金属与炉渣分离较好[16]。明清时期，镍白铜不但产量大、有关器物品种多，质量也较好，与此是不无关系的。

表 7-4-5 云南会理铜镍矿化学成分

产地	种类样号	成分（%）								文献
		Cu	Ni	Fe	S	Si_2O	MgO	CaO	Al_2O_3	
力马河	精矿 1 号	2.00	3.30	25.40	15.30	24.30	12.70	1.97		[15]
	精矿 2 号	2.05	3.80	22.90	13.78	26.10	13.00	4.80		
	富矿	1.44	3.68	29.4	18.00	18.30	6.00	6.21		
	一级富矿	1.90	3.50	29.04	17.98	16.52	7.11	9.90		
	二级富矿	1.05	2.00	25.74	12.66	19.75	17.11	5.29		
	63	0.17	0.38	9.20	<1	35.3	21.9	4.78	6.88	[16]
	64	0.13	0.18	8.10	<1	44.4	22.1	7.26	5.56	
	66	2.55	3.30	29.60	16.5	18.9	13.5	4.47	1.39	
	90	1.56	2.60	27.0	16.0	21.50	18.10	1.48	1.30	
		3.36	1.12	22.6	\	\	\	\	\	[17]
青矿山	79	1.24	0.98	12.7	4.1	30.8	31.1	1.22	1.50	[16]
	81	11.5	2.35	32.4	21.0	6.91	3.36	3.83	2.48	
		0.64	2.63	29.14*	11.45	28.59	19.66	2.05	4.75	[18]
		0.58	1.02	19.67*	4.78	38.01	22.05	5.76	5.48	

注：(1) 有的样号和成分为原缺。(2) 带 * 号者原标为 Fe_2O_3。

表 7-4-6　云南会理铜镍矿物相分析

产地	样号	物相（%）								文献
		镍黄铁矿	磁黄铁矿	磁铁矿	黄铜矿	蛇纹石	辉石	方解石	脉石	
力马河	66	3		6.5	15	40	19			[16]
	90	4	20		5				69	
青矿山	79	2.5		10	6	53	15			
	81	17	47		24			10		

以上四种操作中，前三种的产品大约主要是铜镍二元合金，第四种则是铜镍锌三元合金，但对这些工艺的产生和演变年代，目前尚难了解。明清时期的镍白铜技术获得了较大发展，一方面固然与云南、四川铜业的发展有关，另一方面可能与配矿技术提高也有一定关系。

镍白铜主要用来制作生活日用器。檀萃《滇海虞衡志》卷五："白铜面盆，唯滇制最天下，皆江宁匠造之。自四牌坊以上，皆其居肆。夫铜出于滇，滇匠不能为，大锣小锣，必买自江苏。江宁匠自滇带白铜下，又不能为面盆如滇之佳，水土之故也。白铜别器皿甚多，虽佳亦不为独绝，而独绝者，唯面盆，为海内贵。"此说白铜制作的盆等器皿。此书成于嘉庆甲子（1804 年）。英国高林士《中国矿业论》也提到过白铜制品，说："冶工初铸白铜为铜饼，铜匠购而重新熔化，和以别种金属加减其量，以合于铸造水管、茶罐及各种器具之用。"[21]《快雪堂漫录》还谈到过用白铜制镜，但未曾看到实物。

在此值得一提的是：长时期以来，一直盛传我国使用过白铜钱，但可惜的是，迄今为止，镍白铜钱或砷白铜钱皆无一见。20 世纪 40 年代末我也看到过一些颜色稍白的清代钱币，但属何种质地，今亦难得分辨。

（三）关于镍白铜之西传[13]

大约 18 世纪前期，镍白铜传到了欧洲。在 1735 年，巴黎出版了一本名为《中华帝国全志》的书，它说中国白铜最为特殊，其色泽和银没有差别，并说这种铜唯产于中国，亦只产于云南一省。这是现有资料中西方人士较早提到我国镍白铜的地方。因镍白铜色泽如银，且耐腐蚀，所以很快就引起了人们的广泛兴趣。英国人、瑞典人、德国人等都先后作了相关的报道和研究，许多从事金属研究和生产的人都开始了长期的试炼和仿制。但一直没有成功。直到 1751 年，瑞典矿物学家制作出了金属镍；1823 年，英国汤姆逊（E. Thomason）才制出了质地与中国白铜相似的合金；大约也在这同时，撒逊尼（Saxony）的冶金家也获得了成功，并于 1830 年开始设厂炼制。1824 年，德国的翰宁格（Hhnninger）兄弟二人亦仿制成功，最初称之为"新银"（Neusilver），后来一些科学文献又称之为"德国银"（German Silver），而且名噪一时。西方人仿制的这些白铜中，既有铜镍二元合金，也有铜镍锌三元合金。由于镍白铜的研究和仿制，一定程度上促进了西方化工业、冶金业的发展。

（四）关于砷白铜

由文献记载看，元明时期，砷白铜便成了一种较为重要的铜合金，虽使用量不得与黄铜、镍白铜比较，但其产量也是不低的。除前引《本草纲目》卷八、《天工开物》卷十四等外，其他地方也曾提及。如：

《天工开物》卷十“锤锻·治铜”：凡红铜，“用砒升者为白铜器，工费倍难，侈者事之。”说砷白铜制作较难，唯侈者事之。

宋应星《天工开物》卷十一“燔石·砒石”条在谈到砒的使用情况时说：“此物生人食过分厘立死，然每岁千万金钱速售不滞者，以晋地菽麦必用伴（拌）种，且驱田中黄鼠害；宁绍郡稻田必用蘸秧根，则丰收也。不然，火药与染铜，需用能几何哉！”这段引文较长，关键的两个字便是“染铜”。我们以为具体含义不外乎两种可能：（1）指表面处理，这正是“染”字本意，现代研究者亦有持此一说的。（2）指制作砷白铜。前说的疑点是：类似的表面处理工艺在考古实物、此前此后的其他文献，以及传统技术中亦无所闻，现代技术中亦很少使用。所以，这种表面处理工艺的真实性如何，目前还是不太了解的。我们比较倾向于第二种说法。汉语词汇的内容十分丰富，常有借用的情况，故不能排除此“染铜”即制作砷白铜的可能性，而砷白铜却是我国的传统铜合金之一。

清赵学敏（约1719～1805年）《本草纲目拾遗》卷二“金部·白铜矿”：“此乃矿中白铜，质脆；今时用白铜，以赤铜、砒石炼成，有毒，不堪用。”此“白铜矿”即使铜致白之矿，是即镍矿。“矿中白铜”，应指由铜镍共生矿冶炼之白铜，而“以赤铜、砒石炼成”之白铜则是砷白铜。赵学敏说“今时用白铜，以赤铜、砒石炼成”，其意十分明白，说明砷白铜的数量是不少的。唯因其有毒，故不堪入药。可惜的是有关砷白铜的实物所见较少。

第五节　炼锌技术的发明和黄铜技术的发展

我国古代冶炼出来的单质金属计有八种，即金、银、铜、铁、锡、铅、汞、锌；冶炼出来的半金属只有一种，即砷。在八种古代金属中，前七种的冶炼工艺皆发明于先秦，关于锌的冶炼工艺却是到了明代才见于记载的。它的出现，进一步完善了我国古代的金属体系，使我国黄铜技术发展到了一个新的阶段。

一、炼锌技术的发明

宋应星《天工开物》卷十四“五金·附倭铅”条载：“凡倭铅，古书本无之，乃近世所立名色，其质用炉甘石熬炼而成。繁产山西太行山一带，而荆、衡为次之。每炉甘石十斤，装载入一泥罐内，封果（裹）泥固，以渐砑干，勿使见火拆裂。然后逐层用煤炭饼垫盛，其底铺薪，发火煅红，罐中炉甘石熔化成团。冷定，毁罐取出。每十耗去其二，即倭铅也。此物无铜收伏，入火即成烟飞去，以其似铅而性猛，故名之曰‘倭’云。”（图7－5－1）这是今日所知我国关于炼锌技术的最早记载。此书为崇祯十年（1637年）付梓，时属明代晚期。其中的“倭铅”即是锌①；“炉甘石”即菱锌矿，学名碳酸锌$ZnCO_3$。《本草纲目》卷九“金石·炉甘

① 铅，古音沿（yan）。《玉篇》：“役川切。”《说文》段注：“与专切。”《康熙字典》集注：“《唐韵》：与专切。《集韵》、《韵会》：余专切。”直到21世纪初，南方许多地方民间依然沿用这个读音；“倭铅”便读着窝沿（woyan）、铅笔读着沿笔（yanbi）。不顾古音，将“铅”字统一读为迁（qian）音是晚近的事。今之“锌”字是音译之名。我国古语中也有一个“锌”字，原音作“子”，原意为“刚”。其实，将金属元素Zn名之为锌，远不如“倭铅”、“窝铅”、“水锡”等来得贴切。

石”：“炉火所重，其味甘，故名。”“泥罐”即炼锌用的坩埚。“此物无铜收伏，入火即成烟飞去”，指锌的易挥发性能。这段文字谈到了明代炼锌的基本过程。操作要点是：（1）以炉甘石为原料，装入泥罐冶炼。（2）先在加热炉底部铺薪一层，其上再放坩埚；坩埚之间用煤炭饼垫盛。（3）使用外加热方式冶炼。点火、蒸馏。（4）金属锌还原出来后，很快气化，且以蒸气形式逸出，在泥罐口部冷凝下来，并收集于扣合在一起的冷凝“碗”内。由图示可知，其冷凝“碗”实际上是一个上下釜式的装置。（5）从冷凝“碗”内取锌。这便是明代炼锌的基本过程。在此有一点还需说明的是，炼锌罐的口部一带不但是锌蒸气的冷凝、收集系统，而且是个防止锌氧化的密闭系统。因刚还原出来的锌不仅易于挥发，而且易于氧化，生成 ZnO，即使在二氧化碳浓度较高的还原性气氛下也是这样的。此“密闭系统”便起到了隔绝空气的作用；自然，冶炼过程中不断地加热，锌蒸气和 CO_2 不断产生出来，系统内便可保持正压，并避免空气渗入，和锌之重新氧化。迄今为止，金属锌的冶炼方法主要有两种：一是火法冶炼，先焙烧去硫（若为硫化矿时），之后用蒸馏法，置坩埚中还原。二是湿法冶炼，这是 20 世纪才发明出来的，但使用较少。显然，宋应星所述是一种蒸馏法，基本原理与现代横罐法炼锌是一致的。直到 20 世纪 80 年代，类似的立罐炼锌工艺在贵州等地还保存着。

图 7－5－1 《天工开物》所载“升炼倭铅图”

若用化学式表示，此炼锌过程便为：

$$ZnCO_3 = ZnO + CO_2\uparrow$$

$$ZnO + C = Zn + CO\uparrow$$

$$ZnO + CO = Zn + CO_2\uparrow$$

$$CO_2 + C = 2CO\uparrow$$

$$2ZnCO_3 + C = 2Zn + 3CO_2\uparrow$$

往昔曾有学者依据“冷定，毁罐取出”一语，说《天工开物》的炼锌法是“廻流法”[1]，认为炼锌过程是在密闭体系内进行的，锌经还原、挥发，并上升至罐顶后，因冷凝，便会回落到罐的底部，是谓“廻流”。其实并非如此。由上反应式可知，式右产物的体积远远地超过了式左各物的总体积，故炼锌过程不可能在密闭体系内进行。自古至今，所有的火法炼锌都是蒸馏法，现存的传统炼锌技术也是这样的，故“廻流法”之说似难成立[2]。

在此需指出的是，《天工开物》所述有一些错漏。如：

（1）漏记了还原剂。在流传下来的炼锌工艺中，此还原剂主要是粉煤。

（2）漏记了冷凝器，这是捕捉锌蒸气的重要设备。

（3）“罐中炉甘石熔化成团”之说不准确。自古至今，火法炼锌都是在固态下进行的，原料和炼渣始终未达熔化状态，并不存在“罐中炉甘石熔化成团”一事。

（4）金属锌“冷定，毁罐取出”之说亦不准确。锌是极易挥发之物，其挥发的起始温度约为184℃，之后，随着温度的升高，挥发量增大，沸点仅为907℃。因冶炼温度常高于其挥发温度，所以锌还原出来后很快就会逸出。最后须令其冷凝于扣合的碗状冷凝器中，所以只需毁“碗”取出，是无须“毁罐”取锌的。坩埚炼铅（Pb）是毁罐取出的，此当是弄混了。

（5）图示中的炼锌罐有如层层叠起，绘制得不太准确，正文中“逐层用煤炭饼垫盛”一语说得不太清楚。其实，炼锌罐只能放置一层，煤炭饼只能填塞至坩埚胸部，目的是便于锌蒸气在坩埚口部冷凝。

当然，这些遗漏并不影响《天工开物》的学术地位，基本工艺过程它还是说清楚了。

我国古代炼锌技术发明于何时，学术界曾有过许多不同意见，从现有资料看，明代中期已有了一定规模的生产是可肯定的，其发明期自应在此之前，且不能排除了五代的可能性。说明代中期便有了规模性生产，主要依据是：

（1）《外金丹》卷四引《三元大丹秘范真旨》载：“大阳红铅乃丹中第二品材也（即波斯铅）……此铅较之中国福建所产白气倭铅、函谷所产青气倭铅、杨（阳）城所产之黄气倭铅大不相同。白气倭铅，其色比锡色白，有似乎青丝银子之色……烧试则白烟缭绕，此亦中国之上宝也。南方人多用此掺入锡中，以充广锡，道人多用烧茆（即红铜）。青者碴，皆背马牙碴，烧试则有黄烟，匠人多用之点黄铜。盖铜本来赤红，必用倭铅点之，然后成黄铜。”据考证，《三元大丹秘范真旨》约成书于明嘉靖（1522～1566年）时期，此说明当时我国南方的福建、北方的陕西函谷、山西阳城等地，皆已生产和使用“倭铅”[3]。这是今日所知较早提到“倭铅”一词的地方，也是较早提到用锌（倭铅）直接点化黄铜的地方之一。此“白气倭铅”，其色比锡更白，烧试则白烟缭绕；青气倭铅，烧试则有黄烟，匠人多用之点黄铜，显然皆是金属锌。引文的最后一句尤为重要，说明此“倭铅”当是金属锌。

（2）嘉靖时期，国家已开始大量用锌配铸钱币。嘉靖“铸钱则例”和大量考古实物的科学分析皆可为证，这些情况后文还要细谈。说明当时锌的生产已有了相当规模。有学者认为用单质锌配制黄铜钱是天启元年之后的事，恐非。许多万历通宝含锌量都达30%左右，有的高达36.74%（见表7-5-1），若仅用炉甘石配制，那是很难达到这一成分的。

这都是明代中期已大量生产和使用金属锌的明证。此外还有一条资料也很值得注意，即明代早期的宣德炉用料中有一种名为“倭源白水铅”的材料，也应当是金属锌，这一点，下面还要谈到。若此说成立的话，便说明明代早期已经用锌。

关于炼锌技术的发明期，此前曾有过汉代说和五代说，都是20世纪20年代提出的。

20世纪20年代，有学者在研究宋夹锡钱时，依据一枚绍圣钱的成分分析，认为《宋史·食货志》中的“白锡”即是锌，从而把我国炼锌技术的发明期推到了宋；又因古有“‘白锡’即‘白镴’”之说，又认为隋唐文献中的“镴”亦是锌，从而又把炼锌技术的发明期推到了隋唐时期；又因“连”与“镴”同声母，音相近，便认为汉代文献中的“连”亦是锌，从而把锌的发明期推到了汉[4]。显然，这种连续推论法是值得怀疑的，这其中的许多东西前面皆已谈到，无须琐言。

五代说是1925年曾荣远提出的[5]，后为许多学者引用。其依据是李时珍《本草纲目》卷八“金石·铅·集解”中的一段话，原文是这样的：“《宝藏论》云：铅有数种，波斯铅，坚白为天下第一。草节铅，出犍为，银之精也。衔银铅，银坑中之铅也，内含五色并妙。上饶乐平铅，次于波斯、草节。负版铅，铁苗也，不可用。倭铅可钩金。”此《宝藏论》系《宝藏畅微论》之误。在这段文字中，最关键的是最后一句“倭铅可钩金”。曾荣远认为，《宝藏畅微论》系五代轩辕述所作，故这便是五代已有倭铅之证[5]。但现今也有学者不同意这一说法，认为这段引文未必全都是轩辕述的原话，此最后一句很可能是李时珍引申的，并说陈元龙《格致镜原》所引《宝藏畅微论》同一段话时并无“倭铅可钩金”之语[3]。因《宝藏畅微论》一书今已失传，此两种说法，孰是孰非，实难分辨，且暂存疑。但值得注意的是：“勾金”一语早已出现，不像是明代本草家的原创，前引五代独孤滔《丹方鉴源》卷一便说过“红银可勾金”的话；故浅见以为“倭铅可钩金”出于五代的可能性依然是不能排除的：《格致镜原》中没有“倭铅可钩金”之语，《本草纲目》有了此语，也不等于它便是李时珍擅自加入的。

我今又查得一条资料，五代便有了“白铅”一词。五代独孤滔《丹方鉴源》卷上第二页在谈到铅的种类时说：“白铅，亦曰紫真铅。钓脚铅出雅州诸县，形如皂子、如科斗子……”接着该文还谈到了草节铅、信州铅、阴平铅。此作为紫真铅的“白铅”是为何物？仅从这段文字当然很难做出明确的判断。但在我国古代众多文献中，“黑锡”、“黑铅”通常都是指铅（Pb），“白锡”则指锡（Sn），“白铅”则通常都是指倭铅，即锌的。当然，若依此便肯定了此“白铅”即锌，定然免不了草率之嫌；但若马上便否定了它是锌，恐怕又有失公允，看来，还是存疑为妥，换言之，目前尚不能排除它是锌的可能性。

总之，炼锌技术发明于明代中期以前，且不能排除五代的可能性。看来它应是在蒸馏法炼汞的启发下，经过反复实践才发明出来的。炉甘石点化黄铜技术的发展，引起了人们对锌的探求；蒸馏法炼汞，则在具体操作上给了人们许多有益的启示，最终才解决了锌蒸气的冷凝和收集问题。古代炼锌技术的关键是锌蒸气的冷凝和收集，这应是炼锌技术发明较晚的主要原因。

一些较新的考古资料认为，世界上最早发明炼锌技术的地方可能是印度，其西北部拉贾斯坦邦的查瓦尔古发现了一个炼锌遗址，年代上限为 1025～1280 年，16 世纪便有了商业性生产，下限可延续到 19 世纪。但印度之炼锌法是“上火下凝”式，其坩埚口部是朝下的，宋应星图示的炼锌罐是口部朝上的，操作上存在不少差别。所以，我国之炼锌法与印度炼锌法是否存在某种联系，目前尚无任何依据[6]，它们很可能都是独自发明出来，自成一个技术体系的。

二、关于“水锡”和锌的其他称谓

明清时期，锌已有了多个名称，除倭铅之外，目前所见还有：水锡、窝铅、椀锡和白铅等。

（一）关于水锡

《天工开物》卷八“冶铸·钱·倭铅”注云：倭铅，“京中名水锡”。宋应星在此是说得十分明白的，也十分的肯定，京中称倭铅为水锡。

又，《天府广记》卷二十二“宝源局·铸钱则例”载：“嘉靖中则例：通宝钱六百万文，合用二火黄铜四万七千二百七十二斤，水锡四千七百二十八斤……万历中则例：金背钱一万文合用四火黄铜八十五斤八两六钱一分三厘一毫，水锡五斤一十一两二钱四分八毫八丝……火漆钱一万文，合用二火黄铜、（水锡）斤两同。”其中的“黄铜”即以锌为主要合金元素的合金，自元代之后，“黄铜”一名的内涵，大体上已经统一。此“水锡”即是锌。“二火黄铜”、“四火黄铜”为两种冶炼工艺和含锌量都不同的黄铜，具体操作不明，有学者认为是指用炉甘石对红铜点化二次、四次所得的铜锌合金[7]。可见，“嘉靖通宝”和“万历通宝”都是由“黄铜”和“水锡”配成的。嘉靖通宝的配比是：水锡与“二火黄铜”分别占 9.09% 和 90.91%；万历通宝有两种配比，称为“火漆钱”者，与嘉靖通宝相同；称作“金背钱”者，水锡占 6.23%，“四火黄铜”占 93.77%。

但有学者认为，明代“铸钱则例”中的“水锡”不是锌（Zn），而是锡（Sn）。其主要理由是：（1）认为实物含锌量与文献记载的含锌量不符。说若依上述“铸钱则例”，再考虑到锌之高烧损（《天工开物》卷八“冶铸·钱”说：“倭铅每见烈火，必耗四分之一”）时，文献记载的嘉靖通宝最高含锌量应当不得超过 7.6%，万历通宝的最高含锌量应当不得超过 5.0%，而在实物分析资料（表 7－5－1）中，嘉靖通宝含锡量多在 15% 以上，万历通宝含锌量几乎都在 30% 左右。（2）认为将“水锡”理解为锡时，实物含锡量与文献记载较为接近。因表 7－5－1 的 25 枚万历通宝中，有 3 枚的含锡量在 4% 以上，这含锡量却正与“水锡”量相符。

其实，这两条理由都有一种疏忽，即有关学者一方面论证了“二火黄铜”和“四火黄铜”是铜锌合金，但在计算嘉靖通宝、万历通宝的百分比成分时，却又把它们当成了红铜。须知，不管铸制嘉靖通宝，还是万历通宝，都是在普通黄铜中再加锌的。依表 7－5－1 的分析数据和“铸钱则例”估算，我们认为“二火黄铜”的含锌量应当在 8%～12% 之间，“四火黄铜”的含锌量应当在 26%～32% 之间①。将“二

① 这是本人的估算。赵匡华等用炉甘石点化红铜时，产品含锌量较我们估算的稍高；点化一次时，其含锌最高可达 19.5%（见《中国古代炼丹术中诸药金、药银的考释与模拟试验研究》，《自然科学史研究》1987 年第 2 期）。

火黄铜”、“四火黄铜”原本的含锌量，再加上新配入的“水锡”量，再考虑到锌的高烧损，“铸钱则例”的成分便与钱币实际成分（表7－5－1）一致了。

表7－5－1　明代中晚期钱币成分考察

名称	合金种类	成分（%）				标本数
		铜	锡	铅	锌	
嘉靖通宝	铅锡青铜	84.10	10.17	4.15	0.08	1
	锌铅青铜	72.86		13.45	12.75	1
	锡铅黄铜	61.62～73.71	4.41～9.51 平均6.05	2.26～13.33 平均7.29	13.01～20.63 平均16.84	11
	锡黄铜	73.22～79.47	4.52～6.50	1.0～1.94， 平均1.457	11.67～18.04， 平均14.88	7
隆庆通宝	铅锡黄铜	69.9～70.39	4.76～5.02	2.5～2.7	20.95～21.27 平均21.11	2
万历通宝	锡铅黄铜	57.44～72.61	2.13～4.59 平均3.67	3.69～9.80 平均8.29	13.81～17.73， 平均16.16	3
					27.69～34.4， 平均31.05	2
	铅黄铜	59.79～69.80		2.03～4.16	26.57～36.74， 平均30.37	14
	简单黄铜	65.48～70.53			27.51～32.4， 平均29.65	6
泰昌通宝	铅黄铜	63.43		2.56	31.91	1
天启通宝	锡铅黄铜	61.41	3.66	10.93	23.52	1
	铅黄铜	59.46～69.52		2.18～9.2	21.54～24.52， 平均23.03	2
					26.67～33.04， 平均30.63	6
	简单黄铜	62.81		1.24	34.68	1
崇祯通宝	铅黄铜	57.29～64.56		2.15～7.43	32.04～33.35， 平均32.94	8
	简单黄铜	60.46～66.42			31.63～37.2 平均35.34	6

注：（1）本表依据文献［7］整理而成。

（2）本表中，铅、锡在标本中的含量小于2%时，皆视为杂质，为简化起见，本表中多将其省去。锡、铅含量皆小于2%的Cu-Zn合金，称为简单黄铜；含铅量小于2%，含锡量大于2%的Cu-Zn-Sn三元合金，称作锡黄铜，反之称为铅黄铜；锡、铅量皆大于2%的Cu-Zn-Sn-Pb合金称作锡铅黄铜或铅锡黄铜；除简单黄铜外，皆称作复杂黄铜。

（3）锡铅黄铜质的万历通宝、铅黄铜质的天启通宝，都有两个成分相对集中的范围。

若把“铸钱则例”中的“水锡”理解为锡（Sn），则许多问题都不好理解：（1）文献记载规定的合金元素种类，便不是主要的，而是“次要”或“再次要”的了。由表7－5－1可知，嘉靖通宝11枚锡铅黄铜的平均成分为：锌16.84%、铅7.29%、锡6.05%。可见，主要合金元素是锌，次要合金元素是铅，再次要才是锡；若“水锡”为锡（Sn）时，显然，“铸钱则例”则规定了“再次要”的合金元素锡，而作为“主要”合金元素的锌、“次要”合金元素的铅都舍弃了；这是不好理解的。依照传统习惯，人们谈论合金配比时，一般都是只谈主要合金组分，而忽略次要、再次要组分的，这在“六齐”类器物中表现得尤为明显[8]。（2）若“水锡”为锡，则实物含锡量与计算含量相差太大。依“水锡”即锡，则“万历通宝”金背钱含锡量当为5%以上（考虑烧损后），但在表7－5－1中，其80%的万历通宝标本基本上不含锡，20%的标本虽含锡但平均含锡量只有3.67%。这也是不好理解的。（3）将“水锡”解释成锡时，没有文献依据，亦无其他旁证。（4）黄铜中加入较多的锡，对其机械性能的影响是欠佳的，明人对此已有一定认识，这一点下面还要谈到。《明会典》、《工部厂库须知》（明万历，何士晋）等都说到过以水锡掺入黄铜中铸钱，内容大体一致，略。

所以，我们认为，《天工开物》、明代“铸钱则例”等资料说的“水锡”应当是锌，而不应当是锡。下面我们还要谈到，将此“水锡”理解为锡时，与《天工开物》的记载，与明人的生产实践和认识水平都是不符的。

但有一点需顺带指出的是：“水锡”一名的含义不止一种。《天工开物》卷十四“五金·锡”条：“凡锡有山锡、水锡两种。”显然，此“山锡”、“水锡”是指不同产状的金属锡矿，或金属锡。《石药尔雅》卷上：“铅华，一名金公……一名水锡……一名天玄飞雄。”此“水锡”则是指铅。故“水锡”的含义需具体分析，在不同的地方，它可能指锡、铅、锌不同的金属。

（二）锌的其他称谓

窝铅。《天府广记》卷二十二“宝源局·户部尚书侯恂条陈鼓铸事宜”在谈到铸钱成本核算时说：“铜矿产于石中，用钢钻打入，每得矿百斤，用木炭百斤，交矿烧炼。一火成铜铅，二火成黑铜，三火成红铜。……三火成红铜三十斤，则共前项费（今注：指前文提到的采冶诸项工食费）银一两五钱，是每斤费本只五六分耳。复用窝铅点化之，则为四火黄铜。计窝铅每斤价银不过三四分，据今见行配铸则例，每红铜五十七斤，入窝铅四十三斤，作黄铜一百斤。”此说以红铜入窝铅便成了黄铜，显然此“窝铅”即“倭铅”，即是锌。此“复”当作反复、多次解。侯恂亦为明末之人，此“鼓铸事宜”文约为崇祯三年。在此还值得注意的是：

"三火成红铜……复用窝铅点化之，则为四火黄铜"，若依此语，则"四火黄铜"是由三火红铜点化成的。

椀锡。本章第三节引明《快雪堂漫录》、清郑复光《镜镜诊痴》都有说明。《镜镜诊痴》卷四"作照景镜"条说："倭铅即白铅，又名椀锡"。此"椀"同"碗"。此名或与炼锌工艺有关；锌蒸气的冷凝器正如扣合在一起的"上下碗"，锌经还原并从泥罐逸出后，便是在上下碗中冷凝下来的，人们皆从"碗"中取锌。

白铅。郑复光所云前已列出，此外，清代"铸钱则例"中也常提到。《光绪大清会典事例》卷八九〇"工部鼓铸局·钱"：咸丰四年奏准，"宝源局每月铸当百大钱一大卯，用铜四千八十斤有奇，白铅一千七百二十二斤有奇，黑铅一百九十五斤有奇，得钱六十二串四百九十二文。"此"黑铅"当即铅，"白铅"当即锌。此清代钱币配料比为：铜 68.04%、锌 28.7%、铅 3.25%。锌和铅都是烧损较大的，钱币实际含锌、含铅量将低于此数。

（三）关于镰

镰是为何物，也是我国学术界长期研究而未曾解决的事。民国《威宁县志》卷一"地理"载："大宝山在城东北一百零五里。天桥，旧名银厂沟，所产镰铅雄矿最旺，镰中取银，成色最佳。羊角、莲花、福来、天元、榨子、窝铅、四堡各厂与之毗连。远者不过五十里，近只十余里。"此书出版于 1924 年。有学者认为，此"镰"即是金属锌。1923 年时，章鸿钊在《中国用锌的起源》一文中也有过类似的说法："现在云南称锌为'镰'。"我们认为仅依此便把镰说成锌是有些勉强的，因它有好几个疑窦：（1）前一条文献中的"镰中取银"一语不好理解。锌锭中的常见杂质元素是砷、锑、铅、镉，含银量是很少的。我国古代的炼锌法是蒸馏法，锌是蒸馏出来的，银是不易挥发之物，难以蒸馏出来，它又如何进入锌锭中，人们又如何从锌锭中取银？其数量又有多大？（2）此条文献中既提到了"窝铅"，又提到了镰。同一句话中，锌用了两个名称，这种情况也是不多的。（3）说今云南仍称锌为镰，当属可信，但它未必具有普遍意义。

可见明清时期，锌已有了多个不同名称。从现有资料看，出现较早的是"倭铅"和"水锡"两名称，稍后有"窝铅"、"椀锡"、"白铅"，清代使用较多的是"白铅"一名；近现代湖南使用较多的亦是"白铅"一名，贵州则使用"窝铅"、"倭铅"较多。最早的炼锌地目前亦难确切了解，若依《三元大丹秘范真旨》，则福建、陕西、山西等地都是较早的，但近现代传统炼锌工艺较为发达的地区是湖南、云南、贵州、四川等地。

三、黄铜技术的重要进步

我国人工配制黄铜的技术始于何时，目前学术界尚无一致的意见，但五代便有了一定规模的生产，宋代便有了以炉甘石配制黄铜的记载，这是十分明白的。及明，黄铜技术有了更大的发展，这主要表现是：出现了以倭铅与红铜直接配制黄铜的工艺；人们对黄铜的性能有了进一步的认识，并总结出了一套行之有效的合金配制技术，其中包括简单黄铜和复杂黄铜；黄铜使用范围大为扩展。

明代前期的黄铜，大约依然沿用旧法，利用炉甘石点化。今日所知最早使用倭铅（水锡）点化黄铜的时间是嘉靖时期，前云《三元大丹秘范真旨》曾经提及，

《天府广记》卷二十二“铸钱则例”说得更为明白，其说嘉靖通宝系“二火黄铜”掺和水锡铸成；万历通宝中的“金背钱”，系“四火黄铜”掺和水锡铸成；其中的“火漆钱”与嘉靖通宝相同，亦二火黄铜掺和水锡铸成[9]。“金背钱”、“火漆钱”，大约皆因色态而名①。这都是早期以锌配制黄铜的实例。

前面提到，赵匡华、周卫荣等曾对101枚明代钱币作过系统分析[7]，表7－4－3列出了嘉靖及其之前的31枚青铜钱的合金成分，今再将由嘉靖到明末的70枚黄铜钱和2枚嘉靖青铜钱，计72枚的合金成分列表如7－5－1。由之可见：

（1）在嘉靖到崇祯的72枚试样中，青铜钱只有2枚，占试样总数的2.78%；其余70枚皆为黄铜钱，占试样总数的97.22%。可以说，明代中后期钱币基本上都是黄铜的。而两枚青铜钱都是属于嘉靖时期的，其中1枚为铅锡青铜，另1枚为锌铅青铜，由此亦可看到明代中期及其之后钱币合金技术的发展情况。

（2）由嘉靖到明末，黄铜钱的含锌量是逐渐增高的。

由表7－5－1可见，明代黄铜钱的含锌量计有高、低2个区域，低锌区的含锌量为11%～25%，高锌区为25%～38%。嘉靖（1522～1566年）通宝（18枚）、隆庆（1567～1572年）通宝（2枚）皆处于低锌区；万历（1573～1620年）通宝（25枚）只有3枚试样处于低锌区，占此期试样总数的12%，其余22枚皆处高锌区，占此期试样总数的88%；泰昌（1620年）通宝、天启（1621～1627年）通宝、崇祯（1628～1644年）通宝计25枚，只有3枚处于低锌区，占此期试样总数的12.0%，其余皆处高锌区。

又，嘉靖通宝的最高含锌量只有20.63%，其11件锡铅黄铜标本的平均含锡量为16.84%。之后的“万历通宝”的最高含锌量却达36.74%，其金背钱（3种22枚）的平均含锌量达29.65%、30.37%、31.05%。崇祯通宝计2种14枚试样，最高含锌量达37.2%。崇祯通宝皆处于高锌区，计有简单黄铜和铅黄铜两种合金，前者的平均含锌量达35.34%，后者达32.94%，含锌量都较高。

明代中后期钱币配锌量不断提高，这一方面可能与炼锌技术的发展、锌的成本降低有关，另一方面大约与黄铜配制技术和认识水平的提高也有一定关系。从现代技术原理看，锌在铜中的溶解度是较大的，对基体有着明显的强化作用，简单黄铜的机械性能与其化学成分、铸造条件、金相组织等都有一定关系。单相α黄铜的强度和塑性都较纯铜高，在较宽的成分范围内，随着含锌量的提高，其塑性和强度亦随之提高，含锌量为30%～32%时，α黄铜的塑性达最大值。含锌量超过α黄铜的饱和溶解度后，塑性急剧下降；含锌量达47%～50%时，强度达最

① 学术界对“金背钱”的含义曾有过3种不同解释：（1）涂金。明谈迁《枣林杂俎》载：“南京嘉靖间铸钱，其背以金涂之，民间曰‘金背钱’；或火熏其背使黑，民间曰‘火漆钱’。”（2）粉涂了黄铜粉。（3）自然色态。对此三说中，我们比较倾向于最后一种说法。第一种说法有两个问题：一是类似的涂金实物未曾一见；二是“四火黄铜”加锌后，其色类金，并无涂金之需。第二种说法也有两个问题：一从有关分析数据看，此“黄铜粉”的含锌量介于21.91%～33.76%之间，与钱币基体成分并无原则区别，故无粉涂之需；二是要将黄铜粉涂到钱币表面，操作上难度较大，况且钱币还是千人摸万人搓之物，难得附牢。第三种说法的理由十分简单，“四火黄铜”加锌后，其灿如金，是无须再作任何表面处理的，对于大部分“金背钱”来说，“金背”二字乃指自然色态。“火漆钱”当也是因姿定名，黄铜钱在某种条件下腐蚀后，可得到亦红亦黑，如火如漆的效果。

大值，但塑性极低，已无实用价值（图 7 –5 –2）。由表和图可知，明代黄铜钱大体处于塑性较好的成分范围。

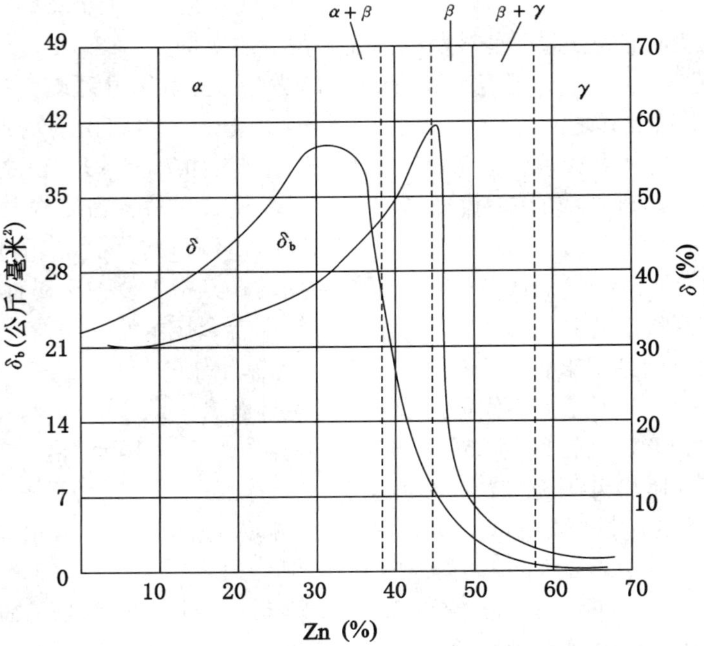

图 7 –5 –2　铸态黄铜机械性能与含锌量的关系

以上主要从简单黄铜的角度讨论了钱币含锌量，以及人们对它的认识。下面再从复杂黄铜的角度，看一下钱币的锡、铅量，及人们对它的认识。

（3）在 70 枚黄铜钱中，有铅黄铜（Cu-Zn-Pb 三元合金）钱币 31 枚，占标本总数的 44. 29%；锡铅黄铜（Cu-Zn-Pb-Sn 四元合金）钱币 17 枚，占标本总数的 24. 29%；简单黄铜（Cu-Zn 二元合金）钱币 13 枚，占试样总数的 18. 57%；锡黄铜（Cu-Zn-Sn 三元合金）钱币 7 枚，占标本总数的 10%；铅锡黄铜 2 枚，占标本总数的 2. 86%。说明明代中后期钱币主要是铅黄铜，其次是锡铅黄铜。

（4）在明代黄铜钱中，锡黄铜钱和铅锡黄铜钱皆主要铸于稍早的嘉靖、隆庆时期，铅黄铜钱则由万历到崇祯一直都占据主导地位。在表 7 –5 –1 所列 70 枚黄铜钱币中，前两种计为 9 枚，占总数的 12. 86%，皆属嘉靖和隆庆时期，之后无复再现。

嘉靖通宝、隆庆通宝计 20 枚黄铜钱，无一是铅黄铜的；万历通宝、泰昌通宝、天启通宝、崇祯通宝，计 50 枚，其中 31 枚属铅黄铜，占此期试样总数的 62%。

（6）在明代黄铜钱中，配锡量始终较低，配铅量却是逐渐升高的。嘉靖通宝中有 11 枚属于锡铅黄铜，平均成分为：锡 6. 05%、铅 7. 29%；万历通宝中有 5 枚锡铅黄铜，平均成分为：锡 3. 67%、铅 8. 29%；天启通宝只有 1 枚锡铅黄铜钱，成分为：锡 3. 66%、铅 10. 93%。可见在锡铅黄铜钱中，平均含铅量始终高于平均含锡量，而且，平均含铅量还有不断升高的倾向，而平均含锡量则始终保持在一个较低的水平上。

这些情况都说明，明代人在铸造黄铜钱时，锡乃慎用之物，说明人们对锡、铅，及其与黄铜机械性能的关系已有了较深认识。

从现代技术观点看，锡可溶入黄铜的α固溶体，提高黄铜的强度。锡的锌当量系数为2，即每加入1%的锡，便相当于加入了2%的锌，故锡在铜中的溶解度会随含锌量的提高而降低。加锡超过溶解度时，会形成锡的脆性化合物。现代铸造黄铜的加锡量是较低的，常控制在1%以下，甚至不加锡。所以，明代人在黄铜钱中加锡较少，以致不加锡，与现代技术原理是基本相符的。他们已经清楚地认识到，锡在黄铜中的作用并非十分重要。同时这也说明，将"铸钱则例"中的水锡解释为锡，将明人慎用之物说成是必用之物，与明代人的实际生产、实际认识水平是不相符的。铅则有些不同。因铅不溶解于纯铜和黄铜，而如软夹杂存在于金属基体中，对金属基体可起到一种切割作用。铅的锌当量系数为1，加入1%的铅，便会减少1%左右的锌溶解量。α黄铜的塑性是很好的（含锌30%～50%的α黄铜的延伸率高达成50%～60%），加入适量的铅，便可改善材料的切削加工性能。这是有利于钱币最后的镟边和研磨加工的。明代黄铜钱用铅而鲜用锡的情况再一次说明，古人对铅、锡两种金属，及其对铜合金机械性能的影响，是区分得十分清楚的；不但较好地区分了铅、锡对青铜机械性能的影响，而且较好地区分了铅、锡对黄铜机械的影响。有人说我国古代铅、锡分辨不清，实在是没有任何根据。

明代黄铜技术的发展还可从文献记载中看到。宋应星《天工开物》卷八"冶铸·钱"条载："凡铸钱每十斤，红铜居六七，倭铅（原注：京中名水锡）居三四，此等分大略。"这是钱币成分，铜60%～70%，倭铅30%～40%。同书卷十四"五金·铜"条又云："凡铸器，低者红铜、倭铅均平分两，甚至铅六铜四；高者名三火黄铜、四火熟铜，则铜七而铅三也。"这是一般器物成分，倭铅30%～60%，余部为铜。可见此铸造黄铜使用的成分范围较宽，"三七黄铜"和"四六黄铜"多处于α黄铜相区，强度较高，塑性多数较高，对钱币来说，这是一种较好的配比。对塑性要求不是太高的器物，则配锌量可达50%或稍高，因高锌黄铜烧损较大，故其实际含锌量当不及此数。β黄铜在室温下是既硬且脆的，故含锌量又不宜太高。但明代加工黄铜的成分范围却是较窄的，这一点下面还要谈到。

《天府广记》卷二十二"宝源局·工部条议"载："铸钱必用水锡者，以铜性烈，非用锡（水锡）引则积角不整，字画不明。倘有四火黄铜，则水锡乃不需之物。"这里说了三个问题：（1）说到了黄铜的铸造性能，其优点是铸件积角整齐，字画明晰。这是黄铜的一大优点。由Cu－Zn二元相图可知，黄铜结晶温度范围是较窄的（约30℃～40℃），而且随着含锌量的增加，其液相线迅速下降，故黄铜流动性较好，形成晶内偏析和组织疏松的倾向都很小，组织较为致密。（2）非"四火黄铜"铸钱时，水锡是"必用"之物。有学者认为明代"铸钱则例"中的"水锡"即是锡（Sn），这是值得商榷的，果若如此的话，此铸钱"必用"之物就是锡（Sn），而不是锌了，这显然与大量考古实物科学分析不符，由前可知，锡在明代中后期钱币合金中，是居于锌、铅之后，属于第三位的合金元素，不但含量较低，而且许多黄铜钱皆不曾用锡。（3）"四火黄铜"可免用水锡。因四火黄铜本身的含锌已经较高，便无再次加锌之需。若加锌量超过了它的饱和溶解度，其脆性便会急剧增加（图7－5－2）。明末方以智《物理小识》卷七说得更为明白："铸钱加倭铅，甚至鈆六铜四，则铸色黑，而堕即碎矣。"此"鈆"即倭铅。显然，这种认识都是从生产实践或试验中得到的。

清代钱币依然以黄铜为主。乾隆十二年奉敕撰《钦定大清会典则例》卷一二九"工部·鼓铸"载："（雍正）六年奏准……其钱按照估定成色分别搭配。如九成铜，以铜六铅四配铸，每百斤加铜二十斤；九五铜以铜五五铅四五配铸，每百斤加铜十斤。""乾隆元年奏准，铸钱之法，以八成至十成配为五等。如铜系十成者，以铜铅各半；九五者以铜五五，铅四五；九成者，以铜六铅四；八五者，以铜六五铅三五；八成者以铜七铅三搭配鼓铸。"乾隆五年改制为："除净铜按铜铅百斤内，用红铜五十斤，白铅四十一斤八两，黑铅六斤八两，点铜锡二斤配铸外，九五铜向系铜每百斤加铜十斤，今加五斤；九成铜向加二十斤，今加十斤；八五、八成皆照此递行。"[10]引文中的"铅"、"白铅"皆指锌；"黑铅"即铅；"点铜锡"意即制作铜合金用的锡（Sn）。表7－5－2所示为部分清代钱币的配料量[10][11][12]。当然这是经验数据，当时并无科学分析手段，其九成铜的实际含铜量未必正好是90%。考虑到配铜量的偏差和锌烧损等因素的影响，大约这些清代铜钱也有两个成分区，含锌量与明代的两个成分区相差不会太大。其低锌区含锌量约为20%～30%，高锌区约为30%～40%[13]。清代钱币也有学者作过部分分析，不再一一列举。

清代黄铜技术上值得注意的一点是：人们对黄铜的机械性能较明代更为注意。清《钦定仪象考成·御制衡抚辰仪说·制法》条载："铜质宜精。凡铸黄铜器具，应用红铜六成，倭铅四成，熔炼精到，然后铸之。"此说天文仪器，其对强度要求较高，故古人规定用"四六黄铜"，这与现代技术原理是基本相符的。由图7－5－2可知，四六黄铜机械性能强度较高，延伸率也不低。清郑复光《镜镜诊痴》卷四"作照景镜"条做了更为简明的定性描述："铜色红者为纯铜，故柔杂倭铅（原注：即白铅，又名椀锡）则刚，其色黄。铅少则成色高，皆为熟铜；铅铜各半则脆，色淡黄，是为生铜。"显然这与现代技术原理亦是基本相符的。

明代早期，边境地区也生产了黄铜。李贤等撰《明一统志》卷八十七"车里军民宣慰使司"载："土产：鍮石铜、木香、沉香。"其"形胜，在浪沧江南，接南海交阯"。此书成于天顺五年（1461年）。

明清时期，黄铜使用范围较前有了较大的扩展，《天工开物》卷十"锤锻·治铜"："凡红铜，升黄而后熔化造器。"这在一定程度上也说明了此期铸造黄铜的使用情况。除钱币和天文仪器外，大家较为熟悉的黄铜器物还有：铜镜、印章、祭祀用品（宣德炉等）、建筑用料，以及其他生活用器。明陈仁锡《潜确居类书》卷九十三说，"我明皇极殿顶名是风磨铜，更贵于金，一云即'鍮石'也。"此便是建筑用黄铜之例。此"风磨铜"即鍮石，即黄铜[14]，此名约始见于明，至今民间仍在沿用。陈仁锡，明天启间进士。

表 7－5－2 部分清代钱币配料量

名 称	配 料 量（%）				文献
	铜	锌	铅	锡	
（雍正六年）	九成铜（60＋20 斤）,64.29%	40 斤,35.71%			[10]
	九五铜（55 斤＋10 斤）,57.85%	45 斤,42.15%			
（乾隆元年）	十成铜（50 斤）,50%	50 斤,50%			
	九五铜（55 斤）,53.73%	45 斤,46.27%			
	九成铜（60 斤）,57.45%	40 斤,42.55%			
	八五铜（65 斤）,61.22%	35 斤,38.78%			
	八成铜（70 斤）,65.12%	30 斤,34.88%			
（乾隆五年）	净铜（50 斤）,50%	41.5 斤,41.5%	6.5 斤,6.5%	2 斤,2%	[10]
	九五铜（55 斤＋5 斤）,55.88%	45 斤,44.11%			
	九成铜（60＋10 斤）,61.17%	40 斤,38.83%			
（乾隆六年）	51428 斤 9 两 1 钱 4 分,50%	42685 斤 11 两 4 钱 2 分,41.5%	6685 斤 11 两 4 钱 2 分,6.5%	2057 斤 2 两 2 钱 4 分,2%	[11]
咸丰当百大钱	40820 斤有奇,68.04%	1722 斤有奇,28.7%	195 斤有奇,3.25%		[12]
咸丰当五十大钱	13999 斤有奇,68.04%	5906 斤有奇,28.71%	668 斤有奇,3.25%		
咸丰当十大钱	57736 斤有奇,68.04%	24362 斤有奇,28.71%	2757 斤有奇,3.25%		
咸丰当五大钱	27493 斤有奇,58.32%	18117 斤有奇,38.43%	1532 斤有奇,3.25%		

第六节 金银铅锡汞冶炼技术的发展

一、黄金采冶技术的发展

朱元璋深知矿业之利弊，为了社会安定，明初对金银矿管制甚为严厉，认为“金银矿最为民害”[1]。后来随着政权之巩固和经济发展等方面的需要，金银采冶才有了较大的发展。明清所采之金，依然主要是砂金，当也有部分脉金，主要产金地是云南等地。此期采金技术上较值得注意的事项是：采洗技术、萃取技术、金银分离技术、合金技术、检测技术等都有了一定的发展，且出现了一些较为系统的记载。

（一）关于金矿的分类及其产状

宋应星《天工开物》卷十四“五金·黄金”条载：“凡中国产金之区，大约百余处，难以枚举。山石中所出，大者名马蹄金，中者名橄榄金、带胯金，小者为瓜子金。水沙中所出，大者名狗头金，小者名麸麦金、糠金。平地掘井得者，名面沙金，大者名豆粒金，皆待先淘洗后冶炼而成颗块。”“胯”，当作“铐”。宋应星在此依产状，将金矿分成了“山石金”、“水沙金”、“平地金”三种。此后两种皆属自然金，此“山石金”含义不明，或许包括山沙金和脉金两种，山沙金亦属自然金。与此相类似的说法和名称此前也曾见到，但这更为系统、明晰。引文的最后一句，说先淘后冶，便简明地说到了黄金采冶的基本流程。

李时珍《本草纲目》卷八“金石·金·集解”也对金矿作过分类，但较为简单，说“金有山金、沙金二种”。此“山金”依然含义不明，可能单指山脉金，也可能还包括山沙金。

《天工开物》对黄金的产状说得较为详细，卷十四“五金·黄金”条继续说道：“金多出西南。取者穴山至十余丈，见伴金石，即可见金；其石褐色，一头如火烧黑状。水金多者出云南金沙江（原注：古名丽水）。此水源出土蕃，绕流丽江府，至于北胜州，回环五百余里，出金者有数截。又川北潼川等州邑与湖广沅陵、溆浦等，皆于江沙水中淘沃取金。千百中间有获狗头金一块者，名曰金毋（母），其余皆麸麦形。入冶煎炼，初出色浅黄，再炼而后转赤也。儋、崖有金田，金杂沙土之中，不必深求而得，取太频则不复产；经年淘炼，若有则限。然岭南夷獠洞穴中，金初出如黑铁落，深挖数丈得之黑焦石下。初得时咬之柔软，夫匠有吞窃腹中者，亦不伤人。河南蔡、巩等州邑，江西乐平、新建等邑，皆平地掘深井取细沙淘炼成，但酬答人功，所获亦无几耳。大抵赤县之内，隔千里而一生。”在此，宋应星简要地述说了全国“山石金”、“水沙金”、“平地金”在几个主要产地的产状及获取方法。首先谈到的是“山石金”，其有伴金石，须“穴山至十余丈”方能取得，但它是否脉金，尚难分辨。水沙金多出丽江，平地金则产地较广。

“伴金石”显然是寻找“山石金”的重要线索，清屈大均《广东新语》卷十五“货语·金”也有一段描述：“掘地丈余，见有磊砢纷子石，石褐色，一端黑焦，是为伴金之石，必有马蹄块金。盖丹砂之旁有水晶床，金之旁有纷子石。”磊砢，散落状；纷，杂乱。看来，此纷子石（伴金石）应当是呈散落状、颜色多样的矿石。

清初谷应泰《博物要览》卷三还对10种金的产地和产状作了描述，这10种金是：马蹄金、橄榄金、瓜子金、颗块金、胯子金、麸片金、豆瓣金、麦颗金、沙子金、叶子金。其中，“胯子金产湖广，湖南北诸郡砂土中，像腊茶腰带胯子。足赤十一成，不须淘炼，自然居颗块，亦生金也。”“豆瓣金产梁州土中，掘土十余丈方见，形圆扁如豆瓣状。足赤十成，土人铸炼成铤，每铤重一两六七钱不等。乃熟金也。”“麦颗金产梁州属县山石砂土中，形尖如麦。足赤十成，土人淘炼而成，小铤重三两三四，金亦熟金也。”此说“足亦十成”、“十一成”。此外，橄榄金产于岭南，“红紫色，足十二成”。

（二）关于溜槽淘金法

有关记载始见于前引宋朱彧《萍州可谈》，并长时期在我国流传，清严如熤（1759～1826年）《三省边防备览》卷九“山货”记述得更为详细：“淘金厂，南郑城洋滨临汉江一带沙滩多有之。法用木作淘床，长五尺五六寸，宽二尺七八寸。四周有边，边高三寸许；边内前镶木板一块，长六七寸；后镶木板一块，长二尺许；板前安横木一根，较床长数寸；横木下安柱二根，高三尺许，木柱立定则淘床前低后高。横木之上凿圆孔二，另安二尺余十字木架，架下二小柱，插入横木孔内，使其活动。架缚圆竹筐，高三四寸，径一尺六七寸，将沙倒入筐内，床后把住木架一头，不住掀簸，用水频浇，则沙随水流；金性沉，沉在筐底细缝中，透下木床。其木床除两头镶板，中空三尺许，另安木板一块，厚三寸，其上横刻木槽百十道，宽二三分，深寸余，筐底透出金沙，顺水沉入槽内；另用木匣一个，空一面如簸箕式，然后将槽内金沙扫入木匣，就水中漾摆，沙土摆尽，但存金屑。”这里主要谈了两个问题：即淘金床的结构和淘金的具体操作。此依然是利用金与沙的重力差来达到分离的目的。1984年时我曾到山东招远金矿调查，类似的方法仍在使用。

（三）关于脉金的开采

我国古代对脉金的开采至迟始于宋，明代有了进一步发展。（乾隆）《浙江通志》卷一〇七“物产七·温州府”引《龙泉县志》云：“黄银即淡金。其采炼之法与白银略不同。此矿脉浅，无穿岩破洞之险。每得矿不限多少，俱舂碓成粗粉，然后以水浸入，磨成细粉，仍贮以木桶浸之。用杨梅树皮渍搅数次，石粉浮而金粉沉，乃用金盆如洗银法洗之。”[2]这种需“舂碓成粗粉”，再进行淘洗的金矿，显然是脉金。这里谈到了浙江一带脉金的产状，说其“矿脉浅，无穿岩破洞之险”；加工方法是先舂成粉，后用杨梅树皮水浸渍、浮选。此黄银（金银矿）的含银量一般在20%以上，其色远较金为淡，故谓淡金。我国山东、浙江等地的金银矿皆属火山岩、次火山岩矿，与《龙泉县志》描写的“矿脉浅，无穿岩破洞之险”正好相符。《龙泉县志》成书年代不明，明成化丙戌（1466年）进士陆容亦曾引过此书。

（四）关于黄金提取技术的发展

明清时期的黄金提取法主要是沿用先世的工艺，此期的进步主要是技术上更为熟练，对此，赵匡华曾作过不少的研究[3]。因黄金常与白银共生，故多种黄金提取工艺的关键便是使金银分离。此期的黄金提取法主要有：

汞炼金，亦即“混汞法”。以去除不能形成汞齐的金属和非金属夹杂。严如熤《三省边防备览》卷九“山货”说沙土摆尽，但存金屑后：“再用水银同金屑入硝银罐烧炼，水银成灰，金成小粒，如黄豆大。”此即混汞法取金。类似的方法虽早已出现，但往日的记载从无如此详明。

硫炼金法。《墨娥小录》（1571年，明隆庆五年出版）卷六载：“分次庚：以庚入甘（坩）埚中作汁，却以石灵芝（原注：倭硫也）为末，每一两投入三钱，触之，放冷，破埚，取赤庚。在底下，其银气却被石灵芝触黑，浮在面上，取出入灰，煎成花银，如此则庚银都不折也。”此“庚”即金。此操作计分两步：先使硫与银铜等重金属作用，生成的硫化物成渣而浮起，金与硫不相作用而被提纯；

之后再通过还原冶炼，将银还原出来，如此便可达到庚、银不折的目的。此书原已失传，20 世纪后期新发现一部；作者不明，郭正谊说可能是陶宗仪[4]。

乾隆《浙江通志》卷一〇七引《龙泉县志》也记载过相类似的工艺，说黄银矿的石粉与金粉分离后，“乃用金盆如洗银法洗之，即加铅烹和，再过灰锅，煎干成银矣。每黄银一钱值白银四钱。近得一法，将黄银或淡金用土釜销化，入石硫黄些小（少），三四次出火，鎚去青黑鬆皮，中心遂成赤色黄金。若色犹未赤，再销如前。其青黑鬆皮，加铅熔化，入灰锅煎干，乃汞银也。原淡金一两，得黄金七钱，必得白银三钱。煎法：以淡金打成薄片，用黄泥包，文武火烧一昼夜，遂成金。其白银渗入泥中。”[2] 此“加铅烹和”以下三句当属铅炼银法，操作未详。“近得一法”以下数句，当属硫黄炼金法。

硼砂炼金法。宋应星《天工开物》卷十四“五金·黄金”条载：“欲去银存金，则将其金打成薄片剪碎，每块以土泥果（裹）涂，入坩埚中鹏砂熔化，其银即吸入土内，让金流出，以成足色。然后入铅少许，另入坩埚内，勾出土内银，亦毫厘具在也。”此过程计分两步：第一步是先使硼砂与银作用而生成硼酸银，熔化后渗入土中，以达到金银分离的目的；第二步是用铅将银从硼酸银中置换出来。前面提到，宋代已用硼砂制作药金，此硼砂炼金法显然是在此基础上发展过来的[3]。

矾硝法。主要目的是使金银分离。明初《格古要论》卷中“金铁论·金诈药”（成书于洪武二十年）条载：“用燔（焰）硝、绿矾、盐，留窑器内，入净水调和，火上煎，色变则止，然后刷上金器物，烘干，留火内略烧焦色，急入净水刷洗，如不黄再上，然俱在外也。”此过程中大约产生了硝酸，使银溶解而达到金银分离的目的。但这只是一种表面处理工艺，它只能分离出“金器”表面上的银，故谓“俱在外也”。

《物理小识》卷七也有类似的记载：“罩金法：炭烧黄金，再以盐水调黄土涂烧之，从而涤之，及用焰硝绿矾等分，水调传（傅），金置火上，炙色改即止，急入净水洗刷而煏（焙）干之，不黄再上，然能加外色而已，俗谓之炸金。”此“炸”当与《格古要论》中的“诈（詐）”相通。

（五）检测技术和合金技术的进步

此时期的黄金检测技术也有了明显的进步，这主要表现在成色、石试、比重等方面的考察上。

明初曹昭《格古要论》卷中在谈到黄金成色时说：“其色七青、八黄、九紫、十赤。以赤色为足色金也。”“足色者面有椒花、凤尾及紫霞。”明李时珍《本草纲目》卷八“金石·金·集解”条在谈到了金矿之分类后也有类似的说法：“其色七青八黄九紫十赤，以赤为足色。”《天工开物》卷十四“五金·黄金”亦载：“其高下色，分七青、八黄、九紫、十赤。”可见，在明清时期，金之成色辨别法已是尽人皆知之事。

试金石之说始于何时，尚待进一步考察[5]。由现有资料看，宋代之后已广为人知。宋方勺《泊宅编》卷六载：“黄银出蜀中，南人罕识。朝散郎颜经监在京抵当库，有以十钗质钱者，其色重与上金无异，上石则正白。”此“石”显然指试金石。明初曹昭《格古要论》卷下“异石论”载：“试金石，出蜀中江水内，纯黑色细润者佳。若（石）上试金，满用盐洗去，留于湿地上少时，用胡桃油揩之，仍上金，宜常用袋盛之。”同书卷中“金铁论·金”载：“如和银者，性柔，石试色青，火烧不黑。和气子者（原注：即红铜，又名张公，又名身子），石试有声而落屑，色赤而性硬，火烧色黑。古云：‘金怕石头银怕火。’”宋应星《天工开物》卷十四“五金·黄金”也谈到了试金石：“登试金石上（原注：此石广信郡河中甚多，大者如斗，小者如拳，入鹅汤中一煮，光黑如漆），立见分明。”所述基本一致。此试金石，常指一种硅质岩石，色黑且致密、坚硬，如黑色燧石、黑色板岩等，主要成分是 SiO_2。

《天工开物》卷十四还谈到了黄金的比重：“凡金，质至重，每铜方寸重一两者，银照依其则寸增重三钱；银方寸重一两者，金照依其则寸增重二钱。”经计算，此银的比重与现代测定结果较为接近，黄金的则有一定差距。我们自然不能苛求古人，十分重要的是，人们已产生了比重这一观念，并开始在实际生活中运用它。

人们在提取和使用黄金的过程中，对黄金及其合金的性态也有了进一步的认识。此“合金”主要是 Au－Ag 合金和 Au－Cu 合金两种。《本草纲目》卷八“金石·金·集解”条载：“和银者性柔，试石则色青，和铜者性硬。”这里主要谈到了Au－Ag、Au－Cu 合金的性态，与《格古要论》卷中所说基本一致。《天工开物》卷十四“五金·黄金”条载：“凡金性又柔，可屈折如柳枝……凡足色金参和伪售者，唯银可入，余物无望焉。”清朱象贤《印典》卷七“器用·金银”引《游艺杂述》云：“凡造印章，金须精，银须纹，古制皆然。若银潮而金杂，则硬不易刻也。”这里主要谈到了黄金与白银的合金。这些认识与现代技术原理皆基本相符。

（六）金银炼埚制作技术

坩埚是古代冶铸业中一种十分重要的设备，始见于龙山文化时期，之后便一直沿用了下来。但其形制、材质，皆依时代、用途、地域等而有所不同。从有关记载看，最为讲究的当是销炼金银之埚。明清时期，这种炼埚技术有了一定提高，有关记载也较为明确。

方以智《物理小识》卷七“金石类·分金炉”载：“其倾销之罐，取旋窝细泥；煎熬大罐则兼钢砂、瓦屑万杵成之，虽红不裂。”这里谈到了用作“倾销之罐”（熔化坩埚）和“煎熬大罐”（冶炼坩埚）的做法。此钢砂（即缸砂）、瓦屑，相当于一种熟料，可减少加热过程中的开裂。

《本草纲目》卷七“土部·坩埚·释名”载：“销炼金银锅。吴人收瓷器屑，碓舂为末，筛澄取粉，呼为粉滓，用胶水和剂作锅，以销金银。”此瓷器屑亦相当于一种熟料，同时，其含铝（或硅）较高，使坩埚既不易开裂，亦具有较高的高温强度。这类记载此前都是很少看到的。

二、炼银技术的发展

我国古代对金属银的利用虽始于四坝文化时期，汉后也有了一些银矿采冶的记载，但往往都较简单，稍见详细的记载实际上是到了明代才出现的。

明陆容《菽园杂记》卷十四引《龙泉县志》系统地谈到了银矿开采、破碎淘洗、冶炼的整个过程，其在谈到破碎和洗选时说：“矿石不拘多少，采入碓坊，舂碓极细，是谓矿末。次以大桶盛水，投矿末于中，搅数百次，谓之搅粘。凡桶中之粘，分三等：浮于面者谓之细粘，桶中者谓之梅沙，沉于底者谓之粗矿肉。若细粘与梅沙，用尖底淘盆，浮于淘池中，且淘且汰，泛扬去粗，留取其精英者。其粗矿肉，则用一木盆，如小舟然；淘汰亦如前法。大率欲淘去石末，存其真矿，以桶盛贮，璀璨星星可观，是谓矿肉。”此操作要点和注意事项是：矿须粉碎至极细；浸润时须搅数百次；矿“粘”须分级且采用不同方式处理，以提高收得率；最后得到的矿肉，是谓精矿。

接着，该书还谈到了焙烧和铅炼银法（灰吹法）的整个过程：“次用米糊搜拌，圆（团）如拳大，排于炭上，更以炭一尺许覆之，自旦发火，至申时住火，候冷，名‘窖团’。次用炉银炉炽炭，投铅于炉中，候化，即投窖团入炉，用鞴鼓扇不停手，盖铅性能收银尽归炉底，独有滓浮于面，凡数次，（破）炉爬出炽火，掠出炉面滓。烹炼既熟，良久，以水灭火，则银铅为一，是谓铅驼。次就地用上等炉灰，视铅驼大小，作一浅灰窠，置铅驼于灰窠内，用炭团叠，侧扇火不住手。初铅银混，泓然于灰窠之内。望泓面有烟云之气，飞走不定。久之稍散，则雪花腾涌。雪花既尽，湛然澄澈。又少顷，其色自一边先变浑色，是谓窠翻（原注：乃熟银之名）。烟云雪花，乃铅气未尽之状。铅性畏灰，故用灰以捕铅。铅既入灰，唯银独存。自辰至午，方见净银。铅入于灰坯，乃生药中密陀僧也。”（文渊阁《钦定四库全书》）此操作要点是：先焙烧去硫；后制作银铅合金，以去除非金属等类夹杂；再将铅氧化存银；此氧化铅即密陀僧。沈翼机等编《浙江通志》卷一〇七“物产”所引《龙泉县志》炼银术与此大体一致。

自然，依矿物种类和操作习惯之不同，各地炼银之法是有一定差别的，与《格古要论》卷中所说基本一致。《天工开物》卷十四“五金·银”条在谈到云南等地一些炼银操作时说，其“成银者曰礁”，“凡礁砂入炉，先行拣净淘洗。其炉，土筑巨墩，高五尺许，底铺瓷屑、炭灰。每炉受礁砂二石，用栗木炭二百斤，周遭丛架。靠炉砌砖墙一朵（垛），高阔皆丈余。风箱安置墙背，合两三人力，带拽透管通风。用墙以抵炎热，鼓鞴之人方克安身。炭尽之时，以长铁叉添入。风火力到，礁砂熔化成团。此时，银隐铅中，尚未脱出。计礁砂二石，熔出团约重百斤。冷定取出，另入分金炉（原注：一名虾蟆炉）内，用松木炭匝围，透一门以辨火色，其炉或施风箱，或使交箑，火热功到，铅沉下为底子（原注：其底已成陀僧样，别入炉炼，又成扁担铅）。频以柳枝从门隙入内燃照，铅气净尽，则世宝凝然成象矣。此初出银，亦名生银，倾定无丝纹，即再经一火，当中止现一点圆星，滇人名曰茶经。逮后入铜少许，重以铅力熔化，然后入槽成丝（原注：丝必倾槽而现，以四围匡住，宝气不横溢走散）。其楚雄所出又异，彼硐砂铅气甚少，向诸郡购铅佐炼，每礁百斤，先坐铅二百斤于炉内，然后煽炼成团，其再入虾蟆炉沉铅结银，则同法也。”（图7－6－1、图7－6－2）引文前段所述当为银铅共生矿的冶炼情况，操作要点是：先作还原冶炼，银、铅皆被还原出来，且熔混如一；后段则说铅炼银法，使银与铅等重金属分离，以提纯银；对生银的提纯往往要进行多次。楚雄银矿的共生铅太少，故还原冶炼时须将铅加入。箑，扇。《淮南子·精神训》高诱注：“楚人谓扇为箑。”

明清时期关于炼银工艺的记载较多，清《采铜炼铜记》[6]、《滇南矿厂图略》[7]等也有记载，这大约与此期使用白银货币较多有关。

图 7－6－1　《天工开物》所载“熔礁结银与铅图”

图 7－6－2　《天工开物》所载“沉铅结银图”

随着银器使用范围之扩展，银合金知识也进一步丰富起来。《天工开物》卷十四“五金・铜”：“凡造低伪银者，唯本色红铜可入；一受倭铅、砒、矾等气，则永不和合。然铜入银内，使白色顿成红色，洪炉再鼓，则清浊浮沉立分，至于净尽云。”《物理小识》卷七“银印兼铜”条还谈到了银铜合金的性能，其云：“银铸则有印纹不到处，必入铜熔，则一铸而满纹皆就。”此说银铜合金的铸造性能更优于纯银。关于明人对金银合金性能的认识，前面已经提及。

三、炼铅技术

我国古代的炼铅技术虽发明于二里头时期，后世炼丹家又誉铅为“五金之首”，但关于炼铅操作较为详细的记载也是到了明代才看到的。

宋应星《天工开物》卷十四“五金·铅”条载：“凡产铅山穴，繁于铜、锡。其质有三种：一出银矿中，包孕白银，初炼和银成团，再炼脱银沉底，曰银矿铅。此铅云南为盛。一出铜矿中，入洪炉炼化，铅先出，铜后随，曰铜山铅。此铅贵州为盛。一出单生铅穴，取者穴山石，挟油灯寻脉，曲折如采银矿。取出淘洗煎炼，名曰草节铅。此铅蜀中嘉、利等州为盛。其余雅州出钓脚铅，形如皂荚子，又如蝌斗子，生山涧沙中。广信郡上饶、饶郡乐平出杂铜铅；剑州出阴平铅，难以枚举。凡银矿中铅，炼铅成底，炼底复成铅。草节铅单入洪炉煎炼，炉傍通管，注入长条土槽内，俗名扁担铅，亦曰出山铅，所以别于凡银炉内频经煎炼者。”此较为系统地谈到了铅的矿物形态、分布状况，及不同的冶炼工艺。宋应星认为铅矿及其冶炼方法主要有三种，一是“银矿铅”，即与银共生之铅，如与银共生的方铅矿等；冶炼方法是先还原出银铅合金，之后将银铅分离。二是“铜山铅”，即与铜共生之铅；冶炼方法是同入洪炉还原冶炼，铅先出，铜后出。三是单一的铅矿，又叫草节铅，大约指方铅矿。此外还有钓脚铅（自然铅）、杂铜铅、阴平铅等种。前云独孤滔也曾对铅进行过分类，其分类依据是矿物形态；轩辕述《宝藏畅微论》曾把铅分作五种，其分类标准大约是药效。宋应星的分类依据是矿物形态与冶炼工艺，不但分类标准有了变化，内容也有了扩展，也更接近于现代分类思想。

四、炼锡技术

我国古代的炼锡技术约发明于二里头至二里岗时期，之后不断发展，尽管它在我国古代青铜文化、青铜技术中起到过十分重要的作用，但关于其冶炼操作的记载却也是到了明代才看到的。

宋应星《天工开物》卷十四“五金·锡”条对锡的产地、矿物形态、冶炼方法都作了详细的介绍，是一段十分难得的资料。

其在谈到锡的产地时说：“凡锡，中国偏出西南郡邑，东北寡生……今衣被天下者，独广西南丹、河池二州，居其十八，衡、永则次之。大理、楚雄即产锡甚盛，道远难致也。”

同书在谈到锡的产状和矿物形态时说：“凡锡有山锡、水锡两种，山锡中又有锡瓜、锡砂两种。锡瓜块大如小瓠，锡砂如豆粒，皆穴土不甚深而得之……水锡，衡、永出溪中，广西则出南丹州河内。其质黑色，粉碎如重罗面……南丹出锡，出山之阴，其方无水淘洗，则接连百竹为枧，从山阳枧水淘洗土滓，然后入炉。”此山锡、水锡，其实都是冲积矿藏；现代意义上的“山锡”系指原生矿床，又叫脉锡矿床。较为原始的手工开采法在20世50年代还在广西等地保存着。

同书在谈到炼锡操作时说：“凡炼煎亦用洪炉，入砂数百斤，丛架木炭亦数百斤，鼓鞴熔化。火力已到，砂不即熔，用铅少许勾引，方始沛然流注。或有用人家炒锡剩灰勾引者。其炉底炭末、瓷灰铺作平池，傍安铁管小槽道，熔时流出炉外低池。其质初出洁白，然过刚，承锤即拆裂。入铅制柔，方充造器用。售者杂铅太多，欲取净则熔化，入醋淬八九度，铅尽化灰而去。”（图7－6－3）此操作计分两步：(1) 还原，并制成铅锡合金。其中的“用铅少许勾引”便是制作铅锡合金的过程；用“剩灰”当是为了造渣，皆为了使渣与还原出来的金属较好地分离。(2) 醋淬去铅。因第一步得到的实为铅锡合金，故第二步便是在高温下使铅与醋作用，生成醋酸铅Pb（$CH_3COO)_2$，而达到铅、锡分离的目的。《物理小识》卷七也有类似的记载。从现代技术观点看，还原冶炼前还应有一道焙烧工序，以去除部分硫等杂质。

图7－6－3　《天工开物》所载“炼锡炉”图

五、炼汞技术的发展

我国古代炼汞技术约发明于先秦时期，最早使用的应是低温焙烧法，之后才发明了蒸煮法和蒸馏法，它们都有一些不同的工艺形态。在历史进程中，有的工艺被淘汰，有的经过改良，又得到了新的发展。蒸馏法约发明于唐，迄至明清，就更加完善起来，并一直沿用到近现代，宋元之后，其他炼汞法已很少再用。明初的水银主要产于贵州大万山[1]，之后其他地方也渐开采。上好朱砂则以辰州（今湖南沅陵）、锦州（今湖南麻阳）、西川为盛。

宋应星《天工开物》卷十六“丹青·朱”较完整地记述了明代汞矿的主要产地、产状、矿物形态、采选，以及汞和银朱的冶炼等。其在谈到朱砂（HgS）的产状、矿物形态和采选时说：“凡朱砂上品者，穴土十余丈乃得之。始见其苗，磊然白石，谓之朱砂床。近床之砂，有如鸡子大者。其次砂不入药，只为研（朱），供画用与升炼水银者……凡次砂取来，其通坑色带白嫩者，则不以研朱，尽以升汞。而砂质即嫩，而烁视欲丹者，则取来时，入巨铁辗槽中，轧碎如微尘，然后入缸，注清水澄浸，过三日夜，跌取其上浮者，倾入别缸，名曰二朱；其下沉结者，晒干，即名头朱也。”可见，用作冶炼的只是次等朱砂，上等朱砂是要用来入药的；若砂呈嫩白色，则尽以升汞；若其中尚丹色闪烁，则须先研细，后洗选，将上浮的“二朱”选出。

接着，同书便系统地谈到了蒸馏法炼汞的整个过程：“凡升水银，或用嫩白次砂，或用缸中跌出浮面二朱，水和槎（搓）成大盘条，每三十斤入一釜内升汞，其下炭质亦用三十斤。凡升汞，上盖一釜，釜当中留一小孔，釜旁盐泥紧固。釜上用铁打成一曲弓溜管，其管用麻绳密缠通稍（梢），仍用盐泥涂固。煅火之时，曲溜一头插入釜中通气（原注：插处一丝固密），一头以中罐注水两瓶，插曲溜尾于内，釜中之气达于罐中之水而止。共煅五个时辰，其中砂末尽化成汞，布于满釜。冷定一日，取出扫下。此最妙玄，化全部天机也。”（图7－6－4）可见这炼汞用原料是嫩白次砂和“浮面二朱”，还原剂是炭。其冶炼设备主要由三部分组成：

图7-6-4 《天工开物》所载“升炼水银”图

图7-6-5 《天工开物》所载“银复升朱”图

（1）还原室。内盛朱砂和炭，下加热；顶部有一汞蒸气出口，与导管相连。

（2）汞蒸气传导管，图中叫铁弓空管。其一端插入还原室顶部，另一端与冷凝罐相连。凡接口处皆须密封。

（3）冷凝罐，内中盛水。汞被还原出来后，即刻气化，由导管进入冷凝器而被收集起来。可见这是一个生产率较高，并且能较好地收集汞蒸气的冶炼装置。整个工艺已相当成熟。古人将炼汞和炼锌皆谓之“升炼”，看来是很有讲究的，既形象又确切。

明清文献关于蒸馏炼汞的记载较多，《墨娥小录》卷十一“丹房烧炼·抽汞法”条和清康熙年间的田雯所撰《黔书》卷下等都有记载。后者还谈到了自然汞，说：“又有自然之汞，生砂中，不待烹炼而成者，不易得”。据丁格兰《中国汞矿纪要》载：在20世纪时，我国一些地方还有自然汞，“唯万山场均尝见之，蒙自附近有一汞矿，闻亦产自然汞。均极稀见。”万山场在贵州铜仁南30公里[8]。与《天工开物》和《黔书》所述相类似的工艺直到20世纪还在贵州等地使用。

《天工开物》卷十六还谈到了银朱生产法：“凡将水银再升朱用，故名曰银朱。其法或用磬口泥罐，或用上下釜。每水银一斤，入石亭脂（原注：即硫黄制造者）二斤，同研不见星，炒作青砂头，装于罐内。上用铁盏盖定，盏上压一铁尺。铁线兜底捆缚，盐泥固济口缝，下用三钉插地鼎足盛罐。打火三炷香久，频以废笔蘸水擦盏，则银自成粉，贴于罐上。其贴口者朱更鲜华。令定揭出，刮扫取用。其石亭脂沉下罐底，可取再用也。每升水银一斤，得朱十四两，次朱三两五钱，出数借硫质而生。”（图7-6-5）此“银朱”与朱砂同样，都是硫化汞 HgS；凡天然自生者谓朱砂，人工合成者谓银朱。全文描述了用水银重新合成硫化汞的过程。用化学式表示即：$Hg + S \xrightarrow{炒砂} HgS$（黑色）$\xrightarrow{升华} HgS$（红色）。为使汞完全反应，故使用了过量的硫。“每升水银一斤”三句，是引自胡演《丹药秘诀》的[9]，这是人们对此化学过程的定量认识。但“出数借硫质而生”一语，却是宋应星加的，他说16两水银，却得到了17.5（14+3.5）两的银朱，应是硫黄掺到其中了的缘故。这是个十分出色的见解。

第七节　多项金属加工技术的重要成就

随着社会生产的发展，明清时期的金属加工技术有了很大的提高，不但前朝的工艺日臻娴熟，而且还有一些新的创造，并出现了较为系统的文献记载。在锻打技术方面，铁锚加工、金箔加工、锣钹技术、花纹钢技术都有了较大提高，并在铁炮工艺中使用了锻造工艺，还发明了铁画工艺；在铸造方面，出蜡铸造、沙型铸造有了进一步提高；复合材料技术、拉拔技术、焊接技术，都有了长足的进步；此时还制作了宣德炉，这是一种具有较高技术水平和艺术价值的祭祀用品。我国古代金属加工技术曾有过三次较大的发展，第一次是春秋战国，第二次是汉代，第三次便是明代。

一、锻造技术的多项重要成就

在相当长一个时期内，我国古代的金属成型，是以“铸”为主的，所谓商周青铜文明、战国两汉铁器文明，实际上都是建立在铸造技术基础上的金属文明；“锻造”技术则长期处于次要的地位。直到宋代，我国社会的生产工具、生活用具中的主要器物，才最后完成了由“铸”到“锻”的转变。明清时期，锻造技术又有了进一步发展，内容更为丰富，品种进一步扩展开来；钢铁、青铜、黄铜的锻造都有了提高，且生产了一些锻造的大件和特殊产品。万历重修《明会典》卷一九四“工部十四·铸器”条载：“洪武二十六年定，凡铸造铜锅、铜柜等器，及打造铜锅、铜灶、铁窗、铁锚等件，行下宝源局定夺模范，及计算合用铜铁木炭等项，明白具数呈部……督工依式铸造。”可见，包括铁锚在内的许多铜铁器打造铸造，工部都是早有定制的。下面便对这几种主要器物的锻造技术作一介绍，并以此来了解此期锻造技术的发展。

（一）枪炮锻造技术的出现

我国古代的管形火器大体上发明于宋，早期的管形火器多是铸造的。铸件的缺点是表面粗糙、组织疏松、常有气孔和砂眼，这不但会影响到炮身的强度，而且会影响到命中率。大约明代，枪炮等管形火器才由铸发展到了锻的阶段。

《武编》“前集”卷五“铁条”载：铁有生铁，有熟铁。“熟铁多瀵滓”，“今人用以造刀、铳、器血（皿）之类是也”。枪、铳、炮，是我国古代三种主要的管形火器。可见明代中期已有了锻制的铁铳。《明史》卷九十二“兵志·火器”载：“习製用生熟赤铜相间。其用铁者，建铁柔为最，西铁次之。”此说到了明代火炮计有两种类型，即铸造的铜炮和锻造的铁炮，且说锻炮以福建铁为佳；至于这“生熟赤铜相间”的铸炮法如何操作，则说得不太明白。明赵常吉《神器谱》“制铳”条也说过用福建炒铁制铳。

前面谈到，清魏源（1794～1857年）《海国图志》说要用百炼钢来制炮，其卷五十五引江苏候补知府黄冕《炸弹飞炮说》：“如欲以少胜多，须讲究小炮可容大弹之法，因又精益求精，别制捷胜小炮，不用铸造而用打造，不用生铁而用熟铁，方能使炮身薄而炮膛宽。缘生铁铸成，每多蜂窝涩体，不能光滑，难于铲磨，故子弹施放不能迅利。至熟铁则不可铸，但可打造。”“每五斤熟铁方能炼成一斤，坚刚光滑无比……铁经百炼，永无铸造之炸裂，施用灵活，尤胜巨炮之笨重。”此全面地比较了铸件和锻件的优缺点。此锻件具有与百炼钢相似的特点，成分均匀、组织致密、表面光洁，有时晶粒还较细，故谓“坚刚光滑无比”。

但明清时期我国火炮还是以铸为主的，虽有人提出了锻的主张，但未必能够推广。宋应星《天工开物》卷八“冶铸”设有铸“炮”一节，并说有的炮用熟铜，有的用生铜与熟铜兼半，有的用铁。该书卷十专谈“锤锻”，谈到了许多器物的锻造，但无“锻炮”的内容；其“冶铁”条还说：“大炮西番有锻成者，中国则唯事冶铸也。”

（二）铁锚锻造技术

我国古代铁锚技术发明较早，《玉篇》已载有“锚”字；宋周密《癸辛杂识》续集上卷“海蛆”条对锚的形态作过很好的描述：“铁锚，大者重数百斤。尝有舟遇风，下钉而风怒甚，铁锚四爪皆折。”北宋张择端所绘《清明上河图》亦可见铁锚形态，但关于其制作工艺的记载却是到了明代才看到的。不管外部形态，还是工艺操作，明代的都更为成熟。

《天工开物》卷十“锤锻·锚”载：“凡舟行遇风难泊，则全身系命于锚。战舡、海舡，有重千钧者。锤法：先成四爪，以次逐节接身。其三百斤以内者，用径尺阔砧，安顿炉傍，当其两端皆红，掀去炉炭，铁包木棍，夹持上砧。若千斤内外者，则架木为棚，多人立其上，共持铁练（链），两接锚身，其末皆带巨铁圈练（链）套，提起捩转，咸力捶合。合药不用黄泥，先取陈久壁土筛细，一人频撒接口之中，浑合方无微罅。盖炉锤之中，此物其最巨

图7－7－1　《天工开物》所载“锤锚图”

者。”（图 7－7－1）这里介绍了铁锚加工的全过程。其工艺要点是：分段锻成，逐节接身；壁土频撒，咸力锤合。重 300 斤以内者，直接用人力操纵；千斤内外者，则架设人力捩转的起重装置。其中的“黄泥”、“陈久壁土”可能是一种保护性熔剂，使锻缝免遭氧化，而保证锻焊质量。大约它也可与部分氧化铁皮生成低熔点氧化物而使之去除，而起到造渣剂的作用。同书同卷“冶铁”条在谈到一般铁器成型时说：“凡铁性逐节粘合，涂上黄泥于接口之上，入火挥槌，泥滓成枵而去，取其神气为媒合。”这里说的也是同一道理。由宋应星的记载来看，大凡一般锻件可用黄泥，特大锻件则须陈久壁土。这种大型铁锚的出现，一方面反映了明代航海业的发展，另一方面也反映了明代金属加工技术的进步。不管东方还是西方，炉锤之中，铁锚都是较大的器物。

明代之后的铁锚曾在多处看到。如 20 世纪 90 年代时莱州发现一件，四爪，杆残长 120 厘米、直径 19～25 厘米，爪长 138 厘米、直径 15 厘米，四爪间距 212 厘米，重 500 公斤。原断代元末明初[1]。

（三）铁索桥工程的长足进步

我国古代的铁索工程至迟兴起于公元 3 世纪后期，最初主要用在军事上，至迟 8 世纪前期，便架设了著名的民用铁索桥。明清时期，铁索桥工程有了长足的进步，在我国西南一些峡谷幽深、水流湍急处架设了多座大型铁索桥。大家较为熟悉的有贵州盘江桥、云南霁红桥和四川泸定桥等。

田雯《古欢堂集》卷三十八“黔书·铁索桥”在谈到贵州盘江桥时说：盘江之源出自金沙江，所经处遇两山夹峙，一水中断。“明天启（1621～1627 年）间，监司朱家民拟建桥而不可以石，乃彷澜沧之制，冶铁为絙三十有六，长数百丈，贯两崖之石而悬之，覆以板。类于蜀之栈而道始通。”田雯，康熙甲辰（1664 年）进士，官至户部侍郎。

清靖道谟等编《云南通志》卷六“津梁·永昌府”载：“霁红桥在城北八十里，跨澜沧江，蜀汉武侯南征始架木桥……明洪武中，镇抚华岳铸二铁柱于石以维舟。成化中，僧了然募化建桥，以铁索系两岸上，盖以板。”同书提到的永昌府铁索桥还有一些，如“枯柯铁索桥，在城东南一百二十里，明天启间建，本朝康熙四十七年知县金銓重修。”

大渡河泸定桥成于康熙四十五年（1706 年）。张晋生等《四川通志》卷三十九“艺文志”载清圣祖玄烨所制碑记云：“入炉（打箭炉）必经泸水，而渡泸向于桥梁。巡抚能泰奏言：泸河三渡口，高崖夹峙，一水中流，雷犇矢激，不可施舟楫。行人援索悬渡，险莫甚焉。”请于地名为安乐的地方，“仿铁索桥规制建桥”，诏从所请。“桥东西长三十一丈一尺，宽九尺，施索九条。索之长视桥身余八丈而赢。覆板木于上，而又翼以扶栏，镇以梁柱。皆熔铁以庀事。桥成。”“绘图来上，深惬朕怀，爰赐桥名曰泸定。”据今之测量，桥东西长约 103 米，宽约 2.8 米，桥面计 9 根铁链，铁链直径 3 厘米，扣宽 9 厘米，扣节 17～20 厘米，每索 891 扣。

（四）锣钹锻打技术的发展

我国古代的青铜锻件较少，先秦时期主要是青铜甲、刻文和非刻文的薄壁铜器等，宋代或其稍前，又出现了锻制的锣钹一类响器，这也是在我国沿用时间较长、技术成就较高的青铜锻件。锣钹在我国使用较早，但有关其加工技术的记载却是到了明代才看到的。

图7－7－2　《天工开物》所载“锤钲与镯图”

宋应星《天工开物》卷十“锤锻·治铜”条载：“凡锤乐器：锤钲（俗名锣）不事先铸，熔团即锤；锤镯（俗名铜鼓）与丁宁，则先铸成圆片，然后受锤。凡锤钲、镯，皆铺团于地面。巨者众共挥力，由小阔开，就身起弦，声俱从冷锤点发。其铜鼓中间突（凸）起隆炮（泡），而后冷锤开声。声分雌与雄，则在分厘起伏之妙。重数锤者，其声为雄。凡铜经锤之后，色成哑白，受锉复显黄光。经锤折耗，铁损其十者，铜只去其一。气腥而色美，故锤工亦贵重铁工一等云。”（图7－7－2）这里系统地介绍了锣钹加工的全过程。其主要工艺程序是：

（1）配置合金成分。本章第四节谈到，锣钹类响铜的成分是：铜八斤锡二斤；锡须用广西所产者，且不能杂铅。这些规定与现代技术原理是基本相符的。因铅是以软夹杂形式存在于铜基体中的，破坏了基体的连续性，极大地影响到它的可锻性，故加工用锡青铜不宜含铅。此铜锣、铜钹类响器成分，应是先秦乐钟成分长期发展、演变的结果。

（2）热锻。高锡青铜的热加工难度是较大的。从现代技术观点看，虽然含锡量高达25%～30%时，仍可在520℃～700℃间作热加工，但若温度控制不当，析出了硬脆的（α＋δ）共析体，便会前功尽弃。所以明代锣钹类响器配锡量定为20%，还是较为合适的。

（3）冷锻。可提高材料强度、致密组织，并获得较为光洁和坚硬的表面，同时可改善音质。《物理小识》卷七“金石·冷锤”：“冷锤者，其质更坚。”

在此需要说明的是，锣钹冷锻前应有一道淬火，这是十分重要的工序，宋应星遗漏了。淬火的目的是为了将塑性较好的高温相（β）保留下来，便于冷锤定音。不淬火，是不能冷锻的。

这三道工序都在一定程度上反映了我国古代青铜压力加工的先进水平。

明代铜锣在考古发掘中也有发现，如明初吴忠、吴良墓曾各出土一面，直径分别为7.1厘米、6.6厘米，形似器盖[2]。

（五）黄铜加工技术的发展

我国古代的黄铜锻件虽始见于龙山文化时期，但我国黄铜技术的真正发展，却是宋代、明代之后的事。关于黄铜热加工的记载也是到了明代才看到的。

《天工开物》卷十四"五金·铜"："凡红铜升黄色为锤锻用者，用自风煤炭（原注：此煤碎如粉，泥糊作饼，不用鼓风，通红则自昼达夜。江西则产袁郡及新喻邑）百斤灼于炉内，以泥瓦罐载铜十斤，继入炉甘石六斤，坐于炉内，自然熔化。后人因炉甘石烟洪飞损，改用倭铅。每红铜六斤，入倭铅四斤，先后入罐熔化，冷定取出，即成黄铜，唯入打造。"这里谈到了加工黄铜的配比和熔炼方法，入细入微。操作要点是：（1）须用自风煤为燃料，目的是不用鼓风，自然熔化，以减少熔化温度过高而造成的锌烧损。（2）因炉甘石烟洪飞损，最好是直接使用倭铅与红铜配合。（3）物料配比为红铜六斤，倭铅四斤；倭铅烧损一部分，合金恰处于塑性较好，强度较高的成分区（图7－5－2）。可见，这是一套较为合理的工艺。"唯入打造"一语说明，加工黄铜的成分要求是较为严格的，黄铜含锌量为30%～32%时，塑性最好，延伸率高达58%。

同书卷十"锤锻·治铜"还谈到了黄铜加工的技术要点："凡黄铜，原从炉甘石升者，不退火性受锤；从倭铅升者，出炉退火性，以受冷锤。"此述是明代黄铜加工的一项重要技术成果，其与现代技术原理是基本相符的。"原从炉甘石升者"，倭铅烧损较多，合金含锌量较低，加工前无须退火；"从倭铅升者"，倭铅烧损较少，合金含锌量较高，加工前须先行退火。此退火的目的是消除析晶偏析和高锌α黄铜在非平衡结晶时出现的少量β相，进一步改善其室温塑性。这显然是人们在长期生产实践中总结出来的。

（六）冷锻技术的发展

冷锻技术在宋代已有了较高成就，当时主要表现在铁甲上。及明，又出现了冷锻生产工具的记载。前述青铜锣钹冷锻，主要为定音；生产工具冷锻，则主要为坚性。《天工开物》卷十"锤锻·锯"载："凡锯，熟铁锻成薄条，不钢亦不淬健。出火退烧后，频加冷锤坚性，用锉开齿……齿钝之时，频加锉锐，而后使之。"显然这是对加工硬化的一种利用。

（七）铁画的出现

铁画是以含碳量较低的铁碳合金为原料，通过锻打、焊接、退火、烘漆等工序制作出来的铁质工艺品。或作山水，或作花鸟虫鱼；可装上木框成为画屏、堂幅，也可合四面作成灯框，成为铁灯。其融丹青水墨画技法，以及民间剪纸、雕塑等技艺于一身，获得了立体水墨画的效果。

铁画至迟发明于明代。今见最早的铁画类工艺品是武当山紫霄宫大殿内玉帝御前陈放的一对铁蜡台，属明代中期；其状如“铁树开花”，高2.7米，由树根、树干、树枝和盛开的花朵组成；树干上盘踞一条铁龙；花朵由多层铁片锻、焊、剪切而成；各焊接处皆平滑光洁，无接茬锻痕。铁质条幅上留有大段文字，至今依然清晰可辨：“新安歙县岩石镇信士汪虎关备资打造铁腊台一对，送献武当山大岳紫霄宫玉帝御前永远供奉。弦（弘）治辛酉上元之吉打造人路永和，米庄人吴存。”可见，此铁蜡台是弘治十四年（辛酉，1501年）正月十五日进献的。“铁树开花”，喻得道成仙之难。这当可视为今见最早的铁画[3]。

清康熙、乾隆时期，铁画艺术有了一定发展，并出现了汤天池、梁应达两位著名的铁画工艺师[4]，他们皆有作品留传至今[5]。

汤天池，芜湖人，原籍溧水[4][6]，约生活于清顺治到康熙间。陈春华等《嘉庆芜湖县志》卷一载：“有锤铁为画者，治之使薄，且缕析之，以意屈伸，为山水、为竹石、为败荷、为衰柳、为蜩塘、郭索，点缀位置，一如丹青家，而无襞积皴皵之迹。康熙间，有汤天池者，刱为此，名噪公卿间。今咸祖其法，虽制作远逊汤，而四方多购之，以为斋壁雅玩。”梁山舟《铁画歌序》云，汤氏铁画的特点是“尤工山水大幅，积岁月乃成”。邓之诚《骨董琐记》卷一“铁画”称赞铁画系“炉锤之巧前此未有”[7]，这都说明了汤天池对铁画技艺的贡献是较大的。但他是否受到过诸如“铁树开花”等作品的影响，今已不易分辨。

梁应达，安徽建德人，约生活于清乾隆年间，据金浚《梁应达像生志》载，其原以冶铁为生，业余时“为花鸟虫鱼无不肖，久乃益工，遂擅绝技”。其艺术和技巧，皆在汤天池之上[4]。

铁画的发明，在一定程度上反映了明代金属加工技术的发展和匠师们的高超艺术造诣。青花瓷应是国画艺术在瓷器上的应用，铁画则应是水墨丹青艺术在铁器上的反映。时兴时衰，铁画艺术一直流传至今[8]。

（八）金箔技术

我国古代金箔出现较早，但有关加工技术的记载却较少，而且是到了明代才看到的。《天工开物》卷十四“五金·黄金”载：“凡色至于金，为人间华美贵重，故人工成箔而后施之。凡金箔，每金七厘造方寸金一千片，粘铺物面，可盖纵横三尺。凡造金箔，既成薄片后，包入乌金纸内，竭力挥推（椎）打成（原注：打金推，短柄，约重八斤）。凡乌金纸由苏杭造成。其纸用东海巨竹膜为质；用豆油点灯，闭塞周围，止留针孔通气，熏染烟光，而成此纸。每纸一张，打金箔五十度，然后弃去，为药铺包朱用，尚未破损，盖人巧造成异物也。凡纸内打成箔后，先用硝熟猫皮绷急为小方板，又铺线香灰撒墁皮上，取出乌金纸内箔，覆于其上，钝刀界画成方寸。口中屏息，手执轻杖，唾湿而挑起，夹于小纸之中。以之华物，先以熟漆布地，然后粘贴（原注：贴字者多用楮树浆）。”这里谈到了制作金箔的全过程。其中值得注意的两件事是：（1）纯金的最低再结晶温度约为372℃，远远地超过了室温，所以加工过程中是须作再结晶退火的。此不知是漏记了，还是另有他法。（2）此提到过一种乌金纸，是为了防止金箔间互相粘合而使用的分隔膜。乌金纸的发明和利用，是金箔加工的一个技术关键，如前所云其至迟出现唐五代时期，当时又谓之“匮纸”。

清连朗《绘事琐言》卷四“泥金”条亦有类似的记载：“尝闻打金之法：首熔金，次凿碎如米，捶扁成片，夹以乌金纸，取其滑而不滞也。护以炉中炭灰，取其燥而不润也。百层为一束，束以绳，捶以木椎，勿太重，亦勿太轻，轻重不均则厚薄不匀。捶至寸许大，谓之开荒。停一日，后其冷也，层层揭开，易乌金纸，添炉灰，仍以绳缚，捶至四寸余宽则成矣。捶初停，中热如火，不可立解，解即化为珠，需一二日冷定乃可开也。开时见风，则金皆飞去，必密室中四壁纸粘，一人以木尺许竖于下，方板五六寸横于上，涂板以粉，上铺狗皮，炭火一盆，时薰其板，防湿气粘金，虽六月不废也。皮上置金薄（箔），竹刀切方，为八块或四，大者三寸三分，小者一寸一分，夹以白纸，十张为帖，千帖为一箱，是名金薄（箔），俗呼飞金。凡漆饰绘画多用之。”[9]这里详细地谈到了金箔加工的全过程。此亦未说到金箔加工过程中的再结晶退火，其中“炭火一盆”主要是为防潮的：“捶初停，中热如火”，不知是否也可起到退火的作用；在传统金箔加工中，是存在退火工艺的。此书出版于嘉庆四年（1799 年）。

二、花纹钢技术的新成就

明清时期，花纹钢技术又有了进一步发展，一方面是旧有的工艺更为熟练，另一方面又发明了一些新的工艺。

明方以智《物理小识》卷七“金石类·藏铁不锈法”方中通注曰：“折铁者，锤钢条而入银，曲折锤之，如此百次……”可见，此“折铁”当是一种具有银白色花纹的花纹钢。此种花纹钢约发明于宋或宋前，或许明清时期依然保留着。至于此花纹钢是否如方中通说，其乃“锤钢条而入银”所成，却是值得研究的。清屈大均《广东新语》卷十六“器语·刀”在谈到外国花纹钢时也有类似说法：真岛中之刀，“软者以金银杂纯钢炼之，卷之屈曲如游龙，首尾相连。舒之劲直自若”。一般而言，古剑中的“银白色花纹”，当属纯铁或含碳量极低的熟铁、低碳钢，而非银丝。有关情况第八章还要谈到。

明代还有一种“菊花钢”。明屠隆《考槃余事》卷四“起居器服笺·印章”：说刻印章“唯用菊花钢煅而为刀”。清陈克恕《篆刻鍼度》也有类似的说法，这一名称前此未曾听说，对其制作工艺亦难了解，但应是具有菊花状花纹的钢铁材料。

值得注意的是：明代还出现了一种新的花纹钢工艺。《武编》“前集”卷五“铁”条载：“刀花：羊角煅灰、粉心水提过、酸酸草烧灰、硝、酱。”（茅元仪《武备志》卷一〇五“铁钢附”条所引基本相同）此“羊骨煅灰”、“酱”皆为含碳物质，“硝”为含氮物质。从这记载看，这应是一种与化学热处理相当的表面处理工艺，当是渗碳，或碳氮共渗；刀剑表面便会因此而形成局部成分和组织不均，并显示出花纹来。此工艺当发明于明或稍前，这是我国花纹钢工艺的又一成果。

清代也有类似的花纹钢，但具体操作和花纹形态各有不同。乾隆五十一年（1786 年）成书的陈克恕《篆刻鍼度》卷七“炼刀法”条载：“尝见炼新刀者，用猪牙、头发及硝各烧灰等分，酽醋调画刀口，如锯齿状，号为马牙钢，磨砺不与余铁同磷，为独坚也。如此炼刀亦妙。”这也是一种碳氮共渗，因其调画成锯齿状，故可得到一种马牙状花纹。

关于花纹钢的记载在清代文献中亦不乏见。清徐岳《见闻录·古剑》条载：

“余外祖父家一小楼贮图书玩好，甚富，壁卦（挂）古剑一口，幼年尝藉膝玩之。上有古篆文，人莫能读，屈如半月，纵之其声铿然……又，一人得剑于滇南蛮崗中，长三尺余……花纹细而满，光如秋水，铓可吹毛。”这里说到了作者所见古剑的三项性能：即“屈如半月，纵之其声铿然”、“花纹细而满”、“铓可吹毛”。此“细而满”的花纹不知是何颜色，但不排除银白色的可能性。

三、铸造技术的长足进步

明清时期，传统的泥型铸造、出蜡铸造都有了长足进步，砂型铸造进一步推广开来，沉睡已久的铁模（范）铸造又被用到了火炮生产中。

（一）出蜡铸造

明清时期，人们不但用它铸造了印章等许多精细的小型器物，而且铸造了朝钟一类大型铸件。

《天工开物》卷八“冶铸·钟”条曾详细地谈到了出蜡法铸造“万钧钟”的整个工艺过程：“凡造万钧钟，与铸鼎法同。堀坑深丈几尺，燥筑其中如房舍，埏泥作模骨；其模骨用石灰三和土筑，不使有丝毫隙拆。干燥之后，以牛油、黄蜡附其上数寸。油蜡分两：油居什八，蜡居什二。其上高蔽抵晴雨（原注：夏月不可为，油不冻结）。油蜡墁定，然后雕镂书文、物像，丝发成就。然后，舂筛绝细土与炭末为泥，涂墁以渐而加厚至数寸。使其内外透体干坚。外施火力炙化其中油蜡，从口上孔隙熔流净尽，则其中空处即钟、鼎托体之区也。凡油蜡一斤虚位，填铜十斤。塑油时尽油十斤，则备铜百斤以俟之。中既空尽，则议熔铜。凡火铜至万钧，非手足所能驱使。四面筑炉，四面泥作槽道，其道上口承接炉中，下口斜低以就钟、鼎入铜孔。槽旁一齐红炭炽围。洪炉熔化时，决开槽梗（原注：先泥土为梗塞住），一齐如水横流，从槽道中枧注而下，钟鼎成矣。”其主要工艺环节是：（1）构筑浇铸坑。（2）做模骨。（3）在模骨上敷牛油、黄蜡。其中未谈及松香。（4）在油、蜡模上雕镂文书、物像。（5）在蜡模上敷细泥。（6）加热炙化油蜡。（7）浇铸。这是我国古代关于出蜡法铸造大型器物的最早记载。此尤具特色的操作是：要构筑浇铸坑、四面筑炉化铜。在此还有一点值得注意的是：虽钟和锣钹皆为响器，但钟为铸制，可含少量的铅；锣钹为锻制，是不得含铅的。

明文彭《印章集说》、清朱象贤《印典》卷六、卷七，都谈到过出蜡法铸印的基本过程，后者还谈得较为具体，且说到了蜡中掺和松香的工艺，并说泥要烧透，否则要发气，还说熟料中不可沾有杂物。从现代技术观点看，加入少量松香后，蜡的软化温度相应提高，膨胀系数变小，所以松香加入量的多少是调整蜡料硬度、软化点、热膨胀系数的关键。

（二）翻砂铸造

翻砂铸造在明清时期已经使用较广，工艺上也更加成熟起来，在铸钱、铸印等工艺中都经常采用，明文彭《印章集说》、清朱象贤《印典》、清《熙朝政纪》、《皇朝文献通考》等都有翻砂铸造的记载。《印章集说》载：“铸印有二：曰翻砂，曰拨蜡。翻砂以木为印，复于砂中，如铸钱之法。”清《熙朝政纪》卷六载：凡铸钱，“铸冶之工八：曰看火、翻沙、刷灰、杂作、锉边、滚边、磨钱、洗眼”。

（三）泥型铸造

泥型铸造应是我国古代使用时间最早、范围最广、沿用时间最长的一种铸造工艺，为商周青铜文明的发展作出了重要贡献。明清时期，一方面较多地用在火炮、锅釜、钱币等器铸造中，另一方面还铸造了诸如永乐大钟一样的特大型铸件，从而把泥型铸造推向了又一个高峰。

“永乐大钟”系明永乐年间在德胜门内铸钟厂铸成，初悬于汉经厂，万历五年（1577 年）移至西直门外万寿寺，清雍正十一年（1733 年）移至西郊觉生寺，以至今日。其声洪亮，清脆悠扬，“昼夜撞击，声闻数十里”。钟通高 6.75 米，口外径 3.3 米，钟唇厚 0.185 米，总重量约 46.5 吨。钟体内外满铸 23 万多字，其中有汉文，也有梵文；有《华严经》、《金刚经》等。合金成分已如前述。为泥型铸造，钟体与蒲牢是分铸的；钟体有 7 层外圈范、钟顶 10 块外范，芯为一个整体，凌业勤[10]、吴坤仪[11]等都曾对其铸造工艺进行过研究。这是世界上最大的钟之一，是世界上铭文最多的钟。它既是佛教的梵钟，也是代表皇权的朝钟。

在讨论这个时期的泥型铸造时，还有两件事值得一提，一是明宋应星《天工开物》卷八“冶铸·钱”条，其详细地谈到了铸钱的整个工艺过程，云：“凡铸钱模，以木四条为空匡（原注：木长一尺二寸，阔一寸二分）。土、炭末筛令极细，填实匡中，微洒杉木炭灰或柳木炭灰于其面上，或熏（燻）模则用松香与清油。然后以母钱百文（原注：用锡雕成），或字或背，布置其上。又用一匡，如前法填实合盖之。既合之后，已成面、背两匡（框），随手复转，则母钱尽落后匡之上。又用一匡填实，合上后匡，如是转复，只合十余匡。然后以绳捆定，其木匡上弦原留入铜眼孔，铸工用鹰嘴钳，洪炉提出熔罐，一人以别钳扶抬罐底相助，逐一倾入孔中。冷定，解绳开匡，则磊落百文，如花果附枝，模中原印空梗，走铜如树枝样，挟出逐一摘断，以待磨锉成钱。”这里也谈到了脱模剂，包括炭灰、松香和清油等种物料。清油，当即菜子油，南方至今依然有此称谓。《天府广记》卷二十二“宝源局·铸钱则例”条也谈到了脱模剂。在此需要指出的是：《天工开物》所记铸钱工艺的属性，铸造史界至今仍存在一些不同看法，有人认为是泥型的[12]，也有说是砂型的[13]，今暂置泥型之内。二是《天工开物》卷八在谈到铸镜时，十分明确地说到了要在铸范中羼灰，其云：“凡铸镜，模用灰沙，铜用锡和（原注：不用倭铅）。”依宋应星所云，镜范是既须羼砂，亦须羼灰的，从现代技术观点看，这不但可提高镜范的总体含硅量，同时可保证足够高的植硅石量。此灰即植物灰，主要是稻壳灰（含 SiO_2 量达 94.36%）、稻草灰（含 SiO_2 量达 80.11%），灰中的 SiO_2 与普通石英不同，它属非晶态，可有效地改善金属的充型能力，谭德睿认为，这是我国古代青铜陶范铸造得以成功的技术关键之一[20]。见于考古发掘的陶范羼灰技术年代较早，今在科学分析中看到的镜范羼灰之事唯见于西汉临淄镜范中[21]，但文献上记载的镜范羼灰则是到了明代才在《天工开物》中看到的，这也是我国古代文献关于镜范配料的唯一记载。

（四）铁模铸造

我国古代的金型铸造始创于先秦时期，两汉便发展到较为兴盛的阶段，唐后渐衰，但辽、金、元时期仍可看到。清代晚期，人们又把它用到了铸炮工艺中。

1840 年夏，英帝国主义侵犯我江浙和福建沿海，危在旦夕。嘉兴县丞龚振麟刚好调任宁波军营监制军械，因当时之炮多为泥型铸造，难制难干，不能应急。龚振麟极具爱国热情，又注意学习近代科学，当时铁范铸造已为世人淡忘，龚振麟将之重新发掘出来，用到了铸炮工艺中，并于1841年写成《铸炮铁模图说》，以求推广。基本原理与汉代铁范铸造一致，工艺上当要求更高，铁模（铁范）铸炮因具有省工省时等许多优点，当时便受到了多方面的赞许。

清代熔炼技术也有了一定的发展，一个重要例证是人们对熔炼过程中的金属烧损有了定量认识。《清代匠作则例彙编》“铜作”云：“凡熔化所耗，内务府红铜每斤耗五钱（注：约相当于3.125%），黄铜每斤折耗九钱（注：约相当于5.625%），制造库熔化每斤折耗三两二钱（注：约相当于20%），今拟红铜每斤折耗五钱，黄铜每斤折耗九钱。”[14]此以内府之烧损量作为工艺规范，与现代熔炼烧损大体处于同一水平。

四、嵌钢拉拔和镟搪技术的重要发展

（一）刃部嵌钢技术的发展

我国古代金属锋刃器的复合材料技术约发明于商代中期，之后便一直沿用了下来。依材料性质之不同，其先后约出现过四种不同的工艺形式，即陨铁与“铜”的复合、高锡青铜与低锡青铜的复合、铜与铁的复合、钢与“铁”的复合。从文献记载和传统工艺看，这第四种又有三种不同的操作，即包钢、夹钢、贴钢，这三种操作在明代大约都有使用。

《天工开物》卷十“锤锻·斤斧”载：“刀剑绝美者以百炼钢包果（裹）其外，其中仍用无钢铁为骨；若非钢表铁里，则劲力所施，即成折断。其次寻常刀剑斧，止嵌钢于其面。即重价宝刀，可斩钉截铁者，经数千遭磨砺，则钢尽而铁现也……凡健刀斧，皆嵌钢、包钢整齐，而后入水淬之。”此“百炼钢包裹其外”者，即是“包钢”工艺，其内层为铁，外表为钢。寻常刀剑斧止“嵌钢于其面”，可能是指“贴钢”工艺；其中的“于其面”三字十分重要。“钢尽而铁现”，大约也是一种包钢工艺。倒数第三句的“嵌钢”，大约指夹钢；嵌，原有嵌入之意；这里只说了“嵌”，未说“嵌钢其面”，故与贴钢不同。此外，同书同卷“锤锻·凿”条载：“凡凿，熟铁锻成，嵌钢于口。”《武备志》卷一〇四载：“腰刀造法，铁要多炼，刃用纯钢。”都说到了金属复合材料技术。此三种操作中，“包钢”最为讲究，今已很少看到；“夹钢”使用最广，今在民间仍广为流传。日本刀亦采用“包钢”。

金属锋刃器的复合材料技术，在同一器物的不同部位，视需要而使用了性能不同的材料，每种材料皆最大限度地发挥了自己的优点，个中包含了丰富的哲理。这是人类改造自然、改造社会的一项重要的思想成果。其技术源头，可追溯到新石器时代的铜、骨复合工具，更早则可追溯到旧石器时代的木、石复合工具。

（二）拉拔技术的发展

我国古代的铜铁拉拔技术约出现于宋，明清时期得到了较大的发展，有关记载既多且十分明确，当时的浙江、山西、广东等地都有了铁丝生产，产品种类亦迅速增加。

《嘉靖浙江通志》卷十七“贡赋”载：在杭州府赋税中，有“粗细铜丝各八十斤，粗细铁丝各五百三十二斤，铁条五百三十八斤，针条一百一十一斤”[15]。这里谈到了铜、铁两种不同的拉拔产品，即粗细铜丝和粗细铁丝。说明当时杭州府的铜铁拉拔生产皆已具有相当规模。

图 7－7－3　《天工开物》所载“抽线琢（针）图”

唐顺之（1507～1560 年）《武编》“前集”卷五“铁”条：“泽潞出铁，上等铁，丝铁，如黄豆大，长丈余，用工最多；次等铁，条铗，中凿三眼；三等，手指铁，凿五条纹。”此“丝铁”显然是拉拔成的。同书接着还说到了广东铁丝：“广东条铁，今人用抽铁丝，造大器不用。”可见当时山西、广东等地都有铁的抽丝生产。

十分难得的是，明《天工开物》卷十“锤锻·针”条还详述了拉拔制针的整个工艺过程，云：“凡针，先锤铁为细条，用铁尺一根，锥成线眼，抽过条铁成线。逐寸剪断为针。先鎈其末成颖，用小槌敲扁其本，刚锥穿鼻，复鎈其外。”（图 7－7－3）然后入釜渗碳，之后淬火。此最值得注意的是：铁线必须通过“线眼”，工艺原理与现代拉拔生产工艺基本一致。

及清，广东罗定、佛山的拉拔生产已具一定规模，尤其是佛山，其产品无处不在。《广东新语》卷十五“货语·铁”：“诸冶唯罗定大塘基炉铁最良，悉是锴铁，光润而柔，可拔之为线，铸镬亦坚好。”锴，精铁、白铁。如前所云，此“大塘基炉铁”，其实是下村炉铁。陈炎宗：《乾隆佛山忠义乡志》卷六“乡俗志”：“铁线：有大缆、二缆、上绣、中绣、花丝之属，以精粗分。铁锅贩于吴、越、荆、楚而已，铁线则无处不需，四方贾客各辇运而转鬻之，乡民仰食于二业者甚众。”《民国佛山忠义乡志》卷六仍有类似的说法。

（三）镟搪技术的使用

发明年代无考，估计不会太早。唐顺之《武编》“前集”卷五“火器”条：

"钻铳心，每杆七工，该工食银二钱一分。"此钻铳心，自然是镟搪，这是今见关于镟搪工艺的较早记载。

五、焊接技术发展的又一个新高峰

我国古代焊接技术约发明于西周晚期，战国时期便推广开来，汉魏六朝又有了一定发展，并达基本成熟，唐宋时代大体上处于平稳发展的阶段，明清又发展到了一个新的高峰。明清焊接技术发展的主要表现是：文献记载明显增多，其中不但记述了焊料的配方，而且记述了一些具体操作；铜焊内容有了扩展，并有了银焊和汞齐焊的记载。

明宋应星《天工开物》卷十"锤锻·治铁"条："凡焊铁之法，西洋诸国别有奇药，中华小焊用白铜末，大焊则竭力挥锤而强合之。"此焊料为白铜，当亦铜砷合金。《天工开物》一书只提到了砷白铜，而未提镍白铜。

同书同卷"治铜"条："用锡末者为小焊，用响铜末者为大焊（原注：碎铜为末，用饭粘和打，入水洗去饭，铜末具存，不然则撒散）。若焊银器，则用红铜末。"此焊料有锡、响铜、红铜。此"小焊"对焊料强度要求当稍低，"大焊"则稍高。

《物理小识》卷七"金石类·锻缝"条简要地引述了《天工开物·治铜》关于焊接的内容，最后总结道："皆兼硼砂。"即不管大焊小焊，铜焊锡焊，皆须以硼砂为焊接熔剂。同条接着又说："巧焊金玉用银末，如玉柄铁刀之类。"此即银焊，以银基合金为焊料。

《物理小识》卷七"金石类"曾多次谈到焊接。其"汗药"条载："汗（焊）药，以硼砂合铜为之。若以胡桐淚合银，坚如石；今玉石刀柄之类汗药，加银一分其中，则永坚不脱。"此前两句说的是铜焊，焊接熔剂是硼砂。第三句以下说的是胡桐泪与银合成的"汗药"，具体操作不明，或与银焊相当。

清郑复光《镜镜詅痴》卷四更说到了多种焊料的配方，及其基本操作。对焊接强度要求较高的一般铜器，当用"铜大焊方"，配比为："菜花铜一斤（原注：顶高之铜），白铅半斤，纹银一钱八分。合化，然后入点锡四钱八分，速搅匀即得。"此"点锡"即锡，同书同卷在谈到磨镜药时，说过要"上好生点锡"。可知此大焊方实为 Cu－Zn－Sn－Ag 四元合金，配料比为：铜 64.88%、锌 32.44%、锡 1.95%、银 0.73%。但其含银、含锡量都较低，大体上是一种三七黄铜。

由于炼锌技术的发展，金属锌也较多地用到了焊料中。清末刘岳云《格物中法》卷五下引《鄙事缀纪》云："（焊）药有老嫩不同，或红铜三分白铅一分，或黄铜八分白铅一分，或黄铜六分白铅一分，或黄铜四分白铅一分。"此"黄铜"含义不甚明白，当为铜锌合金，但具体成分较难了解。《格物中法》出版于光绪二十五年（1899 年）。此焊药很可能是铜锌二元合金。

对于较为讲究的铜器，如钟表等，则可用"四六银焊药"，《镜镜詅痴》卷四云："钟表焊药，以银焊为良方，用菜花铜六分、纹银四分，则老嫩恰好。"可见此"银焊料"其实是一种"铜六银四"的铜基合金。这种焊料在清代广储司磁器库铜作中也曾使用，如"造红铜钮，头号至二号，每百个用四六银焊药一钱二分，硼砂二钱四分，乌梅四两。三号至七号，每百个四六银焊药一钱，硼砂二钱，乌梅三两五钱”[16]。此“乌梅”为去污剂。

对焊接强度要求不是太高的铜器，也可使用汞齐焊。《镜镜诊痴》卷四又载：“铜小焊方：取水银先用香油制死，然后入高锡参匀，以备临时用。”此焊料显然是锡汞齐。此外，还有一个“锡大焊方”，亦是锡汞齐，但做法不同。同书同卷又载：“锡大焊方：先用锡化大著松香，屡捞搅之，以去其灰，再逼出净锡；离火稍停，再参水银，自不飞。汞视锡六而一，不可过多；锡内水银过多，则易研碎。”这里谈到了制作汞齐的全过程；先用松香炼锡，之后再参水银；其比例为锡六汞一。其基本操作是：先将焊接口清理干净，将汞齐填于接口处，汞挥发后，存留之锡便自然将之固结起来。通常的硬钎焊和软钎焊都是在高温下进行的，此汞齐焊实与室温软钎焊相当。其发明时间待考，迄今民间仍有使用。

此时人们对焊料成分的选择也有了较深的认识。《镜镜诊痴》卷四又载：“锡工小焊，低锡不可宜也，高亦不可，何也？盖焊，必较本身易化；故金银工焊用银参铜及硼砂，铜铗焊用焊药参（掺）硼砂，铜小焊用高锡参水银，锡大焊用次锡、水银参松香，锡小焊用次锡参松香，咸取其易化也。”此说大体上都是对的，亦与现代技术原理相符。其中“盖焊，必较本身易化”，是说焊料的熔点必需低于器体的熔点，这是钎焊技术的基本特征，也是人们对钎焊本质的一种认识和概括。

我国古代的狭义焊接主要是钎焊和汞齐焊两种；前者又包括软钎焊和硬钎焊两种，软钎焊的焊料主要是锡铅合金；硬钎焊的焊料有银基合金和铜基合金，铜基合金又包括红铜、响铜，以及多元铜合金等；“汞齐焊”的焊料是水银和锡，其大体与室温钎焊相当。我国古代的焊接操作主要有三种：即浇焊、点焊、汞齐焊，后两种在民间迄今仍可看到。

六、镔铁技术

镔铁于南北朝时传入我国，之后历代文献都曾提及，但关于镔铁花纹较为清楚的记载，却也是到了明代才看到的。明清时期，不但文献上关于镔铁的记载有了增加，而且生产地域也有了扩展，就连山西地区也开始仿制起“镔铁”来。

《格古要论》卷中载：“镔铁出西蕃，面上自有旋螺花者，有芝麻雪花者，凡刀剑器打磨光净，用金丝矾矾之，其花则见，价值过于银。古云识铁强如识金，假造者是黑花，宜仔细看验。刀子有三绝：大金水总管刀，一也；西蕃鸿瀨木靶，二也；鞑靼韃皮鞘，三也。尝有镔铁剪刀一把，制作极巧，外面起花镀金，里面嵌银回回字者。”[17]这里谈到了镔铁的花纹和镔铁剪的形态。花纹计有旋螺花、芝麻雪花、嵌银回回字等。金丝矾，大约是黄矾，即硫酸铁的十水化合物 $Fe_2(SO_4)_3 \cdot 10H_2O$,是显示花纹的腐蚀剂[18]。这是我国古代文献关于镔铁花纹最为详细的记载，稍后的明周履靖《夷门广牍》、《物理小识》等都曾引用。镔铁主要有两项优良性能：一是具有花纹，即如明曹昭所云；二是十分锋利，如前引唐慧琳所云。此外，国外文献还说其舒曲自如、难锈难蚀。

除《格古要论》外，其他明代文献也常提到镔铁剪。如文震亨《长物志》卷七说：“有宾铁剪刀，外面起花镀金，内嵌回回字者，制作极巧。”这段文字与曹昭所述基本一致，它是否另有所本，还是对曹昭的引述，今已难得了解。文震亨，长洲人，崇祯间官武英殿中书舍人。屠隆《考槃余事》卷四：“剪刀，有宾铁剪刀，制作极巧，外面起花镀金，里面嵌回回字者，如潘（蕃）铁所遗倭制摺叠剪刀，古所未有，有则宝之，后世必有好尚之者。”这把镔铁剪很像是另有所本。屠隆，曾以诗文雄于隆庆、万历间。

明时，边境的吐鲁番火州，山西的废云内州等地都曾土贡或生产镔铁。《大明会典》卷一〇七载，吐鲁番火州、柳陈城“贡物”有：“马、驼、玉石、镔铁刀、镔铁锉、各色靶小刀、金刚钻、梧桐硷、羚羊角……”《大明一统志》卷八十九说：火州、哈密卫土产镔铁。同书卷二十一“大同府·土产”条说：山西废云内州（今右玉县治）出有“青镔铁”。火州、柳陈城、废云内州土贡镔铁，可见其产量是不小的，这很可能是仿照波斯或罽宾的镔铁工艺在本地制作的花纹钢。

明清时期，“镔铁”一词的含义还发生了一些变化。清《广东新语》卷十六“器语·刀”载：“粤多番刀，有曰日本刀者，闻其国无论酋王鬼子，始生，即以镔铁百觔，淬之溪中，岁几十数炼。”显然，这把日本刀原料也当成了镔铁。看来，一些外域的，或非中原文化的优质钢铁刀剑，往往都获得了“镔铁”的美誉。另外，也有一些名称是我们至今难以理解的。明《事物绀珠》卷二十五“珍宝·镔铁”云：“哈密有砺石，名噢铁石，剖之得镔铁。”[19]明《物理小识》卷七“金石类·铁”条也有相类说法：“王延德《高昌行记》言，‘砺石中宝铁’。《哈密卫志》云：‘砺石谓之噢铁石，剖之得镔铁。’”此“剖”的具体含义和工艺如何，今已不得而知，但此“镔铁”与波斯、罽宾之镔铁未必是相同的。

镔铁于北魏时期传入我国，最初大约主要是外域生产的。至迟宋代，边境民族也有了生产，元时国家设局制造。它与我国传统的花纹钢技术互相弥补，共同发展，对人们的生产和生活都产生过不少积极的影响，是中外技术交流的一个较好例证。

第八节　热处理技术的新成就

我国古代的金属热处理技术约发明于二里头文化时期，最早使用的大约是消除应力退火和组织均匀化退火。春秋战国时，多种热处理工艺迅速发展起来。青铜退火技术有了进一步提高，铸铁可锻化退火技术发展到较高水平，青铜和钢铁淬火也登上社会生产的舞台。两汉时期，钢铁淬火迅速推广，汉魏六朝时，人们对淬火剂有了一定认识，并对淬火剂进行了有效选择。明清时期，钢铁和有色金属之淬火、退火，皆运用得更为纯熟，还出现了回火技术的记载。化学热处理有了长足进步，发明了名为“生铁淋口”的特殊化学热处理工艺。针的消除应力退火、镗的再结晶退火、黄铜的组织均匀化退火等，都反映了高超的技艺。这些都在较大程度上满足了农业、手工业工具的多方面需要[1]。由于可锻铁技术的进一步发展，铸铁可锻化退火处理不复再现。

一、淬火、回火和退火技术

我国古代的金属淬火技术约发明于春秋晚期，战国中晚期便有了较大发展，并较快地用到了青铜和钢铁器物中。汉后进一步推广开来，魏晋南北朝便发明了油淬。明清时期一方面传承了前世的技术成果，同时也有了一定的发展，主要是使用更广，淬火剂种类又有了增加，人们的认识也有了一定的提高。

《天工开物》卷十“锤锻”曾多处谈到淬火，其“治铁”条云：“凡熟铁、钢铁已经炉锤，水火未济，其质未坚。乘其出火之时，入清水淬之，名曰健刚（钢）、健铁。言乎未健之时，为钢为铁弱性犹存也。”此较好地说明了淬火的基本操作及其对钢铁性能的影响。“未济”，即八卦中的未济卦，卦象是离上坎下，即火在上，水在下，彼此无补。健，即强健；明人又称“淬火”为“健刚（钢）、健铁”。此外，同卷“斤斧”、“锄镈”、“锃”、“针”条也谈到过淬火，这在较大程度上说明了这一技术广泛采用的情况。

清《广东新语》卷十五“货语·铁”条也有类似的说法：“其钢之健贵乎淬，未淬则柔性犹存也。淬者，钢已炉锤，方出火即入乎水，大火以柔之，必清水以健之，乃成纯钢，此炼钢之事也。”依此之意，清水淬后，“乃成纯钢”。在相当长一个时期内，古人都把淬火当成“炼钢”过程的一个部分。在古人看来，钢即是刚，淬火能使“铁”变刚，自然也就是一种炼钢过程。至今民间仍有“不淬是铁，淬火是钢”之说，这一点，第八章还要提到。

人们在长期生产实践中，还积累了许多关于辨别淬火质量的经验。前引《武编》“前集”卷五也说“久炼则色青”。《物理小识》卷七“铁”条方中通注云：“烧淬刀口，色白再烘之，为喜鹊青乃刚。”此“色青”、“喜鹊青”，与宋沈括所说湛卢剑“湛湛然黑色也”，应是一个意思。

不同的淬火剂，其淬透性是不尽相同的，对此，古人一直都是有着清醒认识的。李时珍《本草纲目》卷五“水·流水·集解”载：“观浊水流水之鱼，与清水止水之鱼，性色迥别，淬剑染帛，色各不同，煮粥烹茶，味亦有异。”说不同的水，淬剑效果是不同的。

用地溲淬火的记载约始见于元，及明，卢若腾《岛居随录》卷下、《本草纲目》卷九“石部·石脑油”、《天工开物》卷十四“五金·铁”、《物理小识》卷八等都曾谈及，所述多与《格物粗谈》相类；唯《物理小识》卷八“器用类·淬刀法”内容较为丰富，除地溲外，它还谈到了多种淬火剂：“山间水出而殷者曰绣水。淬刀刻玉，地溲也。一曰虎骨朴硝酱，刀成之后，火赤而屡淬之。”此“绣水”，当是一种含有铁氧化物之水。“地溲”如前所云。“虎骨、朴硝、酱”，为含碳、含氮物质，酱内还含食盐；因淬火停留的时间是很短的，故这些混合物便只能起到淬火剂的作用，恐怕很难渗碳或渗氮。前炼钢部分提到，清徐寿基《续广博物志》第八“制造”说到过一种淬炼法，其淬火剂有硝黄、盐卤、人溺，将之“合置器内，取铁烧透，俟其红时淬之，每淬一次，则锤炼一次”。此硝黄、盐卤、人溺的作用与此也相类似，大体上也只能是一种淬火剂。

明代青铜器使用量已经较少，但关于青铜淬火的记载却更为明确。李时珍《本草纲目》卷八“金石·锡铜镜鼻”条说：“锡铜相和，得水浇之极硬，故铸镜用之。”方以智《物理小识》卷八“铸法”载：“锡铜相和，得水浇之极坚。”这在本书第六章第五节已经提到。这充分说明了我国古代青铜淬火技术的发展和人们对它的深刻认识。

我国古代的钢铁回火技术至迟发明于春秋晚期，长沙杨家山钢剑的组织便与高温回火态相当。许多战国汉唐镜皆呈回火态；汉后的钢铁回火组织虽不多见，但文献上常说一些古剑舒曲无方，且较锋利，如若未经回火，这种性能是不易得到的；直到清代，徐寿基《续广博物志》第八“制造”还有类似的说法：“苗人炼铁成刀，屈之可缠于腰际，引之则直，须以巨毛竹卷去之。”这显然也应是经过了回火。前引《物理小识》卷七说刀口淬后而“再烘”，自然也是一种回火。文献上关于回火处理更为明确的记载始见于清，清陈克恕《篆刻针度》卷七在谈到炼刀法时说：刀经多次淬火后，“仍用火烧红寸许，取悬火上，刀口昂出火外，渐渐退出。相其口上变色转白，未可即淬，淬之则脆。既而转黄转青，淬之适中可用，太迟则火候过矣。”从操作过程看，这显然是一种回火。这记载虽然较晚，但却非常明确。此书成于乾隆五十一年（1786 年），稍后的叶尔宽《摹印传灯》也曾引用。

明代对退火技术的利用已十分熟练，不管钢铁器，还是铜器，不管是加工过程中，还是加工终了，不管消除应力退火，还是组织均匀化退火和再结晶退火，都能视需要而作出适当的处理。前云拉拔制针，入釜渗碳时先作“慢火炒熬”，便是消除应力退火；前云倭铅配制的黄铜，须“出炉退火性”，之后才能锻打，这是组织均匀化退火。另外，《天工开物》卷十“锤锻·锉”条说：锉若因“久用乖平”，便“入火退去健性，再用錾划”。此便是再结晶退火。锉在制作过程中需经淬火，组织中当有马氏体，退火后便可回复到珠光体组织，以便錾划。

二、化学热处理的新发展

我国古代的化学热处理技术约发明于先秦，兴起于魏晋南北朝时期，当时的工艺主要是表面渗碳，多用于刀剑刃口的局部处理。明清时期，化学热处理技术有了进一步发展，且出现了碳氮共渗，即氰化工艺。

明清渗碳法的主要成就是使用了“釜式”渗碳，即前引《天工开物》卷十“锤锻”谈到的渗碳制针工艺。其实，渗碳钢之渗碳，化学热处理之渗碳，技术原理是一样的；唯针作了整体渗碳，故将之作为“制钢”法；如若只作表面或局部处理，便属化学热处理范围。自然，我们并不能排除明人曾用这种“釜式”渗碳法作局部或表面处理的可能性。

此期渗碳技术的另一成就是使用了一种膏状渗碳剂，其始见于明代初期，之后许多文献都有记载，清代仍在使用，是此期使用较广的工艺。

刘基《多能鄙事》卷五“钢铁法”载：“羊角乱发，煅过细研，水调傅刀口，烧红磨（淬）之。”此羊角、乱发，皆为含碳物质，如若保温时间较长，自然可起到渗碳作用。明邝璠《便民图纂》卷十六“制造类下·点铁为钢”条、《古今秘苑》卷十二“点钢法”条等，都有大体一致的说法。

前引唐顺之《武编》“前集”卷五“铁”条所说，用“羊角煅灰、粉心水提过、酸酸草烧灰、硝、酱”来调涂刀身，是把渗碳法当成了一种刀花工艺。接着，唐顺之还说了一种局部或者表面渗碳法，“刀方：羊角、铁石、硇砂。”羊角含碳，硇砂含氮，当为碳氮共渗。此铁石作用不明。这是较早提到碳氮共渗的地方。《武备志》卷一〇五亦曾引用过这一内容。

宋应星《天工开物》卷十“锤锻·锉”条也说到过一种渗碳法，“划锉纹时，用羊角末和盐醋先涂。”但这里提到了醋，也是含碳物质，自然可起到渗碳及催渗的作用。

《物理小识》卷八“器用类·淬刀法”所说内容更为丰富，说：“一曰虎骨朴硝酱，刀成之后，火赤而屡淬之。一以酱同硝涂錾口，煅赤淬水。一以羊角乳（乱）发为末，调傅刀口，不必蟾酥涂而自然灰埋也。”此“蟾酥”即蛤蟆皮下的白汁，有毒。“自然灰”的成分不甚了解，《南州异物志》、《本草拾遗》等都有解释。值得注意的是这里还提到了硝，这是含氮物质。或可起到碳、氮共渗的作用。

陈克恕《篆刻铖度》卷七也谈过到一种氰化和渗碳工艺[2]，其云：“炼钢刀法：用菊花钢锻而为刀，刀成乃砺，砺好方炼，用箬皮灰、牛角灰、青盐、硇砂各五六分为末，将醋调涂刀口，向灯火上烧红为度，入清冷水（原注：一法用甘草水，一法即用醋）淬之，复炼如前，药尽而止，炼而再磨。又法，用酒蟹钳觜烧灰存性，仍用蟹酒调涂刀口，入火烧红，复入蟹酒淬之；更涂钳灰上，如前烧红淬酒，愈炼愈坚。”此“菊花钢”，如前所云，为花纹钢；“箬”，竹属；青盐，食盐之一种，为本草家常用之物。蟹钳觜，亦为含碳物质。这谈到了两种工艺，前一种大约为氰化，后一种则为渗碳。但实际效果往往视操作情况定，在碳氮共渗时，若作业温度较高，则以渗碳为主，渗氮强度是较低的。现代氰化处理工件的表面硬度与渗碳相去不远，但耐磨性、抗蚀性能力较强。此两种工艺都采取了反复渗碳，反复淬火的方法。叶尔宽《摹印传灯》卷下也曾引用过这段内容。

归结起来，影响菊花钢表面花纹的因素主要有二：一是表面渗碳、渗氮而造成的成分和组织不均；二是淬火造成的组织不均匀。日本刀的烧刃文与此有异曲同工之妙，其刃文的成因亦有两方面：一是表面烧土涂附不均，使其脱碳不均，而造成的表面成分和组织之不均；二是淬火造成的组织不均。这两种花纹在技术上的关系也是显而易见的。

三、生铁淋口技术

依渗碳剂的物理形态，我国古代金属表面处理工艺约有三种类型：即固态渗碳法、凝膏渗碳法和液态渗碳法。前述“釜式”渗碳制针法属第一种，在刀口刀身上调涂各种含碳含氮物质的属第二种，此生铁淋口则属第三种。生铁淋口是我国古代特有的表面处理工艺。其始见于明；经调查，20 世纪 70 年代浙江永嘉一带，80 年代河北晓阳等地仍有使用。

《天工开物》卷十“锻锤·锄镈”条载：“凡治地生物，用锄镈之属，熟铁锻成，熔化生铁淋口，入水淬健，即成刚劲。每锹、锄重一斤者，淋生铁三钱为率，少则不坚，多则过刚而折。”古代“熟铁”的含碳量大抵与现代可锻铁相当，此“熟铁”可做锄，且可用于生铁淋口，约与现代低碳钢相当。此云操作要点是：以生铁水为渗碳剂，将之浇淋到锄镈的表面，令碳分渗入，之后锻打、淬火。锻打的目的，一是锻平，二是均匀表面成分。从传统工艺调查来看，生铁浇淋的部分通常是锄镈上表面，锄镈使用过程中便可起到自然磨刃的作用，越用越锋利。这类工件的刃部组织当是：最上层为生铁，依次为过共析、共析、亚共析钢，中心和下表面为器件基体组织[3]。

在长期流传和使用过程中，生铁淋口又演变出了一些新的操作。其中一种的具体做法是：将生铁块均匀地撒到待处理的工件表面，之后一起入炉加热，令生铁熔化、渗碳。为使生铁在表面上均匀分布，熔化后须以铁钩将之拨平。渗碳后须热锻一次，目的亦是锻平和均匀表面成分。20 世纪 70 年代时，此工艺仍在浙江温州、河北一些地方流传。

上述三种表面渗碳工艺中，“釜式”渗碳法适用范围较宽，既可加工稍大的工件，也可加工针一样的小件，可作整体渗碳，也可作局部和表面渗碳，近现代仍在我国农村广为流传，常用来处理一些农具和手工业工具[4]。“凝膏”渗碳法主要用在各类刀具上，用作刀花及刃部渗碳和氮化，近现代所见较少。生铁淋口主要用来处理锄镈类农具的刃口。

第九节　关于宣德炉及明代的金属表面处理

明清金属表面处理的内容较为丰富，镀金镀银镀锡、贴金泥金商金、硫化处理、镀铜、一般铜器之仿古、宣炉仿古，以及云南地区的斑铜、乌铜技术等，把金属表面打扮得五光十色，光彩夺目。表面渗碳、渗氮也可归于表面处理，但习惯上常归入化学热处理范围。宋应星《天工开物》还谈到过一种砒“染铜”的工艺，有关情况在本章第四节已经提到。斑铜、乌铜技术因明清时期的资料较少，一并放到下章，即“保留至今的传统冶炼和加工技术”中再谈。今主要谈一下宣炉及其诸色仿古、一般铜器之仿古和镀铜、镀金、镀锡技术等。

“宣炉”，或“宣德炉”，是明宣德三年（1428 年），由明宣宗朱瞻圣谕，由工部制作的一批鼎彝器的代称，名之为“炉”，其实还包括鼎、鬲、甗、簋等祭祀用器。其从合金成分选择，到铸造和表面处理技术，都表现了高超的技艺，尤其是表面仿古工艺，其“宝色内涵，珠光外现”[1]。数百年来，一直受到世人推崇，是汉后铜器技术的又一杰出成就。

一、关于宣德炉及其诸色仿古

（一）关于铸造宣德鼎器的缘由

据吕震等《宣德鼎彝谱》卷一载：宣德三年（1428 年）三月，因有暹罗国王贡来风磨铜，明宣宗因“郊坛、太庙、内廷，所在陈设鼎彝，式范鄙陋，殊乖古制”，而命工部铸作。器物式样“悉仿《宣和博古图录》及考古诸书，并内库所藏柴、汝、官、哥、均、定各窑器皿款式典雅者”。该书卷一云，第一次铸制了 117 种，3365 件，皆为鼎彝器；该书卷五云，年底补铸了 15684 件，其中包括部分非鼎彝器。依此，宣德三年所铸宣炉总数便为 19049 件。但今世有人估计，此总数应为 18000 件左右[2]。但也有学者认为“宣德铸炉，综计不过五千余座”[3]。圣谕是由司礼监太监吴诚宣示的，敕谕工部尚书吴中执行。由礼部尚书吕震、太常寺卿臣周英，以及太监吴诚等汇著器物图谱进呈，由吴诚监督冶铸。最后，吕震等又奉敕将有关资料编次成册，即今日所见《宣德鼎彝谱》一书，这是我们直接了解宣炉冶铸事项的宝贵资料。在这批鼎彝器中，也许是由于“炉”最引人注目，或后人仿制者最多的缘故，随着岁月的流逝，“宣德炉”或“宣炉”，就成了这批鼎彝器的代称①。

自明代起，民间对铸造宣炉的原因便有了种种误传，说其为“某库偶灾，金银杂铜锡化作一团，命以铸炉。”[4]对此，明天启年间的项子京在《宣炉博论》中便已说得十分明白：（1）“金银铜玉，刚柔之质不同；其性也，则各不相入，忌能一熔即合”？（2）“或金银铜铁同熔者，付分金炉可以各项销出”。（3）“查宣庙日录，自登极以至升遐，十年之内，并无内藏被灾之事”。这些话都说得十分在理。

（二）关于宣德鼎彝器的合金技术和熔炼技术

《宣德鼎彝谱》卷一、卷二记载了工部呈进御览的第一批鼎彝器的用料疏，其中包括各种物料的名称、数量和用途。其金属用料是：（1）暹罗国风磨铜31680斤，“此铜作铸造鼎彝诸器用”；（2）倭源白水铅13 600斤，文献上说“此铅作铅砖，铺铸冶局地杂用”；（3）倭源黑水铅6 400斤，文献上说“此铅作铅砖，铺铸冶局地并杂用”；（4）日本国生红铜800斤，“此铜作烊铜用”；（5）贺兰国花洋斗锡，640斤，“此锡作烊铜用”；（6）此外还有黄金、白银、水银，作鼎彝器之商、嵌、泥、流（鎏）等之用。自然，此“暹罗国风磨铜”即黄铜，在《宣德鼎彝谱》中又曾称之为暹罗国洋铜，是铸造宣德炉的基本用料。“日本生红铜”即是普通红铜，“贺兰国花洋斗锡”即金属锡，此二者都是用来调剂合金成分，并改造合金铸造性能的辅助性材料，即所谓“烊铜”、“烊锡”。“倭源白水铅”和“倭源黑水铅”的用量较日本生红铜和花洋斗锡都大，但其是为何物，为何用来“铺地”？则疑问颇多，学术界也有不同看法，下面再作讨论。可知宣德鼎彝器是以黄铜（风磨铜）作为基本原料铸成的。但值得注意的是，其成分配比却难得详知：一是作为基本原料的风磨铜成分难以了解；二是铜作反复熔炼的程度和锌的烧损量不明；三是“作为重要原料的“倭源白水铅”、“倭源黑水铅”的真实含义和用途不明。由前第三节、第五节的大量文献记载看，明代黄铜器多属“三七黄铜”或“四六黄铜”，而文献上又说宣炉色泽十分艳丽，故我们推测，其当以四六黄铜为夥。

宣炉的熔炼十分讲究，通常都要反复多次。吕震等《宣德鼎彝谱》卷六所载诸器有“五炼”、“六炼”、“八炼”、“十炼”、“十二炼”等说。如大明之神供奉三足金乌鼎，重18斤6两，“十二炼洋铜铸成”；夜明之神供奉玉兔朝元鼎，重14斤9两，“十二炼洋铜铸成”；风伯之神供奉巽宫卦象鼎，重15斤9两，“十二炼洋铜铸成”；雷达公之神供奉震宫卦象鼎，重9斤4两，“十炼洋铜铸成”；先农之神供奉一元大武鼎，重1斤，“八炼洋铜铸成”。其中使用较多的是“十炼”。不管是“十炼”还是“十二炼”，具体操作书中并未说明。将近200年之后，天启年间项子京的《宣炉博论》有过一段追述，但依然说得不太清楚，今引述如下。云：“昔闻一老中贵言，宣庙当铸冶之时，问工匠曰：‘炼铜何法，遂至精美?’工奏云：‘凡铜经炼至六，则现珠光宝色，有若良金矣。’宣庙遂敕工匠炼必十二，每斤得

① 参与主持此事的太子太傅礼部尚书吕震等编撰《宣德鼎彝谱》一书时，从书的名称到内容，都是“鼎彝器”一名；天启丙寅（1626年）项子京撰《宣炉博论》一文，便以“宣炉”来概括了宣德三年（1428年）铸造的所有鼎彝器。

其精者才四两耳，故其所铸鼎彝，特为美妙云。”中贵，显贵的侍从宦官。可见，吕震和项子京之说基本一致，都说宣炉之铜是经过了多次熔炼，乃至“十炼”、“十二炼”的。具体操作虽未详知，但不管怎样，有两点应是肯定的：（1）其风磨铜要反复熔炼多次。（2）熔炼过程中必有大量的金属烧损，其中主要是锌，其次是铅、锡、铜；为此，必须要追加这些金属。从现代技术原理看，这种反复熔炼的优点是：因黄铜液中锌的蒸气压较高，锌的挥发可防止和减少合金吸气，并带走铜液中的部分气体和杂质，故若控制得当的话，经多次熔炼，多次加锌，便可进一步排除气体和夹杂，从而达到提高质量的目的。宣炉质地较好，与此当不无关系。一般金属在熔炼过程中常会发生吸气，有时还会过烧。黄铜熔炼过程中，这两种倾向都是较小的。这种反复熔炼的缺点是：金属烧损量较大。老中贵说有时每斤才得四两，烧损率高达75%，这是相当惊人的。当然，此乃极而言之，少不得有些夸张。

对宣炉的合金技术和熔炼技术，清代文献也有记载。清王棠《知新录》卷二五载：“宣庙欲铸炉，问工何法炼而佳？工奏：‘炼到六，用炉甘石点，则现宝光殊色，异恒用矣。’上曰：‘炼十二。’”其说到了炉甘石点化，这是很值得注意的。

关于“倭源白水铅”和“倭源黑水铅”的含义和真实用途，目前学术界至少存在两种观点：一种观点认为“倭源白水铅即锌”，“倭源黑水铅为普通黑铅”，它们都是用来铸造宣炉的原料。这是1925年王琎在研究我国古代黄铜时提出的，并认为：“所可异者，《宣德鼎彝谱》对于二铅俱言作为铅砖，此必记载之误，或则当时不欲以掺杂他金属于纯铜之事上奏故言铺地。”[5] 1964年，张子高在《中国化学史稿》一书中大体上亦承袭了这一观点，但他把倭源黑水铅剔了出去，有些地方表述得没有王琎明确。其认为：“铸造宣炉的成分主要是铜、锌（原注：倭源白水铅）、锡三者，而铅（原注：倭源黑水铅）不与焉。”其认为倭源黑水铅是真正用于造铅砖以铺地的[6]。另一种观点认为《宣德鼎彝谱》用料疏中的“倭源白水铅”不是金属锌，它也不是铸造宣炉的实际用料，而是作铺地砖的。此系1990年周卫荣提出[7]。比较起来，我比较倾向于王琎的说法，但王琎在提出这一观点时，并未说出他的理由，我今推崇这一观点的理由是：风磨铜要作“六炼”，乃至十二炼，肯定会造成大量的金属烧损，这种烧损是需要补充的，倭源白水铅和倭源黑水铅便是这种补充烧损的用料。从现代技术原理来看，上述几种金属中，锌烧损量是最大的，铅次之，锡又次之，铜更次之。从《宣德鼎彝谱》卷一、卷二的记载可知，铜（Cu）烧损后可用日本生红铜来补充；锡（Sn）烧损后可用贺兰花洋斗锡来补充；而大量的锌（Zn）、铅（Pb）烧损却无以弥补，这是不好理解的。依此我们亦认为，“倭源白水铅”是锌、“倭源黑水铅”是铅，这样，锌和铅烧损之事便可得到弥补了。我们对“铺地砖”说亦表示怀疑，它不但是浪费，而且会带来许多操作上的不便；所谓“铺地砖”和“杂用”，很可能是用料疏作者，或《宣德鼎彝谱》作者不便明言，而有意留下的一种隐语。也许有人会说：“倭源白水铅”是金属锌的话，我国用锌的历史便推到了明代早期。我们以为，这是可能的；前面谈到，五代便有了“白铅”一词，嘉靖时期南方北方的多个地方都生产了倭铅，朝廷亦大量地用它铸钱；故明代早期用锌当属可信。所以从技术上看，将“倭源白水铅”和“倭源黑水铅”分别解释成为金属锌和金属铅是较为恰当的。

1925 年，王琎分析过两件疑为宣炉的铜器，其中一件颜色较深，其称之为“黄铜”，成分为：铜 52 .7%、锌 20.4% 、铁 12.1%、锡 4.4%、铅 2.3%；另一件颜色较浅，其称之为“白铜”，成分为：铜 48.0%、锌 36.4%、铁 2.3%、锡 2.7%、铅 3.7%[5]。两标本的来源无考。在此值得注意的是它们都含有一定的铁。一般而言，铜料中是不应含铁的，铜液经高温反复精炼后，铁基本上应被氧化去除；而宣炉用料疏中又不含铁料，故此铁系伪造者羼入无疑，其目的是使伪作之器显黄。这两器都不应当是真“宣”。颜色较深的一件，含铁量高达 12.1%，肯定会影响到宣炉光泽和美观的。

（三）关于宣德鼎彝器的铸造技术

由《宣德鼎彝谱》的记载来看，宣炉铸造使用的主要是出蜡法。在用料呈册中，与造型有关的物料主要 4 种：（1）黄蜡，540 斤，呈册说“此蜡作鼎彝蜡模坯用”。（2）黄砂，6 石，呈册说“此砂和黄蜡等，作鼎彝模坯用”。（3）大毛樫竹，300 茎，呈册说“此竹作鼎彝模坯箍匝及杂用”。（4）琉球国安澜砂，160 斤，“此砂作鼎彝点染、磨光模坯用”。这四种物品皆是出蜡法造型所需之物。当然，翻砂法也需黄砂和大毛樫竹，但呈册中未见翻砂法的其他用料，故翻砂法即使使用，也是处于次要地位的。关于出蜡法的具体操作，宋《洞天清录》、明《天工开物》等都有记载，前面亦曾引述，不再琐言。

由 Cu－Zn 二元相图可知，黄铜的结晶温度范围较窄，故流动性较好，形成晶内偏析和疏松的倾向较小。同时因锌易挥发，可防止吸气，故黄铜的气孔很少、组织较为致密，故宣炉用黄铜铸造，从铸造性能上看，也是一种较好的选择。

宣炉铸好后，须经多次打磨。《宣德鼎彝谱》卷二所载打磨用料有：杨木烰炭，1200 斤，“作鼎彝磨光用”；光砂，1000 斤，“磨光鼎彝用”；玉田砂，6 石，“作磨光鼎彝用”。

（四）关于宣德鼎彝器的表面处理技术

宣炉仿古包括两大方面，一是形制，二是色泽。这两方面的参照物都主要是考古诸书和内廷诸器，其中最引人注意的是其表面颜色。项子京《宣炉博论》赞道：“宝色内涵，珠光外现，淡淡穆穆，而玉毫金粟，隐跃于肤理之间。”

从《宣德鼎彝谱》的记载来看，宣炉表面的底色主要有三种：（1）本色。若为四六黄铜，则其色类金，灿烂辉煌。（2）镀金镀银，其中有全镀和局部镀之别。全镀即文献中所说的“赤金纯裹”、“白银纯裹”；局部镀则又有“覆祥云”、“涌祥云”等之别。（3）仿古诸色。如青绿色 、蜡茶色、深蜡茶色、蜡茶本色；棠梨色、棠梨本色；藏经纸色、淡藏经纸色、深藏经纸色；枣红色、青瓷色等等。《宣炉博论》说：“凡宣炉本色有三种，流金仙桃色，一也；秋葵花色，二也；栗壳色，三也。而仙桃色为最，秋葵花色次之，栗壳色则又次之耳。”在本色、鎏金、仿古诸色地上，都可镶金镶银，其中最令后人赞叹的是纯仿古诸色。

对这诸色仿古的具体工艺，《宣德鼎彝谱》未作详细说明，用料呈册中只留下了许多原料的名称、数量和用途。如：天方国番硇砂，288 斤，“此砂作鼎彝点染硃砂斑色用”；渤泥国紫矿石，240 斤，“此石作鼎彝点染枣斑色用”；渤泥国胭脂石，作“点染桑椹斑色用”；金丝矾，作“点染蜡茶色用”；鸭嘴胆矾，“点染鹦羽绿脚地用”；黄明矾，“点染蜡茶色脚地用”；白明矾，“点染各色脚地用”；辰州府硃砂，作“硃砂斑色用”；石绿，“点染石绿斑色用”；铜绿，“点染绿色脚地用”；黄丹，作“铅古色脚地用”；硼砂，作“水银古脚地用”；无名异，作“青磁色用”；云南棋子，作“磁泑色用”；云南料石，作“磁泑色用”；等等。这些物料中，大多数都是我国古代方术家、技术家常用之物。如无名异，即氧化钴矿，是青花瓷作色的重要用料；硼砂可起到清除表面氧化物的作用。所列物料虽多，但今人依然很难了解诸仿古配方和操作过程。项子京《宣炉博论》曾对青绿色仿古工艺作过一番追述，说“闻之老铸工云：宣炉仿古青绿者，取内库损缺不完三代之古器，选其色之翠碧者，椎之成末，以水银、法药等和倾入洋铜汁内，与铜俱熔。器成之后，覆以青绿、硃砂诸色，用安澜砂化水银为汁，调诸色，涂抹炉身，令遍入，猛火次第敷矣，至于五次，则青绿之色沁入炉骨，复以白蜡熔化烘渍炉身，擦以棕帚，揩以布帛，则内外青绿、硃砂斑垤起，即以利刃剔之亦不遽去，妙者可与三代汉魏之器无殊”。这里谈了前后两道工序。从现代技术原理看，第一道工序，即将作色诸药“和倾入洋铜汁内，与铜俱熔”，这作用是不大的。因其投入熔汁后，水银会立即挥发，各种金属和非金属的氧化物，都会进入炉渣，并在反复熔炼时被排出熔炉之外，对宣炉表面呈色很难产生明显的影响。若这些“法药”在熔炉内已被还原，还原出来的金属就会进入合金，成为一种合金元素，但因其数量极少，对表面呈色未必能起到明显的作用。第二道工序，即“器成之后”的各项处理，应有一定道理，但到底其成色机理如何，其中又生成了何种物质，则因记述不详，亦未对宣炉作过表面分析，很难做出肯定的结论。但我们以为这至少有两种可能：一种可能是，这整个过程与瓷器之施釉、铜器之施珐琅相当，此法药是一些低熔点化合物，在猛火下融熔如“瓷釉”和“珐琅质”一般，均匀地覆于铜器表面。另一种可能是，这整个过程大约与金属表面着色和染色相当，在猛火和法药的共同作用下，器体本身表面形成了多种结构形态和颜色不同的氧化物、化合物。如在铜的氧化物中，氧化铜（黑铜矿 CuO）呈黑色，氧化亚铜（赤铜矿 Cu_2O）呈红色。当然这两种可能性也可同时存在，都可达到“利刃剔之亦不遽去”的效果。关于宣炉表面形成了珐琅质的观点，往日也有学者提起[3]。不管珐琅工艺，还是着色染色工艺，迄今仍有使用，后者还得到了较大的发展。现代金属表面着色和染色，有化学法、热处理法等，目的是在金属表面产生一层有色膜或干扰膜。在极薄时，干扰膜自身几乎不显示颜色，而金属表面与膜的表面产生光的反射作用时，光波相互抵消，便会呈现各种不同的颜色；膜的厚度不同，颜色也会由黄、红、蓝到绿，逐渐发生变化，及至显示膜的本色。宣炉诸色仿古能获得如此高的成就，主要原因是：（1）它较好地总结了我国古代金属表面处理技术，尤其是宋代以来仿古技术的经验，各项操作更为讲究。（2）宣炉所用大体上为简单黄铜，色泽较好，耐蚀能力较强。一般青铜器皆含铅，从色泽到耐蚀力，都是不得与之相比的。有关一般铜器诸般色态仿古的情况，下面还要谈到。

20 世纪 80 年代以来，我遍访南北多省，一直希望分析一件带有“珠光宝色”的宣炉标本，然一直未能如愿。不但真宣未曾看到，连较好的假宣亦未见及，而今窃以为，凡明清宣德款式炉，只要标本的工艺精到，宝色内涵，珠光外漏，不管“真宣”还是“假宣”，都有研究价值。前引《宣炉博论》只举例说到了仿制青绿色宣炉的工艺，其他诸色仿古则未提起。看来这些不同色态的工艺是既有区别也有联系的，关键是调剂好配料成分和掌握好火候；药料，以及温度、气氛、时间不同，化合物的结构形态和数量都会出现差异的。

（五）关于宣炉对后世的影响

宣德鼎彝器铸出后，虽大部分收于皇宫之内，少部分分赐郊坛、文庙、大成殿、五岳祠，京外的寺观，以及王府、功臣、太监等。但其优美的造型、精致的铸造和加工，艳丽的色泽，很快便在社会上引起了强烈的反响。真品难得，人们便争相仿造，由明代，到清代、民国，此风久盛不衰，这在历史上是不得多见的。虽是仿造，个中却不乏高超之人和精美之品。

最早的宣炉仿造约始于宣德五年（1430年），仿造者是工部官臣吴邦佐，他曾参与过宣德炉的铸造，所仿之物可与真宣媲美。此外，同一时期的尚有高氏等人[8]。万历末年，金陵有甘文堂者，精于鼓铸，以乳炉称佳，敷色枣红而稍淡，俗称猪肝色。吴中还有周文甫，亦以铸冶名世，以鱼耳蚰耳两种最佳，从敷色到款式，皆为甘氏所不及[2]。据项子京《宣炉博论》说，明天启年间，宣庙官铸鼎彝，已是“真者十一，赝者十九”，“真正宣炉绝稀，赝器恒众”。故而今世之诸鉴赏家多为耳食，未见真龙，真伪不辨，这也是今日宣炉研究之最大难点。窃以为，在存世的“宣德”款式物品中，大约只有两类可定之为真宣：（1）在公私收藏品中，有确切的文字档案，证明其身世清白者。（2）在西部省份的高山古刹中，有确凿的文字资料，说明其为明清宫廷所赐者。除此二者之外，传世的各种宣炉款器，都是真伪难辨的。

仿宣古色的具体操作，也如同真宣工艺一样难得真切了解。明张应文《清秘藏》卷上“论古铜器”条载：“宣庙铜器制度极雅，然花纹者绝少。底款用扁方文印（原注：阳印‘大明宣德年制’六字），作小楷书，极遒劲完整，其色止蠟茶、鋈金二种（蠟茶以水银浸擦入内，熏洗为之，鋈金以金铄为泥，数四涂抹，火炙成赤。用工用料俱异常品。非若青绿、朱砂斑、黑漆、水银等色，可草草点缀而成）。”这是较早提到仿制宣炉古色的地方之一。清代匠作则例的《广储司磁器库铜作则例》（圆明园二册十九），在谈到豆的仿古诸色时，谈到了如下几个用料配方：

“烧棠梨古色见方一尺用：石硇一钱五分，盐硇一钱五分，西碌一钱，胆矾一钱，白蜡一钱，磨炭五钱，磨石二两，黑炭二斤。”

“烧青碌古色见方一尺用：石硇一钱，盐硇一钱，西碌一钱，胆矾一钱五分，黄蜡五钱，磨炭五钱，磨石二两，黑炭二斤。”

“烧柳青古色见方一尺用：石硇一钱，盐硇一钱，西碌一钱，胆矾一钱五分，白蜡一钱，磨石二两，磨炭五钱，黑炭二斤。”

“烧宣铜秋葵古色见方一尺用：石硇三两五钱，西碌一钱五分，磨石四两。”[9]

值得注意的是，这每一种仿古工艺都突出了一个“烧”字，但所用物料却变化不大；看来它也是借助于温度控制来完成的。与《宣炉博论》所云当大体一致。

近世民间也有各种不同的仿宣工艺，有的并无太多的“法药”。据传，有一种操作是：先用山楂等类酸洗，以去除表面氧化物，并使表面活化；后用猛火次第敷攻，在不同的温度和气氛下，依据氧化物的结构形态和数量，表面上便会呈现出各种不同的色泽来，最后打蜡。据说有的还要辅之以双手抚摸。

二、明代一般铜铁器的表面处理

（一）一般铜器的诸色仿古

我国一般铜器之诸色仿古工艺在宋代便已相当发展，宋、元、明、清的许多文献都有记载。有的在常温下进行，有的需要加热，多属化学腐蚀着色。

明初《多能鄙事》卷五载："造硃砂斑，先以古铜器于火上烧去油污，用好米醋涂之；再烧去油，却以白矾、硼砂等分为末，醋和乱点上，用火烧之，微红，以枫木炭打磨，色如胭脂，甚好。"此基本操作也是去污、铺药、火烧、打磨。

《多能鄙事》卷五还谈到过伪作其他颜色的方法："点铜器物，硇砂、寒水石（原注：各半两）、金丝矾（原注：二钱）、胆矾（原注：三钱），右为细末。以青盐水调，先将铜器用绿矾和盐水涂一次，火上烧；凡涂三次了，却上药，令乾，再上；掘地作一坑，用炭火烧令红，用醋沃之，乃入铜器于内，以醋糟盖其上，仍掩以土，半月出之，洗、乾，用黄蜡揩，自有诸般颜色。"这方面的资料较多，明高濂《论新铸伪造》更有大段文字，描述了伪作古器的详细过程。不再一一引述。宣炉工匠在仿古的基础上作了许多的创新，从而把金属着色工艺发展到了空前的高度。

（二）铁器之"镀铜"

明代文林《琅琊漫抄》载："山西铁冶铸火盆、面洗之类，出炉乘红刷以胆矾水，作生铜货之，受欺者多矣。"此工艺原理与胆水炼铜是一样的。但此金属置换的目的不是获得金属铜，而是使铁器表面覆盖上一层薄薄的红铜。它已不是湿法冶炼，而成了一种表面处理。"镀"的本义是"塗"，此工艺操作显然与塗存在一定区别。从现代技术观点看，此大体可归入化学镀铜的范围。

（三）镀金镀锡

镀金技术在我国发明较早，且一直沿用了下来。明清时期，最为讲究的当是宣炉镀金。《宣炉博论》载："宣炉有流金一种，皆宣庙御用之贵品也。流口耳之间，名覆祥云；流腰腹之间，名金带围；流底足之间，名涌祥云。复有商金、渗金之类。其流金之炉，非十二炼之铜不流。炉铸成之后，先以水银和法药，薰染入骨，复以赤金制铄成泥涂之，炽火炙逼，沁入炉身，其赤金色，自浅淡以至深浓，次第熏染，十有余次，然后金光耀目，宝色腾眸，所费不訾。"流，同鎏，即镀。我国古代镀金技术发明较早，但像如此详明的记载，前此尚不多见。《物理小识》卷七等也谈到过镀金操作。不过《墨蛾小录》卷二说到的"铁上镀金"、"铜上镀金"，其实都是一种贴金。

前第六章第六节谈到，明《墨娥小录》卷二"博古绪余·铰铜"有一段关于一般铜器镀锡的文字，说明这个时期，或更宽的时间范围内都存在一般铜器的表面镀锡技术。有关文字不再引述。

（四）铜镜表面绘画

《墨娥小录》卷二"博古绪余·点药镜"条载："雌黄入些粉霜、硇砂细研，用胶水调，任意于镜上描画鸾凤花草，候干，火烧片时，以磨镜药磨去，其画自见。”[10]雌黄，化学式为As_2S_3；此法的具体效果如何，未曾试过；加热过程中很可能发生了表面渗硫渗砷，从而发生颜色差异而形成花纹。

第十节　宋应星及其《天工开物》的科技成就

我国古代的文化典籍浩如烟海，但包含了多个学科的技术性专著却不多见，其中较为重要的大约只有两部，一部是先秦时期的《考工记》，另一部便是明末宋应星的《天工开物》。我国古代技术，尤其是冶金技术中的多项重大成就，都是由它们最先记述下来的，故在中国科技史、世界科技史上都占有重要的地位。这些科学巨著的出现，既是编著者们辛勤劳动的结果，更是科学技术自身发展规律和某一时代的政治、经济、文化发展的一种反映。《考工记》的情况已如前述，下面主要谈一下宋应星和《天工开物》[1]。

一、宋应星的生平

宋应星，字长庚，江西奉新人。明万历十五年（1587 年）出生于一个官宦之家、书香门第。万历四十三年（1615 年）时，与其胞兄宋应昇参加乡试，同时中举。但在这之后的 15 年内，其兄弟二人先后 6 次进京会试[2]，皆未及第。遂对科举失去了信心，便转而为官，并同时从事科研和著述。

崇祯七年（1634 年），宋应星任江西分宜教谕，这是个未入流（九品以下）的文职官员。崇祯十一年（1638 年）升任福建汀州推官，掌勘问刑狱，政绩堪佳。清同治十年增修的《分宜县志》卷六“职官・教谕”条载：“宋应星，奉新人，举人，崇祯七年任。升汀洲府推官，有贤声，汀人肖像祀之。”崇祯十六年（1643 年）又迁安徽亳州知州[3]。清顺治《亳州志・职官志》（1656 年）载：“宋应星，江西举人。视亳州值兵变之后，官署悉被寇烬，公捐橐更新，招集流亡。又买城南薛家阁，将建立书院于其所，惜志未就而去亳。”甲申（1644 年）之变，清顺治北京登极。宋氏兄弟皆忠于明室，不愿为满清贵族效力，之后成为明之遗民。卒年无考，估计为清顺治末年到康熙初年。

宋应星著述甚夥。现知的有《画音归正》、《原耗》、《杂色文》、《美利笺》、《春秋戎狄解》、《野议》、《思怜诗》、《论气》、《谈天》，以及《天工开物》等 10 余种，前 5 种皆已散失，其中影响最大的是《天工开物》。此书系宋应星任分宜教谕时写成，崇祯十年（1637 年）付梓。这许多著述的出现，是宋应星长时期注意调查研究、热爱科学技术、关心社会的一种反映。

二、《天工开物》的主要内容及在冶金技术上的成就

（一）《天工开物》的主要内容

《天工开物》全书 18 卷，依次为：乃粒（五谷）、乃服（纺织）、彰施（染色）、粹精（粮食加工）、作咸（制盐）、甘嗜（制糖）、陶埏（陶瓷）、冶铸（铸造）、舟车（车船）、锤锻（锻造和金属加工）、燔石（非金属矿的开采和烧制）、膏液（油料）、杀青（造纸）、五金（金属冶炼）、佳兵、丹青（朱墨）、麯蘖（酿造）、珠玉。此卷目名称古朴典雅，排列顺序反映了宋应星在序言中所说，“乃贵五谷而贱金玉之义”，即与人民群众须臾不可忽缺的内容前置，与人们日常生活相

去稍远的后置。

与历代相比较，明代的科学技术都具有承前启后的作用，且往往具有“集历代之大成”的特点，它一方面总结了前人的优秀成果，另一方面又有许多创新。《天工开物》自然也是这样的。此外，《天工开物》在内容上还有两个特点：

（1）涉及技术门类较多，不但包含了农业、手工业的一些重要部门，而且包含了不少平素不受人重视的一些百姓日用技艺，如甘嗜、燔石、膏液、麴蘖，以及部分粮食加工、金属加工技术等。

（2）本书大多数内容都是作者亲自调查、收集来的，其中许多重要技术皆属首次见于记述，甚至是独家记述，从而区别于宋、明时期许多编纂式文字。这也是宋应星超越于他人之处。

（二）《天工开物》在金属技术方面的成就

前面谈到，在世界文明发展史上，我国的冶铜术和冶铁术并非是最早发明的，但皆“后来者居上”，并很早就建立了古代世界最为光辉灿烂的青铜文明和铁器文明。数千年来，我国的金属技术取得了许多重要成就，可以说直到明代晚期为止，其总体水平在世界上依然是处于领先地位的，《天工开物》正好反映了这一先进水平，这在前面皆有说明，今再归纳一下。

（1）最早详细地记述了炒钢冶炼的操作过程，独家记述了串联式炒炼法。

炒钢法是我国古代可锻铁生产的基本工艺，有关记载始见于东汉，之后，历代文献皆有提及，但系统地专门介绍，却是到了明代才在宋应星《天工开物》中看到。其中关于串联式炒钢法的记载则是我国古代文献中的独家记述，此前此后，很少再见其他文献提及。

（2）记述了灌钢工艺在明代的新发展。

灌钢法是我国古代高碳钢、优质钢生产的基本工艺，其始见于东汉时期，此后，历代文献皆曾提及。明代有了进一步发展，据《天工开物》卷十四“五金·铁”条载，基本操作是将生铁置于“熟铁”上，上盖破草履，下涂泥，与宋代相比较，简化了操作，也提高了生产率。

（3）最先完整地记载了箱式渗碳法的操作过程。

我国古代的渗碳制钢法约始于先秦时期，最初的渗碳用原料是块炼铁，汉后改用了炒炼铁。最初的渗碳设备可能是普通锻炉，或与可锻化退火相类似的窑炉，之后才发展成了“箱式渗碳法”。这中间的演变过程如今还不太清楚。《天工开物》卷十“锤锻·针”条所记箱式渗碳工艺既有较好的渗碳设备、渗碳剂和催渗剂，又有一套标识火候的方法，是一套相当成熟的工艺。

（4）最早记载了炼锌工艺。

我国古代冶炼出来的金属一共8种，即金、银、铜、铁、锡、铅、汞、锌，前7种的冶炼术皆发明于先秦时期，金属锌的冶炼工艺则是到了明代才在宋应星《天工开物》卷十四“五金·附倭铅”中首次见于记载的。该书谈到了炼锌的原料、冶炼设备和基本操作，且有示图，基本原理与现代横罐法炼锌是一样的。这是中国，也是全世界关于炼锌技术的最早记载。从最新的考古资料看，虽印度炼锌技术较我国稍早一些，但其无较早的文字留下。

（5）较早地记述了用出蜡法铸造大型器物的工艺。

我国古代的出蜡铸造约发明于春秋时期，有关工艺操作的记载始见于宋《洞天清录》，但该书只记述了印章类小件器物的铸造工艺，像万钧大钟这样的大型器物的出蜡铸造，却是在宋应星《天工开物》卷八“冶铸·钟”条等中才看到的。铸造大型器物时，须造一个大型浇铸坑，须群炉汇铸，这在设备上、在生产管理和技术思想上，都与小型器物存在较大差别。

（6）详细地记述了我国古代钱币铸造的全过程。

我国古代的钱币铸造始于先秦时期，之后便一直沿袭了下来。从有关考古实物和文献记载看，它采用过叠铸法、出蜡法、泥型、砂型等，但有关具体操作，却是到了明代才在《天工开物》卷八“冶铸·钱”中看到。

（7）最先图示了活塞式风箱的形态。

从现有资料看，我国早期鼓风器应是一种叫做橐的皮囊，之后又发明了木扇，最后才发明了活塞式风箱。风箱的优点是风量大、风压高、效率高。其起始年代或可上推到宋，但宋代的资料还不十分明确。明宋应星《天工开物》卷八“冶铸·钟”条等则确切无误地将之图示了出来。这在机械技术史、冶金技术史上都是一个较为重要的事件。在欧洲，这种活塞式风箱是蒸汽机发明后，在18世纪后期才发明出来。

（8）最先明确指出了响器是一种不含铅的锡青铜，并最先记述了锣钹类响器的成分是“铜八锡二”。

我国古代的青铜响器约始见于龙山文化时期，在《考工记·六齐》中便规定了钟鼎等六种器物的合金成分，钟便是一种响器。但《考工记·六齐》所述并非十分明白，故今人对“六齐”的百分比成分往往又有多种不同理解，甚至有学者认为，“六齐”成分是包含了铅的。在此，《天工开物》卷十四“五金·铜”条关于响器成分的规定对我们正确理解“六齐”合金成分是很有帮助的。

（9）最先记载了高锡青铜的锻造工艺。

我国古代高锡青铜的锻打技术约始见于先秦时期，由汉到宋，有关实物都可看到。前云湖北包山战国墓出土的杓柄，成分为：铜83.388%、锡15.373%、铅0.469%；南阳汉代铜舟成分为：铜79%、锡18.73%，此外还有少量铁、硅、铝。可见这些青铜锻件皆含锡量较高，不含铅或含铅量极低。但有关记载却是到了明代才在宋应星《天工开物》卷十“锤锻·治铜”中看到。高锡青铜锻打，技术难度是较大的。

（10）首先记述了锻打黄铜的技术要点。

我国古代大量生产黄铜的明确记载始见于宋，系统介绍黄铜加工技术的文字却是到了明代才在宋应星《天工开物》卷十“锤锻·治铜”和卷十四“五金·铜”条看到。卷十说：以炉甘石配制的黄铜，不退火即可锻打；以倭铅直接配制的黄铜，须先退火，才能冷锻。这主要是以炉甘石配制者，烧损较多，含锌量稍低，以倭铅配制时，烧损较少，合金含锌量较高之故。卷十四说：“每红铜六斤，入倭铅四斤，先后入罐熔化……唯入打造。”这显然是生产经验的总结。值得注意的是：这里还谈到了加料顺序，即先化铜，后化锌。记述得十分准确、细致。

（11）最早记述了铁锚这种大型器物的锻造技术。

我国古代的大型金属器物一般都是铸造的，锻造者较少。从考古发掘看，我国古代的大型锻件主要是铁锚。有关铁锚的文字资料约属南北朝时期，但有关铁锚锻造工艺的记载却是到了明代才在《天工开物》卷十“锤锻·锚”条中看到的。

（12）最先记载了钢铁拉拔工艺。

我国古代的金属拉拔技术约发明于汉，其始是黄金，到宋才发展成了铜铁拉拔。但有关拉拔工艺的文字记载却是到了明代才在《天工开物》卷十“锤锻·针”条看到。有一点较为重要的是：其使用了一个叫做“铁尺”的模具，这是保证铁线匀细的重要条件。

（13）最先记述了生铁淋口技术，这是一项特殊的化学热处理。

依渗碳剂的物理状态，我国古代的钢铁渗碳技术约有三种不同的操作，即固态渗碳、凝膏状渗碳、液态渗碳。生铁淋口即属后者。生铁淋口的发明年代待考，在古代文献中，此工艺唯见于《天工开物》卷十“锤锻·锄镈”条，其主要用于小农具的表面渗碳，直到20世纪七八十年代，还在我国浙江、河北等地的农村使用。

（14）最先记载了金箔锻打加工技术。

三、宋应星和《天工开物》的技术观

所谓技术观，就是人们对技术本身发展规律、技术与自然、技术与社会的关系、人在技术中的作用和地位、技术的目的等的一种认识。这是人对技术的一种基本看法。《天工开物》总汇了我国古代农业、手工业技术的发展状况和技术成就，一直受世人瞩目，它的技术观也是很值得人们注意的。归结起来，主要包括下列8个方面。

1．肯定自然存在为第一属性的地位，认为人的生产活动、技术活动是不能违背自然规律的。

《天工开物》“序”载：“天覆地载，物数号万，而事亦因之，曲成而不遗，忌人力也哉？”即是说，天地之间，物的种类成千上万，事情也因之错综复杂；通过各种变化而构成了完备的世界，这是人力所不能及的。在此，宋应星把自然力归到了第一属性的地位。“曲成而不遗”，原出《易·系辞上》：“曲成万物而不遗。”

2．认为技术的发展，取决于社会的需要和人的自然欲望。

《天工开物》卷十一“燔石·砒石”条载：砒石“每岁千万金钱速售不滞者，以晋地菽麦必用伴（拌）种，且驱田中黄鼠害；宁绍郡稻田必用蘸秧根，则丰收也。不然，火药与染铜需用几何哉！”意即是说，砒霜每年的销售量都很大，主要是晋地菽麦用来拌种、宁波绍兴一带用来蘸秧根之故。

同书卷六“甘嗜”卷首说：“气至于芳，色至于艳，味至于甘，人之大欲存焉。”即是说：气味要芳香，颜色要艳丽，味道要甘美，这都是人的正常欲望。同卷“饴饧”条载：“饴饧，人巧千方，以供甘旨。”即是说，人的技巧创造了千百种生产方法，都是为了得到甘甜，以满足人的自然欲望。在此，宋应星既肯定了人的自然欲望，同时也肯定了它对技术发展的能动作用。这就把人的自然欲望与人的创造力、人的技术追求紧密地联系在了一起。

3. 重视人的主观能动性在技术发展中的作用。

对于人的作用，宋应星在《天工开物》一书中总是赞不绝口，且常用“精巧”、“心计”一类词来作形容。其卷二“乃服”卷首载：“人为万物之灵。”“乃服·花本”说：“凡工匠结花本者，心计最精巧。”又说：“天孙机杼，人巧备矣。”卷四“粹精·攻稻”在谈到水碓时说：“凡水碓，山国之人居河滨者之所为也。攻稻之法省人力十倍。”“江南信郡，水碓之法巧绝。”宋应星还说有一种一举而三用的水碓，“激水转轮头，一节转磨成面，二节运碓成米，三节引水灌于稻田。”他赞叹道：“此心计无遗者所为也。”卷十四“五金·黄金”在赞叹金箔及其加工技术时说：“盖人巧造成异物也。”

总之，宋应星对于人与自然的关系，在认识上还是比较清楚的，即既要尊重自然规律，又要发挥人的主观能动性。人与自然界，要相互依存。《天工开物》卷一“乃粒”卷首说：“生人不能久生，而五谷生之。五谷不能自生，而生人生之。”同书卷十二“膏液”卷首云：“草木之实，其中韫藏膏液，而不能自流；假媒水火，冯（凭）借木石，而后倾注而出焉。”这两段文献都谈到了人与自然界之间的相互依存。《天工开物》这一书名，则在更深的层次上表示了这个依存关系。“天工”，在我国古籍中一直是与“人工”相对应的，原指自然力言。《尚书·陶皋谟》：“无旷庶官，天工人其代之。”“开物”，当指人对自然的开发和利用，其中突出人的作用[4]。《易·系辞上》：子曰：“夫易开物成务，冒天下之道。”孔颖达正义：孔子说，“易能开通万物之志，成就天下之务，有覆冒天下之道。”即是说：孔子认为：《易经》能揭示万物之真谛，成就天下之事业。依此，“天工开物”的本意便是：自然力创造万物，人类开发和利用万物。这便把自然界的创造力、人类的创造力，紧密地结合在了一起。

4. 重视工具在生产活动中的积极作用。

生产工具是人类利用自然、改造自然、与自然界取得协调的重要手段。《天工开物》一书在谈到各生产过程时，一般都要谈到生产工具，对其结构、各部尺寸、加工和使用方法，都作出了必要的说明，而且谈得较细、较为具体，经常还有示图，也经常对生产工具给予较高的评价。如卷一“乃粒·水利”条谈到了筒车、牛车、踏车、拔车、桔槔等多种水力机械；卷二“乃服”谈到了缫车、调丝车、纺纬车、提花机、腰机等；卷四“粹精”谈到了牛碾、风扇、砻、水碓、水磨、面罗等，许多都谈得较细。其卷六在谈到糖车时，对其结构和各部尺寸谈得尤为具体。

由上可知，宋应星技术观的基本点当是：技术 = 自然力 + 人之主观能动性 + 工具。看来，他是将自然力作为第一属性，而将人的主观能动性、人巧作为第二属性的；工具则是协调人力与自然力的一种手段。人的自然欲望，当也可归入第一属性中。

今人对“技术”也有多种不同的解释，其中一种观点便认为：技术就是制作和使用工具。比较起来，我认为宋应星的观点还是相当全面的。

5. 强调技术的实践性。

实践，是技术的基本属性。《天工开物》一书自始至终都十分强调实践和试验之重要。前面谈到，本书的大部分内容都是宋应星自己调查和收集得到的，这便是他重视实践、重视试验的一种表现。《天工开物》“序”说：“幸生圣明极盛之世，滇南车马纵贯辽阳，岭徼宦商衡游蓟北；为方万里中，何事何物不可见见闻闻？”这也是一种重视调查研究、重视实践的精神。其卷十五“佳兵·火药料”条还批判了那种为进身博官，对火药未经试验便著书呈献的人：“火药火器，今时妄想进身博官者，人人张目而道，著书以献，未必尽由试验。”同卷同条在谈到狼烟时，又进一步谈到了试验之重要性，说：传闻“狼粪烟昼黑夜红，迎风直上，与江豚灰能逆风而炽，皆须试见而后详之。”这种一切都强调试验，强调实践的精神，与近代技术思想是基本相符的。

6. 重视各事物间的数量关系。

从《天工开物》全书来看，当谈到某一技术活动、生产过程时，宋应星都给出了一连串的数字，而不是一个笼统的概念。如前引《天工开物》卷八“冶铸·钱”所说铸钱用黄铜的配比，卷十四“五金·铜”所说加工黄铜的配比，卷十说生铁淋口的用料比，卷十二所说15种油料作物的出油率等，都有许多具体数字。下面再举数例。

设备结构和尺寸所述甚详。该书卷六“甘嗜·造糖”载：“凡造糖车，制用横板二片，长五尺、厚五寸、阔二尺，两头凿眼安柱，上笋出少许，下笋出版（板）二三尺，埋筑土内，使安稳不摇。上板中凿二眼，并列巨轴两根（原注：木用至坚重者），轴木大七尺围方妙。两轴，一长三尺，一长四尺五寸，其长者出笋安犁担。担用屈木，长一丈五尺，以便架牛团转走。轴上凿齿分配雌雄，其合缝处须直而圆，圆而缝合；夹蔗于中，一轧而过。”每石蔗汁，“下石灰五合于中。”这段文献把榨糖车的结构、尺寸，作为澄清剂的石灰的比例，都说得一清二楚。对实际生产显然具有重要的指导作用。

一些原本无法用数量来来表述的事物，竟也引入了数量的概念。如卷七“陶埏·砖”在谈到火候时，使用了“两”的单位，以标识火候的程度：“凡火候少一两则锈色不光；少三两则名嫩火砖，本色杂现，他日经霜冒雪则立成解散。”“火候多一两则砖面有裂纹；多三两则砖形缩小拆裂，屈曲不伸……不适于用。”这就把火候的程度与砖的质量紧密地联系了起来。前引卷十六所说银朱生产过程中的重量变化，则具有更深一层的“由量变到质变”的初始观念。

7. 重视生产过程的各主要技术事件和工艺环节。

《天工开物》一书记述了18个生产部门，记下了许多重大的技术成就，但其全书却只有6万多字，这与宋应星对这些技术的深刻认识，重视生产过程的主要技术事件和工艺环节是分不开的。

如其卷一“乃粒”在“麦”条和“麦工”条都谈到了荞麦，但总计只有百字左右，却指出了“荞麦实非麦类”和“其性稍吸肥腴”这两个重要技术事件。前者在分类学上具有重要的意义，后者则对实际生产具有重要的指导作用，皆为其他农书所不及。

《天工开物》卷十四“五金·铁条”在谈到炒钢工艺时，谈到了串联式炒炼法，这是很值得注意的事件。由同时代的许多著作可知，明代炒钢法是不止一种的，这显然是此法在技术上较为先进之故。

8．要不断批判陈腐观念，认为技术的发展没有穷尽。

由于各种原因，社会上总有一些迷信的、陈腐的观念，宋应星总是给予有力的批判。《天工开物》卷十一“燔石·硫黄”条：“凡硫黄，乃烧石承液而结就。著书者误以焚石为矾石，遂有矾液之说。然烧取硫黄石，半出特生白石，半出煤矿烧矾石，此矾液之说所由混也。”即是说：硫黄是烧炼矿石得到的液体冷凝而结就的。往日的著书者误以为所焚之石是矾石，故将硫黄称为“矾液”。然而，烧取硫黄的矿石，半是当地特产的白石，半是煤矿烧矾石（即含煤的烧矾用的矿石，即含煤黄铁矿），“矾液”之说便是这样混生出来的。在此，宋应星依据自己的考察，纠正了对硫黄矿的一种误传。类似的例子较多，不再列举。

宋应星认为，技术的发展是无止境的。《天工开物》卷七“陶埏”卷首载：“商（商）周之际，俎、豆以木为之，毋亦质重之思耶！后世方土效灵，人工表异，陶成雅器，有素肌玉骨之象焉。掩映几筵，文明可掬，岂终固哉？”这从商周用木材，后世用瓷做器皿之事，谈到了事物辩证发展的过程，并认为它依然是要发展下去的。“岂终固哉”，意即：“难道就到此而不发展了吗？”同书卷十五“佳兵”卷首在谈到火器的发展时说：“火药机械之窍，其先凿自西番与南裔，而后乃及于中国。变幻百出，日盛月新……生人纵有巧思，乌能至此极也？”此最后两句即是说：人类有着巧妙的构思，武器的发展难道就到此为止了吗？这都表明了宋应星认为技术不断发展、不断创新的思想。

参考文献

第一节 炼铁技术的重要发展

[1]《明史》卷八十一:“铁冶所,洪武六年(1373年)置,江西进贤、新喻、分宜,湖广兴国、黄梅,山东莱芜,广东阳山,陕西巩昌(各一),山西吉州二、太原、泽、潞各一。凡十三所,岁输铁七百四十六万余斤。河南、四川亦有铁冶。十四年益以茶陵。”所述年代等稍有出入。

[2]分别见《明实录·太祖实录》卷一七六、卷二四二。中央研究院历史语言研究所校印。

[3]杨维增:《天工开物新注研究》,江西科学技术出版社,1987年。

[4]《笔记小说大观》第十三册,江苏广陵古籍刻印社出版,1983年。

[5]孙承泽:《春明梦余录》卷四十六“工部一·铁厂”条:“正统初,尝谕工部:军器之铁止取足于遵化,不必江南收买,后复命虞衡司官主之。则国初诸官冶虽废,而遵化铁矿尚足供工部之用也。”(景印文渊阁《钦定四库全书》台湾版868—877.1)

[6]矩斋:《古尺考》,《文物参考资料》1957年第3期。

[7]“明会典”今见有两个版本,一为弘治十五年(1502年)本,180卷,为《钦定四库全书》所收,称《明会典》;一为万历十五年(1587年)本,228卷,为今通行本,称为《大明会典》或《重修明会典》。

[8]转引自彭泽益:《中国近代手工业史资料(1840~1949)》第一卷第315页,三联书店,1957年。

[9]丁格兰:《中国铁矿志》第二篇(《地质专报》甲种第二号)。民国十二年。其在谈到坩埚法时,说其“炼铁成本之低,犹为世界所无”。

[10]广东省博物馆:《广东罗定古代冶铁炉遗址调查简报》,《文物》1985年第12期。

第二节 炼钢技术的长足进步

[1]何堂坤:《关于明代炼钢术的两个问题》,《自然科学史研究》1988年第1期。

[2]何堂坤:《我国古代炼钢技术初论》,《科技史文集》第14辑,上海科学技术出版社,1985年。

[3]杨宽:《中国土法冶铁炼钢技术发展简史》第186页、第205页,上海人民出版社,1960年。

[4]刘振群:《窑炉的改进和我国古陶瓷发展的关系》,《中国古陶瓷论文集》,文物出版社,1982年。南京博物院:《明代南京聚宝山琉璃窑》,《文物》1960年第2期。

［5］何堂坤：《关于灌钢的几个问题》，《科技史文集》第 15 辑，上海科学技术出版社，1989 年。

［6］《本草纲目》卷八“铁・集解”引五代轩辕述《宝藏畅微论》云：“铁有五种：荆铁出当阳，色紫而坚利……刚铁生西南瘴海中山石上，状如紫石英，水火不能坏，穿珠切玉如土也。”

［7］周志宏：《中国早期钢铁冶炼技术上创造性的成就》，《科学通报》1955 年第 2 期。

［8］张九皋：《濮家与芜钢》，《安徽史学通讯》1959 年第 3 期。

［9］张澍：《续黔书》（嘉庆九季）卷六：“苗人制刀必经数十锻，故铦锐无比。其试刀，尝于路旁伺水牛经过，一挥，牛首落地，其牛尚行十步许才仆。盖犀利之极，牛猝未觉也。”（《丛书集成初编》3184 册）

［10］黄展岳等：《云南土法炼铁的调查》，《考古》1962 年第 7 期。

［11］何堂坤：《百炼钢及其工艺》，《科技史文集》第 13 辑，上海科学技术出版社，1985 年。

［12］本间顺治：《日本刀》第 34～36 页，岩波书店，昭和十四年。

［13］杨宽：《中国土法冶铁炼钢技术发展简史》，上海人民出版社，1960 年。

［14］杨维增编著：《〈天工开物〉新注研究》第 226 页，江西科学技术出版社，1987 年。

［15］何堂坤：《中国古代的钢铁热处理技术》，载《技术史丛谈》，科学出版社，1987 年。

第三节　炼铜技术的重要发展

［1］严中平：《清代云南铜政考》第 1 页、10 页、81 页、82 页，中华书局，1957 年。

［2］沈周：《石田杂记》，《四库全书存目丛书》子 239～567，齐鲁出版社，1995 年。

［3］冯梦祯：《快雪堂漫录》，一卷，乾隆平湖陆氏刻，奇晋斋丛书本。

第四节　青铜和白铜技术的发展

［1］袁翰青：《中国化学史论文集》第 69 页，三联书店，1956 年。

［2］神崎胜：《中国钟の分类について》，日本古钟研究会机关杂誌《梵钟》第 12 号，2000 年 10 月发行。

［3］凌业勤等：《北京明永乐大铜钟铸造技术的探讨》，《科学史集刊》(6)，1963 年。

［4］吴坤仪：《梵钟的研究及仿制》，北京钢铁学院《中国冶金史论文集》，《北京钢铁学院学报》编辑部出版，1986 年。

［5］吴坤仪：《明清梵钟的技术分析》，《自然科学史研究》1988 年第 3 期。

［6］小松茂、山内淑人：《东洋古铜器の化学研究》、《古镜の化学的研究》，

分别载于《东方学报》（京都版）1933 年第 3 册、1937 年第 8 册。

[7] 何堂坤：《中国古代铜镜的技术研究》，紫禁城出版社，1999 年再版。

[8] 近重真澄：《东洋古铜器の化学的研究》，《史林》第三卷第二号，1918 年。

[9] 赵匡华、周卫荣等：《明代铜钱化学成分剖析》，《自然科学史研究》1988 年第 1 期。

[10] 明黄一正：《事物绀珠》，《四库全书存目丛书》子 201 册，齐鲁书社，1995 年。

[11] 转引自 J. Needham, Science and Civilisation in China, vol.5, part2, Cambridge Univ. Press, 1974, p. 232.

[12] 转引自 J. Needham, Science and Civilisation in China, vol.5, part2, Cambridge Univ. Press, 1974, p. 230.

[13] 转引自张资珙：《略论中国的镍质白铜和它在历史上与欧亚各国的关系》，《科学》1957 年 10 月，第 33 卷第 2 期。

[14] 王琎：《中国铜合金内之镍》，《科学》1929 年第 13 卷第 10 期。

[15] 王德源等编：《会理镍矿志》第 101 页，1986 年。

[16] 梅建军等：《中国古代镍白铜冶炼技术的研究》，《自然科学史研究》1989 年第 1 期。

[17]《中国矿产地一览表》第二卷下，第 75 页，1942 年。

[18] 农商部地调查所：《中国矿产志略》第 214 页，民国八年。

[19] 于锡猷：《西康之矿产》第 32 页，1940 年。

[20] 李春昱：《四川西康地质志》第 207 页，地质出版社，1959 年。

[21] 高林士著，汪胡桢译：《中国矿业论》第 22 页，1918 年。

第五节　炼锌技术的发明和黄铜技术的发展

[1] 杨维增：《蒸馏法炼锌史考》，《化学通报》1981 年第 3 期。

[2] 何堂坤：《关于 < 天工开物 > 所记炼锌技术之管见》，《化学通报》1984 年第 7 期。

[3] 赵匡华：《再探我国用锌起源》，《中国科技史料》1984 年第 4 期。

[4] 章鸿钊：《中国用锌的起源》、《再述中国用锌的起源》，分别载《科学》第 8 卷第 3 期（1923 年 3 月）、第 9 卷第 9 期（1925 年 2 月）。

[5] 曾远荣：《中国用锌之起源》（民国十四年，1925 年），引自《中国古代金属化学及金丹术》，中国科学图书仪器公司，1955 年。

[6] 梅建军：《中国和印度古代炼锌术的比较》，《自然科学史研究》1993 年第 4 期。

[7] 赵匡华等：《明代铜钱化学成分剖析》，《自然科学史研究》1988 年第 1 期。

[8] 何堂坤：《“六齐”之管窥》，《科技史文集》第 15 辑，上海科学技术出版社，1989 年。并见中国科学院自然科学史研究所编《科学技术史研究五十年》

（论文选），2007 年。

［9］《天工开物》卷八“冶铸 · 钱”：“黄钱又分二等，四火铜所铸曰金背钱，二火铜所铸曰火漆钱。”按：依《天府广记》卷二十二，此“四火铜”、“二火铜”，当系“四火黄铜”、“二火黄铜”的简称。

［10］乾隆十二年奉敕撰《钦定大清会典则例》卷一二九“工部 · 鼓铸”。文渊阁《钦定四库全书》，武汉大学出版社电子版第 239 碟。

［11］《清朝文献通考》卷十六“钱币考四”。

［12］（光绪）《钦定大清会典事例》卷八九〇“工部 · 鼓铸 · 鼓铸局 · 钱”。

［13］锌的烧损量虽然较大，但只要火候掌握较好，也可适当减少的。前引明宋应星说锌要烧损四分之一，但清代匠作则例规定黄铜烧损量为每斤 9 钱，相当于 5.6%。王世襄：《清代匠作则例汇编 · 铜作》载：铜作用料则例（“工乾”十四卷九）：“凡熔化折耗，内务府红铜每斤耗五钱，黄铜每斤折耗九钱，制造库熔化每斤折耗三两二钱。今拟红铜每斤折耗五钱，黄铜每斤折耗九钱。”（油印本第 5 页）当然，影响烧损量的因素是多方面的。

［14］周卫荣：《关于宣德炉中的金属锌问题》，《自然科学史研究》1990 年第 2 期。

第六节　金银铅锡汞冶炼技术的发展

［1］《明史》卷八十一“食货志 · 坑冶”。

［2］《浙江通志》卷一〇七，文渊阁《钦定四库全书》本第 56 册，武汉大学出版社电子版 229 碟。

［3］赵匡华：《中国古代的金银分离术与黄金鉴定》，《化学通报》1984 年第 12 期。

［4］郭正谊：《“墨娥小录”辑录考略》，《文物》1979 年第 8 期。本所所藏《墨娥小录》系中国书店 1959 年影印本；其底本是明隆庆五年，吴氏聚好堂刻本。

［5］昔有学者认为试金石之说始于晋，主要依据是张澍《蜀典》引《山海经》晋郭璞注：“黄银出蜀中，与金无异，但上石则色白。”今查，《山海经 · 西山经》载：“皋涂之山……其阴多银、黄金。”但郭璞关于试金石之注，为今本所不见（参见《二十二子》第 1342 页第三列），并详见本书第五章第三节参考文献［61］。

［6］《采铜炼铜记》载：“又有所谓铜中彻银者，其矿坚黑如镔铁，俗谓之明矿，先以大窑锻炼，然后入炉煎成冰铜，再入小炉翻炼七八次，亦如前法，复入推炉，形如椑器，首置橐籥，尾置铜瓦，挤彻铅水，搀和底母，撤成净铜，挤出铅水入罩炉分金，罩（炉）形如龟甲，大尺余，加火于外，亦有入窑翻煅之后，即入将军炉，煎炼一日，铜汁流入炉内，银汁流于窝外，复以铜入推炉煎成黑铜，再入蟹壳炉揭成铜。以铅入罩子（炉）煎成银者，约计万斤之矿，用炭八九千斤，不过得铜五六百斤，厂银一二十两而已。”

［7］《滇南矿厂图略》“罩”第七：“炼银曰罩出，银谓之一池。凡罩，要需为老灰也，故记罩。小曰虾蟆罩，形似之。下为土台，长三四尺，横尺余；四周土

墙高尺许，顶如鱼背；面上有口以透火，下有口不封以看火候；铺炭于底置镰其中，炭在沙条上。炼约对时许，银浮于罩口，内用铁器，水浸盖之，即凝成片，渣沉灰底，即底母也。出银后即折毁另打。大曰七星罩，形如墓，又曰墓门罩。下亦土台，长五六尺，横二尺，四周土墙，顶圆，有七孔以透火，因曰七星罩，前高二尺，上口添炭，下口为金门，土板封之；后以次而杀铺灰，于底置矿，于上搀以镰炭在沙条之上，约二时开金门，用铁条赶臊一次，仍封之，或一对时或两对时，银亦出于罩口内，出银后添入矿镰，随出银，随添矿，可经累月。”本书所引《滇南矿厂图略》多为《中国科学技术典籍通汇》本（河南教育出版社，1994 年），其底本是中国科学院自然科学史研究所收藏的手抄本。唯此“用铁条赶臊一次”一句，乃依《续修四库全书》本（第 880 册）校订。

[8] 丁格兰：《中国汞矿纪要》（节译），农商部地质调查所《地质汇报》第二号，民国九年十月。

[9]《本草纲目》卷九“金石部·银朱·集解”引。

第七节　多项金属加工技术的重要成就

[1] 崔天勇：《莱州三山岛发现大型古船锚》，《中国文物报》1997 年 6 月 15 日。

[2] 南京市文物保管委员会：《南京太平门外岗子村明墓》，《考古》1983 年第 6 期。

[3] 丁安民：《我国现存最早的锻打铁画》，《江汉考古》1987 年第 3 期。

[4] 姚翁望：《汤天池和梁应达的铁画》，《文物参考资料》1957 年第 3 期。

[5] 毛颖：《汤鹏“溪山烟霭图”铁画》，《中国文物报》1995 年 9 月 4 日第 4 版 。

[6] 张九皋：《芜湖手工炼钢业的片断史料》，《安徽史学通讯》1958 年第 1 期。汤天池祖籍句容汤巷村，之后其先人又迁至溧水神巷村。两地相距不远。

[7] 邓之诚：《骨董琐记》卷一“铁画”。1926 年铅印。

[8] 颜昌贵：《锤笔铁墨绘丹青——安徽芜湖铁画》，《中国工艺美术》1982 年第 4 期。

[9]《续修四库全书》“子部”第 1068 册，上海古籍出版社，2002 年。

[10] 凌业勤等：《北京明永乐大铜钟铸造技术的探讨》，《科学史集刊》（6），1963 年。

[11] 吴坤仪：《明永乐大钟铸造工艺研究》，北京钢铁学院《中国冶金史论文集》，《北京钢铁学院学报》编辑部出版，1986 年。

[12] 华觉明等译编：《世界冶金发展史》第 622 页，科学技术文献出版社，1985 年。

[13] 凌业勤等：《中国古代传统铸造技术》第 340 页，科学技术文献出版社，1987 年。

[14] 王世襄整理《清代匠作则例汇编》“铜作”第 5 页，油印本，原无页号，此以其正文之首页为第 1 页。资料原出自“工乾”第十四卷九。

[15]《天一阁藏明代方志选刊续编》（二十四），第887页，上海书店据明嘉靖刻本影印，1990年。

[16] 王世襄整理《清代匠作则例汇编》“铜作”第25页，原出自“圆明二册”第十九。油印本。

[17] 习见《格古要论》有两个本子，一是文渊阁《钦定四库全书》本，名《格古要论》，曹昭撰，见武汉大学出版社电子版318碟。二是丛书集成本，名《新增格古要论》，曹昭撰，洪武三年成书；王佐增，天顺三年（1459年）校完。本书引用的主要是前者。

[18] 张子高、杨根：《镔铁考》，《科学史集刊》（7），1964年。

[19] 明黄一正：《事物绀珠》，《四库全书存目丛书》子201册，齐鲁书社，1995年。清陈元龙《格致镜原》卷三十四亦曾引用。

[20] 谭德睿：《中国青铜时代陶范铸造技术研究》，《考古学报》1999年第2期。

[21] 刘煜等：《山东临淄齐国故城汉代镜范的科学分析》，《考古》2005年第12期。

第八节　热处理技术的新成就

[1] 何堂坤：《中国古代的钢铁热处理技术》，《技术史丛谈》，科学出版社，1987年。

[2] 王立兴：《古代印章工艺中的金工技术初探》，《科学史集刊》（6），1963年。

[3] 凌业勤等：《中国古代传统铸造技术》第407～413页，科学技术文献出版社，1987年。

[4] 杨宽：《中国土法冶铁炼钢技术发展简史》第195～197页，上海人民出版社，1960年。

第九节　关于宣德炉及明代的金属表面处理

[1] 项子京：《宣炉博论》，天启丙寅（1626年）。

[2] 张光远：《大明宣德炉》，《故宫文物月刊》（台）第3卷第8期，1985年。

[3] 张临生：《我国明朝早期的掐丝珐琅工艺》，《东吴大学中国艺术史集》第15卷，1986年。

[4]《天工开物》卷八“冶铸·镜”。《物理小识》等也有类似说法。

[5] 王琎：《中国黄铜业全盛时代之一斑》，《科学》第10卷第4期，第500页，1925年

[6] 张子高：《中国化学史稿（古代之部）》第110页，科学出版社，1964年。

[7] 周卫荣：《关于宣德炉中的金属锌问题》，《自然科学史研究》1990年第2期。

［8］赵汝珍:《古玩指南》第六章第三节。此简述了仿铸宣炉之始末。

［9］王世襄整理:《清代匠作则例汇编》"铜作"第34~35页，油印本。并见王世襄主编:《清代匠作则例》（壹）1189~1190页，大象出版社，1999年。

［10］《墨娥小录》，著者不详，中国书店1959年影印；底本为明隆庆五年，吴氏聚好堂刻本。

第十节 宋应星及其《天工开物》的科技成就

［1］本节主要参考资料:

（1）宋应星纪念馆编:《宋应星研究论文选编》，1987年，内部发行，此书汇集了1927~1987年国内学者对宋应星和《天工开物》的研究论文。内有拙文一篇。

（2）杨维增:《<天工开物>新注研究》，江西科学技术出版社，1987年。

（3）《中国科技史料》1987年第6期。内有拙文一篇。

（4）丘亮辉主编:《<天工开物>研究》（纪念宋应星诞辰400周年文集），中国科学技术出版社，1988年。内有拙文一篇。

（5）潘吉星:《宋应星思想评传》，南京大学出版社，1990年。

［2］1935年，欧阳成在审查了《江西乡贤事略·宋应星事略》后，曾提出过"宋应星五上公车不及第"的观点。但今世学者多依宋应昇在《方玉堂全集》中所云"六上公车未辞苦"的话，认为宋应星兄弟二人曾六次进京会试而不曾及第。

［3］丁文江《奉新宋长庚先生传》（见1927年陶湘刊本《天工开物》）说宋应星于崇祯十四年（1641年）迁亳州知州。但潘吉星在《宋应星评传》（南京大学出版社，1990年）说为崇祯十六年（1643年），今从潘吉星说。

［4］杨维增:《宋应星的自然哲学初探》，原载《哲学研究》1980年第12期。参见文献［1］。

第 八 章

保留至今的传统冶炼和加工技术

我国古代的金属冶炼和加工技术经历了数千年的发展历程，对世界青铜文明、铁器文明，都作出了重大的贡献。起源于西方的近代冶金技术大约是在 19 世纪六七十年代才开始传入我国的，到 20 世纪 40 年代，便在我国基本确立起来，50 年代后，得到了进一步的充实和提高。由于各种各样的原因，随着大工业的发展，有的传统技术则与现代技术完全融合，很难看清它独立的身影；有的则渐为现代工业取代，再也无处觅寻；有的却至今依然保存着，并继续发挥着积极的作用；有的虽早已失传，却又被人们重新发掘出来。这些传统技术，既是活的文物，它向人们展示了技术发展的历程和先辈们所获得的优秀技术成果，在认识上给了人们许多有益的启迪；也是现实的生产力，人们依然可以利用这些技术从事各种生产活动，对今人的经济生活也是不无裨益的。

本章主要介绍我国古代早已经产生，近现代依然保存着的传统生产技术。学术界通常的说法，“近代”即1840~1949 年，“现代”即1949 年至今，故本章涉及的时间范围是 19 世纪中期至今。或者说，本章的主要技术内容是土法的，未被现代技术改造过的；不用或少用“土”、“洋”结合了的事例。“土”，原是“本土”之意。《左传》成公九年有“土风”，指乡土歌谣乐曲；《后汉书》卷二三“窦融传”有“土俗”，指地方习俗；《后汉书》卷五八“虞诩传”有“土人”，指原著民；《初学记》卷二一说东晋范宁在浙江做官时，禁用“土纸”，指本地所产的粗纸。“土”、“洋”对仗的说法始于何时，未曾详考。大家较为熟悉的是：明代以爪哇以西的印度洋为西洋，光绪二十八年（1902 年）出版的《矿学心要新编》一书亦使用过“土法”一词，1940 年曹立瀛等《云南之铅锌》（油印本）说当时会泽“全区共有土法炼铅炉十五座”，也用到了“土法”一词。

另外还有两点需顺带说明的是：（1）传统的冶炼、加工技术内容较为丰富，今仅摘其重要，且资料较为丰富者。（2）有的内容前述各章已经谈到，此不再重复。

第一节　两种传统的炼铁技术

我国古代传统的炼铁技术主要有两种，即高炉冶炼和坩埚冶炼。用近代科学的观点和方法，来研究我国传统炼铁、炼钢技术之事，约始于 19 世纪后期，之后便一直延续了下来。这大体上可区分为三个阶段：第一阶段，19 世纪 70 年代到 20 世纪 20 年代，这主要是由西方人进行的，也有少数中国人参加，先后都留下了不少有益的资料[1]。其中较值得注意的，一个是德国人李希霍芬，他在 1870 年前后的一个时期内，调查了山西、山东、辽宁等地的冶铁业，后来收进了1882年出版的《中国》（F. Von Richthofen：China，1882）一书中。另一个是丁格兰（F. R . Tegengren），他于1923～1924年出版了《中国铁矿志》一书，其中汇集了中外许多人氏对我国传统冶铁业的调查[2]。第二阶段，由第一次世界大战之后至20世纪40年代，主要由国内学者进行，其中多数是国家或地方组织的，可能也有个人行为。20世纪二三十年代时，一些省份的实业厅、国家的实业部国际贸易局、全国经济委员会等都先后进行过这一工作，并撰写或出版了不少调查报告，多数调查报告中都包括了冶金业。第三阶段，大体上是20世纪50年代至今，是由国内学者依照自己的科研计划进行的，许多工作都做得较深较细。在此需一提的是1958年的全民大炼钢铁，到处"土法上马"，自然也留下了不少有益的资料。1958年全民大炼钢铁约有三种不同的技术类型：一是纯粹传统的、土法的；二是"土"、"洋"结合的；三是与这两方面都有一定差距，极其落后的。此后二者所占比例都不太小。传统炼铁、炼钢工艺在20世纪60年代后已经很少看到，但也有少数地方的炒钢工艺延续到了稍后一个时期。

一、高炉炼铁

传统的高炉炼铁工艺主要见于南方诸省，在浙江、福建、湖南、云南、四川等地都可看到。如下仅列数例。

（一）20世纪40年代以前云南的多种炼铁炉

丁格兰在《中国铁矿志》中征引许多学者的调查资料，认为云南炼铁炉的一般特征是：内"敷以耐火砂土，近底部有一口，出铁与渣皆由于此。鼓风器装于炉后。如有水力即以水力动之，否则以四人运动之"（图8－1－1）。其又引勃郎氏的调查，说："滇滩关之铁炉高仅七八尺，以石为之；镇南之炉则高二十五尺，宽六七尺。平台（原书注：译音）之炉亦称颇高。据本纳脱（Bennett）氏言，通海之炉别为一式……不用石而以砖及粘土为之，外围木架，内径三十六寸，其特奇之点在不需鼓风，自然燃烧。但此恐仅于通海为然，平彝之炉即仍鼓风矣。"（图8－1－2）[2]此最值得注意的是通海炉，冶铁却用自然通风，甚为鲜见；曹立瀛、王乃樑《云南之铁》亦谈到过此事，所述稍详："本纳脱氏所见通海之鼓风炉，由泥及砖砌成，由木架围护；上部有一上装平台，炉高三十呎（9.15公尺），炉膛最宽直径约

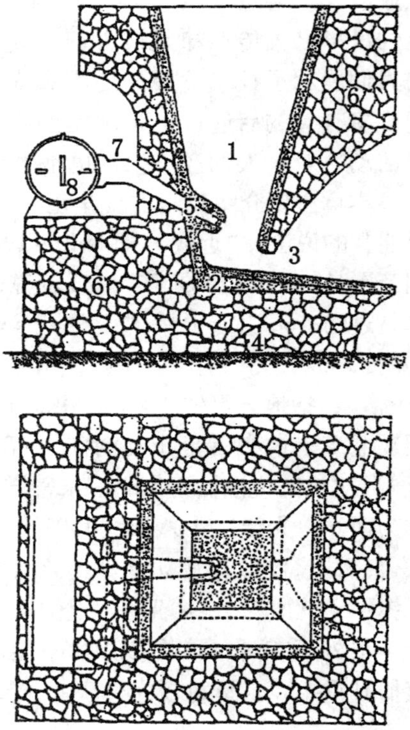

图8－1－1　云南传统炼铁炉

1. 炉腔　2. 砂质耐火炉衬
3. 出铁出渣口　4. 炉基炭末耐火材料
5. 鼓风管　6. 炉墙和炉基
7. 风管状况和熔炼进程观察孔
8. 水轮鼓风机

采自文献［2］，英文版第351页图39

三十吋（0.91 公尺），两端缩窄至约二十吋（0.51 公尺），最可怪者，为此炉并不鼓风。至于彼在平彝所见，则仍有风箱。”[3]此对“自然通风”依然说得不太明白，这在冶铁技术史上是甚为罕见之事，但仅记于此。

云南高炉的冶炼操作，通常是：“矿石先行击碎、筛过，再行煅烧”，“所用木炭品质极劣，煅烧未全。”“以木炭二份，矿石一份装入熔铁炉内（原注：但伦脱诺氏言矿炭为一与一之比例，大抵随地而异）。每五六小时开炉一次，铁液流入砂型。铁汁流完后，复用草和泥沙将口封住。铁块冷凝后即行击碎。如即用为铸铁，则碎为大块……如欲更炼为熟铁，则碎为小块。每开炉一次可出铁一百五十至二百公斤，即合每二十四小时出铁六百至八百公斤。每炉炼铁时期，最佳时能用四十日左右，但往往不及此期，中途损坏。损坏原因多在炉内胶泥及通风管渐受熔蚀，而炉心亦有时为渣所堵塞。修理约需十五日左右，故炼铁厂大抵同时备有二炉，以便轮流使用。”“铁厂一年中大抵六个月炼生铁，六个月炼熟铁。”[2]

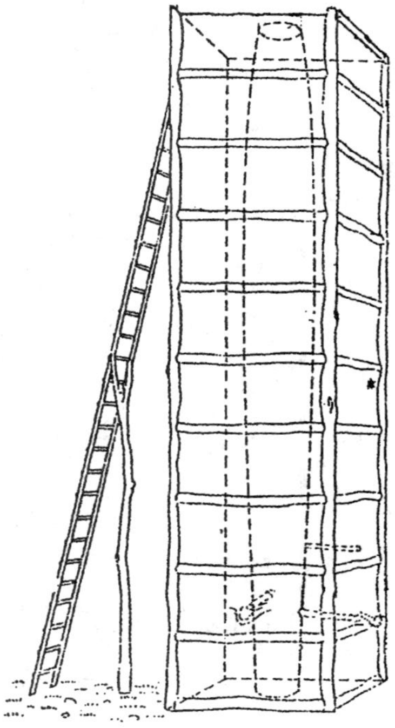

图 8－1－2 云南通海自然通风炉
采自文献［2］，英文版原图 40

“本纳脱氏所述通海铁冶又与上不同：炉内装以焦炭及矿与煤，逐层铺置，自下发火，每五十小时重烧一次，取渣验之，如断为适当，即开炉出铁，先以木炭末撒于其上，铁汁流出，搅以铁棍，任其冷凝。”[2]此铁水出炉后的操作与《天工开物》所述串联式炒铁法颇为相似，但其产品到底是生铁还是“熟铁”，原文未做进一步说明，估计一般是当生铁使用的，但不管怎样，总会有一些脱碳作用，如若处理得好，达到钢的成分范围也不是完全没有可能的。

“本纳脱氏又述平彝炼铁之法，颇为奇特，煅过之矿和以炭屑，作为圆球，径约六寸，此项圆球置于炉内，其间空隙实以焦炭，自下发火，二三日后矿渣出尽，铁液流出，使入水中，碎为细块，后以小炉（炒铁炉）重加熔炼。”[2]显然这是一种球团矿，是一项较为进步的工艺，只可惜起始年代不明，但它应是本土的、传统的。

据勃郎氏报告，滇滩关有一种小型炼铁炉，半作煅矿半作炼铁。“二十四小时内逐次加矿及木炭，至炉心填满为止。出品分为两种，一为生铁板，一为分散极细之铁与木炭屑及煅矿相混杂。”劳谢氏亦认为：“实则此类之炉仅为粗炼之用，必须再为熔炼。”[2]我们认为此出炉之物应有三种，一是生铁；二是还原出来后，未曾及时渗碳成生铁的“极细之铁”，它可能是熟铁，也可是钢；三是被称为“煅矿”者，这是尚未还原的矿料。

劳谢（Rocher）氏还记述过云南高鲁关的一种特殊炼铁法，其产品是专为炼钢用的。"铁矿石须先洗选，使之成分甚净，含铁多至百分之六十七以上，由猡猡为之。炼特别生铁之炉……炉心如瓶；上部较窄，以耐火砂岩为之，再铺以砂，矿石即置于此；下部较宽，为储铁汁及渣之用；中以铁格分开，矿石和以栎树所炼之木炭，为二与三之比例……发火后即将炉口用石堵住，矿石等逐次加增；历四五日，炉之下部约得白生铁十五斤，加以冷却及修理时间，每炼一次约需八至十日。生铁初出炉时，颇似灰色疏松之石质，乃击碎成小块，使球状生铁与渣分离；生铁球形，大至鸡卵至桌球，即供炼钢之用。炼钢减炭法另于炉中为之。"[2][4]（图8-1-3）

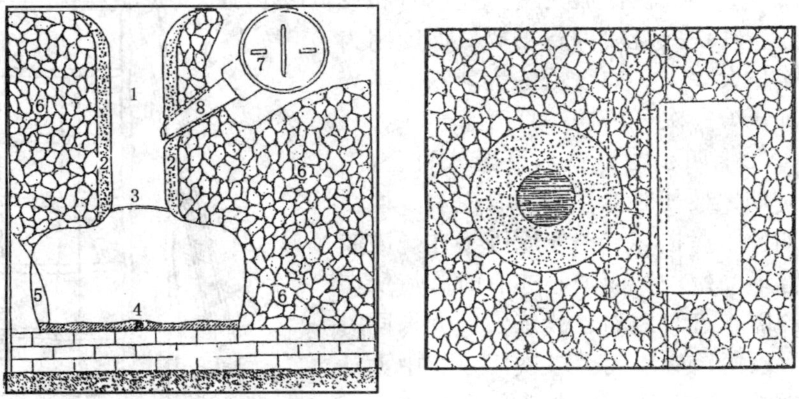

图8-1-3　云南高鲁关专门生产炼钢原料的传统炼铁炉

1. 炉腔　2. 砂质耐火炉衬
3. 铁篦子（支撑炉料，并让熔融金属流向炉底）
4. 熔融金属冷凝室　5. 金属块出口
6. 砂岩炉墙（有时用砖）　7. 水轮鼓风机（有的为妇女推动）
8. 风管　（9. 炭末保温层，防止炉底金属冷凝）

采自文献［2］，原图43

关于生产能力，"章河（原书注：译音）每炉每日出铁一吨。炼铁一吨，用矿二吨。滇滩关小炉则每日仅出一百三十至二百六十磅。"[2]

1940年，资源委员会经济研究室曾对云南经济状况进行过许多考察，且写下了多种调查报告，《云南之铁》便是其中之一。该书在介绍云南高炉炼铁时说："云南制造生铁之鼓风炉，俗称大炉……但其大小各地实不一致。最高有达九公尺余者，最低有仅二公尺许者；其宽窄自随高度而定，宽窄有上下一致者，有上窄下宽者。炉膛形式亦分直膛与斜膛两种，斜膛者其倾斜形式亦自不同……炉之建筑材料，不外耐火砂石及砂土、木棍等数种……木棍之用，系以之纵横排成栅栏形，围护于炉身之外。炉身或由石砌，或由土筑。炉膛则或全敷以耐火砂土，或一部分敷砂土，而一部分砌石。炉之顶端开口，为装填原料（原注：俗称上装）之处。炉之下部凿有二小洞，分别为熔渣和熔铁之出口，间亦有二洞合而为一者。风箱由一通风管与炉相连。风箱之大小，自亦因炉之大小而异。其构造为一长圆木箱，水平放置，其中置一活塞，活塞与风箱接触处，用鸡毛包扎，以免漏风。

风箱之推动大半全赖水力。由水力先推动一水轮水平旋转，然后再由水轮带动风箱活塞。此点解释何以大炉常设于溪旁也。然不能用水力之处或水流涸竭之时，则用四人推动风箱。通风管与风箱之间，尚有一段薄铁管相连。通风管多由砂岩制造，设于炉后，其末端因近火易于销毁，故每天须调整清理三次或三次以上；每数日或一星期以后，即须另置新管。”矿石皆须破碎和筛选。“过筛之细矿砂经水洗后即可上装。但有许多地方先将碎矿石露天置炭上煅烧，然后趁热投于冷水，取出击碎上装。”[3]此述较丁格兰简明，但丁格兰谈到的炉型是不少的。

《云南之铁》亦大量引用国内外人士的调查资料，除上所述外，国内学者中还有两例值得注意：

一个是：“王之玺在昆阳新房子所见之鼓风炉，高五公尺，上装平台宽二·九公尺。炉口宽一·一九公尺。炉身渐低处渐宽，至炉基宽三·四三公尺。但炉膛则由炉口向下增宽，至最宽为一·六公尺而止，然后又缩窄至〇·六公尺为止。炉之大部由红土筑成，外以木架围护。炉膛则上部系砂岩砌成，下部敷一层砂质泥土，至通风管以下部分则又砂石砌成。溶（熔）渣出口在溶（熔）铁口上八十~一百粍，两口皆在一块砂岩板上凿成。通风管为砂岩凿成，由薄铁管与风箱相连。”[3]这是一种上（1.19 米）下（0.6 米）窄、中部（1.6 米）宽的细长炉型，具有明显炉身角和炉腹角，这与炉料下降、热气流上升过程中的体积变化是基本相符的。“昆阳新房子所见大炉，其工作情形如下：上装用木柴、木炭及矿砂，亦逐层铺置。一层木柴之下为一层木柴包木炭，再一层木柴包矿砂，每天上装九或十次，共用矿砂三千厂斤，合二·七吨，用干柴三千厂斤，合二·七吨；用木炭九百厂斤，合〇·八一吨，放渣随时进行。”此“厂斤”，大约是厂内衡制。

二是路兆洽、白家驹等在鹤庆北衙所见，“鼓风炉高十五，内径八尺，大体为圆柱形。”“炭及铁砂上装为一与一之比，每昼夜可放铁三次，放出之铁引入沙盘，凝为生铁板。生铁板分两种：一种麻板，一称白生板。麻板性较柔韧，供铸锅之用；白生板较坚脆，二次熔炼（炒炼）乃成锻铁。二者之生成全靠火力大小而定，而火力大小之应用，全在管炉师父之经验，每炉一昼夜可出铁一千厂斤，约合〇·九吨。”[3]这里简单地谈到了鹤庆北衙大炉的构造和一般操作情况，并谈到了配料比和“麻板”、“白生板”这两个生铁品种。此炼炉能经常生产出麻板生铁来，可知其冶炼技术已具有较高水平。

可见云南炼铁炉形式较多，总的来看：（1）其炉或以石，或以砖、土筑成。内型有直筒者，也有两头小中间大，或上小下大者。滇南之炉高达 9 米。（2）燃料有木炭、煤、焦。通海冶炼时，焦、煤、矿是逐层装入的。（3）矿须焙烧、破碎、筛选，之后方得入炉。平彝使用了球团矿，有的配料比为一比一。（4）通海见有无须鼓风之炉，全靠自然通风冶铁。但一般地方皆须鼓风，有水处使用了水力鼓风。（5）通海之铁从炉内流出后，先以木炭末撒于其上，并以铁棍搅之。与宋应星《天工开物》所述炒熟铁法有些相似。

（二）20 世纪 20 年代及其稍前湖南的“高炉”和“甑炉”冶铁

据夏声扬、姚纯源报道，湘中冶铁炉计有“高炉”和“甑炉”两种，操作要点为[5]：

1．煅矿。“未炼之前，先将铁矿煅烧。就地掘一灶形之炉，深五尺许，底旁一小洞，为引火通风之用。炉之下层密排木柴，约占全炉十分之一；然后将矿石堆积于上，引燃柴薪，使矿石中所含之水分及炭（碳）酸气体渐次挥发，变为深红色之铁矿，是为煅铁矿，然后再在炉中炼之。”[5]

2．高炉构筑及冶炼。“炉分高炉、甑（炉）、炒铁炉三种，前二者为炼铁板之用，后者为炼熟铁之用。高炉亦名标炉，形如四角柱，高十八尺，上大下小，四周砌以砖石。下部宽十四尺，上部宽十尺。其内部形如瓶，腹宽八尺，口仅一尺；近火处敷以耐火之土（原注：白泥和砂制成），外部敷以普通胶泥；然后再装木条，使其坚固。近底之前、后二部，设有半圆之口，在前者出铁，在后者鼓风（原注：鼓风之孔亦有在炉之侧面者）。炉顶有尺大圆孔，为加入矿石、木柴及出烟之用。每一高炉可容矿石六千余斤，燃料七千余斤，每日夜可出生铁二十三四担（原注:一吨又三四成）。炼法：置燃料于炉之底部，加煅矿于上，迭次平铺，间加石灰岩助熔，直至炉顶为止。然后由炉底发火，至十余时，铁已渐熔，以铁棍击通炉底小孔，除去铁渣，铁液流出，至砂模中凝为铁板，所用燃料分柴炭及煤炭；用柴所出之铁名为柴铚，性脆，适于铸锅；用煤所出者名煤铚，性较坚，适于铸农具及钟磬等。然高炉多用柴炭，而煤炭多用于甑炉。柴炭之原料多为栗、松、杉等木，煤炭系土法所炼不纯之焦，用烟煤者极少。”[5]此谈到了高炉冶炼的全过程，并谈到了柴铚和煤铚，前者大体上应相当于白口铁，后者则相当于麻口铁和灰口铁，但对炉型谈得不太具体，只说其形如瓶。其中的“一吨又三四成”大约是一吨又三四百公斤。在此有一点值得注意的是：此“煤铚”虽冠以“煤”之名，但实际所用多为焦炭，而用烟煤者鲜。这对我们了解宋代之后的所谓煤炭炼铁的实质是很有帮助的。

3．可倾式甑炉的构筑及冶炼。“甑炉以形似（赐）名，礼（体）较小，而熔融较速，故用者较多。构造以三截连成：上二截外部为泥，内部敷以砂泥及最碎之煤；下截为泥制之锅，内部亦敷碎煤，并有一槽，为储蓄铁液之用；槽之上部置石灰岩，二块相合，中实泥沙；下部亦置石灰岩一块，与水平面成三十度之倾斜，以防铁液溢出；中部则旁敷泥沙，内留一洞，以为出铁之用。炉之全部高五尺，上部宽三尺，中部二尺六寸，下部二尺，内部腹宽一尺八寸。炼法：以煅矿与焦迭层加入，至炉顶止，发火鼓风约七小时即可出铁。以木棍夹持甑炉使之倾斜，铁即流出，倾入模中凝为（一?）板，每炉每次可容矿石二千六百余吨（斤?），须进炭二千八九百斤，每一日夜可出（铚?）板七八百斤（原注:约半吨）。”[5]此谈到了甑炉冶炼的全过程。由描述情况看，炉型应是上下小中间大的，故有一定炉身角和炉腹角。

此外，还值得注意的是：（1）至迟自清代，民间便有了“高炉”这一名称，且一直沿用了下来。（2）此矿石皆需煅烧。（3）此高炉使用了石灰石熔剂。（4）炼铁燃料主要是木炭，其次为焦炭，极少使用烟煤。（5）不同的炉型，使用不同的燃料，便可能得到不同的产品。（6）此用于冶炼的甑炉是可以倾动的。

这里再谈一下生铁品种的问题。前述云南传统工艺中出现了“麻板”、“白生板”之名，此湖南传统工艺中又出现了“柴铚”、“煤铚”之称，这当是我国民间对生铁品种的一种分类。“麻板”、“白生板”似带几分舶来品的味道，“柴铓”、“煤铓”则具有典型的汉语构词法，并带有浓烈的乡土气息。其实后两个名称此前便已出现。光绪三十三年（1907 年）《湖南省邵阳县乡土志》卷四“物产”云：“铁分生铁、熟铁，四乡并有，生铁取石中铁矿，用大炉、甑炉，以炭煅之。既熔，取纯净铁汁，融为方圆板，内有柴铓、煤铓之名。柴铓系以松树炭煅化，煤铓系以烧煤枯炭煅化。二者为铸锅、铸鼎、铸钟磬，及耕田犁头，及各器之盖之用。铸锅但宜柴炭，鼎及钟、磬、犁头，则用枯煤炭。”这里亦使用了“柴铓”和“煤铓”这两个名称，亦从冶炼工艺和用途两方面分别做了说明，说“柴铓”是以木炭（而不是木柴）炼成的，宜于铸锅；煤铓是以焦炭（而不是煤炭）炼成的，宜于铸造鼎磬及犁头；这是今见文献中，对生铁品种的较早分类。这说明清代晚期时，湖南等地已利用焦炭有效地生产出了称为煤铓的产品。由其冶炼工艺和使用情况看，此“柴铓”，以及前述云南的“白生”，应指白口铁言；前述云南的“麻板”和此“煤铓”一般应指麻口铁，但也可能包括部分灰口铁，尤其是“煤铓”。

生铁的三个品种，即白口铁、麻口铁、灰口铁虽在战国时期都已出现，但因后二者经常要受到燃料条件、鼓风能力、冶炼操作、冷却条件等多种工艺因素的影响，故相当长一个历史时期内，其产量都是不大的，且往往带有较大的偶然性。人们何时才实现了对这三个品种的有效控制？目前尚无确凿、具体的资料，今亦只能作一些推测。由现代技术原理可知，在影响麻口铁、灰口铁生产的诸多工艺因素中，较为基本的是高温，因足够的高温有利于铁水吸碳和硅的还原，而高碳和高硅都有利于铁水中的碳以自由石墨形式析出。在影响炉温的诸多工艺因素中，燃料是较为重要的因素之一，“煤铓”这一名称便说明，它是利用焦炭这种高发热值燃料，而不是木炭生产出来的。虽在鼓风能力较强、炉况控制较好、冷却条件掌握也较好的情况下，木炭冶炼是可生产出麻口铁，及至灰口铁的，但难度较大，往往带有较大的偶然性。依此我们推测，作为一项能够有效控制的麻口铁、灰口铁生产，大体上应是焦炭用于高炉冶炼之后才出现的，具体年代应是明代，上不应过宋代；清代中晚期时，此技术便达到了较为成熟的阶段，从而出现了“柴铓”、“煤铓”的名称和分类。分类学的发展，是技术进步和认识水平提高的一种反映。

（三）20 世纪 20 年代及其稍前贵州的可倾式炼炉冶铁

《中国铁矿志》引张景光的调查说，贵州铜仁铁厂“制炉材料以粘土和猪鬃为之，外围竹架，炉高十尺，宽五尺，熔铁与矿渣由同一孔出。特殊之点在炉不固着，而以一横柱悬之，故能随意倾侧，以便倾出铁液。炉之形式颇似湖南之甑炉……铸铁以同式之炉炼之，但较小，高六尺，径三尺，燃料亦用木炭”[6]。此值得注意的是渣、铁同口，炼炉可以倾动。

（四）20 世纪 20 年代及其稍前福建的可倾式炼炉冶铁

据《中国铁矿志》云，土法炼铁当时在福建许多地方都保留着。在龙岩县，其冶铁工艺是这样的：“（铁矿）先行煅烧，烧后击碎，装入熔铁炉。炉为圆筒形，上层外部直径七尺，火口处外径四尺，炉高六尺。供鼓风之用者为木制圆筒之风箱，外径一尺五寸，长八尺，用二人抽送以鼓动风力。送风时，自初吹至吹下，约费二十四小时，其后则察炉中之火候，或加矿石或加木炭，须继续一星期之久，昼夜不断。至认为熔化适度时，以工人在炉之后部用扁担掀炉，使向前倾侧，复以人在炉前用长柄铁匙酌出铁液，倾入模型，凝成长八寸、宽六寸、厚寸余之生铁。”[2]。值得注意的是：此炉呈圆筒形，为可倾式，矿须煅烧。

可倾式炼炉的使用是一项具有重要技术意义的事件。20世纪初期，湖南、贵州、福建等地都有类似的工艺；云南虽然未见倾动式炼炉，但见有倾动式铸炉。据勃郎氏所记，滇滩关铸炉“高仅四至五尺，体小底圆，以土筑之，围以铁皮，炉底连于铁锅，径长一尺半至二尺。炉可向前倾侧，通风管自炉后插入，以竹管接于风箱，鼓风时以水力运之，发火炼冶后将炉掀侧，倾出铁液，以绿色树枝搅之，树之气质似足为铁液中某种杂质氧化之用，所得铁液复注入炉中，炼之二次，重出之铁液方入模型，所铸铁锅甚为精美。”[2]这种倾动式炼炉或铸炉的发明年代目前尚无确凿资料，但由上所述，尤其是勃郎氏所记滇滩关铸炉情况看，至少在清代晚期，便已在我国南方流行。这种炉子与贝斯麦转炉也有某些相似处，后者是1856年才发明的，至于它们在技术上是否存在某种联系，如今亦是一无所知。

图8－1－4　1900年左右的高炉作业

原出自Fr. リクスの论文，《鐵と鋼》第32卷1404页，1912年。今采自三谷耕作譯《鐵の歴史》第86页，慶應書房，1942年（德文原版1925年）。坤按：日文版题作“1600頃の支那の鎔鑛爐作業”，此年代疑是“1900年”之误，因世界上第一台照相机是1816年才发明出来的。

图8－1－4所示为19世纪末至20世纪初的倾动式炼铁炉作业。炉子以粘土筑成，其外包以铁栏护围。炉高约2米，上宽约1.2米，下宽约0.5米，为了便于出铁，炉子被吊起而成为倾注式，由活塞式风箱送风。每天约可生产铸造用高硅高硫生铁500公斤，燃料全用木炭。

（五）四川的坛形炉冶铁

1928年陈步武等《（续修）大竹县志》卷一三载：“矿性坚者可炼钢，其疲者可炼铁，冶铁之法：先在露天中用木炭将生矿焙烧，使炭（碳）酸铁随热飞散，煅成红蓝二色，适于冶炼之熟矿，然后可以入炉。炉以石制，高二丈余，外方，内如坛形，中宽丈余；上口只七八寸，下为金丝门。风箱位置，有湾吹、对吹两种。湾吹炉较大，对吹炉较小。湾吹箱在金丝门左侧，对吹箱在金丝门后方。冶铁者，先用木炭将炉填满燃烧，俟木炭销熔一部，然后以矿石与炭从上口陆续相间贮入，借（藉）抽运风箱之力，使发大热。经若干时，矿质化成铁水，如露珠下滴，落于河底；河满，用湿木所制木扒挖出，流入池内，上覆冷灰一二时，冷尽拖出，即成生板。县中采矿炼铁办法，大率如此。”此值得注意的是如下几点：（1）炼钢用矿与炼铁用矿，其质优劣是不同的。（2）炼炉亦以石头砌成，炉子外部呈方形，炉子内呈坛形。（3）铁矿亦须焙烧后方能入炉。（4）送风方式有两种，即弯吹和对吹。对吹，当即对着出铁口而吹。引文中“湾”当即弯，“湾吹”当即非对吹，可能是从铁口侧面鼓风。

《中国铁矿志》所引与此基本相同：洛纪氏（Loczy）、杜克罗氏（Duclos）等均有记载：“其法先将矿石加以煅烧，再行熔炼。炼铁炉在荥经①黄泥铺所用者……以石为之，但在重庆者则为砖制。炉身之高各书所举其数不一，洛纪氏（Loczy）谓八至九公尺，杜克罗氏（Duclos）谓六公尺，李希霍芬氏谓六至九公尺，外径五·五至六公尺（Loczy），或四公尺（Duclos），内绘二公尺（Duclos）。熔铁与矿渣同一孔出，鼓风用径一公尺，高三公尺半之圆柱状风箱，运以水力或人工，炉中加煅烧之矿石及木炭。”（图 8-1-5）[2]。

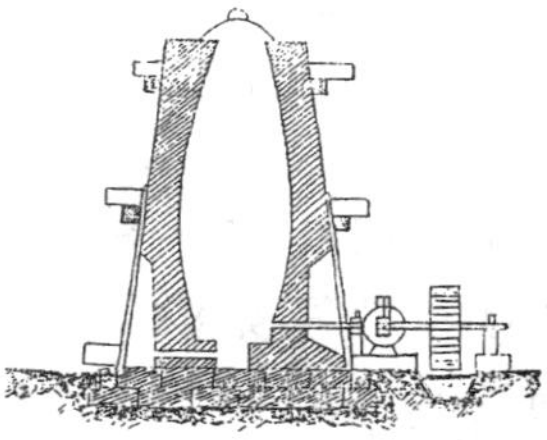

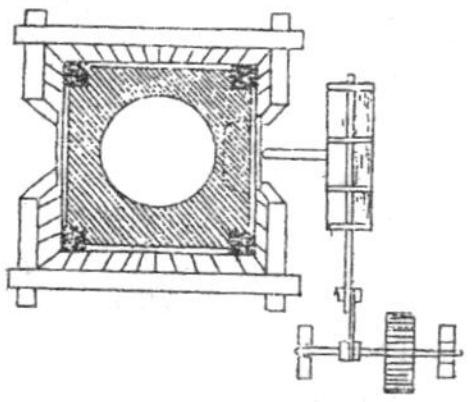

图 8-1-5　四川雅州府黄泥铺传统炼铁炉

左上．侧视图　右上．纵剖面图　左下．俯视图

采自文献［2］，原图 37（原图未具其他文字说明）

（六）浙江的喇叭形炉

据钮翔青 1915 年的调查，“松阳、遂昌等县尚有以土法炼砂铁者。提炼之法全用木炭，炼炉为粘土所制，高约七尺，上大下小，上径约三尺，下底约一尺六七寸，外用铁皮纵横围绕。近底前后二孔，前孔为铁液流出之处，后孔为鼓风之用，燃料仅用木炭，因附近绝不产煤……不加熔剂。炉前挖有凹地，铁液流出，即成大饼块。”乘热取出，即运入冷水池，冷后锤碎，另置一炉炒成熟铁。“铁矿

① 此县之名今称“荥（方言音“银”）经”，但文献中多称“荣经”。《新唐书》“地理志·雅州”载：荣经，“武德三年置”。《元和郡县志》所说相同。之后，《宋史》“地理志”、《明一统志》、《明史》“地理志”、乾隆《四川通志》“建置沿革”、《清史稿》“地理志”（以上分别为《二十五史》本和《钦定四库全书》本）、《辞源》（1979 年～1983 年版），以及《辞海》（1980 年版）“雅州”条皆作“荣经”。唯《中国地图册》（中国地图出版社，2001 年）示为“荥经”。2008 年 8 月，我曾多次打电话到荥经县询问，有人说原称“荣经”，明代洪武十三年时改为“荥经”，此说当有所本，待查。

皆为河中砂铁。”[2]这是由谢家荣转引，并补入《中国铁矿志》中文版的。又据我们调查，这种上大下小的喇叭形炼炉在20世纪50年代以前，永嘉地区等也有使用①。

1977年，浙江永嘉县一个叫大岙的地方还采用一种半“土”、半“洋”的办法，利用砂铁和木炭冶炼生铁。炉高约3.55米，加料口至风口线为2.5米，风口线距炉底为1.05米。炉内形如灯罩，亦有炉身角和炉腹角。加料口直径0.45米，炉腹直径0.9米，炉墙厚0.3米，铁炭比为1∶3。采用水力，利用风箱鼓风。1971年，也曾炼过灰口铁，铁炭比为1∶3.5。

（七）河南炼铁炉

河南冶铁业早在先秦两汉时期便较发达，并一直延续到了近现代。民国初年产铁较多的是信阳、光山、商城一带，原料皆为砂铁。据1916年新常富调查，信阳有炼铁炉15座、光山10座、商城75座，每年出生铁14000吨。

砂铁须经冲洗后方得入炉，其含铁量为40%左右。燃料为木炭。炼矿1斤，需木炭3斤。炼铁炉高约2公尺半，宽约1公尺，以耐火砖砌成。炉后有一孔通风，前有一孔出铁出渣。风箱以空心树根为之，长2公尺半，宽2公寸半，以土管接于炉。炉内先放木炭燃烧，然后依次加矿，一昼夜可出铁500公斤。流出之铁盛于模型内，成为薄板（图8－1－6）[2]。

图8－1－6　河南信阳传统炼铁炉
采自文献［2］

二、坩埚炼铁

坩埚冶铁约发明于汉，我国北方的许多地方，如河南、北京、山西、辽宁、黑龙江、山东等地在历史上都炼制过坩埚铁，其多分布于产煤区，近代主要见于山西、河南、山东、辽宁等地[13]。因其简便易行，生产率较高，自19世纪后期起，一直受到世人的关注，国内外学者都做过不少调查。今主要介绍一下山西的情况。

（一）19世纪后期山西坩埚冶铁

19世纪后期，李希霍芬在山西等地进行过许多调查，这对我们了解清代后期及至前期的坩埚冶铁工艺都有一定的帮助。据李希霍芬云，当时晋城县大阳镇的做法是：坩埚以耐火土制成，高约15英寸（约45厘米）、上口径6英寸（约18厘米）。矿石先经破碎，后用筛子筛除大块矿粒，再使之与无烟煤粉混合，并羼入部分富铁的炼渣，之后装入坩埚。加热坩埚的熔炼场（窑炉）约长8英尺（约2.44米）、宽约5英尺（约1.5米），其底部坚筑如打麦场，稍向前倾。两侧垒起泥墙，前边敞开，后墙为泥墙，其外为一间放置风箱的小屋。熔炼场底部先铺满

① 调查是1977年11月初进行的，调查小组由3人组成，即北京钢铁学院的黄务涤、姚建芳以及本人。

如拳头大小的无烟煤块。每次熔炼约装两层装满矿料的坩埚，每层150个，坩埚之间用无烟煤块填充，每层坩埚上都撒一层无烟煤块。第二层坩埚在撒过无烟煤块后，须再覆盖一层旧坩埚。之后，再用旧坩埚将前墙堵上。装窑完毕，便点火、鼓风。风箱由2~4人操纵。温度足够高时，便停止鼓风，利用自然通风来维系燃烧和高温。此外，李希霍芬还谈到过另外一种坩埚装窑法，即窑底先铺一层1英尺高的破旧坩埚，目的是改善通风条件，其上放置11×30个熔炼坩埚，此坩埚高达2英尺，直径亦6英寸。停止鼓风后，“以下的手续则是依所要炼出的铁是为了用于铸器还是煅铁而定。”[7]

据说坩埚冶炼的产品主要有两种，一种是“白而脆的铁”，另一种即原称为“煅铁”者。冶炼操作基本相同，唯冶炼结束后的冷却方式不一。在晋城县大阳镇，产品若用于铸器，“就把坩埚从火中取出，并把里面的流质倾倒在一块平地上。这里就成为一种薄片形的白而脆的铁。如果想要煅铁，那就让这一堆在四天之内慢冷却，然后击碎坩埚，在坩埚的底上就是半球状的铁块。”此“白而脆的铁”，是用正常冷却方式得到的，可能是白口铁或其他含碳量较高的铁碳合金，而“煅铁”，是经四天缓慢冷却后得到的，则含义不明。似不，应当是灰口铁，虽缓慢冷却的方式可使碳分呈条块状自由石墨析出，但灰口铁不宜锻打；而可能是可锻铸铁，四天的缓慢冷却便相当于脱碳退火，最后得以去除部分碳分。看了下面20世纪50年代的有关资料后，问题便更好理解一些。李希霍芬在谈到晋城以外的地方时，又谈到了类似的操作：“如果想要的是一种灰色的铁块，那就同在大阳镇是一样，使全堆冷却，于吹风以后四天取出坩埚；另一种情形是把里面的流质倾倒在一个平面上面，这样就得出来一种一英寸厚薄的盘形的硬而白的铁。”[8]这里也提到了两种冶炼产品，一种无疑是白口铁，是用急冷方式得到的；另一种是“灰色的铁块”，于吹风以后四天才得到的。

（二）20世纪的山西坩埚冶铁[2][9][10][11]

山西是我国坩埚铁的重要产地，20世纪50年代时，晋城等地还在生产。20世纪20年代、30年代、50年代，国内学者都在此做过一些调查，基本操作并无大的变化，今将一般情况综述如下。

1. 制作冶炼坩埚

坩埚是铁矿石的还原室。制作坩埚的原料主要是当地所产耐火土，有时还须掺入一定比例的粘土或煤屑。耐火土须碾碎。坩埚常呈截头锥体形、圆筒状，采用模制法成型，约长54厘米、上口径19厘米、底径16厘米、壁厚0.8厘米、底厚3厘米。制成的坩埚须在烘烤室中用无烟煤烘干，温度为70℃~120℃，时间约22小时[11]。

2. 构筑加热方炉

商周时期的炼铜坩埚有内加热和外加热两种，但传统的冶铁坩埚则都是外加热的。此加热炉常呈方形，习谓之“方炉”[12]。其大小不一，大的可容250或300个坩埚，小的可容六七十个。容250个坩埚的方炉约长一丈、高四尺、宽五尺[9]，炉墙通常只筑3面，可以是土墙，也可以是砖墙，还可利用一侧高地代作炉墙。在一墙之底须留一个通风口。鼓风设备是风箱，由二至四人拉动。

方炉常择地而建，炉基须先夯实。炉底通风道以精磨的青砖构筑，且略向上倾斜；同时要砌出一些分风道，使鼓风均匀分布。在这些风道上须先铺上废弃的坩埚片和旧瓦片，以形成一个通风炉底。在这坩埚残片上要设置十余个引火口，该处放置麦竿类易燃物，其上再铺无烟煤块，之上再置坩埚（图 8－1－7）。

图 8－1－7　山西传统坩埚炼铁炉

采自文献［2］

3. 配料、装炉

装入坩埚的炉料有：矿石、黑土、无烟煤粉。矿石须经破碎和筛选，粒度要求为 <2.5 厘米，大颗粒和低品位的应以剔除。据范百胜 20 世纪 50 年代在晋城的调查，其铁矿石多是较富的赤铁矿，易破碎、易还原。矿床都是大小深度不同的“窝矿”，窝矿成分一般皆较接近；如晋城羊岭的矿石成分为：三氧化二铁 61.12%、二氧化硅 6.64%、氧化钙 2.1%、三氧化二铝 29.35%、氧化镁 3.62%、氧化锰 1.30%、硫 1.1%、磷 0.2%[11]。黑土用作熔剂，亦可作还原剂。范百胜分析过一份晋城“黑土”，成分为：碳 54.54%、二氧化硅 12.4%、氧化钙 8.3%、三氧化二铝 7.85%。还原剂自然主要是无烟煤粉[11]。黑土（粒度≤0.8 厘米）、煤粉（粒度 <0.5 厘米）亦须过筛。炉料须加水少许，以充分混匀，之后装入坩埚内。坩埚口须用瓦片和煤渣盖住。

方炉中的坩埚可放两层，每层都要放稳、放平。每个坩埚的间距为 8 ~ 10 厘米，其间以无烟煤块填充。第一层坩埚上须再铺一层无烟煤。第二层坩埚之上亦须用无烟煤掩盖，之后再覆以破旧的坩埚片或瓦片。坩埚装好后，再用废弃坩埚或石灰石将最后一幅炉墙堵上。

点火时间各有不同。有的先点火，后装入坩埚；有的却是全部装完后再点火的。

4. 熔炼、出铁

一般皆须鼓风，但鼓风时间的安排各有不同。有的只是出铁前鼓风 4 个小时，其余时间皆自然通风；有的则装炉后即开始鼓风，连鼓 8 小时，之后自然通风。前一种的冶炼实况为：装炉后约 3 小时，炉内煤炭全部发红，炉顶冒白烟；5 小时后炉顶冒火焰，火苗最初较长，不久坩埚内炉料下塌，火焰上冒均匀，此时方开始鼓风；直到炉内煤炭大部分烧尽、坩埚冒出黄色火焰、气泡逸出的“咕嘟”声停止之时，鼓风方可止息[11]。

坩埚冶炼的周期一般较长，从混料到出铁，有的小炉需 15 ~ 18 小时，即装炉 3 ~ 4 小时、熔炼 8 ~ 10 小时、鼓风 3 ~ 4 小时、出铁 2 ~ 3 小时[11]。但也有资料说晋城一些小炉需一昼夜[9]，还有资料说一些大炉需烧 48 小时[10]。

铁液可乘热倾出，并浇入铸型内，亦可待其冷却后，毁埚取铁。冶炼多在夜间进行，以便于观察火候。

范百胜将坩埚铁分为四等：一等，外形整齐、表面光洁者，每块重 10 ~ 15 公斤。二等，表面有均匀的蜂窝，内杂炼渣者；其铁须打九折，每 100 公斤以 90 公斤折称。

三等，表面不规则的孔隙更多，含渣量在30%以上者，此不计产量，常须重新回炉冶炼。四等，混于渣中，粒度为3～5毫米的粒状或海绵状，需击渣取铁[11]。

坩埚铁的用途主要有二：一是浇铸，主要是质量稍好者；二作炒钢原料，主要是那些渣铁分离较差者。

1936年，晋城一座容250个坩埚的方炉配料实例为：矿石5000斤，无烟煤块4000斤，煤末1200斤，产生铁2800斤[10]。依此，配料比例为：矿石:块煤:煤末=10:8:2.4，出铁率为56%。每个坩埚平均出铁11.2斤。20世纪50年代晋城的一座容84个坩埚的方炉配料实例为：矿石1000公斤、无烟煤块1200公斤、黑土350公斤、煤粉80公斤，出铁450公斤[11]。此配料比例为：矿石:无烟煤块:无烟煤粉:黑土=10:12:3.5:0.8，平均每个坩埚出铁10.7斤，出铁率为45%。

（三）坩埚冶炼的特点

1. 高炉冶炼是一个动态过程，在整个冶炼过程中，物料不断下降，气流不断上升；不管热交换，还是金属还原，都是在动态中进行的。坩埚冶炼则是一个“非动态”过程，其物料始终静处坩埚中，亦无高炉那样的气体运动，不管热交换，还是金属还原，都是在相对静止的状态中进行的。炉内温度和气氛亦波动较小，整个冶炼过程较为稳定，冶炼事故较少。对原料、燃料的要求亦不太高。因坩埚内缺乏空气，故还原性气氛较强，还原条件较好。故坩埚冶铁操作简便、劳动强度较低，可大量使用各地廉价的无烟煤及至煤粉。这是个很大的优点[11]。

2. 冶炼温度往往较低，渣铁分离不是太好，分离较好的通常只有85%。金属收得率较低[10]。

3. 产品含碳、硅量较低，含硫量较高。平定坩埚铁还含磷较高。范百胜分析过一件晋城铁厂生产的坩埚铁，成分为：碳1.3 %、硅0.17%、锰痕迹、硫0.13%、磷0.73%；还分析过一件大阳铁厂的坩埚铁，成分为：碳2.46%、硅1.85%、锰0.34%、硫0.16%、磷0.85%[11]。从含碳量上看，显然，前者相当于直接还原而得到的过共析高碳钢，后者则为亚共晶生铁。这一点十分重要，这对我们理解本书第四章第四节所述洛阳东汉坩埚附着钢，以及印度乌茨钢，都是很有帮助的。所以，李希霍芬谓晋城一种坩埚铁经四天缓慢冷却后，其产品为“锻铁”，这是完全可能的。

关于坩埚铁的含碳量，很早便引起过有关学者的注意。丁格兰《中国铁矿志》下册载：“山西所谓生铁，与近代冶金学中之生铁实不甚同。成分极杂：多含土质及少量焦炭，一也；铁质易展，炭（碳）较少，二也。有数处所产者，例如平定生铁，含磷极多。现在盐基性最重之毕士墨生铁含磷1.7%～1.9%，而平定生铁则含磷至2.35%，此其三也。山西生铁含硫极多，较新法生铁多至二至十倍，此其四也。”[2]《山西考查报告书》等也引用过这一说法[10]。可见山西坩埚生铁，与近代意义上的生铁是不能完全等同的，从含碳量上看，虽然多属生铁，但也有不少可能是某种可锻铁。由于习惯的缘故，我们依旧把坩埚冶炼置于生铁冶炼的章节下。坩埚铁含碳量较低，这与其渗碳条件较差，以及配料情况和冶炼温度等，都有一定关系。看来，并不能排除这种低碳坩埚铁的获得，已成为一种成熟工艺的可能性。

第二节　流传下来的炒钢和灌钢技术

近现代在我国民间还依然保存着的传统制钢工艺，主要是炒炼法和灌炼法两种，尤其是炒炼法，直至20世纪四五十年代，仍在我国不少地方使用，60年代后逐渐减少；七八十年代时，在浙江永嘉大岙①、湖南攸县等少数地方依然可以看到②。

一、传统的炒钢技术

直到20世纪50年代为止，民间一直是把炒炼工艺称之为“炒铁”、“炒熟铁”、“炒毛铁”的，“炒钢”之名，大体上是20世纪五六十年代之后才在学术界流行开来。依冶炼设备之不同，我国的炒“铁”技术约包括三种类型：一是单穴式，即金属炒炼室与燃料燃烧室共用一个空间；二是双穴式，或叫倒烟炉、反射炉式，金属熔炼室与燃烧室各居一个空间；三是串联式，金属炒炼池与生铁炼炉串联作业，无燃料燃烧室。第一种是炒炼工艺的基本方法，沿用时间最长，使用范围最广，其始于汉，近现代仍在广泛使用；第二种约发明于清初或稍前，近现代亦有采用；第三种唯见于宋应星《天工开物》。

（一）单穴式炒炼炉

粗略分来，它又包括地穴式和台基式两种。

1. 地穴式，即炉子筑于地面以下者。主要见于山西、河南等北方地区，习谓之“地炉”③。多少年来，炉子的基本结构和操作方法并无大的变化。今将《山西矿务志略》（1920年）[1]、《山西考察报告书》（1936年）[2]等调查资料综述如后。

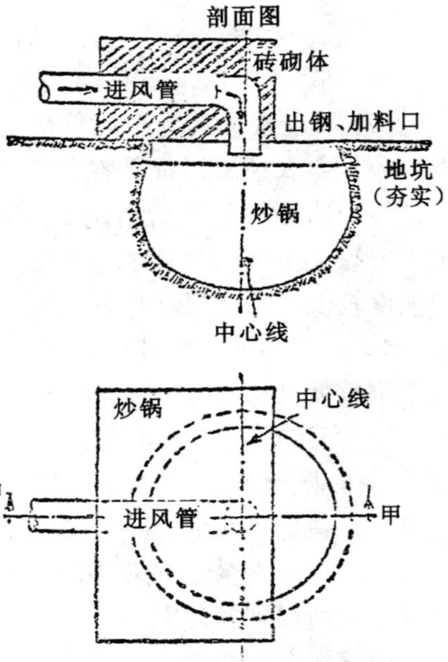

图8－2－1　20世纪50年代山西流行的一种炒铁炉

采自《土法炼钢》，载《山西日报》1958年10月12日，并《冶金报》1958年第42期

炒铁之炉大仅如斛，状如缶形或直筒形，炉口与地面平齐，其旁筑一砖墙，墙底有一小孔，为通风口，由风管与墙后之风匣相连，中置曲铁管，以连风箱，从炉之上口进风。炉口兼作进料口、鼓风口和炒炼操作口。燃料是木炭和煤屑。冶炼时，炉底先放木炭，后放生铁，上面再覆以煤末。生铁须打成碎块。打碎之法：

① 浙江永嘉县大岙公社炒钢工艺调查 是1977年11月进行的，一行3人，即北京钢铁学院黄务涤、姚建芳，以及敝人，当时我们都是《中国冶金史》编写小组的成员。大岙炒钢在那之后可能还使用了数年。

② 1980年11月，本人到攸县调查，得知该县的传统炒钢技术一直保存到了1980年5月。

③ “地炉”一词早被学术界使用，1914年时，丁文江等人也提到过这一名称。《中国铁矿志》卷下第227页谢家荣按：“据民国三年丁文江、梭尔格二氏调查……炼熟铁之炉，名炒铁炉，亦系地炉类。”

先在火炮炉中将生铁烧红，后入水淬脆，再施重力打击。装料后即点火、送风，并封闭炉口。待生铁接近半熔化状态，启开炉口，用铁棍或木棍不断地炒动金属。炒到一定程度后，金属粘着成一个海绵状固体块，便用钳子将之夹出置于砧上锤击，以排除夹杂、均匀成分。之后锻打成一定形状，便是炒炼产品。此炒炼和成型可以同用一座加热炉，也可另设一座专用的“条炉”。“条炉”者，将炒铁锤打成条之炉也，状如锻炉，常砌在高3尺、宽5尺的炉台上。用无烟煤加热，同样要鼓风。这种条铁习谓之“毛铁”，通常长1尺5寸，宽2寸。每日每炉装生铁3500斤，可得熟铁2000斤。金属收得率较低（57%）。炒炼用原料主要是次等坩埚铁[1][2][3]。此地炉应是炒炉中最为简单者，前云巩县铁生沟、新安孤灯村的汉代炒炼炉大体上皆属这一类型。1958年，类似的方法还在广为使用（图8－2－1）。

近代炒炼产品的含碳量一般不太高，丁格兰在《中国铁矿志》中引用过一件河南炒铁的成分，为：碳0.34%、硅0.37%、磷0.16%、硫0.045%[4]，与中碳钢相当。

2. 台基式。主要见于南方诸省。南方较为潮湿，炉子多砌于地面的台基上。但具体操作各地又有一些差异，下面仅以浙江永嘉、湖南攸县和云南式为例作一说明。

1977年11月我们曾到浙江永嘉县大岙公社做过一次调查，当地依然保留着传统炒炼法。炒炉设于一个台基上，以砖砌成，外形近于长方形的鸡笼；熔炼室是一个长方形的空间，炉膛长50厘米、宽40厘米、高46厘米。前墙和左、右墙皆较平，炉底呈锅底形，底部接近于地平面，炉顶平直。炉门设在前墙中部的下方，尺寸为15厘米×15厘米，兼作进料口、出钢口、操作口、废气逸出口。鼓风从炉底正中鼓入，为底吹式，人力推动风箱。操作要点是：（1）备料。先把生铁块打碎，块度约10厘米左右。（2）预热。这分两个方面，一是用木炭在专门的炉灶上预热打碎了的生铁块，达白红色为度。二是用木炭预热炒炉，时间约40～60分钟。皆无须鼓风。（3）炒炼。炒炉底部正中置木炭，将预热过的生铁块夹到炒炉中，置于木炭周围，拉动风箱以提高炉温。生铁表面部分熔化后即用木棍急速搅动金属，炒炼时须加速鼓风。随之搅拌成团，并夹到砧上锻打成型。每加热炒炼一次，便夹出锻打一次。通常须炒炼和锻打2～3次。锻打的目的主要是排除夹杂、均匀成分，最后再加工成一定形状。毛铁每条重约2.5～3公斤，金属收得率为80%。

1980年11月，我曾专程到湖南攸县做过一次调查，得知当地的炒炉直到1980年5月还在生产。操作方法与永嘉的基本一致。炒炉亦筑于台基上，台基呈方形（1.8米×1.8米）。炉膛横截面近于方形，由耐火砖砌成，内壁涂耐火土，外层涂黄泥，高约1米余。顶、底皆近锅状，炉底与地面平齐。炉膛上顶置一方砖，以安风嘴。风嘴长7.0厘米、粗端5.0厘米、细端4.0厘米。炉门为两块铸铁板，大小可以调节。鼓风从炉顶以电动方式送入。操作要点为：先将生铁击成小块，并在另一专用炉中预热，之后再放入炒炉，鼓风加热。生铁块开始熔化时便用铁棍急速炒炼。铁棍粗约5厘米，长3米，重35公斤。炒好后再用稍细的铁棍将它扒出，用铁夹夹至砧上锤击。先用碓式锻锤轻锻一次，再用45公斤的空气锻锤锻打成型。2小时炒一炉，每炉250公斤，每天炒1吨。每120公斤生铁炒得100公斤毛铁，金属收得率为83%。值得注意的是：此加入了现代技术因素，即电动送风和电动锻锤，其他操作基本上依然是属于传统技术的。炒炼产品习谓之“毛铁”，又叫

“攸饼铁”。“毛铁”即粗铁之意。“攸饼铁”一名的由来，是其毛铁皆锻成尺寸约3厘米×3厘米×15厘米的铁条，每条约1公斤，每25根捆为一饼，其状有如旧日榨过油的豆枯饼，故名。

丁格兰《中国铁矿志》也谈到过湖南炒铁法，说：“炒铁炉以砖石为之，成立方形，高约五尺，宽约三尺至四尺，上敷胶泥，内部为耐火砂泥所制之圆锅，名为炒铁锅。柴炭与生铁均由前面圆孔内注入，而熟铁亦由此出，非如高炉、甑炉之有二口。容量甚小，每次只能容生铁及柴（炭）各石许。用法：将铓板锤碎，与柴（炭）同时注入，炉内发火鼓风，约五六小时，铁即熔成胶状，但不能成液状，取出后加以锤炼，即为熟铁。”[4]可见炉子结构和操作与今攸饼铁基本一致。

云南“熟铁”有多种不同操作，唯劳谢氏所见较为特殊（图8-2-2）。“先将全炉装满木炭，生火鼓风。风箱亦较大炉者为小，由一人推动之（原注：或用水力）。每火加生铁四次，每次二十斤，四次总计八十斤；木炭则不过秤。生铁熔后（原注：由通风管上一小洞看到），即将堵塞出铁口之沙土上部凿一直径三十粍之小孔，然后再慢慢扩大，至将及熔铁面为止。于是再加炭，并于炉上置盛水铁锅。重新鼓风，风由熔铁面上吹过，由通风管对面炉壁上小孔吹出。此时除碳作用急速进行，有时更加绿树枝于炉内以促进之。因绿枝使铁汁沸腾，乃使铁汁每一部分皆得受鼓风之影响而养（氧）化也。如此半小时，铁液乃胶粘而固结，此时用铁棍急急搅动，俟可钳取为止，遂开出铁口，用钳夹铁至砧上锤碎之。经过两火，铁仍粗松，且不匀净，是为毛铁。毛铁须再入炉经一火或两火后，始成熟铁。”头等熟铁条锤成长12～15厘米，宽8～10厘米，厚2～3厘米之铁板，售给兵工厂或私家铁厂[5]。此较特殊之处是：（1）生铁料需加热至熔化状态，而一般的炒炼操作皆只加热至胶融态。（2）搅拌金属的操作是在生铁脱碳后期才进行的。而一般的炒炼操作都是生铁开始熔化后即开始炒炼。（3）有时还可加入绿树枝以帮助脱碳。

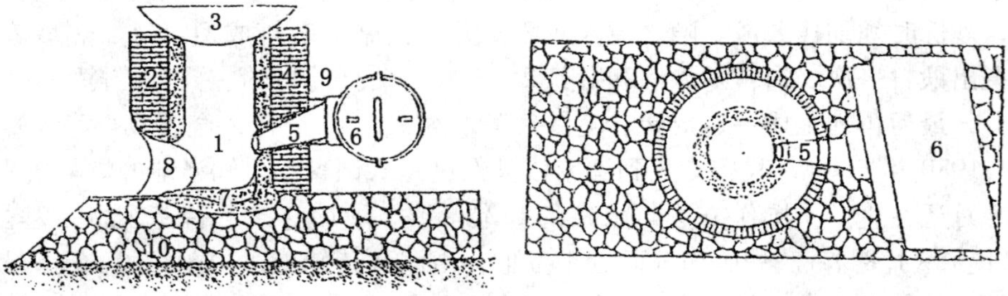

图8-2-2　20世纪20年代的云南炒铁炉

1. 炉腔　2. 砂质耐火炉衬（今按：原图标识不清，炉衬应在内层）
3. 盛水铁锅（金属熔化后以盖闭炉子）　4. 砖砌的炉墙
5. 风管　6. 用手推动的风箱
7. 炭末耐火材料　8. 出“铁”口
9. 了解风管和冶炼进程的观察孔

采自文献［4］第360页

云南高鲁关还有一种特殊的炼钢法，如前引劳谢氏云，其作为原料的生铁是使用一种特殊方法炼制的（其制法亦如前云），生铁炼出后置于另外的炉中炼钢。做法是："烧以木炭，以三人鼓风，先加生铁球二十斤，烧至红熟，再加二十斤，如是递加至三次，共六十斤，炉工二人左右以铁棍捣之，取出后置于砧上，以五六人疾锤之，液体之渣由是打出，复入炉炼之，然后再打，如是辗转共三次，铁质即已匀净。再分为四块，分别锤打后各入炉烧之，使成一定形式之钢。以上炼钢法每次约可得钢四十斤。"[4] 自然，这依然是一种以生铁为原料的脱碳炼钢法，具体操作大约与前面《广东新语》所述有些类似。在此值得注意的是：劳谢氏调查时，其他以生铁为原料的半液态脱碳冶炼法皆称之为炒铁、炒熟铁，此却是直呼为"炼钢"的。

（二）双穴式炒炼

这种炼炉其实就是倒焰炉、反射炉，在四川、云南、湖南等地都曾长期沿用。

四川綦江和威远都有一种燃烧室在上、熔炼室在下的甑式反射炉（图 8－2－3、图 8－2－4）。綦江反射炉，"全部用褒砂石筑成，分上下两部，上部为圆形石甑；以两石圈合成，内径一尺八寸，高二尺四寸；顶部有一大孔，为进柴口；左侧有一孔，以通风箱。下部为一石锅，底部铺耐火砂泥，开炼时铁板即装于此。侧有一高九寸宽八寸之炉门为作业处，顶部有一小孔与上部（石甑）相通，为火焰之入口。"[3] 可见这是一种上部为加热室，下部为熔炼室的立式反射炉。

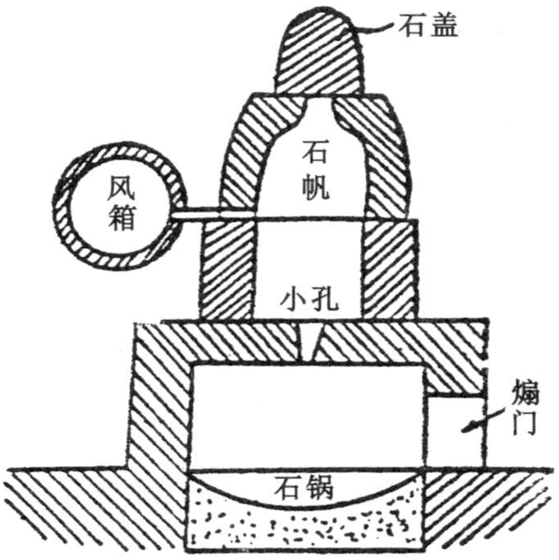

图 8－2－3　20 世纪 40 年代綦江反射炉　采自文献［3］

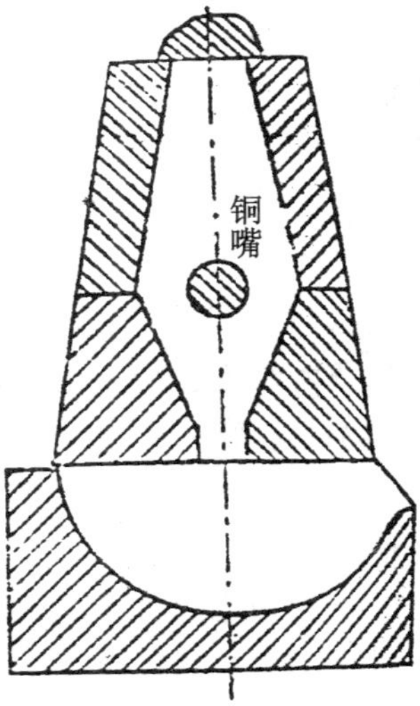

图 8－2－4　20 世纪 40 年代威远反射炉　采自文献［3］

威远所用亦属甑式反射炉，"分上矸下矸两部。上矸高一尺二寸，下矸高九寸；中间直径较大（原注：九寸），上下直径较小（原注：上口四寸，下口二寸四分），内中置一直径约三寸之圆筒形砂石。其下为石锅，直径一尺四寸，深一尺一寸。"[3]

操作要点皆是:“先将木柴(炭?)置于石甑中,发火、鼓风,使火成倒焰吹入石锅,将石锅烧热。然后将碎铣板(原注:质较劣,俗名泡板)及‘砂铁’(原注:自炉渣中回收之铁珠,与矿砂有别)加于石锅中。不断鼓风,火焰猛射,火色由红变白。”锅内铣板开始熔化,即开始不断炒炼[3]。显然,这又是一种“火在上,水在下”的未济炉,一种倒焰炉,其结构形态与欧洲反射是不同的,系我国自身所创无疑;与宝庆倒焰炉同样,可能在欧洲反射炉发明之前,便已在我国南方流行。

此外,四川还有一种较为特殊的炒炼法,它是为灌炼法(苏钢法)制作原料的,从炉子到具体操作,都别具一格,下面再作介绍。

二、传统的苏钢技术

苏钢工艺近世主要流行于四川、湖南等地。1938 年,周志宏对重庆北碚苏钢作坊做过一次深入考察,发现其不但成分控制较好,而且去渣能力极强,从而给予相当高的评价[6]。今摘要如下。

北碚苏钢的整个操作分为三大工序,即炒铁、抹钢、抽条。四川一带的苏钢工艺,从设备到操作,皆大体相似。

(一)炒铁

即是备料。苏钢冶炼的原料主要有两种,一专门用于苏钢冶炼的炒铁,也即前引《嘉庆芜湖县志》说的“初锻熟铁”;二用于灌淋,即抹钢的生铁,习谓之铣板。此生铁多从他处购得,故制钢厂的备料工作便只有“炒铁”一种。

此炒炉外形近于锻炉,整体为长方形炉台,高 140 厘米①;左、右、后墙皆用耐火砂石围成,炉子上部及前面皆敞开;炉底后部由 6 根炉条构成炉桥,炉条间距为 0.3 厘米,以为通风之用,炉桥面积为 7.6 × 19.1 平方厘米。鼓风从炉底进入[6]。

炒炼时,先将木炭铺至全炉容积之半,后放铣板。木炭须先击碎,铣板须先置炉边预热,其长度不得超过 7.6 厘米,重约 4.25 公斤。铣板上再加木炭,之后再以长条木炭覆盖。鼓风约 5 分钟后,火势渐旺,始见因生铁熔化而飞出的火星。此时须用长铁铲盛草灰覆盖炉顶,使火焰大部分反射入炉,使炉温升高。炒工须以左手持铲炒动金属,右手持钳将木炭及大块铣板钳出;钳出之铣板让锤手击碎后,须借助于草把的帮助,使之重新返回炉内。直至炉内炽红之炭全部拣出,铣板完全打碎为止。不断鼓风,炉温继续升高。待炒铁出现半熔态的细粒状、发泡状,且火焰呈豆绿色时,停止鼓风。此时即把炉中之“铁”聚集在一起,上覆草灰,轻轻打平,四周亦覆以草灰;将“铁”拍聚后夹出置草灰中,令其缓慢冷却。移时,再夹置砧上,用手锤锤聚成长方形块,再用宰刀切成 3 条,每条重约 2.5 ~ 3.0 公斤,即为“料铁”。全过程约 15 ~ 17 分钟。

此料铁组织疏松,状如海绵,含有较多的硅酸铁锰及铁氧化物夹杂,且较粗大。含碳量较普通毛铁高出许多,多为过共析钢,碳分布不甚均匀,有的地方含碳量稍低。周志宏曾分析过一些料铁的成分,含碳量高达 0.92%,唯个别样品为

① 原文说炒炉“高 14 厘米”,疑为“140 厘米”之误。

亚共析组织，具体数值如表6－2－2所引。北碚用于抹钢的铣板多从嘉陵江沿岸购来，其中一件标本的成分为：碳3.05%、硅0.28%、锰0.18%（个别含锰稍高）、硫0.05%、磷0.22%。

（二）抹钢

即将生铁抹到料铁上，这是炼钢过程的主要部分。“（抹钢）炉高约0.7米左右，炉前部炼钢部分系由砂石砌成，并衬以沙泥。后半部用乱石堆成，以搁置木炭与料铁。炼钢部分的结构形似扑满（原注：旧俗储铜币的泥罐），为中空的长方立体矩形；上部用沙泥捏成的盖板掩覆，盖板前部有正方形的开口，底部为狭长方形。炉底部分由四根熟铁条构成，平行并列；炉桥两边被砂石与泥土盖覆，只中间露出三孔，宽约2.5厘米；由于炼钢次数较多，

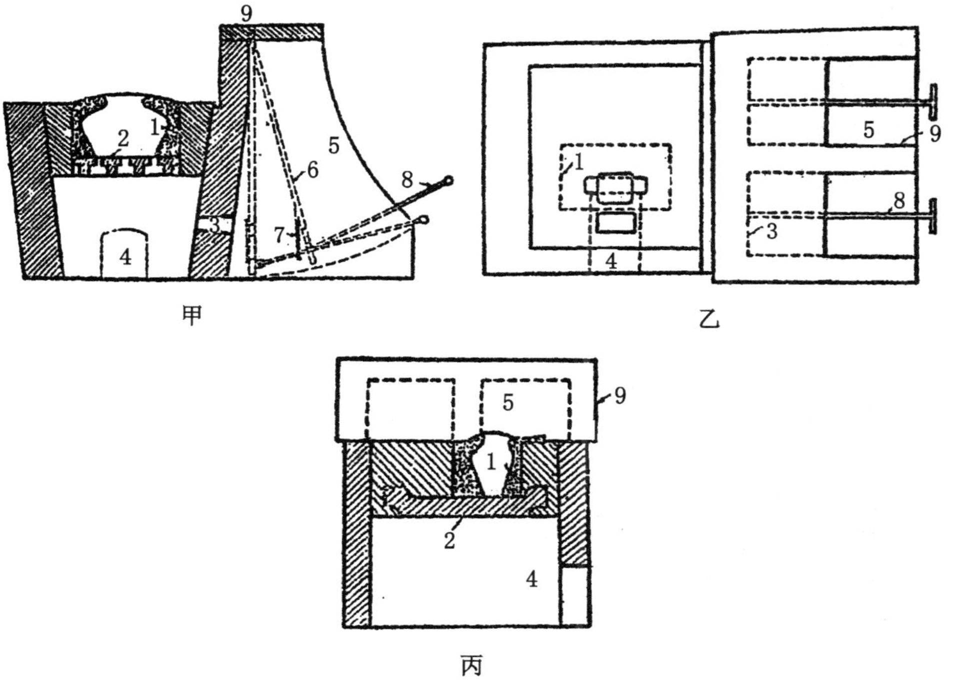

图8－2－5　20世纪30年代重庆北碚抹钢炉及其风扇

甲　正中截面图	乙　平面图	丙　横中截面图
1. 炉膛及膛壁上所涂沙泥	2. 炉桥	3. 进风口
4. 灰渣出口处	5. 连续性风箱	6. 风叶
7. 活门	8. 送风柄	9. 风箱墙

采自文献［6］

孔阻塞变小，必须随时进行凿孔，使风与渣上下可以畅通，以保证炼钢的作用进行无阻。鼓风设备，比较特殊，两个风箱平列用砂石砌成，截面成三角形。箱内以宽40.6厘米、高96.5厘米的薄木板两块为叶瓣，用铰链分别系在两个风箱的上顶角横边上；木板的下部有方孔，内衬厚布，为空气的进口；再下有铁环连接于长柄的一端，这个长柄就是人工操作的把手。往返抽动时，风被连续地鼓入（图8

-2-5)①。这种结构的方法，可使炉中获得足够的风压和风量，同时并提高了炉内的温度。”[6] 值得注意的是：此风箱与宋元时代的木风扇十分相似。

抹钢操作：炉内须先装满木炭，之后加盖、点火、鼓风。每次抹钢的用料为：长方形铣板两块（块重约0.75公斤）、料铁两块，点火后它们皆须置于炉口外预热。当炉中之炭烧至炽红时，先将炉炭取出一部分，次将预热了的两条料铁放入炉内，再将炉炭重新加入。2分钟后，炉内火色可呈亮红，遂将一块铣板斜搁入炉口内，并以铁钳支持。再经3分钟，炉温可达1300℃，铣板之一端开始熔化，工人须左手用大钳钳住铣板，左右移动，使铁珠均匀地渗淋到料铁上；同时右手执钢钩，不断翻动料铁，以保证淋铁均匀。抹钢工须善于观察火色，并依此来调节鼓风量、淋铁速度和淋铁操作。经6分钟后，第一块铣板淋完，炉炭亦尽；须再加半炉木炭，同时将另一块铣板置入炉内。约4分钟后，第二块铣板开始熔化，即开始第二次淋铁，淋完即止。之后夹出料铁，置砧上锤击，除去熔渣，即是钢坯，俗谓之“钢团”。整个操作过程约25~35分钟。

（三）抽条

即将淋得的“钢团”锻成6.45厘米×6.45厘米×35.5厘米的钢条，后投入冷水淬过。此抽条炉如同普通锻炉。

据周志宏考察，此钢条“表面整洁，含渣很少；表层个别部分有时含渣，有时渣存晶粒周围；晶界未完全熔合，是由钢团未淋滴完全遗留下来的缺陷。淬火后的组织，断面匀细，表层为粗大的马氏体，表层以内开始有屈氏体疏落地存在晶界上”。钢条含碳量较高，硅、锰、硫、磷量都较低，诸成分分布都较均匀，如前表6-2-2所引，钢条中段外部和中段内部的含碳量皆为0.92%，其他杂质元素含量都较低。

周志宏在对苏钢工艺作了全面考察后认为，“在国外还没有类似的发现，显然是一种创造性的发明”。虽其设备简陋、材料单纯、原料消耗大，但整个冶炼过程却是与现代冶金原理相符的。“不用坩埚而创造出一种淋铁氧化的方法使渣铁分开，成为比较纯的工具钢，这是中国古代先进炼钢工作者的智慧结晶。他们利用生铁的高碳和低熔点，可以在低温时熔化，成滴地滴入料铁；同时也由于料铁疏松，易于吸收铁液，并使其分散成为无数小珠流入料铁内各个蜂窝中，与存留其中的氧化渣紧密地发生作用，并迅速地除去杂质，减低碳分，这时渣铁分开，渣浮于表面，逐渐流出体外。”“这种利用料铁的结构来分散渣和铁液至极细小的个体，以达到增加接触面和氧化速度的方法，与近代白林快速炼钢法在原则上是没有什么区别的。”[6]

此苏钢工艺考察对我们了解我国古代整个灌钢的工艺原理具有十分重要的意义。由之可见：（1）此“料铁”与“条钢”的含碳量相同，都是过共析高碳钢；说明抹钢过程中，料铁的含碳量并未提高，也说明抹钢的主要目的并不是调整或提高料铁的含碳量。（2）其料铁含夹杂较多，且较粗大；而钢条所含硅、锰、硫、磷等夹杂元素都较低，成分分布较为均匀；说明此制钢工艺的去渣能力极强，也说明了灌钢冶炼的主要目的是排除夹杂。（3）若用“增碳法”、“匀碳法”来解释

① 由于多方面的原因，图8-2-5的三个视图与现代制图规则有一些地方不太相符，但基本结构还是表达清楚了的，因其已成历史资料，故不便再去改动。

灌钢（苏钢）的工艺原理时，恐怕是难圆其说的。

第三节　流传下来的有色金属冶炼技术

传统的有色金属冶炼技术主要见于云、贵、川、湘等省，大约这与自然的、历史的、现实的原因都有一定关系。今主要介绍铜、锡、铅、锌、金的传统冶炼技术，并顺带谈一下清末出现的炼锑业。

一、20 世纪三四十年代云南高炉炼铜

（一）20 世纪三四十年代云南的高炉炼铜

据曹立瀛、陈锡嘏《云南之铜》所云：20 世纪三四十年代时，云南铜矿开采，“均沿用土法，而鲜有采用大规模新法者”。但炼铜法则有两种，即粗铜“均采用土法”，精铜和电解铜则用新法[1]。下面主要对其土法采冶技术作一简要介绍。

铜矿开采时，基本上是依矿脉走向而掘进的。矿脉松软处，则以尖喙击采；矿脉坚硬处，“则须二人抬杆凿眼，塞药放炮炸石”。之后再用竹筐、布袋将矿石背出硐外。矿硐支护视矿脉松、坚情况而定，照明则用清油。通风、排水设施则各矿区均付缺如，故“进掘较深，即无法再进”。

云南“虽各矿区所产矿物有不同，而冶炼方法则大致相似”。东川“所用之土法炼炉系高炉式，用渄渣、泥土及砾石砌成，唯炉内下部系以红泥贴糊，底部则用黄色粘土及灰炭之混合物，求其能耐高热。炉之下部后面留有斜孔，为风箱打风进口，兼为观察炉内温度之用。炉前面为放渣及冰铜之出口。放渣之位置较放冰铜口稍高。炉之腰部前面为加料门，以备随时加添燃料及矿石之用。炉窝（炉缸）之下部有通风道，以去湿气。就整个形状言，恰如驼背之猴子。”大炉之容量约为矿砂 12500 公斤。

若为硫化矿时，入炉前须煅烧去硫。“含硫多者，须翻移煅烧多次。煅烧炉系以土墙围成矩形，前留开口，构造简单”。

开炉前须先加炭烘炉。炉料计有矿石、冰铜、木炭。“开炉时须将前门封闭，中部留一放渣口，并加木炭约一千四百斤，引火燃之，系一小时后始装入冰铜，以后接续木炭一层加冰铜一层。冰铜完竣，则代以曾经煅过之矿石，每层木炭与每层矿石之量约相等，更视炉温度高低而加以变更。第一次出渣约在开炉后七八小时，而冰铜须待一日半左右始行放出。此后放渣与放冰铜继续进行，以待炉窝装满铜液时，即行停止加料，预备取铜。亦有先放出一部之铜液于炉外之小窝加水冷凝者。预备取铜之先，须将炉前下部之门打开，除去炉内残余之木炭及熔渣、火口等。一俟除尽，即用水洒于铜液之表面，使其局部冷凝，随即移出已凝铜饼，在外用尖锤击成数块，便移之水池旁加草复（覆）盖烧之，以免氧化，然后投入水池冷却，工作即告结束。”“由开炉至出铜，须三四日或七八日不等。完全视矿石性质及含铜成分而定。”王子祐氏曾统计过的一个冶炼实例为：炼炉装入矿砂 25000 斤、原料冰铜 150 斤；煅矿用薪 8000 斤；炼得粗铜 2420 斤，产品冰铜 1550 斤。所得粗铜须精炼后方得使用。

出铜竣事之后，须让炉冷却一日，然后除去炉内下部之熔渣，重新抹上一层红泥，并修补炉窝（炉缸），其下部须糊黄色粘土，上部糊以沙泥及炭末混合物，

总厚度约六七寸。同时亦须检查、修补风箱。修补完毕，即加炭烘炉。此前后约需三天，之后方得开始下一次冶炼。

永北区米里厂等地所产之矿石，以辉铜矿、斑铜矿等硫化矿为主，故矿石亦须煅烧。但其煅烧窑却是方形的，内径长、宽各一米，高约二米。窑前之下方留有火门，兼作点火口及进风口。窑之上口无盖，兼作矿石、柴炭的装入口及烟气出口。每窑可容矿石 1250 公斤，须煅烧 8 ~ 10 日。煅烧后方得入炉冶炼，炼炉及作业程序与东川大体一致[1]。

在此值得注意的是：其炼炉状如炼铁高炉，风口处设有观察口，炉底设有风沟，入炉物料中伴有冰铜，硫化矿须经煅烧，出铜时须用水激冷。其中的“观察口”在多种传统冶炼炉中都可看到，发明时间待考。传统制瓷技术中也有相类似的技术。这些都为我们进一步了解古代炼铜工艺提供了很好的例证。

（二）20 世纪 50 年代四川荥经的铜矿焙烧技术[2]

四川荥经等地的土法炼铜已有悠久历史，但时断时续，1957 年又才得到了较好的恢复和发展。今仅对其焙烧技术作一简要介绍。

荥经铜厂所用原料主要是黄铜矿（$CuFeS_2$）和斑铜矿（Cu_5FeS_4）。清檀萃《滇海虞衡志》分别谓之“黄金箔”和“红锡镴”[3]。荥经县将低品位的斑铜矿称之为“黄金宝”。来自采矿场的矿石均须进一步破碎和选矿，以提高品位。做法是将原矿用手锤击碎，将富矿选出，“荒”（脉石）丢弃。

焙烧的主要目的是去硫。矿石含硫量较高时，焙烧次数便需增加。荥经之矿常需焙烧三四次。此采用还原焙烧，一次煅烧后便可还原出少量粗铜来。

焙烧炉俗称煅堂，圆形，上大下小，状如马蹄；用块状耐火砂石，以泥浆和而砌成；内壁须得平整，外糊泥浆，以防漏气。窑门与窑等高，且较宽，设于窑前。焙烧炉之大小视需而定，一座炼炉通常需三四座焙烧炉。

焙烧操作：先在窑底架放一些大块木柴和油煤，之后上矿，大约每加五六撮箕矿，则加两撮箕碎炭。矿之粒度以小于 10 厘米为宜，炭须沿窑边加入。装毕，从窑底点火。第一次焙烧结束后，即将矿石翻到下一个煅窑，作第二次焙烧；须随出随装，在第一窑居于上层的矿石此时便放到了下层。若有碎矿，则须先淘去外表之炭灰，之后和泥并置于最上层。每一窑矿石通常须煅烧三四次，第一次焙烧需七天，以后几次通常只需四五天。此过程中，可能有部分铜被还原出来，故窑底需放少许柴灰。焙烧过的矿石轻且松碎，呈蜂窝状，呈褐色。每一窑约可焙烧 1000 公斤矿石[2]。

关于荥经铜矿的冶炼技术，暂略。

二、21 世纪初江西铅山的胆铜法

江西铅山是我国古代较早采用胆铜工艺的地区之一。2002 年 4 月，我曾专程到该县做过一次考察，类似的工艺仍在县内永平镇陈家寨等地保留着①。陈家寨胆铜作坊是 20 世纪 60 年代末期，随着江西铜业公司永平铜矿在该村附近开采而兴建

① 铅山胆铜工艺调查系 2002 年 4 月下旬，在夫人杨大平陪伴下进行的。调查曾得到铅山县经委、永平镇政府的帮助。有关情况承铅山县永平镇企业管理站谢雪光、陈家寨海绵铜厂陈木仔提供。

的。今为镇（相当于乡）办企业，个人承包，规模较小，只有10余名员工。毛铜年产量约160～180吨，只作萃取，不作冶炼。此毛铜俗谓之“海绵铜”，显然这是个现代技术的名称。“胆铜”之名只有少数人听说过，多数人已经淡忘。此“海绵铜”操作要点是：利用江西铜业公司永平铜矿废弃矿土的自然风化和雨水的自然浸渍而获取胆水，再将铁刨花投入胆水槽中，将其中的铜置换出来。

永平是我国一个重要的产铜区。在剥离出来的矿土中，凡含铜量稍高者，厂内便采用胆铜法，自行将铜回收；凡含铜较低者便当成废物遗弃，这便是陈家寨矿土之来源。废弃矿土堆积如山，铅山县地处武夷山北坡，雨水较为充沛，在自然风化和雨水的渗淋下，胆水长年自然流淌。胆铜场的主要设施有三：一是拦“水”坝，其筑于矿土堆之下方，以拦集自然流出之胆水；二是胆铜置换槽，中蓄胆水，并放置铁刨花；三是洗铜桶，其置于两道置换槽的隔墙上，附着于铁刨花上的“海绵状”铜粒在此洗下。

陈家寨的胆铜提取槽依山势而建于斜坡上（彩版贰），目的是让胆水依坡度自然流下。由槽口入水处到槽尾出水处，大体上可区分为三段：第一段水槽为纵向布列，第二段水槽为横向布列，第三段为纵向布列。每一段皆由10余道相间布列的水槽组成。三段的总长度（即胆水置换槽的总长度）约50米。也有少数水槽并无三段纵横的明显区别，而是稍作回曲伸展，一直由进水口回曲而下，直到出水口。水槽皆由红砖砌成，外用水泥抹平。每道水槽估计宽约70～80厘米，深约50～60厘米，其间的隔墙约为一砖之宽。水槽分为三段的目的：一是减缓水流速度，二是在有限地域内，增加水槽的长度，使胆水被反复利用。为此，每段皆设有总水槽和分水槽，每道分水槽的进口处皆置有挡水，以调剂槽中水量。

置换胆铜所用铁刨花，系为现代机械加工厂中，镟削加工零件时的一种下脚料。

在通常情况下，铁刨花须每天清理一次；若水量较大，且胆水较富，则可清理两次。清理法：将附有胆铜微粒的铁刨花装入倘口竹箕内，后置入盛水木桶中，用力晃动竹箕，使铁刨花互相摩擦而将附着的铜粒洗下。定清后，将沉淀物取出，便是毛铜。其品位，高者可达60%～65%，低者仅为40%。此毛铜尚需进一步冶炼。

三、20世纪40年代个旧的土法炼锡

锡虽是人类利用较早的金属之一，但我国古代关于采锡和炼锡的记载都很少。20世纪40年代时，资源委员会[4]和清华大学[5]都曾对云南个旧锡矿做过全面调查，其调查报告虽然繁简不一，侧重点有异，但基本内容却无大差别。兹述如后：

（一）采矿技术

个旧锡矿的开采方法约有三种：（1）井巷开采。具体方式是依经验推算矿脉之走向，打硐前进。此法俗谓“硐尖”，“尖”即采矿场、工作面。硐之大小不一，常高3尺，顶宽2.2尺，底宽2.4尺，横断面呈梯形。其中并有支护、照明、排水和通风设施。（2）浅层开采，俗谓“草皮尖”。其又包括三种类型：一是露天开采，俗谓“挖明槽”。二是浅层硐采，其巷硐须穿过表土层，俗谓“草皮硐”。三是岩穴露天开采，即用露天开采的方法来采掘沉积于岩穴中的矿砂，俗谓“辨炼岗”（又作“辨炼缸”）。（3）冲砂开采，即将冲积矿就地挖起，后藉水力冲至低处再行洗选。俗谓“冲塃尖”，此“塃”即原砂。原砂被冲流时，矿之与土亦大致分离[5]。

（二）砂之洗选

在上述三种采矿法中，前两法所得之砂皆品位极低，井巷开采（“硐尖”）所得之原砂（塃）含锡量不过2%～3%；浅层开采（草皮尖）之砂含锡量不过0.2%～0.3%，及至0.5%；无疑，皆须多次洗选，才能得到含锡量达70%左右之净砂（俗谓之“碏”），以供冶炼之需（按：锡石的化学式为SnO_2，纯锡石含锡78.6%、氧21.4%）。个旧土法洗选工序虽较繁杂，但大体上皆属重力浮选，即利用各种矿物比重之不同，藉水力冲洗而使之分离[4]。又因原砂（塃）往往较为粗大，或矿质混于土石之内，故淘洗前还须破碎。破碎工具有碾子、石磨、舂杵。洗槽有砖槽（长约15尺，宽约10尺，成45～60度角）、平槽（石砌或木板构成；前段长约4尺，后段长约3尺，宽3尺）、陡槽（长约6尺，宽约3尺；土筑或砖砌，成60度角）、抱槽（砖砌，约长10尺，宽六七尺，成45度角）、小水槽（泥筑，约长四五尺，宽2尺5，成45度角）。经洗选而得到的便是细粒之锡砂，亦谓之净砂（碏）[5]。

（三）冶炼

炼锡炉习谓大炉，“用土砖砌成，呈长方形，高约一粎四〇粴，每方宽约一粎二〇粴。炉之正身为烧炭熔锡之处，称为甑子。炉之后壁上有一半圆形之挡壁，称为纱帽头，高约八〇粴；炉之前壁，砌成尖形之空洞……甑子下开一火门，以麻布石柱撑持，以防塌陷……炉后安置风箱，箱内有一木管与大炉后火门相接，以便通风。”[5]炉之后墙高出一个半圆形之凸块，是装料时作为护栏的，以防炉料散落。此支撑火门的“麻布石柱”，曹立瀛说是花岗岩质[4]。

原料准备，主要包括洗整、碾细和配矿。入炉原料主要有三种，即购来的净砂、回收的锡渣和飞矿（飞散的矿粉）。因矿砂和鍚渣皆粗细不一，往往多含砂土杂质，故入炉前均须重新洗整和碾细。此洗选场，亦谓之“溜口”。净砂（碏）皆堆于矿仓中。配矿包括两方面内容：一是将各处所购成色不一之净砂搭配好，二是配入锡渣和飞矿。配好之矿暂存于矿盘内。配矿的目的是为保证入炉矿料成色一致。

开炉时，先用木柴将大炉及炉前储锡坑（窝子）加热一二天，俗谓之“烧炉”。之后将炭倾入炉内，俗谓之“盖炭”。所用炭主要是松炭、栗炭和东瓜炭。矿坚难熔时，多用栗炭。待炉炭燃烧后，即用铁铲将矿砂铲入大炉甑子中，俗谓之“打矿”。炭、矿须分层相间加入，每上矿13铲左右，俗谓之一“转”，便需盖炭一次。每3小时为一“班”，须打矿3转，盖炭3次。上矿次数过密，则锡砂难熔而炉窒塞；过稀，则矿砂熔炼过度而被“烧干”。炉子在加炭打矿时便开始扯风（用风箱鼓风）。随着冶炼之进行，锡渐被还原出来。化学反应式为：$SnO_2 + C = CO_2 + Sn$。在冶炼过程中，为防炉渣堵塞前火门，须“放条子”，即经常将木棍伸入而通之，以便锡液流出。此“条子”须为木质，铁条则易伤炉。流出之锡流入炉前之储锡坑内，此坑俗谓“窝子”，位于前火门之下，呈长方形，用黑灰头填底，再以大盐和泥，之后捶实而成。流出之锡液中常混有炭末、未曾还原的矿砂，以及渣子，通称鍚渣①，含锡量常达50%左右，须随时用铁拨子将鍚拨开，使渣、

① 鍚，即渣，因忌讳而出现的新字。云南等地矿冶业中的忌讳语甚多，清师范《滇系》、吴其濬《滇南矿厂图略》等许多文献都有记载，文献［5］也曾谈及。同一名称在不同地方的含义可能也有一些差异。

锡分离[5]。

由火门流出之锡液，沉积于炉前窝子内，每隔3小时即须提锡一次，每日提取八次，提出之锡液即刻浇成锡锭。具体操作是：用大铁勺将炉前窝子内之锡液舀入“提锡锅”内，搅拌之，并用铁漏勺捞去渣滓；待锡液稍冷，火色适宜时，再用铁勺舀入铸型中。此铸型俗谓“池子”，以土沙筑成，长方形，容积为49厘米×18厘米×10.5厘米。锡液浇入铸型后，稍冷，即用小铁铲清除表面上之浮渣，使其平、匀且无杂纹，后以草席覆盖。每个模型约可容3勺锡液，凝后即成锡片，重约25公斤。锡片完全冷凝后，即打碎铸型，取出锡片，并打上各炉印号。

冶炼厂内的锡回收主要包括两个方面，即锑渣和飞矿。锑渣回收操作是：其从“窝子”捞出后，倾入洗渣池内淘洗。此洗渣池俗谓“锑塘”，位于炉前储锡坑（窝子）前方，以石砌成，方形。淘洗后即须过筛，所得含锡较高之细渣则可与矿砂配合重新入炉；所得粗渣则需再次碾细，再以平槽淘洗，与矿砂配合后入炉。此粗渣之余渣，名曰“二锑”，须依法再次碾洗后方得入炉。“飞矿”即随火焰飞出，积于房顶和楼板上之矿末，其含锡量亦为50%左右；须隔一二日清理一次，名曰“扫飞矿”；飞矿和水后，与矿砂配合即可入炉。

一个冶炼周期为24小时，由头天下午6时起，至次日下午6时止。每炉约可熔矿1500余公斤，用炭亦1500公斤左右；得锡少则25片，多则40片；每片25公斤左右，若以30片计，则得锡750公斤左右。

从炉户的生产经验看，影响大炉生产率的工艺因素主要有三：即原料、燃料、鼓风，谚曰“头矿二炭三扯火”[5]。前者关系到矿石的品位和所含杂质之多少，后二者主要是影响到炉温。

四、20世纪三四十年代的高炉炼铅和坩埚炼铅

与冶铁同样，炼铅工艺也有高炉法和坩埚法之别，而且这两种方法在20世纪前期都曾看到过。

（一）20世纪三四十年代云南的高炉炼铅[6]

据曹立瀛、陈锡嘏调查，在20世纪三四十年代，云南许多地方还使用过一种较为原始的炼铅工艺，会泽和鲁甸两个矿区也不例外。

会泽矿山厂一带，“炼炉系高炉式，外形如瓶，高3.8公尺以上，炉膛容量为(60×60×150)（立方）公分，炉墙厚度五十至七十公分，炉门高度一百五十公分。全部炉身均以半公尺左右径之煅过之石灰岩堆成，砌以红泥土及粘土；炉背因抗受风管附近较高之热度，故用本地之耐火泥制成之土基泥筑成，炉底用铅渣及锌灰填成，约数公寸。熔矿（炉，原缺）前面之炉膛围墙，则于装料时临时砌成，迨全部熔炼停止时，即可将该墙扒倒。”并将炉内余物取出（图8-3-1）“矿山厂一带，炼铅熔炉均为公司所有。国初时亦为炉商所有，每炉建筑资本约为二百八十余元，其后公司以同样价收买，复以二十元之月租（现成为三十元新滇币）租与炉商……全区共有土法炼铅炉十五座，东川公司六座，全部租与炉户应用；鑫泰公司九座，自用四座，余租人。”

“风箱置于炉之背后，为一木制之圆筒，直径约六十公分，长约三百二十公分；箱内装置一木制之活塞，活塞的边缘安置鸡毛，以便箱内自由活动。箱之两端，装有可启闭之活瓣，以便通风进入。活塞之动作为双动式，故箱之两端进处，各有导风管通于炉膛后之炉底处。”[6] 此所谓“双动式”，大约指风箱之拉杆不管推，还是拉，皆可向炉内送风。

这里谈到了会泽高炉炼铅的一般操作和经营情况，只可惜对炉子内型描述得不太清晰。其中说到“炉身均以半公尺左右径之煅过之石灰岩堆成”，含义不明，石灰石煅烧后会成为石灰的。

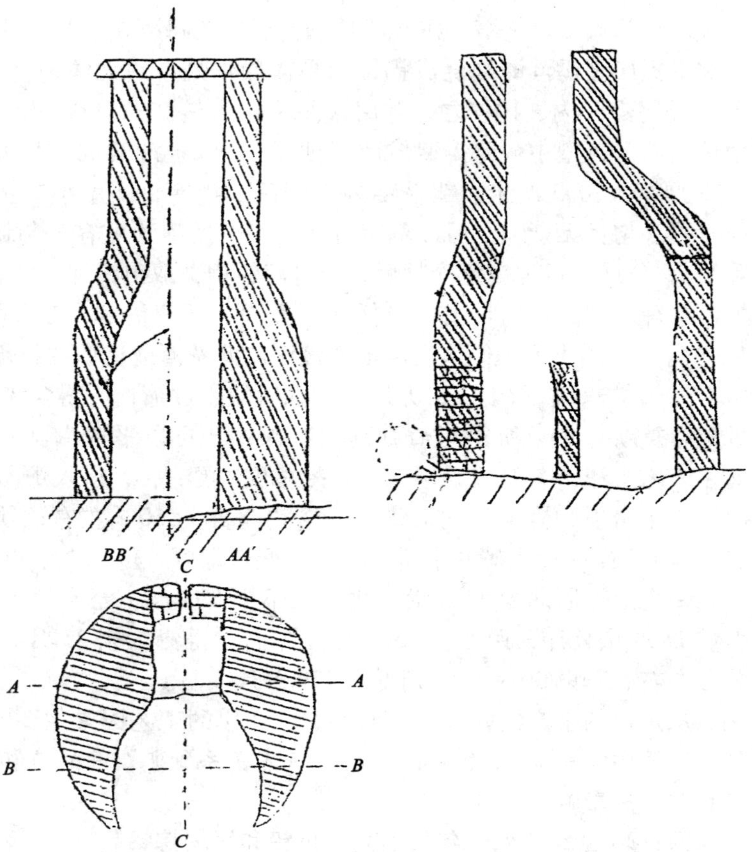

图 8－3－1　会泽传统炼铅炉　采自文献［6］

入炉矿石需经煅烧。起火时，先在炉底加木炭（俗又谓生炭）及焦炭（俗谓大炭）数百斤。火种引着半小时至一小时后，即开始大火燃烧，之后即可装料，一层矿砂，一层焦炭地分层装入。第一次装料甫毕，便开始鼓风。装料之始，因炉温较低，便可多配些易熔之铅锑。至与围墙高度相当，即 1 米左右，便停止装料。“当熔炼进行时，铅渣及熔铅皆渐沉于炉底凹处，铅渣则浮于熔铅之上，随即扒出。”此渣含铅甚富。随着炉料下陷，须继续分层加入矿砂和焦炭。如此循环不已。每昼夜两班①，约出渣 20～40 次，出铅二次。平均每班装料量为：矿砂 560 公斤（70 桶）、焦炭（大炭）75 公斤、小炭 250 公斤（按：“小炭”含义不明，可能亦是焦炭）、木炭（生炭）25 公斤。此外，通常还要加入富渣 100～150 公斤。“倘遇矿砂含矽量较多，而不易熔化时，则加铁矿少许，以稀释之。造渣用之石灰岩，则甚少加入。其熔炼装料，全视熔化及还原之程度而定”。此冶炼过程中，基

① 关于冶炼毛铅的作业时间，文献［6］前后似说得不太明白。第 38 页说：“每昼夜出铅二次，每次即为一班”；第 39 页前半部说“毛铅则每班出一次”，说到鼓风时又说：“每日二班”；依此，每班应工作十二小时。但第 39 页后半部又说：“熔炼时间，昼夜熔炼不息，共分四班。每班出铅一次，每班熔炼时间平均为八小时至十二小时之间。”依此，每班工作为六小时。

本上不考虑炉渣成分；炉料熔化，且有铅还原出来即可，故渣中含铅量是较高的。

土法鼓风炉冶炼之铅，俗称毛铅。毛铅常铸成直径约 80 厘米之铅饼。一日两班，每班出铅 50～100 公斤不等。冶炼过程中的铅损失约达 10%～20%，甚至更高，其损失主要包括两方面：一是进入炉渣，二是挥发。炉渣成分选择不好，则入渣之铅较多；鼓风能力较低、冶炼时间拉长，则挥发量越大。炼铅的炉温一般不是太高，故对耐火材料的要求也不是太高，通常可冶炼 20 炉以上方才修补。

毛铅所含杂质甚多，须经净熔。净熔的目的：一是去除杂质，二是铸成便于处理之铅块。但此种初次净熔之铅所含杂质较多，如锑、砷等尚不能去除，须再进一步净熔、精炼。矿山厂所用铅矿因属白铅矿，杂质较少，产品含铅量约在 98% 以上[6]。

鲁甸矿区之土法炼铅与会泽矿山厂大致相同，唯其炼炉有大炉与小炉两种。“大炉可炼矿砂三千斤以上，小炉自数十斤至数百斤。构造均甚简单，唯小炉无烟筒设备。”“大炉炉身连烟道，高约五公尺，容量为（50×120×150）（立方）公分。炉身下部与前墙之材料均用石块砌成，高一百一十公分，余均用红土夹壁石叠成，炉底用铅渣或灰料填入，厚约十公分，炉身后置木制圆形之风箱。”小炉“墙高一·五公尺，炉身容量为（60×36×50）（立方）公分，各部均用红土及碎石砌成，炉底亦用铅渣及灰填入，厚约数公分，炉后置小风箱”。

开炉前，“先将前墙用泥土砌好，炉膛下留一孔，以备铅渣及熔铅出口，并在炉门前掘一小圆坎，以为铅及镉渣流存之处。然后以柴或炭将炉膛烧热，再加焦炭于炉内。至炭渐已加满，开始鼓风。又将镉加入炉内。盖此时炉内温度尚低，矿砂不易直接熔化；待炭全部烧红，后用铁钩将矿砂沿炉膛两边陆续加入，每次约数斤，半小时后铅渣开始流出。因炉内温度不高，铅渣多为浓质，不时用钳夹出。不久，熔化之铅随渣同出，流入圆坎内，凝结成块。如此，砂与炭层层相加，直待矿砂熔炼后为止。由起火至铅全部熔炼后，共约三十小时之久。每次加入砂与炭之多寡，全视炉内火力之大小而定。熔铅冷凝后取出，即为含银之铅。”[6]

（二）20 世纪 50 年代以前湖南水口山的坩埚炼铅①

据水口山周显文介绍，20 世纪 50 年代以前，湖南水口山还用过坩埚炼铅法。坩埚约长 40 厘米、直径 15 厘米、厚 0.5 厘米。炼铅炉俗称牛栏炉，高约不足 1 米、宽 1 米、长 25 米；以砖砌成，但只砌三面，一面敞开留作炉门，上部敞口；炉底之下有立砖砌成的通风道。炉底铺柴以引火，后铺煤 3 层，即 2 层块煤、1 层碎煤。无须鼓风助燃。每炉装 500 个坩埚。20 世纪 50 年代以前，炼铅厂习谓“黑铅厂”，炼锌厂则谓“白铅厂”。

入罐炉料有：矿砂、生铁（或铁屑）、返回料、炭。生铁约 20%，依矿砂情况而增减。上面再放炉渣，且覆以瓦片。坩埚之间以煤填塞，坩埚顶上再覆以煤炭。

---

① 1980 年 11 月上旬，我专程到水口山参观了现代炼锌厂，并考察了传统的炼铅、炼锌工艺。熊正瓒向我介绍了水口山地区矿业发展的简单历史，周显文、夏其滂介绍了水口山地区传统和现代炼铅的一般情况，李云瑶陪我参观了现代炼锌厂，齐昌栋、康明德介绍了水口山 20 世纪 20～40 年代传统炼锌工艺。特此再一次表示衷心的感谢。

冶炼结束后须毁罐取铅。所以炼铅罐只能使用一次。

从新石器时代晚期到近现代，坩埚冶炼在我国都有使用，铜、铁、铅、锌，以及后来的锑等，都可使用坩埚冶炼；汞蒸馏的上下釜等其实也是一种坩埚；在金属熔炼中，坩埚使用得更为广泛。

五、贵州湖南的坩埚炼锌技术

我国古代及沿袭下来的炼锌法皆主要是坩埚法，其操作十分简单，将矿砂装入坩埚，坩埚口沿部预制一个冷凝器，以外加热方式即可进行还原冶炼。金属锌还原出来后即刻气化，之后在冷凝器中凝结，成为固态金属锌。其中稍见复杂的部位是冷凝器，大约这也是炼锌技术发明较晚的原因。近现代土法炼锌主要见于贵州[7][8]、四川[9]、云南[6]、湖南[10]。据说云南和贵州的炼锌技术都是湖南水口山传去的，操作上亦相差不大。今主要介绍一下贵州和湖南的情况。

（一）20世纪八九十年代贵州的土法炼锌

直到20世纪八九十年代时，传统炼锌技术依然在贵州赫章县妈姑等地保存着，1980年冬我曾有幸前往调查①。此后，许笠、周卫荣等学者也进行过类似的工作[7][8]，情况基本一致。今综述如下。

赫章民间长时期谓锌为“窝铅”，又谓之“白铅”，炼锌厂便叫窝铅厂。其坩埚亦叫罐子，其锌蒸气的冷凝器叫兜子，加热炉习谓“马槽炉”。往日民间只炼粗锌，加热炉和炼锌罐的大小皆无定例，全凭经验制作。

今习所用一种炼罐呈筒状，尖底。长约80厘米，上口外径约20厘米，厚约1.0～1.5厘米。底部尖削，这有利于通风。这种罐子比四五十年代的约大了一倍。制罐用料主要是黄泥和煤层上面、下面、侧面的各种炭泥，其俗名又有黑泥、砂荒、脚子泥、粘荒等，凡产煤炭之处皆不乏见。此“荒”即是泥土。师范《滇系》卷四引《农部琐录》云：“厂民多忌讳，石谓之硖，土谓之荒，好谓之彻。”此书成于嘉庆年间。各家所用制罐原料不尽完全一致，但皆就地取材，一般含Al_2O_3较高、SiO_2较低。表8－3－1列出了有关学者分析的三种制罐泥料的成分[7]。其中的黄泥显然是一般黄土，含硅量不高，含铝量较低，含铁量较高，与新石器时代南方陶器成分较为接近②。其他两种制罐用料皆含铝量稍高，尤其是“粘荒”。在此值得注意的是其“灼减”量都较大，当是含炭等可燃性物质较多之故。泥土取来后，须先晒干、粉碎，之后再配合、炼泥。炼泥须牛踩、人踩，越熟越好。成型时，往往要借助于木模的帮助，尤其是较大的罐子。成型后须阴干，不能吹晒；

① 赫章铅锌矿，及赫章妈姑传统炼锌工艺调查是1980年11月下旬进行的，承铅锌矿矿长李焕文，办公室许明华，以及炼铅炼锌厂祖文华、苏定文、何德清的热情接待，特此表示衷心感谢。为此，我也写过一篇关于炼锌技术的文章，其中包括明代炼锌技术和传统炼锌技术两个部分，并送到了《化学通报》编辑部，后来发生了一些变故，其中的传统技术调查部分被删掉了，原因是在我之前曾有人对妈姑炼锌技术做过调查。拙文残留的明代炼锌技术部分刊于《化学通报》1984年第7期。

② 此说妈姑黄泥含硅、铝、铁量之高与低，是相对于全国黄泥一般成分来说的。我统计过其他学者分析的51件新石器时代南北低熔点易熔粘土型陶器的成分，平均值为：SiO_2 59.78%、Al_2O_3 17.03%、Fe_2O_3 5.18%、TiO_2 0.77%、CaO 2.87%、MgO 1.85%、K_2O 2.49%，Na_2O 1.27%。SiO_2波动范围为49.05%～69.84%，相对集中的成分是55%～65%。可见妈姑黄泥的SiO_2量适处于这一成分范围。南方陶器一般含硅量稍低，含铁量稍高。

若出现了裂纹，则须修补，以免漏气，最后煅烧。

表 8－3－1　妈姑炼锌罐用料成分分析

罐料名称	成分（%）							灼减（%）
	SiO_2	Al_2O_3	Fe_2O_3	CaO	MgO	TiO_2	H_2O^+	
粘荒	40.16	27.94	2.77	0.60	1.72	0.6	9.61	23.94
砂荒	42.64	21.83	3.29	0.81	1.92	1.0	7.16	26.46
黄泥	61.88	17.49	7.35	0.22	1.58	0.94	8.2	7.58

注：采自文献［7］。

配料。炼锌用的原料主要是：矿砂、还原剂，以及旧料（包括灰渣、称为锌兜的冷凝器、罐子等含锌量较高的回收料）。矿石主要是菱锌矿，有时亦需焙烧。还原剂为煤粉，往日曾羼入 30% 的烟煤，后全改用无烟煤。矿石与煤粉须依一定比例混合均匀，矿石品位较高时，配煤量应适当增加，锌兜亦须加大。锌兜可用罐泥制作，也可用炉灰和黄泥做成。锌兜做成后，须在其边缘插一锌蒸气逸出口。20 世纪 50 年代以前的罐子较小，一个罐子通常只能装 10 公斤矿料，且有平底罐，一家人用少数几个罐子也可冶炼；20 世纪 50 年代后增加到每罐装 15 公斤或 20 公斤矿料。

锌罐加热炉皆呈长方形，形如马槽，习谓之马槽炉。炉子可大可小，通常一座炉有 12 桥、18 桥不等，也有 15 桥的。此所谓“桥”，实即是格子，由两排立砖构成，立砖上再盖过桥砖，每格放 3 个罐子。蒸馏炼锌法皆自然通风。两排立砖间就构成了一个风道。风道下面置有填灰，调节填灰的形状便可调节风道面积，及至风量大小。此外，还有一种叫爬坡炉的加热炉，实际上它是由马槽炉改造成的一种反射炉，用火焰来加热罐子。炼锌用燃料是煤饼，俗谓炭巴，由煤粉、黄泥、炉灰配制而成。炭巴除具备足够的发热值外，还须具有适当的烧结性能。

装炉时，下层先放炉渣、煤饼，之后再将罐子立置于炉内，罐与罐之间亦须以煤饼填充，以为固定。用于加热的炭巴只能填充到罐的胸部；胸部以上，即距罐口约 8～10 厘米的范围内，须铺炉渣，炉渣上再淋泥浆。这样就使罐子下部成为加热反应带，上部成为冷凝带。此炉渣层和泥浆层也可起到控制燃烧速度和保温的作用。淋泥后，即可点火预热罐子和炉子，罐内亦可上料。之后在炉料层上制作锌兜，其状若锅、若钵；炉料不应装满，须留下锌兜所占空间。之后，用盖板将罐口大部盖上，只保留一下出气小口，俗称马口子。盖板可用罐料，亦可用炉灰和黄泥做成。马口子须大小适度，太大则锌蒸气逸散过多；太小则会冲掉盖子；其方向须与锌兜边部的锌蒸气逸出口错开。锌兜周壁、罐口周壁，皆须用泥浆密封。每座炉子的外墙常由土坯砌成，高约 70 厘米，锌罐高出外墙约 10 厘米（图 8－3－2）。

一个冶炼周期常需 20～24 小时。冶炼操作皆凭经验进行，工匠们依据锌蒸气逸出的情况来判断火候和冶炼进行的程度。金属锌皆以液态形式从锌兜内取出，并浇铸成锭，此锌锭常须重熔一次，以去除部分浮渣。每个罐子约可使用10次左右。

（二）20世纪前期湖南水口山的炼锌技术

水口山土法炼锌业兴起较早，1914年出版的《中国矿业调查记》一书曾做过专门介绍[10]。整个炼锌过程约分两步，先煅烧，然后才是冶炼。

“煅矿法：砂皆取自水口、龙王二山，以土砖砌高五尺余，径二尺余之圆炉。顶空，由炉顶至底开一缺，为装炉之用。先装柴块于炉底，后装块煤，再装铅砂；二者如此装至八层，即以泥封其缺。合计每炉砂百斤，煤柴各三十斤，炉顶盖胶泥和炼尾（原注：即白铅砂）之厚块。迨火烈，块下陷，依法煅炼三次，使其十分酸化。须时二十四昼夜，每人掌五炉。”[10]

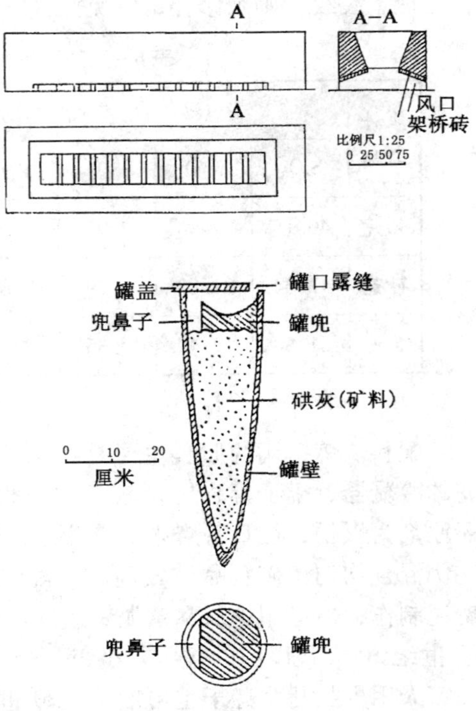

图8－3－2　贵州传统的锌罐装料示意图
采自文献［7］

“精炼法：以敲选再三之煅炼砂过筛，和少半之木炭末，盛以炼罐。罐高十二吋，径二吋半。罐内另接以喇叭口（原注：用一种耐火黄泥制之。从前此泥购自桂阳州，今则取自常宁所属之柏坊地），外面淋以白胶泥。口内用耐火泥和煤灰，作槽形之薄片；后于其口上盖以圆铁块，上置乾泥及碎煤，以验其火色。火烈时见发绿焰，即洒冷水以减温度，防白铅之挥发。白铅既熔熵，则液上腾，入于槽中，以铁瓢取之，注于方型中，即得纯白铅。所剩之渣，含有黑铅可提银。炼罐及炉之装置：炉以土砖作之，形为长方，炉底留气孔，三罐平列，诸列相邻，间以高三四寸之砖，每炉装罐百二十，装砂百七八十斤，每炉四人管之。”[10]。

1980年11月上旬我亦专程到水口山做过调查。据原水口山白铅厂业主康明德介绍：水口山土法炼锌工艺系从桂阳传来，已有了100多年历史，直到20世纪40年代还在使用。长沙、衡阳一带旧称锌为“白铅”，炼锌厂便叫“白铅厂”。水口山称炼锌的加热炉为“排罐炉”。

其炼锌罐呈筒状，约高40厘米、直径15～20厘米、厚0.3～0.5厘米，底圆，以白膏泥做成。罐做好后须晾干，再煅烧。装料接近罐口时，顺手在罐口处用黄泥和煤灰捏一喇叭形小兜，即是锌的承接器。锌兜内形如锅状，底部置于炉料上，周沿须与罐壁紧密接合，且须用泥密封。做好后，用小棍在锌斗下部通一小洞，使罐上下相通，作为锌蒸气的逸出口。喇叭口上覆一小铁板，以冷凝锌的蒸气，但不能全部盖住，须留下气体逸出口。铁板上再放一层薄煤，以观火色。炼罐有大有小。

炼锌炉十分简单，呈长条形，四周用土坯围上。底部以立砖砌出风道，立砖上放泥块，依次再放煤饼和罐子。炉内常分40格，每格放3个罐子，全炉计120个罐子。皆自然通风。

锌矿需经选择，之后焙烧3天。焙烧灶由土坯砌成，圆形；灶门口留一小进风口，顶部用矿砂和水之后封住，以作保温。焙烧时，一层煤，一层矿砂，相间铺置。用煤量较少。罐内配料主要有三种：即无烟煤（还原剂）、焙烧过的矿砂、返料（锌兜、锌渣），须以水和匀。以观看火色来判断炉温，由风道来调节风量。无绿色火焰上飘时，冶炼即告结束。用勺子将锌液从罐中取出，之后浇铸，品位可达97%～98%，此为粗锌。锌罐通常可使用8次左右。

这是贵州、湖南传统炼锌技术的简单情况；四川、云南土法炼锌亦各有特色，但大同小异，不再介绍。其中较值得注意的一点是：湖南、云南[6]、四川[9]等处的传统炼锌比较强调原料焙烧，而贵州则不太讲究；现代炼锌原料亦需焙烧。焙烧的主要目的：（1）是使菱锌矿（$ZnCO_3$）分解出二氧化碳，以减少冶炼过程中因二氧化碳大量析出而带走锌蒸气。（2）焙烧时结晶水大量析出，会使矿质变得疏松一些。

六、传统的黄金采冶技术

我国古代既开采过砂金，也开采过脉金。砂金采冶术发明较早，有关资料亦较确凿；脉金采冶术则发明稍晚，不管发明年代还是开采技术，则至今依然不是十分明白。一般而言，宋代已采脉金是无疑了的，也不排除唐代及至稍前的可能性。宋代文献虽也提到过一些脉金开采技术，但不太具体。在此，传统技术却为我们留下了许多很有价值的资料。

（一）20世纪30年代之冀北脉金采选[11]

1934年，王正黼在冀北作了一次脉金采选的调查，今摘要如下。

采矿。冀北金矿是孕育于石英脉中，夹在片麻岩之罅隙之内的。矿脉厚度可达六尺，薄的只有一二寸，及至间断者。未采之前，须先究明矿脉是否具有开采价值，习谓“较金”。做法是：先在矿脉处挖出矿苗若干，捣碎后碾成细粉，再用水碗淘洗，最后评定其开采价值。其坑洞，“均循矿脉而进。既达百尺，则横开平巷，俾与他洞相接，以通气流。取苗之穴，谓之‘镐位’。两穴相距十尺，穴宽六尺，间留四尺为垛。穴高五尺为常，视矿脉之厚薄如何，斟酌大小，初无定则。遇脉石之坚固者，则打眼放炮以破之；眼深不逾二尺，每眼用黑药四两为度。药系土制……支柱概以柳木，恒用一梁两柱式；其顶底坚牢者，则并此亦无需之。”采下之脉石常作回填废坑之用。

旧式提矿法计分烤砂、碾砂、拉溜、清金四步。

烤砂，即焙烧。采来之矿含有许多杂质，其中主要是硫化物。烤砂的目的：一是去硫，二是使之易于破碎。烤砂的基本操作是炭矿相间排列，以作堆烧。具体做法是：先将矿石垒成长、宽、高分别为：5尺、1.5尺、3尺的矿墙，紧靠矿墙，又叠置一道5尺×2尺×3尺的柴墙，即柴墙须较矿墙稍厚。如是者，矿柴相间叠置，平行布列，构成一个柴矿立方体。最后，再在柴矿堆的顶部平铺一层劈柴，一层矿石，一层碎砂，最后点火烧烤。火熄后即可将之碎成三四分大小之粗砂，并将废石弃去。焙烧既使硫化矿变成了氧化矿，又疏松了矿石。

碾砂。由碾磙和碾盘进行，碾盘是置于碾台上的。碾台以砖砌成，圆形，高3尺，直径较碾盘大2尺。碾盘厚尺许，半嵌入碾台之盘面，视台面高出六寸。碾盘及碾磙皆花岗岩或硬砂石制成。磙径2尺，长视径稍增；中心有浅穴，嵌铁为脐以受轴，以畜力驱动。

拉溜，即在溜槽中以水淘洗黄金。溜槽以厚板制成，槽长约5尺、宽2.5尺、深0.9尺。约与地面成45度角。矿砂及水流自上而下，以木耙自下而上徐徐拽动，以翻动顺水流下之砂，并稍作回旋之势，于是轻者随水汰去；槽底凿有浅槽，重者滞留于浅槽中。大约每淘二筒（约百斤），谓之一溜；每拉一溜，收金一次。随溜槽最初汰去之砂，谓之毛砂，不可遽弃，仍须另开一个小水坞泼之，其滞留于坞内者，依然有金，宜再碾再溜。

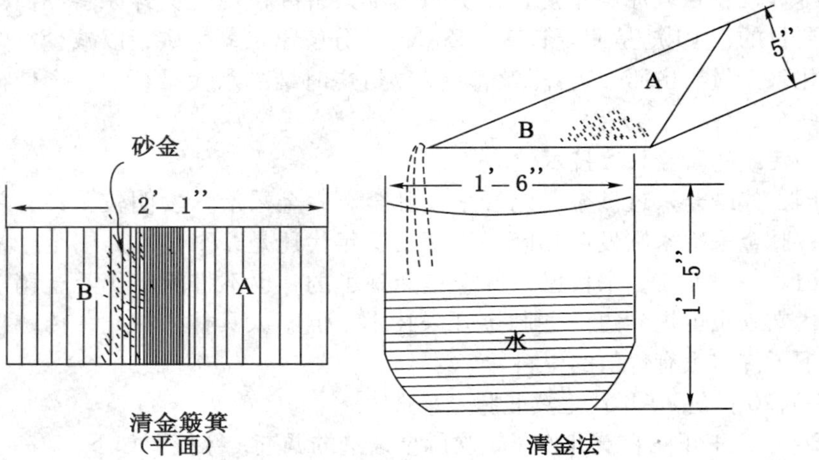

图8－3－3　**冀北传统清金图**　采自文献［11］

清金，即用淘金斗淘金。此淘金斗的基本形态大约各地区、各时代都各不相同，铜绿山的船形木斗实际上也是一种淘金斗。流传于冀北的淘金斗是一种折底木斗箕（图8－3－3），为五面体，侧视图为一等边三角形；等边三角形的底边相当于斗箕的口沿平面，等边三角形的两腰构成曲折式，相当于斗箕的两个底面。斗箕口沿近于长方形，长约1.5尺，宽1尺。斗箕之底深5寸。两个底板上皆凿有浅槽。将溜得之金砂和水倾入斗箕中，不断摇动斗箕，重者滞留箕底之浅槽内，称为“荒金”；余砂随水泻入缸中，谓之“摇砂”，此砂仍需再溜。“荒金”中杂有铅、银、铜、铁等杂质，冶炼后方可得到纯金。

河中之砂金，谓之河金。“大抵沟广流缓之处，居积恒富；其与河道之曲折，河床之斜度，河底之岩层，亦均有关系。老于采砂者，恒言‘青大楂底’为最佳，盖谓或种岩层，横流竖立所成之河底也。砂金层厚薄不等，自一尺或至五六尺，再上则为废砂，俗称为‘毛’，近水者为‘水毛’，毛下砂上谓之‘次砂’。次砂与毛，常疏松轻散，含金无多，不足探采。砂以黄黑色者为佳，砂略粘结。其最富者，或含有铅矿，俗称‘汞豆’，是为好砂之徵。”[11]

（二）20 世纪 30 年代山东沂水铜井脉金采冶[12]

据 1936 年出版的《第五次山东矿业报告》载，沂水铜井金矿采冶约分如下步骤：

采矿。大体上是沿露头、顺矿脉倾斜下掘，直达含金矿层，后用残柱法采取矿石，用手摇绞车将矿石提出。本矿区矿层多较疏松，采矿时无须爆破。有的地方在掘进围岩时，因岩石较硬处，则须用黑炸药爆破。掘进最深者为 10 余米。

选矿。主要操作是用水碓将矿石捣碎，再用汞膏法提金。“水碓工作时，矿砂与艮（银）均陆续填入碓槽，矿砂填入之多寡，以不妨碍碓锤活动，及碓锤与锤砧不能直接撞击而定。废砂自碓槽流出时夹有少许水银，及混汞经槽前溜板上所铺毡毯时，（会）复沉积于毬（毡毯?）上；（但）水银及混汞，大部均沉于碓槽下部、碓砧之四周。水银用量，每产金一两，约在七两左右。而水银之损失，则在一两左右。唯砂内若含硫黄等杂质甚多，则水银消耗即大，常达平常之二三倍。水碓每二十四小时清碓一次；清碓时先行停碓，将碓槽内及毡毯上之富集砂或水银混汞，及比重较大之铁砂等取出，置长方形木簸内……将泥沙等在水中摇出，俟铁砂等在簸内剩余无多时，集水银暨混汞于一隅，导于预制器内，选矿手续即算完毕。”按：“混汞”即金汞齐俗称。

清金。即将清碓后所得之混汞与多余之水银，经压榨、蒸馏、化炼而成金条。此为“汞炼金法”（混汞法）之清金，与前述冀北机械破碎后的清金操作是不同的。具体步骤为：

（1）水银压榨。将混汞与水银之混合物置于水银压榨器内，由螺丝盘施压；将水银挤出后，使金汞齐存留于器内。

（2）水银蒸馏。将混汞置于蒸馏器内蒸馏，将挥发的水银导出并冷凝下来；蒸馏器内所存即是黄金，俗谓“荒金”。

（3）荒金化炼。将荒金置坩埚中，将坩埚置加热炉内预热。荒金熔化后，以硼砂作造渣熔剂，浮渣以铁棒捞出。“若荒金内含铜质，金汁上则常现红色薄膜；加鸡骨少许，即可将铜质提出。”这里说以鸡骨使黄金与铜分离，很是值得注意，但不知效果如何。

这是河北、山东传统黄金采冶的部分实例。类似的资料还有一些，亦是各有特色，不胜枚举。如对水银取金的使用，便是各自有法。此山东脉金在碓槽中便开始“水银取金”，而 20 世纪 50 年代的四川砂金工艺，则是在木溜槽的淘砂过程中开始“水银取金的”。后者的做法是：将水银加于木溜前端的档内，并在溜砂时随时增加，使水银经常保持新鲜的表面，以利于摄取细金。水银损失量常为 10%～15%。通常每日清取一次，先将溜档取下，再取聚集的汞膏。汞膏用矾布或鹿皮挤滤后，置于曲甑锅内，用干馏法将水银蒸出，便可获得残金[13]。我国古代的溜槽淘金法，和“汞炼金法”皆早已使用；此碓槽加入水银，和木溜加入水银，和木溜内加入水银，都是“汞炼金”或“汞取金”的一种工艺形态。

七、关于锑业的产生和发展

在世界范围内，锑是利用较晚的金属。虽早在明代末年，湖南新化锡矿山的锑矿便已发现[14]，但时人误以为是锡，当时亦未炼出过锑或者锡来。“锡矿山”

之名也就一直沿用了下来。光绪二十三年（1897 年），人们在湖南邵阳县龙山发现锑矿时，又以为它是铁。带到汉口请洋商化验后，才说是“安地谟尼（antimony，锑）”。但又不知安地谟尼是为何物，辗转再三，方知它原来是一种新金属[14]。所以我国锑矿之正式开采，应是清光绪中期以后的事。1897 年以前，人们是不知锑为何物的。当时广东人黄大成在长沙组建大成公司，聘用日本人，至该处研究，始炼生锑，与矿务局订立合同，购买锑砂，中国于此时，即有生锑出口[14]。值得注意的是：此“生锑”并非不纯之锑或含杂质较多的锑，而是纯净的三硫化锑 SbS_3，实际上还是一种矿物。它的理论含硫量为 28.6%。在这前后，湖南除锡矿山外，益阳之板溪、邵阳之龙山、沅陵之乌溪等地锑矿业也相继发展起来[14]。

光绪三十三年（1907 年），湘之有识之士在长沙集商股筹建了华昌公司，次年（1908 年）正式成立，且建冶炼纯锑厂，聘请王宠佑为矿师，使用法国人赫伦式米德氏（Herrenschmidt）发明的蒸馏炼锑法。1909 年，广西梧州设官办纯锑厂，次年亦聘请王宠佑矿师办理[15]。1915 年之后，云南也开办了锑钨矿业[16]。

欧战时期，锑价暴涨，湖南、湖北、广东、广西、云南等地都先后开设了炼锑厂。其中湖南 10 所，日产锑 36 吨；最大的是华昌纯锑公司，日产可达 20 吨。湖北汉口 4 所，日产计约 18 吨；最大的是俄国人所开隆记公司。广东省 4 所，日产约 6 吨。广西 2 所，日产约 4 吨。云南 1 所，日产约 2 吨。“以上炼锑厂，共有二十一所，每日约共可出六十六吨，均以土法制炼。用大资本，而购新式机件者，不过数所而已。”[17]这里提到了“土法”二字，具体含义文中未曾说明，但从后文看，当指利用新法的工艺原理，使用土设备的生产工艺，如“华昌购得赫伦式米德氏法后，始知炼（锑）氧及纯（锑）；唯此法初为华昌专利，厥后各地乃相继仿造人字炉及纯炉，唯用土法，无水塔等设备，故锑养（氧）之挥散颇不少。”[18]人字炉，即生产锑氧（锑的氧化物）之炉；纯炉，即生产纯锑之炉。

当时长沙华昌炼锑厂计有三种工艺流程：（1）由成分较低之锑砂（SbS_3），生产三氧化二锑（Sb_2O_3），之后再由它生产纯锑（Sb）。（2）由生锑（SbS_3）生产四氧化二锑（Sb_2O_4），再以之为原料生产纯锑（Sb）。（3）直接由生锑（SbS_3）生产纯锑（Sb）。长沙冶炼厂计有人字炉 24 座、反射烘砂炉 15 座、反射提纯炉 19 座，每日可产纯锑 30 ~ 40 吨[14]。

“迨至欧洲停战，锑价大跌，广东、广西、湖北等处，完全停办，其炼厂即行毁拆。湖南之小厂，陆续停办，厂亦无存。”[15]表 8 - 3 - 2 为 1912 ~ 1931 年中国和世界之产锑量[19]。可见当时中国锑业在世界上之地位。

表 8－3－2　1912～1931 年中国和世界产锑量（吨）

时　间	世界总产　量	中国总产量（即出口量）	中国占世界之百分数（%）	湖南总产　量	湖南占中国之百分数（%）	湖南占世界之百分数（%）
1912	24200	15500	55（64?）			
1915	37700	23500	61（62.3?）			
1916	70000	42800	61（61.1?）			
1917	54000	28400	51（52.5?）			
1918	29700	18100	60（60.9?）			
1919	12000	8400	70			
1920	18200	13400	73（73.6?）			
1921	17400	14600	84	13600	93	78
1924	19000	12800	67	12700	99	67
1925	25000	19500	75（78.0?）	18400	94	71（73.6?）
1927	28300	18000	63（63.6?）	17300	96	61
1928	28000	19000	67（67.9?）	19000（18620?）	98	66
1929	31000	22400	70（72.3?）	21300	95	67（68.7?）
1930	28000	17400	62	17000	97（97.7?）	61
1931	17000	9400	55			

注：（1）采自文献［19］。

（2）表内右边 4 列中，括弧外的数字是文献［19］原载者，括弧内的数字则是现重新计算的，两者多有不符，未知缘由，暂且存疑。

第四节　流传下来的几种金属加工技术

保留至今的传统金属加工技术较多，今主要介绍锻造中的普通刀剑、花纹钢、锣钹和斑铜技术。由于各种各样的原因，其余只好忍痛舍去。

一、传统的龙泉刀剑技术

刀剑在许多民族的发展史上都起到过重要的作用，并对人们的社会生活产生过许多重要影响。陶弘景《古今刀剑录》载："刀剑之由出已久矣，前王後帝①，

① 若将"前王後帝"简化成了"前王后帝"，有时会产生误会，只好使用了繁体字。这类例子是不少的。

莫不铸之。”其实不只帝王铸剑，寻常百姓也有铸剑的。用剑之风在唐后虽有衰减，但好剑之风却作为一种文化现象，长时期在民间流传。

从有关资料看，20世纪前期，不少地方都生产过一些工艺精到、制作华美的名刀利剑。其中较为著名的剑，“浙江称武康，河南称沁阳”。[1]湖南的晃县则“善造军用之马刀、刺刀，驰名湘省”。[2]此外，浙江龙泉剑、北京折花剑也颇负盛名。

近代龙泉制剑业约始于清代末叶，前此无闻。1933年出版的《中国实业志·浙江省》第七编第五章“五金机器工业”在谈到龙泉制剑业时说：龙泉县“至逊清末叶始有剑铺开设，炼铸七星宝剑，销售海内。现在铸剑商铺计有三家（原注：即千字号、万字号、沈广隆）；出品尚属优良，唯因交通阻梗，运输不便，致销路呆滞，殊为可憾。铸剑原料有三：（1）毛铁，（2）钢，（3）花梨木。毛铁购自浙江云和县，每百斤约自七元五角至八元五角不等，全年需用量约一千四百余元。钢均购自福建省之政和县，每百斤约需洋（今注：银元）二十五元左右，全年需用量约一千四百余元。花梨木为制剑壳之用，产本县西南乡一带，购买时均以段计，每段约值洋一百四五十元（原注：每段重量三四千斤不等），全年需用量约四五百元。制时先以毛铁提炼，后以铁锉锉平，然后题款，嵌以铜质，再经水磨，并以铁砂擦之，光耀夺目，镶以花梨木壳，即成宝剑。普通一剑之成，须经三四日，每剑约需铁、钢各十斤左右，花梨木二斤或一斤。本县每年可产三千余把，每把价值自一元起，至百余元不等，年产总值约八千元左右。剑本为供人练习剑术及玩赏之用。龙泉所产，行销于温州、杭州、上海及浙省各县”。这里对近代龙泉剑业的历史、现状都作了简要的介绍，只可惜操作技术谈得较少。1977年秋，我们曾专程前去做过一次调查①。据说20世纪40年代，制剑作坊曾有陈、万、金、沈等6个字号；50年代后沈家依然继承着这一事业。20世纪70年代，合并到了一个名为“龙泉宝剑社”的集体企业中。

据1977年的调查，现代龙泉剑的产品有各式长剑和短剑，其中又分软、硬两种。“软剑”即是弹性较好，可以卷曲者；“硬剑”即是刚性较好，不可卷曲者；皆不开刃，主要用于文化体育活动。整个加工过程，从粗坯到成品，约有20多道工序。较为重要的有：热锻、退火、冷锻、铲平、镂刻龙凤纹、化铜、浇铜、锻平、全面冷锻、淬火、回火、敲平敲直、砥磨、擦油砂、研出青光等。1977年时，龙泉宝剑社全厂40多人，约每天产剑10把。但做工精良者，则须花费半月到一月的时间。一般而言，各种名刀利剑，其主要工艺环节是：（1）原料选择；（2）锻打技术；（3）刃部嵌钢技术；（4）热处理技术；（5）成花技术，即在肌体上作出花纹的技术；（6）砥磨技术。

龙泉县原无炼铁业。20世纪50年代以前，制剑用铁主要是云和县的土铁，这是一种含碳量不太高的炒钢。云和县出有砂铁矿。但云和土铁较软，故习有“云和剑怕棍”之说。为此，剑刃常需夹贴刃钢。20世纪20年代，刃钢主要来自福建

① 浙江龙泉宝剑工艺调查是1977年10月27日至30日进行的。调查组成员一共3人：即北京钢铁学院黄务涤、姚建芳，以及敝人。我们在龙泉宝剑社召开过多次座谈会，被采访的人主要有：沈午荣、沈新培、何连文、胡秋涛及70多岁的沈老先生等。

政和，政和钢呈大块蜂窝状，显得有些疏松。20 世纪 30 年代后，福建钢用量锐减。

现代龙泉宝剑皆用杭州钢铁厂的 45 号碳素钢，刃部夹、贴者亦是现代工业的产品。

锻打在制剑业中具有尤为重要的意义。以云和土铁为原料时，一块剑坯往往要反复折叠锻打一天或多天；热锻、冷锻相间进行。政和钢亦需反复锻打。今虽以现代板状型钢为原料，但仍须锻打半天。具体操作是先锻长，之后折叠过来再锻，如此反复，金属烧损量较大。龙泉匠师中迄今仍有“九炼成钢”之说，此“九”亦是久的谐音。锻打过程中常有脱碳现象，匠师们说剑坯越锻越软。

刃部是否夹钢，常视来料情况和需要而定。以云和土铁为原料时，常要夹钢的；以现代钢为原料则无此之需。

龙泉剑十分注意淬火，匠师中习有“不淬是铁，淬火是钢”之说，其意自然是强调淬火在制剑过程中之作用。早期主要采用水淬，并比较讲究选用剑池水淬火；后发现水淬之钢太脆，便改用了油淬。我国古代油淬技术最晚发明于南北朝时期，在龙泉，据说是 1927 年时，才由沈广隆号最先采用。其“淬火池”是竹筒；淬火剂以茶油为上，菜油不及茶油。为保密故，此操作常在晚间进行。据说龙泉在油淬前还试用过蜡淬，即将剑插入熔化了的蜡中。宁波钢也很有名气，但无油淬工艺。

砥磨皆为手工。要求越高，砥磨越细，所需时间就越多。日本刀外形端正，线条明晰，与冷工精到是密切相关的。

清代浙江有一种花纹钢，名云花钢；但直至 20 世纪 80 年代为止，龙泉剑没有肌体发出的自然花纹，因其难度较大，须 20 多斤钢铁反复揉打后才得一把宝剑。龙泉剑文实是一种使用錾刻、浇灌方式制作出来的机械纹。早期为七星纹，布列如星斗，后改成了龙凤纹。具体操作是：先在剑身上分别錾刻出七星，或龙、凤状之阴纹，之后再将紫铜，或黄铜、白铜液浇灌其中，再锻平铲平。其艺术效果自不得与自然花纹相比。20 世纪 90 年代后，龙泉艺人才开始制作花纹剑，其工艺原理与北平折花剑基本一致。有关北平折花剑工艺的情况，下面再作介绍。

1977 年龙泉调查时，我们曾观看了一次试刀表演：一年轻人手执单刀，手起刀落，劈开了 14 枚铜板。肉眼察看时，刃口纤毫无损，唯在放大镜下，才稍见卷口。铜板集叠厚度 26 毫米，其中有光绪通宝 6 枚、民国当十铜元 4 枚、大清铜币 4 枚。刀叶长 58 厘米，最宽处约 7 厘米，格加柄长 8.5 厘米。剑可区分为“软剑”和“硬剑”两种；刀无“软”、“硬”之别，一般皆是“硬刀”。1977 年时我们未曾目睹试剑风采。据说沈家之剑往日曾飞削过 4 枚铜板。软剑之柔软程度亦各有不同，或曲为小半圈，或曲半圈，亦有卷曲于腰际一周者，舒之复直如弦。此“软”，实际上即是一种弹性；“硬”即是坚利性。“软”、“硬”两种性能往往是不易兼得的。

当然，今龙泉剑与古龙泉剑未必存在什么联系。如前所云，《越绝书》所载龙渊、太阿、工布剑，这本身便包含了很多传说的成分。浙江龙泉县始建于唐，《元和郡县志》卷二十七“江南道·处州”载：“龙泉县，乾元二年越州刺史独孤峻奏：割遂昌、松阳二县置。”其中并未提到欧冶铸剑之事。及至清代初年，顾祖禹《读史方舆纪要》卷九十四“处州府·龙泉县”虽提到了欧冶铸剑之事，但也认为它是民间传说：“剑池湖：县南五里，周三十亩，相传欧冶子铸剑于此，号为龙渊剑，唐讳渊，改曰龙泉；宋宣和中，改曰剑池湖。”稍后，乾隆《浙江通志》卷二十一“山川·龙泉县”引《名胜志》也有类似的说法：剑池湖，“周三十亩，世传欧冶铸剑于此。”但“相传”二字在此却演变成了“世传”二字。光绪《龙泉县志》卷一“古迹”条则作了进一步的发挥。所以，欧冶子在龙泉铸剑之事，目前依然是很难肯定的，大体上只能看作一种传说。当然，这传说已成为一种文化现象，今龙泉剑加工技术又在多方面继承了我国古代刀剑工艺的优良传统，它还是值得重视的。

二、北平折花剑及其模拟试验

我国古代花纹钢技术发明较早，自汉魏及明清，历代文献都曾提及，但近代以来却鲜为学术界所知，更无人目睹其风采。为此，20世纪70年代末至80年代初，我在南北许多省市进行了一些调查，最后，唯知北平在1937年以前曾有过此类工艺。当时的北平花纹剑俗称“折花剑”，据说其剑文若松文，如流水，似彩云，又像汹涌澎湃的波涛。此工艺的基本特点，便是将钢料和“铁料”揉在一起折叠锻打。我们还承北京市二轻局及北京市刀剪总厂的帮助，进行了一次模拟试验，并复制了两把折花钢剑。此“折花剑”之“折”，与前云方中通“折铁”之“折”，应是一脉相承的。

北平折花剑调查是1978～1979年进行的①。据说北平折花剑作坊当年主要分布在前门外打磨厂一带，字号有广裕、广盛、万盛、同福泰、广和、仁居等，计约十多家。有的专事热锻，以制作花纹钢刀剑和普通刀剑的坯子；有的主要作冷工，将刀剑坯子加工成产品。1937年日寇占领北平后，折花剑作坊全部被迫停业，通通被强迫改做日本刀。自此，这一传统的民族工艺便在北平消失，抗战胜利后亦不曾恢复。打磨厂一带的锻铁工艺至少可上推到乾隆（1736～1795年）时期，但不知当时是否锻制过花纹钢剑②。

北平折花剑工艺最为重要的技术环节是选料和锻打。原料包括钢料和“铁料”两种，其“钢料”约相当于今60号碳素钢和65号锰钢以上者；“铁料”约相当于含碳量0.1%～0.2%的低碳钢或熟铁。当时并无科学分析手段，只是听其声、观其色，以判断钢之成分和优劣。老匠师说：往日谓之“铁”，实指“熟铁”言③；

① 北京折花剑调查距“七七”卢沟桥事变已有40余年。我访问过的人有：缪振远、丰云祥（原籍北京怀柔县），据说他们曾做过折花剑热工学徒；张友（原籍河北省大厂回族自治县）、丁兴贵，他们曾做过折花剑等宝刀宝剑冷工学徒；李玉田，做过一般短小型刀剑之冷工。20世纪50年代后，他们皆为北京刀剪厂工人。1978年时，唯缪振远师傅（约1921年生人）尚未退休，其他皆已退休在家，有的已年过七旬。这些调查资料是2000年底依据调查笔记整理的，未能一一再作核实。制作工艺方面的资料，主要由缪振远师傅提供；关于剑坯加工的资料，主要由丁兴贵师傅提供。张友师傅说，他曾为张学良将军加工过一把折花钢剑。

② 至少在清至民国时期，打磨厂一带集中了不少金属加工的工厂。清连朗《绘事琐言》卷八“刀”条载：“今裁绢之剪……京师打磨厂张家所造最良。大者如衣工所用，长五六寸足矣。小者如女红所用，长二三寸足矣。刀与剪总以真钢为贵，伪钢不可用。”（《续修四库全书》1068—780）该条下只细谈了打磨厂的剪，未细谈刀，亦未谈到花纹钢制品。此书作者“序”为嘉庆二年。清杨静亭等《都门杂咏》载有一副关于镊子张的对联，云：“锤剪刀锥百炼钢，打磨厂内货精良，教人何处问真假？处处招牌镊子张”。

③ 民间习谓之“熟铁”，当即古代意义之“熟铁”，也即是宋应星所说的“既炒则熟”之“铁”，其含碳量波动范围是较宽的。

今谓之“铁”，则多数是指生铁的。钢料、“铁料”常须加工成一定尺寸的条、块状物。为条状时，长粗如箸；为块状物时，约长25厘米、宽2.5厘米、厚0.2厘米。之后将钢料、铁料捆成束，或集叠起来，再拧成麻花状，并锻合；之后再旋拧，再锻合，如是者多次。

锻打在此具有尤为重要的意义，其基本要求是：（1）钢料、铁料各部受热务必十分均匀，加热温度务必适中；锻合、焊合后，不得存在任何锻焊纰缝和纰点。受热不均，便会焊合不佳；加热温度过低，则焊合不好；温度过高，又会增进组织均匀化，使花纹变得模糊起来。在世间各种锻件中，花纹钢锻打技术是要求最高、最为繁杂的。一旦出现纰点，即成残次品；即使产品已经售出，在冷加工时发现了纰点，也要退货的。（2）钢料和铁料的积叠层数、旋拧次数务必适中，这既影响锻焊质量，也影响到显花效果。通常只积叠10层（条）左右，依照事先设计，折叠、旋拧有限的几次。为了受热均匀，锻炉一般筑得较大。各作坊的加工过程都互相保密，轻易不让外人观看。锻打过程中烧损十分厉害，常有“十斤钢铁锻得一斤之剑”的说法；其间自然也会伴随脱碳。一座洪炉4人①，每天工作12小时，约可打4个剑坯。但废品率较高，毫无纰缝和纰点的剑坯，有时每天可能只有1~2个。

对于民间传说和文献记述的银丝与铁揉打以成花纹之事，匠师们皆认为那是子虚乌有之说，是没有任何依据的，并认为钢铁与有色金属无法锻焊为一，钢铁一旦沾染了铜、银，便会一打即碎。以金、银、铜、铁等“五金”混打的方式来制作花纹钢，这是不可能的。据说有的匠师还专门为此做过试验，结果是：锻炉一旦沾铜，便再也不能在那里锻焊钢铁，而且，全炉煤炭皆不能再用，到头来只好废弃。

北平锋刃器亦广泛地使用了夹钢、贴钢等技术。大凡宝刀、宝剑、镰刀等多用夹钢；刨子、推子、剪子等则多用贴钢；斧有夹钢，也有贴钢的。夹钢和贴钢操作皆在制作坯料时，即刀剑成型前做出。

修整加工前，须对剑坯冷锻一次，要求达到“六角平直”。剑之身宽常须1.2寸，尾部宽9分，脊厚2分。之后用抢子、锉子，将剑之两个侧面找平找直。先从局部着手，再延及到整个剑身。此过程中，刃口部须使夹入之钢显露出来，俗谓之“找钢”。对剑坯进行加工的锻炉较小。剑身上的槽穴，是热锻后用抢子抢出来的。

淬火时，脊部须加热至发红，两刃须得红透，这样才能保证钢剑淬火后之硬度。两刃火候须得一致，否则容易发生变形。须两刃同时入水，否则容易变弯；小弯犹可校正，大弯是难以校正的；若加以重锤，有时又会开裂。热处理后须调直一次，后上抢子，上细锉，上砂布，最后研光。研光之剑，青光淅淅，寒气逼人。剑之淬火剂是水；锉有用油淬的；有的刃器采用豆酱淬，与涂抹驴蹄的效果

---

① 洪者，大也；洪炉者，大火炉也。洪炉之名至迟始见于东汉末年，直到现代民间仍在使用。《三国志·魏志》“王粲传附陈琳”：“今将军总皇威，握兵要，龙骧虎步，高下在心，以此行事，无異于鼓洪炉以燎毛发。”前引宋应星《天工开物》卷十四“五金·铁”说到过“洪炉鼓鞴”。

大体一致。淬火质量之优劣，常可用锉刀检验；耐得住锉者，说明其淬火质量较好，亦谓之好钢。往日对淬火工艺之考察，主要强调其硬度，故常有“管卷不管崩”之说。

北平钢剑有两种自然花纹：一为折叠锻打出来的彩云纹、松文等；二为夹钢后锉锻出来的锯齿纹。有的剑只有彩云纹，或者只有锯齿纹，有的则两者兼具。

具有锯齿纹之钢，又谓之狗牙钢、马牙钢，实是一种机械纹，是用夹钢锉铁的方式加工出来的，此亦是一种平面花纹。具体做法是：（1）先在剑之刃部夹钢。这样，刃部就有了三层金属：刃部两侧的表层为“铁”，中间层为钢。此“铁”可以是普通料“铁”，也可以是“文铁”（即文身“铁”，带有自然花纹之“铁”）。三层金属的总厚度约5毫米。（2）用锉刀在刃口“两侧相错、同侧相间”地把“铁”锉去一个小块，直到中层钢料暴露出来为止（图8－4－1）。这样，刃口一侧表面便为：钢—铁—钢—铁—钢；另一侧便为：铁—钢—铁—钢—铁。这便是“两侧相错，同侧相间”。（3）锻平，“铁”因被相间地锉蚀，钢也就相间地显露了出来；于是，钢“铁”相间，色泽互异，也就出现了所谓的花纹。因其状如锯齿，故谓锯齿纹。在此有一点还需说明的是：这三步操作中的第一步，曾有过两种说法，一是只在刃部夹钢，剑脊中心依然为“铁”，这是为折花钢做过冷工的丁兴贵师傅介绍的；二是整个剑身皆夹钢，即剑身由三块材料组成的，两侧为“铁”，中间为钢，犹如一件复合钢板，这是为折花钢做过热工的丰云祥师傅介绍的。“两侧相错、同侧相间”地锉蚀并锻平后，皆可得到同样的效果。

除自然花纹外，北平刀剑还有一种用强水咬出的假花纹。做法是：先用油漆涂敷剑之表面，之后再做出所需图案来，并用强水涂过，再用水将之冲去，去掉油漆，便可得到相应的花纹。这实是一种化学腐蚀纹。

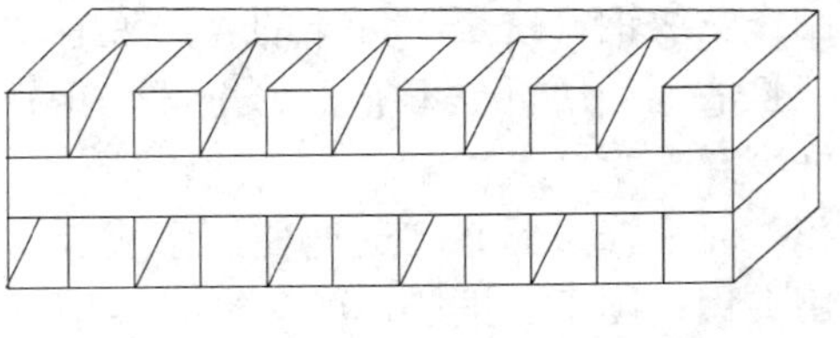

图8－4－1　北平传统“锯齿纹钢”加工示意图

北平刀剑工艺中，也有一些别样的习俗，如做七星剑时，讲究子、午两个时辰将铜钉铆入等。

匠师们介绍过多种显示剑文的方法。有说刀剑用砥石、细砂、木炭、细布打磨光净后，用白矾白酒灼烧一下，花纹即现；也有人说只需酒精或明矾、酒精溶液擦过，花纹即现，无须以火灼烧；还有说刀剑淬火后，用细磨石磨过，钢、铁也会显示出不同颜色来。这些方法是否灵验，皆须一一试验后才能辨明。

北平刀剑之鞘有铁质、木质、鲨鱼皮三种。折花剑价值较高，多用鲨鱼皮。

为了满足不同人群的需要，凡武术用刀剑，规格常有三种：（1）身长2尺6寸者，把长6寸，计3尺2寸。（2）身长2尺4寸者，把长5寸5分，计2尺9寸5分。（3）身长2尺2寸者，把长5.0寸，计2尺7寸。宽度也有定制，如长3尺2寸者，宽以1寸2分，尾部曲尖处宽9分为宜；其他两种身长者亦可作相应调整。这种尺寸之剑便显得较为修长、匀称、轻重适手。花纹剑和非花纹剑皆是如此。

除折花剑外，北平刀剑中也有不折花的，当时都颇负盛名，经常销售到河南、山西等地，及至南方。传说张学良将军还在北平购置过一把折花钢剑。各作坊之刀剑工艺中，不管冷工还是热工，皆无专利。各种各样的工艺，各种各样的花纹，皆是任人打造。除折花纹外，北平剑还有机械纹，如七星纹等，原系铜钉铆出。最为名贵的是折花钢剑，其上等约值100元上下，当时一担面粉只值1元多。俗话说“刀马无价”，宝刀、宝马都是没有固定价格的。剑坯好，剑鞘也好，加工精到，价钱便高。

北平也打过日本刀。折花钢剑的火槽较长，日本刀的火槽更长，而且其风箱的嘴子也较多，故加热较为均匀。日本刀刀坯的弧度原是较小的，淬火后会增大一些。此弯度可在淬火时，通过下水之先后来适当调节。其对冷工较为重视，先锉之，后磨之；先上粗锉，后上细锉；规整的刀身多是锉、磨出来的。日本刀也有花纹，做法是：先用土、木炭和泥后遍涂于刃口，需要何种花纹，便用取泥的方式，做成何种花纹，之后加热、淬火。

在民间调查的基础上，我们又进行了模拟试验。试验是1980年进行的，前后约花了半年左右的时间。当时的基本目的：（1）验证我国古代文献中，关于花纹钢工艺的部分记载和观点，以探讨我国古代花纹钢技术的杰出成就。（2）探讨锻打操作对花纹形态的一些影响。（3）澄清有关学者对镔铁工艺的一种误解。因20世纪60年代，有学者认为镔铁工艺“首先可以排除诸铁和合之说，因为一器上所显现的花纹是一致的，也没有合拼的痕迹”。[3]试验是在北京市第二轻工业局、北京市刀剪总厂的帮助下进行的①。今将其中有代表性的四次试验介绍如后，每次试验所用原料和折叠锻打方式都有一定差别[4][5]。

第一次试验。基本思路是：采用同一种钢条和铁条为原料，用不同的旋拧折叠方式，视花纹形态有何不同。

原料：钢料是一种特殊钢的圆条，为刀剪总厂所备。铁料是熟铁条，从中国科学院领来。先将之分别加工成小段。

旋拧锻打：（1）先把一根钢条、一根铁条合为一对，并拧成麻花状（绳索状），计得18支双股的铁麻花。（2）将6支铁麻花合为一捆，18支计得3捆。（3）对此3捆铁麻花采取3种旋拧锻打方式锻合，计得到3件样品。

第一捆：烧红，锻合，淬火后，用砂轮磨过，用布轮抛光，未经任何腐蚀，显示了大片竹叶状花纹。但纹路甚为粗大、稀疏，其色影青。

第二捆：在第一捆的基础上再拧一次，之后锻合，淬火。布轮打光后，所见花纹较为浅淡，纹路横向延伸。

第三捆：在第二捆的加工基础上，再折一次、再拧一次、再锻一次，淬火。

① 试验首先是由中国科学院自然科学史研究所向北京市刀剪总厂提出的，并请求厂方给予帮助。厂方有关领导对此十分重视，并很快地呈报了北京市二轻局。北京市二轻局党委研究后决定，请北京市刀剪总厂下属各厂协助进行。具体参加试验的单位是北京刀剪总厂下属的北京市制刀厂、王麻子刀剪厂、北京市美术宝刀厂（均在沙河）、北京市锋利刀子厂（在北京南三环东路之外）。试验小组由姚华山、周启通、刘华增、杨玉琛、赵洪源、何堂坤等人组成。实际操作主要是前四位，他们在锻打、加工技术方面具有丰富的经验。按：王麻子刀剪在我国是久负盛名的。清杨静亭等《都门杂咏·王麻子刀》：“刀店传名本姓王，两边更有万同汪；诸公拭目分明认，虎额三横看莫慌。”

布轮抛光后，显示出来的花纹更细，且更为浅淡，纹路仍是横向延伸。

第二次试验。基本思路是：将熟铁屑与生铁屑锻合为一，视其花纹形态如何。

原料：三种不同的“铁屑”，其中包括厂内两种钢铁加工的下脚料和生铁屑，将三者混合。

锻焊步骤：（1）将混匀了的铁屑装入一个熟铁筒内，并装入适量的氧化亚铁皮和硇砂作为造渣剂。此筒的正中焊有一块特殊钢钢板。（2）将料筒放入炉内加热半小时后开锻，冷下后再加热、再锻，如是者数次便基本锻合。

结果：（1）将坯件磨光抛光后，未显示出任何的花纹。（2）坯样中央发现一个未曾焊合的凸块。

第三次试验。

原料：钢料是特殊钢钢条，“铁料”是熟铁条，皆切成小段。

旋拧锻合步骤：（1）将一根钢条、一根铁条拧成麻花状（绳索状）。（2）将“铁麻花”对折一次。（3）将“铁麻花”熔接、锻合为一，并加工成平板状。（4）再将之折为三段，并熔接锻合起来，又再折为三段，再熔接锻合起来，并加工成所需之坯样。（5）水淬。

结果：布轮抛光后，花纹较多、较细，形态亦较好，但不是十分清晰。用硝酸酒精溶液擦蚀后，花纹明暗相差增大，但仍是不十分清晰。

第四次试验。

原料：钢料为高碳钢线材，铁料为熟铁的线材。

加工步骤：（1）将钢料、铁料锻成条块状。（2）将3块钢板、4块铁板，锻合为一件样品。（3）以锻打方式使坯件伸长。（4）旋拧。（5）锻平、锻长、折叠、锻合。（6）再锻长，再对折。（7）夹钢，并锻合。（8）锻长，并用特制的剑模加工成型。（9）如此计得3个剑坯。（10）送宝刀厂磨光，后送锋利刀子厂水淬。

结果：得到三个剑坯。用布轮子打光后，花纹隐约可见；再用稀硫酸腐蚀一下，便更清楚地显现了出来。其中有一短剑坯，长58.5厘米，其中柄长25厘米，根部宽3.4厘米，尾部宽3.0厘米，厚4毫米。长剑两把，其中一把全长104厘米，另一件不翼而飞。图版拾捌为北平折花剑坯样的外部形态及其花纹（皆稀硫酸腐蚀）。

在本试验过程中，一般都使用大锻炉，使用65公斤的空气锤，电动鼓风，但也使用过一次可移动的小型锻炉。其外形呈截头圆锥形，炉台高76厘米，上口径74厘米，下底径42厘米，外围以铁皮。全炉置于一个可以移动的铁质平台上，其下安有轮子，铁板尺寸为60厘米×60厘米，轮子半径为13厘米。炉台上口的三面皆围有铁皮，与前述云南炼铅炉有些相类似。底吹式鼓风。

通过模拟试验，更进一步增进了我们对折花钢工艺的了解。今将我们的基本想法归纳如下：

（1）制作折花钢，首先是要选择好原材料，这是制作折花钢的基础和最为重要的条件之一。其材料必须一种是钢，一种是“铁”，它们的组织和成分须得相差足够悬殊。花纹钢之所以能够显示出花纹，主要是其金属基体的组织和成分极不均匀、极不连续之故。不同的组织对光的反射和吸收能力不同，在自然光作用下，便会明暗相间，黑白相映，这便是所谓的花纹。若两者含碳量相差较近，虽易于锻合，但在相同加工条件下，花纹将较为浅淡；若含碳量相差太大，虽有利于花纹显示，但又会增加锻焊难度。一般而言，在保证顺利锻合的原则下，钢料与“铁料”含碳量应相差越大越好。其中第二次试验的工艺原理与我国古代灌炼型花纹钢是相同的，今虽未获成功，但只要改变一下操作方式，应是可以获得花纹的，相类的工艺在古代文献中曾有明确记载，有关情况下面即将谈到。

（2）钢料和“铁料”的几何尺寸须得适中，这会在较大程度上影响锻焊质量和花纹清晰度。

（3）设计好锻打方式和锻打次数，对花纹形态和清晰度都有着至关重要的作用。只作折叠而不作旋拧，便只能得到一些简单的直线纹、水波纹；若作了各种旋拧和多次折叠，便可能得到较为复杂的圆弧纹、曲线纹。旋拧、折叠锻打次数增多，花纹就会变细，亦更为繁华；但若旋拧、折叠锻打次数过多，碳分布便越趋均匀，花纹便会浅淡起来，及至消失。所以，通过控制钢料和铁料的外部形态，折叠、旋拧锻打方式和次数，便可适当地控制花纹形态和清晰度。绚丽的钢铁之花，皆蕴藏于高超的技艺和炉锤之中，其妙无穷。

（4）掌握好火候，对花纹钢的成败起着关键性作用。这里有两个问题：一是加热温度须足够高，但亦不宜过高；在保证充分锻合的情况下，加热温度似以稍低为宜。二是各部分温度须得均匀，火力须得柔和，要有足够宽大的高温中心。多件钢料与多件铁料，经多次旋拧、多次折叠后，其焊接面、焊接点都是较多的；稍有不慎，温度不足，或加热不均，便会出现纰点，便成了残次品。锻打过程中的金属烧损量是较大的，习所谓“十斤铁方得一斤之剑”，在古代原料条件下，并不十分夸张。

（5）淬火后，经打磨抛光，无须腐蚀，花纹亦隐约可见，用稀硫酸腐蚀一下，花纹便更加清晰起来。

（6）折叠花纹的形态绚丽多姿，如彩云，似流水，类松文，像鱼肠，又像菊花，变化万千。古代文献提到的许多剑文，皆可在此找到相似的身影。试验表明，用“诸铁和合”的方式是可得到花纹钢的，其花纹连续、平滑、自然、流畅，它具有一般自然花纹的特点，并无任何合拼的痕迹。

通过模拟试验，民间调查的许多资料都得到了证实。

三、传世花纹钢剑考察

相当一个时期以来，在世界花纹钢刀剑中最负盛名的是大马士革刀、日本刀和马来刀。我国古代花纹钢刀剑技术虽发明较早、沿用时间较长、技术水平也较高，但却鲜为世人所知。非但外国人不知，国人亦知之者鲜。在现代研究者中，唯见周纬（1884～1949 年）做过一些研究[6][7]、杨宽曾经提及[8]；张子高和杨根研究过镔铁，即国外传入的花纹钢[3]，其他研究则甚为鲜见。周纬对国内花纹钢的研究主要是从文献上进行的，其“爰尽心力以求一见此种古代宝物，奈何遊踪遍及南北诸省，迄未获如愿以偿。由幼年而壮年，由壮年而华颠，终未见及一花纹刃”[6]。周代花纹钢刀剑自是难得一见，可惜的是后世的也未看到[6]。我在 20 世纪七八十年代研究花纹钢时，虽足迹南北多省，传世之珍亦无一见。对其花纹形态和工艺成就，也就难以进一步了解。1999年，一个十分偶然的机会，在某收藏家处看到了这种久藏于民间的稀世之珍，其图文之精美，技艺之高超，皆国内外罕见。当我第一次看到它们时，内心中发出的第一句感叹便是："世间果有此等宝物，也难怪古有'价值千金'、'声贵二乡'一类赞语。"只可惜其工艺多已失传。今将考察情况实录如后，它们将充分展示我国古代花纹钢技术的杰出成就，及其在古代世界中的地位。美中不足的是，对于我来说，这些剑是可视、可摸、也可用文字记述的，却不便一一拍照，故未能采用图文相结合的方式进行讨论。

（一）所见传世剑纹的几种基本类型

目前我看到过的传世花纹钢刀剑数量已不算太少，其中多数是剑，归结起来，其单元花纹至少有4种8型。

1. 重圈纹

重圈纹或叫旋螺纹、松文，实际上是一种封闭式的多层弧形图案，有圆形、长圆形和各种不规则的圆弧形。这种花纹主要分布于剑脊上，脊棱线穿过其中心或稍偏，使其呈对称、准对称式分布（图版拾玖、彩版壹，3、4、彩版叁，2、3、4）。也有少数重圈纹分布于剑的两从①。每个重圈纹的大小和层数皆不尽相同，分布于脊棱线上的一般较大，层数亦较多；分布于两从者一般较小，层数也较少；银白色和金黄色者一般层数较多，可达10～20层；浅灰色者次之；褐黄色纹路稍粗，大约只有3～4层。

单个重圈纹的典型结构是：中心为灰黑色（或灰白色）斑块，之外是一层层纹路，每层纹路皆首尾相连，层层相套，互无萦绕，自成一个封闭式结构。重圈纹皆有一个大体共同的中心。各层纹路的大小、形态都不尽相同。如若不论大小的话，分布于剑脊上的"重圈纹"一腊最多的可达30个。

依结构形态，重圈纹也可区分为两种：（1）简单型。即一个单元重圈纹只有一个大体共同的"中心"，或说其最里层只有一个单层的圆形或长圆形封闭式图案，其外便是层层相套，互无萦绕的重圈纹。（2）复杂型。即一个大型重圈纹有二三个共同的中心，或说一个大型重圈纹的中心包含有二三个互不包容的小型重圈纹，在这些小重圈纹外再环以若干层公共的封闭式图案。我们接触到的传世花纹剑多为简单型。

习见的图案中还有"半圈纹"、"松文"等。半圈纹主要分布于刃口线附近，似由重圈纹劈分而成，其劈分线也即是剑的刃口线（彩版壹，3、4、彩版叁，4、彩版肆，1、2、3）。但有时劈分得不太规整，即劈分线偏离了重圈纹的"中心线"。松文则类于斜向剖开的树木年轮，又像拉长了的重圈纹。

清心净目而观之，此重圈纹，有如航空摄影的座座连峰梯田，层层环绕；又如镜湖中激起的涟漪，波波荧耀；像老林中的棵棵年轮，层层醒目；又像碧水中奋游的无数灵龟，文采妖娆。在今日看到过的众多剑文中，只有这种重圈纹的形

① 《考工记》："桃氏为剑，腊广二寸有半寸，两从半之。以其腊广为之茎围，长倍之。"郑玄注："腊谓两刃。"孙诒让疏："腊广者，中为一脊，左右两从，合为一面，谓之腊。"依此，"腊"即剑身之一个侧面，"腊广"即剑身的宽度，"从"宽即身宽之一半。

态与古剑中的“龟文”、“灵龟”较为接近。

2．组丝纹

组丝纹或叫束丝纹，其纹路丝丝清晰，互无萦绕；如箔下之素丝，像清溪之浣纱；若和风之组带，似大河之奔流（彩版叁，2、3、彩版肆，1、2、4）。粗略分来，至少有5种不同的形态：

（1）雨丝型，即纹路皆始于两侧剑格处，且一直延伸到了剑之尖锋，各自终于尖锋两侧之刃部；自始至终，皆纹路清晰，互无纠合，亦不萦绕，亦无大的回曲。若春天的细雨，丝丝始于云端，又滴滴沁入芳土。故组丝纹之长大体上即是剑身之长。这种组丝纹往往可分成若干束。习谓“水波纹”、“漫理”者，大体上亦属组丝纹范围。“锋”，原指兵器的尖端。《书·费誓》：“锻乃戈矛，砺乃锋刃。”

这种雨丝型可单独构成剑文，也可兼容少量其他图案。在传世品中，所见实例有柳叶形双穴式银白色组丝纹剑、浅灰色水波纹剑等。前者还兼容了少量重圈纹。

（2）磬折型。其纹路皆始于一从（设为右从）之格端，之后呈直线状，或水波纹状，逶迤延伸至锋部；在剑尾的棱线处，成叠峰状越过脊线，之后又呈直线状或波纹状，由左从的尾端返回到格端，且终于左从的格端。纹路本身作了个大屈折，把整个脊棱线上的图案皆包容其中。如悬挂于参天古柏上的一束素丝，又如飞流直下的两束瀑布；其纹路亦丝丝分明，互无纠合、萦绕。此组丝纹的总长度便相当于两个剑身之长。

这种组丝纹常与其他单元图案一起构成剑文。在传世品中，所见实物有银白色重圈纹组丝剑，其棱线上布列了一簇重圈纹，在左右两从各有两束屈折状组丝纹；第一束较为靠近脊线重圈纹，计约7～10层，随重圈纹弧度之变化而回曲、延伸；第二束则在其外，较为靠近剑刃，此束中还夹杂了一些半圈纹。两束组丝纹皆起于一从之格端，并在剑尾处均匀、连续地越过剑脊，最后由尾端返回到另一从的格端。

（3）交叉型。其纹路起于一从之刃口，之后与脊棱线直交或斜交，越过脊棱线，终于另一从的刃口（彩版肆，1、2）。

这种组丝纹可与重圈纹一起构图，相间而置，也可单独构成剑文。

（4）回曲型，即纹路作“S”形，回曲于脊线上的两个重圈纹之间。如始于剑身右从之刃口，之后便沿第一个重圈纹右下部的外侧，弧线状向上延伸，至重圈纹右上部后，绕过脊棱线而进入左从，再沿第二个旋罗纹左下侧，弧线状向上延伸，最后到达此重圈纹左上部的外侧，并终于左从之刃口，彩版叁，2、3与此有些相近。其在剑身纵向跨越的长度约与两个重圈纹相当。在尖锋部，此纹路皆呈磬折状、斗箕状，将棱线重圈纹包衔其间。它与交叉型的区别是：一个纹路稍直，一个稍曲。

（5）绕脊大重圈型，即整个纹路从剑格，到剑身、剑锋，形成一个长的椭圆形环路，将整个剑脊及脊上重圈纹环绕于其中。脊上重圈纹稍小，分布于脊线上，此大重圈纹则分布于脊上重圈纹两侧，并随脊上重圈纹外形之变化回曲，从置格处一直延伸到了尾端。在格端，此纹则呈叠袋状、叠“U”形，其底部处于脊棱线上，唯少数银白色纹路止于刃口；在尾端亦然，多数纹路呈叠峰状、多层倒“V”形、倒“U”形，均匀而连续地越过脊线，由一从过渡到另一从。其长度便相当于两倍剑身。它与磬折型的区别是，磬折型近格端是“开口”的，唯剑尾端呈倒“V”形、倒“U”形。

3. 斗箕纹

其状如指纹中的斗箕，实际上是多层卧式、斜卧式“U”形图案。此“U”形的底部常在脊线附近，两条边线常与脊线斜交，其口部常伸展到了刃部，且终于刃部。有时一侧边线较长，便演变成了组丝状花纹。斗箕纹常与小重圈纹一起构图，且常内衔1~2个重圈纹；衔2个时，一个较小。每个“斗箕”可由2~5束纹路构成，每束常有8~10层，所以每个“斗箕”可有20~40层纹路。

斗箕纹与重圈纹一起构图时，多以脊棱线为中心而相间布列，一个斗箕纹，一束组丝纹。

将剑前置，舒心畅怀而观之，此斗箕纹也，如菩提树下的垂囊，和风荡漾；像远处飞来的翠峰，层峦叠嶂；又像大河中之涡流，旋转飞扬。

4. 搅丝纹

这是一种较为纤细、紊乱，分布毫无规则的花纹，其状若搅丝、类鱼肠、如彩云、像菊花，分布于整个剑身。主要见于灰白色剑文，一般是单独构图。我看到过一把翘首双刃式浅灰色搅丝纹短刀，全身皆为搅丝纹，别无异样纹饰。

这是我在1999~2001年所见传世刀纹剑纹的4种8型。其中尤以重圈纹、斗箕纹最为复杂、绚丽，并充满了蓬勃生机。这8型又有三种不同情况，其中搅丝纹是单独构成刀文剑文的；雨丝型组丝纹、交叉型组丝纹既可单独，亦可与重圈纹一起构成剑文；其余5型，都包含有重圈纹，皆为复合型花纹。在我看到过的传世花纹剑中，多数都具有银白色重圈纹半圈纹。

（二）所见传世刀纹剑纹的基本性能特点

1. 它是刀剑本身所具有的肌体花纹、自然花纹，它发于内，露于外，打磨掉一层，立即又会显示出另外一层来，每一层都会发生一些或大或小的变化。其自然流畅、旋曲无方，毫无呆板、做作之感。在世界花纹钢中，大马士革钢、日本刀地肌等，皆属自然花纹。

除斑铜等少数品种外，我国古代一般铜器之花纹，都是仅仅停留于器物表面的，不管是铸造形成的凹凸纹，还是镶嵌得到的异物纹，或外镀、化学腐蚀得到的物理化学纹，莫不如此。其虽也可获得华丽非常、光彩夺目的效果，但都是一磨即逝的。有关斑铜的情况下面再谈。

2. 这些剑纹基本上都是平面纹，看得见，难触摸；可摄影，不可拓摩。虽银白色纹路和金黄色纹路有时稍有凹凸之感，但很难将它拓摩下来。在世界花纹钢中，大凡大马士革钢、日本刀钢等，都是平面纹的，马来的克力士短剑等则属于糙面纹[6][7]。

3. 这些剑的底色青黑，其剑纹至少包括4种不同色态，即“金黄色”（彩版叁，2、3）、“银白色”（图版拾玖，彩版叁，4、彩版肆）、浅灰色和褐黄色（彩版壹，3、4）。尤其值得注意的是前二者：其细如丝发，却丝丝入目，界限分明；

界限处毫无渗透、模糊之感；更有甚者，在纹路转角处、断折处，有时还可看到一些不太光滑的棱边。此“金黄色纹路”还稍稍泛红，有如“铜—金”、“铜—锌”合金一般；“银白色纹路”还稍稍泛黄，有如“铜—银”合金一般。其实与金、银、铜无关。

剑纹之色态，通常应当是灰白色和褐黄色，此“银白色”、“金黄色”剑文的显示，表现了更高的技艺。在我考察过的传世花纹剑中，多数剑文是“银白色”的，浅灰色、褐黄色、“金黄色”者稍少。

4. 剑纹形态异常丰富。其单元花纹虽只有重圈纹、组丝纹、斗箕纹、搅丝纹4种，但每一种又有许多不同的具体形态。而这些不同类型又有不同的排列、组合方式，显得异常丰富多彩，及至每一腊剑文的具体形态都有区别。其中，尤以“金黄色”、“银白色”者最是纤细、密集、高雅、清新。既绚丽多姿，又雍容华贵，在世界花纹刀剑中是不可多得的品种。

5. 除搅丝纹外，其分布既自然流畅，又有一定规则；它们常以脊棱线为中心，左右呈“准对称”式分布，尤以重圈纹表现得最为明显。世界花纹钢种类繁多，像我国传世剑纹这样，既“自然流畅”，又“有一定规则”，两者巧妙地结合在一起，并皆发挥到了极致者，在古代世界是不多见的。

6. 无须人工腐蚀，花纹即可自然显示。我曾亲自试验过“银白色”和褐黄色纹路之剑，用细砂纸轻轻磨拭，花纹即现；在空气中静置月日，剑纹就会更加清新、爽朗、分明，而且这种清爽的颜色会保存相当长一个时期。待到年深月久，花纹渐见模糊时，又可采用同一方法恢复其艳丽的色彩。此“银白色”、褐黄色剑纹都是利用不同成分的铁碳合金，及其氧化物在色态上的差异来显示花纹的。褐黄色纹路看来应当是三氧化二铁，用细砂纸将剑体打磨过，自然状态下氧化多日，花纹即现，这是古人对氧化反应的一种有效利用。至于“金黄色”花纹是如何获得的，本人无缘磨拭和试验，收藏家亦三缄其口，有待日后研究。

我们模拟的北平折花剑是用稀硫酸腐蚀法来显示花纹的。腐蚀前，花纹浅淡而难以分辨，腐蚀后花纹就会变得清朗起来。传入我国之镔铁，是借助金丝矾（硫酸铁）来显示花纹的[3][9]；布拉特钢曾采用某种弱酸或绿矾（$FeSO_4 \cdot 7H_2O$）来显示花纹[10]；马来刀则利用鲜柠檬汁及砒霜水，或某种硫化物来显示花纹[7]。是否须要人工腐蚀，看来与原材料选择、锻打操作等多方面因素都有一定关系。

7. 此传世刀剑多皆难锈难蚀，尤其是花纹呈“银白色”、“金黄色”、浅灰色者，剑体表面通常有一层薄薄的灰黑色、青黑色氧化层，虽长年未经打磨，但花纹却依然醒目、清新，稍加打磨后，浮锈即去，本色显露无遗，全剑光亮如新。明方以智《物理小识》卷七“金石类”曾谈到过一种“藏铁不锈法”，说：“藏刀甲库，地埋水银，则铁不锈……铁器涂香油，置烧过石灰中，不锈。若百炼之折铁，自然不锈。”这里谈到了铁器防锈的多种方法，唯水银法未曾试过，其他都是众所周知的。从现代技术观点看，钢铁“不锈”，与原料选择较好、锻打较为充分、保存较好等都是有一定关系的。据收藏家云，此传世花纹钢剑未曾采用任何特殊的保护措施。在传世花纹钢刀剑中，唯褐黄色花纹剑锈蚀稍多。今日所见传世花纹剑，当在民间收藏了百年，及至百数年、数百年，保存得如此完好，令人赞叹。

这些特点中，有的是其他花纹钢也可能具有的，如难锈难蚀，大马士革钢刀等许多名刀利刃，也都具有相类似的性能；有的则可能是今见传世花纹钢特有的，如绚丽而有一定规则的重圈纹、斗箕纹等。

我国古代钢铁刀剑的性能当有四绝：即犀利非常、舒曲自如、文采华茂、难锈难蚀。但四者往往不易兼得。前面主要谈到了它的文采，并提到了它难锈难蚀，这是最为宝贵的两项性能。这批传世花纹钢剑的弹性状况，皆未亲自试验。大凡剑身稍薄者是可稍稍掰动的，稍厚者则多较坚刚。

（三）传世花纹钢剑列举[11]

1. “银白色”重圈纹斗箕纹剑

剑身修长，无鞘、无格、无木柄。剑全长 101.3 厘米，其中铁柄长 20 厘米。剑身近格最宽处 3.06 厘米，近格处脊厚 0.86 厘米。剑身表面底色青黑、褐黑，不见纤毫黄色锈迹。花纹银白色，且稍泛黄，满布周身及至刃口。主纹是纤细的银白色重圈纹和斗箕纹，在剑脊上相间分布。剑身上还见有数量不等的松文、卷云纹、急流瀑布纹等。银白色纹路排列得十分纤细、密集，宽约 0.4～0.6 毫米。脊线两侧似有一段不太明显、时隐时现的副棱线。无开刃线。剑身横断面近于菱形，但不甚规则，剑身表面不甚平齐。剑尾尖秃，剑尾表面有 4 线（即两侧各一条弧形开刃线，中心两条对顶脊棱线）相交。柄端尖削，为褐黑色的铁锈覆盖，其上未见花纹，似非文铁，而像是后来补接上去的凡铁。

2. 金黄色重圈纹组丝纹剑（彩版叁，2、3）

剑全长 94.2 厘米，身长 79.7 厘米；有格有柄，格和柄计长 14.5 厘米。剑身较薄，宽 4.65 厘米，厚 0.82 厘米；脊棱线和左右两条开刃线都较明显。开刃线处亦稍显厚，两从的中部稍薄。剑尾处呈四线（两段开刃线，两段脊棱线）相交状。格宽 5.4 厘米，格厚 2.13 厘米，格棱线长 1.23 厘米；格的横断面呈菱形。柱状柄，柄上有 3 个凸起的圆箍，凸箍的周边有一个圆滑的凹面，此凸箍的形态便如滑轮一般。饼状首，径 4.17 厘米，端部为一凹面。剑格、柄箍、剑首，表面皆呈黑色；其上皆嵌有金黄色的火焰纹饰片，首端露出了银白色斑块；此“金黄色”和“银白色”饰块都是嵌上去的，材质不明。

剑身底色深黑、灰黑，部分地方为灰黄色。全剑之花纹皆呈金黄色。主纹为重圈纹、组丝纹，皆以棱线为中心而布列。在从部，近刃部，也有少量斗箕纹和小型重圈纹。花纹疏密相间。

3. 褐黄色重圈纹半圈纹剑（彩版壹，3、4）

无鞘，无木柄，未开刃，无开刃线。全长 88.8 厘米，其中柄长 18.4 厘米，身长 70.4 厘米。剑身最宽处（近格部）3.74 厘米。脊棱线凸起，挺直，一直由格端延伸到了尖端。中脊最厚处 0.9 厘米，近尾 20 厘米处厚度渐减至 0.75 厘米。剑尾圆尖。铁柄可分为两段，近格一段长 12.9 厘米，厚 0.67 厘米，横断面近于矩形；近首一段长约 5.5 厘米，径约 0.7 厘米，近于圆柱形。剑全重 0.8 公斤。

剑之底色灰黑、青黑，主纹是褐黄色的重圈纹和半圈纹，满布剑之整个表面。玄地黄花，相托相映；如芙蓉之初绽，若秋菊之盛开，甚为绚丽。底色与花色所占面积较为接近。两腊表面皆残有多块褐黄色的陈年老锈。

（四）传世花纹钢剑科学分析[16]

今只分析了一件银白色重圈纹组丝纹剑，其全长 94.6 厘米，剑身长 74.5 厘米，最宽处 3.85 厘米，最厚处 0.78 厘米。剑身中脊起棱，两从无开刃线。剑身由文铁制成，地色青黑，其上满布纤细的、银白色的重圈纹和组丝纹。铁柄长 20.1 厘米，其状扁平，横断面近于矩形；宽约 1.2 厘米，厚约 0.6 厘米；但宽窄不一。铁柄为褐黑色氧化膜覆盖。全剑保存甚佳，犹如新近锻成者，唯局部地方偶见微毫黄色锈斑。

分析的目的是了解剑体和银白色纹路的成分。分析手段为同步辐射 X 射线荧光仪。为减少表面氧化层对分析数据可能造成的干扰，在同步分析之前，此剑曾用 1200 号细砂纸打光过，显示出来的花纹仍为“银白色”，基体为青黑色。从剑刃的最边缘起，银白色组丝纹与青黑色剑体相间分析，各分析了 3 个光斑，一共轰击了 6 个光斑，每个光斑大小为 20 微米 ×20 微米，光斑间的距离依次为：0.3 毫米、0.5 毫米 、0.5 毫米、0.6 毫米、0.4 毫米。表 8－4－1 所示为银白色花纹剑同步辐射 X 射线荧光分析结果，图 8－4－2 为银白色纹路同步辐射 X 射线荧光能谱分析曲线，图 8－4－3 为青黑色剑体同步辐射 X 射线荧光能谱分析曲线。

表 8－4－1　“银白色”重圈纹组丝纹剑同步辐射 X 射线荧光分析

分析部位 \ 相对含量		铁		铬		锰		铜	
		测定值	计算值	测定值	计算值	测定值	计算值	测定值	计算值
银白色纹路 1（光斑 1）		655600	1000	184	0.28	1793	2.73	615	0.94
青黑色剑体 1（光斑 2）		519672	1000	58	0.11	1016	1.96	448	0.86
银白色纹路 2（光斑 3）		512314	1000	197	0.38	1600	3.12	1307	2.55
青黑色剑体 2（光斑 4）		532522	1000	166	0.31	1386	2.6	1170	2.19
银白色纹路 3（光斑 5）		未计，与银白色纹路 2（“光斑 3”）重叠较好							
青黑色剑体 3（光斑 6）		539734	1000	172	0.32	1685	3.12	1747	3.24
平均值	银白色纹路	583987		191		1697		961	
	青黑色剑体	530642		132		1362		1121	

注：（1）此“计算值”系每一光斑分析中，假设测定含铁量为 1000，比较而得到的相对值。但因碳元素等未能测定，故不管是测定值还是计算值，都只具有参考性意义。

（2）测定值中的平均数舍去了小数点。

由上可见：（1）不管银白色纹路还是青黑色基体，基本元素都是铁，此外还有少量铬、锰、铜。（2）陨铁中的常见元素镍等不曾显示。（3）钢铁中的常见元素硅、硫、磷也未显示。这一方面可能是标本含硅、硫、磷较低，另一方面是分析技术上的原因，如探头离标本较远，故衰减甚为迅速。

依此我们认为：此剑之“银白色花纹”应是纯铁，或熟铁、低碳钢，而不是白银或白铜等有色金属；剑之基体颜色较深，应是一种含碳量稍高的铁碳合金。都应是人工冶炼的产品。

依此我们推测：古代刀剑中的银白色花纹一般也应当是纯铁、熟铁或低碳钢。

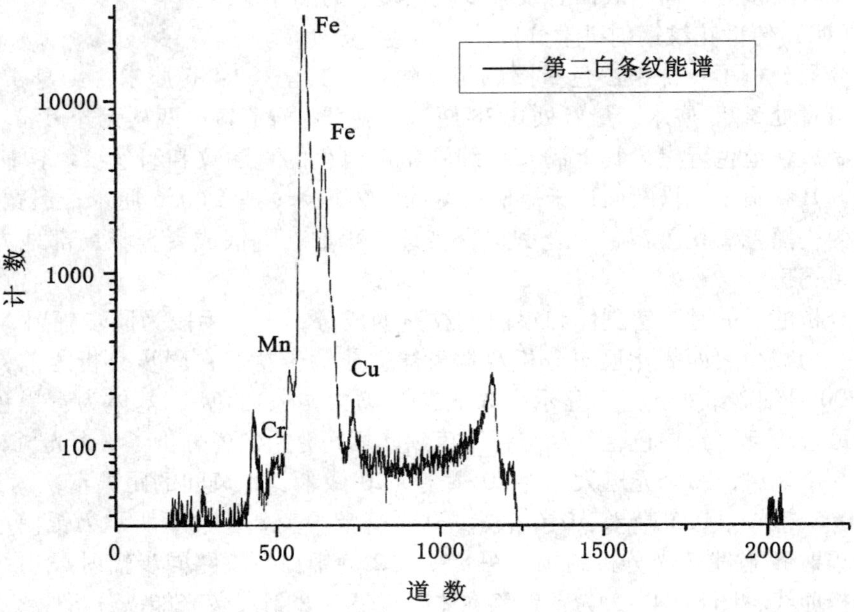

图 8-4-2　银白色纹路同步辐射 X 射线荧光能谱分析曲线

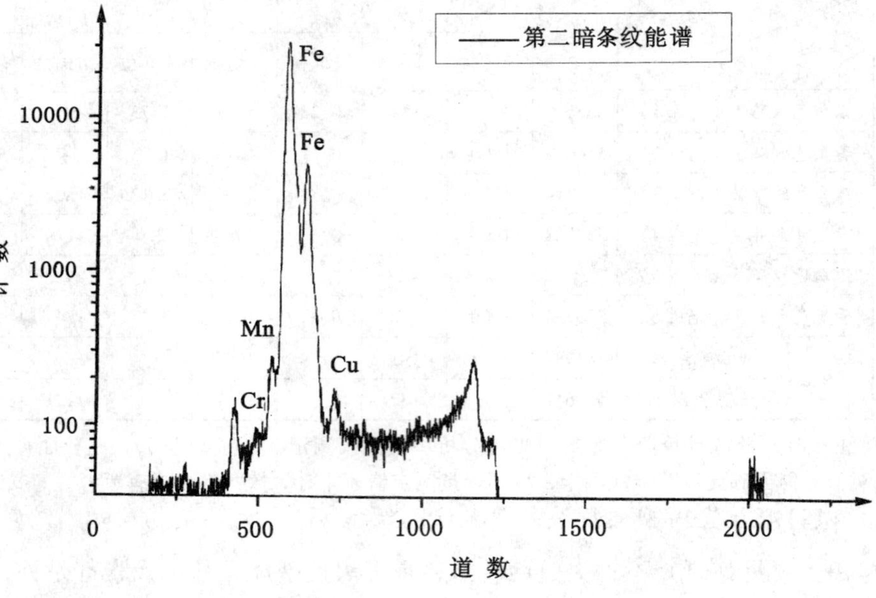

图 8-4-3　青黑色剑体同步辐射 X 射线荧光能谱分析曲线

宋周密《云烟过眼录》卷上记载过一件蓖刀，“云此乃银片细剪，又以铁片细剪如丝发，然后团打万槌，乃成自然之花”。《物理小识》卷七“金石类”方中通注“折铁”时，说折铁是“锤钢条而入银，曲折锤之”。《广东新语》卷十六“器语·刀”说真岛中之刀，“软者以金银杂纯钢炼之”。看来都未必可信，多半是一种推测和想象。周密文中曾有“云此”二字，看来他也不是十分相信，且存有疑问的。

铁（钢）之与银，或铁（钢）之与金，铁（钢）之与铜，都是很难锻合、焊合在一起的，主要是其熔点和焊合性能相差较大之故。纯金、纯银、纯铜三者的熔点分别为：1063℃、960℃、1083℃，而含碳量为0.1%～0.3%的铁碳合金热加工起始温度常为1200℃～1150℃。

（五）关于所见传世花纹钢剑的工艺推测[16]

从我们接触到的资料看，已知的古代中国和古代世界花纹钢工艺约有五种类型，本书第五章和第七章都提到过一些，今再作一归纳：

1. 铸造型花纹钢（Лигая узорчатая Сталь）。这是以印度乌茨（wootz）钢为原料，再加工而成的花纹钢。习谓“铸造大马士革钢”、布拉特钢等（图版拾柒）[12]，皆属这一类型。乌茨钢是一种坩埚钢，它又有两种不同的工艺[17]。

2. 锻造型花纹钢。这是以两种含碳量相差较为悬殊的铁碳合金，通过锻合的方式制作成的。凡具有足够可锻性的铁碳合金均可作为它的原料。依照锻合方式之不同，它又可区分成多种不同的类型：有的比较讲究多层积叠、多次折叠、多次旋拧、反复锻打，花纹亦较华茂、流畅，且无规则，如中东和欧洲的“锻造型大马士革钢”（图版贰拾，4）、中国古代的“百辟百炼”钢、20世纪30年代北平的折花钢、唐慧琳所说的镔铁、日本刀的地文钢等；有的比较强调材料的积叠，其折叠、旋拧、锻打次数都较少，花纹较为简单，亦较有规则，如波罗的海沿岸的大马士革钢、马来的克力士短剑钢等；有的则在积叠锻合后，进行机械的剪切、挖锉等加工，如20世纪30年代前北平的“锯齿纹钢”等。

3. 灌炼型花纹钢。其原料是生铁和“熟铁”，基本操作与灌钢相类。所见文献有二；一是前引晋张协《七命》，其云“万辟千灌……神器化成，阳文阴缦”；二是前引宋周去非《岭外代答》卷六，其云“融州人以梧铁淋铜（钢），以黄岗铁夹盘煅之，遂成松文。”

4. 局部渗碳型花纹钢。如前引明《武编》“前集”卷五所云“刀花”、清《篆刻鍼度》卷七所云“马牙钢”等。

5. 局部热处理型花纹钢。如日本刀的刃纹钢等。

这是目前所知，古代中国和世界花纹钢的五种基本类型，此外可能还有一些，可以进一步研究。五种之中，第一种主要产于古印度；第二种使用最为广泛，东西方都可看到；第三、四种主要见于我国文献；第五种主要见于日本。作此分类的主要依据是其工艺原理。

看来，前述传世的花钢剑工艺应属第二种，但具体操作则各有特色，其中的“搅丝纹”和“雨丝型组丝纹”似稍简单，可通过多层积叠、反复锻打等方式获得；其余的一些，如重圈纹、磬折型组丝纹、交叉型组丝纹、回曲型组丝纹、绕脊大重圈型组丝纹、斗箕纹等则较复杂，与今日所知各种操作都有一些区别，尤其是重圈纹。探明重圈纹工艺，就成了探明这类花纹钢工艺的关键。

此时我们想到了髹漆中的犀皮工艺，其上便可显示重圈纹。其操作要点是：（1）用生漆调石黄为原料，在器表堆砌出“堆”或“埝”来。此“堆”、“埝”的具体形态视需而定，制成后阴干。（2）用红、黑两色油漆相间地涂到“堆”、“埝”的顶端，如此多次，每次皆阴干。（3）再用红漆、黑漆相间地遍涂器表，如此多次，并阴干。(4) 用磨石及炭打磨器表，凡“堆”、“埝”较高处，便会显现出层状色漆来。花纹的具体形态则取决于“堆”、“埝”的堆砌方式和涂漆情况。显然，若“漆堆”做成了圆锥形，便可得到重圈纹。明黄成《髹饰录》“雕镂”第十亦曾说到犀皮有“重圈、回文、云钩”等类花纹。我们认为，若将犀皮重圈纹的工艺原理援引到花纹钢中，同样也可获得类似花纹的。

依此我们推测：此钢剑重圈纹成花工艺的大概操作步骤是：(1) 将“钢料”和“铁料”分别锻制成长条薄板形，相间叠置后锻合在一起，计约 30～40 层，成为“原始料坯”；每把剑须准备 2 块这样的料坯。此钢铁料叠置的层数，便是剑身重圈纹、组丝纹等各种纹路的总数。(2) 在“原始料坯”的脊部上做出若干个“敞口斜壁小坑”，须做得较深，但不得穿透；坑的底层可以是“钢料”，也可以是“铁料”。“敞口斜壁小坑”锻平后，便会呈现重圈纹。该坑的“铁料”层数，便是该重圈纹银白色纹路的层数；所做“小坑”数便是后来的重圈纹数。(3) 环绕剑脊上的所有“敞口斜壁小坑”，再做一个“敞口斜壁大坑”，将剑脊“小坑”尽纳其中；其锻平后，便会分别呈现组丝纹、叠峰纹、叠袋纹。此坑无须太深，所穿“铁料”的层数，便相当于内层组丝纹的层数。(4) 在绕脊“敞口斜壁大坑”外，在刃边部做出若干个残缺的“敞口斜壁小坑”，锻平后便呈半圈纹、斗箕纹、外层组丝纹等。(5) 将 2 块用上述方法做出的带“坑”料坯，用“底”对“底”的方式锻合在一起。(6) 将两面都带有“敞口斜壁坑”的料坯锻平、锻开，并锻成剑形。不但重圈纹、半圈纹、绕脊大重圈型组丝纹、磬折型组丝纹、斗箕纹可以制作出来，而且交叉型组丝纹、回曲型组丝纹亦可制作出来。此法可简称为“做坑锻平法”。当然，这还是一个推测，尚须模拟试验来验证和完善，也不排除其他工艺的可能性。今存在的一个问题是：采用何种工具，何种方法来做出这种“敞口斜壁坑”，这是值得研究的。因制作花纹钢的“钢料”硬度较大，加工起来较为困难。

在此值得注意的是：(1) 事先必有一个较好的设计和操作方案，对“钢料”和“铁料”的层数，每个“敞口斜壁坑”的大小、深浅、距离等，皆须有明白的计算。(2) 坑必须是均匀倾斜的，这样才能使“铁料”和“钢料”清晰地分层显露出来。坑可以是锥形、长圆形等。(3) 钢铁料只能依设计方案进行积叠、锻合、锻平、成型，不得进行任何方式的折叠和旋拧，否则花纹尽乱。(4) 锻合、锻平时的加热温度务必适中、均匀；过高则易使花纹模糊，过低则不易锻合。(5) 锻打次数不宜过多，否则会引起成分和组织的均匀化，使花纹模糊起来。花纹钢制作是十分艰难的，因它要把两种成分和性能不同的材料锻合在一起的。从显示花纹的角度看，这两种材料的含碳量应相差越大越好，但从加工的角度看，含碳量相差太大时，加工性能亦相差较大，便不利于加工；多层积叠，其中有大量的锻焊点和锻焊缝，稍有不慎，焊合不好，便是前功尽弃；故花纹钢制作，在较大程度上反映了古代金属热加工技术的先进水平。

(六) 关于所见传世花纹钢剑的年代[11]

因前述花纹钢剑皆系传世品，故断代是较为困难的：一无文字资料；二是外形特征不是十分明显。好在今有下列一些情况，这对我们了解剑之原主人，及其年代还是有一定帮助的：

1．目前我看到的传世花纹钢剑计约10余件，它们都是藏于收藏家手中的。世代相传，密而不渲，非高朋至友，是难得一见的。从这些收藏家群体的相互关系上看，我们推测，这些剑原本很可能有一个共同的主人。

2．这些剑既有上乘之作，也有半成品和残次品。残次品的主要特征是：剑身表面见有少量焊合纰点或纰缝（彩版壹，3、4）。

依此，我们推测，原主人的身份不外乎如下6种人：（1）有功之臣。这些剑原系皇家或官府赏赐之物。（2）富商大贾。这些剑原是市场上购得的商品。（3）贵族或富商大贾的挚友。这些剑是一种馈赠品。（4）厮杀疆场的武将。这些剑便是一种战利品。（5）世袭的铸剑家、作坊主。这些剑是销售剩余品或存留品。（6）主管花纹钢剑生产的高级官员。这些剑是通过合法和非法方式占为己有的官用品。

因这花纹钢刀剑制作异常艰难，十分名贵，自古便有“价值连城”、“声贵二乡”的美誉。要收藏这样多的花纹剑，而且，上乘之作、半成品、残次品兼收并蓄，前四种人的可能性都是很小的，赏赐、馈赠、购买、掠夺，都不会达到如此多的数量和品质上的参差不齐。可能性较大的，首先是第六种人。只有直接管理此项生产的某个下级官员，才有权力和有机会将那些残次品、半成品，及至多件上乘之作，通过合法和非法的方式据为己有的。其次是第五种人，但可能性也较小。

若为第六种人时，便可上推至元代。因经查，在我国历代官府作坊中，由政府设局生产花纹钢刀剑的只有元代。如前所云，《元史》卷八十五“百官志”载，工部的诸色人匠总管府下设有“镔铁局”，“掌镂铁之工，至元十二年置”；工部下还设有提举右八作司，“在都局院造作镔铁、铜、钢、鍮石、东南简铁”。可见，元代官府至少有两个地方组织过镔铁生产。其可能有一部分是利用中东工匠和工艺生产的，但大部分应当是利用我国自身的工匠和工艺生产的。“镔铁”一词不过是借用而已。在元代文献中，借用外来语之事是随处可见的。明清时代是否也曾设局生产，目前尚未看到这方面的资料。20世纪70年代末，我在北京调查北平折花剑时，匠师们很少有人提到这种重圈纹剑及其工艺操作。2002年时，我又一次专门拜访了缪振远师傅，他在20世纪30年代时曾参加过北平折花剑的洪炉锻作。他说当时北平未曾锻制此种带有重圈纹的刀剑，他也不知道这种花纹是如何制作的。看来这种工艺可能早已失传。

（七）从传世刀剑看我国古代花纹钢在世界上的地位

这批传世花纹钢刀剑的发现和研究，扩展了我们的眼界，增进了我们对我国古代花纹钢技术及其杰出成就的认识和了解。对其年代虽只能推断，但应有了百年、百数年、数百年的时间。它充分表明，我国古代花纹钢不但发明较早、沿用时间较长，而且技术水平也是较高的，在世界花纹钢中应占有重要的地位。我国古代的金属文化，曾创造过举世瞩目的成就，花纹钢技术的成就，与此是相一致的。

我国古代花纹钢至迟发明于汉，魏晋便达到了相当繁盛的阶段，明清时期仍有生产和使用。其文采既绚丽多姿、自然流畅，又有一定规则；规则和自然，在此都得到了充分的发展，并达到了和谐的统一，足让世人拍案惊奇。匠师们的创造精神和高超技艺，我国古代金属加工技术上的丰富知识和杰出成就，在此都得到了充分的体现。世界花纹钢虽不乏绚丽之件，但其纹路往往有些紊乱；虽亦不乏规则的纹路，但却往往稍显呆板。所以与大马士革钢相比较，我国花纹钢是毫不逊色的。先秦时期的暗花菱形纹剑、明代的宣炉宝色，把我国古代铜器表面装饰技术从一个高峰推向了另一个高峰；金黄色和银白色的重圈纹半圈纹剑，则把钢铁加工技艺发展到了相当完美的阶段。

花纹钢刀剑在我国古代是极其珍贵之物，但相当长一个时期内，国内外学者对它都缺乏了解，其原因是多方面的。明屠隆《考槃余事》卷四“剑”条：“自古格物之制，莫不有法传流，独铸剑之术不传，典籍亦不之载，故今无剑客，而世少名剑。”此说有一定道理，典籍不载，法不流传；非但工艺保密，就连有关实物也不肯轻易示人；使我国古代金属技术上的一项重要成就，成了遥远的传说。明末文震亨《长物志》卷七“器用·剑”条：“今无剑客，故世少名剑，即铸剑之法亦不传。”此说没有剑客，便没有对剑的急切需要，故世少名剑，铸剑工艺亦不传。所以，这批传世花纹剑之初步研究，对我们了解我国古代花纹钢的工艺操作，及其杰出成就，都是很有意义的。

四、锣钹和斑铜技术

（一）锣钹锻打技术

直到20世纪80年代，传统的锣钹锻打技术在我国南北许多地方依然保存着。专业铜锣厂中较负盛名的有武汉铜锣厂和天津铜锣厂等；各种民族乐器厂约有二三十家，其中较为著名的有北京民族乐器厂、成都民族乐器厂等。1982年我曾对北京民族乐器厂锣钹工艺进行过一次调查①，稍后孙淑云又对广西博白茂石村锣钹作坊、北京怀来响器厂等作过一些调查[13][14]，生产工艺基本一致。各厂、各作坊生产技术上的主要区别是：有的依然还保存着手工锻打，有的则采用了大小不同的锻床，并使用了电力。今将其主要工艺环节综述如后。

1. 成分选择。锣钹原料只有铜、锡两种，配锡量控制在22.5%～23%之间。对原料纯度要求较高，不纯之铜、锡料皆不得用。配锡量的波动范围主要视铜料纯度而定。铜料为电解铜时，配锡量便可取上限；若为特号紫铜，便可取下限。表8－4－2为几件现代锣钹坯件合金成分。可见其实际含锡量多介于20%～23%之间。其中标本B15、B16含锡量稍低，这可能与配料情况、烧损情况，以及分析方法都有一定关系。第七章第四节云，明代锣钹的配锡量约为20%，锡是烧损量较大的一种金属，故明代锣钹的实际含锡量应低于20%。明代紫铜的纯度当然不能与现代相比，故此配锡量稍低也是可以理解的。

配料时往往要掺入一些旧料，这有助于改善响器音质。看来这主要与缩短熔炼时间、减少吸气等因素有关。

2. 铸坯。即将已配好并熔炼过的铜锡料浇铸成一个圆饼状铜锭，铜锭大小亦视产品大小而定。北京民族乐器厂曾用豆油作为脱模涂料。

3. 热锻。热锻的主要目的是成型。锣钹为响器，各部尺寸对音量和音质都是

---

① 北京民族乐器厂锣钹工艺调查是1982年9、10月间进行的，有关情况主要承康殿绅介绍。

有一定影响的，故对锻打技术要求较高。其中值得注意的事项是：

（1）开锻时，须先锻铜锭中心，之后再一圈一圈地捶打外围，先锤内圈后锤外圈，锤完一圈再锤一圈。冷了再烧，烧了再锻，如此反复锻打五六次。铜钹须两片样坯叠锻，铜锣可单件锻，也可多件样坯叠锻。

（2）锻打时，铜锣半径上的厚度变化需遵循一定规律：通常是中心最薄，且向边缘逐渐加厚，边缘最厚，半径上的断面如楔形。据检测，北京怀来响器厂 32 面铜锣中心厚度约 0.7 毫米，在半径为 3.0 厘米内，厚度基本一致，最边缘厚达 1.8 毫米左右。同一类型的铜锣，须大小一致，厚薄一致，半径上的厚度变化规律一致。如北京怀来响器厂的中音虎音锣，直径 33 厘米，中心平均厚度 0.726 毫米，半径 8 厘米处平均厚度 1.0081 毫米，半径 9 厘米处 1.1006 毫米[14]。

表 8－4－2　现代锣钹合金成分

名称样号	加工状态	成分（%）				
		铜	锡	铅	锌	铁
北京铜锣坯样 B15	多次热锻，未淬	83.3	16.7			
北京铜锣坯样 B16	多次热锻后水淬	83.15	16.85			
博白铜锣锭 1576	铸锭	77.1	20.65	0.054	0.025	0.05
博白铜锣坯 1577	一次热锻	79.0	20.75	0.071	0.017	0.04
博白铜锣坯 1578	多次热锻后淬火	79.0	20.75	0.04	0.015	0.02
博白铜锣 1579	回炉的废旧铜锣	78.7	21.17	0.027	0.007	0.03
怀来铜钹 1584	二次热锻，径 35 厘米	76.2	23.61			0.037

注：表中所列前 2 件标本承北京民族乐器厂提供，承原冶金部钢铁研究总院第三研究室肖鹏、李洁扫描电镜能谱分析；后 5 件试样成分采自文献［14］，为原子吸收光谱分析。按：20 世纪 80 年代，我在研究铜镜这种高锡青铜时，曾对"扫描电镜能谱分析"与"常规化学分析"做过多次比较，最后发现：扫描电镜能谱分析所得含锡量往往较常规化学分析法低出 2%～3%。若依此，用化学分析法时，标本 B15、B16 的含锡量最高可达 19% 左右。

锣钹的大小、厚薄，以及厚薄的均匀情况，对其发音状况都有一定影响。一般而言，直径较大者，振动频率较低，其音低沉、悠扬；直径较小，振动频率较高，其音尖峻、高昂。锣中最巨者谓之抄锣，直径皆在 1 米以上，最大者达 1.42 米；常用的谓虎锣，怀来虎锣的直径约 30～36 厘米。虎锣也有大（直径 36 厘米）、中（直径 33 厘米）、小（直径 31.5 厘米）之别，相应于低、中、高三个音区。响器厚度对音质的影响主要表现在两方面：（1）厚度会影响到振动频率，从而影响到发音高低；（2）厚度不宜均一，但务须变化均匀，因这会极大地影响到响器的音质。中心薄、边缘厚，且厚度变化均匀若楔形的铜锣，便具有优美的音质[14]。

锻打温度通常应控制在 550℃～700℃，温度低于 520℃时，便会有脆性 δ 相析出。锻好的钹坯加热锻薄后须模压成型，且趁热剪边。锣边亦热锻而成。淬火前须入盐水浸泡（或涂刷），后入炉加热，以去除氧化皮。

4．淬火。这是锣钹加工中一项十分重要的工序。如前所云，淬火的目的主要是将高温 β 相和 γ 相保留到室温，使高锡青铜在常温下仍具有足够的可锻性。不淬火，高锡青铜是不能冷锻的。图版贰拾，1、2 为北京民族乐器厂铜锣坯样的组织形貌（承原冶金工业部有色金属研究总院分析）；前者只经过了热锻，未曾淬火；后者热锻后曾在 β 相区淬火。锣钹一般皆用水淬。

5．调音和定音。调音、定音的基本操作都是冷锻，边锤（槌）打边听音，使锣钹音色和音质均达应有的品质。工具主要有铁锤、铁砧、木槌。从现代技术观点看，冷锻的作用主要有二：（1）进一步调整响器的厚度，及其均匀情况；铜锣则中心区较薄、边缘稍厚，由中心至边缘均匀地增厚，同一半径处的厚度基本一致。（2）改变、调整淬火后的组织状态和应力状态，并细化晶粒，从而影响到发音体的振动频率和音质。调音后，须用车旋法去除坯样表面的氧化皮，《天工开物》说是“受镁复见黄光”。今广西博白铜钹所用工具是脚踏式木制旋床，具体操作是：一人手执长柄刀具，用脚踏动转轮使钹旋转，以刀具旋光钹面。武汉和怀来的锣、钹皆采用旋光之法，但其旋床已由木质改成了钢铁质，脚踏改成了电动，仍以手工操作[13]。旋光后再定音。俗谓“一锤定音”，实际上是多次锤打后，以最后一锤敲定，但这最后一锤的位置和轻重，却至关重要。

（二）斑铜技术

“斑铜”即是表面上显现一种斑块状花纹的铜器。此亦是材质本身具有的一种自然花纹，系腐蚀后的一种晶粒组织，诸如孪晶等的形态。它又可区分为生斑铜和熟斑铜两种，传说前者发明于明末清初，系由自然铜直接加工成的；后者是 20 世纪初，因自然铜短缺，方以电解铜为基础，加入了某些特殊元素后而加工成的。斑铜是颇具特色的地方工艺品。1983 年、1999 年，我曾两次到昆明调查。

斑铜始创于云南会泽。清末吴大勋《滇南闻见录》载：“自来铜，不可经火，须生锤成斑铜器；如锤成炉，则宝色倍如寻常之炉；如锤成镯，常佩之可以已遗症；体中有病，则铜之色预变黑黯。若经火者，不能也。铜内有砂土夹杂，锤之易于折裂，难于光润，须加工磨洗。”这是我国古代文献中，直接用自然铜锤打成斑铜器的重要记载。其中虽未提到斑铜花纹，但从传统工艺调查来看，早期斑铜便是用自然铜直接锻制的，故一般 认为此即指斑铜工艺。所云自然铜不可重新熔炼，否则会失去斑铜的原有效果，可能与自然铜的某些特殊结构或成分，有利于形成孪晶和晶粒长大有关。至于说它能测试人体疾病，则多系一种美好的愿望。《续修昆明县志》（1939 年）卷五之三也谈到过斑铜：“锤造炉、瓶成冰形而斑斓者，为斑铜器。其造墨匣及小件炉、瓶，质如古铜。”这是今见文献中，关于斑铜工艺较早，且较为明确的记载。此“冰形而斑斓”之花即“斑铜”之“斑”，实即金属加工并再结晶退火后的一种孪晶现象。

从上述文献记载和传统技术调查来看，斑铜工艺中较为重要的工艺环节有三：（1）原料选择。生斑铜须以自然铜为原料，切不可将之熔化了；铜内有砂土夹杂时，须加工磨洗。熟斑铜则须在电解铜中掺入某些特殊元素①。（2）各种不同形式

① 1983 年，我曾分析过一件熟斑铜的下脚料，发现其所加特殊元素的数量极微。

的锤造和加工。（3）显示花纹，用腐蚀等方式晶界等显示出来[15]。

第五节　流传下来的几种表面处理技术

流传至今的金属表面处理工艺依然较多，今主要介绍表面渗碳、镀金和乌铜技术三种。它们的发展历程各不相同，前二者都发明较早，沿用时间较长，使用地域也较宽。表面渗碳在 20 世纪 50 年代还可看到，镀金技术今在南北许多地方仍在广为流传，乌铜技术则发明较晚，主要见于云南一域。

一、表面渗碳技术

20 世纪 50 年代时，我国河南、湖北、江苏、天津等民间仍流传一种俗称为“焖钢”的罐式渗碳法[1]，这大约是一种兼具了表面渗碳、渗碳制钢两项性能的工艺操作。

其渗碳“罐”有铁罐和砂罐等种，加热炉多为土坯筑成的方炉。方炉下部距地面约半尺高处砌有炉栅。炉栅下面，以及炉的四周皆留有通风口，以作自然通风用。炉子正面留有进料口，炉顶留有方形通火口。渗碳剂主要是木炭粉，但具体配料各地又有许多差别。如：（1）河南鲁山一种配方是：每焖 100 斤铁，配木炭粉 10 斤、牛骨粉 6 斤、火硝粉 4 斤。（2）河南林县一种配方是：每焖 100 斤铁，配木炭粉 20 斤、黄血盐 12 ~ 14 两、红汞 1 两 6 钱、黄碘 1 钱。（3）湖北宜都一种配方是：每焖 100 斤铁，木炭粉 4 斤、牛骨粉 20 斤、锯木屑 5 斤。（4）江苏赣榆一种配方是：木炭粉 30%、锯木屑 50%、盐 15%。（5）河南浚县一种车用滚珠配方是：每焖 500 粒滚珠，木炭粉 3 两、牛骨粉 3 两、苛性钾半两、黄血盐 1 两、食盐 1 两、半（小?）苏打 1 两。（6）郑州一种滚珠轴承配方是：木炭粉 70%、羊角（或牛骨）粉 20%、食盐 10%。每 10 斤可焖轴承外套 70 套、里套 150 套。（7）天津一种滚珠轴承配方是：碳酸钠 25%、碳酸钙 1%、骨粉 1%、木炭粉适量。这是部分县市使用过的 7 例渗碳料配方，自然是远不止这些。每一县及至同一作坊都可能采用过不止一种配方。上述配料中，多数配有催渗剂，也有只用渗碳剂而不用催渗剂的。

具体操作是：罐底先铺一层渗碳料，再放一层焖件。罐的底层和上层渗碳料须厚些。焖件之间应有一定距离，且较均匀。焖料装好后，须适当压实，并用粘土密封罐口。之后将焖罐装入加热炉内。罐与罐之间应有一定距离，加热炉之炉口封闭后，方可点火。加热用燃料有煤、焦炭、煤球等，加热温度不超过 900 度。加热时间视工件大小以及工件性质而定。常为 9 ~ 13 小时，多的达 24 小时，滚珠一类小件则只需 3 小时。出炉后，可用水淬、碱水淬，也可空冷。此法主要用来处理一些含碳量稍低的小型生产工具、小型日用器等[1]。

在此有一点值得注意的是：因这资料采集较晚，其中很可能受到过现代技术的一些影响，如其中的许多原料可能都是现代工业的产品，但总体上仍可归于传统技术的范畴。这类渗碳法的生产率一直都是较低的，即使在现代技术条件下，温度、气氛控制较好，渗碳剂、催渗剂选择较好，在 900℃下保温 7 小时，通常也只能渗入 2 毫米。所以，如上滚珠一类渗碳工艺，只花 3 小时，便只相当于一种表面渗碳。而有的小生产工具渗碳时间长达 10 ~ 20 个小时，其碳分便可渗透器件的整个断面，这就成了渗碳钢工艺。但随着现代工业的发展，这种渗碳钢技术、表面渗碳技术，今已很少看到。

二、镀金技术

镀金技术发明于先秦时期，汉谓之“金涂”、“黄金塗”；六朝时期又谓之“度金”、“镀金”。明代或稍前出现了“流金”一名，《宣炉博论》说：“宣炉有流金一种……流口耳之间，名覆祥云。”明末，又出现了“鎏金”之说。文震亨《长物志》卷七“器用 · 香炉”：“唯不可用神炉太乙及鎏金白铜双鱼象鬲之类。”文震亨，长洲人，崇祯中官武英殿中书舍人。孙承泽《砚山斋杂记》卷四“宣炉注”载：“其次鎏金色，鎏左肩为覆祥云。”这都是明清时期使用“鎏金”一辞的例证。“塗金”一说几乎汉后历代都有使用，宋周密《武林旧事》卷二“公主下降”条便说到过“塗金器、贴金器”；《清史稿》卷一〇一“乐志八”：“编钟范金为之，簨虡塗金。”所以，在清代，则塗金、镀金、鎏金等名都是并行使用的[2][3]。近世民间又谓之“火镀金”。今世使用较广的名称是“镀金”和“鎏金”，此工艺主要用在建筑物和工艺品的装饰上。

学术界对镀金技术一直十分关注，半个世纪来，有关考察研究一直未曾间断。20 世纪 50 年代，就有学者在河北做过专门的考察[4]；1978 年，本人曾和有关学者一起到北京花丝镶嵌厂（位于通县）做过专门调查；这前后，其他学者也做过类似的研究[3][5]。从多方面资料看，各地传统镀金技术的基本操作并无大的变化，今综述如后。

（一）镀金前的准备

1. 对需要镀金的器物表面进行去污和活化处理，也即用酸、碱泡洗，以去除各种不洁之物和原有的表面氧化层，使新鲜表面显露于外，便于金的附着。具体做法是：先用硫酸泡洗，后用皂角水洗刷。往昔不用无机酸和无机碱，只用山楂、酸梅、皂角等一些有机的酸碱洗刷。

2. 煞金，即制作金汞齐，古又谓之“灭金”。先将黄金料锤打成薄片，细剪作丝，将用于煞金的罐子置炉上加热至发红（约 400℃）时，将金丝倾入，随即将水银倾入，速搅，使之成为膏状。此金与汞之配比常为 3:7，或 2:8，可依气温条件等做出适当调整，习有“七煞”、“八煞”之说。搅拌工具可用无烟的木炭棍。初始之时，因水银挥发而冒出浓重的白烟，之后，白烟下沉，罐中水银起泡，说明黄金已经化尽。遂将此金汞齐倾入冷水盆中，随即冷凝于盆底，此即所谓的“金泥”，其色白。取出后倒入另一容器中，清水封存待用。制作金泥时，务必要掌握好火候，火候未到，则金未能完全溶开，金泥中就会出现硬的细粒；火候过了，则水银蒸发量过大，有可能出现巴底。

3. 做抹金棍，即镀金的抹子，系特制的扁头铜棍。长约 15 厘米，径约 1 厘米，一端打扁，并略略翘起。棍之表面须经磨光，扁端须用酸梅汁洗过，并伸入水银内反复涂抹，令其沾满水银后晾干，待用。金泥不易为他物粘连，唯此金棍除外。

（二）抹金

即用抹金棍将金汞齐涂抹到器物表面上。具体操作是：先用硝酸溶液洗刷器物表面，这一方面可去污、活化，同时也可腐蚀出许多不平的小坑来，便于金之附着。古无硝酸，便用盐、矾的混合液。后用抹金棍沾上一些金泥，抹到器物表面，并抹开，使之遍及整个器物表面。再用头发做成的细刷子沾上一些稀硝酸，反复推压、按压镀金层，直到镀层十分均匀、致密，且呈现白色为止。此过程习谓之“栓”，它对于镀层的均匀分布和与器物表面之紧密接合都具有十分重要的意义。习所谓“三分抹七分栓”正是此意。最后用热水、清水冲刷器物表面。

（三）开金

即将涂过金泥的器物放入炭炉中烘烤，赶汞，使黄金之本色显露出来，炉温估计为300℃～500℃。烘烤过程中，务必注意温度均匀。当镀层中的水银开始蒸发，冒起一层白烟时，即撤离火边，并用硬鬃刷在镀层上击打、推压，使金粒紧密地贴着在器物表面上，以防脱落，或形成疙瘩状堆积。冷却后再烘，再次击打、推压，如此反复三四次。烘烤温度亦逐次提高。临近烘烤终了，镀层表面仍会凝聚部分水银珠，须用棉花按压、擦掉。当镀层由白转黄时，便可移出火位，令其自然冷却。整个烘烤过程习谓之“开金”、“烤黄”。烘烤炉之大小和形式视需要而定，炉上设有鼓风和抽风装置，以保证足够的烘烤温度和汞之挥发速度。

（四）刷洗

开金后的器物须先用弱酸，如酸梅水、杏干水等分别清洗，后用铜刷沾皂角水刷洗，以去除一些杂质和氧化物。如若金层色泽不均，则须回炉烘烤以作调整，使整个器件颜色均一。如若所需镀层较厚，则须再抹金一次，一般器物皆需抹三次，多者七八次。

（五）研光

即用玛瑙研子或钢研子在镀金表面上，依一定的顺序反复按压，以压平细小黄金颗粒，挤填因水银逸出而形成的细小孔隙，从而达到表面光滑、表层致密、粘附牢固的目的。

三、乌铜技术

乌铜，习又谓之“黑铜”，是一种表面呈现乌黑色的铜质工艺品，始产于云南石屏县，其中的“乌铜走银”，便是一种乌铜镶嵌银丝的工艺。1983年、1999年，我曾先后两次到云南对多项传统技术做过专门调查。

据传乌铜工艺始于清雍正（1723～1735年）时期，但有关记载却是稍后一个时期才看到的。清末吴趼人《二十年目睹之怪现状》第四十一回说：“只是我又配上一颗云南黑铜的表坠，这黑铜虽然不知道值钱不值钱，却是一件稀罕东西。而且那工作十分精细，不知他是雕的还是铸的。”此文首载于1903～1905年的《新小说》上，这是较早提到云南乌铜的地方之一。

民国《石屏县志》卷十六在物产考中说：“以金及铜化合成器，淡红色，岳家湾产者最佳。按：乌铜器始惟岳姓能制，今时能者日众，省市肆盛行，工厂中有聘作教师者。”（1938年）这里谈到了乌铜的基本成分、色态及其发展情况。看来，乌铜应是一种铜基合金，文献说它掺入了黄金，色呈淡红，主要产于石屏县，以岳家湾岳姓所制者为佳。但其是否果真掺了黄金，有关分析资料尚未看到。

民国《新纂云南通志》卷一四二在工业考中说：“甲于全国乌铜器制于石屏，

如墨盒、花瓶等，錾刻花纹或篆隶、正、草书于上，以银屑铺錾刻花纹上，熔之，磨平，用手汗浸渍之，即成乌铜走银器，形式古雅，远近购者珍之。”（1939 年）这里谈到了乌铜走银的基本操作，第一步是银丝镶嵌，第二步是以手汗浸渍，使之发乌。1983 年云南调查时，依然听到过手汗浸渍之说。还有一点值得注意的是：此走银的方式是先铺银屑，而后熔之。这对我们了解先秦汉后的金银镶嵌工艺具有一定的启示作用。

民国《续修昆明县志》（1939 年）卷五之三也谈到过云南乌铜器，说：“锤造炉、瓶成冰形而斑斓者，为斑铜器……而花纹字画以银片嵌入者，则为乌铜器，且又有乌铜走银之称。”这提到了斑铜和乌铜两种工艺。

参考文献

第一节　两种传统的炼铁技术

[1] 详见彭泽益：《中国近代手工业史资料（1840～1949年）》第二卷，第137～146页。三联书店，1958年。

[2] 丁格兰著、谢家荣译：《中国铁矿志》，地质专报甲种第二号，民国十二年十二月，农商部调查研究所印行。F.R.Tegengren，The Iron Ores and Iron Industry of China，1923～1924.

按：此书为中英文合版，竖排左开为中文，横排右开为英文，一正一反。插图皆在英文部分。全书为上下两册。上册全部内容和下册部分内容为“铁矿”；下册的另外部分内容为中国传统冶炼术、新法冶炼术，以及世界冶铁术概况。书中引用了许多中外学者的资料，原出处今已经很难查找，故难一一查实，特此说明。图8－1－1（原书第351页，原第39图中）“4”的位置原不太清晰。

[3] 曹立瀛、王乃樑：《云南之铁》，资源委员会经济研究室云南经济研究报告之四，民国二十九年十月，油印本。

[4] 石心圃：《中国古代冶金》，《北京钢铁工业学院第一次科学研究及教学法讨论汇集》，1956年，铅印本。

[5] 原出自《矿业杂志》第一卷夏声扬、姚纯源文。今转引自文献［2］。

[6] 原为张景光调查，今转引自文献［2］。

[7] 李希霍芬：《中国》（F. von Richthofen：China）卷二，第411～414页，1882年。转引自彭泽益《中国近代手工业史资料（1840～1949年）》第二卷，第139～141页。三联书店，1958年。

[8] 除上所述，李希霍芬在谈到晋城太阳镇坩埚铁时还说过类似的一段话：“我没有能够看到锻铁的炼制，炼制锻铁只是使用慢慢冷却的生铁。产品是极好的。”（资料皆转引自彭泽益：《中国近代手工业史资料（1840～1949）》第二卷，1958年）这段话有些费解，但却是基本可信的。在此，十分重要的一个问题是，对古代生铁和坩埚铁的性能，不宜用现代高炉生铁的性能来做标定，因古代生铁含碳量多数较低，一般都属亚共晶组织，如表4－3－2所列8件麻口铁、灰口铁，其含碳量介于2.31～4.37%间，平均3.8%，皆属亚共晶组织。坩埚铁含碳量一般亦不高，下面将要谈到，有的含碳量竟为1.3%，在平衡相图中，属过共析钢组织，其本身便具有一定的可锻性。

[9] 耿步蟾等：《山西矿务志略》卷五，山西省实业厅发行，1920年。

[10] 全国经济委员会：《山西考查报告书》第62～63页，1936年。

[11] 范百胜：《山西晋城坩埚炼铁调查报告》，《科技史文集》第13辑（金属史专辑），上海科学技术出版社，1985年。按：本文作者自20世纪50年代便在长治地区钢铁企业工作，此文虽发表于1985年，但其所反映的大体上是20世纪50年代的情况。

[12] 这种加热坩埚的方炉，又谓之“焖炉”。文献［2］第226页载：山西各处炼铁方法无不大同小异，据丁文江、梭尔格二氏民国三年（1914年）调查：“土法炼铁颇为简单，先用陶土（按即坩土）制长筒数十（约长2尺），然后锤矿成末，与煤屑和置其中，各筒盛满堆置长方形之地，炉中上下用旧筒砌成，四周密布煤屑，是为闷炉。”

[13] 杨宽：《中国土法冶铁炼钢技术发展简史》第95页，上海人民出版社，1960年。

第二节　流传下来的炒钢和灌钢技术

[1] 耿步蟾等：《山西矿务志略》卷五，山西省实业厅发行，1920年。

[2] 全国经济委员会：《山西考查报告书》，1936年。

[3] 石心圃：《中国古代冶金》，《北京钢铁工业学院第一次科学研究及教学法讨论汇集》，1956年，内部资料。

[4] 丁格兰著、谢家荣译：《中国铁矿志》（下册），地质专报甲种第二号，民国十二年十二月，农商部地质调查所印行。按：图8-2-2（原书360页，原图第42）的“2”、“4”、“7”位置不太清晰。

[5] 曹立瀛等：《云南之铁》，云南经济研究报告之四，1940年。按：关于云南炒铁内容，原出劳谢氏。文献［3］［4］也曾引用，但皆较简单。

[6] 周志宏：《中国早期钢铁冶炼技术上创造性的成就》，《科学通报》1955年第2期。

第三节　流传下来的有色金属冶炼技术

[1] 曹立瀛、陈锡嘏：《云南之铜》，云南经济研究报告之五，资源委员会经济研究室，1940年3月，油印本。

[2] 四川省工业建设经验交流展览会编：《土法冶炼·荥经铜厂依靠群众勤俭办厂和土法炼铜的经验》，重庆人民出版社，1958年7月。

[3] 夏湘蓉等：《中国古代矿业开发史》第249页，地质出版社，1980年。

[4] 曹立瀛、王乃樑：《云南个旧之锡矿》，资源委员会经济研究室，云南工矿调查报告之十六，油印本。按：原未注明成书年代，当为1940年左右。

[5] 苏汝江：《云南个旧锡业调查》，国立清华大学国情普查研究所调查报告之一，1942年。此文甚详。

[6] 曹立瀛、陈锡嘏：《云南之铅锌》，云南经济研究报告之六，资源委员会经济研究室，1940年3月。油印本。因本资料为油印本，有的字迹不清。会泽炼铅炉插图原标有部分尺寸，亦因字迹不清故而暂时舍去。

[7] 许笠：《贵州省赫章县妈姑地区传统炼锌工艺考察》，《自然科学史研究》1986年第4期。

[8] 周卫荣：《云贵地区传统炼锌工艺考察与中国炼锌历史的再考证》，《中国科技史料》1997年第2期。

[9] 四川省工业建设经验交流展览会编：《土法冶炼·会理土法炼锌的经验》，重庆人民出版社，1958 年 7 月。

[10] 李建德：《中国矿业调查记》第二编“五金矿业·水口山铅矿·附松柏提炼白铅厂”，民国三年。

[11] 王正黼：《冀北金矿探采工作撷要》，《矿冶》（中国矿冶工程学会会刊）第七卷第二十三期，1934 年。

[12] 山东省政府建设厅《第五次山东矿业报告》第六编“金矿”第二章“沂水铜井金矿”（民国二十三年至二十四年），济南永记华洋印书局，民国二十五年十二月。

[13] 四川省工业建设经验交流展览会编：《土法冶炼·人工淘洗砂金的方法》，重庆人民出版社，1958 年 7 月。

[14] 王晓青等：《湖南锑矿志》，湖南地质调查所印行，1938 年。

[15] 王宠佑：《中国冶业史》，《矿冶》第一卷第四期，1928 年 5 月

[16] 曹立瀛、温文华：《云南之钨锑矿业资料》，云南经济研究报告之八，1940 年，油印本。

[17] 王宠佑：《中国冶业史》，《矿冶》第一卷第四期，1928 年 5 月。按：文献［14］第 3 页说：欧战时期，“堪称为湖南锑业之鼎盛时代，是时产锑者计有新化、益阳、安化、邵阳、沅陵、溆浦、东安、新宁、宜章、郴县、武岗等县，立案公司约百四十余家，其中之集中于新化锡矿山者近九十家，盖湖南锑业以锡矿山为主，其产额约占全省产额四分之三，可谓盛矣。”此“公司”的含义不明，估计包括采、冶等多种锑业。

[18] 王晓青等：《湖南锑矿志》第 34 页，湖南地质调查所印行，1938 年。

[19] 李鸣龢：《中国锑矿事业》，《矿冶》第七卷第二十三期，1934 年 9 月。

第四节　流传下来的几种金属加工技术

[1] 许同莘：《说剑》，《东方杂志》第四十一卷第四号，1935 年 2 月。武康县，在浙江省北部，1958 年撤销，并入德清县。

[2]《中国实业志·湖南省》，1935 年。晃县，在湖南省西部，1965 年撤销，与芷江县部分地区组成新晃侗族自治县。

[3] 张子高等：《镔铁考》，《科学史集刊》（7），1964 年。

[4] 何堂坤：《折花钢工艺简介》，《五金科技》1981 年第 4 期。

[5] 何堂坤：《关于花纹钢及其模拟试验》，《锻压技术》1988 年第 4 期。

[6] 周纬：《中国兵器史稿》第 147～158 页，三联书店，1957 年。周纬已于 1949 年去世，应三联书店之邀，其遗著曾由中国科学考古研究所郭宝钧审阅，并酌予删削。

[7] 周纬：《亚洲古兵器图说》第 269～285 页，上海古籍出版社，1993 年。

[8] 杨宽：《中国土法冶铁炼钢技术发展简史》，上海人民出版社，1960 年。

[9] 明初曹昭：《格古要论》卷六。

[10] 中沢護人第一卷第一分册第 151 页、288 页，1973 年。Dr. Ludwig Beck

原著。德文原版 1891 年～1897 年。

［11］何堂坤：《几枚传世花纹钢剑的初步考察》，《中原文物》2001 年第 1 期。

［12］图版拾柒原出自艾奇逊：《金属史》第二册第 352 页，Leslie Aitchison, A History of Metals, 1960.

［13］孙淑云等：《中国传统响铜器的制作工艺》，《中国科技史料》1991 年第 4 期。

［14］孙淑云等：《中国响铜器的实验研究》，《中国冶金史论文集（二）》，《北京科技大学学报》增刊，1994 年。

［15］李晓岑：《云南的斑铜与乌铜走银》，《中国科技史料》2003 年第 2 期。

［16］何堂坤等：《银白色花钢剑及其同步辐射 X 射线荧分析》，《自然科学史研究》2007 年第 3 期。

［17］何堂坤：《关于镔铁的产地和工艺》，《中国国学》第 25 期，台湾，1997 年。

第五节　流传下来的几种表面处理技术

［1］杨宽：《中国土法冶铁炼钢技术发展简史》，上海人民出版社，1960 年。

［2］何堂坤：《“镀金”还是“鎏金”》，《中国文物报》1995 年 9 月 10 日。

［3］王文海：《鎏金工艺考》，《故宫博物院院刊》1984 年第 2 期。

［4］温廷宽：《几种有关金属工艺的传统技术方法》，《文物参考资料》1958 年第 3 期。

［5］吴坤仪：《鎏金》，《中国科技史料》1981 年第 1 期。

后　记

本书是1998年开始编撰的，2001年完成初稿，2002年定稿，并交付出版社。故本书的资料多数是2002年以前的；但之后每年我都作一些补充，部分资料便延续到了2007年。

《中国古代工程技术史大系》原计划10个学科20卷；“冶铸技术史”为一个学科，计分2卷，本卷为《金属冶炼和加工工程技术史》，另一卷是“铸造工程技术史”。

依照内容规范，《中国古代工程技术史大系》原希望包括三方面内容：一是工程技术史；二是技术与社会的关系，其中主要是科技管理和技术思想；三是传统技术。自然，前者是主要的、基本的；第二、三方面是往昔研究较少，希望得到加强的；但最后未能完全如愿，第二方面涉及较少。

本书的时间范围是从远古到1840年，“传统技术”部分可延伸到20世纪末期。

本人在科技史研究中，一直努力遵循文献记载、实物考察、科学检测、模拟试验、传统技术调查五方面相结合的原则。这五方面都是十分重要的，无一可以偏废。一个正确的结论，应得到多方面的印证。

在分析古代青铜器合金成分时，我采用的仪器主要是扫描电镜能谱。与常规化学分析法相比较，其主要优点是：（1）样品需要量较少，可最大限度地减少对金属文物的人为损坏。（2）样品制备过程较为简便、可靠，分析起来也较方便。（3）只要分析点处于未曾受蚀的金属基体内，分析光斑稍大，便可在较大程度上反映器物合金成分的原貌，并最大限度地减少分析误差。此最后一点尤其值得注意。从大量的实物考察来看，古代青铜器受蚀后，其表层叠加状况通常是这样的：最外为绿锈层和完全腐蚀带，往下为半腐蚀带，中心才是未曾受蚀的金属基体。实际上，化学分析是很难排除完全腐蚀带和半腐蚀带影响的。其在样品制备过程中，不管如何处理，都很难将半腐蚀带完全清除。在锯断和磨光时，半腐蚀带都显示有金属光泽，很容易误人耳目，从而混入到了被分析的样品中。与未曾受蚀的金属基体相比较，半腐蚀带是含铜量较低，含锡量较高，含铅量往往亦较高的，这自然会影响到分析数据的准确性。所以在目前条件下，用扫描电镜能谱来分析古青铜器合金成分，我认为是一种较好的选择。

在数十年来的冶金史研究中，我得到了文物考古界、科技界、高等院校、工厂企业许多单位和个人的支持和帮助，在此表示衷心的感谢。向我提供过分析标本的单位主要有：湖北省鄂城县博物馆、荆州市博物馆、湖北省博物馆、湖南省博物馆、安徽省博物馆、阜阳地区博物馆、河南省信阳地区文管会、洛阳市博物馆、河南省文物考古研究所、郑州市博物馆、固始县文管会、南阳地区博物馆、山东省长岛县博物馆、招远县图书馆、栖霞县文管所、临沂地区文管会、滕县博物馆、齐临淄故城博物馆、蓬莱县博物馆、邹县文管会、中国社会科学院考古研究所临淄工作站、陕西武功县文化馆、凤翔雍城文管所、山西省博物馆、黑龙江省阿城县文物管理所、内蒙昭乌达盟文物工作站、北京市文物考古研究所、江苏徐州市博物馆、淮阴地区博物馆、云南省博物馆、四川省博物馆、江西省博物馆等。在科学分析和模拟试验过程中，帮助过我的单位主要有：原冶金部钢铁研究总院、有色金属研究总院、北京钢铁学院、北京市粉末冶金研究所、北京汽车制造厂、北京市刀剪总厂、中国社会科学院考古研究所、原冶金部洛阳铜加工厂等。鄂城县博物馆熊亚云馆长向我提供了数十件铜镜和青铜兵器等的样品。我的多数金相试样，都是承北京市粉末冶金研究所任新荷、王雨茹、郝志红女士分析的；多数青铜标本的成分，都是承原冶金工业部钢铁研究总院李文成教授、肖鹏、李洁女士分析的。所有这些，我都将终生铭记。本书成稿后，承北京科技大学（原北京钢铁学院）教授黄务涤先生、文物出版社于炳文先生通审全稿，并提出了许多宝贵意见，特此表示衷心感谢。

1996 年以前，我的所有论文、书稿，都是采用手工式劳动，先用钢笔写出草稿，之后再由妻子杨大平女士誊清的。自电脑进入家庭后，便改由妻子和女儿用电脑依初稿打出；自 1998 年本书稿启动，我便采用了五笔输入法，在电脑上直接将书稿打出，方便之极。科学技术在 20 世纪取得了何等巨大的进步。

《中国古代工程技术史大系》由山西教育出版社出版，同时社方还每卷资助 1 万元科研费。现在是商品社会，市场经济，人们都在拼命地赚钱，拼命地消费，在睡梦中也希望自己的荷包和肚皮一夜之间迅速鼓起。山西教育出版社之举，其心可鉴，其志可铭，诚意动天。尤为可贵的是其政策上的连续性，出版合同是由老社长任兆文、总编左执中签订的，之后，社领导虽有更替，本丛书的出版工作却一直延续了下来。十多年来，本丛书的责任编辑王佩琼先生及左执中先生投入了大量的时间和精力进行审读，提出了许多宝贵意见。在此，再一次表示衷心的感谢。一本书从研究、写作，再到出版，也不知凝聚了多少人的劳动和心血。

有一点需顺带指出的是：本书使用了不少金相照片，它们原都有一定放大倍数的，由于各种原因，这些“放大倍数”在冲洗、排版过程中，或多或少都发生了一些变化，故本书所标放大倍数与原放大倍数间，可能会产生一些偏离。

我出生于 1940 年，1964 年大学毕业后便来到了自然科学史研究所（时称“研究室”），但由于历史的原因，实际上是 40 多岁才开始做研究工作的。我们这一代人，一生耕耘，一生奉献，无怨无悔；“祖国的需要就是我们的第一志愿”，这是我们的誓言，也是我们的实践；我们是这样走过来的，也必定要这样走下去，直到生命的终结。退休之时（2000 年 12 月），百感交集，曾写下了四句七言，以作纪念；今不妨抄录于此，作为本书结语：

步履蹒跚六十年，往事如云情如烟；
且耕且息且离去，不知何是武陵源。

何堂坤启
2008 年 1 月

组织者的话

《中国古代工程技术史大系》（简称“大系”）是1995年由中国科学院自然科学史研究所开始策划，1997年正式开始运作的，是中国科学院“九五”立项的重大课题。参加编撰的单位有：中国科学院、中国军事科学院、中国国家博物馆、中国水利水电科学研究院、中国制浆造纸研究院、中国钱币博物馆、中国科技大学、中国矿业大学北京研究生院、中国美术学院、清华大学、南京农业大学、西北农业大学、浙江理工大学、长江水利委员会、云南省轻工设计院、湖北省文物考古研究所、吉林省博物馆、福建省造纸总公司、福州纸业公司、广州市番禺博物馆、四川省自贡市盐业博物馆、河北省迁安市党校文史教研室等有关科研单位和高等院校。“大系”最初设计为10个学科，即采矿、冶铸、机械、建筑、纺织、陶瓷、水利、兵器、日用化工、造纸印刷，大体涵盖了中国古代工程技术的一些主要部门。

“大系”的内容包括三大方面，即：（1）工程技术史，（2）传统技术，（3）技术与社会的关系和技术思想。“大系”的目的，一是增进我们对我国古代工程技术发展状况及其杰出成就的了解，二是使今人能在历史的经验和教训中得到一些有益的启迪和借鉴，并为现代生产和科研服务。《中国古代工程技术史大系》之“大”有两层含义，一方面是言其包含的学科稍多，更为重要的是望其“有容”也。《尚书·君陈》：“有容，德乃大。”

“工程”、“技术”这两个词语都是产生较早的。“工程”原泛指一切工作、工事和有关程式。《新唐书》卷一二六“魏知古传”：“会造金仙、玉真观，虽盛夏，工程严促。”此指一般工作。《元史》卷一九〇“韩性传”：“所著有读书工程，国子监以颁示郡邑校官，为学者式。”此当指某种程式。《红楼梦》卷十七：“园内工程，俱已告竣。”此指与建筑、装修有关的工事。“技术”原指技巧、技艺和方术。《说文解字》：“技，巧也。”《玉篇》：“技，技艺也。”《礼记》卷十三“王制”篇说“技”包括祝、史、射、御、医、卜、百工七个方面。《汉书》卷三十“艺文志·方技”说到过“技术”一词：“汉兴有仓公，今其技术晻昧。”这显然是指医术、技艺。历千百年后，虽然这两个词语的含义都有了一些发展和变化，但大体上依然承袭了原有的含义。本丛书中的“工程”，多数是“工事”和“程式”的意思，“技术”则较接近于“百工”的技艺和技巧。

“大系”内容的时间范围是从原始社会到1840年，但“传统技术”不受此限，因它指的是古代早已产生，至今仍在沿用，并发挥积极作用的生产技术。

“大系”采用各卷主编负责制，在整个学术活动中，皆遵从“百花齐放、百家争鸣”的方针。

用现代科学的观点来研究我国古代工程技术史之事约始于民国初年。当时，各门现代科学技术皆已传入我国，我国的第一批产业也已出现，第一批具有现代科学知识的工程技术队伍亦开始形成，便为工程技术史研究打下了良好的基础。从民国初年至20世纪末，我国古代工程技术史研究大约经历了四个阶段，即萌芽期，约相当于民国初年至20世纪20年代；初步发展期，约相当于20世纪三四十年代；健步发展期，20世纪50年代至70年代初期；蓬勃发展期，约相当于20世纪70年代中、后期至90年代。我国古代工程技术史研究能取得今日之成果，一方面得益于先人创造的光辉业绩，另一方面则是由于近百年来几代中外学者，其中包括科技史工作者和考古工作者等的共同探索和努力。

“大系”在策划、立项和编撰过程中，得到了上述参与单位和山西教育出版社的许多支持，本书顾问及科技史界有关学者都给予了许多帮助。其中尤其是我国科技史研究的老前辈、中国科学院院士钱临照先生，以及中国科学院院士席泽宗、雷天觉、汪闻韶、中国工程院院士韩德馨诸位先生，山西教育出版社历任社长总编任兆文、王宇鸿、左执中，责任编辑王佩琼诸位先生，给予了许多支持和帮助。对所有这些支持和帮助，我们将永远铭记，并表示衷心的谢意。

《中国古代工程技术史大系》编委会

2003年10月

图书在版编目（C I P）数据

中国古代金属冶炼和加工工程技术史/何堂坤著．—太原：山西教育出版社，2009．5
（中国古代工程技术史大系）
ISBN 978－7－5440－2800－4

Ⅰ．中…　Ⅱ．何…　Ⅲ．冶金史－中国－古代　Ⅳ．TF－092

中国版本图书馆 CIP 数据核字（2009）第 028765 号

中国古代金属冶炼和加工工程技术史

出版策划　王佩琼
责任编辑　王佩琼
复　　审　刘立平
终　　审　荆作栋
装帧设计　王耀斌
印装监制：郭　勋
　　　　　　贾永胜

出版发行　山西出版集团·山西教育出版社
（太原市水西门街馒头巷 7 号　电话：4035711　邮编：030002）
印　　装　山西新华印业有限公司
开　　本　787×1092　1/16
印　　张　46．25
字　　数　996 千字
版　　次　2009 年 5 月第 1 版　2009 年 5 月山西第 1 次印刷
印　　数　1—5000 册
书　　号　ISBN　978－7－5440－2800－4
定　　价　169．00 元

如发现印装质量问题，影响阅读，请与印刷厂联系调换。电话：0351－4120948